HISTOIRE NATURELLE

DES

DROGUES SIMPLES

TOME TROISIÈME

CORBEIL. — Typ. et stér. de CRÉTÉ.

HISTOIRE NATURELLE
DES
DROGUES SIMPLES
OU
COURS D'HISTOIRE NATURELLE
Professé à l'École de pharmacie de Paris

PAR

N. J. B. G. GUIBOURT
Professeur à l'École supérieure de pharmacie de Paris, membre de l'Académie de médecine

(OUVRAGE COURONNÉ PAR L'INSTITUT (ACADÉMIE DES SCIENCES)

SIXIÈME ÉDITION,
CORRIGÉE ET AUGMENTÉE

PAR G. PLANCHON
Docteur en médecine et Docteur ès sciences
Professeur à l'École supérieure de pharmacie de Paris.

Avec plus de 900 figures intercalées dans le texte.

TOME TROISIÈME

PARIS
J. B. BAILLIÈRE ET FILS
LIBRAIRES DE L'ACADÉMIE IMPÉRIALE DE MÉDECINE,
Rue Hautefeuille, 19, près le boulevard Saint-Germain.

LONDRES,	MADRID,
BAILLIÈRE, 219, REGENT-STREET.	BAILLY-BAILLIÈRE, PLAZA DE TOPETE, 6

1869
Tous droits réservés.

HISTOIRE NATURELLE
DES
DROGUES SIMPLES

SEPTIÈME CLASSE

DICOTYLÉDONES CALICIFLORES.

Cette classe renferme les végétaux dicotylédonés dont la corolle et les étamines sont portées sur le calice, que ce calice soit libre ou soudé avec l'ovaire ; elle pourrait être scindée naturellement en deux sous-classes, dont la première tiendrait aux corolliflores par ses corolles gamopétales et dont la seconde se lie aux thalamiflores par ses fleurs polypétales. C'est dans la première sous-classe que se trouve l'immense groupe des plantes à fleurs composées ou synanthérées ; mais, avant d'y arriver, on rencontre une quinzaine de familles moins importantes, dont trois seulement devront nous arrêter : ce sont les *Pyrolacées*, les *Éricacées* et les *Lobéliacées*.

FAMILLE DES PYROLACÉES.

Ce petit groupe, démembré des Éricacées, nous offre deux plantes assez actives dont les caractères feront connaître ceux de la famille.

Pyrole à feuilles rondes, verdure-d'hiver, *Pyrola rotundifolia*, L. Cette plante croît dans les bois, à l'ombre, en France, en Allemagne, dans le nord de l'Europe et de l'Amérique. Ses racines produisent plusieurs tiges hautes de 21 à 27 centimètres, munies à la base de feuilles arrondies longuement pétiolées, persistantes. Les tiges sont nues sur leur longueur, terminées par une grappe simple de fleurs dont le calice est très-petit, à 5 divisions aiguës et réfléchies ; la corolle est formée de 5 pétales arrondis, blancs et ouverts ; les étamines sont en nombre double des pétales et non soudées avec eux ; les anthères sont biloculaires et s'ouvrent par deux pores au sommet; l'ovaire est libre, porté sur un disque hypogyne, à 5 loges, surmonté d'un style long, cylindrique, courbé en S, terminé par 5 stigmates pourvus d'un anneau à la base; le fruit est une capsule à 5 côtes arrondies, pourvue du calice réfléchi à sa base, et du style persistant au sommet; elle est à 5 loges, à 5 valves loculicides, et contient dans chaque loge un grand nombre de semences très-menues, renfermées dans un arille celluleux. Cette plante était autrefois très-employée en médecine comme vulnéraire et surtout comme astringente, dans les hémorrhagies, la leucorrhée, la diarrhée.

Pyrole ombellé, *Pyrola umbellata*, L.; *Chimaphila umbellata*, Nutt. Cette plante se trouve aussi en Europe; mais elle est beaucoup plus fréquente dans l'Amérique septentrionale, où on lui donne les noms de *winter-green* et de *pippisewa*, qui sont la traduction ou l'équivalent des noms français *verdure-d'hiver* et *herbe-à-pisser*. Ses tiges sont rougeâtres, ramifiées, presque ligneuses, hautes de 8 à 11 centimètres, garnies de feuilles oblongues-lancéolées, atténuées en pointe intérieurement, dentées en scie, régulièrement verticillées par 4 ou 6; les fleurs sont rougeâtres, portées en petit nombre à l'extrémité d'un pédoncule terminal, disposées en ombelle ou en corymbe et assez longuement pédicellées. Le style en est très-court et caché dans l'ombilic de l'ovaire. Les feuilles de *winter-green* sont astringentes, corroborantes et surtout très-diurétiques, étant prises en infusion. On les emploie contre l'hydropisie. Elles ont été bien représentées par Lamarck (1).

FAMILLE DES ÉRICACÉES.

Famille très-nombreuse et très-naturelle, quoique difficile à bien circonscrire en raison de la déhiscence variable des fruits, et de l'ovaire qui peut être libre ou adhérent au calice. Elle renferme des arbrisseaux ou sous-arbrisseaux à feuilles persistantes, souvent roides, entières ou dentées, articulées sur la tige, privées de stipules. Les fleurs sont complètes, régulières, pourvues d'un calice à 4, 5 ou 6 divisions, libre ou adhérent à l'ovaire. La corolle est insérée sur un disque soudé au calice, demi-supère ou supère, gamopétale ou presque polypétale, marcescente ou tombante; les étamines suivent l'insertion de la corolle et sont en nombre égal ou double de ses divisions, à filets libres ou plus ou moins soudés; les anthères sont sagittées ou bicornes, à 2 loges s'ouvrant par des pores terminaux ou par des sutures longitudinales, et quelquefois munies à leur base d'un appendice dorsal, filiforme.

L'ovaire est pluriloculaire, contenant un grand nombre d'ovules fixés sur une colonne centrale qui se continue en un style indivis, terminé

---

(1) Lamarck, *Illustrations de genres de l'Encyclopédie*, pl. CCCLXVII, fig. 2.

par un stigmate arrondi ou pelté, souvent entouré à la base d'un indusium annulaire. Le fruit est charnu dans les genres à ovaire infère, plus souvent capsulaire dans les autres. Les semences sont solitaires ou nombreuses dans chaque loge, pourvues d'un arille réticulé, d'un volume bien plus considérable que celui de la semence.

M. Endlicher a divisé cette famille en trois sous-familles ou tribus.

1. **Éricinées.** Anthères mutiques ou pourvues d'un appendice dorsal ; ovaire libre ; fruit capsulaire à déhiscence loculicide, rarement bacciforme ; feuilles très-souvent dures et piquantes, rarement planes ; bourgeons nus. Genres *Blœria, Erica, Andromeda, Oxidendron, Clethra, Gaultheria, Arbutus, Arctostaphylos*, etc.

2. **Vacciniées.** Corolle tombante, anthères toujours bipartites, très-souvent appendiculées ; ovaire infère, fruit bacciforme ou drupacé ; feuilles planes ; bourgeons couverts d'écailles imbriquées, rarement nus. Genres *Oxycoccos, Vaccinium*, etc.

3. **Rhododendrées.** Corolle tombante, anthères mutiques ; ovaire libre ; fruit capsulaire à déhiscence septicide ; feuilles planes, bourgeons squammeux, strobiliformes. Genres *Azalea, Rhododendron, Ledum*, etc.

Le genre le plus important de cette famille est le genre *Erica* (bruyère), composé de plus de 400 espèces dont le plus grand nombre, originaires de l'Afrique méridionale, sont de très-jolis arbrisseaux bien propres à faire l'ornement de nos serres et de nos jardins. Leur tige, très-rameuse, s'élève depuis 1 décimètre jusqu'à 1 ou 2 mètres ; leurs feuilles sont presques toujours verticillées, très-petites, linéaires, dures au toucher, à marges roulées en dessous ; leurs fleurs sont axillares ou terminales, pédicellées, presque toujours accompagnées de 3 bractées ; le calice est à 4 parties, la corolle est en cloche, ovale ou cylindrique, à 4 divisions et marcescente. Les anthères sont au nombre de 8, terminales, pourvues de deux soies dorsales, ou mutiques. Le fruit est une capsule à 4 loges, à 4 valves septifères, à graines petites et ordinairement très-nombreuses. Les bruyères sont généralement amères et astringentes, quelquefois résineuses et aromatiques, mais complétement inusitées aujourd'hui dans l'art médical.

Les **andromèdes**, très-voisines des bruyères, dont elles diffèrent par leurs fleurs pentamères, ont dû leur nom à ce que leurs jolies fleurs, exposées par la nature sur les plages désertes de la Laponie, ont été comparées par Linné à la belle fille de Cassiopé exposée nue sur un rocher ; mais ce genre, après avoir contenu plus d'une centaine d'espèces, se trouve aujourd'hui presque réduit à l'*Andromeda polifolia* de Linné, que sa vertu narcotico-âcre rend très-pernicieuse aux moutons.

L'*Andromeda mariana*, L. (*Leucothoe mariana*, DC.), de l'Amérique septentrionale, possède la même qualité délétère; l'*Andromeda arborea*, L. (*Oxidendrum arboreum*, DC.), nommée vulgairement en Amérique *sorrel-tree* ou *saur-tree*, possède des feuilles acides et un peu austères, usitées en décoction comme antiphlogistiques.

Gaulthérie couchée.

Gaultheria procumbens, L., Lam. (1). Petit arbuste dont les tiges sont longues de 16 à 22 centimètres, lisses et couchées; les rameaux sont courts, nombreux, légèrement pubescents, garnis de feuilles presque sessiles, alternes, ovales-mucronées, dentées en scie, longues de 27 millimètres, vertes, souvent teintes de pourpre à la base; les fleurs sont rouges, pédonculées, axillaires et pendantes, souvent réunies par bouquets de 3 à 5 ; les calices sont pourprés à la base, à 5 divisions, entourés de 2 bractées; la corolle est ovale, à limbe réfléchi à 5 dents. Les anthères sont au nombre de 10, incluses, à filets velus, à anthères bifides au sommet, pourvues chacune de 4 soies. L'ovaire est libre, entouré à la base par 10 écailles, et surmonté d'un style filiforme et d'un stigmate obtus. Le fruit est une capsule globuleuse déprimée, à 5 sillons, embrassée par le calice accru et devenu bacciforme. La capsule s'ouvre en 5 valves septifères; les semences sont nombreuses, petites, à testa réticulé.

La gaulthérie couchée croît abandamment du Canada à la Virginie, sur les montagnes boisées et sablonneuses. Elle y est nommée communément *montain-tea*, *partridge-berry* ou *box-berry*. Elle est douée d'une odeur très-agréable, surtout lorsqu'elle est desséchée, et est employée en infusion théiforme. On en retire par la distillation une huile volatile qui est connue en parfumerie sous le nom d'*essence de winter-green*, bien que le nom de *winter-green* soit plus spécialement appliqué à la pyrole ombellée. Cette essence est plus pesante que l'eau et bout à 224 degrés. M. Cahours l'a trouvée formée de $C^{16}H^8O^6$, ce qui est exactement la composition du salicylate d'éther méthylique, puisque $C^{14}H^5O^5 + C^2H^3O = C^{16}H^8O^6$. Alors, pour confirmer ce rapprochement, M. Cahours a préparé le salicylate d'éther méthylique en distillant un mélange d'acide salicylique, d'esprit de bois (alcool méthylique) et d'acide sulfurique, et il a vu qu'en effet ce composé était identique avec l'essence de *Gaultheria procumbens*. Tous deux, traités par la potasse ou la soude caustique, se transforment instantanément en cristaux solubles dans l'eau et dans l'alcool, et qui régénèrent l'essence par l'addition d'un alcali; mais si on attend

---

(1) Lamarck, *Illustrations*, tabula CCCLXVII.

vingt-quatre heures, la dissolution aqueuse, traitée par un acide, fournira, au lieu d'essence de *Gaultheria*, de l'acide salicylique (1).

Arbousier, *Arbutus unedo*, L. Petit arbre commun dans les bois arides de l'Europe méridionale et de l'Orient, muni de feuilles alternes, oblongues-lancéolées, dentées en scie, rigides, glabres, brillantes, d'un beau vert et persistantes. Les fleurs sont disposées en grappes paniculées; elles sont formées d'un calice très-petit à 5 divisions, d'une corolle en grelot, à 5 dents obtuses et réfléchies, de 10 étamines incluses dont les anthères s'ouvrent par deux pores au sommet et sont munies de deux soies réfléchies. Ovaire posé sur un disque hypogyne à 5 loges polyspermes; 1 style, 1 stigmate obtus. Le fruit est une baie globuleuse terminée par le style persistant, divisée intérieurement en 5 loges polyspermes. Ce fruit est tout couvert de granulations d'une belle couleur rouge, ce qui lui donne l'apparence d'une fraise et a fait donner à l'arbousier le nom de *fraisier en arbre*. Ce fruit est assez fade et passe pour indigeste. Les feuilles sont très-astringentes et servent en Orient au tannage des peaux. M. Loze, pharmacien à Bordeaux, a retiré de la racine d'arbousier un extrait semblable à celui de ratanhia.

Busserole ou raisin-d'ours.

Arbutus uva-ursi, L.; *Arctostaphylos uva-ursi*, Spreng. (*fig.* 547). Ce petit arbrisseau croît dans les pays montagneux, surtout en Italie, en Espagne et dans le midi de la France; ses tiges sont rondes, rougeâtres, couchées, longues de 25 à 35 centimètres. Ses feuilles sont alternes, coriaces, persistantes, obovées, très-entières, brillantes, d'une saveur très-astringente; ses fleurs sont disposées en petites grappes inclinées, blanches, légèrement purpurines à l'ouverture. Ces fleurs présentent tous les caractères des arbousiers, à cela près que l'ovaire est entouré à la base de 3 écailles charnues. Le fruit est une baie globuleuse, unie, d'un beau rouge, de la grosseur d'un grain de groseille, terminée par le style persistant, divisée intérieurement en 5 loges monospermes. Ce fruit, dont le goût est âpre et un peu acide, est recherché par les oiseaux et par les animaux sauvages, ce qui a fait donner à la plante le nom de *raisin-d'ours* ou d'*Uva-ursi*. Le nom de *busserole,* qui veut dire *petit-buis,* lui vient de la ressemblance de ses feuilles avec celles du buis.

Les feuilles de busserole ont joui d'une certaine célébrité contre la gravelle et sont encore usitées aujourd'hui comme diu-

---

1) Cahours, *Journ. de pharm. et chim.*, t. III, p. 364.

rétiques. M. Harris, docteur américain, les a préconisés comme agent obstétrical. Mais, ainsi que nous l'a fait remarquer anciennement M. Braconnot, on les remplace souvent dans le commerce par les feuilles de l'**airelle ponctuée** (*Vaccinium vitis-idœa*,

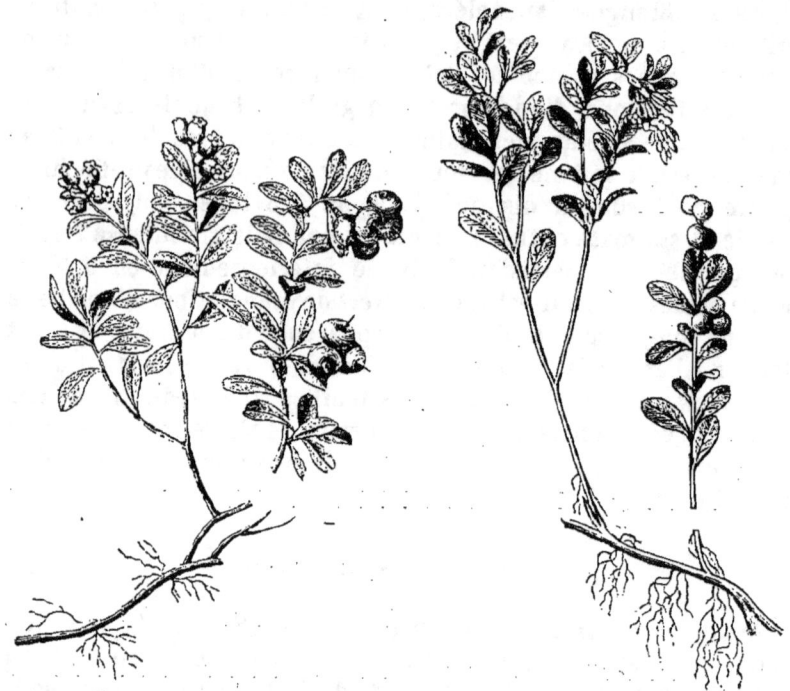

Fig. 547. — Busserole.   Fig. 548. — Airelle ponctuée.

L.), petit arbrisseau de la tribu des Vacciniées (fig. 548), très-abondant dans les Vosges. Voici à quoi on peut les distinguer.

Les feuilles de busserole sèches sont toujours d'un beau vert, épaisses, très-entières, obovées (1), sans nervures transversales saillantes, comme chagrinées sur les deux faces. En examinant la face inférieure à la loupe, on y distingue un réseau très-fin, rougeâtre, dû à la division extrême des nervures transversales. Cette face est encore verte et luisante, quoiqu'elle le soit moins que la supérieure. La saveur des feuilles d'*Uva-ursi* sèches est très-astringente ; leur odeur assez forte, désagréable et analogue à celle de bryone desséchée (2). En les triturant avec un peu d'eau

(1) C'est-à-dire ovales, mais plus larges vers la partie supérieure qu'à la base qui est terminée en pointe.
(2) Cette odeur est due à un principe volatil qui, lorsque les feuilles sont renfermées dans un bocal avec un papier, jouit de la propriété de colorer ce papier en une couleur bistrée. Le même phénomène a lieu avec un certain nombre de substances qui ne sont pas, à proprement parler, aromatiques, telles sont les feuilles de pyrole, les racines de dentelaire et de carline.

dans un mortier de porcelaine, il en résulte une liqueur trouble jaunâtre, qui, filtrée, forme sur-le-champ un beau précipité bleu par le sulfate de fer au médium ; la liqueur reste entièrement décolorée. Cet essai y indique la présence de beaucoup d'acide gallique et de tannin ; aussi ces feuilles sont-elles employées dans divers pays pour tanner les peaux.

Les feuilles d'airelle sont d'un vert brunâtre, moins épaisses que celles d'*Uva-ursi*, moins entières (c'est-à-dire quelquefois légèrement dentées), à bords toujours repliés en dessous. Leurs nervures transversales sont très-apparentes, et leur face inférieure qui, à part les nervures, est unie et blanchâtre, est de plus parsemée de points bruns très-remarquables, auxquels l'arbuste doit son nom d'*airelle ponctuée*. Ces feuilles, triturées avec de l'eau, donnent une liqueur qui, filtrée et essayée par le sulfate de fer, devient d'un beau vert, reste d'abord transparente, forme ensuite un précipité vert et conserve la même couleur.

On pourrait encore risquer quelquefois de confondre les feuilles d'*Uva-ursi*, avec celles de buis, *Buxus sempervirens*, L. ; mais les feuilles de buis sont ovales-oblongues, le plus souvent échancrées au sommet, et non chagrinées ; leur face intérieure est marquée d'une nervure longitudinale et de nervures transversales très-nombreuses, parallèles, non ramifiées et non saillantes, mais rendues très-apparentes par le duvet blanc très-court qui les recouvre. Ces feuilles, triturées avec de l'eau, donnent une liqueur dans laquelle le sulfate de fer ne forme qu'un précipité gris-verdâtre peu abondant.

[Kawalier a extrait des feuilles de l'*Arbutus uva-ursi*, une substance amère, soluble dans l'eau bouillante, moins soluble dans l'eau froide et dans l'alcool, presque insoluble dans l'éther, cristallisant en aiguilles incolores groupées en faisceaux. Cette substance appartient au groupe des glucosides et M. Strecker a obtenu son dédoublement en *glucose* et en *hydroquinon* (1).]

Airelle myrtille, *Vaccinium myrtillus*, L. Arbrisseau de 50 à 60 centimètres, croissant dans les bois, en France, en Allemagne, en Angleterre ; il a les rameaux verts et anguleux, les feuilles ovées, dentées, très-glabres, assez semblables à celles du myrte, ce qui lui a valu son nom ; elles ne sont pas persistantes ; les pédoncules sont uniflores et solitaires ; les fleurs sont formées d'un calice adhérent à l'ovaire, dont le limbe est libre et à 5 dents peu marquées ou nulles ; la corolle est urcéolée ; les étamines

---

(1) Voir *Journal de pharmacie et de chimie*, 3ᵉ série, XL, page 156. Voir aussi, *sur les principes immédiats contenus dans la famille des Éricinées*, un travail de M. Rochleder et ses élèves, résumé par l'auteur dans le *Journal de pharm. et de chimie*, 3ᵉ série, XXIII, p. 476.

sont au nombre de 10, incluses, insérées comme la corolle sur le limbe du calice ; les anthères sont bifides par haut et par bas, munies sur le dos de deux arêtes redressées ; le fruit est une baie globuleuse couronnée par le limbe du calice, à 5 loges polyspermes. Ces baies sont d'un bleu noirâtre (blanches dans deux variétés), très-recherchées des coqs de bruyère. Elles sont acidules, rafraîchissantes, et servent à faire un sirop et des confitures sèches. On les emploie aussi dans la teinture et pour colorer le vin.

L'**airelle canneberge** (*Vaccinium oxicoccus*, L.; *Oxicoccus palustris*, Pers.) rampe dans les marécages sur la grande espèce de mousse nommée *sphaigne ;* ses feuilles sont persistantes, ovales, pointues, à bords roulés en dessous, blanchâtres à la face inférieure ; ses baies sont rouges, ovoïdes, d'une saveur acide.

Les **rosages**, que l'on désigne plus ordinairement sous leur nom linnéen *Rhododendron*, sont des arbrisseaux ou des arbres dont quelques espèces (*Rh. ferrugineum, hirsutum, chamæcistus*) croissent sur les montagnes alpines de l'Europe ; les autres appartiennent à l'Asie ou à l'Amérique septentrionale ; presque toutes sont cultivées dans les jardins, à cause de la beauté de leurs fleurs. Ce sont des végétaux généralement dangereux et doués d'une vertu narcotico-âcre. On prépare en Piémont, avec les bourgeons du *Rhododendron ferrugineum*, vulgairement nommé **laurier-rose des Alpes**, une huile par infusion (élæolé) connue sous le nom d'*huile de marmotte*, employée contre les douleurs articulaires. Les feuilles du *Rhododendron chrysanthum* de la Sibérie sont usitées comme astringentes et narcotiques ; à dose trop élevée, elles causent des tremblements et des vertiges.

Le *Ledum palustre*, L., croissant dans le nord de l'Europe et de l'Asie, nommé vulgairement **romarin sauvage**, à cause de ses feuilles linéaires, à bords roulés en dessous, possède une odeur vireuse, un goût amer et astringent et une vertu narcotique, un peu émétique. On en obtient par la distillation une huile volatile plus légère que l'eau, pourvue d'une saveur aromatique brûlante, réaction acide due à des acides gras libres et un acide huileux odorant l'*acide lédumique* (1). Les feuilles du *Ledum palustre* de l'Amérique septentrionale, vulgairement nommées **thé du Labrador**, sont recommandées contre la toux.

(1) Voir Frœhde, *Journal prakt. chemie*, t. LXXXII, p. 181. — Voir aussi *Journal de ph. et de chimie*, 3ᵉ série, XLI, p. 251.

FAMILLE DES LOBÉLIACÉES.

Les Lobéliacées faisaient auparavant partie des Campanulacées (1), dont elles diffèrent par leur corolle irrégulière, leurs anthères syngénèses et leur stigmate entouré d'un godet membraneux, entier ou cilié. Ce sont des plantes herbacées, ou sous-frutescentes, ordinairement pourvues d'un suc laiteux, très-âcre et fortement vénéneux ; à feuilles alternes, dépourvues de stipules ; à fleurs complètes ou très-rarement dioïques par avortement, formées d'un calice soudé avec l'ovaire, et d'une corolle insérée sur le calice, gamopétale, à 5 lobes inégaux, souvent fendue profondément en dessus et comme bilabiée. Les étamines sont au nombre de 5, insérées sur le calice ; les filets sont souvent séparés par le bas, mais toujours soudés par le haut en tube qui entoure le style ; les anthères sont introrses, biloculaires, réunies de même en un tube qui entoure le style. L'ovaire est infère ou demi-supère, couronné par une disque glanduleux, d'où s'élève un style terminé par 2 stigmates entourés par un anneau cilié. Le fruit peut être charnu et indéhiscent, ou capsulaire à 2 ou 3 loges polyspermes et à déhiscence loculicide.

Les lobélies, qui ont donné leur nom à cette famille, forment un genre très-nombreux dont quelques espèces seulement sont indigènes à l'Europe. Le plus grand nombre des autres vient de l'Amérique septentrionale, ensuite de la Nouvelle-Hollande, de l'Afrique et de l'Asie. Plusieurs d'entre elles ont mérité, par la beauté de leurs fleurs, disposées en une grappe ou épi terminal, d'être cultivées pour l'ornement des jardins. Telles sont principalement :

La **lobélie du Chili**, *Lobelia tupa*, L., dont les fleurs, longues de 40 à 55 millimètres, sont d'un rouge vif. Toutes les parties de la plante sont fortement vénéneuses, et l'odeur seule des fleurs paraît très-dangereuse.

La **lobélie à longues fleurs**, *Lobelia longiflora*, L. Les fleurs sont blanches, longues de 8 à 11 centimètres, solitaires dans l'aisselle des feuilles ; originaire de la Jamaïque et des Antilles.

La **lobélie cardinale**, *Lobelia cardinalis*, L. Originaire de la Virginie et de la Caroline ; cultivée depuis très-longtemps en Europe

---

(1) Je ne dirai rien de la famille des Campanulacées, malgré l'importance numérique de son principal genre (*Campanula*) et le nombre assez considérable d'espèces qui sont cultivées dans les jardins ; mais leurs propriétés médicales sont à peu près nulles, et l'on ne peut guère citer pour leur utilité que les *Campanula rapunculus, rapunculoïdes, edulis, adenophora lilifolia, phyteuma, spicatum*, dont les racines, connues sous le nom de *raiponces*, forment une nourriture dure et peu sapide.

dans les jardins, où elle peut passer l'hiver en pleine terre. Ses fleurs sont grandes et d'un rouge pourpre éclatant.

La **lobélie de Surinam**, *Lobelia surinamensis*, L.; arbrisseau de la Guyane, de 2 à 3 mètres de hauteur, d'une végétation vigoureuse et d'un très-bel effet lorsqu'il est pourvu de ses grandes fleurs rouges. On le cultive en serre chaude.

Une espèce de lobélie, très-usitée dans la médecine des États-Unis, est le *Lobelia inflata*, L., plante annuelle dont la tige est rameuse à la partie supérieure, garnie de feuilles irrégulièrement dentées, un peu velues; les fleurs sont petites, courtement pédicellées, disposées en grappes spiciformes augmentées de petits rameaux à la base; le tube du calice est glabre et ovoïde, à lobes linéaires-acuminés égalant la longueur de la corolle qui est d'un bleu pâle; la capsule est ovoïde et renflée. Cette plante est récoltée, tige, feuilles et fleurs mêlées, par les quakers du New-Lebanon, et mise sous forme de carrés longs, fortement comprimés et du poids d'une demi-livre ou d'une livre. Elle est d'un vert jaunâtre, d'une odeur un peu nauséeuse et irritante, et d'un goût âcre et brûlant semblable à celui du tabac. Elle paraît contenir un principe âcre analogue à la nicotine, un acide particulier, de la résine, du caoutchouc, de la chlorophylle, de la gomme, etc.

On emploie également en Amérique, comme antisyphilitique, la racine du *Lobelia syphilitica*. Cette plante est cultivée depuis assez longtemps en France, où elle est connue sous le nom de *cardinale bleue*, à cause de la couleur bleue de ses fleurs. Elle s'élève à la hauteur de 50 à 65 centimètres. Sa tige est simple, munie de feuilles ovées, pointues des deux côtés, irrégulièrement dentées; les fleurs sont portées sur des pédicelles axillaires, plus courts de moitié que les feuilles, à calice velu, dont les lobes lancéolés acuminés sont auriculés à la base et à bords réfléchis.

La racine de lobélie, telle que le commerce me l'a présentée, mais sans que je puisse assurer si elle était véritablement produite par le *Lobelia syphilitica* (1), est grosse comme le petit doigt, d'un gris cendré au dehors, et marquée de stries superficielles, circulaires et longitudinales, disposées régulièrement de manière à donner à l'épiderme une certaine ressemblance avec la peau d'un lézard. Sa cassure transversale est jaune, comme feuilletée, et offre beaucoup de cellules rayonnantes; sa saveur est légèrement sucrée; son odeur, un peu aromatique, se rapproche de celle des aristoloches. Cette racine a été analysée par M. Boissel (2).

(1) On m'a dit que cette racine venait des Alpes, ce qui pourrait faire supposer qu'elle serait produite par le *Lobelia laurentia*, L. (*Laurentia Michelii*, DC.).
(2) Boissel, *Journ. de pharm.*, t. X, p. 623.

FAMILLE DES SYNANTHÉRÉES OU DES COMPOSÉES.

Cette famille, la plus nombreuse et la mieux caractérisée du règne végétal, n'embrasse pas moins du onzième ou du douzième de tous les végétaux connus. Elle comprend des plantes herbacées et quelquefois des arbrisseaux à feuilles alternes, rarement opposées. Leurs fleurs sont très-petites, rassemblées plusieurs ensemble dans un involucre commun, et constituant une *fleur composée* à laquelle on donne plutôt aujourd'hui le nom de *calathide* ou de *capitule*.

Chaque capitule est composé de plusieurs parties :

1° D'un *réceptacle commun* formé par l'épaississement et l'épanouissement de l'extrémité du pédoncule. Il est plus ou moins épais et charnu et porte aussi le nom de *phoranthe* ou de *clinanthe*.

2° De l'involucre commun, nommé aussi *périphoranthe* ou *péricline*, formé d'écailles ou de bractées oblitérées, généralement nombreuses et imbriquées.

3° Sur le réceptacle même, on trouve d'autres petites *écailles* ou des *poils* (*bractéoles* ou *involucelles*), qui sont encore un diminutif des bractées de l'involucre.

Quant aux fleurs elles-mêmes, à la première vue, on en distingue de deux sortes :

1° Corolles régulières, infundibuliformes, à 5 lobes réguliers ; on leur donne le nom de *fleurons*.

2° Corolles irrégulières, prolongées d'un côté en forme de languette ; on les nomme *demi-fleurons*.

Tantôt les capitules sont seulement formés de fleurons : alors les plantes prennent le nom de *flosculeuses*, Tourn., ou de *cynarocéphales*, J.; tantôt les capitules ne contiennent que des demi-fleurons : alors les plantes constituent les *semi-flosculeuses*, T.; les *chicoracées*, J., ou les *liguliflores*, DC.; tantôt, enfin, les capitules présentent des fleurons au centre ou sur le *disque*, et des demi-fleurons à la circonférence ou sur le *rayon*: on donne à ces plantes le nom de *radiées*.

En examinant les petites fleurs des synanthérées plus particulièrement encore et chacune isolément, on y trouve :

1° Un calice adhérent avec l'ovaire, terminé supérieurement par un limbe court et entier qui porte le nom de *bourrelet*, ou par des écailles ou des lanières en forme de *poils*.

2° Une corolle épigyne, gamopétale, tubuleuse, régulière ou irrégulière.

3° 5 étamines à filets distincts, mais dont les anthères, rapprochées et soudées, forment un tube traversé par le style. Cette disposition, que l'on ne retrouve que par exception dans deux autres familles, celles des Lobéliacées et des Violariées, forme un des caractères les plus tranchés des plantes à fleurs composées. Cette disposition constitue la *syngénésie* de Linné (de σύν ensemble, et de γέννησις génération), ou la *synanthérie* de Jussieu, dont le nom signifie *anthères réunies*.

L'organe femelle se compose d'un ovaire monosperme adhérent avec le calice, d'un style cylindrique, rarement renflé par le bas, toujours divisé supérieurement en deux rameaux ou *stigmates*, couverts de glandes disposées sur deux séries.

Le fruit est un *achaine* terminé supérieurement par le bourrelet ou par l'aigrette plumeuse qui constituait le limbe du calice. Dans le premier cas on dit que l'achaine est *nu* ; dans le second il est *aigretté*.

Tels sont les caractères principaux des plantes synanthérées que Tournefort divisait en trois classes, les *demi-flosculeuses*, les *flosculeuses* et les *radiées* ; que Vaillant et Laurent de Jussieu ont divisées en *Chicoracées*, *Cynarocéphales* et *Corymbifères*, les Chicoracées répondant exactement aux demi-flosculeuses, les Cynarocéphales ne contenant qu'une partie des flosculeuses, et les corymbifères comprenant le reste des flosculeuses et toutes les radiées. Plus récemment, Aug.-Pyr. De Candolle a divisé les composées en *Liguliflores*, répondant aux semi-flosculeuses ou aux Chicoracées ; en *Tubuliflores*, comprenant presque toutes les flosculeuses et les radiées et en *Labiatiflores*, nouvelle division formée pour un certain nombre de plantes américaines non distinguées dans les classifications précédentes, et qui ont une corolle tubuleuse partagée en 5 lobes inégaux, disposés en deux lèvres. Le tableau suivant fera mieux comprendre la correspondance des trois classifications.

Tournefort..	Demi-flosculeuses.	Flosculeuses.		Radiées.
De Jussieu.	Chicoracées.	Cynarocéphales.		Corymbifères.
De Candolle.	Liguliflores.	Labiatiflores.	Tubuliflores.	
	1. Chicoracées.	2. Mutisiacées. 3. Nassauviacées.	4. Cynarées. 5. Sénécionidées. 6. Astéroïdées. 7. Eupatoriacées. 8. Vernoniacées.	

TRIBU DES CHICORACÉES.

Laitues.

Genre *lactuca* : capitules pauciflores, liguliflores ; involucre cylindrique formé de deux à quatre rangs de squammes imbriquées, les extérieures plus courtes ; réceptacle plane et nu ; achaines comprimés, striés longitudinalement, surmontés d'un col filiforme terminé par une aigrette.

Laitue officinale, *Lactuca, capitata*, DC.; *Lactuca sativa capitata*, L. Plante herbacée, annuelle, entièrement glabre et sans épines, dont la patrie est inconnue et qu'on suppose avoir pu être produite par la culture de quelque espèce voisine. Elle offre dans son jeune âge une large touffe de feuilles arrondies, concaves, ondulées, bosselées, très-succulentes, pressées les unes contre les autres et formant ensemble une tête arrondie ; c'est à cet état qu'elle est usitée comme aliment, en salade ou cuite. Lorsqu'on la laisse croître, elle produit une tige haute de 65 centimètres, munie de feuilles embrassantes de plus en plus petites, terminée par un corymbe irrégulier de fleurs d'un jaune pâle. La tige présente, dans son écorce fibreuse, un grand nombre de vaisseaux remplis d'un suc laiteux, blanc, d'une saveur très-amère et d'une odeur vireuse analogue à celle de l'opium, ce qui a conduit le docteur Coxe de Philadelphie, André Duncan d'Édimbourg et le docteur Bidault de Villiers à Paris, à la proposer comme succés danée de l'opium. Ce suc, obtenu par des incisions transversales faites à la tige, a reçu le nom de *lactucarium;* tel qu'il a été préparé pour être livré au commerce, par M. Aubergier, pharmacien à Clermont, il se présente sous forme de pains orbiculaires aplatis, de 3 à 6 centimètres de diamètre et du poids de 10 à 30 grammes ; il possède une odeur fortement vireuse et une saveur très-amère ; il est complétement sec, d'une couleur brune terne ; il se recouvre souvent d'une efflorescence blanchâtre qui est de la mannite. Il contient, suivant l'analyse de M. Aubergier (1).

Une matière amère cristallisable ;
De la mannite ;
De l'asparagine ;
Un acide libre ;
Une matière colorante brune ;
Une résine mélangée de cérine et de myricine ;
De l'albumine et de la gomme ;
Du nitrate de potasse et du chlorure de potassium ;
Des phosphates de chaux et de magnésie.

Suivant d'autres observateurs le *lactucarium* contiendrait une quantité plus ou moins considérable de caoutchouc (2).

La matière que M. Aubergier regarde comme le principe actif de la laitue est peu soluble dans l'eau froide, facilement soluble dans l'eau bouillante et dans l'alcool fort ou dilué ; insoluble dans l'éther ; ni acide ni alcaline.

Indépendamment du *lactucarium*, on emploie très-souvent comme calmant un extrait de laitue préparé avec le suc de l'écorce de la tige, connu sous le nom de *thridace*, et l'eau distillée de la plante. Les semences de laitue faisaient également partie autrefois des *quatre petites semences froides*. On les a importées d'Égypte à Marseille il y a quelques années, comme semences oléa-

---

(1) Aubergier, *Recherches sur le lactucarium*, Rapport de M. Boullay (*Bulletin de l'Académie de médecine*, Paris, 1841-42, t. VII, p. 259).
(2) Guibourt, *Pharmacopée raisonnée*, p. 144.

gineuses. Elles ont à peu près la grosseur et l'aspect des graines de carvi, mais elles sont inodores; elles sont d'un gris brunâtre, aplaties, ovoïdes-allongées, atténuées en pointe à la base, glabres et striées longitudinalement, d'une saveur grasse.

Laitue romaine, *Lactuca sativa*, DC. Cette espèce, exclusivement réservée pour l'usage de la table, a les feuilles allongées, rétrécies à la base, élargies au centre, arrondies et concaves au sommet, non bosselées ni ondulées, dressées les unes contre les autres et formant un assemblage oblong, obovoïde.

Laitue sauvage, *Lactuca sylvestris*, Lank; *Lactuca scariola*, L. Tige haute de 60 à 100 centimètres, ramifiée supérieurement; feuilles alternes, sessiles, embrassantes, allongées, sagittées à la base, aiguës au sommet, souvent pinnatifides, glabres, mais garnies en dessous d'une rangée d'épines sur la nervure médiane; les feuilles inférieures sont dirigées verticalement. Cette plante habite les lieux incultes et pierreux.

Laitue vireuse, *Lactuca virosa*, L. Plante annuelle ou bisannuelle, très-analogue à la précédente, dont elle diffère cependant par ses feuilles beaucoup moins découpées, obtuses au sommet; les inférieures, non lobées et seulement sinuées et dentelées, conservent toujours la position horizontale. Elle habite les mêmes lieux que la précédente, mais possède des propriétés plus énergiques. Son suc laiteux est âcre, très-amer, d'une odeur fortement vireuse et paraît être très-narcotique. Il est certain que, si l'on veut chercher parmi les laitues une succédanée de l'opium, c'est cette espèce qui devrait être préférée. [C'est celle que les Allemands emploient pour faire leur *lactucarium*, et que les Anglais utilisent également, en même temps que le *Lactuca sativa*. Ce suc épaissi, en masses irrégulières, brunâtres au dehors, blanchâtres à l'intérieur, contient entre autres principes : une matière odorante, une substance amère, cristallisable, réduisant le réactif cupro-potassique, appelée *lactucine;* une matière neutre, aussi cristallisable, soluble dans l'alcool et l'éther, c'est la lactucérine ou *lactucone*, ou la cire du *lactucarium;* de la résine, de l'albumine, de la gomme, des acides oxalique, citrique, malique, du sucre, de la mannite, de l'asparagine, et divers sels.

Scorzonère d'Espagne, salsifis noir d'Espagne, *Scorzonera hispanica*, L. Cette plante croît naturellement dans les pâturages des montagnes, en Espagne, en Italie, dans le midi de la France, et est cultivée très-abondamment dans nos contrées, à cause de sa racine fusiforme, charnue, noire au dehors, blanche en dedans, remplie d'un suc doux et laiteux, qui est très-usitée comme aliment. Sa tige est haute de 60 à 100 centimètres, munie de feuilles alternes, amplexicaules, lancéolées-acuminées, ondulées sur le bord ; les capitules sont solitaires, portés sur de longs pédoncules fistuleux; l'involucre est oblong, formé d'écailles scarieuses, imbriquées ; le réceptacle est nu ; les demi-fleurons sont jaunes, tous hermaphrodites, suivis d'achaines étroits, allongés, cannelés, surmontés d'une aigrette plumeuse.

Cette plante ne doit pas être confondue avec le véritable **salsifis** (*Tragopogon pratensis*, L.), qui croit naturellement dans nos prés et dont la racine est aussi usitée comme aliment; non plus qu'avec le **salsifis blanc** (*Tragopogon porrifolius*). Ces deux plantes ont les feuilles sessiles, longues, étroites, aiguës, très-glabres, creusées en gouttière à la base ; les capitules sont solitaires à l'extrémité d'un long pédoncule, pourvus d'un involucre composé d'un seul rang de folioles très-longues et aiguës. Les corolles sont d'un jaune foncé dans la première espèce, d'un pourpre violet dans la seconde ; les achaines sont sessiles, surmontés d'un rostre allongé terminé par une aigrette plumeuse. L'ensemble des aigrettes complétement épanouies forme une sphère volumineuse et d'un bel effet.

Pissenlit.

Taraxacum dens-leonis, Desf. ; *Leontodon taraxacum*, L. Petite plante sans tige dont les feuilles, toutes radicales, sont sessiles, glabres, allongées, élargies au sommet et terminées par une grande partie de limbe triangulaire, un peu incisée à la partie inférieure. Le reste de la feuille est profondément pinnatifide et formé de découpures de plus en plus petites en descendant vers la racine, elles-mêmes laciniées et recourbées en crochet vers le bas (feuilles runcinées). Du milieu des feuilles s'élève une hampe simple terminée par un capitule à double involucre, à réceptacle nu, à demi-fleurons jaunes, tous hermaphrodites ; les achaines sont oblongs, striés, entourés de côtes épineuses et surmontés d'un rostre allongé terminé par une aigrette très-blanche. De même que dans les salsifis, lorsque les achaines approchent de la maturité, l'involucre se renverse, le réceptacle prend une forme convexe, les aigrettes s'écartent en rayonnant et forment une tête globuleuse que le vent disperse bientôt par parties dans les airs, en laissant le réceptacle dépouillé de sa légère parure.

Chicorée sauvage.

Cichorium intubus, L. (*fig.* 549). — *Car. gén.:* capitule multiflore ; involucre double : l'extérieur court, à 5 folioles, l'intérieur à 8 ou 10 folioles longues, dressées ; réceptacle nu ou garni de quelques poils épars ; achaines obovés, un peu comprimés, striés, glabres, couronnés par deux séries de squamelles très-courtes. — *Car. spéc.* : feuilles inférieures runcinées, munies de poils rudes sur la côté du milieu ; feuilles supérieures oblongues, sous-entières ; capitules axillaires presque sessiles, ordinairement géminés. Cette plante croît partout le long des chemins ; sa tige est haute de 40 à 60 centimètres, très-rameuse; les rameaux sont très-ouverts et hispides. Les corolles sont d'une belle couleur bleue, quelquefois roses ou blanches. Les feuilles adultes sont très-amères, inodores, et fournissent cependant à la distillation un hydrolat odorant et doué d'une amertume très-marquée. Les feuilles très-jeunes sont d'une amertume moins prononcée, tendres, et sont alors mangées en salade ou cuites. Cette même plante, élevée dans les caves, à l'abri de la lumière, s'étiole complétement, devient maigre et effilée, sans perdre son amertume, et est usitée en salade sous le nom de *barbe de capucin*.

Fig. 549. — Chicorée sauvage.

La racine de chicorée est longue, blanche, grosse comme le doigt, et fait partie, ainsi que les feuilles, du *sirop de chicorée* ou *de rhubarbe composé*. Cette même racine séchée et torréfiée a été proposée, lors du blocus continental, comme succédané du café, et depuis cette époque on n'a pas cessé d'en consommer des quantités très-considérables pour cet usage. Elle forme cependant, à elle seule, un breuvage fort désagréable, laxatif, et sans aucune autre analogie de propriétés avec le café, que sa couleur noire.

Chicorée endive, *Cichorium endivia*, L. Espèce supposée par les uns originaire de l'Inde, supposée par les autres être une simple variété de la chicorée sauvage. Cette espèce présente deux variétés cultivées, fort différentes par la forme et le goût. L'une est la **scariole** (1), dont les feuilles sont larges, oblongues, un peu charnues, ondulées, crépues sur le bord, d'une amertume peu sensible ; l'autre est la **chicorée crépue**, dont les feuilles sont arrondies, mais très-profondément divisées et crépues, et dont

(1) Blackwell, tab. CCCLXXVIII.

l'amertume est très-prononcée ; toutes deux sont très-usitées en salade.

Tchingel Sakesey.

[Les Chicoracées contiennent presque toutes un suc laiteux, qui dans certains cas peut donner une espèce de caoutchouc : c'est ainsi que la *Chondrilla graminea*, piquée sur sa racine, laisse découler, pendant vingt-quatre heures environ, un latex dont les habitants de Kapoulou-Hamman, font, lorsqu'il est concrété, de petites masses en forme de noyaux de dattes. Ces masses sont conservées dans l'eau fraîche qui a la propriété de les blanchir. Étalées en lamelles ellipsoïdales, elles forment le *tchingel-sákesey*, de Beybazar, espèce de caoutchouc, d'un gris bleuâtre, que les Orientaux ont l'habitude de mâcher. Une autre espèce de *tchingel* est celui de *Malatia*, dans le Kurdistan. Il a une odeur vireuse plus prononcée, et se présente sous forme de lames minces épaisses de 0,5 à 1 millimètre, arrondies et repliées sur leurs bords (1). Il est aussi produit par une synanthérée, du groupe des carduacées.

Quant au *ghuidjir*, substance élastique, sans saveur ni odeur, en masses brunâtres, de la grosseur d'une petite noix, rebondissant quand elles sont lancées sur le sol, M. Bourlier en rapporte l'origine à des baies de *Smilax*. Les fruits de ces plantes seraient mises dans l'eau bouillante, puis dans l'eau froide, les graines en seraient séparées avec soin et le parenchyme restant soumis à la mastication serait ensuite pétri sous la forme décrite ci-dessus.]

TRIBU DES CYNARÉES.

Bardane.

Genre *Lappa* : capitules homogames (2), multiflores, égaliflores. Involucres globuleux formés d'écailles coriaces, imbriquées, pressées les unes contre les autres, ensuite subulées, enfin terminées par une pointe cornée recourbée en crochet. Réceptacle sous-charnu, plane, garni de fibrilles roides et subulées ; corolles quinquéfides, régulières, dont le tube présente 10 nervures ; filets des étamines couverts de papilles ; anthères terminées en appendices filiformes, pourvues à la base d'appendices subulés ; stigmates séparés, divergents, recourbés en dehors ; achaine

---

(1) Voir Bourlier, *Le Ghuidjir et le Tchingel-Sákesey* (*Journal de chimie et de pharmacie*, 3ᵉ série, XXXIII, p. 184).

(2) *Homogames* (mariages semblables), c'est-à-dire ne contenant que des fleurs semblables par rapport à la présence simultanée des étamines et du pistil, et à la fertilité de l'ovaire ; toutes les fleurs sont donc hermaphrodites fertiles ; cette disposition répond à la syngénésie polygamie égale de Linné.

Multiflores, pauciflores, egaliflores, etc. ; ces mots n'ont pas besoin d'explication.

oblong, comprimé latéralement, glabre, à rugosités transversales ; aigrette courte fortifiée de plusieurs rangs de poils rudes, caducs.

Trois espèces de *Lappa*, comprises par Linné sous la seule dénomination d'*Arctium lappa*, fournissent la **racine de bardane** employée en pharmacie. La première, nommée **grande bardane** ou *Lappa major* (*fig.* 550), croît à la hauteur de 1 mètre à 1^m,30.

Fig. 550. — Grande bardane.

Ses feuilles radicales sont très-grandes, pétiolées, cordiformes, vertes-brunes en dessus, blanchâtres et un peu cotonneuses en dessous ; celles de la tige sont successivement moins grandes et ovales. Les capitules sont terminaux, solitaires, rougeâtres, analogues à ceux des chardons, reconnaissables à leur involucre globuleux qui, en raison des crochets dont il est armé, s'attache à la toison des troupeaux ou aux habits des passants. Sa racine est pivotante, longue, grosse, charnue, noire au dehors, blanche en dedans, d'une saveur douceâtre, austère, nauséeuse et d'une odeur désagréable qui devient encore plus caractérisée par la dessiccation. Cette plante croît sur les chemins, dans les haies et dans les bois un peu humides.

La deuxième espèce, *Lappa minor*, croît dans les lieux pierreux et au bord des routes. Elle est plus petite que la précédente, et ses fleurs, qui sont grosses, au plus, comme des noisettes, naissent cinq ou six ensemble sur des pédoncules axillaires.

La troisième espèce, *Lappa tomentosa*, *Arctium bardana*, Willd. et Nees d'Esenbeck, grande bardane à racine très-volumineuse, diffère des deux premières par un duvet cotonneux semblable à une toile d'araignée, qui recouvre les écailles de ses involucres globuleux. Du reste elle jouit des mêmes propriétés.

La racine de bardane est employée avec succès à l'intérieur, dans les maladies chroniques de la peau et dans les affections syphilitiques et rhumatismales. Elle contient une grande quantité d'*inuline*, comme je l'ai reconnu en 1811. Les feuilles de bardane jouissent de propriétés encore plus actives et ne sont usitées qu'à l'extérieur.

Artichaut cultivé.

Cynara Scolymus, L. — *Car. gén.* : capitule homogame, multiflore, égaliflore; squammes de l'involucre très-nombreuses, imbriquées, larges et charnues à la base, coriaces au milieu, se terminant en une pointe épineuse. Réceptacle charnu, plane, garni de paillettes; corolles à limbe épaissi à la base, égal en longueur à la moitié du tube, à 5 divisions très-inégales; filets des étamines couverts de papilles; anthères terminées par un appendice très-obtus; stigmates épaissis et rapprochés; achaines obovés, comprimés, tétragones, durs, glabres, à aréole large, sous-oblique; aigrette plumeuse, plurisériée. L'artichaut commun croît naturellement dans le midi de l'Europe et est cultivé dans les jardins; sa racine est longue, épaisse, fusiforme; elle produit une tige droite, cannelée, cotonneuse, garnie de quelques rameaux, haute de 60 à 100 centimètres; ses feuilles sont très-grandes, blanchâtres, profondément découpées, presque pinnées, à découpures pinnatifides et épineuses. Ce sont les capitules non épanouis de cette plante que l'on sert sur les tables sous le nom d'*artichauts*. La racine d'artichaut passe pour diurétique; les tiges sont très-amères et contiennent probablement un principe actif dont la médecine pourrait tirer parti. Les fleurons macérés dans l'eau lui donnent la propriété de coaguler le lait.

Artichaut-cardon.

Cynara Cardunculus, L. Cette espèce est originaire des contrées méridionales de l'Europe, et est très-commune également en Algérie. Sa tige est droite, cotonneuse, haute de 1^m,30 à 2 mètres; ses feuilles sont plus longues que celles de l'artichaut commun, pinnatifides, munies d'une longue épine à l'extrémité de chacune de leurs découpures; elles sont vertes en dessus, très-blanches et cotonneuses en dessous; les capitules sont moins gros que ceux de l'artichaut, formés d'écailles peu charnues terminées par une épine aiguë; les fleurons sont bleus et jouissent d'une manière très-marquée de la propriété de faire cailler le lait; ce sont eux principalement qui sont employés pour cet usage sous le nom de *fleurs de chardonnette*. Le principal mérite de cette plante consiste dans la côte longue et charnue de ses feuilles qui, attendrie par l'étiolement, forme un mets agréable et facile à digérer. On les sert sur les tables sous le nom de *cardons*.

Chardon aux ânes.

Onopordon acanthium. Plante commune aux environs de Paris, haute de 60 à 100 centimètres, à feuilles décurrentes, sinuées-dentées, épineuses. Les réceptacles sont charnus et pourraient être mangés comme les artichauts, si on prenait la peine d'en augmenter le volume par la culture. Les semences, qui sont perdues, devraient être récoltées et soumises à l'expression pour en retirer l'huile. D'après Murray, un seul pied d'onopordon peut fournir 12 livres de graines, dont on retirerait 3 livres d'huile.

Un pharmacien m'a communiqué anciennement deux échantillons de fleurs vendues comme *fleurs de chardonnette*, dont un était de la fleur d'*Onopordon acanthium*. Il me prévenait que cette fleur formait avec l'eau un infusé d'une saveur très-amère, qui ne jouissait pas de la propriété de coaguler le lait. Ces fleurs se distinguaient d'ailleurs de celles de chardonnette par leur couleur blanche, leur odeur peu agréable, leur longueur qui ne dépassait pas 3 centimètres; enfin par leurs achaines mêlés, qui étaient oblongs, obovés, tétragones, couronnés par une aigrette courte. Les véritables fleurs de chardonnette sont longues de 4 à 6 centimètres, d'une couleur violacée, souvent entourées à la base par une couronne de poils fort longs; elles possèdent une odeur très-marquée, agréable, semblable à celle du carthame. Elles sont moins amères que les précédentes, et ont la propriété de coaguler le lait.

Chardon-marie.

Silybum marianum, Gærtn.; *Carduus marianus*, L. Plante haute de 60 à 100 centimètres, dont la tige épaisse et rameuse par le haut porte des feuilles fort grandes, larges, sinuées, épineuses, parsemées, sur un fond d'un beau vert, de grandes taches blanches. Les capitules sont terminaux, entourés d'un involucre ventru dont les squammes extérieures sont dilatées en un appendice renversé, ové et denté, terminé par une longue pointe; les squammes intérieures sont lancéolées, très-entières. Le réceptacle est charnu, garni de paillettes; les corolles sont inégalement quinquéfides; l'achaine est surmonté d'une aigrette plurisériée, caduque, portée sur un anneau corné.

On a attribué à cette plante de grandes propriétés qui n'ont pas été confirmées par l'expérience ; mais ses jeunes feuilles, débarrassées de leurs épines, ses tiges cuites, ses réceptacles charnus, peuvent être employés comme aliment.

Carthame des teinturiers ou Safranum.

Carthamus tinctorius, L. (*fig.* 551). — *Car. gén.* : capitule homogame, multiflore, égaliflore; squammes extérieures de l'involucre foliacées, ouvertes; celles du milieu dressées, élargies en un appendice ové, légèrement épineux à la marge; les plus intérieures oblongues, entières, terminées par une pointe piquante. Réceptacle pourvu de paillettes linéaires; corolles à 5 divisions presque régulières, glabres, dont le tube dépasse l'involucre; filaments des étamines glabriuscules; anthères terminées par un appendice obtus; stigmates à peine distincts; achaines ovés-tétragones, glabres, très-lisses; aigrette nulle.

Fig. 551. — Carthame.

Le carthame est une plante annuelle de l'Inde et de l'Égypte, cultivée en France et en Allemagne à cause de sa fleur qui est usitée dans la teinture. Sa tige est simple par le bas, rameuse par le haut, garnie de feuilles ovées-lancéolées, plus ou moins dentées-épineuses, et terminée par plusieurs capitules globuleux, surmontés par des fleurons nombreux, d'un beau rouge orangé, plus longs que l'involucre, serrés et rapprochés par l'ouverture rétrécie de l'involucre, mais épanouis en une tête globuleuse à l'extrémité. Ces fleurons, que l'on fait sécher seuls, sont composés d'un tube rouge, divisé supérieurement en cinq parties et contenant encore les organes sexuels. Ils ont une odeur assez marquée, qui n'est pas désagréable, et une certaine ressemblance extérieure avec le safran, ce qui est cause qu'on le mêle souvent à ce dernier dans le commerce. J'ai indiqué précédemment le moyen de reconnaître cette fraude (1).

Le carthame contient deux matières colorantes : l'une jaune, soluble dans l'eau, en est séparée et est rejetée comme inutile; l'autre rouge, qui ne se dissout qu'à l'aide d'un alcali, en est extraite par ce moyen, et est ensuite précipitée par un acide végétal, ou sur la soie, qu'elle teint en rose, ou sous forme d'une laque nommée communément *rouge végétal*, dont les dames se servent pour se peindre le visage.

Cette couleur rose est une des plus belles que l'on puisse voir, mais c'est aussi une des plus fugaces. On la trouve encore sous deux autres formes : l'une est une laque rouge, dure et compacte, préparée en Égypte; l'autre est un petit carton, recouvert, en Chine, d'une couche de matière colorante pure. Ce qu'il y a de singulier, c'est que cette couche desséchée offre la couleur verte dorée et l'éclat des élytres de cantharides; la couleur rose paraît aussitôt qu'on la touche avec de l'eau.

Dufour, pharmacien, a publié une bonne analyse des fleurs de carthame (2).

Les semences de carthame sont dépourvues d'aigrette, blanches, oblongues, lisses et quadrangulaires; elles sont émulsives, et fournissent par expression une huile qui est employée en Égypte, mais non en France. Elles entrent dans les tablettes *diacarthami*, auxquelles elles ont donné leur nom.

Chardon bénit.

Cnicus benedictus, Gært. (*fig.* 552.) Plante annuelle, croissant naturellement dans le midi de l'Europe et cultivée dans nos contrées; sa tige est droite, haute de 50 centimètres, rameuse, laineuse, garnie de feuilles demi-décurrentes, oblongues, sinuées ou dentées et un peu épineuses. Les capitules sont solitaires et terminaux, entourés de bractées foliiformes; l'involucre propre est ové, composé d'écailles appliquées, coriaces, prolongées en un long appendice dur et épineux, pourvu d'épines latérales pinnées et distancées; le réceptacle est pourvu de paillettes. Les

---

(1) Tome II, p. 198.
(2) Dufour, *Annales de chimie*, t. XLVIII, p. 283. Voir également t. L, p. 73.

fleurs sont nombreuses, presque régulières, hermaphrodites fertiles, excepté celles de la série la plus extérieure, qui sont stériles. L'achaine est glabre, régulièrement et longitudinalement strié, surmonté d'un bourrelet extérieur très-court et d'une double couronne formée chacune de 10 soies, les extérieures plus longues que les intérieures.

On lit dans plusieurs ouvrages que le **chardon bénit des Parisiens** est le *Carthamus lanatus*, L. (*Kentrophyllum lanatum*, DC.) (1). Je ne sais sur quoi cette assertion est fondée; mais le chardon bénit de nos officines est bien le *Cnicus benedictus* de Gærtner (2), et le *Carduus benedictus* de Blackwell (3). On en a une analyse, faite par M. Morin, de Rouen (4).

Fig. 352. — Chardon bénit.

Centaurées.

Genre très-nombreux de la tribu des Cynarées, dont l'involucre est formé de squammes variées; les fleurons de la circonférence sont presque toujours stériles et pourvus d'une corolle accrue et rayonnante; les achaines sont comprimés, à hile latéral antérieur; l'aigrette est formée de soies rudes, multisériées, celles de la série intérieure étant plus petites et conniventes, plus rarement égales aux autres ou plus grandes. Ce genre avait été divisé par plusieurs botanistes en un grand nombre d'autres qui n'ont été considérés par De Candolle que comme de simples sections du même genre. Plusieurs des plantes qui le composent ont été employées en médecine, mais sont presque inusitées aujourd'hui.

Grande centaurée, *Centaurea Centaurium*, L. Tige droite, rameuse, haute de 1 mètre à $1^m,50$; feuilles grandes, alternes, em-

---

(1) Blackwell, tab. CDLXVIII.
(2) Gærtner, tab. CLXII.
(3) Blachwell, tab. CDLXXVI.
(4) Morin, *Journal de chimie médicale*, 1827, p. 105.

brassantes, profondément pinnatifides, à lobes dentés en scie; involucres globuleux à écailles ovales, appliquées, obtuses et privées d'épines; corolles purpurines. Cette plante croît en Italie.

Jacée des prés, *Centaurea Jacea*, L. Plante herbacée, haute de 35 à 50 centimètres, munie de feuilles rudes au toucher, éparses, lancéolées, les inférieures découpées sur le bord, les supérieures entières. Les capitules sont formés de fleurs purpurines, quelquefois blanches, dont les extérieures sont stériles et plus grandes que celles du disque. Les achaines sont absolument dépourvus d'aigrette.

Bluet ou **barbeau**, *Centaurea Cyanus*, L. Tige droite, rameuse, cotonneuse; feuilles alternes, cotonneuses, sessiles, linéaires, très-entières, les inférieures plus larges, pinnatifides ou dentées; capitules entourés de bractées; involucre ovale ou sous-globuleux, composé de squammes ceintes jusqu'au sommet d'une marge membraneuse, dentée et ciliée. Les corolles de la circonférence sont beaucoup plus grandes que celles du disque; les stigmates sont libres; le fruit présente un ombilic nu et une aigrette plus courte que l'achaine. Cette plante croît spontanément au milieu de nos moissons qui se parent, au mois de juin, de ses fleurs d'un bleu céleste, rarement rouges ou blanches, mélangées à celles des coquelicots. La fleur de bluet est peu odorante et fournit peu de principes à la distillation. On en préparait cependant autrefois une eau distillée à laquelle on a attribué de si grandes propriétés contre diverses maladies des yeux que la plante en a pris le nom de *casse-lunettes*.

Chardon étoilé ou **chausse-trappe**, *Centaurea Calcitrapa*, L. Tige très-rameuse, diffuse, poilue, munie de feuilles sessiles, pinnatilobées, capitules ovés, sessiles entre les feuilles extrêmes sous-indivises; squammes extérieures de l'involucre terminées en une longue épine ouverte, avec 2 ou 3 spinules à la base; squammes intérieures scarieuses, obtuses au sommet; achaines dépourvus d'aigrette. Cette plante croît en France sur le bord des chemins et des fossés; elle est amère et a été vantée comme fébrifuge; on a employé dans ce but les différentes parties de la plante, racines, fleurs ou feuilles.

[**Behen blanc**, c'est probablement la racine du *Centaurea Behen*, L., observée par plusieurs voyageurs dans la Perse, en Cappadoce et au pied du mont Liban, en Syrie; elle est employée par les Arabes comme tonique et pour réparer les forces viriles. Telle qu'elle est venue à l'Exposition universelle de 1855, elle est blanche et charnue, mondée au couteau de sa partie corticale, qui y a laissé l'impression de fibres tortueuses, disposées en réseau. Toute la racine a été gorgée d'un suc gommo-miellé, qui lui communique un peu de translucidité, et lui conserve une consistance molle et pâteuse sous le couteau. Elle est mucilagineuse, faiblement sucrée et très-faiblement amère. Elle ne contient pas d'amidon.] Cette racine a d'ailleurs été toujours tellement rare en Europe qu'on lui substituait celle de quelques plantes caryophyllées de notre pays, telles que celles du *Silene inflata*, Smith (*Cucubalus Behen*, L.), du *Silene armeria*, L. et du *Silene Behen*, L. Aujourd'hui les unes et les autres sont oubliées.

[Quant au *behen rouge*, que M. Guibourt rapporte au *Statice Limonium* (Voir t. II, p. 449), le fragment qu'il en a eu entre les mains présente de l'extérieur à l'intérieur : 1° un périderme brun, marqué de petit sillons transversaux et annulaires, très-nombreux et très-serrés, se détachant en fragments; 2° une première écorce mince, rouge, feuilletée ; 3° une seconde écorce, épaisse de près d'un centimètre, présentant sur ses parties dénudées une surface jaunâtre, sillonnée, formée de fibres anastomosées agglutinées par un suc gommeux. Sur la coupe transversale on y voit une matière blanche, d'apparence amylacée, non colorable par l'iode, traversée de fibres ligneuses radiantes, devenant plus serrées à la partie interne et d'une couleur rouge : la surface interne de l'écorce, très-unie, présente l'aspect d'une pellicule rougeâtre formée par un suc desséché. En somme, la racine a une teinte rouge ou rose, elle est sans odeur et légèrement astringente.

Ce *behen rouge* est, comme on le voit, l'écorce d'une racine dont on a enlevé la partie ligneuse. Au premier abord elle ne ressemble pas beaucoup à la racine du *Statice Limonium* de nos jardins de botanique; on retrouve cependant dans ce *Statice* tous les éléments du behen : de sorte qu'il n'y a pas d'objection sérieuse à le regarder comme l'origine de cette substance (1).

Carlines et chamæléons.

Car. gén. : capitule homogame, multiflore, égaliflore ; squammes extérieures de l'involucre ouvertes, foliacées, dentées-épineuses; squammes intérieures allongées, rayonnantes, scarieuses, colorées ; réceptacle plane ; paillettes soudées à la base en forme d'alvéoles, inégalement multifides au sommet ; corolles glabres, quinquéfides; anthères longuement appendiculées au sommet, à double queue plumeuse à la base : filets glabres ; achaines cylindriques, couverts de poils soyeux, appliqués, bi-apiculés ; ai-

---

(1) Voir Guibourt *sur les Behen rouge et blanc* (*Journ. de pharm. et de chim.*, 1857, 3° série, tom. XXXI, pag. 277).

grette formée de lamelles plumeuses, unisériées, soudées inférieurement par 3 ou 4.

La **carline officinale**, *Carlina subacaulis*, DC., paraît avoir été connue des anciens sous les noms d'*ixinè* ou de *helxinè*. Elle a pris son nom moderne de celui de Charlemagne, sous le règne duquel on dit qu'elle fut employée avec succès contre la peste. On en connaît deux espèces que les botanistes considèrent comme deux variétés de la même plante. La première est le *Carlina subacaulis acaulis*, DC., le *Carlina acaulos magno flore albo* de G. Bauhin, le *Chamæleon albus* de Clusius, la *carline* ou le *chamæleon blanc* de Lemery. Cette plante (*fig.* 553) pousse de sa racine des feuil-

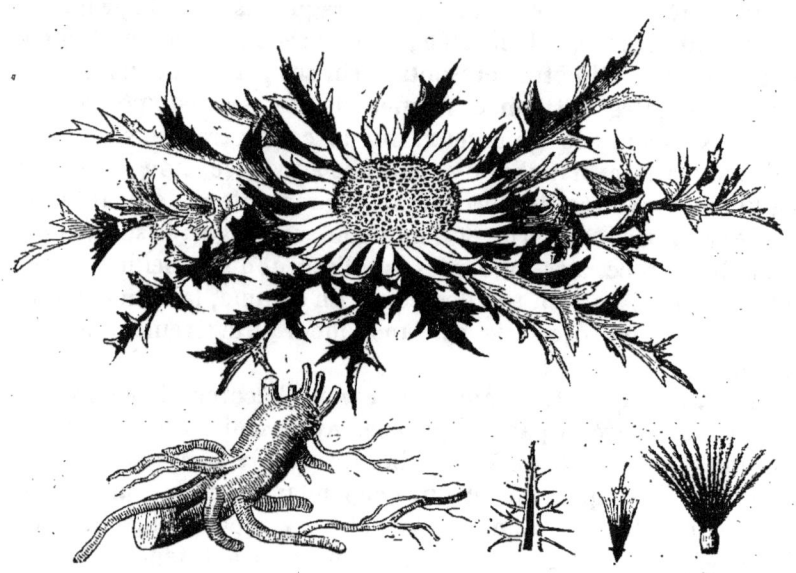

Fig. 553. — Carline officinale.

les grandes, longues, larges, profondément découpées, garnies de pointes rudes et piquantes, comme celles des artichauts. Ces feuilles sont étendues à terre, et il sort du milieu d'elles, sans aucune apparence de tige, un capitule fort large, orbiculaire, entouré d'un double involucre épineux, dont l'intérieur est formé de squammes simples, linéaires, rayonnantes, blanches ou purpurines, qui donnent au capitule l'apparence d'une grande fleur radiée. La racine de cette plante est droite, pivotante, longue de 60 centimètres, grosse comme le pouce, de couleur obscure au dehors, blanche en dedans, d'une odeur forte et aromatique, d'un goût âcre, aromatique, non désagréable. Au dire de Geoffroy, la surface en est ordinairement comme rongée et percée. Cette variété est fort rare, et ne fournit probablement pas la racine de carline du commerce.

L'autre est beaucoup plus commune. C'est le *Carlina subacaulis caulescens*, DC., le *Carlina elatior* ou *Chamæleon albus vulgaris* de Clusius; la *carline* ou le *chamæléon noir* de Lemery. Elle diffère de la première en ce que son capitule est moins volumineux, et porté seul à l'extrémité d'une tige qui s'élève, d'entre les feuilles, à la hauteur de 30 centimètres environ. Sa racine est ordinairement à demi ouverte, dit Lemery, et ce caractère doit être remarqué, car on le retrouve dans plusieurs racines de la même famille, et c'est lui qui m'a servi pour trouver la véritable origine de la racine de costus.

La racine de carline, telle que le commerce la fournit, est longue de 13 à 16 centimètres, grosse comme le petit doigt, d'une couleur grise, toujours ouverte longitudinalement, ou comme rongée d'un côté, d'une odeur et d'une saveur mixtes d'aunée et de bardane, que quelques personnes comparent à celles du champignon comestible.

On vient de voir que la carline acaule a été nommée par Clusius et Lemery *chamæléon blanc*, et la carline à tige, par Lemery, *chamæléon noir*. Cette synonymie, admise par beaucoup d'auteurs, était fondée sur ce que ces auteurs croyaient que leurs racines étaient celles que les anciens nommaient *chamæléons*; mais c'est une erreur qui a été reconnue par Pierre Bélon. Ce botaniste a trouvé, en effet, dans l'île de Crète, le vrai **chamæléon blanc** des anciens. [Il a été récemment étudié par M. Lefranc, pharmacien militaire, qui a mis en évidence les propriétés toxiques narcotico-âcres de cette racine ; ces propriétés, connues des anciens, mais oubliées ou passées sous silence par les auteurs modernes, ont causé plusieurs empoisonnements : elles méritent donc d'être signalées. M. Lefranc a extrait de cette racine une substance très-intéressante : un sel de potasse à acide copulé tribasique, du genre des acides viniques et du groupe des saccharides, auquel il donne le nom d'acide atractylique. En outre, on trouve dans le chamæléon blanc un principe sucré cristallisant en prismes à sommets obliques, susceptible de fermenter, quoique ne réduisant le réactif cupro-potassique qu'après avoir subi l'action de l'acide chlorhydrique étendu. L'inuline s'y rencontre dans la proportion de 46,5 pour 100 de la substance sèche (1).] Cette plante, dont la racine est grosse comme la cuisse, et exhale lorsqu'elle est sèche, une forte odeur de violette, est le **Carlina**

---

(1) Voir Lefranc, *Sur les plantes connues des Grecs sous les noms de chaméléon noir et de chaméléon blanc* (*Bull. de la Soc. bot. de France*, XIV, p. 48, 1867), et *Journal de pharmacie et de chimie*, 4ᵉ série, VIII, p. 572.

gummifera de Lesson, l'*Acarna gummifera* de Widenow, l'*Atractylis gummifera* de Linné, le *Cnicus carlinæfolio, acaulos, gummifer, cauleatus* de Tournefort.

Quant au vrai **chaméléon noir**, il a été trouvé par Belon dans l'île de Lemnos ; c'est le **Cardopatium corymbosum**, J. ; le *Brotera corymbosa*, W. ; le *Carthamus corymbosus*, L. ; le *Chamæleon niger, umbellatus, flore cœruleo hyacinthino* de G. Bauhin. Cette plante, dont la tige est droite et haute de 33 centimètres, porte près de sa base de grandes feuilles étalées, pinnatifides, épineuses, et forme au sommet un corymbe très-serré de capitules nombreux, sessiles, composés de fleurs bleues. Sa racine renferme un suc très-acre et caustique, et Dioscoride la décrit comme étant à demi rongée ; elle ressemble donc par ce singulier caractère aux deux racines de carline ; mais elle en diffère par sa causticité.

Racine de costus.

Les anciens auteurs grecs et latins ont parlé du costus, et en ont distingué plusieurs sortes. Dioscoride, par exemple, en reconnaît trois, à savoir : l'*arabique*, qui est blanc, léger, et d'une grande suavité d'odeur ; l'*indien*, moins estimé, qui est léger, plein, noir comme une férule ; enfin le *syriaque*, qui est pesant, d'une couleur de buis et d'une odeur fatigante. Dioscoride ajoute qu'on sophistique le costus en y mêlant la racine d'une espèce d'aunée qui croît en Comagène ; mais que cette tromperie est facile à reconnaître, l'aunée n'étant pas brûlante au goût, et n'ayant pas une odeur aussi forte et qui porte à la tête.

Au total, d'après Dioscoride, le costus est une racine qui doit avoir de la ressemblance avec celle de l'aunée, et qui doit être blanchâtre, d'une odeur forte et pénétrante et d'une saveur brûlante.

Pline ne dit rien autre chose du costus, si ce n'est qu'il a une saveur brûlante et une excellente odeur, et que tout le reste de la plante est inutile. Il ajoute cependant que dans l'île Patale, à l'embouchure de l'Indus, le costus est de deux sortes : l'une *noire* et l'autre *blanchâtre*, qui est la meilleure. D'autres auteurs distinguent le costus en *doux* et *amer* ; mais, suivant Galien, tout le costus est amer : il semble, d'après cela, qu'on peut ajouter l'amertume au nombre des caractères propres au costus des anciens.

Suivant Bontius et Garcias ab horto, qui ont longtemps séjourné dans l'Inde, *il n'y a qu'une seule espèce de costus*, douée d'une odeur très-forte et qui n'est ni douce ni amère au goût lorsqu'elle est récente ; car alors elle est très-âcre ; mais elle devient amère en vieillissant. Garcias dit s'être informé de commerçants arabes, turcs et persans, s'il naissait chez eux quelque autre espèce de costus que celle tirée de l'Inde, et que tous lui ont répondu ne connaître que le costus de l'Inde.

On trouve à la vérité dans les ouvrages de plusieurs botanistes, tels que Gaspard Bauhin, Jean Bauhin et Chabræus, des figures de costus qui semblent en indiquer plusieurs espèces ; mais c'est parce que ces

SYNANTHÉRÉES. — CYNARÉES.

botanistes, voulant retrouver les sortes de costus mentionnées par les anciens, en donnaient le nom à quelques racines aromatiques que ces anciens n'avaient pas décrites ailleurs, et que l'on pouvait supposer, par cela seul, avoir été comprises par eux dans les costus : telles étaient le *gingembre sauvage* et la *zédoaire*. Mais si l'on consulte les auteurs contemporains qui ont écrit sur la droguerie et la pharmacie pratiques, comme Pomet, de Meuve, Lemery, de Renou, Charas, on reconnaîtra qu'ils n'ont tous vu qu'une seule et même espèce de costus, qui est celle que nous avons.

Je suis entré dans ces détails, afin de montrer qu'il n'existe véritablement qu'un seul costus (nommé par les Arabes *cast* ou *cost*), dont la patrie paraît être une contrée presque inculte et inconnue, comprise entre la presqu'île de Guzerate, le royaume de Delhi et le cours de l'Indus. Ce costus a été tiré par Clusius de Portugal, alors que cette puissance dominait seule en Asie et en faisait le commerce exclusif ; et la figure qu'il en a laissée, ainsi que la description, se rapportent exactement à notre costus actuel. De plus, il faut bien reconnaître que ce costus s'accorde assez bien avec la description de Dioscoride ; ce qui, joint à la tradition nominale, m'autorise à conclure que c'est le même. En voici maintenant les caractères :

Le costus des officines (*fig* 554) est une racine qui, lorsqu'elle est entière, paraît napiforme, non articulée ni fibreuse, assez pesante ; elle est terminée

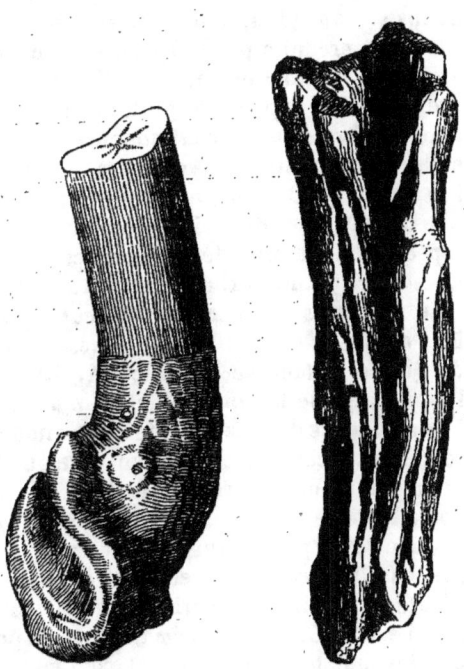

Fig. 554. — Costus des officines.

supérieurement par une tige qui est fibreuse à l'extérieur, et entièrement remplie par une moelle blanche.

La grosseur de cette racine varie depuis celle du petit doigt jusqu'à 54 millimètres de diamètre. Elle est grise à l'extérieur, blanchâtre à l'intérieur, d'une odeur analogue à celle de l'iris ; mais il s'y mêle une odeur de *bouc*, qui donne à la première beaucoup de force et de ténacité. Sa saveur est assez fortement amère et un peu âcre.

La racine de costus est rarement entière ; ordinairement elle est brisée en tronçons irréguliers devenus aussi gris à l'intérieur qu'à l'extérieur, et qui offrent dans leur cassure un grand nombre de cellules remplies d'une substance rouge transparente, probablement de nature gommo-résineuse. La substance même de la racine est criblée d'une infinité de pores visibles à la loupe, surtout après avoir dissous, par l'eau et l'alcool, la matière soluble qui les remplit (1). Ce caractère est commun à la racine de turbith, à laquelle d'ailleurs le costus ressemble beaucoup ; mais le turbith est inodore, et le costus possède, comme je l'ai dit, une forte odeur d'iris et de bouc mêlés.

Enfin la racine de costus offre un caractère remarquable, qui doit nous mettre sur la voie de son origine botanique : la plupart des morceaux sont à moitié ouverts sur le côté, et sont souvent comme rongés jusqu'au centre. Ceux des morceaux qui n'offrent pas encore cette solution de continuité sont au moins déprimés d'un côté, ce qui indique un caractère non accidentel et qui tient à l'organisation même du végétal. Si l'on ouvre la plupart des auteurs, on y voit que la racine de costus sentant l'iris, *Costus iridem redolens, Costus indicus violæ martis odore*, est produite par le *tsjana-kua* de Van Rheede, qui est le *Costus arabicus* de Linné, ou mieux le *Costus speciosus* de Wildenow, le *Costus arabicus*, L. se rapportant plutôt à une espèce américaine ; mais la racine du *Costus speciosus* est noueuse et articulée, comme presque toutes celles de la famille des Amomées, et elle est entourée d'un grand nombre de fibres. De plus, elle a une saveur presque nulle et une odeur peu marquée. Enfin j'ai examiné avec soin tous les genres et toutes les espèces de la famille de Scitaminées que l'on trouve dans les magnifiques ouvrages de Roxburgh et de Roscoë, et je puis dire que notre racine de costus n'appartient à aucune plante de cette famille. J'ai prié M. Pereira de soumettre cette question au docteur Wallich, directeur du jardin botanique de Calcutta. Ce savant a répondu, comme je l'avais fait, que le costus officinal n'appartenait ni au genre costus ni à aucun genre de la famille des Scitaminées. Cette racine lui était même tout à fait inconnue, ce qui tient à ce qu'elle est étrangère au Bengale, et qu'elle ne doit provenir, ainsi que je l'ai dit, que des contrées situées entre la Perse et la presqu'île occidentale de l'Inde.

Quant à la plante qui produit la racine de costus officinal, rien ne me paraît encore contredire l'opinion que j'ai émise (2), que cette plante est voisine des carlines et des chamæléons. On peut voir en effet à l'article *Carline* et *Chamæléon*, qui a précédé, que les racines de ces plantes sont toutes ouvertes et comme à demi rongées sur le côté. J'y ai rappelé que le chamæléon blanc, trouvé par Belon dans l'île de Crète, produisait une racine si odorante que la pièce où on la conserve en contracte une odeur de violette capable d'entêter. Je dois ajouter qu'en comparant la racine de carline du commerce au costus, on trouve des morceaux tellement semblables entre eux qu'on les dirait produits par la même plante. Je crois pouvoir en conclure encore que le costus officinal provient d'une plante voisine des carlines et des chamæléons, qui diffère de la carline par l'odeur, l'amertume, l'âcreté et le volume plus considérable de sa racine ; du chamæléon blanc, parce qu'elle est

(1) Le costus communique à l'éther, à l'alcool et à l'eau une couleur jaune foncée ; le macéré aqueux est très-amer, l'alcoolique l'est beaucoup moins.
(2) Guibourt, *Journal de chimie médicale*, t. VIII, p. 666.

à son tour plus petite que lui, et qu'elle porte une tige, tandis que le chamæléon blanc en est dépourvu ; du chamæléon noir, parce que celui-ci est âcre et caustique, ce que ne présente pas la racine de costus, au moins dans l'état où nous la connaissons ; enfin de l'*Agriocynara* de Belon, en ce que celui-ci a la racine noire à l'intérieur comme à l'extérieur.

J'ai transcrit littéralement ici l'article *Costus* de ma troisième édition, qui n'est que le résumé de deux articles sur le même sujet publiés par moi (1); parce que je tiens à honneur de montrer que c'est moi qui, en m'aidant des seuls caractères physiques de la racine et en repoussant l'opinion généralement admise que cette racine était produite par une plante scitaminée, suis arrivé le premier à en découvrir la véritable origine. M. Falconer, surintendant du Jardin botanique de Saharunpore, en trouvant dans un voyage au Cachemire la plante qui produit le costus, n'a fait que confirmer toutes les données précédentes (2).

Cette plante croît en grande abondance sur les pentes découvertes des montagnes qui entourent la vallée de Cachemire, à une élévation de 8 à 9000 pieds au-dessus du niveau de la mer. Sa racine, nommée *koot*, forme un article important de commerce, et on en récolte annuellement environ 2 millions de livres pesant, dont la plus grande partie est importée en Chine, où elle est tenue en grande réputation comme aphrodisiaque. On l'emploie également comme vermifuge chez les enfants, et pour préserver les ballots de châles de l'attaque des teignes. La plante est regardée par M. Falconer comme formant le type d'un nouveau genre de Cynarées, voisin des *Saussurea*, auquel il a donné le nom de *Auklandia*, en l'honneur de lord Aukland, gouverneur général de l'Inde, et lui a imposé le nom spécifique de *auklandia Costus*. Voici les caractères qu'il en donne :

Capitule homogame, multiflore ; involucre ové-globuleux, imbriqué, multisérié ; squammes oblongues, appliquées, avec un sommet endurci, écarté, terminé en soie ; réceptacle convexe couvert de squamelles formant alvéoles par le bas. Corolles égales, quinquéfides, à tube grêle, allongé, sous-dilaté à la base, renflé à la gorge, à lobes linéaires égaux ; anthères courtement appendiculées au sommet, terminées à la base par 2 queues plumeuses ; filets glabres ; styles à rameaux allongés, libres, divergents ; achaines glabres, obovés, épais ; paillettes de l'aigrette égales, *bisériées* ; soies plumeuses cohérentes à la base par 3 ou 4, réunies en un anneau caduc.

Herbe haute d'une toise, vivace ; racine épaisse, sous-fusiforme, rameuse, très-aromatique ; tige simple, droite, striée, feuillue ; feuilles alternes, très-amples, sous-lyrées, à lobe terminal très-grand, hasté-cordé, inégalement denté, à dents terminées par une soie ; capitules terminaux sessiles, réunis au nombre de 5 à 8 ; fleurs d'un pourpre noirâtre.

(1) Guibourt, *Journal de chimie médicale*, en 1831 et 1832.
(2) Falconer, Mémoire communiqué le 17 novembre 1840, par M. Royle, à la Société linnéenne de Londres, imprimé par extrait, en 1841, dans les *Annals and magazine of natural history* (t. VI, p. 475) et *in extenso* dans les *Transactions of the linnean Society*, 1845, t. XIX, p. 23.

Cette même plante, si bien décrite par M. Falconer, avait été trouvée avant lui, en 1831, par Victor Jacquemont, sur les montagnes du Cachemire, à une hauteur de 2600 à 3000 mètres, et a été décrite par M. Decaisne (1) sous le nom de *Aplotaxis Lappa*. Le seul caractère différentiel qu'on y trouve, c'est que, dans l'*Aplotaxis Lappa* (*fig.* 555), l'aigrette de l'ovaire est unisériée, tandis qu'elle présente deux séries de soies dans l'*Auklandia*. Mais si l'on veut bien remarquer que M. Falconer reproche à De Candolle d'avoir séparé son genre *Aplotaxis* du genre *Saussurea*, sur ce seul caractère que l'aigrette des *Aplotaxis* présente une seule série de soies, tandis que, d'après l'observation de M. M.-P. Edgeworth, le plus grand nombre des *Aplotaxis* de l'Himalaya possède réellement un rang extérieur de soies très-caduques, qui disparaissent fréquemment dans les échantillons desséchés, on sera convaincu de l'identité des deux plantes. Voici ma conclusion dernière : si la plante possède deux séries de soies à l'aigrette, elle appartient au genre *Saussurea*, dont elle ne se distingue par aucun caractère essentiel, et son nom doit être *Saussurea Costus*; si l'aigrette est véritablement unisériée, comme l'a vue M. Decaisne, c'est un *Haplotaxis* (2), et je pense que le nom *Haplotaxis Costus*, qui rappelle son produit le plus essentiel, doit lui être appliqué préférablement à celui d'*Aplotaxis Lappa*.

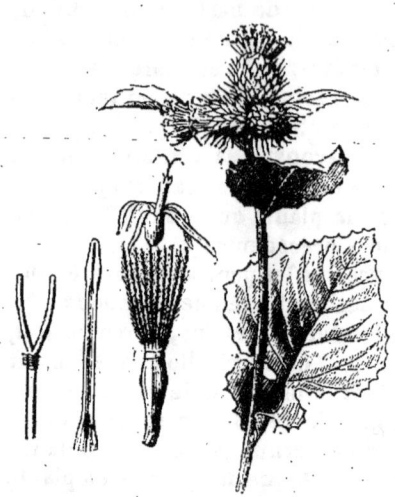

Fig. 555. — *Aplotaxis Lappa*.

La racine de costus, comme toutes les substances aphrodisiaques, était autrefois très-usitée dans les parfums et les pommades odoriférantes. Elle n'entre plus guère aujourd'hui que dans la thériaque. Il y a un certain nombre d'années qu'un droguiste de Paris, se trouvant à Londres, à une vente de la Compagnie des Indes, en a acheté une assez forte partie, sous le nom de *racine d'iris*, et à vil prix. C'est cette racine qu'on a trouvée pendant quelque temps dans le commerce, à Paris. Malheureusement, beaucoup de personnes ne la connaissant pas, la plus grande partie a été employée comme racine de turbith et a été perdue pour la pharmacie. Elle est devenue aujourd'hui presque aussi introuvable qu'auparavant.

(1) Decaisne, *in* Jacquemont, *Voyage dans l'Inde*, t. IV, p. 96; atlas, pl. CIV.
(2) Ce nom étant dérivé de ἁπλόος simple et de τάξις série, doit s'écrire *haplotaxis* et non *aplotaxis*.

Souci des jardins.

Calendula officinalis, L. Cette plante et ses congénères, quoique comprises encore dans la tribu des Cynarées, en diffèrent beaucoup par leur port et par leurs capitules hétérogames, dont les fleurs de la circonférence sont ligulées, radiées, femelles et fertiles, tandis que celles du disque sont tubulées, à 5 dents, hermaphrodites, mais stériles par l'avortement du pistil, ou mâles ; le réceptacle est nu ; l'involucre est formé de un ou deux rangs de folioles égales, lancéolées ; les achaines sont courbés en arc, épineux sur le dos, privés d'aigrette ; les feuilles sont parsemées de points transparents et pourvues d'une odeur désagréable.

Le souci officinal croît naturellement dans les champs du midi de l'Europe et est cultivé dans les jardins à cause de ses fleurs d'un jaune foncé, radiées et d'un assez bel effet ; ses feuilles sont pubescentes, les inférieures entières et spatulées, les supérieures cordées-amplexicaules, lancéolées, un peu dentées. Cette plante a été très-employée, autrefois, dans un grand nombre de maladies diverses ; elle est inusitée aujourd'hui. Il en est de même du souci des champs (*Calendula arvensis*), qui est assez semblable au précédent, si ce n'est qu'il est plus petit dans toutes ses parties.

TRIBU DES SÉNÉCIONIDÉES.

Arnica de montagne.

Arnica montana, L. (*fig.* 556). — *Car. gén.*: capitule multiflore hétérogame ; fleurs du rayon unisériées, femelles ligulées, présentant parfois des étamines rudimentaires, tube velu ; fleurs du disque hermaphrodites, tubuleuses, à 5 dents ; involucre campanulé formé de deux séries de squammes linéaires-lancéolées, égales. Réceptacle couvert de soies fines ; styles du disque à rameaux longs, couverts d'un duvet descendant très-bas, tronqués par le haut ou surmontés d'un cône court ; achaines sous-cylindriques, atténués à chaque extrémité, à côtes peu marquées, un peu velus ; aigrette unisériée, à poils ramassés, un peu rigides, couverts de petites barbes rudes.

L'arnica croît en Allemagne, en Suisse et dans les Vosges. Il pousse de sa racine plusieurs feuilles obovées, entières, à 5 nervures, d'entre lesquelles s'élève une tige haute de 35 centimètres, qui porte une ou deux paires d'autres feuilles plus petites, opposées, plus étroites, et qui se termine par une belle fleur jaune radiée, accompagnée plus tard de une ou deux fleurs latérales, portées sur de longs pédoncules sortis de l'aisselle des deux feuilles supérieures. La racine, la feuille et la fleur de l'arnica sont usitées, et en France c'est la fleur qui l'est le plus. La racine est brune ou rougeâtre à l'extérieur, blanchâtre à l'intérieur, menue, fibreuse, d'une odeur forte et âcre, d'une saveur également âcre, aromatique, non désagréable. Elle est excitante, antiseptique, résolutive et quelquefois vomitive. La feuille est employée en poudre comme sternutatoire; quant à la fleur, qu'il est facile de reconnaître à ses demi-fleurons d'un jaune doré et aux semences noires couronnées d'une aigrette gris de lin qu'elle renferme toujours, elle a une odeur forte, agréable, et jouit à un très-haut degré de la propriété sternutatoire; il suffit même, pour éprouver de violents éternuments, de remuer les fleurs avec les mains, ce qui est dû à des parties soyeuses extrêmement fines qui s'introduisent dans les narines et les irritent fortement.

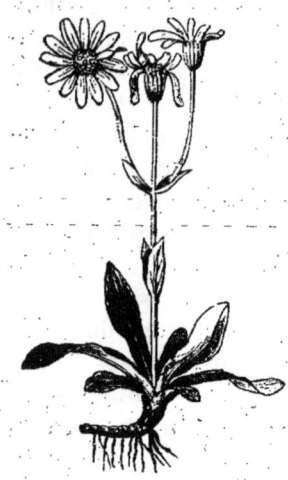

Fig. 556. — Arnica.

La fleur d'arnica prise en infusion est excitante, sudorifique et utile dans les affections rhumatismales et la paralysie. Elle est émétique à trop haute dose, ce qu'il faut éviter. M. Mercier, médecin de Rochefort, avait cru devoir attribuer ce dernier effet à des larves d'insectes qui se trouvent souvent dans la fleur d'arnica (1); mais, d'après une observation rapportée par MM. Chevallier et Lassaigne, il paraît certain que la fleur d'arnica jouit par elle-même de la propriété vomitive.

Ces mêmes chimistes ont analysé la fleur d'arnica et en ont retiré une résine jaune ayant l'odeur de l'arnica, une matière nauséabonde à laquelle ils attribuent la propriété vomitive, de l'acide gallique, une matière colorante jaune, de l'albumine, de la gomme, du chlorure de potassium, du phosphate de potasse, un sel à base de chaux, des traces de sulfate et de silice (2).

[D'après M. Walz (3) les fleurs d'arnica contiennent une matière amère, qu'il appelle *arnicine*; une huile essentielle de couleur jaune, une résine soluble dans l'éther, une autre résine in-

---

(1) Mercier, *Ann. de chim.*, t. LXXVII, p. 137.
(2) Chevallier et Lassaigne, *Journ. pharm.*, t. V, p. 248.
(3) Walz, *Chemie centralblatt*, 1860, n. 47, p. 478, d'après *Journal de pharmacie et de chimie*, 3e série, t. XXXIX, 235.

soluble dans ce dissolvant ; du tannin, une matière colorante jaune ; un corps gras fusible à 28° ; une matière céreuse.]

On trouve sur les montagnes, en Europe, un genre de plantes qui a été longtemps confondu avec les arnicas, auquel il ressemble beaucoup par le port et peut-être aussi par les propriétés. Ce sont les **doronics** (*Doronicum pardalianches austriacum, scorpioides, plantagineum*, etc.), dont les feuilles sont généralement assez grandes, cordiformes ou ovales, dentées sur le bord ; les fleurs sont grandes également, jaunes et radiées ; le réceptacle est nu, alvéolé, un peu convexe ; les styles du disque ont les rameaux tronqués, couverts de duvet au sommet seulement ; les achaines sont turbinés, creusés de sillons longitudinaux ; ceux du rayon sont chauves ; ceux du disque sont pourvus d'une aigrette soyeuse plurisériée.

Pendant longtemps les racines de doronic ont passé pour très-vénéneuses, sur l'opinion que les anciens s'en servaient pour empoisonner les animaux féroces et principalement les loups et les panthères. On peut croire en effet que le *Doronicum pardalianches* de Linné est l'*Aconitum pardalianches* (1) qui, suivant Dioscoride et Pline, servait à cet usage ; mais l'assimilation même que font ces deux auteurs du *Pardalianchès* avec l'aconit permet de croire que c'était plutôt un véritable aconit qui servait à la destruction des animaux sauvages qu'une racine de doronic. Un certain nombre de médecins modernes ont employé la racine de doronic contre plusieurs maladies, telles que les vertiges et l'épilepsie ; elle est aujourd'hui tout à fait inusitée.

Fleur de Pied-de-Chat.

Antennaria dioica, Gærtn. ; *Gnaphalium dioicum*, L. Caractères du genre *Antennaria* : capitules multiflores, dioïques ou sous-dioïques ; involucre formé de squammes imbriquées, rudes, coloriées au sommet ; réceptacle convexe, pourvu d'alvéoles à bord denticulé ; corolles tubuleuses à 5 dents égales ; les fleurs mâles ou hermaphrodites ont les anthères semi-exsertes, pourvues de deux soies à la base, et un ovaire non fertile (?) surmonté d'un style simple au sommet ou à peine bifide, et couronné d'une aigrette unisériée, formée de soies barbues, élargies au sommet. Les fleurs femelles sont filiformes, à limbe très-petit, sans rudiments d'étamines, pourvues d'un style à sommet bifide, et d'une aigrette unisériée à soies filiformes ; l'achaine est sous-cylindrique.

(1) De πάρδος panthère, et ἄγχειν étrangler.

Le pied-de-chat est une petite plante qui croît dans les collines exposées au vent, surtout en Suisse, dans les Vosges et dans le midi de la France. Elle est traçante, munie de feuilles radicales spatulées et d'une tige qui porte d'autres feuilles linéaires, toutes entières ; toute la plante est cotonneuse et blanchâtre ; la tige s'élève à peine à la hauteur de 30 centimètres, et est terminée par un petit nombre de capitules disposés en corymbe. Chaque capitule est muni d'un involucre imbriqué, dont les écailles extérieures sont cotonneuses et blanchâtres comme les feuilles, et dont les écailles intérieures, plus développées, arrondies et pétaloïdes, sont colorées en rouge sur la plante à capitules mâles, ou en blanc sur la plante femelle. Le centre des capitules est occupé par un duvet très-fin et soyeux, composé de l'aigrette plumeuse des achaines. C'est ce duvet arrondi et velouté qui donne à la fleur quelque ressemblance avec la patte d'un chat, et lui a valu le nom de *pied-de-chat* : la plante a aussi porté les noms de *Hispidula* et de *Pilosella*, qui veulent dire velue.

La fleur de pied-de-chat est rouge ou blanche, ce qui dépend de la couleur des écailles pétaloïdes de l'involucre ; la rouge est préférée à l'autre, parce qu'elle est plus agréable à la vue ; je la crois aussi plus odorante.

C'est au même genre *Gnaphalium*, ou au genre voisin *Helichrysum*, qu'appartiennent les *immortelles*, plantes dont le nom est d'une si grande ressource pour les poëtes chantants et les flatteurs. On leur a donné ce nom d'*immortelles* à cause de ce que, leurs fleurs étant cueillies et abandonnées à elles-mêmes, les écailles colorées qui les composent presque entièrement se dessèchent sans se flétrir et se conservent ainsi plusieurs années. Les espèces les plus usitées sont l'**immortelle blanche** (*Antennaria margaritacea*), l'**immortelle argentée** (*Helichrysum argenteum*), l'**immortelle jaune** (*Helichrysum orientale*), et le *stœchas citrin* (*Helichrysum Stœchas*).

Tanaisie vulgaire.

Tanacetum vulgare, L. (*fig.* 557). — *Car. gén.* : capitule homogame, rarement rendu hétérogame à la circonférence, par une série de fleurs femelles tri-ou quadridentées ; involucre campanulé, imbriqué ; réceptacle nu, convexe ; corolles du disque à 4 ou 5 dents ; achaines sessiles, glabres, anguleux, pourvus d'un large disque épigyne ; aigrette nulle ou réduite à l'état d'une couronne membraneuse entière ou dentée.

La tanaisie s'élève à la hauteur de 65 centimètres ; ses tiges sont nombreuses, ramassées en touffe, rameuses, pourvues de feuilles profondément divisées et presque bipinnées, glabres ou un peu velues, d'un vert jaunâtre. Les capitules sont nombreux, rapprochés en corymbe, d'une belle couleur jaune, très-rarement pourvus d'un rang de fleurs rayonnantes; les corolles sont un peu plus longues que l'involucre; les achaines sont presque pentagones, obconiques, couronnés par une membrane à 5 dents, fort petite. Toute la plante est pourvue d'une odeur très-forte et d'une saveur très-amère ; elle est stimulante et anthelmintique. On en retire par la distillation une huile volatile jaune; on en prépare également une eau distillée, un extrait, etc.

Armoises et **Absinthes.**

Fig. 557. — Tanaisie vulgaire.

Ce sont des plantes, la plupart très-utiles à l'art de guérir, que Tournefort avait laissées séparées en deux genres, suivant que leur réceptacle est nu (armoises) ou hérissé de poils (absinthes); mais Linné les a réunies en un seul genre sous le nom d'*Artemisia*, dont voici les caractères : capitules entièrement tubuliflores, pauciflores, homogames ou hétérogames ; involucre imbriqué, à squammes sèches, rudes à la marge ; réceptacle nu ou garni de soies; au rayon (c'est-à-dire à la circonférence), un seul rang de fleurs souvent femelles, à 3 dents, à style longuement bifide, exserte ; fleurs du disque à 5 dents, hermaphrodites ou mâles par avortement du pistil : achaines obovés, chauves, à disque épigyne peu apparent. Ce genre est aujourd'hui divisé en quatre sections :

1. *Dracunculi :* réceptacle nu, capitules hétérogames, fleurs du rayon unisériées, femelles, fertiles; fleurs du disque bisexuelles, mais stériles par l'avortement des ovaires (syngénésie polygamie nécessaire de L.).

Espèces principales :

Armoise paniculée.   *Artemisia paniculata.*
— des champs.   — *campestris.*
— Estragon.   — *Dracunculus.*

2. *Seriphidia :* réceptacle nu, capitules homogames, tous hermaphrodites fertiles (syngénésie polygamie égale de L.). Exemples :

Semen-contra d'Alep.	*Artemisia Cina*, Berg.
— de Barbarie.	— *glomerulata*, Sieber.
Sanguenié ou sanguenita.	— *gallica*.
Cina du Volga.	— *pauciflora*.
Absinthe maritime.	— *maritima*.
Armoise très-odorante.	— *fragrans*.

3. *Abrotana* : réceptacle nu, capitule hétérogame, fleurs du rayon femelles ; celles du disque hermaphrodites ; les unes et les autres fertiles (syngénésie polygamie superflue de L.). Exemples :

Armoise de Judée.	*Artemisia judaica*.
Aurone élevée.	— *procera*.
— mâle ou citronelle.	— *abrotanum*.
Absinthe pontique.	— *pontica*.
— d'Autriche.	— *austriaca*.
Armoise vulgaire.	— *vulgaris*.
Génipi noir.	— *spicata*.
Autre génipi noir.	— *eriantha*.

4. *Absinthia* : réceptacle garni de soies ; capitules hétérogames ; fleurs du rayon femelles ; celles du disque hermaphrodites ; les unes et les autres fertiles ; involucres globuleux.

Moxa des Chinois.	*Artemisia moxa*.
Génipi blanc.	— *mutellina*.
— vrai des Alpes.	— *glacialis*.
— des roches.	— *rupestris*.
Grande absinthe ou aluine.	— *absinthium*.

Estragon.

Artemisia Dracunculus, L. Cette plante, cultivée dans les jardins potagers, croît à la hauteur de 60 à 100 centimètres ; ses tiges sont grêles et rameuses ; ses feuilles sont très-entières, linéaires-lancéolées, vertes et glabres ; les fleurs sont très-petites, jaunâtres, portées au sommet de la tige et des rameaux.

L'estragon a une saveur âcre, piquante, mais agréable et aromatique. Il est stomachique, emménagogue, antiscorbutique ; il excite l'appétit et on l'emploie comme assaisonnement, surtout allié au vinaigre, avec lequel son goût et son odeur s'associent très-bien. On en extrait une huile volatile verte, d'une odeur qu'on peut dire *fortifiante*, d'une pesanteur spécifique de 0,935. Cette huile volatile, d'après M. Gerhardt, paraît formée d'un hydrogène carboné liquide et d'une essence oxygénée qui a la même composition et présente les mêmes réactions chimiques que le stéaroptène d'anis ($C^{20}H^{12}O^2$).

Semen-contra.

Cette substance, nommée aussi *semencine* et *barbotine*, a longtemps été regardée comme une semence, ainsi que l'indiquent ses deux premiers noms ; mais il suffit de regarder attentivement les petits corps oblongs qui la composent pour y distinguer un involucre écailleux et des fleurons semblables à ceux des armoises, de sorte que c'est parmi ces plantes qu'il faut en chercher l'origine.

On connaît d'ailleurs dans le commerce deux expèces de semen-contra qu'il convient de décrire séparément.

Semen-contra du Levant. Cette espèce est nommée aussi *semen-contra d'Alep* ou *d'Alexandrie*, parce qu'elle arrivait jadis par la voie de ces deux villes ; mais le vrai lieu de son origine paraît être la Perse et le Thibet. [D'après O. Berg, elle vient principalement de Perse et de Boucharie soit par Astrakan sur la Caspienne, soit plus au nord par Nijni-Nowgorod, Moscou et Saint-Pétersbourg. Les caravanes le portent en sacs de 80 à 160 livres.] Ce semen-contra (*fig.* 558) est verdâtre, lorsqu'il est récent ; mais il devient rougeâtre en vieillissant. Il est composé de pédoncules brisés, dépourvus de duvet et privés de leurs capitules, dont quelques-uns, cependant, à peine formés, sont encore sous la forme de boutons globuleux attachés à l'extrémité de ces pédoncules. Mais le plus grand nombre de ces capitules sont plus développés et séparés des tiges. Ils sont ovoïdes-allongés, atténués aux deux extrémités, et composés d'écailles imbriquées, scarieuses, tuberculeuses à leur surface ; à l'intérieur, le réceptacle est nu et les fleurons sont peu nombreux et tous hermaphrodites, ce qui indique la section des *Seriphidium*. Ce semen-contra possède une odeur très-forte et très-aromatique, surtout lorsqu'on l'écrase ; il a une saveur amère et aromatique.

[Le semen-contra du Levant a longtemps été attribué à plusieurs espèces d'armoises qui ne doivent pas le produire. L'*Artemisia Vahliana* de Kosteletzky s'en distingue par ses capitules ovales obtus, à bractées arrondies ; l'*Artemisia judaica* par ses gros capitules globuleux ; l'*A. Sieberi* de Besser par le petit nombre de glandes qu'on observe sur les bractées de l'involucre. Aucune espèce connue n'a encore donné des capitules identiques au semen-contra : l'*A. Cina*, O. Berg, origine de ce semen-contra, n'a été établi que sur l'examen de la drogue officinale et n'a encore été trouvé nulle part.]

Semen-contra de Russie. On donne ce nom à une espèce de semen-contra qui vient de Saratof ou de Sarepta dans les steppes du Volga. On distingue deux variétés de ce semen-contra : 1° les capitules de l'*A. pauciflora* et de l'*A. monogyna*, bruns; couverts de

Fig. 558. — Semen-contra du Levant.   Fig. 559. — Semen-contra de Barbarie.

poils blanchâtres, peu épais ; à bractées intérieures, lancéolées-linéaires, et 2° les capitules couverts d'une pubescence épaisse et blanche de l'*A. Lercheana*, B.; *Gmeliana*, DC. (1).

Semen-contra de Barbarie. Ce semen-contra est produit par l'*Artemisia glomerata* (fig. 559). Il est composé comme le premier de pédoncules hachés et de fleurs ; mais on n'y trouve pas de capitules développés et isolés ; ils sont tous sous la forme de petits boutons globuleux réunis plusieurs ensemble à l'extrémité des rameaux. Ces boutons sont recouverts d'un duvet blanchâtre, ce qui donne la même couleur à la masse.

Ce semen-contra est sensiblement plus léger que celui d'Alexandrie ; son odeur, lorsqu'on le frotte, me paraît être entièrement semblable. On lit dans quelques ouvrages qu'il est plus gros et beaucoup plus chargé de bûchettes ; le fait est qu'il est plus petit et qu'il y a autant de bûchettes dans l'un que dans l'autre.

Autres fleurs de semencine. Il est probable qu'on se sert en plusieurs pays, en place du véritable semen-contra, des fleurs de

(1) Voir sur les semen-contra : O. Berg, *Beschreibung und Darstellung officinellen Gewächse*, Leipzig, t. IV, tab. XXXIX.

plusieurs armoises indigènes, plus ou moins propres à le remplacer ; telles sont probablement les fleurs des *Artemisia judaica* et *santonica*, déjà nommées ; celles de l'*Artemisia ramosa* des îles Canaries, de l'Afrique et d'Espagne, et en France, celles de l'*Artemisia gallica*, usitées en Provence, sous le nom de *sanguenié* ou de *sanguenita*. On a vendu aussi à Paris pour semen-contra, lorsque, par suite de la grande guerre continentale, ce dernier était devenu très-rare et d'un prix élevé, les fleurs de quelques armoises indigènes, et surtout celles de l'**aurone des champs** (*Artemisia campestris*, L.), ou de la **grande absinthe** (*Artemisia Absinthium*).

J'ai conservé une substance de ce genre que j'ai soumise anciennement à l'examen de M. Gay. Elle est d'un jaune fauve et beaucoup plus menue que le vrai semen-contra, ce qui tient à ce qu'elle n'est pas formée de capitules entiers comme celui-ci, mais seulement de fleurons isolés, dont la plupart sont hermaphrodites et les autres femelles ; on y trouve peu de pédoncules brisés, mais beaucoup de filaments blancs, qui sont les folioles de l'involucre de l'absinthe. Ainsi, suivant cette description, le semen-contra indigène serait produit par la grande absinthe, *Artemisa Absinthium*, plutôt que par l'*A. campestris*. Cette substance présente une faible odeur d'absinthe qui ne devient pas plus forte par le frottement ; mais elle est douée d'une amertume si considérable qu'il suffit de l'agiter avec la main devant soi pour en avoir le palais affecté. Ce caractère peut même servir à reconnaître du semen-contra mêlé d'absinthe, car il ne le présente pas du tout lorsqu'il est pur.

Quelques personnes aussi s'amusent à teindre le semen-contra en vert. On ne peut concevoir ni cette manie de tromper, ni la sottise de ceux qui achètent une marchandise si évidemment falsisifiée.

Le nom de *semen-contra* est l'abrégé du mot latin *semen contra vermes*, qui en indique la propriété médicamenteuse. On emploie cette substance en poudre, en infusion aqueuse ou en sirop. On en retire, par la distillation, une essence jaune, plus légère que l'eau, d'une odeur forte et pénétrante, qui paraît très-active contre les vers. Indépendamment de cette essence, le semen-contra contient une matière cristalline nommée *santonine*, qui a été découverte par M. Kahler de Dusseldorf, et étudiée depuis par un grand nombre de chimistes. M. Calloud père, pharmacien à Annecy, a publié un procédé pour l'obtenir, plus avantageux que ceux connus jusqu'ici (1). Cette substance pure se présente en petits cristaux blancs, brillants, aplatis, sexangu-

---

(1) Calloud, *Journ. de pharm. et chim.*, t. XV, p. 106.

laires; elle est inodore, très-peu amère, insoluble dans l'eau froide, soluble dans

 250 parties d'eau bouillante.
 40 — d'alcool froid.
 2,7 — — absolu bouillant.
 75 — d'éther froid.
 42 — — bouillant.

Elle rougit faiblement le tournesol et forme des sels cristallisables avec plusieurs bases alcalines et métalliques. Exposée à la lumière, elle se colore en jaune-citron. [Elle paraît appartenir à la classe des glucosides. D'après M. Kossmann 1) elle se dédouble en effet en glucose et en *santinorétine*, qui cristallise en écailles résineuses, jaunâtres.]

La santonine, étant d'une administration très-facile, est aujourd'hui usitée comme anthelminthique. Il est seulement fâcheux que, pour obtenir une substance fort chère et d'une efficacité qui n'est pas très-intense, on détruise des masses considérables d'une matière première, suffisamment efficace par elle-même, d'une administration facile également, et que son bas prix met à la portée du peuple, dont les enfants en ont surtout besoin.

Absinthe maritime.

Artemisia maritima, L. Cette espèce croît naturellement dans les lieux maritimes de la France, de l'Angleterre, de la Suède et du Danemark. Ses tiges sont droites, rameuses, hautes de 50 centimètres, couvertes de feuilles toutes cotonneuses, multifides, à segments linéaires et obtus; ses capitules sont un peu pédicellés, ovoïdes, penchés, à cinq fleurons; les squammes extérieures de l'involucre sont cotonneuses, les intérieures rudes et obtuses. Cette plante a beaucoup de ressemblance avec la grande absinthe, mais les divisions de ses feuilles sont beaucoup plus étroites : elle est beaucoup moins amère, et son odeur, plus agréable, se rapproche de celle de la mélisse ou de l'aurone. On la distingue de l'absinthe pontique parce que ses feuilles sont entièrement cotonneuses.

Aurone mâle ou Citronelle.

Artemisia abrotanum, L. C'est un sous-arbrisseau qui croît dans le midi de la France et de l'Europe, et qui est cultivé dans les jardins. Sa tige est nue par le bas à la manière d'un arbre, rami-

---

(1) Kossmann, *Journal de pharmacie et de chimie*, 3e série.

fiée et touffue par le haut, haute de 60 à 100 centimètres ; ses feuilles sont pétiolées, verdâtres, découpées en segments linéaires, sétacés ; elles sont douces au toucher, pourvues d'une odeur forte, citronnée et camphrée, et d'une saveur âcre et amère ; les capitules sont sessiles, hémisphériques, penchés, disposés en grappes menues le long des rameaux supérieurs ; les écailles de l'involucre sont blanchâtres et lancéolées ; les fleurs sont nues et jaunâtres. On confond souvent avec cette plante, sous le même nom d'*aurone mâle*, deux plantes frutescentes, de forme et de propriétés très-analogues : ce sont l'*Artemisia procera* de Willdenow et l'*Artemisia paniculata* de Lamark. Quant à la plante qui porte le nom d'*auronefemelle*, c'est le *Santolina chamœcyparissus* de la même tribu des Sénécionidées, petit arbuste haut de 50 centimètres environ, ramifié et touffu à partir de la racine, pourvu de feuilles cotonneuses, persistantes, tétragones et formées d'un axe garni de 4 rangées de dents obtuses. Les capitules sont solitaires au sommet de pédoncules terminaux, presque dénués de feuilles ; l'involucre est pubescent, hémisphérique ; le réceptacle est couvert de paillettes ; les achaines sont oblongs, tétragones, très-glabres, entièrement chauves. Cette plante possède les mêmes propriétés que les précédentes.

Armoise vulgaire.

Artemisia vulgaris, L. (*fig.* 560). Plante vivace, herbacée, croissant dans presque toute l'Europe dans les lieux incultes et sur le bord des chemins ; sa racine, qui est longue et rampante, pousse plusieurs tiges verticales, cannelées, rameuses, rougeâtres, hautes de 1 à 2 mètres ; ses feuilles sont alternes, pinnatifides, grossièrement dentées, assez larges à la partie inférieure des tiges, d'un vert foncé en dessus, blanches et cotonneuses en dessous ; les divisions des feuilles supérieures sont entières et presque linéaires. Les capitules sont sessiles, ovés, entremêlés de feuilles, formant des épis paniculés à la partie supérieure des tiges les squammes extérieures de l'involucre sont cotonneuses et blanchâtres ; les intérieures sont scarieuses ; les corolles sont nues, d'un rouge pâle.

Absinthe pontique ou Petite Absinthe.

Artemisia pontica, L. (*fig.* 561). Cette espèce s'élève à la hauteur de 50 centimètres ; ses tiges sont ligneuses par le bas, nombreuses, cylindriques, très-rameuses, très-garnies de feuilles fort petites, très-divisées, à lobes linéaires, cotonneuses en dessous seulement; les capitules sont disposés le long des ramifications supérieures, globuleux, petits, penchés; les écailles extérieures de l'involucre sont linéaires, blanches, foliacées; les corolles sont nues. Cette plante croît naturellement dans les lieux

Fig. 560. — Armoise vulgaire.   Fig. 561. — Absinthe pontique ou petite absinthe.

incultes de la Roumanie, de la Hongrie, de l'Italie, etc.; on la cultive dans les jardins; elle a une odeur forte, plus douce cependant que celle de la grande absinthe, une saveur moins amère. Son odeur est moins agréable que celle de l'absinthe maritime. On l'emploie souvent simultanément avec la grande absinthe.

Grande absinthe ou aluyne.

Artemisia Absinthium, L. Plante sous-frutescente, haute de 60 à 100 centimètres, à tiges rondes, dressées et rameuses; les feuilles inférieures sont assez grandes, mais elles sont trois fois divisées, à lobes lancéolés obtus; elles diminuent, comme toujours, de grandeur et en divisions à mesure qu'elles s'élèvent sur les rameaux, et finissent par devenir entières et linéaires; elles sont toutes molles, blanchâtres, cotonneuses, très-douces au toucher; les capitules sont globuleux à squames blanchâtres, penchés, disposés en panicule feuillue le long des rameaux supérieurs; les fleurs sont jaunes. Toute la plante est douée d'une odeur forte et d'une amertume insupportable qui se communique au lait de la femme et des animaux; elle donne à la distillation une grande quantité d'une essence verte, possédant à un haut degré l'odeur de la plante; elle est stomachique, fébrifuge, anthelmintique, emménagogue. On l'emploie en extrait ou en teinture aqueuse, vineuse ou alcoolique.

Il existe deux variétés d'absinthe, dont l'une à capitules plus grands, dite *grandiflora*, et l'autre inodore et presque insipide (*insipida*). Toutes deux sont d'origine orientale et peu connues.

Génipi.

Dans toutes les contrées qui avoisinent les Alpes, telles que la Suisse, la Savoie et le Tyrol, on donne le nom de *Génipi* à un certain nombre de petites plantes alpines, croissant vers la limite des neiges perpétuelles, appartenant pour la plupart au genre *Artemisia*, et pourvues des propriétés générales de ces plantes; mais ces propriétés sont encore rehaussées dans l'esprit des habitants et des voyageurs, par la grandeur des lieux qui les environnent et par la difficulté d'y parvenir; aussi s'étonnent-ils beaucoup que l'usage n'en soit pas plus répandu. Voici la description de ces plantes telles que je les ai reçues en 1838 de M. A. Huguenin, à Chambéry.

1. **Génipi vrai**, *Artemisia glacialis*, L. (*fig.* 562). On en trouve également une très-bonne figure dans Allioni (1). Racine ligneuse,

Fig. 562. — Génipi vrai.

ramifiée; feuilles rassemblées en une touffe presque radicale, longuement pétiolées, tripartites, et chaque division partagée ensuite en 3 ou 4 lobes lancéolés, pointus; ces feuilles sont en-

---

(1) Allioni, *Flora pedemontana*, tab. VIII, fig. 3.

GUIBOURT, Drogues, 6ᵉ édition.

tièrement recouvertes par un duvet très-fin, d'un blanc argenté, qui couvre également toute la plante. Les tiges, au nombre de 2 ou 3, sortent du milieu des feuilles, s'élevant à une hauteur de 8 à 13 centimètres; elles portent un petit nombre de feuilles semblables aux premières, mais très-espacées et beaucoup plus petites, et elles sont terminées chacune par un petit nombre de capitules globuleux, volumineux, serrés et rassemblés en tête. Les fleurs sont jaunes. Cette plante a été cueillie sur le mont Cenis, au lieu dit *Ronche;* elle possède une odeur aromatique agréable.

2. **Génipi blanc**, *Artemisia mutellina*, Vill. Cette plante ressemble beaucoup à la précédente par la disposition et la forme de ses feuilles radicales, par le petit nombre, la forme et la disposition de ses feuilles caulinaires, enfin par la hauteur de ses tiges. Elle en diffère par un duvet moins abondant, moins blanchâtre, non argenté, et par ses capitules qui sont beaucoup plus petits, allongés, solitaires à l'extrémité de longs pédoncules qui sortent de l'aisselle des feuilles, dans la moitié supérieure des tiges, formant dans leur ensemble une grappe grêle et allongée. Cette plante est fréquente sur le mont Cenis et sur les Alpes du Dauphiné; elle possède une odeur fortement aromatique.

3. **Génipi noir**, *Artemisia spicata*, Jacq., *Artemisia eriantha*, Ten., *Artemisia boccone*, All. (1). Cette plante est plus forte que les deux précédentes et s'élève à la hauteur de 22 centimètres; ses feuilles radicales sont tripartites, multifides; celles de la tige sont multifides, pinnatifides ou trifides, plus rapprochées que dans les précédentes, surtout à la partie supérieure; les capitules sont assez gros, globuleux, courtement pédonculés, axillaires, formant à la partie supérieure de chaque tige un épi non interrompu; les corolles sont jaunes et velues, ainsi que les ovaires. Cette plante a été cueillie sur le mont Saint-Sorlin-d'Arve. Elle est d'un blanc un peu grisâtre, comme la précédente.

4. Autre **Génipi noir** (*fig.* 563). Cette plante, récoltée sur le mont Cenis, près du gravier des torrents, paraît appartenir à la même espèce que la précédente (2), mais elle est beaucoup plus petite. Ses feuilles radicales sont généralement tripartites et trifides; les feuilles de la tige sont pinnatifides, celles du sommet sont entières, oblongues-lancéolées; les capitules sont axillaires, plus longuement pétiolés que dans la précédente, plus petits, contenant un moins grand nombre de fleurs; la plus grande tige n'a que 8 centimètres de longueur.

---

(1) Allioni, tab. VIII, fig. 2, et tab. IX, fig. 1.
(2) M. Huguenin nomme le n° 3 *Artemisia eriantha*, Ten., et le n° 4, *Artemisia spicata*, Jacq.

5. **Génipi musqué** ou **Iva**, *Ptarmica moschata*, DC., *Achillea moschata*, Jacq. Cette plante pousse de sa racine fibreuse plusieurs tiges simples, hautes de 11 à 13 centimètres, parsemées de poils rares ; le reste de la plante est glabre. Les feuilles radicales sont petites, pétiolées, profondément pinnatifides ; les feuilles caulinaires sont encore plus petites, sessiles, à divisions écartées, rangées comme les dents d'un peigne ; le haut de la tige est nu et terminé sur une tige par une ombelle à 6 rayons, et sur une

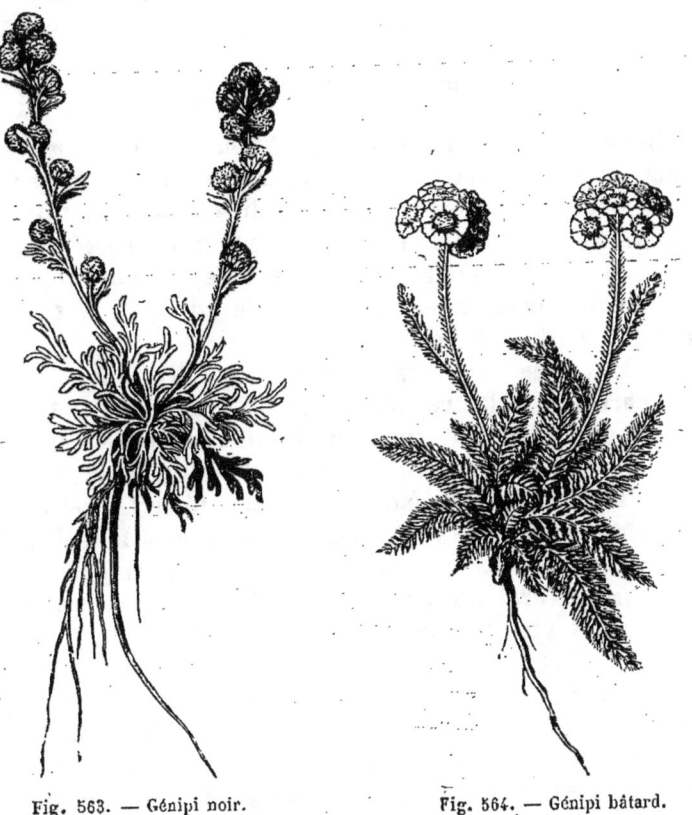

Fig. 563. — Génipi noir.   Fig. 564. — Génipi bâtard.

autre par un corymbe formé de 7 capitules pédonculés. L'involucre est campanulé, formé d'écailles imbriquées, elliptiques-allongées, à marge brune ; les corolles du rayon sont très-peu nombreuses, beaucoup plus grandes que l'involucre, planes, élargies et arrondies à l'extrémité. Cueillie dans les lieux arrosés du col du Bonhomme, au sud du mont Joie.

6. **Génipi bâtard**, *Ptarmica nana*, DC., *Achillea nana*, L. (*fig.* 564). Très-jolie plante, toute couverte d'un duvet laineux, d'une odeur fortement aromatique, trouvée à la limite des neiges sur le

mont Cenis. Les feuilles radicales sont pétiolées, profondément pinnatifides, à segments réguliers, rapprochés, linéaires, entiers ou incisés ; les tiges sont hautes au plus de 8 centimètres, pourvues de feuilles semblables, souvent nues par le haut, terminées par une ombelle de capitules presque sessiles, très-serrés et simulant quelquefois un seul capitule très-volumineux.

Cette plante est âcre et très-aromatique ; elle porte en Italie le nom d'*herba-rota* qui lui est commun avec une autre espèce plus grande des mêmes localités (*Ptarmica herba-rota*, DC., *Achilléa herba-rota*, Allioni).

Moxa des Chinois.

Les Chinois et les Japonais désignent sous le nom de *moxa* le duvet cotonneux qui leur sert à préparer de petits cônes destinés à l'application du feu à la surface du corps, dans un très-grand nombre de maladies. Par suite, ce nom est passé dans la médecine européenne pour exprimer le cône ou le cylindre lui-même qui sert à cette application, quelle que soit la matière avec laquelle il ait été préparé.

D'après Kæmpfer, le moxa chinois n'est autre chose que le duvet de l'armoise vulgaire, séparé par la contusion des feuilles sèches dans un mortier, suivie d'une friction entre les mains qui sépare toutes les parties grossières du véritable duvet ; suivant d'autres, c'est l'*Artemisia chinensis* de Linné qui sert à cet usage, et d'après M. Lindley, ce serait une nouvelle espèce d'absinthe nommée *Artemisia moxa*. Il est probable d'après cela, et il est d'ailleurs naturel de penser que plusieurs espèces d'armoises peuvent être appliquées au même usage. Un pharmacien de Paris s'est occupé pendant longtemps de préparer des moxas avec le duvet de l'armoise vulgaire. Il paraît cependant que les plus usités se font aujourd'hui avec un tronçon de moelle d l'*Helianthus annuus*, entouré d'une couche de coton légèrement nitré et maintenu sous la forme d'un petit cylindre par une bande de toile de coton cousue.

Matricaire officinale.

Chrysanthemum Parthenium, Pers., *Pyrethum Parthenium*, Smith, *Matricaria Parthenium*, L. (*fig.* 565). Car. du genre *Pyrethrum* : capitules multiflores, hétérogames ; fl. du rayon sur une seule série, femelles, ligulées ; fleurs du disque tubuleuses, hermaphrodites, à 5 dents ; tube souvent comprimé, bi-ailé ; réceptacle plane ou convexe, nu, quelquefois plane, bractéolé. Involucre imbriqué à squammes scarieuses; styles du disque à rameaux non appendiculés; achaines anguleux, non ailés, surmontés d'une couronne dentée, quelquefois auriculiforme, égalant le diamètre du fruit.

La matricaire officinale s'élève à 60 ou 100 centimètres; ses tiges sont grosses, fermes, cannelées, très-ramifiées; ses feuilles sont pétiolées, pinnatisectées; à segments pinnatifides et dentés; légèrement velues; les capitules forment un large corymbe, dont les fleurs du disque sont jaunes et celles de la circonférence ligulées, blanches, deux fois plus longues que l'involucre; les fleurs ligulées avortent rarement. Toute la plante possède une odeur forte et désagréable. Elle est stomachique et emménagogue; on en retire une huile volatile jaunâtre, d'une odeur très-forte.

Pyrèthre du Caucase.

[On vend depuis quelque temps, sous le nom de poudre insecticide, une poudre grisâtre, d'une odeur forte, dont on se sert contre les mouches et les insectes en général. Elle

Fig. 565. — Matricaire.

vient du Caucase où elle est le produit de deux espèces du genre *Pyrethrum*; le *P. roseum*, Bieb, à tige simple dressée, à feuilles pinnatiséquées, à capitule terminal solitaire, à ligules rosées, rarement blanches; et le *P. carneum*, Bieb, à tige dressée, rameuse, à capitules de la grandeur du Leucanthême, portant des ligules couleur de chair. Ce sont ces capitules qui pulvérisés donnent la poudre insecticide, connue depuis longtemps parmi les populations trans-caucasiques sous le nom de *Guirila* (1).]

Balsamite odorante.

Menthe-coq ou *Coq des jardins*. *Pyrethrum Tanacetum*, DC.; *Balsa-*

---

(1) Voir *Pharmaceutical Journal*, XVIII, p. 523.

mita suaveolens, Pers., *Tanacetum Balsamita*, L. Cette plante s'élève à la hauteur de 1 mètre; ses tiges sont fermes, légèrement velues, blanchâtres et rameuses; les feuilles sont ovales-elliptiques, dentées, les inférieures pétiolées, les supérieures sessiles, auriculées à la base; les capitules sont longuement pédicellés, disposés en corymbe lâche, sans aucune fleur ligulée : toute la plante est pourvue d'une odeur menthée, forte et agréable, et d'une saveur chaude et amère. Elle est douée d'une propriété excitante très-active. On la cultive dans les jardins.

Camomille commune ou Camomille d'Allemagne.

Matricaria chamomilla, L. (*fig.* 566). Le genre *Matricaria* diffère du genre *Pyrethrum* par ses fleurs discoïdes, dont le tube est cylindrique; le réceptacle est toujours conique et nu; les achaines sont entièrement nus ou plus rarement pourvus d'une couronne.

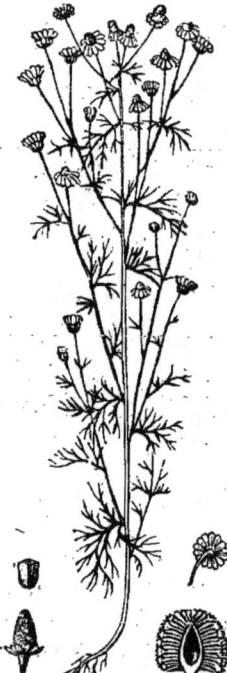

Fig. 566. — Camomille commune.

La matricaire-camomille pousse des tiges menues, hautes de 50 centimètres; ses feuilles sont deux fois pinnatipartites, à lobes linéaires entiers ou souvent divisés; pédoncules nus au sommet, monocapitulés; involucre à squames oblongs, blanchâtres à la marge; fleurs ligulées blanches, beaucoup plus longues que l'involucre; achaines tétragones, ceux du disque à face extérieure élargie; ceux du rayon à côtés égaux.

Les fleurs de camomille commune ont, surtout lorsqu'elles sont sèches, une odeur très-agréable; elles sont fort peu amères, et c'est sans doute une des raisons qui les font préférer, en Allemagne, à celles de la camomille romaine. On les prescrit aussi quelquefois en France; mais, faute de les bien connaître, on leur substitue souvent les fleurs de la camomille des champs (*Anthemis arvensis*, L.). Voici à quoi on peut les distinguer : les fleurs de l'*Anthemis arvensis* sont plus grandes; leur réceptacle est garni de paillettes et forme un cône beaucoup plus aigu; la graine est volumineuse et bordée d'une membrane à sa partie supérieure; l'odeur en est plus faible, désagréable, et la saveur en est amère.

On obtient en Allemagne, par la distillation des fleurs de la camomille commune (*matricaria chamomilla*) une huile volatile assez épaisse, d'un bleu foncé et presque opaque; par la rectification, je l'ai obtenue très-fluide, transparente, d'un beau bleu d'indigo, et cette couleur persiste depuis un grand nombre d'années. Cette essence est d'une odeur particulière, moins pénétrante que celle de la camomille romaine, et, quoique très-agréable, elle me plaît bien moins que celle de la camomille romaine.

Millefeuille.

Achillea Millefolium, L. *Car. gén.* : capitules multiflores hétérogames; fleurs du rayon peu nombreuses, femelles, fertiles, ligulées, à 3 dents; fleurs du disque hermaphrodites, à tube comprimé, à 5 dents; réceptacle étroit, plane ou rachidiforme, portant des paillettes oblongues, transparentes; involucre ové, formé de squammes imbriquées; achaines oblongs, glabres, comprimés, non ailés, pourvus de marges nerviformes, dépourvus d'aigrette.

La millefeuille s'élève à la hauteur de 35 à 65 centimètres; ses tiges sont droites, ramifiées vers le sommet, garnies de feuilles pinnatisectées, à segments pinnatipartites et à lobes linéaires tri ou quinquéfides; les fleurs sont très-nombreuses, petites, radiées, blanches ou purpurines, rapprochées en un corymbe terminal, serré. Elles sont légèrement odorantes et fournissent une petite quantité d'une essence épaisse, bleue ou verte; on les emploie en infusion comme astringentes; les feuilles pilées sont appliquées sur les plaies et les coupures, ce qui a valu à la plante le nom d'*herbe aux charpentiers*.

Eupatoire de Mesué, *Achillea ageratum*, L. Plante haute de 65 centimètres, dont les feuilles sont lancéolées-obtuses, dentées, atténuées à la base, presque sessiles et rassemblées par paquets sur la tige. Les corymbes terminaux sont isolés les uns des autres, composés de capitules nombreux, petits, très-serrés, à fleurs jaunes. Elle est inusitée.

Ptarmique ou Herbe à éternuer.

Ptarmica vulgaris, Blackw., t. 276; *Achillea Ptarmica*, L. Cette plante diffère des millefeuilles plutôt par la disposition de ses fleurs que par de véritables caractères génériques; ses feuilles sont sessiles, longues, lancéolées, acuminées, finement dentées, assez semblables, sauf leur longueur, à celles de l'eupatoire de Mesué. Sa tige se ramifie par le haut, mais chaque rameau ne se divise qu'en un petit nombre de pédoncules ne portant chacun qu'un seul capitule, et tous ces capitules réunis ne forment qu'un corymbe très-lâche et peu fourni. Les capitules sont globuleux, formés d'écailles à marge scarieuse et noirâtre; les demi-fleurons sont assez nombreux, étalés, blancs, tridentés, beaucoup plus grands que l'involucre. Les feuilles ont un goût piquant comme la pyrèthre; leur poudre est employée comme sternutatoire.

Camomille romaine.

Anthemis nobilis, L. (*fig.* 567). *Car. gén.:* capitules multiflores hétérogames; fleurs du rayon unisériées, ligulées, femelles; fleurs du

Fig. 567. — Camomille romaine.

disque hermaphrodites, tubuleuses, à 5 dents; réceptacle conique paléacé; involucre paucisérié, imbriqué; achaines obscurément tétragones, striés ou lisses; aigrette tantôt nulle, tantôt formée d'une membrane entière ou incisée, souvent agrandie et auriculée du côté interne.

La camomille romaine croît naturellement dans les prés et dans les champs, en France, en Espagne, en Italie, mais on la cultive pour l'usage de la médecine; ses fleurs ligulées, d'une belle couleur blanche, déjà nombreuses dans son état naturel, s'augmentent par la culture et finissent par envahir tout le disque. Les fleurs sont d'autant plus recherchées qu'elles sont plus complétement ligulées. La plante est très-touffue et rampante; ses feuilles sont pinnatisectées, à segments très-divisés en lobes linéaires et sétacés, un peu velus; les rameaux florifères sont nus au sommet et terminés par un seul capitule; les achaines sont nus. Les feuilles sont odorantes et amères, mais moins que les fleurs, qui sont la seule partie de la plante employée et que l'on fasse sécher. La dessiccation doit en être faite promptement, si l'on veut leur conserver leur blancheur ; on les emploie alors en infusion, comme stomachiques et carminatives.

[La camomille romaine est assez souvent remplacée dans le commerce par les capitules semi-doubles du *Chrysanthemum parthemium*, Pers., et du *Matricaria parthenoides*, Desf. Les caractères qui permettront de distinguer les fleurs de la vraie de celles des deux autres, sont les suivants : l'*Anthemis nobilis* à fleurs doubles offre des capitules d'un blanc légèrement roussâtre, plus larges que longs, d'une odeur franche, légère et caractéristique, les fleurons de la circonférence et les trois quarts de ceux du centre sont ligulés, lancéolés, obtus au sommet, réfléchis à la fin : les fleurons du centre sont petits, peu nombreux, à peine visibles : dans les deux autres espèces, semi-doubles, les capitules sont plus petits, globuleux, les fleurs d'une odeur forte, pénétrante, désagréable ; les fleurons de la circonférence sont ligulés, ovales, non réfléchis; tous ceux du centre sont accrus et blanchâtres, grands, très-nombreux et très-longs (1).]

Les fleurs de camomille, malgré leur odeur si caractérisée, ne fournissent qu'une très-petite quantité d'une essence fluide, d'une couleur verte peu foncée qui se perd, avec le temps et qui disparaît aussi par la rectification. L'essence devient alors incolore, d'une odeur toujours très-agréable et très-franche de camomille romaine. Les auteurs qui, même encore à présent, décrivent l'essence de camomille comme épaisse et colorée en bleu, ont pris pour elle de l'essence de matricaire-camomille.

Camomille des champs, *Anthemis arvensis*, L. (2). Cette plante pousse de sa racine des tiges droites, ramifiées, pourvues de feuilles pinnatisectées, mais à subdivisions moins nombreuses et moins fines que dans l'espèce précédente. Les capitules sont assez grands, terminaux, pourvus d'un seul rang de fleurs ligulées, blanches, étalées, plus grandes que le diamètre du disque; les achaines sont couronnés d'une marge membraneuse, très-courte, à peine dentée. La plante est inodore et inusitée; c'est par mégarde ou par fraude que ses fleurs sont mélangées à celles du *matricaria chamomilla* (voyez page 54).

Camomille puante ou **Maroute**, *Anthemis cotula*, L., *Maruta cotula*, DC. Cette plante ressemble beaucoup à la précédente, mais elle est très-glabre et pourvue d'une odeur très-désagréable. Les fleurs du rayon sont complétement dépourvues d'organes sexuels et sont stériles par conséquent. Les corolles tubuleuses sont com-

---

(1) Voir Timbal-Lagrave, *Note sur la camomille romaine du commerce.* (*Journal de pharm. et de chimie*, 3e série, XXXVI, p. 347.)

(2) Fuchsius, tab. CXLIV.

mées, bi-ailées ; les achaines sont dépourvus d'aigrette et tuberculeux. La maroute a été usitée comme anti-hystérique.

Pyrèthre d'Afrique.

Anacyclus pyrethrum, DC., *Anthemis pyrethrum*, L. (*fig.* 568). Le genre *Anacyclus* diffère du genre *Anthemis* par ses fleurs du rayon stériles, par ses corolles dont le tube est comprimé et bi-ailé, par ses achaines comprimés, entourés de 2 ailes larges et entières, et surmontés du côté interne par une aigrette courte, irrégulière, denticulée. Ce même genre ne diffère guère du genre *Maruta* que par les caractères tirés du fruit.

Fig. 568. Pyrèthre d'Afrique.

La plante qui produit la pyrèthre croît en Turquie, en Asie et surtout en Afrique. Par ses tiges couchées et par ses feuilles à divisions sétacées, elle ressemble beaucoup à la camomille romaine ; mais ses capitules sont pourvus d'un seul rang de fleurs largement ligulées et étalées, blanches en dessus, pourpres en dessous. La racine sèche nous est apportée de Tunis. Elle est cylindrique, longue et grosse comme le doigt, quelquefois garnie d'un petit nombre de radicules, grise et rugueuse au dehors, grise ou blanchâtre en dedans, d'une saveur brûlante et qui excite fortement la salivation. Elle offre, lorsqu'on la respire en masse, une odeur forte, irritante et désagréable. Murray cependant ne lui donne aucune odeur, et effectivement celle du commerce manque souvent de ce caractère ; mais cela tient à sa vétusté, et c'est une raison pour la rejeter. Il faut également rejeter celle qui est piquée des vers, ce à quoi elle est très-sujette.

La racine de pyrèthre contient, suivant les analyses de M. Parisel et de M. Koene :

	Parisel.		Koene.
Principe âcre................	3	Résine brune........	0,57
		Huile brune.........	1,60
		— jaune...........	0,35
Inuline......................	25	....	57,70
Gomme......................	11	....	9,40
Tannin......................	0,55	....	traces.
Matière colorante...........	12	....	»
Ligneux.....................	45	....	19,80
Chlorure de potassium......			
Silice.......................	1,64	....	7,60
Oxyde de fer, etc.			
Perte.......................	1,81	....	2.60
	100,00	....	100,00

M. Parisel s'est presque borné à extraire par l'éther ou l'alcool le principe âcre résinoïde, auquel il a donné le nom de *pyréthrine*. M. Koene a montré que cette matière était complexe et formée des trois principes énoncés ci-dessus; quant aux autres principes qui sont sensiblement les mêmes dans les deux analyses, mais dont les quantités indiquées sont fort différentes, je suis porté à regarder celles données par M. Parisel comme plus exactes.

La pyrèthre est souvent employée dans les maladies des dents, dans la paralysie de la langue, et toutes les fois que l'on veut exciter une abondante salivation. Les vinaigriers en emploient pour donner du mordant au vinaigre.

Indépendamment de la pyrèthre que je viens de décrire, et qui est la seule que l'on trouve dans le commerce de Paris, Lemery en distingue une seconde espèce, qu'il attribue au *Pyrethrum umbelliferum* de G. Bauhin. Cette racine est longue de 16 centimètres, plus menue que la précédente, d'un gris brun au dehors, blanchâtre en dedans, garnie par le haut de fibres barbues, comme l'est la racine de méum. Lemery lui donne le même goût âcre et brûlant, et ajoute qu'on l'apporte entassée par petites bottes de la Hollande et d'autres lieux.

M. Théodore Martius, ancien pharmacien à Erlangen, a bien voulu me faire passer une pyrèthre qui offre tous les caractères de la seconde sorte de Lemery et qui l'est indubitablement. Mais cette pyrèthre, qui est connue en Allemagne sous le nom de *Pyrethrum germanicum*, pour la distinguer de celle du Midi, que l'on y nomme *Pyrethrum romanum*; cette pyrèthre, dis-je, au lieu d'être produite par une plante ombellifère, comme l'a cru Lemery, est due à une espèce d'*Anacyclus* très-semblable à l'*Anacyclus pyrethrum*, mais plus petite dans toutes ses parties, qui a été décrite par M. Hayne sous le nom d'*Anacyclus officinarum*.

Ainsi toute la pyrèthre officinale, soit *africaine* ou *romaine*, soit *germanique*, est produite par un *Anacyclus;* mais il n'en est pas de même de celle des anciens, et de Dioscoride en particulier, qui était bien la racine d'une ombellifère. Matthiole a pensé avoir retrouvé cette plante de Dioscoride et en a donné la figure. G. Bauhin l'a vue vivante dans le jardin de Padoue, et l'a nommée *Pyrethrum umbelliferum*. Aujourd'hui cette plante est perdue ou comprise parmi les thapsies ou les saxifrages, mais elle ne fournit aucune racine au commerce.

On prétend aussi qu'on mélange dans le commerce, ou qu'on remplace même la racine de pyrèthre avec celle de diverses plantes, telles que le *Buphtalmum creticum*, l'*Achillea ptarmica*, et surtout avec la racine du *Chrysanthemum frutescens*, L., qui est le *Leucanthemum canariense pyrethri sapore*, T.; mais aucune de ces substitutions n'a lieu, et sauf la vétusté, dont il faut se garder, il y a peu de substances que l'on trouve moins mélangées dans le commerce que la racine de pyrèthre.

Cresson de Para.

Spilanthes oleracea, L. (*fig.* 569). *Car. gén.:* capitules multi-flores, tantôt pourvus d'un rayon de fleurs ligulées femelles, tantôt entièrement composés de fleurs tubuleuses et hermaphrodites; involucre bisérié, appliqué, plus court que le disque; le style des fleurs hermaphrodites est à rameaux tronqués au sommet et pénicillés; anthères noirâtres; achaines comprimés, souvent ciliés sur les côtés.

Fig. 569. — Cresson de Para.

Le cresson de Para est originaire du Brésil et n'est encore cultivé en France que dans les jardins. C'est une plante annuelle, haute de 30 centimètres, dont les tiges sont rondes, tendres, rameuses, diffuses et tombantes; les feuilles sont opposées, pétiolées, petites, sous-cordiformes, sous-dentées; les capitules sont solitaires à l'extrémité de pédicelles plus longs que les feuilles; ils sont coniques, entièrement formés de fleurs hermaphrodites tubuleuses, jaunes (brunes sur le milieu du disque dans la variété *fusca*); tous les achaines sont comprimés, ciliés sur le bord, surmontés de deux arêtes nues. Toute la plante est très-âcre; mais les capitules surtout ont une saveur brûlante et caustique, et excitent fortement la salivation. On les emploie en teinture alcoolique contre les maux de dents; ils agissent comme le cochléaria, mais à un degré plus intense, en rubéfiant une étendue plus ou moins considérable de la membrane muqueuse et en déplaçant l'irritation.

D'autres espèces du même genre jouissent de propriétés semblables, et principalement les *Spilanthes acmella, alba, urens, pseudo-acmella*, etc.

Grand-Soleil.

Helianthus annuus, L. Plante annuelle, originaire du Pérou, mais cultivée dans les jardins de presque tous les pays, à cause de sa grande fleur radiée qui représente un soleil entouré de rayons. Sa tige est simple, haute de 2 à 3 mètres, cylindrique, rude au toucher, terminée par un capitule, auquel en succèdent d'autres portés par des rameaux sortis de l'aisselle des feuilles supérieures; les feuilles sont presque opposées, pétiolées, grandes, subcordiformes, pointues à l'extrémité, grossièrement dentées, trinervées, rudes comme la tige. Les capitules, larges quelquefois de 30 centimètres, sont inclinés sur la tige de manière à présenter leur disque presque vertical et dirigé du côté du soleil, ce qui a fait aussi donner à la plante le nom de *tournesol*. Les folioles de l'involucre sont inappliquées, linéaires-aiguës, plus petites à l'intérieur qu'à l'extérieur; le réceptacle est paléacé; les fleurs du rayon sont unisériées, ligulées, étalées, d'une belle couleur jaune, privées d'organes sexuels; les fleurs du disque sont presque innombrables, tubuleuses, hermaphrodites, à 5 dents, d'un jaune brunâtre; les achaines sont comprimés, sous-tétragones, noirâtres, un peu rudes au toucher, pourvus ou privés d'une aigrette caduque, formée de deux squammelles en forme d'arêtes : ces fruits sont assez volumineux, faciles à récolter, et fournissent par expression une huile grasse propre à l'éclairage et à la fabrication du savon. On peut s'étonner qu'on ne cultive pas la plante plus spécialement pour cet usage.

Topinambour.

Helianthus tuberosus, L. Cette plante est pourvue d'une souche vivace, fibreuse, traçante, qui donne naissance à un nombre considérable de bourgeons monstrueux, tubéreux, pédiculés, de la grosseur d'une poire ou davantage, pyriformes ou comme formés de plusieurs tubercules réunis. Ces bourgeons monstrueux sont couverts d'un épiderme rouge et vert, dû à la soudure des écailles originelles, et marqué de franges circulaires qui indiquent la limite de chaque verticille des mêmes écailles. L'intérieur en est blanc, translucide, formé d'un tissu cellulaire lâche renfermant un suc très-aqueux et sucré. Ces tubercules produisent de nouvelles tiges droites, hautes de 2 à 3 mètres, rondes, rudes au toucher, rameuses par le haut, garnies de feuilles alternes, souvent presque opposées ou même ternées, pétiolées, grandes, ovales, pointues, dentées, rudes au toucher, décurrentes sur le pétiole, triplinervées. Les capitules sont terminaux, solitaires, non inclinés, petits relativement à ceux de l'espèce précédente et à la grandeur de la plante.

Cette plante est originaire du Brésil. Elle fleurit très-tard en Europe, et ses graines y mûrissent difficilement; mais ses tubercules se multiplient à un tel point, qu'après en avoir enlevé la plus grande partie en automne, pour les usages domestiques, il en reste ordinairement assez pour que les places vides se trouvent remplies l'été suivant.

Les topinambours forment une bonne nourriture pour les bestiaux pendant l'hiver, et les hommes peuvent aussi les manger cuits et assaisonnés de différentes manières. Ils ont un goût un peu analogue à celui du fond d'artichaut; mais ils sont peu nourrissants, étant presque totalement privés d'amidon.

Les topinambours ont été analysés par M. Payen et par M. Braconnot; d'après ce dernier chimiste, 100 parties de tubercules récents contiennent:

Eau....................................	77,20
Sucre incristallisable..................	14,80
Inuline................................	3,00
Squelette végétal......................	1,22
Gomme.................................	1,08
Glutine................................	0,99
Huile très-soluble dans l'alcool......	0,06
Cérine.................................	0,03
Citrate de potasse....................	1,07
Sulfate de potasse....................	0,12
Chlorure de potassium.................	0,08
Phosphate de potasse..................	0,06
Malate de potasse.....................	0,03
Phosphate de chaux....................	0,14
Citrate de chaux......................	0,08
Tartrate de chaux.....................	0,02
Silice.................................	0,02
	100,00

Ni M. Braconnot ni M. Payen n'ont indiqué d'amidon dans les tubercules de topinambour; cependant ils en contiennent quelque peu que l'on peut découvrir au microscope et au moyen de l'iode, dans le dépôt que le tubercule râpé laisse former aprè. avoir été délayé dans l'eau et jeté sur un tamis. Le suc de topinambour, quoique contenant une assez grande quantité de sucre, éprouve très-difficilement par lui-même la fermentation alcoolique, ce qui tient à ce que la glutine transforme le sucre en *mucose*, ainsi que cela a lieu pour le suc de betterave ; mais il fermente facilement par une addition de levûre de bière et fournit alors, d'après M. Payen, 9 pour 100 du poids des tubercules frais d'alcool anhydre (1).

Madi du Chili.

Madia sativa et *Madia mellosa*, Molina. Ce sont deux plantes du Chili, dont la première surtout est cultivée dans son pays natal et aujourd'hui également en Europe, à cause de l'huile fournie par ses graines. Sa tige est élevée de $1^m,5$, rameuse, garnie de feuilles alternes, linéaires-lancéolées, très-entières, assez semblables à celles du laurier-rose ; ses capitules sont presque sessiles, agglomérés à l'extrémité des rameaux ou dans l'aisselle des feuilles, pourvus de fleurs femelles, ligulées, très-grandes, à 3 dents, et de fleurons hermaphrodites, tubuleux, à 5 dents ; le réceptacle est plane et pourvu de une ou deux séries de paillettes, entre les fleurs du rayon et celles du disque. Les achaines sont longs de 9 à 11 millimètres, brunâtres, dépourvus d'aigrette, à 4 ou 5 nervures longitudinales, convexes d'un côté, aplatis de l'autre.

Au dire de Molina et du père Feuillée, l'huile de *Madia sativa* serait préférable pour la table, même à celle de l'olivier ; mais sa couleur jaune foncée, sa propriété siccative et la facilité avec laquelle elle se rancit doivent la faire réserver pour l'éclairage ou la fabrication du savon commun. Elle est soluble dans 30 parties d'alcool froid et dans 6 parties d'alcool bouillant, ce qui l'éloigne beaucoup de la nature de l'huile d'olives.

On cite encore une autre plante de la famille des composées, dont les graines fournissent une assez grande quantité d'huile usitée dans l'Inde et en Abyssinie pour l'usage de la table ou pour l'éclairage. Cette plante porte dans l'Inde les noms de *ramtill* et de *werinnua*, et en Abyssinie celui de *nook*. C'est le *Guizotia oleifera*, DC., appartenant à la sous-tribu des hélianthées, et assez voisine par conséquent de l'*Helianthus annuus*.

---

(1) Payen, *Annales de chimie et de physique*, t. XXV, p. 358, et t. XXVI, p. 98.

TRIBU DES ASTÉROÏDÉES.

Aunée officinale.

Inula Helenium. Car. gén. : capitule multiflore hétérogame; fleurs du rayon unisériées, femelles, ligulées, rarement tubuleuses, trifides; fleurs du disque hermaphrodites, tubuleuses, à 5 dents; involucre imbriqué, plurisérié; réceptacle plane, nu; anthères pourvues de 2 soies à la base; achaine cylindroïde pourvu d'une aigrette à une seule série de soies capillaires, rudes.

L'aunée officinale (*fig.* 570) croît dans les lieux ombragés et se

Fig. 570. — Aunée officinale.

cultive dans les jardins. Sa tige est droite, velue, haute de 13 à 16 décimètres; ses feuilles radicales sont très-grandes, ovales, atténuées en pétiole d'un côté et terminées en pointe de l'autre; celles de la tige sont demi-amplexicaules; toutes sont dentées, d'un vert pâle, rugueuses en dessus, cotonneuses en dessous; les capitules sont solitaires au sommet des tiges et des rameaux, larges de 8 centimètres, pourvus de fleurons ligulés, jaunes et radiés, qui les font ressembler à ceux des *helianthus* ; l'involucre

ASTÉROÏDÉES. — AUNÉE OFFICINALE.

est formé de squames imbriquées, dont les extérieures sont larges et surmontées d'un appendice foliacé, et les intérieures linéaires et obtuses; le réceptacle est large, plane, dépourvu de paillettes; les achaines sont très-glabres, tétragones, pourvus d'une aigrette simple.

La racine d'aunée est la seule partie de la plante usitée. Elle est vivace, longue, grosse, charnue, roussâtre au dehors, blanchâtre en dedans, d'une odeur forte, d'une saveur aromatique, âcre et amère; elle conserve ces propriétés par une bonne dessiccation.

D'après l'analyse de John, rapportée par M. Berzélius, la racine d'aunée contient :

Huile volatile liquide......................................	traces.
Hélénine..	0,1
Cire..	0,6
Résine molle et âcre.....................................	1,7
Extrait amer soluble dans l'eau et dans l'alcool......	36,7
Gomme...	4,5
Inuline...	36,7
Albumine végétale.....................................	13,9
Fibre ligneuse...	5,5
Sels potassiques, calciques et magnésiques.........	»
	100,0

Ce que Berzélius appelle *hélénine* n'est autre chose que l'huile volatile concrète et cristallisable qui, depuis longtemps, a été signalée dans la racine d'aunée. Elle doit avoir une grande part à ses propriétés, ainsi que la résine molle et âcre. L'*inuline* est, comme on le sait, un principe analogue à l'amidon qui a été découvert par Rose dans la racine d'aunée, et qu'on a retrouvé depuis dans les racines de pyrèthre, de dahlia, de topinambour, de chicorée, d'angélique et d'autres plantes synanthérées ou ombellifères. Ce principe tient dans ces racines la place de l'amidon, dont il diffère parce que l'iode le colore en jaune et non en bleu, et parce que sa dissolution, obtenue à l'aide de l'eau bouillante, est mucilagineuse et non gélatineuse, et qu'elle laisse déposer l'inuline sous forme pulvérulente, quelque temps après son refroidissement. Au reste cette substance demande à être mieux définie.

On retire de la racine d'aunée, ou on en prépare une huile volatile, une eau distillée, un extrait, une conserve et un vin médicinal. Elle entre en outre dans un grand nombre de médicaments plus composés. Ses propriétés générales sont d'être tonique et diaphorétique.

La racine d'aunée jouit d'une autre propriété peu connue, qu'elle partage avec celle de bardane. Sa décoction, employée en lotions, apaise presque instantanément les démangeaisons dartreuses, et est un des meilleurs topiques dont on puisse se servir pour en atteindre la guérison.

Quelques autres espèces d'aunée, anciennement usitées, sont aujourd'hui tombées dans l'oubli : telles sont, entre autres, l'*Inula conyza*, dont les feuilles, semblables à celles de la digitale, ont été figurées (1); les *Inula suaveolens, bifrons, britannica, graveolens*, etc. Les *Inula dysenterica* et *pulicaria* appartiennent aujourd'hui au genre *Pulicaria*.

La tribu des Astéroïdées renferme un très-grand nombre de plantes d'ornement, généralement connues, auxquelles je crois inutile de m'arrêter : telles sont les dahlia (*Dahlia variabilis*), la verge d'or (*Solidago virga aurea*), les érigérons, les *aster*, la reine Marguerite (*Callistephus chinensis*); sans oublier la charmante pâquerette, ornement de nos prairies (*Bellis perennis*).

TRIBU DES EUPATORIACÉES.

Tussilage ou Pas-d'Ane.

Tussilago farfara, L. (*fig.* 571). Le tussilage est une plante qui aime les lieux humides et dont les racines se propagent sous terre à une grande distance. Il en pousse plusieurs petites hampes supportant chacune un capitule qui s'épanouit avant que les feuilles paraissent, ce qui a fait donner à la plante le nom bizarre de *Filius ante patrem*. Les feuilles qui paraissent ensuite sont pétiolées, très-larges, sous-cordiformes, anguleuses et denticulées. On en a comparé la forme à l'empreinte du pied de l'âne, d'où est venu le nom de *Pas-d'âne*; elles sont vertes en dessus, blanchâtres et cotonneuses en dessous. La hampe est également cotonneuse et toute couverte de bractées rougeâtres, qui, parvenues au capitule, en forment l'involucre. Le capitule présente, à la cir-

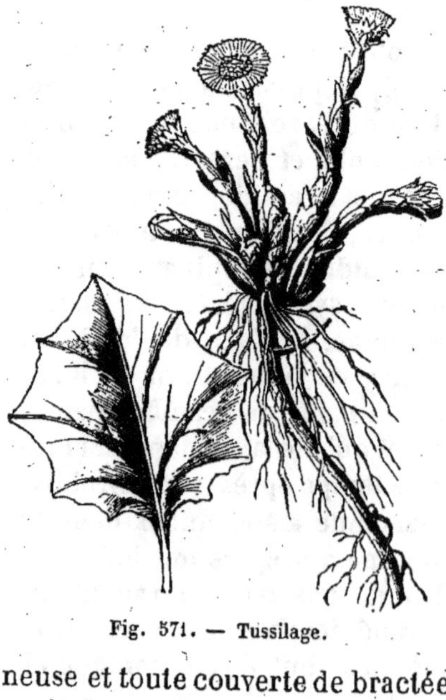

Fig. 571. — Tussilage.

(1) T. II, p. 483.

conférence, une grande quantité de demi-fleurons jaunes très-étroitement ligulés, femelles, et, au centre, un petit nombre de fleurons hermaphrodites, tubuleux, à 5 dents. Le réceptacle est nu ; les styles du disque sont inclus et abortifs ; ceux du rayon sont bifides, à rameaux sous-cylindriques ; les achaines sont oblongs-cylindriques, glabres, pourvus d'une aigrette plurisériée, à soies très-fines ; les aigrettes du disque sont unisériées. Tout le capitule est doué d'une odeur forte, agréable, et d'une saveur douce et aromatique. On l'emploie en infusion contre la toux : d'où est dérivé le nom de *Tussilage*.

Eupatoires.

Sous le nom d'Eupatoires, on connaît plusieurs plantes appartenant à des genres différents : l'*eupatoire des Grecs* était l'*Agrimonia eupatorium* de la famille des Rosacées ; l'*eupatoire de Mesué*, l'*Achillea Ageratum* ; enfin l'eupatoire d'Avicenne appartient aux *Eupatorium*.

Ce dernier genre, qui est extrêmement nombreux en espèces, présente les caractères suivants : Feuilles opposées ; capitules homogames, dont l'involucre est cylindrique, formé de squames imbriquées, appliquées, ovales-oblongues, foliacées ; le réceptacle est nu, plane, étroit ; les fleurons sont généralement peu nombreux, tous tubuleux et hermaphrodites ; le style est long, profondément bifurqué, barbu à la base ; l'ovaire est pentagone et parsemé de glandes ; les achaines sont pourvus d'aigrettes pileuses, unisériées. Presque toutes les espèces sont américaines ; la suivante seule est commune en France, dans les fossés pleins d'eau et dans les lieux submergés.

Eupatoire d'Avicenne ou Eupatoire chanvrin, *Eupatorium cannabinum*, L. Cette belle plante croît à la hauteur de 13 à 15 décimètres ; sa tige est un peu quadrangulaire, velue et rameuse ; les feuilles sont opposées, sessiles, à 3 ou 5 folioles lancéolées-allongées et dentées, imitant assez les feuilles de chanvre ; les capitules sont terminaux, disposés en corymbes un peu serrés, formés d'un involucre cylindrique, glabre, à 10 squames dont les 5 extérieures obtuses et très-courtes ; les fleurs sont d'un pourpre pâle, au nombre de 5 ou 6, remarquables par leurs styles saillants.

La racine d'eupatoire est fibreuse et blanchâtre ; elle paraît être assez fortement purgative ; les feuilles sont amères et un peu aromatiques lorsqu'on les écrase ; elles passent pour détersives et apéritives.

Aya-pana, *Eupatorium, aya-pana* Vent. Cette plante, originaire du Brésil, a été transportée à l'Ile-de-France. Vantée d'abord à l'excès contre un grand nombre de maladies, elle est aujourd'hui presque totalement oubliée : il semble cependant qu'elle devrait conserver une place dans la matière médicale ; au moins peut-on supposer que ses propriétés générales se rapprochent beaucoup de celles du thé.

Les feuilles d'aya-pana sont longues de 5,5 à 8 centimètres, étroites, lancéolées-aiguës, entières, marquées de trois nervures principales qui se réunissent à l'extrémité du limbe, et d'un vert jaunâtre. Elles ont une saveur astringente, amère, parfumée, et une odeur agréable qui a quelque rapport avec celle de la fève tonka.

Plusieurs autres espèces d'eupatoire sont douées d'une odeur très-agréable : telles sont principalement l'*Eupatorium Lallavei*, désigné au Mexique sous le nom de *Rosa Panal*, ou *Rosa Maria*, qui fournit une résine de couleur jaunâtre, à moitié transparente, à odeur d'encens, de saveur amère et aromatique, employée comme céphalique et excitante (1); l'*Eupatorium Dalea*, L. (*Critonium Dalea*, DC.) de la Jamaïque, dont les feuilles sèches exhalent une odeur de vanille très-suave et persistante; et l'*Eupatorium aromatisans*, DC., de l'île de Cuba, qui sert à aromatiser les cigares de la Havane. Virey (2) a fait mention d'une feuille de **trébel** servant au même usage, que M. Kunth a reconnue pour appartenir au *Piqueria trinervia* de Cavanilles. Il est probable que cette feuille de trébel est la même que celle que j'ai décrite dans ma précédente édition, et que j'ai cru appartenir à l'*Eupatorium triplinerve* de Vahl. Quelle que soit l'origine de cette feuille, voici quels en sont exactement les caractères :

Cette feuille est longue de 18 centimètres et doit être considérée comme sessile ; mais le limbe est très-étroit dans une longueur de 54 millimètres, puis il s'étend peu à peu jusqu'à une largeur de 36 millimètres, et se termine à l'extrémité par une pointe arrondie ; la nervure médiane est forte et très-marquée ; les nervures latérales sont disposées par paires : les trois premières paires suivent la direction allongée du limbe rétréci en pétiole, et viennent se confondre avec le bord de la feuille; la quatrième paire parvient seule au sommet, et donne à la feuille, avec la nervure médiane, l'apparence d'une feuille triplinerve; les nervures latérales supérieures sont beaucoup plus petites et comprises entre la nervure médiane et les nervures de la quatrième paire. La feuille est très-entière, assez épaisse, glabre, d'une cou-

---

(1) Léon Soubeiran, *Journal de pharmacie et de chimie*, 3ᵉ série, t. XXXVIII, p. 198.

(2) Virey, *Journal de pharmacie*, t. XIV, p. 306.

leur verte un peu jaunâtre ; elle a une odeur de fève tonka ou de mélilot beaucoup plus franche, plus forte et plus agréable que l'aya-pana ; sa saveur est piquante, âcre et un peu amère ; elle teint l'eau en jaune foncé.

Guaco.

Mikania guaco, Humb., Bonpl. Cette plante est voisine des eupatoires, dont elle se distingue cependant par plusieurs caractères : Sa tige est grimpante, très-longue et rameuse ; ses feuilles sont pétiolées, opposées, ovales-aiguës, hérissées en dessous, à dentelures distancées, longues de 16 à 24 centimètres ; l'involucre est formé de 4 folioles seulement, épaisses, aiguës, hérissées en dehors ; les fleurons sont au nombre de 4, hermaphrodites, dont le style et les 2 stigmates sont très-longs ; les achaines sont pentagones, glabres, surmontés d'une aigrette simple ; le réceptacle est nu.

Le guaco croît dans la Colombie, sur les bords du fleuve de la Madeleine ; il est célèbre dans ces contrées par la propriété qu'on lui attribue de guérir de la morsure des serpents venimeux. On a également annoncé qu'il était propre à guérir le choléra. On a trouvé dans le commerce la plante entière, tiges, fleurs et feuilles mêlées. Elle est inodore, mais amère. Elle a été analysée par M. Fauré, de Bordeaux (1). [M. Guibourt (2), dans son travail sur le *Guaco*, arrive à cette conclusion que les *guaco* vraiment actifs appartenaient à des plantes différentes du *Mikania guaco*, particulièrement à des aristoloches. Le *Mikania guaco* serait d'après lui sans action aucune.]

Semences de Galagéri.

Vernonia anthelmintica, Willd. Plante de l'Inde de la tribu des Vernoniacées, dont les semences sont usitées comme anthelmintiques. Virey (3), disant avoir reçu ces semences directement de l'Inde, sous le nom de *Calagéri* ou de *Calagirah*, a proposé de les substituer au semen-contra, dans les préparations pharmaceutiques. Le conseil aurait pu être bon, si les graines présentées eussent été véritablement celles du *Vernonia anthelmintica* ; mais c'étaient des semences de nigelle. Comme cette confusion pourrait se représenter, je dois dire ici ce qui l'avait causée et comment on peut s'en garantir.

(1) Fauré, *Journ. pharm.*, t. XXII, p. 291.
(2) Guibourt, *Journal de pharmacie et de chimie*, 1869.
(3) Virey, *Journal de pharmacie*, t. XXII, p. 612.

Les semences en question avaient été présentées à la douane sous le nom de *Calagirah* que Virey a cru synonyme de *Calagéri*, tandis que ces noms désignent des plantes très-différentes. L'une, nommée *Calagéri* par Rheede, ou *Kalie zeerie* par Ainslie (1), est bien le *Vernonia anthelmintica;* l'autre, nommée *Kalajira* (2), est le *Nigella sativa*, L., ou sa variété indienne, le *Nigella indica*, Roxb. Ce sont les semences de cette dernière plante que Virey a prises pour les fruits du *Vernonia*.

Les achaines du *Vernonia anthelmintica* sont longs de 5 millimètres, étroits, amincis et coniques par la partie inférieure, élargis par le haut en un petit disque qui présente tout autour les vestiges de l'aigrette simple qui les surmontait; leur surface est creusée de sillons longitudinaux et couverte de poils rares et courts; leur couleur est brune, sauf le petit plateau supérieur qui est blanchâtre; elle est amère et inodore.

La semence de *Nigella sativa* est noire, cunéiforme, triangulaire ou quadrangulaire, de la grosseur d'une puce. Les faces comprises entre les angles sont planes et ridées; la saveur en est aromatique, nullement amère et d'un goût de carotte; l'odeur en est faible en masse, mais devient plus forte par la friction dans le creux de la main, et est semblable à celle du *Daucus*.

FAMILLE DES DIPSACÉES.

Cette famille présente par la réunion de ses fleurs en capitules une assez grande ressemblance avec les Composées; mais elle en diffère par un certain nombre de caractères essentiels. Les feuilles sont opposées, dépourvues de stipules; les fleurs, réunies en capitules, sont accompagnées à la base d'un involucre commun composé de plusieurs folioles; mais chaque fleur est entourée, en outre, d'un involucre propre, caliciforme, différent encore cependant du véritable calice, lequel est soudé avec l'ovaire et terminé supérieurement par un limbe entier ou divisé. La corolle est gamopétale, tubuleuse, à 4 ou 5 divisions inégales; les étamines sont au nombre de 4, à anthères libres et biloculaires. L'ovaire est infère, à une seule loge contenant un seul ovule pendant. Le style est simple, terminé par un stigmate simple ou légèrement bilobé. Le fruit est un achaine terminé par le limbe calicinal est enveloppé par le calice externe. La graine est pendante et son embryon est entouré d'un endosperme assez mince. Cette famille est très-peu nombreuse, et je n'en citerai que deux plantes utiles, la cardère cultivée et la scabieuse officinale.

Cardère cultivée, communément nommée **Chardon à foulon** (*Dipsacus fullonum*, L.). Cette plante porte des capitules cylindri-

---

(1) Ainslie, t. II, p. 54.
(2) Ainslie, t. I, p. 128.

ques, pourvus de paillettes très-nombreuses, serrées, dures et terminées en crochet à leur extrémité, ce qui les rend propres à peigner les tissus de laine et de coton. Les racines étaient employées autrefois comme diurétiques et sudorifiques.

Scabieuse officinale, *Scabiosa succisa*, L. (*fig.* 572). Cette plante est commune en France, dans les bois et dans les pâturages un peu humides. Elle produit une tige droite, cylindrique, haute de 30 à 60 centimètres, garnie de feuilles dont les inférieures sont pétiolées, oblongues, acuminées de chaque côté, très-entières, et les supérieures sessiles, connées, oblongues-lancéolées, souvent dentées ; les capitules sont pédonculés, pourvus d'un involucre général à 2 ou 3 séries de folioles ; les involucelles sont formés d'un tube tétraédrique, à couronne très-courte, ondulée et à soies courtes et conniventes ; les corolles sont égales, quadrifides, d'une couleur bleue ou purpurine. La racine est blanche, cylindrique, courte et comme tronquée par le bas, entourée de radicules descendantes. On l'emploie en décoction contre les maladies de la peau. Les feuilles et les fleurs sont également usitées.

Fig. 572. — Scabieuse officinale.

La **scabieuse des champs** (*Scabiosa arvensis*, L. ; *Knautia arvensis*, DC.) est aussi usitée. Elle diffère de la précédente par sa tige velue, ses feuilles pinnatifides incisées et ses fleurs à corolles inégales et rayonnantes.

FAMILLE DES VALÉRIANÉES.

Plantes herbacées, à feuilles opposées, simples ou plus ou moins profondément incisées ; les fleurs sont privées d'involucre et de calicule, mais sont encore rapprochées en grappes denses ou en cymes terminales ; le calice est simple, formé d'un tube soudé avec l'ovaire et d'un limbe supère, tantôt dressé, à 3 ou 4 dents, tantôt roulé en dedans et divisé en lanières qui se déroulent en aigrette après la floraison. La corolle est gamopétale, épigyne, à limbe quinquélobé, tantôt régulier ou presque régulier (valériane), tantôt irrégulier, avec le tube éperonné (centranthe), ou non éperonné (fédia). Les étamines sont insérées au tube de la corolle, quelquefois au nombre de 5, réduites à 3 dans les valérianes, à 2 dans les fédia, à 1 dans les centranthes. L'ovaire est infère, à 3 loges, dont 2 stériles et souvent indistinctes ; l'ovule est unique, pendant au sommet de la loge fertile, anatrope ; le style est terminé par 2 ou 3 stigmates ; le fruit est sec, indéhiscent, couronné par le limbe du calice, tantôt à 3 loges dont 2 beaucoup plus petites et vides (fédia), tantôt à une seule loge (valériane). La graine est inverse, à embryon homotrope, droit, à radicule supère sans endosperme.

Cette famille, séparée des Dipsacées par de Candolle, présente encore des analogies frappantes avec le groupe des Composées ; les genres peu nombreux qui la composent ont été presque tous formés aux dépens des valérianes dont les racines, diversement aromatiques, ont fait partie de la matière médicale des anciens et sont encore très-usitées aujourd'hui dans toutes les parties du monde.

Valériane sauvage.

Valeriana officinalis, L. (*fig.* 573). Tige droite, haute de 1 mètre à 1 mètre 1/2, fistuleuse, un peu pubescente, portant dans sa partie supérieure des rameaux opposés sortant de l'aisselle des feuilles. Celles-ci sont opposées, toutes pinnatiséquées, à segments lancéolés-dentés, un peu velus en dessous. Les fleurs sont petites, nombreuses, disposées en cyme au haut des tiges, d'une couleur blanche purpurine, d'une odeur agréable. La racine est très-petite, comparée à la grandeur de la plante, formée d'un collet écailleux très-court, entouré de tous côtés de radicules blanches, cylindriques, de 2 à 5 millimètres de diamètre. Elle possède une saveur légèrement amère, comme un peu sucrée d'abord, et une odeur désagréable qui se développe par la dessiccation, au point de devenir très-forte et fétide. Cette odeur plaît singulièrement aux chats, qui déchirent les sacs de cette racine, se vautrent dessus et en mangent même avec délices.

Fig. 573. — Valériane sauvage.

On trouve dans le commerce deux variétés de racine de valériane qui me paraissent dues à la différence des lieux où on les a récoltées. L'une est formée de radicules blanches, cylindriques, qui ont conservé leur plénitude par la dessiccation, en ayant pris souvent une apparence cornée. La terre qui s'y trouve attachée est sablonneuse, légère, jaunâtre, et tombe en poussière par la percussion. Il me paraît évident que cette valériane a crû dans des bois assez secs et sablonneux. L'autre variété a dû croître au contraire dans un lieu humide et marécageux; car la terre qui s'y trouve comprise est noirâtre, compacte et dure à casser, comme le serait une terre argileuse qui a été détrempée dans l'eau et ensuite desséchée. De même que dans la première variété, le collet est court et écailleux; mais les radicules sont d'un gris foncé, plus déliées, plus fibreuses et ridées à leur surface, ce qui tient à la plus grande quantité d'eau qu'elles ont perdue par la dessiccation. Cette racine a une odeur très-analogue à la première, néanmoins non désagréable; elle paraît un peu plus amère. J'ai supposé anciennement que cette racine pouvait être produite par le *Valeriana dioica*, L., qui croit en effet dans les lieux aquatiques; mais la seule différence des lieux suffit pour expliquer celle des deux racines (1).

La racine de valériane fournit par la distillation avec de l'eau une huile volatile verte, d'une odeur forte, analogue à la sienne propre, qui a longtemps été usitée comme antispasmodique. Cette essence, de même que la plupart des autres huiles volatiles, est formée de plusieurs principes, dont un, principalement, mérite de fixer l'attention par son caractère acide bien décidé.

Ce principe, nommé *acide valérianique* ou *valérique*, a été entrevu d'abord par M. Pentz, puis déterminé par M. Grotz, et étudié ensuite par MM. J.-B. Trommsdorf, Ettling, Dumas et Stas, Cahours et Gerhardt. Pour l'obtenir, on distille la racine de valériane bien privée de terre et additionnée d'ailleurs d'une petite quantité d'acide sulfurique, avec de l'eau, et l'on obtient ainsi, comme à l'ordinaire, un mélange d'eau distillée et d'huile volatile, auquel on ajoute de la magnésie calcinée. On distille dans une cornue, et l'on obtient une huile volatile légère, non acide, d'une odeur moins fétide qu'auparavant. Lorsqu'il ne passe plus d'huile, on ajoute dans la cornue de l'acide sulfurique en léger excès et l'on reprend la distillation. On obtient alors un liquide huileux (acide valérianique) qui surnage l'eau saturée du même acide; car il est soluble dans 30 parties d'eau. L'acide pur est incolore et pèse 0,944; il a une odeur d'essence de valériane très-forte et très-désagréable et une saveur repoussante. Il perd presque toute son odeur par sa combinaison avec les bases, et forme

---

(1) Voir dans Pierlot, *Note sur la valériane, sur l'analyse de sa racine*, etc., la figure des deux variétés, *sylvestre* et *palustre*, de la valériane officinale.

des sels, tels que ceux de zinc et de quinine, qui sont aujourd'hui très-employés dans la thérapeutique.

L'acide valérianique a été analysé par M. Ettling à l'état oléagineux et combiné à la baryte ou à l'oxyde d'argent ; sous ce dernier état il est anhydre et formé de $C^{10}H^9O^3$; à l'état oléagineux, il est hydraté et contient $C^{10}H^9O^3 + HO = C^{10}H^{10}O^4$.

Cet acide peut se former dans un grand nombre de circonstances différentes, et notamment par l'action de la potasse caustique hydratée sur l'essence de pomme de terre ou alcool amylique ($C^{10}H^{12}O^2$).

En ajoutant en effet les éléments de 2 molécules d'eau à l'alcool amylique, on en forme de l'acide valérianique hydraté et de l'hydrogène qui se dégage, provenant pour une moitié de l'eau ajoutée et pour l'autre de l'essence de pomme de terre :

$$C^{10}H^{12}O^2 + 2HO = C^{10}H^{10}O^4 + 4H.$$

MM. Grotz, Trommsdorf et Ettling s'étaient bornés à montrer que l'essence de valériane était composée de deux huiles dont l'une est acide et l'autre pas. D'après M. Gerhardt, l'essence de valériane récente ne contiendrait pas d'acide valérianique et serait formée de deux huiles non acides, l'une oxygénée à laquelle il donne le nom de *valérol* ; l'autre non oxygénée, composée de $C^{20}H^{16}$, et nommée *bornéène*, parce qu'elle est identique en effet avec l'essence naturelle du *Dryobalanops camphora* (1). Quant au *valérol*, il est liquide à la température ordinaire ; mais il se solidifie à quelques degrés au-dessous de zéro et conserve alors la forme de cristaux jusqu'à 20 degrés et au-dessus. Il est composé de $C^{12}H^{10}O^2$ et peut se convertir en acide valérianique, soit par l'action de l'air sur l'essence de valériane, soit par l'action de l'hydrate de potasse fondu. Il se dégage de l'hydrogène, et le sel de potasse produit est un mélange de valérianate et de carbonate de potasse, ainsi que l'explique l'équation suivante :

$$C^{12}H^{10}O^2 + 6HO = C^{10}H^{10}O^4 + C^2O^4 + 6H.$$

Nonobstant l'opinion de M. Gerhardt, je pense que l'essence de valériane, même récente, contient de l'acide valérianique. J'admets cependant que la racine fraîche n'en contient pas, et c'est sans doute une des raisons pour lesquelles elle possède une odeur beaucoup plus faible que la racine sèche. Mais après la dessiccation, lorsque les principes huileux ont imprégné tout le

(1) Tome II, p. 414.

tissu de la racine et se trouvent en contact avec l'air, il est difficile de croire qu'ils n'éprouvent pas le genre d'altération propre à la production de l'acide valérianique. Il est d'ailleurs certain que l'essence de valériane sèche, nouvellement préparée, contient toujours de l'acide valérianique.

[D'après M. Pierlot (1), l'acide valérianique existe, avec l'huile essentielle, dans la racine fraîche de valériane, et même en plus grande quantité que dans la racine desséchée. Si la racine devient de plus en plus odorante à mesure qu'elle se sèche, ce n'est pas que les deux principes s'y forment peu à peu, mais bien parce qu'ils sont eux-mêmes beaucoup plus odorants à mesure qu'ils se déshydratent. L'automne est l'époque de l'année où la valériane contient le plus de principes actifs.]

Racine de Grande Valériane.

Valeriana Phu, L. Cette plante est cultivée dans les jardins ; toutes ses parties sont plus grandes que dans la précédente, si ce n'est sa tige qui n'a que 1 mètre de haut ; ses feuilles radicales sont entières ; sa racine est formée d'une souche longue et grosse comme le doigt, d'une couleur grise et marquée d'anneaux circulaires qui sont des vestiges d'insertion d'écailles foliacées noirâtres. Cette souche s'étant trouvée placée transversalement dans la terre, est nue du côté qui regardait la surface du sol et garnie de l'autre d'un grand nombre de radicules dirigées en bas, grises et ridées à l'extérieur, et d'une couleur foncée en dedans. L'odeur de la racine est analogue à celle de la première espèce, plus faible et cependant plus désagréable, ce qui peut tenir à ce que, étant ordinairement très-ancienne dans le commerce, l'essence s'y trouve en plus grande partie convertie en acide valérianique ; sa saveur est manifestement très-amère. Elle jouit dans un moindre degré des mêmes propriétés que la valériane officinale.

La racine de grande valériane est le **phu** ou **nard de Crète**, dont il est fait mention dans le douzième livre de Pline.

Racine de Valériane celtique ou Nard celtique.

Valeriana celtica. Cette espèce (fig. 574) croît sur les montagnes de la Suisse et du Tyrol, pays des anciens Celtes ; de là lui est venu le nom de **Nard celtique**, qu'elle a toujours porté. Elle se compose d'une petite souche ligneuse, toute couverte d'écailles

---

(1) Pierlot, *loco cit.*

76 DICOTYLÉDONES CALICIFLORES.

imbriquées, placée obliquement près de la surface du sol et sous la mousse qui le recouvre, pourvue d'un côté de quelques radicules et terminée supérieurement par une touffe de feuilles très-entières, obovées, et par une tige haute de 8 à 20 centimètres ; les fleurs sont d'un rouge pâle, réunies au nombre de cinq ou six en petites ombelles portées sur des pédoncules axillaires ; celles de l'extrémité sont presque sessiles et comme verticillées.

Fig. 574. — Valériane celtique.

Le nard celtique se trouve dans le commerce sous la forme de paquets ronds et plats qui le contiennent mélangé de mousse et de beaucoup de terre sablonneuse. La souche elle-même est très-menue, longue de 3 à 5 centimètres, entièrement couverte d'écailles blanchâtres, et munie de quelques radicules brunes. Toute la souche est pourvue d'une saveur très-amère et d'une odeur forte qui tient beaucoup de celle de la valériane. Cette substance, quoiqu'elle doive être très-active, n'est plus guère employée aujourd'hui que pour la thériaque. Il faut la débarrasser de la mousse, de la terre et des feuilles qu'elle contient.

Nard indien ou Spicanard.

Cette substance a été célèbre dans l'antiquité et comptée au nombre des aromates les plus précieux ; son odeur passait pour exciter les désirs amoureux ; partant elle était en grand honneur auprès des dames romaines (1), comme elle l'est encore aujourd'hui chez celles du Népaul.

Cet usage peut s'expliquer jusqu'à un certain point, maintenant qu'il est reconnu que le véritable nard indien appartient à une plante très-voisine des valérianes. Et d'ailleurs une odeur qui nous paraît peu agréable aujourd'hui a pu sembler suave autrefois ; de même que le citron dont toutes les femmes se parfument, de notre temps, passait anciennement pour désagréable, et ainsi de plusieurs autres.

Pendant longtemps le nard indien a été attribué à l'*Andropogon nardus*, L., de la famille des Graminées, et l'on s'étonne que cette opinion ait pu durer ; car la racine de l'*Andropogon nardus* (*Ginger-grass*, angl.) ressemble pour la forme et la couleur à celles du schœnanthe et du vétiver : elle offre une odeur mixte de gingembre et d'acore, tout à fait distincte de celle du nard indien.

Le docteur Jones a le premier fait connaître que la plante qui produit le spicanard est une valériane, qu'il a nommée, de son nom sanscrit, *Valeriana jatamansi*; mais il l'a confondue avec la *Valeriana Hardwickii* de Don ou de Wallich, qui ne donne pas de spicanard. Il faut dire, cependant, qu'il nous vient de l'Inde plusieurs espèces de nard, mais dont aucun n'est produit par la *Valeriana Hardwickii*.

L'existence de plusieurs espèces de nard indien a été constatée dans tous les temps. Ainsi Dioscoride, à part même les deux nards qu'il nomme *syriaque* et *sampharitique*, décrit deux nards de l'Inde : l'un, croissant sur les montagnes, est court, aminci à l'extrémité, d'une couleur rousse, amer, et d'une odeur agréable qui se conserve longtemps ; l'autre, venu dans des endroits très-humides et nommé *Gangitis*, du fleuve Gange, qui coule au pied des lieux où il croît, est plus grand, portant plusieurs épis chevelus sortant d'une même racine, et ces épis sont hérissés de fibres entremêlées, et de mauvaise odeur ; il est moins estimé.

(1) Un poëte, heureux imitateur des anciens, nous a dit :

> Et de cette conque azurée
> Tirons le nard délicieux
> Dont l'odeur seule fait qu'on aime,
> Qui prête un charme à Vénus même,
> Et l'annonce au banquet des dieux.

On trouve des traces de cette distinction des deux nards de l'Inde dans Pomet et dans Geoffroy ; mais nul ne les a mieux décrits que Charas (1). Suivant lui, « le véritable nard des Indes a ses épis moindres que l'autre ; il est sans partie ligneuse, d'un jaune tirant sur le purpurin, d'un goût fort aromatique, mêlé d'amertume et d'acrimonie ; il est porté sur une petite racine sujette à tomber en poussière, et qu'il convient d'en séparer en secouant les épis sans les briser. Le faux nard est plus gros que le précédent, d'une couleur plus brune, portant une chevelure plus éparpillée et plus hérissée ; il est presque privé d'odeur et de goût ; il offre dans son centre une partie ligneuse qui sert de loin en loin de base à la chevelure. »

A la vérité, Charas dit avoir cueilli ce faux nard sur le mont Genèvre, en Dauphiné, ce qui tendrait à le faire regarder comme indigène ; mais, comme il parle d'*autrefois*, et que les caractères donnés par d'autres auteurs, à ce faux nard du Dauphiné, ne se rapportent pas à la description précédente, il me paraît certain que Charas a confondu deux choses différentes, savoir : le *faux nard de l'Inde*, dont la description se trouve ci-dessus, et le *faux nard du Dauphiné*, dont la forme se rapproche beaucoup de celle du vrai nard de l'Inde, et qui est, au dire de Pomet, *d'un gris de souris, tourné comme s'il avait été tourné au tour, et composé de filaments fort menus ;* ces derniers caractères indiquent suffisamment que ce faux nard du Dauphiné n'est autre que le bulbe allongé et chevelu de la Victoriale (*Allium victorialis*, L.). En résumé Charas a parfaitement distingué les deux nards de l'Inde ; il a eu tort seulement de croire que le second venait du Dauphiné. Voici la description plus précise de ces deux substances.

Nard Jatamansi.

Vrai nard indien, Charas ; *nard des montagnes de l'Inde*, Diosc. (2) ; *Valeriana jatamansi*, Lambert (3) ; *Nardostachys Jatamansi*, DC. (4). Cette plante (*fig.* 575) croît dans les montagnes du Népaul, dans les provinces de Mandou et de Chitor, au royaume de Delhi, au Bengale et au Décan. L'excellente figure qu'en a donnée Lambert, et l'échantillon que j'en ai vu dans l'herbier de M. Delessert, ne permettent pas de douter que ce ne soit elle qui produise le vrai nard indien. Cette substance est devenue très-rare dans le com-

---

(1) Charas, *Pharmacopée*, article Thériaque réformée.
(2) Dioscoride, I, cap. vi.
(3) Lambert, *An Illust. of the genus Cinch.*, p. 177.
(4) De Candolle, *Coll. mém.*, VII, pl. 1 ; *Prodromus*, IV, p. 624.

VALÉRIANÉES. — NARD RADICANT.   79

merce; telle que nous l'avons (*fig.* 576), elle se compose d'un tronçon de racine très-court, épais comme le petit doigt, d'un gris noirâtre, surmonté d'un paquet de fibres rougeâtres, fines et dressées, qui imitent un épi de la grosseur et de la longueur

Fig. 575.— Nard Jatamansi.

Fig. 576. — Nard Jatamansi.

du petit doigt. Cet épi est ordinairement un peu ovoïde ou renflé au milieu et aminci aux extrémités; les fibres dont il se compose sont souvent encore disposées en réseau de feuilles, et ne sont effectivement que le squelette desséché des feuilles qui entourent le collet de la plante, et qui se détruisent chaque année; l'odeur en est forte et agréable, très-persistante, analogue à celle du nard celtique; la saveur en est amère et aromatique.

En coupant l'épi longitudinalement, on trouve au centre un corps ligneux, formé d'une écorce grise et d'une partie intérieure blanche, spongieuse et friable. Ce corps ligneux est souvent réduit à l'état pulvérulent par les insectes, ou manque entièrement. Ayant une fois ouvert un épi dont la racine était bien conservée, je lui ai trouvé une odeur très-marquée de valériane.

Nard radicant de l'Inde.

Nard du Gange, Diosc. (*fig.* 577 et 578). Cette substance est abondante dans le commerce; elle se compose d'un corps de

Fig. 577. — Nard radicant de l'Inde.

Fig. 578. — Nard radicant de l'Inde.

racine brun, dur, ligneux, gros comme une plume à écrire, tout hérissé de radicules brunes, rudes et chevelues. Cette racine se divise supérieurement en trois ou quatre tiges ou rhizomes, long quelquefois de 19 à 22 centimètres, entièrement couverts de fibres brunes, dressées, qui sont, comme dans le vrai spicanard, le débris des feuilles radicales; mais ces trois ou quatre tiges ayant été renfermées sous terre, jusqu'à un paquet de feuilles verdâtres qui les termine supérieurement, les fibres dont je parle sont entremêlées d'autres fibrilles ou radicules semblables à celles de la partie inférieure. Quand on dépouille les rhizomes de leurs fibrilles, on trouve dessous un corps ligneux (*fig.* 578, *a*), très-dur, mince comme une petite plume, mais renflé et articulé de distance en distance, à la manière des souchets; au total, ces rhizomes ramifiés, longs de 16 à 19 centimètres, tout hérissés d'une chevelure brune, dure, irrégulière, sont très-faciles à distinguer du vrai spicanard. Ils ont une odeur analogue à celle du nard celtique, mais beaucoup plus faible et désagréable; leur saveur est terreuse et presque nulle.

La plante qui fournit le nard radicant de l'Inde est encore inconnue. Aucune des valérianes de l'Inde que j'ai vues dans les herbiers de M. B. Delessert ne peut le produire. Le seul *Nardostachys grandiflora*, DC. (*Fedia grandiflora*, Wall.), tel qu'il est représenté par de Candolle (1), offre un rhizome long, *cylindrique*, hérissé de fibres, qui se rapporte assez bien au nard radicant; mais l'inspection de la plante en nature pourra seule décider la question, par la conformation toute particulière que l'on doit trouver à son rhizome ligneux.

Nard foliacé de l'Inde.

J'ai vu cette substance (*fig.* 579 et 580) pour la première fois dans le commerce vers l'année 1823, je ne sais si elle s'y trouvait

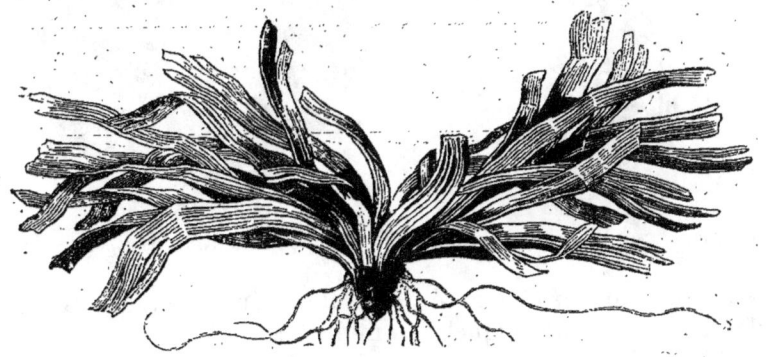

Fig. 579. — Nard foliacé de l'Inde.

auparavant; elle y était assez abondante. Au premier aspect, elle paraît assez différente de la précédente; mais, après un examen minutieux, je la regarde comme la même plante recueillie jeune. Au lieu d'être formée d'un long rhizome ramifié, terminé par une faible touffe de feuilles, cette substance est au contraire presque entièrement formée d'un épi foliacé jaunâtre, terminé inférieurement par une courte racine ligneuse, munie de radicules chevelues et jaunâtres. L'odeur est plus développée que dans le précédent spicanard, et offre quelque chose d'aromatique

---

(1) De Candolle, *Coll. de mém.*, VIIᵉ mémoire, pl. 2.

et d'agréable. Du reste, on observe dans les épis foliacés la tendance à se ramifier qui se serait développée plus tard ; on voit percer des radicules ligneuses même à travers les feuilles non altérées ; la consistance et la forme du rhizome sont les mêmes.

Fig. 580. — Nard foliacé de l'Inde.   Fig. 581. — Faux Nard du Dauphiné.

Bref, le nard foliacé et le nard radicant de l'Inde ne me paraissent différer que par l'âge auquel ils ont été récoltés.

Faux nard du Dauphiné.

Bulbe (*fig.* 581) de la *victoriale longue* de Clusius (1), *Allium anguinum* de Matthiole, de Bauhin (2). Cette substance n'a été qu'imparfaitement décrite par Pomet. Elle a tout à fait la forme du nard jatamansi, c'est-à-dire qu'elle est grosse et longue comme le petit doigt, un peu renflée au milieu et amincie aux extrémités ; mais elle est d'un gris de souris, inodore et d'une saveur terreuse. La surface de l'épi est généralement unie, et les fibres très-fines dont il se compose forment un réseau régulier, disposé en lo-

(1) Clusius, *Rar.*, I, 189.
(2) Bauhin, p. 422.

sange. Lorsqu'on coupe l'épi longitudinalement, on voit au centre un corps blanc, cellulaire, arrondi, séparé en deux par une ligne rousse horizontale, qui forme la ligne de démarcation de deux bulbes d'années consécutives. Au-dessus du bulbe supérieur se trouve le bourgeon de celui qui grossira l'année d'après, et au-dessous sont les débris des bulbes des années précédentes. Cette disposition diffère de celle du colchique en ce que, dans celui-ci, les bulbes se forment latéralement, tandis que dans la victoriale ils se succèdent dans le sens perpendiculaire, et causent ainsi l'allongement progressif de l'épi. La victoriale croît dans les montagnes du Dauphiné, de la Suisse, de l'Italie, de l'Autriche et de la Silésie. J'ai dû à l'obligeance de M. Chatenay, alors pharmacien à Saint-Ymier, dans l'état de Berne, l'échantillon qui a servi à la description précédente.

D'autres substances que les précédentes ont porté le nom de nard ; telles sont la **lavande spic**, qui se trouve décrite par d'anciens auteurs sous le nom de *Nardus italica*, et la **racine d'asarum**, qui a été nommée *Nard sauvage*.

Mâche ou **doucette**, *Valerianella olitoria*, Mœnch. Petite plante commune dans les champs à la fin de l'hiver, mais cultivée dans les jardins potagers pour l'usage de la table. Ses feuilles sont entières, vertes, succulentes, d'un goût doux ; ses fleurs sont d'un bleu très-pâle, pourvues d'un calice à dents droites et de 3 étamines ; le fruit est une capsule à 3 loges dont une seule fertile.

Valériane rouge, *Centranthus ruber*, ou plutôt le *Centranthus angustifolius*, DC. Cette plante, remarquable par ses fleurs nombreuses et d'un beau rouge, croît en France dans les lieux pierreux et sur les vieux murs, et est cultivée pour l'ornement des jardins. Le tube de la corolle est éperonné à la base et ne porte qu'une étamine. Le fruit est uniloculaire et monosperme. La racine sent la valériane.

FAMILLE DES RUBIACÉES.

Plantes herbacées, arbustes ou arbres à feuilles opposées accompagnées, de chaque côté, de stipules, tantôt soudées et formant une sorte de gaîne ; tantôt distinctes et se développant en feuilles semblables aux véritables, et simulant un verticille de feuilles. Les fleurs sont axillaires ou terminales, quelquefois réunies en tête. Le calice est formé d'un tube adhérent à l'ovaire et d'un limbe supère, entier ou partagé en 4 ou 5 lobes, le plus souvent persistant. La corolle est épigyne, gamopétale, régulière, à 4 ou 5 lobes ; les étamines sont en nombre égal et alternes avec les lobes de la corolle ; l'ovaire est infère, surmonté d'un style simple et d'un stigmate qui offre autant de lobes qu'il y a de loges à l'ovaire. Le fruit est tantôt une mélonide (fruit complexe, charnu, infère, indéhiscent) à deux ou à plusieurs loges monospermes, ou polyspermes; tantôt un carcérule infère ne différant du fruit précédent que par la siccité du péricarpe; tantôt une capsule à deux ou à un plus grand nombre de loges polyspermes et s'ouvrant en autant de valves qu'il y a de loges; les graines, souvent comprimées et bordées d'une aile membraneuse, contiennent un embyron homotrope dans un endosperme corné ou cartilagineux.

Malgré les différences observées dans les fruits, la famille des Rubiacées est une des plus naturelles du règne végétal; c'est aussi une des plus nombreuses et des plus essentielles à connaître, à cause du grand nombre de substances actives qu'elle fournit à l'art de guérir. Elle a été divisée de la manière suivante :

1re sous-famille, **Cofféacées** : fruits à loges monospermes (très-rarement dispermes).

Tribu I, **Operculariées** : fruits uniloculaires, monospermes, rapprochés latéralement en capitules, enfin déhiscents et bivalves par le sommet. Genres *Pomax*, *Opercularia*.

Tribu II, **Stellatées** : fruit presque sec, bipartible, rarement charnu et biloculaire; stigmate en tête. Genres *Vaillantia*, *Galium*, *Rubia*, *Crucianella*, *Asperula*, etc.

Tribu III, **Anthospermées** : fruit presque sec, bipartible, rarement charnu et biloculaire; stigmate allongé, velu. Genre *Anthospermum*, etc.

Tribu IV, **Spermacocées** : fruit presque sec à 2 ou à 4 noyaux; stigmate bilamellé. Genres *Serissa*, *Borreria*, *Spermacoce*, *Richardsonia*, *Perama*, etc.

Tribu V, **Psychotriées** : fruit charnu, biloculaire; semences convexes par le dos, planes et marquées d'un sillon du côté interne; endosperme corné. Genres *Cephælis*, *Patabea*, *Palicourea*, *Psychotria*, *Ronabea*, *Mapouria*, *Coffea*, *Faramea*, *Pavetia*, *Ixora*, *Chiococca*, *Siderodendron*, etc.

Tribu VI, **Pædériées** : fruit biloculaire, indéhiscent, à peine charnu; tube du calice se séparant facilement des carpelles qui sont très-comprimés et suspendus à un axe filiforme; endosperme charnu. Genre *Pæderia*.

Tribu VII, **Guettardacées** : fruit charnu, à 2-10 noyaux, semences cylindriques. Genres *Morinda*, *Vangueria*, *Guettarda*, *Malanea*, *Antirrhœa*, *Stenostomum*, *Erithalis*, etc.

Tribu VIII, **Cordiérées** : fruit charnu, multiloculaire. Genres *Cordiera*, *Tricalysia*.

2e sous-famille, **Cinchonées** : fruits à loges polyspermes.

Tribu IX, **Hamélîées** : fruit charnu, multiloculaire. Genres *Sabicea*, *Hamelia*, etc.

Tribu X, **Isertiées** : fruit charnu à 2-6 noyaux. Genres *Isertia*, *Anthocephalus*, etc.

Tribu XI, **Gardéniées** : fruit charnu, biloculaire (rarement uniloculaire) ; semences non ailées. Genres *Catesbœa, Bertiera, Randia, Genipa, Oxyanthus, Mussænda, Amaioua*, etc.

Tribu XII, **Hédyotidées** : capsule à 2 loges, semences non ailées. Genres *Hedyotis, Oldenlandia, Ophiorrhiza, Sipanea, Rondeletia, Portlandia, Macrocnemum, Condaminea*, etc.

Tribu XIII, **Cinchonées** : capsule biloculaire, semences ailées. Genres *Pinckneya, Manettia, Danais, Exostemma, Hymenodyction, Luculia, Lasiostemma, Remijia, Cinchona, Cosmibuena, Coutarea, Nauclea, Uncaria*, etc.

Racine de Garance.

Rubia tinctorium, L. — *Car. gén.* : tube calicinal ové-globuleux, limbe à peine sensible ; corolle rotacée, à 4 ou 5 divisions ; 4 ou 5 étamines courtes ; ovaire infère, biloculaire, surmonté d'un style bifide ; fruit succulent, sous-globuleux, didyme, à 2 loges cartilagineuses (mélonide). — Herbe ou arbrisseau ; tiges diffuses, très-rameuses, tétragones ; feuilles opposées, accompagnées de stipules intermédiaires foliacées, constituant un verticille de 4 à 8 feuilles.

La garance est pourvue d'une racine vivace, très-longue et rampante ; elle produit des tiges longues, carrées, noueuses, garnies sur les angles de poils très-rudes ; les feuilles sont verticillées par 4 ou 6, hérissées de poils rudes ; les fleurs sont très-petites et d'un jaune verdâtre, les fruits sont noirs. La garance croît naturellement en Orient et dans le midi de l'Europe ; on la cultive dans les environs d'Avignon, en Alsace, en Zélande et dans d'autres contrées, à cause de sa racine qui est très-employée dans la teinture en rouge ; mais celle qui vient d'Afrique, d'Orient, et surtout de Chypre, est la plus estimée.

Cette racine est de la grosseur d'une plume à écrire ; elle est formée d'un épiderme rougeâtre, recouvrant une écorce d'un rouge brun foncé, et au centre se trouve un méditullium ligneux, d'un rouge plus pâle et jaunâtre ; elle a une saveur amère et styptique ; administrée en décoction, elle teint en rouge le lait, les urines et les os ; elle entre dans le sirop d'armoise composé.

La garance a été le but des recherches d'un grand nombre de chimistes, mais surtout de MM. Kuhlmann, Robiquet et Colin. Le premier a montré que cette racine contenait un acide libre, analogue à l'acide malique, une quantité notable de sucre qui donne au macéré aqueux la propriété de pouvoir subir la fermentation alcoolique, de la gomme, une matière colorante rouge, une fauve, divers sels à base de potasse, etc. ; mais c'est Robiquet et M. Colin qui, les premiers, ont obtenu le principe colorant rouge à l'état de pureté; ils lui ont donné le nom d'*alizarine*, du nom *izari* ou *alizari*, que la garance porte dans le Levant.

Pour obtenir l'alizarine, on traite la garance pulvérisée par les deux tiers de son poids, ou par partie égale d'acide sulfurique concentré, et l'on empêche le vase de s'échauffer en le plongeant dans un mélange réfrigérant. En opérant ainsi, tous les principes solubles de la racine sont détruits ou charbonnés, hors l'alizarine. On lave à l'eau le charbon sulfurique; on le fait sécher, et il suffit alors de le chauffer très-modérément dans un vase sublimatoire, pour obtenir l'alizarine sous forme de longues aiguilles, d'un rouge orangé.

Ce corps est donc volatil; il est presque insoluble dans l'eau froide, un peu soluble dans l'eau bouillante, et donne avec ce dernier une teinture jaune d'or. Il est soluble dans les alcalis qui lui font prendre une couleur pensée magnifique. Il est insoluble dans les acides. Il donne sur les étoffes, à l'aide des mordants, les couleurs les plus riches, et d'une grande fixité.

Robiquet et M. Colin ont également constaté, dans la garance, l'existence d'un autre principe colorant rouge, qu'ils ont nommé *purpurine*, plus foncé et plus riche en apparence que l'alizarine, mais fournissant à la teinture des teintes moins abondantes, moins belles et surtout moins fixes.

Beaucoup d'autres espèces du genre *Rubia* contiennent dans leurs racines une matière colorante rouge applicable à la teinture : telles sont les *Rubia angustifolia, longifolia, peregrina, lucida, Bocconi, Olivieri*, qui appartiennent à l'Europe; le *Rubia munjista* de l'Inde, les *Rubia chilensis* et *relbum* du Chili, les *Rubia guadalupensis* et *hypocarpia* des Antilles. Les racines de plantes appartenant à d'autres genres de la famille des Rubiacées possèdent la même propriété tinctoriale : telles sont, en Europe, les racines des *Galium verum* et *mollugo*, dans l'Inde celle de l'*Oldenlandia umbellata*, connue sous le nom de **Chaya-Vair**; dans l'Inde et dans la Malaisie les racines de la plupart des *Morinda* (*M. citrifolia, tinctoria, bracteata, mudia, chachuca, umbellata*, etc., dont une, la dernière sans doute, nous est parvenue sous le nom de **Noona** (1). Celle-ci est une racine ligneuse, tortueuse, grosse comme le doigt, couverte d'une écorce assez mince, offrant une teinte générale jaune orangé, une saveur amère, et teignant la salive en jaune safrané.

Chaya-Vair.

Saya-ver ou *imburel*, tam.; *Chay-root* des Anglais. Quoique

---

(1) Ainslie, t. II, p. 253.

chaya-vair ou *chaya-ver* ne signifie rien autre chose que *racine de chaya*, il est bon de conserver à ce nom sa forme particulière, afin de ne pas confondre la substance qu'il représente avec la **racine de chaya** dont il a été fait mention (1).

Le chaya-vair est donc la racine de l'*Oldenlandia umbellata*, appartenant à la tribu des Hédyotidées, de la famille des Rubiacées. Cette plante croît naturellement dans plusieurs parties de l'Inde; mais elle est cultivée surtout sur la côte de Coromandel, où elle forme une branche de commerce assez importante.

Suivant Roxburgh, la racine de l'*Oldenlandia umbellata* est longue de 1 à 2 pieds, mince, produisant peu de fibres latérales, pourvue d'une écorce orangée et d'une partie ligneuse blanche. Cette description semble indiquer une racine d'un certain diamètre; mais, tel que j'ai pu me le procurer, le chaya-vair est sous la forme d'un faisceau composé de racines longues de 20 à 22 centimètres, minces comme de gros fil, tortueuses, généralement d'un gris rougeâtre, d'une odeur nulle et d'une saveur peu marquée. La couleur cependant varie beaucoup, suivant celle de l'intérieur de l'écorce qui, tantôt est d'un jaune verdâtre, et tantôt d'un rouge de garance. Beaucoup de racines même présentent les deux couleurs réunies, savoir la couleur jaune-verdâtre dans la partie inférieure, et la couleur rouge dans celle qui avoisine la tige et dans l'écorce même de la tige. Le bois de la racine est gris, et celui de la tige blanc. Le tout réuni donne une poudre grise qui communique à l'eau froide une couleur jaune foncé devenant d'un beau rouge par les alcalis. La poudre épuisée par l'eau froide donne ensuite à ce liquide bouillant une teinte rougeâtre passant au rouge foncé par les alcalis. On obtient de ces liqueurs, par les procédés de teinture, des rouges aussi beaux et aussi solides que ceux de la garance, et Robiquet a montré que le chaya-vair devait ses qualités à celui des deux principes colorants de la garance qui fournit en effet les teints les plus solides (l'alizarine); mais il en contient environ trois fois moins que la garance, ce qui rendra toujours son introduction en Europe peu profitable.

On peut consulter, sur les procédés de teinture applicables au chaya-vair, au munjit et au noona, le Rapport fait à la Société industrielle de Mulhouse, le 30 mai 1832.

Caillelait jaune.

Galium luteum, L. Cette plante est commune en Europe, dans

---

(1) T. II, p. 443.

les prés secs et sur le bord des bois ; ses tiges sont faibles, à moitié couchées, tétragones, hautes de 27 à 40 centimètres, garnies dans toute leur longueur de feuilles linéaires, glabres, verticillées par 6 ou 8 ; les fleurs sont très-petites, légèrement odorantes, disposées par petits bouquets le long de la partie supérieure des tiges. Elles sont formées d'un calice à 4 dents ; d'une corolle en roue à 4 divisions ; de 4 étamines courtes, de 2 styles courts ; le fruit est formé de 2 coques indéhiscentes, monospermes, accolées.

Le nom de cette plante lui vient de la propriété qu'on lui a attribuée, mais qu'elle ne possède pas, de faire cailler le lait. Cependant dans quelques pays, par exemple à Chester en Angleterre, on l'ajoute au lait pour donner une teinte jaune au fromage. En médecine, les sommités sèches sont prescrites en infusion comme antispasmodiques, et son suc, à l'état récent, comme antiépileptique. On emploie au même usage le **caillelait blanc** (*Galium mollugo*, L.), le **gratteron** (*Galium aparine*, L.) et le *Galium palustre*.

Racines d'Ipécacuanhas.

L'ipécacuanha a été apporté en Europe vers l'année 1672. Il était alors connu sous les noms de *Béconquille* et de *Mine d'or* ; mais on en fit peu d'usage jusqu'en 1686, époque à laquelle un marchand étranger en apporta de nouveau en France. Il fut alors préconisé et employé avec succès comme vomitif et antidyssentérique par Adrien Helvétius, médecin de Reims. Cependant, la source en restant inconnue, Louis XIV en acheta le secret en 1690, et le publia.

L'ipécacuanha a eu le sort de tous les médicaments véritablement utiles et dont la découverte a fait époque dans l'histoire de la médecine : le besoin de s'en procurer en a fait trouver partout, et chaque pays a voulu avoir le sien. Alors le nom en a été étendu non-seulement aux racines de quelques plantes voisines de la première découverte, et qui pouvaient, jusqu'à un certain point, se confondre avec elle ; mais encore à celle de végétaux entièrement différents, et qui n'offraient d'autre ressemblance avec l'ipécacuanha que celle d'être plus ou moins vomitives. On s'imagine facilement quelle confusion cette manière de procéder a dû jeter pendant longtemps sur l'histoire de cette précieuse substance. Aujourd'hui que l'origine des différentes racines qui en ont usurpé le nom est bien connue, il n'est plus permis de compter au nombre des ipécacuanhas que la première espèce employée et deux ou trois autres, d'une forme analogue, produites par des plantes de la même famille ; celles qui appartiennent à des familles différentes ne seront considérées que comme des succédanés propres aux seuls pays qui les produisent, et n'ayant plus pour nous qu'une importance très-secondaire.

Ipécacuanha officinal ou Ipécacuanha annelé mineur.

Cephælis Ipecacuanha, Rich. ; *Callicocca Ipecacuanha*, Gomez et Brotero ; *Ipecacuanha fusca*, Pison ; *Poya do mato* des Brésiliens. Cette plante (*fig.* 582) croît dans les forêts épaisses et ombragées du Brésil. Sa tige, qui est simple et ligneuse, s'élève à la hauteur

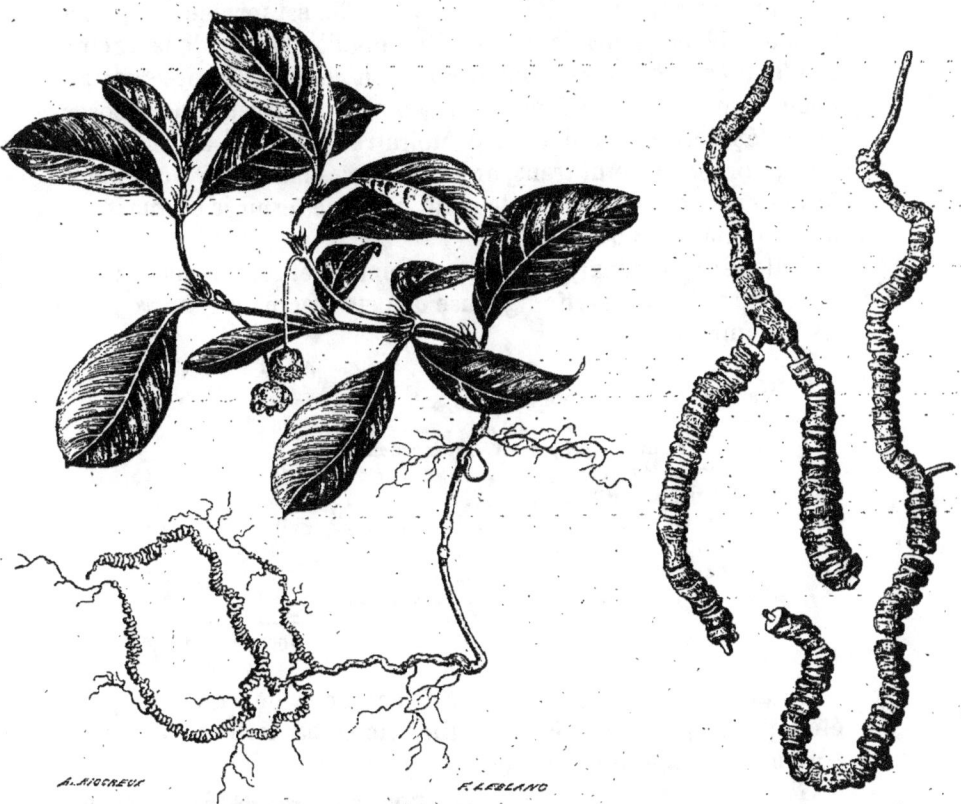

Fig. 582. — *Cephælis Ipecacuanha*, Rich. Fig. 583. — Ipécacuanha annelé gris.

de 30 centimètres environ ; elle porte à la partie supérieure 3 ou 4 paires de feuilles opposées, courtement pétiolées, ovales-entières, presque glabres, longues de 55 à 80 millimètres ; chaque paire de feuilles est accompagnée de 2 stipules réunies à leur base, divisées par le haut en plusieurs lanières étroites. Les fleurs sont petites, blanches, infundibuliformes, et disposées en un petit capitule terminal, environné à sa base de 4 folioles pubescentes. Le fruit est ovoïde, peu charnu, et renferme 2 nucules qui se séparent à la maturité. La racine est fibreuse et marquée d'impressions circulaires très-rapprochées. Cette racine, telle que le commerce la fournit, présente deux variétés dont voici la description :

Première variété : **Ipécacuanha annelé gris-noirâtre** (*fig.* 583); **ipécacuanha brun** de Lemery ; **ipécacuanha gris** ou **annelé** de Mérat (1). Racine longue de 8 à 12 centimètres ; tortue ou recourbée en différents sens, ordinairement de la grosseur d'une petite plume à écrire, et s'amincissant d'une manière remarquable vers son extrémité supérieure. Elle est formée d'un cœur ligneux, blanc-jaunâtre, qui va d'un bout à l'autre de la racine, et d'une écorce épaisse, bouillonnée ou comme disposée par anneaux contre le cœur ligneux, et facile à en séparer. Cette écorce, dont l'épiderme est d'un gris noirâtre, est grise à l'intérieur, dure, cornée et demi-transparente. Elle a une saveur âcre manifestement aromatique. L'odeur de la racine respirée en masse est forte, irritante et nauséeuse.

Pelletier ayant analysé comparativement et séparément la partie corticale et la partie ligneuse de cette racine (2), en a retiré les produits suivants :

	Écorce.	Méditullium.
Matière grasse odorante	2	traces.
Cire	6	»
Extrait vomitif propre à l'ipécacuanha, et nommé *émétine*	16	1,15
Extrait non vomitif	»	2,45
Gomme	10	5
Amidon	42	20
Ligneux	20	66,40
Perte	4	4,80
	100	100,00

Il a ainsi expliqué et confirmé la croyance où l'on a toujours été, que la partie corticale de l'ipécacuanha est beaucoup plus active que le méditullium ligneux.

Seconde variété : **Ipécacuanha annelé gris-rougeâtre; ipécacuanha gris-rouge** de Lemery et de M. Mérat. Il a absolument la même forme que le précédent, mais il en diffère par la couleur de son écorce moins foncée et rougeâtre, par son odeur moins forte lorsqu'il est respiré en masse, par sa saveur non aromatique. M. Mérat le dit plus amer ; mais il faut que ce caractère soit variable, car je n'y trouve pas cette différence, et

---

(1) Mérat, *Dictionnaire des sciences médicales*, t. XXVI, p. 10.
(2) C'est par erreur que dans le Mémoire de Pelletier, la racine qui a servi aux deux analyses suivantes, se trouve désignée sous le nom de *Psychotria emetica*. (*Journ. de pharm.*, t. III, p. 148-151.)

même l'amertume est si peu prononcée dans les deux, que je ne crois pas que l'on puisse en faire un caractère principal, et comme exclusif, pour séparer les ipécacuanhas vrais ou faux en deux séries (1).

De même que dans l'ipécacuanha gris-noirâtre, l'écorce de la variété gris-rougeâtre est ordinairement cornée et demi-transparente, et même ce caractère y est plus apparent, en raison de la couleur moins foncée de l'épiderme ; mais quelquefois la section de cette écorce est opaque, mate et farineuse, et alors la racine, offrant en général des propriétés moins actives, en est moins estimée. Cette manière d'être ne forme pas une nouvelle variété distincte, car on remarque des racines dont une partie de la section transversale est opaque et l'autre cornée, et j'en ai vu beaucoup d'autres dont l'extrémité supérieure était cornée, et l'inférieure amylacée.

[Le principe actif ou émétine est une poudre blanche lorsqu'elle est pure, grisâtre ou jaune-rougeâtre quand elle n'a pas été complétement purifiée. Son odeur est nulle, sa saveur amère. Elle se colore légèrement à l'air, mais sans tomber en déliquescence. Peu soluble dans l'eau froide, l'éther et les huiles grasses, elle est soluble en toutes proportions dans l'alcool et le chloroforme. Les acides sulfurique, chlorhydrique, phosphorique, acétique, se combinent avec elle, et produisent des combinaisons salines incristallisables ; l'acide nitrique forme avec elle un nitrate presque complétement insoluble dans l'eau : le tannate la précipite abondamment de ses dissolutions. Les alcalis caustiques la dissolvent facilement. M. Lefort lui attribue la formule chimique $C^{60}H^{48}Az^2O^{16}$ (2).]

Pelletier (3), ayant analysé l'ipécacuanha gris-rougeâtre privé de son méditullium ligneux, l'a trouvé composé de :

Matière grasse.....................	2
Émétine............................	14
Gomme.............................	16
Amidon............................	18
Ligneux...........................	48
Perte..............................	2
	100

Cette analyse rend raison de la propriété vomitive un peu moins forte de l'ipécacuanha gris-rougeâtre comparé à la pre-

---

(1) Mérat, *loc. cit.*, p. 14.
(2) Nous devons à l'obligeance de M. Lefort communication d'un intéressant travail, encore inédit, sur les *ipecas* et l'*émétine*, dont nous sommes heureux d'extraire les principaux résultats.
(3) Pelletier, *Journ. de pharm.*, t. III, p. 57.

mière variété; mais il n'explique pas l'odeur plus marquée de celle-ci. Enfin je ne vois rien dans ces racines qui justifie les proportions presque inverses de l'amidon et de la matière ligneuse. Cette anomalie serait-elle due à une simple transposition de nombres (1)?

Ipécacuanha annelé majeur.

Ipécacuanha gris-blanc de Mérat (*fig.* 584). Cet ipécacuanha a été regardé jusqu'ici comme une simple variété de forme du précédent; mais la quantité considérable qui en est arrivée il y a plusieurs années, sans aucun mélange d'ipécacuanha gris ordinaire, me fait penser que c'est une sorte distincte provenant d'une partie différente de l'Amérique méridionale et produite sans doute par un autre *Cephælis* que le *C. ipecacuanha*. [M. Triana, qui, lors de l'Exposition universelle de 1867, en a exposé des échantillons authentiques, provenant de la Nouvelle-Grenade, la rapporte en effet à un *Cephælis* encore indéterminé (2). — Cette sorte arrive de plus en plus dans le commerce sous le nom de *Ipecacuanha de Carthagène*.] La racine se trouve mêlée d'une grande quantité de souches supérieures ou de fortes tiges ligneuses qui en diminuent beaucoup la qualité (3); mais quand elle en est privée par le triage, je la crois aussi bonne que l'ipécacuanha annelé ordinaire.

Elle est en morceaux rompus, souvent longs de 15 centimè-

---

(1) Cette conclusion est d'autant plus probable, que Barruel père et Richard ont extrait de l'écorce de l'ipécacuanha gris annelé, sans distinction de variété, les substances suivantes :

Cire et matières grasses...............	1,2
Résine.......................	1,2
Émétine.......................	16
Gomme et substances salines...........	2,4
Albumine......................	2,4
Amidon.......................	1,2
Ligneux.......................	12,5
Acide gallique..................	traces.
Perte	1,3
	100,0

Je pense que cette analyse donne une idée plus exacte de la composition de la partie corticale de l'ipécacuanha que celles qui ont précédé.

(2) Voir *Catalogue de l'Exposition universelle de* 1867: République de la Nouvelle-Grenade, p. 8.

(3) L'ipécacuanha gris ordinaire en sorte, ou tel qu'il arrive dans les balles, contient de même beaucoup de parties ligneuses dont on le prive par le triage ; mais ces parties sont beaucoup plus grêles que dans l'ipécacuanha annelé majeur.

tres et épais de 5 à 6 millimètres ; elle est généralement moins tortueuse que l'ipécacuanha annelé mineur ; elle est cylindrique et marquée d'anneaux plus réguliers, moins saillants, quelquefois presque nuls; dans ce dernier cas, la racine peut présenter extérieurement l'apparence d'une petite branche ligneuse. Lors-

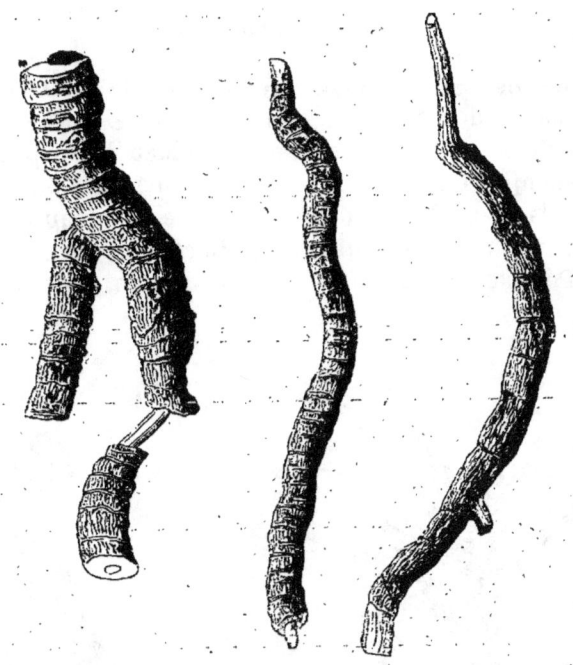

Fig. 584. — Ipécacuanha annelé majeur.

qu'on brise cet ipécacuanha, on le trouve formé d'une écorce très-épaisse, dure, cornée, translucide, d'un gris jaunâtre ou rougeâtre, et d'un méditullium ligneux, jaune, très-petit, cylindrique. La couleur générale de la racine est le gris rougeâtre ; l'odeur en est moins forte que dans l'ipécacuanha du Brésil ; la saveur est âcre.

[M. Lefort (1) a étudié les proportions d'émétine que contient la partie corticale de cette sorte d'Ipécacuanha, et il arrive à cette conclusion qu'elle est presque aussi riche en principe que la sorte du Brésil. Les nombres suivants donneront idée de ces quantités : 10 grammes d'ipécacuanha du Brésil donnent, sous l'action du tannin de $1^{gr},441$ à $1^{gr},45$ de tannate d'émétine ; la même quantité d'ipécacuanha de Carthagène a donné de 1,302 à 1,380. Dans ces appréciations, on a opéré sur la partie corticale seule : or, comme l'ipécacuanha de Carthagène

(1) Lefort, Travail inédit, déjà cité.

contient un peu plus de partie corticale que celui du Brésil dans les proportions de 20,01 à 18,75 il en résulte qu'on peut regarder la nouvelle sorte comme presque aussi avantageuse que l'ancienne, et pouvant, dans un cas donné, lui être substituée.]

Ipécacuanha strié.

Ipécacuanha gris cendré glycyrrhizé de Lemery ; **ipécacuanha noir** de quelques auteurs, **ipécacuanha strié** de M. Mérat. Cette racine forme une espèce bien distincte des variétés précédentes, tant par ses caractères physiques différents que parce que la plante qui la fournit appartient à un autre genre de Rubiacées. Elle est produite par le *Psychotria emetica*, L., lequel croît au Pérou et sur les bords de la Madeleine, dans la Nouvelle-

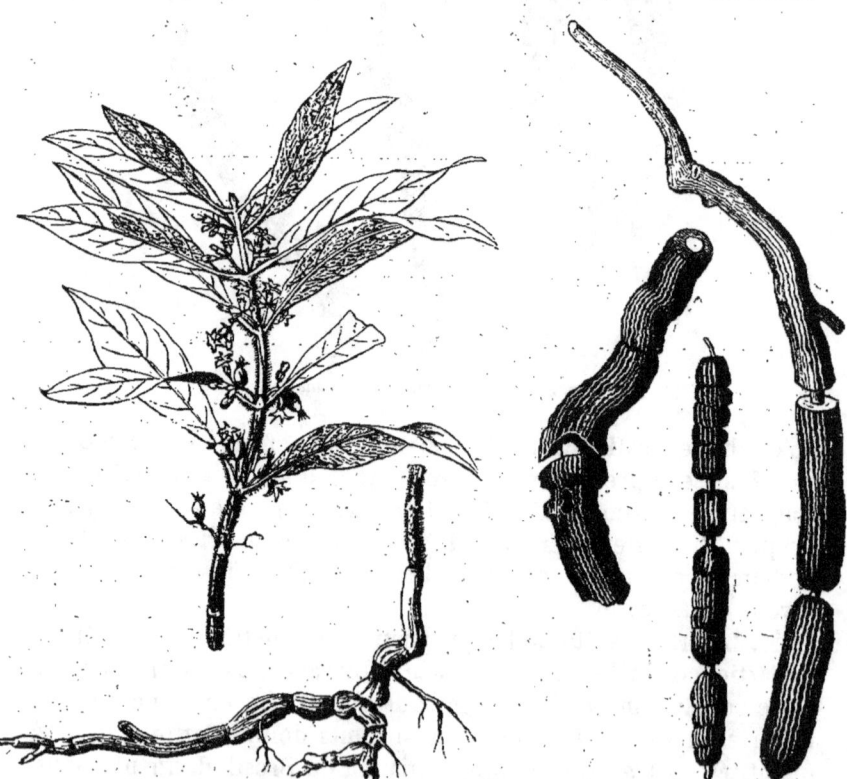

Fig. 585. — *Psychotria emetica.*   Fig. 586. — Ipécacuanha gris cendré.

Grenade. Cette plante a longtemps passé, sur l'autorité de Mutis, pour la source du véritable ipécacuanha ; mais il est bien reconnu maintenant qu'elle ne produit que l'espèce qui nous occupe.

Le *Psychotria emetica* (*fig.* 585) est un très-petit arbrisseau ligneux, dont la tige, haute de 30 à 45 centimètres, porte des feuilles opposées, lancéolées-aiguës, accompagnées par chaque paire de deux petites stipules entières, pointues et dressées. Les fleurs sont petites, portées en petit nombre et presque sessiles sur des pédoncules axillaires simples ou sous-ramifiés. Le fruit est une petite mélonide à 2 loges osseuses monospermes. Les semences sont cartilagineuses, assez semblables à celles du café, mais beaucoup plus petites.

L'ipécacuanha strié, tel que le commerce le présente quelquefois (*fig.* 586), varie pour la grosseur entre 2 et 7 ou 9 millimètres, et pour la longueur entre 3 et 11 centimètres. Il est formé, comme les autres, d'un *meditullium* ligneux et d'une écorce plus ou moins épaisse ; mais cette écorce n'offre que quelques étranglements circulaires fort espacés, et, ce que ne présentent pas les autres espèces, elle est ridée longitudinalement. D'ailleurs, elle est d'un gris rougeâtre sale à l'extérieur, d'un gris rougeâtre à l'intérieur, adhérente au corps ligneux. Elle a une odeur mixte d'ipécacuanha gris et de bardane, et une saveur peu marquée. Le méditullium est jaunâtre et perforé de beaucoup de trous visibles à la loupe. En vieillissant, l'écorce devient molle et facile à tailler au couteau ou à se laisser pénétrer par l'ongle ; elle prend également une teinte noirâtre, ou même devient tout à fait noire à l'intérieur, ce qui a valu à la racine le nom d'*Ipécacuanha noir*, de la part de ceux qui ne l'ont vue qu'ainsi altérée. Cet ipécacuanha a toujours passé pour moins actif que l'officinal, car Lemery en fixe la dose, en poudre, à 1 gros 1/2, et en infusion à 3 gros. Cela s'accorde avec l'analyse de M. Pelletier (1), qui a retiré de cette racine, seulement :

Matière vomitive......................	9
— grasse......................	12
Ligneux, gomme et amidon............	79
	100

Ipécacuanha ondulé.

Ipécacuanha blanc de Bergius (2); non l'**ipécacuanha blanc** de Lemery, qui est la racine d'une apocynée ; **ipécacuanha amylacé** ou **blanc** de M. Mérat.

On a cru pendant longtemps que cette racine était produite par le *Viola ipecacuanha*, L., dont nous parlerons ci-après ; mais,

---

(1) Pelletier, *Journal de pharm.*, t. VI, p. 265.
(2) Bergius, t. II, p. 756.

ainsi que j'en avais fait l'observation dans la première édition de cet ouvrage, il était beaucoup plus raisonnable de l'attribuer à une plante rubiacée, congénère ou très-voisine des *Cephælis*. Et en effet, dès 1801, le docteur Gomez, de retour d'un voyage au Brésil, avait publié à Lisbonne un Mémoire sur les ipécacuanhas, dans lequel il démontrait que la racine qui fait l'objet de cet article était produite par une plante du genre *Richardsonia* (*Richardia*, L.), qu'il a nommée *Richardsonia brasiliensis*. Cette plante (*fig.* 587), de la famille des Rubiacées, croît dans les prés aux en-

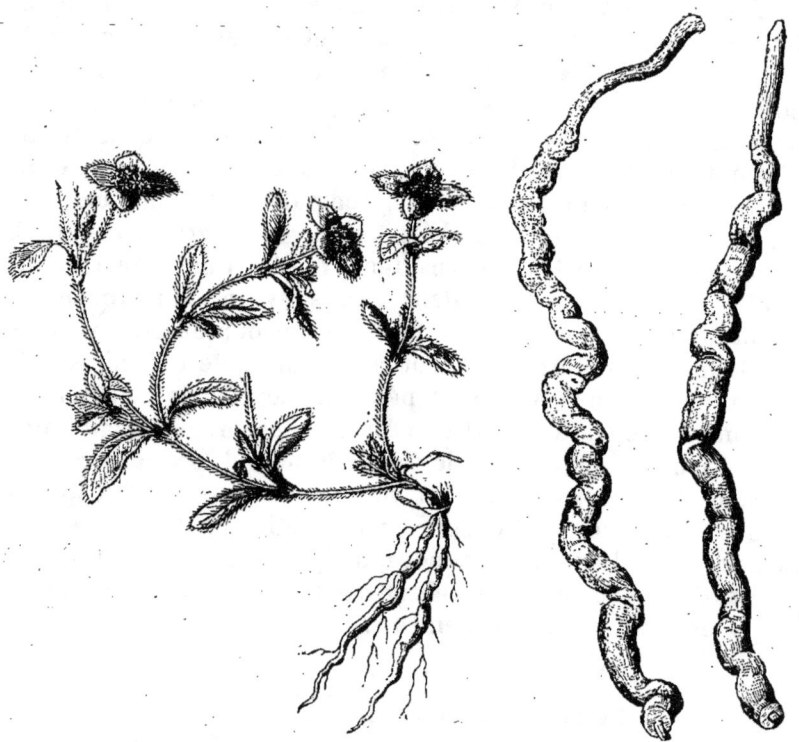

Fig. 587. — *Richardsonia brasiliensis*.   Fig. 588. — Ipécacuanha ondulé.

virons de Rio-Janeiro. Elle est couchée sur terre, velue, pourvue de feuilles ovées-oblongues, rudes sur les bords, accompagnées de stipules en forme de gaîne divisée par le haut. Les fleurs sont disposées en capitules et entourées d'un involucre tétraphylle ; le fruit est une capsule d'abord couronnée par le calice, puis dénudée et se séparant en 3 ou 4 coques monospermes indéhiscentes.

La grosseur de l'ipécacuanha ondulé (*fig.* 588) varie dans les mêmes limites que celle de l'ipécacuanha officinal. Il est d'un gris blanchâtre à l'extérieur, et d'un blanc mat et farineux à l'intérieur. Il est de même pourvu d'un *meditullium* ligneux, et son écorce paraît quelquefois *annelée* au premier coup d'œil ; mais, en y regardant avec plus d'attention, on s'aperçoit qu'elle est plutôt *ondulée*, c'est-à-dire qu'une partie creusée ou sillonnée transversalement d'un côté répond de l'autre à une partie convexe, de manière que le sillon n'est que demi-circulaire, au lieu de faire tout le tour de la racine comme dans l'ipécuanha officinal. Lorsqu'on casse l'ipécacuanha ondulé, et qu'on regarde un instant après la cassure au soleil, on aperçoit, à la simple vue et surtout vers la circonférence, des points éclatants et perlés, et la loupe fait voir qu'il s'est élevé au-dessus de la cassure un tas de matière blanche et micacée, qu'on ne peut méconnaître pour de l'amidon. Aussi cette racine en contient-elle une énorme quantité, ainsi qu'il résulte de l'analyse qui en a été faite par Pelletier. Elle contient de plus, sur 100 parties de matière vomitive, 2 parties de matière grasse et très-peu de ligneux.

L'ipécacuanha ondulé est encore reconnaissable par son odeur ; il en a une moisi (que je ne crois pas accidentelle), non irritante et tout à fait distincte de celle de l'ipécacuanha officinal. Il jouit de propriétés vomitives bien moins marquées, ce qui est d'accord avec l'analyse ci-dessus.

Faux ipécacuanhas.

Je m'étendrai peu sur ces racines, dont l'importance est limitée aux pays qui les emploient comme succédanés de l'ipécacuanha. La plupart ne viennent pas en France, et il est évident, d'ailleurs, que, si l'on voulait remplacer chez nous la racine d'ipécacuanha par quelque autre production végétale analogue, il vaudrait mieux employer à cet effet l'une des racines indigènes qui étaient usitées comme vomitives avant l'importation de la première (arnica, asarum, etc.), plutôt que d'autres, d'un effet variable, nul ou dangereux, et dont la seule recommandation serait de venir de pays fort éloignés. Ces faux ipécacuanhas appartiennent presque tous à l'une des trois familles suivantes : *Violariées, Euphorbiacées, Apocynées.*

Faux ipécacuanha du Brésil : *Ionidium Ipecacuanha*, Vent.; *Viola Ipecacuanha*, L.; *Pombalia Ipecacuanha*, Vandelli, de la famille des Violariées.

Racine, ou tige radicante (*fig.* 589), longue de 16 à 20 centimètres, de la grosseur d'une plume à écrire, un peu tortueuse ou flexueuse, et offrant quelquefois, dans les anses alternatives qu'elle forme, des fentes demi-circulaires, qui lui donnent alors une sorte de ressemblance avec l'ipécacuanha ondulé. Cette racine est souvent bifurquée inférieurement et supérieurement, et elle se termine à la partie qui atteint la surface du sol par un grand nombre de petites tiges ligneuses.

L'écorce est mince, ridée longitudinalement et d'un gris jaunâtre clair. Le corps ligneux est très-épais, jaunâtre, composé de paquets de fibres bien distincts à la circonférence, et qui sont tordus comme les fils d'une corde. La cassure récente, examinée à la loupe, paraît criblée d'une infinité de pores comme la tige d'un jonc. Cette racine est presque insipide et inodore, et il est douteux qu'elle jouisse de propriétés bien marquées. Elle ne contient pas d'amidon. Pelletier en a retiré, sur 100 parties : matière vomitive 5, gomme 35, matière azotée 1, ligneux 57 (1).

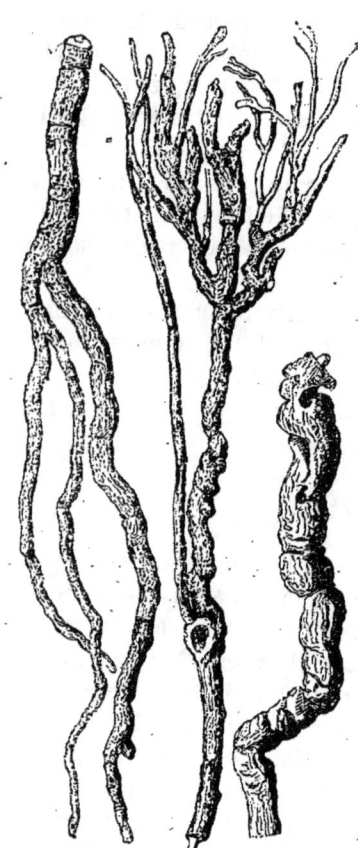

Fig. 589. — Ipécacuanha du Brésil.

Autre faux ipécacuanha du Brésil. Cette racine est produite par l'*Ionidium parviflorum*, Vent. (*Viola parviflora*, L.). M. Mérat l'a décrite sur un échantillon tiré de l'herbier de M. de Jussieu (2). J'ai cru l'avoir retrouvée dans une racine provenant du droguier de M. Lherminier (3); mais cette racine ressemble tellement à celle de l'*Ionidium Ipecacuanha*, qu'il m'est impossible de dire maintenant à quelle espèce elle appartient. Il est probable que ces deux racines sont confondues dans le peu de faux ipécacuanha qui nous vient du Brésil.

On cite également, comme faux ipécacuanha du Brésil, la racine de l'*Ionidium brevicaule*, Mart. D'après la description que l'on

(1) Pelletier, *Journ. de pharm.*, t. III, p. 158.
(2) 1re édition, n° 297.
(3) On trouve dans les *Annales de chimie et de physique*, t. XXXVIII, p. 155, une autre analyse de la racine d'*Ionidium Ipecacuanha*, par Vauquelin, dont on ne peut tirer aucun parti, à cause des erreurs commises dans les chiffres. Vauquelin, à l'exemple de Pelletier, donne à la matière vomitive de cette racine le nom d'*émétine*, bien qu'il soit très-probable qu'elle est différente de celle contenue dans l'ipécacuanha officinal.

en donne, cette racine doit pouvoir se confondre avec la suivante.

Faux ipécacuanha de Cayenne, *Ionidium itouboa*, Vent.; *Viola calceolaria*, L.; *Viola itouboa*, Aublet. La racine de cette plante ressemble encore beaucoup à celle de l'*Ionidium Ipecacuanha*; mais, telle que je l'ai, elle est moins longue, beaucoup plus tortueuse, d'un gris plus foncé à l'extérieur, plus blanche à l'intérieur, mêlée de débris de feuilles et de tiges entièrement velues, ce qui est un caractère distinctif de l'espèce. Les propriétés sont semblables.

Suivant Aublet, on emploie également à Cayenne, sous le nom d'**ipécacuanha**, la racine vomitive et purgative du *Boerhavia diandra*, L.

Racine de cuichunchilli. Cette racine est produite par un *Ionidium* très-abondant à Guayaquil, dans l'Amérique du Sud; elle a été décrite et vantée contre la lèpre par le docteur Marcutius, ce qui lui a fait donner le nom d'*Ionidium Marcutii*. M. Gaudichaud en a rapporté de Guayaquil une certaine quantité, qui ne diffère guère de la racine de l'*Ionidium Ipecacuanha* que parce qu'elle est généralement plus petite. Je ne mets pas en doute que ces deux racines ne jouissent des mêmes propriétés, ni plus ni moins (1).

Faux ipécacuanha de l'Amérique septentrionale, *Gillenia trifoliata*, Mœnch; *Spiræa trifoliata*, L., de la famille des Rosacées. La racine de cette plante est formée d'une souche couchée sous terre, du volume d'une grosse plume, portant à la face supérieure un certain nombre de tubercules d'où naissent les tiges, et garnie d'autre part de longues radicules. Cette racine est formée d'un épiderme gris rougeâtre recouvrant une écorce blanche, un peu spongieuse, très-amère, et d'un *meditullium* blanc et ligneux. La racine en masse a une odeur faible qu'il est difficile de préciser.

Autre faux ipécacuanha de l'Amérique septentrionale, *Euphorbia Ipecacuanha*, L. Racine fibreuse, cylindracée, blanchâtre, inodore, peu sapide, cependant très-émétique. Les racines de plusieurs de nos euphorbes indigènes jouissent des mêmes propriétés.

Faux ipécacuanha des Antilles, *Asclepias curassavica*, L. Cette racine est fortement émétique et n'est employée que par les nègres, en place d'ipécacuanha.

Faux ipécacuanha de l'île de France, ipécacuanha blanc de

---

(1) Une dame, ayant apporté la racine de cuichunchilli à la Guadeloupe, en a vendu une once au gouverneur de la colonie pour la somme de 1,000 francs. Je présume que c'est là l'effet le plus merveilleux que cette racine ait jamais produit.

Lemery ; *Tylophora asthmatica*, Wight et Arn. ; *Asclepias asthmatica*, L. ; *Cynanchum vomitorium*, Lam. Je n'ai pas cette racine ; mais, suivant Lemery, elle est blanche, ni tortue ni raboteuse, et elle ressemble beaucoup à la racine de *Vincetoxicum*, dont elle a aussi les feuilles.

J'ai dit (1) que cette racine était probablement celle qui avait été analysée par Pelletier, sous le nom d'*ipécacuanha blanc* ou de *Viola Ipecacuanha* ; mais j'avais eu soin d'ajouter que je ne l'avais pas vue. Depuis, je me suis procuré la racine analysée par Pelletier, à la même source que lui, et je puis assurer que c'était bien celle du *Viola Ipecacuanha*. Je me crois obligé de le répéter, parce que d'autres avaient propagé l'erreur que j'avais commise. Je ne sache pas que la racine de *Tylophora asthmatica* ait été analysée.

Faux ipécacuanha de l'île Bourbon, *Periploca mauritiana*, Poiret ; *Camptocarpus mauritianus*, Dne. J'ai dû un échantillon de cette plante à Lemaire Lizancourt. Les tiges ressemblent à celles de la douce-amère ; elles sont blanches à la partie inférieure, brunâtres aux extrémités. Les feuilles sont glabres, longues de 54 à 80 millimètres, échancrées en cœur par le bas, ovales-lancéolées. La racine est blanche, ligneuse, presque grosse comme le petit doigt, accompagnée de radicules filiformes droites et cylindriques. Elle n'a pas de saveur sensible d'abord, mais après quelque temps on ressent une assez forte irritation sur la langue et aux glandes salivaires. Toute la plante, feuilles, tige et racine, est imprégnée d'une odeur forte, semblable à celle de l'arguel ou du séné de la Palte.

Racine de caïnca.

Chiococca anguifuga, Martius. Arbrisseau croissant au Brésil, dans les forêts vierges des provinces de Minas-Geraes et de Bahia. Il s'élève à la hauteur de 2 ou 3 mètres ; ses feuilles sont opposées, ovales-acuminées, accompagnées de stipules ; ses fleurs sont disposées en grappes paniculées, sortant de l'aisselle des feuilles ; le fruit est une petite mélonide sèche, presque didyme, couronnée par les dents du calice, et contenant deux semences à albumen cartilagineux, comme celui du café. La blancheur remarquable de ce fruit a valu au genre *Chiococca* son nom, dérivé de χιών neige, κόκκος, graine. Le nom anglais *snowberry* n'a pas une autre signification.

La racine du *Chiococca anguifuga* est connue au Brésil sous le nom de *raiz preta* (racine noire) ; sous celui de *cainana*, qui est

---

(1) Première édition de cet ouvrage.

aussi le nom d'un serpent venimeux contre la morsure duquel la racine a été employée ; et enfin sous celui de *caïnca*, qui a prévalu en France, mais que l'on a écrit de toutes les manières possibles (*kahinca, kaïnca, cahinca, cahinça*). L'orthographe véritable et la plus simple est *caïnca*.

La racine de caïnca est rameuse, composée de radicules cylindriques longues de 35 centimètres et plus, et dont la grosseur varie depuis celle d'une plume jusqu'à celle du doigt. Elle est formée d'une écorce brunâtre, peu épaisse, entourant un corps ligneux blanchâtre qui forme à lui seul presque toute la masse de la racine, et dont la cassure paraît criblée de trous, lorsqu'on l'examine à la loupe. L'écorce offre souvent, de distance en distance, des fissures transversales, et se sépare assez facilement du bois. A cet égard, le caïnca se rapproche de l'ipécacuanha gris, et même quelques-unes de ses plus petites racines ont pu souvent se trouver mêlées à l'ipécacuanha, auquel elles ressemblent beaucoup (1) ; mais le caractère le plus frappant de la racine de caïnca consiste dans des nervures très-apparentes qui parcourent longitudinalement ses gros rameaux, et qui sont formées à l'intérieur d'un *meditullium* ligneux entouré de son écorce, confondue avec celle du rameau : de sorte que l'on dirait des radicules décurrentes qui se sont soudées par approche avec le tronc principal.

En masse, la racine de caïnca offre une odeur assez marquée, analogue à celle du jalap. Quant à la saveur, l'écorce en a une très-amère et âcre, fort désagréable, auprès de laquelle le bois paraît insipide ; c'est donc dans l'écorce surtout que résident les propriétés de la racine.

MM. Pelletier et Caventou ont analysé la racine de caïnca, et en ont retiré :

1° Une matière grasse, verte et odorante, dans laquelle réside toute l'odeur de la racine ;

2° Une matière colorante jaune ;

3° Une autre substance colorée visqueuse ;

4° Un principe cristallisable, auquel la racine doit toute son amertume. Ce principe est blanc, inodore, très-amer et âcre, non azoté, peu soluble dans l'eau, facilement soluble dans l'alcool, fort peu soluble dans l'éther. Ses dissolutés rougissent le tournesol et neutralisent les alcalis. C'est donc un acide ; les auteurs de l'analyse l'ont nommé *acide caïncique*.

La racine de caïnca jouit d'une propriété drastique très-marquée. Elle est aussi quelquefois vomitive ; mais le plus ordinaire-

---

(1) Principalement à l'ipécacuanha annelé majeur.

ment son action se porte à la fois sur les intestins et sur l'appareil urinaire, dont elle augmente considérablement la sécrétion. Elle a été employée avec succès contre l'hydropisie.

Autres espèces de caïnca. D'après M. Martius, le *Chiococca densifolia*, plante brésilienne également, fournit des racines semblables au caïnca, et qui peuvent lui être substituées.

On connaît aussi à la Guadeloupe, sous le nom de *petit branda*, une espèce de *chiococca* répandue dans toutes les Antilles (*Chiococca racemosa*, L.), dont la racine y est depuis longtemps usitée contre la syphilis et les rhumatismes. Cette racine diffère de celle du *Chiococca anguifuga* par la prédominance de son principe colorant jaune : ainsi, l'épiderme est d'un gris jaunâtre au lieu d'être d'un gris foncé et noirâtre ; l'écorce est intérieurement d'une couleur orangée rouge, et le bois est teint de jaune ; du reste, la saveur et l'odeur sont semblables. Enfin, j'ai reçu de Guatémala une racine de caïnca très longue, plus noire au dehors que celle du Brésil, formée d'une écorce plus mince et d'un bois blanc encore plus épais par conséquent. La saveur est semblable à celle de la racine brésilienne ; mais l'odeur est presque nulle. J'ignore quelle espèce a produit cette racine.

Café.

Le café est la semence d'un petit arbre d'Ethiopie et d'Arabie qui

Fig. 590. — Café.

a été transporté à l'île Bourbon et à la Martinique. Cet arbre, nommé *Coffea arabica* (*fig.* 590), est toujours vert ; ses feuilles sont opposées, oblongues, acuminées, glabres, assez semblables à celles du laurier ; les fleurs sont blanches, odorantes, courtement pédonculées, rassemblées en certain nombre dans l'aisselle des feuilles ; les fruits sont rouges, bacciformes, oblongs, gros comme une cerise, formés d'une pulpe douceâtre peu épaisse, entourant deux loges accolées, dont la substance a l'aspect d'un parchemin. Chaque loge contient une semence convexe du côté externe, plane et marquée d'un sillon longitudinal du côté interne, composée d'un albumen corné et d'un embryon droit, pourvu de cotylédons foliacés. Le fruit entier nous arrive quelquefois desséché, comme objet de curiosité ; pour le commerce ordinaire, on l'écrase toujours sur une pierre, lorsqu'il est récent, pour en séparer la pulpe et l'endocarpe; on lave les semences à l'eau et on les fait sécher au soleil. Telles que le commerce les présente alors, elles sont nues, ovales, obtuses, convexes d'un côté, planes et sillonnées de l'autre ; elles ont la consistance de la corne, l'odeur du foin et la saveur du seigle; leur couleur varie du blanc jaunâtre au jaune verdâtre. Les principales sortes sont :

Le **café moka,** qui est le plus estimé. Il vient de l'Arabie ; il est petit, jaunâtre et souvent presque rond, ce qui est dû à la fréquence de l'avortement d'une des deux semences ; alors celle qui reste prend la forme du fruit. Son odeur et sa saveur sont plus agréables que dans les sortes suivantes, surtout après la torréfaction.

Le **café bourbon**, produit par le *Coffea arabica* cultivé à Bourbon, est plus gros et moins arrondi que celui de Moka ; il ne doit pas être confondu avec une espèce particulière de café qui croît naturellement dans cette île, où on le nomme *café marron*. Celui-ci est le *Coffea mauritiana*, Lamk., dont la baie est oblongue et pointue par la base. La semence est également allongée en pointe et un peu recourbée en corne par une extrémité ; elle a une saveur amère et passe pour être un peu vomitive.

Le **café martinique** est en grains volumineux, allongés, d'une couleur verdâtre, recouverts d'une pellicule argentée (épisperme) qui s'en sépare par la torréfaction ; le sillon longitudinal est très-marqué et ouvert. Odeur franche, saveur qui rappelle celle du froment.

Le **café haïti** est très-irrégulier, rarement pelliculé, d'un vert clair ou blanchâtre, pourvu d'une odeur et d'une saveur moins agréables que le précédent.

[Ces caractères sont loin d'avoir une valeur absolue, et des cafés d'une même origine peuvent avoir des formes diverses ; quant aux différences de couleur, elles paraîtraient tenir très-souvent à l'état plus ou moins avancé de maturité de la graine. Il en résulte qu'il est très-difficile, à l'aspect extérieur seulement, de reconnaître la provenance des diverses sortes de café (1).]

Analyse du café. Beaucoup de chimistes se sont occupés de l'analyse du café, et, malgré les derniers travaux de M. Payen, peut-être la composition n'en est-elle pas encore parfaitement connue. Cadet y a trouvé une petite quantité d'*huile volatile concrète* et de la *gomme* (2) ; Armand Séguin, de l'*albumine*, une *huile*

---

(1) Voir Léon Marchand, *Recherches organographiques et organogéniques sur le Coffea arabica*, L. Paris, 1864.

(2) Cadet, *Ann. chim.*, t. LVIII, p. 266.

grasse fusible à 25 degrés, blanche, douce et inodore, et un *principe amer*, soluble dans l'alcool et très-azoté, qui renfermait évidemment la *caféine* que Robiquet et Pelletier y ont découverte plus tard (1). La caféine cristallise en belles aiguilles soyeuses ; elles font à l'aide d'une légère chaleur et se volatilise sans décomposition ; elle est soluble dans 50 parties d'eau froide, beaucoup plus soluble dans l'eau bouillante, assez soluble dans l'alcool à 70 ou 80 centièmes, très-peu soluble dans l'alcool absolu et peu soluble dans l'éther. Ses caractères basiques sont très-peu marqués; cristallisée dans l'eau ou dans l'alcool ordinaire, elle est formée de $C^{16}H^{10}Az^4O^4$, elle perd 8 pour 100 d'eau à la température de 120 degrés et devient opaque et friable. Elle existe également dans le thé et dans les fruits de guarana (*Paullinia sorbilis*).

M. Rochleder, par ses travaux, dont je ne connais que très imparfaitement les résultats, a constaté dans le café la présence de la légumine et d'un acide particulier, analogue à l'acide cachutique, auquel il a donné le nom d'*acide cafétannique*. Ce même acide avait été découvert précédemment par M. Pfaff, qui lui avait donné le nom d'*acide caféique*. C'est encore le même acide que M. Payen a nommé depuis *acide chlorigénique*.

D'après M. Payen, la caféine existe sous deux états dans le café ; une petite partie s'y trouve à l'état de liberté et peut en être extraite par l'éther, mélangée avec l'huile grasse dont le café contient 10 à 13 pour 100 ; le reste existe à l'état de combinaison avec l'acide chlorigénique et la potasse, formant un sel double nommé chlorigénate de potasse et de caféine (*caféate-caféi-potassique*, Berz.).

On obtient ce sel en traitant par de l'alcool à 60 centièmes le café pulvérisé et préalablement épuisé par l'éther ; mais il est mélangé à d'autres matières dont on le sépare par plusieurs cristallisations et purifications. Ce sel est très-électrique par la chaleur ; il est à peine soluble dans l'alcool anhydre ; mais il se dissout bien, à l'aide de l'ébullition, dans l'alcool à 85 centièmes et cristallise facilement. Ce sel exposé à la chaleur n'éprouve aucune altération jusqu'à 150 degrés ; mais, vers 185 degrés, il se fond, prend une belle couleur jaune, quintuple de volume, et forme une masse spongieuse, jaunâtre, friable. A 230 degrés, la couleur brunit ; le sel éprouve une décomposition partielle d'où résultent des vapeurs de caféine et des produits empyreumatiques. C'est au boursouflement de ce sel par la chaleur qu'il faut attribuer l'augmentation de moitié de son volume que le café éprouve pendant sa torréfaction.

(1) Robiquet et Pelletier, *Dict. technol.*, t. IV, et *Journ. pharm.*, t. XI, p. 229.

D'après M. Payen, l'acide chlorigénique combiné est égal à.......................... $C^{14}H^8O^7$.

D'après M. Rochleder, l'acide cafétannique cristallisé est égal à........................ $C^{16}H^9O^8$.

A l'état anhydre, il est composé de............ $C^{16}H^8O^7$.

[Par la torréfaction du café, il se produit un corps brun, amer, soluble dans l'eau, et une huile brune, plus lourde que l'eau, légèrement soluble dans ce liquide bouillant, à laquelle on a donné le nom de *caféone* : une quantité presque impondérable de cette substance aromatise plus d'un litre d'eau.]

Le café paraît avoir été connu d'Avicenne et de Rhasis ; mais ce n'est guère que vers la fin du XIIIe siècle que l'usage de le prendre en boisson, après l'avoir torréfié, se répandit dans l'Orient. On commença d'en boire en Italie vers l'année 1645, et les premiers cafés furent établis à Paris en 1669. On prend le café en infusion sucrée ou non sucrée, surtout après les repas, pour faciliter la digestion. Il stimule les sens et cause des insomnies. Les personnes nerveuses doivent éviter d'en faire usage.

Succédanés du café. Lorsque la guerre continentale privait l'Europe presque tout entière de communication avec les colonies, on a cherché si quelques substances indigènes ne pourraient pas remplacer le café ou en diminuer la consommation ; les substances qui ont été le plus vantées à cet égard sont la graine torréfiée de l'*Iris pseudo-acorus*, celle de pistache de terre (*Arachis hypogœa*), les pois chiches, l'avoine, le seigle, le maïs, le gland de chêne, les semences de gombo (*Hibiscus esculentus*), celles de l'astragale d'Andalousie (*Astragalus bœticus*), etc. ; mais aucune substance n'a obtenu une aussi grande vogue que la racine de chicorée torréfiée, dont il se fait, même encore à présent, une consommation considérable en France et en Allemagne. Cette racine n'a aucune ressemblance de goût avec le café, mais elle altère peu l'arome de celui avec lequel on la mélange en quantité plus ou moins considérable, et c'est sans doute ce qui l'a fait survivre au rétablissement de nos relations d'outre-mer, malgré la propriété laxative dont elle est pourvue.

QUINQUINAS.

Depuis le temps où M. Guibourt a dans une précédente édition exposé toutes les donnnées qu'on avait alors sur les quinquinas, bien des faits nouveaux ont été acquis à cette question d'histoire naturelle médicale. Des voyageurs habiles ont parcouru les régions qu'habitent ces espèces précieuses : non-seulement ils les ont étudiées sur place et en ont fait connaître les produits, mais, en les transportant vivantes dans des localités où elles sont maintenant cultivées, ils ont mis les savants à même de les suivre pas à pas dans toutes les phases de leur développement. D'autre part, les quinologistes ont interrogé de nouveau les anciennes collections, et ont obtenu des réponses inattendues. Il en résulte une somme considérable de matériaux, qui n'ont encore été vulgarisés en France par aucun ouvrage élémentaire.

Il m'a paru intéressant de recueillir les résultats de ces recherches et de les réunir dans un résumé d'ensemble. Je n'ai pas eu la prétention de donner du nouveau; que pouvais-je faire après les travaux de Guibourt (1), de Weddell (2), de J. E. Howard (3), de tous ces illustres quinologistes, qui ont appliqué à cette question leur longue et savante expérience? J'ai cherché simplement à exposer leurs opinions, après m'en être rendu compte par l'étude directe des objets.

Je diviserai mon travail en deux parties : dans la première, j'exposerai ce qu'il y a de plus important à dire sur les quinquinas en général. Dans la seconde, j'étudierai les unes après les autres les espèces officinales, laissant à dessein de côté toutes celles qui ne donnent que des produits sans valeur.

I. GÉNÉRALITÉS.

§ Ier. HISTORIQUE. — Les premières notions botaniques sur les arbres à quinquina datent du commencement du XVIIIe siècle. Le médicament était cependant connu depuis longues années. En 1638, il avait guéri d'une fièvre rebelle la comtesse d'El Chinchon, femme du vice-roi du Pérou, et cette cure célèbre avait commencé sa réputation. La vice-reine n'avait pas manqué d'apporter avec elle, lors de son retour en Espagne, la poudre salutaire à laquelle elle devait la santé; elle l'avait fait connaître autour d'elle, et bientôt le médicament s'était répandu sous le nom de *Poudre de la comtesse*. Plus tard, les Jésuites en avaient augmenté la vogue, en le distribuant sur une plus grande échelle, et le nom de *Poudre des Jésuites* avait remplacé la dénomination primitive. La véritable origine du précieux remède restait cependant une énigme pour les médecins. Ce ne fut qu'en 1579,

---

(1) Guibourt, *Histoire naturelle des drogues simples*, 4e édition. Paris, 1849, t. III, p. 95.

(2) Weddell, *Histoire naturelle des quinquinas*. Paris, 1849, 1 vol. in-fol. avec 32 pl.

(3) Elliott Howard, *Illustration of the Nueva Quinologia of Paron*. London, 1862, gr. in-fol. avec pl.

lorsque Louis XIV en eut acheté le secret d'un Anglais, nommé Talbot, qu'on connut enfin en France l'écorce officinale, mais sans avoir pour cela des données satisfaisantes sur l'arbre qui la produit.

La Condamine donna le premier sur cet arbre des détails scientifiques. Envoyé au Pérou, avec Godin et Bouguer, pour mesurer un degré du méridien, le savant académicien profita de son voyage pour voir de près les quinquinas. Il partit pour Loxa, avec les renseignements de Joseph de Jussieu, adjoint à l'expédition en qualité de botaniste; il y décrivit sur place le premier *Cinchona* et donna, d'après nature, le dessin de ses principaux organes. L'année suivante (1738), il publiait son travail (1).

Joseph de Jussieu n'avait pas suivi les astronomes de l'Académie, lors de leur retour en Europe. Tenté par l'attrait des découvertes qu'il ne pouvait manquer de faire dans un pays tout nouveau pour la science, il parcourut la plus grande partie du Pérou, atteignit même la Bolivie, et ne revint en France qu'en 1771, mais, par malheur, dans un état de santé qui ne lui permit point de donner à ses observations la publicité qu'elles méritaient (2).

Cependant le gouvernement français n'avait pas renoncé à l'exploration des riches contrées de l'Amérique méridionale. En 1776, Dombey fut chargé de récolter les plantes du Pérou ; mais l'Espagne, dont l'agrément était nécessaire pour une pareille entreprise, ne voulut point rester en arrière de la France, et retarda le départ de Dombey jusqu'au moment où elle put elle-même organiser une expédition dirigée par les deux botanistes Ruiz et Pavon. Dombey partit avec eux, visita plusieurs localités à quinquina, entre autres le district de Huanuco, pénétra dans le Chili, et revint enfin en Europe en 1785, avec une immense collection, dont une partie seulement est arrivée au Muséum d'histoire naturelle de Paris, à travers mille obstacles élevés par le gouvernement espagnol. Les mesquines jalousies du même gouvenement empêchèrent Dombey de publier les résultats de son voyage.

Ruiz et Pavon récoltèrent aussi de nombreux matériaux, et, lorsqu'il durent retourner en Espagne, en 1789, il laissèrent, pour continuer leur œuvre, deux de leurs disciples, J. Tafalla et

---

(1) J. de Jussieu, *Mémoires de l'Académie des sciences*. 1738.

(2) On a publié quelques extraits de ses observations dans les *Réflexions sur deux espèces de quinquina découvertes nouvellement aux environs de Santa-Fé, dans l'Amérique méridionale* (*Histoire de la Société royale de médecine*, année 1779, p. 252). — M. Weddell, qui a pu consulter la totalité de ses manuscrits, en a également fait quelques extraits intéressants.

Juan Manzanilla, qui expédièrent en Europe les fruits de nouvelles explorations.

Plusieurs ouvrages importants furent le résultat de cette expédition scientifique : la *Quinologie* de Ruiz (1), publiée en 1792, et qui fut augmentée en 1801 (2) d'un suplément de Ruiz et Pavon; le *Flora Peruviana et Chilensis* (1798-1802) (3), qui donna la description et la figure de douze espèces de quinquinas ; enfin une *Quinologie* de Pavon, « *Nueva Quinologia* », œuvre longtemps inédite dont M. Howard vient tout récemment de faire profiter la science (4). Ces mémoires originaux et les collections sur lesquelles ils sont fondés servent encore de nos jours à la solution de bien des questions obscures.

Tandis que Ruiz et Pavon exploraient les provinces du bas Pérou, au nord de Lima, l'expédition botanique de la Nouvelle-Grenade recherchait dans la partie septentrionale de la Cordillère les espèces officinales auxquelles le gouvernement espagnol attachait tant de prix. Mutis qui, en 1760, avait suivi dans le pays, en qualité de médecin, le vice-roi don Pedro Messia de la Cerda, avait déjà trouvé, en 1772, aux environs de Santa-Fé, une des espèces aujourd'hui officicinales de quinquinas (5). On le choisit, en 1782, pour diriger les explorations, et il ne tarda pas à annoncer la découverte de plusieurs écorces aussi efficaces que celles des environs de Loxa (6).

Une discussion fort vive s'est élevée entre les auteurs du *Flora Peruviana* et les élèves de Mutis, Caldas et Zea, qui, après sa mort, continuèrent son œuvre. Mutis avait cru devoir identifier les espèces néo-granedines avec celles de Loxa, et il n'avait pas hésité à donner au quinquina de Santa-Fe le nom de *Quina primitiva*, d'après l'idée que c'était l'espèce décrite par La

(1) Ruiz, *Quinologia ó Tratado del árbol de la quina ó cascarilla*. Madrid, 1792.
(2) Ruiz et Pavon, *Supplemento á la Quinologia*. Madrid, 1801.
(3) Ruiz et Pavon, *Flora Peruviana et Chilensis*, t. II, 1799, in-fol.
(4) John Elliott-Howard, *Illustrations of the* Nueva Quinologia *of Pavon with Observations on the Barks*. London, 1862, in-fol., *with coloured plates*.
(5) Bien longtemps avant, en 1755, dont Miguel de Santesteban avait vu aux environs de Popayan une espèce de quinquina, probablement le *Pitayensis;* mais sa relation était restée ignorée dans les papiers de la vice-royauté.
(6) L'ouvrage que Mutis avait préparé sur les quinquinas, et qui est resté longtemps égaré dans le Musée d'histoire naturelle de Madrid, a été retrouvé depuis quelques années. M. Triana l'a étudié avec soin et a pu établir la synonymie des diverses espèces indiquées par Mutis. M. Rampon a fait photographier le manuscrit et les belles planches qui l'accompagnent et peut ainsi offrir aux quinologistes l'avantage de consulter à Paris une copie rigoureusement exacte de ce précieux document : enfin M. Markham en a publié le texte avec des annotations de M. J. E. Howard. Nous regrettons que l'important travail préparé depuis longtemps par M. Triana sur ce sujet intéressant au point de vue de l'histoire ne soit pas encore publié. Nous avons eu du moins l'avantage d'en prendre connaissance, et nous serons heureux de pouvoir le citer chaque fois que nous en aurons l'occasion. »

Condamine, la première découverte. Ces prétentions, soutenues par les disciples avec plus d'opiniâtreté que par le maître, provoquèrent des dénégations violentes de la part de Ruiz et Pavon: « Nous sommes forcés, dirent-ils (1), pour la défense de notre œuvre, de réfuter les allégations de M. Zea, et, pour le bien de l'humanité, nous nous trouvons dans l'obligation de prévenir le public que les quinquinas de Santa-Fé sont des espèces bien différentes de celles de Loxa, reconnues comme excellentes et supérieures dans l'emploi médical..... Le premier quinquina de la *Quinologie* est reconnu par tous les *cascarilleros* de Loxa qui exploitèrent la province de Huanuco, comme l'espèce supérieure et la plus estimée dans le commerce et en médecine... Il nous paraît également impossible que l'Amérique septentrionale (*c'est-à-dire au nord de la ligne*) puisse produire des quinquinas de bonne qualité comme ceux du Pérou. »

Nous aurons l'occasion de discuter cette question litigieuse; pour le moment, bornons-nous à constater qu'elle peut provoquer des réponses différentes suivant la manière dont elle se pose. S'il y a, sur l'identité spécifique des quinquinas de Santa-Fé et de ceux de Loxa, des doutes qui provoquent presque une réponse négative, on ne saurait nier, d'autre part, que plusieurs écorces officinales de Mutis ne renferment beaucoup plus de quinine que les quinquinas de Loxa; aussi, quelles que soient les conclusions à tirer de l'examen comparatif de ces formes végétales, on ne peut partager le dédain de Ruiz et Pavon pour les produits de l'hémisphère septentrional (2).

(1) In *Supplément à la Quinologie*, cité par Delondre et Bouchardat, *Quinologie*. Paris, 1854, p. 5.
(2) Mutis paraît avoir très-bien compris la valeur thérapeutique des diverses écorces de la Nouvelle-Grenade, et n'avoir accordé des effets fébrifuges qu'à celles qui les possèdent en réalité. C'est du moins ce qu'on peut conclure du tableau suivant, extrait d'une des publications de Mutis dans *Papel periodico de Santa-Fé de Bogota*.

« *Ecorces officinales de la Nouvelle-Grenade.*

EN LA BOTANICA. — *Cinchona.*

| Lancifolia, | Oblongifolia, | Cordifolia, | Ovalifolia. |

Quina.

| Hoja de lanza, | Hoja oblonga, | Hoja de corazon, | Hoja oval. |

EN EL COMERCIO.

Naranjada primitiva, Roxa succedanea, Amarilla substituida, Blanca forastera.

EN LA MEDICINA. — *Amargo.*

Aromatico,	Austero,	Puro,	Acerbo.
Balsamica,	Astringente,	Acibarada,	Xabonosa.
Antipyrectica,	Antiseptica,	Cathartica,	Rhyptica.
Antidota,	Polycresta,	Ephractica,	Prophilactica.
Nervina,	Muscular,	Humoral,	Visceral.

Febrifuga.   *Indirectamente febrifugas.* »

Mutis vivait encore à Santa-Fé, lorsque deux illustres voyageurs entreprirent l'exploration de la région des quinquinas. Humboldt et Bonpland, partis d'Europe en 1799, avaient consacré l'année 1800 à parcourir le bassin de l'Orénoque; en 1801, ils prenaient terre à Carthagène, recevaient à Bogota l'hospitalité de Mutis, traversaient toute la Nouvelle-Grenade, le royaume de Quito, les provinces septentrionales du Pérou, pour continuer à travers le Mexique l'un des voyages les plus féconds de notre époque. De nouvelles espèces de quinquinas découvertes et décrites, la distribution géographique de ce groupe naturel bien indiquée pour la première fois, de nouveaux matériaux pour l'étude des écorces officinales: tels furent, en ce qui concerne spécialement notre question, les résultats de cette exploration fructueuse. On les trouve consignés dans les divers ouvrages de botanique (1) consacrés à la description des plantes du voyage, et dans un mémoire de M. de Humboldt sur les forêts à quinquinas de l'Amérique du Sud (2).

Nous ne pouvons citer en détail toutes les explorations entreprises depuis lors dans les diverses portions de la région des quinquinas: celles de Goudot, Hartweg, Purdie, Warscewitz, Linden, Funk, Schlim, Triana, etc., dans la Nouvelle-Grenade; de Pöppig, Lechler, etc., dans le Pérou et le Chili. Les collections de ces voyageurs renferment presque toutes de nouveaux matériaux pour l'histoire de nos espèces, mais la question des quinquinas ne les a pas assez spécialement préoccupés, pour que nous fassions de leurs explorations une mention particulière. Il n'en est pas de même de l'entreprise de M. Weddell, conçue dans le but d'éclaircir la question qui nous occupe, et qui a enrichi d'un magnifique ouvrage la littérature quinologique (3).

Jusqu'en 1848, on avait recherché les espèces officinales de la Nouvelle-Grenade, de l'Équateur et du Pérou, mais la Bolivie restait inexplorée. Ni Joseph de Jussieu, qui avait pénétré jusque dans ces régions, ni Taddæus Hænke, « dont les rudes labeurs sont restés proverbiaux dans le pays de Cochabamba où il résidait (2) », n'avaient laissé de traces de leurs découvertes. Tout restait donc à faire pour cette partie de la chaîne des Andes, d'où provient cependant l'écorce la plus riche en quinine. M. Weddell,

---

(1) Surtout Humboldt et Bonpland, *Plantes équinoxiales*. Paris, 1808-1816, et Kunth, *Nova Genera et Species plantarum, quas collegerunt* Bonpland et Humboldt, t. III. Paris, 1818.

(2) Alex. von Humboldt, *Ueber die China-Wälder in Süd Amerika.....* (*Magazin der Gesellschaft naturforschender Freunde*. Berlin, 1807).

(3) H.-A. Weddell, *Histoire naturelle des quinquinas*. Paris, 1849, in-fol. avec 34 planches.

(4) Weddell, *loc. cit.*, p. 3.

après s'être séparé de l'expédition de M. de Castelnau, dirigea ses investigations de ce côté; il pénétra ensuite dans la province péruvienne de Carabaja; enfin, remontant la chaîne jusqu'à Cuzco, il étendit le champ de ses observations jusqu'aux régions explorées par les quinologistes précédents. Il rapporta de ce voyage une ample moisson de faits. Huit espèces nouvelles de *Cinchona* vrais sont décrites avec soin dans son *Histoire naturelle des quinquinas*, qui renferme en outre les caractères et la distribution systématique des espèces alors connues. L'étude microscopique des organes occupe une place importante dans ce livre classique; elle y devient même un moyen précieux de diagnose en même temps que de classification pour les écorces officinales; enfin, les limites de la région cinchonifère, jusque-là fort indécises du côté du sud, sont nettement indiquées dans une belle carte qui termine l'ouvrage.

Le voyage de M. Delondre, entrepris à la même époque, dans le but spécial de fournir à l'industrie un approvisionnement plus facile des quinquinas riches en alcaloïdes, nous a valu un livre intéressant (1) où sont décrites et très-bien figurées les principales écorces du commerce actuel.

Du côté de la Nouvelle-Grenade, le docteur Karsten rassemblait, depuis 1844, de nombreux matériaux, en vue d'une future publication actuellement commencée, sous le titre de « *Flora Columbiæ* (2) ». Les quinquinas de cette partie de l'Amérique étaient plus particulièrement l'objet de ses recherches : il en étudiait la valeur thérapeutique et les caractères distinctifs, ainsi que la constitution intime de leurs tissus (1).

Une circonstance spéciale est venue puissamment aider au progrès des études quinologiques. Tous les voyageurs qui avaient pu juger par eux-mêmes des procédés d'exploitation du quinquina, avaient signalé les dévastations produites par les *cascarilleros*, et manifesté l'appréhension qu'on ne se trouvât plus tard privé de ce médicament héroïque. Le gouvernement hollandais comprit le premier qu'il y avait quelque chose à faire pour conjurer ce danger et entreprit d'introduire ces espèces précieuses dans diverses localités de Java, où elles sont régulièrement cultivées. Le docteur Hasskarl fut envoyé dans le Pérou et la Bolivie, avec cette mission spéciale de récolter et de transporter vivantes, dans la colonie holandaise, diverses espèces de quinquinas. L'Angleterre entra bientôt dans la même voie; elle donna successivement des instructions analogues à MM. Markham, Pritchett et Spruce, afin

---

(1) Delondre et Bouchardat, *Quinologie*. Paris, 1854, avec 23 pl.
(2) Karsten, *Flora Columbiæ*. Berol., 1861.
(3) Karsten, *Medicinische Chinarinden Neu-Granada's*. Berl., 1858.

d'établir des quinquinas à Ceylan et sur le continent indien. Tous ces explorateurs ont apporté de nouveaux matériaux à la quinologie ; grâce à eux, l'identification des espèces botaniques et des écorces commerciales, question jadis si compliquée, est devenue beaucoup plus facile, si bien que le magnifique ouvrage de M. Howard, *Illustrations of Nueva Quinologia*, que nous avons déjà indiqué en passant, ne laisse maintenant sans solution que bien peu de questions de ce genre.

Nous n'avons presque mentionné jusqu'à présent que les ouvrages résultant directement des explorations personnelles de leurs auteurs : il n'entre pas dans notre plan de donner ici la liste de tous ceux qui ont traité la question des quinquinas ; nous nous bornerons à citer les meilleures sources à consulter, celles qui ont fait successivement autorité dans la science. Ce sont, 1° pour la partie botanique : le *Systema* de Linné, le *Prodromus* de De Candolle, les *Illustrations du genre quinquina* de Lambert (1), les *Plantæ Hartwegianæ* de Bentham, le *Genera* d'Endlicher, le *Repertorium* de Walpers et les observations de Klotzsch (2) ; 2° pour la partie médicale : les articles de Laubert, pharmacien militaire des armées d'Espagne (3), la *Monographie* de Bergen (4), l'*Histoire des produits pharmaceutiques* de Gobel et de Kunze (5), l'*Histoire des drogues simples* de Guibourt, et particulièrement sa quatrième édition, la *Matière médicale* de Pereira (6), les travaux de Berg et Schmidt (7), et M. le docteur Flückiger de Berne (8). Ces matériaux nous permettront d'aborder les principaux traits de l'histoire des quinquinas.

§ II. HISTOIRE BOTANIQUE DES QUINQUINAS. — *Caractères du genre Cinchona.* — Le genre *Cinchona* fut établi par Linné sur les caractères donnés par La Condamine au quinquina de Loxa, qui prit dès lors le nom de *Cinchona officinalis*. De bonne heure, l'auteur du *Systema naturæ* donna à ce genre des limites trop étendues en plaçant à côté de l'espèce caractéristique un type relativement

---

(1) Lambert, *An Illustration of the genus Cinchona*. London, 1821.

(2) Klotzsch, in Hayne's *Arzneigewächse*, XIV. Berlin. — Klotzsch, *Abhandlungen der Akademie des Wissenschaft*. Berlin, 1857.

(3) Laubert, *Mémoire pour servir à l'histoire des différentes espèces de quinquina* (Bulletin de pharmacie, II, Paris, 1810). — *Recherches botaniques, chimiques et pharmaceutiques sur le quinquina* (Journal de médecine, de chirurgie et de pharmacie militaires, II. Paris, 1810, p. 145). — *Dictionnaire des sciences médicales*. Paris, 1820, art. Quinquina.

(4) Bergen, *Versuch einer Monographia der China*. Hambourg, 1820.

(5) Göbel et Kunze, *Pharmaceutische Waarenkunde*. Eisenach, 1827-1829, t. I.

(6) Pereira's *Materia medica*. London, 1853, vol. II.

(7) Berg und Schmidt, *Darstellung und Beschreibung sämtlicher in der Pharmacopœa borussica aufgeführten offizinellen Gewächse*. Leipzig, 1859. II.

(8) Flückiger, *Lehrbuch der Pharmacognosie des Pflanzenreiches*. Berlin, 1867.

éloigné, le *Cinchona caribœa*, aujourd'hui *Exostemma caribœum*. Les botanistes qui vinrent après lui n'imitèrent que trop son exemple, et ce ne furent pas seulement les plantes voisines de la région cinchonifère, celles du Brésil, des Antilles, ou même de l'Amérique septentrionale, qu'ils firent entrer dans ce groupe ; l'ancien Monde eut aussi ses quinquinas : trois types bien distincts de l'Inde et de Bourbon prirent ce nom, devenu célèbre.

De Candolle, après quelques autres botanistes, s'efforça de mettre un peu d'ordre dans cette confusion, et de fixer la formule définitive du genre (1). Il donna pour caractères distinctifs de ce groupe ceux que nous admettons encore aujourd'hui, à savoir : Rubiacées à deux loges polyspermes et à graines ailées, ayant : 1° les étamines cachées dans le tube de la corolle ; 2° les carpelles déhiscents de bas en haut par dédoublement de la cloison ; 3° les graines dressées et imbriquées les unes sur les autres ; 4° le limbe du calice denté seulement jusqu'au tiers ou à la moitié de sa longueur, et persistant au sommet de la capsule.

L'auteur du *Prodromus* n'appliqua pas toujours exactement dans la pratique la règle qu'il avait posée. Il admit dans les vrais *Cinchonas* plusieurs espèces dont la capsule s'ouvre de haut en bas. Ce furent ces formes qu'Endlicher groupa plus régulièrement et dont il fit son sous-genre *Cascarilla*. Cette section fut bientôt élevée par Klotzsch à la hauteur d'un véritable genre, nommé par lui *Ladenbergia* (2). M. Weddell l'a adopté, avec quelques restrictions, sous le nom de *Cascarilla*, que nous emploierons avec la plupart des botanistes français, bien qu'il y ait quelque inconvénient à appliquer ainsi aux faux quinquinas une dénomination réservée par la langue usuelle aux véritables écorces officinales.

Ainsi défini, le genre *Cinchona* comprend des arbres d'une taille élevée ou de simples arbrisseaux (*fig.* 590 et 591). Leurs feuilles opposées, comme dans toutes les Rubiacées, sont toujours entières, mais très-variables dans leurs dimensions, leur forme et leur pubescence. Elles ont entre elles des stipules bien marquées, généralement libres et se détachant de bonne heure des rameaux. Les fleurs sont disposées en cymes parfois corymbiformes, mais qui prennent le plus souvent l'aspect de panicules. Elles sont blanches, roses ou pourprées et d'une odeur agréable. Elles présentent, de l'extérieur à l'intérieur : un calice turbiné, soudé avec l'ovaire, à limbe 5-denté ; une corolle hypocratériforme, à tube cylindrique ou anguleux, à lobes lancéolés, garnis sur leur bord de poils lai-

---

(1) De Candolle, *Mémoire sur les écorces officinales prises pour des quinquinas* (*Bibliothèque universelle de Genève, sciences et arts*, t. XLI, p. 144. Genève, 1829).

(2) Klotzsch, *Hayne's Arzneig*, XIV, ad not., ad. t. XV.

neux blanchâtres ; cinq étamines incluses ou presque exsertes, à anthères linéaires plus ou moins longues que le filet ; un ovaire infère, à deux loges, contenant de nombreux ovules anatropes, attachés à des placentas linéaires, axiles ; un style simple et stigmate bifide. Le fruit est une capsule ovoïde, oblongue ou linéaire lancéolée, couronnée par le limbe du calice et s'ouvrant de bas en haut en deux valves, pour laisser échapper des graines nombreuses, bordées d'une aile régulièrement denticulée.

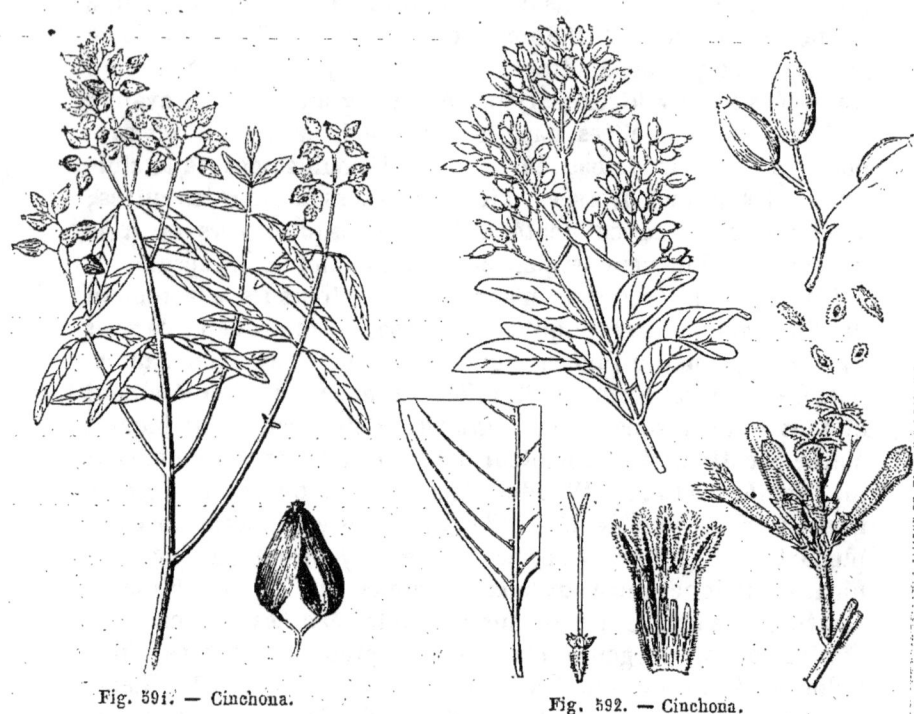

Fig. 591. — Cinchona.   Fig. 592. — Cinchona.

Les organes reproducteurs d'une même espèce de *Cinchona* présentent, dans leur longueur relative, des variations sur lesquelles M. Weddell a attiré l'attention, et qu'il est, en effet, très-important de noter. On pourrait sans cela se laisser aller à une illusion assez naturelle, et distinguer comme deux types distincts deux formes d'une seule et même variété. Tantôt les stigmates apparaissent à la gorge de la corolle, et alors les étamines sont très-courtes et cachées profondément dans le tube. Tantôt ce sont, au contraire, les étamines qui montrent au dehors l'extrémité supérieure de leurs anthères, tandis que les stigmates, portés sur un style extrêmement réduit, atteignent à peine la moitié de la hauteur de la corolle. Ces différences ne sont pas, du reste, les seules ; il en est de plus appréciables à l'œil, et que savent apercevoir les *cascarilleros* ; bien qu'ils ne songent certainement pas à regarder aux détails de la fleur, ils distinguent les arbres d'une même espèce en *mâles* et *femelles*. Il semble, en effet, que le développement des étamines coïncide avec une vigueur plus grande de l'individu, avec une coloration plus marquée des feuilles, une épaisseur plus considérable de l'écorce. On sait, du reste, que cette prépondérance d'un verticille sur l'autre n'est point particulière aux *Cinchona*. Le genre *Danais* a dû son nom à cette espèce d'étouffement de l'un des sexes par l'autre ; les *Luculia*, les *Rogiera*, etc., dans les Rubiacées ; les primevères, les lins, les jasmins, offrent tous des particularités analogues.

Les *Cinchona* forment un genre très-naturel, dont les diverses formes passent souvent de l'une à l'autre par des transitions insensibles. Il en résulte, pour la distinction et le groupement des espèces, des difficultés qu'il n'est guère possible de surmonter par l'examen des échantillons toujours incomplets d'un herbier. Les auteurs qui ont eu le privilège de voir les *Cinchona* vivants, et qui ont pu les étudier sous tous leurs aspects, sont loin de s'accorder eux-mêmes sur ce point délicat. Pavon, d'après les étiquettes d'herbier écrites de sa main, et dans sa « *Nueva Quinologia* », multiplie tellement les espèces, que Klotzsch lui-même, qu'on n'accusera certainement pas d'exagérer la synthèse, se croit obligé d'en regarder plusieurs comme de simples variétés. M. Weddell (1) les réduit, au contraire, à un très-petit nombre. Devant des autorités aussi compétentes et avec des matériaux incomplets, nous n'osons prendre un parti définitif ; nous avouons cependant que toutes nos sympathies sont pour la méthode de M. Weddell. Sauf certains cas, où nous pousserions l'analyse plus loin que ce judicieux observateur, nous admettrons volontiers les couples spécifiques qu'il a établis ; mais, pour ne rien négliger et ne rien perdre des nombreux renseignements de la *Nouvelle Quinologie* de Pavon, nous passerons en revue tous les éléments qu'elle renferme, en les faisant entrer de la manière qui nous paraîtra la plus logique dans les cadres systématiques de M. Weddell.

Distribution géographique. — Les vrais quinquinas occupent, dans l'Amérique méridionale, une zone bien déterminée, dont nous allons indiquer les limites.

Si l'on jette les yeux sur une carte des régions tropicales de l'Amérique, on s'aperçoit tout d'abord que la Cordillère des Andes y forme deux chaînes qui, au sud, sont presque parallèles :

---

(1) Weddell, *Histoire naturelle des quinquinas*. Paris, 1849, in-fol.

l'une est la *Cordillère maritime* ou *Cordilera de la costa :* l'autre plus élevée est la *Cordillère orientale* ou *seconde Cordillère*. Après s'être rapprochés dans la république de l'Équateur, les deux cordons s'éloignent en divergeant dans la Nouvelle-Grenade et laissent place entre eux à une troisième chaîne, la *Cordillère centrale :* eux-mêmes prennent les noms de *Cordillère orientale* et *Cordillère occidentale*, en rapport avec leurs positions relatives.

C'est sur ces longues chaînes que s'étend la zone des quinquinas, sous la forme d'une vaste courbe à concavité tournée vers le Brésil, et qui semble servir de point de départ aux nombreux affluents du fleuve des Amazones. L'extrémité méridionale de la zone correspond au 19e degré de latitude australe, la pointe septentrionale au 10e degré de latitude nord. La célèbre localité de Loxa occupe à peu près le milieu de la courbe, en même temps que son point le plus rapproché du littoral.

Cette longue bande est quatre fois interrompue à des distances inégales. Le premier tronçon, qui est aussi le plus considérable, occupe le revers oriental de la seconde Cordillère sur une partie de la Bolivie et toute la longueur du Pérou. Elle renferme les localités à quinquinas Calisaya, celles qui fournissent les écorces dites de Cuzco ; enfin les forêts de Huanuco, où se récoltent les quinquinas gris de Lima.

La seconde portion s'appuie d'abord sur la chaîne maritime pour regagner bientôt les flancs orientaux de la seconde Cordillère ; elle appartient presque tout entière à la République de l'Équateur, et fournit particulièrement les écorces de Loxa.

Les deux dernières bandes dépassent de très-peu les limites de la Nouvelle-Grenade : l'une d'elles occupe les deux versants de la Cordillère centrale : Popayan et Pitayo en sont les localités bien connues. L'autre s'étend au nord de Santa-Fé, le long de la vallée de Cauca, sur la pente ouest de la Cordillère orientale, coupe cette dernière chaîne à la hauteur de Pamplona, sous le 7e degré de latitude, pour se perdre peu à peu dans la direction de Caracas, dans le Venezuela.

La zone des quinquinas n'est pas moins bien limitée dans le sens vertical qu'en longueur et en largeur. Les espèces de ce genre ne peuvent vivre à toutes les altitudes. Ni les chaleurs tropicales de la plaine, ni le froid excessif des régions supérieures ne sauraient leur convenir ; c'est à une élévation moyenne générale de 1600 à 2400 mètres qu'elles se plaisent d'ordinaire. Le niveau varie naturellement suivant l'éloignement de l'équateur, et aussi suivant les espèces. Aux extrémités de la zone, certains quinquinas peuvent descendre à 1200 mètres, tandis que M. de Humboldt en a vu s'élever jusqu'à 2980, et Caldas jusqu'à 3270 mètres. L'aspect des cinchonas paraît varier suivant les hauteurs. Supérieurement, ils s'étendent au-dessus des forêts jusqu'à la région des gentianes, et y prennent la forme d'arbustes et d'arbrisseaux; dans la partie moyenne, ils sont associés à la végétation luxuriante des forêts tropicales, et atteignent la taille des arbres les plus élevés. Ils disparaissent au contact des premières plantes de la région basse.

§ III. ÉTUDE DES ÉCORCES. — Les propriétés amères des quinquinas n'appartiennent pas exclusivement aux écorces; elles se retrouvent, bien qu'à un moindre degré, dans les feuilles et les fleurs, qu'on pourrait à la rigueur utiliser. Mais, dans la médecine européenne, nous n'avons guère à notre disposition ces organes délicats de la plante : les écorces seules nous arrivent par la voie du commerce, et c'est sur elles que doit se concentrer notre étude.

Depuis que Pelletier et Caventou ont retiré des quinquinas un principe auquel ils ont attribué les propriétés héroïques du remède, la richesse comparative des écorces a pu être très-approximativement calculée et leur valeur thérapeutique indiquée avec certitude. L'un des points les plus importants de l'étude des quinquinas s'est trouvé résolu : le pharmacien a eu dans les mains un moyen infaillible de vérifier l'efficacité de son médicament.

Mais d'autres questions, et des plus obscures, restaient encore à résoudre. L'origine des principales écorces du commerce, l'influence de l'exposition, du sol, de toutes les conditions météorologiques sur la production des principes actifs, le siége de ces principes dans les organes du végétal et les modifications apportées par le développement de la plante : tous ces problèmes intéressants restent encore trop souvent sans réponse, malgré les travaux considérables des vingt dernières années.

Cet état imparfait de la quinologie se trahit par l'absence de classification rationnelle pour les écorces officinales. « Si, toutes les fois qu'une écorce se présente à nos yeux, nous connaissions les traits principaux de son histoire, rien ne serait plus simple que de lui assigner la place qu'elle devrait occuper dans l'échelle de nos connaissances, elle irait tout naturellement se placer à côté de l'arbre qui la produit (1). » C'est là la seule classification naturelle, la seule qui puisse être définitivement admise dans la matière médicale, et, malgré les nombreuses difficultés qu'elle offre encore, c'est celle que nous croyons devoir adopter dans l'étude spéciale que nous aurons à faire des quinquinas.

Mais c'est seulement de nos jours que les travaux des quinolo-

---

(1) Weddel *loc. cit.*, p. 22.

gistes, et particulièrement ceux de M. Howard, ont rendu possible une pareille tentative. Auparavant, la plupart des renseignements nécessaires pour l'identification des espèces botaniques et des écorces commerciales faisaient trop souvent défaut, et c'était dans les écorces elles-mêmes ou dans quelque circonstance particulière de leur histoire qu'on devait chercher les bases d'une classification. De là un certain nombre de systèmes, que nous devons brièvement rappeler, parce qu'ils ont été généralement admis et ont contribué à donner aux écorces leur dénomination usuelle.

Dès l'origine, les quinquinas ont été divisés en gris, rouges, jaunes et blancs, et c'est sous ces noms qu'ils sont encore connus dans le commerce. Voici, d'après M. Guibourt, les caractères de ces différentes classes :

« Les *quinquinas gris* contiennent, en général, des écorces roulées, médiocrement fibreuses, plus astringentes qu'amères, donnant une poudre d'un fauve grisâtre, plus ou moins pâle, contenant surtout de la cinchonine et peu ou pas de quinine.

« Les *quinquinas jaunes* peuvent offrir un volume plus considérable, sont d'une texture très-fibreuse et d'une amertume beaucoup plus forte et plus dégagée d'astringence. Ils donnent une poudre jaune ou orangée, et peuvent contenir une assez grande quantité de sels à base de chaux et de quinine pour précipiter instantanément la dissolution de sulfate de soude.

« Les *quinquinas rouges* tiennent le milieu, pour la texture, entre les gris et les jaunes : ils sont à la fois très-amers et astringents ; leur poudre est d'un rouge plus ou moins vif ; ils contiennent à la fois de la quinine et de la cinchonine.

« Les *quinquinas blancs* se distinguent par un épiderme naturellement blanc, uni, non fendillé, adhérent aux couches corticales. Ils contiennent, soit un peu de cinchonime, soit un autre alcaloïde plus ou moins analogue. Ils sont peu fébrifuges et ne peuvent guère compter au nombre des quinquinas médicinaux (1). »

Nous n'avons pas à critiquer ici ce système, qui a les qualités et les défauts d'une classification tout artificielle. Insistons seulement, à son occasion, sur un fait maintenant bien établi et qu'il est important de ne pas méconnaître. Dans un pareil groupement, les écorces provenant d'un même arbre peuvent se trouver très-éloignées les unes des autres dans des classes différentes, tandis que des produits d'espèces très-différentes se rencontrent

---

(1) Guibourt, *Histoire naturelle des drogues simples*, 4ᵉ édit. Paris, 1850, t. III, p. 100.

souvent côte à côte. « Presque constamment, nous dit M. Weddell, les quinquinas gris ne sont que les jeunes écorces des mêmes arbres qui donnent les quinquinas jaunes et rouges. »

Quelques auteurs ont groupé les quinquinas d'après leur pays d'origine: Bolivie, Pérou, Équateur et Nouvelle-Grenade, distinguant encore les principales localités cinchonifères de ces divers États. Tel est l'ordre suivi par Pereira (1) et par MM. Delondre et Bouchardat.(2) En réalité, ils n'ont fait que généraliser un système partiellement employé dans les ouvrages classiques; depuis longtemps on donnait à certains groupes de quinquina le nom de localités célèbres : Loxa, Huanuco, Cuzco, Jaen ou Huamalies, etc., etc.

Enfin, M. Weddell (3) a proposé, en attendant mieux, une classification fondée sur la structure anatomique des écorces; il a, de cette manière, ouvert la voie de recherches intéressantes qui ont, plus que toutes les autres, conduit à la véritable méthode de classement.

Lorsqu'on veut comparer deux écorces entre elles, celle d'un arbre vivant, par exemple, avec une espèce commerciale, il ne suffit pas de regarder aux caractères extérieurs ; il faut encore s'assurer, avant d'identifier les deux espèces, qu'il n'y a pas de différence radicale dans leur structure intime. Ceci nous amène à traiter une question importante, que nous avions jusqu'ici réservée : l'étude microscopique des écorces de quinquina. De nombreux auteurs s'en sont occupés après M. Weddell : MM. Berg (4), Schleiden (5), Klotzsch, Karsten, Howard, Phœbus, etc. (6). Résumons brièvement le résultat de leurs recherches.

Étude microscopique. — Il est impossible de juger de la structure d'une écorce adulte par les échantillons d'herbier. L'âge amène de tels changements dans ces organes, qu'un rameau tout jeune ne saurait donner une idée de la constitution intime des branches ou du tronc. Il faut donc, pour se faire une idée exacte de ces productions d'âges différents, les examiner séparément l'une après l'autre.

Un jeune rameau de *Cinchona ovata* (*fig.* 593) a présenté à M. Weddell (7) :

(1) Pereira, *Materia medica.*
(2) Delondre et Bouchardat, *Quinologie.*
(3) Weddell, *loc. cit.*, p. 23.
(4) Voir Berg et Schmidt, *loc. cit.*, XV, a-b.
(5) Schleiden, *Handbuch der botan. Pharmacognosie.* Leipzig, 1857.
(6) Philipp Phœbus, *Die Delondre-Bouchardatschen Chinarinden.* Giessen, 1864.
(7) Weddell, *loc. cit.*, 18.

1° En dehors, une rangée de cellules épidermiques brunâtres, souvent à moitié détruites ou confondues avec des thallus de lichens.

2° Plusieurs rangées de cellules oblongues, comprimées de dehors en dedans, d'un brun foncé, ne devenant pas transparentes dans l'alcool; elles constituent le *cercle résineux*, bien connu des marchands de quinquinas, et caractérisent nettement les jeunes écorces de certaines espèces. Ce n'est au fond qu'une simple modification du suber, mais assez marquée pour avoir mérité un nom spécial.

3° La *tunique* ou *enveloppe cellulaire*, ou encore *enveloppe herbacée*, formée de cellules oblongues, comprimées de dehors en de-

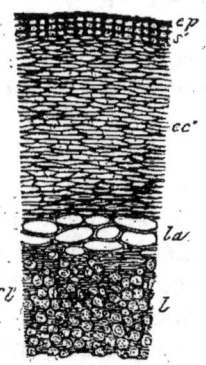

Fig. 593. — Coupe transversale d'une très-jeune écorce de *C. ovata*, destinée à montrer la disposition des différentes couches qui peuvent constituer une écorce de cinchona, avant que les progrès de la végétation soient venus les modifier (*).

dans; les extérieures contiennent de la chlorophylle, les autres se remplissent de matières résineuses ou de grains de fécules.

4° Une ou deux séries de *lacunes* analogues aux *vaisseaux laticifères*.

5° Quelques fibres corticales éparses, au milieu d'un tissu cellulaire tout jeune, dont les cellules deviennent plus tard régulièrement polygonales et se gorgent de matières résinoïdes.

A mesure que la branche devient plus âgée, le nombre des fibres corticales augmente, les lacunes tendent à disparaître, certaines cellules de la couche herbacée se modifient; il se forme enfin dans le suber des couches très-denses de cellules tabulaires, isolant les parties extérieures des portions vivantes de l'écorce, et amenant fatalement leur mortification. Ces couches extérieu-

(*) *ep*, restes de l'épiderme; *s* la tunique subéreuse ou cercle résineux; *cc*, l'enveloppe cellulaire; *la*, lacunes gorgées, de même que les cellules de la couche précédente, de matières résineuses dont il faut les vider pour apercevoir leurs parois; *l*, liber; *fl'* fibres corticales (Weddell, *Quinquinas*, pl. II, fig. 42).

res, où les sucs ne circulent plus, se détachent très-facilement et ne sont que rarement conservées dans les échantillons des grosses branches ou du tronc. M. Weddell a donné à leur ensemble le nom de *périderme* ; c'est l'*épiderme* de beaucoup d'auteurs, l'*enves* des *cascarilleros* (*Bedeckung* des Allemands). Ce périderme varie beaucoup d'épaisseur et de structure, suivant que les bandes de suber tabulaire, qui le limitent, pénètrent plus ou moins profondément dans les couches vivantes de l'écorce. Parfois ces bandes n'isolent et n'éliminent que quelques minces couches subéreuses ; d'autres fois elles pénètrent dans les couches herbacées ; parfois même elles entament le liber de manière à ne laisser au-dessous d'elles que cette portion intérieure de l'écorce. Ce qui reste au-dessous du *périderme* a été appelé *derme* par M. Weddell.

Dans une écorce du commerce encore recouverte de son périderme, nous pouvons distinguer trois zones principales, qui sont, de l'extérieur à l'intérieur : les couches subéreuses, l'enveloppe cellulaire ou herbacée, les couches du liber.

Nous n'avons rien à ajouter à ce que nous avons dit des couches subéreuses.

La couche cellulaire présente au contraire quelques particularités qui méritent attention. Parmi les cellules du parenchyme, il en est qui se font remarquer par une multitude de petits granules grisâtres solubles dans les acides nitrique et chlorhydrique. A un grossissement plus considérable, ces granules présentent toute l'apparence de cristaux. Les cellules qui les contiennent prennent de cette circonstance le nom de cellules à cristaux (*Cristalzellen* des Allemands, *cristal-cells* des Anglais). Elles n'appartiennent pas exclusivement aux couches herbacées, on les rencontre aussi quelquefois au milieu des fibres du liber. On trouve aussi dans les mêmes zones d'autres cellules à parois ligneuses plus ou moins épaisses, qui contiennent dans leur cavité une matière d'un brun rougeâtre d'apparence résineuse ; on les a nommées cellules à résine (*Harzzellen* des Allemands ; *Saftzellen*, Berg et Schmidt; *resin-cells* des Anglais). Quand les couches incrustantes sont assez nombreuses pour remplir toute la capacité de la cellule, on donne à ces cellules le nom de cellules pierreuses (*Steinzellen*, Berg et Schmidt).

Les lacunes ou vaisseaux laticifères (*Milchsaftzellen*, Phœb. ; *Saftfasern*, Schleiden; *Saftrœhren*, Berg et Schmidt; *sap-cells* des Anglais), que nous avons vus exister entre le liber et la couche herbacée, persistent quelquefois pendant toute la vie de la plante ; mais ils sont, dans tous les cas, moins développés que dans le jeune âge.

Les fibres corticales sont entourées d'un tissu cellulaire analogue à celui de l'enveloppe herbacée, au milieu duquel pénètrent des rayons médullaires de dimensions très-diverses. Ces rayons traversent quelquefois toute la zone intérieure, pour pénétrer et se perdre dans le parenchyme de l'écorce moyenne. Outre les fibres corticales, complétement développées (*Bastzellen* ou *Bastfasern* des Allemands), le liber contient çà et là des cellules fibreuses (*Faserzellen*) longues et étroites, à parois moins épaisses, qui ne sont probablement que des fibres corticales en voie de formation.

Les divers éléments que nous venons de passer en revue peuvent servir de base à autant de systèmes de classification pour les

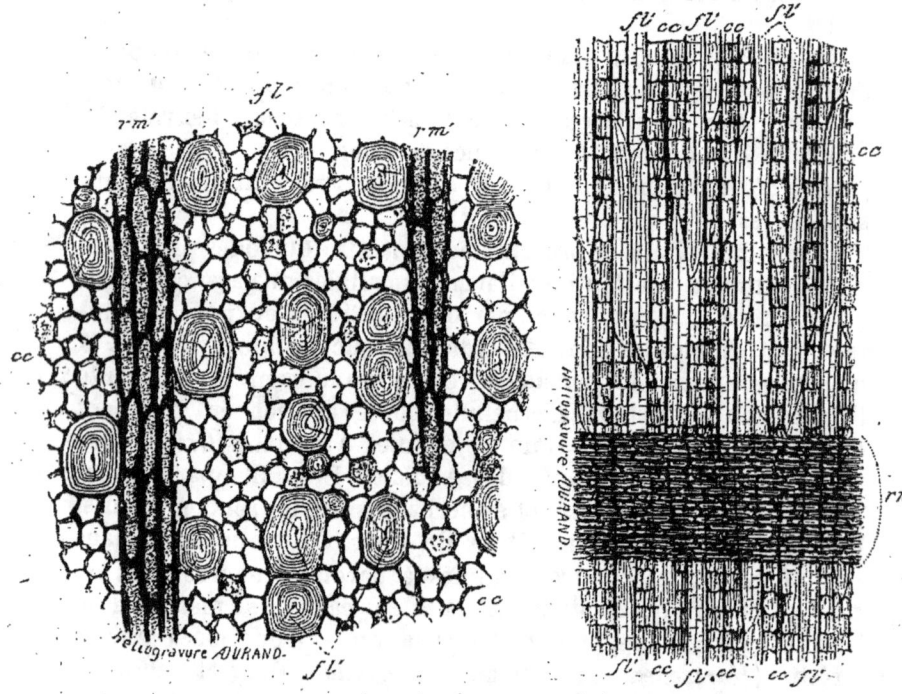

Fig. 594. — Coupe transversale d'une très-petite portion du liber du *C. Calisaya*, vue sous un grossissement très-fort (*).

Fig. 595. Coupe longitudinale du liber du *C. Calisaya*, parallèle à la direction des rayons médullaires *rm'* (**).

écorces officinales, mais tous n'ont pas à ce point de vue la même valeur ; il en est de plus importants les uns que les autres, et, pour les choisir, le seul moyen est de chercher ceux qui fournis-

(*) *rm*, rayons médullaires prolongés dans l'écorce; *fl*, fibres corticales; — *cc*, tissu cellulaire (Weddell, *Quinquinas*, pl. II, fig. 33).

(**) Weddell, *Quinquinas*, pl. II, fig. 36.

sent les caractères les moins variables dans les divers échantillons d'une même espèce.

Les recherches de M. Phœbus (1) me paraissent laisser peu de doutes à ce sujet ; elles établissent que les fibres corticales sont l'élément qui doit être mis en première ligne ; viennent ensuite, dans l'ordre de leur importance, les vaisseaux laticifères, les cellules à résine et à cristaux, enfin les fibres corticales en voie de formation, les *Faserzellen*.

Aussi M. Weddell a-t-il (2) été bien inspiré en fondant sur la considération des fibres corticales la caractéristique des trois types principaux autour desquels peuvent se grouper tous les quinquinas.

Les espèces choisies comme types sont les *Cinchona Calisaya*, *C. scrobiculata*, *C. pubescens*.

1° Une grosse écorce de *Calisaya*, telle que nous l'offre le commerce, est privée de son périderme et présente une texture fibreuse sur ses deux faces. La coupe transversale (*fig.* 594) montre au microscope une trame parfaitement homogène, composée de fibres de grosseur sensiblement égale, réparties assez uniformément au milieu d'un tissu cellulaire gorgé de matières résineuses. Sur la coupe longitudinale (*fig.* 595), ces fibres paraissent courtes et fusiformes, et à peine adhérentes par leurs extrémités avec les fibres qui les avoisinent.

2° Telle n'est point la structure du *Cinchona scrobiculata*. Dans une écorce de cette espèce, également dépouillée de son périderme, les deux faces sont de nature toute différente ; l'intérieure restant toujours fibreuse, l'extérieure est de texture celluleuse. La coupe transversale (*fig.* 596) montre des fibres corticales nombreuses et rapprochées à la partie interne de l'écorce, mais diminuant de nombre dans la partie moyenne et disparaissant complétement à la périphérie. Ces fibres sont d'ailleurs deux fois plus longues (*fig.* 597) que celles du *Calisaya*, et leurs extrémités sont complétement soudées avec celles qui les avoisinent.

3° Les écorces du *C. pubescens* présentent une structure tout aussi spéciale (*fig.* 598 et 599). Comme dans le cas précédent, la surface interne est fibreuse, l'externe celluleuse ; les fibres corticales forment des séries irrégulières et concentriques dans la moitié interne de l'écorce ; elles sont enveloppées d'un tissu cellulaire abondant ; leurs dimensions sont très-considérables, trois ou quatre fois plus que celles des types précédents, ce qui résulte de ce que plusieurs d'entre elles sont soudées ensemble et réunies en faisceau.

(1) Phœbus, *loc. cit.*, p. 17-28.
(2) Weddell, *loc. cit.*, p. 23.

Ces trois types forment le centre d'autant de groupes encore incomplétement déterminés, mais qui, dans leur ensemble, ne cadrent pas trop mal avec la distribution systématique des *Cinchona*. Les recherches des micrographes paraissent du moins au-

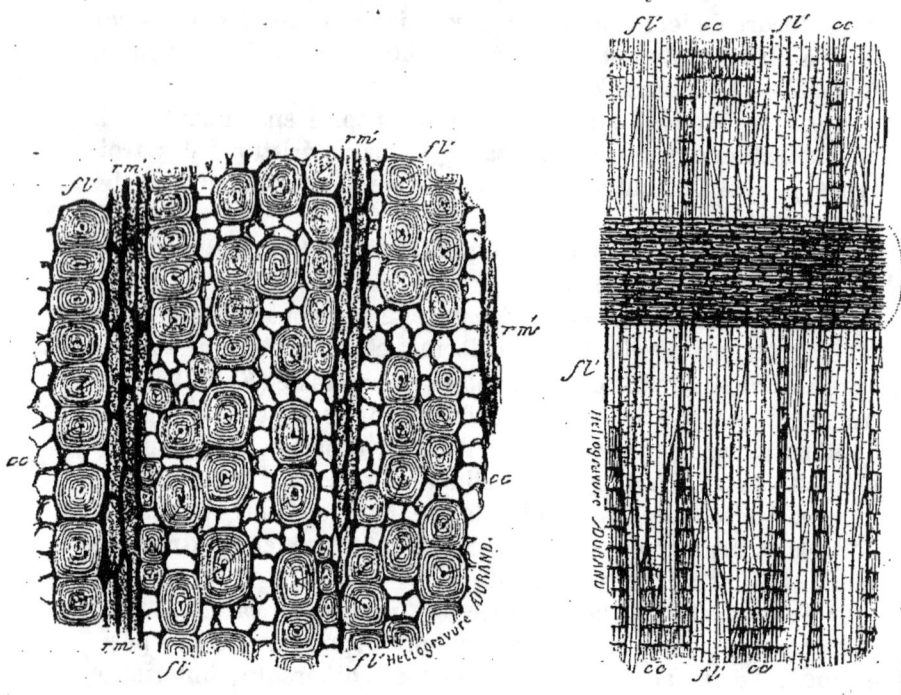

Fig. 596. — Coupe transversale d'une petite portion du liber du *C. scrobiculata*, vue sous le même grossissement que les sujets des figures 594 et 595 (*).

Fig. 597. — Coupe longitudinale du du *C. scrobiculata* (**).

toriser cette conclusion, et c'en est assez pour que la botanique systématique ne néglige point cette nouvelle source de caractères, où elle pourra sûrement puiser de précieux renseignements.

Ce qui paraît en tout cas bien démontré pour le moment, c'est que, dans les diverses portions d'une même écorce, la disposition des fibres corticales est foncièrement la même. Il en résulte un moyen de juger presque à coup sûr de l'identité spécifique de deux échantillons. Aux caractères trop souvent variables de la co-

---

(*) Pour obtenir des préparations qui aient le degré de netteté que l'on observe dans les figures 594, 596 et 599, il faut débarrasser l'écorce des matières résineuses qui engorgent ses cellules. Il suffit pour cela de baigner dans un peu d'alcool les parties que l'on veut examiner sur le porte-objet du microscope. Si c'est une coupe transversale que l'on veut étudier, il faut avoir soin d'humecter un peu l'écorce avant de la diviser et de se servir d'un instrument bien tranchant, sans quoi les tissus se mettent en poussière, et il devient impossible de saisir leurs rapports (Weddell, pl. II, fig. 35).

(**) Les sujets des figures 595, 597 et 599, de même que ceux des figures 594, 596 et 598, ont été grossis du même nombre de diamètres (Weddell, *Quinquinas*, pl. II, fig. 38).

loration et des apparences extérieures, vient se joindre un signe d'une tout autre valeur, qui tient à la constitution même du sujet à classer. On conçoit quelle a dû être l'utilité d'un pareil moyen

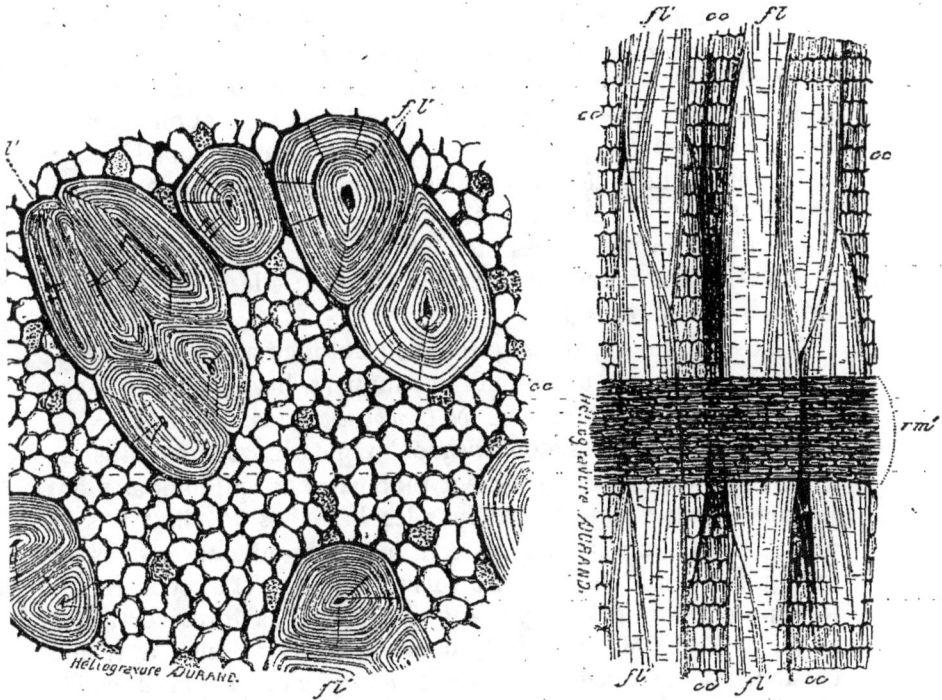

— Coupe transversale d'une petite portion du liber du *C. pu-*, soumise au même grossissement que le sujet des figures 594 (*).

Fig. 599. — Coupe longitudinale du liber du *C. pubescens* (**).

pour la recherche des origines botaniques des divers produits commerciaux.

Le *C. Calisaya* et le *C. pubescens* sont les plus caractérisés de ces types : ils forment pour ainsi dire les deux pôles opposés du genre *Cinchona*. Autour du premier se groupent les espèces qui représentent le mieux ce genre, les *Cinchona* vrais, riches en alcaloïdes ; autour du second, au contraire, se trouvent les espèces les plus inférieures, ne contenant que très-peu de principes actifs. Ces dernières confinent au genre *Cascarilla*, qui ne fournit aucune espèce vraiment officinale. La structure anatomique indique bien ce rapprochement. « On remarquera, dit M. Weddell, que les écorces des *Cascarilla* se rapprochent, par leurs caractères anatomiques, des écorces de *Cinchona* de qualité inférieure,

(*) Weddell, *Quinquinas*, pl. II, fig. 34.
(**) Weddell, *Quinquinas*, pl. II, fig. 37.

à cela près que, dans ces dernières, la soudure des fibres du liber n'atteint jamais le même degré que dans une écorce de *Cascarilla* (1). »

Malgré les rapports bien évidents de ces espèces inférieures avec les *Cascarilla*, le genre *Cinchona* reste parfaitement limité. Les caractères anatomiques, d'accord avec les résultats des analyses chimiques, légitiment, en effet, la séparation en deux types distincts d'espèces qu'on dirait au premier abord congénères, et qui ne diffèrent dans leurs traits extérieurs que par une particularité bien peu essentielle en apparence, le mode de déhiscence de la capsule. M. Karsten (2) a indiqué avec détails ces différences anatomiques entre les deux genres; elles peuvent se résumer en quelques lignes.

1° Les cellules fibreuses restent souvent incomplétement développées et présentent toujours une lumière beaucoup plus large dans les *Cascarilla* que dans les *Cinchona*; 2° les lacunes ou vaisseaux laticifères persistent beaucoup plus longtemps dans les *Cascarilla;* les espèces vraiment officinales de quinquinas n'ont jamais de pareils vaisseaux dans les branches de vingt ans et plus; 3° les cellules à cristaux sont beaucoup plus rares dans les quinquinas que dans le genre voisin; 4° enfin, et c'est le caractère qui paraît le plus important après celui des fibres corticales mentionné par M. Weddell, tandis que les cellules à résine existent dans l'écorce interne des *Cinchona*, c'est surtout dans les couches externes des *Cascarilla* qu'elles se développent. C'est ce caractère, sur lequel paraît insister l'auteur de l'*Histoire naturelle des quinquinas* dans la note suivante : « Comme conséquence de cette soudure des fibres corticales entre elles, on voit le tissu cellulaire interposé aux fibres du liber beaucoup moins abondant et surtout moins gorgé de sucs résineux dans les faux que dans les vrais quinquinas. D'un autre côté, la tunique cellulaire des *Cascarilla* est généralement imprégnée d'une matière gommo-résineuse plus abondante et plus tenace que dans la couche analogue de l'écorce des *Cinchona*. Elle doit même à la présence de ces sucs une telle dureté, qu'à ce seul signe on peut souvent reconnaître avec certitude un faux quinquina (3).

Nous pourrions montrer encore ici les relations qui unissent la structure anatomique à la richesse des écorces en alcaloïdes; mais il nous paraît plus convenable d'étudier auparavant ces produits eux-mêmes.

(1) Weddell, *loc. cit.*, note de la page 78.
(2) Karsten, *Medic. Chinarenden Neu-Granada's*, p. 41-49. — Ex How., *loc. cit.*
(3) Weddell, *loc. cit.*, note de la page 78.

Principes immédiats des quinquinas. — L'analyse chimique des diverses espèces de quinquinas a fait connaître, jusques à aujourd'hui, les principes suivants : *quinine, cinchonine, quinidine, cinchonidine, aricine, acides quinique, cinchotannique et quinovique, rouge de quinquina, matière colorante jaune, matière grasse de couleur verte, amidon, gomme* et *cellulose.* Sans insister sur ces produits, nous allons indiquer brièvement les principaux traits de leur histoire.

1° *Quinine.* — Isolée pour la première fois en 1820, par MM. Pelletier et Caventou, cette substance a pris depuis lors une importance énorme. Obtenue du sulfate de quinine au moyen de l'ammoniaque, elle forme une masse blanche, poreuse, friable et amère. Sa formule est $C^{40}H^{24}Az^2O^4$; on l'obtient en masse résineuse en la dissolvant dans l'alcool et laissant évaporer spontanément la liqueur.

La quinine se dissout dans 240 parties d'eau bouillante, 400 parties d'eau froide, 2 parties d'alcool bouillant et 60 parties d'éther.

Elle produit un grand nombre de sels, en se combinant avec les acides. Ces sels, facilement cristallisables, ont d'ordinaire un aspect nacré; ils sont très-amers et plus ou moins solubles dans l'eau, l'alcool et les éthers. Ils forment deux séries parallèles, l'une contenant les sels neutres (1 équivalent d'acide pour 1 équivalent de base), l'autre contenant les sels acides (2 équivalents d'acide pour 1 de base).

Le plus important de tous ces sels est le sulfate, qui sert à la préparation de la quinine et de tous ses composés. Il est blanc, cristallisé en petites houppes soyeuses. Il s'effleurit à l'air, en perdant 12 parties de son eau de cristallisation. Il faut 740 parties d'eau froide et 30 parties d'eau bouillante pour le dissoudre. Il abandonne en bouillant deux équivalents d'eau.

Le sulfate acide ou bisulfate de quinine est beaucoup plus soluble dans l'eau, et à cause de cela beaucoup plus employé dans la pratique médicale. Il se forme immédiatement par l'addition d'une certaine quantité d'acide sulfurique au sulfate neutre, et c'est ainsi qu'on le prépare très-souvent au moment même de l'administrer, en ajoutant quelques gouttes d'eau de Rabel à la potion de sulfate neutre.

La quinine forme encore d'autres sels, employés en médecine, et dont l'usage se répandra probablement de plus en plus : ce sont des lactates, valérianates, tannates, tartrates, oxalates, etc., etc.

2° *Cinchonine.* — La cinchonine est, après la quinine, la base la plus importante. Elle est connue depuis 1810, époque à laquelle

Gomès l'obtint à l'état de pureté, mais sans constater ses caractères basiques. Elle existe surtout dans les quinquinas gris. Précipitée lentement de sa dissolution alcoolique, elle se présente en cristaux blancs, anhydres, formés de prismes quadrilatères terminés par des facettes obliques. Sa saveur est amère, moins cependant que celle de la quinine. Elle est moins soluble dans l'eau et l'alcool, à peine soluble dans l'éther. Sa formule est $C^{40}H^{24}Az^2O^2$.

Elle forme avec les acides une série de sels correspondant à ceux de la quinine, et dont les plus importants sont le sulfate neutre et le sulfate acide.

3° et 4° *Quinidine* et *Cinchonidine*. — Sous le nom de quinidine, MM. Henry et Delondre avaient signalé en 1833 un alcaloïde particulier, qu'ils reconnurent plus tard n'être qu'un état d'hydratation de la quinine. Après eux, d'autres chimistes donnèrent ce nom à des produits différents, et il devint bientôt difficile de se reconnaître au milieu des divergences et même des contradictions dont cette base était l'objet. Ce ne fut qu'en 1853 que M. Pasteur débrouilla ce chaos. Il démontra que les quinidines des divers auteurs étaient des mélanges en proportions différentes de deux alcaloïdes distincts « ayant des formes cristallines, des solubilités et des pouvoirs rotatoires très-différents » (1). « L'une des bases, dit M. Pasteur, à laquelle je conserve le nom de quinidine, est hydratée, efflorescente, *isomère avec la quinine*, dévie à droite le plan de polarisation et possède, à l'égal de son isomère la quinine, le caractère de la coloration verte par addition successive du chlore et de l'ammoniaque. L'autre base, à laquelle je donne le nom de cinchonidine, est anhydre, *isomère de la cinchonine*, exerce à gauche son pouvoir rotatoire, et ne possède pas le caractère précité de la coloration verte. C'est elle qui est aujourd'hui la plus abondante dans les échantillons commerciaux. Il est toujours très-facile, en exposant à l'air chaud une cristallisation récente de cinchonidine, de reconnaître si elle renferme de la quinidine. Tous les cristaux de cette dernière base s'effleuriront immédiatement en conservant leurs formes, et se détacheront en blanc mat sur les cristaux de cinchonidine demeurés limpides. On peut également recourir au caractère de la coloration verte par le chlore et l'ammoniaque (2). » La quinidine et la cinchonidine, engagées dans une combinaison saline et soumises à l'action de la chaleur, se trans-

---

(1) Pasteur, *Note sur la quinidine* (*Journal de pharmacie et de chimie*, 3ᵉ série, t. XXIII, 1853).

(2) Pasteur, *Comptes rendus de l'Acad. des sciences*, 1853, p. 110.

forment en des produits isomères de ces bases, que M. Pasteur a appelés *quinicine* et *cinchonicine;* ces alcaloïdes, très-amers et fébrifuges, s'obtiennent aussi par un traitement analogue sur la quinine et la cinchonine, de telle manière que « des quatre bases principales renfermées dans les quinquinas : quinine, quinidine, cinchonine, cinchonidine, les deux premières peuvent être transformées, poids par poids, en une nouvelle base, la quinicine, ce qui prouve qu'elles sont elles-mêmes forcément isomères; et les deux autres, dans les mêmes conditions, se transforment en une seconde base, la cinchonicine, ce qui prouve que de leur côté elles sont elles-mêmes forcément isomères (1). »

5° *Aricine* ou *Cinchovatine.* — Pelletier et Corriol ont donné le nom d'*aricine* à une substance blanche cristallisant en aiguilles rigides comme la cinchonine, et dont le principal caractère est de se colorer fortement en vert par l'action de l'acide nitrique concentré. Cette base a été découverte dans un *quinquina d'Arica.* M. Manzini avait aussi signalé dans le *quinquina de Jaen* un nouvel alcaloïde, qu'il avait nommé *cinchovatine*, mais qui n'est pas autre chose que l'*aricine*, trouvée par M. Bouchardat dans la même écorce.

6° *Acide quinovique.* — Cette substance a été découverte par Pelletier et Caventou dans le *Quinquina nova*, où elle est probablement combinée à la chaux. Elle existe aussi dans certaines écorces très-riches en quinine, le Calisaya et le quinquina rouge, par exemple. Elle est blanche, amorphe, insoluble dans l'eau, soluble dans l'alcool et l'éther. Sa formule est $C^{12}H^9O^3$. L'acétate de plomb, le bichlorure de mercure et les sels de cinchonine forment un précipité dans une dissolution de quinovate de magnésie.

7° *Acide quinique.* — Cet acide, dont la formule est $C^7H^4O^4$ 2HO, existe dans les écorces de quinquina en combinaison avec la quinine, la cinchonine et la chaux.

Les sels qu'il forme avec les deux premières bases sont très-solubles dans l'eau, insolubles dans l'alcool à 36°, mais se dissolvent bien dans l'alcool plus faible.

8° *Rouge cinchonique insoluble.* — Ce corps, obtenu par Schwartz, est inodore, insipide, d'un rouge brunâtre, presque insoluble dans l'eau froide, peu soluble dans l'eau bouillante, davantage dans l'alcool et les alcalis : les acides favorisent sa dissolution dans l'eau. Les solutions alcalines sont d'un rouge intense. Berzélius et Schwartz regardent cette substance comme

---

(1) Pasteur, *ibid*.

le produit de l'oxydation du rouge cinchonique soluble (acide cinchotannique).

9° *Rouge cinchonique soluble (acide cinchotannique).* — Le rouge cinchonique soluble de MM. Pelletier et Caventou est une espèce d'acide tannique différant de celui de la noix de galle en ce qu'il forme un précipité vert avec les sels de sesquioxyde de fer, et en ce que, sous l'influence des alcalis, il absorbe très-facilement l'oxygène de l'air. Ses sels sont plus solubles que les tannates ordinaires.

10° *Huile volatile de quinquina.* — Cette huile, préparée d'abord par Fabroni, puis par Tromsdorf, s'obtient en distillant une solution de quinquina dans l'eau. L'huile vient flotter à la surface du liquide distillé; elle est butyreuse et a l'odeur particulière de l'écorce (1).

Ces divers produits sont loin d'avoir la même importance pour la pharmacie; les seuls auxquels on ait attribué quelque valeur thérapeutique sont : la quinine, la cinchonine, la quinidine, la cinchonidine et les principaux sels de ces bases, enfin l'acide cinchotannique et le rouge de quinquina.

La quinine est trop connue comme fébrifuge pour que nous insistions sur ses propriétés; ses sels et particulièrement le sulfate sont employés journellement à ce titre.

La cinchonine et ses combinaisons salines paraissent aussi douées des mêmes vertus, mais à un moindre degré; les doses de cette substance doivent être deux fois plus fortes que celles de la quinine.

Les propriétés de la quinidine sont beaucoup plus sujettes à discussion. Les inductions tirées *à priori* des rapports de cette base avec la quinine ne peuvent suffire à établir sa réputation. Il faut pour cela que l'expérience décide dans le même sens. Or les observations qui semblent indiquer son efficacité contre les fièvres intermittentes sont encore trop isolées pour qu'il soit permis d'en rien conclure de définitif. Pereira (2) dit avoir administré cet alcaloïde dans un hôpital de Londres, avec le même succès que le sulfate de quinine. M. Rampon m'assure, dans les notes qu'il a bien voulu me transmettre, que la quinidine est aussi efficace que sa congénère. « Pendant notre séjour dans la Nouvelle-Grenade, nous avons, dit-il, très-souvent employé l'écorce de ce quinquina (quinquina à quinidine, quinquina rouge et rosé de Mutis, d'après Delondre et Bouchardat) contre toute espèce de fièvres d'accès, toujours avec un

---

(1) Pereira, *Materia medica*, p. 1651.
(2) Id., *ibid.*, p. 1666.

plein succès, et quelquefois dans des cas où le sulfate de quinine pur avait échoué (1). »

Nous devons faire les mêmes réserves pour la cinchonidine, qui compte également quelques observations en faveur de son efficacité. Ce qu'il y a surtout de bien remarquable, c'est qu'elle existe en abondance dans l'écorce qu'on suppose avoir guéri la comtesse d'El Chinchon ; la cure qui avait fait la réputation du quinquina devrait donc lui être en grande partie attribuée. M. Howard (2), qui fait cette curieuse observation, croit pouvoir assigner à l'action du même alcaloïde un très-grand nombre de guérisons de fièvres intermittentes, traitées par le docteur Cullen à l'hôpital de Philadelphie.

A côté des principes fébrifuges des alcaloïdes du quinquina, mentionnons les substances astringentes et toniques, qui concourent puissamment aux effets salutaires de l'écorce. Ce sont surtout les deux variétés de l'acide tannique auxquelles on a donné le nom de rouge de quinquina soluble et insoluble. Les effets des acides quinovique et quinique sont très-peu connus. Le premier est un amer qui doit participer des propriétés toniques de la plupart des éléments du quinquina.

Les diverses écorces de quinquina sont loin de contenir ces principes en égales proportions. Les unes sont principalement riches en quinine, d'autres en cinchonine, d'autres enfin en principes astringents ou aromatiques. Ces variations dans la richesse des écorces tiennent à deux circonstances principales : 1° à la valeur de l'espèce botanique qui fournit le quinquina ; 2° aux conditions dans lesquelles ont vécu les individus.

Les espèces qui se rangent autour du *Calisaya* sont généralement regardées comme les plus riches en alcaloïdes ; ce sont principalement des arbres à feuilles lisses, glabres, luisantes, de dimensions moyennes, souvent scrobiculées : les espèces à feuilles grandes et pubescentes se rapportent le plus souvent au type du *Cinchona pubescens*, inférieur au point de vue des produits officinaux.

La structure anatomique des écorces paraît être aussi un indice de leur richesse en quinine ou en cinchonine. C'est du moins ce que semblent prouver les recherches microscopiques de M. Weddell (3), confirmées par celles de M. Phœbus sur les écorces décrites par MM. Delondre et Bouchardat. Les espèces les plus riches en quinine sont celles qui se rapprochent le

---

(1) Rampon, notes inédites.
(2) Howard, *loc. cit.*, Sub. Chahuarguera.
(3) Weddell, *loc. cit.*, 24-25.

plus dans leur structure anatomique du type *Calisaya,* et dont la fracture transversale est par suite courtement fibreuse sur toute son étendue. Les écorces à fracture filandreuse à l'intérieur, subéreuse à la partie externe, répondant par conséquent au type *scrobiculata,* sont moins riches en alcaloïdes ; enfin, les plus pauvres en principes actifs et particulièrement en quinine, sont celles dont la fracture, cellulaire à l'extérieur, ligneuse dans les couches internes, rappelle celle du *C. pubescens.*

Ces faits paraissent actuellement bien établis. Ce qui l'est peut-être moins, c'est le siége des alcaloïdes dans l'écorce. Sur ce point important, deux opinions diamétralement opposées sont en présence.

M. Weddell a résolu la question de la manière suivante : « La quinine a de préférence son siége dans le liber, ou, pour parler plus exactement, dans le tissu cellulaire interposé aux fibres du liber, et la cinchonine occupe plus particulièrement celui qui constitue la tunique ou enveloppe cellulaire proprement dite (1). » Cette assertion repose sur ce que les écorces les plus riches en quinine sont celles qui ne contiennent que les couches du liber, tandis que celles où prédomine l'enveloppe cellulaire contiennent surtout de la cinchonine. Cette opinion a été adoptée et soutenue par plusieurs auteurs, et entre autres par M. Karsten (2). Des expériences directes semblent cependant la contredire ou lui enlever du moins le caractère de généralité qui lui est attribué. C'est M. Howard (3) qui a entrepris les recherches curieuses que voici :

Une écorce de *Cinchona lancifolia* a été divisée en deux portions : l'une extérieure, contenant la couche cellulaire et quelques fibres corticales ; l'autre intérieure, uniquement formée des couches du liber. L'analyse chimique des deux portions a donné les résultats suivants :

Pour la portion extérieure :

Quinine.................................... 1,18 p. 100.
Cinchonine et cinchonidine................. 1,02
Total.................... 2,20

Pour la portion intérieure :

Quinine.................................... 0
Cinchonine et cinchonidine................. 0,93
Total.................... 0,93

(1) Weddell, *ibid.*
(2) Karsten, *Mémoire sur les écorces officinales de la Nouvelle-Grenade.*
(3) Howard, *Microscopicals observations,* p. 4-5.

Cette expérience, dont les conséquences sont tout à fait contraires aux idées de MM. Weddell et Karsten, s'est trouvée confirmée par une autre, faite sur les écorces de la même espèce.

Les écorces toutes jeunes, qui ne contiennent guère que l'enveloppe cellulaire, ont donné :

Quinine..	1,07 p. 100.
Cinchonine et cinchonidine.................	0,88
Total.....................	1,95

Les morceaux enroulés, d'un quart de pouce de diamètre :

Quinine..	1
Cinchonine et cinchonidine.................	0,90
Total.....................	1,90

Ceux d'un demi-pouce de diamètre, avec un liber très-développé :

Quinine..	0,71
Cinchonine et cinchonidine.................	1,03
Total.....................	1,74

Les mêmes expériences faites avec le quinquina rouge ont donné des résultats analogues.

Une circonstance que les derniers voyageurs ont surtout remarquée, pouvoit du reste faire prévoir une pareille solution du problème. Les conditions climatériques qui paraissent les plus favorables à la production des alcaloïdes sont les plus contraires au développement des fibres corticales. Les troncs qui ont prospéré dans les vallées chaudes des Andes, sont remarquables par la prédominance de leurs fibres sur les autres tissus : ils renferment peu de principes actifs. Les individus de la même espèce, sous l'influence des froids tempérés des hauteurs, deviennent au contraire riches en alcaloïdes, tandis que le tissu du liber cède la place aux zones cellulaires.

Cette influence de l'exposition et de la hauteur sur la richesse des écorces paraît bien constatée (1) pour plusieurs espèces, les *C. lancifolia*, *C. Pitayensis*, *C. succirubra*, etc., etc., et il est probable que les observations ultérieures ne feront que confirmer et étendre les résultats de ces premières recherches.

§ IV. COMMERCE DES QUINQUINAS. — Le quinquina est l'un des articles les plus importants du commerce de l'Amérique tropi-

---

(1) Voir Howard, *ibid.*, et *passim*.

cale. Le seul État de la Bolivie a donné, d'après M. Weddell (1), trois millions de livres d'écorce en deux ans (1850-1851), malgré les restrictions apportées à la récolte par le gouvernement; les autres régions cinchonifères ne sont pas moins productives.

Comment cette écorce est-elle récoltée? Quelles préparations subit-elle après sa séparation de l'arbre? Par quelles voies arrive-t-elle jusqu'à nous? Ce sont tout autant de questions intéressantes qui méritent de nous arrêter quelques instants.

Rien n'est plus curieux que la récolte des quinquinas, telle que nous l'a dépeinte M. Weddell. Les difficultés de tous genres que rencontrent les *cascarilleros* à la recherche de ces espèces précieuses, sont au-dessus de toute idée, et elles font de cette première partie de l'opération commerciale le privilége presque exclusif des indigènes. Les quinquinas vivent rarement en groupe, le plus souvent ils se trouvent isolés au milieu des forêts vierges : leurs troncs, chargés de lianes ou entourés d'une végétation luxuriante, échappent facilement à l'œil. Il faut, pour reconnnaître leur présence, savoir profiter du plus léger indice. « Souvent les feuilles sèches que rencontre le cascarillero, en regardant à terre, suffisent pour lui signaler le voisinage de l'objet de ses recherches, et, si c'est le vent qui les a amenées, il saura de quel côté elles sont venues. Un Indien est intéressant à considérer dans un moment semblable, allant et venant dans les étroites percées de la forêt, dardant la vue au travers du feuillage ou semblant flairer le terrain sur lequel il marche, comme un animal qui poursuit une proie, se précipitant enfin tout à coup, lorsqu'il a cru reconnaître la forme qu'il guettait, pour ne s'arrêter qu'au pied du tronc, dont il avait deviné pour ainsi dire la présence. Il s'en faut de beaucoup cependant que les recherches du cascarillero soient toujours suivies d'un résultat favorable; trop souvent il revient au camp les mains vides et ses provisions épuisées ; et que de fois, lorsqu'il a découvert sur le flanc de la montagne l'indice de l'arbre, ne s'en trouve-t-il pas séparé par un torrent ou par un abîme ! Des journées peuvent alors se passer avant qu'il atteigne un objet que, pendant tout ce temps, il n'a, pour ainsi dire, pas perdu de vue (2). »

Arrivé au pied de l'arbre, le *cascarillero* le coupe aussi près que possible de la racine ; il le débarrasse ensuite des arbres voisins qui le soutiennent, ou des lianes qui l'entourent. Alors seulement le tronc et les branches principales sont accessibles, et la décortication peut commencer. L'écorce, débarrassée du

---

(1) Weddel, *Voyage dans la Bolivie*. Paris, 1849, in-8.
(2) Weddell, *Hist. nat. des quinquinas*, p. 10.

périderme par un massage préalable, est profondément incisée jusqu'au contact des couches ligneuses; des lignes longitudinales circonscrivent de longues planchettes rectangulaires ; le couteau pénètre ensuite dans la couche génératrice et sépare peu à peu l'écorce des parties profondes. La même opération est répétée sur les branches et sur les rameaux, avec la seule différence que le périderme est conservé dans ces portions plus jeunes de la plante.

Les écorces doivent ensuite être séchées, et c'est un des points importants de leur traitement; car leur qualité peut varier du tout au tout, suivant le soin qu'on aura mis à cette opération. Les grosses écorces doivent rester plates, et, pour leur conserver cette forme, « après une première exposition au soleil, on les dispose les unes sur les autres en carrés croisés, comme sont disposées les planches dans quelques chantiers, et, sur la pile quadrangulaire ainsi composée, on charge quelque corps pesant. Le lendemain, les écorces sont remises pendant quelque temps au soleil, puis de nouveau rétablies en presse, et ainsi de suite; on laisse enfin se terminer le dessèchement dans ce dernier état (1). » Ce sont les écorces en *plancha* ou *tabla*. Les écorces des jeunes branches (*canutos* ou *canutillos*) sont en cylindres creux, et elles prennent d'elles-mêmes cette forme par la simple exposition au soleil.

Toutes ces opérations terminées, il reste encore au *cascarillero* la tâche la plus difficile : il doit transporter lui-même son fardeau à travers les sentiers de la forêt que, libre, il a déjà eu tant de peine à parcourir. « Il y a tel district où il faut que le quinquina soit porté de la sorte pendant quinze ou vingt jours avant de sortir des bois qui l'ont produit (2). »

Le *cascarillero* est d'ordinaire au service d'une compagnie, et il rapporte son butin à un *majordome* chargé de veiller à la récolte. Ce dernier s'établit au voisinage de la forêt et reçoit les écorces qui lui arrivent de divers côtés. Il les choisit et en fait des espèces de bottes, enveloppées et cousues dans un gros canevas de laine, qu'il expédie à dos d'homme ou de mulet dans les dépôts voisins. Les écorces sont alors emballées dans des caisses, ou enveloppées d'un cuir frais qui se dessèche sur elles; ces derniers ballots portent le nom de *surons* et *serons*. C'est sous ces deux formes que sont expédiés les quinquinas par les différents ports du Pacifique ou de l'Atlantique.

Le centre le plus ancien d'exploitation est sans contredit celui

---

(1) Weddell, *Hist. nat. des quinquinas*.
(2) Weddell, *ibid.*

de Loxa, dans la république de l'Équateur. C'est de cette localité que provenait probablement le quinquina qui guérit la comtesse d'El Chinchon; c'est là que La Condamine rechercha la première espèce de Cinchona, et déjà à cette époque elle y était devenue rare. Des écorces d'apparences diverses en ont été successivement exportées : la forme primitive (*old crown bark*) a été depuis longtemps remplacée dans le commerce par des formes très-voisines, désignées sous le même nom générique, et qui appartiennent comme elles à la classe des quinquinas à base de cinchonine. Toutes nous arrivent d'ordinaire par le port de Payta, soit en caisses, soit en surons.

C'est dans le même port que s'embarquent les quinquinas de Jaen, bien moins célèbres que les précédents et dont l'époque d'introduction dans le commerce est très-incertaine. Jaen est de la même zone à quinquina que Loxa et relativement peu éloigné de cette localité.

La région voisine du Chimborazo, qui s'étend sur le revers oriental de la chaîne maritime depuis cette haute montagne jusqu'à l'Assuay, est la patrie du quinquina rouge, si apprécié de nos jours par sa richesse en principes actifs. L'arbre provenant de ce district était probablement exploité dès la seconde moitié du xviiie siècle. En 1779, le commerce en reçut des écorces pour la première fois. Leur aspect tout nouveau inspira d'abord de la méfiance; mais bientôt les négociants anglais en apprécièrent toute la valeur, et dès lors les demandes ont été toujours en augmentant. Les quinquinas de cette espèce arrivent par la voie de Guayaquil en caisses et en surons; leur exploitation paraît relativement bornée, à en juger par la rareté des écorces et leur prix excessif.

Jusqu'en 1776, les quinquinas de l'Équateur furent les seuls répandus dans le commerce. Mais, à cette époque, don Francisco Renquifo découvrit de nouvelles espèces à Cuchero et à Huanuco, dans le bas Pérou, et cette partie des possessions espagnoles commença dès lors à fournir son contingent à la médecine. Les écorces connues sous le nom de quinquina gris de Lima ou de quinquina de Huanuco, se répandirent surtout vers 1785 et furent en grande réputation jusqu'en 1815. Depuis lors, elles n'arrivent que rarement dans le commerce, et le district de Huanuco produit principalement des écorces plates sans épiderme, qui rentrent dans la catégorie des quinquinas jaunes. Callao, port de Lima, a toujours été le point d'embarcation de ces produits péruviens.

En même temps que le Pérou, la Nouvelle-Grenade offrait au gouvernement espagnol de nouvelles richesses. Au milieu d'écorces très-inférieures en qualité, ce pays envoyait à la métropole des quinquinas jaunes dont la valeur ne saurait être aujourd'hui contestée ; mais diverses causes, et probablement la juste défaveur jetée sur quelques produits provenus de la même source, discréditèrent ces espèces et les firent rejeter du commerce espagnol. Les Anglais, les Allemands, les Italiens en firent plus de cas, et, depuis vingt ans environ, « ces quinquinas ont acquis une telle vogue, qu'ils entrent aujourd'hui pour plus de moitié dans la consommation générale, et que leurs prix rivalisent avec ceux des Calisaya et leur sont même supérieurs.

« Leurs principaux marchés sont Londres, Paris et New-York. Ils sont surtout appliqués à la fabrication du sulfate de quinine, et l'on ne saurait en évaluer en moyenne à moins de 12,000 balles l'exportation annuelle.

« Ils viennent en général en sacs de cuir connus sous le nom de *surons* ou *serons*, du poids de 50 à 60 kilogrammes, quelquefois en sacs de grosse toile d'aloès, jamais en caisses.

« Les principaux ports d'exportation sont Sainte-Marthe ou Savanilla, plus rarement Carthagène sur la mer des Antilles, et Buenaventura sur le Pacifique (1). »

Vers la fin du dernier siècle s'ouvrait également au commerce européen un centre important d'exploitation. Les forêts de la Bolivie fournissaient une écorce d'une valeur supérieure, longtemps méconnue à cause de l'engouement général pour les écorces de Loxa et du Pérou; mais qui devait cependant se faire une des premières places parmi les produits de l'Amérique méridionale. C'était le quinquina Calisaya, dont la concurrence devint redoutable pour les autres espèces, quand l'analyse chimique eut démontré, en 1820, qu'il l'emportait sur toutes en principes actifs. Dès lors, les *cascarilleros* se répandirent dans les forêts de la Bolivie, et menacèrent par leurs exploitations de faire disparaître tous les *C. Calisaya*. Le gouvernement dut prendre des mesures, régler la coupe des arbres, et finalement monopoliser la récolte, en traitant directement avec une compagnie, seule autorisée à l'exploitation. C'est par cet intermédiaire que les écorces arrivent en Europe. Elles sont en *surons* et s'embarquent à Arica, sur la côte du Pérou. Une tentative récente, faite par M. Rada, permet d'espérer que ces quinquinas si importants

---

(1) Rampon, notes inédites. (Les notes inédites que M. Rampon avait bien voulu nous fournir en 1864 pour notre travail sur les Quinquinas, ont été reprises avec de nouveaux développements dans l'*Annuaire de thérapeutique* de M. Bouchardat pour l'année 1866.)

pourront nous arriver plus facilement et à moins de frais par la voie de l'Amazone et de ses affluents (1).

A part ces produits importants, il s'en est introduit dans le commerce un grand nombre de qualités inférieures, exportés quelquefois comme espèces distinctes, mais le plus souvent mêlés aux écorces actives. Tels sont par exemple les quinquinas Huamalies, arrivant d'ordinaire avec les quinquinas gris, depuis la fin du dix-huitième siècle ou le commencement du dix-neuvième; les écorces de Cuzco, qui ont paru en 1829 à la fois à Bordeaux, à Hambourg et en Angleterre, et qui servent trop souvent aujourd'hui à falsifier le quinquina Calisaya; enfin le quinquina de Maracaybo, qui ne contient que très-peu d'alcaloïdes, et se trouve probablement depuis une vingtaine d'années dans le commerce européen.

§ V. INTRODUCTION DES QUINQUINAS A JAVA ET DANS LES INDES ANGLAISES (2). — A côté de ces centres d'exploitation qui s'épuisent à fournir l'Europe de quinquinas, nous pouvons heureusement signaler un certain nombre de points où, grâce à la prévoyance de gouvernements éclairés, sont établies ces espèces précieuses, et où elles ont toutes chances de se multiplier toujours davantage. La Hollande, d'une part, l'Angleterre, de l'autre, ont la gloire de cette grande entreprise, que la France, à la sollicitation de M. Weddell, avait tentée la première, et dont elle a fourni aux autres puissances les premiers matériaux. C'est en effet des serres du muséum, et des graines apportées par M. Weddell, que sont sortis les premiers plants de Cinchonas qui ont été plantés comme essai dans les Indes hollandaise et anglaise (3).

Le gouvernement hollandais a le premier mis sérieusement la main à l'œuvre. En 1852, le ministre des Colonies proposa lui-même la culture des quinquinas dans l'île de Java, et sa proposition fut approuvée. M. Charles Hasskarl, antérieurement attaché au Jardin de Buitenzorg, à Java, fut chargé de cette mission difficile. Il partit presque aussitôt pour Lima, traversa les deux Cordillères, et arriva dans la province de Jauja; mais ce fut surtout vers le district de Carabaya qu'il poussa ses investigations. Il fit dans cette province une provision de jeunes plants de Calisaya, et, après les

---

(1) Voir Howard, *Journal of botany british and foreign*, n° LXXI, novembre 1868, p. 323.

(2) Nous engageons toutes les personnes qui désireraient avoir sur ce sujet des détails plus nombreux que ceux que nous pouvons donner ici à lire l'intéressant rapport de MM. Léon Soubeiran et Augustin Delondre : *De l'introduction et de l'acclimatation des Cinchonas dans les Indes Néerlandaises et dans les Indes Britanniques* (**Bulletin de la Société impériale d'acclimatation**, années 1867-1868).

(3) Voir Weddell, *sur la culture des quinquinas* (actes du congrès international de botanique, 1867).

avoir soigneusement empaquetés, de façon à les garantir à la fois des froids excessifs des hautes régions et de la chaleur tropicale de la plaine, il retourna vers la côte, chargé de ce riche butin. Une frégate l'attendait au port d'Islay, sur laquelle étaient préparées des caisses à la Ward. Grâce à ces précautions, les quinquinas arrivèrent à Batavia en décembre 1854, sans avoir trop souffert de leur trajet. Une forêt de *Liquidambar Altingiana* avait été détruite pour leur faire place, et c'est sur ce nouveau sol, à cent milles environ de Batavia, qu'ils furent d'abord transplantés. On s'aperçut bientôt que cette position ne leur convenait guère. Le niveau était trop peu élevé, et par suite les chaleurs trop fortes pour les quinquinas. Un champignon (espèce de *Rhizomorpha*) se développait entre l'écorce et le bois et menaçait de compromettre tous les plants ; un ennemi d'un autre genre, un insecte du genre *Dermestes* ou un *Bostrischus* attaquait profondément le bois, de telle sorte que toute la récolte du docteur Hasskarl aurait été bientôt perdue si l'on n'avait changé les conditions d'existence des jeunes arbres, en les transportant dans un endroit plus frais et plus élevé.

Deux espèces, de valeur très-inégale, formaient le fond de cette récolte : le *C. Calisaya*, et une espèce nouvelle décrite par M. Howard sous le nom de *Pahudiana*, pauvre en principes actifs. C'est cette dernière qui s'est le mieux trouvée des conditions climatériques de Java. En 1859 elle ne comptait pas moins de 98,838 pieds jeunes ou déjà en pleine terre de *C. Pahudiana*, et seulement 3,201 *Calisaya*; à ces deux espèces principales, il fallait joindre alors :

C. lanceolata............................... 45 pieds.
C. lancifolia............................... 35
C. succirubra.............................. 14

Depuis lors, le nombre des pieds a considérablement augmenté : à la fin de 1867, on comptait dans l'île de Java :

C. Calisaya............................... 397,699
C. lancifolia.............................. 0,617
C. succirubra............................. 3,269
C. Condaminea............................ 15,418
C. micrantha.............................. 78

Total............................ 417,081

et un nombre de *C. Pahudiana*, ne pouvant plus être donné même approximativement.

En Angleterre, le docteur Royle avait depuis 1839 émis l'idée de pareilles introductions dans les montagnes des Indes, et avec une persévérance louable il revint à la charge en 1852 en même temps que le docteur Falconer ; il obtint enfin que les consuls anglais de l'Amérique méridionale fussent chargés de recueillir des graines de Cinchona destinées à la culture. Quelques plantes de l'Équateur furent seules expédiées par cette voie, et elles étaient mortes à leur arrivée en Angleterre.

Après un pareil insuccès, il fallait prendre des mesures plus sérieuses. M. Markham offrait en 1859 de recueillir lui-même des graines et des jeunes plants en vue de leur introduction dans l'Inde. Personne n'était mieux qualifié que lui pour une pareille entreprise : il connaissait les forêts du Pérou et les frontières de la Bolivie ; il parlait la langue des indigènes ; il était enfin en rapport avec la plupart des autorités de ces régions. Le gouvernement anglais accepta ses services, et il partit immédiatement d'Angleterre pour sa mission. Au mois de mars 1860, il quittait Arequipa, accompagné seulement d'un jardinier et d'un homme de peine, et après un voyage des plus difficiles à travers les deux Cordillères, il arrivait le 20 avril à Sandia.

Cette région devait lui être favorable ; elle lui offrit dans un magnifique site de beaux pieds de Calisaya tout jeunes, de telle sorte que, vingt jours après, il avait une provision d'arbres suffisante, et pouvait reprendre le chemin de la côte. Il emportait avec lui, soigneusement empaquetés, 529 jeunes arbres, sur lesquels près de 500 Calisayas. A la fin de mai, toutes ces plantes étaient placcées dans des boîtes à la Ward et expédiées en Angleterre. Par malheur elles furent compromises par un trop long trajet, et arrivèrent mourantes à Bombay.

Le plan qu'avait proposé M. Markham au gouvernement anglais ne se bornait pas à l'exploitation des provinces péruviennes voisines de la Bolivie ; quatre explorateurs devaient en même temps visiter les principaux districts de la région cinchonifère. Tandis que lui-même allait à la recherche des *C. Calisaya* et *micrantha*, un second voyageur devait parcourir les forêts de Huanuco et de Huamalies, pour se procurer les *C. nitida* et *glandulifera ;* le troisième, prenant pour but le Chimborazo, rechercherait les quinquinas rouges et les variétés du *C. Condaminea ;* enfin, un dernier parcourrait la Nouvelle-Grenade pour en rapporter les espèces intéressantes.

M. Pritchett fut chargé de l'exploration de Huanuco. Il y arriva en mai 1860, et, parcourant tout le district, il se procura de jeunes plants de *C. nitida, C. purpurea, C. ovata, C. micrantha var.* L'envoi de ces plantes dans les Indes par la route de l'Angleterre ne réussit pas mieux que celui de M. Markham ; mais les graines qui furent remises au Jardin d'Ootakamund levèrent parfaitement au printemps suivant. En 1861, elles avaient donné 890 pieds de *C. nitida*, 905 de *C. micrantha*, 40 de *C. peruviana*, et 298 *Cinchona* indéterminés.

Pendant ce temps, le savant voyageur Spruce, chargé d'explorer les régions voisines du Chimborazo, recherchait principalement l'espèce qui produit le *quinquina rouge* (*C. succirubra*). Il arriva au commencement de 1860 dans le district de Huaranda, et put mettre la main sur cette plante précieuse. Plus de 10, 000 graines et 637 jeunes arbres furent envoyés dans les Indes, sous la surveillance de M. Cross; 463 arrivèrent en bon état à leur destination.

Pendant l'année 1861, M. Cross, de retour en Amérique, s'occupa de rechercher les diverses variétés du *C. Condaminea*, et il s'acquitta de cette tâche avec un zèle et une intelligence remarquables. L'année suivante, on le chargeait de parcourir la Nouvelle-Grenade.

Enfin, le gouvernement hollandais voulut bien offrir à l'Angleterre un certain nombre de plants de Calisaya venus à Java. M. Anderson, directeur du jardin de Calcutta, fut chargé d'aller recevoir ce don : il revint de la colonie hollandaise en novembre 1861, avec 412 pieds de *C. Calisaya*, de *C. Pahudiana* et de *C. lancifolia*, et environ 40, 000 graines.

Différentes localités des colonies anglaises reçurent ces graines et ces jeunes plantes. Ce furent d'abord les montagnes de Neilgherries, sur la côte de Malabar. Les graines arrivaient au jardin d'Ootakamund, placé dans le voisinage ; elles y germaient, et donnaient de jeunes plantes qui, après quelque temps, étaient transportées en pleine terre. En 1863, 35,000 pieds avaient pris possession de la montagne et s'y maintenaient à l'air libre. — Plus tard, des envois furent dirigés sur le Bengale, et une nouvelle localité de quinquinas fut établie à Darjeeling, dans le Sikhim britannique, au pied de l'Hymalaya ; en 1862, elle comptait 686 plantes de pleine terre. Enfin, Ceylan eut aussi son contingent de richesses : en 1862, 230 arbres étaient établis dans ses forêts, au voisinage des jardins de Hakgalle et Peradania. On voit que le succès a couronné la persévérance du gouvernement anglais. Les quinquinas semblent prospérer dans leur nouvelle patrie, et l'on ne néglige aucun des nombreux moyens de multiplication qu'ils présentent ; les marcottes, les boutures réussissent parfaitement chez ces arbres, et de nombreuses graines en germination assurent l'avenir de cette belle entreprise.

A la fin 1866, il n'y avait pas moins de 1,500,000 plants de cinchonas sur les collines des Neilgherries ; et l'on pouvait évaluer à 2,500,000 le nombre de pieds des diverses plantations des Indes Anglaises. En outre, de jeunes plants avaient été distribués à des particuliers, qui se livrent à leur culture : on évaluait alors à 300,000 le nombre qui était sorti des pépinières du gouvernement.

D'autres résultats d'un autre ordre ont été obtenus. En transportant les *Cinchonas* de leur région naturelle dans des contrées toutes nouvelles pour eux, on pouvait craindre qu'ils ne subissent un appauvrissement dans leurs principes actifs. L'expérience a démontré qu'il n'en est rien et que les nouveaux plants renferment au moins autant d'alcaloïdes que les mêmes espèces dans leur patrie primitive. En outre, des procédés particuliers ont permis d'augmenter considérablement les proportions de ces alcaloïdes. L'habile directeur des plantations de Neilgherries, Mac-Yvor a eu l'idée de recouvrir de mousse les troncs des Cinchonas cultivés, et, par cette simple opération, il a obtenu des résultats auxquels on était loin de s'attendre. Les espèces déjà riches en alcaloïdes ont presque doublé de valeur : c'est ainsi que M. Brougthon a pu constater dans une écorce de *C. officinalis Bomplandiana*, renouvelée sous la mousse, une quantité totale d'alcaloïdes de 6,8 p. 100, tandis que la même écorce non couverte de mousse ne donnait que 3,7 p. 100. Quant aux espèces pauvres, comme le *C. Pahudiana*, elles se sont sensiblement améliorées et M. Howard a pu retirer de cette écorce, regardée comme sans valeur dans les conditions ordinaires, 2,21 p. 100 d'alcaloïdes, dus presque uniquement à l'influence du moussage. Aussi cette méthode est-elle maintenant généralement appliquée, dans toutes les plantations des Indes anglaises, et va-t-elle être étendue à celle de Java.

L'écorce de la tige n'est pas la seule à contenir des principes actifs ; celle de la racine est même en général plus riche : M. de Vrij, qui a rendu tant de services en analysant les produits des plantations hollandaises, a présenté récemment à la Société de Pharmacie de Paris des échantillons d'écorce de jeunes racines qui lui ont donné, ainsi qu'à M. Howard, l'énorme proportion de 12 p. 100 d'alcaloïdes, et il a émis l'idée qu'il y aurait peut-être avantage, surtout pour l'industrie particulière, à cultiver les cinchonas à la façon de la garance, c'est-à-dire à les laisser pousser deux ou trois ans seulement, et à retirer alors de leurs racines les quantités d'alcaloïdes qu'elles contiennent (1).

La Jamaïque, la Trinité, l'île de la Réunion, etc., possèdent également quelques plantations de quinquinas.

---

(1) Séance du 4 novembre 1868.

L'Algérie nous offrira-t-elle un jour les mêmes avantages? Jusqu'ici, les quelques tentatives qu'on a faites n'ont abouti à aucun résultat satisfaisant ; mais il ne faut peut-être pas désespérer de rencontrer dans la chaîne de l'Atlas quelques localités favorables au dévoloppement des *Cinchonas*.

II. ÉTUDE DES ESPÈCES DE QUINQUINAS.

Comme nous l'avons déjà dit, nous suivrons dans cette étude la série naturelle des espèces de *Cinchona*, traitant des écorces commerciales à propos des arbres qui les fournissent. Un tableau final permettra de retrouver facilement les quinquinas du commerce sous leur nom usuel. Autant qu'il nous sera possible, nous ne nous bornerons pas aux caractères extérieurs de l'écorce, nous indiquerons ses principaux caractères anatomiques et sa richesse en principes actifs. Un mot sur l'histoire commerciale terminera chaque article.

I. Cinchona Calisaya, Wedd.

(Weddell, *Ann. sc. nat.*, X, 6, et *Hist. nat. quinquin.*, pag. 30, tab. III et IV.)

C. à feuilles oblongues ou obovales lancéolées, obtuses ou aiguës, luisantes, quelquefois pubescentes à la face inférieure, scrobiculées ; capsule ovale, arrondie à la base (*fig.* 600).

Var. α, Calisaya vera, arbres à feuilles ovales ou obovales lancéolées, obtuses.

Var. β, Josephiana, arbrisseaux à feuilles oblongues, aiguës.

Var. γ, Morada ; feuilles oblongues, elliptiques ou obovales, obtuses, en coin à la base, glabres ou pubescentes à la face inférieure et de couleur rougeâtre ; capsules ovales ; arrondies à la base.

Hab. Provinces septentrionales de la Bolivie ; province péruvienne de Carabaya, à 1,500-1,800 mètres d'altitude, entre les 13° et 16° degrés de lat. austr.

Quinquinas Calisaya. — La variété α produit le quinquina Calisaya du commerce ; la variété β donne le quinquina nommé par les indigènes *Ichu-Cascarilla ;* on utilise aussi l'écorce de sa racine.

A. *Quinquina Calisaya* (1). — Ce quinquina se présente sous deux formes : *quinquina plat, quinquina roulé.*

---

(1) *Quinquina Calisaya*, dit aussi *jaune royal* (Guib., *loc. cit.*, 131). — *Quinquina Calisaya plat sans épiderme et roulé avec épiderme* (Del. et Bouchard., *loc. cit.*, pag. 23-25, pl. I). — *Calisaya de Plancha* (Laub., *Bull. pharm.*, 302).

1° *Calisaya plat* (*fig.* 601).—Écorces plates de 10 à 15 millimètres d'épaisseur, très-denses, le plus souvent sans périderme. *Surface extérieure* présentant de nombreux sillons longitudinaux à fond

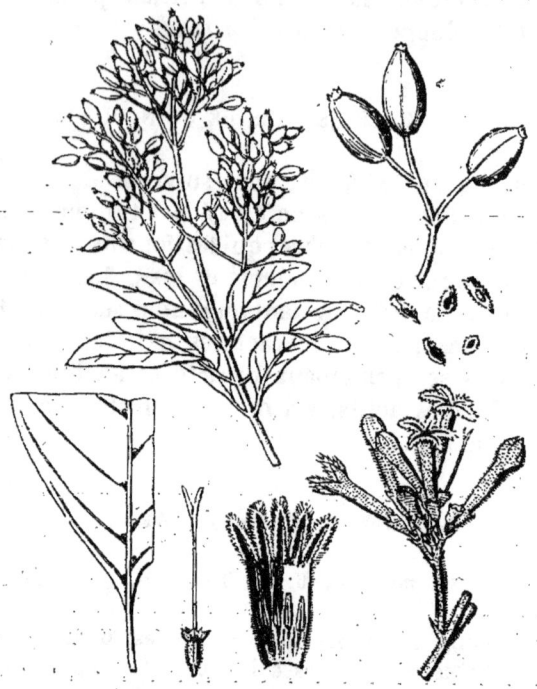

Fig. 600. — Cinchona Calisaya.

fibreux, séparés par des crêtes saillantes. Couleur jaune fauve brunâtre. *Surface interne* fibreuse, à grain souvent ondulé, jaune fauve ou orangée. *Fracture transversale* constamment fibreuse et produisant une poussière fine de fibres microscopiques, prurientes. Saveur franchement amère.

La forme de Calisaya que nous venons de décrire porte dans le pays les noms de *Calisaya dorada, anaranjada, amarilla*. Une seconde variété, d'un noir vineux, est le *Calisaya zamba, Calisaya negra* des indigènes. Une troisième, très-pâle, a reçu le nom de *Calisaya blanca*. Depuis la publication de son *Histoire naturelle des quinquinas*, et à la suite d'un second voyage en Bolivie, M. Weddell a signalé l'existence de nombreuses variétés autres que les précédentes. M. Markham a particulièrement mentionné un *Calisaya* appelé *verde* par les habitants de la province de Carabaya, et qui présente des caractères assez particuliers.

— *China-regia* (Bergen). — *China-regia, Cortex Chinæ regius, s. flavus, s. luteus, China Calisaya* (Göbel et Kunze, *loc. cit.*, pag. 49, tab. VIII). — *Royal or Genuine Yellow Bark* (Pereira, *Mat. med.*, pag. 1621).

Examen microscopique. — Nous avons déjà indiqué les principaux traits de la structure anatomique du *Cinchona Calisaya*, nous les résumons en deux mots : trame homogène sur toute la coupe transversale, fibres corticales uniformément réparties, courtes et lâchement unies entre elles (1).

Richesse en alcaloïdes. — D'après Delondre et Bouchardat, la moyenne serait de 30 à 32 grammes de sulfate de quinine et 6 à 8 grammes de sulfate de cinchonine par kilogramme. Quelques variétés, et particulièrement le *Calisaya zamba*, ont jusqu'à deux fois plus de principes actifs.

2° *Calisaya roulé.* — *Périderme* épais, marqué de scissures annulaires profondes, assez régulièrement espacées et de crevasses longitudinales et transversales. *Derme* lisse ou marqué de légères impressions annulaires; couleur fauve ou violacée. *Face interne* finement fibreuse, jaune fauve. *Fracture transversale* largement résineuse au dehors, constamment fibreuse au dedans.

Richesse en alcaloïdes. — 15 à 20 gram. de sulfate de quinine, 8 à 10 de sulfate de cinchonine par kilogr.

Commerce. — Les quinquinas Calisaya de Bolivie sont monopolisés entre les mains d'une compagnie qui n'en exporte pas moins de 200,000 kilogrammes par an. Ils nous arrivent par le port d'Arica. Ils sont souvent mélangés de qualités inférieures, provenant d'autres espèces botaniques : *C. ovata*, var. *rufinervis*, et *C. scrobiculata*. Ils s'en distinguent par leur grande densité, la profondeur des sillons de la surface extérieure, ainsi que par la saillie de ses crêtes.

Propriétés. — Éminemment fébrifuge, le quinquina Calisaya n'a que très-peu de principes astringents.

B. QUINQUINA CALISAYA, *var.* JOSEPHIANA (2). Cette écorce es rare dans le commerce, quoique employée dans la médecine indigène. Son périderme est, d'après M. Weddell, d'un brun ou d'un gris noirâtre ardoisé, sur lequel se détachent avec beaucoup d'élégance les lichens pâles qui le recouvrent; comme cette écorce est très-adhérente au bois, elle ne s'en sépare qu'imparfaitement et sa surface intérieure est souvent déchirée.

On se sert aussi au Pérou d'une écorce formée par les grosses racines ou la souche du *Calisaya Josephiana*, qui semble donner un produit assez riche. « Elle est en morceaux courts, aplatis, ondulés, ou plus ou moins contournés, dépourvus de périderme, à surface interne fibreuse ou presque lisse ; très-légèrement celluleux extérieurement, d'un jaune ocracé uniforme et d'une

---

(1) Voir les figures de M. Weddell, *Hist. nat. des quinq.*, tab. II, fig. 30, 33 et 36; et Berg et Schmidt, tab. XV. b, fig. A-C.

(2) *Ichu-Cascarilla* des indigènes (cascarilla des prés).

amertume franche, mais moins forte que dans le bon Calisaya, dont il présente d'ailleurs les caractères de structure intérieure (1). » Cette écorce a été importée en Europe, et a donné à l'analyse une petite quantité de quinine, 8 pour 1000 (2).

C. *Quinquina Calisaya morada* (3). — M. Weddell décrit de la manière suivante l'écorce du *Quinquina boliviana*.

1° *Quinquina roulé.* — « En tout semblable au Calisaya. »

2° *Quinquina plat.* — « Formé par le liber seul, moins épais en général que le Calisaya, mais d'une égale densité. Sillons digitaux de la face extérieure moins profonds que dans l'espèce que je viens de nommer; un peu plus confluents, et les crêtes qui les séparent plus arrondies; d'un jaune fauve brunâtre, avec des nuances un peu verdâtres dans quelques points. Surface interne d'un grain assez droit, d'un fauve un peu orangé ou rougeâtre. »

Sous le nom de *Calisaya pallida* (*Cinchona boliviana*, Wedd.), M. Howard a envoyé à l'École de pharmacie de Montpellier une écorce qui répond bien à la description précédente, sauf la couleur plus pâle. C'est probablement de cette variété qu'il est question dans la note déjà citée du *Bulletin de la Société botanique* : elle contient, d'après M. Weddell, seulement 1,60 p. 100 de quinine pure.

L'écorce du *C. boliviana* est l'une des espèces données dans le commerce comme Calisaya, et ses propriétés paraissent justifier cette dénomination : elle la mérite en tout cas beaucoup plus que les autres écorces, qui sont mêlées comme elle au véritable Calisaya.

II. Cinchona officinalis. L. (4).

(Lin., *Syst.* Edit. X, pag. 929.)

C. à feuilles lancéolées, ovales ou arrondies, glabres et luisantes à la face supérieure, le plus souvent scrobiculées; capsule oblongue ou lancéolée, beaucoup plus longue que large.

(1) Weddel, *loc. cit.*, 35.
(2) Voir *Bulletin de la Société botanique de France*, tom. II, pag. 509.
(3) *Quinquina boliviana*, Wedd., Hist. nat. Quinq., pag. 51, pl. XXX, fig. 24-57. — *Calisaya morada* des Boliviens, *Verde morada* des Péruviens, l'un des *Calisayas légers* du commerce (Guib., pag. 138). — *Bark of the Mulberry coloured Calisaya*, Pereira, Mat. méd., 16.
(4) Sous le nom de *C. Condaminea*, De Humboldt et Bonpland ont décrit deux plantes différentes, l'une (*Plant. équin.*, I, 37, tab. X, fig. en fleur) se rapportant au vrai quinquina de la Condamine (*C. Academica* de Guib.), l'autre (même pl. échant. en fruit) appartenant au *C. pitayensis*. Nous avons cru bien faire de ne pas conserver à l'espèce de la Condamine son nom de *Condaminea* et, à l'exemple de MM. Hooker, Triana, etc., lui restituer son nom primitif *C. officinalis*, en en établissant la synonymie de la manière suivante : *C. condaminea*, H. et B.,

QUINQUINA OFFICINALIS. — Les produits du *Cinchona officinalis* sont nombreux et la plupart très-importants. Pour les étudier en

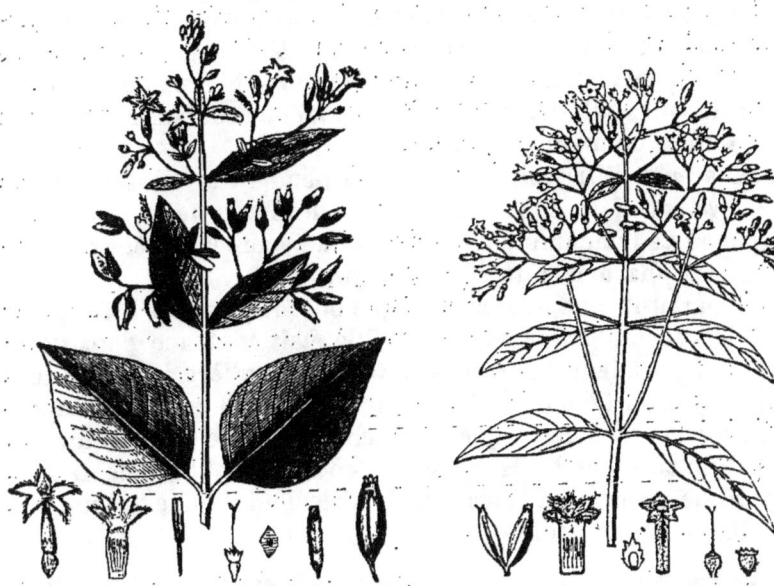

Fig. 601. — *Cinchona officinalis Uritusinga*.

Fig. 602. — *Cinchona officinalis Chahuarguera*.

détail, nous passerons successivement en revue les écorces fournies par les diverses formes végétales énumérées ci-dessus.

A. *Quinquina Uritusinga* (*fig.* 601) (1). — On rapporte généralement à l'Uritusinga de Pavon, l'écorce primitive de Loxa, celle qui a eu longtemps le plus de réputation, mais qui ne se trouve dans le commerce qu'exceptionnellement.

Elle se distingue, d'après Göbel et Kunze, des quinquinas gris de Loxa du commerce, par la couleur plus brune de sa surface extérieure, ses verrues subéreuses, ses fissures transversales peu

(*Plant. équin.*, I, 37, tab. X, excl. fig. spec. fruct.); — Weddel., *Hist. des quinquinas* (excl. fig. spec. fruct.); *Cinchona academica* (Guib., *Hist. des Drogues*). *C. Uritusinga, violacea, obtusifolia, Palton, Chahuarguera, macrocalyx* (ad. Quinol. et herb. Boissier); *C. crispa*, Tafalla; — *An coccinea et erythrantha?* (Pav., Quinol.) Les plants que M. Boissier, de Genève a bien voulu me communiquer et qui contiennent les types principaux de l'herbier de Pavon, ont servi de base principale à cette synonymie. D'après M. Triana (travail inédit), il faudrait augmenter encore cette longue liste de synonymie et joindre à ces formes diverses, comme simples variétés de l'*officinalis*, le *C. lancifolia*, Mut. et le *C. nitida* de Pavon. C'est une question que nous réservons, ne voulant la résoudre qu'après un examen sérieux des échantillons d'herbier et des écorces.

(1) *Original or old Loxa bark;* Pereira, *Mat. méd.*, 1858; — *Cortex Chinæ fuscus, s. de Loxa vera, s. China officinalis, s. Cascarilla fina de Uritusinga; China coronalis, Cortex peruvianus* (Göbel et Kunze, pag. 41, tab. VI). — Quinquina de Loxa rouge fibreux du roi d'Espagne (Guib., pag. 105). — *Vulgo Cascarilla fina de Uritusinga.*

profondes et qui ne décrivent pas un cercle complet, enfin par sa saveur beaucoup plus astringente.

J'ai retrouvé tous ces caractères dans des échantillons donnés par M. Howard comme appartenant au *C. Uritusinga*. Ils présentent aussi les particularités du quinquina rouge fibreux de M. Guibourt : ils sont « très-légers, très-fibreux, d'une couleur de rouille vive et foncée ou même presque rouge ».

Les *Cinchona* d'Uritusinga, exploités pendant le dix-septième siècle, avaient déjà considérablement diminué de nombre, à l'époque où La Condamine les décrivit. Les écorces étaient réservées pour la pharmacie du roi d'Espagne.

C'est, paraît-il, une écorce analogue qui fut prise en 1803 par les Anglais sur un galion espagnol. Elle était contenue dans des caisses qui portaient cette désignation particulière : « pour la famille royale. » Ce n'est que par exception qu'il entre de temps à autre dans le commerce quelques échantillons de ce quinquina.

L'analyse faite par M. Howard de l'ancien quinquina de Loxa a donné une proportion considérable d'alcaloïdes qui explique la réputation de cette écorce.

On ne connaît pas encore d'échantillon authentique du *Quinquina violacea*.

B. *Quinquina obtusifolia*. — Sous le nom de *C. obtusifolia*, j'ai trouvé, dans une collection envoyée par M. Howard, deux échantillons roulés de 7,9 centimètres de longueur sur 2 de diamètre : l'épaisseur est de 3^{mm} environ ; la surface extérieure d'un brun noirâtre, nuancée de lichens blancs. Elle est marquée de fissures transversales rapprochées, qui ne font pas le tour du cylindre ; la surface interne est jaune sale, la fracture transversale fibreuse à l'intérieur, avec un cercle résineux bien marqué extérieurement. Amertume désagréable, nauséeuse.

Le nom vulgaire de cette espèce, qui vient quelquefois comme écorce de Loxa, est *Cascarilla negrilla*, *mala de Loxa* ou *mala de Macos*.

C. *Quinquina Chahuarguera* (*fig*. 602). — Ce sont la plupart des quinquinas de Loxa du commerce :

1° *Écorce du Chahuarguera type* (1). — M. Howard, après M. Pereira, rapporte au *Chahuarguera* de Pavon l'écorce connue sous le nom de *rusty crown bark* du commerce anglais, que Pereira donne comme synonyme du *Quinquina Huamalies mince et rougeâtre* de M. Guibourt. Nous verrons plus tard que cette synonymie est encore douteuse.

Voici les caractères du *rusty crown bark*, tels que les a donnés Pereira : Écorces roulées à épiderme blanchâtre ou grisâtre, lon-

---

(1) *Rusty crown bark*, Pereira, *Mat. méd.*, 1635. — *Quinquina Huamalies, mince et rougeâtre*, Guib., 145 ?

gitudinalement strié, sans sillons transverses et pouvant être rayé par l'ongle. Sur quelques points, on observe des verrues couleur de rouille qui, lorsqu'elles sont nombreuses, se groupent en séries régulières. Des échantillons donnés par M. Howard comme produits du *Chahuarguera* rappellent le *Huamalies brunâtre* figuré par Göbel et Kunze (1), à la couleur près, qui est beaucoup plus noire. Comme le fait observer M. Howard, les grands morceaux d'écorce prennent l'apparence du quinquina noueux de Joseph de Jussieu.

Cette espèce est remarquable par sa richesse en cinchonidine ; le total des alcaloïdes est de 2 à 3 p. 100. C'est, d'après la tradition, l'écorce qui guérit la comtesse d'El Chinchon.

2° *Écorce du Chahuarguera*, var. *Amarilla del Rey* (2). — Laubert donne à cette espèce les caractères suivants : « Cette écorce est mince, de la grosseur d'une plume d'oie ou à peu près, assez bien roulée et recouverte d'un léger épiderme fin et d'un gris fauve; sa surface interne a la finesse et l'aspect de la cannelle de Ceylan; sa cassure est bien nette, excepté à sa partie interne, qui présente de petits filaments fibreux, extrêmement fins; son odeur, assez aromatique, devient plus sensible par la pulvérisation et par la coction, son amertume se développe successivement par une mastication prolongée, mais elle est toujours très-inférieure à celle du Calisaya ; elle est aussi styptique, mais sans être acerbe. On trouve rarement cette écorce sans mélange; on remarque à sa surface externe quelques légères fissures transversales et presque parallèles. »

3° *Écorce du Chahuarguera*, var. *Colorada del Rey* (3). — Voici ses caractères d'après Laubert : « Épiderme fin, mais un peu plus épais que celui de l'*Amarilla*, ridé, d'un brun marron, et recouvert de plaques argentines et de lichens très-fins; fissures transversales plus nombreuses et mieux prononcées, épaisseur au-dessous d'une ligne, roulage complet, cassure nette avec quelques petits filaments dans la partie interne ; grosseur la même que la précédente ; surface interne moins fine et d'un jaune grisâtre, tirant dans quelques écorces un peu plus sur le rouge, ce qui lui a fait donner sans doute le nom de *colorada;* sa poudre d'un jaune grisâtre; aucune différence sensible avec la précédente pour ses autres qualités. On la trouve souvent dans le com-

---

(1) Pl. X, fig. 1 et 2.
(2) La *Cascarilla amarilla jaune* (Laubert, (*Bull. pharmac.*, 292). — *Quinquina de Loxa jaune fibreux; Quinquina jaune de la Condamine* (Guib., *loc. cit.*, pag. 106). — *H. O. crown bark* (Pereira, *Mat. méd.*, 1639).
(3) La *Cascarilla colorada*, (Laub., *Bull. phurm.*, 294). — *Quinquina gris compacte; Quinquina rouge de la Condamine* (Guibourt, *loc. cit.*, 101). — Vulgo *Cascarilla colorada del Rey*.

merce avec la *peruviana*, la *delgadilla*, la *carrasquena* et autres; mais elle forme avec la première l'assortiment le plus estimé (1). »

D. *Quinquina crispa* (2). — La *Cascarilla crespilla negra* est la même écorce que le *Quina fina* de la collection de Pavon; elle porte encore ce nom dans son pays d'origine; du moins M. Seeman a reçu du gouverneur de Loxa des échantillons de *Cinchona crispa* étiquetés *Quina fina*. Sa surface extérieure est recouverte de lichens blancs et jaunes sur un fond argenté ou noirâtre; elle a une odeur prononcée de tabac, elle est beaucoup moins riche en alcaloïdes que son prix ne le ferait supposer. C'est surtout son apparence extérieure et son arome qui l'ont fait apprécier et lui ont quelquefois donné une valeur vénale supérieure à celle des Calisayas.

E. *Quinquina Palton* (3). — Cette écorce, qui est quelquefois importée comme quinquina Carthagène, ressemble au quinquina rouge; elle en diffère par sa moindre densité et son amertume moins agréable. Les échantillons de la collection Pavon sont, d'après Howard, des morceaux enroulés d'un brun orange; leur structure est fibreuse intérieurement; les couches subéreuses sont grises, ridées longitudinalement et marquées de fentes transversales dans les jeunes rameaux; çà et là recouvertes de plaques d'un blanc micacé.

Une écorce plate, envoyée par M. Howard, offre une surface extérieure rouge-brun, sillonnée dans le sens de la longueur, marquée de quelques plaques micacées. La fracture est fibreuse à l'intérieur, résineuse à l'extérieur; la surface interne est jaune-cannelle, uniformément fibreuse, à fibres longues se courbant sous l'ongle.

L'écorce du *C. Palton* a donné à M. Howard : Cinchonidine (Pasteur) et Cinchonidine (4) Wittstein 1,34 p. 100, quinidine 0,71; total de 2,05 p. 100.

F. *Quinquina macrocalyx* (5). — D'après l'herbier Boissier, la *Cascarilla de hojas crespas é concavas* est la même espèce que le *C. macrocalyx*.

(1) Laubert, *Bull. pharm.*, II, 291.
(2) *Quinquina jaune du roi d'Espagne*, Guib., *loc. cit.*, 130. — *Silver crown bark*, Pereira, 163. — Vulgo *Cascarilla parecida á la buena*, ou *Cascarilla crespilla negra parecida á la Amarilla fina ó buena*, ou *Quina carasquena*.
(3) *West-coast Carthagena* du commerce anglais (ex Howard, *loc. cit.*). *China pseudo-regia*, Wittstein.
(4) La cinchonidine de Wittstein paraît différer de celle de M. Pasteur par un équivalent d'eau en moins. Elle est beaucoup moins soluble dans l'eau, l'alcool et l'éther (*fide* Howard, article C. PALTON).
(5) *Quinquina de Loja cendré* B. (Guib., *loc. cit.*, 152). — *Asy crown bark* du commerce anglais (Pereira, *loc. cit.*, 1639). — *China pseudo-Loxa* ou *Dunkele-*

Cette écorce, attribuée d'abord par MM. Howard et Pereira au *C. cordifolia* var. *rotundifolia*, à cause du nom vulgaire *con hojas redondas*, appartient en réalité au *C. macrocalyx*, ainsi que M. Howard l'a démontré plus tard au moyen d'échantillons authentiques de la collection de Pavon.

D'après Pereira, cette écorce est en cylindres de la grosseur du doigt et recouverte d'un nombre considérable de lichens foliacés ou filiformes; la couleur de la surface extérieure varie du blanc au noir, cette surface est quelquefois parsemée de protubérances subéreuses couleur de rouille. Le périderme est marqué de sillons longitudinaux et transversaux, qui distinguent cette écorce du quinquina jaune pâle de Jaen. La surface interne est de couleur jaune ou orange; la saveur est amère.

Cette écorce vient d'ordinaire en surons par le port de Lima.

Un échantillon de M. Howard, marqué par Pavon *C. macrocalyx*, paraît répondre au *quinquina jaune fibreux du commerce actuel* (1).

L'écorce du *C. macrocalyx* donne une petite quantité de cinchonine avec très-peu de cinchonidine et de quinine.

Examen microscopique des écorces de C. Condaminea. — Les écorces de *C. Uritusinga* et *Chahuarguera* présentent les plus grands rapports dans leur structure anatomique, qui rappelle celle du *C. Calisaya*. Les rayons médullaires sont nombreux dans les couches du liber, et les fibres corticales rares et minces; l'enveloppe cellulaire est large, les couches subéreuses plus ou moins développées, remplies dans le *Cascarilla colorada* d'une matière rouge brunâtre; on voit quelques vaisseaux laticifères dans le *Cascarilla amarilla* (2).

Le *Cascarilla con hojas redondas* (*C. macrocalyx*) diffère des écorces précédentes par ses fibres corticales rangées en groupes allongés dans le sens du rayon, et par ses cellules à résine répandues çà et là dans les couches herbacées.

Enfin, le *Cascarilla con hojas de Palton* (*C. Palton*) se distingue par de nombreuses couches subéreuses de couleur pâle, et surtout par une abondance considérable de cellules à résine, donnant au derme l'aspect rouge orangé qui le caractérise. L'enveloppe cellulaire est séparée du liber par des vaisseaux laticifères;

Ten-China, Bergen. — *Dunkle Jaen China* (Göbel et Kunze, pag. 6-8, tab. XIII, 1-4). — *Quinquina de Loxa jaune, fibreux, du commerce actuel* (Guibourt, 106). — Vulgo *Cascarilla con hojas redondas y de quiebro* ou *Cascarilla con hojas un poco villosas*.

(1) Voir Guibourt, *loc. cit.*, pag. 106.
(2) Voir Howard, *loc. cit.*, Microscop. observ., pag. 8, tab. I, fig. 1, 2, et tab. III, fig. 20.

les rayons médullaires sont peu distincts et les fibres du liber très-rares (1).

Écorces des Cinchona coccinea et Cinchona erythrantha (2). — L'échantillon de *C. erythrantha* de l'herbier Boissier, dont il a été question plus haut, portait la dénomination vulgaire : *Cascarilla serrana y pata de Gallinazo de Jaën,* qui est aussi le nom usuel de l'écorce du *C. coccinea*. Les deux espèces doivent donc produire des écorces très-semblables ; elles n'ont point été distinguées l'une de l'autre. C'est, d'après M. Howard, le quinquina décrit par MM. Delondre et Bouchardat (3) sous le titre indiqué ci-dessus. « Les écorces de ce quinquina sont roulées sur elles-mêmes et très-longues ; leur couleur a quelque rapport avec celle de la cannelle de Chine. La surface externe est à sillons longitudinaux et peu profonds, avec des traces d'un épiderme blanc très-mince ; la surface interne est plus brune, à texture unie et très-serrée. La cassure est résineuse à l'extérieur et à fibres courtes à l'intérieur ; l'épaisseur est de 3 à 4 millimètres ; l'amertume est piquante et sans astriction. On en retire 30 grammes de sulfate de cinchonine par kilogramme, et 3 à 4 grammes de sulfate de quinine. On sera peut-être trop heureux de le retrouver un jour à venir, lorsque les autres espèces seront épuisées et que l'on sera venu à l'emploi de la cinchonine ; mais aujourd'hui on n'en fait aucun cas, et il n'en est arrivé, à notre connaissance, qu'une très-petite quantité en Europe. »

Schleiden avait rapporté cette écorce à l'*Uritusinga,* mais les caractères microscopiques ne confirment point cette opinion. L'écorce du *C. coccinea* n'a pas encore été étudiée au point de vue anatomique. Voici, d'après M. Phœbus (4), les caractères du quinquina jaune de Guayaquil : fibres corticales rares, isolées, ou exceptionnellement groupées dans le sens du rayon ou en couches concentriques ; pas de lacunes ; suber manquant par places ; cellules à cristaux dans le liber et l'enveloppe cellulaire.

III. Cinchona lucumæfolia.

(*C. lucumæfolia,* Pav., in How., *loc. cit.,* et *C. stupea,* Pav., *ibid.,* et herbier Boissier. — *C. Condaminea* γ *lucumæfolia,* Wedd., *Hist. nat. Quinquinas* pag. 38, pl. IV bis. — *C. macrocalyx* γ *lucumæfolia,* DC., *Prod.,* IV, 353).

C. à feuilles elliptiques, lancéolées, très-obtuses au sommet, bril-

---

(1) Voir Howard, *loc. cit,* tab. III, fig. 20.
(2) *Quinquina jaune de Guayaquil,* Del. et Bouch., *loc. cit.,* pag. 32, pl. X.
(3) Delond. et Bouch., *loc. cit.,* pag. 32.
(4) Phœbus, *loc. cit.,* pag. 41.

lantes à la face supérieure, sans scrobicules; dents du calice largement triangulaires, subacuminées. — Capsules ovales, arrondies à la base.

Habite la province de Loxa et de Cuença.

QUINQUINAS LUCUMÆFOLIA.

A. *Écorce du C. Lucumæfolia*, Pav. (1). — Cette écorce vient accidentellement avec les quinquinas gris et quelquefois aussi avec les quinquinas Carthagène (2). Elle diffère beaucoup des quinquinas de Loxa par l'absence de fissures transversales; elle est sillonnée extérieurement dans le sens de la longueur; les couches subéreuses sont remarquablement blanches et lustrées. M. Howard a trouvé à l'analyse : quinine 0,68, cinchonidine 0,63, et cinchonine ? 0,31 ; total 1,62 p. 100.

Examen microscopique. — L'examen microscopique montre des couches de liber très-nombreuses, des fibres corticales bien développées, pâles à l'extérieur, rouge-brun à l'intérieur, et des cellules à résine mêlées en grand nombre à ces fibres; la couche herbacée contient aussi beaucoup de ces cellules (3).

B. *Écorce du C. stupea* (4). — Cette écorce arrive d'ordinaire mêlée aux quinquinas gris de Loxa. Voici, d'après M. Howard, ses principaux caractères, que j'ai pu constater sur les écorces que ce savant quinologiste a lui-même employées à l'École de pharmacie de Montpellier.

Les écorces fines sont couvertes de cryptogames variés. Les écorces plus grosses sont plus argentées, recouvertes de couches subéreuses, qui s'exfolient par places et montrent la surface du derme d'un brun clair, marquée d'impressions transversales et longitudinales, comme dans l'écorce du *C. rufinervis* de Weddell. Elle se distingue du reste de cette écorce par sa fracture entièrement fibreuse, et par la surface argentée et chagrinée de son périderme. Ces caractères font croire à M. Howard que c'est bien là le *Cascarilla lagartijada* de Laubert. Les échantillons que j'ai sous les yeux me confirment pleinement dans cette idée. — Quant au synonyme de M. Guibourt, je ne le donne qu'avec la plus grande réserve.

Examen microscopique. — Le microscope montre dans cette écorce des couches subéreuses brun foncé passant au brun pâle à l'intérieur ; des couches herbacées avec de nombreuses cellules à résine et à cristaux, enfin des fibres corticales minces, groupées quatre ou cinq ensemble, entre des rayons médullaires bien marqués.

---

(1) *Withe crown bark* (Pereira, *loc. cit.*, 1628); vulgo *Cascarilla con hojas de Lucuma*.
(2) Ex Howard, *loc. cit.*
(3) Voir Howard, *loc. cit.*, *Micr. obs.*, tab. I, n° 8.
(4) *Cascarilla lagartijada* (couleur de lézard), de Laubert, *Bull. pharm.*, II, 298. — *Quinquina de Lima très-rugueux*, imitant le *Calisaya* (Guib., *loc. cit.*, 113)? — Vulgo *Cascarilla estoposa* (fibreux) *de Hualaseo*.

IV. Cinchona lanceolata.

(*C. lanceolata*, Ruiz et Pav., *Fl. Per.*, 51. — *C. lancifolia* β *lanceolata*, Rœm. et Schultes, *Syst.*, V, pag. 9 ; — DC., *Prod.*, IV, 352.)

C. à feuilles lancéolées-oblongues, glabres; grandes panicules de fleurs presque corymbiformes ; corolles roses pourprées.

Habite Muno, Pillao et Cuchero.

Nous empruntons à Ruiz et Pavon la diagnose de cette espèce, dont on n'a que des échantillons très-incomplets et insuffisants pour une caractéristique satisfaisante. Quelques exemplaires envoyés par M. Hasskarl à M. Howard, sous le titre de *C. lancifolia*, paraissent se rapporter au *lanceolata* de Ruiz et Pavon. En tout cas, les deux espèces semblent être extrêmement voisines.

Quinquina lanceolata (1). — Cette écorce, telle que je l'ai sous les yeux, provenant de la collection Howard, est en morceaux légèrement cintrés, larges de 4 centimètres. La surface extérieure est chagrinée, marquée de nombreuses fissures transversales irrégulières, et recouverte d'un grand nombre de lichens blancs et noirs sur un fond micacé grisâtre.

V. Cinchona lancifolia.

(Mutis, *Periodico de Santa-Fe*, 1793, III ; DC., *Prod.*, IV, 352. — *C. angustifolia*, Ruiz et Pavon, *Supplément à la Quinol.*, 14, *cum. tab.* — *C. Condaminea* δ *lancifolia*, Wedd., *Hist. nat. Quinq.*, 38, tab. V.)

C. à feuilles lancéolées, aiguës, atténuées à la base, souvent scrobiculées ; capsules lancéolées.

D'après les échantillons de l'herbier Triana que j'ai sous les yeux, cette espèce paraît présenter des formes diverses. Les auteurs décrivent les feuilles comme privées de scrobicules ; la plupart des échantillons de l'herbier Triana en ont de bien marquées ; en outre, l'aspect et les dimensions des feuilles varient passablement : tantôt elles sont coriaces et très-brillantes à la face supérieure, tantôt presque membraneuses ; quelquefois très-étroitement lancéolées (*C. angustifolia*, Ruiz et Pavon), d'autres fois beaucoup plus larges. Toutes paraissent cependant se rapporter au même type spécifique. Les échantillons à feuilles étroites sont marqués *Tunita de Bogota*, d'autres à feuilles plus grandes et plus larges, *Tuna de Fusagasuga*.

QUINQUINAS LANCIFOLIA (2). — « Ces écorces se récoltent sur le versant occidental de la Cordillère orientale, au S.-S.-O. de Bogota, dans une étendue de 2 à 3 degrés de latitude.

---

(1) La *Cascarilla lampigna* (Laub., *Bull. pharm.*, II, 297).— *Cascarilla lampiño* (Ruiz, *Quinol.*, art. IV, pag. 64). — Vulgo *Cascarilla boba amarilla*, ou *Quino bobo amarillo*.

(2) *Quina naranjada* ou *Quina primitiva* de Mutis. — *Cascarilla naranjada de Santa-Fe* (Laub., *Bull. pharm.*, II, 314). — *Quinquina de Carthagène spongieux* ou *Quinquina orangé de Mutis* (Guib., *loc. cit.*, 142). — *Quinquina jaune orangé*

« Cette espèce offre de nombreuses variétés, sinon botaniques, au moins commerciales et pharmaceutiques.

« Suivant la latitude, la température, la localité, la nature du sol, sa hauteur, son exposition, le rendement peut varier de 10 à 35 grammes de quinine par kilogramme d'écorce, et ce rendement est loin d'être le même dans les diverses parties d'un même arbre. Ces considérations s'appliquent du reste à toutes les espèces de quinquina.

« Ces écorces varient en couleur, du jaune plus ou moins foncé à l'orangé plus ou moins vif, et en grosseur, depuis l'écorce plate, épaisse de 7 à 8 millimètres, jusqu'aux tuyaux roulés semblables à la cannelle. Leur surface externe présente aussi un aspect tout différent, suivant qu'elle a été grattée jusqu'aux vraies couches corticales, ou suivant qu'on lui a laissé tout ou partie de son épiderme micacé, souvent épais, ou même de ses lichens et de ses mousses. Aussi en a-t-on fait à tort beaucoup d'espèces dans les livres et dans la droguerie.

« Ce quinquina est, en général, tendre, friable, très-fibreux, à fibres plus ou moins longues, plus ou moins fines, peu chargé de tannin. Il est d'une élaboration très-facile; il donne un sulfate très-pur, très-blanc, très-léger, supérieur sous ces divers rapports au Calisaya lui-même; aussi est-il fort recherché par les fabricants, qui payent les variétés riches 6 à 8 fr. le kilogramme. On réserve à ces dernières le nom de *Colombia*, tandis qu'on donne le nom très-impropre de Carthagène aux variétés d'un plus faible rendement (1). »

Dans le commerce, on distingue les espèces suivantes qui ont toutes les caractères ci-dessus indiqués :

A. *Calisaya de Santa-Fe de Bogota* (2). — Écorces très-menues de 4 millimètres et moins d'épaisseur, à surface externe celluleuse, d'un jaune tirant sur le rouge. Fibres courtes se détachant facilement sous le doigt. Ce quinquina vient probablement du côté de Popayan. Il donne de 30 à 32 grammes de sulfate de quinine et 3 ou 4 grammes de sulfate de cinchonine.

B. *Quinquina jaune orangé roulé* (3). — Venant souvent mêlé au quinquina orangé en grosses écorces. Écorces longues, minces,

---

de Mutis; *Quinquina jaune orangé roulé*; *Calisaya de Santa-Fe*; *Quinquina jaune de Mutis*; *Quinquina Carthagène ligneux* (Delond. et Bouch., *loc. cit.*, pag. 33-38, pl. XI, XIII, XIV, XVI). — *China flava fibrosa*; *China de Carthagène fibrosa* (Göbel et Kunze, pag. 59, tab. IX). — *Orange coloured Cinchona bark*; *Coquetta (Caquetta?) bark of english commerce* (Pereira, *loc. cit.*, 1644). — *Quinquina Colombia et Carthagène du commerce*.

(1) Rampon, *loc. cit.*
(2) Delond. et Bouch., *loc. cit.*, p. 33, pl. XI, non Laubert.
(3) Delond et Bouch., pag. 34, pl. XI.

roulées comme la cannelle de Ceylan, dont elles ont la couleur. Cassure résineuse en dehors, fibreuse en dedans; amertume franche. 38 grammes de sulfate de quinine, 4 à 5 grammes de sulfate de cinchonine.

C. *Quinquina jaune orangé de Mutis* (1). — Écorces légèrement cintrées, épaisses de 2-8 mill., jaune orangé, plus ou moins rouge. Texture uniforme à fibres longues et flexibles; surface extérieure plus foncée que l'intérieure, quelquefois recouverte de plaques micacées. Fracture transversale ligneuse en dedans, subéreuse sur une épaisseur d'un millimètre au plus. Amertume légèrement aromatique. Ces écorces produisent 15-16 grammes de sulfate de quinine. M. Rampon a envoyé à l'École de pharmacie de Montpellier des échantillons qui en donnent de 24 à 30 grammes par kilogramme.

D. *Quinquina jaune de Mutis* (2). — Ce quinquina diffère du précédent par la couleur de sa surface interne, qui est d'un jaune ocreux, sa texture moins unie, les sillons longitudinaux de la surface interne et les rides de la surface externe. MM. Delondre et Bouchardat lui attribuent 12-14 grammes de sulfate de quinine et 5 à 6 grammes de sulfate de cinchonine.

Un échantillon envoyé par M. Rampon, et qui se rapporte bien à cette espèce commerciale, est marqué comme donnant de 28 à 32 grammes de sulfate de quinine; une écorce de la même espèce a été désignée par Howard : *C. lancifolia var. ? rich in alcaloïds*.

E. *Quinquina Carthagène ligneux* (3). — Cassure caractéristique à longues fibres, flexibles; surface externe jaune rougeâtre, avec quelques plaques micacées; surface interne jaune fauve; texture unie, montrant cependant les longues fibres de l'écorce. Amertume se développant facilement, sans astringence, et persistante.

D'après MM. Delondre et Bouchardat, cette écorce donne jusqu'à 20 grammes de sulfate de quinine sans cinchonine. M. Rampon attribue aux échantillons qu'il a envoyés, 16 à 18 grammes de sulfate de quinine par kilogramme.

Quinquina à quinidine du commerce (4). — Faut-il rattacher aux *Quinquinas lancifolia* une écorce que j'ai reçue de M. Rampon,

---

(1) Delond. et Bouch., pag. 35, pl. XIV. — *Quinquina orangé de Mutis* (Guib., loc. cit., 142). — *Caquetta bark of english commerce* (Pereira, loc. cit., 1644). — *Quina naranjada* et *Quina primitiva*, Mutis. — *China flava fibrosa* (Göbel et Kunze, pag. 59, tab. IX). — *Quinquina Colombia* du commerce.

(2) Delond. et Bouch., loc. cit. pag. 37, tab. XVI. — *Calisaya de Santa-Fe ?* (Laub., Bull. pharm., II, 303). — *Quinquina Colombia* du commerce.

(3) Delond. et Bouch., loc. cit., pag. 35, pl. XIII. — *Quinquina Carthagène du commerce actuel*.

(4) *Quinquina rouge de Mutis* (Del. et Bouch., pag. 37, pl. XV), et *Quinquina Carthagène rosé*, ibid.

sous le nom de *Quinquina à quinidine* et qui, d'après lui, répond au *quinquina rouge de Mutis*, Delond. et Bouch., et au *quinquina Carthagène rosé* des mêmes auteurs? La même écorce est marquée par M. Howard : *Cinchona lancifolia red variety*, et ses rapports avec les *quinquinas du C. lancifolia* paraissent, en effet, bien évidents. La structure anatomique du *Carthagène rosé* rapproche aussi cette écorce de celle du *lancifolia*, mais celle du *quinquina rouge* paraît un peu différente, et M. Phœbus, qui a fait connaître la constitution de ce quinquina, ne serait pas éloigné de l'attribuer au *C. Palton*. Il me paraît cependant difficile d'assimiler le *quinquina à quinidine* au *quinquina Palton* que nous avons décrit, et il est, je crois, beaucoup plus conforme à l'observation de placer cette écorce à côté des précédentes.

En tout cas, voici sur ce point les renseignements que M. Rampon a bien voulu me transmettre.

« *Quinquina à quinidine. Cinchona...... à spécifier botaniquement.*

« On le récolte au nord de Bogota, à Velez, au Socorro, dans la province d'Ocaña et de Pamplona.

« Son écorce a la même texture que celle du *lancifolia;* mais sa surface externe, lorsqu'elle est dépouillée de l'épiderme micacé, offre une teinte rosée ou rouge plus ou moins vive, tout à fait caractéristique pour un œil exercé.

« Elle imite assez bien dans ses grosses écorces l'aspect du quinquina rouge, mais elle en diffère essentiellement par la structure et la composition chimique.

« Nous n'avons pu étudier sa floraison, mais ses feuilles ont une dimension et une forme très-différentes de celles du *C. lancifolia*, dont l'éloignent aussi la teinte caractéristique de son écorce et l'alcaloïde qui prédomine en elle.

« Le rendement est de 15 à 22 grammes d'alcaloïdes par kilogramme. — Prix 3 à 4 francs le kilogramme. »

F. Il faut rapprocher de ce quinquina une écorce venant également de la collection de M. Howard, avec cette suscription : *C. lancifolia var. from Chiquinquira*. Ces échantillons sont enroulés quelquefois en double volute ; ils ont de 2 à 3 centimètres de diamètre; la surface externe est ridée longitudinalement et marquée de faibles rugosités transversales ; la couleur est jaune fauve foncé, le derme revêtu çà et là de plaques micacées ; la cassure, subéreuse à l'extérieur, est fibreuse à l'intérieur; les fibres sont longues et flexibles ; la face interne, de la couleur de l'externe, est finement sillonnée longitudinalement. L'amertume se développe assez vite avec peu d'astringence.

Examen microscopique des écorces du C. lancifolia. — Ces écorces présentent, en général : des fibres corticales disposées à la fois en séries rayonnantes et en couches concentriques. Cette dernière disposition est surtout prononcée dans les couches extérieures du liber. Les pores de ces fibres sont d'ordinaire très-marqués. L'écorce moyenne est plus ou moins développée et contient, ainsi que le liber, des cellules à résine ou à cristaux. Dans les jeunes écorces, on retrouve la disposition des éléments fibreux en couches concentriques. Beaucoup de cellules sont encore béantes et en voie de formation; çà et là quelques vaisseaux laticifères, et, dans les deux zones internes, des cellules à résine.

Toutes les écorces que nous avons décrites (même le quinquina rouge de Mutis) répondent assez bien à ces caractères; il n'y a réellement entre elles que des différences individuelles tenant à l'âge de la branche d'où elles proviennent, ou à des circonstances analogues (1).

VI. Cinchona Pitayensis.

(Weddell, *Ann. sc. nat.*)

(*Cinchona Condaminea* ε *Pitayensis*, Wedd., *Hist. nat. Quinq.*, pag. 38. — *Cinchona lanceolata*, Benth. — *Plant. Hartweg.*, non Ruiz et Pav., *Cinchona Trianæ*, Karst., *in* herb. Triana.)

C. à feuilles épaisses, glabres, lancéolées, acuminées, atténuées à la base; dents du calice linéaires; capsule ovoïde allongée.

Habite la Nouvelle-Grenade.

QUINQUINA PITAYENSIS (2). — « *Pitayo* des indigènes et non pas *pitayon* ni *pitaya*, comme on l'a écrit dans les livres.

« On le récolte sur le versant occidental de la Cordillère moyenne, non pas dans la province d'Antioquia, où il n'y a que de faux quinquinas, mais plus au sud, dans la province du Cauca, depuis Sumbico jusqu'à Popayan, et spécialement dans les environs de Pitayo, village indien qui lui a donné son nom. L'espèce en est à peu près épuisée dans ces régions.

« Il est fourni par le *Cinchona pitayensis*, et présente deux variétés : le jaune et le rouge-brun. La planche qu'ont donnée de cette écorce MM. Delondre et Bouchardat représente la variété rouge-brun.

---

(1) *Voir, pour les détails*, Phœbus, *loc. cit.* p. 42-49.
(2) *Quinquina Pitayo* (Del. et Bouch., *loc. cit.*, pag. 33, pl. XIII). — *Quinquina Pitaya*; *Quinquina de la Colombie* ou *d'Antioquia* (Guib., *loc. cit.*, 140). — *Quinquina pareil au Calisaya* (Laub., *loc. cit.*, pag. 303). — *Quinquina brun Carthagène et Quinquina rouge Carthagène* (Guib., *loc. cit.*, pag. 126). — *Pitaya Condaminea bark* (Pereira, *loc. cit.*, 1643). — *Quinquina Pitaya et Quinquina Almaguer* (Rampon, Notes inédites).

« La structure, qui est la même dans les deux variétés, diffère beaucoup de celle des quinquinas orangés. Ce sont des écorces lourdes, dures, compactes, à fibres très-serrées, donnant une poudre à peu près inoffensive au toucher, tandis que l'orangé donne des aiguilles très-fines qui pénètrent facilement dans la peau, où elles produisent une forte cuisson. Elles renferment une forte proportion de tannin et de matière colorante; leur élaboration est relativement difficile et leur sulfate plus lourd; mais d'habiles analyses et surtout le traitement en grand chez les fabricants ont démontré que, abstraction faite de la cinchonine, les quinquinas donnaient, suivant la forme et la grosseur de l'écorce, de 25 à 40 grammes de sulfate de quinine par kilogramme. M. Howard a retiré d'écorces de cette variété 8 p. 100 d'alcaloïdes, solubles dans l'éther.

« Le Pitayo jaune et le Pitayo rouge-brun ne diffèrent guère que par leur couleur; le rouge-brun est aussi plus chargé de tannin et de matière colorante, et en général d'un meilleur rendement.

« Ce quinquina, qui précédemment nous arrivait en grosses écorces, ne vient plus guère que sous forme de petites écorces brisées, brunes, dures, compactes, tourmentées, d'une odeur aromatique particulière, ressemblant à la vieille rose. Sous cette forme, quand il est sans mélange, il est d'une grande richesse, donnant quelquefois 45 grammes par kilogramme, et il atteint, dans ce cas, un prix plus élevé que celui du Calisaya.

« Au sud de Pitayo, en s'avançant vers l'Équateur, on trouve du côté de Pasto et d'Almaguer une autre variété que nous appellerons *Almaguerensis*. Elle ressemble exactement au Pitayo, dont elle diffère par son rendement, la quinine faisant place à une forte proportion de cinchonine.

« Le Pitayo rouge-brun et l'Almaguer forment la transition aux quinquinas rouges; aussi quelques auteurs, en particulier M. Guibourt, les ont-ils rangés dans les quinquinas rouges sous les noms de Quinquina rouge et brun Carthagène.

Il arrive quelquefois sur nos marchés, et des lieux mêmes d'où proviennent les quinquinas Pitayo et Almaguer, des écorces de qualité inférieure, soit à cause de leur mélange avec de faux quinquinas, soit que le *Cinchona pitayensis* se soit développé dans des conditions défavorables. On aurait tort de repousser ces écorces qui, pour la confection des extraits et des vins quinquinas, sont certainement bien supérieures à la grande majorité des mauvais bois que l'on vend sous le non de quinquinas gris (1).

(1) Rampon, *loc. cit.*

Examen microscopique. — M. Phœbus (1) donne les caractères suivants, pour la structure anatomique des *quinquinas Pitayensis:* Derme formé souvent du liber seul, ou du liber avec une portion d'écorce moyenne, plus rarement des trois parties de l'écorce; fibres corticales isolées, comme dans le Calisaya : çà et là quelquques cellules à cristaux.

VII. Cinchona scrobiculata.

(Weddell, *Hist. nat. Quinq.*, pag. 42, tab. VII.)

C. à feuilles oblongues ou lancéolées, aiguës des deux côtés, luisantes en dessus, glabres en dessous, scrobiculées; dents du calice triangulaires, aiguës ; capsules lancéolées, deux ou trois fois plus longues que larges.

Var. α GENUINA, feuilles oblongues.

(*C. scrobiculata*, Humb. et Bonp., *Plant. équin.* ; — DC., *Prod.*, IV, 352. — *C. purpurea*, Laub., III, 6. — *C. micrantha*, Lind., *Fl. méd.* 412, n° 829.)

Var. β DELONDRIANA, feuilles sublancéolées plus petites que dans le type.

(*C. Delondriana*, Wedd., *Ann. sc. nat.*, 3ᵉ sér. X, 7.)

Hab. Les vallées subandines du Pérou, entre le 4° et le 19° lat. aust., à la même auteur que le *C. Condamunea*, à Jaen, Cuzco, Carabaya, etc.

QUINQUINA SCROBICULATA. — Les deux variétés de cette espèce donnent, d'après Pereira, des écorces différentes.

A. *Quinquina scrobiculata genuina* (2). — Les écorces jeunes ont l'aspect des quinquinas de Loxa : elles sont roulées un peu différemment les unes des autres ; leur surface extérieure est pourvue d'une croûte plus ou moins rugueuse, offrant toutes les teintes depuis le blanc jusqu'au noir. La surface du liber, souvent dénudée par la chute de petites plaques du périderme, présente une couleur rouge-brun plus ou moins foncé. Ce liber, bien qu'assez compacte et se cassant assez net, montre toujours de nombreuses fibres, très-visibles à l'œil. C'est le *quinquina de Loxa rouge-marron* de M. Guibourt. Les écorces plus âgées et plates sont un des *Calisayas légers du commerce*. Elles sont un peu moins denses que le Calisaya vrai ; la surface extérieure, d'un brun obscur, est marquée de quelques impressions transversales

---

(1) Phœbus, *loc. cit.*
(2) *Quinquina scrobiculata* (Wedd., *Hist. Quinq.*, pag. 44, tab. XXVIII). — *Quinquina rouge de Cuzco* (Del. et Bouch., pag. 27, pl. XIII, fig. 5-7); un des *Calisayas légers* du commerce (Guib., *loc. cit.*, pag. 138). — *Quinquina de Loxa rouge-marron* (Guib., *loc. cit.*, pag. 104). — Vulgo *Cascarilla colorada de Cuzco* et *Cascarilla colorada de Santa Anna.*

très-légères et de cavités remplies d'une matière fongueuse ou de verrues irrégulières, ou encore de sillons digitaux analogues à ceux des Calisaya, mais moins profonds et séparés par des crêtes moins saillantes ; la surface interne, à grain fin et droit, est d'un jaune orangé ; la fracture transversale, plus ou moins celluleuse à l'extérieur, présente, à la partie interne, des fibres longues et flexibles. La saveur est amère et astringente.

Ces quinquinas arrivent mêlés au Calisaya.

Richesse en alcaloïdes. — D'après MM. Delondre et Bouchardat, cette écorce donne 4 grammes de sulfate de quinine et 12 de sulfate de cinchonine par kilogramme ; les écorces roulées seulement de 6 à 8 grammes de cinchonine.

Examen microscopique. — Voir plus haut, pag. 123.

B. *Quinquina scrobiculata, β Delondriana.* (1) — Cette écorce, qui a la couleur du Calisaya, s'en distingue par sa surface extérieure beaucoup plus unie et par la longueur de ses fibres. Elle est moins amère. D'autre part, elle est plus épaisse et plus dense que le quinquina précédent.

VIII. Cinchona amygdalifolia.

(Wedd., *Ann. sc. nat.*, X, pag. 6 ; *Hist. nat. Quinq.*, 45, pl. VI.)

C. à feuilles lancéolées, subacuminées, atténuées à la base, luisantes à la face supérieure ; dents du calice triangulaires aiguës ; capsule lancéolée, trois à quatre fois plus longue que large, pubescente.

Habite les bois élevés et le sommet des montagnes de la Bolivie.

QUINQUINA AMYGDALIFOLIA (2). — Cette écorce n'est nullement estimée des indigènes, et elle n'arrive qu'accidentellement dans le commerce. Nous renvoyons pour sa description à l'ouvrage de M. Weddell.

IX. Cinchona nitida.

(*C. nitida*, Ruiz et Pav., *Flor. Pér.*, pag. 50, tab. CXCI. — Weddell, *Hist. nat. Quinq.*, 47, tab. X. — Howard, *loc. cit.* — *C. lancifolia, α nitida*, Römer et Schultes, *Syst.*, 5, pag. 9 ; — DC., *Prod.*, IV, 352. — *Cascarilla officinalis*, Ruiz, *Quinol.*, art. 2, pag. 56.)

Arbre de 12 à 20 mètres, à feuilles obovales-lancéolées, atténuées à la base, glabres et brillantes, sans scrobicules ; capsule étroitement lancéolée, deux fois plus longue que large.

Sur les hautes montagnes, vers le 10ᵉ degré lat. aust., principalement à Huanuco, Casapi, Cuchero, etc.

(1) *Peruvian Calisaya*, Pereira, 1610.
(2) Weddell, *Hist. nat. Quinq.*, pag. 40, pl. XXVIII, fig. 9-11. — Vulgo *Cascarilla Quepo*, ou *Quepo Cascarilla*, ou *Cascarilla Echenique*.

QUINQUINA NITIDA (1). — Les quinquinas de Huanuco sont dus à trois espèces différentes : *C. nitida, C. peruviana, C. micrantha*, dont M. Pritchett a apporté des échantillons authentiques, examinés avec soin par M. Howard (2).

Les écorces du *C. nitida* diffèrent selon qu'elles sont plates ou roulées.

Ces dernières sont remarquables par leur grande densité, l'aspect rugueux et inégal du périderme qui, non-seulement est marqué de sillons transversaux, mais aussi d'excroissances subéreuses qui ne se retrouvent pas dans les autres espèces de Huanuco. Elles sont recouvertes de lichens blancs qui, lorsqu'ils sont humides, lui donnent une couleur lustrée particulière, d'où le nom de *Cascarilla lustrosa*.

Cette écorce n'a donné à M. Howard ni quinine ni quinidine, a seulement 2 p. 100 de cinchonine : elle était très-estimée autrefois, mais elle est maintenant remplacée par les deux autres espèces de Huanuco.

Les écorces plates sont encore aujourd'hui dans le commerce : elles répondent exactement au *Quinquina Huanuco plat sans épiderme* de Delondre et Bouchardat. Les préparations microscopiques de cette écorce faites par M. Phœbus s'accordent parfaitement avec les figures données par M. Howard du *Quina cana legitima* (*C. nitida*) de la collection de Pavon. Ces caractères microscopiques peuvent se résumer ainsi : Fibres corticales isolées comme dans le Calisaya ; enveloppe herbacée peu épaisse ; nombreuses cellules à résine dans le liber et l'enveloppe herbacée ; lacunes entre ces deux zones.

Voici, d'après MM. Delondre et Bouchardat, la description de ce quinquina : « La surface est d'un jaune fauve uniforme, à sillons longitudinaux moins prononcés que sur les écorces de Calisaya. La texture de la surface externe n'est pas aussi serrée que celle de ce dernier. La fracture transversale est d'un jaune plus rouge, les fibres sont courtes, mais ne se détachant pas facilement. En le mâchant, l'amertume se développe promptement ; la sa-

---

(1) *Cascarilla peruviana* (Laub., *Bull. ph.*, II, 295). — *Quinquina de Loxa brun compacte* (Guib., *loc. cit.*, 102). —*Vulgo Quina cana legitima* ou *Cascarilla lustrosa*.

(2) D'après les éléments apportés par M. Pritchett, il faudra probablement regarder toutes ces plantes comme ne formant que des variétés d'une seule espèce, que M. Howard (*Observations on the present state of our knowledge of te genus Cinchona ; — Report of the International horticultural exhibition and botanical Congress*. London, 1866) propose d'établir de la manière suivante :

C. Peruviana, α *vera* (Pata de Gallinazo).
— β *nitida*.
— γ *micrantha* (Provinciana).
— δ *Reicheliana* (« *varietas alpestris* » *glandulifera*. Pöppig).

veur est légèrement piquante, sans astriction ; l'épaisseur des écorces est de 6-10 millimètres. Ce quinquina, malgré sa belle apparence, ne produit que 6 grammes de sulfate de quinine et 12 grammes de sulfate de cinchonine par kilogramme.

Il se récolte à Huanuco et vient par le port de Callao, en surons de 70 à 75 kilogrammes.

X. Cinchona peruviana.

(Howard, *loc. cit.*)

Arbre à feuilles ovales-lancéolées, atténuées à la base, scrobiculées, les plus jeunes lancéolées ; capsule oblongue à stries légèrement marquées.

Habite les montagnes froides des Andes, à Cuchero.

QUINQUINA PERUVIANA (1). — Cette espèce, connue sous le nom de *Pata de Gallinazo*, fournit, d'après M. Howard, la plupart des quinquinas gris fins de Huanuco, qu'on attribuait autrefois au *C. nitida*. Elle donne aussi l'écorce plate décrite par MM. Delondre et Bouchardat sous le nom de *Quinquina Huanuco jaune pâle*.

L'écorce du *C. peruviana* roulé est, d'après M. Howard, moins rugueuse que celle du *C. nitida*, mais beaucoup moins lisse que celle du *C. micrantha*. Son épiderme est de couleur blanche teinté çà et là de lichens bruns ou couleur de rouille. Elle ressemble beaucoup au Calisaya et ne s'en distingue réellement que par ses bords obliquement coupées et par l'absence d'un lichen (*Hypocnus rubrocinctus*) commun sur le Calisaya. La surface interne est rouge-brun ou couleur de rouille : elle est lisse chez les jeunes écorces, un peu fibreuse chez les écorces plus âgées. La fracture est nette et résineuse, la saveur amère, astringente et aromatique, l'odeur particulièrement suave.

Cette écorce nous arrive de Cuchero par la voie de Lima.

La structure anatomique rappelle celle du *C. nitida*; les cellules et les vaisseaux laticifères y sont seulement moins abondants et moins marqués : les fibres d'ordinaire isolées, d'un faible diamètre et souvent ouvertes.

La base qui domine dans cette écorce est, d'après M. Howard, la cinchonidine de Wittstein (non de M. Pasteur). M. Howard a

(1) *Fine Grey bark* (Pereira, Mat. méd., 1633). — *Quinquina rouge de Lima* (Guib., pag. 120). — *China Huanuco* (Göbel et Kunze, pag. 46, pl. VII, de 1 à 4). — *Quinquina Huanuco roulé avec épiderme* (Delond et Bouch., pag. 28, pl. V).— *Quinquina Huanuco jaune pâle* (Delond. et Bouch., pag. 28, pl. IV). — Vulgo *Pata de Gallinazo*.

même vu des cristaux du sulfate de cette base dans l'intérieur de l'écorce. Le produit total est de 3 p. 100 d'alcaloïdes, dont 1,46 de cinchonine et le reste de cinchonidine.

La structure anatomique rappelle celle du *C. nitida.* ; les cellules et les vaisseaux laticifères y sont seulement moins abondants et moins développés ; les fibres le plus souvent isolées, d'un faible diamètre, et souvent ouvertes. Cette structure s'accorde bien avec celle qu'a trouvée M. Phœbus aux écorces plates de MM. De londre et Bouchardat : ce qui confirme parfaitement l'origine que leur attribue M. Howard.

B. *Quinquina peruviana plat* (1). — « L'épaisseur de cette écorce est de 4 à 10 millimètres. La surface externe est d'un jaune pâle, avec quelques crêtes saillantes et quelques sillons longitudinaux peu marqués ; la surface interne est d'un jaune plus pâle encore. La texture est unie et serrée ; la cassure est à fibres courtes. L'amertume est prompte à se développer, un peu styptique, avec un goût légèrement aromatique. »

MM. Delondre et Bouchardat ont retiré de cette écorce 6 grammes de sulfate de quinine et 10 grammes de sulfate de cinchonine.

Elle n'arrive que rarement dans le commerce.

XI. Cinchona micrantha.

(Weddell, *Hist. nat. Quinq.*, pag. 52, pl. XIV et XV.)

Arbre de 6 à 10 mètres de haut, à feuilles largement ovales, obovales ou arrondies, obtusiucules, plus ou moins atténuées à la base, glabres en dessus, pubescentes en dessous, ayant des touffes de poils à l'aisselle des nervures ; fleurs relativement petites ; capsules lancéolées.

Var. α ROTUNDIFOLIA, feuilles ovales arrondies.

(*C. micrantha*, Ruiz et Pavon, *Flor. Per.*; — DC., *Prod.*, IV, 354. — *C. cordifolia*, Rhode, *Monog.*)

Habite le Pérou, dans les bois humides et sur les berges des torrents de la province de Carabaya.

Var. β OBLONGIFOLIA, feuilles oblongues-obovales.

(*C. affinis*, Weddell, *Ann. sc. nat.*, X, 8.)

Habite le Pérou (Carabaya et le district de Huanuco) et les vallées boliviennes de Larecaja et Caupolican.

Le *C. micrantha* de *Pavon* présente deux formes distinguées par Pöppig sous les noms de *Cinchona micrantha* R. P. α *floribus roseis*, et *C. micrantha* R. P. β *floribus albis*, qui ne sont que la même variété avec prédominance d'un sexe sur l'autre.

(1) *Quinquina Huanuco jaune pâle*, Delond. et Bouch., 28, pl. IV.

QUINQUINAS MICRANTHA (*fig.* 603). — Nous distinguerons, comme pour les précédentes espèces, les écorces roulées des écorces plates.

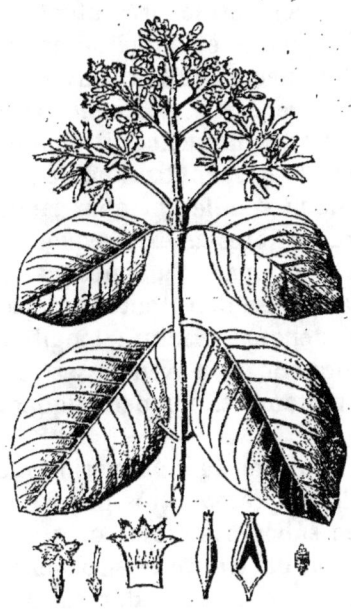

Fig. 603. — Cinchona micrantha.

A. *Quinquina micrantha roulé* (1). — M. Guibourt a décrit de la manière suivante l'écorce du *C. micrantha* : « Écorces sous forme de tubes longs, bien roulés, de la grosseur d'une plume à celle du petit doigt, offrant très-souvent des rides longitudinales formées par la dessiccation. La surface extérieure est en outre médiocrement rugueuse, souvent presque privée de fissures transversales, ayant une teinte générale gris foncé, mais avec des taches noires ou blanches, et portant çà et là les mêmes lichens que les quinquinas de Loxa. Le liber est d'un jaune brunâtre foncé, et comme formé de fibres agglutinées. La saveur en est amère, astringente, acidule et aromatique ; l'odeur est celle des bons quinquinas gris (2). »

MM. Delondre et Bouchardat ont trouvé dans cette espèce 4 grammes de sulfate de quinine et 10 grammes de sulfate de cinchonine par kilogramme.

B. *Quinquina micrantha plat* (3). — Cette écorce, qui arrive mê-

(1) *Quinquina micrantha* (Wedd., *Hist. nat. Quinq.*, pag. 53, tab. XXX, fig. 31-34). — *Quinquina Jaen* (Del. et Bouch.) *Répert. de pharmacie*, tom. XXI, p. 383, pl. V). — *Quinquina de Lima gris-brun* (Guib., *loc. cit.*, 108). — Vulgo *Cascarilla provinciana de Huanuco.*

(2) Guib., *loc. cit.*, 108.

(3) *Quinquina micrantha plat* (Weddell, *loc. cit.*). — *Quinquina jaune orangé* C (Guib., *loc. cit.*, 139). — *Écorce du C. micrantha* (Guib., pag. 138). — Vulgo

lée au Calisaya, est ainsi décrite par M. Weddell : « D'une densité peu considérable ; constituée par le liber seul ou par le liber et la tunique celluleuse, celle-ci se présentant généralement sous une forme demi-fongueuse et imparfaitement exfoliée. *Face externe* inégale, anfractueuse, offrant souvent des concavités ou des sillons digitaux superficiels, analogues à ceux du *Quinquina Calisaya* et séparés par des éminences irrégulières de texture subéreuse, beaucoup plus rarement lisse par la persistance de toute l'épaisseur de la tunique celluleuse ; d'un jaune orangé clair et grisâtre. Face interne à fibres assez marquées, de la même couleur que la face externe, mais d'une nuance plus vive. *Fracture transversale* fibro-filandreuse dans toute son épaisseur ou plus ou moins subéreuse au dehors. Fracture longitudinale peu esquilleuse, à surface presque mate. Saveur assez fortement amère et se développant promptement, un peu piquante, à peine styptique.

« Dans les écorces un peu âgées le périderme offre une particularité remarquable : il présente très-peu d'épaisseur et semble formé par la tunique subéreuse seule ; mais, entre cette couche extérieure et le derme, on trouve très-souvent une matière pulvérulente rougeâtre qui en forme également partie et qui résulte de la destruction de la tunique celluleuse. Il n'y a pas ici, en un mot, desquamation ou exfoliation, comme dans les autres espèces, mais bien décomposition. »

XII. Cinchona australis.

(Weddell, in *An. sc. nat.*, X, 7, et *Hist. nat. Quinq.*, 48, pl. VIII.)

Arbres à feuilles largement elliptiques ou obovales, obtuses, très-glabres sur les deux faces, brillantes, marquées de petites scrobicules ; capsules ovales-lancéolées, arrondies à la base, atténuées au sommet.
Habite la province bolivienne de la Cordillera.
QUINQUINA AUSTRALIS (1). — Dix mille livres de cette écorce sont arrivées dans le commerce pendant les années 1833-34-35. Reçue d'abord avec faveur par les négociants, elle a bientôt été délaissée, peut-être plus qu'elle ne le méritait. Elle n'a reçu aucun nom spécial dans le commerce. Nous renvoyons pour sa description à l'ouvrage de M. Weddell (2).

Cascarilla motosolo de Carabaya ; *Queppo cascarilla* et *Cascarilla verde* des Boliviens.
(1) *Quinquina australis* (Wedd., *loc. cit.*, 49). — Vulgo *Cascarilla de la Cordillera ou de Piray ; Cascarilla de Santa-Cruz.*
(2) Weddell, *Histoire naturelle des Quinquinas*, pag. 49.

XIII. Cinchona pubescens (*fig.* 604).

(Weddell, *Hist. nat. Quinq.*, pag. 54, pl. XVI.)

Arbre de 6 à 12 mètres de haut, à feuilles largement ovales, subaiguës, atténuées à la base, pubescentes à la face inférieure; panicule fructifère très-divariquée; capsules linéaires-lancéolées, pubescentes.

Var. α Pelleteriana, feuilles vertes sur les deux faces.

Fig. 604. — Cinchona pubescens.

(*C. pubescens*, Vahl., *Act. Soc. hist. nat. Hafn.*, I, pag. 19, tom. II. — *C. officinalis*, L., *Syst. nat.*, éd. 12, pag. 69.)

Habite les bois des montagnes du Pérou et de la Bolivie.

Var. β Purpurea, feuilles adultes pourprées à la face inférieure.

(*C. purpurea*, *Fl. Per.*, pag. 52, tab. CXCXIII; — DC., *Prod.*; IV, 353. — *Cascarilla morada*, Ruiz, *Quinol.*, art. 5, pag. 67.)

Habite les vallées autour de Huanuco.

Quinquinas pubescens. — Les deux variétés du *C. pubescens* fournissent des écorces différentes que nous allons décrire séparément.

A. *Quinquina pubescens Pelleteriana* (1). — Ces écorces, dont l'origine n'est point douteuse, ont été quelquefois données comme

(1) *Quinquina de Cuzco* et *Quinquina d'Arica* (Guib., *loc. cit.*, 154). — *Quinquina jaune de Cuzco* (Del. et Bouch., *loc. cit.*, 39, pl XIX); *Quinquina brun de Cuzco* (ibid)? — *China rubiginosa*, Bergen. — *Cuzco bark* et *Arica bark* (Pereira, *Mat. méd.*, 1630). — Vulgo *Cargua-Cargua* et *Cascarilla amarilla*.

Calisaya. J'en ai sous les yeux un échantillon étiqueté par M. Howard : *C. pubescens? Cascarilla morada de Ambolo, spurious mixed with Calisaya,* dont la surface externe présente des sillons longitudinaux parallèles, mais beaucoup plus étroits et moins profonds que ceux du Calisaya : çà et là se montrent des protubérances d'un brun noirâtre; la surface interne est jaunâtre, à fibres droites, régulières; la cassure résineuse sur une épaisseur de 3^{mm}, fibreuse sur le reste de l'épaisseur (7^{mm} environ) : elle produit de nombreuses esquilles pruriantes comme celle du *Q. jaune de Cuzco.*

Voici du reste les caractères du *Quinquina pubescens,* tels que les donne M. Weddell : « Très-dense, constitué environ à parties égales par la tunique celluleuse et le liber. *Surface extérieure* assez lisse, quelquefois un peu ridée longitudinalement par suite de la dessiccation, d'un jaune ocracé plus ou moins brunâtre et parsemée fréquemment de marbrures grises ou argentées qui sont des restes du périderme, parcourue aussi quelquefois par des fissures à bords nets résultant de la dessiccation. *Surface interne* brunâtre ou rougeâtre, épaisse, fibreuse. *Fracture transversale* largement subéreuse et à bords tranchants en dehors, à fibres courtes ligneuses en dedans. La coupe faite avec l'instrument tranchant dans le même sens présente en dedans des séries de gros points indépendants les uns des autres, correspondant à la section des fibres corticales soudées en faisceaux... *Fracture longitudinale* presque sans esquilles. Saveur assez fortement amère, styptique et un peu piquante, sensible à première mastication et surtout à la pointe de la langue. Le périderme, lorsqu'il persiste dans son intégrité sur les grosses écorces, se montre sous la forme d'une couche mince inégale, quelquefois verruqueuse, d'un gris obscur et plus ou moins brunâtre ou même verdâtre dans quelques points. Lorsque l'inégalité de l'écorce est considérable, elle présente, quand elle a été rāclée, des taches d'un brun foncé, semées sur la surface de son derme; ce sont les points où les saillies de sa tunique cellulaire soulèvent le périderme pour former les petites verrues dont j'ai parlé. Ces mêmes saillies sont quelquefois écorcées, et leur chute laisse des fossettes arrondies à la place qu'elles occupaient (1). »

Richesse en alcaloïdes. — C'est de ce quinquina que Pelletier et Corriol avaient extrait l'*aricine.* M. Guibourt (2) n'y a trouvé que de la cinchonine, et en très-petite quantité, de telle sorte que ce quinquina doit être réellement considéré comme tout à fait inefficace.

(1) Weddell, *loc. cit.*, 56.
(2) Guibourt, *loc. cit.*, 160.

Examen microscopique. — Voir précédemment, page 123.

M. Phœbus (1), qui a étudié la structure anatomique du quinquina brun de Cuzco, serait peu disposé à le rapporter au *Quinquina pubescens*. La disposition des fibres corticales rappelle celle du Calisaya et l'éloigne par conséquent beaucoup de l'espèce en question. Aussi, dans notre synonymie, n'avons-nous indiqué cette écorce qu'avec un point de doute.

B. *Quinquina pubescens purpurea* (2). — En traitant du quinquina Chahuarguera, nous n'avons rapporté qu'avec doute et d'après Pereira à cette espèce des environs de Loxa divers quinquinas Huamalies de M. Guibourt. Reichel avait déjà rattaché ces écorces au *Cinchona purpurea*, se basant sur l'examen d'échantillons apportés par Pöppig : mais Pereira, guidé par des considérations assez puissantes et de divers ordres, avait nié la possibilité d'une pareille origine.

M. Howard a repris l'examen de cette question litigieuse et, pièces authentiques en main, il croit devoir rapporter au *C. purpurea* les quinquinas que nous avons cités en synonymes.

Nous renvoyons pour les détails descriptifs aux excellents articles de M. Guibourt; nous nous bornons à indiquer ici comme caractère assez général de ces écorces les sillons longitudinaux de leur surface extérieure et les verrues ou protubérances rougeâtres qui se rangent souvent en lignes régulières : la couleur varie du reste du gris-brun au brun rougeâtre ou même noirâtre.

Richesse en alcaloïdes. — Ces écorces diffèrent passablement entre elles par leur richesse en principes actifs : elles contiennent en général peu de quinine, ou même pas du tout, et de 0^{gr}, 85 à 6 grammes de cinchonine par kilogramme.

Un échantillon de l'École de pharmacie de Montpellier, envoyé par M. Howard avec cette étiquette : « *C. purpurea?* bark from *Marcapata*, correspond à une écorce qu'il appelle *Carabaya bark* (3) ; elle rappelle beaucoup plus que le *C. Chahuarguera* les figures de Göbel et Kunze que nous avons déjà citées (4). Elle est roulée en cylindres de la grosseur du pouce ; la surface extérieure est d'un brun terreux et marquée de fentes transversales peu profondes et d'excroissances couleur de rouille. La surface interne est d'un jaune sombre ; la cassure presque

---

(1) Phœbus, *loc. cit.*
(2) *Quinquina Huamalies ferrugineux, gris terne, blanc A et B, rouge, rougeâtre, mince et rougeâtre* (Guib., *loc. cit.*, pag. 145-147, *fide* Howard). — *China Huamalies, China Guamalies, seu Abomalies* (Göbel et Kunze, pag. 62, pl. X, 1-5). — *Quinquinas Havane* du commerce français. — *Vulgo Cascarilla boba de hojas moradas.*
(3) *Illustrations of nueva Quinologia.*
(4) Pl. X, fig. 1-2.

complétement fibreuse, à fibres longues ; l'amertume est faible, lente à se développer, légèrement aromatique.

Cette écorce serait assez productive en principes actifs; une grande quantité en a même été exportée de 1847 à 1853, mais le transport de la forêt à la côte en augmente beaucoup trop le prix.

XIV. Cinchona ovata (fig. 605).

(Weddell, *Hist. nat. Quinq.*, 60, tab. XI et XII exclus. variet γ.)

Arbres peu élevés à feuilles ovales, subaiguës, atténuées à la base ; presque coriaces, pubescentes en dessous ; panicule fructifère diffuse, capsules lancéolées ou oblongues-lancéolées.

Var. α VULGARIS, feuilles vertes des deux côtés ; écorce sèche jaune, à tunique cellulaire persistante ou caduque.

(*C. ovata*, *Fl. Per.*, pag. 52, tab. CXCV. — *C. cordifolia* β, Rhode, *Monog.*, 52. — *C. pubescens*, Lamb., III. — *C. pubescens* β *ovata*, DC., *Prod.*, IV, 353. — *Cascarillo pallido*, Ruiz, *Quinol.*, art. VII, pag. 74.)

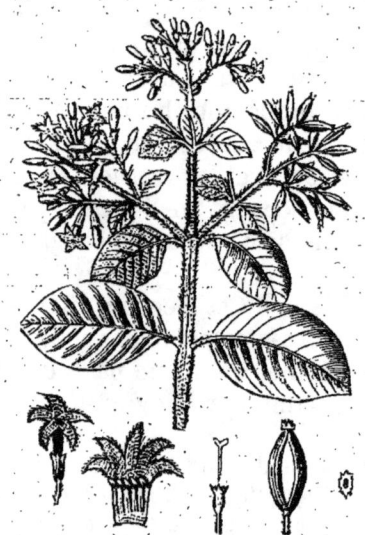

Fig. 605. — Cinchona ovata.

Habite les Andes tempérées du Pérou et de la Bolivie, entre le 9e et le 17e degré de la latitude australe.

Var. β RUFINERVIS, feuilles rougeâtres sur les nervures de la face inférieure ; écorce sèche jaunâtre ; tunique cellulaire se détachant du liber.

(*C. rufinervis*, Weddell, *Ann. sc. nat.*, X, 8.)

Habite le Pérou méridional et la Bolivie.

QUINQUINA OVATA (1). — Peu de *Cinchona* varient autant que le *C. ovata*, et c'est surtout dans les écorces que se font remarquer

(1) *Quinquina ovata* (Wedd., *Hist. nat. Quinq.*, pag. 162, pl. XXIX, fig. 12-18).

ces variations. Un même individu, nous dit M. Weddell, « produit fréquemment, de chaque côté de son tronc, des variétés distinctes d'écorces »; aussi me paraît-il difficile de distinguer très-nettement les produits commerciaux des deux variétés. Voici ce que nous pouvons dire de plus positif à ce sujet :

D'après M. Howard (1), la *Cascarilla Pata de Gallareta*, écorce roulée de *C. ovata* de Pavon, paraît ne venir qu'accidentellement dans le commerce. Pereira avait rapporté à cette espèce son « *Ash Cinchona;* » mais l'examen d'échantillons authentiques a prouvé à M. Howard qu'une pareille identification était impossible.

D'après M. Weddell (2), le *Quinquina ovata* devrait être identifié à beaucoup de quinquinas roulés de Loxa et de Huanuco. « M. Guibourt, dit-il, a positivement reconnu, dans l'un des échantillons que je lui ai communiqués, l'écorce qu'il désigne sous le nom de *Quinquina de Lima gris fibreux (ligneux?).*

Le *C. ovata vulgaris* paraît produire aussi les écorces connues dans le commerce anglais sous le nom de *Carabaya bark*, et qui sont importées à Londres depuis 1846 (3); au moins M. Weddell les a-t-il rapportées à cette variété ordinaire plutôt qu'au *C. rufinervis*, que son nom *Cascarilla Carabaya* aurait pu faire considérer comme l'origine de ces quinquinas.

Ce sont, d'après Pereira, des écorces légères, d'un brun de rouille plus ou moins prononcé; les écorces roulées ont la grosseur du doigt et une longueur variable. Elles sont tantôt recouvertes, tantôt privées de périderme. La surface est d'un gris rougeâtre, marquée de sillons longitudinaux plus rarement transversaux. Quelques écorces sans périderme ont une teinte d'un vert de thé (*tea green Carabaya quills*). Les écorces plates (*Flat Carabaya*) sont formées seulement de liber et d'une partie de la couche cellulaire. La surface externe du derme est parfois noirâtre, avec des verrues plates couleur de rouille, d'autres fois d'une couleur foncée et comme saupoudrée d'une poussière jaunâtre. La couleur du liber à l'intérieur est ordinairement d'un jaune plus ou moins orangé; parfois aussi elle rappelle celle des quinquinas rouges (*Red Carabaya bark*).

— *Carabaya bark* (Pereira, 1629). — *Quinquina Carabaya plat sans épiderme et roulé avec épiderme* (Del. et Bouch., pag. 25 et 26, pl. II). — *Quinquina de Lima gris ligneux* (Guib., *loc. cit.*, pag. 111). — Vulgo *Pata de Gallareta* des Péruviens; *Cascarilla Carabaya*; *Zamba morada.*

D'après M. Bouchardat, les écorces de Carabaya ne devraient pas être rapportées au *C. ovata*, mais au *C. peruviana* ou *C. micrantha*. (Voir *Répertoire de Pharmacie*. Tom. XXXI, p. 379.)

(1) Howard, *loc. cit.*
(2) Weddel, *loc. cit.*
(3) Voir Pereira, *Mat. méd.*

L'écorce de *Carabaya* est surtout employée dans les fabriques de sulfate de quinine, où elle remplace le Calisaya. Elle donne 3 ou 4 p. 100 d'alcaloïdes : cinchonine, quinine et quinidine.

Les écorces de la variété *rufinervis* imitent bien le Calisaya, et se trouvent mêlées avec ce riche produit. Elles s'en distinguent en ce que « la fibre est beaucoup plus fine et plus serrée, et la surface extérieure présente des taches noires dues à des restes de croûtes cellulaires gorgées de suc brun. » (Guibourt).

XV. Cinchona succirubra (*fig.* 606).

(Pav., *Quinol.*, *in* Howard, *loc. cit.* — Klotzsch, in *Abhand. der Academie der Wissensch.*, zu Berlin, pag. 60. — *C. ovata erythroderma*, Wedd., *Hist. nat. Quinq.* 61.)

Arbres à feuilles largement ovales, brièvement acuminées, pubescentes en dessous, surtout sur les nervures ; écorce sèche, rouge foncé, à tunique cellulaire persistante (1).

Habite Huaranda, dans la province de Quito.

QUINQUINA SUCCIRUBRA. — Le quinquina rouge, estimé à juste titre pour sa valeur en principes actifs, a été tout d'abord rapporté au *C. oblongifolia* de Mutis, qui n'est qu'un *Cascarilla* dépourvu de tout principe fébrifuge. M. Guibourt le premier montra, par l'examen d'un échantillon authentique du *C. oblongifolia* apporté par M. de Humboldt, qu'il fallait chercher ailleurs l'origine des quinquinas rouges officinaux. La solution fut presque donnée par M. Weddell (1) qui fut tenté de rapporter l'écorce en question au *C. ovata erythroderma*. Enfin, M. Howard, d'après des échantillons authentiques du *C. succirubra* de Pavon, admit que cette écorce devait, en effet, être attribuée à ce *C. succirubra*. Ses vues ont été confirmées par la découverte faite par Spruce de l'espèce elle-même. Les observations microscopiques concordent du reste avec toutes les autres preuves pour corroborer cette opinion.

Nous empruntons à MM. Delondre et Bouchardat la description de ces écorces, renvoyant pour les détails aux divers auteurs que nous avons cités.

« *Quinquina rouge vif*. — On trouve ce quinquina dans les forêts

---

(1) *Quinquina rouge vrai non verrruqueux et verruqueux* (Guib., *loc. cit.*, pag. 121-124). — *Quinquina rouge vif et rouge pâle* (Del. et Bouch., 29, pl. VII, et 30, pl. VIII). — *Cascarilla roxa verdadera* (Laub., *Bull. ph.*, II). — *China rubra; rothe China*, Bergen. — *China rubra; cortex Chinæ ruber* (Göbel et Kunze, 69, pl. XI, fig. 1-5). — *Red Cinchona* (Pereira *Mat. méd.*, pag. 1641). — Vulgo *Cascarilla colorada de Huaranda*.

(2) Weddell, *Histoire naturelle des Quinquinas*.

de la province de Quito ; il arrive au port de Guayaquil en surons ou en caisses de 50 à 60 kilogrammes. Les écorces plates sont épaisses de 5 à 12 millimètres ; l'épiderme est quelquefois très-épais, fendillé en tous sens, tantôt d'un blanc argenté se détachant faci-

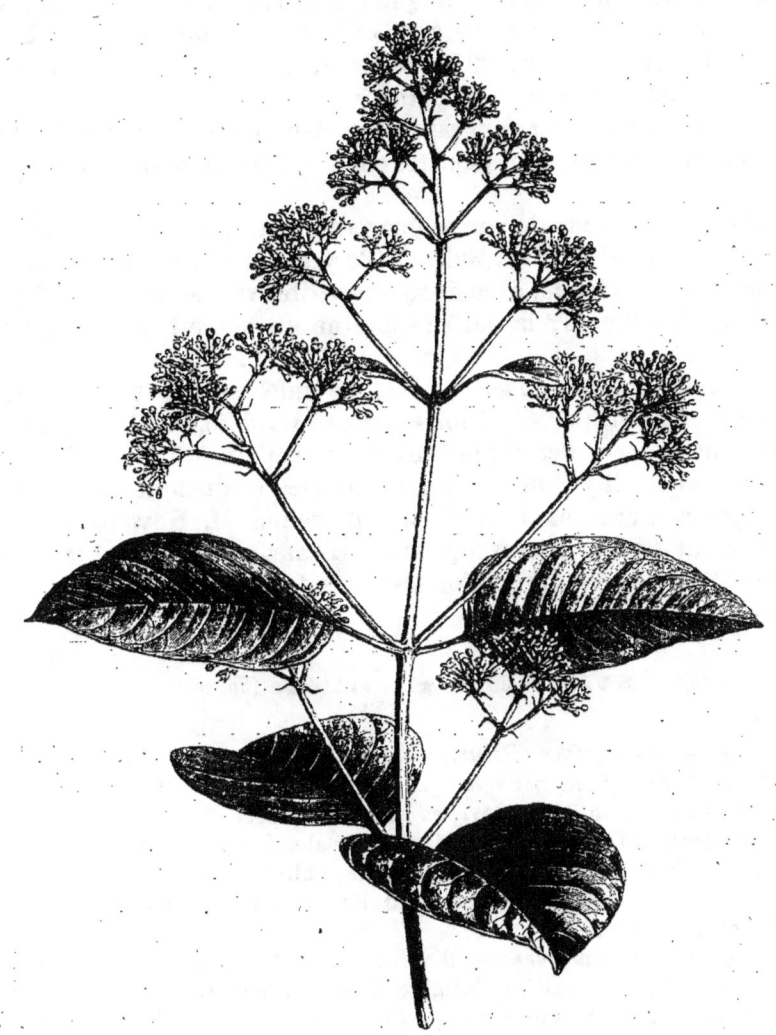

Fig. 606. — Cinchona succirubra.

lement, et tantôt d'une nature fongueuse. D'autres écorces ont un épiderme si adhérent, qu'il forme pour ainsi dire corps avec le derme ; il est sans fissures, couvert de points rugueux proéminents, d'un rouge brun foncé. La surface interne est d'un rouge brun, qui devient un peu rose à la cassure. La texture est unie, à fibres courtes et fines, se détachant facilement et pénétrant dans la peau en y causant de la démangeaison, comme celles du Calysaya de Bolivie. Il existe au-dessous de l'épiderme un cercle résineux très-épais. L'amertume se développe facilement et est légèrement styptique. Ce quinquina contient de 20 à 25 grammes de sulfate de quinine et 10 à 12 grammes de sulfate de cinchonine. On peut retirer du sulfate de quinine une notable proportion de la cristallisation appelée *quinidine*.

Les écorces roulées, qui rappellent dans leurs principaux traits les écorces plates, sont décrites sous le nom de *quinquina rouge pâle*.

J'ai sous les yeux de jeunes écorces provenant de *C. succirubra* de trois ans, cultivés à Hakgall (Ceylan). Elles sont extérieurement d'un gris foncé, avec de toutes petites verrues assez régulièrement distribuées ; la surface interne est jaune-brun, à peine fibreuse.

Examen microscopique. — L'étude microscopique de cette écorce a été faite par MM. Klotzsch (1), Howard (2), Phœbus (3), etc. Les fibres corticales rappellent dans leur disposition celles du *C. Calisaya* ; il y a beaucoup de cellules et quelques vaisseaux laticifères à cristaux dans l'écorce moyenne. M. Howard a parfaitement vu au microscope des cristaux de kinovate de quinine (4) qui se sont précipités des sucs de l'écorce en dehors des cellules.

XVI. Cinchona glandulifera (*fig.* 607).

(Ruiz et Pavon, *Flor. Péruv.*, III, 51, tab. CCXXIV ; — DC., *Prod.*, IV, 354. — Wedd., *Hist. nat. Quinq.*, 65, tab. XXI. — *Cinchona undulata*, Kinol., olim *glandulifera*, Pav., ex herb. Boissier.)

Arbrisseau à feuilles presque sessiles, ovales-lancéolées, poils glanduleux à la face inférieure ; capsule petite, oblongue, pubescente.

Habite les montagnes élevées du Pérou à Panatahuas, Cicoplaya, Monzon et Cuchero (5).

QUINQUINA GLANDULIFERA. — D'après M. Weddell, le docteur Pöppig attribue au *C. glandulifera* l'origine d'un des meilleurs quinquinas de Huanuco ; mais ce naturaliste paraît avoir apporté des écorces qui ne répondent point à sa description. Il est donc probable qu'il a fait quelque confusion ; il a pris peut-être pour écorce du *C. glandulifera* celle des jeunes branches du *C. nitida*, qui portent le même nom vulgaire.

---

(1) Klotzsch, *loc. cit.*
(2) Howard, *loc. cit.*, tab. II, fig. 11, 12, 13.
(3) Phœbus, *loc. cit.*, pag. 38.
(4) Howard, *loc. cit.*, tab. II, fig. 12^h.
(5) Vulgo *Cascarilla negrilla de Huayaquil y Cicoplaya*.

M. Pritchett assure que le *Quinquina glandulifera* n'est plus depuis longtemps dans le commerce (1).

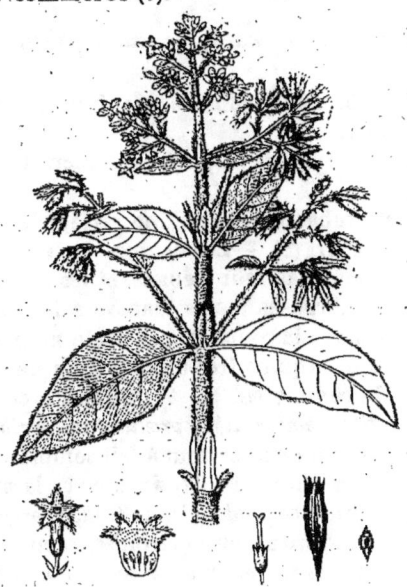

Fig. 607. — Cinchona glandulifera.

XVII. Cinchona Humboldtiana.

(Laub., III., 7; — Wedd., *Hist. nat. Quinq.*, 67, pl. X, B. — *C. villosa, Quinol.*, Pav. — Lind., *Flor., Méd.*; — Walpers, *Répert.*, VI, 65.)

C. à feuilles ovales-lancéolées, aiguës, pileuses à la face inférieure; capsule ovale, villeuse (2).

Habite Jaen, dans le Pérou septentrional.

Quinquina Humboldtiana. — Le *C. Humboldtiana* fournit avec le *C. macrocalyx* la plus grande partie des écorces foncées de Jaen dont nous avons parlé précédemment (3).

Les échantillons de cette écorce envoyés par M. Howard forment de longs cylindres, souvent tordus sur eux-mêmes et mal roulés, de la grosseur d'une plume d'oie; la surface extérieure varie du gris au brun, avec de nombreuses taches de lichens; elle est ridée dans le sens de la longueur et parfois transversalement sillonnée; la surface interne est ocracée et fibreuse; la saveur est peu amère, astringente et acidule, l'amertume se développe lentement.

(1) Voir Howard, *loc. cit.*
(2) *China pseudo-Loxa: Dunkle ten China*, Bergen. — *Dunkle Jaen China* ou *pseudo-Loxa* (Göbel et Kunze, *loc. cit.*, 67; tab. V). — *Dark Jaen bark* (Pereira, *Mat. méd.*, 1639).— *Quinquina de Loxa inférieur; Quinquina ten foncé* (Guib., *loc. cit.*, pag. 103). — *Ashy crown bark*, Pereira (*Mat. méd.*, 1639).—Vulgo *Cascarilla pelluda.*
(3) Voir pag. 151.

XVIII. Cinchona conglomerata.

(Pav., *Nueva Quinol.*, ex Howard, *loc. cit.*, et herbier Boissier.)

Arbre à feuilles oblongues-lancéolées; inflorescence en panicule serrée; capsules ovales.

Habite la *hacienda de Huaranda*, près de Jaen dans la province de Quito.

Cette espèce n'est probablement qu'une variété de la précédente.

QUINQUINA CONGLOMERATA (1). — Les écorces de cette espèce rapportées par Pavon se distinguent par leur densité et les rugosités de leur surface. Elles ont de nombreuses fentes transversales, moins profondes que celles de l'*Uritusinga*; la coupe transversale montre une substance rouge-brun. C'est un quinquina très-fin, mais qui ne se trouve qu'accidentellement dans le commerce. Du temps de Pavon, il était très-réputé. « *Cortices virtutibus eminentibus præstant in febribus tertianis* (1). »

M. Howard a trouvé cette écorce tout à fait semblable à un échantillon du Muséum de Paris étiqueté : « *Quinquina de la montagne de Cajanuma, près Loxa, Cascarilla colorada (Kina-Kina, Cortex-Ruber), apporté du Pérou par Joseph de Jussieu, qui la considère comme la plus efficace et comme déjà très-rare et presque inconnue de son temps.* »

La *Cascarilla colorada*, trouvée dans le commerce par M. Howard, lui a donné 1,68 p. 100 d'alcaloïdes : quinidine, quinine et cinchonine.

XIX. Cinchona umbellulifera.

(Pav., *Nuev. Quinol.*, ex How., *loc. cit.*)

C. à feuilles ovales-oblongues, à panicule serrée.

Habite sur les collines boisées de Jaen.

Cette espèce, appelée vulgairement *Cascarilla provinciana fina* ou *Cascarilla crespilla*, a une écorce argentée, légèrement bourgeonnée, qui entre très-probablement dans les écorces fines de Loxa.

XX. Cinchona pahudiana.

(Howard, *loc. cit.*)

Arbre élevé à feuilles subcoriaces, polymorphes, ovales ou elliptiques, obtuses, pubescentes à la face inférieure, sans scrobicules ; tube de la corolle pentagone, fendu sur les angles à la base.

Habite Uchubamba, dans le Pérou central.

Cette espèce n'a d'intérêt que parce qu'elle a été introduite à Java, où elle réussit très-bien. L'écorce, qui porte dans le Pérou le nom de

---

(1) *Quinquina rouge de Loxa*, de Joseph de Jussieu. — *Cascarilla colorada*.
(2) Pav., *Nueva Quinol.*, ex How., *loc. cit.*

Cascarilla crespilla chicha, ne contient que très-peu de principes actifs, si bien que l'on en a abandonné la culture à Darjeeling. M. de Vrij, qui n'a trouvé d'abord que 0,50 p. 100 d'alcaloïdes dans cette écorce très-jeune, espère qu'elle donnera plus tard de meilleurs résultats.

XXI. Cinchona cordifolia.

(Weddell, *Hist. nat. Quinq.*, pag. 37, tab. XVII.)

Arbres à feuilles ovales arrondies, obtuses, cordées ou légèrement atténuées à la base, pubescentes à la face inférieure; capsules lancéolées, beaucoup plus longues que larges.

Var. α VERA, feuilles ovales, subcordées, pubescentes à la face inférieure.

(*C. cordifolia*, Mutis et Humb.; *Mag. Gesc. nat. Freunde*, Berl., 1807; — Walpers, *Repert.*, V, 65. — *C. pubescens* α *cordata*, DC., *Prod.*, IV, 353. — *C. Goudotiana*, Klotzsch, ex. herb. Boissier. — *C. lutea*, Pav., Quinol., *in* Howard, *loc. cit.* — *C. Tucujensis*, Karst. ex Triana *op. ined.*)

Habite, de la Nouvelle-Grenade au Pérou, presque toute la région cinchonifère de 1,700 à 2,700 mètres d'altitude.

Var. β ROTUNDIFOLIA, feuilles arrondies obtuses, un peu pubescentes sur les nervures de la face inférieure.

(*C. rotundifolia*, Pav., M^{ss}. ex Weddell.)

Habite Loxa.

QUINQUINAS CORDIFOLIA. — ÉCORCES ROULÉES DU C. LUTEA (*C. cordifolia*). — D'après l'examen consciencieux qu'a fait M. Howard de l'écorce de *C. lutea*, cette espèce serait l'origine des *quinquinas pâles de Jaen*, dont nous traiterons à propos du *C. subcordata*.

Quinquina cordifolia plat (1). — « Cette écorce ne présente ni la couleur fauve ni les formes régulières des quinquinas orangés de la Nouvelle-Grenade. Elle est d'un jaune pâle, à surface externe plus ou moins ridée longitudinalement, avec quelques lambeaux micacés; rarement roulée, souvent en forme de copeaux ou en plaques allongées plus épaisses ou plus ou moins obliquement tordues.

« C'est une espèce inférieure qu'on trouve assez rarement dans le commerce, et qui ne mérite pas cependant le mépris qu'on lui a voué. Elle est beaucoup plus efficace que certains quinquinas gris débités chez les droguistes, et qui ne contiennent que du tannin, beaucoup plus efficace que tous les succédanés qu'on a cherchés à grand frais au quinquina dans nos régions européennes. Nous l'avons souvent administrée dans nos voyages, à défaut

---

(1) *Quinquina de Carthagène jaune pâle* (Guibourt, *loc. cit.*, 156). — *Quinquina Maracaïbo* (Del. et Bouch., 38, pl. XVIII). — *China flava dura*, Bergen. — *Carthagena hard Cinchona bark*, Pereira, 1642. — *Vulgo Cascarilla mula* ou *Mula cascarilla* des Péruviens et des Boliviens. — *Quina amarilla* de Bogota.

d'autre, et toujours avec succès, en proportionnant les doses et en faisant réduire convenablement la décoction avec du jus de citron, acide qu'on a presque toujours sous la main en Amérique (1). » D'après MM. Delondre et Bouchardat, ce quinquina contient 10 à 12 grammes de sulfate de cinchonine et 2 ou 3 de sulfate de quinine.

M. Phœbus, après avoir étudié les caractères anatomiques de cette écorce, hésite à le rapporter au *C. cordifolia*. Les témoignages de tous les voyageurs et de tous les auteurs sont trop unanimes à cet égard pour que nous partagions les mêmes doutes.

XXII. Cinchona subcordata.

(Pav., *Nueva Quinol.*, ex Howard, *loc. cit.*)

Arbre peu élevé, à feuilles ovales subcordées ou presque arrondies, acuminées, ondulées; capsule oblongue.

Habite les collines de la province de Loxa.

QUINQUINA SUBCORDATA (2). — D'après les recherches de MM. Howard et Pereira, c'est à cette espèce qu'il faut rapporter l'*ash bark* de ce dernier auteur, et non, comme il l'avait fait d'abord, au *C. ovata vulgaris*.

Voici les caractères assignés par Pereira à ces écorces : Elles sont en cylindres de grosseur et de longueur moyennes ; leur caractère distinctif est leur courbure en arc ou leur torsion très-marquée. La surface extérieure est marquée de quelques fentes transversales et surtout de sillons longitudinaux ; sa couleur varie du gris cendré au gris noirâtre ou au jaune pâle, avec taches blanchâtres ou brunes; la surface intérieure est d'un brun cannelle, la fracture transversale nette ou fibreuse ; l'odeur est celle du tan, la saveur faiblement astringente et amère, la couleur de la poudre brun-cannelle.

Cette écorce arrive en caisses et en surons par le port de Payta.

L'analyse microscopique montre les caractères suivants : suber très-pâle et passant peu à peu à l'enveloppe cellulaire, cellules à résine rares et peu développées; beaucoup d'amidon dans les cellules de la couche herbacée; rayons médullaires nombreux interrompus par les fibres du liber.

M. Howard a trouvé à l'analyse chimique 2 p. 100 de cinchonine sous diverses formes.

---

(1) Rampon, *loc. cit.*
(2) *Quinquina de Loxa cendré* A (Guib., pag. 152). — *China-Jaen; Blase Ten-China*, Bergen. — *China Jaen; China Tenn, s. Tena* (Göbel et Kunze, pag. 67, tab. X, fig. 6-9). — *Ash Cinchona* (Pereira, *Mat. méd.*, 1636). — Vulgo *Pata de Gallinazo*.

XXIII. Cinchona decurrentifolia.

(Pav., *Nueva Quinol.*, *in* Howard, *loc. cit.*, et herb. Boissier. — An *C. purpurascens*, Weddell, *Hist. nat. Quinq.*, 39, pl. I?)

C. à feuilles obovales, presque arrondies ou obovales-elliptiques, décurrentes; capsule oblongue, devenant souvent monstrueuse par la piqûre des insectes.

Habite la province de Loxa.

M. Howard soupçonne que cette espèce pourrait bien être le *C. purpurascens* de M. Weddell. La forme des feuilles, l'avidité avec laquelle les insectes les dévorent, enfin l'analogie des écorces, semblent confirmer cette opinion.

QUINQUINA DECURRENTIFOLIA (1). — Cette écorce ressemble au quinquina de Jaen pâle ; elle en diffère par sa structure plus fibreuse. Son épiderme est blanc verdâtre, ou couleur de rouille, ce qui lui a valu son nom vulgaire *ahumada* (*enflammé*). M. Guibourt a déterminé les échantillons de M. Howard : *quinquina blanc de Loxa;* il donne le même nom à l'écorce du *C. purpurascens* de M. Weddell. Cependant M. Weddell pense que le quinquina blanc est surtout produit par le *C. cordifolia* et le *C. pubescens.*

Cette écorce présente au microscope un suber médiocrement épais, des couches herbacées brunâtres, de larges fibres corticales groupées entre des rayons médullaires bien marqués ; pas de vaisseaux laticifères.

XXIV. Cinchona Mutisii.

(Weddell, *Hist. nat. Quinq.*, 69, tab. XXII. — Lamb., *Illust.* exclus. syn. *Flor. Peruv.* — *C. glandulifera*, Lindl., *Flor. medica*.)

Arbre à feuilles elliptiques-ovales ou oblongues, coriaces, brillantes à la face supérieure, chargées de poils en dessous, à bords enroulés ; capsule oblongue ou ovale-oblongue ; corolle pubescente en dedans du tube.

Habite Loxa.

Var. α MICROPHYLLA, feuilles ovales, aiguës.

(*C. microphylla*, Mutis (Auct. Zea, *fide* Lamb.). — Pav., *Nueva Quinol.*, Howard et herbier Boissier. — *C. quercifolia*, Pav., M^{ss} in herb. Lambert, *fide* Weddell.)

Var. β CRISPA, feuilles plus grandes, elliptiques-ovales, à base plus ou moins arrondie.

(*C. parabolica*, Kinol., Pav.. *ex* Howard et herb. Boissier. — *C. quercifolia var. crispa*, Pav., *in* herb. Lambert, *fide* Weddell.)

A ces deux variétés de M. Weddell j'ajouterai, comme intermédiaire :

C. MUTISII RUGOSA, feuilles ovales, arrondies, intermédiaires pour les

---

(1) *Quinquina blanc de Loxa* (Guib., *loc. cit.*, 153). — *Kina-kina à écorce blanche de Loxa*, de Joseph de Jussieu, ex Howard, *loc. cit.* — Vulgo *Cascarilla ahumada*. — *Cascarilla blanca* des Péruviens.

dimensions entre celles des variétés précédentes; capsules glabres à la maturité.

(*C. rugosa*, Pav., *Quinol.* et herb. Boissier.)

QUINQUINA MUTISII (1). — La variété β du *Mutisii* donne une écorce vulgairement appelée *Cascarilla crespilla con hojas rugosas*, que M. Guibourt a décrite en ces termes, sous le nom de *Quinquina payama de Loxa* : « Écorce filandreuse, rougeâtre, de saveur nulle, tantôt revêtue d'un épiderme gris, fortement chagriné comme celui des quinquinas gris, tantôt recouverte d'un épiderme lisse, feuilleté et d'une teinte rosée. Il présente un grand nombre de lichens blancs foliacés, mélangés du bel *Hypocnus rubrocinctus*, observé aussi sur le quinquina gris de Lima et le quinquina rouge. Cette écorce, dont la valeur est tout à fait nulle, se trouve chez M. Delessert sous le nom de *Cascarilla crespilla con hojas rugosas de Loxa, Cinchona parabolica* (lettre J). Le Musée britannique la possède également sous le nom de *Cinchona de hojas rugosas de Loxa* (2) (écorce n° 9). »

Ce quinquina est, de l'avis de Pavon (herb. Boissier), une mauvaise écorce. Je l'ai vue dans la collection envoyée par M. Howard à l'Ecole de pharmacie de Montpellier, avec l'étiquette *C. parabolica*, PAVON, *at times imported as crown bark*.

Sous la désignation de *C. rugosa* Pav. ? *called crown bark, comes largely viâ Guyaquil*, M. Howard a également envoyé des écorces roulées, d'une couleur grisâtre, avec de nombreuses rides annulaires, d'un rouge cannelle à la surface intérieure. Le périderme détaché laisse voir un derme jaune fauve marqué de quelques impressions transversales. La cassure est filandreuse comme celle du *C. parabolica*, la saveur légèrement amère, très-astringente.

L'examen microscopique du *Cascarilla con hojas de Roble* (*C. Mutisii microphylla*), montre un suber épais, brun foncé à l'extérieur, pâle à l'intérieur; des cellules à résine nombreuses et de dimensions moyennes; des rayons médullaires très-nombreux; des fibres corticales étroites, groupées en longues rangées radiales, qui empiètent sur l'enveloppe cellulaire.

XXV. Cinchona hirsuta.

(*C. hirsuta*, Ruiz et Pav., *Flor. Per.*, II, pag. 51, tab. 192; — Weddell, *Hist. nat. Quinq.*, 70, tab. XXI. — *C. cordifolia* var. β, Rhode, *Monog.*, 59. — *C. pubescens* γ *hirsuta*, DC., *Prod.*, IV, 353. — *Cascarillo delgado*, Ruiz, *Quinol.*, art. III, pag. 60.)

Arbre grêle à feuilles elliptiques-ovales, obtuses, atténuées à la base, coriaces, garnies de poils soyeux à la face inférieure; tube de la corolle pubescent intérieurement à la base des étamines.

Habite les montagnes élevées du Pérou, à Pilao, Acomayo, Panatahuas, vers le 10° degré de lat. aust.

(1) *Quinquina payama de Loxa* (Guib., *loc. cit.*) — 159. — Vulgo *Cascarilla crespilla con hojas rugosas*.
(2) Guib., *loc. cit.*, pag. 159.

QUINQUINA HIRSUTA (1). — Sous le nom de *Cascarilla delgada*, l'écorce du *C. hirsuta* est décrite par Laubert de la manière suivante : « Sa surface externe est un peu raboteuse avec de petites fentes transversales et d'un gris clair, à cause des lichens blanchâtres, moins argentins que ceux du *C. nitida*, qui la recouvrent en grande partie. Les endroits dépourvus de cette enveloppe offrent la couleur de rouille, surtout lorsqu'on les regarde avec une bonne loupe : elle est remarquable par sa finesse, ayant rarement une demi-ligne d'épaisseur et 2 à 3 lignes de diamètre; sa surface interne d'un jaune pâle, sa cassure nette et résineuse, avec quelques filaments extrêmement petits à sa partie interne; elle est bien roulée et se rappproche beaucoup des précédentes par son amertume et son arome. On la trouve ordinairement mêlée aux autres espèces fines, mais elle est très-rare (2). » Et en note : « La cause de la rareté de cette écorce est son extrême finesse. Les cascarilleros ne trouvent pas leur compte à l'exploiter, puisqu'un journalier, dans le même espace de temps, peut se procurer huit fois plus de *Peruviana* que de *delgadilla*. »

Le *Wiry Loxa bark* de Pereira rappelle par sa finesse le *Cascarilla delgada*, mais il n'a pas les petits sillons transversaux de cette écorce.

XXVI. Cinchona heterophylla, Pav.

(Pav., *Nueva Quinol.*, in How., *loc. cit.*)

C. à feuilles ovales, ovales-cordées ou obovales; capsules ovales.
Habite las Azogues, province de Cuença.

QUINQUINA HETEROPHYLLA. — L'écorce de cette espèce, appelée *Quina negra* ou *negrilla*, arrive assez souvent mêlée au Calisaya roulé; c'est, d'après M. Howard, l'écorce figurée par Göbel et Kunze dans la planche V de leur *Waarenkunde*, et attribuée par eux au *C. scrobiculata*. Elle est remarquable par sa couleur gris-noir, sur laquelle tranchent de beaux lichens blancs foliacés. La couleur de la surface extérieure est d'un brun foncé. L'écorce contient une forte proportion d'acide cinchotannique et d'acide quinovique et 1,48 p. 100 d'alcaloïdes : quinidine et cinchonine.

XXVII. Cinchona suberosa.

(Pav., *Quinol.*, in How., *loc. cit.*)

Arbre à feuilles oblongues, acuminées, pubescentes, à la face inférieure; écorce subéreuse; fleurs paniculées.
Habite la province de Loxa.

QUINQUINA SUBEROSA. — Cette écorce se trouve parfois mêlée aux quinquinas gris ou même au Calisaya de Carabaya. Reichel, qui l'a parfaitement décrite (*fide* Howard), la distingue du *pseudo-Looxa* de Bergen : 1° à sa moindre densité; 2° à sa couleur passant au gris-brun;

---

(1) *Cascarilla delgada* (Laub., *Bull. pharm.*, II, pag. 296). — Vulgo *Cascarilla fina delgada* des Péruviens. — An *Wiry Loxa bark* (Pereira, *Mat. méd.*, 1640 ?).

(2) Laub., *Bull. ph.*, *loc. cit.*

3° au petit nombre de ses fentes transversales, si faiblement imprimées qu'elles échappent à un premier coup d'œil; 4° à son goût moins amer.

Son action paraît aussi puissante que celle du *pseudo-Loxa*.

Faux quinquinas.

Nous venons de passer en revue toutes les espèces du genre *Cinchona* qui sont connues pour fournir des écorces officinales. Nous pourrions traiter maintenant avec les mêmes détails des *faux quinquinas* fournis par des genres voisins et qui ont à diverses époques paru dans le commerce mêlés aux quinquinas vrais ou donnés comme tels : mais nous ne croyons pas devoir y insister. Ces écorces sont actuellement assez dépréciées pour ne tromper personne, et l'analyse chimique est là pour faire justice de celles qui se glisseraient dans les pharmacies : nous nous contenterons de décrire très-brièvement les principales, celles qui ont joué un rôle de quelque importance en matière médicale.]

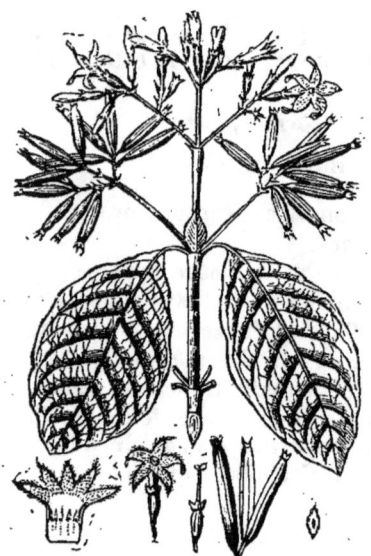

Fig. 608. — Cascarilla magnifolia.

Cascarilla magnifolia.

Weddell, *Hist. nat. Quinquinas*, p. 79 (*Cinchona magnifolia*, Ruiz et Pavon; *Cinchona oblongifolia*, Mutis; — *Quinquina* rouge de Mutis).

Cette espèce fournit le *quinquina rouge* de Mutis, qu'on a longtemps confondu avec le quinquina rouge vrai (voir pag. 172), et que nous décrirons sous le nom de QUINQUINA NOVA (*fig.* 608). Arbre élevé de 45 mètres, dont la tête est large et très-touffue; les feuilles sont pétiolées, amples, ovales-oblongues, très-entières, d'une couleur pâle, brillantes en dessus, veineuses en dessous; veines infléchies vers le sommet et portant à la base de nombreux poils fasciculés, blancs. Les plus grandes feuilles sont longues de 30 à 40 centimètres; les pétioles sont demi-cylindriques, pourpres, longs de 3 à 5 centimètres. Le calice est pourpre, petit, à cinq dents; la corolle est presque longue de 27 millimètres, blanche, à limbe ouvert, un peu velu en dedans; la capsule est oblongue, presque longue de 4 centimètres, faiblement striée, couronnée par le calice.

QUINQUINA NOVA. — Écorce longue de 35 centimètres, plus ou moins, roulée lorsqu'elle est petite, ouverte ou presque plate lorsqu'elle est plus grosse, ayant en général une forme parfaitement cylindrique, ce qui lui a fait donner le nom de *quinquina chandelle*. L'épiderme est mince, blanchâtre à l'extérieur, uni, offrant à peine quelques cryptogames, dont un entre autres est sous forme de plaques jaunes, cireuses, mamelonnées. Il n'offre pas d'autres solutions de continuité que quelques déchirures ou fentes transversales répondant à celles de la couche extérieure de l'écorce; et celles-ci ne paraissent être qu'un effet de la dessiccation, tandis que les impressions circulaires observées sur d'autres quinquinas, sur le Calisaya principalement, tiennent à l'organisation même de l'écorce. Quelquefois l'épiderme manque. L'écorce proprement dite est épaisse de 2 à 7 millimètres, d'un rouge pâle incarnat, devenant plus foncé à l'air, surtout à la surface externe qui, lorsqu'elle est dénudée, est toujours d'un rouge brunâtre. La cassure est feuilletée à l'extérieur, courtement fibreuse à l'intérieur; lorsqu'on l'examine à la loupe, on découvre entre les fibres, et surtout entre les feuillets, une très-grande abondance de deux matières grenues, l'une rouge et l'autre blanche, ce qui donne à la masse sa couleur rosée. Quelques morceaux offrent dans leur cassure, plus près du bord externe que de l'interne, une exsudation jaune et transparente, ressemblant à une gomme. L'écorce a une saveur fade, astringente, analogue à celle du tan et du quinquina gris. La poudre est d'un rouge assez prononcé.

Pelletier et M. Caventou n'ont trouvé dans ce quinquina ni quinine ni cinchonine, et ils en ont retiré 9 principes, savoir : une matière grasse; un acide particulier, analogue aux acides gras et nommé *acide kinovique*; une matière résinoïde rouge; une matière tannante; une gomme; de l'amidon; une matière jaune; une substance alcalescente en très-petite quantité; du ligneux (1).

QUINQUINA NOVA COLORADA. — J'appelle ainsi une écorce qui a paru dans le commerce, en 1825, sous le nom de *Quina colorada* et qui, loin d'être analogue aux bonnes espèces de quinquina qui ont été nommées de même, se rapproche des *Quinquinas nova*, malgré son aspect extérieur qui paraît l'en éloigner.

Écorces roulées, grosses comme le pouce ou davantage, pourvues d'une croûte très-rugueuse, d'un rouge brun à l'intérieur, *mais généralement couverte d'un enduit blanc argenté*, et offrant en outre, souvent, un champignon foliacé, découpé, d'un beau rouge de carmin sur ses bords et sur toute sa face inférieure (*Hypocnus rubro-cinctus*, Fée). Dans les plus jeunes écorces, la croûte

---

(1) *Journ. pharm.*, t. VII, pag. 109.

est seulement striée longitudinalement, presque sans fissures transversales, et ressemble beaucoup à la croûte du jeune quinquina rouge non verruqueux (espèce XI, A). Dans les écorces plus âgées, la croûte est plus épaisse et marquée de profondes crevasses tant longitudinales que transversales. Le liber est d'une couleur *lie de vin*, assez mince dans les jeunes écorces, épais de 5 à 7 millimètres dans les grosses; il est compacte, médiocrement fibreux, et présente souvent, vers sa partie interne, une exsudation jaune et transparente.

Cette écorce possède une saveur très-astringente, plus ou moins amère, et une odeur faible, analogue à celle des quinquinas gris. M. Ossian Henry a constaté qu'elle contenait une petite quantité de cinchonine.

Je suis certain que le quinquina que je viens de décrire arrivait du Pérou. Il m'a cependant été présenté depuis sous le nom de *quinquina du Brésil* et comme venant de *Rio-Janeiro*, et on l'attribuait en conséquence au *Buena hexandra*, Pohl. (1). Mais ce quinquina, quoique contenant un certain nombre d'écorces courtes, mondées à l'extérieur, très-épaisses et souvent courbées en arc (2), ce qui lui donnait un aspect différent du premier, lui ressemble trop par ses écorces non mondées, pour que ce ne soit pas la même espèce. J'ai d'ailleurs cherché plusieurs fois à faire venir directement de Rio-Janeiro ce quinquina, qui aurait dû en être originaire, et je n'ai pu y parvenir. On ne le connaît pas dans les pharmacies de Rio-Janeiro. Mais ce qui est fort singulier, c'est que M. Félix Cadet-Gassicourt m'a remis, pour le droguier de l'École de pharmacie, un échantillon de *nova colorada* envoyé en 1834 de Haïti, par M. Germain Cadet, juge de paix de la commune de Verrette, qui proposait d'en faire des envois commerciaux, ce quinquina étant alors cultivé en assez grande quantité à Haïti, ainsi que la rhubarbe et deux autres espèces de *Cinchona* désignées sous les noms de *rubra* et de *spinosa*. Quant au *nova colorada*, il est nommé dans la lettre d'envoi *quinquina brun* ou *Cinchona cordifolia*, ce qui est une erreur, sans aucun doute. Je présume que l'espèce y avait été transportée de la Colombie.

Condaminea tinctoria, D. C.

ÉCORCE DE PARAGUATAN, nommée *socchi* au Pérou, Tafalla. L'écorce, telle qu'elle se trouve dans le commerce, est en morceaux

---

(1) Voir De Candolle, *Prodr.*, t. IV, p. 356.
(2) Cette écorce est quelquefois épaisse d'un centimètre et tellement compacte, que sa coupe transversale, opérée à l'aide de la scie, présente la dureté et le poli du bois d'acajou.

courts, épais de 5 à 15 millimètres, souvent courbés en dehors par la dessiccation. Elle est raclée à l'extérieur, ou pourvue d'une croûte blanchâtre ou jaunâtre et fongueuse, semblable à celle du gros *Quinquina nova*. Elle a une texture grenue du côté externe, un peu fibreuse du côté interne ; mais cette partie interne est gorgée d'un suc rouge desséché qui lui donne une grande compacité et de la dureté. Cette écorce du commerce, étant plus ou moins altérée à sa surface par la lumière ou l'humidité, ne présente qu'une teinte générale d'un rouge rosé terne ; mais elle possède à l'intérieur une belle couleur de laque rouge qui est très-foncée, surtout du côté interne, où elle est gorgée de suc rouge. Tafalla dit qu'en raclant la surface interne des écorces fraîches, on en tire un suc qui, épaissi au soleil, peut remplacer la laque (1). Cette écorce est propre à la teinture ; on la trouve au Musée britannique sous le nom de *Cinchona laccifera*, *Quina parecida á la cinchona ó Quina roxa de Mutis* (écorce n° 14).

Cascarilla macrocarpa, Weddell (*fig.* 609).

(*Cinchona macrocarpa*, Vahl. — *C. ovalifolia*, Mutis.)

Feuilles pétiolées, ovales-oblongues, longues de 12 à 14 centimètres, larges de 7. Elles sont épaisses, glabres et brillantes en dessus, pubes-

Fig. 609. — Cascarilla macrocarpa.

centes en dessous, à côtes saillantes, velues. Pétiole long d'un pouce, plan en dessus, convexe en dessous ; stipules plus longues que les pétioles, lancéolées, soudées à la base, glabres en dedans, caduques. Panicule terminale, raccourcie, trichotome, à pédoncules triflores. Fleurs sous-sessiles, accompagnées chacune à la base d'une bractée

(1) *Bull. pharm.*, t. II, p. 307.

subulée. Calice campanulé-urcéolé, à 5 dents très-courtes et obtuses, plus rarement à 6 dents ou plus. Corolle épaisse, longue de 40 millimètres, tomenteuse au dehors. Divisions du limbe lancéolées-obtuses, de la même longueur que le tube, velues à l'intérieur. Filets des étamines très-courts; anthères linéaires dépassant un peu l'ouverture du tube. Capsule glabre, cylindrique, longue de 55 millimètres, un peu rétrécie à la base; s'ouvrant de haut en bas; semences entourées d'une membrane.

On en connaît une variété à feuilles complétement glabres.

Quinquina blanc de Mutis. — L'écorce de cet arbre est tout à fait différente du quinquina blanc de Loxa et des autres quinquinas blancs précédemment décrits. Telle qu'elle a été rapportée par M. de Humboldt, au Muséum d'histoire naturelle, elle se compose de morceaux plats souvent recourbés en arc, en dehors, par la dessiccation. Souvent ils sont épais seulement de 1 ou 2 millimètres, et les plus épais ne dépassent pas 7 millimètres. Ils sont durs, cassants et ont une cassure grossière et grenue. Ils sont composés de deux couches distinctes : l'extérieure rougeâtre, offrant des fibres transversales blanches, entremêlées d'une matière rouge; l'intérieure formée seulement de fibres longitudinales, dures, demi-transparentes et comme agglutinées. La surface extérieure des grosses écorces est souvent déchirée comme celle du gros *Quinquina nova*, auquel alors elles ressemblent beaucoup. L'épiderme manque entièrement. La poudre est d'une teinte rosée, dure sous la dent, d'une saveur peu sensible d'abord, qui devient ensuite d'une amertume forte et désagréable. Elle n'offre rien de savonneux, comme on l'a dit jusqu'ici.

On rencontre assez souvent chez les droguistes de petites parties de vieux quinquina blanc de Mutis, dont ils ne connaissent pas la nature. Il est épais de 5 à 9 millimètres, plat, taché de brun noirâtre et de blanc à sa surface; brunâtre à sa face interne et comme recouvert d'une pellicule formée de fibres agglutinées; d'une cassure toujours grossière et grenue, rougeâtre du côté externe, plutôt jaunâtre du côté interne. J'ai aussi vu anciennement, chez M. Marchand, une écorce venant de Neybas, dans la Colombie, assez volumineuse, cintrée, en partie couverte d'un épiderme blanc et uni, toujours rougeâtre au dehors, jaunâtre en dedans, *très-amère*, qui me paraît être encore du quinquina blanc de Mutis. Enfin Goudot m'a remis, comme étant une variété du quinquina blanc de Mutis, une écorce bien cylindrique, roulée en volute, du volume du pouce, épaisse de 2 ou 3 millimètres, couverte d'un épiderme uni et d'un gris un peu rosé; rosée à l'intérieur et toujours formée de deux couches distinctes, l'une intérieure à fibres rayonnantes, l'autre extérieure à structure concentrique.

Costus amer de l'Histoire des drogues.

Cette écorce est en morceaux de différentes longueurs et grosseurs qui ont dû provenir des gros rameaux et des branches de l'arbre. Les plus gros morceaux sont épais de 7 millimètres, légers, recouverts d'une croûte grise, mince, rugueuse, légèrement crevassée. Ils ont une cassure médiocrement fibreuse, jaunâtre, et une surface intérieure d'une apparence fibreuse. Quelquefois ils ont été raclés à l'extérieur et alors leur surface est unie et d'un blanc rosé. Ils sont inodores, et leur saveur amère, plus forte vers la partie interne qu'à l'extérieur, est mêlée d'un goût nauséeux fort désagréable.

Les morceaux roulés sont recouverts d'un épiderme gris, moins rugueux, souvent parsemé de taches blanches. La cassure est moins fibreuse que dans les gros morceaux et plutôt grenue ; la surface interne est recouverte d'une pellicule unie, comme formée de fibres agglutinées, et d'une couleur plus foncée que l'écorce elle-même, qui est d'un jaune très-pâle à l'intérieur. La saveur est semblable à celle des morceaux précédents.

Écorce amère de Madagascar.

En 1837, une personne qui résidait à l'île Bourbon a envoyé à Paris une écorce très-usitée comme antidyssentérique dans cette île, où elle est apportée de Madagascar. J'ai pensé, d'après cela, que cette écorce pouvait être celle de *bélahé* ou *béla-ayé*, qui vient en effet de Madagascar ; mais elle présente une bien plus grande ressemblance avec le *Costus amer* de l'*Histoire des drogues*, et c'est même cette grande ressemblance, principalement, qui m'a empêché de confondre en un seul article le costus amer et le quinquina azaharito. Cependant l'écorce amère de Madagascar présente aussi quelques caractères particuliers ; quoique provenant évidemment de très-gros rameaux, puisqu'elle présente quelquefois plus de 30 centimètres de développement, elle n'a pas 2 millimètres d'épaisseur. Elle est couverte d'un épiderme tantôt gris, un peu rugueux, mais non fendillé ; tantôt presque uni, gris blanchâtre et parsemé de taches blanches ; alors l'écorce ressemble tout à fait à celle du costus amer. Cette grande ressemblance se retrouve dans l'essai par les réactifs, ainsi que le montre le tableau suivant.

RÉACTIFS.	COSTUS AMER.	ÉCORCE AMÈRE DE MADAGASCAR.
Tournesol...............	Rougi.	Rougi fortement.
Nitrate de baryte........	Précipité.	Précipité de sulfate assez abondant.
Nitrate d'argent.........	Précipité abondant de chlorure.	Précipité de chlorure très-abondant.
Émétique................	0	0
Sulfate de fer...........	Précipité grisâtre.	Coloration brunâtre, trouble et précipité grisâtre.
Gélatine................	0	0
Noix de galle...........	Léger trouble.	Louche.
Eau de chaux............	0	—
Acide azotique..........	Trouble, qu'un excès d'acide dissout.	0
— sulfurique..........	Précipité.	Louche.
Oxalate d'ammoniaque...	—	Se trouble fortement.
Deutochlorure de mercure.	—	0

Quant à l'écorce de **bé-lahé**, qui est à peine connue, j'ai reçu depuis, sous ce nom, une écorce roulée, assez épaisse, d'apparence ligneuse jaunâtre, inodore et amère. Cette écorce est revêtue d'une croûte blanche, très-mince, comme papyracée. Cette croûte blanche est elle-même recouverte, en grande partie, d'une couche très-mince d'une substance noirâtre, partie pulvérulente, partie filamenteuse, de nature cryptogamique.

Lasionema rosea, Don.

Arbre d'une grande élévation, très-touffu, devenant fort beau au temps de sa floraison. Les fleurs sont roses, petites, à tube légèrement renflé et recourbé; le limbe est très-ouvert, à 5 dents obtuses, un peu velues sur le bord. L'écorce appelée *écorce d'Asmonich* se trouve chez M. Delessert (lettre G) et au Musée britannique, n° 8 des écorces. Elle est mince, dure, compacte, cassante, d'une couleur de chocolat à l'intérieur; couverte d'un épiderme grisâtre et uni. Elle ne présente qu'une saveur peu marquée. D'après Ruiz, cette écorce est peu amère, mais très-astringente. Elle est nulle sous le rapport médical.

Exostemma floribundum, Rœm. et Schult (*fig.* 610.)

Arbre de 10 à 13 mètres. Feuilles courtement pétiolées, toutes glabres, très-ouvertes, longues de 14 à 16 centimètres, elliptiques-lancéolées ; stipules oblongues, obtuses, engaînantes ; panicule terminale très-étendue, à rameaux glabres, comprimés ; calice à dents subulées très-petites. Corolle glabre. Tube long de

27 centimètres; limbe à 5 divisions longues et linéaires. Filets et style capillaires, aussi longs que les divisions du limbe; stigmate ové, indivis. Capsule obovée, glabre. Découvert en 1742, par Desportes, à Saint-Domingue. Cet arbre croît également sur les montagnes des autres Antilles; et comme dans ces îles le sommet des montagnes se nomme *piton*, l'écorce en a pris le nom de quinquina piton (1).

Quinquina Piton ou *de Sainte-Lucie*. Cette écorce, telle que je l'ai trouvée anciennement dans le commerce, est roulée, cylindrique, grosse comme le doigt, recouverte d'un épiderme variable : tantôt cet épiderme est d'un gris foncé, très-mince, ridé longitudinalement; tantôt il est recouvert de plaques cryptogamiques, blanches et tuberculeuses, et marquées de légères fissures transversales; d'autres fois, enfin, il est épais, fongueux, crevassé, blanchâtre à l'extérieur, jaunâtre à l'intérieur. Dans tous les cas l'écorce elle-même est mince, légère, très-fibreuse, sans ténacité, facile à déchirer ou à fendre dans le sens de sa longueur. Sa cassure est d'un gris jaunâtre, mais sa surface interne est d'une couleur plus ou moins noire, entremêlée de fibres blanches longitudinales; son odeur, quoique faible, est nauséeuse; sa saveur est excessivement amère et désagréable; elle donne une poudre d'un brun terne; elle possède une propriété vomitive.

Fig. 610. — Exostemma floribundum.

Le quinquina piton donne, par la macération dans l'eau, un liquide rouge très-foncé, très-amer, ne rougissant pas le tournesol, et paraissant plutôt alcalin qu'acide. Fourcroy en a fait le sujet d'une fort belle analyse (1). Pelletier et M. Caventou l'ont aussi soumis à quelques essais, dans la vue d'y chercher la quinine ou la cinchonine, qu'ils n'y ont pas rencontrées.

Exostemma caribæum, Rœm. et Schult.

Quinquina caraïbe (*fig.* 611). Arbuste de 3 ou 4 mètres d'éléva-

(1) Fourcroy, *Annales de chimie*, t. VIII, p. 113.

tion, trouvé à la Jamaïque, à Cuba, à Saint-Domingue et à la Guadeloupe; ses rameaux sont d'un brun pourpre et persemés de points cendrés; son bois est d'un jaune foncé, très-dur, et a reçu par dérision le nom de *tendre en gomme*. D'après Murray, l'écorce sèche du tronc est en fragments un peu convexes, d'une ligne et demie d'épaisseur, composée d'un épiderme profondément gercé, jaunâtre, spongieux et friable, et d'un liber plus pesant, dur, fibreux, d'un brun verdâtre. L'écorce des branches est également brune et couverte d'un épiderme mince, grisâtre, recouvert de lichens.

Je n'ai que deux faibles échantillons de quinquina caraïbe dont je sois certain : l'un m'a été donné anciennement par M. Cap, et l'autre par Pelletier.

L'échantillon (A), donné par M. Cap, se compose de fragments d'écorces plates qui n'offrent que des restes d'une croûte blanche, quelquefois épaisse de 2 à 5 millimètres, dure et profondément crevassée, mais ordinairement mince et offrant à sa surface une quantité considérable de petits cryptogames noirs et tuberculeux, entre autres le *Verrucaria tropica*, Ach. Le liber est épais de 2 millimètres, *formé de fibres plates qui se séparent facilement les unes des autres par plaques minces*. Sa couleur naturelle paraît être le jaune foncé, mais, par la dessiccation ou par l'action prolongée de l'air, la plupart des morceaux ont pris une teinte rouge ou brun noirâtre; l'amertume en est très-forte et désagréable, la salive est colorée en jaune orangé; la poudre ressemble à celle du quinquina jaune.

Cette écorce, malgré son caractère fibreux, est très-pesante, et semble avoir été plongée dans une dissolution saline et séchée ensuite; d'autant plus qu'elle offre à la loupe, et même à la simple vue, des points brillants dont plusieurs ont une forme cristalline bien prononcée. Pour m'assurer si ce caractère n'était pas effectivement accidentel, j'ai lavé une écorce dans de l'eau froide, qui n'a offert ensuite aucun indice de chlorure ou de sulfate; je pense donc que les cristaux doivent être attribués à quelque principe inhérent à l'écorce.

L'échantillon (B), donné par Pelletier, est en écorces plus jeunes que les précédentes, très-minces, cintrées ou à demi roulées, couvertes d'un épiderme blanc jaunâtre; leur texture est très-fine; *leur cassure est nette, non fibreuse, d'un jaune orangé foncé*; la surface interne est très-unie et d'un brun noirâtre. La saveur et la coloration de la salive sont semblables à celles du premier échantillon.

Quinquina bicolore.

Écorce sous la forme de tubes très-droits, fort longs, bien

roulés en volute ou en double volute; elle est épaisse d'un millimètre à un millimètre et demi. Elle est dure, compacte, non fibreuse et cassante. La surface extérieure est très-unie, d'une couleur uniforme gris jaunâtre; la surface intérieure est d'un brun foncé ou noirâtre, quelquefois grise comme l'extérieur; et alors l'écorce n'offre véritablement que deux couleurs, ce qui lui a valu son nom. La cassure est orangé foncé; la saveur est amère, désagréable, analogue à celle de l'angusture; l'odeur nulle. La poudre a la couleur des quinquinas gris et rouges mêlés.

Cette écorce, répandue il y a vingt-cinq ans en Italie, sous le nom de *Quina bicolorata*, était connue en Angleterre sous celui de *pitaya*, que nous avons vu appartenir à un vrai quinquina. M. Batka, droguiste de Prague, l'avait décrite à tort comme étant le quinquina de Sainte-Lucie ou quinquina piton. En France, on la regardait généralement comme une espèce d'angusture; mais j'ai toujours pensé qu'elle se rapprochait plus des *Exostemma* que des *Galipea*, et j'ai été confirmé dans cette opinion par la manière dont se comporte son macéré aqueux avec les réactifs chimiques.

Depuis, L'Herminier père, pharmacien à la Guadeloupe, et M. Batka, ont pensé que le quinquina bicolore était d'un grand arbre de la famille des Rubiacées et du genre *Malanea*, que L'Herminier a nommé *Malanea racemosa* (1). Cet arbre est connu à la Guadeloupe sous le nom de *bois jaune*, à cause de la couleur de son bois (2). Son écorce, telle qu'on la trouve dans le commerce, est en morceaux larges, plats, très-minces, d'un jaune tirant un peu sur le fauve; la surface extérieure seule est d'un gris jaunâtre; sa texture est finement fibreuse, sa saveur très-amère; elle communique à l'eau une belle couleur jaune. Cette écorce offre donc, en effet, beaucoup de rapport avec le quinquina bicolore, et je les crois semblables; cependant l'écorce de *Malanea* est toujours d'un beau jaune dans l'intérieur, tandis que la surface intérieure du quinquina bicolore acquiert à la longue la couleur noirâtre des écorces d'*Exostemma*.

Quel que soit le nombre d'écorces que je viens de décrire comme appartenant aux *Cinchona* ou à d'autres genres voisins de la famille des Rubiacées, le nombre en aurait encore été plus grand si j'y avais ajouté les écorces des *Portlandia*, des *Coutarea*, des *Remijia*, etc., auxquelles on a pareillement donné le nom de *Quinquina*. Quant aux écorces appartenant à d'autres familles, et

(1) *Journ. de pharm.*, t. XIX, p. 384.
(2) Je pense que c'est cet arbre que De Candolle a décrit sous le nom de *Stenostomum acutatum* (*Prodr.*, t. IV, p. 460).

que l'on a nommées *Quinquina*, à cause de leur usage comme fébrifuges, j'en ai décrit deux précédemment, dont l'une, nommée *quina de Saint-Paul*, est produite par le *Solanum pseudo-china* (1), et dont l'autre, appelée *quina do campo*, appartient au *Strychnos pseudo-china* (2). A la suite de cette dernière, j'ai décrit succinctement une écorce mexicaine, du nom de *colpachi*, analysée par M. Mercadieu, et dont je ne pouvais alors indiquer la plante mère. Il me paraît probable aujourd'hui que cette plante est le *Coutarea latifolia*, qui porte au Mexique le nom de *copalchi* (3).

On se plaint dans tous les pays de la rareté toujours croissante des quinquinas médicinaux, et le gouvernement français, en particulier, se préoccupe de la dépense considérable qu'il est obligé de faire en sulfate de quinine pour le service des hôpitaux militaires. Il a demandé aux corps académiques ou à des commissions, s'il n'y avait pas possibilité de remplacer le sulfate de quinine par un autre agent moins coûteux, indigène ou exotique. Il serait véritablement singulier et bien malheureux qu'il n'en existât aucun; mais je suis persuadé, au contraire, que des recherches pharmaceutiques, chimiques et médicales, dirigées avec méthode et persévérance sur beaucoup d'agent thérapeutiques aujourd'hui délaissés, conduiraient, pour le moins, à circonscrire l'usage du sulfate de quinine dans un petit nombre de cas rebelles. Parmi nos végétaux indigènes, sur lesquels je désirerais voir de nouveau se fixer l'attention des médecins et des pharmaciens, je citerai le houx, le chardon-bénit, l'artichaut, l'absinthe, la camomille romaine, la petite centaurée, la gentiane, plusieurs lichens; et quant aux végétaux exotiques, on aurait assez à choisir entre le *chiretta* de l'Inde, la racine de colombo, la cascarille, le quassia, le simarouba, l'angusture vraie, le *Strychnos pseudo-china*, l'écorce de *pao-pereira*, et beaucoup d'autres encore.

[Nous terminons ce travail en donnant le tableau suivant qui comprend la liste des principales espèces commerciales sous leur nom vulgaire et avec l'indication de leur origine botanique.

(1) T. II, p. 500.
(2) T. II, p. 563.
(3) DC., *Prodrom.*, t. IV, p. 350.

TABLEAU

DES PRINCIPALES ÉCORCES DU COMMERCE, AVEC INDICATION DES ESPÈCES QUI LES PRODUISENT.

BOLIVIE ET PÉROU.

Quinquina Calisaya....................	*C. Calisaya vera*, Wedd.
Calisayas légers du commerce............	*C. Calisaya morada.* (*C. boliviana*, Wedd.). *C. ovata rufinervis*, Wedd. *C. micrantha*, Wedd. *C. amygdalifolia*, Wedd., etc.

PÉROU.

1° Écorces de Cuzco.

Quinquina rouge de Cuzco (un des Calisayas légers)............................	*C. scrobiculata*, Wedd.
Quinquina jaune de Cuzco................	*C. pubescens pelleteriana*, Wedd.
Quinquina d'Arica.......................	

2° Quinquinas Huanuco ou de Lima.

Quinquina Huanuco plat sans épiderme......	*C. nitida*, Ruiz et Pav.
Quinquina Huanuco jaune pâle.............	*C. peruviana*, Howard.
Quinquina rouge de Lima.................	*C. peruviana*, Howard.
Quinquina gris-brun de Lima..............	*C. micrantha*, Wedd.
Quinquina gris (variété ligneuse)..........	*C. ovata*, Wedd.
Quinquina de Lima gris ordinaire..........	*C*...........................

3° Quinquinas Huamalies.

Quinquinas Huamalies...................	*C. officinalis*, L. (*C. Chahuarguera*, Pav.) *C. Humboldtiana*, Laubert.

Quinquina jaune de Cuença..............	*C. Humboldtiana*, Laubert.

ÉQUATEUR ET PÉROU.

Quinquinas de Jaen et de Loxa.

Quinquinas pâles de Jaen................	*C. cordifolia*, Wedd. *C. subcordata*, Pav.
(*Blasse ten China.*)	
Quinquinas foncés de Jaen...............	*C. macrocalyx*, Pav. *C. Humboldtiana*, Laubert.
(*Dunkle ten China.*)	
Quinquina de Loxa gris compacte..........	*C. officinalis*, L. (*C. Chahuarguera colorada*, P.).
Quinquina de Loxa brun compacte.........	*C. nitida?* Ruiz et Pav.

GUIBOURT, Drogues, 6ᵉ édition.   T. III. — 13

Quinquina de Loxa rouge marron..........	*C. scrobiculata*, Wedd.
Quinq. de Loxa rouge fibr. du roi d'Espagne.	*C. officinalis*, L.
	(*C. Uritusinga*, Pav.).
Quinquina jaune fibreux.....................	*C. officinalis*, L.
	(*C. Chahuarguera amarilla* Pav.).
Quinquina jaune fibreux du commerce.......	*C. macrocalyx*, Pav.
Quinquina payama de Loxa.................	*C. officinalis*, L.
	(*C. crispa*, Tassala).
Quinquina blanc de Loxa...................	*C. decurentifolia*, Pav.

ÉQUATEUR.

Quinquina jaune de Guayaquil.............	{ *C. coccinea*, Pav. { *C. erythrantha*, Pav.
Quinquina rouge vrai......................	*C. succirubra*, Pav.

NOUVELLE-GRENADE.

Quinquina Columbia et Carthagène..........	*C. lancifolia*, Mutis.
(*Quina paranjada*.)	
Quinquina à quinidine.....................	*C. lancifolia*, Mutis ?
Quinquina pitayo..........................	*C. pitayensis*, Wedd.
Quinquina Almaguer.......................	*C. pitayensis* ? Wedd.
Quinquina jaune pâle.....................	*C. cordifolia*, Wedd.
(*Maracaybo*, Delond.)	

FAUX QUINQUINAS.

Quinquina nova...........................	*Cascarilla magnifolia*, Wedd.
	(*Cinchona oblongifolia*, Mutis).
Écorce de Paraguatan.....................	*Condaminea tinctoria*, D. C.
Quinquina blanc de Mutis..................	*Cascarilla macrocalyx*, Wedd.
	(*C. ovalifolia*, Mutis).
Écorce d'Asmonich.........................	*Lasionema roseum*, Don.
	(*C. Taron-Taron*).
Quinquina Piton...........................	*Exostemma floribundum*, Rœm. et Schult.
Quinquina Caraïbe.........................	*Exostemma caribœum*, Rœm. et Schult.

Écorce de Josse.

L'écorce de josse ou de *koss* est employée au Sénégal comme fébrifuge. Le ministre de la marine, désirant appeler sur elle l'attention des chimistes et des médecins français, en a fait venir deux caisses qui ont été déposées à l'École de pharmacie pour que l'écorce fût distribuée à ceux qui voudraient l'expérimenter. Ayant examiné une première fois l'écorce seule, je n'avais pu hasarder que quelques conjectures fautives sur le genre d'arbre qui la produit; mais, ayant trouvé quelques débris du végétal dans une des caisses déposées à l'École, je puis indiquer avec plus de certitude sa famille et son genre.

L'arbre qui produit l'écorce de josse paraît croître dans les lieux submergés, où il forme comme des forêts. L'écorce envoyée doit provenir du tronc ou des gros rameaux. Elle est ouverte, cintrée ou roulée, presque toujours contournée ou tourmentée par la dessiccation. Elle est recouverte d'une couche subéreuse orangée, mince d'abord et couverte d'un épiderme blanc, laquelle, après avoir acquis une certaine épaisseur, se fend comme par anneaux et se sépare par plaques du liber. Celui-ci est formé de fibres entremêlées, du côté extérieur, de la même matière orangée qui forme le suber, plus rapprochées du côté interne, et faciles à séparer sous forme de lames fibreuses d'une grande ténacité. Le bois est dur et d'une assez belle couleur jaune. Au reste, toutes les parties du végétal sont pourvues d'un principe colorant jaune qui pourrait être utilisé pour la teinture. L'écorce présente, en masse, une odeur nauséeuse particulière ; elle a le même goût nauséeux, accompagné d'une légère astringence. Elle est sans amertume, ce qui n'est pas suffisant pour nier, *à priori*, sa propriété fébrifuge. Plusieurs chimistes se sont chargés d'en faire l'analyse.

Les jeunes rameaux qui accompagnent les écorces sont opposés en croix et portent des tubercules disposés de même, répondant à l'insertion des feuilles. Celles-ci sont assez courtement pétiolées, oblongues, lancéolées, très-entières, et rappellent tout à fait celles des cinchonées. Les fleurs manquent ; mais j'ai trouvé quatre capitules de fruits, complétement sphériques, de 13 à 14 millimètres de diamètre, et qui ont exactement tous les caractères des *Cephalanthus*. Le seul caractère qui me paraisse s'en éloigner, c'est que le limbe tronqué du calice, qui surmonte le fruit sous forme d'une couronne membraneuse, est manifestement pentagone. Les fruits présentent deux loges monospermes ; les semences sont blanches, volumineuses, à radicule supère.

Je devrais ne pas terminer la famille des Rubiacées sans traiter du **gambir**, suc astringent aujourd'hui très-répandu dans le commerce et retiré des feuilles de l'*Uncaria gambir*, arbuste de l'Inde orientale et des îles Malaises, très-voisin des *Cinchona* ; mais l'histoire du gambir se trouve tellement liée à celle des cachous et des kinos, dont le plus grand nombre appartient à la famille des Légumineuses, que je remets à en parler lorsque je traiterai des produits de cette dernière famille.

FAMILLE DES CAPRIFOLIACÉES, DC.

Lonicérées, Endl. Petite famille voisine des Rubiacées, offrant encore un calice gamosépale, soudé avec l'ovaire, à 4 ou 5 dents ; une corolle gamopétale, à 4 ou 5 divisions, portant 4 ou 5 étamines libres, à anthères introrses. L'ovaire est infère et présente de 2 à 5 loges; les ovules sont solitaires ou pendants à l'angle interne de chaque loge, et anatropes. Le fruit est bacciforme, à 2 ou plusieurs loges monospermes ou polyspermes, quelquefois uniloculaire et monosperme par avortement. Les graines sont pendantes et contiennent un embryon très-court, à radicule supère, au milieu d'un endosperme charnu.

Chèvrefeuille des jardins.

Lonicera Caprifolium, L. Arbrisseau sarmenteux, dont les feuilles sont ovales, sessiles, opposées, les supérieures réunies par leur base en une seule feuille perfoliée. Les fleurs sont sessiles et disposées à l'extrémité des tiges en un ou deux verticilles. Elles sont formées d'un long tube rouge ou blanchâtre au dehors, suivant la variété, blanc en dedans, à 5 divisions irrégulières, et à 5 étamines saillantes. Le fruit est une baie à 3 loges polyspermes.

Les fleurs de chèvrefeuille possèdent une odeur très-agréable. On les emploie en infusion théiforme, comme béchiques et légèrement sudorifiques, et l'on en forme un sirop de la même manière que le sirop de violette.

Sureau commun.

Sambucus nigra, L. — *Car. gén.* : calice sous-globuleux, à 5 divisions peu marquées; corolle supère, rotacée, à 5 divisions; 5 étamines égales. Ovaire infère à 3 loges; ovules solitaires pendant du sommet de l'axe central de chaque loge; 3 stigmates sessiles et obtus; baie globuleuse, couronnée par les vestiges du limbe du calice, pulpeuse, contenant 3 semences attachées par un funicule à l'axe du fruit.

Car. spéc. : tige arborescente; feuilles pinnatisectées, à segments dentés; cyme à 5 branches.

Le sureau noir est un arbuste dont le bois est très-léger et renferme un large canal médullaire, surtout dans les jeunes branches. Son feuillage est d'un vert foncé et répand une odeur désagréable. Les fleurs sont blanches, très-petites, mais très-nombreuses, et sont disposées en cymes touffues d'un très-bel effet. Elles sont douées d'une odeur suave lorsqu'elle est affaiblie, mais trop forte et désagréable de près. Séchées, elles sont d'un volume encore moindre, jaunes et conservent une odeur toujours forte, mais agréable. On en prépare alors un hydrolat, un oxéolé et différentes préparations magistrales. Elles sont sudorifiques et résolutives.

Les baies de sureau sont grosses comme de petits pois, d'un

brun noir, luisantes, et sont remplies d'un suc rouge-brun, qui passe au violet par les alcalis et au rouge vif par les acides. On les nommait autrefois *grana actes*, ce qui ne veut rien dire autre chose que *grain de sureau*, ἀκτή étant le nom grec de l'arbre. On en prépare un extrait nommé *rob de sureau*, qui est purgatif à la dose de 12 à 15 grammes.

L'écorce de sureau est aussi usitée en médecine et peut être très-utile comme purgative, dans l'hydropisie : c'est l'écorce des jeunes branches qui est employée à cet usage ; on la récolte à l'automne, après la chute des feuilles, lorsque son épiderme, qui était vert d'abord, est devenu gris et tuberculeux. On racle légèrement cet épiderme gris avec un couteau ; on enlève par lambeaux l'écorce verte qui est au-dessous, et on la fait sécher. Elle est alors sous la forme de lanières étroites, d'un blanc verdâtre, d'une saveur douceâtre astringente et d'une odeur faible. On l'empoie à la dose de 30 grammes par litre, en décoction.

Hièble, *Sambucus Ebulus*, L. Cette espèce de sureau croît abondamment en Europe, sur le bord des chemins, dans les lieux humides. Sa racine, qui est blanchâtre, charnue et vivace, pousse des tiges herbacées et annuelles, hautes de 100 à 130 centimètres. Ses feuilles sont pinnées avec impaire, comme celles du sureau noir, mais à folioles plus longues et plus aiguës et accompagnées à la base de stipules foliacées. La cime des fleurs n'a que trois branches ; les baies sont semblables et sont employées concurremment avec celles de sureau. Elles teignent cependant les doigts en un rouge plus vif.

FAMILLE DES LORANTHACÉES.

Petit groupe de végétaux parasites et ligneux, composé principalement des deux genres *Viscum* et *Loranthus*. Je n'en citerai qu'une espèce très-répandue en Europe et qui était un objet de grande vénération chez les Gaulois nos ancêtres : c'est le **gui**, que les druides cueillaient au commencement de chaque année, avec accompagnement de cérémonies religieuses, et dont ils se servaient pour bénir de l'eau qu'ils distribuaient au peuple, en lui persuadant qu'elle purifiait, donnait la fécondité, détruisait l'effet des sortiléges et guérissait de plusieurs maladies.

Le **gui**, *Viscum album*, L. (*fig.* 610), croît fréquemment sur les pommiers, les poiriers, les tilleuls, les frênes, l'érable, l'orme, les peupliers, les saules, le hêtre, et très-rarement sur le chêne, sur lequel les druides le recherchaient principalement. Sa tige est ligneuse, cylindrique, divisée dès sa base en rameaux dichotomes, d'un vert jaunâtre, ainsi que les feuilles, et formant une touffe arrondie large de 35 à 45 centimètres. Les feuilles sont sessiles, rares, oblongues, entières, épaisses, glabres et persistantes. Les fleurs sont petites, verdâtres, ramassées 3 à 6 ensemble, dans les bifurcations supérieures, et dioïques. Leur calice est entier, à bord très-peu saillant; les pétales sont au nombre de 4, caliciformes, réunis par la base. Dans les fleurs mâles, chaque pétale porte, sur le milieu de sa face interne, une anthère sessile, oblongue. Dans les femelles, l'ovaire est infère, couronné par le calice, et terminé par un style court, à stigmate arrondi. Le fruit est une baie globuleuse, blanche, remplie d'une pulpe visqueuse et contenant une seule graine charnue, qui renferme plusieurs embryons. C'est de cette baie d'abord, et ensuite de la plante entière du gui, et du *Loranthus europæus*, que l'on a retiré la **glu**, en les pilant, les faisant bouillir dans l'eau et les mettant ensuite pourrir à la cave jusqu'à ce qu'elles fussent converties en une masse visqueuse, qu'il ne s'agit plus que de débarrasser par le lavage des débris étrangers, pour la livrer au commerce. Aujourd'hui, c'est surtout de la seconde écorce du houx qu'on retire la glu par le procédé qui vient d'être décrit.

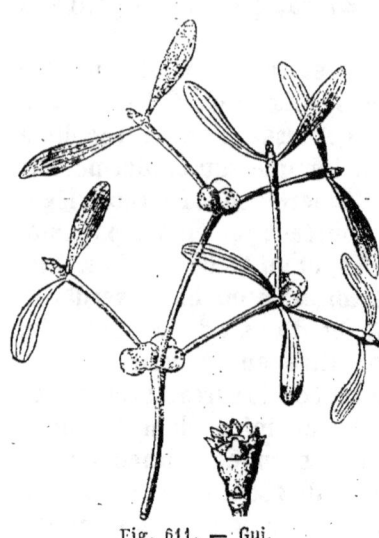

Fig. 611. — Gui.

La glu est une bien singulière substance, sur la nature de laquelle on n'est pas encore complétement éclairé. Elle est demi-liquide, très-visqueuse, collante et ne se dessèche pas à l'air. Elle a une couleur verdâtre et ne possède ni odeur ni saveur caractérisées. Elle est insoluble dans l'eau, soluble à chaud dans l'alcool, soluble dans l'éther, insoluble dans les alcalis, décomposable par les alcalis minéraux concentrés. Elle paraît contenir de l'azote, à en juger par l'odeur qu'elle dégage en brûlant.

FAMILLE DES CORNÉES.

Cette petite famille, qui est la première des dicotylédones caliciflores polypétales, est encore moins nombreuse que la précédente. Elle n'est guère formée que de quatre genres dont un seul, le genre *Cornus* ou **cornouiller**, offre quelque importance. Voici quels en sont les caractères :

Fleurs souvent disposées en tête ou en ombelle et pourvues d'un involucre, ou disposées en panicule et non involucrées. Calice soudé avec l'ovaire, à limbe supère, très-court, à 4 dents; corolle à 4 pétales valvaires, insérés au haut du tube du calice, avec 4 étamines alternantes; ovaire infère, à 2 loges, rarement 3, surmonté d'un disque et d'un style terminé par un stigmate tronqué; chaque loge de l'ovaire renferme un seul ovule pendant. Le fruit est un *caryone* ou drupe infère, à un seul noyau osseux, à 2 ou 3 loges, mais souvent uniloculaire et monosperme par avortement. La semence est inverse, pourvue d'un embryon othotrope, dans un albumen charnu. Les feuilles sont entières et opposées, excepté dans une seule espèce où elles sont alternes.

Les Cornouillers comprennent une vingtaine d'espèces, dont deux sont indigènes et communes dans nos bois. L'une est le **cornouiller mâle**, *Cornus mas*, L., grand arbrisseau de 7 ou 8 mètres de hauteur, à feuilles opposées, ovales-pointues, courtement pétiolées. Les fleurs paraissent avant les feuilles, au mois de mars : elles sont jaunes, très-petites, disposées en ombelles, pourvues d'un involucre à 4 folioles. Les fruits, nommés *cornouilles*, sont rouges, de la grosseur et de la forme d'une petite olive; ils ont une saveur aigrelette ou un peu acerbe et jouissent d'une propriété astringente. Le bois de cornouiller est très-dur, tenace, d'un grain fin, susceptible d'un beau poli et bon pour les ouvrages du tour. On en fabrique des roues de moulin, des échelons d'échelle, des manches d'outils; les anciens en faisaient des piques et des javelots.

La seconde est le **cornouiller sanguin** ou **cornouiller femelle** (*Cornus sanguinea*, L.). C'est un arbrisseau de 4 ou 5 mètres, dont les jeunes rameaux sont colorés en rouge-brun. Les fleurs sont blanches et disposées en corymbes dépourvus d'involucre. Les fruits sont arrondis, noirâtres, d'une saveur amère et astringente. L'amande fournit par expression le tiers de son poids d'une huile propre pour l'éclairage et la fabrication du savon.

FAMILLE DES ARALIACÉES.

Calice soudé avec l'ovaire, à limbe entier ou denté. Corolle à 5 pétales valvaires, très-rarement nuls et remplacés par un nombre égal d'étamines; 5 étamines insérées sous la marge d'un disque épigyne, ovaire infère, à 2 ou à un plus grand nombre de loges uni-ovulées. Plusieurs styles simples, divergents, quelquefois soudés en un seul; stigmates simples. Fruit bacciforme, couronné par le limbe du calice, offrant de 2 à 5 loges (quelquefois 10 à 12) monospermes; semences anguleuses, inverses, contenant un embryon orthotrope, à la base d'un endosperme charnu.

La famille des Araliacées comprend des arbres, des arbrisseaux et quelques plantes vivaces, à suc aqueux. Les tiges et les rameaux sont cylindriques; souvent grimpants; les feuilles sont alternes, simples, palmées ou pinnées, à pétioles dilatées à la base, privées de stipules. Cette famille offre de grands rapports avec celle des Ombellifères dont elle diffère cependant par son inflorescence souvent imparfaitement ombellée, par la pluralité des styles et par son fruit charnu, très souvent pluriloculaire.

Lierre commun.

Hedera helix, L. Le lierre est un arbrisseau sarmenteux qui s'élève très-haut en s'attachant aux arbres ou aux murailles, à l'aide de petites griffes radiciformes dont ses tiges sont pourvues dans toute leur longueur. Ses feuilles sont alternes, pétiolées, persistantes, d'une consistance ferme, glabres, luisantes, d'un vert foncé; elles varient dans leur forme, celles des jeunes pieds ou des rameaux rampants et stériles des vieux troncs étant anguleuses et partagées en 3 ou 5 lobes; celles des rameaux florifères étant entières et à peu près ovales ou ovales-lancéolées. Les fleurs sont petites, verdâtres, disposées à l'extrémité des rameaux en plusieurs ombelles globuleuses; elles sont composées d'un calice campanulé soudé avec l'ovaire, terminé par 5 petites dents; d'une corolle à 5 pétales élargis et se touchant par la base; de 5 étamines et d'un ovaire turbiné, surmonté d'un style court et d'un stigmate simple. Le fruit est une baie globuleuse, d'un vert noirâtre, à 3, 4 ou 5 loges monospermes. Les fleurs paraissent à l'automne et les fruits mûrissent au printemps.

Les feuilles de lierre ont longtemps servi pour le pansement des cautères; elles sont aujourd'hui généralement remplacées par un papier couvert d'un enduit résineux; on les emploie aussi en décoction contre la vermine de la tête. L'écorce fait partie de la tisane de Feltz, suivant la formule de Baumé.

Résine de lierre. Dans les pays chauds, les vieux troncs de lierre fournissent naturellement, ou à l'aide d'incisions, un suc résineux qui se durcit à l'air et qui était usité autrefois dans les fumigations, ou comme résolutif et emménagogue; mais ce suc, tel que le commerce le présente, est loin d'être une substance toujours identique. Tantôt c'est de la résine privée de gomme, tantôt de la gomme pure, d'autres fois un mélange des deux; je lui conserve cependant le nom de *résine*, parce que c'est elle et non la gomme qu'il convient d'employer : quoique privée de gomme, ce n'est pas encore cependant de la résine pure.

1. On trouve dans la résine de lierre du commerce des morceaux qui paraissent d'un brun noir et opaques, parce qu'ils sont recouverts d'une croûte jouissant de ces caractères; mais, en les

débarrassant de cette enveloppe, ils deviennent transparents, d'une couleur orangée ou rouge, ont une cassure vitreuse, une saveur mucilagineuse, et sont privés d'odeur. Leur poudre, qui est presque blanche, traitée par l'eau, s'y gonfle considérablement sans s'y dissoudre. Quelquefois cependant la liqueur filtrée précipite par l'alcool, ce qui nous montre que ce produit du lierre n'est pas constant, et que, s'il n'est pas le plus souvent qu'une gomme insoluble, comme celle de Bassora, il contient d'autres fois une certaine quantité de gomme soluble comme la gomme du Sénégal.

2. On trouve d'autres morceaux qui sont d'un brun noirâtre, mêlé de taches rougeâtres dues à des portions fongueuses de l'écorce du lierre. Leur cassure est brillante et même vitreuse, sauf les mêmes taches rougeâtres qui se présentent à peu près uniformément dans toute la masse, et qui lui donnent son opacité ; car certaines parties, un peu plus pures, sont transparentes sur les bords. Ces portions transparentes sont de la gomme semblable à celle n° 1. La masse totale est inodore, donne une poudre brune, et brûle comme du bois lorsqu'on l'expose au feu.

Indépendamment des parties gommeuses dont je viens de parler, la substance n° 2 présente, surtout à l'aide de la loupe, dans des cavités de l'extérieur ou de l'intérieur, de petits globules rouges, transparents et brillants comme du rubis, qui sont de la résine ; mais, abstraction faite de ces parties résineuses, le reste n'est, en général, formé que de débris d'écorce liés avec une matière gommeuse.

3. La troisième sorte de matière qu'on trouve dans la résine de lierre du commerce est en morceaux d'un brun noirâtre, comme salis extérieurement par une poussière jaunâtre. Elle offre quelquefois des débris d'écorces semblables à ceux de la sorte n° 2, mais le plus souvent elle en est dépourvue. Sa cassure est entièrement vitreuse, sa transparence parfaite à l'intérieur, sa couleur rouge de rubis foncé : elle a, même en morceaux, une odeur très-forte de résine tacamaque, mêlée de celle de graisse rance, ce qui la rend désagréable. Sa saveur est analogue à son odeur. Elle donne une poudre jaune très-odorante, bien différente de la poudre brune et inodore de la sorte n° 2. Cette substance, qui est celle décrite par De Meuve et Lemery, comme résine de lierre, doit jouir de propriétés médicales assez actives, et doit être seule employée.

Pelletier a publié une analyse de la résine de lierre, dont voici les résultats (1) :

---

(1) Pelletier, *Bu'l. de pharm.*, t. IV, p. 504.

```
Gomme..............................    7
Résine.............................   23
Acide malique, etc.................    0,30
Ligneux très-divisé................   69,70
                                     ------
                                     100,00
```

Pelletier paraît avoir opéré sur la sorte n° 2 ; cependant cette sorte est en général plutôt gommeuse que résineuse.

La résine de lierre n° 3, traitée par l'alcool à 40 degrés bouillant, s'y dissout en partie, et donne une liqueur orangée rouge, qui, par son évaporation spontanée, laisse précipiter une matière grenue, moins colorée et moins soluble qu'auparavant.

Environ la moitié de la résine résiste à l'action de l'alcool, et reste sous la forme d'une poudre orangée encore odorante. L'eau n'en dissout rien du tout. La potasse caustique en dissout un peu de principe colorant jaune, que l'acide acétique peut en précipiter. La partie insoluble dans l'alcali devient brune. L'acide acétique n'en dissout rien. L'acide nitrique concentré ne l'altère pas à froid ; bouilli dessus pendant longtemps, et en grand excès, il ne paraît pas l'altérer davantage ; car il se colore à peine. La matière orangée conserve toute sa couleur et son odeur ; l'acide n'a qu'une légère teinte jaune ; étendu d'eau et filtré, il n'a aucune saveur amère ; l'ammoniaque le colore en jaune, sans en rien précipiter ; le sulfate de chaux et le chlorure de calcium n'y apportent aucun changement : il ne s'est donc formé ni principe amer ni acide oxalique.

Cette action de l'acide nitrique nous montre que le corps que j'y ai soumis n'est ni une résine, ni une gomme, ni du ligneux. C'est un nouveau principe immédiat des végétaux, dont il conviendrait d'autant plus d'étudier les propriétés avec soin, que son inaltérabilité pourrait le rendre utile à la teinture, si l'on parvenait à le fixer sur les étoffes.

Aralie nudicaule, fausse salsepareille de Virginie, *Aralia nudicaulis*, L. La tige rampante de cette plante est employée dans l'Amérique du Nord comme succédanée de la salsepareille (1).

Racine de ginseng.

Panax quinquefolium, L. (*fig.* 612). Cette plante croît dans la Chine et au Canada. Sa racine a été si estimée dans l'Asie orientale, qu'elle s'y est vendue longtemps trois fois son poids en argent, et qu'on cite, comme un acte de munificence royale, que les ambassadeurs siamois en aient apporté en présent à Louis XIV.

(1) Voyez tome II, p. 187.

Mais depuis que la plante a été trouvée en abondance dans l'Amérique septentrionale, on l'a rencontrée facilement dans le commerce, et on l'a même transportée en Chine, où le prix en est considérablement tombé, et, comme une conséquence presque obligée, la grande estime qu'on en faisait.

La racine de ginseng est à peu près longue et grosse comme le petit doigt, quelquefois fusiforme ou cylindrique; mais le plus souvent renflée à la partie supérieure, et marquée de ce côté de nombreuses impressions circulaires; souvent aussi elle se partage par le bas en deux branches qui, ayant été comparées aux cuisses d'un homme, lui ont valu son nom et sa réputation d'être aphrodisiaque. Elle est jaunâtre à l'extérieur; tantôt blanche et farineuse à l'intérieur, et d'autres fois

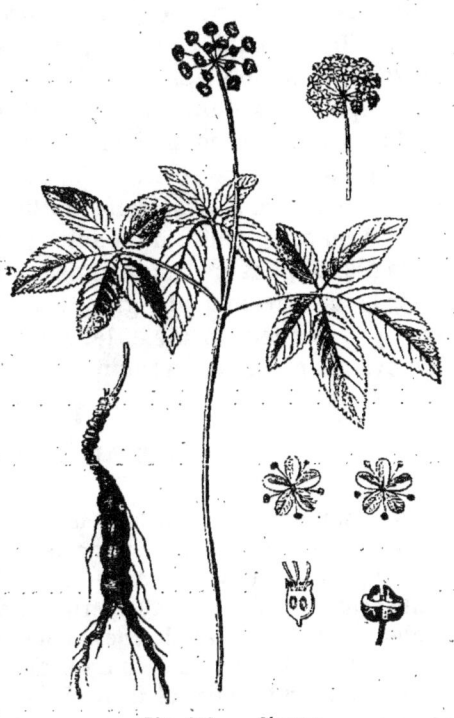

Fig. 612. — Ginseng.

jaune et cornée, suivant qu'elle contient plus de fécule ou plus de principes sucrés et extractifs. Elle a, lorsqu'on la respire en masse, une faible odeur d'angélique, accompagnée d'une âcreté qui se porte aux glandes salivaires. Sa saveur est à la fois amère, âcre et sucrée. Ces caractères indiquent que, si cette substance ne jouit pas de toutes les vertus qui lui ont été attribuées, elle ne doit pas au moins être dépourvue de toute propriété tonique et excitante.

La racine de ginseng a longtemps été confondue avec une autre racine presque semblable, mais moins estimée, qui vient dans la Corée, et est cultivée dans la Chine et au Japon. Cette racine est celle de *ninsin* (*Sium ninsi*, L.), plante ombellifère qui paraît être une simple variété du chervi, *Sium sisarum*, L. Mais je ne pense pas avoir jamais vu cette racine dans le commerce. Les deux plantes sont faciles à distinguer : le ninsin poussant un amas de racines tuberculeuses, d'où s'élèvent plusieurs tiges géniculées et rameuses, munies de feuilles pinnées ou ternées, d'ombelles pourvues d'involucres et de fruits formés de deux carpelles qui se séparent à maturité, comme ceux de toutes les ombellifères; tandis que le *Panax quinquefolium* pousse de sa racine une tige unique et nue, terminée supérieurement par trois ou quatre feuilles longuement pétiolées, composées chacune de 5 folioles courtement pétiolulées. Les fleurs sont polygames, presque en tête, dépourvues d'involucres, et il leur succède un fruit charnu à 2 loges monospermes. Mais, ce qui fait surtout le caractère de la racine de ginseng, c'est qu'elle est surmontée d'un *collet* tortueux, où se trouve marquée obliquement et alternativement, tantôt d'un côté, tantôt d'un autre, l'empreinte de la tige unique que la plante pousse chaque année. J'ai trouvé une fois dans du polygala de Virginie une grande quantité de ces collets de ginseng qui, par leur forme et leur couleur, se confondaient assez bien avec la masse de la racine. Il convient donc d'y regarder.

FAMILLE DES OMBELLIFÈRES.

Cette nombreuse et importante famille est une des plus naturelles du règne végétal; mais c'est aussi une de celles où les genres et les espèces sont les plus difficiles à déterminer.

Elle comprend des végétaux herbacés ou rarement frutescents, à tige fistuleuse, et à feuilles alternes, engaînantes par la base du pétiole, généralement divisées ou décomposées.

Les fleurs sont petites et disposées en *ombelles*; c'est-à-dire qu'elles sont portées sur des pédoncules qui partent d'un même point de la tige et qui s'élèvent sensiblement à la même hauteur, ou à la même distance du point de séparation. Quelquefois l'ombelle est *simple*, lorsque les pédoncules ne se divisent pas et ne portent qu'une fleur (exemple le genre *Hydrocotyle*); mais elle est presque toujours *composée*, ce qui a lieu lorsque chaque pédoncule partant de la tige se divise de lui-même en un certain nombre de pédicelles ombellés.

Très-souvent les ombelles générales ou les ombelles partielles, qui prennent le nom d'*ombellules*, portent à leur base une ou plusieurs folioles ou bractées qui composent une *collerette* ou un *involucre*, lorsqu'elles sont situées à la base de l'ombelle générale; et un *involucelle* quand elles se trouvent au point de départ des ombellules. La présence ou l'absence des involucres et des involucelles, ainsi que le nombre plus ou moins grand de folioles dont ils se composent, est un des caractères qui servent à distinguer les genres.

Chaque fleur d'ombellifère est composée d'un calice adhérent avec l'ovaire, persistant et formant l'enveloppe extérieure du fruit; d'une corolle à 5 pétales distincts; de 5 étamines alternes avec les pétales; l'ovaire forme 2 loges contenant chacune 1 ovule renversé. Il est surmonté de 2 styles, terminés chacun par 1 stigmate. Le fruit est un diakène, formé de deux demi-fruits (*méricarpes*, DC.) qui se séparent presque toujours à maturité, en emportant chacun la moitié du calice. Ces méricarpes, en se séparant, restent suspendus à la partie supérieure d'un support commun simple ou dédoublé, nommé *carpophore*, et ils sont toujours marqués à la partie extérieure de 5 côtes, qui forment la moitié des 10 nervures primitives du calice. Les intervalles qui séparent les côtes saillantes du fruit portent le nom de *vallécules*. On y observe souvent des vaisseaux résinifères nommés *bandelettes* (*villæ*, DC.), dont le nombre et la disposition servent aussi à la distinction des genres. Chaque semence du fruit présente un endosperme volumineux, charnu, corné et souvent huileux. L'embryon est droit, homotrope, petit, situé à la partie supérieure de l'endosperme.

M. de Candolle a divisé la famille des Ombellifères en trois sous-familles fondées sur la forme différente de l'albumen, et ensuite en dix-sept tribus déterminées par la forme extérieure du fruit. Voici seulement les trois sous-familles.

ORTHOSPERMES : Endosperme plan du côté interne. Exemples : les genres *Sanicula*, *Seseli*, *Archangelica*, *Siler*, *Cuminum*, *Thapsia*, *Oryngium*, etc.

CAMPYLOSPERMES : Albumen offrant du côté interne un sillon longitudinal, par suite de l'introflexion des bords du fruit. Exemples : les genres *Caucalis*, *Scandix*, *Anthriscus*, *Chærophyllum*, *Conium*, *Smyrnium*, etc.

CŒLOSPERMES : Albumen recourbé en dedans de bas en haut. Exemple : le genre *Coriandrum*.

Les Ombellifères sont en général des plantes actives, riches en huiles volatiles et en résines, que l'on trouve répandues dans toutes leurs parties et principalement dans leurs racines et dans leurs fruits, dont un très-grand nombre sont usités. Quelquefois aussi elles sont pourvues d'un suc très-délétère, comme le sont les différentes plantes qui portent le nom de *ciguë*, l'œnanthe safranée et plusieurs autres. Ce sont elles également qui fournissent la plupart des gommes-résines usitées en pharmacie, telles que l'assa-fœtida, le sagapénum, le galbanum, la gomme ammoniaque et l'opoponax. Je traiterai de ces derniers produits après avoir parlé d'abord des racines d'ombellifères alimentaires et médicinales, des feuilles ou plantes alimentaires ou vénéneuses, et des fruits aromatiques les plus usités.

Racine de carotte.

Daucus Carotta, L. Cette plante, si intéressante comme plante potagère, croît naturellement partout, dans les champs; mais la racine en est grêle, ligneuse, dure, non sucrée, et pourvue d'une saveur âcre et aromatique; les tiges sont chargées d'aspérités et s'élèvent de 60 à 100 centimètres. Les feuilles sont amples, légèrement velues, deux ou trois fois ailées, à folioles très-divisées; les ombelles sont blanches ou un peu rougeâtres, touffues, pourvues d'un involucre pinnatifide. Les fruits sont très-petits, arrondis, mais ordinairement séparés en deux carpelles aplatis du côté interne, et recouverts de l'autre de longs poils rudes, blancs, visibles à la simple vue et qui les font paraître hérissés. Ils ont une faible odeur herbacée qui, par la trituration, devient forte et térébinthacée. La saveur en est amère, âcre et camphrée.

Cette plante, cultivée dans les jardins potagers, a éprouvé une transformation complète, quant à sa racine, qui est devenue grosse, charnue, sucrée, propre à la nourriture des hommes et des animaux. On en retire assez facilement du sucre cristallisé identique avec celui de la canne et de la betterave, et, si nous n'avions pas cette dernière racine, on est fondé à croire que la carotte pourrait la remplacer.

[En outre elle contient, d'après MM. Fröhe et Sorauer (1), de la pectine, de l'amidon, de la mannite, de l'asparagine, de l'acide malique, des huiles grasses, une huile essentielle, de la potasse et de la chaux, du chlore et de l'acide phosphorique, enfin la substance résineuse cristallisable jaune-rouge ou rouge violacée, à laquelle on a donné le nom de *carottine*, et qui n'est peut-être qu'une substance incolore, teinte en rouge ou jaunâtre par une matière colorante.]

Panais cultivé.

Pastinaca sativa, L. Plante haute de 100 à 130 centimètres, dont la tige, droite, ferme et cannelée, est garnie de feuilles ailées, à folioles ovales, assez grandes, dentées, un peu lobées et incisées. Les fleurs forment une ombelle de 20 ou 30 rayons; elles sont formées d'un calice à peine visible, entier; d'une corolle à 5 pétales égaux, entiers, roulés en dedans; de 5 étamines et d'un ovaire infère chargé de 2 styles courts, réfléchis, à stigmates obtus. Le fruit est comprimé, elliptique, formé de deux méricarpes aplatis, blanchâtres, avec une teinte rougeâtre; ils sont échancrés au sommet, pourvus, du côté extérieur, de 3 côtes dorsales aplaties, et *encadrés* tout autour par une membrane marginale. Du côté interne, la surface est plane, avec deux fissures en forme de croissants.

La racine de panais cultivé est bisannuelle, pivotante, charnue, blanchâtre, d'une saveur un peu aromatique et sucrée. Elle contient 10 à 12 pour 100 de sucre. C'est un aliment sain et nourrissant, mais qu'il faut éviter de confondre avec la racine de

---

(1) *Archiv. der Pharmacie*, CLXXVI, 193. — Voir aussi *Jahresbericht der Pharmacognosie* de Wiggers et Huseman, 1868. Pag. 94.

grande ciguë, qui lui ressemble un peu par la forme et la saveur. Pour éviter cette méprise, qui a été quelquefois funeste, il faut n'arracher de terre, dans les prés ou dans les champs, que les panais munis de leurs feuilles; ou, mieux encore, il faut ne manger, dans les campagnes, que ceux qu'on a cultivés soi-même. [D'après M. Stickel, le panais sauvage produit sur la peau des personnes qui vont, les bras nus, ramasser des herbes dans les prairies où il abonde, des ampoules semblables à celles que donne la cantharide. Ce fait a été aussi observé dans le midi de la France, mais on le rapporte au *Pastinaca urens*, Requien, espèce voisine du *Pastinaca sativa ;* et il est très-probable que les accidents observés par Stickel doivent être aussi attribués à cette plante.]

On vend sur les marchés, dans tout l'Orient, une racine de *sekakul* qui passe pour un aliment très-nourrissant et aphrodisiaque ; c'est une espèce de panais, nommée *Pastinaca sekakul*, Russel (*Pastinaca dissecta*, Vent.). Notre panais lui-même passe pour être légèrement aphrodisiaque, et l'on recommandait autrefois de ne pas en donner aux personnes obligées de garder la chasteté. La racine de **chervi** (*Sium sisarum*, L.) et le **ninsin** du Japon (*Sium ninsi*, L.) jouissent de la même réputation; le **céleri**, variété cultivée de l'**ache des marais** (*Apium graveolens*, L.), la partage également.

Racine d'ache.

On connaît en pharmacie deux plantes qui portent le nom d'*ache* : l'une est l'*ache des marais*, ou *Paludapium*, ou *ache* proprement dite ; l'autre est l'*ache de montagne* ou la *livèche*, toutes deux appartenant à la famille des Ombellifères. Pour éviter toute confusion à l'avenir, nous donnerons à la première plante seule le nom d'*ache*, et à la seconde celui de *livèche*.

Ache des marais, *Apium graveolens*, L., tribu des Ammidées. Cette plante (*fig.* 613) se trouve dans toute l'Europe, sur le bord des ruisseaux et au milieu des marais. Sa tige est sillonnée, rameuse, haute de 2 pieds. Ses feuilles sont longuement pétiolées, une ou deux fois ailées, à segments cunéiformes-incisés, lisses et un peu luisantes. Ses fleurs sont d'un blanc légèrement verdâtre, disposées en ombelles axillaires ou terminales, presque sessiles et dépourvues d'involucres et d'involucelles ; les pétales sont arrondis et entiers. Le fruit est brunâtre, très-menu, globuleux, composé de deux méricarpes dont chacun est marqué de 5 côtes saillantes et blanches. Ce fruit a une odeur semblable à celle

---

(1) *Archiv. der Pharmacie.* CLXXX, 224.

de la racine dont nous allons parler, et une saveur amère, âcre, très-aromatique.

La racine d'ache est grosse comme le pouce, grise au dehors, blanche en dedans, fusiforme, souvent divisée en plusieurs fortes radicules; elle jouit d'une odeur forte et suave qui a de l'analogie avec celle de l'angélique, et elle présente une saveur aromatique et amère à laquelle succède une assez grande âcreté. Cette racine est une des *cinq racines apéritives*, et, à ce titre, fait partie du sirop de ce nom. C'est elle qui lui communique son odeur agréa-

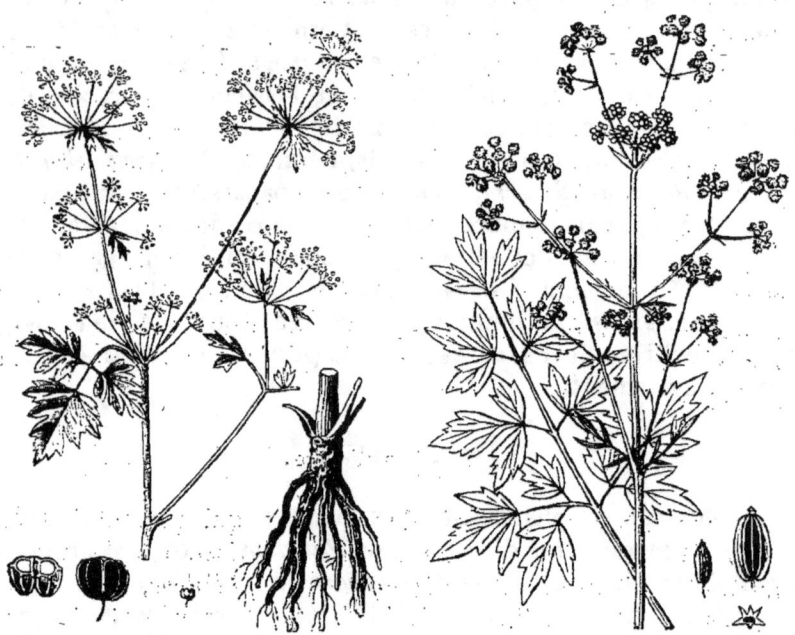

Fig. 613. — Ache des marais.   Fig. 614. — Racine de livèche.

ble, odeur qui résiste même à la cuisson; mais il faut observer que, très-souvent, on lui substitue la racine de livèche, plante assez commune dans nos jardins, et qui est presque la seule dont on récolte la racine à Paris; tandis que la racine tirée d'Allemagne, qui est celle que je viens de décrire, paraît être la vraie racine d'ache : c'est donc elle qu'il faut préférer.

D'après de Candolle, la racine d'ache récente serait vénéneuse, ou au moins très-suspecte. Il est vrai qu'elle présente une assez grande âcreté, mais je ne la crois pas dangereuse. Dans tous les cas, la dessiccation et la cuisson doivent lui enlever toute qualité nuisible.

La semence d'ache faisait autrefois partie de plusieurs électuaires purgatifs et de la poudre chalybée. On ne la trouve plus dans le commerce, et le seul fruit qu'on débite sous ce nom est celui de la *livèche*.

Les botanistes regardent comme de simples variétés de l'ache des marais deux plantes très-usitées dans l'art culinaire, sous le nom de **céleri** : l'une est le **céleri ordinaire**, *Apium dulce* de Miller, remarquable par la longueur de ses pétioles, qu'on a soin de soustraire à l'action de la lumière, afin de les blanchir et de les attendrir (c'est ce qu'on nomme *étioler*); l'autre est le **céleri-rave,** ou *Apium rapaceum*, dont la racine napiforme et succulente égale souvent la grosseur des deux poings.

Racine de livèche.

Levisticum officinale, Kock ; *Ligusticum levisticum*, L., de la tribu des Angélicées. Cette plante (*fig.* 614) croît naturellement dans les montagnes du midi de la France, mais elle est cultivée presque partout dans les jardins. Elle s'élève à la hauteur d'un homme. Ses feuilles sont très-grandes, deux ou trois fois ailées et composées de folioles planes, cunéiformes, incisées vers le sommet; elles sont de plus d'un vert foncé, luisantes et coriaces. Les fleurs sont jaunâtres, terminales, disposées en ombelles pourvues d'involucres et d'involucelles polyphylles. La marge du calice est peu marquée; les pétales sont arrondis, entiers, avec une pointe courte recourbée en dedans. Le fruit est blanchâtre, aplati, formé de deux méricarpes qui se séparent à la marge. Ces méricarpes sont pourvus de 5 côtes ailées, dont les 2 marginales sont deux fois plus larges que les autres, mais toujours peu distinctes du fruit; les vallécules ne présentent qu'un seul vaisseau résinifère, tandis que les commissures en offrent de 2 à 4. La coupe transversale présente une amande aplatie, rectangulaire, entourée d'un péricarpe foliacé, avec 3 dents triangulaires sur la face extérieure, et 2 dents proéminentes plus développées sur les angles de la face interne. Ces fruits ont une odeur faible en masse, une odeur de térébenthine lorsqu'on les froisse sous les doigts, une saveur très-amère et térébinthacée ; ce sont les seuls que l'on trouve dans le commerce, sous le nom de *semence d'ache*.

La racine de livèche est épaisse, noirâtre au dehors, blanche en dedans, d'une odeur forte et d'une saveur âcre et aromatique, comme le reste de la plante. Cette racine est celle que l'on emploie généralement à Paris sous le nom de *racine d'ache*. Lorsqu'elle est sèche, elle est grosse comme le pouce, plus ou moins, grise à l'extérieur, ridée longitudinalement ou transversalement, offrant souvent à sa partie supérieure, et à la distance de 3 à 5 centimètres, plusieurs renflements dus à de nouveaux collets qui se forment chaque année. L'intérieur est jaunâtre et spongieux, d'une saveur parfumée, un peu sucrée et un peu âcre. L'odeur est fort agréable et tient de celle de l'angélique.

Racine d'angélique officinale.

Archangelica officinalis, Hoffm., *Angelica archangelica*, L., tribu des Angélicées (*fig.* 615).

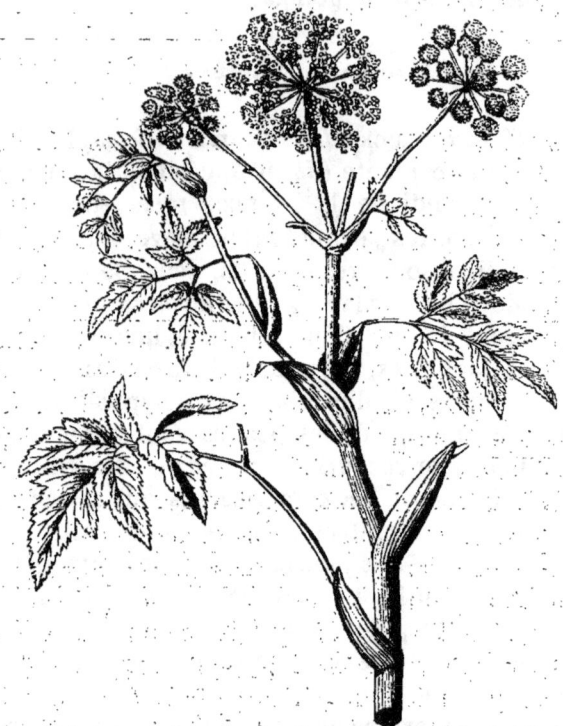

Fig. 615. — Angélique officinale.

L'angélique croît surtout en Laponie, en Norvége, en Bohême, en Suisse, dans les Pyrénées, dans les montagnes de l'Auvergne. On la cultive aussi dans les jardins; alors, de bisannuelle qu'elle est naturellement, elle peut devenir vivace.

Sa racine est grosse, charnue, très-odorante, et peut fournir au printemps, par une incision faite à la partie supérieure, un suc gommo-résineux, d'une forte odeur de musc. Cette racine se divise en un grand nombre de rameaux qui s'enfoncent perpendiculairement dans la terre. Sa tige s'élève à la hauteur de 100 à 130 centimètres. Elle est grosse, creuse, cannelée, verte, très-odorante; ses feuilles, également odorantes, sont grandes, deux fois pinnées, à segments sous-cordés, lobés et finement dentés; le lobe extrême est tripartite; le pétiole embrasse la tige en formant une coupe ou un sac ouvert; les fleurs sont d'un blanc verdâtre, disposées en une grande ombelle hémisphérique munie d'un involucre fort petit, et d'involucelles partiels dont les folioles égalent les ombellules. Le fruit est blanchâtre, comprimé, elliptique, formé de deux méricarpes à 3 côtes dorsales élevées et rapprochées, et à 2 côtes latérales élargies en une membrane qui double le diamètre du fruit. La semence est volumineuse, en forme de navette, convexe du côté externe, creusée en gouttière du côté interne; elle est isolée du péricarpe et toute couverte de vaisseaux à suc résineux-balsamique, qui lui communiquent une odeur et une saveur très-fortes et très-agréables d'angélique.

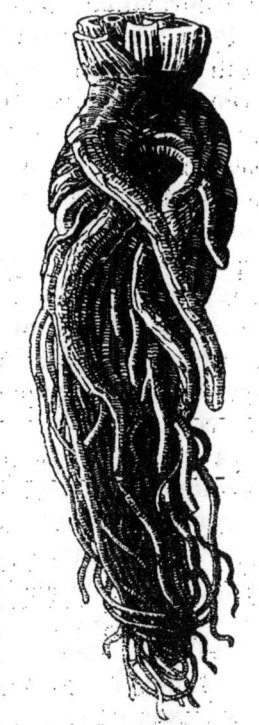

Fig. 616. — Racine d'angélique

La racine d'angélique nous est apportée sèche de la Bohême, des Alpes et des Pyrénées. Elle se compose du corps de la racine et de grosses fibres rassemblées en faisceau (*fig.* 616). Elle est grise à l'extérieur et très-ridée, blanchâtre à l'intérieur, d'une odeur forte très-agréable, d'une saveur amère, musquée, âcre et persistante. Il faut la choisir bien sèche, nouvelle, non vermoulue, et la conserver dans un endroit sec, avec l'attention de la cribler souvent; car elle attire l'humidité et se laisse très-facilement attaquer par les insectes. Peut-être les pharmaciens devraient-ils, en raison de la vétusté ordinaire de la racine d'angélique du commerce, faire sécher eux-mêmes, après la chute des feuilles et à la fin de la première année, celle de la plante cultivée dans nos jardins : je m'en suis procuré de cette manière qui est fort supérieure pour la force et la suavité de son odeur à celle du commerce.

L'eau dans laquelle on fait infuser la racine d'angélique prend une couleur jaune, le goût et l'odeur de la racine, mais dans un faible degré. L'alcool se charge de principes plus actifs, et l'éther en dissout aussi quelques-uns. 1000 grammes de cette racine donnent ordinairement 8 gram. d'huile volatile, 200 à 250 gram. d'extrait alcoolique résineux et balsamique, ou bien 300 à 375 gram. d'extrait aqueux, d'une odeur faible.

D'après MM. Mayer et Zeuner, la racine d'angélique contient

trois acides volatils, dont un, l'acide valérianique, y aurait été difficilement soupçonné. Peut-être est-il le résultat d'une transformation subie par quelque autre principe volatil.

Pour obtenir ces acides, on fait bouillir la racine avec de l'eau tenant en suspension de l'hydrate de chaux. La liqueur brune qui en résulte est concentrée, additionnée d'acide sulfurique en excès et distillée. Le produit distillé consiste dans une eau trouble acide, mélangée d'essence acide. On sature le tout par la potasse, on concentre fortement la liqueur, on l'acidifie de nouveau par l'acide sulfurique et on distille. On obtient ainsi un liquide très-acide, trouble, surnagé d'acide valérianique huileux et tenant en dissolution une portion de ce même acide mélangé d'acide acétique et du troisième acide, qui a reçu le nom d'*acide angélicique*. On obtient celui-ci cristallisé par le refroidissement de la liqueur. Il est blanc, fusible à 45 degrés, volatil à 190 et distillant sans altération. Il a paru composé de $C^{10}H^8O^4$.

La racine d'angélique entre dans la composition des alcoolats thériacal et de mélisse composé, et dans celle du baume du commandeur. Les feuilles récentes font partie de l'eau vulnéraire, simple et spiritueuse. Les confiseurs forment un condiment très-agréable et stomachique avec les tiges. Les fruits, qui étaient aussi employés autrefois, ne le sont plus aujourd'hui.

On trouve chez les herboristes, indépendamment de la racine d'angélique de Bohême, dont je viens de parler, une autre racine plus grosse, plus blanche, à radicules moins nombreuses, et d'une odeur presque nulle. Beaucoup de personnes ont pris cette dernière racine pour celle de l'*Angelica sylvestris* de Linné; mais c'est la racine de l'*Archangelica*, cultivée dans les jardins et récoltée à la fin de la seconde année, lorsque la plante a fructifié et est parvenue au terme de son existence; tandis que celle que l'on peut récolter à la fin de la première année, après la chute des feuilles, est au moins aussi aromatique que celle qui nous arrive de la Bohême et des autres lieux susnommés.

Racine de sambola ou sambula.

Racine pouvant avoir, dans son entier, la forme et le volume d'une betterave, mais souvent surmontée de plusieurs bourgeons distincts, et partagée par le bas en plusieurs grosses radicules. Telle que le commerce me l'a présentée, il y a une dizaine d'années, elle était coupée en tronçons dont le plus considérable a 11 centimètres de diamètre et 4 centimètres d'épaisseur. Ces tronçons sont couverts à la circonférence d'un épiderme gris, papyracé, et sont marqués de stries circulaires très-nombreuses.

La partie supérieure de la racine, qui se rétrécit en un ou plusieurs collets, présente des poils rudes et courts, disposés par rangs circulaires, devant provenir de la destruction d'écailles qui entouraient les bourgeons radicaux. A l'intérieur, la racine est d'un blanc farineux ; elle contient en effet beaucoup d'amidon et elle devient en peu de temps la proie des insectes. Les surfaces des morceaux coupés depuis longtemps est comme salie par une matière adipo-résineuse jaunâtre, exsudée à l'intérieur. Enfin cette racine est remarquable par une forte odeur de musc, qui fait supposer qu'elle doit être produite par une plante ombellifère voisine des angéliques. Elle a été apportée de Russie, mais elle vient de l'intérieur de l'Asie.

Racine d'angélique du Brésil.

J'ai reçu sous ce nom, de M. Théodore Martius, une racine ligneuse, pivotante, épaisse de 5 à 6 centimètres, longue de 11, et divisée à sa partie inférieure en plusieurs rameaux, les uns perpendiculaires, les autres horizontaux. Cette racine est composée d'un bois dur et compacte, d'un gris jaunâtre, lequel est recouvert d'une écorce mince, d'un gris brunâtre, crevassée par place dans sa longueur. Cette racine offre une odeur et une saveur franches de fenouil, plus fortes et accompagnées d'amertume dans l'écorce. Un botaniste distingué paraît avoir attribué cette racine à une rutacée; mais il semble qu'elle soit plutôt due à une aralie, dont une espèce ligneuse, l'*Aralia spinosa*, L., porte dans l'Amérique septentrionale le nom d'*Angelica tree*.

Racine d'impératoire.

Imperatoria ostruthium, L., *Peucedanum ostruthium*, Koch ; tribu des Peucédanées (*fig.* 617).

L'impératoire croît sur les Alpes de la Suisse et de la Savoie. Sa racine, qui est dirigée obliquement près de la surface du sol, donne naissance à une tige haute de 65 centimètres, garnie de feuilles longuement pétiolées, à gaîne ample, terminées par trois larges folioles pinnatisectées, ou palmati-lobées, à segments ovales-oblongs et dentés. Ces feuilles donnent à l'impératoire une assez grande ressemblance avec l'angélique ; mais son ombelle plane la rend très-facile à distinguer. L'involucre est nul ; les involucelles sont composées d'un petit nombre de folioles ; le limbe du calice est peu apparent ; les pétales sont blancs, terminés par une dent recourbée en dedans et échancrée. Les fruits sont comprimés par le dos, formés de 2 méricarpes pourvus de 3 côtes dorsales filiformes et de 2 marges très-élargies. Les vallécules sont à un seul vaisseau résineux ; les commissures en offrent deux.

La racine d'impératoire sèche est grosse comme le doigt, un peu aplatie, brune, très-rugueuse à l'extérieur et comme marquée d'anneaux. Elle a une texture fibreuse et une couleur jaune verdâtre à l'intérieur. Elle possède une odeur analogue à celle de l'angélique, mais moins agréable et plus forte, et une saveur très-âcre et aromatique. Toutes ces propriétés disparaissent avec le temps, et il n'est pas rare de trouver dans le commerce la racine d'impératoire vermoulue, noirâtre à l'intérieur, tombant en poussière lorsqu'on la casse, et d'une odeur faible. Il faut donc la choisir récente

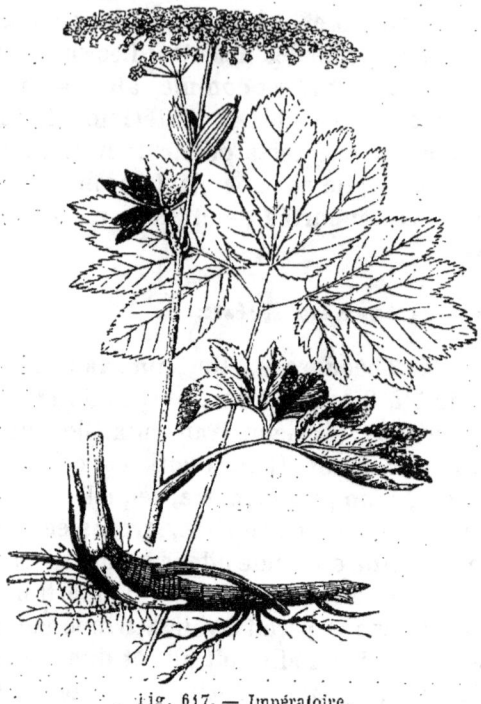

Fig. 617. — Impératoire.

et telle que je l'ai décrite d'abord. Elle entre dans l'eau impériale, l'eau thériacale, l'esprit carminatif de Sylvius. Elle donne de l'huile volatile à la distillation.

L'impératoire porte en Savoie, dans les montagnes, le nom d'*otours*, soit que ce nom provienne de l'altération du nom latin *ostruthium*, soit que le nom botanique ait été formé sur le nom vulgaire.

Racine de méum.

Meum athamanticum, Jacq.; *Æthusa Meum*, L., tribu des Sésélinées.

Cette plante croît dans les Alpes, les Pyrénées et autres montagnes du midi de l'Europe. Sa racine est vivace, allongée, entourée à son collet de fibres nombreuses qui sont les débris des anciens pétioles ; sa tige est droite, un peu rameuse, haute de 35 à 50 centimètres; les feuilles sont deux à trois fois ailées, portées sur des pétioles dilatés et ventrus, et composées de folioles très-nombreuses, glabres, courtes et capillaires; les fleurs sont blanches, très-petites; les fruits portent sur chaque méricarpe 5 côtes saillantes et aiguës, dont les 2 marginales sont un peu dilatées; la coupe de chaque semence est demi-circulaire.

La racine de méum, telle que le commerce la présente, est grosse comme le petit doigt, longue de 11 centimètres, grise au dehors, blanchâtre en dedans, d'un tissu lâche, d'une saveur et d'une odeur de racine de livèche, mais plus faibles : sa saveur est mêlée d'un peu d'amertume. On la reconnaît surtout à son collet, entouré d'un grand nombre de poils rudes et dressés, de même que dans la racine de chardon-roland. On pourrait donc quelquefois la confondre avec cette dernière; mais la racine de chardon-roland est en général beaucoup plus grosse, plus longue, et, de plus, est d'une odeur désagréable. La racine de méum est très-peu usitée maintenant.

Racine de chardon-roland ou de panicaut.

Eryngium campestre, L., tribu des Saniculées. *Car. gén.* : tube du calice couvert de squamules et de vésicules, à 5 lobes foliacés. Pétales dressés, connivents, échancrés et recourbés en une pointe de la longueur du pétale. Fruit ové, couvert d'écailles épineuses, privé de côtes et de vaisseaux résineux, formé de 2 méricarpes soudés dans toute leur longueur avec le carpophore. Herbes épineuses dont les fleurs sessiles sont réunies en capitules et entourées de bractées inférieures en forme d'involucre, d'autres bractées plus petites et squamiformes se trouvant mélangées aux fleurs. *Car. spéc.* : feuilles radicales amplexicaules, multifides, pinnées-lancéolées; feuilles de la tige auriculées; involucres linéaires-lancéolés surpassant les capitules arrondis; paillettes subulées.

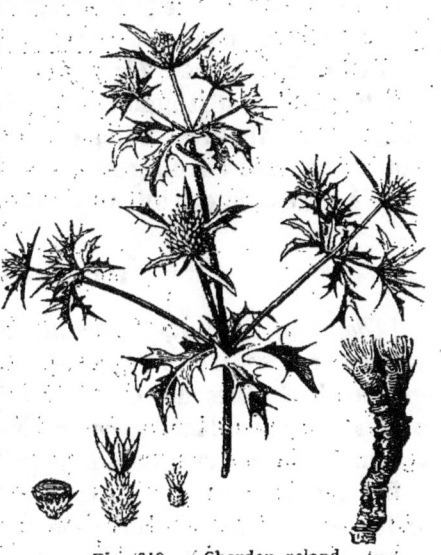

Fig. 618. — Chardon-roland.

Cette plante (*fig.* 618) est remarquable en ce que, appartenant aux Ombellifères, elle a néanmoins, par ses feuilles et ses involucres épineux, tout le port d'un chardon. Elle croît dans les champs et le long des chemins. Sa tige se divise en un grand nombre de rameaux qui se terminent par des capitules placés à une égale distance du centre, ce qui donne à la plante une forme arrondie. Sa racine est grosse comme le doigt ou comme le pouce, blanche, succulente et fort longue. Lorsqu'elle est sèche, elle est grise à l'extérieur, et marquée, comme par anneaux, de fortes aspérités. Elle est blanche ou jaunâtre à l'intérieur, d'un tissu spongieux, d'une saveur douceâtre miellée, ayant quelque analogie avec celle de la carotte, d'une odeur assez marquée et qui n'est pas agréable.

Cette racine présente très-souvent, à sa partie supérieure, un amas de poils en forme de pinceau, qui est dû au débris des feuilles de l'année qui a précédé sa récolte. On observe ces fibres surtout au printemps, avant que la plante ait poussé de nouvelles feuilles : ce sont elles qui lui ont valu le nom d'*Eryngium, barbe-de-chèvre*. Quant au nom français de *chardon-roland*, il paraît résulter de la corruption de l'ancien nom *chardon-roulant*, parce que la plante ressemble à un chardon et que, lorsqu'elle se dessèche sur terre vers l'automne, elle est emportée par les vents et roule au loin au travers des champs, en raison de sa forme arrondie.

La racine de chardon-roland est diurétique.

Autre espèce usitée : *Eryngium maritimum*, ou **panicaut de mer**. Cette plante se distingue de la précédente par ses rameaux courbés; par ses feuilles radicales longuement pétiolées et à limbe entier, arrondi-cordiforme, denté-épineux; par ses paillettes à trois pointes. Elle croît sur les bords de la mer.

Racine de Thapsia.

[*Thapsia garganica*, L. Plante haute d'un pied et plus, dont les racines, épaisses, allongées, portent une tige légèrement striée, garnie de feuilles deux ou trois fois ailées, à folioles entières, ovales ou ovales-lancéolées, glabres, luisantes; à pétioles s'élargissant à la base en une ample gaine membraneuse, qui subsiste toute seule à la partie supérieure. Les ombelles et les ombellules sont nues à leur base : elles portent à la maturité des carpelles comprimés, glabres, striés, bordés d'une aile membraneuse très-large échancrée aux deux extrémités.

La racine de cette espèce contient un suc laiteux et caustique. Elle est depuis longtemps regardée comme une véritable panacée par les Arabes, qui lui ont donné le nom de *Bou-nefa*, père de l'utile. M. Reboulleau, médecin des hôpitaux de Constantine, a eu le premier l'idée d'utiliser les propriétés épispastiques de cette racine, et il en a extrait une résine solide, brune, transparente, cassante; qui, unie à une petite quantité de l'huile volatile de la plante, devient molle, ductile et adhésive. C'est cette résine, qui sert à préparer l'emplâtre ou sparadrap révulsif de Thapsia (1).

Telle que nous l'avons vue à l'Exposition de l'Algérie, la racine sèche de Thapsia, est en rondelles plus grosses que le doigt, gris brunâtre à l'extérieur, marquée de stries annulaires. A l'intérieur elle est blanchâtre, compacte et présente : une partie corticale, dont l'épaisseur égale environ la moitié du rayon, et est formée de couches régulièrement concentriques ; et une partie centrale légèrement marquée vers la circonférence de fines stries radiées sa saveur est légèrement caustique.]

Sanicle.

Sanicula europœa, L.; même tribu que la précédente. *Car. gén.* : ombelle rameuse irrégulière ; ombellules hémisphériques à fleurs presque sessiles, dont celles du centre avortent souvent par oblitération du pistil. Calice des fleurs fertiles couvert d'aiguillons crochus; celui des fleurs mâles, lisse. Pétales dressés, connivents, échancrés par le haut et recourbés en une longue pointe intérieure; fruit globuleux non spontanément séparable. Méricarpes privés de côtes et couverts d'aiguillons crochus ; carpophore indistinct.

La sanicle pousse de sa racine des feuilles longuement pétiolées, dures, vertes, luisantes, palmées, à 3 ou 5 lobes profonds, dentés; incisés ou trifides ; sa tige s'élève à la hauteur de 35 centimètres environ; toutes ses fleurs sont sous-sessiles et polygames; elle croît dans les lieux ombragés ; elle n'est pas aromatique et est seulement amère et astringente.

Hydrocotyle d'Asie.

[*Hydrocotyle asiatica*. Plante herbacée, à feuilles orbiculaires-réniformes, crénelées sur le bord; à ombelles simples, brièvement pédonculées, portant 3 à 4 fleurs. Elle croît dans les endroits humides d'un grand nombre de régions tropicales.

Cette espèce a été préconisée contre les maladies de la peau. La matière qui paraît en être le principe actif est la *vellarine*. C'est une huile épaisse, jaune pâle, ayant une saveur amère, piquante et persistante, et une odeur très-marquée d'hydrocotyle.

---

(1) Voir pour les détails : Reboulleau, *Notice sur la racine de Thapsia garganica et son emploi comme révulsif*, et l'analyse de cette notice par M. Bertherand (*Gazette médicale d'Algérie*, année 1857, p. 14, n. 1.)

La plante en contient 0,07 pour 1000, on y trouve aussi deux résines, l'une verte, dans la proportion de 0,085 pour 1000, l'autre brune (0,30 pour 1000) (1).]

Cerfeuil cultivé.

Anthriscus cerefolium, Hoffm.; *Chærophyllum sativum*, Lam.; *Scandix cerefolium*, L., tribu des Scandicinées. Le cerfeuil est une plante potagère odorante, à tige rameuse, glabre, haute de 50 à 60 centimètres; ses feuilles sont molles, deux ou trois fois ailées, à folioles un peu élargies et incisées; les fleurs sont blanches, petites, disposées en ombelles latérales, presque sessiles, à 4 ou 5 rayons pubescents; l'involucre est nul; les involucelles sont formés de 2 à 3 folioles tournées d'un même côté; les pétales sont inégaux, obovés, terminés par une languette repliée en dedans; les fruits sont allongés, comprimés latéralement, presque cylindriques, noirs, lisses, terminés par un rostre court, marqué de 5 côtes.

Le cerfeuil croît naturellement dans le midi de l'Europe et est cultivé dans les jardins potagers. On l'emploie comme assaisonnement dans les cuisines, à cause de son odeur agréable et de sa saveur parfumée, dépourvue de toute amertume ou âcreté.

Cerfeuil sauvage, *Anthriscus sylvestris*, Hoffm.; *chærophyllum sylvestre*, L. Plante à tige fistuleuse, rameuse, striée, velue dans sa partie inférieure, un peu renflée à chaque nœud, haute de 60 à 100 centimètres; feuilles grandes, deux ou trois fois ailées, glabres ou un peu velues; fleurs blanches disposées en ombelles à 8-12 rayons; fruits lisses, luisants, d'un brun noirâtre à maturité. Cette espèce croît dans les prés et dans les haies: elle a une odeur forte, désagréable et une saveur âcre un peu amère; on la dit malfaisante; cependant les ânes l'aiment beaucoup, ce qui la fait nommer *persil d'âne;* on peut se servir de ses tiges pour teindre la laine en vert.

Cerfeuil odorant ou **cerfeuil musqué**, *Myrrhis odorata*, Scop.; *Chærophyllum odoratum*, Lam. Tige fistuleuse, cannelée, un peu velue, haute de 60 à 100 centimètres; feuilles larges, trois fois ailées, légèrement velues, à folioles ovales-aiguës, incisées et dentées. Fleurs blanches avortant au centre des ombelles, à involucres nuls, à involucelles polyphylles; fruit comprimé latéralement, long de 9 à 14 millimètres, profondément cannelé. Toute la plante

---

(1) Voir J. Lépine, *Mémoire sur l'Hydrocotyle asiatica*, et *Journal de Pharmacie et de Chimie* (3ᵉ série, XXVIII. pag. 46.)

a une odeur d'anis. C'est un bon fourrage pour les animaux. On l'emploie aussi comme assaisonnement.

Cerfeuil peigne-de-Vénus, *Scandix pecten*, L. Cette plante, commune dans les champs, se reconnaît à ses fruits terminés par un rostre très-long et aigu qui les fait ressembler à des dents de peigne.

Ciguë officinale.

Conium maculatum, L.; *Cicuta major*, Lam., tribu des Smyrnées. Cette plante (*fig.* 619) s'élève à la hauteur de 100 à 130 centimètres; sa tige est cylindrique, fistuleuse, lisse, souvent marquée de taches brunes, rameuse supérieurement; ses feuilles sont grandes, tripinnées, à folioles pinnatifides, pointues, d'un vert noirâtre, un peu luisantes en dessus et douces au toucher. Les fleurs sont blanches et disposées en ombelles très-ouvertes, pourvues d'un involucre polyphylle réfléchi, et d'involucelles à 3 folioles placées du côté extérieur de l'ombelle. Le calice est presque entier; les pétales sont obcordés, un peu échancrés supérieurement, avec une pointe courte recourbée en dedans. Le fruit est ovale, globuleux, comprimé latéralement, formé de 2 méricarpes à 5 côtes égales, crénelées ou tuberculeuses. Les vallécules sont striées longitudinalement, mais privées de vaisseaux résineux.

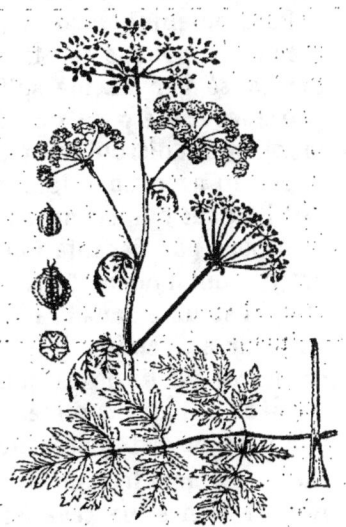

Fig. 619. — Ciguë officinale.

La ciguë est pourvue d'une odeur nauséeuse désagréable. Elle est narcotique, vénéneuse et célèbre par la mort de Socrate et de Phocion qui, condamnés à boire du suc de ciguë, périrent ainsi victimes de l'envie de leurs concitoyens (1).

La ciguë est néanmoins très-usitée en médecine. On l'emploie souvent dans les engorgements des viscères abdominaux, et dans les affections squirrheuses et cancéreuses. On l'administre alors en poudre, en teinture ou en extrait.

---

(1) On présume que le breuvage destiné à faire périr les condamnés, à Athènes, contenait, indépendamment du suc de ciguë, de l'opium, dont les propriétés s'accordent mieux avec les symptômes de la mort de Socrate, telle qu'elle est rapportée par les historiens.

La ciguë est très-aqueuse et demande à être séchée promptement à l'étuve, si l'on veut conserver à ses feuilles leur belle couleur verte. Lorsqu'on la pile récente, elle donne un suc d'un beau vert, qui, filtré, laisse sur le filtre un parenchyme vert très-abondant en chlorophylle. Le suc filtré, étant soumis à l'action du feu, laisse coaguler de l'albumine et retient tous les sels de la ciguë, qui sont en assez grand nombre, la gomme, le principe colorant, et enfin le principe vénéneux, ou la *cicutine*, à l'état de combinaison avec un des acides de la plante. [Cet alcaloïde se trouve aussi dans les fruits, et paraît même se conserver mieux que dans les feuilles et la tige (1).]

Pour obtenir la cicutine, M. Geiger a distillé de la ciguë fraîche avec de la potasse caustique et de l'eau; le produit distillé a été neutralisé par l'acide sulfurique, évaporé en consistance sirupeuse, et traité par l'alcool absolu, qui précipite le sulfate d'ammoniaque et dissout celui de cicutine. On distille l'alcool, on mêle le résidu avec un soluté concentré de potasse caustique et on distille dans une cornue. La cicutine passe avec de l'eau, dont on la sépare par décantation. Elle est sous forme d'une huile jaunâtre, dont l'odeur forte rappelle celle de la ciguë et du tabac; elle est soluble dans l'eau, neutralise les acides, et exerce sur les animaux une action très-vénéneuse. De même que la nicotine et les autres alcalis organiques obtenus par la distillation, avec l'intermède des alcalis minéraux, elle ne contient pas d'oxygène; sa composition est représentée par la formule $C^{16}H^{16}Az$. [M. Vertheim a donné le nom de conhydrine, à un alcaloïde cristallisable en lames nacrées et irisées, volatil à une haute température, avec l'odeur de la cicutine (2). Il l'a retiré des fleurs du *Conium maculatum*. Ses propriétés toxiques sont analogues à celles de la *cicutine*, mais plus faibles. Les rhizômes de la plante contiennent aussi des principes différents, mais qui paraissent inertes et sans utilité pour la thérapeutique : ce sont la *rhizoconine*, la *rhizoconéine*, la *conomarine*, découverts et étudiés par M. Harley (3).]

Fécule d'arracacha. On trouve dans les environs de Santa-Fé de Bogota, et on y cultive une plante nommée *arracacha* (*Arracacha esculenta*, DC. ; *Conium arracacha*, Hook.), très-voisine de la ciguë officinale, mais à fruits non tuberculeux et à racine tubéreuse, féculente et alimentaire. La fécule en a été importée en Europe.

(1) **Devay** et Guillermond, *Recherches sur la conicine*, d'après le *Journal de Pharm. et de Chimie*, 3ᵉ série XXI, pag. 351 et XXII, fig. 150.
(2) *Ann. der Chemie und Pharm.* 1857.
(3) Harley, *Pharmac. Journal*, 2ᵉ série IX, 53.

Ciguë vireuse ou cicutaire aquatique.

Cicuta virosa, L.; *Cicutaria aquatica*, Lam., tribu des Ammidées. Cette plante (*fig.* 620) croît sur le bord des étangs et dans les eaux stagnantes. Elle présente souvent une souche ou tubérosité radicale ovoïde, celluleuse et cloisonnée dans son intérieur, de laquelle s'élève une tige haute de 40 à 60 centimètres, cylindrique, fistuleuse

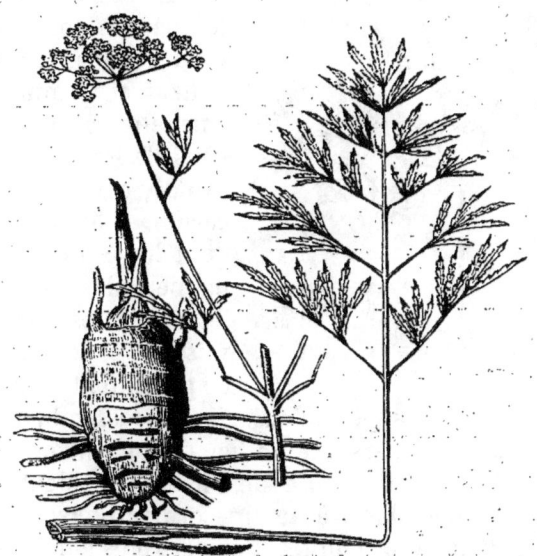

Fig. 620. — Ciguë vireuse.

et rameuse; ses feuilles sont deux ou trois fois ailées, à folioles ternées, étroites-lancéolées, dentées en scie. Les fleurs sont blanches, disposées en ombelles privées d'involucre et pourvues d'involucelles polyphylles. Le calice est à 5 dents foliacées; pétales obcordés avec une pointe recourbée en dedans; fruit arrondi, contracté latéralement, didyme; méricarpes à 5 côtes égales, un peu aplaties; vallécules remplies par un seul vaisseau; carpophore bipartite; section de la semence circulaire.

La ciguë vireuse présente une odeur désagréable et est remplie d'un suc jaunâtre qui est un poison pour l'homme et les animaux; elle a été employée dans quelques pays aux mêmes usages que la ciguë officinale.

Petite ciguë.

Ache des chiens, faux persil ou **ciguë des jardins**, *Æthusa cynapium*, L., tribu des Ammidées. La petite ciguë (*fig.* 621) s'élève à la hauteur de 5 centimètres; sa tige est rameuse, glabre, cannelée, rougeâtre par le bas; ses feuilles sont d'un vert foncé, deux ou trois fois ailées, à folioles pointues et pinnatifides. Les

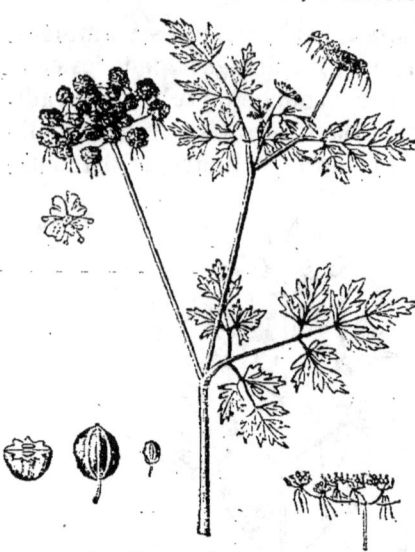

Fig. 621. — Ache des chiens.

ombelles sont planes, très-garnies, dépourvues d'involucre, et munies d'involucelles à 3 folioles situées du côté extérieur et pendantes. Le calice est presque entier; les pétales sont blancs, inégaux, obovés, échancrés par le haut et terminés par une languette recourbée en dedans; le fruit est globuleux-ovoïde, composé de 2 méricarpes à 5 côtes épaisses, dont les 2 marginales sont un peu plus développées : les vallécules sont à un seul vaisseau et les commissures en présentent deux.

Cette plante est très-pernicieuse, et la ressemblance de ses feuilles avec celles du persil, au milieu duquel elle croît souvent, a plus d'une fois donné lieu à de funestes accidents. On peut la reconnaître, cependant, à sa tige ordinairement violette ou rougeâtre à la base, à ses feuilles d'un vert plus foncé et exhalant une odeur désagréable lorsqu'on les froisse entre ses doigts, tandis que celles du persil ont une odeur aromatique et agréable; enfin à ses involucelles unilatérales et pendantes. Elle doit ses propriétés à un alcaloïde particulier qu'on a appelé *cynapine*.

Persil.

Petroselinum sativum, Hoffm.; *Apium petroselinum*, L., tribu des Ammidées (*fig.* 622). On cultive le persil dans les jardins potagers; il peut s'y élever à la hauteur de 100 à 130 centimètres. Ses feuilles sont décomposées, à folioles fermes, luisantes, cunéiformes et incisées. Les fleurs sont blanchâtres, disposées en ombelles pédonculées, pourvues d'un involucre oligophylle et d'involucelles polyphylles et filiformes. La racine est simple, grosse comme le doigt, blanche, aromatique. Cette racine, récemment séchée, est légère, d'un gris jaunâtre, ridée à l'extérieur, pourvue d'un *meditullium* jaune, non ligneux; elle offre une odeur faible, mais agréable, et une saveur de carotte légèrement âcre. Comme elle ne tarde pas à perdre ces propriétés, en même temps qu'elle devient la proie des insectes, il convient de la choisir récente. C'est une des cinq racines dites *apéritives*. Les feuilles sont résolutives étant appliquées à l'extérieur; leur plus grand usage est dans l'art culinaire.

Le fruit du persil est aussi employé en pharmacie : il entre dans la composition du sirop d'armoise. Il est, comme celui de toutes les ombellifères, composé de deux carpelles accolés et striés; il est verdâtre, assez court par la partie inférieure, atténué au contraire du côté qui est couronné par le style; il ressemble à celui de l'anis, mais il est plus petit, plus allongé, non pubescent, d'une couleur plus foncée, et marqué sur chaque carpelle de 5 côtes saillantes blanches : il a, lorsqu'on le froisse dans les doigts, l'odeur de la térébenthine. [MM. Joret et Homolle en ont retiré, entre autres principes, une huile essentielle

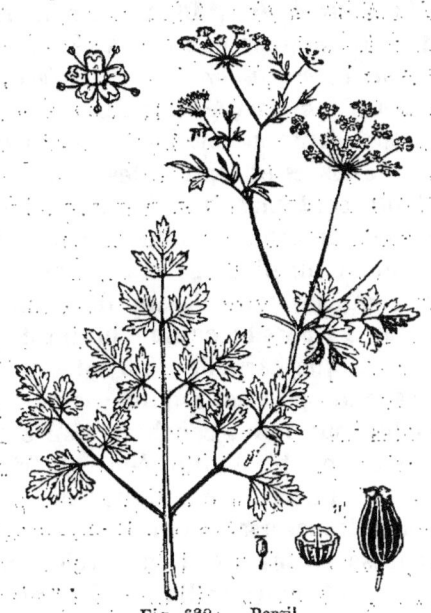

Fig. 622. — Persil.

ayant l'odeur de la plante, une matière grasse solide à la température ordinaire, mais fusible à 23° (*beurre de persil*), et l'*apiol*, qui en est le principe actif. Ce dernier est un liquide jaunâtre, oléagineux, non volatil, d'une odeur forte et tenace, d'une saveur âcre et piquante. On a préconisé cet apiol contre les fièvres intermittentes, les névralgies; c'est en outre un excellent emménagogue (1).]

Ammi officinal.

On a employé de tous temps, sous le nom d'*ammi officinal*, un fruit d'ombellifère remarquable par sa petitesse, âcre et aromatique, dont l'origine n'est pas exactement déterminée, par la raison que trois plantes du même genre paraissent pouvoir le produire, et qu'il est difficile de décider à laquelle des trois il convient d'attribuer le fruit du commerce. La première de ces

---

(1) Voir sur ce sujet : Joret et Homolle, *Mémoire sur l'Apiol*. Paris, 1855, et le rapport de M. Dubail, sur ce mémoire (*Journal de Pharmacie et de Chimie*, 3e série. Tom. XXVIII, pag. 212.)

plantes, figurée par Lobel sous le nom d'*Ammi creticum aromaticum* (1), *Ammi semine apii* de G. Bauhin, *Ammi Matthioli* de Dalechamp, est le *Ptychotis verticillata*, DC.; elle croît en Afrique et dans tout le midi de l'Europe. La deuxième, décrite et figurée par J. Bauhin sous le nom d'*Ammi odore origani* (2), paraît être le *Ptychotis coptica*, DC.; enfin la dernière, qui est regardée par tous les auteurs comme la véritable plante à l'ammi officinal, est l'*Ammi perpusillum* (3); *ammi fort petit* de Dalechamp (4); *Ammi parvum foliis fœniculi* (5); *Sison ammi*, L.; *Ptychotis fœniculifolia*, DC. Cette plante paraît haute de 30 centimètres; ses feuilles sont très-divisées et semblables à celles de l'aneth ou du fenouil; ses fleurs sont blanches, remarquables par leurs pétales, dont la lanière interne, au lieu de partir du sommet du limbe, naît du milieu d'un pli transversal. Son fruit, en supposant que ce soit elle qui produise l'ammi du commerce, ressemble beaucoup à celui du persil; comme lui il est ové, non pubescent et marqué sur chaque carpelle de 5 côtes saillantes blanches; mais il est beaucoup plus petit, d'un gris plus pâle et jaunâtre; ses carpelles isolés sont moins courbés; il offre une faible odeur d'ache qui ne devient pas térébinthacée par la friction entre les doigts; il a une saveur amère, aromatique, un peu mordicante. Lorsqu'on le coupe transversalement, il offre une amande épaisse dont la coupe représente les 3/4 d'un cercle, entouré de 5 points blancs qui sont les 5 côtes saillantes du fruit; et entre ceux ci on aperçoit 5 autres points noirs, appartenant à 5 canaux oléifères. [Sous le nom d'ammi de l'Inde, ou d'ajowan, il faut citer encore le *Ptychotis ajowan*, dont l'essence se vend beaucoup dans les bazars des Indes orientales et principalement des villes du Décan.]

Une autre espèce d'**ammi inodore** et non usitée est produite par l'*Ammi majus*, L., plante ombellifère également, mais d'un genre différent, qui croît en France dans les champs. Ce fruit est à peu près gros comme le premier, mais cylindrique ou devenu carré par la dessiccation. Il est couronné par un *stylopode* très-développé, et par 2 styles divergents qui le font ressembler à un petit coléoptère. Il a une saveur amère, âcre, très-faiblement aromatique.

On employait autrefois en médecine, comme digestifs et carminatifs, les fruits d'**amome vulgaire** (*Sison amomum*, L.). Ils se présentent sous la forme de méricarpes isolés, glabres, de la

---

(1) Lobel, *Observ.*, p. 414.
(2) Bauhin, *Hist. plant.*, t. III, lib. XXVII, p. 25.
(3) Lobel, *Observ.*, p. 414.
(4) Dalechamps, p. 596, fig. 1.
(5) G. Bauhin in Matth., p. 558, fig. 2.

grosseur du fruit de persil entier, ovoïdes-arrondis, un peu terminés en pointe supérieurement et un peu recourbés du côté interne. Ils sont d'une couleur brune avec 5 côtes blanchâtres, entre lesquelles on observe un seul canal oléifère terminé par un renflement vers le milieu du fruit, et ce renflement se trouve ordinairement déprimé par la dessiccation. Le fruit d'amome vulgaire fournit beaucoup d'essence à la distillation ; il présente, lorsqu'on l'écrase, une odeur fortement aromatique ; il a une saveur aromatique également, mais ni âcre ni amère, et qui n'est pas en rapport avec son odeur forte.

Fruit d'anis vert.

Pimpinella Anisum, L., tribu des Ammidées (*fig.* 623). *Car. gén.*: calice entier ; pétales obovés, échancrés au sommet avec une lanière réfléchie en dedans ; fruit ové, contracté latéralement, couronné au sommet par le stylopode et par 2 styles réfléchis, à stigmates globuleux. Méricarpes à 5 côtes filiformes égales, vallécules à plusieurs canaux oléifères ; ombelles privées d'involucre et d'involucelles, inclinées avant la floraison. — *Car. spéc.* tige glabre ; feuilles radicales cordiformes-arrondies, à lobes incisés-dentés ; feuilles mitoyennes pinnati-lobées à lobes cunéiformes ou lancéolés ; feuilles supérieures trifides, à divisions entières et linéaires ; involucelle peu marqué.

Cette plante est herbacée, annuelle, originaire d'Afrique, et cultivée en Europe dans les jardins ; son fruit est verdâtre,

Fig. 623. — Anis vert.

ové, strié, pubescent, très-aromatique, d'une saveur piquante, agréable, légèrement sucrée ; les environs de Tours en produisent une très-grande quantité ; mais le plus estimé vient de Malte et d'Alicante ; il est très-employé par les liquoristes, les confiseurs et les pharmaciens. La petite amande qu'il renferme fournit une huile fixe, qu'on peut en retirer par expression, mélangée avec l'essence contenue dans le péricarpe. Celle-ci peut être obtenue par distillation et cristallise par le moindre froid. Elle est composée d'une essence liquide, ayant la composition de l'essence de térébenthine, et d'un stéaroptène ($C^{20}H^{12}O^2$). Celui-ci cristallise en larges écailles brillantes; il est un peu plus dense que l'eau, est fusible à 16°, bout à 220° et distille sans altération.

Les racines de plusieurs espèces de *Pimpinella* ont été usitées en médecine sous le nom de *saxifrage* ou de *boucage* (*Tragoselinum*). Le premier nom était fondé sur leur prétendue propriété de briser ou de dissoudre la pierre dans la vessie, et le second leur était donné à cause de l'odeur de bouc dont ces racines sont pourvues, lorsqu'elles sont récentes; telles étaient :

La racine de **grande saxifrage** ou de **saxifrage blanche** *Pimpinella magna*, Willd.

La racine de **saxifrage noire**, produite par une variété du *Pimpinella magna*, à fleurs rouges et à racine noirâtre.

La racine de **petite saxifrage**, *Pimpinella saxifraga*, Willd.; celle-ci est douée d'une odeur plus forte et d'une âcreté considérable.

Carvi.

Carum Carvi, L., tribu des Ammidées (*fig.* 624). Cette plante croît abondamment dans les contrées méridionales de la France;

Fig. 624. — Carvi.

ses tiges sont lisses, striées, hautes de 50 centimètres, garnies de feuilles deux fois ailées, à folioles multifides dont les inférieures sont rapprochées et comme verticillées autour de la côte principale. Les fleurs sont blanches, petites, disposées en ombelles privées d'involucelles et dont l'involucre est formé d'une seule foliole linéaire. Le fruit est oblong, contracté latéralement, à 10 côtes égales, filiformes; le carpophore se divise profondément à la séparation des deux carpelles. Dans le commerce, les méricarpes sont presque toujours isolés; ils sont allongés, amincis en pointe aux deux extrémités, courbés en arc du côté de la commissure, à 5 côtes égales, blanchâtres; les sillons sont brunâtres, n'offrant le plus souvent qu'un canal oléifère, conformément au caractère adopté par les botanistes, mais en présentant aussi, assez souvent, 2 ou 3. Chaque méricarpe, coupé transversalement, présente une amande blanche entourée par les 5 côtes saillantes disposées comme les rayons d'une étoile.

Le carvi est pourvu d'une odeur très-forte, analogue à celle du cumin, mais moins désagréable. Il est stomachique et carminatif; les peuples du Nord en ajoutent très-souvent dans leur pain et dans leurs autres aliments.

Terre-noix, *Bunium bulbo-castanum*, L.; *Carum bulbo-castanum*, Koch. Cette plante croît en France dans les champs maigres et dans les terres à vigne. Sa racine produit des tubercules sphériques, de la grosseur d'une cerise, noirâtres au dehors, blancs à l'intérieur, qui sont propres à la nourriture de l'homme. On les emploie à cet usage dans les contrées où la plante est abondante. Les fruits sont âcres, très-aromatiques, presque semblables à ceux du carvi.

Cumin.

Cuminum cyminum, L. (*fig.* 625). Plante annuelle, assez semblable au fenouil par ses feuilles multifides et à divisions sétacées, originaire d'Égypte et d'Éthiopie, mais cultivée en Sicile et surtout à Malte, d'où on exporte presque tout le cumin qui se trouve dans le commerce. Le fruit est formé de 2 carpelles qui restent réunis, et, par une suite nécessaire, il est *droit* et régulier dans sa forme. Il est oblong, aminci aux deux bouts, marqué sur chaque méricarpe de 5 côtes primaires et de 4 côtes secondaires, les unes et les autres couvertes de très-

Fig. 625. — Cumin.

petits aiguillons qui font paraître le fruit pubescent. De plus, il présente, à l'extrémité supérieure, les 5 dents du calice qui sont lancéolées et persistantes; il est d'une couleur jaunâtre ou fauve, terne et uniforme; coupé transversalement, il présente une amande volumineuse, blanche et huileuse, entourée d'un péricarpe mince et foliacé. Il a une odeur très-forte et fatigante et une saveur très-aromatique, agréable ou désagréable, selon le goût ou l'habitude. Les Hollandais en mettent dans le fromage et les Allemands dans le pain. Il entre dans plusieurs compositions de pharmacie et il est très-usité dans la médecine vétérinaire.

Il résulte des expériences de MM. Cahours et Gerhardt que l'essence de cumin est composée, pour un tiers, d'un hydrure de carbone nommé *cymène*, dont la composition $= C^{20}H^{14}$, et de deux tiers d'une essence oxygénée à laquelle ces chimistes ont donné le nom de *cuminol*, composée de $C^{20}H^{12}O^2$ et isomérique avec l'essence d'anis. Cette essence oxygénée, en absorbant deux nouvelles molécules d'oxygène, se convertit en *acide cuminique hydraté* dont la composition égale $C^{20}H^{12}O^4$ (1).

Aneth.

Anethum, graveolens, L. (*fig.* 626), tribu des Peucédanées. Cette plante croît en Égypte et dans l'Europe méridionale ; elle ressemble beaucoup au fenouil par ses feuilles, mais en diffère par son fruit dont les carpelles se séparent à maturité ; chaque carpelle est brunâtre, ovale, convexe sur le dos avec 3 côtes dorsales blanchâtres et aiguës, et 2 côtes latérales élargies en une membrane blanchâtre, qui encadre complétement le méricarpe et en double le diamètre. Ce fruit a une odeur très-forte, analogue à celle du cumin, et une saveur très-aromatique. On en retire l'huile volatile par la distillation.

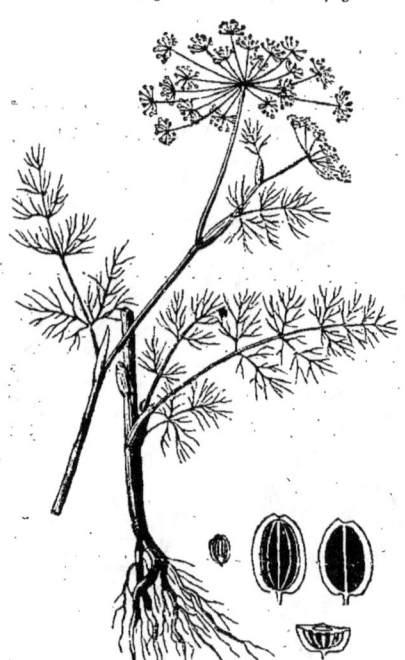

Fig. 626. — Aneth.

Fenouil officinal.

L'histoire du fenouil, quoique ce fruit soit connu de toute antiquité et que ce soit une production de notre pays, est encore remplie d'obscurité. Désirant prouver cette assertion et cependant ne pas m'étendre

(1) Cahours et Gerhardt, *Ann. de chim. et de phys.*, 2º série, t. I, p. 60.

trop sur un seul article, je me bornerai à comparer les dires de quatre auteurs principaux avec le résultat de mes propres observations.

Dioscoride, dans sa *Matière médicale*, s'est beaucoup étendu sur les propriétés d'une plante nommée μάραθρον; mais, la supposant sans doute très-connue de ceux à qui il s'adressait, il n'en a donné aucune description, de sorte que ce n'est que par la comparaison de son texte avec ceux de Pline et de Galien, que l'on voit que le *Marathrum* doit être un fenouil.

Dans le chapitre suivant, Dioscoride traite d'une autre plante nommée ἱππομάραθρον (*hippomarathrum*), qui est un grand *Marathrum* sauvage, mais portant un fruit semblable à celui du *Cachrys*. Quelques auteurs ont cru voir dans cette plante le *fenouil sauvage*, lequel croît naturellement en France et en Allemagne; mais il est probable qu'il s'agit ici, en effet, d'une espèce de *Cachrys*.

Enfin, dans le même chapitre, Dioscoride mentionne une autre espèce d'*Hippomarathrum* à feuilles longues, menues et étroites et à semence pareille à celle de la coriandre, ronde, âcre et odorante. Cette plante possède les propriétés du *Marathrum*, mais dans un moindre degré. Il est difficile de supposer que cette plante puisse être un fenouil. Voilà véritablement tout ce qu'on peut tirer de Dioscoride.

G. Bauhin, dans son *Pinax*, mentionne sept espèces de fenouil.

1. *Fœniculum vulgare germanicum*, C. B.

Fœniculum de Fuchsius; *Fœniculum sylvestre cujus semen exilius et acrius*, Cæs.; *Fœniculum nostrum vulgare, quibusdam hippomarathrum putatum*, Cam.

Fig. 627. — Fenouil.

De cette espèce se rapproche le *Fœniculum mediolanense* (F. de Milan), quoique celui-ci soit plus agréable que le vulgaire germanique.

2. *Fœniculum vulgare italicum, semine oblongo, gustu acuto*, C. B.

Fœniculum domesticum semine oblongo, gustu acuto, odorato, Matth.; *Fœniculum vulgare, cujus semen pallidum sive luteum, oblongum*, Dalech. Lugd.; *Fœniculum acre*, Anguill.

3. *Fœniculum dulce*, C. B.

Fœniculum hortense, semine dulci et crassiori, Matth.

Fœniculum hortense, semine crasso, oblongo, quod anno secundo in sylvestre transit, Cæsalp.

Fœniculum dulce, semine majore, gustu anisi, Dalech. Lugd.

Fœniculum romanum, cujus semen pallide-luteum, quod tertio anno in commune transit, Tabernæm.

Cette semence peut être plus arrondie et porte alors le nom de *fenouil de Rome* ou *de Florence*; ou plus oblongue et c'est la plus douce et la plus agréable de toutes; cette dernière est apportée de Bologne.

4. *Fœniculum semine rotundo minore*, C. B.

Fœniculum rotundum, Tabern.

Cette espèce ne diffère pas du fenouil vulgaire par sa saveur et son odeur; mais elle est plus basse, à ombelle blanche et à semence plus petite et ayant la forme du carvi.

5. *Fœniculum sylvestre*, C. B.

Fœniculum erraticum, Matth.

Fœniculum sponte virens in agris Narbonensium, Lob. adv.

6. *Hippomarathrum creticum*, C. B.

7. *Chaa, herba japonica*.

A dater de G. Bauhin, la plupart des auteurs n'ont distingué nettement que deux espèces de fenouil : l'un à tige plus élevée, à semences plus petites, âcres et brunes; l'autre à tige plus basse, à semences plus grosses, pâles et sucrées; tous les autres caractères paraissent être semblables.

A. Pyr. de Candolle, dans son *Prodromus*, distingue trois espèces de fenouil.

1. *Fœniculum vulgare*, Gœrtn. : tige cylindrique à la base; feuilles à longues divisions linéaires et subulées; ombelles à 13-20 rayons, privées d'involucre.

2. *Fœniculum dulce*, C. B. et J. B. : tige comprimée à la base; feuilles radicales subdistiques, à lobes capillaires allongés; ombelles à 6 ou 8 rayons. Cette espèce diffère de la précédente par sa stature plus petite et qui n'est environ que de 33 centimètres; par sa floraison plus précoce et par ses turions qui sont comestibles.

3. *Fœniculum piperitum*, DC. : tige cylindrique; feuilles à lobes subulés, très-courts, rigides, épais; ombelles à 8-10 rayons. Plante de l'Europe méridionale, nommée en Sicile *finocchio d'asino* ou *fenouil d'âne*.

Mérat et Delens (1) distinguent quatre espèces de fenouil.

1. *Fœniculum vulgare*, grande ombellifère vivace, croissant naturellement dans toute l'Europe; elle est d'un vert glauque, très-glabre, à feuilles décomposées en folioles capillaires, à fleurs jaunes; ses fruits sont ovoïdes, d'un vert sombre, marqués de lignes blanches et surmontés de 2 styles courts, renflés à la base en forme de tubercules. Ces fruits, connus sous le nom de *fenouillet* ou de *fenouil noir*, sont rejetés comme étant moins aromatiques que les suivants.

2. *Fœniculum officinale*; *fenouil de Florence* ou *fenouil doux* du commerce. Espèce vivace, particulière au midi de l'Europe, à feuillage plus court que dans l'espèce précédente, mais du reste semblable. Les fruits sont beaucoup plus volumineux, un peu courbés, d'un vert clair, portés sur un pédoncule persistant. On les tire d'Italie et même de Nîmes; ce

---

(1) Mérat et Delens, *Dictionnaire de matière médicale et de thérapeutique générale*. Paris, 1831, t. III, p. 270.

sont eux qui sont employés comme fenouil officinal, dans toute l'Europe.

3. *Fœniculum dulce* des Bauhin et de De Candolle. Plante annuelle, à feuillage plus court que dans l'espèce précédente; les souches sont comprimées vers la base, deviennent très-grosses et peuvent être mangées, crues ou cuites, ainsi que les pétioles élargis des feuilles. On en fait une grande consommation en Italie, où la plante est cultivée dans tous les jardins. Les fruits sont globuleux-ovoïdes, doubles de ceux du fenouil commun, marqués de grosses côtes, ordinairement séparés en deux; la saveur en est sucrée et très-agréable.

4. *Fœniculum piperitum*, DC.

Voici les contradictions ou l'obscurité qui existent encore entre les espèces de De Candolle et celles de M. Mérat et que j'ai désiré pouvoir détruire : 1° le fenouil officinal de M. Mérat est très-certainement le fenouil doux de Gaspard Bauhin; dès lors pourquoi M. Mérat en a-t-il fait une espèce séparée? 2° le fenouil officinal de M. Mérat me paraît être tout aussi sûrement celui d'Allioni, qu'Allioni lui-même fait synonyme du *fœniculum dulce* des frères Bauhin : comment alors De Candolle a-t-il séparé le *Fœniculum officinale* d'Allioni du *Fœniculum dulce*, pour le joindre au *Fœniculum vulgare?* Pour m'éclairer à cet égard, j'ai prié M. Chardin, il y a plusieurs années, de me procurer les diverses espèces ou variétés de fenouil que l'on peut trouver dans le commerce; voici celles qu'il a bien voulu me remettre :

1° **Fenouil vulgaire d'Allemagne.** Fruit entier, très-rarement divisé, cependant privé de son pédoncule, ovoïde-elliptique, long de 4 millimètres, large de moins de 2, surmonté de 2 styles courts, très-épaissis à la base. Ce fruit est très-souvent droit; mais souvent aussi il est courbé en arc d'un côté, par l'oblitération partielle ou par l'avortement d'un des carpelles. Il a une teinte générale d'un gris foncé; mais, à la loupe, il présente 8 côtes linéaires un peu blanchâtres, dont deux doubles et plus grosses que les autres, et 8 vallécules assez larges, noirâtres et à un seul canal oléifère. Il présente, lorsqu'on l'écrase, une odeur de fenouil forte et agréable, et il possède une saveur fortement aromatique, piquante et menthée.

Ce fenouil est, sans aucun doute, le *Fœniculum vulgare germanicum* de G. Bauhin; je donnerai plus loin les caractères de la plante.

2° **Fenouil âcre d'Italie.** Fruit presque semblable au précédent, mais d'une couleur beaucoup plus claire; tout à fait glabre, à côtes blanchâtres étroites et à vallécules verdâtres offrant un canal oléifère développé. Un assez grand nombre de fruits sont pourvus de leur pédoncule et sont entiers; mais un grand nombre d'autres sont divisés en 2 méricarpes qui paraissent alors un peu amincis en pointe par le haut et un peu élargis par leurs 2 côtes marginales. Ce fruit écrasé présente une odeur forte qui se rapproche de celle de cajeput; il a une saveur un peu âcre, non amère, très-aromatique, accompagnée d'un sentiment de fraîcheur.

Ce fruit me paraît être le *Fœniculum vulgare italicum, semine oblongo, gustu acuto* de G. Bauhin n° 2; n'ayant pu le faire lever, je ne puis dire s'il a quelque rapport avec le *Fœniculum piperitum* de De Candolle.

3° **Fenouil doux majeur.** — C'est le fenouil ordinaire du commerce et le véritable fenouil officinal. On le nomme vulgairement *fenouil de Florence*; mais je pense que celui que nous employons vient des environs de Nîmes. Il est long de 10 millimètres, quelquefois de 15, large de 3, de forme linéaire, quelquefois un peu renflé à la partie supérieure; il est pourvu de son pédoncule qui forme presque toujours un angle marqué avec l'axe du fruit; il est toujours entier, cylindrique par conséquent, pourvu de 8 côtes, dont deux doubles, toutes carénées au sommet, élargies à la base, laissant à peine apercevoir la vallécule. Le fruit est, à proprement parler, *cannelé*; il est quelquefois droit; mais le plus ordinairement il est arqué d'un côté par l'avortement d'un des carpelles. Il est d'un vert très-pâle et blanchâtre, uniforme; il possède une odeur douce et agréable qui lui est propre, devenant plus forte par la friction, mais restant toujours pure et très-agréable; il présente une saveur très-aromatique, sucrée, fort agréable également.

Ce fruit est le *Fœniculum dulce* de G. Bauhin, avec les différents synonymes indiqués. C'est également le *Fœniculum dulce, majore et albo semine* de J. Bauhin.

3° **Fenouil doux mineur d'Italie.** Fruit long de 6 à 7 millimètres, épais de 2 et plus, quelquefois entier, droit ou recourbé, comme le précédent; mais le plus ordinairement séparé en 2 méricarpes. Les côtes sont blanches, carénées au sommet, mais plus étroites que dans l'espèce précédente, et laissant apercevoir la vallécule renflée par le canal oléifère. Ce fruit écrasé dégage une odeur forte et franche de fenouil; il présente une saveur très-agréable également de fenouil sucré. Il ressemble beaucoup, à la première vue, au fenouil âcre d'Italie; mais, indépendamment des caractères précédents qui l'en distinguent, il est plus large et d'une couleur générale plus pâle ou plus blanchâtre. Ce fenouil se rapporte très-bien au *Fœniculum mediolanense*, C.B. et au *Fœniculum dulce vulgare simile* de J. Bauhin (1).

5° **Fenouil amer de Nîmes.** Ce fruit est plus petit que tous les précédents et presque semblable au carvi. Il est long de 3 à 4 millimètres, très-rarement de 5; il est entier ou ouvert, droit ou arqué, d'un vert brunâtre assez prononcé. Les côtes sont étroites, filiformes, d'un blanc verdâtre; les vallécules sont assez larges, d'un vert foncé, et offrent quelquefois l'apparence d'un second canal oléifère. Le fruit présente en masse une odeur de fenouil vert, qui devient beaucoup plus forte lorsqu'on l'écrase. Il a une saveur amère manifeste, jointe à un goût aromatique et fort de fenouil.

La grande ressemblance de ce fenouil avec le carvi m'avait fait penser que ce pouvait être la 4ᵉ espèce de G. Bauhin; mais les caractères de la plante ayant détruit cette supposition, il ne reste plus qu'à se demander si ce fenouil est celui mentionné par G. Bauhin sous le nom de *Fœniculum sylvestre*.

Indépendamment des fenouils précédents, qui m'ont été remis par M. Chardin, j'ai vu un jour chez un droguiste un fruit nommé *fenouillet*,

---

(1) J. Bauhin, *Hist.*, III, p. II, pag. 4.

qui était très-petit, arrondi, blanchâtre, d'une odeur aromatique forte et agréable, mais différente de celle du fenouil. J'ai pensé que ce fruit pouvait appartenir à un séséli (le *glaucum ?*); je n'ai pu m'en procurer depuis.

Pour essayer de mieux déterminer les espèces des fruits précédents, je les ai fait semer dans le jardin de l'École de pharmacie; tous ont levé, à l'exception du *fenouil âcre d'Italie*, sur lequel, par conséquent, je n'ai rien à dire de plus. Voici les caractères présentés par les autres:

1. **Fenouil vulgaire d'Allemagne**, *Fœniculum vulgare*, Mérat. Plante haute de 2 mètres et plus; tiges rondes par le bas, d'un vert noirâtre, assez grêles, coudées; feuilles très-grandes, à pétioles médiocrement dilatés, à subdivisions très-longues, douces au toucher, peu aromatiques et d'une saveur amère. Ombelles à 21 ou 22 rayons; ombellules à 30 ou 33 fleurs. Le fruit ne paraît pas changer par la culture.

2. **Fenouil doux majeur du commerce**, *Fœniculum officinale*, Mérat. Tiges glauques, grosses, droites, hautes de 1 mètre 60 centimètres et plus; les pétioles sont très-larges et embrassants; les feuilles sont très-grandes, à subdivisions longues, molles et douces au toucher; froissées, elles présentent une odeur forte de fenouil et une saveur un peu âcre. Les ombelles sont très-inégales, les rayons extérieurs étant bien plus longs que ceux du centre et redressés, surtout au commencement. Le nombre des rayons varie de 30 à 32, et le nombre des fleurs de 42 à 45 sur chaque ombellule. Dès la première année, les fruits changent de forme et diminuent de volume, ainsi que l'ont remarqué tous les botanistes; les côtes se rétrécissent, les vallécules deviennent plus apparentes, le fruit prend en masse une couleur plus foncée, et la séparation spontanée des méricarpes devient plus facile. Au bout de quatre ou cinq ans, le fruit est devenu presque semblable, pour l'aspect, au fenouil amer de Nîmes; mais il s'en distingue toujours par ses côtes un peu élargies à la base et carénées sur la crête; par ses vallécules plus étroites et plus sèches, enfin par sa saveur sucrée; de sorte que la transformation du fruit est plus apparente que réelle. Il n'en faut pas moins conclure que le volume considérable et les caractères particuliers du fenouil doux du commerce tiennent à une variété de culture qui ne persiste pas lorsque la plante est transplantée et abandonnée à elle-même.

3. **Fenouil doux mineur d'Italie**, *Fœniculum mediolanense*, C. B. Plante haute de 1 mètre; tiges comprimées à la base, étalées, coudées, d'un vert glauque foncé et comme noirâtre; pétioles peu développés; feuilles courtes à subdivisions fermes et un peu roides, exhalant une odeur de persil lorsqu'on les froisse et ayant une saveur non sucrée, peu agréable.

Cette plante fleurit la première de toutes; ses fleurs sont très-nombreuses, généralement étalées à la hauteur de 1 mètre et d'un jaune foncé. Les ombelles sont planes, à 23 rayons la première année, et à 27 fleurs dans chaque ombellule. La deuxième année, la hauteur, le port et tous les autres caractères restant les mêmes, les ombelles présentent de 30 à 40 rayons et les ombellules portent 32, 36, 40 et jusqu'à

50 fleurs; les fruits sont peu sucrés, toujours fortement aromatiques. La quatrième année, les ombelles présentent de 35 à 38 rayons; les fruits sont petits, noirâtres, non sucrés.

Cette espèce présente quelques-uns des caractères du *Fœniculum dulce* de De Candolle; mais quelle différence, dès la première année, pour la taille de la plante et dans le nombre des rayons de l'ombelle! Peut-être la description du célèbre botaniste se rapporte-t-elle à une variété produite par la culture en Italie, dans un but déterminé, variété non permanente que la seule transplantation ferait disparaître.

4. **Fenouil amer de Nîmes.** Tiges très-grêles, hautes de 13 à 16 décimètres, droites; feuilles grêles, molles, d'une odeur de fenouil officinal et d'une saveur sucrée, aromatique, agréable. La plante fleurit très-tard; les fleurs sont petites, d'un jaune pâle, atrophiées et ont toutes avorté. La deuxième année, la plante a pris plus de force; les ombelles, qui offraient 16 rayons la première année, en ont présenté 18 et 19, et 21 fleurs aux ombellules; les fruits ont encore avorté. La troisième et la quatrième année, l'inflorescence n'a pas varié, mais les fruits ont pu être récoltés. Ils sont semblables à ceux qui ont produit la plante; ils présentent en masse une odeur faible et agréable de fenouil, qui devient beaucoup plus forte par l'écrasement; leur saveur est toujours amère, très-aromatique, avec un sentiment de fraîcheur analogue à celui produit par la menthe.

De tous les fruits de fenouil qui ont été décrits ci-dessus, le seul qui soit usité en pharmacie est le **fenouil doux majeur** (*Fœniculum officinale*). Il faut le choisir gros, d'un vert pâle, et non jaunâtre ni brunâtre, comme celui qui est vieux ou altéré. On en retire par la distillation une essence limpide comme de l'eau, d'une odeur très-suave, d'une pesanteur spécifique de 0,983 à 0,985, se congelant environ à 5 degrés au-dessus de zéro. Le stéaroptène paraît avoir la même composition que celui d'anis; mais, d'après M. Cahours, l'essence liquide ne contiendrait pas d'oxygène et aurait la même composition que l'essence de térébenthine.

La racine de fenouil est aussi employée en pharmacie. Elle provient soit du fenouil vulgaire (*Fœniculum vulgare*), soit du fenouil doux majeur dégénéré qui, dans la plupart des jardins, prend la place du premier; elle est formée d'une écorce fibreuse, blanchâtre, quelquefois ocreuse à sa surface, et d'un cœur ligneux, à couches concentriques. Elle a une odeur faible, douce et agréable, et une saveur de carotte. Elle se distingue de la racine de persil par son cœur ligneux.

La racine de fenouil est une des *cinq racines apéritives*; les quatre autres sont la racine de persil et celle d'ache ou de livèche, appartenant pareillement à la famille des Ombellifères, et les racines d'asperge et de petit-houx, qui font partie des Asparaginées.

Phellandrie aquatique.

OEnanthe phellandrium, Lam. *Phellandrium aquaticum*, L., tribu des Sésélinées. *Car gén.*: marge du calice à 5 dents persistantes ; pétales obovés, échancrés avec une lanière recourbée en dedans ; stylopode conique ; fruit ové-cylindrique, couronné par les dents du calice et par 2 styles droits. Méricarpes à 5 côtes obtuses ; vallécules à un seul canal résinifère ; carpophore indistinct.

La phellandrie aquatique (*fig.* 628) porte aussi les noms de *ciguë aquatique* et de *fenouil aquatique*. Elle croît le pied dans l'eau, et s'élève à la hauteur de 65 à 100 centimètres. Sa racine est pivotante et munie d'un grand nombre de fibres verticillées ; sa tige est creuse, ses feuilles sont très-divisées, ses fleurs blanches, très-petites, disposées en ombelles à 10 ou 12 rayons, privées d'involucre général, mais pourvues d'involucelles à 7 folioles. Les fruits ovoïdes-allongés, régulièrement striés, glabres, un peu luisants et rougeâtres, formés de 2 carpelles soudés. Chaque carpelle isolé est droit, composé d'un péricarpe solide et blanc à l'intérieur, et d'une amande brune noirâtre.

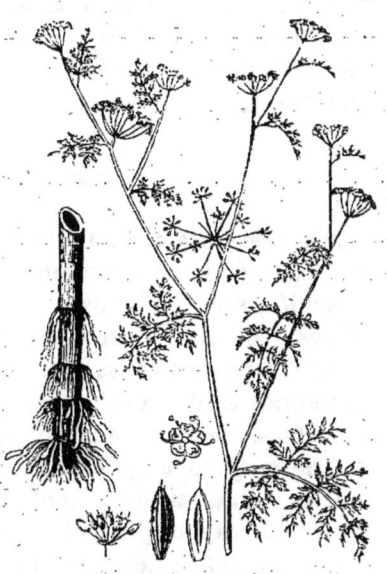

Fig. 628. — Phellandrie.

Le fruit entier offre une odeur assez forte qui se développe encore plus par la pulvérisation ; la saveur en est aromatique. Le fruit de phellandrie aquatique a été administré en poudre, dans la phthisie pulmonaire, à la dose de 2 à 6 décigrammes répétés plusieurs fois par jour. Il paraît propre à calmer la toux, diminuer l'expectoration et supprimer la diarrhée. Mais son emploi demande quelque retenue ; car on a vu une dose trop forte causer des vertiges et de l'anxiété. Ces propriétés nuisibles sont beaucoup plus marquées dans le fruit récent et dans la plante verte, qui est dangereuse pour les bestiaux, et mortelle même pour les chevaux.

Œnanthe fistuleuse, persil des marais.

Œnanthe fistulosa, L. Cette plante, très-commune sur le bord des marais, est une des plus vénéneuses de notre pays. Sa racine est fibreuse, rampante, pourvue de tubercules fusiformes, dont la substance blanche, analogue à celle du panais, a souvent donné lieu à des méprises funestes. Sa tige est grosse, fistuleuse, glabre, haute de 50 centimètres; les feuilles sont portées sur des pétioles fistuleux; les inférieures sont deux fois ailées, à folioles cunéiformes incisées; celles de la tige sont pinnatisectées à divisions linéaires; les fleurs forment des ombelles privées d'involucre, à 3 ou 4 rayons soutenant chacun une ombellule très-serrée, à fleurs rayonnantes, d'un blanc rosé, dont les intérieures sont sessiles et fertiles, tandis que celles de la circonférence sont pédicellées et stériles. Les fruits forment des capitules globuleux, hérissés par les dents du calice et par les styles persistants.

Œnanthe safranée.

Œnanthe crocata, L. Cette plante est encore plus vénéneuse que la précédente; sa racine est composée de tubercules oblongs, fasciculés, serrés les uns contre les autres et enfoncés perpendiculairement dans la terre. Sa tige est cylindrique, cannelée, fistuleuse, d'un vert roussâtre, rameuse, haute de 1 mètre environ; les feuilles sont grandes, deux fois ailées, à folioles sessiles, cunéiformes, incisées au sommet et d'un vert foncé. Les fleurs sont d'un blanc un peu rosé, disposées en ombelles terminales, pourvues d'un involucre polyphylle, et composées d'un grand nombre de rayons portant des ombellules très-denses, à fleurs un peu rayonnantes. Les fruits forment des capitules globuleux; ils sont courtement pédicellés, oblongs, fortement striés, couronnés par les dents du calice et surmontés du stylopode et des styles persistants.

Cette plante croît dans les lieux marécageux et sur le bord des étangs, en Angleterre, en Bretagne et dans tout l'ouest de la France, en Espagne, etc.; toutes ses parties sont pourvues d'un suc lactescent, qui prend une couleur safranée au contact de l'air. Ce suc est un poison violent. Les racines ont un goût douceâtre, aromatique, non désagréable, ce qui les rend très-dangereuses, rien ne mettant en garde contre le poison qu'elles renferment. Les accidents qui se manifestent, lorsqu'on en a mangé, sont une chaleur brûlante dans le gosier, des nausées, des vomissements, de la cardialgie, des vertiges, du délire, des convulsions violentes et souvent la mort, lorsqu'on n'a pas été secouru à temps. Les meilleurs moyens à opposer à ces terribles accidents, sont d'abord de procurer l'évacuation du poison par des vomissements et des laxatifs; ensuite l'application de cataplasmes émollients sur l'épigastre, l'administration de boissons abondantes, acidulées et gazeuses; des potions éthérées, etc.

Toutes les espèces d'œnanthe ne partagent pas les propriétés délétères des deux précédentes; telle est l'**œnanthe à feuilles de pimprenelle**, *Œnanthe pimpinelloides*, L., qui est assez fréquente dans les prairies, dans les environs de Paris, mais que l'on trouve surtout dans les départements riverains de la Loire, de Tours à Nantes, où elle est connue sous les noms de *navette*, *jeannette*, *agnotte*, *anicot*, etc. La racine de cette plante est formée de fibres fasciculées, cylindriques ou ovoïdes, ou de tubercules suspendus à de longues fibres, s'étendant plus latéralement qu'ils ne pénètrent dans l'intérieur du sol. Ces tubercules ont un goût doux, assez agréable, et peuvent être mangés sans aucun inconvénient; à Angers, on les vend quelquefois sur le marché. Les tubercules de l'*Œnanthe peucedanifolia* peuvent également servir d'aliment; mais comme c'est presque toujours en confondant avec eux les racines des œnanthes vénéneuses que les empoisonnements reprochés à celles-ci sont arrivés, il est plus prudent de ne jamais manger les racines d'aucune de ces plantes.

Séséli de Marseille.

On nomme ainsi le fruit du *Seseli tortuosum*, L., plante de la tribu des Sésélinées croissant dans le midi de la France et surtout aux environs de Marseille. Elle ressemble un peu au fenouil, dont elle a été longtemps regardée comme une espèce, sous le nom de *fenouil tortu*.

Son fruit est composé de 2 méricarpes d'un gris blanchâtre, ordinairement séparés l'un de l'autre, semblables à ceux des autres Ombellifères, plus petits et plus minces que ceux de l'anis. Ces fruits exhalent, lorsqu'on les pulvérise, une odeur très-forte et désagréable. Ils ont une saveur âcre, très-aromatique. Ils entrent dans la thériaque.

Daucus de Crète.

Athamantha cretensis, L., tribu des Sésélinées. Cette plante croît dans l'île de Candie, en Égypte, dans le midi de la France et en Suisse. Son fruit est composé de 2 carpelles soudés, formant un petit corps cylindrique, atténué en col par la partie supérieure, et couronné par le stigmate bifide de la fleur, qui a persisté. A la loupe, on le voit couronné de poils rudes; il est de plus ordinairement réuni en petites ombellules et mêlé des branches de l'ombelle coupées menu ; ce dont il faut le débarrasser par le triage.

Le daucus de Crète a une odeur de panais lorsqu'on le froisse ; il offre une saveur aromatique semblable, mais plus marquée, forte et toujours agréable. Il entre dans la composition du sirop d'armoise, de la thériaque et de l'électuaire du diaphœnix.

Daucus vulgaire ou carotte sauvage.

Daucus Carotta, L. La conformité de nom a pu seule faire substituer quelquefois le fruit de cette plante au précédent ; car ils n'ont aucun rapport entre eux. Le fruit de carotte est petit, arrondi, mais ordinairement séparé en deux carpelles aplatis du côté intérieur, et couverts de l'autre de longs poils blancs, visibles à la simple vue, et qui les font paraître hérissés. En masse, ce fruit a une faible odeur herbacée qui, par la trituration, devient forte et térébinthacée. La saveur en est amère, âcre et camphrée.

Persil de Macédoine.

Athamantha macedonica, DC.; *Bubon macedonicum*, L. Cette plante croît en Turquie et en Afrique. Son fruit est menu, allongé, brunâtre, d'une odeur forte, agréable, et d'une saveur très-aromatique. Examiné à la loupe, les carpelles dont ils se composent paraissent isolés ; ils sont convexes d'un côté, aplatis de l'autre, d'une forme ovale-allongée, plus amincie à l'extrémité supérieure qu'à l'inférieure, ce qui leur donne la forme d'une petite carafe. Le péricarpe est rougeâtre et demi-transparent ; les côtes sont blanches et hérissées de poils (à l'œil nu le fruit paraît glabre). La coupe transversale offre une amande demi-circulaire remplissant entièrement un péricarpe mince, membraneux, sans rayons marqués. Ce dernier caractère le distingue du carvi et du fruit de persil vulgaire. Indépendamment de ce que ce dernier est plus arrondi et moins brunâtre, il offre à la coupe une amande pentagone, dont le côté est interne est beaucoup plus long que les quatre autres, et dont chaque angle est marqué par la coupe blanche d'une des côtes du fruit. L'intervalle entre chaque côté est rempli par un vaste réservoir d'un suc brun d'une apparence mielleuse. (Ajoutez ce caractère essentiel à ceux qui ont été donnés pour le persil vulgaire.)

Coriandre.

La coriandre, *Coriandrum sativum*, L. (*fig.* 629) appartient à la tribu des Coriandrées composant seule la sous-famille des cœlospermes de la famille des Ombellifères. Elle s'élève à la hauteur de 35 à 50 centimètres ; ses feuilles radicales sont semblables à celles du persil, mais celles de la tige sont divisées très-menu ; ses fleurs sont disposées en ombelles à 3 ou 5 rayons, privées d'involucre et pourvues d'involucelles à 2 ou 3 folioles placées d'un seul côté. Les pétales sont blancs ou rosés, dilatés à la périphérie. Le fruit est sphérique et composé de 2 carpelles soudés qui ne se séparent pas à maturité.

Toute la plante récente a une odeur fétide insupportable ; mais le fruit desséché n'en conserve qu'une agréable, qui même n'est bien sensible que par la pulvérisation ; il est sphérique, jaunâtre et très-léger ; il entre dans l'alcoolat de mélisse composé, et on l'emploie assez fréquemment comme correctif, dans les potions purgatives faites avec le séné.

Fig. 629. — Coriandre.

La coriandre est abondamment cultivée aux environs de Paris, dans la plaine des Vertus, et en Touraine.

GOMME-RÉSINE D'OMBELLIFÈRES.

Assa-fœtida.

Avant de parler de l'*assa-fœtida*, je dirai quelques mots d'une plante nommée par les Grecs σίλφιον et par les latins *Laserpitium*, dont le suc, connu sous le nom de *laser*, était considéré comme un médicament héroïque dans un très-grand nombre de maladies. D'après Dioscoride (1), le silphion croît en Syrie, en Arménie, en Médie et en Libye. Sa tige est semblable à celle de la férule, ses feuilles ressemblent à celles de l'ache et sa graine est large. Le laser sort de la tige et de la racine de la plante, par des inci-

(1) Dioscoride, Livre III, ch. LXXIII.

sions. Il est doux, transparent, d'odeur approchant de celle de la myrrhe et non de poireau, de goût agréable, blanchissant lorsqu'on le délaye dans l'eau. Celui qui croît en Cyrène a une odeur si douce qu'il ne sent rien, si ce n'est quand on le goûte. Ceux de Médie et de Syrie sont de qualité inférieure et ont une odeur désagréable. Le laser est souvent sophistiqué avec du sagapénum.

Plus loin, en parlant du sagapénum, Dioscoride dit qu'il a une odeur qui tient à la fois du laser et du galbanum, ce qui indique une grande ressemblance entre le premier de ces sucs et l'assafœtida.

Suivant Pline (1), « le *Laserpitium* (*silphion* des Grecs) a été d'abord découvert dans la Cyrénaïque, et son suc, nommé *laser*, est si estimé qu'on le vend au poids de l'argent; mais depuis bien des années la plante est devenue tellement rare dans cette province d'Afrique, qu'on n'en a trouvé qu'une seule tige qui fut envoyée à l'empereur Néron, et que, depuis très-longtemps également, on n'apporte en Italie d'autre laser que celui qui est produit en abondance dans la Perse, la Médie et l'Arménie, mais ce laser est très-inférieur à celui de Cyrène, et est souvent falsifié avec du sagapénum. » Ajoutons que le *Laserpitium* était tellement vénéré dans la Cyrénaïque que son image y était gravée sur les monnaies : une de ces pièces, dont Pereira m'a transmis la copie, représente d'un côté une tête de jeune homme ayant une corne de bélier au-dessus de l'oreille, et de l'autre une plante férulacée à tige ronde et cannelée, pourvue de 3 paires de feuilles presque opposées, à larges pétioles embrassants, et surmontée d'une ombelle compacte (2).

Cette plante paraît avoir été retrouvée dans un voyage fait en Libye, en 1817, par le docteur Della Cella ; elle a été décrite par Viviani, (3) sous le nom de *Thapsia silphium*.

Il me paraît résulter de ce qui précède que le laser cyrénaïque était un suc très-rare, même chez les anciens, et qui déjà, bien avant Pline, est remplacé par un autre suc analogue venant de Perse et de Médie.

---

(1) Pline, Livre XIX, ch. III.

(2) Cette médaille porte sur le champ, du côté du revers, un trépied suivi d'un E copte, dont la branche supérieure est beaucoup plus longue que l'inférieure (indiquant probablement le chiffre V), et au-dessous le mot KYPA abrégé, de κυρανίων. La médaille gravée par Viviani, au frontispice de son ouvrage, porte sur la face une tête d'Ammon âgé et barbu, et sur le revers la même plante que ci-dessus, mais le seul mot K°IN°N, que l'on trouve sur un grand nombre de monnaies grecques, et qui ne signifie rien autre chose probablement que *monnaie commune* ou *monnaie courante*. Il me paraît évident que c'est ce mot κοινόν que nous avons traduit par le mot *coin* appliqué aux matrices des monnaies.

(3) Viviani, *Specimen floræ libycæ*. Genuæ, 1824.

Ce dernier suc ne peut être que notre *Asa-fœtida*, le seul qui ne soit pas mentionné par Dioscoride sous son nom moderne. D'ailleurs la ressemblance qui existe entre les noms *asa* et *laser* semble indiquer que l'un est un dérivé de l'autre (1).

Il est donc très-probable que la plante qui produit l'asa-fœtida est le *silphion* de Dioscoride ; mais elle n'a été bien connue que par la description et la figure qu'en a données Kæmpfer. Cette plante (*Ferula Asa-fœtida*, L.; *fig.* 630) porte en Perse le nom de *hingisèh*, et son suc y est nommé *hingh* ou *hüng*. Elle présente une racine vivace, volumineuse, fusiforme, souvent partagée par le bas, pourvue d'un collet élevé au-dessus de terre et garnie d'un faisceau de fibres droites, comme les racines de *Meum*, de *Peucedanum* et d'*Eryngium*. Les feuilles sont toutes radicales, pinnatisectées, à segments pinnatifides-sinués, et à lobes oblongs et obtus. La tige est simple, haute de 2 à 3 mètres, assez grosse par le bas pour ne pas pouvoir être renfermée dans la main, pourvue sur sa longueur de gaînes aphylles, et terminée par un petit nombre de rameaux qui portent des ombelles nues, à 10, 15 ou 20 rayons, supportant chacun 5 ou 6 fleurs. Les fruits sont ovales, aplatis, d'un rouge brun, marqués de 3 côtes dorsales filiformes, et de 2 côtes latérales s'élargissant en une marge ferme comme un parchemin.

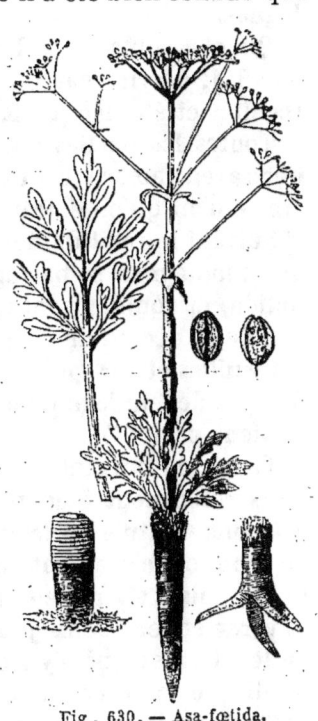

Fig. 630. — Asa-fœtida.

[La plante décrite par Kæmpfer a été successivement attribuée à diverses espèces, trouvées par les voyageurs dans les régions voisines de la Perse. Parmi elles nous citerons l'ombellifère, désignée par sir Falconer, sous le nom de *Narthex Asa-fœtida*, et rencontrée par lui en 1838 non loin de Cachemire (2). Ce narthex, dont on a pu voir des échantillons venus de graines dans le jardin d'Édimbourg, a dans toutes ses parties une très-forte odeur d'*Asa-fœtida*, mais elle diffère par ses caractères botaniques de

---

(1) Voir sur ce point la thèse de M. Deniau : « le *Silphium*, » destiné à établir l'identité de l'*Asa-fœtida* et du *Silphium* des anciens. (Thèses de l'École de Pharmacie de Paris, 1868.)

(2) Voir la description de la plante dans *Transactions of Linnean society of London*, 1846-51, tome XX, 2ᵉ partie, p. 285.

la plante de Kæmpfer. Elle donne cependant une gomme-résine, qui vient de l'Afganistan dans l'Inde et qui entre peut-être aussi dans l'*Asa-fœtida* qui nous arrive en Europe. Il faut citer également comme concourant peut-être à la production de cette substance le *Fela teuterrima* de Karelin et Kirilow (1), le *Ferula Asa-fœtida*, Buchse (non Lin.), et quelques autres espèces analogues.

Quant à la plante de Kæmpfer, elle a été retrouvée par Lehman en 1841, décrite par Bunge sous le nom de *Scorodosma fœtidum*, récoltée et étudiée par M. Borsczow (2).

Toutes les parties de la plante ont une odeur de poireau et une saveur amère fort désagréable ; mais c'est de la racine principalement qu'on extrait l'asa-fœtida.]

Suivant le récit de Kæmpfer (3), vers la mi-avril, les habitants des montagnes se partagent les lieux où croît la férule à l'asa-fœtida, et commencent à creuser une fosse autour de la racine, afin de la découvrir en partie ; ils la dépouillent de sa tige, de ses feuilles et des poils qui entourent le collet, et la recouvrent d'un lit de feuillage pour la préserver des rayons du soleil qui la feraient périr (4).

Trente ou quarante jours après, du 25 au 26 mai, les travailleurs retournent à leurs racines, les découvrent, en détachent avec une spatule les larmes qui peuvent s'y trouver, et coupent en rond, en le creusant un peu, le sommet de la racine, afin que le suc puisse s'y rassembler. Ils recouvrent la fosse de feuillage et y reviennent deux jours après, pour recueillir le suc épaissi ou les larmes qui s'y trouvent formées, et rafraîchir la surface du disque en en coupant l'épaisseur d'une paille d'avoine ; car il suffit d'ouvrir de nouveau les vaisseaux pour que le suc puisse s'en écouler. Deux jours après, ils font une seconde récolte, après laquelle ils laissent la racine reposer pendant huit à dix jours. Alors ils recommencent à la traiter trois fois, comme la première fois, la laissent de nouveau reposer, etc. Kæmpfer indique de la manière suivante les jours de récolte sur une racine préparée, comme il a été dit, vers la mi-avril ; mai 26, 28, 30 ; juin, 11, 13, 15, 23, 25, 27 ; juillet, 4, 6, 8. Il est probable qu'alors la racine se trouve épuisée.

---

(1) Voir Ledebourg, *Flora Rossica*, II, p. 305.

(2) Consulter dans les *Mémoires de l'Académie des sciences de Saint-Pétersbourg. Sciences naturelles*. 7ᵉ série, 1860, III, n° 8, le travail de cet auteur ayant pour titre : *Die pharmaceutisch wichtigen Ferulaceen der aralo-caspischen Wüste*.

(3) Kæmpfer, *Amen.*, fasc. III.

(4) Je présume que cette opération a pour but de concentrer par une évaporation lente, le suc laiteux de la racine, qui, sans cela, serait trop liquide pour pouvoir être recueilli.

L'asa-fœtida est quelquefois en larmes détachées ; mais le plus ordinairement il est en masses considérables, brunes rougeâtres, parsemées de larmes blanchâtres, demi-transparentes. Souvent aussi il est en masses très-impures et mélangées d'une grande quantité de terre ou de petites pierres ; il faut alors le rejeter de l'officine du pharmacien. Lorsqu'on casse le bel asa-fœtida, la nouvelle surface, qui est ordinairement d'une couleur peu foncée, rougit promptement à l'air. Il répand une odeur alliacée forte et fétide, et possède une saveur amère, âcre et repoussante. Il est beaucoup plus soluble dans l'alcool que dans l'eau et donne une huile volatile alliacée, à la distillation.

M. Théodore Lefèvre, droguiste à Paris, a bien voulu me remettre, il y a quelques années, une collection de drogues médicinales de l'Inde, au nombre desquelles se trouvait un échantillon d'asa-fœtida assez remarquable. Cet asa-fétida, renfermé dans une boîte de fer-blanc, présentait une odeur d'une fétidité repoussante, infiniment plus forte que celle de l'asa-fœtida du commerce (1) ; de plus, il formait une seule masse d'une couleur de miel foncé, ne rougissant pas à l'air, uniformément entremêlée d'une grande quantité de fragments coupés de l'écorce striée de la tige, et sans aucune parcelle de terre ; de sorte que je suis convaincu que cet asa-fœtida s'est écoulé sous forme de stalagmite le long de la tige, et qu'il a été récolté en enlevant à la fois, avec un couteau, l'écorce et le suc résineux. Au surplus, les anciens auteurs, et Théophraste en particulier (2), ont mentionné deux sortes d'asa-fœtida ; l'une tirée de la tige, surnommée *caulias*, et l'autre extraite de la racine, nommée *rhizias* ; la chose n'est donc pas nouvelle.

Pelletier a trouvé que l'*Asa-fœtida* était composé de :

Résine..	65,00
Gomme...	19,44
Bassorine.......................................	11,66
Huile volatile..................................	3,60
Malate acide de chaux et perte.............	9,30
	100,00

La résine d'*Asa-fœtida* jouit de propriétés particulières, et entre autres de celle de se colorer en rouge par l'action de la lumière et de l'air réunis. C'est elle, comme on le voit, qui communique cette propriété à l'*Asa-fœtida*.

[D'après les dernières recherches de M. Hlasiwetz et Barth, elle

---

(1) D'après Kæmpfer, un gros d'asa-fœtida récent répand plus de puanteur que cent livres de celui qui est vieux et sec.
(2) Théophraste, *De nat. plant.*, lib. VI, cap. III.

contient un acide très-soluble et cristallisable, l'acide férulique, qui sous l'action de la potasse donne de l'acide *proto-catéchique*, de l'acide oxalique, carbonique et des acides gras (1). Quant à l'huile essentielle, c'est un liquide jaune ayant l'odeur très-prononcée d'*Asa-fœtida*; elle est composée de carbone, d'hydrogène et de soufre, et a été regardée comme un sulfure d'allyle (2).]

L'*Asa-fœtida* est un puissant antihystérique. Il entre dans les pilules de Fuller. On l'emploie beaucoup dans la médecine vétérinaire. On assure que, malgré ses qualités si désagréables pour les Européens, qui l'ont nommé *stercus diaboli*, les Orientaux s'en servent pour assaisonner leurs mets. On ne doit pas être surpris, dit Geoffroy, quand on pense que l'odeur du citron, qui nous plaît tant aujourd'hui, était en exécration chez la plupart des anciens; et que notre ail ordinaire, dont l'odeur a beaucoup de rapport avec celle de l'*Asa-fœtida*, paraît insupportable aux uns et très-agréable aux autres, qui le prodiguent dans tous leurs mets. Il y a longtemps qu'on dit qu'il ne faut pas disputer des goûts.

Sagapénum ou gomme séraphique.

Cette gomme-résine a de l'analogie, par son odeur, avec l'asafœtida, et vient de la Perse comme ce dernier. Elle est ordinairement en masse et rarement en larmes. Dans l'un et l'autre cas le sagapénum est mou, demi-transparent, mêlé d'impuretés et de semences brisées d'ombellifère. Il ne différerait guère du galbanum mou que par sa couleur plus foncée, si ce n'était son odeur et sa saveur qui sont celles de l'asa-fœtida affaibli et très-désagréable. D'un autre côté, il diffère de l'asa-fœtida par ses propriétés plus faibles, et parce qu'il ne se colore pas en rouge par le contact de l'air et de la lumière.

Le sagapénum s'enflamme facilement et brûle en répandant beaucoup de fumée. La résine y domine sur le principe gommeux, et il fournit de l'huile volatile à la distillation. Il entre dans la thériaque et l'emplâtre diachylon gommé.

Gomme-résine ammoniaque.

Cette substance, nommée communément *gomme ammoniaque*, était connue des anciens. Suivant Dioscoride, elle découlait d'une espèce de férule qui croît dans la Libye cyrénaïque, non loin du

---

(1) Voir Hlasiwetz, *Recherches sur l'huile d'asa-fœtida*. *Ann. der Chemie und Pharmacie*, LXXI, et *Journal de Pharmacie et de Chimie*, 3e série, XVII.

(2) Hlasiwetz et Barth, *Bulletin mensuel de la Soc. chimique de Paris*, octobre, 1866.

temple de Jupiter Ammon, et c'est de là que lui est venu son nom. Dioscoride appelle la plante *Agasyllis*, et Pline *Metopion*. Cette différence est à noter, parce que Dioscoride attribue le galbanum au métopion, plante de Syrie, et qu'il paraît en effet que, par une confusion qui s'est perpétuée jusqu'à nous, beaucoup de personnes ont pris l'une pour l'autre ces deux gommes-résines.

Tous les auteurs, jusqu'à Murray, ne font presque que répéter l'origine donnée par Dioscoride à la gomme ammoniaque. Murray cependant la fait venir par la voie de Turquie et des Indes orientales; tandis qu'un voyageur anglais, M. Jackson, assure qu'elle est produite, dans le royaume de Maroc, par une grande plante semblable au fenouil, nommée *faskook* ou *feskouk*: mais il est probable que M. Jackson aura pris quelque autre gomme-résine pour de la gomme ammoniaque.

Les renseignements les plus récents font venir la gomme ammoniaque du nord de la Perse et de l'Arménie, et je suis du sentiment de Don, qui pense que son nom *ammoniacum* ou *armoniacum*, comme beaucoup l'ont écrit, est corrompu d'*armeniacum*. La plante qui la produit a été rapportée de Perse par le colonel Wright, et Don en a formé un nouveau genre d'ombellifère, voisin des *Ferula*, mais en différant par son disque épigyne large et cyathiforme, et par ses canaux résinifères (*vittæ*, DC.), solitaires entre chacune des côtes du fruit. Willdenow s'était antérieurement procuré la même plante en semant les semences que l'on trouve assez souvent dans la gomme ammoniaque du commerce, et qui en sont tellement gorgées, qu'on ne peut mettre en doute qu'elles ne soient celles de la plante même qui produit cette gomme-résine ; mais il la décrivit mal et lui donna le nom d'*Heracleum gummiferum*, tandis que Don la nomme *Dorema ammoniacum* (1).

[M. Borsczow (2) a mis hors de doute que c'est cette espèce qui produit la gomme ammoniaque. Elle a une racine moins grosse que le *Scorodosma fœtidum*, couronnée de même par les fibres provenant de la destruction des anciennes feuilles : la tige, feuillée seulement à la base, se divise en rameaux, qui portent de distance en distance, sur de courts pédoncules, de petites om-

---

(1) Observons que les caractères sur lesquels se fonde Don pour séparer cette plantes des férules ne sont pas tous exacts : il suppose, en effet, que les canaux résinifères sont isolés dans chaque vallécule du fruit, tandis qu'il y en a trois comme dans les férules. A la vérité, très-souvent le canal mitoyen est seul développé et gorgé de résine, ce qui le fait paraître solitaire ; mais il n'est pas rare non plus d'en trouver deux, et je possède plusieurs fruits où les trois canaux sont bien distincts.

(2) Don, *Op. cit.*

belles, à rameaux très-courts, offrant presque l'apparence de capitules (*fig.* 634)].

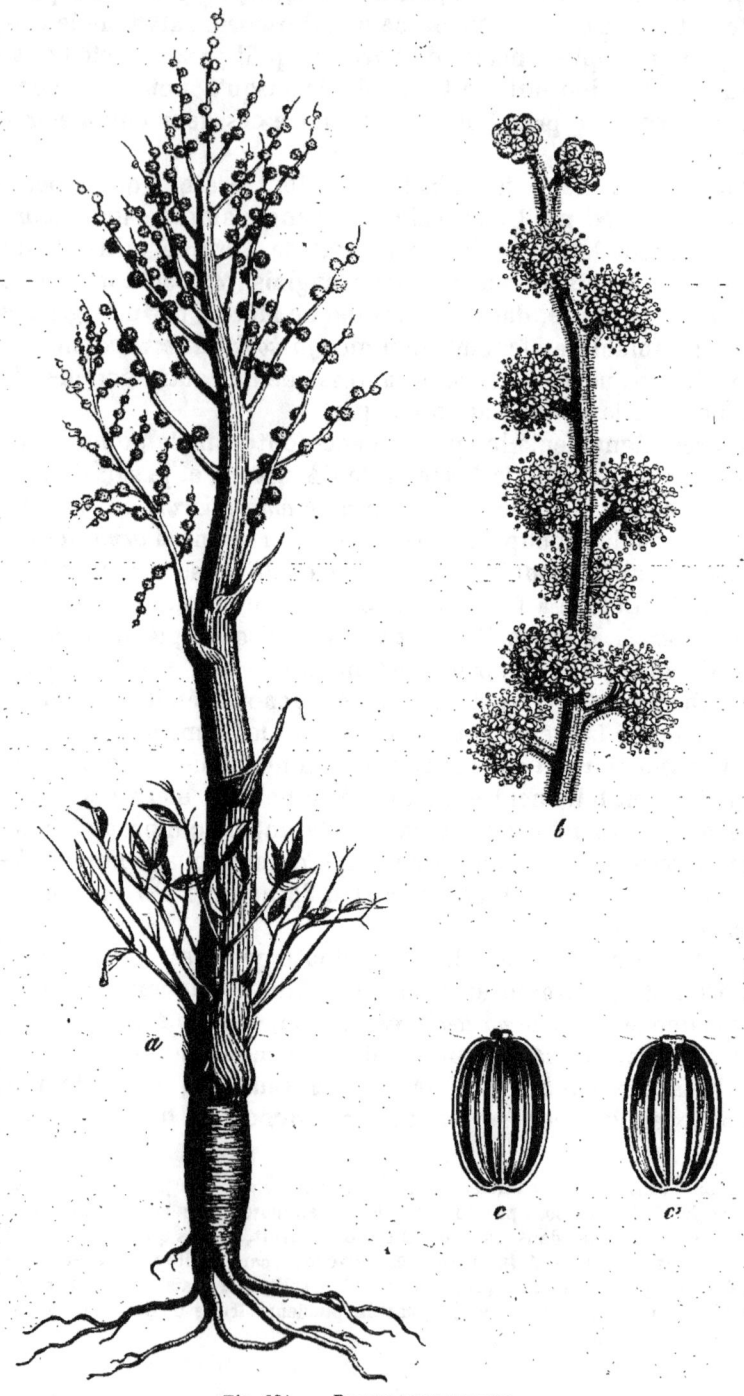

Fig. 631. — Dorema ammoniacum.

On trouve la gomme ammoniaque sous deux formes dans le commerce : 1° en larmes détachées, *dures, blanches* et *opaques* à l'intérieur, blanches également à l'extérieur, mais devenant jaunes avec le temps; d'une odeur forte particulière, d'une saveur amère, âcre et nauséeuse; 2° en masses considérables jaunâtres, parsemées d'un grand nombre de larmes blanches et opaques; elle est moins pure que la précédente, et possède une odeur plus forte. La première sorte est préférée, à cause de sa pureté; la seconde peut être employée, à son défaut, pour la préparation des emplâtres.

Suivant l'analyse qu'en a faite M. Braconnot, 100 parties de gomme ammoniaque sont composées de : gomme 18,4, résine 70, matière glutiniforme insoluble dans l'eau et l'alcool 4,4, eau 6, perte 1, 2 (1).

La gomme ammoniaque entre dans l'emplâtre diachylon gommé, dans celui de ciguë et dans les pilules de Bontius.

Fausse gomme ammoniaque de Tanger. J'ai eu raison de dire plus haut que M. Jackson, en assurant que la gomme ammoniaque était produite dans le royaume de Maroc par une plante nommée *faskook*, avait probablement pris quelque autre gomme-résine pour la première. Un échantillon de cette gomme-résine, remise par M. Lindley à M. Pereira et dont ce dernier m'a transmis une partie, confirme cette opinion. Cette gomme-résine porte à Tanger le nom de *fusògh* ou de *fasògh*, et elle est produite, non par le *Ferula orientalis* auquel Sprengel rapporte le *faskook* de Jackson, mais par le *Ferula tingitana*, d'après M. Lindley. En apparence, cette gomme-résine ressemble beaucoup à la gomme ammoniaque en masse et larmeuse; mais un examen subséquent vient détruire cette similitude. Les larmes qui composent le *fusògh* sont moins blanches et moins opaques que celles de la gomme ammoniaque, et présentent quelquefois sur leur contour une teinte bleuâtre; elles sont aussi beaucoup moins dures et sont facilement pénétrées par une pointe de canif. La masse est presque inodore et la saveur en paraît d'abord presque nulle; cependant elle finit par devenir amère, mais elle n'offre rien de l'âcreté et du goût aromatique de la gomme ammoniaque. Ce sont donc deux substances différentes.

Je ne crois même pas que l'on puisse dire que le *fusògh* soit la gomme ammoniaque de Dioscoride, sur ce seul fondement que Dioscoride faisait venir ce produit de la Libye cyrénaïque et des environs du temple de Jupiter Ammon. D'abord la Libye cyrénaïque est bien éloignée du Maroc; ensuite Dioscoride a pu être induit en erreur par la similitude des noms *ammon* et *ammoniaque* ou *armoniaque*; troisièmement cet auteur mentionne l'odeur forte de la gomme ammoniaque, qu'il compare à celle du castoréum, et distingue clairement les deux mêmes sortes de gomme ammoniaque que le commerce d'Asie nous a toujours

---

(1) Braconnot, *Ann. de chim.*, t. LXVIII, p. 66.

fournies : à savoir, la gomme en larmes, qu'il nomme *thrausa*, et celle en masses, qu'il appelle *phriama* ou *phurama*. Je suis donc persuadé, quant à moi, que Dioscoride n'a pas connu d'autre gomme ammoniaque que la nôtre, et qu'il s'est seulement trompé sur le lieu de son origine.

Galbanum.

Cette gomme-résine est encore un exemple de l'incertitude qui peut régner sur l'origine des substances les plus anciennement connues. Tous les auteurs, tant anciens que modernes, s'accordent à dire que le galbanum vient de Syrie, où il est produit par une espèce de férule ; et Lobel ayant trouvé dans du galbanum pris à Anvers des fruits d'ombellifère, grands, larges et foliacés, les sema, et en vit naître une plante qu'il décrivit et figura sous le nom de *Ferula galbanifera* (1). Cette plante devait, sans aucun doute, produire le galbanum, et cependant cette opinion tomba devant la description que fit Paul Hermann (2) d'une plante originaire du cap de Bonne-Espérance, devenue depuis le *Bubon galbanum*, L., qui laissait découler, spontanément ou par des incisions, un suc gommo-résineux offrant tous les caractères du galbanum. On ne douta plus que le galbanum ne provînt du *Bubon galbanum* de Linné.

Tant de botanistes cependant se sont laissé abuser par la ressemblance des sucs d'ombellifères entre eux, qu'on aurait dû ne pas croire aussi facilement qu'une plante du Cap produisît une gomme-résine tirée jusque-là de Syrie. J'ajoute qu'il n'y a aucun rapport entre les fruits très-petits du *Bubon galbanum* et ceux très-larges que l'on trouve dans une des sortes de galbanum du commerce ; mais ce qui m'empêche de décider entièrement la question contre Hermann et ceux qui l'ont suivi, c'est qu'il existe dans le commerce deux espèces de galbanums, et que je ne puis dire au juste de quelle contrée elles sont tirées.

[Des recherches récentes permettent d'attribuer le *galbanum* à une espèce du genre *Ferula* décrite par M. Boissier sous le nom de *Ferula erubescens*, à cause de la couleur rougeâtre de ses fruits. Buhse, en 1850, a trouvé dans la Perse et les régions voisines les deux types de cette espèce, distingués par M. Boissier sous les noms de *Ferula gummosa* et de *Ferula rubricaulis*. Cette dernière variété produirait d'après Buhse le meilleur galbanum. Il découle naturellement de la partie inférieure de la tige et de la base des feuilles sous forme de larmes, couleur jaune d'ambre, d'odeur aromatique, devenant molle entre les doigts. M. Borsczow a en

---

(1) Lobel, *Observ.*, p. 451.
(2) Hermann, *Paradisus botavus*, p. 163, *fig.* 43.

outre signalé, entre la mer d'Aral et la mer Caspienne, une autre férule, qu'il a appelée *Ferula schaïr*, du nom vulgaire qu'elle porte dans le pays, et qui produit un suc analogue au galbanum du commerce.]

Galbanum mou. Ce galbanum est le premier que j'aie connu, et le seul décrit dans mes deux premières éditions. On le trouve sous deux formes dans le commerce : *en larmes* et en *masse*. Le premier est en larmes molles, ou se ramollissant dans les doigts, jaunes, vernissées et gluantes à l'extérieur, ce qui est cause que les larmes les plus pures et les plus sèches s'agglutinent toujours en une seule masse. Il est jaune et translucide à l'intérieur, offrant une cassure grenue et comme huileuse ; il a une odeur forte, tenace, particulière et légèrement fétide ; sa saveur est âcre et amère.

Le galbanum *en masse* ne diffère du premier que parce que, étant encore plus chargé d'huile volatile, ses larmes se sont réunies en une seule masse, dans laquelle on les distingue encore. Le fond de la masse, ordinairement plus foncé, et devenant brunâtre avec le temps, est en outre souillé d'impuretés. Au total, en larmes ou en masse, ce galbanum est toujours mou, gluant et comme vernissé. Je n'y ai jamais rencontré de fruits.

On distingue facilement ce galbanum de la gomme ammoniaque, par les larmes dont il se compose. Les larmes de la gomme ammoniaque sont solides, dures, et se ramollissent beaucoup plus difficilement ; elles sont tout à fait blanches, laiteuses, opaques à l'intérieur, et offrent une cassure lisse ; leur odeur est aussi moins forte et différente.

Ce galbanum aurait plus de ressemblance avec le sagapénum ; mais il s'en distingue par son odeur et sa saveur ; elles sont, à la vérité, fortes et désagréables, mais elles n'ont aucun rapport avec celles de l'asa-fœtida, que les larmes les plus pures de sagapénum offrent toujours. Je ne doute pas que ce ne soit cette sorte de galbanum qui ait été analysée par M. Pelletier. Ce chimiste en a retiré :

Résine..	66,86
Gomme...	19,28
Bois et impuretés.............................	7,52
Malate acide de chaux......................	traces.
Huile volatile et perte.......................	6,34
	100,00

La résine de galbanum jouit d'une propriété singulière : lorsqu'on la chauffe à une température de 120 à 130 degrés centigrades, on en retire, en autres produits, une huile d'un beau bleu indigo. Cette huile est très soluble dans l'alcool, auquel elle communique sa couleur. Les acides et les alcalis ne la changent pas, à moins qu'ils ne soient assez concentrés pour décomposer l'huile elle-même, etc. (1).

Galbanum sec. Ce galbanum est, comme le précédent, *en larmes* ou *en masse;* mais il est beaucoup plus sec, et ses larmes, qui ne sont ni gluantes ni vernissées, ne se réunissent pas en une seule masse. Elles sont jaunes à l'extérieur, blanchâtres et souvent opaques à l'intérieur; se distinguant toujours de celles de la gomme ammoniaque par leur peu de consistance, et par leur cassure inégale, qui n'a pas l'aspect d'un lait durci et vitreux. Ce galbanum a une odeur aromatique non désagréable, quoique toujours analogue à celle du précédent. Il est sujet à contenir des tronçons de tige sillonnée, et les carpelles isolés d'une plante ombellifère, semblables à ceux qui ont produit la plante de Lobel, et à ceux examinés par Don, qui, d'après leurs caractères, pense que la plante doit former un genre particulier, voisin des *Siler*, et qui la nomme *Galbanum officinale* (2). Voici quels sont ces caractères :

Carpelles détachés, longs de 20 millim., larges de 9; blanchâtres ou jaunâtres, un peu terminés en pointe aux deux extrémités, plans du côté de la commissure, un peu bombés sur le dos, marqués de 5 côtes linéaires demi-ailées, les marginales ne l'étant pas plus que les dorsales. Ces fruits sont dépourvus de canaux résinifères apparents dans les vallécules, qui cependant sont souvent remplies de gomme-résine. Don admet deux canaux résinifères du côté de la commissure; mais je n'y vois que des sillons remplis de gomme-résine à nu, comme les vallécules.

Opopanax.

Cette gomme-résine, très-bien décrite par Dioscoride, est tirée d'une plante ombellifère nommée par lui *Panaces heracleum*, dont les caractères se rapportent bien à l'*heracleum Panaces* de Linné. Cependant on a préféré depuis l'attribuer, soit au *Pastinaca opopanax*, L., soit à son *Laserpitium chironium* dont les botanistes ne font aujourd'hui qu'une espèce sous le nom de *Opopanax chironium* Koch. On trouve l'opopanax sous deux formes dans le commerce, *en larmes* et *en masse*.

La première sorte d'opopanax est en larmes anguleuses et irrégulières, ayant à peu près le volume d'une pistache ou d'une semence de cacao. Ces larmes sont d'une couleur orangée rougeâtre ou rougeâtre, et demi-transparentes à l'extérieur; mais elles sont généralement opaques, blanchâtres, jaunâtres ou d'un jaune marbré de rouge à l'intérieur. Elles sont légères et friables,

---

(1) Pelletier, *Bulletin de pharmacie*, t. IV, p. 97.
(2) *Arch. de bot.*, t. I, p. 373.

quoique peu sèches; elles ont une saveur âcre et amère et une odeur aromatique très-forte, qui tient de l'ache et de la myrrhe. Elles ont quelquefois l'aspect de la myrrhe; mais leur légèreté, leur friabilité et leur odeur particulière les font facilement reconnaître. Elles sont aussi facilement attaquées par les insectes, ce qui tient à l'amidon qu'elles contiennent et auquel elles doivent pareillement leur opacité et leur friabilité.

L'opopanax en masse est sous forme de grumeaux agglutinés, toujours jaunâtres à l'extérieur, blanchâtres à l'intérieur, d'odeur et de saveur semblables à la première sorte. Il ressemble beaucoup au galbanum sec en masse, dont on le distingue surtout par son odeur. Je n'ai pas observé qu'il fût attaqué par les insectes comme l'opopanax en larmes.

J'ai trouvé dans le commerce un opopanax en masse, d'un brun noirâtre, tenace, compacte, présentant à peine quelques larmes jaunâtres, et qui n'était guère reconnaissable qu'à son odeur caractéristique d'ache et de myrrhe mêlées. Cette sorte doit être rejetée.

D'après l'analyse de M. Pelletier, l'opopanax est composé de :

Résine...	42,0
Gomme...	33,4
Amidon...	4,2
Extractif et acide malique.....................	4,4
Ligneux..	9,6
Cire...	0,3
Huile volatile et perte.........................	3,9

FAMILLE DES GROSSULARIÉES.

Cette petite famille, composée presque du seul genre *Ribes* ou **groseillier**, avait été comprise par A.-L. de Jussieu dans celle des Cactées, dont elle se rapproche par son fruit charnu et infère, contenant un grand nombre de graines fixées à 2 trophospermes pariétaux; mais dont elle diffère par le nombre fixe et restreint des parties de la fleur et par un endosperme très-développé. Les groseilliers sont des arbrisseaux en général peu élevés, pourvus ou dépourvus d'aiguillons, à feuilles alternes et lobées. Leurs fleurs sont disposées en grappes axillaires dans les espèces dépourvues d'aiguillons, ou bien sont solitaires ou réunies en petit nombre dans les espèces aiguillonnées. Le calice est monosépale, à 5 divisions rabattues en dehors; les pétales sont au nombre de 5, petits, droits, insérés sur le calice et alternes avec les divisions; l'ovaire est infère, uniloculaire, surmonté d'un style simple, terminé par 2 stigmates. Le fruit est une baie globuleuse, ombiliquée au sommet, contenant plusieurs graines attachées par des funicules à 2 trophospermes pariétaux opposés. Ces graines sont pourvues d'une première enveloppe gélatineuse et d'un tégument crustacé (endoplèvre) adhérent à l'endosperme. L'embryon est droit, très-petit, placé à la base de l'endosperme très-développé et presque corné.

Les groseilliers croissent naturellement dans les taillis un peu humides des lieux tempérés et même un peu froids des deux continents. Trois espèces principalement sont cultivées pour leurs fruits.

Groseillier rouge, *Ribes rubrum*, L. Sa tige se divise dès sa base en rameaux nombreux, non épineux, formant un buisson de 1 mètre à 1^m,05 de hauteur. Ses feuilles sont pétiolées, découpées en 5 lobes, glabres ou légèrement pubescentes. Ses fleurs sont d'un blanc verdâtre, disposées en petites grappes simples, axillaires. Il leur succède de petites baies globuleuses, lisses, glabres, succulentes, d'une saveur acide et agréable due aux deux acides malique et citrique. Elles sont ordinairement rouges, mais quelquefois roses ou blanches, suivant les variétés. Les rouges sont plus acides; les blanches sont plus mucilagineuses et plus sucrées. On fait une grande consommation des unes et des autres, soit pour la table, soit pour la préparation d'une gelée et d'un sirop qui sont très-usités.

Groseillier noir ou **cassis**, *Ribes, nigrum* L. Feuilles à 3 ou 5 lobes, glanduleuses en dessous. Grappes très-lâches, velues; pétales oblongs. Fruits noirs, plus gros que les groseilles rouges, fortement aromatiques et d'un goût piquant. Ils ne sont guère employés que pour la préparation d'un ratafia nommé *cassis*, qui a eu une grande vogue pendant longtemps, mais qui est beaucoup moins usité aujourd'hui.

Groseillier à maquereau, *Ribes uva-crispa*, L. Cette espèce, à l'état sauvage, constitue un petit arbrisseau, haut de 60 centimètres, très-épineux, pourvu de fleurs axillaires, solitaires ou géminées, auxquelles succèdent des fruits verdâtres, globuleux ou ovoïdes et de la grosseur d'une noisette. Cet arbrisseau cultivé a fourni un grand nombre de variétés dont les fruits verdâtres, blanchâtres, rougeâtres ou violacés, dépassent souvent la grosseur des cerises ou du raisin. Ces fruits sont nus ou couverts de poils rudes; ils ont une saveur sucrée, aigrelette et un peu aromatique. On peut, en les faisant fermenter, en obtenir un vin que l'on dit être assez agréable.

FAMILLES DES CACTÉES, DES FICOÏDÉES, DES CRASSULACÉES, DES PORTULACÉES.

Je réunis ensemble ces quatre familles, dont les caractères botaniques sont assez différents, mais qui se rapprochent par la nature charnue de leur stiges et de leurs feuilles, et par la présence d'une forte proportion de malate acide de chaux dans leur suc; de sorte que leurs propriétés médicales sont d'être rafraîchissantes, à l'exception d'un petit nombre qui sont pourvues, en outre du suc acidule calcaire précédent, d'un suc laiteux plus ou moins âcre qui les rapproche des euphorbes.

Les CACTÉES, principalement, sont remarquables par leurs formes tout à fait insolites, les unes consistant en une masse charnue, arrondie et pourvue de côtes comme un melon (*Melocactus communis*), mais couverte sur toutes les arêtes d'épines fasciculées et rayonnantes; les autres présentent la forme d'un gros cierge multangulaire et épineux, haut de 8 à 10 mètres (*Cereus peruvianus*), ou celle de longs serpents entrelacés (*Cereus serpentinus*); ou bien encore celle de larges gâteaux charnus, articulés les uns sur les autres : tels sont les nopals ou *Opuntia*, auxquels cette forme a fait donner le nom vulgaire de *raquette*. C'est sur une espèce de ce genre (*Opuntia cochinillifera*) que l'on cultive la cochenille, insecte hémiptère dont la femelle, dépourvue d'ailes, se fixe sur la plante afin d'y vivre, d'y être fécondée, et d'y multiplier; mais on la récolte avant sa ponte, et on la fait sécher à l'étuve ou sur des plaques chaudes pour la livrer au commerce.

La plupart des plantes appartenant à cette famille, indépendamment de l'intérêt qu'elles présentent par la singularité de leurs formes, sont remarquables par la beauté de leurs fleurs, et beaucoup sont recherchées dans leur pays natal pour l'acidité agréable de leurs fruits.

Les principaux caractères des Cactées sont un calice soudé avec l'ovaire, divisé supérieurement en lobes nombreux, imbriqués, plurisériés, pétaloïdes; une corolle formée de pétales nombreux, imbriqués, plurisériés, insérés sur le sommet du tube du calice; des étamines nombreuses, plurisériées, à anthères biloculaires. L'ovaire est uniloculaire, infère, à placentas pariétaux nombreux et pluri-ovulés; le style est terminal, indivis, mais terminé par autant de stigmates qu'il y a de placentas. Le fruit est une baie ombiliquée au sommet, charnue, dont les graines, nichées dans la pulpe, sont attachées aux trophospermes pariétaux par des funicules filiformes. Les graines ont un double tégument et contiennent un embryon droit ou recourbé, privé d'endosperme.

Les FICOÏDÉES ont un calice gamosépale à 5 divisions; les pétales sont nombreux, imbriqués, insérés sur le haut du tube du calice, ainsi que les étamines qui sont nombreuses, multisériées, à anthères biloculaires, versatiles. L'ovaire est adhérent au tube du calice, pluriloculaire, à placentas linéaires soudés aux nervures médianes des feuilles carpellaires, et occupant le fond des loges. Les ovules sont nombreux, fixés aux placentas par de longs funicules. Les stigmates, en même nombre que les loges, terminent l'axe central qui les réunit. Le fruit est une capsule pluriloculaire s'ouvrant par les sutures ventrales des carpelles, devenues supérieures; les graines sont nombreuses, à testa dur; l'embryon est courbé en arc et entoure en partie un endosperme farineux.

Le principal genre de la famille des Ficoïdées est le genre ficoïde ou *Mesembryanthemum*, dont une espèce, nommée **glaciale** (*Mesembryan-*

themum cristallinum), est toute couverte de vésicules gélatineuses et brillantes, ressemblant à de petits glaçons, et remplies d'un principe gommeux insoluble dans l'eau, de nature semblable à celui qui compose presque en totalité la gomme kutéra.

Les nopals fournissent aussi une grande quantité d'une gomme analogue (**gomme de nopal**), que sa complète insolubilité dans l'eau rend tout à fait inutile aux arts. Elle est sous la forme de concrétions vermiculées ou mamelonnées, d'un blanc jaunâtre ou rougeâtre, translucides ou demi-opaques; elle a une saveur fade mêlée d'un peu d'âcreté, et elle crie sous la dent. Mise à tremper dans l'eau, cette gomme se gonfle, blanchit, mais n'acquiert aucun liant. Quelques portions détachées nagent divisées dans la liqueur; mais la presque totalité forme une masse résistante non mucilagineuse, que la pression sépare en parties non liées, et qui prennent, en se desséchant sous les doigts, un aspect farineux. L'iode la colore superficiellement en bleu noirâtre.

Divisée par l'eau et vue au microscope, elle a la forme d'une substance gélatineuse, plissée, à bords finis, d'une épaisseur et d'une consistance très-marquées. En y ajoutant de l'iode, la substance gélatineuse principale ne paraît pas se colorer: mais on y observe une grande quantité de points colorés en bleu-noir, opaques, très-petits, devant être une espèce particulière d'amidon. Enfin, que la substance soit ou non additionnée d'iode, elle offre constamment, et disséminés à distance, des groupes de cristaux bien finis, terminés par des biseaux aigus, et exactement semblables à ceux que M. Turpin a observés dans le tissu même du *Cereus peruvianus*, et que M. Chevreul a reconnus pour être de l'oxalate de chaux (1). Ces cristaux caractérisent la gomme de nopal et serviront toujours à la faire reconnaître.

Les CRASSULACÉES ont un calice libre, persistant, à 5 lobes, très-rarement à un plus grand nombre; les pétales sont en nombre égal aux lobes du calice et alternes avec eux, tantôt libres et tantôt soudés en tube par la partie inférieure; les étamines sont en nombre égal ou double de celui des pétales; les anthères sont biloculaires et fixées par la base à des filets distincts. L'ovaire est multiple, composé d'autant de carpelles libres qu'il y a de pétales, opposés aux pétales, et contenant des ovules nombreux fixés à la suture ventrale; chaque carpelle est terminé par un style continu à la suture dorsale, portant un stigmate introrse, presque terminal. Le fruit est composé d'un grand nombre de follicules libres, rarement soudés, s'ouvrant par la suture ventrale. Les semences sont plus ou moins nombreuses, très-petites, scrobiformes, à épisperme membraneux; l'embryon est droit, cylindrique, situé dans l'axe d'un endosperme charnu, quelquefois très-ténu ou presque nul.

Les plantes suivantes de la famille des crassulacées sont encore usitées:

Joubarbe des toits, *Sempervivum tectorum*, L. Cette plante croît en Europe dans les fentes des rochers, sur les vieux murs et sur les toits rustiques. Sa racine, qui est fibreuse, donne naissance à

---

(1) Voy. *Ann. des sc. nat.*, t. XX, p. 26, pl. 1; et *Journ. de pharm.*, t. XX, p. 526.

plusieurs rosettes de feuilles charnues, oblongues, pointues, d'un vert glauque, persistantes, qui figurent à peu près un capitule d'artichaut. Du milieu de ces feuilles s'élève une tige cylindrique, haute de 20 à 30 centimètres, rougeâtre, garnie de feuilles plus étroites et plus pointues que celles de la rosette, divisée par le haut en plusieurs rameaux très-ouverts, portant, presque en forme d'épis, des fleurs purpurines à 12 ou 15 divisions et à 12 ou 15 ovaires.

Le suc des feuilles de joubarbe est abondant en albumine et en surmalate de chaux. On le donnait autrefois intérieurement, dans les fièvres bilieuses inflammatoires; il est encore usité aujourd'hui comme rafraîchissant, associé à l'huile ou à la graisse, contre les brûlures et les hémorrhoïdes.

Orpin ou **reprise**, *Sedum telephium*, L. Cette plante croît dans les lieux incultes et ombragés. Ses tiges sont droites, rondes, garnies de feuilles un peu charnues, ovales-oblongues, atténuées à la base, dentées, quelquefois rouges sur les bords. Les fleurs sont très-nombreuses, disposées en cime terminale, blanches ou purpurines, pourvues d'un calice à 5 lobes, d'une corolle à 5 pétales, de 10 étamines et d'un ovaire à 5 carpelles. Les feuilles sont rafraîchissantes comme celles de la joubarbe. Le peuple les emploie souvent avec succès pour opérer la cicatrisation de plaies plus ou moins considérables.

Petite joubarbe ou **trique-madame**, *Sedum album*, L. (*fig.* 632). Racine menue, fibreuse, vivace. Tiges cylindriques, rougeâtres, glabres, étalées sur la terre, puis redressées, longues en tout de 16 à 30 centimètres, un peu rameuses au sommet. Feuilles éparses, cylindriques, succulentes, obtuses, d'un vert un peu rougeâtre. Fleurs disposées en un corymbe étalé, à

Fig. 632. — Petite joubarbe.

pétales blancs et à anthères noirâtres. Le suc de cette plante est légèrement styptique; il est rafraîchissant et astringent comme celui des précédentes.

Vermiculaire brûlante, *Sedum acre*, L. (*fig.* 633). Racine vivace, menue, fibreuse, donnant naissance à des tiges nombreuses, glabres, hautes de 6 à 8 centimètres, garnies de feuilles, éparses ovales, un peu triangulaires, courtes, succulentes, d'un vert clair, très-rapprochées les unes des autres. Les fleurs sont jaunes, disposées en petits bouquets au sommet des tiges. Cette plante est commune dans les lieux arides et pierreux, sur les vieux murs et les chaumières. Elle fleurit en juin et juillet. Elle a une saveur piquante, âcre et presque caustique. Elle est vomitive et résolutive; on l'a conseillée, séchée et pulvérisée, contre l'épilepsie : il faut en faire usage avec circonspection.

Fig. 633. — Vermiculaire brûlante.

Cotylet ou nombril de Vénus, *Umbilicus pendulinus*. Petite plante croissant sur les rochers ou sur les murs, de la France méridionale et occidentale, en Espagne, et en Angleterre. Sa racine est tubéreuse, charnue. Ses feuilles radicales sont arrondies, ombiliquées, concaves, crénelés sur leur bord, lisses, verdâtres, charnues et succulentes. La tige porte des feuilles plus petites, presque cunéiformes ; et des fleurs en grappe spiciforme pendantes, d'un vert jaunâtre, à divisions de la corolle peu profondes, mucronées et concaves.

Les feuilles de cotylet ont été préconisées depuis quelque temps contre l'épilepsie. Elles contiennent, d'après M. Hétet (1), de la *triméthylamine*, un *sel ammoniacal*, du *nitrate de potasse*, etc.

Les PORTULACÉES, qui terminent cette série, ont un calice demi-adhérent à l'ovaire ou libre, formé de 2 sépales (rarement 3 ou 5) soudés entre eux ou libres. Les pétales sont au nombre de 4 à 6, libres ou soudés, souvent nuls : les étamines sont au nombre de 3 à 12, insérées sur le calice, ou sur la corolle lorsqu'elle est gamopétale ; les anthères sont biloculaires (genre *Montia*) ou quadrilobées (*Portulaca*). L'ovaire est uniloculaire, libre ou à demi soudé avec le calice, à placenta central, et surmonté d'un style simple, divisé supérieurement en 3-5 branches stigmatifères. Le fruit est une capsule uniloculaire, tantôt pyxidée, comme dans les pourpiers, tantôt s'ouvrant par trois valves longitudinales (*montia*). Les graines sont fixées au centre de la capsule; elles

(1) Hétet, *Archives de médecine navale*, Paris, 1864, t. II.

contiennent un embryon circulaire, entourant un endosperme farineux.

Pourpier cultivé, *Portulaca oleracea*, L. Racine fibreuse, annuelle, produisant une tige charnue, qui se partage, dès la base, en rameaux étalés, très-lisses, longs de 16 à 20 centimètres, garnis de feuilles sessiles, alternes, cunéiformes, obtuses, charnues, d'un vert jaunâtre. Les fleurs sont sessiles, jaunes, munies d'un calice à 2 divisions, d'une corolle à 5 pétales planes et ouverts, soudés par le bas ; de 10 à 12 étamines insérées sur la corolle : le style est nul, les stigmates sont allongés. Le fruit est une pyxide contenant un grand nombre de graines.

Cette plante est originaire de l'Inde ; mais elle est depuis longtemps naturalisée en France. Elle était autrefois usitée en médecine, comme rafraîchissante ; mais elle n'est plus guère employée aujourd'hui que comme aliment.

FAMILLE DES CUCURBITACÉES.

Plantes herbacées, couvertes de poils rudes ; à tiges rampantes ou grimpantes ; à feuilles alternes, pétiolées, palmatinervées et palmatilobées, accompagnées de vrilles placées sur le côté du pétiole. Leurs fleurs sont en général unisexuelles et monoïques, très-rarement hermaphrodites. Le calice est gamosépale, soudé avec l'ovaire dans les fleurs femelles, partagé supérieurement en 5 lobes imbriqués qui sont soudés avec la corolle, à l'exception de leur extrémité qui reste libre. La corolle est formée de 5 pétales insérés sur le limbe du calice, soudés avec lui et soudés entre eux par le bas, de manière à former une corolle gamopétale, rotacée ou campanulée, à 5 lobes imbriqués, alternes avec ceux du calice.

Les fleurs mâles contiennent 5 étamines insérées à la base de la corolle, alternes avec ses divisions, quelquefois libres, quelquefois monadelphes, mais le plus souvent triadelphes ; c'est-à-dire que, de ces étamines, quatre sont réunies deux par deux, par leurs filets, et que la cinquième reste libre. Les filets sont courts et épais, se continuant en un connectif ordinairement flexueux ; les anthères sont à une ou deux loges linéaires, soudées dans toute leur longueur avec le connectif dont elles suivent le bord sinueux, en figurant souvent une sorte d'∞ placée horizontalement. Les fleurs femelles présentent un ovaire infère, rarement uniloculaire et uniovulé (genres *Sicyos*, *Sechium*, *Gronovia*) ; le plus souvent formé de 3 ou de 5 carpelles dont les bords, en s'infléchissant jusqu'au centre, forment des cloisons épaisses et pulpeuses qui se réfléchissent de nouveau vers la circonférence, en se dilatant en trophospermes pariétaux. Le style est court, terminé par 3 ou 5 stigmates épais. Le fruit, nommé *péponide*, est une baie infère, ombiliquée au sommet, à 3 ou 5 loges, mais devenue souvent uniloculaire par la destruction des cloisons, et offrant des trophospermes pariétaux chargés d'un très-grand nombre de graines. Celles-ci sont aplaties, portées sur un court funicule, pourvues d'un épiderme gélatineux et d'un tégument cartilagineux, souvent entouré d'une marge épaissie, et recouvrant immédiatement un gros embryon homotrope, dépourvu d'endosperme.

Celui-là se tromperait, nous dit Endlicher, dans son excellent *Enchiridion botanicum*, qui croirait, en comparant le melon et la coloquinte, qu'il existe une grande différence dans les propriétés des plantes cucurbitacées. Le fait est que le plus grand nombre est pourvu de la même vertu, différant seulement dans d'innombrables degrés, soit en raison de la diversité des organes, soit par l'adjonction de substances indifférentes et principalement du sucre; soit même simplement par l'âge des fruits, dont les uns sont plus actifs dans leur jeune âge et les autres à l'époque de leur maturité (1). La plupart, en effet, doivent à des substances amères, extractives ou sous-résineuses, cristallisables ou incristallisables, leur vertu purgative et émétique, véhémente dans beaucoup d'entre elles, adoucie dans d'autres, contenue le plus souvent dans les dernières racines, et quelquefois très-violente dans leurs fruits.

Racine de bryone.

Car. gén.: fleurs monoïques ou dioïques. — *Fleurs mâles :* calice à 5 dents, corolle à 5 pétales à peine soudés, étamines triadel-

Fig. 634. — Bryone.

phes à anthères flexueuses. — *Fleurs femelles :* calice et corolles

(1) Les fruits de luffa, qui, dans leur jeunesse, sont comptés au nombre des aliments journaliers des Arabes et des Indiens, acquièrent une forte propriété purgative en mûrissant.

semblables, style trifide; baie lisse, globuleuse, oligosperme; semences ovées, à peine comprimées, plus ou moins marginées.

On connaît plus de soixante espèces de bryones, dont la plupart sont asiatiques ou africaines; deux espèces seulement sont indigènes à l'Europe. L'une, croissant principalement dans le Nord, est monoïque, a les baies rouges et la racine d'un jaune de buis. On l'a nommée *bryone noire* ou *vigne noire* (1), et c'est elle que Linné a décrite sous le nom de *Bryonia alba*. L'autre espèce, qui croît plus communément en France et en Allemagne, est dioïque, a les fruits rouges et la racine blanche : c'est elle que Jacquin a nommée *Bryonia dioica*, et qui a porté chez nous les noms vulgaires de *couleuvrée*, *bryone blanche* et *vigne blanche*.

La bryone blanche croît près des haies. Elle est rude au toucher, grimpante et munie de vrilles comme les autres Cucurbitacées; mais elle s'en distingue par son fruit, qui est une petite baie pisiforme, et par sa racine. Celle-ci est charnue, fusiforme, souvent bifurquée, et de la grosseur de la cuisse d'un enfant : elle est d'un blanc jaunâtre au dehors et d'un blanc grisâtre à l'intérieur; elle a une odeur vireuse et nauséeuse, surtout lorsqu'elle est fraîche, et une saveur âcre et caustique. Son suc produit des érosions sur la peau, et purge violemment à l'intérieur. Ces propriétés ne disparaissent qu'en partie par la dessiccation. La bryone sèche est blanche, coupée en rouelles d'un grand diamètre, offrant des stries concentriques très-marquées, une saveur amère, âcre, même encore un peu caustique, et une odeur désagréable. On peut cependant détruire le principe caustique de la bryone en la râpant récente, et laissant fermenter la pulpe pendant quelque temps; alors on en retire une fécule abondante qui peut suppléer à celle des céréales et de la pomme de terre, dans quelques-uns de leurs usages.

La racine de bryone a été analysée par Vauquelin, par Brandes et par M. Dulong d'Astafort. Ces trois chimistes en ont retiré un principe nommé *bryonine*, doué d'une très-grande amertume, extractiforme, azoté, soluble dans l'eau, mais dont les propriétés ne sont pas entièrement semblables; de sorte qu'il reste des doutes sur sa pureté et sur sa nature particulière.

La racine de bryone sèche a été employée contre l'hydropisie, l'hystérie, la paralysie, et contre quelques maladies chroniques. Sa pulpe récente a été usitée à l'extérieur comme rubéfiante.

---

(1) Une autre plante a porté les noms de *vigne noire* et de *bryone noire* : c'est le *tamier* ou *sceau de Notre-Dame*; de même que le nom de *vigne blanche* a été donné à la clématite, *Clematis vitalba*, L.

Concombre sauvage ou concombre d'âne.

Momordica elaterium, L.; *Ecbalium agreste*, Rich. (*fig.* 635). Racine épaisse de 5 à 8 centimètres, longue de 30 centimètres et plus, blanchâtre, vivace. Tiges couchées, longues de 100 à 130 centimètres, couvertes, ainsi que toute la plante, de poils très-rudes. Les feuilles sont pétiolées, cordiformes, crénelées, quelquefois un peu lobées. Les fleurs sont axillaires, monoïques, les mâles disposées en grappes, les femelles solitaires. Le calice est très-courtement campanulé, à 5 divisions aiguës; la corolle est insérée sur le calice, à 5 lobes étalés, d'un jaune pâle avec des veines verdâtres; les étamines sont triadelphes, à anthères uniloculaires et linéaires, fixées à la marge sigmoïde du connectif. Les fleurs femelles sont dépourvues de tout organe mâle; l'ovaire est triloculaire, surmonté d'un style trifide.

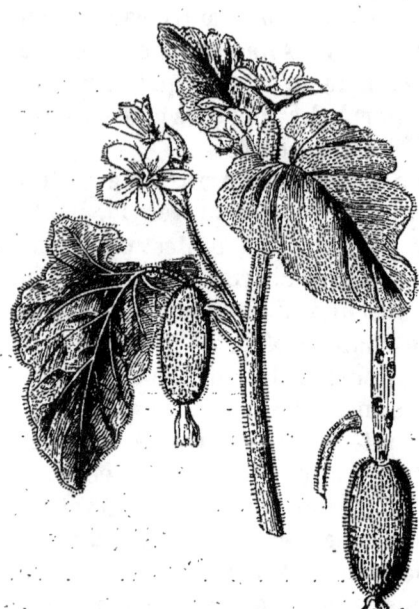

Fig. 635. — Concombre sauvage.

Le fruit est une baie ovale ou elliptique, toute hérissée de poils rudes, verte d'abord, mais devenant jaune en mûrissant. Elle s'ouvre par la séparation du pédoncule, et lance alors au dehors avec force, et avec une sorte d'explosion, ses semences accompagnées d'un suc mucilagineux. Les semences sont ovales, à peine comprimées, lisses. C'est avec le suc exprimé de ce fruit que l'on préparait autrefois l'extrait connu sous le nom d'*elaterium*. C'est un violent purgatif.

Coloquinte.

Cucumis colocynthis, L. (fig. 636). *Car. gén.:* calice tubuleux, campanulé, à 5 divisions aiguës; pétales à peine soudés entre eux et avec le calice. Fleurs mâles à 5 étamines triadelphes; fleurs femelles à 3 stigmates épais et bipartites. Péponide à 3 ou 6 loges; semences ovées, comprimées, non entourées d'une marge.

La coloquinte est une plante rampante et velue dont les feuilles sont longuement pétiolées, assez larges, profondément incisées et et à lobes obtus; les vrilles sont courtes. Les fleurs sont axillaires et solitaires, pédonculées; le tube du calice est globuleux dans les fleurs femelles, à limbe campanulé terminé par 5 dents étroites; les pétales sont petits. Les fruits sont globuleux, glabres, unis,

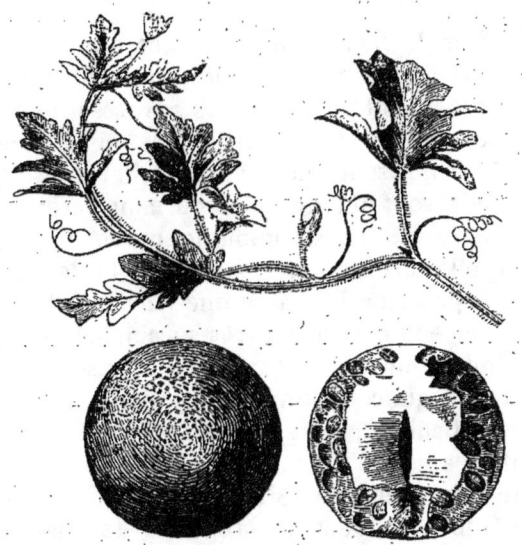

Fig. 636. — Coloquinte.

jaunes à maturité, ayant la forme et la grosseur d'une orange. Ils sont composés d'une écorce mince, peu consistante, et d'une chair assez sèche, très-amère, renfermant un grand nombre de semences jaunâtres.

Ce fruit nous arrive sec et tout écorcé de l'Espagne et des îles de l'Archipel; il est blanc, léger, spongieux et d'une amertume insupportable. C'est un violent purgatif. On en prépare une poudre, un extrait aqueux et un extrait alcoolique; il entre dans un assez grand nombre de médicaments composés.

L'excessive amertume de la coloquinte est due à un principe particulier que Vauquelin a proposé de nommer *colocynthine*. Ce principe se dissout presque seul lorsqu'on traite la coloquinte par l'alcool très-rectifié, et mélangé de gomme quand on opère avec l'eau. L'extrait alcoolique est d'un jaune doré, sec et très-fragile. Lorsqu'on le traite par l'eau, il semble se séparer en deux parties : une insoluble, jaune, demi-transparente, ressemblant à une résine molle; l'autre soluble, mais qui se sépare de l'eau à la température de l'ébullition, sous la forme de gouttes huileuses qui deviennent sèches et cassantes à froid. Vauquelin a pensé que ces deux parties ne différaient pas l'une de l'autre. La solution aqueuse, quoique peu chargée de matière, est très-amère, mousse fortement par l'agitation et précipite par la noix de galle et l'acétate de plomb.

Concombre cultivé.

Cucumis sativus, L. Feuilles pétiolées, cordiformes, grossièrement dentées et à 5 lobes peu marqués, dont le terminal est aigu et plus grand que les autres. Les fleurs sont assez grandes, courtement pétiolées, réunies deux ou trois dans l'aisselle des feuilles ; les divisions du calice sont réfléchies en dehors ; les pétales sont pointus. Les fruits sont oblongs, plus ou moins arqués, obscurément anguleux, à surface lisse, quoique souvent tuberculeuse, et formés de carpelles distincts et séparables à l'intérieur. Ce fruit peut acquérir la grosseur du bras et une longueur de 20 à 25 centimètres ; la chair en est blanche, très-succulente, faiblement sucrée et d'une odeur un peu vireuse. Il est divisé intérieurement en 3, 4 ou 6 loges, qui contiennent un grand nombre de semences à surface lenticulaire, mais ovales et pointues, blanches, coriacés et renfermant une amande émulsive.

La chair du concombre est usitée comme aliment ; on en prépare, avec le suc exprimé et de la graisse de veau, un liparolé qui est d'un usage général comme cosmétique. Les semences sont au nombre de celles que l'on nommait autrefois *les quatre grandes semences froides;* on en prépare encore quelquefois des émulsions et un sirop analogue au sirop d'orgeat.

Le **cornichon** est une variété du concombre, à fruit vert, plus que le précédent, tout hérissé d'aspérités et à chair ferme. On le cueille dans sa jeunesse, et on le confit dans le vinaigre pour le faire servir d'assaisonnement.

Le **melon**, *Cucumis melo*, L., et le **melon d'eau** ou **pastèque**, *Cucumis citrullus*, DC., sont des fruits recherchés pour la douceur, l'arome et la succulence de leur chair. Leurs semences font partie des *quatre semences froides;* mais celles de melon ressemblent tellement à celles de concombre qu'on n'en fait aucune distinction. Celles de pastèque sont reconnaissables à leur épisperme d'un rouge violacé.

Courge ou calebasse.

Lagenaria vulgaris, Seringe ; *Cucurbita lagenaria*, L. Cette plante a les feuilles arrondies, molles et lanugineuses. Les fleurs sont blanches et très-évasées ; les mâles à 5 étamines triadelphes, les femelles pourvues d'un ovaire presque privé de style et terminé par 3 stigmates épais, bilobés, granuleux. Les fruits portent des noms différents, suivant leur forme, qui varie d'une manière singulière. On nomme *gourde des pèlerins* celui qui est formé de deux ventres inégaux séparés par un étranglement; *cougourde* celui qui n'a qu'un ventre terminé par un col oblong; *gourde-massue* ou *gourde-trompette* celui qui est formé par un ventre peu marqué, terminé par un long col souvent recourbé. Tous ces fruits contiennent, sous une enveloppe dure et ligneuse, une chair spongieuse, blanche et insipide. Les semences sont grises, d'apparence ligneuse, plates, elliptiques, entourées d'un bourrelet élargi sur les côtés et échancré au sommet. L'amande, blanche et huileuse, était une des quatre grandes semences froides.

Potiron.

Cucurbita maxima, Duch. *Car. gén :* fleurs monoïques. Fleurs mâles à calice campanulé, quinquéfide; corolle soudée au calice, campanulée et à 5 lobes à estivation induplicative; 5 étamines insérées à la base de la corolle, triadelphes, rapprochées en colonne. — Fleurs femelles : calice ové, à limbe supère, quinquéfide; corolle des fleurs mâles, portant des anthères stériles ; ovaire infère, à 3 ou 5 loges; style trifide; stigmates bilobés. Baie polysperme. Semences ovées, comprimées, entourées d'une marge renflée.

Le **potiron** a les feuilles très-amples, en cœur arrondi, assez molles, couvertes de poils presque sans roideur. Les corolles sont jaunes, évasées dans le fond et à limbe rabattu en dehors. Les fruits sont très-gros, de forme sphérique aplatie, avec des côtes régulières et des enfoncements à la base et au sommet. Il y en a plusieurs variétés dont la plus ordinaire, le *gros potiron jaune*, pèse de 15 à 20 kilogrammes, et l'on en a vu de 30 kilogrammes ; la chair en est jaune, ferme, juteuse et savoureuse lorsqu'elle est cuite. Les semences sont larges, elliptiques, entièrement blanches et entourées d'un bourrelet non échancré.

Le **giraumon**, *Cucurbita pepo*, Duch., est une autre espèce dont les feuilles sont rudes et piquantes. Les fleurs sont en forme d'entonnoir. Les fruits sont allongés de la base au sommet, variables dans leur volume et leur couleur, souvent très-volumineux. Les semences sont semblables aux précédentes.

Le **turbanturc**, *Cucurbita piliformis*, Duch., également employé pour la table, paraît n'être qu'une variété du précédent ; mais le **patisson, artichaut d'Espagne** ou **bonnet d'électeur**, *Cucurbita melopepo*, Duch., est une espèce différente. On connaît encore d'autres fruits du même genre à chair dure, non comestible, mais faciles à conserver et très-agréables à la vue par leur forme et leurs couleurs variées : telles sont les **fausses oranges** et les **fausses coloquintes**, *Cucurbita aurantia*, Willd. ; les **cougourdettes** ou **fausses poires**, *Cucurbita ovigera*, L., etc.

J'ai cherché à savoir quelles étaient véritablement les quatre semences cucurbitacées qui formaient anciennement les *quatre grandes semences froides*. J'ai trouvé que c'était celles de :

Concombre,   *Cucumis sativus*, L.
Melon,   — *melo*, L.
Citrouille-pastèque, — *citrullus*, DC.
Courge en massue,   *Lagenaria vulgaris clavata*, DC.

Mais, à Paris, le nom de *citrouille* étant donné au giraumon, et celui de *courge* au potiron, on a fini par substituer aux deux dernières semences froides celles de giraumon et de potiron. De là vient que du temps de Baumé on ne distinguait plus dans le commerce que deux sortes de semences froides, savoir, les *grosses*, qui étaient celles de la citrouille ou du potiron, et les *petites*, qui comprenaient celles de melon ou de concombre. Il en est encore de même aujourd'hui.

Nhandirobe des Antilles.

Fevillea cordifolia, Poir. *Car. gén.* : fleurs dioïques. Fleurs mâles à 5 étamines distinctes, alternes avec les pétales et offrant en outre, d'après Jussieu, 5 étamines stériles. Anthères biloculaires, didymes. — Fleurs femelles : tube du calice campaniforme soudé avec l'ovaire, limbe libre à 5 divisions. Corolle à 5 pétales presque distincts, accompagnés de 5 lamelles alternes (étamines stériles ?). Ovaire semi-infère, triloculaire, surmonté de 3 styles distincts, bifides au sommet. Baie charnue, triloculaire, à écorce mince, indéhiscente, marquée, vers la partie moyenne, d'un bourrelet circulaire, linéaire, indiquant la limite de l'adhérence du calice, et portant, sur l'étendue du bourrelet, 5 vestiges des lobes du calice. Les semences sont peu nombreuses, comprimées, fixées à la base des loges; elles sont privées d'endosperme et sont composées en entier d'un embryon droit, à cotylédons épais et huileux, à radicule très-courte et infère.

Les *Fevillea* se distinguent des autres Cucurbitacées par leurs étamines libres, par leurs styles distincts, par la disposition de l'embryon, par le petit nombre et l'insertion des semences ; enfin par leurs vrilles qui sortent de l'aisselle même des feuilles, au lieu de naître sur le côté. Aussi plusieurs botanistes en forment-ils une petite famille séparée, sous le nom de *nhandirobées*. L'espèce dont il est ici question, le *Fevillea cordifolia* (fig. 637), croît dans les Antilles, où elle porte les noms d'*avila* et de *noix de serpent*. Les feuilles sont dépourvues de points glanduleux; elles sont cordiformes, acuminées, sous-dentées et quelquefois sous-trilobées. Le fruit entier a la forme d'une grosse coloquinte de 11 ou 12 centimètres de diamètre. L'épicarpe est mince, peu consistant, présentant sous l'épiderme un tissu marqueté, ou comme formé de petites pièces hexagones, ombiliquées, serrées les unes contre les autres. Bourrelet linéaire situé au-dessous de la moitié du fruit; l'intérieur du fruit est charnu, plein au centre, à 3 loges étroites rapprochées de la circonférence. Les semences sont au nombre de deux seulement (?) dans chaque loge; elles sont larges de 5 ou 6 centimètres, irrégulièrement lenticulaires, amincies sur le bord. L'épisperme est épais, coriace, uni et comme velouté à sa surface; il est d'une couleur fauve ordinairement plus foncée à la circonférence, où ce changement de couleur simule une marge qui n'est pas distincte, en réalité, du reste du tégument. L'amande, formée par les deux lobes cotylédonaires, est plate, jaunâtre, huileuse, amère, fortement purgative. L'huile exprimée est amère, purgative, et, en raison de son abondance, usitée pour l'éclairage, en Amérique. La semence récente, broyée

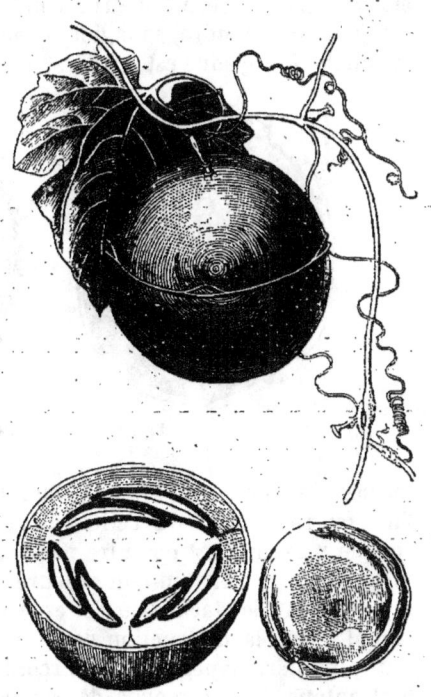

Fig. 637. — Fevillea cordifolia.

avec de l'eau, paraît être un remède éprouvé contre la morsure des serpents venimeux et contre l'empoisonnement par le mancenillier. C'est une des substances les plus utiles de la matière médicale américaine.

On trouve au Brésil plusieurs espèces de *Fevillea* dont les semences y sont nommées *fèves de Saint-Ignace*, d'après Martius, sans doute à cause de leur forte amertume. La plus intéressante à connaître est celle qui a été décrite par Margraff, sous le nom de *ghandiroba* ou *nhandiroba* (1); mais elle a été mal connue jusqu'ici des botanistes qui, tantôt lui donnant le nom de *Fevillea trilobata* (Linné), tantôt celui de *Fevillea hederacea* (Poiret) (2), ont eu le tort de s'attacher aux caractères variables des feuilles plutôt qu'à ceux du fruit et des semences. Ayant reçu ces dernières de M. le docteur Ambrosioni, de Fernanbouc, j'ai pu vérifier

---

(1) Marcgraff, *Hist. bras.*, p. 46.
(2) Non le *Fevillea hederacea* de l'atlas de Turpin, où l'on trouve figuré le *Fevillea cordifolia* de Poiret.

l'exactitude de la description de Marcgraff, et en tirer un meilleur caractère spécifique.

Fevillea Marcgravii. Fruit ovoïde, obscurément triangulaire, à 3 loges contenant chacune 4 semences. Semences irrégulièrement lenticulaires (*fig.* 638), larges de 2,5 à 3,5 centimètres, dont le tégument, assez mince, est formé de trois couches distinctes. La première couche est jaunâtre, tendre, spongieuse, facile à détruire par le frottement ; la couche mitoyenne est noirâtre, dure, très-mince, cassante, paraissant

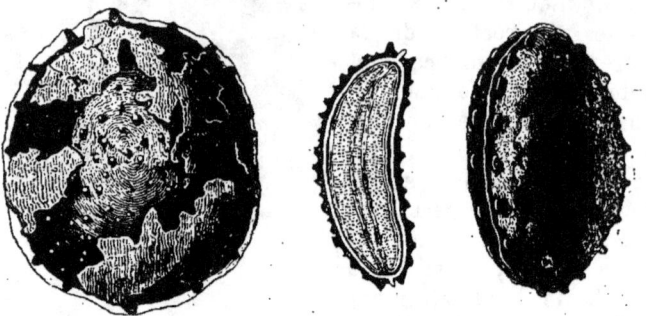

Fig. 638. — Fevillea Marcgravii.

formée de fibres très-courtes, agglutinées, perpendiculaires à sa surface, ou rayonnant du centre de la graine à sa circonférence. Cette couche moyenne est en outre parsemée à l'extérieur de tubercules de même nature, qui viennent affleurer la surface de la première couche et y forment des taches ou des aspérités noirâtres. Ces tubercules persistent après la destruction de la première enveloppe, et, comme ils sont plus développés vers la circonférence qu'au centre, ils forment tout autour de la semence deux rangs de tubercules disposés comme les dents d'une roue. Ces deux rangées de tubercules sont séparées, sur l'arête de la semence, par une lame blanchâtre qui était également contenue sous la première enveloppe, et qui persiste plus ou moins après sa destruction, simulant alors une aile membraneuse tout autour de la semence. Cette lame blanchâtre pénètre, par l'arête, dans l'intérieur de la semence, séparant complétement en deux parties le test noirâtre, et l'on voit alors qu'elle n'est qu'une continuation de l'enveloppe intérieure, qui est blanchâtre et fongueuse comme celle de l'extérieur ; et cette matière fongueuse, non-seulement remplit tout l'intervalle du test noirâtre à l'amande, mais elle paraît aussi pénétrer entre les deux cotylédons, qui sont épais, huileux et d'un jaune foncé. Cette amande est plus épaisse et plus volumineuse à proportion que dans la première espèce, les différentes enveloppes dont je viens de parler étant au total fort minces, tandis que l'épisperme du nhandirobe des Antilles est au contraire très-épais.

On trouve auprès des Cucurbitacées trois familles qui offrent avec elles de trop grands rapports pour qu'on puisse beaucoup les en séparer.

La première est celle des PASSIFLORÉES dont le port et les feuilles palmatilobées rappellent les Cucurbitacées, mais qui en diffère par la présence de 2 stipules à la base des pétioles; par leurs vrilles axillaires; par leurs fleurs hermaphrodites dont la corolle est souvent accompagnée de lamelles étroites, très-nombreuses et plurisériées; par leurs étamines dont les filets sont réunis en un tube soudé avec le support de l'ovaire, qui est libre et supère, à une seule loge, portant 3 ou 5 trophospermes pariétaux; enfin par leurs graines pourvues d'un endosperme charnu.

Les Passiflorées, dont les espèces innombrables habitent les forêts de l'Amérique intertropicale, sont recommandables par la beauté de leurs fleurs, et plusieurs par la bonté de leurs fruits (*Passiflora coccinea, maliformis, quadrangularis*, etc.). Un assez grand nombre également

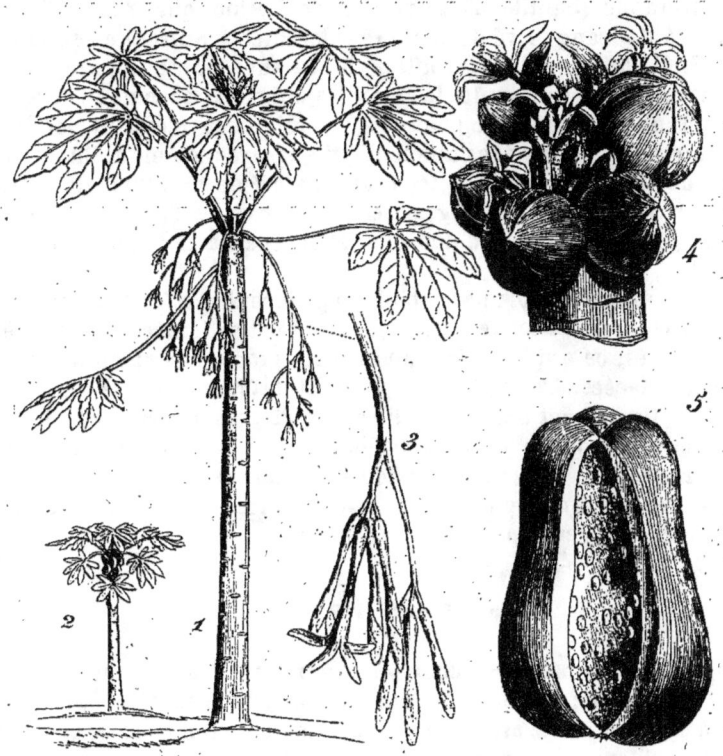

Fig. 639. — Papayer commun (*).

ment recèlent dans leurs racines, dans leurs tiges ou dans leurs feuilles, des principes émétiques purgatifs ou narcotiques, mais sur la nature desquels on n'est pas suffisamment éclairé.

Les PAPAYACÉES s'éloignent des végétaux précédents par leur tronc droit, cylindrique et pourvu de feuilles seulement au sommet, ce qui leur donne l'apparence de palmiers, tandis que leurs feuilles palmatifides

(*) 1, papayer mâle; 2, papayer femelle; 3, grappe de fleurs mâles; 4, grappe de fleurs femelles; 5, fruit ouvert.

et leur suc laiteux les rapprochent des figuiers et des *Artocarpus*. Leurs fleurs sont monoïques ou dioïques, pourvues d'un calice très-petit. Les fleurs mâles ont une corolle gamopétale, longuement tubuleuse, pourvue à la gorge de 10 étamines placées sur deux rangs. Les fleurs femelles présentent 5 pétales distincts et 1 ovaire libre, uniloculaire, à 5 trophospermes pariétaux chargés d'un grand nombre d'ovules. Le fruit mûr est une baie uniloculaire, contenant des graines nombreuses pourvues d'endosperme.

L'espèce la plus connue de cette famille est le **papayer commun**, *Carica papaya*, L., arbre des îles Moluques qui s'est propagé dans l'Inde, aux îles Maurice et de là aux Antilles (*fig.* 639). Son fruit se mange cru ou cuit. Le suc laiteux de la tige est amer, dépourvu d'âcreté, chargé d'une si grande quantité d'albumine et de fibrine, que Vauquelin l'a comparé à du sang privé de matière colorante (1). Suivant ce que rapporte Endlicher, quelques gouttes de ce suc ajoutées à l'eau attendrissent en quelques minutes la chair des animaux récemment tués ou trop âgés, et le même effet peut être produit en enveloppant pendant une seule nuit la chair dans une feuille de papayer commun. Une autre espèce de papayer, *Carica digitata*, arbre élevé de 16 à 20 mètres, observé par le docteur Pœppig, proche des rives de l'Amazone, jouit, comme poison caustique d'une réputation égale à celle de l'upas des Javanais.

Les LOASÉES sont des plantes droites ou grimpantes, à feuilles alternes, ou opposées, dépourvues de stipules, souvent palmatilobées et couvertes de poils rudes, ce qui leur donne une assez grande ressemblance avec les Cucurbitacées. La piqûre des poils est brûlante comme celle des orties. Les fleurs sont hermaphrodites ; l'ovaire est infère. Le fruit est une capsule couronnée par le limbe du calice ou à demi nue, uniloculaire, rarement charnue et indéhiscente, le plus souvent à 3 ou 5 valves portant chacune un trophosperme. Les semences sont endospermées. Ces plantes sont peu répandues et inusitées.

FAMILLE DES MYRTACÉES.

Famille indispensable à connaître, à raison des produits qu'elle fournit au commerce, à la vie domestique et à la médecine. Elle renferme des arbres et des arbrisseaux généralement aromatiques, dont les feuilles sont opposées ou alternes, très-entières, souvent persistantes, marquées de points translucides comme celles des Aurantiacées. Les fleurs présentent un calice tubuleux, adhérent à l'ovaire, surmonté d'un limbe à 4, 5 ou 6 divisions. La corolle est formée de 4, 5 ou 6 pétales insérés sur un disque, à la gorge du calice, et alternes avec ses divisions ; les étamines sont généralement très-nombreuses, le plus souvent libres, d'autres fois différemment réunies par leurs filets, ou polyadelphes. L'ovaire, qui est infère ou semi-infère, est quelquefois uniloculaire ; mais il présente le plus souvent de 2 à 6 loges à ovules

---

(1) Vauquelin, *Ann. chim.*, t. XLIII, p. 271.

fixés à l'angle central et pendants. Le style est simple. Le fruit varie suivant les tribus de la famille; mais il est le plus souvent pluriloculaire et polysperme. Les graines sont dépourvues d'endosperme.

De Candolle a divisé les Myrtacées en cinq tribus :

1re tribu, CHAMÆLAUCIÉES : Calice à 5 lobes ; corolle à 5 pétales ; 20 étamines libres ou polyadelphes, le plus souvent en partie stériles. Fruit sec, uniloculaire, monosperme, indéhiscent ou incomplétement bivalve. Arbrisseaux de l'Australie, offrant le port de bruyères, ayant peu d'intérêt pour nous.

2e tribu, LEPTOSPERMÉES : Étamines indéfinies, libres ou polyadelphes. Fruit sec, pluriloculaire, à déhiscence loculicide ou septicide. Cette tribu nous offre les *Melaleuca*, les *Eucalyptus*, les *Metrosideros* et les *Leptospermum*, arbres ou arbrisseaux de l'Australie ou des îles environnantes, à feuilles étroites, ponctuées et aromatiques ; plusieurs eucalyptus donnent une manne que nous avons déjà mentionnée (1) et des huiles essentielles très-odorantes ; l'*Eucalyptus resinifera* fournit en outre un suc rouge, très-astringent qui est une des espèces de kino

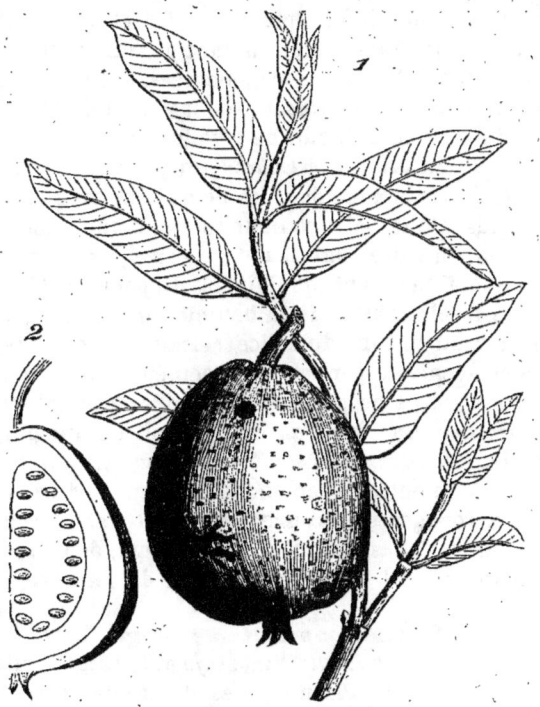

Fig. 640. — Le goyaver.

du commerce. Mais la description en sera réunie à celle des sucs astringents dus à la famille des légumineuses.

3e tribu, MYRTÉES : Étamines indéfinies, libres. Fruit charnu à 2 ou plusieurs loges souvent monospermes par avortement. Arbres ou ar-

(1) Voyez t. II, *fig.* 378.

brisseaux à feuilles opposées et ponctuées, répandus dans toutes les régions chaudes du globe, où ils produisent, tantôt des fruits alimentaires très-estimés, à cause de leur saveur très-parfumée, acidule et sucrée, tels que les **goyaves** (*fig.* 640) (*Psidium*), les **jamboses** (*Jambosa*), les **nèfles des îles Maurice** (*Jossinia*); d'autres fois des fruits très-aromatiques, connus sous le nom de *piment*, très-usités comme épices. C'est également à cette tribu qu'appartient le **giroflier** dont les fleurs non développées sont si généralement connues sous le nom de *girofles* ou de *clous de girofle*.

4e tribu, BARRINGTONIÉES : Étamines nombreuses, souvent monadelphes. Fruit charnu, à épicarpe coriace, à une ou plusieurs loges, mono- ou oligospermes. Feuilles alternes, non ponctuées. Arbres croissant en Asie et en Amérique, entre les tropiques. Les genres *Barringtonia, Stravadium, Gustavia, Fœtidia*, appartiennent à cette tribu.

5e tribu, LÉCYTIDÉES : Anthères très-nombreuses, monadelphes, formant d'une part un urcéole très-raccourci, à anthères fertiles, et de l'autre une lame pétaloïde portant des anthères stériles et recouvrant le pistil. L'ovaire est demi-infère, pluriloculaire et pluri-ovulé. Le fruit est sec ou charnu, indéhiscent ou s'ouvrant par un opercule. Arbres de l'Amérique, à feuilles alternes, non ponctuées, à stipules nulles ou caduques, remarquables par la grosseur ou la forme de leurs fruits, que je vais décrire succinctement, afin de n'y plus revenir.

Couroupita de la Guyane, *Couroupita guianensis* (1). Arbre très-élevé des forêts de la Guyane, dont les fleurs sont grandes, à 6 pétales dont 2 plus grands, d'une belle couleur rose et d'une odeur très-suave. Le fruit, nommé vulgairement *boulet de canon*, est sphérique, de la grosseur de la tête d'un enfant, quelquefois du poids de 5 kilogrammes : il présente, vers les deux tiers de sa hauteur, un rebord circulaire qui marque l'endroit où le tube du calice cessait d'être soudé à l'ovaire ; mais il est indéhiscent. Le péricarpe est peu épais, formé d'un épicarpe ligneux, d'un mésocarpe pulpeux et d'un endocarpe mince et osseux, divisé intérieurement en 6 loges qui sont remplies d'une pulpe acidule, non désagréable, mais qui, dans son état sauvage, ne paraît pas être recherchée comme aliment. Les semences sont remplies par un embryon dont la radicule, très-grosse et courbée en cercle, entoure 2 cotylédons foliacés et chiffonnés ; elles ne sont d'aucun usage, de sorte que jusqu'à présent cet arbre, qui est un des plus beaux de l'Amérique, offre peu d'utilité.

Quatelé de la Guyane, marmite de singe, *Lecythis grandiflora* d'Aublet, pareillement son *Lecythis zabucajo* et le *Lecythis ollaria*, L., qui paraît être le *zabucajo* de Pison (2). Ces différents arbres portent des fleurs semblables à celles du couroupita ; mais leurs fruits consistent en une capsule ligneuse, très-épaisse, en forme d'urne pourvue, vers le milieu de la hauteur, d'un bourrelet plus ou moins proéminent et à six angles plus ou moins marqués ; au-dessus de ce bourrelet, la capsule

---

(1) Aublet, t. II, p. 708 ; de Tussac, *Flore des Antill.*, t. II, p. 45, *fig.* 10 et 11.

(2) Pison, *Bras.*, p. 65.

se rétrécit brusquement, puis s'ouvre par une fissure circulaire, et se termine par un opercule ligneux, arrondi en forme de calotte en dessus, mais prolongé en dessous en un axe conique quadrangulaire, et marqué de quatre cavités qui répondent aux quatre loges du fruit. C'est à la base de cet axe que sont fixées les semences qui sont peu nombreuses et quelquefois solitaires dans chaque loge, enveloppées d'une membrane charnue, et pourvues d'une amande huileuse, bonne à manger et usitée comme aliment et pour l'extraction de l'huile, au Brésil et dans la Guyane. On trouve dans les cabinets des curieux un assez grand nombre d'espèces de ces fruits, variables par leur forme et leur grosseur.

Châtaignier du Brésil, nommé **juvia** sur les bords de l'Orénoque et **touka** à Cayenne; *Bertholletia excelsa*, H. B. Très-grand arbre du Brésil et des forêts de l'Orénoque, dont Alex. de Humboldt n'avait pas vu les fleurs, ce qui l'a empêché d'en reconnaître les affinités naturelles; mais que la structure de sa fleur, observée par M. Poiteau à Cayenne, et celle de son fruit, placent tout auprès des *Lecythis*. La structure des fleurs est exactement celle des *Lecythis* et des *Couroupita*; et quant au fruit, que Alex. de Humboldt avait cru supère, il est au contraire presque complétement infère, et le limbe du calice, en tombant, n'y laisse presque aucune trace. Ce fruit, d'après Alex. de Humboldt, est sphérique et peut acquérir le volume de la tête d'un enfant; mais ceux cultivés à Cayenne n'ont guère que 10 à 12 centimètres de diamètre et sont sensiblement déprimés sur leur hauteur. Ce fruit, à l'état récent, est formé d'un brou vert, uni et luisant, peu épais, sous lequel se trouve une coque ligneuse assez épaisse, très-raboteuse à sa surface. L'intérieur est divisé en 4 loges contenant chacune 6 ou 8 semences fixées à un axe central, ligneux, quadrangulaire, s'épaississant vers l'extrémité et se terminant par un bouton qui servait de base au style. Ce bouton se détache par la dessiccation du péricarpe, et y forme une ouverture circulaire fort petite, à travers laquelle les semences et l'axe ligneux lui-même ne peuvent sortir. Les semences sont trigones, longues de 3 ou 4 centimètres, épaisses de 2 ou 3, formées d'un test osseux, de couleur cannelle, très-raboteux à sa surface, et d'une amande blanche, très-bonne à manger, dont on peut retirer par expression une huile propre à remplacer celle d'olive, soit pour l'usage de la table, soit pour la fabrication du savon (1).

Myrte commun.

Myrtus communis, L. *Car. gén.*: calice à tube globuleux soudé avec l'ovaire, à limbe libre à 5 parties, rarement à 4. Pétales en nombre égal aux divisions du calice; étamines nombreuses, libres. Baie globuleuse, à 2 ou 3 loges, couronnée par le limbe du calice; plusieurs semences (très-rarement une seule) dans chaque loge, réniformes, à test souvent osseux. Embryon arqué, à cotylédons

(1) *Journ. pharm.*, t. X, p. 61; *Journ. pharm. et chim.*, t. VI, p. 132.

très-courts, demi cylindriques, à radicule deux fois plus longue que les cotylédons.

Le myrte commun n'est qu'un arbrisseau très-élégant dans nos jardins ; mais, dans le midi de l'Europe et dans le Levant, c'est un arbre à tige droite, divisée en nombreux rameaux. Les feuilles sont opposées, presque sessiles, assez petites, ovales-lancéolées, très-entières, lisses, d'un vert foncé, fermes, persistantes, parsemées de points glanduleux translucides, et douées d'une odeur forte et très-agréable lorsqu'on les froisse. Les fleurs sont blanches, solitaires dans l'aisselle des feuilles. Le fruit est une petite baie globuleuse, d'un bleu noirâtre, douée d'une odeur aromatique assez forte également. On préparait autrefois avec les feuilles de cet arbuste, qui était consacré à Vénus, une eau distillée aromatique très-recherchée pour la toilette, et les baies faisaient partie de compositions astringentes qui jouissaient aussi d'une grande réputation.

Giroflier et girofles.

Caryophyllus aromaticus, L. (*fig.* 641). Le giroflier est un arbre originaire des îles Moluques, d'où il a passé dans l'île Bourbon en 1770, deux ans plus tard à Cayenne, et de là dans nos autres colonies. Il a les feuilles opposées, coriaces, ponctuées, oblongues, rétrécies en pointe aux deux extrémités. Les fleurs sont disposées en cymes terminales, ou en corymbes partant de l'aisselle des rameaux; elles sont composées d'un calice tubuleux, cylindracé, divisé supérieurement en 4 lobes ; d'une corolle à 4 pétales insérés au haut du tube du calice, adhérents par leur sommet et se séparant du calice, sous forme de coiffe, lors de l'anthèse. Les étamines sont insérées sur un anneau charnu, tétragone; elles sont libres, mais disposées en 4 phalanges qui s'écartent en rayonnant du centre de la fleur. L'ovaire est infère et à 2 loges, contenant

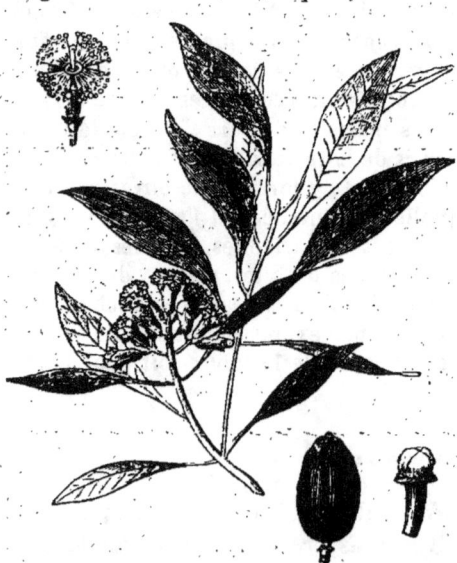

Fig. 641. — Giroflier.

chacune 2 ovules; mais le fruit est une baie à 1 ou 2 loges qui ne contiennent qu'une seule semence ovoïde ou demi-ovoïde, suivant qu'elle est solitaire ou double. Les cotylédons sont épais et charnus, convexes en dessus, sinués sur la face interne; la radicule naît du centre des cotylédons et s'élève perpendiculairement entre eux.

Le girofle du commerce, qui porte le nom vulgaire de *clou de girofle*, est la fleur du giroflier cueillie avant que la corolle se soit détachée, et lorsque les pétales, encore soudés, forment comme une tête ronde au-dessus du calice. On le fait sécher au soleil, et non, comme quelques-uns l'ont dit, à la fumée ; car le bon girofle ne présente d'autre couleur brune que celle que peut prendre à la dessiccation un corps éminemment huileux, et dont l'huile possède spécialement la propriété de brunir à l'air et à la lumière.

On distingue dans le commerce trois principales sortes de girofle : 1° le *girofle des Moluques*, dit aussi *girofle anglais*, parce que c'est la compagnie des Indes qui en fait le commerce. Il est d'un brun clair et comme cendré à la surface, gros, bien nourri, obscurément quadrangulaire, obtus, pesant, d'une saveur âcre et brûlante. 2° Le *girofle de Bourbon*, qui diffère peu de celui des Moluques; cependant il est un peu plus petit. 3° Le *girofle de Cayenne*, qui est grêle, aigu, sec, noirâtre, moins aromatique et moins estimé.

Le girofle fournit à la distillation une huile volatile plus pesante que l'eau (1), d'une consistance oléagineuse, d'une saveur caustique, incolore lorsqu'elle vient d'être préparée, mais se colorant fortement avec le temps, lorsqu'elle a le contact de l'air et de la lumière. Cette huile rougit instantanément par l'acide nitrique et jouit de la propriété de former des combinaisons cristallisables avec les alcalis (Bonastre). Pour l'extraire des girofles, on ajoute du sel marin à l'eau de l'alambic, dans le but d'élever la température à laquelle ce liquide entre en ébullition, et l'on recohobe plusieurs fois l'eau distillée sur les mêmes girofles, afin de les épuiser. L'huile de girofle du commerce se prépare en Hollande, où elle est très-souvent falsifiée; c'est un devoir pour les pharmaciens de préparer eux-mêmes celle qu'ils emploient.

Il résulte de l'analyse faite par Trommsdorff, que les girofles contiennent, sur 100 parties : huile volatile 18, matière extrac-

---

(1) L'essence de girofle pèse 1,0635, à la température de 20 degrés. Il arrive souvent, lorsqu'on la distille, qu'une huile plus légère s'en sépare et vient nager à la surface de l'eau du récipient, *tandis qu'elle est chaude*. A froid, cette essence dite *légère* est plus dense que l'eau : elle pèse 1,0035 à 20 d. c.

tive et astringente 17, gomme 13, résine 6, fibre végétale 28, eau 18 (1).

Plus récemment Lodibert a découvert dans le girofle des Moluques un principe peu soluble à froid dans l'alcool, et facile à faire cristalliser en aiguilles rayonnées, très-déliées. Ce principe, qui est sans saveur et sans odeur lorsqu'il est bien privé d'huile volatile, a reçu le nom de *caryophylline*. Le girofle de Bourbon a offert la même substance à M. Bonastre, mais en très-petite quantité, et le girofle de Cayenne ne lui en a pas donné du tout (2).

L'**essence de girofle**, d'après les recherches de M. Ettling, est un mélange de deux huiles dont l'une, peu abondante, est neutre et formée de $C^{20}H^{16}$, de même que les essences de térébenthine et de *dryobalanops camphora*; l'autre essence, qui est acide, et qui forme des sels cristallisables avec les alcalis, ainsi que l'avait vu M. Bonastre, a reçu le nom d'*acide eugénique*. Pour l'obtenir, on combine l'essence de girofle avec la potasse; on traite par l'eau, qui ne dissout pas sensiblement l'huile neutre; on filtre et l'on fait bouillir pour chasser la portion d'essence dissoute. On décompose alors l'eugénate de potasse par un acide et l'on distille dans une cornue. L'acide eugénique est liquide; il rougit le tournesol, possède une saveur brûlante, pèse 1,079 et bout à 243 degrés. Il est formé, d'après M. Dumas, de $C^{20}H^{13}O^5$, et d'après M. Ettling, de $C^{20}H^{12}O^4$ à l'état de combinaison avec les bases. La caryophylline est composée, suivant M. Dumas, de $C^{20}H^{16}O^2$. Elle a la même composition que le camphre des laurinées et peut être considérée comme un oxyde de l'essence de girofle indifférente ($C^{20}H^{16}$).

On rencontre quelquefois dans le commerce le fruit du giroflier, provenant des fleurs qui ont été laissées sur l'arbre; on le nomme **antofle** ou **mère de girofle**, et on le trouve sous deux formes. Tantôt il a été récolté à une époque plus ou moins éloignée de sa maturité, et alors il est plus ou moins tubuleux, cylindrique, terminé par les quatre pointes du calice, et sans aucune apparence de la corolle et des étamines qui sont tombées. Il possède une très-forte odeur de girofle et contient d'autant plus d'huile volatile qu'il est plus jeune. D'autres fois il est complétement mûr : alors il est ovoïde, toujours terminé par les dents du calice qui se sont recourbées en dedans, formé d'une pulpe sèche à l'extérieur et d'une semence dure, marquée d'une rainure longitudinale, ondulée. Ce fruit mûr est beaucoup moins aromatique que le girofle et mérite peu d'être employé.

On a également introduit dans le commerce les pédoncules

---

(1) Trommsdorff, *Journal de pharmacie*, 1815, p. 304.
(2) Bonastre, *Journal de pharmacie*, t. XI, p. 101.

brisés du girofle, sous le nom de *griffes de girofle*. Cette substance est sous la forme de petites branches menues et grisâtres, d'un goût et d'une odeur assez marqués. Les distillateurs l'emploient en place de girofle.

On emploie au Brésil, sous le nom de *Craveiro da terra*, ou de *girofle indigène*, les boutons de fleurs du *Calyptranthes aromatica*, St.-Hil., et les jeunes fruits de l'*Eugenia pseudocaryophyllus*, DC.

Piment de la Jamaïque.

Dit aussi *Amomi, Piment des Anglais, Toute-épice, Poivre de la Jamaïque*. On a donné ces différents noms aux fruits, desséchés avant leur maturité, d'un arbre nommé par Linné *Myrtus pimenta* (*fig.* 642). Cet arbre est cultivé avec soin à la Jamaïque, où il forme des promenades agréables par son feuillage qui dure toute l'année. Toutes les parties en sont aromatiques, et sont usitées dans le pays; mais nous n'en recevons que le fruit. Ce fruit récent est une baie biloculaire : tel que nous l'avons, il est sec, gros comme un petit pois, presque rond, d'un gris rougeâtre, très-rugueux à sa surface, ou mieux tout couvert de petites glandes tuberculeuses, et couronné par le limbe du calice. La couronne est petite et presque toujours réduite à l'état d'un simple bourrelet blanchâtre, par le frottement réciproque des

Fig. 642. — Piment de la Jamaïque.

fruits; mais lorsqu'elle est entière, elle présente toujours un limbe à 4 parties recourbées en dedans. La baie sèche est formée d'une coque demi-ligneuse, partagée intérieurement en 2 loges dont chacune renferme une semence noirâtre, à peu près hémisphérique, c'est-à-dire bombée du côté externe, et aplatie sur la face interne; mais en outre cette semence est réniforme et placée de manière que la convexité du rein regarde le bas de la loge, et la partie échancrée le haut; et c'est à cette partie échancrée que se trouve le point d'attache par lequel la semence est suspendue à la partie supérieure de la loge et de la cloison, ainsi que l'a décrit Gærtner. L'embryon est courbé en spirale et tout couvert de glandes oléifères ; la radicule est ascendante ou supère, beaucoup plus grande que les cotylédons, qui sont petits, complétement soudés, figurant un seul cotylédon cylindrique.

Le piment de la Jamaïque possède, surtout dans son péricarpe, une odeur très-forte et très-agréable qui tient à la fois du girofle et de la cannelle ; aussi lui a-t-on donné le nom de *toute-épice*. Il fournit, à la distillation, une huile pesante qui jouit des mêmes propriétés que l'essence de girofle.

Observations. En attribuant le piment de la Jamaïque au *Myrtus pimenta*, L., qui est le *Myrtus arborea foliis laurinis, aromatica*, de Sloane (1), j'ai suivi le sentiment de tous les botanistes, fondé sur l'autorité de Sloane, qui nomme cet arbre *piment de la Jamaïque*. Cependant Clusius (2) et Pluknet (3), ont décrit un autre arbre à feuilles elliptiques (*Myrtus acris*, Willd.), que Plukenet donne aussi comme étant celui qui produit le piment de la Jamaïque. Et il est vrai de dire que, si ces deux arbres diffèrent beaucoup quant à la forme de leurs feuilles, leurs fruits sont entièrement semblables ; de sorte que l'un et l'autre peuvent en réalité fournir le piment de la Jamaïque. Cependant de Candolle (4), nomme le *Myrtus pimenta*, L., *Eugenia pimenta*, et le *Myrtus acris*, Willd., *Myrcia acris*, les séparant ainsi dans deux genres différents ; de plus il décrit le fruit du premier comme étant une baie monosperme, dont, suivant lui, l'embryon arrondi et à cotylédons soudés, non distincts, différerait complétement de la figure de Gærtner. On serait tenté de croire, d'après cela, que de Candolle a pris quelque autre fruit pour le piment de la Jamaïque; car, indépendamment de l'exactitude de la figure et de la description de Gærtner, tous les botanistes, sans exception, ont décrit les fruits des deux piments comme formant également une baie à 2 loges, dont chacune contient une semence hémisphérique. J'ajoute qu'il m'a fallu ouvrir un très-grand nombre de fruits de piment de la Jamaïque pour en trouver un à une seule loge et un autre à trois loges monospermes.

Piment Tabago. Ce fruit est tout à fait semblable au piment de la Jamaïque, pour sa forme sphérique, son ombilic, ses 2 lo-

---

(1) Sloane, *Hist. of Jam.*, tab. CXCII, fig. 1. C'est également le *Caryophyllus aromaticus americanus, lauri acuminatis foliis, fructu orbiculari*, de Plukenet (tab. CLV, fig. 4) et le *Piper jamaicense* de Blackwell, tab. CCCLV.
(?) Clusius, *Exot.*, p. 17.
(3) Plukenet, tab. CLV, *fig.* 3.
(4) De Candolle, *Prodromus*.

ges et ses 2 semences réniformes ; mais il est plus gros, d'une couleur grisâtre à l'extérieur et beaucoup moins rugueux, ce qui tient au peu de développement des glandes oléifères de la surface. Sa couronne est beaucoup plus petite, et c'est à peine si l'on peut y découvrir un vestige des lobes du calice ; mais quand il en reste, ils paraissent être au nombre de quatre seulement, comme dans le piment de la Jamaïque. La substance du péricarpe est plus sèche et moins aromatique ; les semences et leur embryon sont entièrement semblables, sauf leur volume plus considérable.

Je ne saurais dire si ce fruit est produit plus spécialement par le *Myrtus acris ;* dans tous les cas, il paraît avoir été cueilli dans un état de maturité complète, et cette circonstance suffirait pour expliquer son odeur plus faible. Enfin quelques auteurs un peu anciens font mention d'un *piment de Tabasco* au Mexique, et ne parlent pas de *piment tabago :* serait-ce donc par une fausse locution que le fruit actuel porterait ce dernier nom ?

Piment couronné ou **poivre de Theret**. Ce fruit, mentionné par Pomet, Chomel et Murray, avait complétement disparu du commerce, lorsqu'il en est arrivé, il y a un certain nombre d'années, et depuis je ne l'ai plus revu. Il vient des Antilles et principalement de l'île Saint-Vincent, où il est produit par le *Myrtus pimentoïdes* de Nees d'Esenbeck (*Myrcia pimentoïdes*, DC). Cet arbre (*fig.* 643) ressemble complétement au *Myrtus acris*, par ses feuilles ovales-obtuses ou elliptiques, coriaces, fortement veinées, toutes couvertes de points glanduleux, et par la disposition de ses fleurs en panicules trichotomes; mais il en diffère par ses fruits, dont voici les caractères :

Fig. 643. — Piment couronné.

Baies sèches, *ovales*, rougeâtres, tuberculeuses, très-aromatiques, terminées par une large couronne une peu évasée en entonnoir, et offrant les vestiges des 5 dents du calice. Intérieurement on y trouve le plus souvent 2 loges avec indice d'une 3ᵉ avortée ; assez souvent 3 loges, très-rarement une seule, et chaque loge contient 2 semences brunes et luisantes (1), qui sont d'autant plus petites et plus irrégulières qu'elles sont plus nombreuses. Dans leur complet développement, elles sont un peu réniformes et offrent un embryon recourbé, qui m'a paru semblable à celui du *Myrtus pimenta ;* de sorte que je partage l'avis de M. Th. Fr. L. Nees d'Esenbeck, qui réunit tous les piments aromatiques dans une section du genre *Myrtus*, nommée *Pimenta*, caractérisée par une radicule extérieure très-développée et roulée en spirale autour des deux cotylédons qui sont beaucoup plus courts, charnus et soudés en un petit corps cylindrique. Je pense que c'est la dernière espèce, le *Myrtus pimentoides*, qui a été désignée par Plukenet, sous le nom de *Caryophyllus aromaticus americanus, folio et fructu oblongo, polypyrene, acinis angulosis uvarum vinaceis similibus. Sweet bay barbadensis dicta* (2).

J'ai décrit précédemment (3) les piments non aromatiques, produits par le genre *Capsicum*, de la famille des Solanacées.

Huile de Cajeput.

Cette huile volatile est extraite par la distillation des feuilles d'un arbuste des îles Moluques, nommé *Caju-puti*, c'est-à-dire *arbre blanc :* ce nom lui a été donné à cause de l'écorce blanche dont il est revêtu. Cet arbre appartient à la famille des Myrtacées, et Rumphius l'a décrit sous le nom d'*Arbor alba minor*, pour le distinguer d'autres espèces voisines, nommées aussi *Cajuputi*, mais qui ne paraissent pas servir à l'extraction de l'huile. Linné a réuni ces différents arbres en une seule espèce, sous le nom de *Melaleuca leucadendron ;* mais aujourd'hui on les sépare de nouveau, et celui qui nous occupe porte, dans de Candolle (4), le nom de *Melaleuca minor (fig.* 644).

L'huile de cajeput, telle qu'on pourrait l'obtenir par la distillation des feuilles récentes de cet arbre, doit être verte ; car j'ai distillé anciennement les feuilles de plusieurs *Melaleuca, Metrosideros* et *Eucalyptus*, cultivés au Jardin des Plantes, et toutes m'ont fourni des huiles volatiles d'une belle couleur verte. Mais soit que cette couleur disparaisse avec le temps, ou qu'elle se trouve dé-

---

(1) J'ai trouvé une seule fois 1 loge et 2 semences ; très-souvent 2 loges avec 4 semences ; assez souvent 3 loges et 4 semences ; une fois 3 loges et 6 semences ; une fois 4 loges régulières et 6 semences ; une autre fois 3 loges et 7 semences, une fois 2 loges et 4 semences, plus 2 vestiges de loges dont une complétement oblitérée, et dont l'autre présentait 2 semences atrophiées, fixées à la partie supérieure de l'angle interne des cloisons.
(2) Plukenet, *Pythogr.* tab.. CLV, fig. 2.
(3) T. II, p. 503.
(4) De Candolle, *Prodromus*.

truite par le mode vicieux de préparation décrit par Rumphius (par la distillation des feuilles fermentées, desséchées, puis macérées dans l'eau), il est certain que l'huile de cajeput du commerce doit sa couleur verte à de l'oxyde de cuivre qu'elle tient en dissolution. J'ai déterminé la quantité de cet oxyde pour un

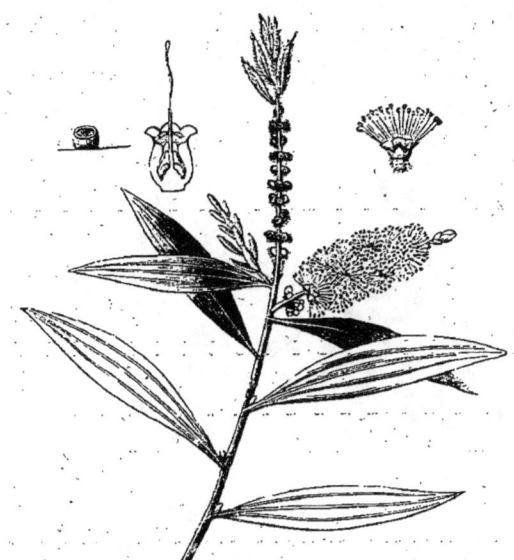

Fig. 644. — Cajeput.

huile très-verte, et je l'ai trouvée de $0^{gr},137$ pour 500 grammes, ou de 0,00274 par gramme. La dose est ordinairement plus petite et ne nuit pas à l'administration de l'huile de cajeput. Il est d'ailleurs facile de l'en priver, soit en la distillant avec de l'eau, soit en l'agitant seulement avec un soluté de cyanure ferroso-potassique, qui en sépare à l'instant même le cuivre sous forme d'un précipité rouge (1).

L'huile de cajeput est liquide, très-mobile, verte, transparente et d'une odeur forte et très-agréable, qui tient à la fois de la térébenthine, du camphre, de la menthe poivrée et de la rose. C'est cette dernière odeur qui domine lorsque l'huile est en partie évaporée spontanément. Elle est entièrement soluble dans l'alcool ; sa pesanteur spécifique varie de 0,916 à 0,919. D'après MM. Blanchet et Sell, sa composition répond à $C^{10}H^9O$.

[Sous le nom d'essence de *Niauli*, M. Garnault a signalé l'huile essentielle du *Melaleuca viridiflroa* de la Nouvelle-Calédonie. Les produits de cette espèce ressemblent à ceux du cajeput (2).]

(1) *Journ. de chim. méd.*, t. VII, p. 586.
(2) Voir *Journal de pharmacie et de chimie*. 3e série, XXXIX, p. 319.

FAMILLE DES GRANATÉES.

La famille des myrtacées comprenait d'abord un arbrisseau connu sous le nom de **grenadier** (*Punica granatum*, L.), qui s'en rapproche par son calice soudé avec l'ovaire, persistant et formant l'enveloppe extérieure du fruit, par ses étamines indéfinies et par sa forme générale. Mais, d'un autre côté, cet arbuste diffère des myrtacées, et plus spécialement des leptospermées et des myrtées, par ses feuilles non ponctuées, par la structure interne de son fruit et par ses cotylédons foliacés qui se recouvrent l'un l'autre en se tournant en spirale : aussi la plupart des botanistes en forment-ils aujourd'hui une petite famille séparée, celle des granatées.

Fig. 645. — Grenadier.

Le grenadier (*fig.* 645) est originaire d'Afrique, et principalement des environs de Carthage, ce qui lui a fait donner le nom de *Punica* ; et il a reçu celui de *Granatum*, à cause de la grande quantité de semences ou de *grains* contenus dans son fruit. Il croît très-bien en pleine terre dans tout le midi de l'Europe, et supporte même les hivers ordinaires de notre climat, étant mis en espaliers abrités du nord, et il y porte fruit. Il a les feuilles simples, oblongues, entières, caduques, le plus souvent opposées, mais quelquefois aussi ternées, verticillées ou éparses. Les fleurs sont rassemblées en petit nombre vers l'extrémité des rameaux ; le calice est turbiné, épais, charnu, lisse et d'une belle couleur rouge, partagé à son bord en 5 lobes. La corolle est à 5 pétales souvent doublés par la culture, et d'un rouge éclatant ; les étamines sont très-nombreuses et libres ; l'ovaire est infère, surmonté d'un style simple et d'un stigmate en tête. On nous apporte les fleurs de grenadier sèches du midi de la France, et l'on peut également faire sécher soi-même celles des arbustes cultivés truite par le mode vicieux de préparation décrit par Rumphius (par la distillation des feuilles fermentées, desséchées, puis macérées dans l'eau), il est certain que l'huile de cajeput du commerce doit sa couleur verte à de l'oxyde de cuivre qu'elle tient en dissolution. J'ai déterminé la quantité de cet oxyde pour un

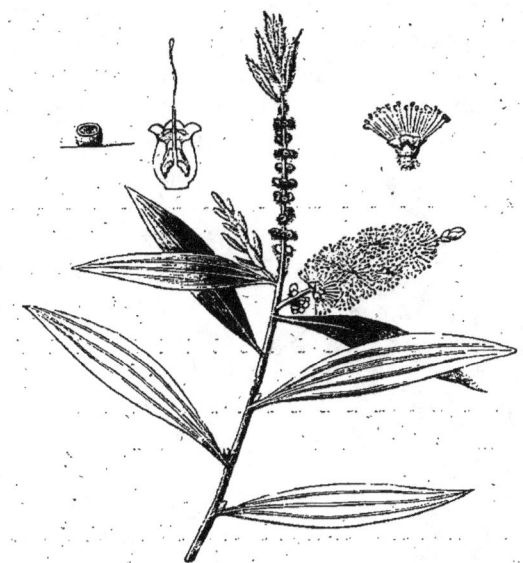

Fig. 644. — Cajeput.

huile très-verte, et je l'ai trouvée de $0^{gr},137$ pour 500 grammes, ou de 0,00274 par gramme. La dose est ordinairement plus petite et ne nuit pas à l'administration de l'huile de cajeput. Il est d'ailleurs facile de l'en priver, soit en la distillant avec de l'eau, soit en l'agitant seulement avec un soluté de cyanure ferroso-potassique, qui en sépare à l'instant même le cuivre sous forme d'un précipité rouge (1).

L'huile de cajeput est liquide, très-mobile, verte, transparente et d'une odeur forte et très-agréable, qui tient à la fois de la térébenthine, du camphre, de la menthe poivrée et de la rose. C'est cette dernière odeur qui domine lorsque l'huile est en partie évaporée spontanément. Elle est entièrement soluble dans l'alcool ; sa pesanteur spécifique varie de 0,916 à 0,919. D'après MM. Blanchet et Sell, sa composition répond à $C^{10}H^9O$.

[Sous le nom d'essence de *Niauli*, M. Garnault a signalé l'huile essentielle du *Melaleuca viridiflroa* de la Nouvelle-Calédonie. Les produits de cette espèce ressemblent à ceux du cajeput (2).]

(1) *Journ. de chim. méd.*, t. VII, p. 586.
(2) Voir *Journal de pharmacie et de chimie*. 3ᵉ série, XXXIX, p. 319.

FAMILLE DES GRANATÉES.

La famille des myrtacées comprenait d'abord un arbrisseau connu sous le nom de **grenadier** (*Punica granatum*, L.), qui s'en rapproche par son calice soudé avec l'ovaire, persistant et formant l'enveloppe extérieure du fruit, par ses étamines indéfinies et par sa forme générale. Mais, d'un autre côté, cet arbuste diffère des myrtacées, et plus spécialement des leptospermées et des myrtées, par ses feuilles non ponctuées, par la structure interne de son fruit et par ses cotylédons foliacés qui se recouvrent l'un l'autre en se tournant en spirale : aussi la plupart des botanistes en forment-ils aujourd'hui une petite famille séparée, celle des granatées.

Fig. 645. — Grenadier.

Le grenadier (*fig.* 645) est originaire d'Afrique, et principalement des environs de Carthage, ce qui lui a fait donner le nom de *Punica* ; et il a reçu celui de *Granatum*, à cause de la grande quantité de semences ou de *grains* contenus dans son fruit. Il croît très-bien en pleine terre dans tout le midi de l'Europe, et supporte même les hivers ordinaires de notre climat, étant mis en espaliers abrités du nord, et il y porte fruit. Il a les feuilles simples, oblongues, entières, caduques, le plus souvent opposées, mais quelquefois aussi ternées, verticillées ou éparses. Les fleurs sont rassemblées en petit nombre vers l'extrémité des rameaux ; le calice est turbiné, épais, charnu, lisse et d'une belle couleur rouge, partagé à son bord en 5 lobes. La corolle est à 5 pétales souvent doublés par la culture, et d'un rouge éclatant ; les étamines sont très-nombreuses et libres ; l'ovaire est infère, surmonté d'un style simple et d'un stigmate en tête. On nous apporte les fleurs de grenadier sèches du midi de la France, et l'on peut également faire sécher soi-même celles des arbustes cultivés

Paris. Elles doivent être d'un rouge vif et nullement noirâtre, et d'une saveur très-astringente; leur infusion précipite fortement le fer en bleu noirâtre. On les employait autrefois sous le nom de *balaustes*.

Le fruit du grenadier, que l'on nomme *grenade*, est une grosse baie sphérique, offrant souvent six angles saillants arrondis, et recouverte d'une écorce dure, coriace, rougeâtre à l'extérieur, d'un beau jaune à l'intérieur, très-astringente et propre à tanner le cuir. Cette écorce se nomme en latin *Malicorium* (*cuir de pomme*). A l'intérieur, le fruit se trouve divisé en deux grandes cellules inégales par une membrane transversale. La cellule inférieure, plus petite, est elle-même divisée en 4 ou 5 loges irrégulières, et la cellule supérieure, qui est plus grande, forme 6 loges régulières (quelquefois 7 ou 8). Vers la partie médiane de chaque loge, contre l'écorce, se trouve un placenta spongieux, jaune, ramifié, portant un grand nombre de *grains* qui remplissent entièrement la loge. Chaque grain est composé d'une vésicule mince, remplie d'un suc aqueux, aigrelet, sucré, rouge, et contient au centre une semence triangulaire allongée. Ce suc, qui contient de l'acide gallique, comme tout le reste de l'arbre, est très-rafraîchissant et antibilieux. On en fait un sirop jouissant des mêmes propriétés.

La racine de grenadier, employée par les anciens pour détruire le ténia (1), était tombée dans un oubli total, lorsque de nouveaux essais faits dans l'Inde, il y a une vingtaine d'années, firent retrouver dans cette substance un remède presque certain contre le plus dangereux parasite du corps humain (2).

La racine de grenadier est ligneuse, noueuse, dure, pesante, d'une couleur jaune, d'une saveur astringente. De même que dans le plus grand nombre de racines, l'écorce est plus active que le bois, et c'est elle exclusivement que l'on emploie en médecine ; elle est d'un gris jaunâtre ou d'un gris cendré au dehors, jaune au dedans, cassante, non fibreuse, et d'une saveur astringente non amère, ce qui sert surtout à la distinguer de l'écorce du buis, qui est très-amère. Humectée avec un peu d'eau et passée sur un papier, elle y laisse une trace jaune qui devient d'un bleu foncé par le contact du sulfate de fer.

Il paraît que l'écorce de racine de grenadier est quelquefois falsifiée dans le commerce avec celle de la racine de berbéris ou d'épine-vinette, que les maroquiniers de Paris tirent toute fraîche d'Alsace pour teindre les peaux en jaune. L'écorce d'épine-

---

(1) Dioscoride, liv. I, chap. cxxvii. — Pline, liv. XXIII, chap. vi.
(2) Voyez F. V. Mérat. *Du ténia ou ver solitaire, et de sa cure radicale par l'écorce de racine de grenadier.* Paris, 1832, in-8.

vinette desséchée est très-mince, grise au dehors, d'un jaune très-foncé en dedans, formée de fibres très-courtes ; elle colore très-fortement la salive en jaune, développe une saveur amère, et offre une odeur de racine de patience.

Les deux écorces, traitées par l'eau, présentent les résultats suivants :

	ÉPINE-VINETTE.	GRENADIER.
Couleur du macéré.....	Jaune pur.	Brun foncé.
Gélatine............	Action nulle.	Précipité très-abondant.
Acétate de plomb......	Louche et précipité peu sensible.	Précipité jaune, très-abondant et cohérent; liqueur entièrement décolorée.
Sulfate de fer.........	Action nulle.	Couleur noire très-intense.

FAMILLE DES COMBRÉTACÉES.

Petit groupe formé de genres séparés des élæagnées et des onagraires de Jussieu, et que l'on divise en deux tribus qui conservent leurs premières affinités avec ces deux familles. Ainsi la tribu des TERMINALIÉES, qui doit son nom au genre *Terminalia*, séparé des élæagnées, est caractérisée par un calice à 5 lobes caducs, sans corolle et portant 10 étamines sur deux séries; par un ovaire infère, uniloculaire, à plusieurs ovules pendants; par un fruit drupacé, uniloculaire, monosperme et indéhiscent, souvent ailé; enfin par un embryon cylindrique ou ellipsoïde, privé d'endosperme, à cotylédons foliacés, tournés en spirale.

La tribu des COMBRÉTÉES, dont le principal genre est le G. *Combretum*, retiré des onagraires, présente un calice à 4 ou 5 lobes; une corolle à 4 ou 5 pétales; 8 à 10 étamines en deux séries; un fruit infère souvent ailé, 2 cotylédons épais, irrégulièrement plissés.

Les arbres de cette famille se recommandent généralement par leur bois dur et très-compacte, par leurs écorces astringentes, propres au tannage et à la teinture, et par leurs fruits astringents et à amande douce et huileuse, dont plusieurs sont connus depuis très-longtemps sous le nom de **myrobalans** ou, par corruption, **myrabolans** et **myrobolans** (1), mais dont l'origine n'est peut-être pas exactement déterminée.

(1) Ce nom est dérivé de μύρον *onguent* ou *parfum*, et de βάλανος, *gland* ou *fruit*, soit que les myrobalans, de même que les baies de myrte, les noix de cyprès

On connaît dans le commerce cinq fruits du nom de *myrobalans*, qui sont distingués par les surnoms de *citrins, chébules, indiens, bellerics* et *emblics*. Ces derniers, très-différents des autres, appartiennent à la famille des Euphorbiacées et ont été décrits tome II, p. 340. Les autres appartiennent à la section du genre *Terminalia*, dont les fruits sont dépourvus d'ailes, ou au genre *Myrobalanus* de Gærtner.

Myrobalan citrin. Ce fruit se présente sous trois formes principales :

1° *Jaune et ovoïde anguleux* (fig. 646). Drupe desséché, d'une forme ovoïde, également aminci en pointe mousse à ses deux extrémités. Il est ordinairement marqué de 5 arêtes saillantes, longitudinales, entre

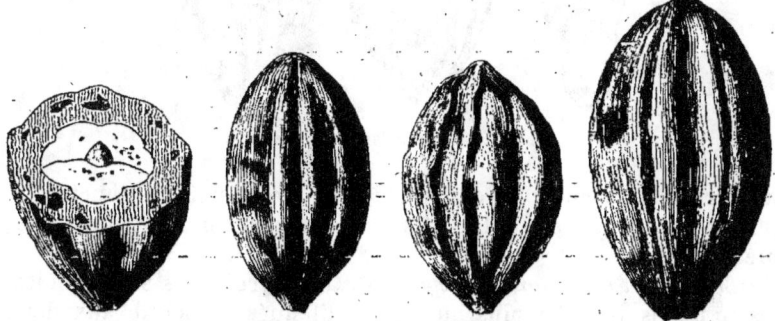

Fig. 646. — Myrobalan citrin jaune.

lesquelles paraissent 5 côtes arrondies plus ou moins marquées; il varie en longueur de 2,5 à 3,5 centimètres, très-rarement 4, et en diamètre de 1,5 à 2 centimètres; il est luisant à sa surface et d'une couleur qui varie du jaune pâle et verdâtre au jaune brunâtre. A l'intérieur, il est formé d'une chair desséchée, le plus souvent caverneuse, d'une couleur verdâtre et d'une saveur très-astringente. Au centre se trouve un noyau ovoïde, plus ou moins pentagoné, ligneux et tellement épais, que la loge où se trouve l'amande a tout au plus 3 millimètres de diamètre, et souvent moins. L'amande est presque linéaire, recouverte d'une pellicule rouge, blanche à l'intérieur, et formée de 2 cotylédons roulés autour de la radicule. Ils ont une saveur huileuse, un peu âpre, finissant par devenir amère. La substance du noyau présente une grande quantité de très-petites cellules-rondes, qui sont remplies d'un suc jaune et transparent comme du succin.

2° *Verdâtre et piriforme* (fig. 647), *Myrobalanus citrina*, Gærtn., tab. 97. Ces myrobalans sont allongés en poire par l'extrémité pédonculaire; ils ont une couleur plutôt verte que jaune; une chair verdâtre plus dure, plus compacte et beaucoup moins caverneuse que dans la première variété; enfin leurs 5 côtes intermédiaires sont souvent aussi anguleuses

et d'autres astringents, aient été usités autrefois pour la composition de pommades cosmétiques; soit que ce nom leur ait été donné à cause de la confusion qui a pu exister entre eux et la noix de ben. Pline, en effet (liv. XII, chap. XXI), paraît comprendre sous la même dénomination *myrobalanus*, la semence de ben et les myrobalans.

et aussi proéminentes que les autres; le noyau et l'amande sont semblables. Ces myrobalans ressemblent par leur forme aux chébules; ils en diffèrent par leur couleur verdâtre et par leur volume qui est moins

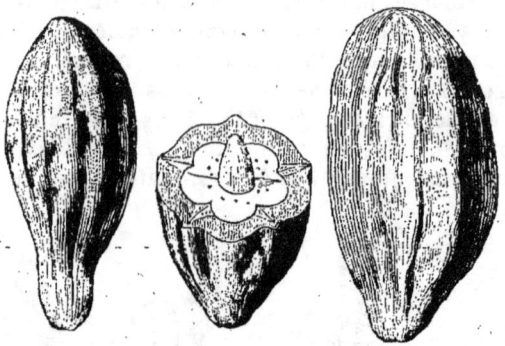

Fig. 647. — Myrobalan citrin verdâtre.

considérable : cependant j'en possède un long de 45 millimètres et épais de 24, qu'on prendrait, sauf sa couleur, pour un myrobalan chébule.

3° *Brunâtre et ovoïde-arrondi* (*fig.* 648). Ces myrobalans sont ovoïdes, plus ou moins arrondis, plus ou moins atténués en pointe aux deux

Fig. 648. — Myrobalan citrin brunâtre.

extrémités, sans angles bien marqués (1). Il est possible qu'ils aient été primitivement jaunes; mais ils sont actuellement d'un brun très-foncé, et quelques-uns paraissent noirs. A l'intérieur, leur chair est très-brune, presque noire, quelquefois dure, compacte et luisante, le plus souvent très-caverneuse. Le noyau et l'amande sont semblables à ceux des précédents.

Dans le commerce, ces myrobalans sont vendus comme bellerics ou comme chébules, suivant leur forme : ils sont bien différents des premiers, et ont plus d'analogie avec les citrins qu'avec les chébules.

(1) Voici quelques-unes de leurs dimensions : arrondis, 19^{mm} sur 21, 24^{mm} sur 28, 27^{mm} sur 35; allongés, 18^{mm} sur 32, 22^{mm} sur 40.

Myrobalan chébule (*fig.* 649), *Myrobalanus chebula*, Gærtn. Ces myrobalans sont longs de 30 à 40 centimètres, épais de 18 à 20, presque toujours allongés en poire, d'une manière très-marquée, par l'extrémité pédonculaire; ils sont souvent manifestement pentagones, d'autres fois à 10 angles aigus presque réguliers, mais toujours très-rugueux,

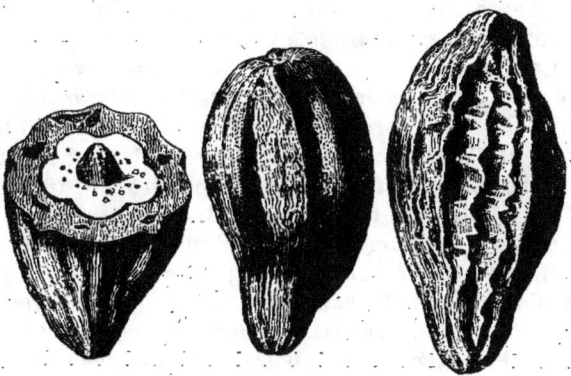

Fig. 649. — Myrobalan chébule.

rudes au toucher, et d'une couleur brune, rarement un peu jaunâtre, le plus souvent noirâtre. Ils sont très-pesants et formés d'une chair desséchée, noirâtre, dure, compacte, à cassure luisante et comme résineuse; ils sont pourvus d'une saveur astringente moins forte que celle des myrobalans citrins. Le noyau ligneux et l'amande ont les mêmes dimensions relatives que dans celui-ci; l'amande m'a paru plus douce.

Myrobalan indien (*fig.* 650). Ce myrobalan est beaucoup plus petit que les précédents, car sa plus forte grosseur est celle d'une olive; il a la forme d'une poire comme le myrobalan chébule; il est tout à fait noir, ridé, très-dur, brillant et compacte dans sa cassure; on voit au

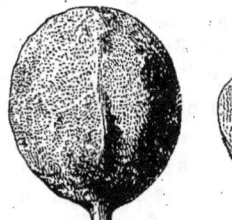
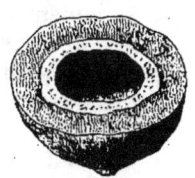

Fig. 650. — Myrobalan indien.   Fig. 651. — Myrobalan belleric.

milieu une ébauche du noyau, et la place de l'amande est vide; sa saveur est astringente et aigrelette. Par la ressemblance frappante de ce myrobalan avec le précédent, il est évident que ce n'est que le même fruit cueilli bien avant sa maturité, et différant du myrobalan chébule, comme, par exemple, le cerneau diffère de la noix.

Myrobalan belleric (*fig.* 651), *Myrobalanus bellerica*, Gærtn. Cette espèce de myrobalan a la grosseur d'une muscade, plus ou moins. Il est ovale ou presque rond, sphérique ou légèrement pentagone; mais alors même on le distingue des autres myrobalans en ce que ses angles sont arrondis et que sa surface n'est pas rugueuse ; toujours aussi il se termine d'un côté en une pointe très-courte qui se confond avec le pédoncule. Il n'est pas luisant, et est, au contraire, d'un gris rougeâtre mat et cendré ; à l'intérieur sa chair est brunâtre, légère, poreuse et friable. La coque ligneuse qui est dessous est bien moins épaisse que dans les autres myrobalans, et son amande, qui est arrondie ou pentagone, selon la forme du noyau et du fruit, a un goût de noisette assez agréable.

Le myrobalan belleric a des caractères tellement tranchés qu'il a été facile d'en déterminer l'origine. L'arbre qui le produit est le *Tani* de Rheede (1), et le *Terminalia bellerica* de Roxburgh (2). Ses feuilles sont pétiolées, ovales, entières, fermes, unies, longues de 16 centimètres, ramassées vers l'extrémité des branches, de même que dans les autres espèces du genre. Les fleurs sont petites, d'une odeur très-désagréable, disposées en épis axillaires simples, ne portant que des fleurs mâles, avec une seule fleur femelle par le bas. Le fruit n'est nullement usité en médecine, mais les semences sont mangées comme des noisettes. L'écorce de l'arbre, étant incisée, laisse découler une grande quantité d'une gomme insipide, semblable à la gomme arabique et complétement soluble dans l'eau.

Quant aux myrobalans citrin et chébule, on se tromperait fort, si l'on croyait pouvoir attribuer toutes les variétés du premier, qui sont peut-être des espèces distinctes, au *erminalia Tcitrina* de Roxburgh, et le dernier au *Terminalia chebula*; le contraire serait, en partie au moins, plus près de la vérité.

M. Gonfreville, qui avait été envoyé dans l'Inde pour y étudier les procédés de teinture et les matières tinctoriales, a rapporté avec lui, sous les noms de :

Tanikai,   des myrobalans bellerics ;
Kadoukai,   des myrobalans citrins (première sorte);
Kadukai-poo, des galles de myrobalan citrin ;
Myrablumse, des myrobalans chébules.

Secondement, dans la belle collection de Matière médicale de l'Inde que je dois à M. Théodore Lefèvre, droguiste à Paris, que j'ai déjà citée pour l'assa-fœtida, se trouvent, sous les noms de :

Nellie kai,   des myrobalans emblics ;
Tanikai,   des myrobalans bellerics ;
Kadukai,   des myrobalans citrins de la première sorte, très-bel échantillon ;
Kaduka pou, des galles de myrobalan citrin.

On n'y trouve ni chébules, ni myrobalans indiens qui ne paraissent pas être originaires de l'Inde proprement dite, et dont l'arbre est inconnu jusqu'à présent. Quant aux myrobalans citrins de la première sorte, qui ont toujours été considérés comme les vrais citrins, et qui sont les plus communs dans l'Inde, l'arbre qui les produit est celui qui a été nommé à tort, par Roxburgh, *Terminalia chebula*, et tout ce qu'il

---

(1) Rheede, *Mal.*, IV, tab. X.
(2) Roxburgh, *Coron. plant.*, II, tab. CLXXXXVIII.

rapporte de cette espèce doit leur être attribué. D'après la ressemblance des fruits, je présume que les myrobalans citrins de la troisième sorte peuvent être attribués au *Terminalia citrina*, Roxb., et ceux de la deuxième sorte au *Terminalia gangetica* ; mais ce ne sont que des présomptions.

Galle de myrobalan citrin (*fig.* 652). Par suite de l'erreur commise par Roxburgh dans le nom de l'arbre au myrobalan citrin, la galle dont il est ici question est supposée produite par le même arbre

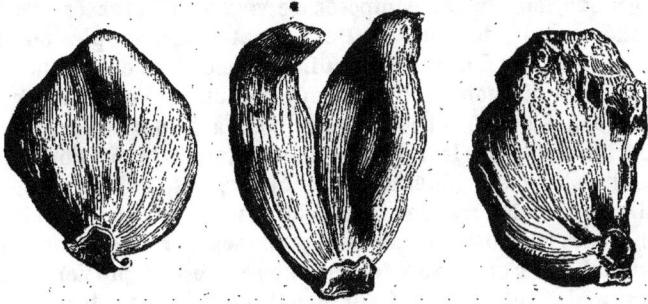

Fig. 652. — Galle de myrobalan citrin.

que celui qui donne le myrobalan chébule (1) ; mais elle appartient véritablement au myrobalan citrin, au milieu duquel on la trouve dans le commerce, et comme l'indiquent leurs noms indiens *Kadukai* et *Kadukai poo* (fleur de kadukai). Cette galle a été décrite par Samuel Dale et par Geoffroy, sous le nom de **fève du Bengale**, et Dale a pensé que ce pouvait être le myrobalan citrin lui-même devenu monstrueux par suite de la piqûre d'un insecte ; mais il paraît qu'elle croît sur les feuilles de l'arbre, et sa forme de vessie creuse, semblable à celle des galles de l'orme et du térébinthe, indique qu'elle est produite par des pucerons. Telle que nous la voyons, elle est simple ou didyme, longue de 25 à 35 millimètres, généralement ovoïde, aplatie et ridée longitudinalement par la dessiccation ; d'une couleur jaune verdâtre de myrobalan citrin à l'extérieur, tuberculeuse et brunâtre à l'intérieur, toujours vide et privée d'insectes. Elle est fortement astringente et aussi bonne que la noix de galle, pour la teinture en noir (Roxb.).

Plusieurs fruits plus ou moins analogues par leur forme et leur structure intérieure ont reçu le nom de *myrobalans*. Tel est d'abord le **myrobalan d'Amérique** ou **prune d'Amérique**, produit par le *Chrysobalanus icaco*, L., de la famille des Rosacées, et qui présente en effet beaucoup de ressemblance avec le myrobalan citrin par son brou desséché et jaunâtre recouvrant un noyau décagone, uniloculaire et monosperme. Un autre fruit encore assez semblable est le **myrobalan monbin**, *Spondias lutea*, de la famille des Anacardiacées ; un troisième est le **myrobalan d'Égypte** ou **datte du désert**, *Balanites ægyptiaca*, Del., dont la classification est incertaine. Ce fruit, que l'on trouve sou-

---

(1) Les myrobalans chébules rapportés par M. Gonfreville sont en dehors de la nomenclature de cent substances de l'Inde (*Recueil de la Société libre d'émulation de Rouen*, 1834). Ils n'ont d'ailleurs pas de nom indien.

vent mêlé à la gomme arabique et à celle du Sénégal, a presque la forme et la figure d'une datte; sa chair, qui est d'abord âcre, très-amère et purgative, devient douce et mangeable en mûrissant. L'amande fournit une huile grasse usitée en Nigritie.

FAMILLE DES ROSACÉES.

Cette grande famille est composée de végétaux herbacés, d'arbustes et de grands arbres, dont les feuilles sont alternes, simples ou composées et stipulées. Les fleurs sont régulières, pourvues d'un calice gamosépale à 4 ou 5 divisions, souvent doublé d'un calice extérieur qui le fait paraître à 8 ou 10 lobes. La corolle est à 4 ou 5 pétales réguliers, imbriqués, insérés sur le calice et alternes avec ses divisions. Les étamines sont distinctes et généralement nombreuses, insérées sur le calice. Le pistil présente de grandes modifications sur lesquelles principalement plusieurs botanistes se fondent pour séparer le groupe des rosacées (auquel alors on donne le nom de *rosinées*) en plusieurs familles distinctes, mais que l'on peut aussi continuer de regarder comme de simples tribus de la même famille. L'embryon est toujours droit et privé d'endosperme.

1re tribu, POMACÉES : Tube du calice urcéolé, soudé avec les ovaires; limbe libre et supère à 5 divisions; corolle à 5 pétales; étamines presque indéfinies, à filets libres et subulés; ovaires au nombre de 5, rarement moins, soudés entre eux et avec le calice, ascendants, rarement davantage (cognassier); styles en nombre égal aux ovaires, plus ou moins soudés à la base, divisés supérieurement et terminés par un stigmate simple. Le fruit est un *mélonide*, formé par le tube calicinal accru et devenu succulent, couronné par le limbe du calice ou par la cicatrice résultant de sa destruction, et contenant dans son intérieur 5 carpelles ou moins, disposés régulièrement, comme les rayons d'une étoile, autour de l'axe du fruit. L'enveloppe des carpelles, ou l'*endocarpe*, est tantôt cartilagineux et en partie déhiscent du côté interne (genres *Malus*, *Pyrus*, *Cydonia*, *Sorbus*), tantôt osseux et indéhiscent (*Mespilus*, *Cratægus*, *Cotoneaster*).

2e tribu, ROSÉES : Calice tubuleux, urcéolé, contenant un nombre indéterminé d'ovaires fixés à la paroi interne du tube, et renfermant un seul ovule pendant; styles distincts ou soudés; étamines nombreuses. Le fruit est un *calicarpide*, c'est-à-dire qu'il est formé du calice devenu charnu et contenant un grand nombre d'*akaines* dont la graine est pendante et la radicule supère. Le genre *rosa* compose presque à lui seul cette tribu.

3e tribu, SANGUISORBÉES : Fleurs ordinairement polygames et quelquefois sans corolle; étamines peu nombreuses; ovaires peu nombreux (ordinairement 1 ou 2), uni-ovulés, enveloppés par le calice; akaines renfermés dans le tube du calice, à graine dressée ou pendante. Exemples: les genres *Agrimonia*, *Alchemilla*, *Sanguisorba*, *Poterium*.

4e tribu, DRYADÉES : Calice à 5 divisions, rarement à 4, souvent doublé d'un calicule extérieur. Corolle à 5 ou 4 pétales; étamines indéfinies; ovaires nombreux, libres, portés sur un réceptacle convexe, uni-ovulés, pourvus d'un style latéral. Baies monospermes soudées ou achaines libres, plus ou moins nombreux, les uns ou les autres portés sur un carpophore charnu ou sec. Exemples: les genres *Rubus, Fragaria, Potentilla, Geum*, etc.

5ᵉ tribu, SPIRÉACÉES : Calice libre, persistant, à 5 divisions ; 5 pétales; étamines nombreuses; ovaires distincts, au nombre de 5, ordinairement verticillés, à plusieurs ovules pendants; styles courts, stigmates épais. Fruit composé de follicules rangés circulairement, contenant une ou plusieurs graines pendantes. Exemples : les genres *Spiræa, Gillenia, Brayera, Quillaia*.

6ᵉ tribu, AMYGDALÉES : Calice libre, tombant; 5 pétales; étamines nombreuses; ovaire unique, uniloculaire, contenant 2 ovules pendants. Drupe à noyau disperme ou monosperme; semence suspendue à un funicule qui s'élève du fond de la loge. Embryon sans endosperme, à cotylédons charnus, à radicule supère, très-courte. Genres *Amygdalus, Prunus, Cerasus*, etc.

7ᵉ tribu, CHRYSOBALANÉES : Ovaire unique, libre, contenant 2 ovules dressés; style naissant presque de la base de l'ovaire; fleurs plus ou moins irrégulières; fruit drupacé. Genres *Chrysobalanus, Licania, Moquilea, Parinarium*, etc.

La famille des Rosacées produit le plus grand nombre des fruits charnus que l'on mange en Europe, soit qu'ils en soient originaires, soit qu'ils y aient été introduits depuis très-longtemps. Elle fournit en outre un certain nombre de parties ou de produits très-utiles à l'art de guérir. Nous examinerons les uns et les autres suivant l'ordre des tribus.

TRIBU DES POMACÉES.

Coing et Cognassier.

Cydonia vulgaris, Pers.; *Pyrus cydonia*, L. Arbuste à tige tortueuse, haut de 4 à 5 mètres, dont les feuilles et les jeunes rameaux sont couverts d'un duvet blanchâtre. Les fleurs sont d'un blanc rosé, assez grandes, solitaires à l'extrémité des jeunes rameaux; le calice est très-velu, à 5 divisions denticulées; l'ovaire est infère, à 5 loges, surmonté de 5 styles réunis à la base. Le fruit est un mélonide en forme de poire, couvert d'un duvet cotonneux, ombiliqué au sommet, partagé vers le centre en 5 loges cartilagineuses qui contiennent chacune 8 graines et plus, disposées sur deux rangs. C'est cette pluralité de semences qui sépare les cognassiers des poiriers, auxquels Linné les avait réunis.

Les coings mûrs sont d'une belle couleur jaune, et ce sont eux que Virgile désigne, dans sa troisième bucolique, sous le nom de *mala aurea*. On les nommait aussi *mala cotonea* et *mala cydonia*, du nom de la ville de Cydonie, dans l'île de Crète, où on les cultivait avec un soin tout particulier. On pense, enfin, que les fameuses pommes d'or du jardin des Hespérides, conquises par Hercule, étaient des coings et non des oranges : d'abord parce que les oranges et même les citrons ou les cédrats n'ont été connus en Europe que bien longtemps après les temps d'Hercule ; ensuite parce que des sculptures antiques représentent Hercule tenant dans ses mains des fruits qui ressemblent beaucoup plus à des coings qu'à des oranges.

Les coings sont très-odorants et pourvus d'un goût très-âpre et astringent. Ils sont peu agréables à manger crus ; mais ils sont très-bons cuits, surtout réunis au sucre, et l'on en fait un sirop et une gelée qui sont fort recherchés. Les **semences de coing** renferment dans leur épisperme un mucilage très-abondant, analogue à la gomme adragante, et l'on en fait un grand usage en médecine, comme adoucissantes. Celles du commerce sont souvent mêlées de pepins de pomme et d'une certaine quantité d'un fruit sec, coupé par petits morceaux, appartenant probablement à un arbre pomacé, mais dont j'ignore l'espèce. Il convient d'y faire attention.

Les **poiriers** et les **pommiers** forment deux genres d'arbres très-voisins que Linné, et la plupart des botanistes après lui, ont réuni en un seul, mais qui diffèrent par un assez grand nombre de caractères pour qu'on eût pu les laisser séparés, comme l'avaient fait Tournefort et Jussieu.

Les **poiriers** sont des arbres de moyenne taille, à fleurs blanches disposées en corymbes terminaux ou latéraux ; leurs étamines sont divergentes et laissent à nu la base des styles, qui sont entièrement libres. Les fruits sont turbinés, rétrécis et souvent allongés en mamelon à la base, ombiliqués au sommet, formés d'une chair ferme et astringente que la culture a rendue plus ou moins fondante, savoureuse, douce et sucrée.

Les **pommiers** diffèrent des poiriers par leurs fleurs disposées en ombelle simple ; par leurs pétales nuancés de rouge rosé, surtout à l'extérieur ; par leurs étamines dressées et serrées contre les pistils qui sont réunis à la base ; enfin par la forme de leurs fruits, qui sont globuleux, généralement déprimés sur la hauteur et creusés à la base d'un enfoncement profond dans lequel s'implante le pédoncule. Ces fruits ont une chair ferme, cassante, âpre et amère dans les arbres sauvages, plus ou moins acide et sucrée dans ceux que la culture a modifiés. Sous ce rapport, on divise les pommiers indigènes en deux souches principales qui ne diffèrent peut-être que par le plus ou moins de culture : l'une cons-

titue le **pommier à cidre** (*Malus acerba*, Mérat; *Pyrus acerba*. DC.);
l'autre, le **pommier doux** ou **pommier à couteau** (*Malus sativa*),
dont les fruits se servent ordinairement sur les tables.

Il ne faudrait pas croire, cependant, que toutes les pommes à cidre fussent âpres ou aigres, et toutes les pommes à couteau simplement douces et sucrées, comme on serait tenté de le supposer, d'après les noms admis ou cités par de Candolle. J'ai même reçu, à cet égard, une lettre d'un pharmacien du département de l'Oise, qui me reproche d'avoir dit, dans mes précédentes éditions, que le cidre se faisait en Normandie et en Picardie *avec de petites pommes aigres et âpres qui y sont fort communes*, et qui m'assure que le cidre se prépare presque exclusivement avec des pommes douces et sucrées, et qu'il est d'autant meilleur que les pommes sont plus belles et plus agréables au goût. Ce pharmacien a raison en grande partie, puisque les pommes agrestes de la Normandie, quoique généralement petites et d'une grosseur à peu près uniforme, présentent un grand nombre de variétés, qui les fait encore distinguer en *pommes acides, douces, amères, précoces, demi-tardives, tardives*, etc., et que ce sont les pommes douces et sucrées qui forment, en réalité, la base du cidre. Mais il est également certain que ces pommes douces, employées seules, ne fourniraient qu'un cidre peu sapide, non susceptible de se conserver, et qu'on y mélange toujours une certaine proportion de pommes âpres et amères (1) qui donnent au cidre de la force et en assurent la conservation.

C'est dans la racine de pommier, et ensuite dans celles de poirier, de cerisier et de prunier, que l'on a découvert la *phlorizine*, principe cristallisable neutre, non azoté, analogue à la salicine, à l'orcine et à d'autres composés organiques que l'on pourrait désigner sous le nom générique de *colorigènes*, parce que ce sont eux qui, par leur oxygénation ou par leur combinaison simultanée avec l'oxygène et l'ammoniaque, paraissent former le plus grand nombre des matières colorantes végétales. La phlorizine, en particulier, dont la composition paraît être $C^{42}H^{29}O^{24}$, et qui ne diffère de la salicine que par 2 molécules d'oxygène en plus, en absorbant 2 équivalents d'ammoniaque, 8 d'oxygène, et en perdant 6 équivalents d'eau, se convertit en un principe colorant rouge nommé *phlorizéine*, dont la combinaison avec l'ammoniaque forme un sirop d'un bleu foncé :

$$C^{42} H^{29} O^{24} + Az^2 H^6 + O^8 = H^6 O^6 + \underbrace{C^{42} H^{29} Az^2 O^{26}}_{\text{Phlorizéine.}}$$

La phlorizine, traitée par divers acides étendus, non oxygénants, éprouve une transformation non moins singulière qui la rapproche de la salicine et jusqu'à un certain point du tannin ; elle se dédouble en glucose hydraté et en *phlorétine*, autre composé cristallisable, peu solu-

---

(1) Souvent même des pommes pourries, ce qui doit nuire à la qualité du produit.

ble dans l'eau froide, peu soluble dans l'éther et très-soluble dans l'alcool.

Glucose hydraté............................	$C^{12} H^{14} O^{14}$
Phlorétine.....	$C^{30} \overline{H}^{15} O^{10}$
Phlorizine...	$C^{42} H^{29} O^{24}$

Indépendamment des pommiers, les botanistes comprennent aujourd'hui dans le genre *Pyrus* un assez grand nombre d'arbres ou d'arbustes indigènes à nos forêts, et qui se sont montrés assez rebelles à la culture pour que leurs fruits soient restés fort petits et très-acerbes, de sorte qu'on ne les emploie guère que pour en retirer, par la fermentation, une boisson vineuse peu estimée et d'un emploi local et très-restreint.

Tels sont :

L'**alizier**, *Pyrus aria*. Arbre de 7 à 10 mètres de hauteur, à feuilles entières, ovales, dentées, vertes en dessus, garnies en dessous d'un coton très-blanc, dont les fleurs sont disposées en corymbes rameux ; dont les styles sont libres et réduits à 2 ou 3, et dont la pomme est rouge, globuleuse-ovoïde, couronnée par les dents du calice, assez douce lorsqu'elle est mûre. Le bois d'alizier est d'une texture très-fine et compacte comme celui du poirier ; il est plus fort et plus durable.

Le **sorbier commun** ou **cormier**, *Pyrus sorbus*, Gærtn. ; *Sorbus domestica*, L. Arbre de 13 à 16 mètres de hauteur, dont le tronc est droit et terminé par une tête pyramidale assez régulière. Ses feuilles, au lieu d'être simples et entières, comme celles des poiriers et des pommiers, sont composées, pinnées avec impaire et à folioles dentées, vertes en dessus, velues et blanchâtres en dessous. Les fleurs sont blanches, petites, très-nombreuses, disposées en corymbe à l'extrémité des rameaux. Les fruits, nommés *sorbes* ou *cormes*, ressemblent à de très-petites poires d'un jaune rougeâtre.

Le sorbier croît très-lentement et vit fort longtemps. Loiseleur-Deslongchamps en cite un âgé de 5 ou 600 ans, dont le tronc avait 4 mètres de circonférence. Le bois de sorbier a le grain très-fin et est susceptible d'un beau poli. Il est recherché par les ébénistes, les tourneurs, les armuriers, etc.

Le **sorbier des oiseaux**, *Pyrus aucuparia*, Gærtn.; *Sorbus aucuparia*, L. Arbre de 7 à 8 mètres, dont les feuilles sont composées, pinnées avec impaire, de même que celles du précédent. Les fleurs sont blanches, très-nombreuses, et forment de nombreux corymbes terminaux. Les fruits sont arrondis, de la grosseur d'une petite cerise, d'un rouge vif; très-recherchés par les grives, les merles et d'autres oiseaux. Cet arbre croît naturellement dans les forêts des montagnes, en France. On le plante dans les jardins paysagers qu'il embellit au printemps par ses fleurs et dans l'automne par ses gros bouquets de fruits d'un rouge éclatant. En 1815, M. Donovan retira de ces fruits un acide cristallisé auquel il a donné le nom d'*acide sorbique*; mais on reconnut plus tard que cet acide n'était autre chose que de l'acide malique pur, lequel jusque-là, et depuis Schéele qui l'avait découvert, n'avait été obtenu qu'impur, liquide et incristallisable.

Sorbier hybride. Cet arbre nous présente les fleurs et les fruits du sorbier des oiseaux ; mais il a les feuilles entières, découpées seulement à leur base en 4 à 8 pinnules, et terminées par un grand lobe irrégulièrement denté ; de sorte que l'arbre tient le milieu, pour les feuilles, entre l'alizier et le sorbier des oiseaux. On le cultive, comme le précédent, pour l'ornement des jardins.

Parmi les autres arbres indigènes, encore fort nombreux, qui appartiennent aux pomacées, je ne puis me dispenser de citer les trois suivants :

Néflier, *Mespilus germanica,* L. Arbre médiocre ou grand arbrisseau à rameaux tortueux, privés d'épines lorsqu'il est cultivé. Ses feuilles sont courtement pétiolées, grandes, oblongues-lancéolées, très-entières, glabres en dessus, pubescentes en dessous. Les fleurs sont blanches, assez grandes, solitaires, à 5 styles distincts, accompagnées de bractées persistantes. Le fruit est arrondi, assez gros dans les variétés cultivées, non entièrement recouvert par le calice qui forme une large couronne autour du sommet resté nu. On trouve à l'intérieur 5 loges à endocarpe osseux, contenant chacune une semence droite pourvue d'un test membraneux. Les nèfles, même mûres, ont une saveur tellement acerbe, qu'elles ne sont pas supportables ; mais en les cueillant en automne et en les laissant étendues sur de la paille, elles éprouvent un commencement d'altération nommé *blessissement,* qui les ramollit et leur donne une saveur douce, vineuse, assez agréable. C'est alors seulement qu'on peut les manger.

Aubépine ou épine blanche, *Cratægus oxyacantha,* L. Arbre de 6 à 8 mètres, qui se présente le plus souvent sous la forme d'un buisson très-rameux et armé de fortes épines, ce qui le rend très-propre à former des clôtures, dans la campagne. Ses feuilles sont glabres, luisantes, plus ou moins profondément découpées en lobes un peu aigus et divergents. Ses fleurs sont blanches ou roses, disposées en bouquets corymbiformes et pourvues seulement de 1 ou 2 styles. Elles sont douées d'une odeur très-agréable ; elles paraissent au mois de mai et forment alors un ornement pour les habitations qui en sont entourées. Les fruits sont petits, ovoïdes, d'un beau rouge, couronnés et non entièrement recouverts par les dents du calice, dépourvus des bractées qui accompagnaient les fleurs. Ils ne contiennent que deux osselets fort durs, à une seule semence.

Azerolier ou épine d'Espagne, *Cratægus Azarolus,* L. Cet arbre, très-élégant, croît naturellement dans le midi de la France, en Italie et en Espagne ; il ressemble beaucoup au précédent, mais il est plus grand dans toutes ses parties. Ses fruits sont arrondis ou piriformes, rouges ou blanchâtres, suivant les variétés ; d'une saveur aigrelette assez agréable dans le Midi ; mais ils restent acerbes sous le climat de Paris.

TRIBU DES ROSÉES.

Cette tribu est presque exclusivement formée du seul genre **Rosier** ou **Rosa,** dont les caractères consistent dans un calice tubulé, ventru, rétréci au sommet, à 5 lobes souvent divisés et pinnatifides. La corolle présente 5 pétales qui sont très-souvent doublés par la culture; les étamines sont indéfinies; les ovaires sont nombreux, insérés sur le fond du calice, libres, uniloculaires, à un seul ovule pendant; les styles naissent sur le côté des ovaires et sortent du calice. Le fruit est composé d'un grand nombre d'achaines velus, renfermés dans le tube du calice accru et devenu charnu.

Les rosiers sont des arbrisseaux à rameaux déliés, quelquefois très-longs et pouvant s'élever à l'aide de supports à une grande hauteur. Ils sont presque toujours armés d'aiguillons nombreux et pourvus de feuilles éparses, imparipinnées, pourvues de stipules soudées au pétiole et à folioles dentées. Leurs fleurs sont terminales, solitaires ou disposées en corymbes, pourvues d'une grâce et d'une suavité qui leur assurent la prééminence sur toutes les fleurs. On en compte plus de 150 espèces assez rapprochées entre elles, et dont les variétés se multiplient tellement tous les jours, que l'on est tenté de croire qu'elles proviennent toutes d'une souche primitive diversifiée par les migrations et la culture. J'en citerai seulement quatre espèces dont les parties sont usitées en pharmacie.

Rosier sauvage, églantier sauvage, rose de chien ou **cynorrhodon**, *Rosa canina*, L. (fig. 653). Cette espèce est commune, en Europe, dans les haies et sur le bord des bois. Ses tiges sont grêles, longues de 3 à 5 mètres, armées d'aiguillons forts et recourbés, et pourvues de feuilles à 5 ou 7 folioles ovales-lancéolées, doublement dentées, inodores lorsqu'on les froisse (1). Les fleurs sont roses ou blanches, portées au nombre de 2 à 4, à l'extrémité des rameaux. Les divisions du calice sont pinnatifides, et la corolle, étant simple, n'offre que 5 pétales. Les fruits sont assez gros, ovales, lisses, d'un rouge de corail, couronnés par les divisions du calice flétries. Ils sont formés à l'intérieur d'un parenchyme jaune, ferme, acidule et astringent. On en prépare en pharmacie une

Fig. 653. — Rosier sauvage.

(1) Il ne faut pas confondre le *Rosa canina*, qui est le véritable églantier, avec le *Rosa eglanteria*, L., auquel on donne aussi, dans les jardins, le nom d'*églantier*. Celui-ci a des fleurs d'un jaune vif ou d'un rouge orangé; les divisions du

conserve sucrée, nommée *conserve de cynorrhodons*, agréable, usitée comme astringente.

Cette espèce de rosier doit son nom de *Rose de chien, Rosa canina* ou *cynorrhodon*, à ce que, dans l'antiquité, sa racine passait pour être un remède efficace contre la rage; et cette opinion, qui n'a aucun fondement réel, a traversé des siècles pour arriver jusqu'à nous; car, encore aujourd'hui, la racine d'églantier forme la base de remèdes populaires contre la rage, dont l'usage est répandu dans la plupart des départements montagneux de la France, tels que ceux de l'Isère, de la Haute-Loire, de la Loire, de l'Aveyron, du Puy-de-Dôme, etc. Il ne faut cesser de répéter au peuple qu'aucun spécifique jusqu'ici ne peut guérir la rage, et que le seul moyen possible de la prévenir est la cautérisation complète de la morsure.

Bédéguar ou galle d'églantier. On nomme ainsi une excroissance chevelue qui se forme sur les branches de l'églantier, par suite de la piqûre d'un insecte hyménoptère nommé *Cynips rosæ*. Cette galle est divisée intérieurement en un grand nombre de cellules qui renferment autant de larves de l'insecte. Elles y passent l'hiver sous forme de *nymphes*, et en sortent au printemps à l'état d'insectes parfaits. On employait autrefois le bédéguar comme diurétique, lithontriptique, anthelmintique, antistrumique, etc. Il n'est plus usité.

Rose rouge ou Rose de Provins.

Rosa gallica, L. On dit que ce rosier a été apporté de Syrie à Provins, par un comte de Brie, au retour des croisades. Loiseleur-Deslongchamps pense que ce fait n'est rien moins que prouvé, parce que la rose rouge était connue dans l'antiquité et que c'est elle probablement dont Homère a vanté les vertus dans l'*Iliade;* mais en admettant ce fait, en admettant même, ce que je crois très-probable, que la rose de Provins soit la *rose de Milet* dont parle Pline, on peut très-bien croire que cette rose était peu connue en France, au temps des croisades, et qu'un comte de Brie l'ait apportée avec lui, à son retour. Ce qu'il y a de certain, c'est que, pendant très-longtemps, la culture de cette espèce de rose a été comme un patrimoine de la ville de Provins; ensuite un petit village des environs de Paris s'en est emparé, et en a gardé le nom de *Fontenay-aux-Roses;* Lyon et Metz ont eu aussi leur célébrité pour cette culture et fournissent encore, à ce que je pense,

---

calice sont entières; les feuilles froissées ont une odeur forte et agréable, analogue à celle de la pomme de reinette; les fleurs, au contraire, exhalent une odeur de punaise.

une certaine quantité de roses rouges au commerce; mais il paraît que la plus grande partie de ces fleurs vient aujourd'hui de Hollande et d'Allemagne.

Le rosier de Provins s'élève à la hauteur de 60 à 100 centimètres au plus; ses rameaux sont nombreux et armés de faibles aiguillons; ses feuilles sont composées de 5 à 7 folioles ovales, rigides, d'un vert assez foncé en dessus, un peu pubescentes en dessous; les boutons et les pédoncules sont couverts de poils rudes; les fleurs sont solitaires ou réunies au nombre de 2 ou 3 à l'extrémité des rameaux; les divisions du calice sont dentées; les pétales sont peu nombreux, étalés, d'un rouge foncé et presque inodores. Ils renferment cependant un principe aromatique qui se développe par la dessiccation. Pour faire sécher ces fleurs, on les prend en boutons, on en sépare le calice, on en coupe les onglets, et on les étend dans une étuve. Lorsqu'elles sont bien sèches, il convient de les cribler pour en séparer les étamines et les œufs d'insectes qui peuvent s'y trouver; on les renferme ensuite dans une boîte de bois que l'on place dans un lieu sec : il est bon de les cribler de temps en temps.

Les roses de Provins séchées doivent avoir une couleur pourpre foncée et veloutée, une odeur très-agréable, une saveur très-astringente. Leur infusion rougit le tournesol et précipite abondamment par le sulfate de fer, la colle de poisson, l'alcool, le nitrate de mercure, l'eau de chaux et l'oxalate d'ammoniaque. On voit d'après cela qu'elles contiennent un acide libre, une grande quantité de tannin, du muqueux et un sel calcaire soluble.

On prépare avec les roses rouges un sirop, un mellite et une conserve. Nous préparons la conserve avec la poudre; mais à Provins et à Lyon on la fait en pistant les pétales récents avec du sucre.

Le rosier de Provins est l'espèce dont on a cherché à obtenir le plus de variétés, pour l'ornement des jardins. On en compte plus de 400, dont une partie, si j'ose le dire, mérite peu les noms plus ou moins emphatiques dont on les a décorées.

Rose à cent feuilles.

Rosa centifolia, L. Ce rosier est originaire du Caucase oriental; il forme un buisson haut de 100 à 120 centimètres; ses feuilles ont 5 ou 7 folioles ovales, pubescentes en dessous, deux fois dentées; les fleurs sont roses, ordinairement presque complètement doublées, larges d'environ 8 centimètres, longuement pédonculées, portées ordinairement trois ensemble au sommet de chaque rameau. On en connaît un assez grand nombre de variétés, parmi lesquelles on distingue la *rose de Hollande* ou *grosse cent feuilles*, l'une des plus belles et des plus communes ; la *rose des peintres*, plus large que la précédente, moins double et d'une couleur plus vive ; la *rose mousseuse*, dont les pédoncules, les calices et leurs divisions sont couverts de poils rameux, glanduleux et rougeâtres, etc.

Je pourrais citer encore le **rosier blanc**, *Rosa alba*, L. ; le **rosier jaune**, *Rosa sulfurea*, Ait. ; le **rosier multiflore**, *Rosa multiflora*, Thunb. ; le **rosier musqué**, *Rosa moschata*, Ait. ; le **rosier toujours fleuri** ou **rosier du Bengale**, *Rosa semperflorens*, Curt. ; mais la plus belle de toutes ces roses, celle qui réunit à une odeur suave l'ampleur et le nombre des pétales, est sans contredit la *rose à cent feuilles*, qui sera toujours l'emblème de la grâce et de la beauté.

Cette rose, cultivée dans les jardins, n'est cependant pas celle que l'on estime le plus pour l'usage de la pharmacie et de la parfumerie. Trop de culture paraît en affaiblir l'odeur ; et à Paris on préfère une variété de la rose de Damas (*Rosa Damascena*), cultivée en pleine terre autour de Puteaux et du Calvaire. Celle-ci, nommée aussi *rose de tous les mois* ou *rose des quatre saisons* (1), fleurit deux fois par an, au printemps et à l'automne, et quelquefois au milieu de l'été ; elle a plus d'étamines que la rose à cent feuilles, moins de pétales, est d'un rose plus vif et d'une odeur plus forte, mais toujours très-suave ; aussi se vend-elle tous les ans sur le marché de Paris le double de l'autre, qui d'ailleurs n'est ordinairement cueillie que lorsqu'elle est entièrement épanouie et prête à tomber de l'arbuste dont elle faisait l'ornement.

Les roses à cent feuilles et celles de Puteaux sont connues en pharmacie sous le nom commun de *roses pâles*, par opposition avec celles de Provins, qui portent le nom de *roses rouges*. On prépare avec les premières une eau distillée d'une odeur forte et suave ; un sirop et un extrait qui sont légèrement purgatifs et astringents. Dans le midi de la France, on en retire une certaine quantité d'une essence butyreuse d'un prix très-élevé et qui ne le cède pas en qualité à celle qui vient de l'Orient. C'est celle-ci principalement que l'on trouve dans le commerce.

Essence de roses.

Cette huile volatile est extraite dans la Perse, aux Indes et dans l'État de Tunis, de plusieurs espèces de roses très-odorantes, telles que les *Rosa centifolia*, *Damascena*, *moschata*, et qui sont encore plus odoriférantes dans les pays chauds que dans le nôtre.

---

(1) *Rosa Prænestrina* de Pline.

[Mais les produits de ces régions n'arrivent que très-accidentellement dans le commerce, et ce sont surtout les localités situées autour de Kizanlik, au pied de la chaîne des Balkans, en Turquie, qui fournissent l'huile essentielle que consomme l'Occident. Cette région, où se cultive principalement une variété du *Rosa Damoscena*, ne produit pas moins de 1,500 à 2,500 kilogrammes d'essence par an ; ce qui suppose une récolte d'environ 3 millions de kilogrammes de fleur (1).]

On raconte que l'essence de roses a été découverte en 1612 par une princesse Nour-Djihân, femme du grand Mogol Djihangüyr, lequel, à l'exemple d'un autre grand roi, fit assassiner son premier mari pour l'épouser. Se promenant avec l'empereur sur le bord de canaux remplis d'eau distillée de roses, elle vit nager à la surface une sorte d'écume qu'elle fit recueillir, et qui fut proclamée le parfum le plus précieux de l'Asie. Quelques personnes pensent néanmoins que l'essence de roses a dû être connue beaucoup plus tôt, puisque l'eau distillée de roses était très-anciennement usitée; mais les livres orientaux n'en font pas mention avant le commencement du xviie siècle (2). L'essence de roses est nommée en persan *A'ther gul*, ou seulement *A'ther, œther, œttr, othr*. On rapporte divers procédés pour l'obtenir.

Le premier consiste à disposer dans des pots, et par couches alternatives, des pétales de roses et des semences de sésame (*Sesamum orientale*, L,). Après dix à douze jours de séjour dans un lieu frais, on sépare les semences et on les met en contact avec de nouvelles roses. On répète cette opération huit ou dix fois, ou jusqu'à ce que le sésame cesse de se gonfler en absorbant l'humidité et l'huile odorante des roses. Alors on le soumet à la presse, et on en retire une huile jaune et odorante que l'on verse dans le commerce, mais qui doit être considérée seulement comme une espèce d'*huile rosat* obtenue par infusion, et non comme une véritable essence de roses.

Suivant d'autres, on remplit de grands vases de terre de pétales de roses et d'eau, de manière que l'eau surnage de quelques pouces. On expose ces vases au soleil pendant six à huit jours, et au commencement du troisième ou du quatrième, on voit se former à la surface de l'eau une écume huileuse que l'on ramasse avec un petit bâton garni de coton à son extrémité. Suivant d'autres, enfin, appuyés de l'autorité de Kæmpfer (3), on obtient l'essence de roses en distillant les pétales avec de l'eau, à la ma-

---

(1) Voir l'article de M. Baur, *sur l'essence de roses*, in *Neues Jahrbuch für Pharmacie*, t. XXVII, repris par M. Hanbury, *Pharmaceutical Journal*, décembre 1867.

(2) *Journ. de pharm.*, t. V, p. 232.

(3) Kæmpfer, *Amœnitates*, p. 374.

nière ordinaire. Quelle que soit la petite quantité qu'on en recueille ainsi, l'immense quantité d'eau de roses consommée dans tous les pays mahométans peut suffire à produire l'essence du commerce.

[Dans les Balkans, on charge d'ordinaire des alambics en cuivre étamé de 12 à 15 kilogrammes de pétales de roses et on les distille avec 40 à 60 kilogrammes d'eau : le produit est reçu dans trois grandes bouteilles d'environ 8 litres. On vide ensuite la chaudière, en réservant l'eau qui y reste pour une nouvelle opération : et on distille de nouveau l'eau des bouteilles, de façon à retirer environ un sixième de la masse. Ce nouveau produit, maintenu à une température de 59°, se couvre à la surface de l'huile essentielle qu'on peut y recueillir (1).

L'essence de roses doit avoir une odeur de roses forte mais pure, qui devient d'une grande suavité lorsqu'elle est étendue ; elle est ordinairement sous la forme d'une masse cristallisée, dans laquelle on aperçoit un très-grand nombre de lames transparentes, acérées et brillantes, qui se fondent et se dissolvent entièrement dans la portion restée liquide, par la seule chaleur de la main. Alors cette huile est transparente, mobile et d'un blanc légèrement verdâtre ; elle pèse spécifiquement de 0,864 à 0,870, à la température de 20 degrés centigrades. L'alcool chaud la dissout entièrement, mais l'alcool froid la sépare en deux portions : l'une soluble (élæoptène), qui est toujours liquide et très-odorante ; l'autre insoluble (stéaroptène), qui reparaît sous la forme de lames brillantes, et qui n'est pas sensiblement odorante lorsqu'elle est bien purifiée. Suivant l'analyse faite par Th. de Saussure, ce stéaroptène serait formé seulement d'hydrogène et de carbone dans les proportions du gaz oléifiant (CH), tandis que l'élæoptène contiendrait une petite quantité d'oxygène (2).

L'essence de roses, comme toutes les substances d'un prix élevé, est très-sujette à être falsifiée. On y ajoute des huiles grasses et du blanc de baleine, ce qu'on peut reconnaître, soit par le moyen de l'alcool qui ne les dissout pas, soit par les alcalis qui les saponifient. [Mais la falsification la plus usitée et la plus difficile à reconnaître est le mélange de l'essence de *Palmarosa*, improprement appelée *essence de géranium*. Cette huile ne provient pas, comme on l'a cru, et comme le nom pourrait le faire supposer, du *Pelargonium odoratissimum*, mais d'une espèce de graminée du genre *Andropogon*, distillée dans les Indes orientales, aux environs de Delhi, pendant les mois de décembre et de janvier. Cette essence est transportée en Turquie par les

---

(1) Baur, *loc. cit.*
(2) Saussure, *Journ. de pharm.*, t. VI, p. 466.

Arabes ; on l'y purifie par la distillation et on la mêle à l'essence de roses. Des moyens très-délicats, reposant soit sur le degré de solidification du stéaroptène, soit sur l'action des essences sur la lumière, peuvent seuls faire reconnaître cette fraude (1).]

TRIBU DES SANGUISORBÉES.

Aigremoine.

Agrimonia eupatoria, L. Plante herbacée, vivace, haute de 50 à 65 centimètres, croissant en Europe, le long des chemins et au bord des prés; ses feuilles sont ailées avec impaire, molles et velues; les folioles sont dentées en scie, alternativement grandes et très-petites, et vont en augmentant de grandeur vers le sommet; la dernière est pétiolée. Les fleurs sont jaunes, disposées en épis terminaux, accompagnées chacune de trois bractées; le calice est persistant, à 5 divisions, turbiné, nu à la base, entouré, au-dessous du limbe, d'un grand nombre de spinules terminées en crochet. La corolle est à 5 pétales; les étamines sont au nombre de 12 à 20; il y a 2 ovaires uniloculaires, contenant un seul ovule pendant, et surmontés chacun d'un style terminal, exserte, terminé par un stigmate dilaté. Le fruit se compose de 2 achaines cartilagineux renfermés dans le calice accru, durci, pourvu de ses appendices crochus.

Les feuilles d'aigremoine sont légèrement astringentes et usitées comme telles dans les inflammations de la gorge, contre l'ulcération des reins, dans l'hématurie, etc.

Alchimille vulgaire ou Pied-de-lion.

Alchemilla vulgaris, L. **Car. gén. :** Calice tubuleux à 8 divisions, dont 4 extérieures plus petites; corolle nulle; 4 étamines courtes, insérées sur un disque qui rétrécit la gorge du calice; anthères à déhiscence transversale; ordinairement un seul ovaire libre et stipité au fond du calice, portant un style latéral terminé par un stigmate épais. Le fruit est composé d'un achaine ordinairement solitaire, renfermé dans le tube du calice.

L'alchimille vulgaire est pourvue d'un rhizome vivace, oblique, brunâtre, assez gros, donnant naissance du côté inférieur à des racines fibreuses, et du côté supérieur à des feuilles longuement pétiolées, grandes, plissées, réniformes, à 9 lobes arrondis et dentés. Les tiges, qui naissent avec les feuilles, sont hautes de

---

(1) Voir pour les détails Baur, *loc. cit.*

30 à 35 centimètres, garnies de feuilles plus petites, et sont terminées par une panicule dichotome de petites fleurs jaunes. Cette plante se plaît aux lieux humides, dans les prés montagneux et au bord des vallées; ses feuilles ont été employées comme astringentes et vulnéraires, pour arrêter les hémorrhagies, les évacuations de sang trop abondantes, contre la phthisie, etc.

Petite Pimprenelle.

Poterium sanguisorba, L. Racine allongée, rougeâtre, vivace, produisant une tige haute de 35 centimètres, garnie, surtout à sa base, de feuilles ailées avec impaire, composées d'un grand nombre de petites folioles presque égales, arrondies ou ovales, glabres, assez profondément dentées. Les fleurs sont verdâtres, disposées à l'extrémité de la tige et des rameaux en épis courts et arrondis. Elles sont monoïques, mâles à la partie inférieure des épis, femelles à la partie supérieure, pourvues d'un calice à 4 divisions, sans corolle ; les fleurs mâles ont 30 ou 40 étamines, beaucoup plus longues que le calice ; les fleurs femelles présentent 2 ovaires libres, uniloculaires, terminés chacun par un style filiforme et par un stigmate en forme de pinceau. Le fruit se compose de 2 achaines renfermés dans le tube du calice durci et devenu triangulaire.

La pimprenelle a une saveur astringente, faiblement amère et un peu aromatique. On l'employait autrefois en médecine, dans les mêmes cas que les deux plantes précédentes; mais elle n'est plus usitée que comme assaisonnement, dans les salades. Les bestiaux la recherchent beaucoup, et on l'a quelquefois cultivée comme fourrage.

On a employé une autre plante presque semblable à la précédente, mais beaucoup plus grande, nommée **pimprenelle commune, d'Italie** ou **des montagnes**, *Sanguisorba officinalis*, L. Enfin les *boucages* ou *pimpinella*, de la famille des Ombellifères, ont aussi reçu le nom de *pimprenelles*, ce qui a causé une assez grande confusion entre toutes ces plantes.

TRIBU DES DRYADÉES.

Framboisier.

Rubus idæus, L., **Car. gén.** : Calice nu, aplati, à limbe quinquéfide, persistant ; corolle à 5 pétales plus grands que les divisions du calice; étamines nombreuses ; ovaires nombreux, insérés sur un réceptacle convexe, libres et uniloculaires, surmontés d'un style un peu latéral ; le fruit se compose d'un grand nombre de petits drupes bacciformes devenus adhérents entre eux (syncarpide), et simulant une baie portée sur un réceptacle conique. Chaque petit drupe renferme, sous un noyau crustacé, une semence pendante.

Le framboisier est pourvu d'une souche ligneuse et traçante qui donne naissance à plusieurs tiges rondes, droites, hautes de 100 à 150 centimètres, hérissées d'aiguillons fins et très-nombreux. Les feuilles inférieures sont ailées, composées de 5 folioles ovales-aiguës, dentées, vertes en dessus, cotonneuses et blanchâtres en dessous ; les feuilles supérieures n'ont que 3 folioles ; les fleurs sont blanches, rosacées, assez petites, portées sur des pédoncules grêles et rameux qui sortent de l'aisselle des feuilles supérieures ; les fruits, connus sous le nom de **framboises**, sont d'un rouge clair et comme cendré, ou quelquefois blancs, et d'une saveur acide, sucrée et parfumée, fort agréable. On les mange sur les tables, au dessert, et on en prépare un alcoolat, un sirop et un vinaigre aromatique qui sert lui-même à faire le sirop de vinaigre framboisé.

Ronce sauvage, *Rubus fruticosus*, L. Arbrisseau très-commun dans les haies, dont les tiges ligneuses, anguleuses et rameuses, sont armées d'aiguillons forts et recourbés, et atteignent 4 à 5 mètres de longueur ; les feuilles sont aiguillonnées sur le pétiole et sur la nervure médiane, à 5 folioles, excepté celles de l'extrémité des rameaux qui n'ont que 3 folioles. Les folioles sont ovales-aiguës, deux fois dentées, glabres et vertes en dessus, cotonneuses et blanchâtres en dessous ; les pétioles sont aiguillonnés. Les fleurs sont ordinairement roses, quelquefois blanches, et forment dans leur ensemble une panicule terminale ; les divisions du calice sont réfléchies. Les fruits sont arrondis, formés de petites baies noirâtres, luisantes, aigrelettes et sucrées à leur maturité ; on les nomme *mûres des haies*, et quelques personnes en font un sirop qu'ils vendent à tort comme du sirop de mûres. Les feuilles de ronce sont astringentes et chargées d'une quantité considérable d'albumine végétale ; séchées, elles acquièrent une légère odeur de framboise ; elles sont usitées dans les gargarismes.

Ronce odorante, *Rubus odoratus*, L. Tiges simples ou peu rameuses, hautes de 130 à 150 centimètres, dépourvues d'aiguillons, mais abondamment chargées, surtout sur leurs parties supérieures, de poils rougeâtres et glanduleux ; ces poils, qui recouvrent également les pétioles des feuilles et les calices des fleurs, exsudent une humeur visqueuse, d'odeur résineuse et térébinthacée, qui rend toutes les parties qu'elle enduit poisseuses au toucher et odorantes. Les feuilles sont simples, très-grandes, échancrées à la base, à 5 lobes palmés ; les fleurs sont d'un rouge clair, de la grandeur d'une petite rose, presque inodores ; les fruits, qui avortent souvent, sont noirâtres, d'une saveur aigrelette, peu parfumés, inusités. Cet arbrisseau est originaire de l'Amérique septentrionale et n'est cultivé dans les jardins qu'à cause de ses fleurs qui sont d'un joli effet dans les bosquets.

On trouve dans tout le nord de l'Europe, en Sibérie et dans l'Amérique septentrionale, une partie ronce herbacée (*Rubus chamæmorus*, L.), à feuilles simples et lobées, dont les fruits acidules et d'un goût agréable sont d'une grande ressource pour les habitants.

Fraisier commun.

Fragaria vesca, L. **Car. gén.** : Calice à 5 divisions étalées, pourvu à l'extérieur de 5 bractées ; corolle à 5 pétales ; étamines nombreuses ; ovaires nombreux, distincts, uniloculaires, munis d'un style latéral et portés sur un réceptacle convexe ; fruit multiple (*carpochorize*) formé d'un grand nombre d'*achaines* implantés tout autour du réceptacle accru et devenu charnu, tombant à maturité.

Le fraisier commun croît naturellement dans les bois, dans toute l'Europe, et a produit un grand nombre de variétés par la culture. Sa racine est une souche brune, demi-ligneuse, divisée inférieurement en fibres menues et nombreuses. Elle produit une touffe de feuilles longuement pétiolées, composées de 3 folioles ovales, fortement dentées, vertes en dessus, soyeuses et blanchâtres en dessous. Le collet de la racine donne naissance à des jets fort longs, rampants et prenant racine de distance en distance, ce qui forme autant de nouveaux pieds propres à multiplier la plante. Du milieu des feuilles s'élèvent, en outre, une ou plusieurs tiges hautes de 10 à 16 centimètres, terminées par un corymbe de fleurs blanches.

Le réceptacle des fruits, qui constitue la *fraise*, devient en mûrissant d'un rouge vermeil (il est quelquefois blanc), pulpeux, succulent, sucré et très-parfumé ; c'est un des fruits les plus recherchés de nos climats.

La racine de fraisier est usitée en médecine comme astringente et diurétique. Elle se compose ordinairement de plusieurs souches ligneuses longues de 6 à 8 centimètres, réunies par la partie inférieure d'où partent de nombreuses radicules. Toute la racine a une couleur très-brune à l'extérieur, une odeur nulle, une saveur très-astringente.

Racine de Quintefeuille.

Potentilla reptans, L. **Car. gén** : Calice à 4 ou 5 divisions étalées, doublé à l'extérieur par 4 ou 5 bractées plus petites, les unes et les autres persistantes ; corolle à 4 ou 5 pétales ; étamines nombreuses ; ovaires nombreux portés sur un réceptacle convexe, uniloculaires, pourvus d'un style latéral. Fruit composé d'un grand nombre d'achaines portés sur le réceptacle un peu augmenté, mais resté sec et velu. Ce dernier caractère est presque le seul qui sépare les potentilles des fraisiers.

La quintefeuille ressemble à un fraisier et s'étend comme lui sur la terre, à l'aide de jets traçants qui prennent racine de distance en distance ; mais ses feuilles sont plus petites et divisées en 5 ou 7 folioles obovées sur chaque pétiole ; les fleurs sont axillaires, solitaires et longuement pédonculées ; les divisions du calice sont ovales et plus courtes que la corolle ; les pétales sont jaunes et obcordés.

La racine de quintefeuille est plus longue que celle du fraisier, cylindrique, pivotante, d'un rouge brun au dehors, blanche en dedans, d'une saveur astringente. Lorsqu'on veut la faire sécher, il faut inciser l'écorce longitudinalement ou en spirale, et la détacher du cœur ligneux, que l'on rejette. Cette écorce conserve ses couleurs et sa saveur primitives : rouge brune au dehors, blanche à l'intérieur, astringente.

Argentine ou **ansérine**, *Potentilla anserina*, L. (1). Tiges rameuses, rampantes, garnies de feuilles ailées, composées de 15 à 20 paires de folioles ovales, dentées en scie, dont une foliole de chaque paire est alternativement beaucoup plus petite que l'autre et comme réduite à l'état rudimentaire. Les fleurs sont solitaires et longuement pédonculées, comme dans l'espèce précédente. Les feuilles sont usitées comme astringentes ; elles sont vertes et glabres à la face supérieure, tout à fait blanches et argentées sur la face inférieure.

Racine de Tormentille.

Potentilla tormentilla, DC. ; *Tormentilla erecta*, L. Cette plante diffère des potentilles, auxquelles elle est aujourd'hui réunie, par son calice à 4 divisions, doublé de 4 bractées alternes et plus petites, et par ses pétales au nombre de 4 ; le port et les autres caractères sont les mêmes : ses tiges sont ascendantes, grêles, pubescentes, dichotomes, munies de feuilles semblables à celles de la quintefeuille, c'est-à-dire à 3 ou 5 divisions profondes et palmées, mais plus grandes et sessiles. Les fleurs sont jaunes, petites, portées sur de longs pédoncules axillaires ; les achaines sont rugueux et placés sur un réceptacle sec et velu. La tormentille croît sur les Alpes et les Pyrénées, d'où l'on nous envoie sa racine sèche.

Cette racine est d'une forme irrégulière, tantôt allongée et grosse comme le doigt, tantôt formée de tubercules réunis. Elle est brune au dehors, rougeâtre en dedans, dure, très-pesante, d'un goût astringent. Elle a quelque ressemblance avec la bistorte ; mais celle-ci est plus rouge, plus astringente, ordinairement comprimée, et deux fois repliée sur elle-même.

La tormentille est astringente ; elle est quelquefois employée à tanner les cuirs.

Racine de Benoîte ou Racine girofiée.

Geum urbanum, L. La benoîte s'élève à 50 centimètres de hauteur ; ses tiges sont menues, rameuses, rudes au toucher ; ses feuilles radicales sont pinnatiséquées, à 5 paires de folioles qui s'agrandissent en allant du pétiole à l'extrémité, souvent interrompues par d'autres folioles plus petites ; les feuilles de la tige sont seulement ternées ou palmées ; les unes et les autres sont rudes au toucher, inégalement dentées. Les fleurs sont jaunes, presque semblables à celles des potentilles ; elles sont composées d'un calice à 5 divisions, doublé de 5 bractées ; d'une corolle à 5 pétales, d'un nombre indéfini d'étamines, et d'un grand nombre d'ovaires qui deviennent des achaines secs, velus, rassemblés en tête, et pourvus chacun d'une arête crochue. La racine est longue et de la grosseur d'une forte plume, ou tronquée près du collet et arrondie : elle est entourée d'un grand nombre de radicules d'une couleur obscure rougeâtre, d'une saveur astringente et d'une odeur de girofle : il faut la récolter au printemps. Elle contient un principe résinoïde analogue à celui du quinquina, et une huile volatile plus pesante que l'eau. Elle est tonique et astringente. Elle a été analysée par Trommsdorff (1).

(1) Berzélius, *Chimie*, t. VI, p. 190.

TRIBU DES SPIRÉACÉES.

Filipendule.

Spiræa filipendula, L. — **Car. gén.**: Calice quinquéfide persistant; corolle à 5 pétales très-ouverts, insérés sur un disque adhérent au tube du calice; étamines nombreuses suivant l'insertion des pétales; ovaires libres, au nombre de 5, rarement moins ou plus, sessiles ou courtement stipités au fond du calice, contenant de 2 à 15 ovules fixés à la suture ventrale; styles terminaux; le fruit est composé de 3 à 5 capsules folliculeuses (quelquefois plus), contenant un petit nombre de graines.

La filipendule se trouve en Europe, dans les bois et dans les pâturages; sa tige est droite, peu rameuse, haute de 35 à 60 centimètres, garnie de feuilles stipulées, glabres, ailées avec impaire, dont les folioles sont oblongues, profondément et inégalement dentées, entremêlées d'autres folioles beaucoup plus petites. Les fleurs sont blanches, nombreuses, disposées en un large corymbe, au sommet des tiges et des rameaux; les divisions du calice sont réfléchies; les ovaires sont velus et varient de 8 à 12; les styles sont courts, réfléchis en avant et terminés par un stigmate épais. Les capsules sont velues.

La racine de filipendule est fibreuse, chevelue, interrompue de distance en distance par des tubercules gros comme des olives, oblongs, noirâtres au dehors, blanchâtres en dedans, d'une saveur amère, astringente. Elle passe pour astringente et diurétique. On emploie également les feuilles.

Ulmaire ou Reine-des-prés.

Spiræa ulmaria, L. Cette plante, la plus belle de nos prairies, est pourvue d'une racine noirâtre, horizontale, grosse et longue comme le doigt, garnie de beaucoup de fibres. Elle produit une tige droite, un peu anguleuse, rougeâtre, haute de 60 à 100 centimètres, munie de feuilles ailées avec impaire, composées de 7 grandes folioles ovales, inégalement dentées, d'un vert foncé en dessus, blanchâtres en dessous; la foliole terminale est plus grande que les autres, ordinairement trilobée, et chaque intervalle entre les autres grandes folioles est garni d'une petite foliole. Les fleurs sont blanches, très-nombreuses, odorantes, disposées au sommet de la tige et des rameaux en une large panicule corymbiforme; les divisions du calice sont réfléchies; les styles sont allongés; les carpelles sont glabres et contournés.

La racine d'ulmaire a été employée comme astringente, et les fleurs ont été recommandées en infusion théiforme, comme cordiales, sudorifiques et calmantes. M. Pagenstecher, pharmacien à Berne, en a retiré une essence qui a depuis été examinée par un grand nombre de chimistes. Cette essence, de même que beaucoup d'autres, est composée au moins de deux huiles volatiles, dont une est neutre et l'autre acide. Celle-ci est très-remarquable par ses rapports de composition avec la salicine et l'acide benzoïque; on lui a donné le nom d'*acide salicyleux*, et sa composition, qui égale $C^{14}H^6O^4$, est exactement celle de l'acide benzoïque sublimé; les sels qu'il forme avec les bases sont également isomériques avec les benzoates ; mais leurs propriétés sont bien différentes. On a aussi donné à cette huile acide de la reine-des-prés le nom d'*hydrure de salicyle*, parce qu'on peut la considérer comme l'hydrure d'un radical nommé *salicyle*, qui égale $C^{14}H^5O^4$, de même que l'essence d'amandes amères ($C^{14}H^6O^2$) est considérée comme l'hydrure d'un radical nommé *benzoyle* ($C^{14}H^5O^2$). Maintenant, pour expliquer les rapports de l'essence acide d'ulmaire ou acide salicyleux avec la salicine, il faut se rappeler que M. Piria a obtenu ce même acide en traitant dans une cornue de la salicine par un mélange oxygénant composé de bichromate de potasse et d'acide sulfurique. Dans cette opération la salicine, qui égale $C^{42}H^{29}O^{22}$, gagne O et perd $H^{11}O^{11}$; il reste alors $C^{42}H^{18}O^{12}$ qui égale 3 fois $C^{14}H^6O^4$ ou l'acide salicyleux.

Cusso d'Abyssinie.

L'arbre nommé *Cusso* ou *Cousso*, dont les fleurs sont très-usitées en Abyssinie contre le ténia, a été décrit par Bruce sous le nom de *Bankesia Abyssinica*, et par Lamarck sous celui de *Hagenia Abyssinica* (1). Mais les caractères en ayant été énoncés d'une manière fautive, M. Kunth a pu croire, en 1824, lorsqu'il a examiné quelques fleurs de cusso rapportées de Constantinople par M. le docteur Brayer, sous les noms de *cabotz* et de *cotz*, avoir sous les yeux un végétal nouveau, et il lui a donné le nom de *Brayera anthelmintica*. Peut-être encore faudrait-il décrire la fleur de cusso un peu différemment que ne l'a fait M. Kunth, sur la vue de quelques fleurs presque pulvérisées.

L'arbre est élevé de 20 mètres; le bois en est très-mou et le tronc supporte une belle cyme de rameaux inclinés, dont les extrémités sont velues et marquées de cicatrices annulaires rapprochées, formées par la base des pétioles. Les feuilles sont amples,

---

(1) Lamarck, *Illust.*, pl. CCCXI.

imparipinnées, ramassées vers l'extrémité des rameaux et supportées par un pétiole dilaté en gaîne ; elles sont composées de 6 à 7 paires de folioles sessiles, lancéolées-aiguës, dentées en scie, longues de 55 centimètres, entremêlées d'autres folioles très-petites et presque rondes, comme dans la plupart des plantes précédentes. Les fleurs sont très-petites et forment des panicules très-amples, presque semblables pour l'aspect à celles de l'ulmaire. Ces fleurs sont accompagnées à la base de deux bractées qui cachent le tube du calice. Celui-ci est turbiné, très-velu et se termine par un limbe à 5 divisions écartées comme les rayons d'une étoile, oblongues, obtuses, glabres, veineuses-réticulées. Le tube du calice est rétréci par un anneau membraneux, portant une corolle à 5 pétales, alternes avec les divisions du calice et de forme spatulée. M. Kunth considère cette corolle comme un calice de second rang et admet une autre corolle insérée pareillement sur l'anneau membraneux, à 5 pétales minimes et linéaires que je n'ai pas aperçus et qui ne sont peut-être que des étamines transformées. Les étamines sont au nombre de 20 environ, insérées comme les pétales. Il y a 2 ovaires uniloculaires, libres au fond du calice, surmontés d'un style terminal. Par suite du développement incomplet des étamines ou du pistil, on distingue dans le *Cousso* deux sortes d'inflorescence : les inflorescences *mâles* et les *femelles*. Ces dernières, dans lesquelles les pièces extérieures du calice prennent un accroissement assez considérable et une couleur rougeâtre, portent le nom de *Cousso rouge* et sont beaucoup plus estimées comme médicament.

Ces fleurs sont très-usitées en Abyssinie : on les emploie contre le ténia à la dose de 12 à 15 grammes infusés dans 375 grammes d'eau, que l'on prend en deux fois, à une heure de distance (1).

On a retiré du *Brayera anthelmintica*, une substance en poudre cristalline, blanche, ou jaunâtre, âcre et amère, qui est un vermifuge énergique. Elle est très-soluble dans l'alcool, l'éther et les alcalis : peu soluble dans l'eau, à laquelle elle communique cependant une réaction acide. On lui a donné le nom de *Koussine* (2).

Écorce de Quillai savonneux ou de Panama.

Cette écorce, telle que le commerce la présente, est en morceaux longs de 1 mètre environ, larges, plats, fibreux, et cepen-

---

(1) Voyez *Mémoires de l'Académie de médecine*, t. IX, p. 689. — *Bulletin de l'Académie royale de médecine*, t. XII, p. 690 et suiv. — Voyez aussi : E. Fournier, *Des ténifuges employés en Abyssinie*. Thèse de doctorat en médecine, 1861.

(2) Voir Bedall, *Chem. Centralblatt*, 1863, p. 124, résumé dans le *Journ. de pharm. et de chim.*, 3e série, XLIII, p. 428.

dant assez denses et pesants. Elle est noirâtre au dehors, blanche dans son intérieur et donne une poudre presque blanche. Elle est inodore, mais elle contient un principe d'une si grande âcreté qu'on ne peut la remuer, à portée de la figure, sans en éprouver des éternuments violents ; elle est donc très-dangereuse à pulvériser. Elle paraît cependant presque insipide au premier moment, mais ensuite elle développe une âcreté considérable. Cette écorce, pulvérisée et mêlée à l'eau, la fait mousser fortement et lui donne la propriété de dégraisser les étoffes. On en fait au Chili un commerce considérable. MM. Boutron et O. Henry, l'ayant analysée, en ont retiré une matière grasse unie à de la chlorophylle, du sucre, etc., et une substance particulière très-piquante, soluble à la fois dans l'eau et dans l'alcool, moussant beaucoup avec l'eau, enfin présentant les propriétés générales de la *saponine* et de la *salseparine* (1).

L'écorce de quillai est fournie par un arbre du Chili dont les caractères ont été mal indiqués par Molina, mais ils ont été bien exposés par Ruiz et Pavon, dans leur *Prodrome de la Flore du Pérou*, sous le nom de *smegmadermos* (écorce savonneuse), et ensuite par M. Endlicher (2), sous le premier nom de *quillaja*. Cependant je ne crois pas superflu de les compléter, en donnant ici les caractères des feuilles et des fruits, tels qu'ils résultent d'un échantillon rapporté du Pérou, en 1848, par M. Auguste Delondre.

Smegmadermos emarginatus, R. P.; *Quillaja smegmadermos*, DC. Feuilles éparses, à peine pétiolées, ovales-arrondies, très-entières, à bords repliés en dessous, un peu échancrées au sommet, fermes et consistantes, à peine marquées de nervures transversales, vertes et entièrement glabres sur les deux faces. Fruit composé de 5 capsules oblongues, un peu comprimées latéralement, arrondies à l'extrémité, verdâtres, un peu pubescentes, non ouvertes et probablement difficilement déhiscentes. Ces capsules sont écartées comme les 5 rayons d'une étoile, pourvues d'une suture ventrale devenue supérieure et occupant, sous la forme d'une arête, presque toute la longueur des capsules. Le calice, qui a persisté tout entier, est à peine pubescent au dehors; il présente 5 dents larges à la base, pointues à l'extrémité, épaisses, solides, droites et suivant, en se redressant un peu, la direction des capsules; les bords seuls sont un peu réfléchis au dehors. Les capsules sont un peu soudées par la partie inférieure et ne peuvent être séparées sans déchirement. Lorsqu'elles sont enlevées, on aperçoit entre elles et le calice 10 filets subulés, dont 5 prennent naissance sur les lobes mêmes du calice, à moitié de leur longueur et sur la ligne médiane; les 5 autres sont insérés directement, ou sans support intermédiaire, presque sous le fruit, au fond du calice. Ce fruit, sans ses 10 filets persistants, se trouve très-bien

---

(1) *Journal de pharmacie*, t. XIV, p. 247, et t. XIX, p. 4.
(2) Endlicher, *Genera plantarum*.

représenté dans Ruiz et Pavon (1), et dans Lamarck (2). Il a été récolté au mois de février 1848, par M. Auguste Delondre, sur l'arbre même qui fournit l'écorce de quillai.

Indépendamment de l'échantillon précédent, M. Delondre a rapporté les feuilles et les fruits d'*un arbuste inconnu dont les feuilles ont le goût de celles du laurier-cerise*. Je pense, malgré de nombreux caractères différentiels, que cet arbuste peut bien être celui que Molina a si mal décrit sous le nom de *Quillaja saponaria*, et que de Candolle a mentionné sous le nom de *Quillaja Molinæ*. Je suis plus certain en disant que cette même espèce est celle dont le fruit se trouve figuré dans Lamarck (3). Mais, d'après M. Gaudichaud, cet arbre n'est autre chose que le *Kageneckia oblonga*, R. P. En voici les caractères, tirés de l'échantillon donné par M. Delondre.

Feuilles rapprochées vers l'extrémité des rameaux, sessiles, ovales-oblongues ou obovées, quelquefois pointues, le plus souvent arrondies à l'extrémité, rarement émarginées. Les feuilles sont denticulées, celles qui sont pointues plus que les autres, et leurs dents très-aiguës et piquantes, leur donnent une grande ressemblance avec les feuilles du chêne vert, auxquelles Molina les a comparées; elles sont glabres, fermes, épaisses, à nervures transversales peu marquées, mais cependant plus apparentes que dans la première espèce. Les fruits sont généralement très-petits et à 5 parties; mais quelques-uns sont aussi volumineux que ceux de la première espèce ; quelques-uns aussi, tout en conservant un calice à 5 divisions, présentent 6 capsules. Les capsules sont rougeâtres, pubescentes et présentent une forme imparfaitement tétraédrique, que l'on peut comparer à celle d'un trochisque de pharmacie, la pointe du style occupant le sommet du trochisque. Ces pointes de styles, au lieu d'être très-écartées comme dans le *Smegmadermos* de Ruiz et Pavon, sont au contraire rapprochées du centre et quelquefois presque conniventes. Les capsules s'ouvrent par le sommet, et l'ouverture embrasse non-seulement la suture interne, mais elle se prolonge du côté extérieur, jusqu'à la base du trochisque ; les semences sont nombreuses, rougeâtres, ailées, semblables à celles du *Smegmadermos*.

Le calice est à 5 divisions rougeâtres, glabres, minces, striées longitudinalement, complétement réfléchies et roulées en dehors, ce qui permet d'apercevoir les pointes plus intérieures qui constituent une différence essentielle entre ce fruit et celui du *Smegmadermos*. En enlevant avec soin les capsules, on trouve tout le fond du calice occupé par un disque membraneux très-étalé, portant à sa circonférence 12 ou 15 pointes aplaties qui doivent être des filets d'étamines, dont l'insertion est ainsi très-différente de celle du *Smegmadermos*.

J'ai mentionné déjà (4) la racine d'une plante spiréacée (le *Gillenia trifoliata*) qui est usitée dans l'Amérique septentrionale comme succédanée de l'ipécacuanha. Il est inutile d'y revenir ici.

(1) Ruiz et Pavon, *Prodrome*, fig. 31.
(2) Lamarck, *Illustrations*, pl. DCCLXXIV, *Quillaja*, n° 1
(3) *Ibid.*, n° 2.
(4) T. III, p. 99.

TRIBU DES AMYGDALÉES.

Amandier commun (*fig* 654).

Amygdalus communis, L. — **Car gén.**: Calice à 5 divisions imbriquées; corolle à 5 pétales élargis, échancrés au sommet; étamines 15 à 30, à filaments libres filiformes, à anthères biloculaires, déhiscentes longitudinalement; ovaire sessile, uniloculaire, surmonté d'un style terminal et d'un stigmate épais; drupe coriace ou charnu, à noyau sillonné ou percé de trous. — **Car. spéc.**: Feuilles oblongues-lancéolées, finement dentées; fleurs solitaires ou géminées, paraissant avant les feuilles; calice campanulé; fruit pubescent, à chair fibreuse-sèche, à noyau uni, percé de petits trous.

L'amandier croît naturellement en Afrique; on le cultive en Espagne; en Italie, dans le midi de la France et jusque dans la Touraine. Sous le climat de Paris, ses fleurs paraissent de très-bonne heure, et il y porte rarement fruit. Ce fruit est un drupe dont le péricarpe, presque sec, s'ouvre en mûrissant; le noyau renferme une semence qui est douce ou amère : de là on distingue deux variétés principales d'amandier, l'une à fruit doux, l'autre à fruit amer.

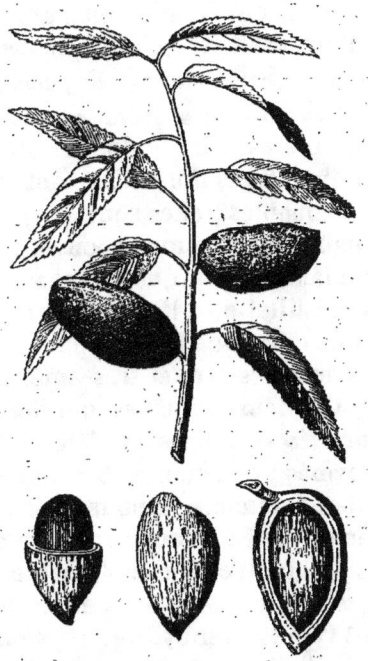

Fig. 654. — Amandier commun.

On reconnaît encore plusieurs variétés d'amandes douces : les unes sont à coques dures, presque rondes ou oblongues; les autres, à coques tendres et fragiles; celles-ci sont débitées dans le commerce avec leurs coques, et sont d'usage sur les tables; les premières sont débarrassées de leur enveloppe ligneuse, et servent à la pharmacie et aux arts analogues. Elles viennent surtout d'Afrique et de nos départements méridionaux.

On doit choisir les amandes entières, bien nourries, sèches, blanches et cassantes : celles qui sont molles, pliantes et transparentes, sont altérées et doivent être rejetées. Il faut les garder dans un lieu sec et les cribler de temps à autre pour en séparer les mites, qui attaquent leur robe et la réduisent en poussière.

Les **amandes douces** servent à l'extraction de leur huile, et à faire des émulsions, des loochs, du sirop d'orgeat, etc.

M. Boullay a retiré de 100 grammes d'amandes douces : eau 3,5, pellicules extérieures contenant un principe astringent 5, huile 54, albumine jouissant de toutes les propriétés de l'albumine animale 24, sucre liquide 6, gomme 3, partie fibreuse 4, perte et acide acétique 0,5. Il a ainsi confirmé une idée de Proust, qui, assimilant l'émulsion des amandes au lait des animaux, avait dit : *L'émulsion des amandes est un caséum uni à l'huile, avec un peu de sucre et de gomme* (1).

Les **amandes amères**, que l'on mêle en petite quantité aux premières, afin de donner une saveur plus agréable aux diverses préparations dont elles sont la base, ont quelques propriétés remarquables ; elles sont un poison très-actif pour plusieurs animaux et notamment pour les oiseaux, et prises à haute dose elles ne laissent pas que d'être nuisibles à l'homme. On en retire par la distillation à l'eau une eau distillée chargée d'acide cyanhydrique, et rendue laiteuse par une huile plus pesante que l'eau, d'une saveur très-âcre et très-amère.

Ces deux principes, qui donnent aux amandes amères des propriétés si actives et délétères, n'y existent cependant pas tout formés ; puisque, en broyant les amandes sans eau, on en extrait abondamment, et pour les besoins du commerce, une huile fixe aussi douce et aussi inodore que celle retirée des amandes douces, et qu'on peut également les chauffer sans eau, presque jusqu'à les rôtir, sans en dégager aucune odeur. L'huile volatile et l'acide cyanhydrique, qu'on extrait des amandes amères par la distillation aqueuse, sont donc dus à la réaction de l'eau sur quelques-uns de leurs principes. Ce fait, que j'ai énoncé le premier, a été mis hors de doute par MM. Robiquet et Boutron : ces deux chimistes ont montré que, lorsque le marc d'amandes amères, épuisé d'huile douce, est traité par l'alcool, l'eau ne peut plus ensuite y développer d'odeur prussique, et n'en extrait qu'une matière azotée, soluble, analogue à l'albumine et à la caséine, sans être cependant identique avec elles et qui a reçu depuis le nom d'*émulsine* (Liebig) ou de *synaptase* (Robiquet). Quant à la teinture alcoolique, on peut en extraire trois principes qui sont : 1° une résine jaunâtre, liquide, d'une saveur âcre ; 2° du sucre incristallisable ; 3° une matière blanche, cristallisable, azotée, nommée *amygdaline*. C'est ce dernier corps

(1) *Journ. de pharm.*, 1817, p. 337 et suiv.

qui, par la réaction de l'émulsine, agissant sur lui à la manière d'un ferment, et avec l'intermède de l'eau, se convertit en acide cyanhydrique et en essence d'amandes amères ; mais il se produit en outre du sucre de raisin ou *glucose*, ainsi que le montre, soit l'équation donnée par Wœhler et Liebig (1), soit l'équation, plus simple, proposée par M. Gerhardt, et que voici :

Éléments.		Produits.	
Amygdaline....	C^{40} H^{27} O^{22} Az	Acide cyanhydrique.	C^2 H Az
4 HO	H^4 O^4	Ess. d'am. amères.	C^{14} H^6 O^2
		Glucose..........	C^{24} H^{24} O^{24}
Somm.....	C^{40} H^{31} O^{26} Az		C^{40} H^{31} O^{26} Az

J'ai déjà exposé les réactions relatives à l'essence d'amandes amères et sa préparation (2).

Pêcher, *Amygdalus persica*, L. ; *Persica vulgaris*, Mill. Cet arbre ne diffère guère des amandiers que par son fruit à chair succulente et savoureuse et par son noyau marqué de sillons plus profonds. Il est originaire de Perse, comme l'indique son nom. Il exige beaucoup de soin pour sa culture, et une belle exposition. Ses feuilles sont étroites, lancéolées, pointues, amères, purgatives, et ont une odeur d'amande amère ; ses fleurs sont solitaires, d'un rouge incarnat très-agréable, légèrement odorantes, et d'un goût semblable d'amande amère. Ses fruits, recouverts d'une peau veloutée et parés des plus vives couleurs par les rayons du soleil, tiennent leur rang parmi les plus beaux et les meilleurs de nos climats. Leur amande contient les éléments de l'acide cyanhydrique, de même que celle de l'amandier amer ; et la boîte osseuse qui la renferme, imprégnée de la même odeur, sert à faire une liqueur de table très-agréable.

Les fleurs de pêcher sont employées comme purgatives, et servent à faire le sirop qui porte leur nom.

Abricotier, *Armeniaca vulgaris*, Lam. ; *Prunus armeniaca*, L. Cet arbre, originaire de l'Arménie, est depuis longtemps cultivé dans toute l'Europe. Il diffère des pruniers, auxquels Linné l'avait réuni, par ses feuilles cordiformes, larges, longuement pétiolées et pendantes ; par ses fleurs teintes à l'extérieur d'un rouge rosé ; par ses fruits presque sessiles, et contenant un noyau lisse, arrondi, pourvu de deux sutures dont une est obtuse et l'autre pourvue de trois arêtes, dont celle du milieu est plus vive et plus saillante. La semence est arrondie et présente un goût d'amandes amères, auxquelles on les ajoute souvent dans le commerce. Les

---

(1) Wœhler et Liebig, *Pharmacopée raisonnée*, p. 170.
(2) Guibourt, *Pharmacopée raisonnée*, p. 169-171.

abricots sont pourvus d'une chair jaune, un peu fibreuse, sucrée, aromatique, non acide ; on les sert sur les tables et on en fait des conserves molles et sèches.

On trouve dans les montagnes du Dauphiné et du Piémont un abricotier indigène, nommé **abricotier de Briançon** (*Armeniaca brigantiaca*), dont les semences fournissent une huile douce, ayant un goût agréable d'amande amère, et usitée dans le pays sous le nom d'*huile de marmotte*. On attribue au tourteau la propriété d'engraisser les bestiaux ; mais il peut leur être très-nuisible en raison de la grande quantité d'acide cyanhydrique qu'il peut produire (1).

Pruniers. — Les pruniers se distinguent des abricotiers par leurs feuilles lancéolées ou ovales-lancéolées, non pendantes, à nervures proéminentes et rudes au toucher ; par leurs fleurs blanches, le plus souvent ombellées-fasciculées ; par leurs fruits pédonculés et pendants, lisses, mais couverts d'une efflorescence cireuse qui disparaît par le frottement du doigt ; par leur noyau comprimé, terminé en pointe aux deux extrémités, pourvu de deux sutures dont l'une est creusée d'un sillon et l'autre marquée d'arêtes obtuses.

Quelques espèces de pruniers sont indigènes à la France et s'y trouvent à l'état sauvage : tel est le **prunier épineux** ou **prunellier**, ou **épine noire** (*Prunus spinosa*, L.), dont les fruits très-acerbes, petits, presque globuleux, d'un violet bleuâtre à maturité, ont servi anciennement à préparer un extrait nommé *suc d'acacia nostras*, qui était substitué au véritable suc d'acacia d'Égypte ; tel est encore le **prunier sauvage** (*Prunus insititia*, L.), arbrisseau plus élevé et moins épineux que le précédent, dont les fruits un peu plus gros, mais toujours d'une saveur amère et acerbe presque insupportable, servaient au même usage que les précédents. Il est possible également que quelques-unes des races du **prunier cultivé** (*Prunus domestica*, L.), soient indigènes à l'Europe ; mais il paraît certain que la plupart sont originaires du Levant, puisque Pline assure que le prunier n'a été introduit en Italie que depuis Caton l'Ancien. Les races ou variétés principales sont la *prune de reine Claude*, la *prune de Damas*, la *prune de Monsieur*, celle *de Sainte-Catherine* et *la Mirabelle*. Non-seulement on mange ces fruits à l'état frais, mais on les fait sécher alternativement au feu et au soleil, pour les amener à l'état de *pruneaux*, et on en fait un commerce considérable dans plusieurs parties de la France. Les pruneaux de table les plus estimés viennent de Brignoles, de Tours et d'Agen. Ceux de Tours sont pré-

---

(1) *Journal de pharmacie*, juin 1817.

parés avec la prune de Sainte-Catherine. On trouve aussi dans le commerce des petits pruneaux noirs, dits *pruneaux à médecine*, qui entrent, comme laxatifs, dans l'électuaire lénitif et dans les médecines que l'on donne aux enfants. On les prépare avec les petites variétés de Damas et de Saint-Julien.

Cerisiers.

Tous les arbres rosacés formant la tribu des amygdalées se ressemblent tellement, par leurs caractères floraux, qu'on pourrait les considérer comme un grand genre subdivisé en sections fondées sur des caractères assez secondaires tirés de la grosseur, de la forme et de la surface du fruit. Les cerisiers nous présentent donc encore presque tous les caractères des pruniers, dont ils se distinguent par leurs fruits généralement beaucoup plus petits, globuleux, très-glabres, lisses et dépourvus de toute efflorescence cireuse, et par leur noyau uni et sous-globuleux. Leurs fleurs sont tantôt portées sur des pédoncules uniflores, qui sortent, sous forme d'ombelle, de bourgeons écailleux, et, dans ce cas, elles paraissent avant les feuilles ; tantôt elles sont portées sur des grappes sorties des rameaux et paraissant après les feuilles ; cette différence divise les cerisiers en deux sections, *Cerasophora* et *Padus*.

Merisier, *Cerasus avium*, L. Arbre élevé de 10 à 13 mètres, dont les branches redressées sont garnies de feuilles ovales, dentées en scie, pubescentes en dessous, portées sur des pétioles grêles, et pendantes. Les fleurs sont disposées au nombre de 4 ou de 2, en ombelles sessiles, et sont quelquefois solitaires. Leur calice est réfléchi, et les pétales sont blancs, peu ouverts, ovales, échancrés en cœur au sommet. Les fruits sont très-petits, ovoïdes, d'un rouge foncé ou noirâtre, d'une saveur âcre et amère avant leur maturité, devenant fade lorsqu'elle approche du terme.

Le merisier paraît indigène à l'Europe ; car on trouve des forêts qui en sont presque entièrement composées ; son bois est très-estimé des ébénistes et des tourneurs ; son fruit, surtout celui de la variété *Macrocarpa*, cultivée en Suisse, est préféré aux cerises pour la préparation du vin de cerises et du *kirschenwasser*. Cette dernière liqueur forme une branche de commerce considérable pour nos départements de l'Est, pour la Suisse et la Souabe. C'est un alcool marquant de 22 à 28 degrés à l'aréomètre de Baumé (56 à 70 degrés centésimaux), aussi incolore et aussi transparent que de l'eau, ayant un goût de noyau très-agréable.

Cerisier vulgaire ou **griottier,** *Cerasus caproniana*, DC. Cet arbre est originaire du Pont, d'où il a été apporté à Rome par

Lucullus. Son nom même n'est autre que celui de la ville de Cérasonte (aujourd'hui Keresoun) bâtie sur la côte du Pont-Euxin, au pied d'une colline couverte de cerisiers et entre deux rochers très-escarpés. Le cerisier s'élève à la hauteur de 7 à 8 mètres, et son tronc peut acquérir 1 à 2 mètres de tour. Ses rameaux sont ordinairement étalés et forment une tête arrondie ; ses feuilles sont ovales, dentées, glabres, d'un vert foncé, munies de pétioles assez fermes. Les fleurs sont blanches, disposées en ombelles sessiles et peu fournies ; leurs pétales sont ovales, entiers, faiblement échancrés ; les fruits sont arrondis, d'un rouge vif, quelquefois d'un pourpre foncé, ou roses ou blanc jaunâtre, suivant les variétés qui sont très-nombreuses. Ils sont très-succulents, plus ou moins acides et sucrés, très-sains et rafraîchissants. On en fait un sirop, une conserve, et on les confit dans l'eau-de-vie.

Cerisier mahaleb, *Cerasus mahaleb*, Mill. Ce cerisier, quoique portant un nom arabe et devant, par conséquent, se trouver en Asie, croît naturellement dans diverses contrées de l'Europe et principalement dans les Vosges, aux environs du village de Sainte-Lucie, d'où l'arbre et son bois ont aussi pris le nom de **bois de Sainte-Lucie.** Il s'élève à la hauteur de 6 à 8 mètres, est pourvu de feuilles ovales, presque rondes, glabres, bordées de dents serrées et glanduleuses. Ses fleurs sont blanches, disposées au nombre de 6 à 8 ensemble en petites grappes qui ont l'aspect d'un corymbe, parce que les pédoncules inférieurs sont plus longs que les supérieurs et s'élèvent presque à la même hauteur. Les fruits sont petits, noirâtres et très-amers ; les grives et les merles en sont très-friands.

Les amandes de mahaleb se trouvent dans le commerce ; elles sont grosses comme le carpobalsamum, avec lequel elles ont quelque ressemblance extérieure ; mais celui-ci est un fruit pourvu de son péricarpe, et le mahaleb est une petite amande privée même de sa coque ligneuse. Cette amande est ovale, un peu aplatie, d'un jaune brunâtre, d'une saveur douce, parfumée et d'une odeur très-suave. Les Arabes l'avaient mise en usage autrefois contre les calculs de la vessie ; mais elle n'est plus usitée que dans la parfumerie. On vend souvent à sa place les amandes du cerisier commun, qui en ont presque la forme, mais qui sont blanches et inodores, pourvues seulement, quand on les mâche, d'une forte saveur d'amande amère.

Le bois de mahaleb ou de Sainte-Lucie est d'un blanc jaunâtre, uni, fin, compacte, assez pesant et d'une odeur très-agréable. Il est recherché des ébénistes, des tabletiers et des tourneurs ; il ne faut pas le confondre avec le palissandre, qui porte aussi le nom de *bois de Sainte-Lucie*, à cause de l'île de Sainte-Lucie, dans les Antilles, d'où il paraît avoir été apporté en Europe, bien qu'il n'y croisse pas, très-probablement.

Merisier à grappes, putiet, faux bois de Sainte-Lucie, *Cerasus padus*, DC. Arbre ou arbrisseau de 7 à 8 mètres, à feuilles ovales-lancéolées, glabres et dentées ; ses fleurs sont blanches, pédonculées, disposées en grappes pendantes plus longues que les feuilles ; les fruits sont de la grosseur d'un pois, ronds, amers, noirs dans une variété, rouges dans une autre. Cet arbre croit spontanément dans les bois montagneux de l'Europe, et est très-abondant dans les Vosges, où le nom de *putiet* lui a été donné à cause de l'odeur forte et désagréable de son écorce, qui est de plus amère et astringente, ce qui a porté un médecin à la proposer, comme succédanée du quinquina, dans le traitement des fièvres intermittentes. Le bois du putiet n'a pas les qualités de celui de mahaleb ; dans les pays où il acquiert une certaine grosseur, on en fait des sabots.

Merisier de Virginie, *Cerasus virginiana*, Mich. Cet arbre ressemble beaucoup au précédent ; mais il est plus élevé, pourvu de feuilles plus larges et lisses en dessous ; les grappes sont plus longues, plus serrées ; les pétales sont arrondis et non ovales. Dans son pays natal, dans l'Amérique du Nord, sur les bords de l'Ohio, autour de Philadelphie, etc., cet arbre acquiert 10 à 13 mètres de hauteur ; son bois est rougeâtre, veiné de noir et de blanc, très-odorant, susceptible de prendre un beau poli ; il sert à faire des meubles.

[L'écorce de cette espèce est très-employée en Amérique, comme tonique et sédative. Elle est en fragments plats ou légèrement cintrés, de couleur rougeâtre, à cassure nette, de consistance spongieuse, etc. La saveur est aromatique, l'odeur de l'écorce récente rappelle celle d'amandes amères. Cette odeur est due à une huile essentielle et à une petite quantité d'acide prussique (de 0,478 à 1,486 p. 100) (1).]

Laurier-cerise ou **laurier-amande** (*fig.* 655), *Cerasus laurocerasus*, DC. ; *Prunus lauro-cerasus*, L. Arbrisseau toujours vert dont les feuilles sont courtement pétiolées, ovales-oblongues, terminées en pointe, munies sur leurs bords de quelques dents écartées ; elles sont épaisses, coriaces, luisantes en dessus, parfaitement glabres des deux côtés, offrant 2 ou 4 glandes sur le dos. Les fleurs sont blanches, disposées en longues grappes axillaires et exhalent une odeur agréable analogue à celle des amandes amères. Les fruits sont ovales, pointus à l'extrémité, peu charnus, noirâtres à leur maturité.

On prépare avec les feuilles récentes du laurier-cerise une eau distillée, fortement imprégnée d'une huile volatile pesante, et d'acide cyanhydrique, et qui par cette raison doit être administrée avec prudence. Malgré cela, les feuilles de laurier-cerise sont assez souvent employées dans les ménages pour donner au lait une saveur d'amande agréable ; mais alors on se contente d'en faire tremper pendant quelque temps une ou deux feuilles dans un litre de lait, ce qui ne peut être dangereux.

Fig. 655. — Laurier-cerise.

Quelques chimistes, entre autres M. Winkler et M. Lepage, pharmacien à Gisors, ont pensé que, contrairement aux amandes amères, les feuilles de laurier-cerise contenaient une certaine quantité d'essence et d'acide cyanhydrique tout formés. L'opinion contraire est admise par M. Gobley, qui a résumé les faits relatifs à cette question (1).

Gomme de cerisier.

Cette gomme découle de la plupart des arbres qui composaient le genre *Prunus* de Linné, et principalement du cerisier, du merisier, du prunier et de l'abricotier. Elle suinte spontanément du tronc et des branches de ces arbres devenus vieux. Elle est d'abord liquide et incolore, mais elle se colore et se durcit en se desséchant à l'air. On la trouve dans le commerce en gros morceaux agglutinés, luisants, transparents, rouges, souvent salis par des impuretés. Elle se dissout très-difficilement dans la bouche, et n'est qu'imparfaitement soluble dans l'eau, avec laquelle elle forme un mucilage très-épais. Elle n'est nullement employée en pharmacie, et n'est pas même propre à faire de l'encre ; mais on s'en sert dans la chapellerie pour l'apprêt du feutre.

La gomme de cerisier, mise en macération dans 50 parties d'eau, s'y gonfle beaucoup, lui donne une certaine consistance, mais s'y dissout fort peu. Le mélange étendu de trois fois autant d'eau est jaune, presque transparent, encore un peu glutineux. Par l'agitation, la gomme se divise dans le liquide en parties

(1) Gobley, *Journal de pharmacie et de chimie*, t. XV, p. 40.

molles, transparentes, non adhérentes entre elles, insolubles, qui diffèrent de la *kutérine* ou *bassorine*, par leur forme angulaire, analogue à celle des fragments de gomme dont elles proviennent. La liqueur filtrée ne conserve qu'une faible viscosité, ne rougit pas le tournesol, se trouble par l'oxalate d'ammoniaque, et très-faiblement par l'alcool.

D'après M. Guérin-Varry, la partie insoluble de la gomme de cerisier constitue une gomme particulière qu'il nomme *cérasine* et qui diffère de la bassorine parce qu'elle se change en *arabine* ou en gomme toute soluble, par l'ébullition dans l'eau. N'étant pas parvenu à dissoudre la cérasine par ce moyen, je suis porté à croire qu'elle ne diffère de la bassorine que par sa forme, et non par sa nature chimique qui doit être la même.

FAMILLE DES LÉGUMINEUSES.

Cette famille est une des plus nombreuses du règne végétal, et la plus importante peut-être par le grand nombre de substances qu'elle fournit à la matière médicale, à l'économie domestique et aux arts ; elle présente des feuilles alternes, stipulées, composées, très-souvent pinnées ; des fleurs le plus souvent irrégulières, mais souvent aussi régulières ou presque régulières ; un calice libre ; une corolle polypétale, insérée sur le calice ; des pétales en nombre égal aux lobes du calice, ou en nombre moindre par avortement, manquant quelquefois tout à fait, alors la fleur n'a pas de corolle ; les étamines sont en nombre double des divisions du calice, quelquefois en nombre moindre, ou bien indéfinies ; l'ovaire est libre, plus ou moins stipité, simple, surmonté d'un seul style et d'un stigmate non divisé. Le fruit est une gousse ou un légume, quelquefois conformé en capsule ou en drupe monosperme et indéhiscent ; le plus souvent allongé, bivalve, portant des graines fixées à un trophosperme qui suit la suture interne. L'embryon est dépourvu d'endosperme et muni d'une radicule droite ou recourbée.

La famille des légumineuses, en raison des différences qu'elle présente, quant à la régularité ou à l'irrégularité de la corolle, au nombre et à la disposition des étamines, et à la forme du fruit, a été divisée en sous-ordres, dont plusieurs botanistes forment autant de familles distinctes, et qui sont :

1re sous-famille, PAPILLONACÉES : Feuilles alternes, imparipinnées, très-souvent trifoliées ; fleurs complètes, irrégulières ; calice gamosépale, irrégulier, à 5 divisions ; corolle à 5 pétales inégaux, le supérieur plus ou moins large et relevé, nommé *étendard* ; deux latéraux, de grandeur moyenne, égaux entre eux, nommés *ailes* ; deux inférieurs, souvent soudés et imitant par leur courbure la *carène* d'un vaisseau, ce qui leur en a fait donner le nom. Au total, la fleur développée a été comparée à un papillon volant, ce qui a été cause du nom imposé à la famille par Tournefort et d'autres botanistes. Les étamines sont au nombre de 10, insérées sur le calice, tantôt entièrement libres (décandrie L.), d'autres fois toutes réunies en un tube entier ou fendu d'un côté (monadelphie L.), le plus souvent présentant une étamine libre, les autres étant soudées en une gaîne (diadelphie L.); très-rarement partagées en deux faisceaux égaux et alors véritablement diadelphes; toujours libres par les anthères.

L'ovaire est simple, formé d'une feuille unique opposée à la foliole antérieure du calice, repliée longitudinalement et soudée par les bords, rarement repliée en dedans. Les ovules sont le plus souvent fixés en certain nombre et sur deux séries à la suture qui regarde l'étendard; rarement sont-ils solitaires ou sous-solitaires. Le fruit est un légume longitudinalement bivalve, uniloculaire ou devenu biloculaire par l'introflexion des marges (genre *Astragalus*); ou bien souvent partagé en plusieurs chambres par des rétrécissements transversaux placés dans l'intervalle des semences; rarement indéhiscent et monosperme. Les semences sont pourvues d'un test mince et uni et d'une endoplèvre membraneuse, quelquefois épaissie; le périsperme est nul ou peu apparent; les cotylédons sont plus ou moins épais; la radicule est recourbée.

Cette sous-famille comprend six tribus dont je vais exposer les caractères et les principales espèces utiles à l'homme ou aux animaux; ce tableau, étendu à toutes les légumineuses, et qui donnera une idée des ressources que nous procure cette grande famille, me permettra ensuite de me restreindre à la description des espèces particulièrement appliquées à l'art de guérir.

1re tribu, LOTÉES : 10 étamines monadelphes ou diadelphes; légume bivalve continu; cotylédons foliacés; feuilles le plus souvent imparipinnées.

Lupin blanc..........................	*Lupinus albus.*
Bugrane ou arrête-bœuf.............	*Ononis spinosa.*
Ajonc ou genêt épineux.............	*Ulex europæus.*
Genêt d'Espagne.....................	*Spartium junceum*, L.
Autre genêt d'Espagne...............	*Genista hispanica.*
Genêt herbacé.......................	— *sagittalis.*
— des teinturiers ou genestrolle.....	— *tinctoria.*
— purgatif..........................	— *purgans.*
— commun ou genêt à balai.........	*Cytisus scoparius*, Link.
Cytise des Alpes.....................	— *alpinus.*
— aubours ou faux-ébénier..........	— *laburnum.*
Anthyllide vulnéraire................	*Anthyllis vulneraria*, L.
Luzerne cultivée.....................	*Medicago sativa.*
— en arbre..........................	— *arborea.*
Fenugrec............................	*Trigonella fœnum-græcum.*
Lotier odorant......................	— *cœrulea.*
Mélilot officinal.....................	*Melilotus officinalis.*
Trèfle cultivé........................	*Trifolium pratense.*
— des Alpes, réglisse des Alpes......	— *alpinum.*
Lotier comestible....................	*Lotus edulis.*
Psoralier glanduleux.................	*Psoralea glandulosa.*
— tubéreux, picquotiane.............	— *esculenta.*
Indigotier sauvage...................	*Indigofera argentea.*
— de Guatimala.....................	— *disperma.*

Indigotier anil	*Indigofera anil.*
— français	*— tinctoria.*
Réglisse glabre	*Glycyrrhiza glabra.*
— à gousses épineuses	*— echinata.*
Galéga officinal, rue de chèvre	*Galega officinalis.*
Faux séné d'Égypte	*Tephrosia apollinea.*
Séné de Popayan	*— senna*, H. B.
Robinier faux-acacia	*Robinia pseudo-acacia.*
— à fleurs roses	*— hispida.*
— visqueux	*— viscosa.*
Caconnier, bois de Saint-Martin	*— rubiginosa ?*
Panacoco, bois de perdrix	*— panacoco*, Aubl.
Baguenaudier	*Colutea arborescens.*
Astragale sans tige	*Astragalus exscapus.*
— de Marseille	*— massiliensis*, Lam.
— de Crète	*— creticus.*
— gummifère de Labillardière	*— gummifer*, Labill.
— — vrai	*— verus*, Olivier.
— fausse réglisse	*— glycyphyllos.*

2ᵉ tribu, VICIÉES : 10 étamines diadelphes ; légume bivalve, continu ; cotylédons charnus ; germination hypogée ; feuilles souvent brusquement pinnées, le pétiole commun s'allongeant en une soie ou une vrille.

Pois chiche	*Cicer arietinum.*
— cultivé	*Pisum sativum.*
— bisaille	*— arvense.*
Lentille	*Ervum lens.*
Ers	*— ervilia.*
Vesce	*Vicia sativa.*
Fève de marais	*Faba vulgaris*, DC.
Gesse cultivée, pois carré	*Lathyrus sativus.*
— tubéreuse	*— tuberosus.*
— odorante, pois de senteur	*— odoratus.*
Orobe	*Orobus vernus.*

3ᵉ tribu, HÉDYSARÉES : 10 étamines monadelphes ou diadelphes ; légume se séparant transversalement en articulations monospermes ; cotylédons foliacés ; feuilles unifoliées, trifoliées ou imparipinnées, très-souvent accompagnées de stipelles.

Bois de grenadille de Cuba	*Brya ebenus*, DC.
Sainfoin cultivé	*Onobrychis sativa*, Lam.
Alhagi à la manne	*Alhagi Maurorum.*
Arachide	*Arachis hypogœa.*

4ᵉ tribu, PHASÉOLÉES : 10 étamines monadelphes ; légume bivalve, continu, ou marqué d'étranglements, mais non articulé ; cotylédons épais ; germination hypogée ou épigée ; feuilles ordinairement trifoliées, très-souvent stipellées.

Gros pois pouilleux, œil de bourrique	*Mucuna urens*, DC.
Petit pois pouilleux, pois à gratter	*Stizolobium pruriens.*

GUIBOURT, Drogues, 6ᵉ édition.

Arbre au corail, bois immortel d'Amérique............................	*Erythrina corallodendron.*
Érythrine de l'Inde................	— *indica.*
Plaso de l'Inde....................	*Butea frondosa.*
Glycine à fleurs bleues.............	*Wisteria scandens.*
Glycine tubéreuse ou apios..........	*Apios tuberosa.*
Haricot vulgaire...................	*Phaseolus vulgaris.*
Lablab ou haricot d'Égypte..........	*Lablab vulgaris.*
Pois d'Angole, pois cajan..........	*Cajanus flavus,* DC.
— à chapelet ou réglisse d'Amérique..	*Abrus precatorius.*

5ᵉ tribu, DALBERGIÉES : 8 à 10 étamines monadelphes ou diadelphes; légume mono-ou disperme, indéhiscent; cotylédons charnus; radicule recourbée; feuilles imparipinnées, et à folioles souvent alternes; rarement unifoliolées.

Santal rouge des Moluques..........	*Pterocarpus indicus.*
— — de l'Inde.............	— *santalinus.*
— — des Antilles...........	} — *draco.*
Sang-dragon des Antilles...........	
Kino de l'Inde....................	*Pterocarpus marsupium.*
Bois chatouilleux..................	*Moutouchia suberosa,* Aubl.
	Nissolia, Jacq.
	Dalbergia.

6ᵉ tribu, GEOFFRÉES : Étamines monadelphes ou diadelphes; légume drupacé et monosperme; cotylédons charnus; radicule droite; feuilles imparipinnées, à folioles opposées, pétiolulées, stipellées.

Angelin du Brésil.................	*Andira rosea,* Mart.
— de Cayenne.................	} — *racemosa.*
Vouacapou ou bois d'épi de blé.......	
Geoffrée de la Jamaïque............	— *inermis.*
— de Surinam.................	— *retusa.*
Fève tonka.......................	} *Dipterix odorata.*
Bois de Coumarou.................	

7ᵉ tribu, SOPHORÉES : Corolle papillonacée; 8 à 10 étamines libres; légume indéhiscent ou bivalve; cotylédons foliacés; feuilles imparipinnées ou unifoliées.

Baume du Pérou vrai...............	*Myrospermum peruiferum ?*
— — noir......................	— ....
— de Tolu....................	— *frutescens ?*
Bois puant.......................	*Anagyris fœtida.*
Petit panacoco de Cayenne..........	*Ormosia coccinea.*
Écorce d'alcornoque................	*Bowdichia virgilioides.*
Gaînier de Judée..................	*Cercis siliquastrum.*

2ᵉ sous-famille, CÆSALPINIÉES ou CASSIÉES : Fleurs sous papillonacées ou presque régulières; sépales et pétales imbriqués avant leur épanouissement; corolle et étamines périgynes; 10 étamines ou moins, libres; légume allongé, le plus souvent sec et bivalve; cotylédons rarement charnus ; embryon droit et à plumule développée ; feuilles pinnées ou bipinnées, avec ou sans impaire ; rarement simples.

Févier à trois épines................	*Gleditschia triacanthos.*
Ébène noire du Brésil..............	*Melanoxylon brauna.*
Bonduc...........................	*Guilandina bonduc.*
Bois de Fernambouc...............	*Cæsalpinia echinata.*
— de Sainte-Marthe...............	— *brasiliensis?*
— de Sappan.....................	— *sappan.*
Libidibi, ouatta-pana..............	— *coriaria.*
Poincillade élégante...............	*Poinciana pulcherrima.*
Bois de Campêche................	*Hæmatoxylon campechianum.*
Tamarin..........................	*Tamarindus indica.*
Casse officinale...................	*Cassia fistula.*
— du Brésil......................	— *brasiliana.*
Séné de la Palte..................	— *acutifolia.*
— de Tripoli.....................	— *æthiopica.*
— de l'Inde......................	} — *lanceolata.*
— moka.........................	
— obtus, séné d'Alep.............	} — *obovata.*
— du Sénégal....................	
— du Maryland...................	— *marylandica.*
Racine de Fédégose...............	— *occidentalis.*
Chichim d'Égypte.................	— *abrus.*
Bois d'aloès vrai..................	*Aloëxylum verum.*
— à barrique, de la Martinique....	*Bauhinia porrecta.*
Courbaril.........................	} *Hymenæa courbaril.*
Résine animé d'Amérique..........	
— orientale ou copul dur.........	— *verrucosa.*
Copahu officinal...................	*Copahifera officinalis.*
Caroubier........................	*Ceratonia siliqua.*

3ᵉ sous-famille, MORINGÉES. (Les caractères en seront donnés plus loin.)

Noix de Ben......................	*Moringa aptera.*

4ᵉ sous-famille, SWARTZIÉES : Fleurs hermaphrodites, un peu irrégulières, disposées en grappes ; sépales du calice soudés avant l'épanouissement en un bouton globuleux, s'ouvrant ensuite en 4 ou 5 lobes valvaires ; pétales hypogynes, presque réguliers, très-souvent réduits à 3 ou à 1, quelquefois nuls ; étamines hypogynes, au nombre de 9 ou 10 ou davantage, libres ; légume bivalve ; semences peu nombreuses ou solitaires, nues ou pourvues d'un arille charnu ; cotylédons épais ; radicule courte, recourbée.

Bois de Cam......................	*Baphia nitida.*
— de pagaie blanc................	*Swartzia tomentosa?*

4ᵉ sous-famille, MIMOSÉES : Fleurs très-régulières, le plus souvent polygames, à 4 ou 5 sépales valvaires, égaux, souvent soudés par la base en un calice à 4 ou 5 dents ; 4 ou 5 pétales égaux, valvaires, le plus souvent hypogynes, tantôt libres, tantôt plus ou moins soudés ; étamines hypogynes, libres ou monadelphes, ordinairement très-nombreuses; embryon droit, à plumule indiscernable.

Condori à semences rouges............	*Adenanthera pavonina.*
Algarobo du Chili...................	*Prosopis siliquastrum.*
Acacie à grandes gousses............	*Entada gigalobium.*
Sensitives........................	{ *Mimosa pudica.* — *viva.* — *sensitiva.*
Algorovilla.......................	*Inga Marthæ.*
Inga à fruits doux.................	— *vera.*
Bois bourgoni	— *Burgoni.*
Tendre à caillou de rivière..........	— *guadalupensis.*
Sassa de Bruce.....................	— *sassa.*
Barbatimão I......................	{ *Pithecollobium avaremotemo*, Mart. *Mimosa cochliocarpus*, Gom.
Barbatimão II.....................	{ *Stryphnodendron barbatimão*, Mart. *Acacia adstringens*, Reise.
Angico du Brésil...................	*Acacia angico*, Mart.
Tendre à caillou bâtard.............	— *scleroxyla*, Tuss.
— — de la Guadeloupe.............	— *quadrangularis.*
Acacie au cachou...................	— *catechu.*
— du Sénégal.....................	— *senegal*, W.
— seyal..........................	— *seyal.*
— du Nil.........................	
Bablah d'Égypte...................	} — *vera.*
Gommier de l'Inde.................	
Diababul de l'Inde.................	} — *arabica.*
Bablab de l'Inde...................	
Gommier de Barbarie...............	— *gummifera.*
Bablab du Sénégal.................	— *Adansonii.*
Acacia de Farnèse.................	{ *Acacia farnesiana.*
Fleurs de cassie...................	*Vachelia farnesiana*, Wight et Arn.
Balibabolah.......................	
Acacie Lebbek.....................	— *Lebbek.*
Bois néphrétique...................	*Acacia scandens*, Willd. ?
Gommier de la Nouvelle-Hollande.....	— *decurrens*, W.

Il suffit d'avoir jeté les yeux sur cette nomenclature encore bien incomplète, pour voir quel nombre et quelle variété de plantes, de parties de plantes ou de produits, la famille des légumineuses fournit à la vie domestique, aux arts et à la pharmacie; mais comme il est plus important peut-être pour nous de connaître ces parties ou produits, dont la plupart sont exotiques, que les végétaux qui les fournissent, dans la description que je vais en faire, je les rangerai plutôt d'après leur similitude de nature et de propriétés que suivant l'ordre botanique. Je décrirai donc successivement les racines, les écorces, les bois, les feuilles ou fleurs, les fruits, les sucs astringents, les gommes, les résines, les baumes et l'indigo.

Racine de Bugrane ou d'Arrête-Bœuf.

Ononis spinosa, Willd., tribu des Lotées. Cette plante ligneuse et vivace croît dans les champs et le long des chemins; elle pousse des tiges hautes de 50 à 65 centimètres, très-ramifiées, pliantes, rougeâtres et velues; les rameaux se terminent ordinairement en une longue épine. Ses feuilles inférieures sont ternées, et les supérieures simples; elles sont ovées-lancéolées, dentées, d'un vert foncé, velues, gluantes et d'une odeur désagréable. Ses fleurs sont axillaires et souvent géminées, purpurines ou incarnates, rarement blanches, pourvues d'un étendard ample, relevé, agréablement rayé; les étamines sont monadelphes, mais la dixième est quelquefois à demi séparée. Les racines sont longues de 65 centimètres, grosses comme le doigt ou moins, ligneuses, flexibles et difficiles à rompre. Elles arrêtent souvent la charrue du laboureur, ce qui a valu à la plante son nom. Cette racine sèche est d'un gris foncé à l'extérieur, blanche en dedans, et offre une cassure rayonnée : elle a une saveur douce qui a quelque analogie avec celle de la réglisse, mais qui est bien moins marquée; son odeur est faible et désagréable. On prétend qu'on a tenté quelquefois de la mêler à la salsepareille; il faut avoir bien compté sur le peu d'attention de l'acheteur, car rien n'est si facile à distinguer que ces deux racines.

La racine d'arrête-bœuf est regardée comme apéritive. On emploie indifféremment avec elle les racines des *Ononis antiquorum*, *altissima* et *repens*, espèces très-voisines, souvent confondues avec la première.

Racine de réglisse officinale.

Glycyrrhiza glabra, L., tribu des Lotées (*fig.* 656). Cette plante croit naturellement dans le midi de l'Europe et est cultivée dans nos jardins; ses tiges sont hautes de 100 à 130 centimètres; ses feuilles sont privées de stipules, à 6 ou 7 paires de folioles avec impaire, glabres et un peu visqueuses; ses fleurs sont petites, rougeâtres, papillonacées, portées sur des épis axillaires, pédonculés, lâches et allongés; le calice est tubuleux, bilabié; la carène est formée de 2 pétales distincts; le légume est ovale, comprimé, glabre, à 3 ou 4 graines; sa racine, qui est plutôt une tige souterraine pourvue d'un canal médullaire, est longue de 1 à 2 mètres, traçante, cylindrique, lisse, de la grosseur du doigt. Elle est brune au dehors, jaune en dedans, d'une saveur sucrée, mêlée d'une certaine âcreté. La réglisse qu'on nous apporte sèche de la Sicile et de l'Espagne est plus sucrée que celle des environs de Paris. Il faut la choisir d'un beau jaune à l'intérieur, ce qui est un indice certain qu'elle n'a pas été avariée; car souvent elle est plus ou moins rousse, et d'un goût âcre fort désagréable.

Nous devons à Robiquet l'analyse de la racine de réglisse. Il y a trouvé : 1° de l'amidon ; 2° une matière azotée, coagulable par la chaleur (albumine?) ; 3° du ligneux ; 4° des phosphates et malates de chaux et de magnésie ; 5° une huile résineuse, brune et épaisse, à laquelle la réglisse doit son âcreté ; 6° un principe particulier, non cristallisable, d'une saveur sucrée, nommée *glycyrrhizine*, soluble également dans l'eau et dans l'alcool, qui diffère du sucre parce qu'il n'est pas susceptible d'éprouver la fermentation alcoolique, qu'il ne donne pas d'acide oxalique par l'acide nitrique, enfin parce qu'il forme avec les acides des composés peu solubles dans l'eau. C'est même à l'état de combinaison avec l'acide acétique que Robiquet a connu la glycyrrhizine, et c'est Berzélius qui a donné le procédé pour l'obtenir pure ; 7° Robiquet a retiré de la racine de réglisse un principe cristallisable, azoté, soluble dans l'eau, qui a porté le nom d'*Agédoïte* jusqu'à ce que Plisson eût constaté son identité avec l'asparagine.

C'est avec la racine du *Glycyrrhiza glabra* que l'on prépare, en

Fig. 656. — Réglisse officinale.   Fig. 657. — Réglisse de Russie.

Italie et en Espagne, le suc de réglisse du commerce. Nous employons la racine en nature pour sucrer les tisanes ; alors il faut observer de ne la traiter que par l'eau froide ou tout au plus tiède, car le principe âcre, qu'il convient d'éviter, est insoluble par lui-même dans l'eau ; il ne s'y dissout en partie qu'à la faveur des autres principes, et s'y dissout d'autant plus que la température est plus élevée.

Réglisse de Russie. Cette racine, que l'on trouve maintenant facilement dans le commerce, est de forme pivotante, mondée de son épiderme, moins grosse que le bras, fibreuse, jaunâtre, un peu moins sucrée que la réglisse commune. La plante qui produit cette racine (*fig.* 657) est en effet originaire de l'Orient et est la réglisse décrite par Dioscoride, *Glycyrrhiza echinata*, L. Elle diffère de la précédente par sa racine pivotante et volumineuse, par sa tige haute de 1m,30 à 2 mètres, par ses feuilles munies de stipules, ses fleurs rassemblées en tête, ses fruits ovales tout hérissés de poils épineux et ne contenant que 2 semences. Un auteur moderne a prétendu que cette plante servait à l'extraction du suc de réglisse de Calabre; mais anciennement Matthiole, et beaucoup plus récemment M. Tenore, s'accordent à dire que le suc de réglisse de Calabre est extrait du *Glycyrrhiza glabra*. Cette plante est également la seule que M. Richard ait vu cultiver en Sicile.

On emploie dans l'Indostan et dans les Antilles, comme succédanées de la réglisse, la racine et les feuilles de l'*Abrus precatorius*, qui doivent leur saveur sucrée à la glycyrrhizine. Les semences de cet arbuste sont presque sphériques, de la grosseur de petits pois, lisses, d'une belle couleur rouge, avec une tache noire autour du hile; on en forme des chapelets et des objets d'ornement.

En Europe on donne le nom de fausse réglisse à l'*Astragalus glycyphyllos*, plutôt, comme l'indique son nom, à cause de la ressemblance de ses feuilles avec celles de la réglisse, que par l'usage que l'on peut faire de sa racine. On a conseillé comme antisyphilitique la racine d'une autre espèce d'astragale, qui est l'*Astragalus exscapus*, L.

Suc de réglisse. Le suc de réglisse provient de la racine du *Glycyrrhiza glabra*. On le prépare surtout en Italie, dans la Calabre et en Espagne. Pour cela on fait bouillir plusieurs fois la racine, on l'exprime fortement, et on fait évaporer la liqueur dans une chaudière de cuivre. Lorsque l'extrait est cuit, on l'enlève avec des spatules de fer, et on en forme des bâtons longs de 12 à 15 centimètres, épais de 1,5 à 2, presque toujours aplatis à une extrémité par l'empreinte d'un cachet. Cet extrait contient tous les principes solubles de la racine, y compris l'amidon, et souvent des parcelles de cuivre métallique, enlevées à la chaudière par le choc des spatules. On le falsifie avec d'autres extraits sucrés, de la fécule ou des substances farineuses, et cette falsification, que j'ai longtemps citée sans l'avoir rencontrée, a recommencé il y a quelques années et est aujourd'hui assez commune. Je citerai entre autres un suc de réglisse fabriqué dans un canton d'Indre-et-Loire, qui, bien préparé, eût pu rivaliser avec celui d'Italie, et qu'une falsification blâmable a bientôt décrié dans le commerce. Voici d'ailleurs les caractères du bon suc de réglisse. Il est noir et luisant, souvent déformé par l'aplatissement des bâtons ; cassant lorsqu'il est conservé dans un lieu sec, mais devenant mou et pliant dans un lieu humide ; il a une cassure noire, nette et brillante, et une saveur sucrée, accompagnée d'une légère âcreté ; suspendu dans un vase, au milieu de l'eau, il forme une dissolution sirupeuse et pesante, transparente et d'un brun foncé, qui tombe au fond du liquide, sans le troubler, et il laisse pour résidu une masse terne et grisâtre, qui conserve la forme et presque le volume des morceaux primitifs. On pourrait prendre d'abord ce résidu si abondant pour de l'amidon ; il en contient en effet et il bleuit par l'iode ; mais il ne présente aucun granule d'amidon au microscope ; il est très-doux au toucher, disparaît sous la friction des doigts, s'épuise très-lentement par l'eau et donne longtemps des dissolutions sucrées, parce qu'il est en effet formé, en grande partie, de glycyrrhizine devenue insoluble par sa combinaison avec l'acide acétique développé pendant la préparation de l'extrait.

Le suc de réglisse falsifié, et j'en ai vu plusieurs qui offraient ces caractères, est en bâtons cylindriques, d'un noir brun, à cassure terne et comme finement granuleuse ; il a une saveur *âpre* et peu sucrée ; suspendu dans l'eau, *il s'y délaye*, donne lieu à une dissolution trouble, et le résidu, au lieu de conserver la forme des morceaux, forme au fond du vase un précipité en partie blanchâtre et en partie brun. Ce précipité est promptement épuisé par l'eau, et si alors on le soumet au microscope, on y découvre une grande quantité de granules de fécule de pomme de terre. Ce précipité desséché formait 32 pour 100 du suc de réglisse falsifié du département d'Indre-et-Loire.

Écorce d'alcornoque.

Cette écorce a été apportée pour la première fois de l'Amérique en Espagne, par don Joaquin Jove, en 1804 ; elle ne l'a été en France qu'en 1812, par M. Poudenx, médecin. On a pendant quelques années été réduit à former des conjectures sur l'arbre qui la produit. D'un côté, Virey s'était efforcé de prouver que c'était le *Quercus suber* pris dans sa jeunesse, et avant qu'il eût donné de liége ; d'un autre, M. Poudenx assurait que c'était un arbre analogue aux Guttiers ; enfin le célèbre de Humboldt est venu nous apprendre qu'elle provenait du *Bowdichia virgilioides*, arbre de la famille des Légumineuses et de la tribu des

Cassiées, qui croît dans l'Amérique méridionale, vers l'embouchure de l'Orénoque, où on le nomme *alcornoco*. L'écorce de la racine paraît devoir être préférée à celle du tronc. Elle est épaisse et formée de deux parties distinctes : 1° d'une partie extérieure ordinairement raclée et mondée au couteau, épaisse néanmoins de 5 millimètres, rougeâtre, d'une cassure grenue, d'une saveur astringente un peu amère ; 2° d'une partie interne ou *liber*, jaune, mince, fibreuse, d'une saveur amère, et colorant la salive en jaune. L'écorce d'alcornoque a d'abord été annoncée comme un spécifique de la phthisie pulmonaire ; on a proposé ensuite d'en isoler le liber, et de l'employer comme succédané de l'ipécacuanha ; elle n'a soutenu ni l'une ni l'autre épreuve ; et, comme cela n'arrive que trop souvent, elle a passé d'une annonce fastueuse à un oubli trop complet.

Alcornoque du Brésil. Cette écorce, qui paraît semblable à la précédente, est produite par le *Bowdichia major*, Mart. (*sebipira-guaçu*) de Pison (1), arbre dont le bois très-dur et très-tenace sert à faire des axes de presses et de roues de moulins. L'écorce est usitée au Brésil contre les douleurs rhumatismales, les tumeurs arthritiques, la syphilis, l'hydropisie, etc.

Écorce de Barbatimão.

Ce nom est donné, au Brésil, aux écorces astringentes de plusieurs arbres appartenant aux genres *Mimosa*, *Acacia* ou *Inga*, de la tribu des Mimosées. Martius en mentionne quatre :

1° *Acacia angico*, Mart. ; *Angico* des Brésiliens.
2° *Acacia jurema*, Mart. ; *Jurema* des Brésiliens.
3° *Pithecollobium avaremotemo*, Mart. ; *Abaremo-temo* de Pison (1); *Mimosa cochliocarpos*, Gom. ; *Inga avaremotemo*, Endlicher.
4° *Stryphnodendron barbatimão*, Mart. ; *Acacia adstringens*, Reise; *Inga barbatimão*, Endlicher.

Les bois de ces arbres, très-durs, rougeâtres, avec des veines concentriques noirâtres irrégulières, se trouvent dans le commerce et sont usités dans l'ébénisterie sous les noms d'*angica* ou d'*inzica*. Quant aux écorces, on en trouve deux dans le commerce. L'une m'a été envoyée anciennement par M. Théodore Martius, comme étant celle du *Mimosa cochliocarpos*, Gom. Elle est en morceaux longs de 12 à 25 centimètres, larges de 4 à 5,5 centimètres, mondés de leur croûte extérieure. Elle est tortueuse, mince, aplatie, d'une texture fibreuse entremêlée, et néanmoins dure et pesante par l'abondance du suc desséché qu'elle renferme. Elle est d'un rouge brunâtre dans toutes ses parties, offrant sur sa surface beaucoup de fibres courtes et de petites larmes jaunes et transparentes d'une exsudation gommeuse. Elle a une saveur très-astringente et amère.

Cette même écorce, trouvée dans le commerce, est en partie pourvue de sa croûte extérieure (périderme), qui est épaisse, brune, très-

---

(1) Piso, *Bras.*, p. 78.
(2) Piso, *Bras.*, p. 77.

dure, profondément crevassée, couverte d'un enduit blanc crétacé, et offrant ce beau champignon à bords d'un rouge de carmin (*Hypocnus rubrocinctus*), que l'on observe sur plusieurs quinquinas à suc rouge. L'écorce elle-même est tantôt mince, plate et fibreuse, comme la précédente, tantôt épaisse de plusieurs millimètres, roulée, d'un rouge foncé, très-dure et très-compacte. La coupe de l'écorce, opérée à l'aide d'une scie fine, est d'un rouge brun, dure et polie, à l'exception d'un cercle intérieur fibreux.

Je pense que c'est cette espèce de barbatimão qui se trouve représentée par Ern. Schenk (1).

2° Je possède une autre écorce de barbatimão qui présente tous les caractères extérieurs de la précédente, mais dont la surface interne est unie, lisse et dépourvue de fibres, et la saveur faiblement astringente, non amère, et pourvue d'une certaine âcreté. Cette écorce, malgré sa grande ressemblance avec la première, est certainement d'espèce différente.

3° Une troisième espèce de barbatimão, que l'on trouve assez facilement dans le commerce, a été rapportée du Brésil par Guillemin, avec l'indication qu'elle provient de la province de Saint-Paul et qu'elle est produite par l'*Acacia adstringens*. J'en ai reçu pareillement un autre échantillon, de la part du docteur Ambrosioni de Fernambouc, sous les noms de *Barbatimão de minas*, *Stryphnodendron barbatimão*. Cette origine, qui s'accorde avec la précédente, me paraît en assurer l'exactitude.

Cette écorce est souvent roulée, épaisse de 4 à 6 millimètres, couverte d'une croûte grise foncé, très-rugueuse et même tuberculeuse; le liber est dur, compacte, fibreux à l'intérieur, et sa coupe, opérée à l'aide d'une scie fine, est aussi dure et aussi compacte que celle de la première sorte. Mais sa couleur est moins rouge et sa surface intérieure présente des fibres longitudinales grossières, blanchâtres, pouvant s'enlever sous forme de lames. La saveur de cette écorce est astringente et fortement amère.

4° Enfin, je possède une dernière espèce de barbatimão, représentée également par Schenk (2). Cette écorce est régulièrement cintrée, couverte d'un périderme gris ou gris rougeâtre, profondément crevassé. Le liber est composé de fibres droites, très-fines et serrées, et d'une teinte rosée. La surface intérieure est unie, très-finement rayée, et d'une teinte gris rosé. La coupe transversale est terne et rougeâtre; la saveur est modérément astringente. Cette écorce est inférieure en qualité à la précédente et à la première décrite, que je regarde comme les seules vraies écorces de barbatimão. Renfermée dans un bocal, elle exhale une odeur assez marquée d'acide acétique.

Les écorces de barbatimão sont employées au Brésil pour la guérison radicale des hernies, et pour un autre usage rapporté par Pison, qui est loin d'être tombé en désuétude et qui leur a valu les noms d'*écorces de jeunesse et de virginité*.

(1) Ern. Schenk, *Pharm. Waarenkunde*, vol. II, tab. I, fig. 1 à 4.
(2) Ern. Schenk, Vol. II, tab. XXX, fig. 6 à 11.

Écorces de Geoffrées.

Le genre *Geoffræa* ou *Geoffroya*, dédié par Jacquin au célèbre auteur de la *Matière médicale*, appartient, avec le genre *Andira*, qui en diffère très-peu, à la tribu des Geoffrées de la sous-famille des Papillonacées. Les arbres qui composent ces deux genres s'éloignent des autres Légumineuses par leur fruit, qui est un drupe semblable à celui des Amygdalées, de la famille des Rosacées; nous en parlerons tout à l'heure sous le nom d'*Angelin*, qu'on leur donne au Brésil.

Deux écorces surtout sont citées pour appartenir à ce genre et pour avoir été employées comme vermifuges : ce sont celles nommées *Geoffroya jamaicensis* et *surinamensis*, produites par les *Andira inermis* et *Andira retusa* de Kunth et Humboldt; mais les caractères qu'on a donnés à ces écorces sont si différents, qu'il est difficile de les reconnaître parmi celles que le commerce peut nous fournir.

Écorce de geoffrée de la Jamaïque (*Andira inermis*, H. B.; *Geoffroya inermis*, Swartz; *Wild Cabbage-tree*, Engl.; *bois palmiste* des Antilles). Murray (1) mentionne deux écorces de geoffrée de la Jamaïque : l'une de couleur très-pâle, d'une saveur peu marquée, mais produisant des effets violents, tels que déjections fluides, tranchées, nausées, défaillances, etc.; l'autre, qui entre dans la pratique habituelle médicale des îles de l'Amérique, est d'une couleur plus obscure, comparable à celle du *Cassia lignea*. Cette même écorce est grise au dehors, d'après Chamberlain, d'une couleur de rouille de fer en dedans, grisâtre à sa surface interne, ayant quelque ressemblance extérieure avec la cascarille. Enfin Murray décrit ainsi l'écorce du *Geoffroya inermis* qui lui avait été donnée par Wright : Morceaux convexes, longs d'un pied, de diamètre variable, ayant quelquefois plus d'une ligne d'épaisseur. Certains morceaux sont entièrement gris ou d'une couleur de fer de chaque côté; mais d'autres sont rougeâtres à l'extérieur et plus ou moins profondément à l'intérieur; leur texture est fibreuse et médiocrement tenace; leur saveur est mucilagineuse et insipide; leur odeur est désagréable et un peu nauséeuse.

J'ai reçu, quant à moi, sous le même nom de *Cabbage-tree bark* ou d'*écorce de bois palmiste* (2), deux substances totalement différentes.

---

(1) Murray, *Apparatus medicaminum*, t. VI, p. 95.
(2) Voici l'explication de ces noms : Il existe, comme on le sait, dans les Antilles, un palmier très-élevé et très-élégant, du genre *Areca*, auquel on donne le nom de *chou palmiste* ou de *cabbage-tree*, parce que son bourgeon terminal, qui

L'une m'a été envoyée de Londres par M. Pereira : elle est longue de 50 centimètres, large de 5,5 à 8 centimètres, épaisse au plus de 2 millimètres, couverte d'un périderme noir, très-mince et adhérent, avec des plaques lichénoïdes d'un gris blanchâtre. L'écorce elle-même, ou mieux le liber, est gris, compacte, tout composé de lames ou de feuillets fibreux, denses et serrés, que l'on ne peut rompre en les pliant transversalement. Cette écorce a une odeur faible et cependant persistante (1), térébinthacée, et une saveur à la fois térébinthacée, amère et astringente, mais au total peu marquée. Je suis persuadé, aujourd'hui, que cette écorce n'appartient pas aux *Andira*.

L'autre écorce a été reçue anciennement de Haïti, par M. Richard, et j'en ai reçu depuis de semblable, sous le même nom d'*écorce de palmiste*, venant de l'île de Cuba. Elle est en morceaux longs de 35 centimètres environ, cintrés ou demi-roulés ; épais de 3 à 5 millimètres, couverts d'un périderme mince, gris, uni ou peu crevassé dans les écorces plus jeunes, épais, fongueux et presque blanc, dans celles qui sont plus âgées. Quelquefois l'écorce, par suite d'altération, est noire à l'intérieur ; mais quand elle est saine, elle présente sous le périderme une couleur de rouille assez vive. La surface interne est toujours un peu noirâtre. La texture est assez lâche et grossière, plus grenue que fibreuse vers l'extérieur, plus fibreuse à l'intérieur. Elle se divise facilement sous les doigts et plus encore sous la dent ; elle est tout à fait inodore et presque insipide.

Cette écorce se trouve figurée dans l'ouvrage de M. Schenk (2), comme étant celle du *Geoffroya surinamensis*. L'origine bien certaine de celle que je viens de décrire me faire dire que c'est une erreur.

Écorce de geoffrée de Surinam, *Andira retusa*, H. B. Bondt décrit ainsi cette substance : Écorce plate, longue de plus d'un pied, large de quelques pouces, pesante et d'une épaisseur notable. Elle est couverte à l'extérieur de lichens gris qui, séparés, laissent voir un épiderme rouge ou pourpre noirâtre mêlé de gris. Sous l'épiderme, l'écorce est filamenteuse, lamelleuse, d'une couleur de rouille, avec des stries et des taches brun foncé. La section transversale est brillante et bigarrée ; la couleur du côté du bois est d'un pourpre noirâtre marbré

---

est tendre et succulent, représente à peu près la forme d'un chou, et est un aliment très-recherché des habitants qui sacrifient la vie de l'arbre pour se le procurer. D'un autre côté, ce palmier, comme tous ses congénères, a le tronc formé de fibres ligneuses longitudinales et parallèles, colorées, plus serrées vers la circonférence qu'au centre, et séparées par un tissu cellulaire blanchâtre. Or le bois des *andira*, tout en étant formé de couches ligneuses concentriques, comme appartenant aux dicotylédones, présente, dans la disposition longitudinale et presque parallèle de ses fibres, et dans sa couleur alternativement pâle et plus foncée, une assez grande ressemblance avec le bois des palmiers : c'est donc là ce qui a valu à ces arbres, et surtout à celui des Antilles, le nom de *bois palmiste*, ou, en anglais, de *cabbage-tree*. Seulement, pour distinguer l'*andira* de l'*areca*, les Anglais ajoutent au premier la qualification de *wild* ou de *bastard*, et disent *wild cabbage-tree*, ou *bastard cabbage-tree*.

(1) Elle me paraît même plus prononcée aujourd'hui qu'il y a quinze ans.
(2) Schenk, *Pharm. Waarenk.*, vol. II, tab. XVIII, fig. 1, 2 et 3.

de points; la poudre a une couleur de cannelle. L'odeur de l'écorce sèche est nulle, la saveur est légèrement amère et un peu astringente.

Je possède depuis fort longtemps une écorce apportée de Santa-Fé de Bogota, qui se rapporte assez bien avec la description précédente : elle est large, régulièrement cintrée, épaisse de 3 millimètres, pesante et très-compacte, quoique de texture fibreuse. Elle est couverte d'un épiderme assez uni, non fendillé, d'un gris blanchâtre, souvent recouvert de larges plaques cryptogamiques jaunes et d'apparence cireuse. En outre, la surface de l'écorce présente presque partout des élévations en forme de petits monticules, terminés par un bouton noir, constituant un lichen très-analogue aux *Pyranula*, Ach. L'écorce elle-même est d'un rouge brun foncé, et sa coupe transversale présente le poli du santal rouge; elle est formée de feuillets fibreux, denses et serrés, dont les plus intérieurs se séparent facilement les uns des autres. Sa surface interne est très-unie; toute l'écorce a pris en vieillissant un aspect terne dû à une efflorescence blanche, très-fine et cristalline, qui s'est formée non-seulement à sa surface, mais encore entre chacun de ses feuillets; elle a une saveur très-amère et astringente.

Écorce inconnue vendue comme geoffroya. J'ai trouvé à différentes fois dans le commerce, sous le nom de *Geoffroya surinamensis*, une écorce bien différente des précédentes, et qui me paraît être celle que M. Schenk a fait figurer sous le nom de *Geoffroya jamaicensis*; mais elle n'appartient pas plus à l'une qu'à l'autre. D'ailleurs il faut que j'aie vu quelque part ou reçu cette écorce sous le nom de *Sipipira*, que j'ai ajouté dans le bocal qui la contient. Si cette donnée a quelque valeur, cette écorce serait produite par le *Bowdichia major* de Martius et serait une espèce d'alcornoque. Elle se présente sous trois formes principales :

A. Écorces plates ou cintrées très-minces ou épaisses de 1 à 3 millimètres, pourvues d'une croûte très-mince, grise, fendillée, peu adhérente au liber et manquant très-souvent. Le liber, privé de cette croûte, présente une surface rugueuse, d'un gris foncé et souvent noirâtre; mais il est couleur de paille à l'intérieur, léger et très-fibreux. Lorsqu'on le rompt transversalement, les fibres intérieures résistent et se séparent de la partie rompue sous forme d'un feuillet épais, consistant et satiné. La surface interne est unie, d'une couleur un peu plus foncée que l'intérieur; l'odeur est nulle; la saveur est d'une amertume assez marquée et désagréable. Cette écorce présente assez de ressemblance avec celle du simarouba pour que des personnes peu exercées puissent la confondre avec elle; mais elle est plus mince que le simarouba, d'un gris plus foncé, formée de fibres plus fines, plus serrées et satinées, et d'une amertume beaucoup plus faible.

B. Écorce plates, épaisses de 5 à 10 millimètres, pourvues d'une croûte *très-mince*, rougeâtre, mais couverte d'un enduit crétacé. Cette croûte est peu adhérente et manque par places très-souvent; la surface extérieure du liber, laissée à nu, est presque noire; la couleur intérieure est celle du bois de chêne, plus foncée du côté de la croûte que de celui du centre; la surface interne est plus foncée que les couches qu'elle recouvre. L'écorce possède une texture autant grenue que fibreuse, de sorte qu'elle se rompt facilement, à l'exception de la couche interne qui se sépare sous la forme d'une lame fibreuse et satinée, comme dans les premières écorces ; la saveur est à peu près nulle.

C. Écorces du tronc, ne différant des précédentes que par leur épaisseur qui varie de 12 à 20 millimètres, dont un tiers environ appartient à la croûte extérieure, qui est d'un gris rougeâtre, blanchâtre cependant à sa surface, profondément sillonnée dans le sens de sa longueur. Les autres caractères sont semblables.

Écorce de Mussenna.

[*Albizzia anthelminthica*, A. Brong. Petit arbre de 3 à 6 mètres de hauteur : feuilles bipinnées, à folioles irrégulièrement obovales, entières, glabres, réticulées en dessous. Inflorescence en capitules peu serrés, composés de 15 à 30 fleurs jaune verdâtre. Quatre pièces au calice, et à la corolle; étamines nombreuses. Fruit oblong, contenant de 2 à 3 graines. Cette plante, répandue en Abyssinie, donne une écorce anthelminthique, depuis longtemps employée dans son pays d'origine, et qu'on a transportée en Europe vers 1846. Pendant quelque temps on n'a connu ni les fleurs ni les fruits de la plante et on n'a pu déterminer avec certitude l'origine de cette substance. C'est M. Courbon qui a le premier apporté au Muséum les éléments qui ont permis à M. Brongniart de décrire cette espèce (1).

L'écorce se présente en plaques légèrement cintrées de 4 à 6 millimètres d'épaisseur. La surface est lisse, gris roussâtre, dénudée par plaques et laissant voir alors une mince couche verdâtre. La zone intérieure épaisse est d'un jaune blanchâtre, fibreuse ; se rompt sans effort et donne une cassure homogène, grenue et comme spongieuse. Son odeur est nulle; sa saveur, un peu astringente, puis acidule.

On emploie la poudre de mussenna à la dose de 40 à 60 grammes. Les Abyssins la prennent après l'avoir mêlée avec du miel ou du beurre.]

Semences d'Angelin.

On emploie au Brésil, comme anthelminthiques, sous le nom d'*angelin*, les semences de plusieurs espèces d'*andira*, et spécialement celles des *Andira anthelminthica, vermifuga, stipulacea, rosea, racemosa*. Les fruits de ces arbres sont ovoïdes, charnus d'abord, puis secs et ligneux, con-

---

(1) Voir sur le Mussenna : Ad. Brongniart, *Comptes rendus de l'Académie des sciences*, LII, p. 439; Courbon, *Observations topographiques et médicales recueillies dans un voyage à l'isthme de Suez, sur le littoral de la mer Rouge et en Abyssinie*, thèse de doctorat en médecine, mars 1861, et E. Fournier, *Des ténifuges employés en Abyssinie*, thèse de doctorat en médecine, 1861.

tenant une seule semence amylacée, pourvue d'un principe âcre auquel leur propriété anthelminthique doit être attribuée. L'espèce la plus usitée, dont les semences seules sont parvenues en France, paraît être l'*Andira rosea*, Benth. (*Andira ibai-ariba* de Pison, qui n'est pas l'*Andira racemosa* de Lamarck). Le fruit entier a la forme et la grosseur d'un œuf de poule, contenant, sous une enveloppe dure et épaisse, une amande ovoïde, un peu recourbée, grosse comme un œuf de pigeon, jaunâtre au dehors, blanche en dedans, ne possédant qu'une saveur amylacée suivie, après quelque temps, d'une âcreté sensible au bout de la langue. Cette semence est toujours privée de son enveloppe propre, qui est très-mince et intimement soudée avec l'endosperme.

Andira stipulacea, Benth. (*fig.* 658). Le fruit de cette espèce est ovoïde-

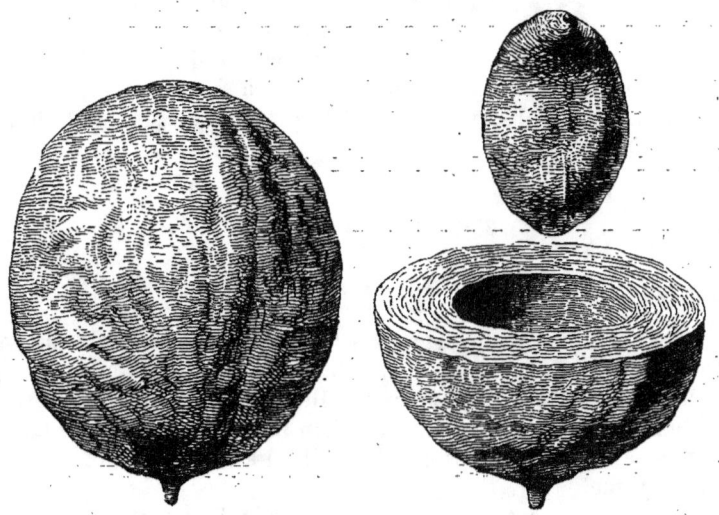

Fig. 658. — Andira stipulacea.

arrondi, jaunâtre à l'extérieur, long de 9 à 10 centimètres, large de 7 à 8, formé d'une enveloppe ligneuse, épaisse de 2 centimètres, et d'une semence ovoïde-aplatie, marquée de stries transversales, longues de 5 centimètres, large de 3,5, ayant l'extrémité supérieure, par laquelle elle était suspendue, un peu recourbée, et ressemblant assez par sa forme à une très-grosse sangsue ramassée sur elle-même. On donne à cette espèce le nom d'*angelin-coco*, à cause de la ressemblance de son fruit entier avec le noyau osseux du *Diplothemium maritimum* (famille des Palmiers). Je dois ce fruit et le suivant à M. Gaetano Ambrosioni, médecin à Rio-Jomoso, au Brésil.

Andira anthelminthica, Benth.; *Angelin amargozo* (*fig.* 659). Fruit ovoïde, un peu terminé en pointe à l'extrémité supérieure ou aux deux extrémités, marqué de deux sutures à peine sensibles et non déhiscentes. Il est long de 4 à 4,5 centimètres, large de 2,5 à 3, couvert d'un épicarpe noirâtre ridé par la dessiccation. Sous l'épicarpe se trouve un mésocarpe ligneux, très-lâche, jaune verdâtre, qui s'épaissit peu à peu en un endocarpe brun, soudé avec l'épisperme. L'amande est libre dans la cavité intérieure, ovoïde, pointue par l'extrémité supérieure, longue de 25 millimètres, large de 15. Aucune de ces semences ne m'a présenté l'amertume dont on les dit pourvues. Elles sont émétiques et dangereuses, prises à dose trop forte. La dose la plus forte de poudre que l'on doive administrer, d'après Pison, est de 1 scrupule (environ 1^{gr},2).

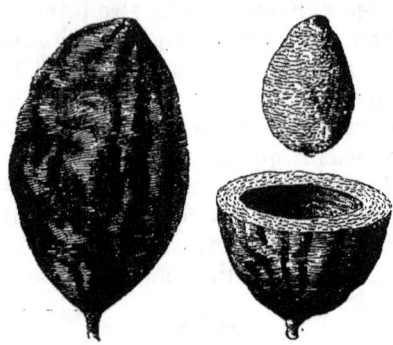

Fig. 659. — Andira anthelminthica.

Andira inermis. Le fruit de cette espèce, venu de Haïti, est presque rond, de la grosseur d'une petite noix, noirâtre, ridé et marqué de deux sutures peu sensibles; le péricarpe est ligneux, très-mince et l'amande est arrondie. Aucun de ces fruits n'est déhiscent, contrairement au caractère observé dans le *Vouacapoua americana* d'Aublet, devenu l'*Andira racemosa* de Lamarck.

BOIS DE LÉGUMINEUSES.

Bois d'aloès.

Ce bois n'a aucun rapport avec le suc d'aloès, ni avec la plante liliacée qui le produit; il était connu des Arabes sous le nom d'*Agalugin*, dont les Grecs ont fait *Agallochon*. Les Hébreux le nommaient *ahalot*, et c'est de là sans doute que vient son nom moderne d'*aloès*, que d'autres bois mériteraient bien plus que lui, s'il lui avait été donné à cause de son amertume.

Le bois d'aloès vient des contrées les plus lointaines de l'Asie, comme de la Cochinchine, de la presqu'île de Malacca, et il règne une obscurité d'autant plus grande sur son origine que plusieurs arbres de ces pays produisent des bois odorants et résineux qui sont également vendus comme *bois d'aloès* ou *d'agalloche*. Rumphius lui-même n'a pas traité ce sujet avec toute la clarté désirable; voici cependant ce qu'on peut conclure de sa longue description :

La première espèce de bois d'aloès est nommée *kilam* ou *ho-kilam* par les Chinois, et *calambac* par les Malais; l'arbre qui la produit croît dans les provinces de *Tsjampaa*, de *Coinam* et dans la Cochinchine; il ne fournit ce bois précieux que dans quelques-unes de ses parties, et encore lorsqu'il languit par suite de maladie ou de vieillesse. Ce bois, de la meilleure qualité, est d'un brun obscur et cendré, strié par de longues veines noires; ou, quand il a été pris autour des nœuds, vergeté de veinules semblables; lorsqu'il est récent, il offre des parties tellement molles et grasses, que l'ongle peut y pénétrer; mais il durcit et devient plus dense avec le temps.

On rencontre une sorte d'agalloche d'un brun plus cendré, à fibres plus grosses, toujours strié longitudinalement par des veines noirâtres, et marqué d'enfoncements ou de trous dans lesquels on trouve souvent un restant de terre. Ce bois, qui est plus léger que le précédent, a probablement été enfoui dans les marais afin de détruire les parties les plus ligneuses et d'augmenter la proportion de résine odorante. Ces deux sortes de bois ont une odeur agréable et fortifiante, analogue à celle des écorces sèches du citron ; ils se ramollissent sous la dent, en développant une légère amertume accompagnée d'âcreté, et la bouche s'en trouve toute parfumée ; ils se ramollissent également par le frottement sur une pierre polie, et leur râpure y prend la forme de vermisseaux ou de crottes de souris. Tout bois d'aloès qui tourne à la couleur jaune ou blanchâtre, et qui porte des taches noires d'exsudation résineuse, doit être considéré comme une espèce de garo ; aucun des bois qui offrent une forte amertume ne doit être considéré comme du calambac ou du *garo* vrai, mais bien comme un faux bois de ces deux espèces.

Rumphius n'a pu voir l'arbre qui produit le calambac, mais cet arbre a été décrit par Loureiro, sous le nom d'*Aloexylum agallochum* ; il appartient à la décandrie monogynie de Linné, à la famille des Légumineuses et à la sous-famille ou tribu des Cassiées.

La seconde espèce de bois d'aloès est nommée *garo*. Rumphius en distingue deux sortes principales, une de *Coinam* et l'autre de *Malacca*, dont il décrit et figure l'arbre sous le nom d'*Agallochum secundarium alaccense*. Cet arbre est l'*Aquilaria secundaria* de De Candolle, de la petite famille des Aquilarinées ; il diffère peu de l'*Aquilaria agallocha* de Roxburgh et de l'*Aquilaria malaccensis* de Lamarck, qui fournissent probablement les autres variétés de bois de garo mentionnées par Rumphius.

Le bois de garo est jaunâtre, marbré de veines courtes et brunes, ou d'un gris cendré avec des veinules noires, et ressemblant presque au calambac, mais toujours plus dur et plus pesant. Les grands morceaux offrent çà et là des taches noires et résineuses ; il s'enflamme moins facilement que le calambac, et dégage une odeur irritante qui tient quelquefois du benjoin.

Le bois de garo est nommé par les Chinois *thim* ou *tim-hio* et *sock* ou *soo* ; les Portugais le nomment *pao de aguila*. Ce nom, qui est dérivé d'*agalugin*, a été traduit à tort par *lignum aquilæ* et par *bois d'aigle*. Ainsi ce dernier nom n'est encore qu'une traduction altérée du mot arabe primitif.

Rumphius décrit ensuite deux faux bois d'agalloche : il nomme le premier *garo tsjampacca*, et le croit produit par un arbre nommé depuis *Michelia tsjampacca*, et appartenant à la famille des magnoliacées ; son odeur se rapproche de celle de la camomille, et son amertume est très-forte ; l'autre est fréquent dans les îles Moluques et provient de l'*Arbor excœcans* (*excœcaria Agallocha*, L., de la famille des Euphorbiacées). Cet arbre est ainsi nommé parce que si, par malheur, en le coupant, le suc âcre et laiteux dont il est rempli tombe dans les yeux, on court risque d'en perdre la vue. Son bois est d'une couleur ferrugineuse, dur et fragile comme du verre, très-amer, très-résineux et

(1) Loureiro, *flora cochinchinensis*, Edit. Vildenow. Berolini, 1793.

s'enflamme avec une grande facilité. Il a une si grande ressemblance avec le calambac, qu'on peut à peine l'en distinguer, et plusieurs pharmaciens ont assuré à Rumphius qu'il était envoyé en Europe comme bois d'agalloche.

Enfin Rumphius décrit un *bois musqué* qui est blanchâtre ou de couleur hépatique, avec des veines plus brunes, et qui est nommé par quelques personnes *calambac blanc*.

Voici maintenant la description des bois d'aloès que j'ai trouvés dans le commerce et dans les droguiers.

Bois d'aloès de l'École de pharmacie de Paris. Ce bois me paraît être le vrai *bois de calambac*, caractérisé par ses longues veines noires sur un fond de couleur plus claire. Ce n'est pas cependant le calambac le plus estimé de Rumphius, qu'il dit être d'un brun obscur veiné de noir; mais c'est celui qui vient après, dont le fond est pâle et cendré, qui a la fibre grossière, qui est léger, caverneux, et qui, probablement, a été enfoui sous terre, pour le faire pourrir et en augmenter la qualité. Suivant toutes les apparences, ce bois est fourni par l'*Aloexylum Agallochum*, Lour. : il présente une odeur forte, *sui generis*; une saveur amère, âcre et fortement parfumée; il laisse une résine molle sous la dent, se ramollit également par le broiement sur le porphyre; il brûle avec flamme et en répandant une odeur suave.

Bois d'aloès ordinaire du commerce. Ce bois est d'une couleur grisâtre, et sa surface devient noire avec le temps. Sa pesanteur spécifique varie, et, un morceau ayant été scié en deux, une des parts a surnagé sur l'eau; l'autre, qui contenait un nœud, est tombée au fond. Sa saveur est amère, son odeur est à peu près celle de la résine animé; plusieurs morceaux offrent des excavations remplies d'une résine rouge. La coupe transversale y découvre un caractère particulier : la surface est lisse et résineuse, mais parsemée d'une infinité de points blancs, qui doivent résulter de la déchirure des parois d'autant de tubes dont la direction suit celle du bois. Lorsqu'au lieu de scier entièrement le morceau, on laisse au centre une portion intacte, et qu'on la rompt, la partie rompue offre de ces tubes, qu'on peut apercevoir à l'aide de la loupe.

Ce bois est très-probablement le *garo* de Rumphius, le *bois d'aigle* des Portugais et de Sonnerat, et doit être produit par l'*Aquilaria secundaria* ou *malaccensis*.

Bois d'aloès citrin. Je n'ai trouvé qu'une seule fois ce bois dans le commerce, mêlé au précédent, dont je le regarde comme une variété. Il a la forme d'un tronçon tout à fait noueux et contourné, pesant, d'une odeur qui tient un peu de celle de la rose, mais qui se rapproche encore plus de celle de la résine animé chauffée. Ce bois est d'un jaune assez pur, amer, et se broie sous la dent. La coupe transversale de la scie y produit une surface lisse, résineuse ou comme cireuse, d'une couleur orangée assez uniforme. Ce bois n'est pas caverneux dans son intérieur; il parfume l'air quand on le brûle.

Bois d'aloès musqué. Ce bois a une couleur jaune sale, comme verdâtre : il est peu résineux, comparativement aux précédents, fibreux, quelquefois spongieux, difficile à diviser sous la dent. Il n'est nullement amer, et sa saveur est seulement un peu aromatique ; il a une odeur faible et comme musquée. J'ai pensé que ce dernier caractère pouvait être accidentel ; j'ai lavé ce bois plusieurs fois, et l'ai fait chaque fois sécher à l'étuve : il l'a toujours conservé. Il présente d'une manière bien plus marquée que le bois d'aigle le caractère des points blancs résultant de sa coupe transversale, et celui des tubes mis à découvert par la fracture partielle des morceaux ; mais cette différence peut tenir seulement à ce que ces tubes, étant moins remplis de résine, sont plus apparents. Il exhale, lorsqu'on le projette sur un fer chaud, qui ne doit pas être rouge, une odeur agréable, semblable à celle du bois d'aloès, mais moins forte ; et, pour peu que le fer soit trop chaud, cette odeur est couverte par celle du bois qui brûle.

Dans mes deux premières éditions j'ai décrit ce bois sous le nom de *bois d'aigle*; je me fondais pour cela sur son défaut d'amertume, et sur ce que Lemery dit que le bois d'aigle diffère de l'agalloche en ce que celui-ci est amer, tandis que le premier ne l'est pas. Mais nous avons vu plus haut que le nom de *bois d'aigle* n'est qu'une traduction corrompue de l'arabe *agalugin*, et ne signifie pas autre chose, en vérité, que bois d'*agalloche*. D'ailleurs Rumphius donne au *garo* ou *bois d'aigle* la même amertume qu'à l'agalloche ; le bois que nous examinons présentement ne paraît donc pas être du bois d'aigle. C'est probablement une des sortes de *bois musqué* de Rumphius ; peut-être celle que quelques personnes nomment *calambac blanc*.

Bois de calambac faux. Ce bois est noueux, très-pesant, compacte, onctueux et étonnamment résineux. Il est à l'extérieur d'un brun rougeâtre uniforme ; mais la nouvelle section qu'y produit la scie offre une couleur un peu plus grise, marquée de taches noires, dues à un suc particulier extravasé : c'est ce qu'on exprime en disant qu'il est *jaspé*. Sa cassure transversale n'offre pas de tubes longitudinaux, ce qui tient peut-être à la grande quantité de résine dont tous ses vaisseaux sont gorgés ; il a une forte odeur de myrrhe et de résine animé mêlées ; son intérieur présente des excavations remplies d'une résine rougeâtre qui a quelque analogie avec la myrrhe ; il se réduit en poudre sous la dent et jouit d'une saveur amère ; il répand un parfum très-agréable lorsqu'on le brûle ou qu'on le chauffe sur une plaque métallique. Ce bois existe dans les droguiers de la pharmacie centrale et de l'hôtel-Dieu de Paris. Je pense qu'il est produit par l'*Excœcaria Agallocha*, L.

Bois de Brésil ou de Fernambouc.

Cæsalpinia echinata, Lamark ; *ibirapitanga*, Margr., *Bras.*, p. 101. Décandrie monogynie de Linné, famille des Légumineuses, tribu des Cæsalpiniées ou Cassiées.

Cet arbre du Brésil est fort grand, fort gros, tortu et épineux. Son bois est recouvert d'un aubier blanc très-épais, qu'on enlève avant de l'envoyer, ce qui en diminue le volume de la grosseur du corps d'un homme à celui de la jambe. Ce bois est dur, compacte, d'un rouge pâle et jaunâtre à l'intérieur, devenant d'un brun rouge à l'air. Il est inodore et presque insipide ; il colore à peine l'eau froide, donne un décocté rougeâtre peu foncé, et forme avec l'alcool une teinture rouge jaunâtre, beaucoup plus foncée qu'avec l'eau. Le soluté aqueux essayé par les réactifs donne les résultats suivants :

Précipitée par la *gélatine*, la liqueur prend à l'air une couleur rouge de groseille magnifique.

L'*alun* lui communique la même couleur ; l'*ammoniaque* y forme ensuite un précipité d'un rouge groseille vineux.

Potasse ou *ammoniaque*, la liqueur devient d'un rouge foncé.

Chlorure ferrique, couleur rouge-brun très-foncé.

Sous-acétate de plomb, précipité bleu-violet.

Sel d'étain, couleur d'un rouge de groseille vif.

Acétate de cuivre, couleur rouge de vin très-foncé.

On emploie dans la teinture, concurremment avec le bois de Brésil, différents bois produits par d'autres espèces de *Cæsalpinia* qui croissent dans diverses contrées de l'Amérique et de l'Asie. Ces bois, tous inférieurs en qualité à celui de Fernambouc, portent les noms de *Sainte-Marthe, Lima, Terre-Ferme, Nicaragua, Californie, Sappan,* etc.

Le **bois de Sainte-Marthe** est produit peut-être par le *Cæsalpinia brasiliensis*, L. Il arrive en grosses bûches pourvues d'un aubier blanc, et remarquables par des enfoncements très-profonds, qui séparent l'aubier et une partie du bois et donnent à sa coupe transversale une forme étoilée. Il est moins foncé et moins riche en couleur que le bois du Brésil ; il donne avec l'eau un macéré rouge foncé, et avec l'alcool une teinture d'un jaune safrané. Ce caractère, sa forme, une légère odeur d'iris dont il est pourvu, semblent rapprocher ce bois du bois de Campêche ; mais son principe colorant est le même que celui du bois de Brésil et se comporte de même avec les réactifs.

Le **bois de Nicaragua** est en bûches de la grosseur du bras, marquées d'angles rentrants qui pénètrent jusqu'au centre et divisent le bois presque entièrement ; son écorce est grise et rugueuse et son aubier blanc ; le bois est plus dur et plus foncé en couleur que le Sainte-Marthe ; il doit être plus riche en matière colorante.

On trouve dans le commerce, sous le nom de **bois de Lima**, un bois qui ne diffère du précédent que par un volume beaucoup plus considérable, ses bûches pouvant avoir 20 centimètres de diamètre.

Le **bois de Sappan** vient de la presqu'île orientale de l'Inde, des îles de la Sonde et autres adjacentes. Il est fourni par le *Cæsalpinia Sappan*, L., et est caractérisé par un canal médullaire très-apparent, qui est souvent vide de la substance qu'il renfermait. On en distingue de deux sortes principales : celui de Siam, qui est en bûches privées d'aubier, grosses comme le bras et d'un rouge vif à l'intérieur ; et celui de Rimas, qui est en bâtons de 25 à 38 millimètres de diamètre, jaunâtre à l'intérieur, et d'un rouge rosé aux parties qui approchent de la surface et ont éprouvé l'action oxygénante de l'air.

Bois de Campêche ou bois d'Inde.

Hæmatoxylum campechianum, L. Grand arbre de la décandrie monogynie et de la famille des Légumineuses, à feuilles pinnées, non aromatiques, croissant à Campêche en Amérique, à l'île Sainte-Croix, à la Jamaïque, à la Martinique et à Saint-Domingue.

Le nom de *bois d'Inde* que ce bois porte dans le commerce, et sa qualité aromatique, ont fait croire pendant longtemps qu'il était produit par le *Myrtus pimenta*, lequel se nomme *bois d'Inde* dans les Antilles ; mais il y a longtemps aussi que cette erreur a cessé, et qu'on a reconnu que le bois de Campêche était fourni par l'*Hæmatoxylum campechianum*.

Ce bois varie dans sa forme et porte une désignation particulière, suivant le pays qui le produit. Celui de Campêche même se désigne sous le nom de *Campêche coupe d'Espagne* ; les autres prennent le surnom de *coupe d'Haïti, coupe Martinique*, etc. Il a été privé d'aubier par la hache, présente généralement une surface anguleuse, irrégulière, et offre souvent des angles rentrants et des trous encore pourvus d'un aubier blanc et de leur écorce. Il est naturellement d'un rouge brunâtre très-pâle à l'intérieur, mais devient d'un rouge vif lorsqu'il est conservé poli à l'air, ou passe au noir quand il est exposé brut à l'humidité. Aussi, dans le commerce, les bûches ont-elles toujours à l'extérieur une couleur noire qui les distingue à la simple vue du bois de Brésil. Le bois de Campêche est plus pesant que l'eau, à texture fine et compacte, susceptible d'un beau poli et pouvant faire de beaux meubles. Il exhale une odeur d'iris très-marquée et présente une saveur sucrée et parfumée.

Le bois de Campêche forme avec l'alcool une teinture d'un rouge jaunâtre foncé, et avec l'eau un macéré d'un rouge encore plus foncé et d'une odeur d'iris. Ce macéré teint le papier en violet, devient d'un violet extrêmement foncé par les alcalis, et passe au rouge jaunâtre par les acides.

L'*alun* lui communique une couleur rouge-violet très-foncée, et l'*ammoniaque* y détermine une laque bleue.

Avec le *chlorure ferrique*, précipité violet noirâtre.

Sous-acétate de plomb, précipité bleu un peu grisâtre.

Acétate de cuivre, précipité bleu noirâtre.

Sel d'étain, couleur rouge-violet.

M. Chevreul a obtenu le principe colorant du bois de Campêche à l'état de pureté, et l'a nommé *hématine*. Ce principe est sous la forme de paillettes dorées, solubles dans l'alcool et l'éther ; il est très-peu soluble à froid dans l'eau, plus soluble dans l'eau bouillante et cristallisable par le refroidissement. Sa solution aqueuse, vue en masse, est d'un rouge jaunâtre ; elle devient jaune, puis d'un rouge vif, par les acides, et violette par les alcalis (1).

L'hématine ne contient pas d'azote ; elle est décolorée par le sulfide hydrique (acide sulfhydrique), de même que le principe colorant du bois de Brésil, l'indigo, le tournesol, et beaucoup d'autres matières colorantes qui paraissent être incolores à un *minimum* d'oxygénation. Il est probable même que l'hématine de Chevreul est le produit de l'oxy-

---

(1) Chevreuil, *Ann. de Chim.*, t. LXXXI, p. 128.

génation à l'air d'un principe non coloré, qui existe naturellement dans le bois de Campêche.

Le bois de Campêche est usité surtout pour la teinture en noir et en bleu. L'ébénisterie en emploie aussi une certaine quantité.

Bois de cam.

Cam-wood, Engl.; *Baphia nitida*, Lodd., tribu des Cæsalpiniées ou Cassiées.

L'arbre qui produit ce bois croît en Afrique, dans la colonie anglaise de Sierra-Leone. Il arrive en bûches courtes, en morceaux, racines et écailles. Il sert à la teinture en rouge et à l'ébénisterie. Il est beaucoup plus lourd que l'eau, d'une texture très-fine et susceptible d'un beau poli. Lorsqu'il est récent, il est blanc à l'intérieur et ne devient rouge qu'au contact de l'air; même dans des bûches assez anciennes, j'ai trouvé que l'intérieur était blanc, et que l'extérieur seul était devenu rouge jusqu'à une certaine profondeur; à l'air humide et probablement sous l'influence d'émanations ammoniacales, sa surface noircit, de même que le fait le bois de Campêche et caliatour. Ce bois, devenu rouge ou noir, ressemble tellement au caliatour, que je les ai longtemps confondus ensemble. Voici cependant à quels caractères on peut les distinguer : le bois de Cam est d'une structure encore plus fine que le caliatour; sa coupe transversale et polie est complétement privée de points blanchâtres indiquant l'extrémité de fibres ligneuses, et ne présente que d'innombrables lignes concentriques, régulièrement ondulées et très-rapprochées, que l'on dirait avoir été dessinées avec le tour à guillocher. C'est avec peine qu'on observe, à l'aide d'une très-forte loupe, d'autres lignes radiaires droites, très-fines et très-serrées.

Le cam-wood fournit avec l'eau froide une teinture d'un rouge assez vif, tandis que le caliatour ne lui communique aucune couleur; enfin le cam-wood exhale, lorsqu'on le râpe, une odeur qui se rapproche plus de celle de la violette ou du palissandre que de la rose, et cette odeur, qui est assez fugace, disparaît avec le temps.

[On doit rapprocher du *Cam-wood* des Anglais, un *Baphia* du Gabon nommé *laurifolia* par M. Baillon (1), et qui fait l'objet d'un commerce assez considérable entre le Cap des Palmes et le Grand-Bassam. C'est le *m'pano* des indigènes. Son bois est surtout employé dans la teinture.]

Bois de santal rouge.

Le genre *Pterocarpus*, auquel appartient le santal rouge, est pourvu d'une corolle papillonacée, de 10 étamines monadelphes ou diadelphes et d'un légume indéhiscent, sous-orbiculaire, plus ou moins contourné, et entouré par une aile membraneuse; il est souvent monosperme, mais il peut aussi contenir 2 ou 3 semences séparées par des replis du péricarpe. Les anciens botanistes se sont plu à voir une figure de dragon dans les veines proéminentes du péricarpe ou dans ses replis inté-

---

(1) Voir Baillon, *Études sur l'herbier du Gabon du musée des colonies françaises.* (*Adansonia*, 1865).

rieurs, et ont pensé que c'était à cause de cette figure que l'on avait donné à la résine rouge de ces arbres le nom de *sangdragon*.

Le genre *Pterocarpus* ne contient guère qu'une vingtaine d'espèces qui sont éparses dans les îles Moluques, dans l'Inde, à Madagascar, sur les côtes de l'Afrique, tant du côté de l'orient que de l'occident, et dans l'Amérique intertropicale. Il se recommande à nous non-seulement par ses bois qui, sous les noms de *santal rouge*, de *bar-wood*, de *caliatour*, de *corail tendre*, etc., sont usités dans la teinture et dans l'ébénisterie ou la tabletterie, mais encore par ses sucs rouges et astringents qui constituent, soit une espèce fort rare et très-pure de sangdragon, soit le kino de l'Inde orientale et la gomme astringente de Gambie.

Bois de santal rouge. Ce bois est généralement attribué au *Pterocarpus santalinus* de Linné fils ; mais il me paraît plus probable que cet arbre fournit le bois de caliatour qui a porté pendant longtemps le nom de *santal rouge*, et que notre santal rouge actuel est produit par le *Pterocarpus indicus* de Willdenow, que Rumphius a décrit sous le nom de *Lingoum rubrum*. En d'autres termes, le bois de caliatour, produit par le *Pterocarpus santalinus*, était nommé indifféremment, par Herbert de Jager et par Rumphius, *caliatour* ou *santal rouge*, et notre santal rouge actuel, inconnu à Herbert de Jager, est le *Lingoum rubrum* de Rumphius.

Le santal rouge arrive principalement de Calcutta, en bûches de 6 à 27 centimètres de diamètre, privées d'aubier, en racines ou en morceaux équarris. Les bûches sont souvent entaillées aux deux bouts, ou percées d'un trou pour y placer une corde, et usées extérieurement comme si elles avaient été traînées sur la terre (Holtzapffel). Ce bois est d'un brun noirâtre à l'extérieur, et d'un rouge de sang à l'intérieur. J'en ai vu une fois un morceau d'extraction récente, qui était presque blanc dans son intérieur et qui depuis est devenu complétement rouge, ce qui m'a confirmé dans l'opinion que j'avais émise anciennement et bien avant les recherches d'ailleurs très-belles et très-exactes de M. Preisser sur les matières colorantes organiques, que la couleur des bois de teinture était le résultat de l'oxygénation, par l'air, d'un principe primitivement incolore.

Le santal rouge présente une structure très-fibreuse, assez grossière, quoique souvent dissimulée par l'abondance de la matière résineuse dont il est imprégné, et très-remarquable. Ses fibres sont disposées par couches concentriques, dirigées ou inclinées alternativement en sens inverse ; de sorte que, lorsqu'on le fend dans le sens de son diamètre, il se sépare en deux morceaux, qui sont comme engrenés l'un dans l'autre, et que, lorsqu'on y passe le rabot, la surface est alternativement polie et déchirée (1). Les parties polies offrent un grand nombre de pores allongés remplis d'une résine rouge.

Le santal rouge est un peu plus léger que l'eau ; il est doué d'une odeur faible, mais agréable, analogue à celle de l'iris ou du bois de Campêche ; il n'a pas de saveur proprement dite, mais il parfume légè-

---

(1) Cette structure se retrouvant dans un assez grand nombre de bois appartenant à la famille des Légumineuses et à quelques autres, je la désigne, pour abréger, sous la dénomination de *structure santaline*.

rement la bouche. Il est aujourd'hui plus employé dans la teinture et la tabletterie que dans la pharmacie.

M. Pelletier a fait des recherches sur le santal rouge et sa matière colorante. L'eau n'a que peu d'action sur ce bois ; l'alcool rectifié en a une beaucoup plus grande, et néanmoins ne le décolore pas entièrement. La matière dissoute a les propriétés générales des *Résinoïdes*. Elle est à peine soluble dans l'eau froide, plus soluble dans l'eau bouillante, très-soluble dans l'alcool, l'éther, l'acide acétique et les alcalis. Elle est presque insoluble dans les huiles fixes et volatiles, excepté l'huile volatile de lavande et celle de romarin, ce qui est un caractère d'exclusion assez singulier (1).

La santaline pure et incolore, soluble dans l'eau et cristallisable, a été obtenue par M. Preisser, dans les recherches dont il vient d'être question (2).

Bois de caliatour. Le bois de caliatour vient de la côte du Coromandel (3), où il est produit, suivant toutes les probabilités, par le *Pterocarpus santalinus*. Il est d'un rouge très-foncé, plus lourd que l'eau, très-dur, très-compacte, et susceptible d'un beau poli. Il n'offre pas, comme le santal rouge, un mélange d'exsudation résineuse et de fibres ligneuses grossières ; sa texture est purement ligneuse et très-serrée ; il présente, sur la coupe longitudinale, des petites lignes creuses ressemblant à des mouchetures faites au burin, dues à des vaisseaux ouverts ; et sur la coupe perpendiculaire à l'axe un pointillé blanchâtre dû à la section des mêmes vaisseaux, dispersé au milieu de lignes concentriques ondulées et très-serrées ; il exhale, lorsqu'on le râpe, une odeur de bois de rose très-marquée et très-persistante, car on l'observe sur de très-vieux échantillons ; enfin il ne tient pas sensiblement l'eau froide, toute sa matière colorante étant passée à l'état de santaline rouge et insoluble.

On trouve dans le commerce deux variétés de caliatour. L'une, très-ancienne, est en bûches régulièrement cylindriques, qu'on ne dirait pas avoir été taillées extérieurement, et cependant dépourvues d'aubier ; il est d'un tissu moins serré que le second, et présente une coupe transversale un peu résineuse. L'autre est sous forme de grosses racines ou de bûches cylindriques ayant 7 centimètres de diamètre, et présentant, sur toute leur surface, l'impression des coups de hache qui ont servi à les dépouiller d'aubier. Ce bois est très-dur et très-pesant, dépourvu de toute apparence de résine, et tellement semblable au cam-wood qu'on ne peut l'en distinguer qu'à son odeur de rose persistante, et au pointillé pâle de sa coupe transversale. Enfin, on trouve dans quelques collections un *bois de Madagascar* qui est un caliatour très-volumineux, d'un rouge vineux, moins compacte et moins pesant que les deux variétés précédentes. Rien n'empêche de croire que ces variétés ne soient

(1) Pelletier, *Bulletin de pharm.*, 1815, pag. 453.
(2) Preisser, *Journal de pharmacie et de chimie*, t. V, p. 208.
(3) Suivant Herbert de Jager, cité par Rumphius, *Caliatour* est l'ancien nom d'un endroit du Coromandel nommé aujourd'hui *Krusjna Patanam*, ou *Kisjna Patan* ; mais il serait possible aussi que ce nom fût une altération de *Paliacour*, qui est celui d'une ville de Ceylan.

dues à la même espèce de *Pterocarpus*, croissant dans des localités différentes.

Santal rouge d'Afrique; bar-wood. J'ai trouvé chez les marchands de Londres, sous le nom de *bar-wood*, un bois rouge, en morceaux équarris de 120 à 150 centimètres de long, de 25 à 30 centimètres de large, et de 6 à 9 centimètres d'épaisseur. Ce bois ne diffère du santal rouge de l'Inde que parce qu'il est un peu moins dense, d'une structure encore plus grossière, et d'une couleur rouge plus vive et plus belle, ce qui tient seulement à ce qu'il est moins foncé et un peu moins riche en matière colorante. Il m'a paru tout à fait inodore et insipide. Ce bois vient d'Angola et de Gabon, sur la côte occidentale d'Afrique, où il est produit par le *Pterocarpus angolensis*, DC.

Santal rouge tendre ou **bois de corail tendre** (1). On lit dans Pomet qu'on apporte des îles du Vent, ou des Antilles, un bois rouge auquel on donne le nom de *bois de corail*, à cause de sa vive couleur, et qu'on le substitue au santal rouge; mais que cette substitution est facile à connaître, en ce que le bois de corail est d'un rouge clair, léger et fibreux, tandis que le vrai santal (caliatour) est d'un rouge foncé, sans aucun fil et fort pesant. Ce bois de corail de Pomet se trouve toujours dans le commerce, et est en effet très-souvent donné en place du santal rouge. Il est beaucoup moins riche en matière colorante, et présente, lorsqu'on le râpe, une faible odeur de campêche. Il doit être fourni par le *Pterocarpus draco*, L., ou par le *Pterocarpus gummifer*, Bert., qui appartiennent aux îles de l'Amérique.

Rosaliba du Brésil. J'ai trouvé sous ce nom, à Paris, un bois rougeâtre, léger, longuement fibreux, non résineux, à structure santaline tellement prononcée, que je le crois produit par un *Pterocarpus*. Je ne sais si ce bois est le bois blanchâtre, et cependant propre à la teinture, mentionné par Margraff sous le nom d'*Arariba*, et attribué par M. Riedel à un *Pterocarpus*. Il est d'ailleurs peu important, et je n'en parle ici que pour le distinguer d'un autre bois de teinture nommé *Arariba rosa*, dont il sera question plus loin.

Sangdragon des Antilles.

Suivant Rumphius, le bois des vieux lingouns (*Pterocarpus indicus*) est si résineux, surtout vers la base du tronc, qu'il exsude en assez grande abondance une huile résineuse rouge, lorsqu'on l'expose à un feu médiocre; l'ardeur du soleil fait quelquefois suinter à travers l'écorce de l'arbre une résine semblable. Clusius rapporte également qu'on extrait en Amérique, par des incisions faites au tronc des *Pterocarpus*, un sangdragon *en larmes*, différent de celui qui est en pains dans le commerce. J'ai reçu anciennement de M. Fougeron un échantillon de ce sangdra-

---

(1) Le nom de *bois de corail*, sans addition d'épithète, a été donné à l'*Erythrina corallodendron*, non à cause de son bois qui est blanc, mais par rapport à ses semences, qui sont des espèces de haricots couverts d'un épisperme lisse et d'un beau rouge. Le nom de *bois de corail dur* est donné par les marchands au santal rouge de l'Inde et au cam-wood, et celui de *corail tendre* au santal des Antilles.

gon venant des Antilles, où je suppose qu'il a été produit par le *Pterocarpus draco*, ou par le *Pterocarpus gummifer*. Je ne reviendrai pas sur la description que j'en ai déjà donnée. Ce sangdragon, d'ailleurs, est fort rare dans le commerce, et tout celui que nous employons provient des îles Moluques, où il est extrait du *Calamus draco* (1).

Bois chatoulieux ou bois de Moutouchi.

Moutouchi suberosa, Aubl.; *Pterocarpus suberosus*, DC. Cet arbre s'élève à la hauteur de 16 mètres; son bois est poreux, léger, pourvu d'un aubier blanc; le cœur est d'une forme très-irrégulière, dessiné, sur la coupe transversale, comme une carte de géographie, et offrant toutes sortes de couleurs, depuis le rouge vif jusqu'au violet, et depuis le châtain clair jusqu'au châtain-noir. Ce bois paraît généralement avoir été altéré par l'humidité, et il est peu estimé, quoiqu'on en trouve des morceaux du plus bel effet par leur mélange irrégulier de rouge et de châtain foncé.

Bois d'amarante.

On trouve sous ce nom, dans le commerce, deux bois très-différents que je désignerai par leur couleur, en appelant l'un *bois d'amarante violet*, et l'autre *bois d'amarante rouge*.

Bois d'amarante violet, *Purple-wood* du commerce anglais. Ce bois est apporté de Cayenne et du Brésil, en bûches, en poutres ou en madriers d'un volume considérable. Il est compacte, pesant, d'une texture très-fine, et présente, sur la coupe perpendiculaire à l'axe, un pointillé d'une très-grande finesse, disposé par lignes ondulées, très-serrées. Nouvellement coupé, il est d'un gris foncé; mais il acquiert promptement à l'air une teinte violette uniforme; il prend bien le poli, et paraît alors d'un brun rougeâtre. Son principe colorant est insoluble dans l'eau froide et peu soluble dans l'eau bouillante. Il forme avec l'alcool une belle teinture rouge, et il se dissout dans les alcalis sans tourner au bleu. Le bois d'amarante violet est quelquefois confondu avec le *bois violet*, qui est beaucoup plus rare, plus beau et d'un prix bien plus élevé; la couleur uniforme du premier et les veines tranchées du second suffisent pour les distinguer. Le bois d'amarante violet a été considéré par quelques personnes comme une espèce d'acajou, et par d'autres comme une sorte de bois de Brésil. Il est produit par les *Copaifera publiflora* et *C. bracteata*, Benth.

Bois d'amarante rouge. Ce bois, qui est fort beau et rare dans le commerce, paraît venir du Brésil. Il est très-lourd, très-compacte, et susceptible d'un beau poli. L'échantillon que j'en ai consiste en une bûche cylindrique de 18 centimètres de diamètre, pourvu d'une écorce unie, compacte, très-dure, formée de deux couches distinctes, l'extérieure grise, et l'intérieure brune très-foncée. Cette écorce est douée d'une odeur et d'une saveur aromatiques de palissandre. L'aubier est

---

(1) Voyez tome II, p. 137-139.

épais seulement de 11 à 14 millimètres, grisâtre, dur et compacte. Le cœur, qui forme la presque totalité du tronc, est d'un rouge de cochenille foncé, devenant d'un rouge plus clair, et jaunâtre à la lumière. La coupe horizontale est d'un rouge uniforme, et présente quelques points de fibres ligneuses dispersés au milieu d'un réseau formé de lignes radiaires et de lignes concentriques très-serrées. La coupe, suivant le diamètre, présente à la loupe, sur un fond rouge de feu, comme un dessin écossais rouge-brun, formé par la rencontre des fibres longitudinales et des rayons médullaires. Je n'ai aucune donnée sur l'origine botanique de ce bois.

Bois de palissandre.

Ce bois, que la mode a élevé au plus haut degré de faveur, paraît être le *jaracanda noir et odorant*, que Margraff dit croître dans la capitainerie de Tous-les-Saints, mais dont il n'a donné aucune description (1). Seulement, comme Margraff décrit dans le même article un autre jaracanda à bois blanc et inodore, qui est évidemment une bignoniacée, c'est lui qui est cause que l'on a longtemps attribué le bois de palissandre à un arbre de cette famille, tandis qu'il appartient à celle des Légumineuses, et très-probablement au genre *Dalbergia*.

Pendant longtemps aussi le bois de palissandre a porté le nom de *Sainte-Lucie*, île des Antilles, par la voie de laquelle il est probablement venu anciennement en Europe ; enfin, les Anglais lui donnent le nom de *rose-wood*, c'est-à-dire *bois de rose*, ce qui a occasionné plusieurs malentendus entre leurs commerçants et les nôtres. Un ancien échantillon, conservé dans les collections du Muséum d'histoire naturelle, porte le nom de *Sedramara caviana*.

Le bois de palissandre (2) provient du Brésil, de l'Inde orientale et d'Afrique. Il est importé en longues poutres ou en madriers, souvent pourvus d'un épais aubier blanchâtre. Le meilleur vient de Rio-Janeiro, la seconde qualité de Bahia, et le plus inférieur de l'Inde orientale. Celui-ci est aussi nommé *black-vood* (bois noir), quoiqu'il soit de couleur claire et le plus rouge des trois ; ses pores sont privés de la matière résineuse dans laquelle réside l'odeur du vrai palissandre ; ce bois est produit par le *Dalbergia latifolia*.

La couleur du palissandre varie du noisette clair au pourpre foncé ou au noirâtre. Les teintes en sont souvent très-irrégulières et brusquement contrastées ; d'autres fois rubanées ou plus ou moins confondues. Le bois se fonce beaucoup à l'air, et y devient généralement d'un brun violacé ; il est très-lourd, et quelquefois d'un grain serré ; mais, le plus souvent, il a une fibre très-apparente, et sa coupe longitudinale présente des vaisseaux ouverts, formants des lignes creuses qui nuisent à son poli. Les veines noires, que l'on observe surtout facilement sur la coupe horizontale, formant des dessins irréguliers qui traversent les

(1) Marcgraff, *Hist. bras.*, p. 136.
(2) Ce qui suit est extrait en partie de l'ouvrage de M. Holtzapffel, intitulé : *Turning or mechanical manipulation*. London, 1843.

couches concentriques du bois, sont d'une grande dureté, et sont très-nuisibles aux outils. La poussière du palissandre est très-âcre, et irrite fortement les narines; il a une odeur douce et agréable qui lui est propre; il est tellement imprégné de matière résineuse odorante qu'il brûle avec éclat, et que ses petits éclats forment d'excellentes allumettes.

Le bois de palissandre ordinaire porte au Brésil le nom de *Jaracanda cabiuna*; il y en a une autre sorte beaucoup moins pourvue de pores résineux nommée *Cabiuna* tout court, rapporté au *Dalbergia nigra*, et une troisième variété nommée *Jacaranda tam*, qui est d'un rouge pâle, avec peu de veines plus foncées. Ce bois est serré, dur, privé de veines résineuses, ressemblant beaucoup au *tulip-wood* (bois de rose) par sa couleur. Il est produit par le *Machœrium Allemani*, Benth. (1).

On importe de Cayenne en France, sous le nom de **bois bagot**, un bois rosé avec des veines plus foncées, pourvu d'un aubier blanchâtre traversé par des veines brunes comme celui du palissandre; pourvu d'une légère odeur de palissandre, ayant enfin une grande ressemblance avec le bois de rose et le palissandre : on le rapporte au *Peltogyne venosa* (2).

On trouve également à Paris, sous le nom de *Jaracanda*, un bois complétement différent du palissandre, d'un rouge un peu jaunâtre et rosé, à fibre très-apparente, mais dur, compacte et tenace, réunissant la solidité à la beauté. Ce bois présente d'ailleurs une si grande ressemblance avec celui des acacias, et particulièrement avec ceux qui portent le nom de *tendre à caillou*, que je le regarde comme produit par un *acacia*.

Bois de rose des ébénistes.

Le nom de *bois de rose* a été donné à un si grand nombre de bois, soit à cause de leur couleur, soit pour leur odeur, que je me crois obligé de désigner celui-ci sous le nom de *bois de rose des ébénistes*. Les Anglais le nomment *tulip-wood*, et les Portugais *Sebastiano d'arruda*, de la ville de Rio-Janeiro, qui a porté le nom de Saint-Sébastien. Il existe d'ailleurs deux variétés de bois de rose, dont l'une arrive du Brésil et de Cayenne, et l'autre de la Chine (3).

Bois de rose du Brésil. Ce bois est le *tulip-wood* des Anglais, le vrai bois de rose des ébénistes. Il arrive en bûches cylindriques de $1^m,30$ de longueur sur 11 à 16 centimètres de diamètre, ou bien en souches plus volumineuses et irrégulières. Il est très-pesant, d'une couleur rose, rouge pâle ou rose jaunâtre, veiné de rouge plus foncé. Il est à fibres droites lorsqu'il provient de la tige, noueux et ronceux quand il est pro-

---

(1) Voir Saldanha da Gama, *Sur les bois du Brésil qui doivent figurer à l'Exposition universelle de* 1867 (*Bull. de la Société botanique de France*, t. XIV, 79).
(2) Voir *Catalogue des produits des colonies françaises à l'Exposition universelle de* 1867.
(3) On trouve au Muséum d'histoire naturelle, outre le bois de *sebastian d'aruda* ou vrai bois de rose, un autre bois semblable, mais n'ayant qu'une légère odeur térébinthacée, étiqueté *juan riviras-rosa*.

duit par la racine. Il possède une odeur de rose faible, devenant plus forte sous la râpe, et une saveur amère accompagnée d'une assez grande âcreté. L'aubier, dont il reste quelques vestiges, est blanc; le cœur paraît un peu huileux.

[Le bois de rose est connu depuis longtemps : mais il est rare. — D'après les catalogues des produits du Brésil à l'Exposition universelle, ce bois doit être rapporté à une Lythrariée, le *Physocalymna floribundum* (1).]

Faux bois de rose du Brésil. Il arrive du Brésil ou de Cayenne un bois sous forme de bûches de 15 à 25 centimètres de diamètre, présentant des veines ou des stries longitudinales, droites ou ondulées, alternativement d'un rouge clair et jaunâtre, et d'un rouge brunâtre; ressemblant, par conséquent, beaucoup au bois de rose, dont il possède aussi une légère odeur; mais ce bois est beaucoup plus dur et plus compacte que le bois de rose, non huileux et susceptible d'un plus beau poli. Il se rapproche beaucoup du bois bagot et du *Jaracanda tam* décrit par M. Holtzapffel; mais il est plus dur que le bois bagot, à veinure plus régulière, et il est pourvu d'un aubier fort dur, susceptible de poli et dépourvu des veines brunes qui distinguent l'aubier du palissandre et du bois bagot. Ce bois est fort beau comme bois d'ébénisterie; il a seulement l'inconvénient de n'être ni du bois de rose ni du palissandre.

Bois de betterave. Ce bois est apporté de Cayenne en troncs d'un volume considérable, privés d'aubier. Il a mérité son nom par ses larges veines concentriques, alternativement d'un rouge pâle et d'un rouge vif. Il est inodore; il est plus propre à la teinture en rouge qu'à l'ébénisterie.

Bois de rose de Chine. Il y a quelques années qu'un commerçant de Paris, voulant subvenir à la rareté du bois de rose, imagina d'en faire venir de Chine; il en reçut en effet une forte partie, contenant deux ou trois variétés de bois dont une seule pouvait être comparée au bois de rose du Brésil, et encore fut-il très-difficile d'en trouver l'emploi.

Ce dernier bois, le seul dont je parlerai, est sous forme de troncs irréguliers, longs de 3 à 4 mètres, privés d'aubier et réduits à un diamètre de 6 à 10 décimètres. Il ressemble complétement au bois de rose du Brésil par son caractère huileux, son odeur de rose, et par la disposition de ses veines irrégulières et d'une couleur foncée sur un fond plus clair; mais il en diffère par sa couleur mordorée, approchant de celle du palissandre, de sorte que, à la vue, on pourrait être embarrassé pour décider si c'est du bois de rose ou du palissandre. Ce bois fournit d'ailleurs la preuve que le bois de rose et le palissandre sont deux espèces fort voisines et qui doivent appartenir à un même genre de végétaux.

Dans une liste de bois de l'Inde présentés à la Société des arts et manufactures de Londres, par le capitaine Baker, le *Dalbergia latifolia*, Roxb., est indiqué comme produisant également le *blak-rose* ou *Ma-*

---

(1) Voir Saldanha da Gama : *Loc. cit.* et *Breve noticia sobre a Collecçao das Madeiras do Bresil appresentada na Exposiçao international de* 1867. Rio-de-Janeiro, 1867.

labar sissoo, et le *China rose-wood*. Je ne sais si ce dernier bois est le bois rose de la Chine.

Bois violet.

King-wood (bois royal) des Anglais. Ce bois vient du Brésil, de Cayenne, de Madagascar et de la Chine. Il arrive, comme le bois de rose, en troncs privés d'aubier à coups de hache, et variant de 6 à 12 centimètres de diamètre. Il y en a deux sortes assez distinctes qui paraissent venir également des contrées ci-dessus désignées, de sorte qu'il faut les considérer comme de simples variétés du même bois. Celui de la première variété ne dépasse guère 7 à 8 centimètres de diamètre; il est dur, pesant, compacte, offrant des veines d'un violet foncé sur un fond violet clair, ce qui le rend un très-beau bois d'ébénisterie. Il est malheureusement presque toujours carié dans son intérieur, ce qui empêche qu'on ne l'emploie pour des meubles ou des objets volumineux. Il est un peu gras sous la scie, inodore à froid; mais il exhale sous la râpe une odeur plus ou moins marquée, qui tient à la fois du bois de rose et du palissandre. J'en ai un échantillon venant de Madagascar, qui, par ses veines violettes très-irrégulières, sur un fond mordoré clair et jaunâtre (1), ressemble tellement au bois de rose de Chine décrit ci-dessus, qu'on ne l'en distingue que par sa couleur violette et par son odeur un peu plus faible; d'où il résulte pour moi la presque certitude que le palissandre, le bois de rose et le bois violet, appartiennent à des arbres très-voisins, compris dans le genre *Dalbergia*.

La seconde variété de bois violet est en troncs plus volumineux, ayant jusqu'à 12 centimètres de diamètre; il est plus sain dans son intérieur, d'un violet plus pâle, formé de veines plus serrées, plus régulières, et plus exactement concentriques; il est moins huileux sous la scie et d'une odeur plus faible. Il est bien moins estimé que le précédent; mais il doit provenir du même arbre; et je suppose que pour le bois violet, comme pour ceux d'aloès et de santal citrin, la qualité supérieure du bois peut tenir à un état maladif qui détermine la stase des sucs colorants, aromatiques et résineux, dans les vaisseaux de la tige.

Bois diababul et bois d'arariba.

La similitude observée entre ces deux bois, dont le lieu d'origine devrait être bien différent, est un fait fort singulier. Il y a une quinzaine d'années qu'un de mes amis me remit un échantillon de bois importé de l'Inde, sous le nom de diababul, et encore déposé à l'entrepôt de la douane, à Paris. Ce nom *diababul*, fort peu connu, et qu'un homme étranger aux sciences n'aurait pu inventer, prouve que l'origine de ce bois est vraie et qu'il est produit par l'*Acacia arabica*, lequel porte dans l'Inde le nom de *babul*. Quant à la particule *dia*, elle signifie *de*, comme dans les mots *dia-scordium*, *dia-code*, *dia-carthami*, etc.

D'un autre côté, j'ai trouvé plus tard, dans le commerce, sous les

---

(1) Ce fond passe au violet clair par le contact de l'air.

noms d'*Arariba rosa* (1) et de *rozéphir*, un bois entièrement semblable au premier. Or le nom d'*Arariba*, donné par Margraff à un bois de teinture du Brésil, que M. Riedel pense être un *Pterocarpus*, semble indiquer aussi que ce bois vient du Brésil; cependant, comme la première origine est mieux prouvée que la seconde, je donnerai à ce bois le seul nom de *diababul*.

Le bois diababul vient en troncs privés d'aubier, de 13 à 14 centimètres de diamètre, ou en madriers d'un volume plus considérable. L'aubier, quand il en reste, est dur et jaunâtre. Le bois est très-dur, très-pesant, à couches concentriques très-serrées; il offre, quand on le fend suivant le diamètre du tronc, des déchirures semblables à celles du santal rouge, mais plus courtes, et entre lesquelles se dépose une poussière jaunâtre foncée. Récemment coupé, il est d'un rouge clair et comme imprégné d'un suc gommeux et rougeâtre, qui lui communique une demi-transparence et lui donne, lorsqu'on l'examine à la loupe, une certaine ressemblance avec la chair de poire cuite. Cette couleur primitive se fonce promptement à l'air et se change en un brun rougeâtre foncé, assez analogue à celui du palissandre. Le bois entier est inodore; mais, quand on le râpe, il exhale une odeur aromatique très-marquée, analogue à celle de la cannelle, ou mieux à l'odeur du *Casca pretiosa* (tome II, p. 399).

Le bois diababul, coupé suivant des plans parallèles au diamètre, est susceptible d'un beau poli et peut être employé pour l'ébénisterie; d'un autre côté, comme il est très-riche en matière colorante, je suis persuadé qu'il pourrait être très-utile à la teinture. L'*acacia arabica* qui le produit fournit en outre au commerce la gomme de l'Inde et le bablah de l'Inde.

Bois d'angico.

Nommé dans le commerce *angica* ou *inzica*, ce bois est fourni par plusieurs acacias du Brésil, tels que l'*Acacia angico*, Mart.; le *Pithecollobium gummiferum*, Mart., et le *Pithecollobium avaremotemo* dont nous avons décrit l'écorce astringente sous le nom de *barbatimão* (page 329).

Ce bois est très-dense, très-dur, formé d'un aubier jaunâtre et d'un cœur rouge, l'un et l'autre traversés par des veines brunâtres; on le reconnaît assez facilement à sa coupe horizontale ou perpendiculaire à l'axe, qui présente des bandes concentriques ondulées, de couleur alternativement plus pâle et plus foncée. Il est satiné et imite assez bien l'acajou, auquel il est quelquefois substitué.

Plusieurs acacias des Antilles, principalement les *Acacia scleroxyla, guadalupensis, quadrangularis* et *tenuifolia*, fournissent des bois très-durs auxquels les nègres ont donné le nom de *Tendre à caillou*. Le dernier de ces bois, rapporté par M. Capitaine, est formé d'un aubier jaune et d'un cœur rouge, tous deux très-durs, très-nerveux, à structure santaline, offrant la coupe horizontale de l'*angico* et la coupe longitudinale pal-

(1) Le nom d'*Arariba rosa* est donné au Brésil au bois d'une variété du *Ceatrolobium robustum*, du groupe des Papilionacées. (Voir Saldanha da Gama, *loc. cit.*)

miforme des bois d'*Andira*. L'*Acacia horrida*, Willd. (*eburnea*, Lamk.) présente un bois jaune, fort dur, propre à remplacer le buis ; l'*Acacia seyal*, Del. en a un couleur de chêne, assez dur, mais amylacé et attaquable par les insectes ; le bois de l'*Acacia vera* est plus dur, un peu semblable à celui du poirier, mais fort laid ; celui de l'*Acacia albida* est blanc jaunâtre, poreux, très-amylacé, mangé par les insectes. Le bois de l'*Acacia dodonæfolia* est dur, nerveux, nuancé, pourvu de la couleur bistrée du *Robinia pseudo-acacia* et du *Cytisus Laburnum*, etc.

Bois néphrétique.

Ce bois, qui nous vient du Mexique, a été attribué au *Guilandina moringa*, L. (*Moringa pterigosperma*, Gærtn.), et plus récemment à l'*Inga Unguis-cati*, W. Mais ces deux opinions ne sont guère probables, d'abord parce que le *Moringa pterigosperma* est originaire de l'Inde et n'a été transporté qu'assez tard en Amérique ; ensuite parce que l'*Inga Unguis-cati*, W. se rapporte au *Quamochitl* d'Hernandez (1), et non au *Coatli* du même auteur (2) qui seul produit le bois néphrétique. Suivant Hernandez, le *Coatli* ou *Tlapalez patli* est un grand arbrisseau légumineux, portant une tige sans nœuds, épaisse, ayant un bois semblable à celui du poirier, des feuilles plus petites que celles du pois chiche et plus grandes que celles de la rue, enfin des fleurs jaunes, disposées en épis. Je ne sache pas que les botanistes modernes nous en aient fait connaître davantage.

Le bois néphrétique, tel que je l'ai vu, est sous la forme d'un tronc de 10 à 11 centimètres de diamètre, ou de rameaux d'un moindre volume. Il est pesant, inodore, couvert d'une écorce gris jaunâtre, très-mince, légère, fibreuse et s'enlevant par lames. Dessous cette écorce, se trouve un aubier blanchâtre, peu épais, dur et compacte, et au centre un bois d'un gris rougeâtre et un peu rosé, d'une texture fibreuse, et cependant fort dur et prenant un beau poli. Les fibres du bois sont très-fines et régulièrement parallèles ; mais elles présentent une torsion sensible, ainsi que la tige, ce qui me ferait croire que l'arbrisseau est un peu volubile.

Le bois néphrétique présente une saveur faiblement astringente ; mouillé, rayé ou scié, il manifeste une odeur faible, analogue à celle du carvi. Mis à macérer dans l'eau, il la colore tout de suite en jaune d'or, qui devient très-foncé en très-peu de temps. Cette liqueur filtrée est d'un jaune brunâtre vue par transmission, et d'un bleu vert par réflexion. La chaleur ne détruit pas cet effet, qui cesse aussitôt l'addition d'un acide, et qui reparaît avec plus d'intensité qu'auparavant par l'addition d'un alcali. Le sulfate de fer donne à cette liqueur une couleur noirâtre sans précipité ; l'oxalate d'ammoniaque y cause un léger louche ; le nitrate de baryte et le nitrate d'argent ne la précipitent pas.

Le bois néphrétique doit son nom à l'usage qu'on en faisait anciennement au Mexique, et qu'on en a fait ensuite en Europe, pour guérir l'irritation des reins et de la vessie. Il a toujours été très-rare, et on lui a substitué, dans le commerce, plusieurs bois de forme et de couleur à

(1) Hernandez, *Mex. hist.*, p. 94.
(2) Id., *ibid.*, p. 119.

peu près semblables, entre autres divers bois de grenadille, du bois de boco, nommé vulgairement *bois de coco* et *bois de fer*; enfin, un bois que j'ai pris d'abord pour du boco, mais dans lequel j'ai découvert ensuite une odeur de poivre qui en fait une espèce différente.

Ce bois, que je ne puis désigner autrement que par le nom de **bois poivré**, formait une bûche de 8 centimètres de diamètre, composée d'un aubier blanchâtre et d'un cœur de couleur brune noirâtre. Ce bois est encore plus dur et plus pesant que le bois néphrétique; il a une structure santaline très-courte et tourmentée. Il exhale une odeur de poivre bien marquée par le frottement réciproque de ses morceaux; il a une saveur amère et poivrée; il colore à peine l'eau froide; il communique à l'eau chaude une couleur jaune-paille, une odeur poivrée et une assez forte amertume. La liqueur n'offre aucun changement de couleur, de quelque côté qu'on la regarde.

Bois de Grenadille de Cuba.

Ce bois est le grenadille ordinaire du commerce. J'y ajoute le nom *de Cuba*, afin de le distinguer d'un bois beaucoup plus rare, dont il sera question à la suite du gayac (zygophyllées), qui m'a été indiqué par d'anciens ébénistes comme le *vrai bois de grenadille*, et parce que je suppose que le grenadille ordinaire est celui qui se trouve indiqué par M. Ramon de la Sagra (1) sous le nom de *grenadillo*, avec la synonymie *Brya Ebenus*, Brown. Mais je pense que ce bois vient également d'autres parties de l'Amérique.

Le bois de grenadille arrive en bûches de 8 à 16 centimètres de diamètre, tantôt privées, tantôt pourvues de leur aubier et de leur écorce. L'écorce est très-mince, légère, jaunâtre, fibreuse, s'enlevant facilement par lames fibreuses. L'aubier est peu épais, blanc jaunâtre, dur et compacte. Le bois est très-dur et pesant, formé de couches concentriques très-nombreuses, dont les unes sont verdâtres et les autres rougeâtres. La coupe longitudinale offre au centre des nœuds très-agréablement dessinés. Ce bois est un des plus estimés pour le tour.

Ébène noire du Brésil.

Nommée communément *ébène de Portugal*. Il ne faut pas confondre ce bois avec l'*ébène rouge du Brésil* qui me paraît due à un *Diospyros*. L'ébène noire du Brésil est probablement produite par le *Melanoxylon Brauna* de Schott., de la tribu des Cæsalpiniées. En ayant donné la description tome II, p. 594, je ne la répéterai pas ici.

Bois de boco et de panacoco.

Il existe une grande confusion entre ces deux bois dont le premier est

---

(1) Ramon de la Sagra, *Memorias de la Institucion agronoma de la Habana*. Habana, 1834.

produit par le *Bocoa prouasensis* d'Aublet, et le second par son *Robinia panacoco* dont de Candolle a fait son *Swartzia tomentosa*, moyennant la supposition qu'Aublet s'est trompé dans la description et dans la figure de la fleur et du fruit.

La confusion consiste en ce que les deux bois, qui existent bien tous deux dans le commerce, portent tantôt les noms de *boco* ou de *panacoco*; tantôt ceux de *bois de coco*, de *bois de fer* ou de *bois de perdrix* qui leur correspondent, sans qu'on puisse avoir la certitude que ces noms sont bien ou mal appliqués ; et les échantillons que l'on trouve dans les collections du gouvernement ne sont guère propres à décider la question.

Par exemple, au dépôt de la marine, à Paris, le *bois de boco* et le *panacoco* sont le même bois et sont du bois de perdrix.

Au Muséum d'histoire naturelle, le *bois de boco* est le bois de coco ou le bois de fer du commerce, et le *bois de fer* est du bois de perdrix.

Sur la table de M. G. Regnault, c'est le contraire : le *bois de boco* est du bois de perdrix et le *panacoco* est du bois de coco.

Enfin, sur une petite table composée de bois de Cayenne, que je possède, de même qu'au Muséum, le *boco* est du bois de coco, et le *panacoco* est du bois de perdrix. C'est cette dernière synonymie que je préfère aujourd'hui et que je vais suivre, contrairement à celle que j'avais adoptée précédemment.

Bois de boco, *Bocoa prouasensis*, Aubl.; **bois de coco** ou **bois de fer** du commerce. Le tronc de cet arbre s'élève à plus de 20 mètres sur 1 mètre et plus de diamètre ; son écorce est grisâtre et lisse ; le bois extérieur est blanc ; l'intérieur est de couleur brune mêlée de vert jaunâtre ; il est dur et très-compacte (Aublet).

Le bois de coco du commerce est extrêmement dur et pesant, d'un gris brunâtre presque uniforme, pourvu d'un aubier jaune presque aussi dur et aussi compacte que le bois. Sa coupe transversale polie offre un pointillé gris sur un fond brun marqué d'une rayure régulière et très-fine, allant du centre à la circonférence et visible seulement à la loupe. On y observe aussi, mais en petite quantité, des lignes concentriques très-fines, blanchâtres, ondulées ou comme *tremblées*. La coupe longitudinale offre un grain très-fin, gris brunâtre et jaunâtre, parsemé de petites taches linéaires brunes, qui sont des vaisseaux rompus remplis d'un suc propre rougeâtre. L'École de pharmacie possède un beau morceau de ce bois, qui a 34 centimètres de diamètre, avec un aubier de 3 centimètres. La limite de couleur entre le bois et l'aubier forme un cercle presque régulier.

Bois de panacoco ou **bois de fer** d'Aublet; *Robinia panacoco* d'Aubl.; **bois de panacoco** du dépôt de la marine, du Muséum d'histoire naturelle et de ma table de bois de Cayenne ; **bois de perdrix** du commerce de Paris.

Le grand panacoco d'Aublet est un des arbres les plus grands et les plus gros de la Guyane. Son tronc s'élève à plus de 20 mètres sur 1 mètre de diamètre. Ce tronc est porté sur 7 à 8 côtes réunies ensemble par le centre et sur toute leur hauteur qui est de $2^m,3$ à $2^m,6$. Ces côtes, nommées *arcubas*, sont épaisses de 12 à 16 centimètres, et en se prolongeant, à mesure qu'elles approchent de terre, elles forment des cavités de 2 mètres à 2^m,60 de largeur et de profondeur, entre lesquelles se retirent les bêtes fauves. L'écorce des arcabas est lisse et cendrée ; le bois de l'aubier est blanc et celui du cœur rouge. L'écorce du tronc est brune, épaisse, gercée, et raboteuse ; il en suinte quelquefois une résine rougeâtre qui se durcit et noircit à l'air. Le bois du tronc est rougeâtre, très-dur et très-compacte ; l'aubier est blanc.

Le bois de perdrix du commerce arrive en bûches de 25 centimètres et plus de diamètre, pourvues d'une écorce brune, mince, légère et fibreuse ; l'aubier est gris plutôt que jaune et plus ou moins épais. Le cœur est brun, nuancé de rouge et de vert noirâtre. La limite du bois, observée sur la coupe transversale, est moins nette que dans le bois de boco, et forme comme des *bavures* bleuâtres qui pénètrent dans l'aubier ; cette même coupe polie offre un pointillé blanc moins serré que le boco, et la loupe y fait découvrir la même rayure fine et rayonnante : mais ce qui domine tout, ce sont d'innombrables lignes blanches concentriques, aussi apparentes que les points blancs. La coupe faite suivant l'axe présente une véritable marqueterie de petits carrés diversement colorés, et on y observe de plus des lignes blanches longitudinales très-apparentes, dues à des vaisseaux ouverts. Ce qui a fait donner à ce bois le nom de *bois de perdrix*, c'est que, lorsqu'il est scié longitudinalement, de manière que la coupe forme un angle très-aigu avec l'axe, il offre des hachures blanchâtres, sur un fond brun rougeâtre, qui imitent l'aile de la perdrix. Le cœur du bois de boco présente quelquefois le même effet, mais d'une manière beaucoup moins marquée.

Bois de vouacapou ou d'angelin de la Guyane.

Vouacapoua americana, Aubl.; *Andira racemosa*, Lam.; *Andira Aublettii*, Bent. L'angelin de la Guyane est un fort grand arbre dont le tronc a près de 20 mètres de hauteur sur 65 à 70 centimètres de diamètre. L'aubier est blanchâtre et peu épais ; le cœur est fort dur et d'une grande solidité. Sa coupe horizontale présente une quantité innombrable de points blanchâtres sur un fond brun noirâtre, et ces points, suivant qu'ils sont plus serrés ou un peu plus espacés, donnent lieu à des cercles concentriques plus ou moins foncés et très-multipliés. La coupe longitudinale présente de même une infinité de fibres blanchâtres (clostres) presque également répartis sur un fond noirâtre, ce qui donne à ce bois une certaine ressemblance avec celui des palmiers, et j'ai déjà dit que c'est cette ressemblance qui a valu à l'*Andira* des Antilles (*Andira inermis*) le nom de *bois palmiste*. Cette même disposition de fibres produit, dans certains cas, sur les coupes parallèles à l'axe, des images approchant d'un épi de blé, d'où vient le nom d'*épi de blé* que ce bois porte dans le commerce, à Paris. Enfin le bois de vouacapou coupé suivant des plans obliques à l'axe, présente la marbrure hachée des ailes de perdrix, et c'est lui, ainsi que les autres bois d'*Andira*, qui porte dans l'ouvrage de M. Holtzapffel le nom de *partridge-wood* ou de bois de perdrix.

Les marchands de bois des îles à Paris, vendent, sous les noms de *bois de Saint-François* et de *bois de Saint-Martin*, des bois de la nature du bois de perdrix et du vouacapou et qui présentent les mêmes dispositions de douleurs et les mêmes imitations d'ailes d'oiseau.

Bois de coumarou.

Dipterix odorata, Willd.; *Coumarouna odorata*, Aubl. Cet arbre, élevé de 20 à 27 mètres sur un tronc de 1 mètre de diamètre, est le même que celui qui nous donne la fève tonka. Son bois est d'une dureté comparable à celle du gayac, ce qui lui en fait donner le nom à Cayenne. Il est d'un jaune rosé, formé de fibres d'une très-grande finesse, présentant, sur la coupe longitudinale, tantôt l'apparence du bois de perdrix dont les couleurs seraient éclaircies, adoucies et fondues l'une dans l'autre, tantôt l'image d'une chevelure ondoyante.

Ce bois pourrait servir à faire de très-jolis meubles ; malheureusement il est très-souvent traversé, de part et d'autre, par des galeries creuses, assez larges pour y introduire le doigt et qui doivent y avoir été pratiquées par un insecte de son pays natal, lorsqu'il est encore vert ; car sa dureté est si grande, quand il est sec, qu'on ne concevrait pas qu'un insecte pût l'entamer.

Bois de courbaril.

Hymenæa courbaril, L. (*fig.* 660). Tribu des Cæsalpiniées ou Cassiées. Le courbaril est un arbre très-élevé qui croît au Mexique, au Brésil et dans les Antilles. Les feuilles en sont alternes, pétiolées et composées d'une seule paire de folioles coriaces, rapprochées, comme conjuguées, luisantes, d'un vert foncé, ovales-lancéolées, aiguës, très-entières ; les fleurs sont disposées au sommet des rameaux en grappes pyramidales ; elles renferment 10 étamines distinctes, renflées au milieu ; un ovaire stipité et un style filiforme. Les fruits, que l'on trouve fréquemment chez les marchands de curiosités, sont formés par une gousse très-courtement stipitée, longue de 13 à 19 centimètres, large de 5, 5 à 8, aplatie, non déhiscente. Cette gousse est composée d'une enveloppe ligneuse, rougeâtre, un peu rugueuse, luisante, contenant une pulpe fibreuse jaunâtre, mêlée d'une poussière sucrée et agréable au goût. On trouve au milieu de cette pulpe 4 à 5 semences brunes, grosses comme des fèves et elliptiques. Il découle du tronc et des rameaux de cet arbre une grande quantité d'une résine jaunâtre, transparente, difficile à dissoudre, ayant beaucoup de rapport avec l'animé orientale ou copal dur, et connue sous le nom d'*animé occidentale* ou de *copal tendre*. Le bois dont je m'occuperai seulement ici est rouge, très-dur, pesant, à structure santaline très-serrée, offrant par suite, sur sa coupe longitudinale, de petites lignes creuses (clostres ouverts), semblables à des mouchetures faites au burin, et alternativement dirigées dans deux sens différents. L'aubier a la couleur du bois de chêne et n'est pas employé ; le bois du cœur peut servir à faire des meubles, des ustensiles et des engins mécaniques d'une grande résistance et d'une grande solidité ; mais sa couleur rouge-brun trop uniforme, et le défaut de poli causé par les mouchetures dont j'ai parlé, empêcheront toujours qu'il soit employé pour les meubles de prix. Le bois du Brésil, dit *de courbaril*, que les ébénistes emploient à faire de si beaux meubles, est du *Gonzalo-alvès*, produit par l'*Astronium fraxinifolium*, de la famille des Térébinthacées.

Indépendamment des bois précédents qui, en raison de leur application à la teinture ou à l'ébénisterie, forment le sujet d'un comme ce

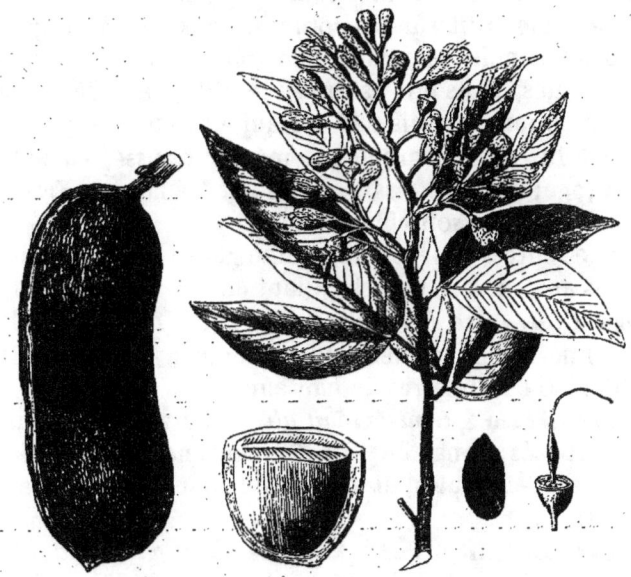

Fig. 660. — Bois de courbaril.

plus ou moins important, on trouverait dans les légumineuses de notre pays ou dans celles que la culture y a naturalisées, des bois qui pourraient être employés aux mêmes titres ; tels sont, parmi les bois bruns, ceux du **faux ébénier** (*Cytisus laburnum*) et du **robinier faux-acacia** (*Robinia pseudo-acacia*), et parmi les bois jaunes ou rouges, le **févier à trois épines** (*Gymnocladus triacanthos*), le *Caragana arborescens*, le *Virgilia lutea*, le *Sophora japonica*, etc.

Genêt des teinturiers.

Genista tinctoria, L.; tribu des Lotées. *Car. gén.*: calice campanulé, à deux lèvres, dont la supérieure à deux dents et l'inférieure à trois ; corolle papillonacée, à étendard réfléchi en dessus, à deux ailes oblongues et divergentes, et à carène pendante ne recouvrant pas entièrement les organes sexuels. 10 étamines monadelphes ; ovaire ovale ou oblong, à style relevé et à stigmate velu d'un côté. Légume comprimé, ovale ou oblong, contenant une ou plusieurs graines.

Le genêt des teinturiers, nommé aussi **genestrole**, ne forme le plus souvent qu'un petit arbuste, haut de 35 à 60 centimètres, divisé dès sa base en rameaux nombreux, effilés, striés, glabres, garnis de feuilles simples, lancéolées, presques sessiles, légèrement ciliées sur le bord. Les fleurs sont assez petites, jaunes, disposées, au sommet des rameaux, en grappes longues de 5 centimètres. Le calice et les légumes sont très-glabres.

La genestrole croît sur les collines, dans les pâturages secs et sur le bord des bois. Elle passe pour purgative et émétique, surtout ses graines, mais elle est inusitée. Elle a été très-usitée dans la teinture en jaune, mais elle est aujourd'hui remplacée par la gaude. En 1820, M. Marochetti, médecin russe, l'a préconisée contre la rage; mais les essais qui en ont été faits en France n'ont pas été favorables à son efficacité.

Parmi les autres espèces du même genre qui pourraient être employées aux mêmes usages, il faut citer :

Le **genêt purgatif**, *Genista purgans*, Lam., dont les feuilles sont simples, linéaires-lancéolées, pubescentes; calices et légumes velus; 50 à 60 centimètres de hauteur.

Le **genêt herbacé**, *Genista sagittalis*, L.; divisé dès la base en rameaux herbacés, longs de 14 à 22 centimètres, chargés d'ailes foliacées, sous-articulés, et pourvus de feuilles simples, ovées-lancéolées.

Le **genêt commun** ou **genêt à balais**, *Genista scoparia*, Lam.; *Cytisus scoparius*, Link; arbrisseau haut de 100 à 160 centimètres, à rameaux effilés, très-flexibles, marqués de deux angles saillants; à feuilles inférieures pétiolées et trifoliées, les supérieures simples, presque sessiles, ovales-lancéolées. Les fleurs sont grandes, d'un jaune d'or. Elles sont pédicellées et solitaires dans l'aisselle des feuilles supérieures, formant, par leur rapprochement, une sorte de grappe.

Le **genêt d'Espagne**, *Genista juncea*, Lam.; *Spartium junceum*, L.; arbrisseau de 2^m,5 à 3 mètres, à rameaux nombreux, junciformes, munis d'un petit nombre de feuilles éparses, lancéolées, glabres, et terminés par une grappe de fleurs jaunes, grandes et odorantes. Cette espèce croît naturellement sur les collines sèches, en Italie, en Espagne et dans le midi de la France. On la cultive dans les jardins.

Mélilot officinal.

Melilotus officinalis, Willd. (*fig.* 661). Tribu des Lotées. *Car. gén.*: calice tubuleux à 5 dents; carène simple à ailes plus courtes que l'étendard; légume plus long que le calice, coriace, mono-ou oligosperme. — *Car. spéc.*: tige dressée, rameuse; rameaux très-ouverts; folioles lancéolées-oblongues, obtuses, à dentelure lâche, à stipules sétacées; dents du calice de la longueur du tube; étendard brun, strié; ailes égalant la carène; légume disperme, obové, lanugineux-rugueux; style filiforme, de la longueur du légume; semences inégalement cordiformes.

Le mélilot officinal est commun en France, dans les champs cultivés. Sa racine est pivotante et bisannuelle; ses tiges sont hautes de 35 à 70 centimètres, un peu étalées à leur base, ensuite redressées, garnies de feuilles ternées dont la foliole terminale est pédicellée et éloignée des deux autres. Ses fleurs sont petites, d'un jaune pâle, nombreuses, pendantes et disposées en longues grappes dans les aisselles des feuilles supérieures. Il leur succède des légumes ovoïdes, ne contenant le plus souvent qu'une seule graine.

Le mélilot n'a qu'une faible odeur à l'état frais; mais il acquiert par la dessiccation une odeur plus forte et très agréable, ce qui le rend propre à aromatiser le foin auquel il se trouve mêlé, et à le rendre plus agréable aux bestiaux.

Fig. 661. — Mélilot officinal.

On doit à M. Chatin l'observation que, sur les marchés de Paris, on vend souvent, au lieu de mélilot officinal, le *Melilotus arvensis*, Willd. Le premier est en bottes longues de 30 à 35 centimètres, formées de rameaux assez uniformes et privées de plantes étrangères. Les bottes du second ne dépassent pas 20 ou 25 centimètres, et sont mélangées d'un grand nombre de plantes étrangères qui ont été coupées en même temps. Le mélilot des champs est d'ailleurs un peu moins aromatique.

En 1820, M. Vogel avait cru reconnaître dans la fleur de mélilot la présence de l'acide benzoïque; mais, comme il admettait le même acide dans la fève tonka, le fait devenait douteux, au moins pour moi, qui avais reconnu antérieurement que le principe aromatique de la fève tonka était un principe particulier, non acide, auquel j'avais même donné le nom de *coumarine*. Depuis cette époque, plusieurs pharmaciens (MM. Chevalier, Thubeuf, Cadet, Guillemette) ont obtenu le principe aromatique du mélilot, soit en distillant les fleurs avec de l'eau, soit en les traitant par l'alcool, et ont reconnu son caractère non acide et son identité avec la coumarime de la fève tonka (1).

Séné (feuilles et fruits).

Le séné provient de plusieurs arbrisseaux du genre *Cassia*, de la décandrie monogynie de Linné, des dicotylédones polypétales périgynes de Jussieu et de la famille des Légumineuses. Il y en a plusieurs espèces qui varient par la forme de leurs feuilles, ce qui est cause que G. Bauhin et d'autres botanistes, à son exemple, les avaient distinguées en *Senna alexandrina foliis acutis*, *Senna italica foliis acutis*, et *Senna italica foliis obtusis*. Linné les réunit sous le seul nom spécifique de *Cassia Senna;* mais les botanistes modernes ont compris de nouveau le besoin de les séparer. Beaucoup ne distinguent encore que les deux espèces de Bauhin; cependant celle à feuilles aiguës présente plusieurs sous-espèces ou variétés qu'il est nécessaire de décrire séparément, en raison des produits différents qu'elles fournissent au commerce.

PREMIÈRE ESPÈCE : *Cassia obovata*, Colladon (*fig.* 662). Sous-arbrisseau de 35 à 50 centimètres d'élévation, garni de feuilles stipulées, pétiolées, à 6 rangs de folioles opposées. Le pétiole n'est muni d'aucune glande; les folioles sont elliptiques-obovées, ou obcordées, c'est-à-dire en forme d'œuf ou de cœur dont la pointe est tournée vers le pétiole, et elles sont terminées à leur extrémité par une petite pointe brusque. Elles sont minces, vertes, semblables pour les nervures, la saveur et l'odeur à celles de l'espèce suivante. Ses fleurs sont portées sur des grappes axillaires, au moins aussi longues que les feuilles; elles offrent un calice à 5 sépales, une corolle à 5 pétales inégaux, 10 étamines libres et inégales, 1 ovaire stipité; le fruit, auquel on donne vulgairement le nom de *follicule*, est un légume membraneux, plat, étroit, très-arqué, d'une couleur noirâtre, contenant de 6 à 8 semences, semblables pour la forme à celles du raisin, et surmontées chacune, à l'extérieur, d'une arête saillante. Cette espèce de séné croît naturellement dans la haute Égypte, dans la Syrie, en Arabie, dans l'Inde, au Sénégal; elle a été cultivée longtemps dans plusieurs parties de l'Europe méridionale, et surtout en Italie, d'où elle a pris le nom de *séné d'Italie*. Ses feuilles passent pour être moins purgatives que les suivantes, et les fruits ou *follicules* sont tout à fait rejetés. La plante se trouve parfaitement représentée par Nectoux (2).

---

(1) *Journ. de Pharm.*, t. XXI, p. 172.
(2) Nectoux, *Voyage dans la haute Égypte*, pl. I. Paris, 1808.

LÉGUMINEUSES. — SÉNÉ.

DEUXIÈME ESPÈCE : *Cassia acutifolia* de Delile (1). Excluez toutes les autres synonymies. Cette espèce forme un arbrisseau de 60 à 100 centimètres de hauteur. Sa tige est courte et ligneuse; ses rameaux sont droits et minces; les pétioles sont dépourvus de glandes, et portent de 5 à 6 paires de folioles, qui sont longues de 27 à 34 millim., larges de 7 à 14, et d'une forme *lancéolaire*, c'est-à-dire allongée et terminée insensiblement en pointe à ses deux extrémités. Elles sont assez fermes, roides, d'une couleur vert pâle, un peu glauque à la surface postérieure, jaunâtre en dessus; on y remarque une nervure longitudinale très-apparente saillante à la surface postérieure, et de laquelle partent de 6 à 8 paires de nervures latérales, à peu près aussi apparentes sur l'une et l'autre face, égales entre elles, assez régulièrement espacées et dirigées vers le sommet de la feuille. Elles ont une saveur

Fig. 662. — Séné (*Cassia obovata*).

Fig. 663. — Séné (*Cassia œthiopica*).

un peu âpre, ensuite mucilagineuse et très-peu amère; leur odeur est assez marquée et nauséeuse. Les fruits sont tout à fait plats, longs de 40 à 55 millim., larges de 20 à 27, arrondis, très-peu arqués, lisses et sans arêtes saillantes au milieu, noirâtres au centre, verts sur le bord, renfermant de 6 à 9 semences. Ce séné

---

(1) Delile, *Flor. Ægypt.*, p. 75, tab. XXVII, f. 1. — *Senna acutifolia* Bischoffiana, Batka; *C. lenitiva acutifolia*, Bischoff.
Pour la synonymie des diverses espèces de Cassia officinales, consulter le mémoire de M. Batka sur les *Cassia* et le résumé dans *Jahresbericht über die Forschritte der Pharmagnosie* von Wiggers et Husemann, etc. I Jahrgang, 1866, p. 142 et suiv.

croît principalement dans la vallée de Bicharié, au delà de Sienne, sur les confins de l'Égypte et de la Nubie.

TROISIÈME ESPÈCE OU VARIÉTÉ: *Cassia œthiopica*, Guib (1) (*fig.* 663); *Cassia ovata*, Mérat (2). A l'exemple de M. Mérat, je pense que ce séné doit être séparé du précédent, à cause de la constance des caractères qui le distinguent, et parce qu'il fournit une sorte commerciale abondante et toujours identique avec elle-même, qui est le *séné de Tripoli*; mais, au lieu de donner avec M. Mérat, comme représentant de cette espèce, le *Cassia lanceolata* de Colladon (3), je dis qu'elle est exactement représentée par le *séné de Nubie* de Nectoux (4). Ce séné s'élève au plus à la hauteur de 50 centimètres; ses pétioles sont pourvus d'une glande à la base, et d'une autre entre chaque paire de folioles. Les folioles sont au nombre de 3 à 5 paires; elles sont pubescentes, ovales-lancéolées, longues de 16 à 20 millimètres, larges de 7 à 9, et par conséquent plus petites, moins allongées et moins aiguës que celles du *Cassia acutifolia*. Les fruits sont plats, lisses, non réniformes, arrondis, longs de 25 à 35 millimètres, d'une couleur blonde ou fauve, et ne contiennent que 3 à 5 semences. Cette espèce croît principalement en Nubie, dans le Fezzan au sud de Tripoli, et probablement dans toute l'Éthiopie.

QUATRIÈME ESPÈCE OU VARIÉTÉ: *Cassia lanceolata*, Forsk. (5). Forskal (6) fait mention de trois espèces de séné : la première est son *Cassia lanceolata foliis quinquejugis; foliolis lanceolatis, pollicariis, breviter petiolatis; glandula sessili supra basin petioli; legum. non maturis linearibus, villosis, compressis, incurvis:* cette espèce est celle que M. Fée a décrite sous le nom de *Cassia elongata*. La seconde est le *Cassia medica petiolis non glandulosis*, que M. Delile pense être semblable au *Cassia acutifolia*. La troisième est un *Senna Meccæ Lohajœ, foliis 5-7 jugis, lineari-lanceolatis*, qui est ce que nous nommons *séné de la pique* ou *séné moka*; je la regarde comme une simple variété du *Cassia lanceolata*.

Indépendamment des arbrisseaux précédents, il y en a un, totalement différent, qui croît en Égypte et dont les feuilles se trouvent mêlées au séné du commerce. Cet arbrisseau est l'*Arguel*, *Cynanchum Argel* de Delile (*Solenostemma arghel*, Hayn), de la pen-

---

(1) Cette plante est généralement regardée comme une simple variété de l'espèce précédente : c'est le *Senna acutifolia genuina*, Batka; *Cassia lenitiva obtusifolia*, Bischoff; *C. lanceolata*, Nectoux, etc.
(2) Mérat, *Dict. mat. méd. et de thérap.* art. *Sénés.* Paris, 1834, t. VI, p. 311.
(3) Colladon, pl. XV, f. C.
(4) Nectoux, ouvrage cité, pl. II.
(5) *Senna angustifolia*, Batka; *Cassia angustifolia*, Vahl; *Cassia medicinalis*, Bischoff.
(6) Forskal, *Flore d'Arabie*.

tandrie digynie, et de la famille des Asclépiadées. Ses feuilles (*fig.* 664) sont de forme variable, mais le plus souvent lancéolaires et de diverses grandeurs. Elles sont plus épaisses que celles du séné, peu ou pas marquées de nervures transversales, chagrinées à leur surface et d'un vert blanchâtre ; elles ont une saveur beaucoup plus amère que le séné, avec un arrière-goût sucré ; elles jouissent d'une odeur nauséeuse assez forte, et sont douées d'une propriété purgative, mais irritante, qui en rend l'usage peu sûr. Les fruits, que l'on trouve aussi quelquefois mêlés au séné, sont formés d'un vrai follicule (ou péricarpe sec s'ouvrant par une fente longitudinale) ; celui-ci est ovale, terminé par une pointe allongée et conique, blanchâtre, un peu épais, demi-solide, contenant un grand nombre de semences aigrettées.

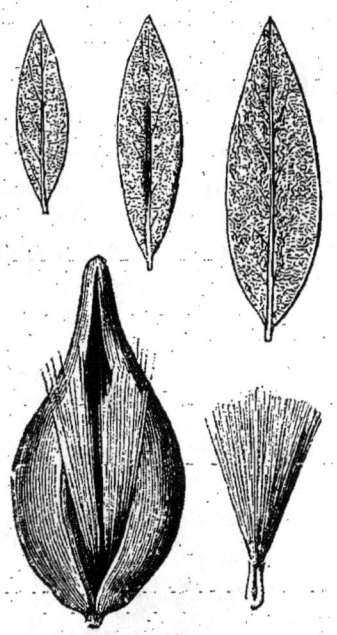

Fig. 664. — Séné (*Cassia lanceolata*).

Commerce de séné : **Séné de la palte.** D'après Rouyer (1), le commerce du séné se fait surtout par la voie de l'Égypte, où les Ababdeh, tribu d'Arabes qui habitent les confins de l'Égypte supérieure, se le sont approprié. Ce sont eux qui vont chercher le séné au delà de Syène, principalement dans la vallée de Bicharié, et qui le rapportent dans cette ville, où en est le premier entrepôt. Ils y apportent aussi l'arguel et le séné à feuilles rondes, qu'ils récoltent au-dessus et au-dessous de Syène.

On trouve à Esné, autre ville de la haute Égypte, sur la rive gauche du Nil, un second entrepôt destiné à recevoir tout le séné qui vient de l'Abyssinie, de la Nubie et de *Sennaar*, d'où il en arrive une quantité assez considérable par les caravanes qui amènent les nègres en Égypte. Ce séné est de la même espèce que celui qui croît dans la vallée de Bicharié (*Cassia acutifolia*) ; seulement les feuilles en sont plus petites et plus vertes, et les follicules plus courtes et plus étroites. Ce séné, qui appartient probablement au *Cassia œthiopica*, arrive ordinairement mondé de ses branches, et n'est mêlé ni de séné à feuilles obtuses, ni d'arguel, ce qui le fait estimer davantage. On dépose aussi à Esné tout le séné à feuilles obtuses que l'on recueille dans la haute Égypte.

(1) Rouyer, *Ann. de chim.*, t. LVI, p. 165.

Lorsque la récolte du séné est terminée (on la fait à la maturité des follicules, vers le milieu du mois de septembre), on embarque sur le Nil tout celui qui a été amassé dans les magasins de Syène et d'Esné, pour le faire passer au dépôt général à Boulacq, auprès du grand Caire, où il vient tous les ans, de Syène, 7 à 8000 quintaux de séné à feuilles aiguës (*Cassia acutifolia*), 5 à 600 quintaux de séné à feuilles obtuses (*Cassia obovata*), et 2000 à 2400 quintaux d'arguel; et de la ville d'Esné environ 2000 quintaux de séné de Sennaar (*Cassia œthiopica*), et 800 quintaux de séné à feuilles obtuses. Il y vient, en outre, par Suez et par les caravanes du mont Sinaï, 12 à 1500 quintaux de séné à feuilles obtuses, ce qui fait un total de 15 à 16000 quintaux brut de séné, qu'on verse tous les ans au dépôt de Boulacq. Là, on monde le séné des corps

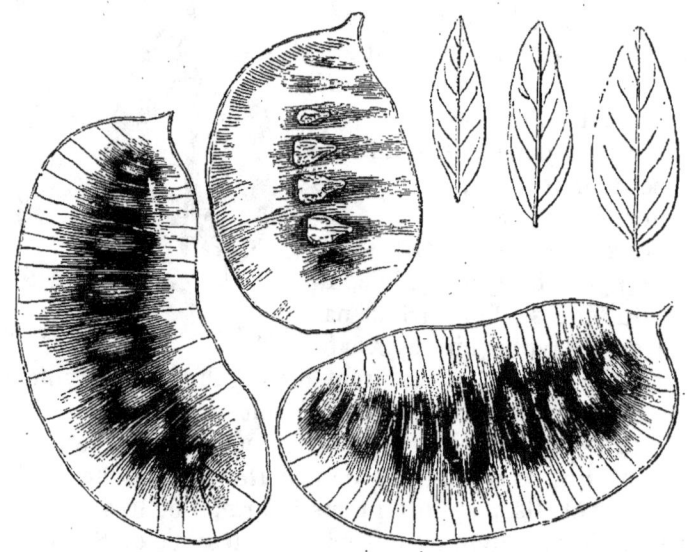

Fig. 665. — Séné de la palte.

étrangers et des branches; on met à part les follicules, qui sont livrées séparément au commerce; on concasse légèrement les feuilles des trois espèces, et surtout celles du séné obtus et de l'arguel, pour mieux les confondre entre elles, et l'on fait un mélange du tout. C'est ce mélange qui nous arrive sous le nom de *séné de la palte*, à cause d'un impôt nommé *palte* auquel il était autrefois assujetti. Il faut avoir soin, dans les pharmacies, de le monder de l'arguel, et des pétioles du séné, ou *bûchettes*, qui n'ont pas la même propriété que les feuilles : alors il est très-estimé et présente les caractères des feuilles du *Cassia acutifolia*, qui en forment la plus grande partie (Voy. *fig.* 665).

Séné de Syrie ou d'**Alep** (*fig.* 666). Ce séné, qui vient quelquefois directement de Syrie, offre les caractères des feuilles du

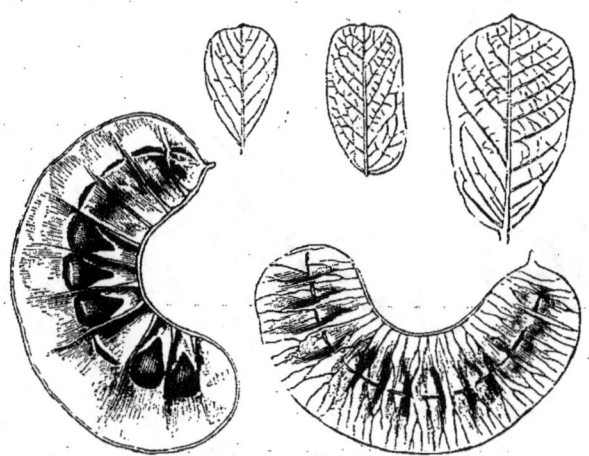

Fig. 666. — Séné de Syrie ou d'Alep.

Cassia obovata, tels qu'ils ont été donnés précédemment; il est inutile de les décrire de nouveau.

Séné du Sénégal. Ce séné, dont le ministre de la marine a fait remettre une fois une certaine quantité aux hôpitaux de Paris, appartient à l'espèce du *Cassia obovata*, comme le précédent; il en diffère cependant par ses feuilles et ses follicules plus petites, et par la couleur glauque de toutes ses parties. Il a été essayé dans les hôpitaux : les feuilles ont été trouvées peu actives, et les follicules presque inertes (1).

Séné de Tripoli d'Afrique (*fig.* 667). Ordinairement plus brisé que le séné palte, ce séné est composé de feuilles généralement plus petites, moins aiguës, un peu moins épaisses, plus vertes et d'une odeur herbacée. On n'y trouve ni follicule palte, ni séné à larges feuilles, ni arguel. On n'y voit que des débris de ses propres follicules, reconnaissables à leur petitesse et à leur couleur blonde; tous ces caractères, qui se rapportent à ceux du séné de Sennaar mentionné par Rouyer, m'avaient fait supposer qu'une partie seulement de cette sorte était portée en Égypte, pour y être mêlée au séné palte, et que le reste était transporté par des caravanes dans la régence de Tripoli; mais, d'après les renseignements qui ont été donnés à M. Poutet, de Marseille, par M. Melchior Autran, ce séné est apporté à Tripoli par les caravanes qui viennent du Fezzan : il appartient au *Cassia œthiopica*.

(1) *Journ. de pharm.*, t. XIV, p. 70.

Séné Moka (*fig.* 668). Ce séné est en feuilles longues de 27 à 54 millimètres, très-étroites et presque subulées (1); elles sont presque toujours jaunies par l'action de l'air humide; les follicules, qu'on trouve en petite quantité mêlées aux feuilles, sont linéaires, longues de 35 à 80 millimètres, larges de 16 à 18; peu courbées, semblables du reste aux follicules palte par leur couleur verte à la circonférence, noirâtre au centre, et par leur surface unie.

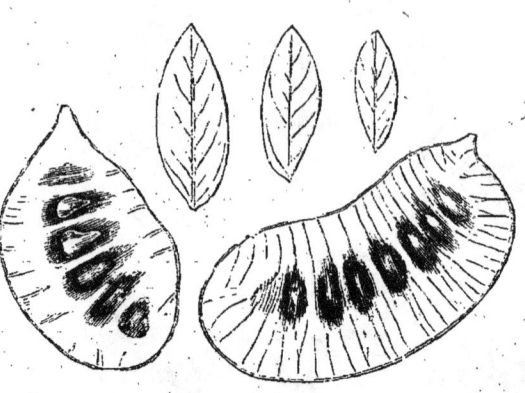

Fig. 667. — Séné de Tripoli.

Séné de l'Inde (*fig.* 669). Ce séné nous arrive par le commerce anglais; malgré son nom, sa grande ressemblance avec le séné moka m'avait fait supposer qu'il provenait aussi d'Arabie, d'autant plus que, suivant Ainslie (2), le seul séné naturel à l'Inde est celui à feuilles obtuses.

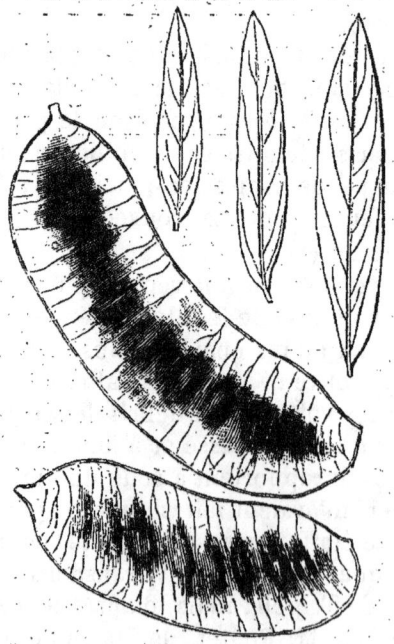

Fig. 668. — Séné de Moka.

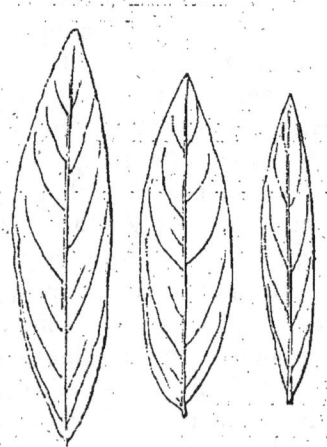

Fig. 669. — Séné de l'Inde.

(1) Ces feuilles sont souvent beaucoup plus étroites que la figure ne les représente.
(2) Ainslie, *Mat. indica*, I, p. 389.

M. Pereira m'a tiré d'incertitude en m'apprenant que le séné de l'Inde est du *Cassia lanceolata* d'Arabie, transporté à *Tinnevelly*, dans la partie méridionale de l'Inde, où il est cultivé en grand, pour le commerce. Ce séné arrive parfaitement mondé et en grandes feuilles minces, vertes, aussi longues, mais moins étroites que le séné Moka. Il partage avec le séné Moka l'inconvénient de jaunir et de noircir promptement par l'exposition à l'air un peu humide. Ses follicules n'arrivent pas avec; mais elles ressemblent à celles du séné Moka.

Sénés d'Amérique. Les feuilles de plusieurs *Cassia* d'Amérique ont la propriété purgative du séné, et le remplacent dans cette partie du monde : tels sont entre autres le *Cassia cathartica*, nommé au Brésil *sena do Campo*; le *Cassia ligustrina* croissant de Cayenne à la Virginie; les *Cassia occidentalis*, *emarginata* de la Jamaïque, le *Cassia obovata*, transporté dans cette île, et donnant le *Séné de Port-Royal* (1), et surtout le *Cassia marylandica* des États-Unis. Celui-ci a les folioles elliptiques, égales, mucronées, plus grandes que celles du *Cassia obovata*.

Follicules de séné. On connaît dans le commerce trois sortes de follicules de séné, sous les dénominations de *follicules palte*, *Tripoli* et d'*Alep*, qui appartiennent aux sénés de mêmes noms ou de mêmes pays.

Les **Follicules de la palte** (*fig.* 664), sont grandes, larges, peu recourbées, d'un vert sombre et noirâtre à l'endroit des semences, lisses et aplaties. Les **follicules de Tripoli** ou de **Sennaar** (*fig.* 666), se distinguent des précédentes parce qu'elles sont plus petites, et d'un vert plus clair tirant sur le fauve; elles sont moins estimées. Enfin, les **follicules d'Alep** ou de **Syrie** (*fig.* 665) appartiennent à l'arbuste qui donne le séné à larges feuilles; elles sont noirâtres, étroites, très-contournées ou d'une forme demi-circulaire, et présentent une aspérité membraneuse sur chaque semence. Beaucoup de personnes donnent à ces fruits le nom de *follicules Moka*; mais c'est tout à fait à tort, car la follicule Moka (*fig.* 667) est bien différente.

Analyse chimique. Le séné de la palte a été analysé par Bouillon-Lagrange, et, plus récemment, par MM. Lassaigne et Feneulle (2). Ces derniers chimistes en ont retiré : 1° de la chlorophylle; 2° une huile grasse; 3° une huile volatile peu abondante; 4° de l'albumine; 5° une substance extractive qu'ils considèrent comme le principe actif du séné, et qu'ils ont nommée *cathartine*; 6° un principe colorant jaune; 7° du muqueux; 8° des malate et tartrate de chaux; 9° de l'acétate de potasse; 10° des sels minéraux.

---

(1) Voir Bentley, *Journ. de pharm.*, 2ᵉ série, t. VII, p. 447.
(2) Feneulle, *Journ. de pharm.*, t. VII, p. 548.

[De nouvelles recherches, en particulier celles de M. Kubly(1), ont fait reconnaître dans les feuilles de séné divers principes parmi lesquels nous citerons seulement : 1° *l'acide cathartique* combiné en partie avec la chaux ou la magnésie, en partie libre, se présentant, lorsqu'il est isolé, en une masse amorphe, mate à la surface; brillante dans la cassure fraîche, colorant la salive en brun foncé, insoluble dans l'éther, peu soluble dans l'eau et dans l'alcool à 90°, mais soluble dans l'alcool de 30° à 60° et formant des sels solubles; enfin susceptible de se dédoubler sous l'influence des acides nitrique et sulfurique en glucose et en acide *cathartogénique;* 2° une matière sucrée, soluble dans l'eau et dans l'esprit-de-vin ordinaire, insoluble dans l'éther et l'alcool absolu, non susceptible de fermenter, et qu'on a comparée à la mannite : c'est la Cathartomannite. L'acide cathartique paraît être le principe actif du séné : sa saveur d'abord peu marquée est acide et astringente.]

Falsification du séné. Si nos commerçants n'ont pas à se reprocher de falsifier le séné avec l'arguel, puisque cette plante pernicieuse y est ajoutée dans le pays même où on le récolte, quelques-uns d'entre eux se rendent coupables d'une fraude encore plus condamnable, déjà ancienne, et qui a été signalée de nouveau par M. Dublanc, à l'occasion d'accidents graves survenus à la suite de l'usage d'un faux séné (2). M. Dublanc reconnut que cette substance n'était pas du séné, mais n'en put déterminer l'espèce, à cause de l'état de division dans lequel elle avait été livrée; plus heureux que lui, j'ai pu me procurer la feuille entière, et Clarion, à qui je l'ai présentée, l'a reconnue pour être celle du REDOUL (*Coriaria myrtifolia*), arbrisseau qui croît dans la Provence et le Languedoc, dont les feuilles, très-astringentes et vénéneuses, servent dans la teinture en noir et dans le tannage des cuirs, et dont les fruits causent des convulsions, le délire et même la mort, aux hommes et aux animaux.

Je décrirai plus loin cet arbrisseau si dangereux, mais je ne puis me dispenser de faire connaître ici les caractères de ses feuilles (*fig.* 669). Elles sont ovales-lancéolées, glabres, très-entières, larges de 7 à 27 millimètres, longues de 20 à 50 millimètres; elles offrent, outre la nervure du milieu, deux autres nervures très-saillantes, qui partent comme la première du pétiole, s'écartent et se courbent vers le bord de la feuille et se prolongent jusqu'à la pointe. Dans les plus grandes feuilles on observe quelques au-

---

(1) Kubly, *Ueber das wirksame Principe und einige andere Beistandtheile der Sennesblätter*, Dorpat, 1865. Résumé dans *Jahresbericht* von Wiggers and Husemann, 1 Jahrgang. 1866.

(2) Dublanc, *Journ. de chim. méd.*, t. I, p. 284.

tres nervures transversales qui joignent les trois premières; mais dans les plus petites, qui peuvent seules être confondues avec le séné, on n'aperçoit que les trois nervures principales, et ce ca-

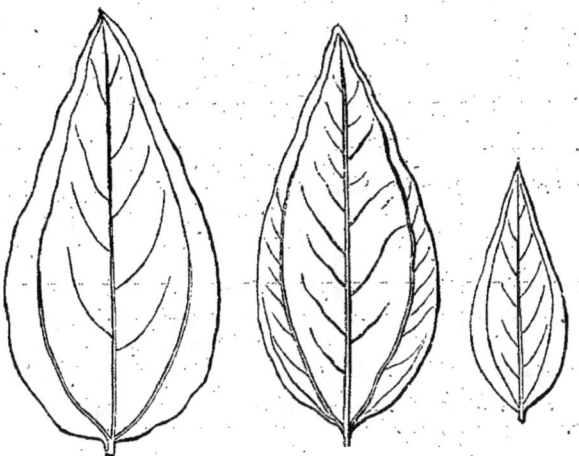

Fig. 670. — Feuilles du redoul.

ractère suffit pour les distinguer. D'ailleurs ces feuilles sont plus épaisses que celles du séné, un peu chagrinées à leur surface, non blanchâtres, comme l'arguel, douées d'une saveur astringente non mucilagineuse, et d'une odeur assez marquée et un peu nauséeuse.

Pour distinguer encore mieux ces trois sortes de feuilles, je les ai concassées, et j'ai traité une partie de chacune d'elles par 10 parties d'eau bouillante.

Le séné a pris tout de suite une teinte brunâtre; la liqueur filtrée était très-brune et avait une saveur peu marquée; le résidu était très-mucilagineux.

Les feuilles de redoul ont pris une couleur vert pomme; la liqueur était très-peu colorée, d'une saveur astringente; le résidu était sec, non mucilagineux, d'un vert pomme.

Les feuilles d'arguel ont pris une couleur verte; la liqueur était verdâtre, *presque gélatineuse* et d'une saveur amère. Elle a filtré avec une grande difficulté.

Les trois liqueurs, examinées par les réactifs, ont offert les résultats suivants :

RÉACTIFS.	SÉNÉ.	REDOUL.	ARGUEL.
Noix de galle.	Louche.	0.	0.
Gélatine.	0.	Précipité blanc très-abondant.	0.
Sulfate de fer.	Couleur verdâtre.	Précipité bleu très-abondant.	Couleur verte et précipité gélatineux très-abondant.
Émétique.	0.	Précipité blanc très-abondant.	0.
Oxalate d'ammoniaque.	Précip. très-abondant.	Précipité très-abondant.	Trouble.
Chlorure de baryum.	0.	Très-trouble.	0.
Deutochlorure de mercure.	Rien d'abord.	Précipité blanc.	0.
Chlorure d'or.	Rien, puis trouble brunâtre.	Réduction instantanée; précipité pourpre noirâtre.	Réduction lente; précipité jaune métallique.
Nitrate d'argent.	Précipité jaunâtre très-abondant.	Précipité jaunâtre passant au noir.	0.
Potasse caustique.	Rien. Odeur de lessive.	Précipité gélatineux très-abondant, rougissant à l'air; odeur de petite centaurée.	Précipité gélatineux, transparent.

Plusieurs personnes assurent que l'on falsifie le séné avec les feuilles du baguenaudier (*Colutea arborescens*, L.), de la famille des Légumineuses également. Ces feuilles ont effectivement la forme obovée du séné à larges feuilles; mais elles sont beaucoup plus tendres ou plus minces, plus vertes et d'une saveur amère très-désagréable; enfin elles ne sont pas rétrécies à la base, et n'offrent pas à l'extrémité la petite pointe roide qui termine les feuilles du séné obtus. Du reste, ces feuilles paraissent être purgatives comme celles du séné.

Casse ou fruit du caneficier.

Cassia Fistula. L. Le caneficier (*fig.* 671) est un grand et bel arbre qui appartient au même genre que le séné. Ses feuilles sont formées de 4 ou 6 paires de folioles ovées, sous-acuminées et glabres. Ses fleurs sont disposées en grappes lâches, et sont

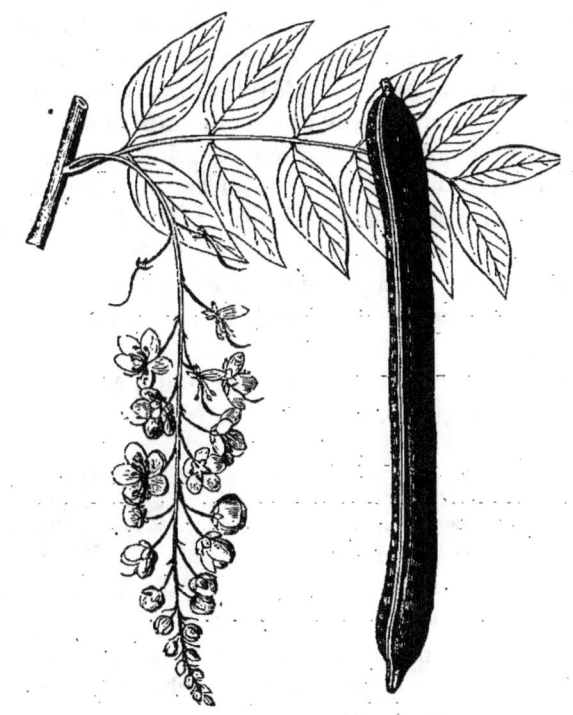

Fig. 671. — Casse ou fruit du caneficier.

formées d'un calice à 5 divisions, d'une corolle à 5 pétales jaunes et inégaux, de 10 étamines inégales, dont les trois supérieures sont difformes et stériles, et d'un ovaire stipité qui devient une gousse cylindrique et ligneuse, longue de 15 à 50 centimètres et de 25 millimètres de diamètre. Cette gousse est d'ailleurs brune et unie, formée de deux valves non déhiscentes, réunies par deux sutures longitudinales; elles offrent dans leur intérieur un grand nombre de chambres formées par des cloisons transversales solides, et contenant une pulpe noire, douce et sucrée, ainsi qu'une semence horizontale, elliptique, rouge, polie, aplatie et assez dure.

Ce fruit est tellement différent de celui du séné, que plusieurs botanistes ont cru devoir en former un genre différent : c'est ainsi que Persoon nommait la casse *Cathartocarpus Fistula*, et Wildenow *Bactyrilobium Fistula*; mais M. Colladon et De Candolle en ont formé seulement une section du genre *Cassia*.

Le canéficier paraît originaire de l'Éthiopie, d'où il s'est répandu en Égypte, dans l'Arabie, dans l'Inde et l'archipel Indien. On croit qu'il a été transporté en Amérique; mais il y croît en si grande abondance et cette partie du monde offre tant d'autres espèces analogues, qu'on peut l'y regarder comme indigène.

Quoi qu'il en puisse être, la casse, qui venait autrefois du Levant, nous arrive aujourd'hui d'Amérique presque en totalité, et l'on ne remarque véritablement aucune différence entre les produits de l'un et de l'autre continent. On doit choisir la casse récente, pleine, non moisie et non sonnante; pour lui conserver ces propriétés, il faut la garder dans un lieu frais, mais non humide.

On emploie la casse en pulpe et en extrait; la pulpe entre dans l'électuaire catholicum et dans le lénitif; c'est un purgatif doux, mais venteux.

La casse a été analysée par Vauquelin, qui en a d'abord retiré pour 1,000 grammes (1):

Valves.	351,55
Cloisons.	70,31
Semences.	132,82
Pulpe.	445,32
	1000,00

La pulpe, traitée par l'eau froide, a laissé une matière parenchymateuse, noire et azotée, pesant sèche $28^{gr},44$. L'extrait a fourni par divers procédés :

Sucre.	148,44
Gélatine (pectine).	31,25
Gomme.	15,62
Glutine.	7,92
Matière extractive amère.	5,10
Eau.	236,99
	445,32

Autres espèces :

Petite casse d'Amérique. Il y a vingt-cinq ans environ qu'une maison de Paris reçut d'Amérique une sorte de casse qu'on aurait pu prendre d'abord pour de la casse ordinaire cueillie avant sa maturité, mais qu'un examen plus attentif doit faire reconnaître

---

(1) Vauquelin, *Ann. de chim.*, t. VI, p. 275.

comme une espèce, ou au moins comme une variété distincte. Cette casse est en bâtons longs de 33 à 50 centimètres, n'ayant guère que 14 millimètres de diamètre; elle est d'un brun peu foncé et grisâtre à l'extérieur, et est remplie d'une pulpe fauve, d'un goût acerbe, astringent et sucré. Les valves qui forment le péricarpe sont beaucoup plus minces que dans la casse ordinaire, et le fruit est aminci en pointe aux deux extrémités, tandis que la casse ordinaire est arrondie par les bouts. Cette casse a été examinée par Henry père (1); elle n'a pas reparu depuis dans le commerce. [D'après les données de M. Daniel Hanbury (2), il faut la rapporter au *C. moscatha* H. B. K. de la Nouvelle-Grenade.]

Casse du Brésil, *Cassia brasiliana*, Lam. L'arbre qui produit cette casse est un des plus beaux du genre. Il croît au Brésil, dans la Guyane et dans les Antilles; ses gousses sont recourbées en sabre, longues de 50 à 65 centimètres, larges de 4 à 8 centimètres, en allant d'une suture à l'autre, comprimées dans l'autre sens, et offrant une surface entièrement ligneuse, rugueuse et marquée de fortes nervures. Une des deux sutures longitudinales offre deux côtes cylindriques très-proéminentes, et l'autre suture n'en offre qu'une seule; les cloisons sont très-rapprochées et très-nombreuses; la pulpe est amère et désagréable. Cette casse n'est pas usitée en Europe; mais elle est employée comme purgative en Amérique.

Tamarinier et Tamarin.

Le tamarin est la pulpe du fruit du *Tamarindus indica*, L., bel arbre des Indes, de l'Asie occidentale et de l'Égypte, qui a été transplanté en Amérique.

Cet arbre (*fig.* 672) appartient à la famille des Légumineuses. Il est très-élevé; son écorce est épaisse, brune et gercée; ses rameaux sont très-étendus, ses feuilles alternes et pinnées. Ses fleurs sont roses, irrégulières, pourvues seulement de 3 étamines monadelphes, les 7 autres étant stériles et réduites à l'état rudimentaire, ce qui est cause que Linné a rangé le tamarinier dans sa triandrie. Le fruit est une gousse solide, longue de 11 centimètres, large de 27 millimètres, comprimée ou aplatie, inégalement renflée et recourbée en sabre; il offre à l'intérieur, dans une seule loge centrale, 3 ou 4 semences rouges, luisantes, comprimées et irrégulièrement carrées; enfin, entre l'endocarpe qui borne cette longue loge et l'épicarpe du fruit, se trouve une pulpe

---

(1) Henry père, *Journ. de chim. méd.*, t. II.
(2) D. Hanbury, *Note on Cassia moschata* (*Pharm. Journ.* 2ᵉ série, V, p. 348).

374　　　LÉGUMINEUSES. — CAROUBIER.

jaunâtre, acide et sucrée ; cette pulpe est traversée par trois forts filaments qui se réunissent à la base de la gousse (1).

C'est cette pulpe qu'on nous envoie séparée de sa gousse, mais contenant encore ses filaments et ses semences, et ayant subi

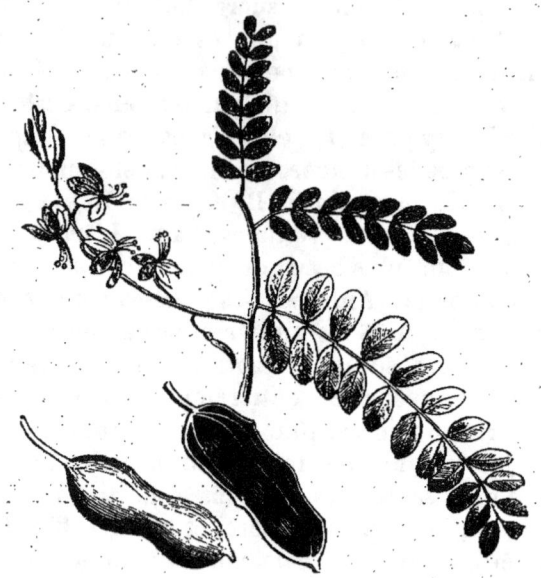

Fig. 672. — Tamarin.

une légère évaporation dans des bassines de cuivre, afin qu'elle puisse mieux se conserver. Elle est ordinairement brune ou rouge, d'une saveur astringente, légèrement sucrée.

Le tamarin contient assez souvent du cuivre, qui provient des bassines où il a été préparé ; on reconnaît facilement la présence de ce pernicieux métal en plongeant dans la pulpe une lame de fer, qui prend alors une couleur rouge. On doit rejeter le tamarin ainsi altéré, de même qu'il faut éviter de prendre celui qui aurait été falsifié avec de la pulpe de pruneaux et de l'acide tartrique. Auparavant on employait à cet effet l'acide sulfurique ; mais, comme cet acide est facilement reconnaissable par la baryte, je crois qu'on y a renoncé.

Le tamarin a été analysé par Vauquelin (2), qui en a retiré approximativement, sur 100 parties :

---

(1) Il paraît exister une différence constante entre le fruit du tamarin oriental et celui d'Amérique : le premier est six fois et au delà plus long que large et contient 8 à 12 semences ; le second est à peine trois fois aussi long que large et contient de 1 à 4 semences. (De Candolle, *Prodr.*, t. II, p. 489.)

(2) Vauquelin, *Ann. de chim.*, t. V, 92.

Acide citrique............................	9,40
— tartrique......................	1,55
— malique.......................	0,45
Surtartrate de potasse..................	3,25
Sucre...................................	12,50
Gomme.................................	4,70
Gélatine végétale (pectine)..............	6,25
Parenchyme.............................	34,35
Eau.....................................	27,55
	100,00

Le tamarin est laxatif et antiputride. Il entre dans la composition des électuaires lénitif et catholicum double.

Fruit du caroubier ou **carouge**.

Ceratonia Siliqua, L., *Siliqua dulcis* des anciennes pharmacopées. Le caroubier (*fig.* 673) est un arbre de médiocre grandeur, qui

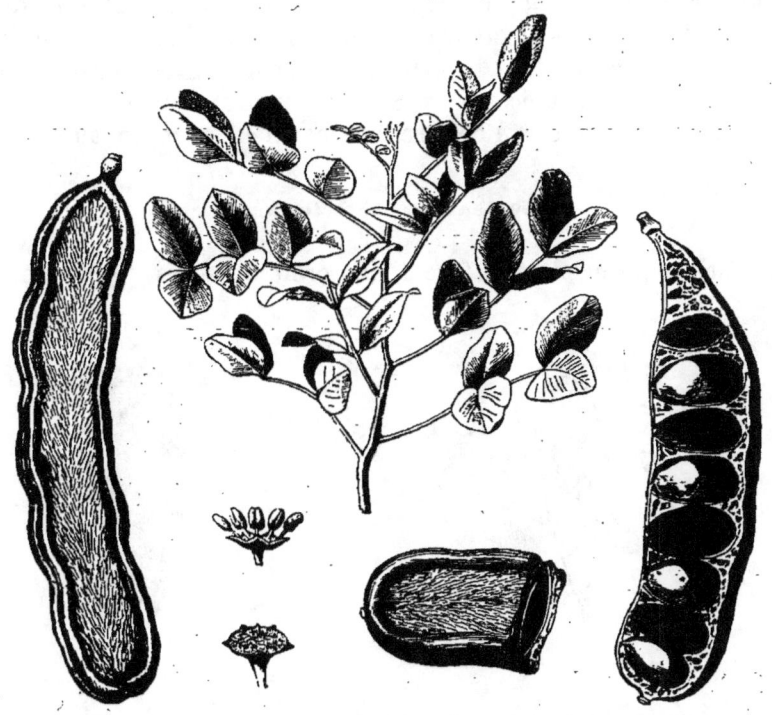

Fig. 673. — Caroubier.

croît surtout dans le Levant, en Afrique et dans l'Europe méridionale. Il s'élève à la hauteur de 7 à 10 mètres, sur un tronc droit, très-épais, formé d'un aubier abondant et d'un cœur rouge foncé, dur, veiné, propre à la menuiserie et à l'ébénisterie. L'écorce sert au tannage. Les feuilles sont alternes, persistantes, ailées sans impaire, composées de 2 ou 3 paires de folioles presque sessiles, elliptiques, sous-ondulées, coriaces, brillantes en dessus. Les fleurs sont disposées en grappes axillaires; elles sont dioïques ou rarement polygames. Les fleurs mâles ont un calice fort petit, à 5 divisions ovales et inégales; pas de corolle; 5 étamines libres, opposées aux lobes du calice, insérées sous la marge d'un disque hypogyne. Les fleurs femelles présentent un ovaire constamment stipité, sous-falciforme terminé par un stigmate sessile. Le fruit est un légume indéhiscent, linéaire, aplati, un peu arqué, entouré de deux sutures très-épaisses et à deux sillons. Il est long de 11 à 14 centimètres, large de 27 millimètres, luisant, d'un gris brunâtre, divisé intérieurement en plusieurs loges, dont chacune contient une semence. L'espace compris entre l'épicarpe et les loges est rempli d'une pulpe rousse, d'un goût doux et sucré. Ce fruit faisait autrefois partie de plusieurs électuaires laxatifs. Il sert à la nourriture des pauvres, et les enfants le mangent également avec plaisir, dans les pays qui le produisent. En Égypte, on en extrait un sirop, ou sucre liquide, qui sert à confire le tamarin et les myrobalans.

Semence ou fève tonka.

L'arbre qui produit la fève tonka croît dans les forêts de la

Fig. 674. — Fève de Tonka. Fig. 675. — Fève de Tonka.

Guyane, et a été décrit par Aublet sous le nom de *Coumarouna odorata* (*Dipterix odorata*, Willd.). Il appartient à la diadelphie décandrie et à la tribu des geoffrées de la famille des Légumineuses *(fig.* 674). J'ai dit que son bois, qui est très-dur et très-pesant, porte à Cayenne le nom de *bois de gaïac* (p. 356). Le fruit entier (*fig.* 676) a la forme d'une grosse amande couverte de son brou, et est d'une composition à peu près semblable : à l'extérieur, on trouve en effet un brou desséché qui recouvre un endocarpe demi-ligneux, renfermant une semence unique, aplatie, longue de

 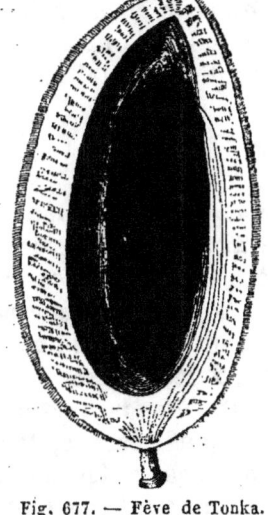

Fig. 676. — Fève de Tonka.   Fig. 677. — Fève de Tonka.

27 à 45 millimètres, et ayant à peu près la forme d'un haricot d'Espagne qui serait allongé. Cette semence est composée d'une enveloppe mince, légère, luisante, d'un brun noirâtre, fortement ridée, et d'une amande à deux lobes, d'une apparence grasse et onctueuse (*fig.* 675 et 677). A l'extrémité, et entre les deux lobes, se trouve un germe volumineux, ayant la forme d'un phallus. Les lobes ont une saveur douce, agréable, huileuse, légèrement aromatique, et une odeur qui est presque identique avec celle du mélilot. Cette odeur est due à un principe volatil concret qui vient souvent se cristalliser entre les deux lobes de l'amande, qui n'est ni de l'acide benzoïque ni du camphre, et qui doit prendre rang parmi les produits immédiats des végétaux. Cette substance est cristallisée en aiguilles carrées ou en prismes courts, terminés par des biseaux, et d'une assez grande dureté. Elle est beaucoup plus pesante que l'eau, qui ne la dissout pas ; est soluble dans l'alcool, m'a paru peu soluble dans les acides ; sa dissolution alcoolique n'altère en rien la teinture du tournesol ni celle des violettes.

Tels étaient les résultats auxquels j'étais arrivé depuis longtemps au sujet de la matière cristalline de la fève tonka (matière que j'ai nommée *coumarine*), lorsque M. Vogel, de Munich, publia un examen de la même substance qui le conduisit à la regarder comme de l'acide benzoïque (1); mais ses expériences ne me parurent pas propres à détruire les miennes, et ma manière de voir s'est trouvée confirmée par MM. Boullay et Boutron, dans leur analyse de la fève tonka (2).

La fève tonka n'est pas employée en pharmacie; elle est usitée pour parfumer le tabac, soit qu'on l'y mêle après l'avoir réduite en poudre, soit qu'on se contente de la mettre entière dans le vase qui contient le tabac.

Fenugrec.

Trigonella Fœnum-græcum, L., tribu des Lotées. Plante annuelle, haute de 22 à 27 centimètres, munie de feuilles courtement pétiolées, à 3 folioles ovales-oblongues, crénelées en leur bord. Les fleurs sont d'un jaune pâle, presque sessiles, solitaires ou géminées dans l'aisselle des feuilles. Le calice est monosépale, partagé en 5 découpures presque égales; la corolle est papillonacée, ayant l'étendard et les ailes presque égaux et beaucoup plus grands que la carène, de sorte que la fleur paraît être à 3 pétales presque égaux; les étamines sont au nombre de 10 et diadelphes; l'ovaire est ovale-oblong, terminé par un style relevé. Le fruit est une gousse longue, un peu aplatie, un peu courbée en arc, terminée par une longue pointe, et contenant plusieurs graines rhomboïdales, jaunes, demi-transparentes, jouissant d'une odeur forte et agréable. Leur parenchyme est amylacé et mucilagineux. Ces semences, employées en cataplasmes, sont émollientes et résolutives. Elles entrent dans la composition de l'élæolé de fenugrec (autrefois *huile de mucilage*), auquel elles communiquent leur odeur.

Semences de lupin.

Lupinus albus, L., tribu des Phaséolées. *Car. gén.* : calice profondément bilabié; corolle papillonacée, étendard à côtés réfléchis; carène acuminée; étamines monadelphes, à gaîne entière; 10 étamines, dont 5 à anthères arrondies, plus précoces, et 5 à anthères oblongues, plus tardives. Style filiforme; stigmate terminal, arrondi, barbu; légume coriace, oblong, comprimé, à renflements obliques; cotylédons épais, se convertissant en feuil-

---

(1) Vogel, *Journ. de pharm.*, t. VI, p. 307.
(2) Boullay et Boutron, *Journ. de pharm.*, t. XI, p. 480. — Voir sur la composition de la coumarine: H. Bleibtren, *Recherches sur la coumarine*, d'après le *Journal de pharmacie et de chimie*, 3ᵉ série, XVII, p. 467.

les par la germination ; feuilles composées de 5 à 9 folioles digitées.

Le lupin blanc est une plante annuelle, originaire de l'Orient ; on la cultive dans le midi de la France pour en récolter les graines et pour la donner comme fourrage aux bestiaux. Il pousse une tige droite, haute de 35 à 50 millimètres, munie de feuilles pétiolées et composées de 5 à 7 folioles digitées, ovales-oblongues, velues comme toute la plante. Les fleurs sont blanches, alternes, pédicellées, accompagnées de bractées très-caduques, et disposées en grappes terminales ; la lèvre supérieure du calice est entière et l'inférieure à 3 dents. Les semences du lupin sont blanches, assez grosses, aplaties, d'une saveur amère désagréable, dont on peut les priver en les faisant tremper dans l'eau chaude ; elles peuvent ensuite être mangées comme des pois ou des haricots, mais elles sont peu usitées. La farine de lupin faisait autrefois partie des *quatre farines résolutives*, avec celles de fève (*Faba sativa*) et d'orobe (*Orobus vernus*), que l'on remplaçait souvent par celle de l'ers (*Ervum Ervilia*) ou de la vesce (*Vicia sativa*). Mais aujourd'hui toutes ces farines sont aussi peu employées les unes que les autres.

Les fèves forment un aliment très-nourrissant, dont l'usage n'est pas assez répandu en France, où il pourrait être d'un grand secours pour la classe pauvre ou peu aisée. Cette graine, de même que les pois (*Pisum sativum*), les haricots (*Phaseolus vulgaris*) et les lentilles (*Ervum lens*), renferme une proportion assez considérable d'une matière azotée, soluble dans l'eau et coagulable par l'acide acétique (*légumine* Braconnot), qui a beaucoup d'analogie avec la caséine animale et qui contribue beaucoup à la qualité nutritive des semences. Ces différentes semences sont d'ailleurs tellement connues, que je crois inutile de m'y arrêter.

Je ne m'arrêterai pas davantage à un grand nombre de semences légumineuses exotiques, que leur épisperme poli et peint de vives couleurs faisait employer comme objets d'ornement par les naturels de l'Amérique, avant que les Européens leur eussent donné le désir de bijoux plus coûteux. Je citerai seulement l'*Erythrina corallodendron*, arbre des Antilles, remarquable par ses grappes de fleurs d'un rouge foncé, et par ses semences arrondies, plus grosses que des pois, lisses, d'un rouge vif, avec une large tache noire. Je citerai encore le **condori** (*Adenanthera pavonina*, L.,) dont les fleurs sont petites et d'un blanc jaunâtre ; mais dont les semences lenticulaires, lisses, rouges et sans tache, sont d'un poids assez constant pour avoir servi, sous le nom de *kuara*, à fixer l'unité de poids qui sert, dans l'Inde, à peser l'or, les diamants et les autres pierres précieuses (4 grains poids de marc ou 212 milligrammes). Ces deux végétaux, qui portent également le nom d'*arbre au corail*, ont un bois blanc et ne doivent pas être confondus avec le *Pterocarpus draco* qui fournit le **bois de corail** des ébénistes.

Fève d'épreuve du Calabar.

[*Physostigma venenosum*, Balfour. Sous le nom de fève d'épreuve du Calabar on désigne les semences vénéneuses d'une *Euphaséolée*, que les naturels du golfe de Biafra, sur la côte occidentale d'Afrique, emploient dans leurs épreuves judiciaires. Ces semences, apportées en Europe vers 1846, ont été successivement étudiées par M. Christison (1) qui a montré en 1855 que leurs propriétés toxiques étaient concentrées dans leur extrait alcoolique, par M. Balfour (2), qui a pu donner de la plante une description complète, par M. Fraser (3), qui a principalement montré leur action contractile sur la pupille, enfin par MM. Hanbury (4), Jobst et Hesse (5), Vée (6), etc. De nos jours, elles peuvent rendre des services principalement dans certaines maladies des yeux.

La plante qui donne ces semences a été nommée *Physostigma venenosum*. Elle présente les caractères suivants : tige vivace, grimpante, longue quelquefois de 50 pieds ; feuilles alternes, trifoliolées, à folioles ovales-acuminées, portant deux stipelles à leur base. Inflorescence axillaire, en grappes, à axe primaire, marqué de nœuds irréguliers, portant des fleurs pédicellées. Fleurs papillonacées, longues d'un pouce, larges d'un demi-pouce ; corolle rouge-pourpre, sillonnée de veines d'un jaune pâle ; étamines en 2 faisceaux, l'un de 9 étamines, l'autre d'une seule ; pistil long, à style recourbé, couvert de poils dans sa face concave à son extrémité supérieure ; stigmate recouvert d'une espèce de capuchon. Gousse légèrement falciforme, elliptique-oblongue, longue de 7 pouces, déhiscente, contenant deux ou trois graines.

---

(1) Christison, *Transactions of the Royal Society of Edinburgh*, vol. XXII. *Monthly Journal of Medicine*, 1855.
(2) Balfour, *Transactions of the Royal Society of Edimburgh*. Vol. XXII, p. 305.
(3) Fraser, *On the characters, action and therapeutic uses of the Ordeal Bean of Calabar* (a graduat. thesis), Edinburgh, 1862.
(4) D. Hanbury, *Pharmaceutical Journal*. 2ᵉ série, IV, 559 ; V, 25.
(5) Hesse, *Annalen der Chimie und Pharmacie*, CXIX, p. 115, extrait dans le *Journal de pharmacie et de chimie*, mars 1864.
(6) Vée, *Recherches chimiques et physiologiques sur la fève du Calabar* (Thèses de l'École de médecine de Paris, 1865).

Ces graines ont de 2 centimètres à 2 centimètres 5 de long sur 1 à 1,5 de large : elles sont réniformes, marquées d'un hile en forme de rainure qui s'étend sur tout le bord convexe. L'épisperme dur et coriace a une couleur brun chocolat, il est

 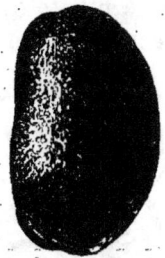

Fig. 678. — Fève de Calabar.

rugueux sur toute la surface, sauf sur le sillon du hile, qui est d'ailleurs sur ses bords d'un brun plus clair. L'amande est formée d'un embryon à deux cotylédons gros, durs et friables, laissant entre eux un assez grand intervalle.

C'est presque exclusivement l'amande qui contient le principe toxique, que M. Vée a appelé *éserine,* du nom d'*éseré* sous lequel les naturels désignent la fève d'épreuve.

C'est une substance incolore lorsqu'elle est complétement pure, mais qu'il est difficile d'obtenir sans une teinte rosée, que lui donne l'action de l'air et des eaux mères alcalines. Elle cristallise en lames minces rhombiques, fondant à 59°, et se décomposant au-dessous de 150°. Elle est soluble dans l'éther et le chloroforme, plus encore dans l'alcool, beaucoup moins dans l'eau. Sa dissolution aqueuse bleuit le tournesol, rougi par un acide : à l'air elle s'altère et se colore en rouge. Elle forme avec les acides des sels qui, sous l'influence des alcalis, au contact de l'air, prennent une couleur rouge bien marquée. Cette substance instillée dans les paupières, en dissolution aqueuse, contracte très-énergiquement la pupille, et produit à très-petites doses des symptômes d'intoxication (1).

Avant le travail de M. Vée, MM. Jobst et Hesse avaient désigné sous le nom de *physostigmine* une substance active, mais qu'ils n'avaient point obtenue à l'état de pureté.]

Pois à gratter ou pois pouilleux.

On donne ce nom vulgaire aux gousses de plusieurs plantes légumineuses, recouvertes de poils piquants qui, en s'introduisant

(1) Vée, *loc. cit.*

dans la peau, y causent une démangeaison insupportable. Deux espèces sont particulièrement connues.

Gros poix pouilleux ; œil de bourrique, *Zoophthalmum*, Browne ; *Mucuna urens*, DC. ; *Dolichos urens*, L., tribu des Phaséolées. Cette plante est très-commune dans les Antilles et dans l'Amérique méridionale. Ses tiges sont fort longues et volubiles.

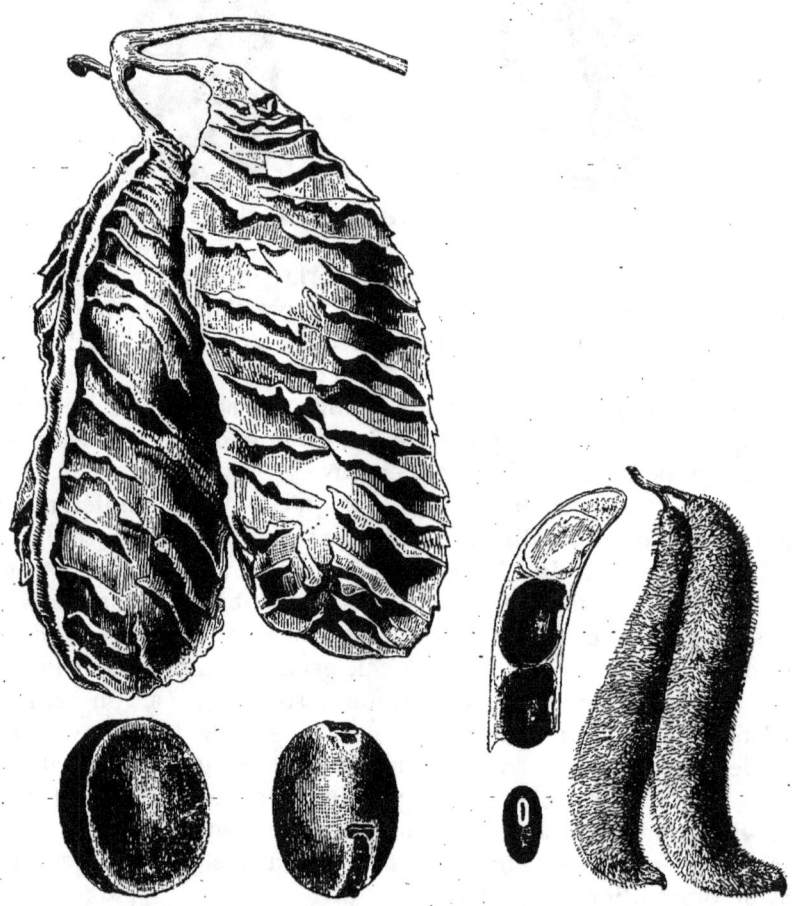

Fig. 679. — Pois à gratter.   Fig. 680. — Petit pois pouilleux.

Ses feuilles sont composées de 3 folioles ovales, lancéolées, pétiolées. Les fleurs sont jaunes, tachées de pourpre, disposées en grappes longuement pédonculées. Les gousses (*fig.* 679) sont déhiscentes, longues de 10 à 15 centimètres, larges de 5 à 6, comprimées, renflées à l'endroit des semences, plissées transversalement, et couvertes de poils caducs, roux, fins, durs et piquants, qui causent une grande démangeaison en s'attachant à la peau. A l'intérieur, ces gousses sont séparées en plusieurs loges par des cloisons celluleuses, et chaque loge contient une semence cornée, ronde, aplatie, large de 25 à 30 millimètres, épaisse de 18 à 20, brune et chagrinée a sa surface, entourée, sur plus des deux tiers de sa circonférence, par un hile circulaire sous la forme d'une bande noire, d'autant plus remarquable que la couleur brune de l'épisperme s'affaiblit et blanchit dans toute la partie qui touche le hile. Cette semence porte vulgairement le nom d'*œil de bourrique*, à cause de la ressemblance avec l'œil de l'âne; mais elle représente encore mieux celui d'une chèvre.

Petit pois pouilleux, *Stizolobium*, Browne; *Mucuna pruriens*, DC.; *Dolichos pruriens*, L. (*fig.* 680). Cette plante est répandue dans l'Inde et aux îles Moluques, tout aussi bien qu'aux Antilles. Ses tiges sont très-longues, volubiles, munies de feuilles à 3 folioles, dont les deux latérales sont très-rétrécies par le côté interne, à cause de la proximité de la foliole terminale. Les fleurs sont disposées en longues grappes pendantes : elles sont formées d'un calice campanulé, bilabié; d'un étendard court, droit, à peine relevé, coloré en rouge ; de deux ailes beaucoup plus longues, d'un violet pourpre, enfermant la carène et le tube des étamines. Les gousses sont indéhiscentes, à peu près longues et grosses comme le doigt, non plissées transversalement, plus ou moins recourbées en S, munies d'une suture tranchante, et toutes couvertes de poils roussâtres, brillants, qu'on ne peut toucher sans éprouver à l'instant des démangeaisons insupportables aux mains et au visage. Ces gousses sont divisées intérieurement en 3 ou 4 loges obliques, dont chacune renferme une semence ayant la forme d'un petit haricot, brun et luisant ; le hile est uni, latéral, très-court, entouré par un rebord proéminent, qui a la dureté et la blancheur de l'ivoire.

Les botanistes se fondent sur la présence ou l'absence de plis transverses du péricarpe, pour diviser le genre *Mucuna* en deux sections, *Zoophthalmum* et *Stizolobium*. Il me semble qu'un caractère plus important pourrait être tiré de la forme des semences, de la grandeur du hile et de la présence ou de l'absence de la caroncule qui entoure le hile. Dans tous les cas, deux semences aussi différentes que celles des deux pois à gratter doivent appartenir à deux genres différents. Le premier devra porter le nom de *Zoophthalmum*, et le second celui de *Stizolobium*.

Arachide ou pistache de terre.

Arachis hypogæa, L. ; *Mundubi*, Marcgr. (1), tribu des Phaséolées? Cette plante (*fig.* 681), dont la fructification est des plus singu-

---

(1) Marcgrave, *Bras.*, p. 37.

lières, croît ou est cultivée dans tous les pays chauds, en Afrique, dans les Indes orientales, en Amérique, en Italie et en Espagne. Elle est annuelle, herbacée, velue et touffue. Quelques-uns de ses rameaux s'élèvent droit, tandis que d'autres sont couchés sur la

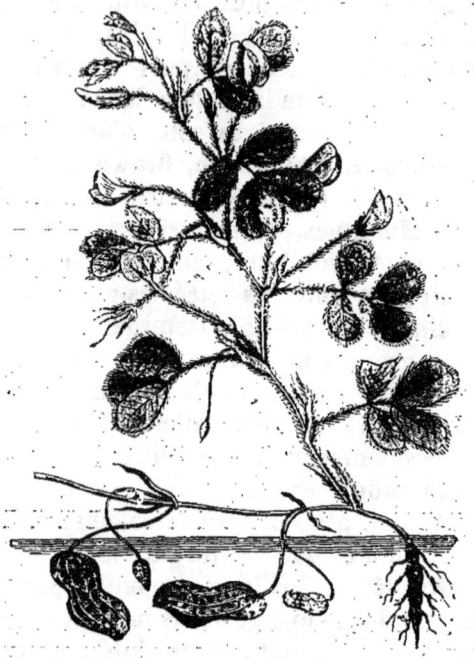

Fig. 681. — Arachide.

terre. Les uns et les autres sont pourvus de feuilles accompagnées de 2 stipules à la base, et formées de 2 paires de folioles, sans impaire. Les fleurs sont toutes hermaphrodites, d'après Turpin et Poiteau, polygames suivant Endlicher. Elles naissent 2 à 2, quelquefois en plus grand nombre, dans l'aisselle des feuilles ; elles sont sessiles ; mais le calice, qui renferme l'ovaire à sa base, est pourvu d'un tube filiforme, long de 5 à 8 centimètres, ayant toute l'apparence d'un pédoncule surmonté d'un calice à quatre divisions profondes. La corolle est jaune orangée, veinée de rouge, composée d'un étendard recourbé en arrière, de deux ailes conniventes et d'une carène recourbée. Les étamines sont au nombre de 10 et diadelphes, mais l'étamine libre est oblitérée et stérile. Le style part du sommet de l'ovaire, traverse dans toute sa longueur le tube du calice, et s'élève en dehors un peu au-dessus des étamines ; le stigmate est capité.

Toutes les fleurs portées sur les tiges droites avortent ; celles placées sur les tiges couchées, ou qui sont peu éloignées de terre, sont les seules qui fructifient, et voici la manière dont s'opère cette fructification : après la fécondation, tous les organes floraux tombent, laissant l'ovaire à nu (1), porté sur un torus qui bientôt s'allonge en se recourbant vers la terre, de manière à y faire pénétrer l'ovaire : et ce n'est que lorsque celui-ci est parvenu à une profondeur de 5 à 8 centimètres, qu'il commence à grossir de manière à former une gousse longue de 27 à 36 millimètres, épaisse de 9 à 14, un peu étranglée au milieu. Cette gousse est formée d'une coque blanche, mince, veineuse, réticulée, renfermant ordinairement deux semences d'un rouge vineux à l'extérieur, blanches à l'intérieur, très-huileuses et d'un goût de haricot. On en fabrique, dit-on, du chocolat en Espagne, où l'*Arachis* a été apportée de l'Amérique. On cultive aussi cette plante dans le midi de la France et en Italie, à cause de l'huile qu'elle contient et dont ses semences fournissent près de 50 pour 100. MM. Payen et Henri fils en ont donné l'analyse. [Diverses régions en font un commerce considérable : dans les Indes orientales, Madras, qui est la place principale, en a fourni jusqu'à 125,000 kilogrammes en une année. La Sénégambie et le Congo en envoient annuellement 80,000 kilogrammes à Marseille, Bordeaux, Nantes et au Havre : les colonies anglaises de Sierra-Léone et de la Gambie environ 30,000 kilogrammes.

Cette huile, plus fluide que celle d'olive, presque incolore, et d'un goût non désagréable quand elle est obtenue à froid, a fourni trois acides distincts du groupe des acides gras : l'acide arachique, bouillant à 95° et ayant pour formule $C^{40}H^{40}O^4$; l'acide hypogéique ($C^{32}O^{30}O^4$), bouillant de 34° à 35°, enfin l'acide palmitique ($C^{32}H^{32}O^4$) (3).]

Semence de ben, dite noix de ben.

Cette semence était connue des Grecs, qui la nommaient βάλανος μυρεψική, et des Latins, qui l'appelaient *glans unguentaria*. Ils la recevaient d'Égypte et d'Arabie, comme nous le faisons encore à présent ; il est en conséquence surprenant que l'arbre qui la produit n'ait été bien connu que dans ces dernières années. Cela tient surtout à ce qu'il existe une autre espèce de ben, très-répandue dans un grand nombre de pays, et qui a été prise pour la véritable, ce qui a détourné les botanistes de rechercher cette dernière.

Le genre *Moringa*, auquel appartient la semence de ben, se dis-

---

(1) Suivant Endlicher, les fleurs fertiles sont privées de calice, de corolle, d'étamines, et se composent seulement de l'ovaire sous-sessile, terminé par un stigmate terminal un peu dilaté.

(2) Payen et Henry fils, *Journ. de chim. méd.*, t. I, p. 431.

(3) Voir, pour les détails, Flückiger, *Ueber die Erdnuss* (*Archiv der Pharmacie*, CLXXXVII, p. 70-84).

tingue des autres légumineuses par des caractères si tranchés, que plusieurs botanistes ont pensé à en former une petite famille particulière, dans laquelle le calice est à 5 divisions sous-égales, imbriquées pendant l'estivation; la corolle est à 5 pétales périgynes, oblongs-linéaires, dont 2 postérieurs un peu plus longs, ascendants, imbriqués pendant l'estivation. Les étamines sont au nombre de 10, insérées sur un disque cupuliforme revêtissant la base du calice; elles sont presque libres par la base, monadelphes vers le milieu des filets, distinctes au sommet, les postérieures plus longues; elles sont alternativement fertiles et stériles; les anthères sont uniloculaires. L'ovaire est uniloculaire, à 3 placentas pariétaux, nerviformes, portant des ovules nombreux, unisériés et pendants. Le fruit est une capsule siliquiforme, à 3 ou à plusieurs côtes, uniloculaire, trivalve, contenant au centre des valves une seule série de semences séparées par des renflements fongueux du péricarpe. Les semences sont trigones-arrondies, pourvues ou dépourvues d'ailes sur les angles. L'embryon est droit, privé d'endosperme; les cotylédons sont charnus, la radicule très-courte et supère, la plumule polyphylle.

Semence de ben ailée, *Moringa pterygosperma*, Gærtn.; *hyperanthera Moringa*, Willd.; *Anoma Morunga*, Lour. L'arbre qui produit la noix de ben ailée (*fig.* 681) croît aux îles Moluques, dans la Cochinchine, dans l'Inde, à Ceylan et dans les Antilles, où il a probablement été introduit. Il est de grandeur médiocre, avec des rameaux étalés et des feuilles bi-ou tripinnées avec impaire. Les folioles sont opposées, pétiolées, ovales, très-entières, glabres et très-petites. Le fruit est jaunâtre à l'extérieur, long de plus de 30 centimètres, épais de 25 millimètres environ, triangulaire, strié longitudinalement, formé par la réunion de 3 valves épaisses, à chair blanche et légère, renfermant au centre et dans autant de cavités, qui cependant communiquent entre elles, 12 à 18 semences rangées sur une seule ligne longitudinale. Ces semences sont noirâtres à l'extérieur, grosses comme de gros pois, arrondies, triangulaires et pourvues de 3 ailes blanches et papyracées. L'épisperme est très-blanc à l'intérieur, fragile et un peu spongieux; l'amande en est blanche, huileuse et très-amère. Elle pourrait fournir de l'huile par expression; mais elle n'a pas été appliquée à cet usage, et ce n'est pas elle qui constitue la semence de ben du commerce.

On connaît une autre espèce de *Moringa* à semences ailées, dont le fruit, aussi long que le précédent, est presque cylindrique ou sous-octogone, bien qu'il paraisse s'ouvrir également en 3 valves. C'est le *Moringa polygona*, DC.; l'*Hyperanthera decandra*, Willd.; l'*Anoma Moringa*, Lour.

Semence de ben aptère, *Moringa aptera*, Decaisne (1). Cette espèce n'a pas été complétement inconnue à Linné, qui remarque que, si les semences venues d'Asie sont ailées sur les angles, celles d'Afrique sont dépourvues d'ailes. L'arbre a vécu dans le jardin de Farnèse à Rome, et Aldini en a donné une description et une figure qui se font remarquer par l'avortement ou la cadicité des folioles, fait observé également par M. Decaisne sur les échantillons rapportés d'Égypte par Sieber et par Bové. Cependant je suis

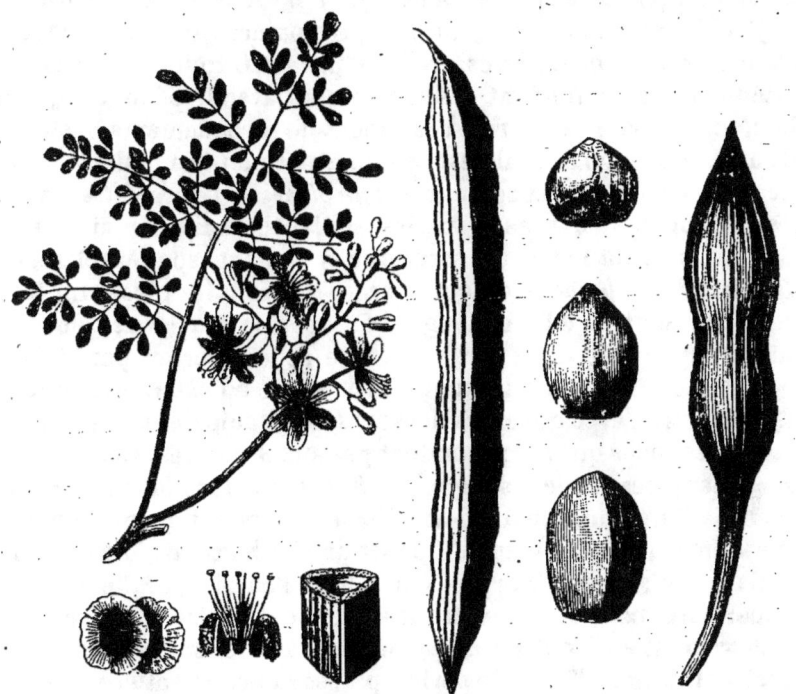

Fig. 682. — Noix de ben.   Fig. 683. — Semence de ben aptère.

porté à croire qu'il y a deux espèces de ben aptère, la description du fruit donnée par M. Decaisne ne s'accordant pas entièrement avec le fruit qui a été trouvé, à différentes époques, dans les semences du commerce.

D'après M. Decaisne, le fruit est léguminiforme, terminé par un rostre, obscurément trigone, bosselé, sillonné longitudinalement et à 6 côtes, dont 3 répondent aux placentas et 3 aux sutures; il est uniloculaire, *à 3 valves* septifères, les cloisons s'accroissant en forme de séparation transversale blanche et fongueuse. Les semences sont ovées ou trigones-turbinées, pendantes, marquées d'un hile blanc, subéreux; le testa est sous-crustacé, *d'un*

---

(1) Decaisne, *Annales des sciences natur.*, 1835, t. IV, p. 203.

gris noirâtre au dehors, revêtu intérieurement d'une membrane blanche et épaisse. Enfin, la figure donnée par M. Decaisne indique un fruit assez long, trigone, à 3 valves, semblable à celui du *Moringa pterigosperma*, et contenant une série linéaire de 7 à 8 semences.

Or on trouve quelquefois, dans les semences de ben du commerce, un fruit assez différent du précédent, que l'on voit représenté dans Pomet, dans le Matthiole de G. Bauhin, dans J. Bauhin (1) et dans Chabræus (2). Je possède un de ces fruits, et j'en donne ici la figure, faite d'après nature (*fig.* 683). Ce fruit est long de 45 millimètres, pointu par l'extrémité supérieure ; atténué et se confondant insensiblement avec le pédoncule, par le côté opposé. Il est formé seulement de 2 renflements ovoïdes, dont la coupe horizontale est circulaire et non triangulaire, et il ne renferme que deux semences *d'un blanc un peu verdâtre*, ovoïdes, triangulaires, avec 3 angles saillants, mais non ailés. Ces semences, dont le test est assez dur et cassant, sont exactement les *noix de ben blanches* du commerce, qui sont les plus estimées, mais qui sont en effet mélangées de *noix de ben grises*, plus petites et aptères, qui me paraissent être celles décrites par M. Decaisne. Le péricarpe est d'un gris rougeâtre à l'extérieur, solide, fibreux, strié, avec quelques nervures longitudinales un peu proéminentes, mais qui ne répondent pas aux 3 sutures. Celles-ci ne sont marquées sur le fruit que par 3 légers sillons blancs, provenant de l'interruption du derme brunâtre, et indiquant un commencement de déhiscence ; cependant je n'oserais dire que le fruit est déhiscent : lorsque j'ai voulu l'ouvrir par l'extrémité supérieure, pour en connaître les semences, il s'est déchiré irrégulièrement en 7 ou 8 parties, sans suivre les sutures, qui sont restées intactes. Enfin, le péricarpe est mince et entièrement fibreux dans toute la partie renflée, occupée par les graines, et ne s'épaissit en une cloison transversale que dans leur intervalle. Cette cloison est percée de 3 trous qui répondent aux 3 trophospermes pariétaux, *correspondant eux-mêmes exactement avec les trois sutures extérieures* : l'un de ces trous est plus ouvert que les deux autres, et permet de voir que la semence contenue dans la loge inférieure est suspendue par un funicule membraneux au trophosperme qui lui répond. Ces semences de ben blanches répondent au *Moringa aptera* de Gærtner.

La semence de ben est amère et purgative ; mais on ne l'emploie plus en médecine. Elle fournit, par expression, une huile

---

(1) J. Bauhin, *Historia plantarum*.
(2) Chabræus, *Icones*.

douce, inodore et difficile à rancir, qui est très-propre à se charger, à l'aide de la macération, de l'odeur fugace du jasmin et des fleurs liliacées. Cette huile, au bout de quelque temps, se sépare en deux portions, dont l'une est épaisse et facilement congelable, et dont l'autre reste toujours fluide. C'est de cette dernière huile que les horlogers se servaient pour adoucir le frottement des mouvements de montres, avant qu'on eût trouvé, dans la saponification incomplète de l'huile d'olive, le moyen de se procurer une élaïne beaucoup plus pure, non oxygénable et sans action sur les métaux, notamment sur le cuivre.

Il y a une autre semence qui est connue sous les noms de *Ben magnum* et de *Noisette purgative*; c'est le fruit du *Jatropha multifida*, L. (Voyez t. II, p. 356.)

Fruits d'acacias ou bablahs.

Les arbres de la famille des Légumineuses qui composent la tribu des Mimosées avaient été séparés, par Tournefort, en deux genres, savoir : les *Mimosa* et les *Acacia*; le premier, caractérisé par ses gousses articulées, et le second par ses fruits continus. Linné les a tous réunis en un seul genre, sous le nom de *Mimosa*; mais plus tard Willdenow en forma les genres *Inga*, *Mimosa*, *Schrankia*, *Desmanthus* et *Acacia*, auxquels il faut joindre aujourd'hui les *Prosopis*, *Algarobia*, *Entada*, *Vachelia* et plusieurs autres. Parmi tous ces genres, nous nous arrêterons au seul genre *Acacia*, et nous nous bornerons encore à décrire les espèces qui nous fournissent la gomme arabique, le cachou et plusieurs fruits astringents usités pour la teinture et le tannage.

Les acacias gummifères, quoique quelques-uns, originaires de l'Orient, aient été connus des anciens, et que les autres, naturels au Sénégal, aient été décrits par Adanson, sont encore mal définis et plus ou moins confondus par la plupart des botanistes. Je me bornerai à décrire les espèces d'acacias telles qu'elles me paraissent devoir être établies, en rejetant toutes les synonymies autres que celles que j'indiquerai.

I. *Acacia nilotica*, Delile; *A. vera*, Willd., Guib.(*Drog. simples*, 4ᵉ éd.)(1). Cette espèce comprend deux variétés qui diffèrent par le nombre de leurs pinnules, mais qui ne sont peut-être que deux âges différents du même végétal.

[(1) Le nom d'*Acacia vera* employé par Guibourt dans la précédente édition, ayant été appliqué à diverses espèces mal définies, nous lui substituerons le nom d'*A. nilotica*, qui se rapporte à la forme bien déterminée, décrite dans cet article.]

1ʳᵉ VARIÉTÉ, A 4-6 PINNULES.

Acacia (Vesling. *in Pr. Alpin.*, cap. IV; Plukenet, *Phytogr.*, tab. CCLI, fig. 1; Blackw., tab. CCCLXXVII).

Mimosa nilotica (Hasselq., *Itin.*, 475).

Gommier rouge ou *nebneb* d'Adanson (*Supplément à l'Encyclopédie botan.*, t. I, p. 80).

Acacia d'Égypte (Lamarck., *Suppl.*, t. I, p. 19).

Acacia vera, Valmont de Bomare (*Dict.*, t. I, p. 81).

Acacia nilotica (Delile, *Fl. ægypt.*, p. 79; Th. Fr. Nees, *Plant. med.*, tab. CCCXXXII).

Abrisseau (*fig.* 684) de 3 à 4 mètres de hauteur, dont l'écorce est brune, l'aubier jaunâtre, le bois très-dur et d'un rouge brun. Ses feuilles sont deux fois ailées et portent 4 à 6 pinnules (quelquefois da-

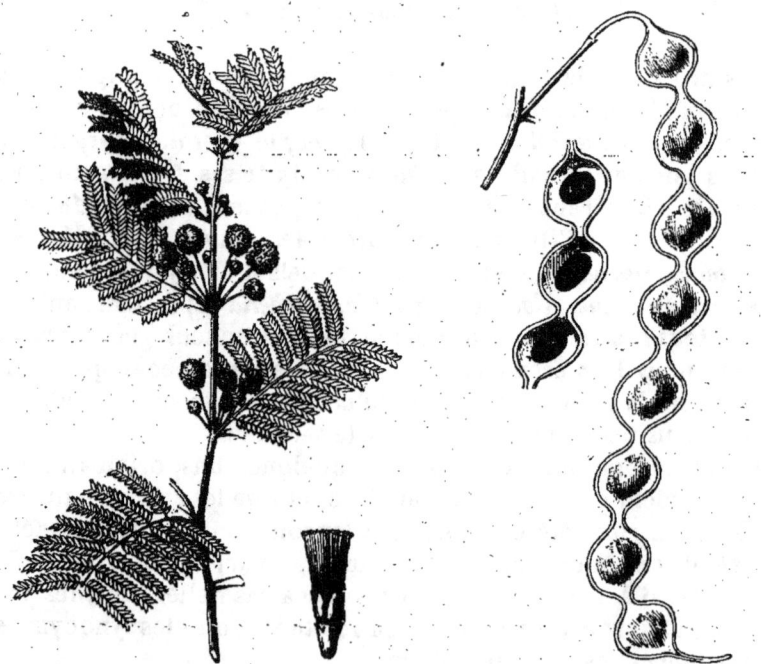

Fig. 684. — Acacia nilotica.   Fig. 685. — Fruit d'acacia nilotica.

vantage), dont chacune est pourvue de 15 à 20 paires de folioles, longues de 4 ou 5 millimètres, obtuses et imparfaitement glabres. Le pétiole commun porte une petite glande concave entre la première paire de pinnules et une autre entre la dernière. Il est accompagné à la base, au lieu de stipules, de deux épines droites, écartées horizontalement, et dont l'une est d'un tiers plus courte que l'autre. D'ailleurs ces épines ne sont pas d'égale grandeur sur toutes les branches ; celles qui poussent au moment où la séve est près de s'arrêter, sont brunes, coniques, longues de 11 à 15 millimètres ; les branches, au contraire, qui poussent pendant la force de la séve portent des épines longues de 55 à 65 millimètres sur 2 millimètres de diamètre, et d'un jaune de bois (Adanson).

Les fleurs sont jaunes, disposées en capitules sphériques de 16 millimètres de diamètre, qui naissent au nombre de deux (ou plus) dans l'aisselle des feuilles supérieures. Ces capitules sont portés sur des pédoncules longs de 25 millimètres environ, articulés vers leur milieu, où ils portent une petite gaîne couronnée par 4 denticules. Chaque capitule est composé d'une soixantaine de fleurs très-rapprochées, séparées les unes des autres par une écaille plus courte que le calice, figurée en palette orbiculaire, velue, et dont la moitié inférieure forme un pédicule très-délié. Chaque fleur est hermaphrodite (Adanson), composée d'un calice d'une seule pièce, d'un tiers plus long que large, couvert de poils denses, et partagé par le haut en 5 dents triangulaires égales. La corolle est deux fois plus longue que le calice, tubuleuse, terminée par 5 dents oblongues. Les étamines, au nombre de 70 à 80, sont disposées sur 5 rangs circulaires, et naissent d'un disque qui s'élève du fond du calice en touchant à la corolle ; elles sont égales entre elles, deux fois longues comme la corolle, et en sortent sous la forme d'un faisceau un peu divergent. Les anthères sont arrondies, à deux loges s'ouvrant, du côté interne, par une fissure longitudinale, et surmontées d'un petit appendice blanc, globuleux, denticulé, pédiculé. Le pollen est jaune, pulvérulent et d'une grande ténuité.

Du milieu du vide que laisse le disque des étamines, au fond du calice, s'élève l'ovaire, qui est pédiculé, allongé, terminé par un long style filiforme, tronqué horizontalement et creusé d'une petite cavité hérissée de pointes visibles seulement à la loupe. Le fruit (*fig.* 684) est un légume aplati, long de 6 à 11 ou 14 centimètres, vert brunâtre, *lisse*, *luisant*, composé de 6 à 10 articles discoïdes, si étranglés qu'ils paraissent comme attachés bout à bout, en forme de chapelet, par un collet qui n'a pas souvent 2 millimètres de largeur. Ces articulations ne se séparent pas naturellement, mais elles se rompent très-facilement par l'emballage ou le transport, de sorte que le fruit reçu par la voie du commerce est presque toujours brisé et séparé en autant de parties qu'il y a de loges et de semences. Le péricarpe renferme un suc desséché rougeâtre, d'une saveur gommeuse et astringente. Les semences sont elliptiques, aplaties, d'un gris brunâtre, marquées, sur chacune de leurs faces, d'un sillon qui enferme un grand espace pareillement elliptique. Elles sont attachées au bord supérieur de la loge par un court funicule ; elles portent, en Égypte, le nom de *quarat*, le même qui est donné dans l'Inde à celles de l'*Adenanthera pavonina*, et probablement pour la même cause. L'arbre est connu sous le nom de *sant*. La description du fruit a été donnée, presque dans les mêmes termes, par Geoffroi, Adanson, Lamarck et Valmont de Bomare. Ce fruit était connu des anciens, qui l'employaient, au lieu de galle, pour le tannage des peaux, et en retiraient, par le moyen de l'eau, un extrait astringent, très-connu sous le nom de *suc d'acacia*. Mais ce fruit a été complétement oublié pendant très-longtemps, et n'a reparu dans le commerce que postérieurement à l'année 1825, époque à laquelle on reçut de l'Inde, sous le nom de *bablah*, les gousses de l'*Acacia arabica*, pour servir au tannage et à la teinture. Alors on fit venir d'Égypte et du Sénégal, pour remplacer ce bablah, ou pour les employer concurremment avec lui, les gousses de l'*Acacia nilotica*, et on les vendit aussi sous le nom de *bablah* : elles sont bien moins riches en principe astringent, et sont peu estimées. On les distingue du bablah de l'Inde par leur surface lisse, leur couleur rougeâtre, et par le grand étranglement de leurs articles, qui est cause qu'ils sont presque tous entièrement séparés et réduits à l'état d'une loge lenticulaire et monosperme.

2ᵉ VARIÉTÉ, A PINNULES BIJUGUÉES.

Acacia vera (DC. et Willd).

Acacia vera seu *Spina ægyptiaca*, subrotundis foliis, flore luteo, siliquâ brevi, paucioribus isthmis glabris et cortice nigricantibus donata (Pluk., *Almag.*, p. 3 ; *Phytogr.*, tab. CXXIII, fig. 1).

Acacia ægyptiaca (Fab. Col. Lync. *in* Hernandez, *Mex.*, p. 865, fig.).

Acacia ægyptiaca (Dalech., t. I, p. 160, fig. ; Dodon., *Pempt.*, p. 752).

Spina acaciæ (Lobel, *Observ.*, p. 536, fig.).

Cette variété est née, une première fois, dans le jardin de Padoue, de fruits envoyés de Syrie (1), et, une seconde fois, à Naples, de gousses qui avaient été remises à Fab. Col. Lynceus par l'empereur Ferdinand. Les fruits étaient bien ceux de l'*Acacia nilotica*, et cependant, dans les deux cas, la plante a paru avec deux paires de pinnules seulement à chaque feuille. Cette circonstance a conduit Willdenow et De Candolle à regarder ce nombre de pinnules comme un caractère essentiel de l'espèce, tandis que, suivant ce que je pense, il était accidentel et dû seulement au jeune âge des deux individus et au peu de développement qu'ils ont dû prendre dans une serre de jardin. C'est dans la description donnée par Adanson de son *gommier rouge*, et surtout dans celle du fruit, qu'il faut chercher les vrais caractères de cette espèce.

II. *Acacia arabica*, Roxb (2).

Acacia arabica, Willd. ; *Mimosa arabica*, Lam.

Acacia vera altera seu *Spina mazcatensis vel arabica foliis angustioribus, flore albo (vel luteo), siliqua longa, villosa, pluribus isthmis et cortice candicantibus donata*, Pluk (3). Excluez tous les autres synonymes, et notamment la figure 1 de la planche 251 de Plukenet, qui n'est autre que l'acacia de Vesling.

Cette espèce est très-répandue dans l'Inde et en Arabie. Elle présente presque tous les caractères de l'*Acacia nilotica* ; cependant ses deux épines stipulaires sont plus courtes, ses feuilles sont velues, et ses fruits (*fig.* 685), qui sont longs de 10 à 20 centimètres et larges de 11 à 15 millimètres, sont tout couverts d'un duvet court et blanchâtre, et sont

---

(1) Lobel, *Advers.*, p. 409.
(2) Roxburgh, *Plants of Coromandel*, t. II, p. 26, tab. CXLIX.
(3) Plukenet, *Alm.*, p. 3.

partagés, dans leur longueur, en 12 ou 15 lobes arrondis, par des étranglements généralement beaucoup moins étroits que dans l'*Acacia nilotica*(1). Ils sont terminés par une pointe grêle et recourbée de 15 centimètres environ. Dans le fruit sec du commerce, qui porte le nom de *bablah* (2), l'épiderme de la gousse est noir dans les endroits où le duvet blanc a disparu ; l'espace fort mince compris entre l'épicarpe et l'endocarpe est rempli par un suc noir desséché qui lui donne plus de consistance que dans l'*Acacia nilotica* ; la gousse est souvent entr'ouverte par une des sutures, et se sépare facilement en deux valves d'un bout

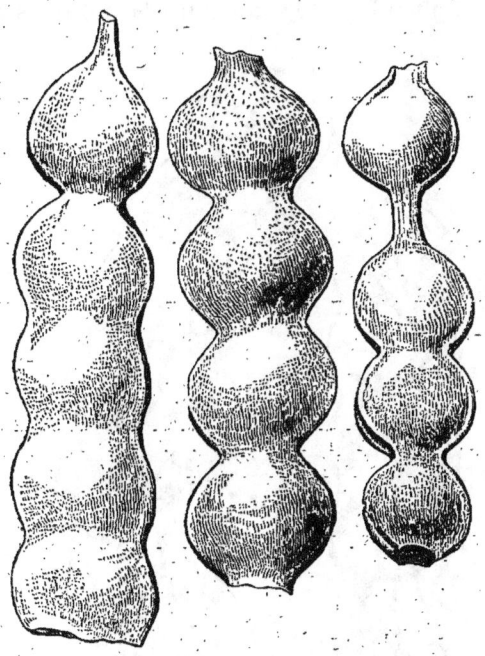

Fig. 686. — Acacia arabica.

à l'autre, à l'aide d'une lame de couteau. Ces deux valves sont encadrées d'un bout à l'autre par les deux sutures ligneuses et étroites, qui leur donnent, très en petit, une certaine ressemblance avec celles de l'*Entada gigalobium* ; mais elles ne sont pas articulées transversalement. Les semences sont enveloppées d'une pulpe desséchée, réduite à l'état d'une membrane blanchâtre ; l'épisperme est dur et corné, d'un gris brunâtre, marqué d'un sillon elliptique comme dans l'*Acacia nilotica*.

Les gousses de l'*Acacia arabica* sont usitées dans l'Inde pour le tannage et la teinture. Depuis 1825, il en arrive d'assez grandes quantités

(1) La figure donnée par Roxburgh (*Plants of Coromandel*) représente le fruit plus étranglé qu'il ne l'est ordinairement et trop semblable à celui de l'*Acacia nilotica*. La figure 685 représente beaucoup mieux le fruit pris dans son ensemble ; seulement elle est un peu plus grande que la généralité des fruits du commerce.

(2) Ce nom est une altération de l'indien *babul* ou *babula*.

dans le commerce sous le nom de *bablah*. Le bois de l'arbre a été décrit précédemment sous le nom de *diababul* (p. 350).

III. *Acacia Adansonii* (1).

Gommier rouge Gonaké d'Adanson (2). Arbre du Sénégal, haut de 8 à 10 mètres, dont les jeunes branches sont couvertes d'un duvet très-serré ; les épines stipulaires sont droites, écartées, pubescentes et blanchâtres. Les feuilles n'ont que 4 paires de pinnules (Adanson), composées chacune de 12 à 16 paires de folioles, oblongues-linéaires, très-petites, rapprochées. Le pétiole porte 2 glandes, l'une entre la dernière paire de pinnules, et l'autre entre la troisième paire en des-

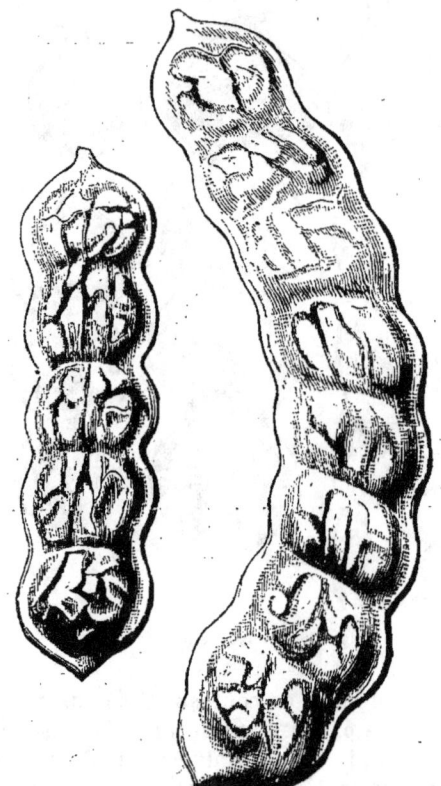

Fig. 687. — *Acacia seyal.*

cendant. Les capitules sortent au nombre de 4 de l'aisselle de chaque feuille. Les fleurs sont jaunes, odorantes, semblables à celles des *Acacia nilotica* et *arabica*, de sorte que, ici encore, c'est le fruit surtout qui distingue l'espèce. Ce fruit, que j'ai fait représenter (*fig.* 687), est long de 16 à 19 centimètres, large de 18 à 20 millimètres, couvert de duvet, comme les jeunes branches, souvent un peu recourbé, ni

(1) Adanson, *Flor. Seneg.*, p. 249.
(2) Adanson, *Suppl. à l'Encycl. bot.*, t. I, p. 83.

articulé ou étranglé, mais seulement un peu rétréci entre les semences, et ayant les bords *ondulés*. Ce fruit ressemble beaucoup à celui de l'*Acacia arabica*; mais il est généralement plus grand, plus large, profondément ridé au-dessus des semences, qui n'occupent pas toute la largeur de la gousse, de sorte que celle-ci paraît comme un peu ailée tout autour. Enfin, le duvet qui recouvre le fruit est moins dense que dans l'*arabica*, et laisse entrevoir la couleur rougeâtre assez claire du péricarpe. Les semences sont semblables.

IV. *Acacia seyal*, Delile (1). Arbre de grandeur médiocre, armé d'épines faibles et courtes à la base des branches, devenant plus fortes et plus longues en montant vers l'extrémité, où elles acquièrent plus de 3 centimètres de longueur. Les feuilles sont rarement solitaires, et le plus souvent géminées ou ternées dans l'aisselle des épines. Elles sont deux fois ailées, à deux paires de pinnules, quelquefois à une ou à trois paires, portant 8 à 12 paires de petites folioles linéaires-obtuses. Les fleurs sont jaunes, ramassées en capitules sphériques courtement pédonculés, qui sortent, sous forme d'ombelle sessile ou de panicule, de l'aisselle des feuilles. Les fruits (*fig.* 687), bien distincts des précédents, sont jaunâtres, longs de 7 centimètres, falciformes, terminés en pointe, un peu comprimés et un peu renflés par places, renfermant 8 à 10 semences dont l'auréole linéaire forme un fer à cheval ouvert vers le sommet de la graine.

L'acacia seyal se trouve dans le désert, entre le Nil et la mer Rouge, et au Sénégal.

V. *Acacia farnesiana*, Willd.; *Mimosa farnesiana*, L.; *Vachellia farnesiana*, Wigth et Arnott; *Acacia indica*, Aldini (2), Blackw. (3) (*fig.* 688). Arbre élevé à peine de 5 mètres, qui ne diffère encore presque des précédents que par son fruit (*fig.* 688), qui est une gousse longue de 5 à 7 centimètres, un peu arquée, cylindrique ou à peine comprimée, avec des renflements nombreux et peu marqués, qui indiquent la place des semences. Sa surface est d'un brun rougeâtre, lisse très-probablement lorsqu'elle est récente, mais marquée de stries fines et assez régulières par suite de la dessiccation. Elle porte 2 sutures presque semblables, formées d'un sillon blanc dû à un commencement de déhiscence du péricarpe, et de 2 nervures parallèles, un peu proéminentes et de couleur rouge. A l'intérieur, cette gousse présente un mésocarpe très-mince rempli par un suc desséché, vitreux et très-astringent; l'endocarpe est blanc, spongieux, très-mucilagineux et un peu sucré; il forme, au moyen de replis intérieurs, des loges obliques dont chacune contient une semence elliptique arrondie, un peu comprimée, marquée sur chaque face d'une sorte d'auréole ou de ligne elliptique qui se prolonge en pointe et s'ouvre du côté du hile. Quand on brise le fruit transversalement, il arrive souvent que les semences et les loges qui les contiennent paraissent placées sur deux rangs parallèles et former deux séries, et c'est probablement ce caractère qui a porté MM. Wight

(1) Delile, *Flore d'Égypte*, p. 286, *fig.* 52.
(2) Aldini, *Hort. farn.*, tab. II.
(3) Blackw., tab. CCCXLV.

et Arnolt à former de l'*Acacia farnesiana* un genre particulier ; mais ce caractère différentiel n'est qu'apparent, et il serait véritablement singulier qu'un arbre aussi semblable aux autres acacias à fleurs capitulées en différât par un caractère aussi essentiel. En réalité, de même que dans toutes les Légumineuses, les semences de l'acacia de Farnèse ne forment qu'une seule série suturale, mais dont chaque graine est attachée alternativement de chaque côté de la suture ; et comme, dans cette espèce, les semences sont très-nombreuses sur une longueur peu

Fig. 688. — Acacia farnesiana.

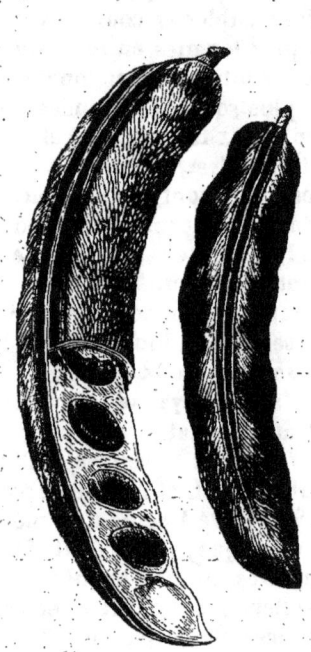

Fig. 689. — Acacia farnesiana.

considérable et très-rapprochées, elles sont obligées, pour prendre leur développement, de se diriger alternativement à droite et à gauche de la suture qui les supporte. C'est là ce qui les fait paraître opposées ou en série double ; mais elles sont alternes, placées l'une au-dessus de l'autre et en série simple.

L'acacia de Farnèse et très-commun à l'île Maurice, où il porte le nom de *cassier* ou de *cassie*. Ses gousses y sont usitées pour le tannage et la teinture en noir. Elles ont été apportées en France vers l'année 1825, en même temps que le bablah de l'Inde, sous les noms de *bali-babulah* et de *graine de cassier*, ce qui est cause que Virey les avait attribuées au *Cassia sophera* (1). L'acacia de Farnèse est aussi très-cultivé en Italie et en Provence, à cause de ses fleurs, qui ont une odeur très-agréable et un peu musquée, et qui sont aujourd'hui usitées dans la parfumerie, sous le nom de *fleurs de cassie* (*fig.* 688).

(1) Virey, *Journ. Pharm.*, t. XI, p. 313.

VI. *Acacia Verek*, Flor. Seneg. ; *Acacia Senegal*, Willd. (excluez les figures citées) ; *Mimosa Senegal*, L. ; *gommier blanc* ou *uerek* d'Adanson (*fig.* 690). Arbre peu élevé, couvert de branches tortueuses et de

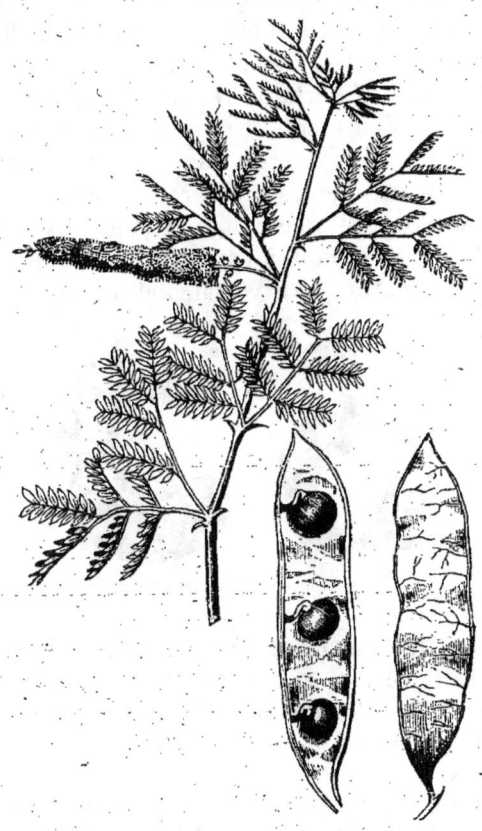

Fig. 690. — Acacia Verek.

feuilles petites, deux fois ailées, composées de 3 à 5 paires de pinnules à 12 ou 15 paires de folioles glabres, longues de 2 millimètres, étroites, avec une très-petite pointe au sommet. A la base de chaque feuille se trouvent 2 ou 3 épines coniques, courtes, crochues, noirâtres et luisantes. Les fleurs sont blanches, polyandres, disposées en épis axillaires pédonculés, cylindriques, longs de 8 centimètres. Les fruits sont jaunâtres, très-aplatis, linéaires, pointus aux deux bouts, longs de 95 millimètres, larges de 18 à 20, veinés à l'extérieur et chargés de poils courts peu sensibles. Les semences sont au nombre de 6 environ, très-aplaties, orbiculaires ou un peu cordiformes. Cet arbre fournit la plus grande partie de la gomme du Sénégal.

A la suite des fruits d'acacias, utiles pour le tannage et la teinture, je décrirai deux autres fruits importés d'Amérique et qui servent aux mêmes usages.

I. **Gousses de libidibi** ou **de dividivi, nacascol, ouatta-pana.**
On donne ces différents noms aux fruits du *Cœsalpinia coriaria*, Willd., arbre très-répandu dans les lieux maritimes de la Colombie, des Antilles et du Mexique. Ses fruits (*fig.* 691) fortement comprimés, longs de 7 ou 8 centimètres et larges de 15 à 20 millimètres, sont reconnaissables à leur forme recourbée en Cou en S, qui leur donne une certaine ressemblance avec la racine de bistorte. Ils sont indéhiscents et renferment, sous une enveloppe mince, lisse et d'un rouge brun, une pulpe desséchée jaunâtre, d'une saveur très-astringente et amère. Au centre de cette pulpe se trouve un endocarpe blanc ligneux, qui divise le fruit d'une suture à l'autre et d'un bout à l'autre, sous la forme d'une lame formée de fibres plates, transversales et d'une grande ténacité.

Fig. 691. — Gousses de lidibidi.

Cette lame se dédouble sur sa ligne médiane de manière à former une série de très-petites loges distinctes, contenant chacune une petite semence allongée dans le sens transversal, un peu aplatie, très-unie, lisse et d'un brun clair.

II. **Algarobo** ou **algarovilla**. J'ai trouvé dans le commerce, sous l'un ou l'autre de ces noms, un fruit qui me paraît difficilement pouvoir se rapporter aux arbres qui portent ces noms en Amérique, et qui sont :

L'*Inga Marthœ* Spreng., dit algarovilla ;
Le *Prosopis horrida*, Kunth., dit algarobo ;
Le *Prosopis siliquastrum*, DC., dit algarobo de Chili.

Le fruit dont il est ici question (*fig.* 692) est presque droit, long de 25 à 35 millimètres, épais de 10 à 12, arrondi ou terminé en pointe aux extrémités ; il est tantôt presque cylindrique, d'autres fois inégalement renflé, quelquefois encore plus ou moins comprimé. Il est formé d'un épicarpe très-mince et ridé, dont la couleur varie du rouge orangé au jaune orangé et au rouge-brun. A l'intérieur se trouve un endocarpe membraneux dont les replis forment de 2 à 4 loges imparfaites, contenant chacune une grosse semence lenticulaire, rouge, unie, assez semblable pour la forme et la grosseur à celle des lupins. Entre les deux enveloppes ci-dessus, se trouve un tissu fort remarquable, consistant en fibres ligneuses assez fortes, qui vont, en s'anastomosant, se réunir à l'une et à l'autre suture, de manière à former une tunique générale, à tissu de dentelle, plongée au milieu du suc amer et très-astringent, jaune et d'apparence de succin, qui remplit tout l'intervalle compris entre l'épicarpe et l'endocarpe. Ce suc astringent et vitreux est si fragile qu'il se brise souvent et se réduit en poussière, avec l'épicarpe qui le recouvre ; alors la tunique fibreuse dont j'ai parlé subsiste, en

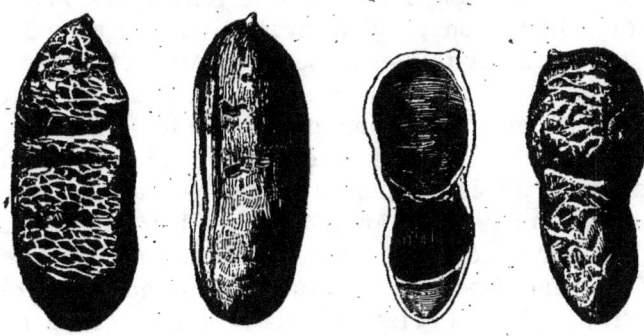

Fig. 692. — Algarobo.

formant comme un squelette ligneux que des insectes auraient mis à nu. [Ces fruits appartiennent au *Balsamocarpon brevifolium*. C'est ainsi qu'ils étaient désignés à l'Exposition universelle de 1867, dans la section du Chili.]

On trouve souvent mélangées, avec les fruits que je viens de décrire, des masses formées des mêmes légumes entiers ou brisés, incorporés avec le suc astringent qui en est sorti. Je pense que ce fruit est celui dont Virey (1) a parlé sous le nom d'*Algarovilla*, et sur l'origine duquel il s'est trompé en l'attribuant à l'*Inga Marthæ*.

SUCS ASTRINGENTS DU COMMERCE.

Je placerai ici l'histoire des sucs astringents du commerce; d'abord parce que le plus grand nombre d'entre eux appartient à la famille des Légumineuses, ensuite parce que les autres ont avec les premiers des rapports de composition et d'emploi trop évidents pour qu'on puisse traiter des uns sans parler immédiatement des autres.

Suc d'acacia d'Égypte.

Le vrai suc d'acacia est extrait des fruits de l'*Acacia nilotica* (pag. 390, *fig.* 685), cueillis avant leur maturité. On les pile dans un mortier de pierre, et on en exprime le suc, que l'on fait ensuite épaissir au soleil. Lorsque ce suc a acquis une consistance convenable, on en forme des boules du poids de 125 à 250 grammes,

---

(1) Virey, *Journ. de pharmacie*, t. XII, p. 296.

et on l'enferme dans des morceaux de vessie, où il achève de se dessécher.

Le suc d'acacia, suivant les caractères que lui donnent les auteurs, et qui sont exacts, car on les retrouve dans un échantillon qui a été rapporté d'Égypte par Boudet oncle, le suc d'acacia, dis-je, est solide, d'une couleur brune tirant sur celle du foie, d'une saveur acide, styptique, un peu douceâtre et mucilagineuse. J'y ajoute ceux-ci : traité par l'eau froide, il s'y dissout assez promptement, mais donne une dissolution imparfaite, trouble, ayant la couleur et l'apparence d'une décoction de quinquina gris. La liqueur filtrée est rouge, rougit très-fortement le tournesol, forme un précipité bleu-noir très-abondant par le sulfate de fer, forme avec la gélatine un précipité tenace et élastique, précipite fortement l'émétique et l'oxalate d'ammoniaque, précipite également par l'alcool et les carbonates alcalins. La portion du suc d'acacia insoluble dans l'eau se dissout dans l'alcool, auquel elle communique une couleur très-foncée, une saveur très-astringente, non amère, et la propriété de précipiter en bleu foncé le sulfate de fer. Ces essais indiquent dans le suc d'acacia un acide libre d'une forte acidité, une espèce de tannin analogue à celui de la noix de galle, et un sel calcaire très-abondant.

Le vrai suc d'acacia est très-rare dans le commerce, ou, pour mieux dire, depuis fort longtemps il ne s'y trouve plus. On donne à sa place une autre matière nommée *Acacia nostras*, extraite en Allemagne des fruits non mûrs du prunier sauvage (*Prunus spinosa*, L.). On exprime le suc de ces fruits, et on lui donne la forme du vrai suc d'acacia. Suivant Lewis, il est plus dur, plus pesant, plus brun, plus âcre que ce dernier, presque également soluble dans l'eau et dans l'alcool. Voici les caractères de celui que je possède ; il est entièrement sec et dur, d'un brun rouge, d'une saveur de pruneaux. Il est peu soluble dans l'eau, et laisse, après avoir été traité par ce liquide bouillant, une matière abondante qui a l'apparence de l'albumine coagulée ; il est insoluble dans l'alcool. Cette substance doit être, avec d'autant plus de raison, rejetée par les pharmaciens, qu'il leur est très-facile de préparer aujourd'hui le véritable suc d'acacia avec les fruits de bablah, que l'on trouve abondamment dans le commerce.

Cachou.

Le cachou est une substance astringente dont l'emploi est très-ancien chez les peuples qui habitent les contrées méridionales et orientales de l'Asie, et qui leur sert principalement à composer un masticatoire dont l'usage est aussi général que celui du tabac dans d'autres parties du globe. Ce masticatoire, formé de cachou, de noix d'arec et d'un peu de chaux, le tout enveloppé d'une feuille de bétel, rougit fortement la salive et colore les dents d'une manière désagréable ; mais il paraît être utile dans ces climats, pour remédier au relâchement des gencives et à la débilité des organes digestifs. Le cachou est aussi très-utile dans l'Inde comme médicament et pour la teinture.

Beaucoup d'auteurs ont admis, après Garcias ab Horto, que le cachou avait été connu des anciens Grecs, et que c'est le *Lycium de l'Inde* de Dioscoride. Malgré l'avis contraire du savant M. Royle (1), il m'est difficile de ne pas partager l'avis de Garcias ; mais, quel que soit le parti que l'on prenne dans cette discussion, il convient de reconnaître que le cachou n'a été connu dans l'Europe moderne que vers le milieu du XVII⁰ siècle, et qu'il a été mentionné d'abord par Schrader, dans un appendice à sa pharmacopée, sous le nom de *Terra japonica* ou de *Catechu*. Pendant longtemps il n'a été employé que pour la médecine, et la consommation en était assez bornée ; mais en 1829 on a commencé de l'appliquer en France à la teinture des étoffes, et dès lors l'importance s'en est accrue d'une manière tellement extraordinaire que d'une importation moyenne de 282 kilogrammes, pendan les années 1827 à 1831, elle s'est élevée, en 1838, à 548,785 kilogrammes ; cependant elle a baissé depuis, mais elle était encore, en 1845, de 225,342 kilogrammes.

Suivant Murray (2), le nom *catechu*, qui a passé presque sans altération dans plusieurs langues européennes, est tiré de *cate* nom de l'arbre, et de *chu* qui signifie *suc* dans la langue du pays. J'ignore de quelle langue Murray a voulu parler, mais je n'ai trouvé ces mots dans aucun des idiomes de l'Inde. Garcias nomme l'arbre au cachou *hacchic*, et c'est le cachou lui-même qu'il appelle *cate* (3). Garcias décrit d'ailleurs très-imparfaitement l'arbre au cachou, bien qu'il soit très-probable qu'il ait voulu parler d'un acacia. D'après lui, c'est un arbre hérissé d'épines, de la grandeur d'un frêne, à feuilles très-petites et persistantes, à bois dur, compacte et incorruptible. Pour en extraire le cachou, on pile les rameaux de l'arbre et on les fait bouillir dans l'eau. On y ajoute quelquefois de la râclure d'un certain bois noir croissant au même lieu et de la farine de *nachani*, qui est une semence noire et menue de la saveur du seigle et propre à faire du pain (4). Le produit de la décoction, concentré, sert à

---

(1) Royle, *Annales des sciences naturelles*, 1834 ; Botanique, t. II, p. 183.
(2) Murray, *Apparatus medic.*, t. II, p. 546.
(3) Garcias, *Arom.*, cap. x.
(4) J'ai trouvé que le nachani est l'*Eleusine coracana*, de la famille des Graminées.

faire des pastilles ou des tablettes qui constituent le cachou.

Sans répéter ici tout ce qui a été écrit sur la nature, l'origine et la préparation du cachou, et sur l'espèce d'arbre qui le produit, je me bornerai à dire qu'après beaucoup de discussions, les opinions parurent fixées par Antoine de Jussieu (1), qui, se fondant principalement sur des renseignements fournis par un chirurgien français résidant à Pondichéry, soutint l'opinion que tout le cachou, quelle qu'en soit la forme, *en boules, en manière d'écorce d'arbre, ou en masses aplaties*, était extrait par infusion dans l'eau des noix d'arec coupées par tranches. Mais cette opinion a été renversée lorsque Kerr, chirurgien anglais, eut fait publier (2) une description exacte de l'*Acacia catechu* et de la manière d'en extraire le cachou : à partir de ce moment, et surtout à mesure qu'on oubliait davantage ce qui avait été écrit antérieurement, Kerr fut regardé comme l'auteur de la découverte de la véritable origine du cachou. Quant à moi, il ne me paraît pas plus exact de dire que le cachou soit exclusivement tiré de l'*Acacia catechu* que de l'*Areca*. Car si la première extraction est pratiquée dans les provinces septentrionales de l'Inde, la seconde est incontestablement usitée dans les contrées du midi. Enfin, autant pour donner une idée plus exacte de cette question que pour rendre à chacun la justice qui lui est due, je traduirai ici par extrait un mémoire d'Herbert de Jager, bien antérieur à ceux de Kerr et d'Antoine de Jussieu (3).

« On entend, dans les Indes, sous le nom de *khaath* (que les nôtres nomment *catsjoe* et Garcias *cate*), tout suc astringent retiré par décoction de fruits, racines ou écorces, et épaissi, lequel, étant mâché avec du bétel et de l'arec, colore la salive en rouge.

« Ce suc desséché ne provient pas d'un seul arbre; mais on le retire de presque toutes les espèces d'acacia qui sont pourvues d'une écorce astringente et rougeâtre et de beaucoup d'autres plantes ; et tous portent le nom de *khaath*, quoiqu'ils diffèrent en vertu et en bonté. Il y a cependant un arbre qui produit le meilleur et le plus estimé. On nomme cet arbre *kheir* en langage hindou et de Decan, et *khadira* dans la langue sanscrite. Les forts rameaux sont pourvus d'une écorce cendrée, tandis que les pétioles des feuilles ailées sont couverts d'un épiderme rougeâtre, et sortent extérieurement du rameau entre deux épines opposées entre elles et recourbées. Les feuilles sont semblables à celles de l'acacia, quoique plus petites, ce qui me le fait ranger parmi les acacias. *Suivant ce qui m'a été rapporté, c'est de cet arbre, soit seul, soit mêlé à d'autres, que l'on confectionne au Pégu le khaath, qui est tellement célèbre qu'on le distribue par toutes les Indes.* Mais il y a encore un autre

---

(1) Antoine de Jussieu, *Mémoires de l'Académie des sciences*, 1720, p. 340.
(2) Kerr, *Medical observations and inquiries*, t. V, p. 151.
(3) Herbert de Jager, *Miscellanea curiosa*, 1624, p. 7.

arbre épineux du genre de l'acacia, et à feuilles très-petites, qui est nommé en langage tellingoo *driemmi* et en sanscrit *siami*, duquel, suivant ce que j'ai entendu dire, le cachou est également retiré par l'intermède du feu. Cet arbre est tout hérissé d'épines courtes et élargies à la base. L'écorce des forts rameaux est raboteuse et d'une couleur jaune rougeâtre foncée ; les rameaux sont assez disposés sans ordre et entremêlés ; deux ou trois rejetons sortent d'une même branche et portent de petites folioles oblongues arrondies, d'un vert blanchâtre ; de çà et de là sortent, d'entre les feuilles et vers l'extrémité des rameaux, de petits fruits un peu arrondis ; à peine oserai-je dire lequel de ces deux arbres a été indiqué par Garcias (1).

« Enfin, autour des monts *Gate* qui, commençant au cap Comorin, enferment tout le Malabar, le Canara, le Caucan et encore d'autres contrées plus septentrionales, on fabrique une grande quantité de cachou par un autre procédé qui m'a été communiqué par un gymnosophiste qui avait parcouru toutes ces provinces. Suivant cet homme, la noix d'arec, étant encore verte, est coupée par morceaux et mise à bouillir dans l'eau, avec un peu de chaux, pendant trois ou quatres heures, au bout desquelles *il se dépose une matière épaisse et féculente comme une bouillie, laquelle seule peut servir à fabriquer le khaath*; mais, afin de rendre le produit meilleur, on y ajoute de l'écorce de *tsjaanra* ou acacia précédemment décrit, et de celle de l'*épine noire d'Égypte*, toutes deux récentes et macérées pendant trois jours dans de l'eau, laquelle est ensuite versée sur le dépôt précédent et bouillie pendant une heure. La matière épaissie est exposée au soleil, sur des nattes, jusqu'à ce qu'elle devienne presque dure. Alors on la réduit en petites masses qui sont transportées partout sous le nom de *khaath*. Mais ce produit n'est pas toujours pur, et la plupart du temps on y ajoute de l'argile ou du sable pour en augmenter la masse. »

Voici la description donnée par Kerr pour l'extraction du cachou de l'*Acacia catechu* (2).

« Le cachou est préparé avec la partie interne du bois qui est d'un brun pâle, ou d'un rouge foncé, et même noir par place ; la partie externe, qui est blanche, est rejetée. On divise le bois intérieur en copeaux et on en remplit un vase de terre à ouverture étroite, que l'on emplit d'eau jusqu'à la partie supérieure. Cet eau étant diminuée à

(1) Si, comme on n'en peut guère douter, l'arbre nommé *hacchic* par Garcias est un acacia, il est extrêmement probable que c'est celui qui sert principalement à la préparation du cachou, c'est-à-dire le *kheir* ou *khadira* d'Herbert de Jager, ou *Acacia catechu* des botanistes. Quant au second acacia épineux nommé par Herbert de Jager *driemmi* ou *siami*, je suis tout à fait porté à croire que c'est l'*Acacia farnesiana*, sur l'autorité de Roxburgh qui rapporte à cette espèce un végétal dont il est question dans les *Recherches asiatiques* sous le nom de *sami*. Enfin Herbert de Jager indique plus bas, sous le nom d'*épine noire d'Égypte*, une troisième espèce d'acacia, qui concourt quelquefois à la fabrication du cachou de l'arec. Cette *épine noire d'Égypte* ne peut être autre chose que l'*Acacia arabica*.

(2) *Acacia catechu*, Willd. Car. Spéc. : épines stipulaires d'abord presque droites, mais se recourbant avec l'âge ; feuilles pinnées à 10 paires de pinnules por-

moitié par la coction, on la verse dans un vase de terre plat, et on l'épaissit jusqu'à ce qu'il en reste seulement la troisième partie. Alors la matière étant reposée pendant un jour, dans un lieu frais, on la fait épaissir à la chaleur du soleil, en l'agitant plusieurs fois pendant le jour. Lorsque la masse a acquis une consistance suffisante, on l'étend sur une natte, ou sur un drap saupoudré de cendre de bouse de vache, et on la divise en morceaux *quadrangulaires*, dont on achève la dessiccation complète au soleil. Afin que l'extraction se fasse plus facilement, on se sert de fourneaux très-simples, consistant principalement en une voûte de terre cuite, placée sur un foyer creusé en terre, et percé de trous qui reçoivent les vases à extraction. Plus le bois est foncé en couleur, plus l'extrait obtenu est noir et de moindre qualité. On prend donc le bois d'un brun pâle, *d'où résulte un extrait plus léger et blanchâtre*.

« Cet extrait n'est pas préparé au Japon, d'où l'épithète de *japonica* ne lui convient pas. Il est apporté du Malabar, de Suratte, de Pégu et d'autres contrées de l'Inde ; mais sa plus grande provenance paraît être de la province de Bahar. »

Royle a vu préparer le cachou avec le bois de l'*Acacia catechu*, dans les passes de *Kheree* et de *Doon*. Seulement il ajoute que le suc épaissi est versé dans des moules d'argile qui sont généralement d'une forme carrée. Ce cachou est de couleur rouge pâle.

tant de 40 à 50 paires de folioles linéaires, très-petites et pubescentes ; une glande déprimée à la base du pétiole commun, et deux ou trois autres entre les dernières

Fig. 693. — Acacia catéchu.

pinnules ; fleurs jaunes, polyandres, à 5 divisions et à 20 étamines, disposées en épis cylindriques, sortant au nombre de 1 à 3 de l'aisselle des feuilles ; légume lancéolé, plane, renfermant de 3 à 6 semences.

Il suit la voie ordinaire du commerce par le Gange et nous arrive par Calcutta. L'échantillon de ce cachou que M. Royle a rapporté ressemble exactement à celui que j'ai décrit sous le nom de *cachou terne et parallélipipède*, ou *cachou en écorce d'arbre*. d'Antoine de Jussieu, dont l'origine se trouve ainsi définitivement constatée.

Cachou de l'arec.

J'ai déjà rapporté, d'après Herbert de Jager, la fabrication du cachou de l'*Areca catechu*, qui diffère de celle mentionnée par Antoine de Jussieu, parce que, suivant ce dernier, la noix d'arec servirait seule à la fabrication de l'extrait ; tandis que, suivant Herbert de Jager, on y ajouterait souvent une infusion de bois d'acacia. Voici une nouvelle description de cette fabrication, due au docteur Heyne, qui nous apprend que dans le Mysore on prépare deux sortes de cachou avec la noix d'arec.

« Avec des semences de l'arec, on prépare un extrait qui constitue au moins deux des espèces de cachou des pharmacies. Cet extrait est préparé en grande quantité dans le Mysore, aux environs de Sirah, et de la manière suivante. Les noix d'arec étant prises telles qu'elles viennent sur l'arbre, sont mises à bouillir pendant quelques heures dans un vaisseau en fer. Elles sont alors retirées, et la liqueur est épaissie en continuant l'ébullition. Ce procédé fournit le *kassu* ou le cachou le plus astrigent, *lequel est noir et mêlé de glumes de riz et d'autres impuretés*. Après que les noix sont séchées, elles sont mises dans de nouvelle eau et bouillies de nouveau, et cette eau, étant épaissie comme la première, fournit la meilleure et la plus chère espèce de cachou, nommée *coury*. *Celui-ci est d'un jaune brun d'une cassure terreuse, et sans mélange de corps étrangers.* (D'après ces caractères, il me paraît certain que le *coury* et le *kassu* sont les deux premières sortes de cachou que j'ai décrites sous les noms de *cachou en boules, terne et rougeâtre*, et de *cachou brun noirâtre, orbiculaire et plat*.)

Gambir.

Le gambir est une substance tellement semblable au cachou par sa composition et ses propriétés, qu'on lui en donne le nom dans le commerce et que je l'ai moi-même décrit comme une sorte de cachou, avant que de le connaître sous son véritable nom. Une fois ce nom connu, celui du végétal qui le fournit le devenait également. Il est en effet certain, d'après les renseignements fournis par Kœnig, Hunter, Roxburgh, etc., que le gambir est extrait des feuilles de l'*Uncaria gambir*, Roxb. (1). Je me bornerai aux extraits suivants :

(1) *Uncaria gambir*, Roxb.; *Nauclea gambir*, Hunt. (*fig.* 693). Les *Uncaria*

Extrait des observations de Hunter sur la plante qui produit le Gutta gambeer (1). « Deux procédés sont employés pour extraire le *Gutta gambeer* des feuilles du *Nauclea gambir*. Suivant le premier, on fait bouillir dans l'eau les feuilles complétement privées de tige. On évapore la liqueur en consistance sirupeuse et on la laisse se solidifier par refroidissement. On la coupe alors en petits carrés que l'on fait sécher au soleil, en ayant soin de les retourner souvent.

« Le gambir préparé par ce procédé est de couleur brune; mais on en apporte de la côte malaise et de Sumatra, qui est sous forme de petits pains ronds, presque blancs. Selon le docteur Campbell de Bencoolen, cette sorte de gambir se prépare en faisant infuser dans l'eau, pendant quelques heures, les feuilles et les jeunes rameaux incisés. La liqueur étant passée *laisse déposer une fécule qui est épaissie à la chaleur du soleil et façonnée en petits pains ronds.*

« Le plus fréquent usage du gambir est d'être mâché avec les feuilles de bétel, de la même manière que le *kutt* ou cachou, dans les autres parties de l'Inde. On choisit, à cet effet, la sorte la plus belle et la plus blanche. Le gambir rouge, étant d'un goût très-fort, et abondant, est exporté pour la Chine et Batavia, où il sert au tannage et à la teinture.

« Dans l'île du prince de Galles, les fabricants de gambir l'altèrent souvent avec de la fécule de sagou, qu'ils y mêlent intimement; mais on peut découvrir cette fraude par la solution du gambir dans l'eau. »

Extrait de Roxburgh (2). « *Uncaria gambier. Gambier* est le nom malais d'un extrait

Fig. 694. — Gambir.

sont des arbrisseaux sarmenteux, très-répandus dans l'Inde et principalement dans toutes les îles de la Malaisie. Ils appartiennent à la famille des Rubiacées et à la même tribu que les *Cinchona*, dont ils se distinguent principalement parce que leurs fleurs sont sessiles et réunies en capitules, sur des pédoncules sortant de l'aisselle des feuilles. L'*Uncarin gambir* a les feuilles ovées-lancéolées, courtement pétiolées, lisses sur les deux faces ; les stipules sont ovées, les pédoncules florifères sont solitaires et opposés dans l'aisselle des feuilles supérieures; ils sont bractéolés au milieu de leur longueur et sont accompagnés à la base, d'une épine recourbée en crochet, provenant d'un autre pédoncule avorté.

(1) Hunter, *Transact. of the Linnean Society*, IX, p. 218.
(2) Roxburgh, *Flora indica*, t. I, p. 518.

préparé avec les feuilles de cette plante, et qui joint à quelque douceur un principe astringent plus prononcé que dans le cachou. La préparation en est simple : les jeunes tiges et les feuilles sont hachées et bouillies avec de l'eau, *jusqu'à ce qu'il se dépose une fécule. Celle-ci est évaporée au soleil en consistance de pâte et jetée dans des moules de forme circulaire.* C'est ainsi que se fait le gambir, d'après le docteur Campbell ; mais, dans d'autres parties du golfe de Bengale, les feuilles et les jeunes pousses sont bouillies dans l'eau, et la liqueur est évaporée sur le feu et à la chaleur du soleil, jusqu'à ce qu'elle soit assez épaissie pour être étendue mince et coupée en petits pains carrés. »

Suivant M. Bennett, la méthode usitée à Singapore pour faire le gambir cubique consiste à faire bouillir deux fois les feuilles avec de l'eau, dans un chaudron nommé *qualie*, fait en écorces d'arbres cousues, avec un fond en fer battu. Les feuilles épuisées et égouttées servent de fumier pour les plantations de poivre. La décoction est évaporée en consistance d'extrait ferme, lequel est d'un brun clair, jaunâtre et comme terreux. On place cet extrait dans des moules oblongs dans lesquels il se solidifie. Ensuite on le divise en cubes et on le fait sécher au soleil sur une plate-forme élevée. Hunter dit que cet extrait est quelquefois mélangé de sagou ; mais M. Bennett nie que cette falsification se pratique à Singapore. Le meilleur gambir est apporté de Rhio, dans l'île de Bintang. Le meilleur ensuite est celui de Lingin.

Kinos.

On donne aujourd'hui le nom de *kino* à un certain nombre de sucs astringents qui proviennent de végétaux et de pays très-différents. Ces sucs ont avec les cachous et le gambir une assez grande analogie de propriétés ; cependant ils sont généralement plus solubles dans l'alcool et pourvus d'un principe colorant d'un rouge de sang, qui manque aux premiers.

J'ai cherché pendant longtemps et sans succès l'origine du mot *kino*, que l'on trouve pour la première fois dans Murray, comme synonyme de la *gomme astringente de Gambie*, dont la première mention a été faite par Fothergill en 1757. Voici comment on peut expliquer ce nom aujourd'hui : malgré l'importance donnée à la gomme astringente de Gambie par Fothergill, et les démarches faites pour se procurer de nouveau cette substance, elle n'a jamais reparu dans le commerce ; bien qu'on sache parfaitement qu'elle est produite par un arbre d'Afrique nommé *pau de sangue*, qui est le *Pterocarpus erinaceus* de Lamarck. Néanmoins, par suite du mémoire de Fothergill, la gomme rouge de Gambie n'ayant pas cessé d'être demandée, on a délivré en son lieu et place d'autres sucs analogues arrivés de toutes les parties du monde, de l'Inde, des Moluques, de la Nouvelle-Hollande, de la Jamaïque, du Mexique, de la Colombie, etc., qui tous, jusqu'à ce que leur origine ait été découverte, ont été confondus avec la première. Or, parmi ces substances, il y en a une, produite en abondance par le *Butea frondosa*, et qui porte dans l'Inde le nom de *kueni*. Il est probable, ainsi que le pense Pereira, que c'est là l'origine du nom *kino*, que l'on a étendu depuis à tous les sucs rouges et astringents fournis par le commerce.

Après avoir donné ces détails préliminaires sur les cachous, les gambirs et les kinos, je vais décrire les principales sortes que l'on en trouve dans le commerce. Je renverrai pour les autres, ainsi que pour tous les détails dans lesquels je ne puis entrer ici, au mémoire que j'ai publié *sur les sucs astringents, nommés cachous, gambirs* et *kinos* (1).

I. Cachous de l'Areca catechu.

1. Cachou en boules, terne et rougeâtre. Ce cachou est en masses du poids de 90 à 125 grammes, qui ont dû être arrondies d'abord, mais qui ont pris une forme plus ou moins anguleuse et irrégulière pendant leur dessiccation, ou par leur tassement réciproque. Il est d'un brun rougeâtre à l'extérieur et offre souvent des glumes de riz, reconnaissables à leur épaisseur et à leur face extérieure, marquée d'un réseau à mailles carrées. Ces glumes ont dû servir à empêcher l'adhérence des pains avec le plan qui les supportait pendant leur dessiccation ; mais, en outre, ce cachou présente souvent à sa surface, et quelquefois à l'intérieur, deux autres enveloppes de graminée. L'une, qui est assez rare, est brunâtre, luisante, et cependant finement rayée longitudinalement. Elle doit appartenir au tégument propre du fruit de l'*eleusine coracana*. L'autre, qui est bien plus abondante, rouge, très-polie et brillante, peut se rapporter à l'enveloppe extérieure du même fruit. A l'intérieur, le cachou en boules offre généralement deux couleurs et deux consistances : près de la surface il est dur, d'un brun foncé, un peu brillant dans sa cassure ; au centre, il est d'un gris rougeâtre, friable et d'une apparence terreuse ; et comme la séparation des deux couches n'est ni complète ni régulière, il en résulte que la fracture des pains est souvent veinée et marbrée de gris terne et de brun rougeâtre. La substance terreuse étant délayée dans l'eau et examinée au microscope, paraît entièrement formée d'aiguilles ou de prismes très-aigus, et la partie brune et compacte en offre elle-même une grande quantité. Ce cachou est friable sous la dent, se fond entièrement dans

(1) Guibourt, *Sur les sucs astringents nommés cachous, gambirs et kinos* (*Journal de pharmacie et de chimie*, t. XI et XII, 1847).

la bouche, et y produit une saveur très-astringente et un peu amère, suivie d'un goût sucré fort agréable. La poudre a la couleur de celle du quinquina gris.

Le cachou en boules, traité par l'alcool à 90 degrés, fournit les trois quarts de son poids d'extrait. Le résidu, épuisé d'abord par l'eau froide, puis traité par l'eau bouillante, ne cède à cette dernière qu'une minime quantité d'amidon colorable par l'iode.

Le même cachou, traité d'abord par l'eau froide, forme une liqueur trouble comme une décoction de quinquina. La liqueur filtrée est peu colorée. Après plusieurs traitements successifs, les liqueurs évaporées ont fourni 55 parties d'extrait pour 100. Le résidu non dissous, traité par l'alcool, a fourni 33 parties d'un nouvel extrait d'un beau rouge, et 7 parties de résidu paraissant formé principalement de glumes de graminées. La nature de ce résidu explique suffisamment la petite quantité d'amidon trouvée plus haut, et l'on peut dire que le cachou en boules n'en contient pas dans sa propre substance, qui est principalement formée d'acide cachutique cristallisé, et qui est entièrement soluble dans l'eau et dans l'alcool, employés l'un après l'autre.

Le cachou en boules était bien plus commun autrefois qu'aujourd'hui. C'est, sans aucun doute, la seconde sorte que Lemery dit être plus poreuse, moins pesante et plus pâle que la première. C'est le *cachou en boules* d'Antoine de Jussieu, et le *coury* de Heyne. C'est lui qui était employé dans les bonnes pharmacies de Paris de 1805 à 1815, et c'est le seul qui fut reçu à cette époque pour le service de la pharmacie centrale des hôpitaux civils de Paris. Mais, à partir de 1816, il a disparu peu à peu, et, depuis longtemps déjà, il est impossible de s'en procurer. Quant à l'arbre qui le produit, il me paraît indubitable que la semence de l'*Areca catechu* est employée à sa fabrication, soit seule, soit avec addition d'écorce d'acacia. Je dois dire cependant que je n'ai jamais trouvé dans ce cachou, comme dans les deux sortes suivantes, de débris de bois d'acacia. Une fois j'y ai trouvé un fragment de myrobalan citrin, fruit astringent qui pourrait très-bien servir à la fabrication du cachou; mais comme ce fait ne s'est pas représenté, je suis porté à le croire accidentel. En résumé, je crois que le *cachou en boules terne et rougeâtre*, ou *coury* de Heyne, est tiré des semences de l'*Areca catechu*.

2. Cachou brun noirâtre orbiculaire et plat, de Ceylan. Je ne connais ce cachou que par un fragment qui m'a été envoyé par M. Christison, professeur à Édimbourg. Il est connu en Angleterre sous le nom de *cachou de Colombo* ou *de Ceylan*. Il paraît être en pains ronds et plats de 5 ou 6 centimètres de diamètre, sur 15 à 18 millimètres d'épaisseur. Il est couvert, sur ses deux faces, de glumes de riz, sans mélange de nachani. Il a une cassure nette, brillante et d'un brun noirâtre. Il est translucide dans ses lames minces, et homogène dans sa masse. Il se broie facilement sous la dent, et offre une bonne saveur de cachou. Délayé dans l'eau et examiné au microscope, il paraît tout formé d'aiguilles agglutinées par une matière gommeuse, dont quelques parties seulement se colorent en bleu par l'iode. Enfin M. Christison en a retiré par l'éther 57 pour 100 d'acide cachutique, ce qui justifie l'épithète d'*excellente qualité* que lui donne Pereira.

3. **Cachou brun noirâtre amylacé.** On trouve dans le commerce français deux variétés de ce cachou. La première (A), que j'y ai toujours vue, a été décrite dans ma troisième édition sous le nom de *cachou brun noirâtre orbiculaire et plat*. Je la désigne aujourd'hui sous le nom de *cachou brun et plat amylacé*. Il est en pains ronds et très-plats, de 5 ou 6 centimètres de diamètre et du poids de 30 à 60 grammes. Une des deux faces surtout présente une grande quantité de glumes de riz et de nachani. L'intérieur est brun, compacte, dur et pesant, mais à cassure très-inégale et médiocrement brillante. Délayé dans l'eau et vu au microscope, on y découvre encore des aiguilles d'acide cachutique, mais en petit nombre. La presque totalité de la matière est sous forme de masses gélatineuses, dont une grande partie se colore en bleu foncé par l'iode. Ce cachou donne par l'eau un extrait gélatineux, évidemment amylacé. Épuisé par de l'alcool à 56 degrés centésimaux, il laisse 52 pour 100 d'un résidu, partie blanc, partie rouge, dont la décoction aqueuse filtrée bleuit très-fortement par l'iode. On y trouve quelquefois de petits copeaux de bois d'acacia.

B. **Cachou brun noirâtre amylacé, intermédiaire** (1). J'ai vu pour la première fois ce cachou à Paris, vers l'année 1836. Il est de la même nature que le précédent, et n'en diffère que par sa forme qui le rapproche un peu du *cachou en boules* n° 1.

Il est en masses dont le poids varie de 30 à 120 grammes. Quelques-unes sont plates ; mais la plupart sont épaisses et arrondies, ou plutôt sont un peu cylindriques, les pains offrant souvent une surface supérieure aplatie comme l'inférieure. La face supérieure est généralement propre et privée de balles de riz ou d'autres corps étrangers. Mais la face inférieure en est fortement couverte, et offre souvent, en outre, des éclats de bois d'acacia et des fragments de brique rouge. Ce cachou est du reste dur, compacte, pesant, et présente une cassure presque noire, inégale et peu brillante.

Cent parties de ce cachou, épuisées par l'alcool rectifié, ont

---

(1) *Dark catechu in balls, covered with paddy husks.* (Pereira.)

produit 50,8 d'extrait sec et 46 de résidu fortement amylacé. Ce résidu a fourni par la calcination 2,9 d'une cendre rougeâtre principalement formée de sulfate de chaux, d'alumine et d'oxyde de fer. Les sels solubles ont dû se trouver dans l'extrait alcoolique.

Analyse du cachou brun noirâtre amylacé intermédiaire. — Cent grammes de ce cachou pulvérisé ont été traités par de l'éther sulfurique dans un entonnoir à déplacement. La liqueur filtrée et verdâtre n'offre pas de séparation de couches; évaporée, elle a fourni 11,70 d'un produit sec, jaune verdâtre, dur et grenu.

Ce produit, traité par l'eau, augmente de volume en s'hydratant et forme une masse solide. J'ai étendu d'une plus grande quantité d'eau, passé à travers un linge et exprimé (1). La liqueur filtrée précipite le sulfate de fer en vert noirâtre, et la gélatine en blanc jaunâtre caséeux; évaporée, elle a fourni 2,25 d'un extrait sec, rouge, transparent, et d'une forte saveur astringente. La matière blanche exprimée, ayant été traitée par 75 grammes d'eau portée à l'ébullition, s'est dissoute incomplétement. La liqueur filtrée, étant renfermée dans une fiole bouchée, a fourni en quelques jours un abondant précipité d'une matière grenue et opaque, que l'on doit considérer comme l'acide cachutique pur, mais hydraté.

La portion de la matière blanche exprimée, qui ne s'était pas dissoute dans l'eau bouillante, est une substance grasse et cireuse, de couleur verte, qui tache le papier comme un corps gras.

Lorsqu'on veut purifier l'acide cachutique en l'altérant le moins possible, il faut prendre une fiole qui contienne environ sept fois autant d'eau que l'on a d'acide. On verse cette eau dans un petit matras avec l'acide, on fait bouillir un instant et l'on filtre au-dessus de la fiole, qui se trouve ainsi parfaitement remplie. On bouche la fiole et on laisse refroidir; après plusieurs jours, on jette le tout sur un linge, on exprime et on fait sécher.

L'acide cachutique se dissout avec une grande facilité dans l'ammoniaque. Le dissoluté, qui est d'abord d'un jaune pur, prend bientôt la couleur d'une forte teinture de safran, c'est-à-dire rouge en masse et jaune sur les bords. A cette époque, elle teint encore en jaune, mais ce jaune passe au nankin rougeâtre par le contact de l'air.

En évaporant le soluté ammoniacal à siccité, le résidu est en partie rouge et en partie noir, non entièrement soluble dans l'eau et dans l'alcool, mais très-soluble dans l'ammoniaque. La liqueur est d'un rouge très-foncé. Après deux nouvelles solutions et deux évaporations à siccité, la matière est devenue noire en masse, mais toujours rouge orangé dans ses lames minces. Elle est alors complétement insoluble dans l'eau et dans l'alcool, toujours très-soluble dans l'ammoniaque.

La potasse caustique en dégage de l'ammoniaque, ce qui montre que cette matière insoluble est composée d'alcali volatil et de l'un des

---

(1) Le linge qui a servi à l'expression s'est teint en un *beau jaune* qui paraît résulter de la combinaison directe du tissu avec l'acide cachutique très-faiblement oxygéné.

acides formés par l'oxygénation de l'acide cachutique, peut-être de tous les deux.

Les 100 grammes de cachou, qui avaient été épuisés par l'éther, ont été traités par l'alcool rectifié. L'épuisement a été difficile, l'extrait alcoolique sec pesait 31 grammes et donnait avec l'eau un soluté trouble. La liqueur filtrée forme avec la gélatine un précipité couleur de chair, et avec le sulfate de fer au médium un précipité vert noir. Ce précipité, étendu d'eau distillée, forme une liqueur verte transparente; étendue d'eau ordinaire, elle prend la couleur bleu-noire du fer et ne devient pas transparente.

Le cachou épuisé par l'alcool a été traité par l'eau, toujours par déplacement; mais l'écoulement du liquide devenant bientôt impossible, on a étendu de beaucoup d'eau, décanté la liqueur trouble et filtré à travers un papier poreux. Le liquide évaporé a fourni 12,8 d'un extrait sec de nature gommeuse et amylacée.

Le cachou, après avoir été traité deux fois par l'eau froide, a été étendu de 1 kilogramme d'eau et soumis à l'ébullition. La liqueur forme une couenne à sa surface, comme le ferait de l'amidon. Il est impossible de la passer autrement qu'à travers une toile claire et en l'exprimant; mais alors presque tout passe au travers. La liqueur évaporée a fourni 31,7 grammes d'un produit sec de nature amylacée.

Voici les résultats de l'analyse :

Acide cachutique. . . . . } obtenus par l'éther.	11,70
Matière grasse.	
Extrait alcoolique rouge et astringent.	31
Produit gommeux, par l'eau froide.	12,80
Produit amylacé.	31,70
Perte sur les deux derniers produits principalement.	12,80
	100,00

Origine des trois cachous précédents. Il me paraît certain que ces trois cachous répondent également au *kassu* de Heyne; mais il faut établir une grande différence, par rapport à la qualité, entre le premier et les deux autres. Le *cachou de Colombo* est un produit pur et bien préparé, et qui est tiré exclusivement de l'*Areca catechu*, puisque l'*Acacia catechu* ne croît pas à Ceylan. Mais il est évident que ces deux arbres concourent à la fabrication du *cachou brun noirâtre amylacé* : car, d'une part, la matière grasse que l'on y trouve me paraît une preuve de l'emploi de la noix d'arec; et, de l'autre, la présence fréquente d'un bois brun et dur indique l'usage de l'*Acacia catechu*. Alors, résumant et comparant tous les documents acquis, voici, suivant ce que je pense, quelle est l'origine du *cachou brun noirâtre amylacé*.

Ainsi que l'indique Herbert de Jager, dans toutes les provinces occidentales de l'Inde on fabrique une grande quantité de cachou avec la noix d'arec. On en fait probablement plusieurs décoctions, et les liqueurs réunies, étant refroidies et reposées, donnent lieu à un abondant dépôt d'acide cachutique, qui sert à fabriquer le *coury* ou *cachou en boules terne et rougeâtre;* car il est certain que celui-ci provient des mêmes contrées que le cachou brun amylacé. Mais, le dépôt étant séparé, il n'est nullement probable qu'on jette comme inutile la liqueur surnageante. On peut presque affirmer, au contraire, qu'on cherche à l'utiliser; et c'est alors sans doute qu'on y fait bouillir du bois d'acacia et qu'on y ajoute, sur la fin, une matière amylacée, afin de donner à l'extrait une consistance qui le rende moins coulant et plus facile à sécher. Je ferai remarquer que l'analyse des cendres de ces deux sortes de cachou s'accorde bien avec le mode de préparation que je leur attribue. Le *coury*, étant fabriqué avec un dépôt qui ne renferme qu'une petite partie du liquide dans lequel il s'est formé, doit contenir très-peu de sels solubles; tandis que le *kassu*, qui provient de la concentration des liqueurs surnageantes, contient non-seulement les sels solubles du végétal, mais encore ceux de l'eau; aussi ces cendres contiennent-elles beaucoup de chlorure, de sulfate et de carbonate alcalins.

4. **Faux cachou orbiculaire et plat.** Voir le Mémoire cité.

II. Cachous de l'Acacia catechu.

5. **Cachou terne et parallélipipède.** Ce cachou est en pains carrés de 54 millimètres de côté sur 27 millimètres d'épaisseur; il est très-propre à l'extérieur et non mélangé de glumes de riz; à l'intérieur, il est un peu compacte et brunâtre près de la surface, mais tout à fait terne et grisâtre au centre. De plus, il est presque toujours disposé par couches parallèles comme un schiste, et facile à séparer en deux ou trois parties dans le sens de ses couches. Ainsi rompu, il forme des morceaux plats, noirâtres du côté extérieur, grisâtres à l'intérieur, et qui imitent assez bien l'écorce d'un arbre. Ces caractères méritent quelque attention par leur constance, car le cachou qui les présente est sans aucun doute celui qu'Antoine de Jussieu a désigné par les mots de *cachou en manière d'écorce d'arbre*. Jussieu l'attribuait comme les autres à l'*Areca catechu;* M. Royle ayant rapporté un échantillon du cachou qu'il a vu préparer dans les provinces du nord de l'Inde avec le bois de l'*Acacia catechu*, ce cachou s'est trouvé être exactement conforme à celui dont il s'agit ici.

Ce cachou, lorsqu'on l'épuise par l'alcool et par l'eau froide, laisse un résidu évidemment amylacé, ce qui le rend inférieur au *cachou en boules terne et rougeâtre* (n° 1). Dans le cours de 1820 à 1824, j'ai vu chez un droguiste une partie assez considérable de ce cachou, dont il a eu beaucoup de peine à se débarrasser à cause de sa forme inconnue dans le commerce. Lorsqu'enfin il a été épuisé, il n'a plus reparu.

6. **Cachou blanc enfumé.** M. Pereira a reçu une seule fois cette substance de l'Inde sous le nom de *katha suffaid*, et le docteur Wallich lui a dit que *saffaid* ou *suffaed* voulait dire *blanc* ou *pâle*. Ce cachou est cependant noir à l'extérieur, dur et pesant comme une pierre ; aussi pourrait-on le prendre, à la première vue, pour une pierre noircie ; mais, à l'intérieur, il est presque blanc et d'aspect tout à fait terreux. Le plus grand nombre des pains pèsent environ 15 grammes et paraissent avoir eu la forme de parallélipipèdes carrés, d'environ 27 millimètres de côté sur 15 millimètres de hauteur. Un autre pain du même poids s'est complétement déformé et a pris une forme lenticulaire. Deux autres du poids de 10 grammes, qui ont été de même carrés et noirs en dessous, paraissent s'être ouverts et déchirés par-dessus par la force de cristallisation de l'acide cachutique, lequel s'est fait jour pour former au dehors des circonvolutions en choufleur. Ce cachou forme pâte avec la salive avant de se délayer dans la bouche ; il possède une saveur astringente très-manifestement amère, peu sucrée et avec un arrière-goût de fumée. Cette dernière circonstance peut faire présumer que la couleur noire extérieure de ce cachou est due à ce qu'il a été séché à la fumée.

7. **Cachou brun-rouge polymorphe.** Voir le Mémoire cité.

8. **Cachou brunâtre en gros pains parallélipipèdes.** Ce cachou est sous forme de pains carrés ayant environ 10 centimètres de côté, 6 centimètres d'épaisseur et un poids de 6 à 700 grammes ; il est d'un brun grisâtre à la surface, ou blanchi par un léger enduit terreux ; mais à l'intérieur il est d'un brun un peu hépatique, médiocrement luisant, offrant çà et là de petites cavités, à peine translucide dans ses lames minces ; il a une saveur un peu moins astringente que celle du n° 7, un peu amère, suivie d'un goût sucré très-agréable.

100 parties de ce cachou fournissent 60 parties d'extrait alcoolique et 38 parties de résidu. Ce résidu calciné produit 10 parties d'une cendre qui fait effervescence avec l'acide nitrique. Il reste 3,5 de résidu siliceux.

100 parties du même cachou, traitées par l'eau froide, fournissent 66 parties d'extrait et 25,5 de résidu. Ce résidu se dissout en grande partie par l'ébullition dans de nouvelle eau. La liqueur est d'un rouge foncé et bleuit faiblement par l'iode ; elle précipite le sulfate de fer en vert noirâtre, passant au bleu-noir par l'addition de l'eau commune. Ce cachou, malgré les 10 parties de matière terreuse qu'il contient, peut être considéré comme une bonne sorte ; il a paru un instant dans le commerce à Paris

vers 1836 ou 1837. Je ne mets pas en doute qu'il ne soit produit par l'*acacia catechu :* mais, tandis que le *cachou terne et terreux* du n° 5 est le produit de la dessiccation du dépôt pâteux des décoctions, et que le *cachou brun-rouge polymorphe* provient sans doute de la concentration des liqueurs surnageantes, le cachou en gros pains, qui est d'une opacité beaucoup plus marquée que le précédent, doit provenir de l'évaporation directe des liqueurs et sans séparation de parties ; à moins qu'on n'aime mieux supposer qu'il provient aussi des liqueurs décantées, et que son opacité est due au mélange de la matière terreuse que l'analyse y fait découvrir.

9. **Cachou brun siliceux.** Ce cachou est le résultat de la falsification que l'on a fait subir au précédent, en le mélangeant avec une quantité plus ou moins grande de sable siliceux. Il est en pains carrés de 7 centimètres de côté sur 4 centimètres de hauteur et du poids de 500 grammes environ, ou en masses plus ou moins irrégulières, globuleuses ou aplaties, d'un poids moins considérable. Il est d'un brun terne à l'extérieur, d'un brun foncé à l'intérieur, à cassure compacte, inégale, terne ou un peu luisante, et laissant briller à la lumière des particules siliceuses : il est dur, tenace et très-dense ; il m'a fourni, après calcination, 26 pour 100 de parties terreuses.

10. **Extrait de cachou brun siliceux.** Lorsque les fabricants eurent commencé, vers l'année 1830, à employer le cachou dans la teinture des tissus, ils eurent bientôt épuisé la petite quantité qui en arrivait annuellement pour l'usage médical, et, avant que les arrivages répondissent aux besoins, pendant plusieurs années le cachou devint tellement rare que l'on fut presque réduit au cachou brun siliceux ; mais, sa grande impureté s'opposant à son emploi direct, on pensa bientôt à le convertir en un extrait qui pouvait être bon pour la teinture, mais qui ne pouvait guère remplacer pour l'usage de la médecine les bonnes sortes qui manquaient. J'ai vu cet extrait mis en pains du poids de 300 à 750 grammes qui, ayant été coulés chauds sur un plan horizontal, avaient pris la forme d'un segment de sphère de 10 à 13 centimètres de diamètre à la base ; cet extrait était noir, fragile, à cassure brillante comme celle de l'asphalte, d'une saveur très-astringente et amère avec un goût de fumée. Il m'a paru pur, mais, en 1840, MM. Girardin et Preisser(1) en ont examiné un dans lequel ils ont trouvé une forte proportion de sang desséché. La fabrication de cet extrait a cessé lors de l'arrivage en masse du gambir cubique et du cachou de Pégu.

---

(1) Girardin et Preisser, *Journ. de pharm.*, t. XXVI, p. 50.

11. Cachou noir mucilagineux. Voir le Mémoire cité.

12. Cachou de Pégu en masses. On peut admettre, sans crainte de se tromper, que presque toutes les espèces de cachou sont préparées depuis fort longtemps et toujours avec les mêmes caractères particuliers, dans les différentes contrées qui les fournissent ; mais on n'en trouve ordinairement qu'un certain nombre à la fois dans le commerce, et ils se succèdent les uns aux autres après un certain laps de temps. Le cachou de Pégu est certainement fort ancien, puisque Herbert de Jager le cite comme un des plus employés dans l'Inde; mais je l'ai vu pour la première fois vers l'année 1816, dans une fourniture faite à la pharmacie centrale des hôpitaux, et je ne l'ai plus revu qu'en 1835, époque à laquelle il devint très-abondant dans le commerce. A partir de ce moment, on n'a pas cessé de l'y trouver ; c'est une des sortes les plus usitées aujourd'hui.

Ce cachou est brun rougeâtre ou brun noirâtre, à cassure brillante et d'une saveur très-astringente et manifestement amère ; il a l'apparence d'un extrait solide, pur et bien préparé, dont on aurait formé des masses rectangulaires longues de 16 à 22 centimètres, épaisses de 5 ou 6, et qui ont été enveloppées dans une feuille d'arbres. Cela n'a pas empêché ces masses de se réunir et d'en former d'autres plus considérables du poids de 50 à 60 kilogrammes, qui ont été enveloppées de feuilles très-grandes et quelquefois d'une natte de jonc. J'avais pris d'abord ces feuilles pour celles du *Butea frondosa*, arbre de l'Inde qui, ainsi qu'on l'a vu précédemment, laisse découler un suc rouge et très-astringent qui se solidifie à l'air, et ces deux circonstances m'avaient fait penser que cette espèce de cachou dont j'ignorais alors le lieu d'origine, était extraite du *Butea frondosa*. M. Pereira trouva ensuite que ces feuilles appartenaient plutôt au *Nauclea cordifolia* ; et, de mon côté, je leur trouvai une assez grande ressemblance avec celles du *Nauclea Brunonis* de Wallich ; mais je suis obligé de convenir aujourd'hui que ces feuilles appartiennent à plusieurs végétaux que je ne puis déterminer.

Synonymie et origine du cachou de Pégu. Ce cachou a été rapporté de l'Inde par M. Gonfreville, sous le nom de *cascati*, et comme l'une des substances les plus employées dans ce pays pour la teinture. L'accord de nom et de propriétés qui existe entre lui et le *kaskati* de Kœnig ou le *cashcuttie* d'Ainslie, assure tout à fait cette synonymie. Quant au lieu d'origine, c'est le commerce anglais qui l'a nommé *cachou de Pégu* ; alors, pour nous éclairer sur le végétal qui le produit, nous n'avons qu'un seul passage d'Herbert de Jager nous disant que, *suivant ce qui lui a été rapporté, c'est de l'acacia catechu, soit seul, soit mêlé à d'autres, que l'on confectionne au Pégou le kaath que l'on distribue dans toutes les Indes*. Cette assertion n'est rien moins que certaine, comme on le voit ; aussi me permettrai-je de dire, en me fondant sur le voisinage des lieux d'extraction, que le cashcuttie, de même que le gambir, est peut-être tiré de l'*Uncaria gambir*, ou d'autres espèces voisines. Hunter, d'ailleurs, nous dit bien que deux procédés sont employés pour obtenir le gambir : le premier par évaporation directe du décocté des feuilles, donnant un *extrait brun;* le second par inspissation du dépôt blanchâtre formé au fond des liqueurs, et constituant le gambir terne et jaunâtre. Le docteur Campbell dit même que *le premier procédé est usité dans d'autres parties orientales du golfe de Bengale*, ce qui désigne assez positivement le Pégu. Il serait donc possible, ainsi que je viens de le dire, que le cachou de Pégu fût un produit d'*Uncaria*, comme le gambir.

Examen chimique. 100 parties de cachou de Pégu donnent, par le moyen de l'eau, 84 parties d'extrait. Le résidu pèse 14 parties.

100 parties du même cachou, traitées par l'alcool, fournissent 72 parties d'extrait sec. Le résidu pèse 24 parties. Ce résidu calciné produit 2 parties d'une cendre blanche qui ne fait pas effervescence avec les acides, et qui ne paraît pas s'y dissoudre. Il se dégage cependant une forte odeur de sulfide hydrique, d'où l'on peut conclure que cette cendre est en grande partie formée de sulfate et de sulfure de calcium.

100 grammes de cachou de Pégu en poudre fine ont été traitées par 1 kilogramme d'éther pur, mais non desséché. La matière s'est humectée peu à peu et s'est convertie en une masse molle que le liquide traversait debout, de sorte qu'un plus long traitement devenait inutile. La liqueur était d'un jaune fauve; elle a produit 21 grammes d'une substance orangée, demi-transparente et d'apparence cireuse.

Cette matière, humectée d'eau, s'hydrate lentement et forme environ 100 grammes d'une masse solide presque transparente et comme demi-gélatineuse ; chauffée avec un peu plus d'eau, au bain-marie, elle se dissout, à l'exception d'une très-petite quantité d'une matière grasse onctueuse et d'un vert pomme. La liqueur refroidie présente, après vingt-quatre heures, des glèbes sphériques et gélatineuses, comme l'eau mère de l'acide cachutique. Après plusieurs jours, la masse gélatineuse augmente et occupe une grande partie du liquide; au fond se trouve un précipité jaunâtre, opaque et peu abondant, d'acide cachutique ordinaire.

Le cachou qui avait été traité par l'éther a été délayé dans un mortier avec de l'alcool, et j'ai essayé de le traiter alors par déplacement, mais sans succès. L'alcool n'a pu filtrer au travers, et j'ai été obligé de le décanter. Le marc est d'ailleurs très-difficile à épuiser par ce moyen, et les liqueurs sont toujours rouges. Elles ont produit 44,7 d'extrait sec. Le résidu pesait seulement 26 grammes, et offrait 8,3 de perte ; traité par l'eau froide, il a formé une liqueur rouge très-foncée, qui se fonçait encore à l'air, et qui a produit 19,58 d'extrait sec. Il est impossible d'épuiser le marc, qui se présente sous la forme d'un mucus rouge foncé; ce marc desséché pèse 5,30.

Voici les résultats de cette analyse.

Acide cachutique anhydre, obtenu par l'éther........	21
Extrait rouge alcoolique........................	44,70
Extrait rouge aqueux, de nature gommeuse.......	19,58
Résidu insoluble.............................	5,30
Perte ou eau................................	9,42
	100,00

13. Cachou de Pégu lenticulaire. J'ai vu une seule pièce de ce cachou, remise par E. Soubeiran au cabinet de l'École de pharmacie. Elle consiste en une masse du poids de 205 grammes qui, ayant été posée dans un grand état de mollesse, sur un plan recouvert d'une feuille d'arbre, s'y est étendue en un pain lenticulaire de 11,5 centimètres de diamètre, fort peu épais et aminci sur le bord. La face supérieure est d'un brun terne, privée de tout corps étranger et marquée de stries concentriques ondulées. La substance interne est brune noirâtre, brillante dans sa cassure, translucide dans ses lames minces, d'une saveur très-astringente et amère. La face inférieure est couverte par un fragment d'une grande feuille, différente de celles précédemment décrites, épaisse, consistante, glabre sur ses deux faces, offrant une côte médiane à fibres ligneuses blanchâtres, et des nervures transversales très-nombreuses, distantes entre elles de 12 à 18 millimètres.

14. Cachou de Pégu en boules. Voir le Mémoire cité.

15. Cachou de Siam en masses coniques. Voir le Mémoire cité.

Gambirs.

16. Gambir cubique clair. *Cachou cubique résineux* (1). Ce gambir vient principalement de Singapore et des îles ou contrées voisines. On l'obtient en faisant sécher à l'air le dépôt d'acide cachutique qui se forme au fond de décoctés des feuilles de l'*Uncaria gambir*, et d'autres espèces congénères (*U. ovalifolia, acida, sclerophylla*, etc.). Il est sous forme de pains cubiques, ou à peu près cubiques, de 25 à 30 milimètres de côté, et du poids de 12 à 20 grammes. Il est toujours terminé à l'extérieur par une couche très-mince d'une substance extractiforme, assez dure, brune jaunâtre ou brune noirâtre; mais l'intérieur est léger, poreux, tantôt blanchâtre, tantôt d'un jaune fauve ou d'un jaune rougeâtre assez uni-

---

(1) Guibourt, *Hist. des drog. simpl.*, 3ᵉ édit., nᵒ 995.

forme. Cette substance interne, délayée dans l'eau et examinée au microscope, paraît entièrement formée de cristaux aiguillés, et n'offre aucune partie colorable par l'iode. Elle se délaye facilement dans la bouche, après avoir fait un instant pâte avec la salive, et offre une saveur modérément astringente et amère, suivie d'un goût sucré bien moins marqué que celui du cachou de l'arec. Elle se dissout en grande partie dans l'eau froide, *employée en quantité suffisante*, et laisse une matière insoluble dans l'eau, soluble dans l'alcool et fusible à la température de l'eau bouillante. C'est à cause de cette matière résinoïde que j'ai donné anciennement à ce gambir le nom de *cachou cubique résineux*, il est évident que le nom de *gambir cubique* est le seul qui lui convienne désormais.

Analyse chimique. 35 grammes de ce gambir pulvérisé ont été chauffés dans une étuve à eau bouillante, et se sont réduits à $30^{gr},90$, ou à 88,30 pour 100.

Ce gambir desséché a été traité par 150 grammes d'éther sulfurique sec, et on a répété trois autres fois le même traitement. L'éther distillé a laissé $15^{gr},30$ d'un produit jaune rougeâtre qui, traité par 90 grammes d'eau bouillante, s'est dissous, à l'exception d'un décigramme environ d'une matière verdâtre. Celle-ci est infusible dans l'eau bouillante, mais fusible à une température plus élevée, en exhalant une fumée blanche très-abondante, susceptible de se condenser sur un corps froid en un enduit blanc et pulvérulent.

La liqueur précédente étant filtrée dans un flacon, qu'elle remplit entièrement, présente une couleur jaune un peu rougeâtre. Après vingt-quatre heures, elle se trouve entièrement prise en une masse solide, blanche et opaque, d'acide cachutique hydraté.

Le gambir, épuisé par l'éther, a été traité par de l'alcool à 90 degrés, trois fois à froid et une fois à chaud. L'alcool évaporé a fourni $15^{gr},30$ d'extrait sec, et le résidu desséché pesait $5^{gr},7$. De sorte que les 35 grammes de gambir cubique, qui s'étaient réduits à $30^{gr},90$ par le dessèchement à 100 degrés, ont produit :

Acide cachutique, par l'éther........................	15,3
Extrait rouge alcoolique.............................	15,3
Résidu insoluble...................................	5,7
	36,3

Cette augmentation est due à une certaine quantité d'éther retenue opiniâtrément par l'acide cachutique, et à l'eau retenue par l'extrait alcoolique. Si donc de $30^{gr},90$ de gambir desséché nous retranchons 5,7 de résidu, il nous restera 25,2 seulement pour l'acide cachutique anhydre et pour l'extrait alcoolique sec. J'admets que ces deux produits s'y trouvent en quantité égale, comme l'analyse les a donnés.

L'extrait alcoolique est d'un rouge foncé et transparent. Il blanchit et devient opaque par le contact de l'eau froide. A l'aide de la chaleur, il se dissout en partie et forme une liqueur rouge orangé qui, renfermée dans un flacon, forme un précipité rouge d'acide rubinique, et conserve une couleur très-foncée. Quant à la partie de l'extrait alcoolique qui ne se dissout pas dans l'eau, elle forme une masse molle et coulante tant que le liquide est bouillant; mais elle se solidifie très-promptement par le refroidissement. Pulvérisée et traitée de nouveau par l'eau, elle s'y divise toujours facilement à froid, mais sans s'y dissoudre; et lorsqu'on chauffe et que le liquide approche de l'ébullition, la matière rouge se fond et se sépare de l'eau, qui acquiert toujours cependant une couleur rouge orangé; de sorte qu'il faut admettre que la matière rouge est par elle-même un peu soluble dans l'eau bouillante. Elle se dissout dans l'acide acétique concentré, et en est précipitée par l'eau; elle est très-soluble dans l'ammoniaque. Cette substance est l'*acide rubinique.*

M. Nees d'Esenbeck, dans une analyse que je ne connais que par la citation qu'en a faite Pereira (1), a très-heureusement remarqué que ce produit, auquel il donne le nom de *dépôt tannique,* est semblable au *rouge cinchonique*, et l'on peut voir, en effet, que ces deux corps jouissent des mêmes propriétés; et comme l'acide rubinique résulte de l'oxygénation de l'acide cachutique, il faut bien aussi que, dans le quinquina, le rouge cinchonique soit produit par l'oxygénation du même corps. On a admis, en effet, de tout temps, l'identité du tannin du quinquina et du cachou. Cette opinion se trouve confirmée par l'identité du produit de leur oxygénation.

Je reviens à l'analyse du gambir cubique. Le résidu épuisé par l'alcool et séché pesait 5^{gr},70. Traité par l'eau froide, il a produit une liqueur dont la teinte *brun noirâtre* tranchait fortement avec la couleur rouge des liqueurs alcooliques; mais cette dernière couleur s'est développée pendant l'évaporation au bain-marie, et j'ai obtenu en définitive 2,75 d'un extrait rouge, tenace, demi-transparent, remarquable par une saveur manifestement acide et peu astringente.

Le résidu de gambir, insoluble dans l'eau froide, pesait sec 2^{gr},95. Il a formé avec l'eau bouillante une liqueur rouge orangé, devenant d'un bleu foncé par l'iode. Il existe donc un peu d'amidon dans le gambir le plus pur; mais, dans le cas présent, la quantité n'en dépasse pas 2 décigrammes, qui forment la perte éprouvée par le résidu après son ébullition dans l'eau. Ce résidu paraît alors formé, à la vue simple, de fibre végétale, de petits fragments de pierre blanche et de sable quartzeux. Ayant été calciné, il s'est réduit à 1,85 d'une cendre blanche assez légère, insoluble dans l'eau, composée de 0,63 de carbonate de chaux décomposable par l'acide acétique; 0,07 d'alumine et d'oxyde de fer solubles dans l'acide chlorhydrique, et 1,15 d'un résidu formé de silicate d'alumine blanc et opaque, mélangé d'une petite quantité de quartz. Voici les résultats de cette analyse, ramenés à 100 parties:

---

(1) Pereira, *Materia medica*, t. II, p. 1436.

	Gambir desséché.	Gambir hydraté.
Acide cachutique anhydre............	40,78	36
Extrait rouge alcoolique sec.........	40,78	36
— aqueux, rouge et acide.........	8,90	7,86
— rouge amylacé................	0,65	0,57
Fibre végétale......................	2,91	2,57
Carbonate de chaux, argile et quartz......	5,98	5,30
Eau...............................	0	11,70
	100,00	100,00

17. **Gambir rectangulaire allongé.** Voir le Mémoire cité.

18. **Gambir plat rectangulaire.** Voir le Mémoire cité.

19. **Gambir en aiguilles, de Singapore.** M. Christison m'a envoyé un échantillon de cette sorte, sous le nom de *gambir jaune de Singapore*. C'est la troisième sorte de M. Rondot. Il est en prismes carrés, longs de 42 à 45 millimètres, sur 7 à 9 millimètres de côté. Quelquefois les prismes, au lieu d'être carrés, sont plus ou moins aplatis, et très-souvent ils sont un peu plus étroits à une extrémité qu'à l'autre, et sont un peu courbés sur leur longueur. Cette forme, qui offre une certaine ressemblance avec celle de l'*amidon en aiguilles*, m'a fait adopter le nom ci-dessus. Ce gambir est d'un jaune très-pâle et terne même à l'extérieur ; examiné au miscrocope, il paraît formé d'acide cachutique cristallisé, sans aucun mélange de matière étrangère.

20. **Gambir brun hémisphérique.** Je n'ai trouvé qu'une seule fois cette substance dans le commerce. Elle est en morceaux de formes diverses et du poids de 60 à 100 grammes, mais qui paraissent tous avoir fait partie de masses hémisphériques ou un peu coniques, de 10 à 12 centimètres à la base. Je suppose que ce gambir, rapproché sur le feu en consistance d'extrait solide, aura été mis en boules et posé encore chaud sur un plan horizontal, sur lequel il sera aplati inférieurement, et qu'il aura ensuite été coupé en plusieurs parties. Il est d'un brun noirâtre, souvent un peu glauque à la surface, mais à cassure noire et brillante. Il se dissout facilement dans la bouche en développant une saveur très-astringente et un goût de fumée. Sa surface est tout à fait privée de débris ou d'empreinte de corps étrangers ; mais il offre à l'intérieur quelques débris atténués de feuilles de palmier, et un morceau présente un fragment assez considérable de gambir cubique. Cette dernière circonstance me fait penser que cette matière provient, soit de l'évaporation des liqueurs qui surnagent le dépôt cachutique servant à la préparation du gambir cubique, soit de la fonte des débris du même gambir, qui seraient trop brisés pour avoir cours dans le commerce.

21. Gambir brun terne celluleux. C'est avec hésitation que je comprends ce suc desséché au nombre des gambirs; car il offre une analogie presque égale avec le cachou brun n° 8 et le cachou de Pégu n° 12. Je le place cependant auprès du gambir hémisphérique, surtout parce qu'il résulte comme lui de la fonte imparfaite de produits déjà obtenus, dont on distingue encore souvent les couleurs diverses dans son intérieur. Il est en morceaux de toutes formes et du poids de 80 à 170 grammes, qui ont été coupés ou cassés dans une masse probablement considérable, et qui a été contenue, à une certaine époque, dans une toile grossière dont on voit l'empreinte sur un grand nombre de morceaux. A l'extérieur ces morceaux sont d'un brun rougeâtre terne, et c'est également leur couleur dominante à l'intérieur; mais, sur ce fond coloré, on distingue un grand nombre de taches dues à des fragments jaunâtres, comme le gambir cubique, ou bruns noirâtres et brillants, comme le cachou de Pégu. On observe, en outre, dans toute la masse, un grand nombre de vacuoles sphériques dues à de l'air interposé; on peut ajouter que plusieurs morceaux sont traversés par des fragments de feuilles de palmier, et que, lorsqu'on triture la masse elle-même dans un mortier, pour la pulvériser, on en sépare des parcelles d'un bois dicotylédoné. Enfin, le gambir celluleux possède une saveur très-astringente et amère, et laisse ensuite dans la bouche la sensation sucrée des bonnes sortes de cachou.

Examen chimique. Cent parties de gambir celluleux fournissent par la calcination 8,22 d'une cendre grisâtre, qui dégage une odeur hépatique par l'acide chlorhydrique, est sans effervescence sensible. Le résidu, pesant 5,77, est formé de sable quartzeux mélangé d'un peu de mica.

Cent parties du même gambir, traitées par l'alcool, fournissent 85 parties d'un extrait sec, d'un rouge foncé. Le résidu insoluble, traité par l'eau froide, produit 5 parties d'extrait gommeux. Le résidu bouilli dans l'eau ne donne aucun indice d'amidon.

Cent parties du même gambir, traitées d'abord par l'eau froide, forment un soluté rougeâtre, qui s'éclaircit facilement par le repos. L'extrait obtenu pèse 56 parties. Le résidu communique à l'alcool une couleur brune très-foncée, et fournit beaucoup d'extrait. Cette substance n'a pas été soumise à d'autres essais.

22. Gambir cubique noirâtre. Voir le Mémoire cité.

23. Gambir cubique amylacé. Ce gambir est en petits pains cubiques ou presque cubiques, de 15 millimètres de côté environ, et du volume de $2^{gr},3$ à 4 grammes. J'en ai deux échantillons qui diffèrent un peu par leur couleur extérieure, l'un étant d'un brun terne et un peu jaunâtre, et l'autre d'un brun rougeâtre foncé et un peu luisant ; mais tous les deux sont à l'intérieur d'un fauve rougeâtre, terne et terreux, et, lorsqu'on les délaye dans l'eau pour les examiner au microscope, ils paraissent également composés d'aiguilles d'acide cachutique et d'une grande quantité de granules de fécule de sagou, très-reconnaissables à leur forme ovoïde, elliptique ou elliptique-allongée, souvent coupée par un plan perpendiculaire à l'axe, et à leur substance dense et compacte. Le hile, qui est très-apparent sur un des côtés de l'ellipse et près d'une extrémité, est toujours très-dilaté et déchiré par la cuisson. Il n'est pas douteux que ce gambir ne soit celui que Hunter dit être falsifié, dans l'île du prince de Galles, avec la fécule de sagou. Planche, qui a le premier signalé la présence de ce gambir dans le commerce, a constaté qu'il laisse, lorsqu'on le traite par l'eau froide, un résidu insoluble, en grande partie amylacé, formant les 55 centièmes de son poids (1).

24. Trochisques de gambir amylacé. Pereira décrit, sous le nom de *Amylaceous lozenge gambir*, un gambir mélangé de fécule de sagou et mis sous forme de petites tablettes rondes ou de trochisques, ayant environ 8 millim. de diamètre, 5 millim. d'épaisseur, plats en dessous, un peu convexes en dessus. Ces trochisques sont d'un blanc un peu jaune verdâtre ; ils ont une apparence terreuse et se réduisent facilement en poudre. Examinés au miscrocope, ils paraissent formés d'une multitude de granules de fécule de sagou mêlés à des cristaux d'acide cachutique. Ils sont donc en réalité de même nature que le gambir précédent, et peuvent être considérés comme le produit d'une falsification ou d'une imitation d'une sorte de gambir naturel. Il n'en est pas de même des sortes suivantes, qui sont des compositions pharmaceutiques dont, à la vérité, le gambir forme toujours la base, mais qui contiennent des substances terreuses et aromatiques, et qui sont destinées soit à fortifier l'estomac, soit à parfumer l'haleine.

Clusius a décrit, sous le nom de *Siri gata gamber*, une composition de ce genre, qui avait la forme de pastilles plates de la grandeur d'une noix vomique, d'un rouge pâle en dessus, blanchâtres à l'intérieur, et d'un goût un peu amer, joint à une certaine âcreté. En voici trois autres sortes (2) :

25. Gambir aromatique cylindrique, *Gambir cylindrique*, Pe-

---

(1) Planche, *Journ. de pharm.*, t. I, p. 212.
(2) Clusius, *Exotic.*, lib. II, cap. xv.

reira. Ce gambir est en pains circulaires ou un peu elliptiques, de 28 à 31 millimètres de diamètre, sur 7 à 9 millimètres de hauteur. Il est plat sur une des faces et un peu bombé sur l'autre. J'en possède un seul pain que je dois à l'obligeance de M. Pereira. La face bombée présente l'empreinte d'un réseau carré formé par une toile sur laquelle le pain a dû être posé. La surface plane offre une impression semblable, mais moins apparente, et qui consiste principalement en lignes serrées et parallèles sans réseau transversal bien distinct. Quant à la tranche circulaire formant l'épaisseur du pain, elle offre des stries linéaires perpendiculaires et très-serrées. Ce pain est de couleur nankin un peu rougeâtre et un peu foncé à l'extérieur, et d'un jaune blanchâtre et un peu verdâtre à l'intérieur, avec des taches tout à fait blanches. Il a une apparence terreuse et se pulvérise très-facilement. Il est graveleux sous la dent et possède une faible saveur astringente, accompagnée d'un goût ambré-musqué. Enfin, examiné au microscope, il n'offre aucun cristal entier d'acide cachutique ni aucun granule d'amidon; il paraît formé principalement de particules transparentes et anguleuses mélangées de parties plus grosses et à arêtes tranchantes qui doivent être du quartz. L'acide nitrique ajouté à la matière la dissout en grande partie en faisant effervescence çà et là et laisse le quartz. Ces caractères me confirment dans l'opinion que ce gambir est une préparation analogue aux *confections* des anciennes pharmacopées, principalement composées de substances astringentes et aromatiques, jointes à des matières bolaires et siliceuses finement pulvérisées.

26. **Cata gambra du Japon.** J'ai vu sous ce nom, dans les collections du Muséum d'histoire naturelle de Paris, une composition analogue à la précédente, mais beaucoup plus aromatique. Elle est sous forme de trochisques ronds tout à fait plats, ayant de 30 à 50 millimètres de diamètre sur 5 millimètres d'épaisseur à la circonférence, et 3 millimètres seulement au centre, la surface des pains étant un peu concave. Ces trochisques sont comme couverts d'une croûte peu épaisse d'un jaune brun; mais l'intérieur est d'un blanc rosé, d'une apparence terreuse et un peu schisteuse. La saveur en est amère et très-aromatique (ambrée-musquée). Les poudres employées à cette confection étaient d'ailleurs assez grossières, car la loupe y fait découvrir des parties qu'on dirait appartenir à du safran, du girofle, des semences de *Panicum* ou d'*Éleusine*, etc. Je n'ai pu soumettre ce gambir à aucun autre essai.

27. **Gambir circulaire estampé**, *Small circular moulteld gambir*, Pereira. Je ne connais ce gambir que par la courte description

qu'en a donnée Pereira. Il est sous forme de petites pastilles plano-convexes, ayant environ 13 millimètres de diamètre à la base. La face inférieure est plane et unie; mais la surface supérieure est convexe, un peu déprimée au sommet, avec une empreinte rayonnée tout autour. Ce gambir est friable et terreux; Pereira ne fait pas mention de sa qualité aromatique, mais je doute à peine qu'il en soit pourvu comme les précédents.

IV. Kinos.

28. Suc astringent du *Pterocarpus erinaceus*. Je mentionne ici cette substance, pour lui conserver sa place, dans le cas où elle deviendrait plus tard un objet de commerce. Il résulte des descriptions précédemment citées que le suc découlé de l'arbre se dessèche promptement à l'air et forme une substance presque noire et opaque en masse, mais d'un rouge foncé et transparente dans les lames minces; il est très fragile, brillant dans sa cassure, d'une saveur très-astringente et en grande partie soluble dans l'eau (1).

29. Suc astringent du *Butea frondosa*. Cet arbre (*fig.* 695) est plutôt un très-grand arbrisseau de la famille des Papillonacées, très-voisin des érythrines. Le tronc en est ligneux, peu épais, tortu et muni d'un branchage très-irrégulier. Les feuilles sont composées de trois larges folioles entières, arrondies au sommet, coriaces, brillantes en dessus, légèrement blanchâtres en dessous. La foliole terminale est obovée et plus grande que les deux latérales. Les fleurs sont grandes, d'une belle couleur rouge ombragée par un duvet orangé et argenté, et disposées en grappes pendantes d'un très-bel effet. Le légume est pédicellé, linéaire, d'environ 15 centimètres de longueur. Il ne contient, proche de l'extrémité pendante, qu'une seule semence ovale, très-comprimée, douce au toucher, brune, ayant environ 38 millimètres de long sur 25 de large. Le *Coccus lacca* se fixe fréquemment sur les jeunes branches et sur les pétioles du *Butea frondosa*, et emprunte peut-être sa matière colorante au suc rouge de l'écorce.

Suivant Roxburgh, il découle des fissures naturelles ou des blessures faites à l'écorce de cet arbre, un suc du plus beau rouge, qui ne tarde pas à se durcir en une gomme astringente et friable, d'une couleur de rubis. Mais elle perd bientôt cette belle couleur à l'air, et, pour la lui conserver, il faut recueillir la gomme aussitôt qu'elle est durcie et l'enfermer dans une bouteille que l'on

---

(1) Voir, sur le *Pterocarpus erinaceus* et son suc astringent, Daniell, *Pharm. Journ.*, t. XIV, p. 55.

bouche bien. Elle se dissout promptement dans la bouche et possède une saveur forte, purement astringente. La chaleur ne la ramollit pas. Elle se dissout facilement dans l'eau pure et forme un soluté d'un rouge vif et foncé. Elle est en grande partie soluble dans l'alcool, mais la liqueur est pâle et un peu trouble. Le soluté aqueux se trouble également par l'alcool, tandis que l'alcoolique, au contraire, devient plus transparent par l'addition de l'eau. L'acide sulfurique étendu trouble l'un et l'autre soluté. L'alcali caustique fait passer la couleur au rouge de sang foncé. Les sels de fer changent le soluté aqueux en une bonne encre durable. Le *Butea superba*, très-grand arbrisseau sarmenteux, fournit un suc semblable.

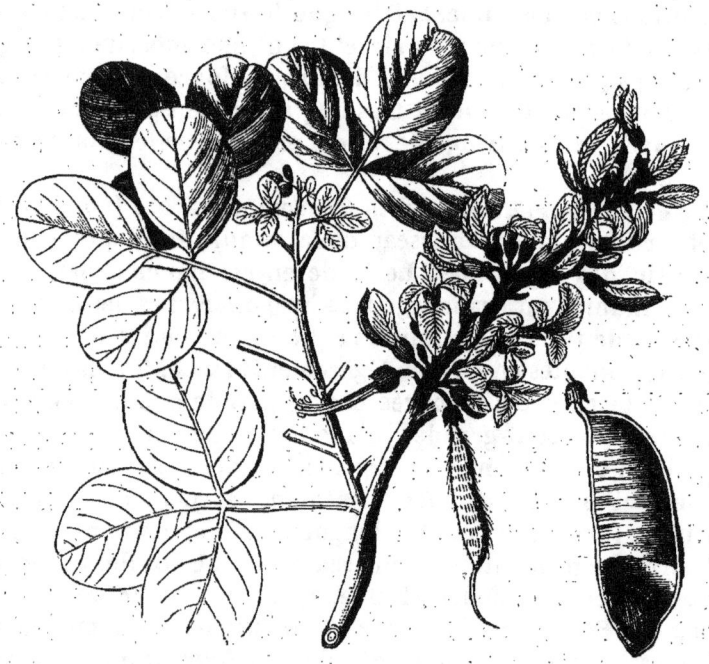

Fig. 695. — Butea frondosa.

Cette description de Roxburgh ne peut s'appliquer qu'à une substance friable, rouge, très-astringente, facilement et complétement soluble dans l'eau, en grande partie soluble dans l'alcool. Elle ne convient en aucune manière, comme on le verra, à la seule substance qui m'ait été donné comme provenant du *Butea frondosa*, et que je décrirai plus loin sous le nom de *gomme astringente naturelle de* Butea ; mais elle se rapporte très-bien à une autre substance apportée de l'Inde par M. Beckett, qui a longtemps résidé dans le Doab septentrional. Suivant M. E. Solly, qui en a fait l'analyse, elle est transparente, fragile, d'une belle couleur de rubis et d'un goût fortement astringent. Elle contient 15 à 20 pour 100 d'impuretés, consistant en bois, écorce, sable et petits cailloux. Dans son état brut, elle contient 50 pour 100 de tannin; mais quand elle a été purifiée par simple solution dans l'eau, 100 parties contiennent 73,26 de tannin, 5,05 d'extratif peu soluble et 21 de gomme soluble, mêlée d'un peu d'acide gallique et de quelques autres substances. Au reste, la proportion de tannin varie beaucoup dans divers échantillons, suivant leur mode d'extraction et le temps de l'année auquel on y a procédé, et l'auteur recommande de récolter le suc aussitôt qu'il est devenu dur, et *non après qu'il a été exposé à l'air, à la lumière et à l'humidité*, ces dernières circonstances lui faisant perdre, ainsi que l'a vu Roxburgh, beaucoup de sa valeur et de ses propriétés. Cette dernière observation nous permettra de concevoir comment la substance suivante peut aussi être produite par le *Butea frondosa*, bien que pourvue de propriétés bien différentes de celles qui viennent d'être exposées.

30. Gomme astringente naturelle du *Butea frondosa*. Cette substance m'a été envoyée une première fois en 1831, par Pereira. On venait de la trouver à Londres, après un oubli de plus de dix ans, dans un magasin de drogueries; elle y était désignée sous le nom de *gomme rouge astringente*, et était contenue dans de grandes caisses que l'on présumait avoir été apportées d'Afrique. Sur ces données, j'ai pensé que cette matière pouvait être la *gomme astringente de Gambie* anciennement décrite par Fothergill, bien qu'elle n'en offrît pas tous les caractères. Mais, en 1838, une substance presque semblable, extraite du *Butea frondosa*, fut apportée de l'Inde en Angleterre par M. le docteur Beckett (c'est celle dont il a été parlé plus haut), et, au même moment, parmi des échantillons de substances envoyés de Bombay à Londres, on en trouva plusieurs de gomme de *Butea* qui étaient désignés comme *kino* (1). Ceux-ci étaient plus remplis d'impuretés, en morceaux beaucoup plus petits et d'une couleur plus foncée que la substance apportée par M. Beckett; mais ils en étaient bien plus exactement semblables à la gomme astringente trouvée à Londres. C'est principalement sur cette dernière sorte, que tous les pharmacologistes anglais reconnaissent pour un produit du *Butea frondosa*, que je me fonde aussi pour admettre que la substance actuelle est également produite par le même végétal.

---

(1) On a vu précédemment que le suc du *Butea frondosa* porte dans l'Inde le nom de *kueni*.

Cette substance est un produit naturel, ayant la forme de très-petites larmes allongées ou de gouttes, qui se sont fait jour spontanément par les fissures de l'écorce et qui s'y sont desséchées. Elle paraît noire et opaque, vue en masse; mais chaque petite larme, placée entre l'œil et la lumière, est en réalité transparente et d'un rouge foncé. Presque tous les fragments offrent, d'un côté, un débris de l'écorce grise d'où ils ont été détachés. Ils sont, au contraire, lisses, ridés et comme cannelés du côté qui a été exposé à l'air. Cette substance est très-dure, non friable, difficile même à pulvériser. Elle est dure, sèche et aride dans la bouche et s'y dissout fort peu. Elle colore faiblement la salive et ne possède qu'une faible saveur astringente. Mise à macérer dans l'eau, elle s'y gonfle très-lentement et augmente de trois ou quatre fois son volume; mais elle ne forme pas de mucilage et se dissout à peine; cependant le liquide se colore lentement en une belle couleur rouge. Si l'on examine alors la substance gonflée, on voit qu'elle est très-inégalement colorée, souvent même dans l'étendue d'un même petit fragment. Les parties peu colorées ont l'aspect d'une gomme insoluble, tenace et élastique. Les parties colorées, qui sont surtout à l'extérieur, paraissent être une combinaison de la même gomme avec le principe colorant rouge devenu insoluble par une oxygénation à l'air. Au moins peut-on remarquer que la partie superficielle des larmes résiste à l'eau bien plus que l'intérieure, et qu'elle reste, malgré l'agitation et le broiement, sous forme de membranes rouges et tenaces. L'eau bouillante en dissout beaucoup plus, et forme une liqueur rouge foncé qui se trouble fortement par le refroidissement; mais une grande partie de la substance rouge membraneuse résiste toujours à son action. Je conclus de cet examen que ce kino est formé par le mélange inégal d'une gomme insoluble et d'un suc rouge astringent qui ont coulé simultanément du végétal; mais je n'ai pu les séparer par aucun moyen.

La gomme astringente du *Butea frondosa* ne cède à l'éther que 0,83 pour 100 d'une matière complexe qui n'est pas de l'acide cachutique. Elle est peu soluble dans l'alcool froid, plus soluble dans l'alcool bouillant et lui cède, par des ébullitions réitérées, 36 pour 100 d'une matière colorante rouge d'une nature acide, fort peu soluble dans l'eau et dans l'alcool froid. Cette matière a beaucoup de rapport avec l'acide rubinique, et n'en diffère peut-être que par son mélange avec un peu de matière gommeuse qui donne à ses solutés concentrés la consistance d'un magma demi-gélatineux.

Car, indépendamment de la matière colorante rouge, cette exsudation naturelle contient certainement une autre substance que je ne puis désigner autrement que sous le nom de *matière gommeuse*, bien qu'elle soit insoluble dans l'eau, et qu'elle jouisse de la singulière propriété de se gonfler et de prendre une consistance gélatineuse dans l'alcool, même absolu. Il est d'ailleurs un fait que je ne puis expliquer : c'est que, tandis que la gomme astringente, traitée par l'eau froide d'abord et ensuite bouillante, ne m'a laissé que 16,84 pour 100 de résidu, cette même substance, épuisée par l'alcool d'abord et par l'eau ensuite, ait laissé 44,8 parties insolubles.

Dans tous les cas, les propriétés de cette exsudation naturelle sont trop différentes de celles du suc astringent décrit par Roxburgh et par M. E. Solly, pour qu'il ne faille pas l'en distinguer.

31. **Kino de l'Inde orientale.** Ce kino, qui est regardé en Angleterre comme la véritable sorte officinale, y a porté aussi pendant longtemps le nom de *kino d'Amboine*, et cette désignation a jeté beaucoup d'obscurité sur son origine. Mais il paraît certain aujourd'hui qu'il est originaire de la côte de Malabar, parce que toutes les importations dont on a pu suivre la trace sont venues de Bombay et de Tellichery.

Ce kino est en très-petits fragments d'un noir brillant, noirs et opaques lorsqu'ils sont entiers, mais transparents et d'un rouge de rubis lorsqu'ils sont réduits en larmes minces. Il est très-friable et se divise facilement en particules très-petites sous l'effort des doigts. Il est entièrement inodore, se ramollit dans la bouche, s'attache aux dents, colore la salive en rouge foncé et possède une saveur astringente très-marquée. Il est facilement soluble à froid dans l'eau et dans l'alcool, et leur communique une couleur rouge de sang. Sa poudre a la couleur du colcothar. Il paraît avoir été séché en couche mince dans des vases à surface cannelée, car il offre presque toujours, sur une de ses faces, des cannelures parallèles et régulières. Cette substance, toujours identique avec elle-même et bien préparée, est une des plus remarquables de ce groupe.

M. Royle, professeur de matière médicale au collège royal de Londres, a publié une notice sur l'origine de cette subtance [1] et paraît l'avoir bien déterminée. Ayant trouvé dans la maison de la Compagnie de l'Inde orientale, à Londres, des échantillons de ce kino avec la marque de *Anjarakandi*, il parvint à savoir que ce nom était celui d'une ferme appartenant à la Compagnie et située à quelques milles de Tellichery. Ayant alors dirigé ses investiga-

---

[1] Royle, *Mémoires sur le kino* (*Royal Asiatic Society. Committee of commerce and agriculture*, 24 mai 1838, p. 41 et 50; *Pharmaceutical Journal*, mai 1846).

tions de ce côté, il reçut par l'entremise du docteur Wight, botaniste distingué résidant à Coimbatore, une lettre du docteur Kennedy, qui accompagnait des *specimen* de feuilles, fleurs et fruits de l'arbre qui produit le kino à Anjarakandi, avec un échantillon de ce kino lui-même. L'examen des *specimen* a démontré à M. Wight que l'arbre était le *Pterocarpus marsupium*, dont voici d'ailleurs la description abrégée faite sur les lieux mêmes par M. Kennedy :

« Arbre très-élevé et d'une vaste étendue ; feuilles à 5 ou 7 folioles pinnées, ovales, un peu échancrées au sommet, épis branchus ; calice verdâtre, un peu tubuleux, à 5 dents ; corolle papillonacée ; 10 étamines formant une gaine à la base, mais séparée par le haut ; légume pédicellé, long de 1 pouce 1/2 à 3 pouces, à une seule semence, entouré d'une aile membraneuse irrégulièrement arrondie, et terminée par une petite pointe fine à la marge ; fleurs jaunes avec des veines rougeâtres. D'après M. J. Brown d'Anjarakandi, lorsque l'arbre est en fleurs, on fait des incisions longitudinales au tronc, et l'on recueille le suc rouge de sang qui en coule avec abondance. Ce suc est desséché au soleil jusqu'à ce qu'il se fendille et se divise en petits fragments. Alors on en remplit des bottes de bois pour l'exportation. »

Bien antérieurement aux botanistes précédents, Roxburgh avait décrit le suc du *Pterocarpus marsupium* et avait émis l'opinion qu'il ne différait pas du kino.

« Par les blessures de l'écorce, dit-il, il coule un suc rouge qui se solidifie à l'air en une gomme d'un rouge brun, très-friable, fournissant une poudre d'un brun clair comme celle du quinquina. Cette substance se dissout dans la bouche en développant une saveur purement astringente, aussi forte que celle de la gomme de *Butea*, à laquelle elle ressemble beaucoup. Elle tient la salive, mais peu ; la chaleur ne la fond pas.

« Ce suc astringent est presque entièrement soluble dans l'eau et dans l'alcool ; les solutés sont d'un beau rouge foncé ; le soluté alcoolique est plus transparent, et paraît beaucoup moins astringent avec les sels de fer que celui-ci fait avec l'eau. En cela ce suc diffère de la gomme du *Butea* dont le soluté spiritueux, quoique moins parfait en apparence, est bien plus astringent que le soluté aqueux. Les deux solutés peuvent être mêlés sans décomposition. En résumé, cependant, cette substance est tellement semblable à la gomme de *Butea*, qu'une même analyse peut servir pour les deux.

« Le spécimen de l'arbre à la gomme kino, dans l'herbier de Banks, est parfaitement semblable au *Pterocarpus marsupium*. Il est probable que c'est le même, ou un arbre très-voisin (1). »

En présence d'aussi grandes autorités, il est difficile de ne pas

---

(1) Roxburgh, *Flora indica*, t. III, p. 234.

conclure que le *Pterocarpus marsupium* produit le kino de l'Inde.

Examen chimique du kino de l'Inde. Il résulte d'un échantillon du kino analysé anciennement par Vauquelin, et qui avait été conservé par Robiquet, que ce kino est celui de l'Inde, de sorte que je ne puis mieux faire que de renvoyer au mémoire de ce chimiste (1). Je me bornerai à remarquer que les propriétés de ce kino, de même que celles des autres espèces, peuvent varier suivant leur ancienneté dans le commerce ou dans les pharmacies. Ainsi Roxburgh annonce que le suc du *Pterocarpus marsupium* est presque entièrement soluble dans l'eau et l'alcool, et le kino que j'ai vu moi-même, récemment arrivé de l'Inde de 1815 à 1820, était d'une grande transparence, d'une couleur claire, et possédait une grande solubilité, même à froid, dans l'eau et l'alcool ; mais depuis ce temps ce suc est devenu d'un rouge brun beaucoup plus foncé, d'une apparence opaque et d'une solubilité moins marquée.

Ce kino, de même que celui examiné par Vauquelin, laisse aujourd'hui beaucoup de matière insoluble dans l'eau froide (0,60 de son poids) et 0,20 seulement dans l'eau bouillante. La partie insoluble dans l'eau est presque entièrement soluble dans l'alcool. Ce même kino est beaucoup plus soluble à froid dans l'alcool que dans l'eau, et forme un liquide épais et d'un rouge brun foncé, qui filtre difficilement. Le résidu insoluble, bien épuisé par l'alcool, ne pèse que 0,19 (0,26 d'après Vauquelin), et constitue une gomme rouge soluble dans l'eau. Le kino entier incinéré produit 0,036 de cendre formée de carbonate de chaux, silice, alumine et peroxyde de fer.

32. **Kino de l'île Maurice.** Voir le Mémoire cité.

33. **Fakaali de l'île Bourbon.** Voir le Mémoire cité.

34. **Suc astringent naturel de l'*Eucalyptus resinifera*** (2). Ce suc, qui n'est pas une résine comme pourrait le faire supposer le nom spécifique de l'arbre qui le produit, découle naturellement de l'arbre et se dessèche sur le tronc à la manière d'une gomme ; mais on en augmente tellement la quantité au moyen d'incisions faites à l'écorce, qu'un seul arbre, au dire du voyageur White, peut en fournir 60 gallons (227 litres). Tel qu'on le trouve naturellement desséché sur l'arbre, il est en masses très-irrégulières, dures, compactes, formées de petites larmes longues, contournées, agglutinées, et presque confondues ensemble. (Celui rapporté par

---

(1) Vauquelin, *Annales de chimie*, t. XLVI, p. 311.
(2) *Eucalyptus resinifera*, arbre d'une très grande taille qui croît exclusivement, ainsi que tous ses congénères, à la Nouvelle-Hollande et à l'île Diémen. Il appartient à la famille des Myrtacées et à la tribu des Leptospermées.

M. Lesson formait une masse caverneuse, mélangée de débris d'écorce, qui ressemblait assez bien extérieurement à du machefer.) Il est noir et opaque à sa surface, mais l'intérieur est vitreux, transparent et d'un rouge foncé. Il est inodore, sauf une seule fois que je lui ai trouvé une légère odeur aromatique, due aux fruits de l'arbre dont il était accompagné; il possède une certaine ténacité, se pulvérise difficilement et donne une poudre d'un rouge brun, il s'attache aux dents et développe une saveur médiocrement astringente. Mis à macérer dans l'eau, il se gonfle et devient mou et gélatineux; il se dissout *complétement* dans l'eau bouillante, à cela près des parties ligneuses qu'il peut contenir; son dissoluté aqueux est précipité par l'alcool. Toutes ces propriétés indiquent que le suc d'*Eucalyptus* résulte du mélange d'une gomme avec un suc rouge de la nature du kino; c'est ce mélange qui le rend plus tenace et moins astringent que le kino de l'Inde. Il n'en a pas moins été employé avec succès contre la diarrhée et la dyssenterie.

35. **Autre suc astringent de Sidney.** Voir le Mémoire cité.

36. **Kino en masse de Botany-Bay**, *kino* de Murray (1), *kino de Botany-Bay* de Duncan (2). Je n'ai rencontré qu'une seule fois ce kino dans le commerce à Paris. Il est en morceaux qui ont dû faire partie d'une masse qui aurait été coulée dans un vase en forme de sébile, dont le fond était garni de bandes de feuilles de palmier; de telle sorte que la masse a pris la forme d'un pain rond, plat en dessus, convexe en dessous, épais de 4 à 6 centimètres au milieu et aminci à la circonférence. Mais cette masse a été ensuite coupée en morceaux de 500 grammes environ, et plus tard encore ces morceaux, complétement desséchés, fissurés et fatigués par le transport, se sont brisés en plus ou moins de parties.

Ce kino présente donc à la surface inférieure des gros morceaux une couche de bandes de feuilles de palmier, affectant la forme arrondie du vase, et souvent, au milieu de la masse, des lanières étroites du pétiole aiguillonné des mêmes feuilles. La surface des morceaux, qui a vieilli à l'air, est souvent recouverte d'une sorte d'efflorescence qui lui donne la couleur grise un peu violacée du lak-dye; d'autres fois le frottement réciproque des morceaux les recouvre d'une poussière d'un rouge brun, ce qui est aussi la couleur de la poudre; mais une fracture récente est toujours brillante et d'un brun noir. La substance fracturée n'est cependant ni vitreuse ni transparente; elle est au contraire opaque,

---

(1) Murray, *Apparatus medic.*, t. VI, p. 203.
(2) Duncan, *Edinburgh New Dispensary*, 1830, p. 448.

inégale et rude au toucher, comme le produirait une poudre sablonneuse mélangée à la masse. Ce kino se broie facilement sous la dent, sans être ni pâteux ni sablonneux, et développe une saveur astringente médiocre. Il est inodore. Il paraît se dissoudre complétement dans l'eau, et forme une liqueur rouge très-foncée, mucilagineuse et se troublant par l'alcool. La liqueur évaporée à siccité se détache en écailles très-fragiles, comme un suc gommeux desséché. L'extrait sec pèse autant que le kino employé, et il reste en plus 2 pour 100 d'un résidu insoluble dans l'alcool.

Lorsqu'on traite ce kino par l'alcool d'abord, il paraît se dissoudre en grande partie; mais les liqueurs, réunies et conservées pendant quelque temps, laissent déposer une substance rouge-brune et grenue, qui se dissout à l'instant dans l'eau. La liqueur alcoolique, filtrée de nouveau et évaporée, fournit 55,6 pour 100 d'extrait. Le dépôt formé dans l'alcool, réuni au résidu insoluble, pèse 47 pour 100; total : 102,6. Ces résultats concordent tellement avec les caractères du suc naturel de l'*Eucalyptus resinifera*, que je ne doute pas que le kino qui les présente ne soit un produit artificiel obtenu, à une certaine époque, par l'évaporation du suc provenant d'incisions faites à ce même arbre; mais, d'après le docteur Thompson, il n'en serait pas arrivé dans le commerce depuis l'année 1810 environ.

37. **Kino de la Jamaïque.** — Si le lieu d'origine indiqué par ce nom est exact, ce kino serait extrait du *Coccoloba uvifera*, grand et bel arbre à bois très-dur et de la famille des Polygonées, qui croît aux Antilles. Ses fruits sont disposés en grappes, de la grosseur d'une petite cerise, rouges et d'une saveur aigrelette. Son bois est rougeâtre, et fournit par décoction dans l'eau un extrait qui doit faire partie des kinos du commerce, et qui est très-probablement celui qui fait le sujet de cet article ; mais j'en ai deux qualités que je vais décrire séparément.

Kino Jamaïque A. Ce kino est le premier que j'aie connu, et, autant que je me le rappelle, le seul qui existât dans le commerce français de 1808 à 1820. Il est en fragments de 4 à 12 grammes, provenant d'une masse qui a dû être coulée sur une natte d'écorce, et sur une épaisseur de 28 millimètres au plus; car un certain nombre de morceaux portent l'empreinte d'un réseau rectangulaire qui paraît dû à une natte d'écorce, et aucun morceau n'offre une épaisseur plus grande que 28 millimètres. L'extérieur est d'un brun foncé, devenant rougeâtre par la poussière qui le recouvre. La cassure est noire, brillante, un peu inégale, et offre çà et là quelques petites cavités; quelques lamelles très-minces qui s'en détachent paraissent jouir d'une demi-transparence, mais la masse est complétement opaque. La poudre est d'une couleur de bistre ou de chocolat. Ce kino paraît inodore; mais lorsqu'on le pulvérise ou qu'on le traite par l'eau bouillante, il offre une légère odeur bitumineuse. Il se pulvérise facilement sous la dent, et présente une saveur astringente et un peu amère. Il est peu soluble à froid dans l'eau et dans l'alcool; mais il se dissout presque entièrement dans l'eau bouillante, et aux trois quarts dans l'alcool chaud. Il ne se ramollit pas par la chaleur.

Ayant une fois transmis cette sorte de kino à J. Pereira, à Londres, un de ses amis qui avait été médecin à la Jamaïque la reconnut pour être le kino préparé dans cette île avec le *Coccoloba uvifera*. C'est également le *troisième kino en extrait* de Duncan (1), auquel le docteur Wright attribue la même origine; de sorte que, après beaucoup d'hésitation, je me suis arrêté à cet avis.

Kino Jamaïque B. Je n'ai trouvé qu'une fois ce kino chez un droguiste à Paris. Il est en fragments semblables au précédent, mais moins volumineux et sans aucune espèce d'empreinte. Il a dû être un peu mou, et la surface des fragments s'est un peu arrondie avec le temps; il a une cassure tout à fait vitreuse et ses lames minces sont entièrement transparentes et d'un rouge foncé. La poussière qui se forme à la surface, par le frottement des morceaux, est d'un rouge plus prononcé et lui donne presque l'aspect de l'extrait de ratanhia du Pérou. Je pense que ce kino ne diffère du précédent que par une préparation plus soignée.

38. Kino brun terne.

39. Kino brun violacé.

40. Kino celluleux du Mexique.

41. Kino noir, à poussière verdâtre. Voir pour ces quatre sortes, qui ne se présentent que très-accidentellement dans le commerce, le Mémoire cité.

42. Kino de la Colombie. En 1835, un droguiste de Paris me consulta sur l'achat d'une quantité assez considérable d'un suc desséché qui avait été apporté de Colombie comme étant du *sang-dragon*, mais que sa solubilité dans l'eau et sa saveur astringente faisaient facilement distinguer de cette substance. Trouvant à ce suc desséché toutes les propriétés du kino de l'Inde, je conseillai au droguiste de l'acheter et de le vendre comme kino. J'ignorais cependant l'origine précise de cette substance lorsque, quelques années plus tard, un négociant français (M. Anthoine) en rapporta une nouvelle quantité complètement identique à la première, et m'assura que la totalité avait été préparée par lui-même dans un établissement situé près de la rivière d'Arco, à

---

(1) Duncan, *Edinburgh. New Disp.*, p. 489.

l'ouest du golfe Triste, dans la Colombie ; il me dit avoir obtenu cette matière en faisant des incisions à l'écorce des mangliers ou palétuviers (*Rhizophora mangle*) qui sont très-communs sur toute cette côte, et en faisant concentrer au soleil le suc rouge et très-abondant qui en découle. Cette origine me paraît donc tout à fait certaine.

Ce kino est sous la forme de pains aplatis, du poids de 1000 à 1500 grammes, et qui gardent à l'extérieur l'empreinte d'une feuille de palmier ou de canne d'Inde. Il est recouvert d'une poussière rouge qui lui donne l'aspect d'un sang-dragon commun ; il se divise très-facilement en fragments irréguliers, à cassure brune, brillante et inégale. Les fragments sont transparents sur les bords et d'un rouge un peu jaunâtre. La saveur est très-astringente et amère ; la poudre est d'un rouge orangé. Ce kino présente en masse une odeur faible et indéfinissable, mais qui peut le faire reconnaître ; il est en grande partie soluble dans l'eau froide, plus soluble encore dans l'eau bouillante qui se trouble en refroidissant, presque complétement soluble dans l'alcool. Tous les solutés sont d'une belle couleur rouge.

Le kino de la Colombie étant dissous par infusion dans l'eau, concentré en consistance sirupeuse et desséché à l'étuve sur des assiettes, fournit un extrait d'un rouge très-foncé, brillant et fragile, qui ne se distingue du véritable kino de l'Inde que par l'absence des cannelures parallèles que l'on observe sur un certain nombre de fragments de celui-ci.

43. Kino à feuilles de balisier. Voir le Mémoire cité.

44. Kino de New-York ou du Brésil. Ce kino a été apporté de New-York en 1837. Il était contenu dans un sac de toile étiqueté *sang-dragon*, et ce sac était renfermé dans une balle d'ipécacuanha gris du Brésil, dont le kino a conservé l'odeur très-longtemps ; mais maintenant je lui trouve une odeur presque semblable à celle du kino de la Colombie (n° 42). Il a été brisé, par le transport probablement, en fragments anguleux généralement fort petits, et dont les plus gros n'atteignent pas la grosseur du pouce. Il est recouvert d'une poussière rouge terne ; mais la cassure en est noire et très-brillante, et les petites lamelles qui s'en détachent sont rouges et transparentes. L'absence totale de bulles d'air dans l'intérieur des fragments, et la forme arrondie, mamelonnée ou stalactiforme de quelques gros fragments qui n'ont été qu'en partie brisés, me portent à croire que cette substance est un produit d'exsudation naturelle. Et comme d'ailleurs elle présente tous les caractères du kino de la Colombie, je pense qu'elle peut être attribuée également au *Rhizophora mangle.*

Le kino de New-York, traité par l'alcool à 90 degrés, ne laisse

RÉACTIFS.	CACHOU EN BOULES (n° 1).	CACHOU DE PÉGU (n° 12).	GAMBIR CUBIQUE (n° 16).	KINO DE L'INDE (n° 31).
Couleur........	Rouge jaunâtre.	Rouge jaunâtre.	Rouge jaunâtre.	Rouge foncé.
Tournesol......	0.	0.	Rougit.	0.
Alcool.........	Précipité floconneux.	Précipité très-abondant.	Précipité floconneux.	0.
Eau de chaux...	Couleur jaune, précipité.	Couleur jaunâtre; précipité.	Précipité jaune rougeâtre.	Précipité brunâtre très-abondant.
Acide nitrique.	Louche.	Louche plus marqué.	Fortement troublé.	Précipité abondant.
Gélatine.......	Précipité glutineux rougeâtre.	Précipité glutineux rouge cendré.	Précipité gélatineux rougeâtre.	Précipité violacé.
Sulfate de fer.	Précipité vert noirâtre.	Précipité gris verdâtre.	Précipité vert noirâtre.	Magma gélatineux vert foncé.
Émétique......	0.	0. ou louche léger.	0.	Précipité rougeâtre.
Acétat. de plomb	Précipité gris jaunâtre.	Précipité jaune.	Précipité jaune.	Précipité gris fauve, un peu violacé.
Oxalate d'ammoniaque...	Précipité.	Précipité.	Précipité.	0.
Nitrate de baryte.........	Louche léger.	Trouble.	Rien d'abord, puis trouble.	Précipité coloré très-abondant.

OBSERVATIONS. 1° La dissolution chaude du cachou n° 1 présente une légère odeur d'ambre gris. Le résidu insoluble est peu considérable, en partie blanchâtre, et contient de la chaux; mais il ne fait pas effervescence avec les acides.

2° La solution chaude du cachou de Pégu n'offre qu'une odeur très-

LÉGUMINEUSES. — KINOS.

SUC de l'*Eucalyptus resinifera* (n° 34).	KINO JAMAÏQUE (n° 37).	KINO de LA COLOMBIE (n° 42).	KINO de LA VERA-CRUZ (n° 45).	EXTRAIT de RATANHIA.
Rouge de sang.	Rouge-brun.	Rouge de vin de Bourgogne.	Rouge.	Rouge foncé.
Rougit.	0.	0.	» »	Rougit.
Troublé fortement.	Précipité floconneux.	0.	0.	0.
Précipité.	Précipité brunâtre.	Précipité couleur de chair.	Précipité lie de vin.	Précipité rougeâtre très-abondant.
» »	Précipité abondant.	Précipité abondant, orangé rouge.	Précipité abondant, orangé rouge.	Précipité abondant.
» »	Précipité rouge cendré.	Précipité rougeâtre.	Précipité rougeâtre abondant.	Précipité couleur de chair.
Précipité noirâtre.	Précipité gris noirâtre.	Précipité vert-noir.	Précipité vert noirâtre.	Précipité gris noirâtre.
0.	0.	Précipité rougeâtre.	» »	Précipité rougeâtre.
Précipité rougeâtre très-abondant.	Précipité gris-fauve.	Précipité rosé très abondant.	Précipité gris rosé très-abondant.	Précipité rouge rosé.
0.	Précipité.	Très-trouble.	Précipité rougeâtre abondant.	Précipité.
0.	Précipité.	» »	Précipité rougeâtre.	Précipité coloré très-abondant.

faible et désagréable. Le résidu est fort peu considérable et d'un brun noirâtre.

3° Toutes les liqueurs précipitées par le sulfate de fer, étant étendues d'eau aérée, passent au bleu, surtout celles des n°s 12 et 34.

que 9,8 pour 100 de matière insoluble. La dissolution est d'un rouge brun très-foncé, *épaisse*, et filtre très-difficilement. Traité par l'eau, il donne seulement moitié de son poids d'extrait et laisse un peu moins de résidu qui est presque complétement soluble dans l'alcool. On voit que ces propriétés sont celles du kino de la Colombie et du kino de l'Inde.

45. Kino de la Vera-Cruz. Cette substance a été apportée de la Vera-Cruz en 1837. Elle est en fragments généralement plus petits que la semence de *Psyllium*, mélangés de beaucoup de poussière rouge et de débris atténués d'une écorce blanchâtre. Elle possède une saveur très-astringente et une odeur d'iris ou de campêche très-marquée. Les petits fragments, examinés à la loupe, sont presque transparents, d'un rouge hyacinthe, et paraissent tous avoir fait partie de petites larmes arrondies ou stalactiformes; de sorte que cette matière est très-certainement un produit d'exsudation naturelle.

Le kino de la Vera-Cruz ne se dissout qu'en partie dans l'eau froide. La liqueur est rouge et présente des réactions qui ont été comprises dans le tableau suivant, présentant l'essai comparé des principales sortes de cachou, de gambir et de kino; j'y ai compris également l'extrait de ratanhia, qui peut bien être considéré comme une espèce de kino. Les liqueurs ont été préparées en traitant une partie de suc astringent par 24 parties d'eau bouillante. (Voir pages 436, 437.)

Gommes de Légumineuses.

Gomme arabique.

On nomme ainsi une gomme à cassure vitreuse, transparente, entièrement soluble dans l'eau, qui était autrefois apportée d'Arabie ou tout au moins d'Égypte; mais depuis très-longtemps on la tire en très-grande partie du Sénégal, qui en fait un commerce considérable. Il en vient toujours cependant des deux pays que j'ai nommés d'abord, qui se distingue de celle du Sénégal par quelques caractères particuliers.

Cette gomme découle naturellement de plusieurs espèces d'*Acacia* dont les principales sont :

[1° L'*Acacia nilotica*, Del. Cet arbre croît dans toute la vallée du Nil; c'est lui qui produit le bablah d'Afrique et le véritable suc d'acacia; mais la gomme qu'il produit est de qualité si inférieure qu'elle ne peut former une sorte commerciale (1);

---

(1) Voir, pour cet acacia et pour tous les autres de la vallée du Nil : Schweinfurt, *Aufzählung und Beschreibung der Acacien-Arten der Nilgebiets*. (*Linnæa*, 1867, t. I, p. 309.)

2° L'*Acacia tortilis*, Hayne, habitant toute la partie aride de l'Égypte, la Nubie, le Sinaï, l'Arabie Pétrée et l'Arabie Heureuse, le Sénégal. On lui attribue une partie de la gomme arabique, ainsi qu'à

3° L'*Acacia Erhenbergiana*, Hayne, qu'on trouve dans toute la Nubie, dans la haute Égypte et sur les bords de la mer Rouge;

4° L'*Acacia arabica*, arbre de l'Arabie et surtout de l'Inde, où il produit le bablah de l'Inde et la gomme de l'Inde;

5° L'*Acacia Adansonii* de la Flore de Sénégambie, qui produit une gomme rouge amère assez abondante, qui fait partie de celle du Sénégal;

6° L'*Acacia Seyal* de Delile et de la Flore de Sénégambie, produisant une gomme en larmes blanches, dures, vitreuses et vermiculées, qui fait également partie de celle du Sénégal;

7° L'*Acacia Verek* de la *Flore de Sénégambie*, qui habite l'Afrique, depuis le Sénégal jusqu'au cap Blanc; c'est lui surtout qui constitue la forêt de Sahel, la plus voisine du Sénégal, et qui fournit la vraie gomme du Sénégal, en larmes vermiculées, ovoïdes ou sphéroïdes, ridées à la surface, mais transparentes et vitreuses à l'intérieur; on le trouve aussi dans la Nubie australe et dans le Kordofan, où il produit la meilleure gomme blanche qui vienne des régions du Nil dans le commerce (1).

8° L'*Acacia albida*, Del., qui croît dans la vallée du Nil et au Sénégal et auquel on attribue la production de la gomme appelée *Sala-breda* ou du haut du fleuve.]

9° L'*Acacia gummifera* de Willdenow, dont le fruit submoniliforme, cotonneux et blanchâtre, paraît ressembler à celui de l'*Acacia arabica*. Cet arbre croît en Afrique, près de Mogador, et fournit très-probablement la *gomme de Barbarie*;

10° L'*Acacia decurrens* de Willdenow, croissant aux environs du port Jackson, dans la Nouvelle-Hollande, et fournissant une gomme soluble, différente de celle du Sénégal.

Caractères particuliers des gommes du commerce.

Gomme arabique vraie. Cette gomme est blanche ou rousse; mais on ne trouve guère à Paris que la blanche; elle y porte le nom de *gomme turique*, et est en petites larmes blanches et transparentes, qui, jouissant cependant de la propriété de se fendiller en tous sens à l'air, paraissent opaques étant vues en masse. Elle se divise très-facilement en petits fragments; elle est entièrement et facilement soluble dans l'eau, d'une saveur pour ainsi dire nulle.

(1) Voir Schweinfurt, *loc. cit.*, p. 376.

Pomet et Lemery donnent le nom de *gomme turique* à la gomme arabique récoltée dans le temps des pluies, qui s'est agglutinée en masses plus ou moins considérables, claires et transparentes. Ce nom de *gomme turique*, appliqué ainsi à deux variétés de la gomme arabique, paraît tiré de celui de *Tor*, ville et port d'Arabie, non loin de l'isthme de Suez. Plusieurs auteurs font également mention d'une gomme *jedda* ou *gedda*, du nom d'un port appelé *Djeddah*, situé proche de la Mecque ; mais je n'ai jamais pu savoir au juste ce que c'était que la gomme gedda.

Gomme du Sénégal (1). On connaît dans le commerce deux sortes de gomme du Sénégal : 1° celle **du bas du fleuve**; 2° celle **du haut du fleuve** (2). La gomme du bas du fleuve est la plus estimée. Lorsqu'elle est privée par le triage d'une petite quantité de gommes particulières et de quelques autres substances qui s'y trouvent mêlées, elle se compose, soit de larmes sèches, dures, non friables, peu volumineuses, rondes, ovales ou vermiculées, ridées à l'extérieur, vitreuses et transparentes à l'intérieur ; d'une couleur jaune et très-pâle ou presque blanche ; soit de morceaux plus gros, sphériques ou ovales, pesant quelquefois jusqu'à 500 grammes ; moins secs, moins cassants, toujours transparents et d'une couleur jaune ou rouge. Les uns et les autres ont une saveur douce, qui paraît un peu sucrée ou moins fade dans les grosses boules rouges, et ils sont entièrement solubles dans l'eau. Leur soluté, peu épais, en comparaison de celui des gommes d'acajou et de prunier, rougit le tournesol, se trouble abondamment par l'oxalate d'ammoniaque et est entièrement précipité par l'alcool.

[La gomme blanche du bas du fleuve est produite par l'*Acacia Verek*; les morceaux plus foncés sont attribués à l'*Acacia Neboued* de la *Flore de Sénégambie*. — A ces deux sortes se trouvent souvent mêlés des morceaux de la gomme *Gonaké*, *Gonakié* ou *Gonaté*, produite par l'*Acacia Adansonii*. Cette gomme, de qualité bien inférieure, est plus rouge que la gomme de l'*Acacia Neboued*, et se distingue surtout par sa saveur amère.

La **gomme du haut du fleuve**, **Sadra-breida** ou **Salabreda**, est en morceaux beaucoup moins réguliers que la précédente, souvent anguleuse ou brisée, mêlée de menus fragments, et offrant à cause de cela un brillant que n'a pas la gomme du bas

---

(1) Consulter sur les gommes du Sénégal les renseignements résumés par L. Soubeiran (*Journal de pharmacie et de chimie*, 3e série, t. XXX, p. 53), et Flückiger, *Gummi und Bdellium vom Senegal* (*Schweiz. Wochenschrift für Pharmacie*, 1869, nos 6, 7 et 8).

(2) La gomme du haut du fleuve est désignée par Guibourt sous le nom de *Gomme de Galam*. M. Soubeiran, d'après des auteurs plus récents, applique ce nom à la gomme du bas du fleuve, et celui de *Salabreda* à la gomme du haut.

du fleuve. Souvent aussi les morceaux, vitreux et transparents à l'intérieur, sont recouverts d'une couche fendillée et opaque. Tous ces caractères sont dus à ce que cette gomme se rapproche de la nature de celle d'Arabie, et se fendille et devient friable à l'air, quoiqu'à un moindre degré. On l'attribue d'ordinaire à l'*Acacia albida* (1); cependant ni Schweiufurth ni les auteurs de la *Flore de Sénégambie* n'attribuent à cette espèce une exsudation gommeuse.

La gomme du Sénégal offre constamment un certain nombre de substances étrangères, qui sont : 1° des semences et quelquefois des fruits entiers du *Balanites ægyptiaca* de Delile, arbre qui paraît accompagner les acacias, des bords du Nil au Sénégal ; 2° du *bdellium*, gomme-résine dont il sera parlé plus tard ; 3° de la *gomme kutera* ; 4° une petite quantité d'une *gomme molle*, d'une acidité bien marquée; 5° de la *gomme pelliculée* ; 6° de la *gomme verte* ; 7° de la *gomme luisante et mamelonnée*; 8° de la *gomme lignirode*. Je dirai quelques mots de ces quatre dernières substances.

Gomme pelliculée. Je désigne ainsi une gomme quelquefois blanche, le plus souvent d'un jaune rougeâtre et d'une transparence moins parfaite que la gomme du Sénégal. Ce qui la distingue surtout est une pellicule jaune, opaque, qui recouvre presque toujours quelques points de sa surface. Cette pellicule, examinée au microscope, présente des cellules hexagones et doit être considérée comme un épiderme végétal. Cette gomme se fond difficilement dans la bouche et s'attache fortement aux dents : un gramme, ayant été traité par 50 grammes d'eau, s'y est dissous moins promptement que les sortes précédentes, et a laissé un résidu insoluble ayant conservé la forme des morceaux de gomme, et cependant peu considérable. La liqueur filtrée rougissait faiblement le tournesol, et précipitait abondamment par l'oxalate d'ammoniaque.

Gomme verte. Cette sorte est d'un vert d'émeraude qui se détruit à la lumière ; alors elle devient d'un blanc jaunâtre. Sa surface est ordinairement luisante et mamelonnée, et l'intérieur vitreux et transparent. Elle jouit des mêmes propriétés que la gomme pelliculée, c'est-à-dire qu'elle est tenace sous la dent, difficilement et incomplètement soluble dans l'eau.

Gomme luisante et mamelonnée. J'ai vu quelquefois dans le commerce des quantités considérables d'une gomme à peine colorée et de belle apparence, que l'on vendait comme gomme du Sénégal, et dont le bon marché séduisait. Mais cette gomme était en général en morceaux irréguliers, allongés, souvent creux

---

(1) Voir L. Soubeiran, *loc. cit.*, et *le Catalogue des produits des Colonies françaises à l'Exposition universelle de* 1867, p. 76.

à l'intérieur, toujours d'*une apparence glacée et à surface mamelonnée*. Or, ces deux caractères indiquent presque avec certitude une gomme en partie insoluble dans l'eau, et qui doit être rejetée du laboratoire du pharmacien. Il me paraît probable que ces trois gommes, *pelliculée*, *verte* et *mamelonnée*, ont une origine commune, différente de celle de la vraie gomme du Sénégal.

Gomme lignirode. Cette substance est commune dans la gomme du Sénégal et porte dans le commerce le nom de *marrons*. Elle mérite quelque attention par la singularité de sa formation. Elle est quelquefois jaunâtre, mais généralement d'une couleur brune foncée et noirâtre; elle est assez terne dans son aspect, opaque et raboteuse à la surface. Traitée par l'eau, elle lui cède de la gomme soluble semblable à la gomme arabique, et laisse un résidu de *bois rongé*. Or, en examinant ces marrons, j'ai observé dans la plupart une large cellule ovoïde qui avait servi de demeure à la larve d'un insecte; d'où j'ai conclu que cette sorte de mastic avait été pétrie par l'insecte lui-même, comme on sait que le font plusieurs espèces des ordres des névroptères et des hyménoptères. [Cependant ni M. Flückiger (1), ni M. Guibourt lui-même n'ont trouvé des traces de cette larve.] La gomme de l'Inde présente des marrons semblables, qui ont l'apparence du galipot, jointe à une couleur rouge assez prononcée.

Gomme de Barbarie. Cette gomme vient de Mogador, dans le royaume de Maroc. Elle est sans doute produite par l'*Acacia gummifera*, Willd. Telle que je l'ai, elle est en larmes irrégulières, assez chargées d'impuretés, d'une couleur terne et un peu verdâtre, d'une transparence imparfaite. Elle paraîtrait souvent luisante et glacée à sa surface, sans la poussière grise qui la recouvre. Elle est très-tenace sous la dent, imparfaitement soluble dans l'eau, et de la même nature par conséquent que les gommes insolubles du Sénégal.

Gomme de Sicile. On m'a donné sous ce nom une gomme qui a tous les caractères de celle de nos arbres fruitiers et qui doit provenir des mêmes végétaux. Elle est en larmes généralement globuleuses, agglutinées ensemble et chargées d'impuretés. Elle se divise dans l'eau en particules isolées, anguleuses et qui occupent un volume considérable. Le liquide filtré est coloré, mais ne contient que des traces de gomme.

Gomme de France. Cette gomme est produite par les arbres fruitiers de notre pays, qui appartiennent à la tribu des Amygdalées, de la famille des Rosacées. Elle a été décrite page 294.

---

(1) Flückiger, *loc. cit.*

Gomme de l'Inde. Pereira (1) dit avoir reçu de Bombay trois sortes de gomme : une marquée *Maculla best gum arabic*, très-semblable à la gomme de Galam ; une seconde, étiquetée *Mocha and Barbary gum*, en grosses larmes rouges et rugueuses ; une troisième, dénommée *Surat inferior gum arabic*, en petites larmes brunâtres.

Quant à moi, la seule chose que j'aie connue pendant longtemps, sous le nom de **Gomme de l'Inde**, est une gomme brune, formée de larmes molles qui se sont soudées en une seule masse, laquelle ensuite a été cassée en morceaux anguleux, à peu près de la grosseur de la gomme du Sénégal (2). Cette gomme, paraissant avoir conservé longtemps sa mollesse à l'air, s'est chargée d'impuretés et de sable ; mais les parties pures sont transparentes, et offrent une grande variation de couleur, depuis le jaune pâle jusqu'au rouge foncé ; effet dû à ce que le suc coloré de l'arbre, qui a coulé en même temps que la gomme, s'y est inégalement réparti. Cette gomme est molle et glutineuse sous la dent, et d'une saveur douce ; à part les impuretés qu'elle contient, elle est entièrement et facilement soluble dans l'eau. Je suppose que cette gomme est produite par l'*Acacia arabica*.

Gomme de l'Inde pelliculée. Il est arrivé de l'Inde, en 1843, une quantité considérable d'une gomme fort distincte de la précédente et composée de trois substances différentes : 1° une petite quantité d'une gomme-résine aromatique, assez semblable à l'oliban, en petites larmes demi-opaques et jaunâtres ; 2° une quantité plus considérable d'une gomme pure, entièrement soluble dans l'eau, en larmes presque blanches, rondes ou vermiculées, comparable à la plus belle gomme du Sénégal ; 3° une gomme **pelliculée**, formant la plus grande partie de la masse. Cette dernière gomme est en larmes le plus souvent irrégulières, stalactiformes ou convexes d'un côté, aplaties ou concaves de l'autre, et munies, très-souvent, sur les deux faces, d'un feuillet d'épiderme jaune et opaque. Cette gomme est généralement d'un jaune de miel, brillante et transparente dans sa cassure ; mais elle se ternit à l'air et présente un aspect général nébuleux et comme un peu nacré. Elle est dure, tenace, difficile à fondre et en partie insoluble dans l'eau, comme la gomme pelliculée du Sénégal ; mais elle s'en distingue par une odeur d'oliban qui la suit dans les préparations où on la fait entrer ; de sorte qu'elle est tout à fait impropre aux usages de la pharmacie.

Gomme éléphantine. Cette gomme, dont je dois un échantillon

---

(1) Pereira, *Materia medica*.
(2) Cette gomme répond assez bien à la description de la gomme turique donnée par Pomet et Lemery.

à M. le docteur Pereira, est produite, dans l'Inde et dans l'île de Ceylan, par des incisions faites à l'écorce du *Feronia elephantum*, arbre de la famille des Aurantiacées. Elle recouvre l'écorce sous la forme d'un enduit brillant, comme vernissé, devenu très-fragile par la dessiccation, et se brisant facilement en fragments brillants et transparents. Elle est incolore ou d'un jaune doré, très-facilement soluble dans la bouche et dans l'eau. Enfin, elle ressemble beaucoup, par son apparence et ses propriétés, à la véritable gomme arabique, produite par l'*Acacia nilotica*. Elle ne paraît pas être très-abondante.

Gomme de l'Australie méridionale, *South australian Gum*, Pereira. Cette gomme paraît être produite par l'*Acacia decurrens*, Wild. Il en est arrivé 50 caisses à Londres en 1844; et c'est probablement la même que M. Ménier a présentée à la Société de pharmacie de Paris, en 1849, et sur laquelle il a fait quelques essais d'application. Elle est en larmes assez volumineuses, tantôt stalactiformes et à surface luisante, tantôt globuleuses et à surface très-rugueuse ou comme gercée. Cette gomme présente une teinte générale *violacée* qui la fait reconnaître. Cette teinte violacée est surtout bien apparente dans les larmes globuleuses, qui présentent, en outre, une poussière blanche dans le fond des gerçures. Cette gomme se dissout très-facilement dans l'eau; mais la dissolution est trouble et laisse déposer une matière floconneuse insoluble. Enfin, à poids égal, cette gomme communique à l'eau une consistance bien moins épaisse et moins visqueuse que la gomme arabique. Elle est donc de nature différente, et pourra difficilement la remplacer, même dans les arts.

Gomme de Madagascar. Il est arrivé en France, il y a quelques années, une quantité assez considérable de cette gomme, qui m'a paru être de la nature de la **gomme d'acajou** dont il sera parlé plus loin (famille des Térébinthacées).

Gomme du cap de Bonne-Espérance. Depuis plus de vingt ans, cette gomme forme l'objet d'une importation considérable en Angleterre. D'après M. Burchell, elle est produite par une espèce d'*Acacia* fort ressemblante à l'*A. nilotica*, et qu'il nomme *A. capensis*. M. Pereira ayant bien voulu m'envoyer le fruit de cet acacia, venu du Cap avec la gomme, j'en donne ici la figure de grandeur naturelle (*fig.* 696 et 697), de laquelle il résulte que cet acacia a de très-grands rapports avec l'*Acacia seyal* de Delile. Nonobstant l'assertion de M. Burchell, qui prétend que la gomme du Cap n'est pas inférieure à celle de l'*Acacia nilotica*, il paraît qu'elle est considérée par les marchands de Londres comme une sorte très-inférieure; mais ceux qui s'attachent plus à la qualité réelle des choses qu'à leur extérieur, donneront probablement raison à

M. Burchell. La gomme du Cap possède, en effet, tous les caractères de la gomme du Sénégal, dite *du haut du fleuve*, laquelle,

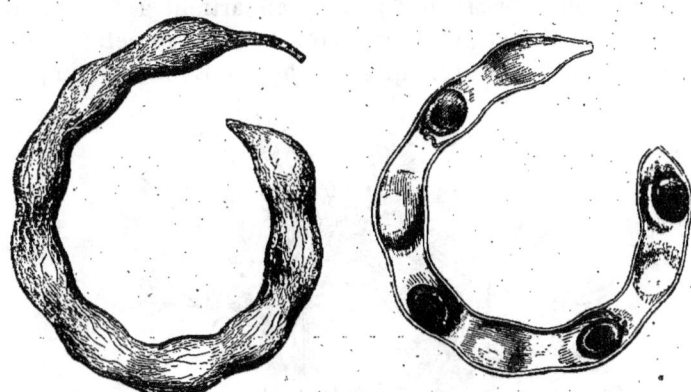

Fig. 696. — Gomme du cap de Bonne-Espérance.   Fig. 697. — Gomme du Cap.

malgré sa friabilité qui la brise pendant le transport, doit être considérée comme une gomme pure et de la meilleure qualité.

[M. Lape (1) attribue cette gomme à l'*Acacia horrida*, Willd.]

Gomme sapote du Chili. Importée au Havre, en 1841. Le nom que porte cette gomme ne prouve pas qu'elle soit due à un arbre de la famille des Sapotées, ce nom étant donné, au Chili et au Pérou, à des arbres de familles différentes. La gomme est en larmes arrondies, souvent d'un volume considérable, d'un brun noirâtre et opaque vu en masse, mais brune, vitreuse et transparente dans l'intérieur. Souvent la larme brune et transparente est recouverte d'une couche de grains de gomme, d'une couleur moins foncée, qui paraissent s'y être agglutinés. Le caractère principal de cette gomme consiste dans une odeur et dans une saveur assez fortes, animalisées, que l'on peut comparer à celles d'un jus de viande un peu altéré. Mise à tremper dans l'eau, elle s'y gonfle beaucoup et s'y divise par l'agitation en particules anguleuses insolubles. Une petite partie seulement de la gomme se dissout et peut être précipitée par l'alcool. Sous ce rapport, elle ressemble beaucoup à la gomme de prunier, mais elle est un peu plus soluble.

D'après des échantillons du droguier Guibourt, apportés par M. Gaudichaud, elle doit être attribuée à une capparidée, le *Destrugesia scabrida*.

Gomme adragante.

La gomme adragante exsude dans l'Asie Mineure, en Arménie

(1) Voir *Pharmaceut. Journ.*, t. X, p. 520.

et dans les provinces septentrionales de la Perse, d'une espèce d'astragale qui a été décrite, par Olivier, sous le nom d'*Astragalus verus*. Cet arbrisseau (*fig.* 698), appartient à la section des astragales dont les stipules sont soudées avec le pétiole, et dont le pétiole persiste et durcit après la chute des folioles, en prenant

Fig. 698. — Gomme adragante.

la forme d'une longue épine. Les fleurs sont sessiles et rapprochées au nombre de 2 à 5, dans l'aisselle des feuilles; les folioles sont linéaires, velues, disposées sur 8 ou 9 rangs.

Cet arbrisseau, cependant, n'est pas le seul qui produise de la gomme adragante. L'*Astragalus creticus*, Lam., observé par Tournefort sur le mont Ida de Crète, et par Sibtorp en Ionie, en produit également; de même l'*Astragalus Parnassii*, de Grèce; et diverses autres espèces d'Asie Mineure : *A. microcephalus*, Willd.; *A. aristatus*, etc. ; mais l'*Astragalus tragacantha*, L., qui est l'*A. massiliensis*, Lam., n'en produit pas. Quant à l'*Astragalus gummifer*, que Labillardière a vu exploité sur le mont Liban, il ne produit qu'une gomme de qualité inférieure qui sera décrite ci-après sous le nom de *gomme pseudo-adragante*, dans les parties centrales de la tige, la moelle et les rayons médullaires, d'où elle sort avec effort.

La gomme adragante existe dans les astragales. Elles est en lanières ou en filets minces, contournés ou vermiculés. Elle est blanche ou jaune, et opaque. Elle est peu soluble dans l'eau;

mais elle s'y gonfle considérablement, en absorbe une grande quantité, et forme un mucilage tenace et très-épais. Elle est très-usitée pour donner de la consistance aux loochs, et pour lier les pâtes que l'on destine à la préparation des pastilles.

On trouve dans le commerce deux sortes de gomme adragante, dont l'une est **en filets** ou en rubans déliés et *vermiculés*, plus souvent jaunes que blancs. L'autre sorte, plus récemment connue, est **en plaques** blanches, assez larges, arquées d'élévations marquées ou concentriques. La différence entre ces deux sortes tient peut-être à ce qu'elles ne proviennent pas du même astragale (1); mais elle doit aussi être attribuée, au moins en partie, au mode d'extraction : la gomme *vermiculée* s'étant fait jour naturellement à travers l'écorce, tandis que la gomme *en plaques* doit avoir été obtenue par des incisions. Pour m'assurer d'ailleurs si, indépendamment de la forme, il existait quelque autre différence entre elles, j'ai mis une partie de chacune en contact avec 48 parties d'eau. La gomme vermiculée s'est gonflée presque aussitôt et a bientôt occupé tout le volume de l'eau. Le lendemain la gomme en plaques, quoique gonflée, avait conservé sa forme, et n'était pas mêlée à l'eau; mais, par l'agitation, elle n'a pas tardé à former un mucilage presque aussi épais que l'autre. Cependant il y a une différence entre les deux : le mucilage de la gomme en plaques est presque transparent, plus lié et plus tremblant que l'autre, comme s'il contenait plus de gomme soluble; enfin, il se colore à peine par l'iode; tandis que le mucilage de gomme vermiculée prend une teinte bleue très-manifeste par ce même réactif. Du reste, les deux mucilages, étendus de trois fois plus d'eau, conservent encore une certaine consistance gélatineuse uniforme, et les liqueurs filtrées jouissent des propriétés suivantes :

Teinture de tournesol; rien.

Teinture d'iode; rien.

Oxalate d'ammoniaque; trouble.

Alcool; y forme un précipité floconneux qui se rassemble en une seule masse opaque et muqueuse. Ce précipité, tout à fait distinct de celui que présente en pareil cas la gomme du Sénégal, montre que c'est bien de la gomme adragante elle-même qui s'est dissoute dans l'eau, et non une portion analogue à la gomme du Sénégal qu'elle pourrait contenir, comme cela a lieu pour la gomme d'acajou.

Eau de chaux; rien.

(1) D'après M. Th. Martius, la gomme vermiculée viendrait de Morée et serait produite par l'*Astragalus creticus;* la gomme en plaques serait tirée de Smyrne et serait due à l'*Astragalus verus*.

Eau de baryte; la gomme est précipitée en flocons distincts et privés d'eau.

Acétate de plomb; rien.

Sous-acétate de plomb; il se forme deux précipités : l'un pulvérulent, l'autre muqueux comme celui formé par l'alcool.

Proto-nitrate de mercure; précipité muqueux.

Quelle que soit la quantité d'eau froide que l'on emploie pour délayer la gomme adragante vermiculée, il en reste toujours environ la moitié qui ne se dissout pas, et cette partie insoluble bleuit fortement par la teinture d'iode. A la chaleur du bain-marie on obtient encore le même effet, c'est-à-dire une liqueur qui ne bleuit pas par l'iode et un résidu qui bleuit fortement; à l'aide de l'ébullition on obtient une dissolution plus avancée mais non complète de la gomme; la liqueur alors bleuit par l'iode, mais la partie insoluble conserve toujours la même propriété dans un degré très-intense. Quant à la gomme adragante en plaques, une ébullition suffisante dans une grande quantité d'eau la dissout presque en totalité.

[Des observations de MM. Hugo Mohl (1), Wigand (2), etc., ont montré la véritable nature de la gomme adragante. Cette gomme n'est pas une sorte de sécrétion s'écoulant et se concrétant à l'air, mais une véritable transformation des cellules du tissu de la moelle et des rayons médullaires. On peut sur un rameau d'astragale suivre tous les passages depuis les cellules à l'état ordinaire jusqu'à celles qui sont devenues complétement mucilagineuse. On voit les premières formées de parois simples de cellulose, puis les parois deviennent plus épaisses et formées d'un nombre considérable de couches concentriques : ensuite on voit ces parois se transformer de la périphérie au centre en une matière mucilagineuse, se confondre ensemble, et former par leur réunion une espèce de globule susceptible de se gonfler beaucoup par l'humidité, et dans lequel il ne reste que quelques couches non altérées, situées sur le centre du globule. Le chlorure de zinc iodé permet de suivre facilement les progrès de la transformation : il colore en effet en violet les couches de cellulose, et laisse sans coloration les parties gommeuses.

Les observations précédentes permettent de comprendre l'apparence que donne la gomme adragante vue au microscope. Une petite plaque mince, gonflée dans l'eau, présente en effet un mucilage anhyste, renfermant une grande quantité de cellules, à parois épaisses gélatineuses, dans lesquelles le chlorure de zinc

---

(1) H. Mohl, *Botanische Zeitung*, 1857, p. 33.
(2) Wigand, *Ueber die Desorganisation der Pflanzenzelle (Jarbücher für wissensch. Botanik.* von Pringsheim, t. III, p. 115, 1861).

iodé, montraient des couches plus ou moins marquées de cellulose. Au centre des cellules se trouve presque toujours de la fécule en petits grains.

Gomme pseudo-adragante et Gomme de Sassa.

Vers l'année 1830, je vis pour la première fois chez un commerçant une quantité considérable d'une gomme toute particulière, en masses mamelonnées, assez volumineuses, ou en forme d'ammonites ; il y en avait aussi des morceaux qui représentaient presque exactement d'énormes limaçons retirés de leur coquille. Cette gomme est de couleur roussâtre ; sa surface est un peu luisante, et elle jouit d'une transparence plus marquée que la gomme adragante ; elle en offre la saveur, mais mêlée d'âcreté ; mise dans l'eau, elle y blanchit complètement, augmente de quatre à cinq fois son volume, y conserve à peu près sa forme et se dissout fort peu ; la solution d'iode lui communique une couleur bleue très-intense.

Bruce (1) a décrit un arbre nommé *Sassa* (*Inga sassa*, Willd.), qu'il dit avoir vu chargé d'une si grande quantité de boules de gomme, qu'il en paraissait monstrueux. Cette gomme est rousse, d'un grain uni et serré ; elle se gonfle dans l'eau et y devient blanche ; mais elle y conserve sa forme, ce qui la distingue de la gomme adragante, avec laquelle elle a d'ailleurs beaucoup de rapports. Les habitants s'en servent pour empeser les étoffes. Cette description se rapporte si exactement à la gomme dont je viens de donner les caractères, qu'il est bien difficile de ne pas croire que celle-ci soit la **gomme de sassa** de Bruce.

En cherchant depuis cette gomme dans le commerce, j'ai trouvé une caisse entière d'une substance étiquetée *gomme adragante* (2), et vendue comme telle, qui m'a frappé d'abord par plusieurs morceaux en forme d'*ammonites*. Cette gomme, triée à la main, se laissait séparer en deux parties. La plus grosse, qui comprenait tous les ammonites, était plus rougeâtre, se dissolvait à peine dans l'eau, et se colorait par l'iode presque à l'égal de l'amidon. Cette gomme ressemblait encore beaucoup à la *gomme de sassa*. La seconde portion, comprenant la gomme la plus petite et la plus blanche, ressemblait tout à fait à la gomme adragante. Cependant elle n'était pas aussi petite que peut l'être cette dernière, et voici comment je me suis assuré qu'elle en différait : quand on fait tremper dans 48 parties d'eau 1 partie de chacune des gommes adragante et

---

(1) Bruce, *Voyage en Abyssinie*.
(2) Cette gomme porte en réalité, dans le commerce, le nom de *gomme de Bassora*.

pseudo-adragante (je nomme ainsi la petite gomme blanche dont je viens de parler), toutes deux se gonflent et forment mucilage, quoiqu'à des degrés différents. Mais si, lorsque les deux gommes sont aussi bien divisées que possible, on y ajoute encore 96 parties d'eau et une quantité convenable de soluté d'iodhydrate ioduré de potasse, alors la gomme adragante continue de former un mucilage épais et bien lié, coloré uniformément en bleu pâle, et qui ne se sépare pas par le repos ; tandis que la fausse adragante se précipite et forme un dépôt bleu foncé, surnagé par une liqueur aqueuse et incolore. Or, comme ce résultat a été obtenu avec la gomme la plus fine et la plus semblable à la gomme adragante, et que les morceaux plus volumineux et plus colorés participaient encore plus de l'insolubilité de la grosse gomme de sassa, j'en ai conclu que *toute cette gomme* n'en constituait originairement qu'une seule, qui avait été triée dans la vue de tirer meilleur parti de celle qui simulait le mieux la gomme adragante. En conséquence, j'ai donné (1) indifféremment à cette gomme le nom de *gomme de sassa* ou de *pseudo-adragante*, et je l'ai toute supposée tirée de l'*Inga sassa*. Aujourd'hui, je me crois obligé de séparer ces deux substances, et de donner le nom de *gomme de sassa* seulement à la grosse gomme brune, semblable à celle décrite par Bruce, et le nom de *gomme pseudo-adragante* à la petite gomme, nommée communément dans le commerce *gomme de Bassora*, et qui sert à falsifier la gomme adragante. Je suis porté à faire cette séparation, parce que, après avoir lu le Mémoire de Labillardière sur l'*Astragalus gummifer* (2), et avoir retrouvé au Muséum d'histoire naturelle une portion de tige chargée de gomme, semblable à celle qui se trouve représentée dans la figure jointe au mémoire, je reste convaincu que la gomme pseudo-adragante est produite par l'*Astragalus gummifer*. Cette opinion est d'ailleurs conforme à celle émise par Delens et Mérat (3).

La gomme **pseudo-adragante**, délayée dans l'eau et colorée par l'iode, présente au microscope :

1° La même glaire gélatineuse, parsemée de granules d'amidon, qui forme la majeure partie de la gomme adragante vermiculée ; seulement la glaire gélatineuse est plus dense et visible à la lumière diffuse, et les granules d'amidon sont plus rapprochés et plus nombreux ;

---

(1) Guibourt, *Mémoire* (*Journ. de chim. méd.*, 1832, p. 419), et *Hist. des drogues simples*, 3e édit.
(2) Labillardière, *Journ. phys.*, t. XXXVI, p. 46.
(3) Mérat, *Dictionnaire universel de matière médicale*, t. III, p. 403, et t. I, p. 80.

2° D'autres glaires gélatineuses bien visibles, non transparentes, offrant quelquefois la densité d'une membrane, et alors colorées en jaune par l'iode ;

3° Quelques membranes pétaloïdes jaunes, semblables à celles de la gomme adragante ;

4° Des amas d'amidon, des fibres ligneuses et des débris de tissus transparents.

La **grosse gomme de sassa** offre au microscope :

1° Des masses gélatineuses bien visibles, non transparentes, colorées en jaune, parsemées de grains innombrables d'amidon ;

2° Des débris de membranes compactes, transparentes, fortement colorées en jaune par l'iode ;

3° Des membranes pétaloïdes jaunes, privées de granules d'amidon, et d'autres qui en offrent encore ;

4° Des amas compactes d'amidon colorés en bleu.

Si, comme on le voit, l'examen microscopique fournit quelques caractères pour distinguer les deux gommes précédentes de la gomme adragante ; d'un autre côté, il nous montre que ces gommes résultent d'une organisation semblable, que je crois consister dans un sac membraneux renfermant de la matière gélatiniforme et des groupes de granules d'amidon ; de telle sorte qu'arrivant la rupture du sac, la matière gélatineuse devient susceptible de le diviser et de se dissoudre en partie dans l'eau, et l'amidon de s'y disperser. Du reste, la gomme de sassa et la gomme pseudo-adragante diffèrent de la gomme adragante, exactement comme l'amidon et les diverses parties du grain d'orge diffèrent des parties correspondantes du blé, par une organisation plus forte et plus compacte, qui les rend moins attaquables par l'eau et nuit aux usages auxquels on pourrait les appliquer.

J'ai dit plus haut que les droguistes nomment la gomme pseudo-adragante *gomme de Bassora*. Je crois, en effet, que cette substance est la première qui ait porté le nom de *gomme de Bassora*. Mais j'ai toujours pensé que la gomme examinée par Vauquelin sous le même nom (1), était celle qui fait le sujet de l'article suivant, caractérisée par le volume considérable qu'elle acquiert sous l'eau, et par la complète insolubilité de la substance qui la constitue presque en totalité. Dans cette persuasion, je conserverai à la gomme de Bassora des droguistes le nom de *gomme pseudo-adragante*, et je donnerai le nom de *gomme de Bassora*, comme simple synonyme de la gomme suivante.

(1) Vauquelin, *Bull. de pharm.*, t. III, p. 56.

Gomme Kuteera (1).

Gomme de Bassora. — Cette substance se rencontre constamment en petite quantité dans la gomme du Sénégal, et j'ai vu chez un droguiste une caisse d'origine indienne et étiquetée *Bdellium de l'Inde*, qui était composée de *gomme lignirode*, mélangée d'une grande quantité de notre gomme de Bassora. M. Théodore Martius l'a décrite sous le nom de **gomme kutera**, et lui donne pour origine l'*Acacia leucophlœa* de Roxburgh (2). Virey a pensé qu'elle était produite par un *Mesembryanthemum*, et MM. Desvaux et Damart par un *Cactus*. Je suppose du moins que ces savants, en émettant cette opinion, ont eu en vue la présente gomme, et non la précédente, à laquelle elle ne peut convenir. Ce qui me paraît probable aujourd'hui, c'est que la présente gomme de Bassora, ou la gomme kutera de M. Martius, produite par plusieurs arbres du groupe des Sterculia, le *Sterculia tragacantha* d'Afrique, les *Sterculia urens*, *ramosa*, et en partie aussi par le *Cochlospermum gossypium*, de la famille des Ternstræmiacées (3).

Cette gomme est blanche, ou de couleur de miel, comme farineuse et argentée à sa surface, en morceaux plutôt plats et allongés qu'arrondis, quoiqu'on en trouve aussi de cette dernière forme. Ces morceaux sont de toutes grosseurs, depuis la plus petite jusqu'à 55 à 80 millimètres de diamètre ou de longueur. Elle est moins opaque que la gomme adragante, insipide, et se divise sous la dent en produisant une espèce de cri.

La gomme kuteera mise dans l'eau se gonfle considérablement, et *se convertit en une gelée transparente dont les parties n'ont aucune liaison entre elles*; de sorte qu'elle ne forme pas, à proprement parler, de mucilage. Lorsqu'on y ajoute une plus grande quantité d'eau, toutes les particules gélatineuses se séparent et se suspendent par l'agitation dans le liquide; mais elles retombent au fond, de suite après. Cet état d'isolement et l'insolubilité complète des particules gélatineuses forment le caractère propre de la gomme Kuteera, et la rendent impropre à tous les usages. Cependant la la gomme Kuteera n'est pas entièrement formée de cette subs-

---

(1) D'après l'avis même de Guibourt (*Lettre à M. Hanbury sur la gomme adragante et quelques gommes qui s'en rapprochent*. Pharmac. Journ., t. XV, p. 57), nous croyons devoir remplacer le nom de *Gomme de Bassora*, qui doit disparaître de la science, par celui de *Gomme Kuteera* ou *Kutèra*.

(2) Niemann, avant M. Martius, avait également attribué la gomme kuteera à l'*Acacia leucophlœa* (Pharm. batav., t. II, p. 158). Je ne sais sur quoi cette opinion est fondée, Roxburgh n'ayant mentionné aucun produit gommeux de cet arbre.

(3) Voir Guibourt, *Lettre à M. Hanbury* (loc. cit.).

tance insoluble; l'eau qui sert à la laver dissout environ 0,08 d'une gomme semblable à la gomme arabique. C'est bien cette gomme qui est véritablement formée d'*arabine* et de *bassorine*, et non la gomme adragante.

La gomme Kuteera sur laquelle l'eau a épuisé son action, traitée par l'acide acétique, ne s'y dissout pas sensiblement, mais lui cède de la chaux en plus grande quantité que l'eau n'en avait dissous d'abord. L'iode ne la colore pas en bleu; et bien que, au microscope, ce caractère ne soit pas absolu, cependant, comme la coloration paraît nulle à l'œil nu, ce caractère peut servir à distinguer sur-le-champ la gomme Kutheera des gommes adragante, pseudo-adragante et de sassa. La potasse caustique, les acides faibles et froids, ne lui font éprouver aucune altération; mais ces corps la dissolvent à l'aide de la chaleur, après l'avoir altérée très-probablement.

La gomme Kuteera est naturellement inodore; mais elle offre quelquefois une odeur, soit d'acide acétique, telle que M. Boullay l'a remarquée (1), soit d'acide sulfurique chaud et musqué, telle qu'on l'observe dans la décomposition du borax par cet acide. Dans tous les cas, l'eau par laquelle j'ai traité cette gomme odorante n'ayant pas sensiblement rougi le tournesol, je suis fondé à croire que son acidité n'était que superficielle et due à un commencement d'altération occasionné par l'humidité.

La gomme Kuteera divisée par l'eau, additionnée d'iode et examinée au microscope, paraît principalement formée d'une matière gélatiniforme, dense, mamelonnée, insoluble, uniformément grise ou très-faiblement bleuâtre, qui est proprement ce que je nomme la *bassorine*. On y voit çà et là quelques grains de fécule isolés, sphériques et volumineux.

On y voit également d'autres parties gélatineuses qui offrent une structure fibreuse ramifiée, et qui paraissent formées par la réunion, sous forme de chapelets, de petits grains sphériques, jaunes et transparents. La liqueur offre beaucoup de ces petits grains jaunes isolés, quelques grains de fécule volumineux, des fragments de membranes denses et des fibres ligneuses; on n'y trouve rien qui ressemble aux membranes pétaloïdes des gommes adragante, pseudo-adragante et de sassa.

Gomme de nopal (*Cactus cochinillifer*, L.). — Je mentionnerai ici cette gomme, à cause de ses rapports avec la précédente, et pour en montrer également la différence. Elle exsude en très-grande abondance, au Mexique, des *Cactus* qui portent la cochenille; mais elle ne peut être d'aucune utilité. Elle est sous la forme de

---

(1) Boullay, *Bull. de pharm.*, t. V, p. 166.

concrétions vermiculées ou mamelonnées, d'un blanc jaunâtre, ou rougeâtre, translucides ou demi-opaques, d'une saveur fade mêlée d'un peu d'âcreté; elle crie sous la dent. Mise à tremper dans l'eau, cette gomme se gonfle, blanchit, mais n'acquiert aucun liant. Quelques portions détachées nagent divisées dans la liqueur; mais la presque totalité forme une masse résistante, non mucilagineuse, que la pression sépare en parties non liées, et qui prennent en se desséchant sous les doigts un aspect farineux. L'iode la colore superficiellement en bleu noirâtre.

Divisée par l'eau, et vue au microscope, elle a la forme d'une substance gélatineuse, plissée, à bords finis, d'une épaisseur et d'une consistance très-marquées. En y ajoutant de l'iode, la substance gélatineuse principale ne paraît pas se colorer; mais on y observe une grande quantité de points colorés en bleu noir, opaques, très-petits, devant être une espèce particulière d'amidon. Enfin, que la substance soit ou non additionnée d'iode, elle offre constamment, et disséminés à distance, des groupes de cristaux bien finis, terminés par des biseaux aigus, et exactement semblables à ceux que Turpin a observés dans le tissu même du *cereus peruvianus*, et que M. Chevreul a reconnus pour être de l'oxalate de chaux (1). Ces cristaux caractérisent la gomme de nopal et serviront toujours à la faire reconnaître.

Produits résineux et balsamiques de légumineuses.

Résines animé et Copal.

Le nom de *résine animé* a été inconnu aux anciens, à moins qu'on ne veuille le croire dérivé de celui de *Smyrna aminnea* donné par Dioscoride à une sorte de myrrhe très-inférieure. Ce qui est plus certain, c'est que, vers le commencement du seizième siècle, les Portugais tiraient de Guinée et de la côte orientale d'Afrique une résine nommée *aniimum*, et que ce nom a été presque immédiatement traduit dans presque toutes les langues par le mot indéclinable *animé*.

Jean Rodriguez de Castel-Blanco, beaucoup plus connu sous le nom d'Amatus Lusitanus, est le premier qui ait fait mention de l'*Aniimum*, et il en distinguait de deux sortes : une *blanche*, qu'il croyait être le *Cancame* de Dioscoride, et une *noirâtre et odorante*, qu'il assurait être le *Myrrha aminnea*. Il est à peu près certain que cette dernière espèce n'est autre chose que le *Bdellium*

---

(1) Chevreul, *Ann. des sciences natur.*, t. XX, p. 26, pl. 1, et *Journ. de pharm.*, t. XX, p. 526.

d'Afrique. Quant à la première, qui a bientôt pris le nom d'*animé orientale*, pour la distinguer d'une résine presque semblable apportée d'Amérique, elle venait de la côte orientale d'Afrique ; et en comparant tout ce qu'en ont écrit les auteurs du temps, on reste convaincu que cette résine orientale n'était autre chose que celle qui porte aujourd'hui dans le commerce français le nom de *Copal dur*, mais à laquelle les Anglais ont toujours conservé le nom de *gomme* ou de *résine animé* (1).

Je viens de dire que l'animé blanche d'Amatus Lusitanus avait pris le surnom d'*orientale* lorsqu'il avait fallu la distinguer d'une résine presque semblable (*animé occidentale*) apportée d'Amérique, où elle découle en très-grande abondance du courbaril ou du *Jetaiba* de Pison (2). Je dois expliquer maintenant comment l'animé orientale a perdu son nom pour prendre celui de *Copal*, et comment, au contraire, divers autres produits d'Amérique ont usurpé le nom d'*animé*.

C'est Monardès qui est le premier auteur de ce changement et des graves erreurs qui ont ensuite été commises sur l'origine de l'animé orientale. En effet, ce médecin de Séville (3), ayant décrit la résine de courbaril sous le nom de *Copal* (4), et ayant nommé *animé* une autre résine beaucoup plus aromatique et plus huileuse (5), cette nomenclature a été acceptée par la plupart des auteurs, et même le nom de *Copal* a fini par s'étendre de l'animé d'Amérique à l'animé orientale. Alors voici ce qui est arrivé :

L'animé orientale ayant pris le nom de *Copal* (mot mexicain), on a supposé qu'elle venait du Mexique, et l'on s'est efforcé d'en trouver l'origine dans un des nombreux végétaux résineux, très-imparfaitement décrits par Hernandez, *Rhus*, *Elaphrium* ou autres. Secondement, on a cru avoir perdu l'animé orientale d'Amatus Lusitanus et de Garcias (il est évident qu'elle ne l'a jamais été), et, assez récemment encore, on s'est efforcé de la retrouver dans le *Dammar puti* ou dans le *Dammar selan* des îles Moluques.

Enfin, quand on a cru savoir que le prétendu copal du Mexique venait de l'Inde, on en a cherché la source dans un des arbres résineux de l'Inde, tel que le *Vateria indica*. Ce n'est qu'à la suite

---

(1) On trouvera les preuves de ce qui précède, avec des détails plus étendus, dans un mémoire sur les résines *dammar*, *copal* et *animé* (*Revue scientifique*, t. XIV, février 1844, p. 177).

(2) Pison, *Bras.*, p. 60.

(3) Monardès, *Simplicium medicamentorum historia*, etc.

(4) Les Mexicains donnaient généralement le nom de *copal* aux résines usitées en fumigations dans les temples.

(5) Cette résine est une *tacamahaca* ou *tacamaque*, que je décrirai plus tard sous le nom de *tacamaque jaune huileuse*.

de recherches plusieurs fois répétées que je suis parvenu à rétablir la véritable origine de l'*animé orientale* ou *Copal dur*; origine qui, suivant ce que je pense, ne trouvera plus aujourd'hui de contradicteurs.

Animé dure orientale.

Copal dur du commerce français. Ainsi que je viens de l'exposer, cette résine, après avoir été supposée venir du Mexique, a été considérée comme originaire de l'Inde, parce que, en effet, elle nous arrive presque toute par la voie de Calcutta. Mais M. Ad. Delessert et M. Blanchard, négociant français établi à Calcutta, ont appris à M. Perrottet que le copal dur (*Gum animi* des Anglais), transporté de cette ville en Europe, y était apporté de Maskate, sur des navires arabes qui vont le chercher à Zingibar, sur la côte d'Afrique. Vers le même temps, une personne qui a longtemps habité l'île de France me disait que les trois sortes de copal, dites de *Madagascar*, de *Bombay* et de *Calcutta*, ne sont qu'une seule et même résine recueillie à Madagascar et vendue sur la côte d'Afrique, notamment à Bombetec, aux Arabes qui la transportent à Surate, d'où elle est ensuite portée à Bombay, à Calcutta et jusqu'en Chine. La même personne ajoutait, en confirmation de ce que j'ai annoncé le premier (1) que la résine copal est produite par l'*Hymenæa verrucosa* (2), qui porte à Madagascar le nom de *Tanrouk-Rouchi* (*tanroujou*, suivant de Jussieu) et qui est cultivé à l'île de France sous le nom de copalier. On y cultive aussi l'*Hymenæa courbaril* de Cayenne, lequel y produit une résine qui a beaucoup de rapports avec le copal, mais moins dure et moins estimée.

D'après ce qui vient d'être dit, il serait oiseux ou contraire à la vérité de distinguer aujourd'hui des résines copal de différentes provenances; il faut se contenter de dire que le copal affecte différentes formes suivant qu'il a été récolté suspendu aux arbres, à l'abri de toute impureté, ou suivant qu'il a été recueilli sur terre ou enfoui dans le sable; ce dernier pouvant présenter encore plusieurs aspects, suivant qu'il est brut ou mondé à l'aide du couteau ou autrement. On trouve donc dans le commerce du copal *en larmes* ou *en stalactites*, quelquefois longues et grosses comme le bras, telles que la belle larme recueillie par un voyageur sur

---

(1) Guibourt, *Histoire abrégée des drogues simples*.
(2) *Hymenæa verrucosa* Lam., *Illust.*, pl. 330, fig. 7. Cet arbre diffère de l'*Hym. courbaril* principalement par son fruit, qui est long au plus de 45 millimètres, large de 10, d'un brun noirâtre, tout couvert de verrues, et vernissé par la résine qui exsude de sa surface.

l'*Hymenœa verrucosa*, dans la vaste forêt d'Ivoudho, à Madagascar, et dont M. Bonastre a fait don à l'École de pharmarcie. Ce copal, dit *de Madagascar* est lisse et poli à sa surface, transparent, d'un jaune foncé uniforme ; il a une cassure tout à fait vitreuse, et est tellement dur, que la pointe d'un couteau l'entame avec peine ; il est insipide et inodore à froid ; il se ramollit au feu et y devient un peu élastique, mais sans pouvoir se tirer en fils. Il ne se fond qu'à une chaleur très-élevée et exhale alors une odeur aromatique, analogue à celle du bois d'aloès ou mieux du copahu de Maracaïbo.

Le copal trouvé à terre ou enfoui dans le sable, indépendamment de la terre ou du sable qui peuvent y adhérer, présente ordinairement une croûte extérieure blanche, opaque et friable, due à une altération de la résine par l'air et l'humidité. On le monde de cette croûte à l'aide d'un instrument tranchant, lorsque les morceaux sont assez volumineux pour se prêter à cette opération : tel est le *Copal* dit *de Bombay*. Dans le cas contraire, on débarrasse le copal de sa croûte, en le faisant tremper dans un soluté de carbonate de potasse ; on le lave ensuite et on le fait sécher. Le copal, ainsi purifié, nommé *Copal de Calcutta*, se présente ordinairement sous la forme de morceaux plats, d'un jaune très-pâle ou presque incolores, très-durs, vitreux et transparents à l'intérieur, mais offrant une surface terne et fortement chagrinée par l'impression du sable grossier qui s'y trouvait fixé.

L'animé dure, ou copal dur, ressemble beaucoup au succin, mais peut s'en distinguer aux caractères suivants :

1° L'animé dure s'enflamme à la flamme d'une bougie, s'y fond complétement et tombe goutte à goutte. Le succin, beaucoup moins fusible, brûle en se boursouflant et sans couler.

2° L'animé dure, éteinte et encore chaude, exhale une odeur que j'ai comparée anciennement à celle du bois d'aloès, mais, qui se rapporte encore mieux à celle du copahu de Cayenne ou de Colombie. Le succin chauffé exhale une odeur plus forte, désagréable même et de nature bitumineuse. Cette odeur devient même sensible par le frottement du succin, ou lorsqu'on le tient renfermé dans un bocal ; le copal dur non frotté est tout à fait inodore à froid.

3° L'animé dure, mouillée avec de l'alcool à 80 degrés centésimaux, devient poisseuse, et l'alcool évaporé laisse sur la résine une tache blanche qui lui ôte sa transparence. Le succin, soumis à la même épreuve, reste sec et transparent.

4° L'animé dure, soumise à la distillation, donne à peu près les mêmes quantités d'eau, d'huile et de charbon que le succin, et fournit aussi, sur la fin, une grande quantité de la matière jaune obtenue du succin; mais on ne trouve aucune quantité d'acide succinique dans ces produits, et cette différence est des plus remarquables entre deux corps qui ont presque la même constitution physique.

L'animé dure pulvérisée, traitée par de l'alcool à 92 degrés centésimaux, laisse un résidu considérable, d'*abord pulvérulent*, mais formant au bout de quelque temps une masse peu cohérente facile à diviser par l'agitation.

L'alcool bouillant en dissout un peu plus; mais, quelle que soit la quantité de liquide employée, la résine insoluble desséchée forme toujours de 61 à 66 pour 100 de la résine primitive.

L'animé dure, traitée par l'éther, s'y gonfle et y devient un peu molle, comme dans l'alcool; mais les parties gonflées se divisent toujours facilement par l'agitation. Après plusieurs traitements par l'éther, il reste environ 61 pour 100 de résine insoluble.

L'animé dure, traitée par l'essence de térébenthine, s'y gonfle et y devient un peu cohérente, mais ne s'y dissout pas, même à l'aide de la chaleur. La résine, séchée par une longue exposition à l'air, pèse 123 parties au lieu de 100. Pulvérisée et exposée pendant plusieurs heures à une température de 100 degrés, elle se réduit seulement à 111 parties; de sorte qu'il s'est formé une véritable combinaison d'animé et d'essence, qui est insoluble dans l'essence.

L'animé dure, ou copal dur, a été le sujet des recherches d'un grand nombre de chimistes, parmi lesquels il faut citer Unverdorben et Berzelius; mais les résultats obtenus par ces deux savants sont tels qu'il est permis de croire qu'ils n'ont pas toujours agi sur la véritable animé dure. J'accorde beaucoup plus de confiance aux résultats publiés par M. Filhol (1), dont j'extrairai seulement ce qui est relatif à la composition élémentaire de la résine et à son oxygénation par l'air.

Le copal dur le plus pur est composé, sur 100 parties, de :

Carbone.................... 80,42
Hydrogène................. 10,42
Oxygène.................... 9,15

Ce copal, pulvérisé et soumis à un courant d'air chaud, ou bien porphyrisé à l'eau et conservé à l'air, en absorbe assez rapidement l'oxygène, et finit par arriver à la composition suivante :

Carbone.................... 71,34
Hydrogène................. 9,22
Oxygène.................... 19,41

Le copal ainsi oxygéné est devenu complétement soluble dans l'alcool

(1) Filhol, *Thèse sur le copal. Journ. de pharm. et chim.*, t. 1, p. 301 et 507.

et dans l'éther; et M. Duroziez, pharmacien à Paris, qui, sans avoir cherché à en déterminer la cause, avait trouvé ce moyen de rendre le copal soluble, assure que ce nouvel état ne nuit en rien à la qualité des vernis. Je crois, en effet, que des vernis à l'alcool ou à l'essence, fabriqués avec ce copal, peuvent être supérieurs, pour la durée, à ceux faits avec le mastic ou la sandaraque; mais il est permis de douter, jusqu'à preuve contraire, que les vernis gras fabriqués avec le copal rendu soluble soient de la même qualité. On sait que ceux-ci se font en fondant le copal dur, sur un feu vif, dans une sorte de cucurbite ou de matras en cuivre; aussitôt que la résine est complétement fondue et bien liquéfiée, on y ajoute de l'huile de lin cuite, qui s'y mêle bien, et ensuite de l'essence de térébenthine, et on laisse refroidir.

Animé tendre orientale.

On trouve constamment dans l'animé dure orientale une certaine quantité d'une résine qui présente tous les caractères de celle du courbaril, de même qu'on trouve dans la résine du courbaril d'Amérique une certaine quantité de résine semblable à l'animé dure orientale; il paraît raisonnable d'en conclure que ces deux résines peuvent, dans certaines circonstances, passer de l'une à l'autre.

L'animé tendre orientale se présente sous la forme de larmes globuleuses, quelquefois du volume du poing, qui, étant privées de la croûte opaque qui les recouvre, sont presque aussi incolores et aussi transparentes que du cristal. En vieillissant, elle prend une teinte jaune à sa surface; elle jouit d'une odeur faible mais agréable; sa friabilité est assez grande, et elle se laisse facilement entamer par la pointe d'un couteau. Exposée à la chaleur, elle devient molle, élastique et se laisse tirer en fils aussi déliés que la soie; elle se dissout en partie dans l'alcool, et la partie insoluble y prend la consistance et l'aspect du gluten humide : elle se dissout en très-grande partie dans l'éther.

Cette résine forme des vernis gras moins colorés que l'animé dure, mais beaucoup moins durables, ce qui est cause qu'elle est moins estimée. Dans le commerce parisien, on lui a donné pendant longtemps, de même qu'à l'animé tendre d'Amérique, le nom de *copal tendre*; mais depuis que le *dammar tendre* (t. II, p. 290) a été nommé par les commerçants *copal tendre*, la résine animé tendre a pris le nom de *copal demi dur*, qu'elle porte aujourd'hui.

Animé tendre d'Amérique.

Cette résine, suivant ce qui a été dit précédemment, est produite par l'*hymenœa courbaril* L., arbre très-élevé, qui croît dans toutes les contrées chaudes de l'Amérique (page 456). Elle se présente sous un très-grand nombre de formes, dont les principales demandent à être décrites.

1. **Ambre blanc de Cayenne.** — J'ai vu sous ce nom une quantité assez considérable d'une animé tendre en larmes ovoïdes, du poids de

10 à 25 grammes, ternes et blanchâtres à leur surface, mais vitreuses, transparentes et presque incolores à l'intérieur. Cette sorte ne diffère de la suivante que par la pureté et la régularité de ses larmes.

2. **Ambre blanc du Brésil**, ou **animé tendre du Brésil en sorte**. — Cette sorte, qui est celle que Guillemin a rapportée de Rio-Janeiro, comme résine de courbaril, se compose, pour la moitié environ, de larmes semblables à la précédente, mais beaucoup plus petites, moins pures et moins régulières. On y trouve ensuite d'autres larmes semblables, mais couvertes d'une couche plus ou moins épaisse d'une résine opaque, presque entièrement soluble dans l'alcool, et enfin un sixième environ de larmes jaunes d'animé dure.

3. **Animé tendre de Hollande.** — Lorsque, il y a trente-six ans environ, Henry père fit venir de Hollande, pour le droguier de la pharmacie centrale des hôpitaux, de la *résine animé*, la substance qui fut envoyée sous ce nom se composait de trois quarts environ de résine animé de Monard (tacamaque jaune huileuse) et d'un quart d'animé tendre, de laquelle nous séparâmes encore une certaine quantité de petites larmes d'animé dure. L'animé tendre offrait cela de particulier, qu'elle se composait de deux résines qui, isolées dans certaines larmes, paraissaient n'avoir rien de commun, tandis qu'elles se trouvaient réunies dans d'autres. Ainsi, on voyait des morceaux (A) qui étaient blanchâtres au dehors, d'un jaune orangé en dedans, tout fendillés, opaques, friables, presque entièrement solubles dans l'alcool. On en rencontrait d'autres (B) semblables en apparence aux précédents, mais contenant au centre un noyau dur, jaune ou incolore, et transparent. Enfin, on y trouvait des larmes (C) entièrement vitreuses et transparentes, à l'exception d'une légère couche opaque superficielle. Cette résine vitreuse et transparente jouissait de toutes les propriétés indiquées plus haut pour l'animé tendre orientale, à l'exception qu'elle se tirait difficilement en fils à l'aide de la chaleur, ce qui tenait sans doute à sa grande ancienneté, jointe à la petitesse des larmes, qui avait permis à la résine de se dessécher complètement. Quant à la résine jaune, friable et soluble dans l'alcool, des morceaux A et B, il faut la considérer comme produite par l'oxygénation de la précédente.

4. **Copal tendre du Brésil.** — Cette résine vient sous la forme de larmes irrégulières et allongées, et quelquefois en morceaux qui paraissent avoir fait partie de larmes ou de masses d'un volume considérable. Elle est complètement mondée au dehors, vitreuse, transparente et d'un jaune pâle ; elle ressemble donc beaucoup à l'*animé tendre orientale*, décrite précédemment ; cependant elle présente dans sa masse des variations de couleur et une sorte de nébulosité vague qui n'existent pas dans la résine orientale. Ses propriétés sont du reste exactement semblables.

5. **Résine animé de Carthago.** — En 1816, Chaussier remit à Henry père un morceau de résine, du poids de 500 grammes, qui lui avait été donné quelques années auparavant par M. Palois, médecin à Nantes. Ayant eu besoin, en 1823, d'étudier de nouveau cette résine, je m'adressai à M. Palois, qui eut l'extrême obligeance de m'en faire remettre un morceau de 300 grammes, avec les renseignements suivants :

Cette résine, dont la masse entière pouvait peser 3,5 à 4 kilogrammes, avait été donnée à M. Palois par un contre-maître revenant de Carthago au Mexique, et qui l'avait détachée lui-même du tronc d'un arbre ayant à peu près 3 mètres d'élévation de tronc, des branches très-élevées et des feuilles petites, d'un vert foncé et en forme de lance aiguë.

Cette masse résineuse est généralement d'un blanc laiteux et à moitié opaque ; mais elle offre çà et là des ondes transparentes qui augmentent avec le temps, et qui sont entremêlées de stries rouges comme du sang. Elle a la cassure vitreuse et comme glacée du copal, ce qui fait que la pointe du couteau glisse dessus, à moins qu'on n'appuie un peu fortement ; alors elle paraît douée d'une certaine mollesse, et cède au couteau, caractère que n'a pas le copal dur. Sa pesanteur spécifique est de 1,047, la même trouvée par Brisson au copal transparent.

Cette résine a une faible odeur lorsqu'elle est en masse. Elle se pulvérise facilement dans un mortier de porcelaine, et alors l'odeur devient plus marquée. Elle se réduit en poudre sous la dent, et est insipide, quoique légèrement aromatique.

Cette résine, mise sur un fer chaud, s'y ramollit, devient élastique, tenace, et peut être tirée en fils très-déliés, qui redeviennent cassants par son refroidissement. Tandis qu'elle est chaude, elle exhale une odeur aromatique assez agréable. (Les stries rouges exhalent, au contraire, par la chaleur, une odeur fécale (1).)

La résine, chauffée dans une fiole, se fond, devient transparente, d'un jaune d'or, et forme des bulles dues à la volatilisation d'une huile qui vient se condenser contre la paroi supérieure de la fiole. Cette huile est jaune, transparente et grasse au toucher. La fiole brisée a offert une odeur fortement aromatique ; pesée avant sa fracture, elle n'avait rien perdu de son poids, c'est-à-dire que le poids de l'huile, plus celui de la résine restée au fond de la fiole, reformaient exactement celui de la résine employée.

Cette résine, mise dans l'alcool à 92 degrés, s'y ramollit, s'y gonfle, et se réunit en une seule masse remarquable par son volume, sa ténacité et sa grande élasticité. Cette masse devient brillante et nacrée par le frottement réitéré de ses parties.

Cette résine paraît être dans l'alcool ce que le gluten est dans l'eau. Elle doit, à l'interposition de ce liquide, sa ténacité et son élasticité : desséchée, elle redevient cassante et friable, ce qui ne permet pas de la confondre avec le caoutchouc.

L'alcool que l'on a fait bouillir sur cette résine se trouble en refroidissant, et, après cela, précipite encore fortement par l'eau. Une nouvelle ébullition dans d'autre alcool procure une dissolution beaucoup moins chargée ; une troisième l'est encore moins, se trouble à peine

---

(1) Ce caractère me donnerait à penser que la résine de M. Palois pourrait être produite par le *Vouapa bifolia* d'Aublet, arbre très-rapproché de l'*Hymenæa courbaril*, dont le bois rougeâtre et tout imprégné d'un suc résineux exhale une odeur fécale lorsqu'il est récent, ou même ancien, quand on le râpe. Ce bois se trouve dans le commerce, où il est connu sous le nom de *bois caca*.

par le refroidissement, et ne se trouble plus par l'eau. Cependant il reste encore beaucoup de matière insoluble, ce qui montre que cette résine est au moins formée de deux principes immédiats, dont l'un est soluble dans l'alcool, et l'autre y est insoluble, mais peut s'y dissoudre à la faveur du premier.

La résine de M. Palois, traitée par l'éther, s'en pénètre de suite, s'y gonfle, y devient molle et gluante. Elle s'y dissout visiblement en plus grande quantité que dans l'alcool, mais elle ne s'y dissout pas entièrement.

La même résine, traitée par l'essence de térébenthine, s'y gonfle et s'y divise en petites glèbes peu cohérentes. Chauffée à 100 degrés, puis refroidie et exprimée, elle a laissé une résine molle et transparente qui, desséchée à l'air, pesait 113,6 au lieu de 100, mais qui s'est réduite à 75,76 par une exposition de plusieurs heures dans une étuve chauffée à 100 degrés.

En comparant cette résine, et les autres sortes d'animé tendre qui jouissent des mêmes propriétés, à l'animé dure ou copal dur, on trouve que 100 parties de chacune fournissent de parties insolubles :

	Dans l'alcool.	Dans l'éther.	Dans l'essence.
Animé dure orientale....	65,71	60,83	111
Animé tendre occidentale.	43,53	27,50	75,76

Malgré ces différences, il me paraît certain que toutes ces résines sont de nature semblable, et qu'elles ne diffèrent que par la proportion de leurs résines soluble et insoluble. D'ailleurs, il me reste à montrer que les deux résines animé, dure et tendre, peuvent être produites par le même arbre, soit immédiatement, soit par suite d'une modification que l'animé tendre éprouverait à l'aide du temps. Ainsi :

1° On trouve toujours dans l'animé tendre d'Amérique une certaine quantité d'animé dure, de même que nous avons vu qu'il existait une petite quantité d'animé tendre dans l'animé dure de Madagascar.

2° Il est arrivé une fois du Brésil six caisses de copal dur, dont je possède un échantillon ayant la forme d'un large gâteau épais de 3 centimètres, mondé au couteau de la croûte opaque qui a dû le recouvrir. Ce copal est d'une transparence nébuleuse, avec des taches ou des stries rougeâtres, et il dégage une odeur désagréable quand on le fond. On peut dire que c'est de la résine de M. Palois, durcie par une longue exposition à l'air.

3° On trouve dans les terrains d'alluvion, en plusieurs lieux de l'Amérique, ainsi que l'a dit Lemery, une résine qui paraît avoir découlé des courbarils, mais qu'un long séjour dans cette sorte de terrain et sous un climat brûlant a convertie en animé dure. Il existe au Muséum d'histoire naturelle des quantités assez considérables d'animé dure d'Amérique qui me paraissent avoir cette origine, et, en 1843, un pharmacien du Havre m'a présenté un échantillon d'animé dure, trouvé par un capitaine de navire dans les alluvions d'un fleuve de la province de Choco. Au dire de ce capitaine, ces alluvions couvrent une forêt d'arbres renversés, parmi lesquels se trouve une très-grande quantité de résine semblable.

Enfin, soit que différents arbres des pays chauds puissent produire une résine semblable à celle des courbarils, soit que ces arbres aient été transportés dans beaucoup de contrées chaudes du globe, je possède : 1° une masse d'animé tendre, en partie opaque et en partie transparente, venant de la côte des Graines, à l'entrée du golfe de Guinée ; 2° un échantillon de copal tendre transparent, d'un jaune de miel, mélangé d'impuretés, venant de la Cafrerie ; 3° un échantillon de copal tendre de Nubie en larmes rondes, parfaitement vitreuses et transparentes à l'intérieur, mais entièrement couvertes d'une croûte très-mince, et comme pelliculaire, d'une substance noirâtre et opaque. J'en ai encore beaucoup d'autres, mais de localités inconnues (1).

Copals de la côte occidentale d'Afrique.

[A part les Copals dont nous venons de parler, on apporte dans le commerce un grand nombre de produits analogues provenant des côtes occidentales de l'Afrique, depuis la Sénégambie, sous le 13° latitude nord jusque dans le Benguela par le 15° latitude sud. Ces produits peuvent se subdiviser en deux groupes, ceux de la partie septentrionale de la région, ceux de la partie méridionale : chacun de ces groupes comprend un nombre considérable de formes, dont nous ne décrirons que quelques-unes, renvoyant pour les autres aux mémoires spéciaux et aux collections (2).

Copal de Sierra-Leone. — Ce copal provient des pays voisins de Sierra-Leone, de la colonie portugaise de Bissao, des rivières de la Casamance et de Gambie. Il se présente en larmes arrondies, ou en masses irrégulièrement coniques, mamelonnées, recouvertes d'une poussière blanche, qui augmente avec l'âge. La substance intérieure

---

(1) Il est fait mention dans la *Pharmacopea Wurtembergensis*, dans l'*Apparatus* de Murray, etc., de quelques résines que je rapporte à l'animé tendre ou dure. Ainsi, Murray décrit sous le nom de *gomme look* une résine apportée du Japon, qui, à la première vue, ressemble au succin ; assez dure pour ne pouvoir être entamée par l'ongle, transparente, jaunâtre, à cassure vitreuse, offrant souvent une forme hémisphérique : tous ces caractères conviennent à l'*animé tendre orientale*. Pareillement, la *Pharmacopea Wurtembergensis* parle d'une *résine Kikekunemalo*, apportée d'Amérique, qui passe pour une espèce de copal et qui l'emporte sur le copal ordinaire pour la pureté, l'élégance et la transparence ; qui se dissout plus facilement et qui est plus propre que toute autre pour faire des vernis très-blancs : cette description semble désigner l'*animé tendre du Brésil* ; tandis que Murray, en disant (t. V¹, p. 208) qu'il trouve dans la résine kikekunemalo des glèbes petites, transparentes, enveloppées d'une autre masse opaque, parle, à n'en pas douter, de l'*animé du Brésil en sorte*, n°ˢ 2 et 3.

C'est aux deux mêmes résines qu'il faut rapporter la *gomme olampi* de quelques auteurs. En effet, Lemery, qui définit la gomme olampi une résine d'Amérique, dure, jaune tirant sur le blanc, transparente, ressemblant au copal, paraît désigner le *copal du Brésil* ; tandis qu'on reconnaît la seconde et la troisième sorte d'animé tendre dans la résine jaunâtre, grumeleuse, dure, friable, quelquefois transparente, quelquefois blanchâtre et un peu opaque, que Valmont de Bomare décrit comme de l'olampi.

(2) Voir en particulier : *Some Observations on the Copals of Western Africa*. (*Pharmac. Journ.*, t. XVI, p. 367 et 423.)

est transparente; sa couleur varie du vert pâle au jaune plus ou moins foncé.

Le copal de Sierra-Leone exsude naturellement d'une espèce de Légumineuse, voisine des *Hymenœa*, et qui forme le type d'un nouveau genre, établi par M. Bennett et dédié par lui à M. Guibourt : c'est le *Guibourtia copallifera*. Cet arbre, qui peut atteindre de grandes dimensions, est remarquable par l'apparence de ses feuilles, composées de deux folioles fortement inéquilatérales, à 3-5 nervures longitudinales, et par ses panicules terminales couvertes de nombreuses fleurs. Le calice des fleurs porte 2 bractées au-dessous de 4 sépales caducs; la corolle est nulle, les étamines sont au nombre de 10, libres et égales. Le fruit paraît être un légume de 3 à 4 pouces de long, contenant 2 ou 3 graines.

La résine exsude de l'arbre sous forme de larmes blanches, qui se réunissent en masses irrégulières, et qui passent rapidement aux teintes verdâtre, citron et jaune foncé. Il se produit en même temps à la surface une efflorescence blanchâtre, qui augmente graduellement.

Copal d'Akkrah. — C'est probablement à une espèce de *Guibourtia*, qu'il faut aussi rapporter la production du copal d'Akkrah. Ce copal, très-abondant dans le commerce, est en fragments moyens ou en agglomérations mamelonnées. Les morceaux sont un peu nébuleux à l'intérieur, ils varient du jaune sombre au brun clair. Ils sont recouverts extérieurement d'une couche terreuse et salis de diverses impuretés. Ils ont une odeur agréable rappelant la térébenthine et deviennent très-glutineux lorsqu'ils sont mouillés par l'alcool.

Les deux copals précédents, de même que ceux de la *côte des Esclaves*, du *Soudan*, du *Kowara*, etc., se rapportent au groupe des produits de la partie septentrionale de la région. Ceux de la partie méridionale présentent des caractères différents. Ils sont en général en masses moins mamelonnées, moins compactes, plus fragiles. Leur cassure est vitreuse et d'une grande transparence. Leurs couleurs, plus variées, paraissent dépendre surtout de la croûte extérieure qui les recouvre.

Parmi ces variétés nous citerons :

Le **Copal du Congo**, qui vient des localités de *Loango*, *Ambriz*, *Ambrizette*, etc., et arrive en abondance dans le commerce. Les morceaux sont arrondis, à surface légèrement recouverte d'une couche granuleuse, blanche. La résine est très-claire et translucide. Les Américains lui donnent le nom de *Copal blanc*.

Le **Copal d'Angola**, que les Portugais apportent en grande quantité depuis une cinquantaine d'années. La variété principale est le copal rouge, en fragments irréguliers ou sphéroïdaux, atteignant la grosseur d'un œuf de pigeon, recouverts d'une croûte marquée de granulations et comme verruqueuse. La couleur varie de l'orange foncé au rouge, mais elle diminue beaucoup quand on a enlevé la croûte extérieure.

Enfin le **Copal de Benguela**, qui se rencontre en morceaux irréguliers, plats ou sphéroïdaux, recouverts d'une couche blanche, d'apparence crayeuse. La couleur de la substance varie du jaune pâle

LÉGUMINEUSES. — COPAHU.

au jaune verdâtre. Ce copal vient surtout en Europe par Lisbonne, et porte à cause de cela en Angleterre le nom de *Copal de Lisbonne*.

La plupart de ces formes de Copal se trouvent dans le sable et sont regardés comme des résines fossiles (1).]

Oléo-Résine de Copahu.

Cette substance résineuse, connue vulgairement sous le nom de *Baume de copahu*, est retirée de plusieurs arbres de la tribu des Cæsalpiniées et du genre *Copaifera*, qui croissent en Amérique, depuis le Brésil jusqu'au Mexique et aux Antilles; mais c'est le *Copaifera officinalis* (fig. 699) qui paraît être l'espèce la plus répandue et qui en fournit le plus. Quand cet arbre est dans sa force, il

Fig. 699. — Copaifera officinalis.

donne facilement 6 kilogrammes de suc oléo-résineux par une seule incision, et l'on en fait deux ou trois par an. Les autres espèces ou variétés sont les *Copaifera guyanensis*, *Langsdorfii*, *coriacea*, *cordifolia*, *Sellowii*, *Martii* et *oblongifolia*. Le suc qui découle de ces arbres varie par sa couleur plus ou moins foncée, par sa consistance et par la proportion d'huile volatile qu'il renferme, par son odeur plus ou moins forte, par sa saveur ou plus âcre, ou plus amère, et sans doute enfin par ses propriétés chimiques; ce qui

(1) Voir Welwitsch, *Pharmac. Journ.*, 2ᵉ série, t. VIII, p. 27.

permet d'expliquer les différences observées entre les différents copahus du commerce.

1. Copahu ordinaire du Brésil. — Ce baume résineux est à peu près aussi liquide que de l'huile; il est transparent, d'une couleur jaune peu foncée, d'une odeur forte et désagréable, d'un goût âcre, amer et repoussant. Il fournit à la distillation avec l'eau 40 à 45 pour 100 d'une huile volatile incolore; il se dissout entièrement dans l'alcool bien rectifié. Cependant la dissolution reste ordinairement un peu laiteuse, et laisse précipiter par le repos tantôt un peu d'une résine molle analogue à celle de la résine animé, tantôt une très-petite quantité d'une huile fixe.

Ce copahu, mélangé avec un seizième de magnésie calcinée, se durcit quelquefois dans l'espace de plusieurs jours, de manière à prendre une bonne consistance pilulaire; mais d'autres fois il reste coulant comme une térébenthine. J'ai remarqué que c'était le copahu qui contenait de l'huile fixe qui durcissait le moins par la magnésie; mais la quantité de cette huile est si minime, que je ne la crois ni ajoutée au baume par fraude, ni capable de s'opposer par elle-même à sa solidification. Je la donne seulement comme une marque distinctive du baume qui ne se solidifie pas.

[M. Z. Roussin (1) a montré que la condition nécessaire à la solidification du copahu par la chaux ou la magnésie était l'existence de l'eau dans le baume ou dans la base. Si les deux corps sont anhydres, le copahu reste à l'état liquide : si l'un d'eux ou tous deux sont hydratés, la solidification se produit.]

2. Copahu de Cayenne. — J'ai reçu deux échantillons de ce baume : l'un, qui m'a été donné par M. Fougeron, d'Orléans, était renfermé dans une calebasse et portait la date de 1721; l'autre a été remis à M. Baget par une personne qui revenait de la Guyane. L'échantillon de M. Fougeron était d'une transparence parfaite, d'un jaune foncé, d'une consistance un peu plus épaisse que le copahu ordinaire du commerce; mais ce qui l'en distingue surtout, c'est une odeur assez agréable, analogue à celle du bois d'aloès, et une saveur plus amère, non repoussante et bien moins persistante. Ce copahu, qui est sans doute la première sorte de Geoffroy, offre un grand avantage sur l'autre pour l'administration intérieure, et l'on devrait s'efforcer de le faire venir en Europe. Celui de M. Baget est de la même qualité et joint au goût et à l'odeur du premier la liquidité et la faible coloration du copahu récent.

3. Copahu de la Colombie. — Depuis plusieurs années déjà, il arrive de Colombie, par Maracaïbo, une quantité considérable de copahu pourvu de la même odeur que les deux précédents, et qui se distingue, en outre, du copahu du Brésil par un dépôt

---

(1) Z. Roussin, *Journal de pharmacie et de chimie*, 1865.

assez considérable d'une matière résineuse cristallisée qui se forme dans les tonneaux qui le contiennent. Cette résine de même que la partie liquide se dissout complétement dans l'alcool absolu. Lorsque ce copahu est arrivé pour la première fois en Europe, on a supposé qu'il avait été additionné d'une résine étrangère, et il a donné lieu à des contestations entre commerçants ; mais il y a tout lieu de penser que cette résine, qui n'est peut-être qu'un hydrate de l'essence, est naturelle au copahu de Maracaïbo, et tient à l'espèce de *Copaifera* qui le produit ; de même, par exemple, que l'*Abies excelsa* fournit une térébenthine épaisse et chargée de résine, au lieu de la térébenthine liquide et transparente de l'*Abies pectinata*. Le copahu de Maracaïbo est, je crois, celui qui domine aujourd'hui dans le commerce.

[Sous le nom de *Copahu*, on a apporté quelquefois sur le marché de Londres le produit de diverses espèces de *Dipterocarpus* : *D. turbinatus* Gærtn., *D. incanus* Roxb., *D. alatus* Roxb., *D. lævis* Blm., *D. trineris* Blm., connu dans les Indes orientales sous le nom de *Wood-oil* (huile de bois) ou de *Baume de Gurjun*. Ce liquide qui, filtré, ressemble assez à un copahu de couleur foncée, et qui a à peu près l'odeur et la saveur de ce baume, s'en distingue parce qu'il contient en suspension une matière résineuse qui trouble sa transparence. Son poids spécifique est plus considérable, et son goût fort amer. Il est surtout caractérisé par cette circonstance, que porté à la température de plus de 130°, il se prend en une sorte de gelée. Lorsqu'il est mêlé au baume de copahu, il est assez difficile de le reconnaître. Voici cependant un moyen que donne M. Flückiger(1) pour mettre en évidence cette falsification.

On dissout dans la benzine le baume qu'on veut essayer : on traite la liqueur filtrée par l'alcool amylique ou éthylique : si le baume est pur, il reste limpide ; s'il est impur, il se produit un trouble caractéristique.]

Propriétés chimiques et composition. — L'oléo-résine de copahu est soluble en toutes proportions dans l'éther et dans l'alcool anhydre, mais sa solubilité diminue rapidement avec la force de ce dernier liquide, et celui à 80 centièmes n'en dissout plus que un neuvième ou un dixième de son poids. Elle se combine facilement avec les bases salifiables. Lorsqu'on mêle, par exemple, 3 parties de copahu avec 1 partie de solution alcaline contenant un huitième d'hydrate de potasse, il en résulte, après quelque temps d'agitation, une combinaison complète et limpide. Si l'on ajoute une plus grande quantité de potasse, la combinaison du copahu avec l'alcali se sépare et vient à la surface. Ce composé se dissout dans l'eau pure, dans l'alcool et dans l'éther. La soude et l'ammo-

---

(1) Flückiger, *Bemerkungen über Copaiva-balsam* (*Schweizer. Wochenscrift für Pharmacie*, mai 1867).

niaque se conduisent de même : ainsi, en agitant 3 parties ou 2 parties et demie de copahu avec 1 partie d'ammoniaque liquide à 0,923 de pesanteur spécifique (22 degrés de Baumé), le mélange redevient presque aussitôt transparent, mais se trouble ensuite lorsqu'on y ajoute un excès d'alcali. La magnésie se combine aussi au copahu : un trentième de magnésie calcinée s'y dissout complétement et forme avec lui un liquide transparent; un seizième de magnésie s'y dissout encore, mais la combinaison reste opaline et acquiert quelquefois une consistance pilulaire. Cette combinaison, traitée par l'éther, s'y dissout, à l'exception d'une très-petite quantité d'un résinate formé par la résine insoluble dans l'alcool. (Pour le carbonate de magnésie, voyez plus loin.)

[Le baume de copahu contient une huile essentielle et une partie résineuse formée elle-même de deux résines, une résine acide, l'acide *copahivique* ou *copahu-résinique*, ayant pour formule $C^{40}H^{60}O^4$, et une résine visqueuse.

L'acide copahivique est une substance jaune d'ambre, cristallisable, inodore, soluble dans l'éther et l'alcool; il forme avec les bases des sels solubles dans les mêmes dissolvants.

Le copahu de Maracaïbo contient un acide différent que Strauss a désigné sous le nom d'acide métacopahivique et qui répond à la formule $C^{44}H^{34}O^8$ (1). Il se distingue aussi des autres espèces de copahu par son action sur la lumière polarisée. Tandis que les copahus du Brésil dévient plus ou moins vers la droite le plan de polarisation, il le dévie assez fortement en sens contraire.]

Dans toutes les combinaisons du copahu avec les alcalis et avec les autres bases salifiables, c'est la résine seule qui agit; l'huile volatile y est étrangère, et ne fait que s'interposer dans la masse. C'est ce que prouve d'ailleurs un procédé donné par M. Ader pour obtenir l'huile volatile sans avoir recours à la distillation. À cet effet, on agite bien 100 parties d'alcool à 83 degrés centésimaux avec 100 parties de copahu; on y ajoute 37 parties et demie de soude caustique liquide à 35 degrés, puis 150 parties d'eau; la résine saponifiée reste dissoute dans le liquide hydro-alcoolique, et l'huile volatile vient nager à la surface. Cette huile volatile, purifiée par la distillation sur du chlorure de calcium, présente la même composition que l'essence de citron, soit $C^{10}H^8$.

Falsification du copahu. — La liquidité du baume de copahu, qui le rend semblable à une huile, est cause qu'on a pensé à le falsifier avec des huiles grasses communes; mais l'insolubilité de ces huiles dans l'alcool rendant la fraude trop facile à reconnaître, on a bientôt falsifié le copahu avec de l'huile de ricin : cette altération condamnable a excité les recherches de Planche, de Henry père et de M. Blondeau, qui nous ont fait connaître des moyens certains de la découvrir.

1° *Par l'ébullition.* — 5 grammes de copahu pur mis à bouillir dans

---

(1) Strauss, *Über einige Bestandtheile des Copaivabalsams; Inaugural dissertat.* Tübingen, 1865 (d'après le *Jahresbericht von Wiggers und Husemann*, 1868).

(2) Voir Buignet, *Journ. de pharm. et de chim.*, 3e série, t. XL, p. 266, et Flückiger, *Bemerkungen über Copaiva-balsam* (*Schweizerische Wochenschrift für Pharmacie*, mai 1867.)

1 litre d'eau jusqu'à réduction presque entière du liquide se réduisent en une résine sèche et cassante ; lorsque le copahu est mêlé d'huile, le résidu est d'autant plus mou et liquide que la quantité d'huile est plus considérable. (Henry.)

2° *Par la potasse caustique.* — 8 grammes de copahu pur et 4 grammes de potasse liquide contenant un quart de potasse à l'alcool, mélangés dans une capsule, prennent l'aspect et la consistance du cérat; mais après quelques heures de repos, la séparation des deux liquides s'opère presque entièrement ; le copahu saponifié surnage, et la potasse en excès tombe au fond.

Lorsque le copahu contient un quart, ou seulement un huitième d'huile de ricin, le mélange alcalin ne se sépare pas; il perd peu à peu son opacité, et se convertit en une masse gélatineuse et transparente. (M. Blondeau.)

Avec la soude caustique (lessive des savonniers), résultats analogues : le savon de copahu pur se sépare ; celui qui contient de l'huile de ricin forme un savon homogène, d'autant plus consistant et plus opaque que la portion d'huile est plus considérable. (Henry.)

3° *Par l'hydrocarbonate de magnésie.* — 4 parties de copahu pur et 1 partie d'hydrocarbonate pulvérisé, agitées dans une capsule, puis abandonnées à elles-mêmes, forment un mélange qui prend en quelques heures la transparence, l'aspect et la consistance d'une forte dissolution de gomme arabique.

Lorsque le copahu est mêlé d'huile de ricin, le mélange reste d'autant plus opaque qu'il y a plus d'huile. (M. Blondeau.)

4° *Par l'ammoniaque.* — En agitant dans une bouteille bouchée une goutte d'ammoniaque à 22 degrés avec trois gouttes de copahu, ou une partie en poids de la première sur 2,5 du second, le mélange devient en peu d'instants parfaitement transparent lorsque le copahu est pur, et il reste d'autant plus opaque qu'il contient plus d'huile. (Planche.) Cette expérience, faite à une température de 10 à 15 degrés centigrades, offre des résultats certains, et peut faire découvrir un vingtième ou un trentième d'huile ajouté au copahu ; mais à une température de 20 à 25 degrés le copahu qui contient un huitième d'huile redevient presque aussi transparent que le copahu pur, de même qu'à une température de 0 à 5 degrés, le copahu le plus pur reste trouble avec l'ammoniaque ; cet essai doit donc être fait à une température de 10 à 15 degrés, et cela est toujours facile.

[5° *Par le moyen de l'alcool.* M. Flückiger (1) propose le procédé suivant : on mélange 4 parties d'alcool avec 1 partie du baume de copahu, et on élève la température entre 40 et 60° : on laisse refroidir et on enlève la couche supérieure du mélange. Cette partie contient une très-petite quantité de résine, de l'huile essentielle, et l'huile de ricin, s'il en existe dans le baume de copahu. En chassant par la distillation l'essence et l'alcool, on met facilement en évidence l'huile de ricin.]

On a aussi proposé l'acide sulfurique pour reconnaître la pureté du baume de copahu, mais ce moyen est moins sûr que ceux dont je viens de parler.

(1) Flückiger, *loc. cit.*

Maintenant qu'il est connu que la térébenthine de Bordeaux donne au copahu la propriété de se solidifier par la magnésie, on trouve dans le commerce beaucoup de copahu falsifié avec cette térébenthine : on le reconnaît à sa plus grande consistance et à son odeur. Ce dernier caractère devient sensible surtout en laissant évaporer un peu de copahu falsifié sur du papier.

DES BAUMES DU PÉROU ET DE TOLU.

Les sucs balsamiques connus sous ces deux noms sont produits par des arbres appartenant au genre *Myrospermum*, de la tribu des Sophorées, dans la sous-famille des Papilionacées. Ces arbres ont un calice largement campanulé, à 5 dents peu marquées et persistantes ; les pétales sont au nombre de 5, dont 4 réguliers, étroits, presque linéaires, et le 5e (l'étendard) terminé par un limbe très-élargi et orbiculaire. Les étamines sont au nombre de 10, à filets libres et subulés ; l'ovaire est stipité, oblong, membraneux, à un petit nombre d'ovules, terminé par un style filiforme un peu latéral. Le légume est stipité, bordé dans la plus grande partie de sa longueur par une aile membraneuse, et terminé par une loge un peu renflée qui contient une ou deux semences. Les feuilles sont imparipinnées ; les folioles alternes, très-courtement pétiolées, marquées de points et de lignes translucides ; les grappes sont axillaires et terminales. Les fleurs sont blanches ou roses.

Les espèces de ce genre ne sont pas toutes bien déterminées. Nous n'indiquerons que celles qui donnent quelque produit à la matière médicale.

Myroxylum peruiferum, Mutis et Linn. fils (1). — Ce myrosperme (*fig.* 700) est un grand arbre dont le tronc, couvert d'une écorce épaisse, rugueuse et cendrée, acquiert jusqu'à 65 centimètres de diamètre. Le bois en est blanchâtre à l'extérieur, mais d'un rouge brunâtre intérieurement, d'une grande dureté et très-estimé pour la construction des édifices et des moulins à sucre. Les feuilles sont composées de 7 à 15 folioles alternes, ovales-oblongues, entières, quelques-unes un peu pointues, mais la plupart un peu échancrées au sommet ; ces folioles sont longues de 27 à 45 millimètres, larges de 16 à 23, vertes, fermes, coriaces, glabres, sauf la partie inférieure de la nervure principale qui est un peu pubescente, ainsi que les pétioles partiels et le pétiole

---

(1) Mutis et Linnée fils, *Suppl.* p. 233.
(2) Mutis et Linnée fils, *Suppl.*, — Kunth in Humboldt et Bonpland, *Genera.* — Ruiz in Lambert, *Illustr. of the genus Cuish.* — *Myrospermum pedicellatum*, Lamarck, *Dict.* t. IV, p. 191.

commun. Les filets d'étamines sont longtemps persistants. Le fruit est une gousse pédicellée, glabre, jaunâtre, linéaire, très-aplatie et membraneuse sur toute la longueur, qui varie de 5,5 à 11 centimètres, excepté à l'extrémité, qui présente un renflement oblong, rugueux, ne contenant qu'une seule graine fauve et réniforme. Cet arbre croît au Pérou, où il porte le nom de *quino-quino*, et d'où les échantillons en ont été rapportés par Joseph de Jussieu.

Il paraît varier par la forme de ses folioles, que Ruiz a décrites comme étant ovées-lancéolées et pointues, quoique l'extrémité en soit toujours un peu obtuse et incisée (1).

Suivant Ruiz, le baume de quino-quino s'extrait par des incisions faites à l'écorce, à l'entrée du printemps, c'est-à-dire quand les pluies sont courtes et fréquentes. Lorsqu'on le reçoit dans des bouteilles, il se maintient liquide pendant quelques années, et, dans ce cas, on lui donne le nom de *baume blanc liquide* (2); mais quand on le renferme dans des calebasses, comme on le pratique communément à Carthagène et dans les montagnes de Tolu, au bout de

Fig. 700. — Myroxylum peruiferum.

(1) Le *mirospermum peruiferum* de Ruiz, dont malheureusement la description manque à la *Flore du Pérou*, croît dans les montagnes des Panatahuas, dans les bois de Puzuzu, de Muna, de Cuchero et autres lieux voisins du cours du Maragnon. Celui que M. Weddell a trouvé dans la Bolivie a les folioles conformes à la description de Ruiz, toutes étant oblongues-lancéolées, et terminées par une pointe mousse, divisée en deux par une petite échancrure. Le contour des feuilles est légèrement ondulé, et leur limbe, placé entre l'air et la lumière, paraît tout criblé de points et de petites lignes transparentes, dirigées parallèlement aux nervures secondaires. Les plus grandes ont 44 millimètres de long sur 20 de large, et les plus petites ont 32 millimètres sur 15. (Cette plante a été nommée par Warscewitz *M. robiniæfolium*.

Le bois du même arbre, rapporté par M. Weddell, est aromatique, très-dur, compacte et d'une assez belle couleur rouge. Sa coupe horizontale présente un pointillé blanchâtre très-serré, et des lignes radiaires très-nombreuses, sans aucunes lignes concentriques; l'aubier est jaunâtre et peu épais; l'écorce est blanchâtre, inégale, crevassée, imprégnée de suc résino-balsamique.

(2) Ce baume du Pérou, blanc et liquide, n'est peut-être jamais venu dans le commerce. D'après Lemery, ce qu'on donnait sous ce nom, de son temps, était du baume liquidambar.

quelque temps il se durcit comme une résine et prend les noms de *baume blanc sec* ou de *baume de Tolu*, sous lesquels il est connu chez les pharmaciens et les droguistes.

Myrospermum Pereiræ, Royle, *Myroxylon Sonsonatense*, Klotzsch. — Cette espèce importante, qui donne le *baume de Pérou noir*, le vrai baume du Pérou du commerce, a été tout d'abord distinguée par Pereira qui en a donné une excellente description et de très-bonnes figures (1), et qui lui a laissé provisoirement le nom de *Myrospermum de Son Sonaté*, en raison de l'incertitude qui lui reste encore sur sa synonymie spécifique. A ne considérer, en effet, que quelques folioles, on pourrait les confondre avec celles du *peruiferum* de Kunth; à en prendre quelques autres, dont le rétrécissement final est plus marqué, on serait tenté de le rapprocher du *toluiferum ;* mais en considérant l'ensemble des folioles, leur consistance, leur grandeur et leur forme généralement ovale-elliptique, on est porté à les regarder comme le signe d'une espèce distincte, que Royle a, en effet, établie sous le nom de *M. Pereiræ*.

L'espèce ou variété dont le *Myrospermum* de Son Sonaté se rapproche le plus, est le *M. balsamiferum* de Pavon, figuré par Lambert; mais on trouve une différence très-sensible dans le fruit. Celui de Pavon est plus grand; la samare est très-rétrécie d'un côté, vers le pédoncule, élargie de l'autre, et la pointe du style est précédée d'une échancrure ou d'un sinus ; tandis que le fruit de Son Sonaté est plus petit, aminci presque également des deux côtés, vers le pédoncule, et que la pointe du style est précédée, du côté du pédoncule, par un élargissement très-sensible, dont le contour est convexe. En résumé, le *Myrospermum* de Son Sonaté ne ressemble complétement à aucun autre. C'est à cette espèce qu'il faut rapporter l'*Hoitziloxitl* d'Hernandez. D'après cet auteur, en quelque temps de l'année qu'on incise l'écorce de l'arbre, mais surtout à la fin de la saison pluvieuse, on en obtient ce noble baume d'Inde qu'on ne saurait assez louer, qui est liquide, d'une couleur jaune inclinant au noir, d'une saveur âcre, un peu amère, d'une odeur véhémente et cependant de la plus grande suavité. C'est elle aussi qui donne par l'expression de ses fruits le *baume blanc de Son Sonaté*, qu'il ne faut pas confondre avec le *baume blanc* de Ruiz, obtenu par incision du *M. peruiferum*.

Myrospermum toluiferum, DC.; *Myroxylon toluiferum* ou *toluifera*, Ach. Rich. et Kunth. — Arbre très-vaste, dont le bois du tronc est rouge au centre et pourvu d'une odeur de baume ou

---

(1) Pereira, *Pharmac. Journ.*, t. X, p. 230 et 280.

plutôt de rose. Les feuilles sont composées de 7 à 8 folioles alternes, courtement pétiolées, acuminées, très-entières sur la marge, mais sous-ondulées, réticulées, veineuses, membraneuses, très-glabres et brillantes, toutes parsemées de linéoles et de points transparents. La foliole terminale est longue de 80 millimètres et large de 34; les intermédiaires ont de 63 à 77 millimètres sur 25 à 27; les plus inférieures, qui sont les plus petites, sont encore longues de 54 millimètres; aucune des folioles n'est cordiforme : elles se terminent à l'extrémité supérieure par un brusque rétrécissement finissant en pointe étroite et allongée, présentant à peine un commencement d'échancrure.

Le *Myrospermum toluiferum* croît dans les environs de Turbaco, et principalement dans les hautes savanes, proche de Tolu, de Corozol et de la ville de Tacasuan; on le trouve aussi à l'embouchure du fleuve Sinu, proche *el Zapote*, et çà et là sur les bords de la Magdelaine, aux environs de Garapatas et de Montpox. Cet arbre avait été nommé par Linné *toluifera Balsamum*, et avait été rangé par Jussieu dans la famille des Térébinthacées, par suite d'une erreur de Miller, qui avait joint à la description des feuilles un fruit étranger à l'espèce. C'est Ruiz qui a le premier émis l'opinion que le *toluifera* de Linné devait être réuni en un seul genre avec les *Myroxylon* et les *Myrospermum* (1). Ce célèbre botaniste pensait même, ainsi qu'on l'a vu plus haut, que le baume de Tolu ne différait pas du baume du Pérou sec (p. 472). La première opinion a été confirmée par Ach. Richard (2); nous allons voir que la seconde est aussi bien près d'être une vérité.

Baume de Tolu.

Ce baume est produit en très-grande quantité dans les diverses parties de la Colombie qui viennent d'être indiquées pour le *Myrospermum toluiferum*. [On l'extrait du tronc de l'arbre en perçant profondément le bois. Le suc est recueilli dans des calebasses qu'on place au-dessous de l'incision, puis versé dans des sacs de peau. On l'apporte dans ces sacs jusqu'aux ports de mer, où il est transvasé dans des boîtes en fer-blanc, qu'on expédie en Europe (3).] Il est **sec** ou **mou**.

Le **baume de Tolu sec** arrivait autrefois dans des calebasses d'une petite dimension, qui sont devenues très-rares aujourd'hui; il est venu ensuite dans des potiches de terre d'un volume et

---

(1) Ruiz, *Appendice à la Quinologie*, p. 97.
(2) Richard, *Ann. sciences nat.*, t. II, p. 168, 1824.
(3) Weir, *On Myroxylon toluiferum and the Mode of procuring the Balsam of Tolu* (*Pharm. Journ.*, 2ᵉ série, t. VI, p. 60).

d'un poids considérables. Aujourd'hui on le renferme presque exclusivement dans des boîtes de fer-blanc du poids de 3 kilogrammes environ. Il est solide et cassant à froid, mais il coule facilement et se réunit en une seule masse, comme le fait la poix. Il est fauve ou roux, d'une transparence imparfaite, d'une apparence grenue ou cristalline. Il possède une odeur douce et très-suave, moins forte que celle du storax et du baume du Pérou. Il est ductile sous la dent et présente une saveur douce et parfumée, seulement accompagnée d'une légère âcreté à la gorge, due aux acides qu'il contient. Il fond au feu en répandant une fumée très-agréable; il est très-soluble dans l'alcool, moins soluble dans l'éther. Il cède à l'eau bouillante une assez grande quantité d'acide cinnamique et d'acide benzoïque mêlés.

Le **baume de Tolu mou** se trouve toujours en boîtes de fer-blanc; il a une consistance de poix molle ou de térébenthine épaisse; il est plus transparent que le premier, plus foncé en couleur et contient souvent des impuretés. Il possède une odeur suave et aromatique, plus marquée peut-être; mais il a une saveur peu marquée et contient moins d'acides benzoïque et cinnamique. Je me suis convaincu que cette différence tenait à ce que le baume était plus récent : en exposant pendant longtemps ce baume mou à l'air, sur une assiette, il est devenu sec et cristallin, sans rien perdre de son poids ; et l'ayant alors traité par l'eau, j'ai constaté, au moyen de la saturation par un alcali, que le baume solidifié à l'air contenait plus d'acide que lorsqu'il était récent. Il a été évident pour moi que cette augmentation d'acidité était due à l'oxygénation de l'essence.

Il faut prendre garde, en achetant du baume de Tolu, de prendre en place du liquidambar mou, ou un mélange des deux, où du baume de Tolu qui ait déjà été traité par l'eau. Le baume de Tolu ne doit pas être opaque, ne doit pas contenir d'eau, doit avoir une odeur et un goût marqués, très-agréables et tout à fait distincts du styrax et du liquidambar.

[Le baume de Tolu contient comme acide libre de l'*acide cinnamique* et en même temps une substance résineuse, formée de deux résines distinctes; l'une $C^{36}H^{18}O^8$ très-soluble dans l'alcool froid, l'autre $C^{36}H^{20}O^{10}$ insoluble dans l'alcool. La première, dissoute dans la potasse et abandonnée à l'air se transforme dans la seconde, en même temps qu'il se produit de l'acide cinnamique.]

Distillé avec de l'eau, il fournit une essence liquide composée de trois corps volatils : 1° de *tolène*, essence liquide bouillant à 170 degrés, formée de $C^{24}H^{18}$; 2° d'*acide benzoïque* ; 3° de *cinnaméine* bouillant à 340 degrés. Les acides dissous par l'eau, ou qu'on peut en extraire par un carbonate alcalin, sont un mélange d'acide benzoïque et d'acide cinnamique. Quant à la résine, on peut l'obtenir en dissolvant dans la potasse caustique étendue le baume épuisé d'essence et d'acides par l'ébullition dans l'eau ; on précipite ensuite la résine en faisant passer dans la liqueur un courant d'acide carbonique, on la lave, et on la fait sécher. Elle est rouge, fusible à 103 degrés et composée de $C^{18}H^{10}O^5$.

Baume du Pérou sec.

Nous avons vu précédemment que, d'après Ruiz, le *Myrospermum peruiferum*, au moins celui qu'il nomme ainsi, fournit, par incision, un baume liquide et blanchâtre qui, lorsqu'il est solidifié à l'air, ou dans des calebasses, porte le nom de *baume blanc sec* ou de *baume de Tolu*. Je suis heureux de devoir à M. Weddell un échantillon de ce vrai baume sec du Pérou, recueilli par lui dans le sud de la Bolivie, au pied d'un *Myrospermum*, dont il a rapporté les feuilles et le bois, et qui ne diffère du *M. peruiferum* de Ruiz que par ses feuilles plus grandes, plus vertes, plus minces, toutes *frippées* et très-caduques. Ce baume est tout à fait solide, d'un blond rougeâtre, seulement translucide, dur, très-tenace et d'une cassure esquilleuse ou cristalline. Il possède une odeur très-aromatique, analogue à celle du baume de Tolu ordinaire, mais beaucoup plus forte sans cesser d'être très-agréable ; il se ramollit entre les dents et présente le même goût très-parfumé, accompagné d'une âcreté marquée, mais non désagréable. En un mot, le baume du Pérou sec et le baume de Tolu doivent être considérés comme deux sortes d'une même substance dont la première l'emporte beaucoup en qualité sur la seconde.

Baume du Pérou brun.

Baume du Pérou en cocos de ma 3ᵉ édition. Je laisse encore à cette substance le nom de *baume du Pérou*, quoique j'aie lieu de penser qu'elle soit originaire du Brésil et qu'elle ne soit autre chose que le *Cabureicica* de Pison (1), produit par le *Cabureiba*, arbre très-vaste et aromatique, à feuilles petites, semblables à celles du myrte, croissant dans les districts de Saint-Vincent et du Saint-Esprit, ainsi que dans la province de Pernambouc. Ce qui me fait croire qu'il en est ainsi, c'est que M. Fr. Ph. Martius nous apprend que ce baume, qui est d'une fragrance extraordinaire et semblable à celui du Pérou, est renfermé par les Indiens dans les fruits non mûrs d'une espèce d'*Eschweilera* ou de *Lecythis*, et

---

(1) Piso, *Bras.*, p. 57.

que le fruit dans lequel le baume du Pérou brun est ordinairement renfermé et que j'avais pris anciennement pour un petit coco, est en effet le fruit d'une lécythidée. Quoi qu'il en soit, ce baume est demi-liquide, grumeleux et d'une couleur assez foncée. Il n'est pas transparent, si ce n'est étendu mince sur une lame de verre. Il paraît formé de deux sortes de matières : une plus fluide et une autre plus solide, grumeleuse et comme cristalline. Il a une saveur très-douce et parfumée, et il jouit d'une odeur forte et des plus suaves qui se rapproche beaucoup de celle du storax calamite.

Ce baume vient aussi quelquefois en calebasses, comme le baume de Tolu. J'en possède une de ce genre, haute de 9 centimètres, large de 7,5, à moitié pleine d'un baume dont une partie est encore un peu coulante, unie, lisse, transparente et d'un rouge brun ; tandis que l'autre présente une masse de petits cristaux étincelants, imprégnés de la première substance. Ces cristaux n'ont aucune saveur âcre et ne doivent pas être de l'acide benzoïque ; la calebasse, renfermée dans un bocal de verre, le recouvre en peu de temps d'un sublimé blanc qui le rend complétement opaque.

Baume de San-Salvador.

Baume du Pérou noir, ou *Baume du Pérou liquide du commerce*.— On a cru pendant très-longtemps que ce baume venait du Pérou, et que sa seule différence avec les précédents provenait de ce qu'il était obtenu par décoction dans l'eau des rameaux de l'arbre. Mais d'abord un baume qui serait obtenu par décoction dans l'eau, au lieu d'être plus liquide et plus aromatique que celui par incisions, serait plus consistant et moins pourvu d'huile volatile, et c'est le contraire qui a lieu. Secondement, ce baume ne devrait pas contenir d'acide benzoïque ou cinnamique, et le baume noir du Pérou en contient beaucoup : ainsi ce baume n'est pas obtenu par décoction.

D'un autre côté, un pharmacien français qui a exercé pendant plusieurs années à Lima *n'y a pas vu de baume du Pérou noir*, et deux voyageurs qui ont parcouru la Paz, pour y chercher les quinquinas, n'y ont rencontré ni baume, ni fruit semblable à celui des *Myrospermum* (1). Ces deux circonstances me faisaient déjà fortement douter que le baume du Pérou noir (et l'autre de même) vînt du Pérou, lorsqu'un négociant français (M. Bazire), revenant de la république de Centre-Amérique, me remit ce

---

(1) Cet arbre y existe cependant, ainsi qu'on l'a vu.

même baume qui est obtenu en abondance sur la côte de *San-Sonate*, dans l'État de San-Salvador, *par des incisions* faites à un *Myrospermum* dont il m'a rapporté le fruit. Ce fruit, que j'ai décrit (1) manquait de l'aile membraneuse qui distingue les *Myrospermum*, et j'avais cru m'être assuré, par l'inspection des bords du fruit, que cette absence n'était pas accidentelle ; mais la figure de l'arbre, que j'ai vue depuis dans Hernandez (2), m'a montré qu'il ne différait pas à cet égard des autres *Myrospermum*, et qu'il était probablement le même que le *M. peruiferum* L. Quoi qu'il en soit, il ne pouvait rester aucun doute que le prétendu *baume noir du Pérou* ne fût le même que le *baume d'Inde* d'Hernandez, auquel j'ai cru pouvoir restituer son véritable nom en l'appelant **Baume de San-Salvador**. J'ai donc été assez étonné de voir M. Recluz, pharmacien à Vaugirard, donner comme nouveau (3), ce que j'ai dit en 1834 sur l'origine de ce baume. Je n'en aurais pas fait l'observation, si M. Recluz n'avait reproduit en même temps, comme fait nouveau, une erreur de Jacquin, répétée par tous les botanistes qui l'ont même inscrite au nombre des caractères du genre *Mysrospermum* : c'est que les loges séminifères et les semences elles-mêmes sont remplies de suc balsamique, d'où Jacquin a même formé le nom générique *Myrospermum* (semence-parfum), et d'où Chaumeton (4) d'abord, mais avec doute, et M. Recluz ensuite, sans aucune hésitation, ont supposé que le baume du Pérou était retiré des semences, et non du tronc ou des gros rameaux de l'arbre. Or les semences des myrospermes sont formées d'un épisperme membraneux, blanc et très-mince, et de deux cotylédons jaunâtres, huileux et d'un faible goût de mélilot, qui ne contiennent aucune portion de baume ; la loge elle-même en est complétement dépourvue, et ce n'est qu'en dehors de l'endocarpe et dans plusieurs lacunes formées par le mésocarpe que l'on trouve une petite quantité de baume résineux, jaune et transparent, liquide à l'état récent, mais sec et cassant dans les fruits parvenus par la voie du commerce. Il est impossible que cette faible quantité de suc résineux soit l'origine de celui du commerce ; et d'ailleurs les autorités réunies d'Hernandez, de Pison, de Ruiz, de Alex. de Humboldt pour le baume de Tolu, de M. Bazire pour celui de San-Salvador, et de M. Weddell pour celui de la Paz, ne laissent aucun doute sur ce fait, que tous ces baumes sortent naturellement, ou par suite d'incisions, du tronc des arbres qui les four-

---

(1) *Journ. de pharm.*, t. XX, p. 552.
(2) Hernandez, *Mex.*, p. 51.
(3) Recluz, *Journ. de pharm.*, août 1849.
(4) Chaumeton, *Flore médicale*.

nissent. Je reviens maintenant au baume de San-Salvador.

[Les renseignements fournis à M. Hanbury par M. Dorat (1) nous font très-exactement connaître la manière dont est obtenu ce baume.

Au mois de novembre ou de décembre commence d'ordinaire l'exploitation des arbres. On bat d'abord l'écorce du tronc sur quatre côtés soit avec un maillet, soit avec le dos d'une cognée de façon à laisser intactes quatre bandes intermédiaires, pour conserver à l'arbre sa vitalité. Cinq ou six jours après on approche de l'écorce ainsi battue des torches enflammées. Pendant les huit jours qui suivent, l'écorce tombe ou on la détache artificiellement, et l'on voit sur le bois une exsudation se produire. On garnit alors les solutions de continuité de morceaux d'étoffe qui s'imbibent de baume. Quand ces chiffons sont saturés, on les jette dans des pots de terre aux trois quarts remplis d'eau bouillante, et on les y laisse jusqu'à ce qu'ils se soient presque complétement dépouillés du baume, qui tombe au fond du vase. On les sort de l'eau et on les soumet à une expression, qui en fait sortir une nouvelle quantité de baume, qu'on joint à celle déjà obtenue. Quand l'eau est refroidie, on la fait écouler et on verse le baume dans des calebasses. Si on veut le purifier, on le remet dans l'eau bouillante et on enlève l'écume et les impuretés qui viennent flotter à la surface.]

Ainsi obtenu, ce baume a la consistance d'un sirop cuit ; il est d'un rouge brun très-foncé et transparent ; il a une odeur forte, tirant un peu sur celle du styrax liquide, mais toujours très-agréable, et une saveur *âcre, amère et presque insupportable*. Il brûle avec flamme lorsqu'il est chaud, et se dissout entièrement dans l'alcool ; mais la liqueur est toujours louche, et laisse déposer une petite quantité d'une matière fauve, pulvérulente ; il cède de l'acide à l'eau bouillante et en contient quelquefois assez pour en former à la longue une belle cristallisation aiguillée et prismatique, au fond des flacons qui le renferment ; il est employé dans plusieurs compositions pharmaceutiques et dans la parfumerie.

Le baume noir du Pérou est très-sujet à être falsifié avec de l'alcool rectifié, différentes huiles fixes, du baume de copahu, etc. L'alcool rectifié se reconnaît par la diminution que le baume éprouve après son mélange avec l'eau ; les huiles grasses, hors celle de ricin, se reconnaissent en dissolvant le baume dans l'alcool ; le copahu est signalé par son odeur ; en général, la pureté et la force de l'odeur, jointes à la transparence

---

(1) Voir *Pharmac. Journ.*, 2e série, t. V, p. 240.

parfaite du baume, sont des indices assez certains de sa bonté.

Le baume du Pérou noir a été le sujet de recherches de M. Stolze (1), mais c'est M. Frémy principalement qui nous a éclairés sur la nature des principes qui le constituent.

D'après M. Frémy, le baume de San-Salvador (du Pérou noir) est principalement formé d'une résine, d'une huile liquide à laquelle il donne le nom de *cinnaméine* et d'un acide cristallisable que l'on avait pris jusqu'à lui pour de l'acide benzoïque, mais qui est de l'acide cinnamique.

Pour analyser le baume de San-Salvador, M. Frémy le dissout dans de l'alcool rectifié, puis il y ajoute un soluté alcoolique de potasse, laquelle forme avec la résine un composé insoluble qui se précipite. Le cinnamate de potasse et l'huile restent en solution. On y ajoute de l'eau qui précipite l'huile mêlée d'un peu de résine ; on purifie la première en la faisant dissoudre dans le naphte et évaporant dans le vide. L'huile ainsi obtenue est liquide, peu colorée, *presque inodore* (2), pourvue d'une saveur âcre, plus pesante que l'eau qui la dissout à peine. Elle tache le papier comme une huile grasse ; elle se volatilise cependant à une température élevée, mais en se décomposant partiellement à la manière des huiles grasses. Cette huile, ou *cinnaméine*, est composée, suivant M. Frémy, de $C^{54}H^{25}O^8$, ou, suivant M. Mulder, de $C^{56}H^{28}O^8$. Cette dernière formule, dont le quart est de $C^{14}H^7O^2$, a l'avantage de mieux représenter les rapports qui existent entre la cinnaméine, l'essence d'amandes amères ($C^{14}H^6O^2$) et l'acide benzoïque ($C^{14}H^6O^4$). En effet, quand on traite la cinnaméine par l'acide nitrique ou le suroxyde plombique, on la convertit en essence d'amandes amères ; et quand on la traite par le chlore, on la convertit en chlorure de benzoïle que l'eau décompose en acides chlorhydrique et benzoïque.

On trouve maintenant en Angleterre un **baume blanc de Son Sonaté** obtenu par expression du fruit, de sorte que M. Recluz était à peu près bien informé quand il a dit qu'on retirait le *baume de Pérou noir* des semences de l'arbre. La substance qu'on obtient ainsi n'est pas du baume du Pérou noir ; elle n'a même aucun rapport avec le *baume blanc* de Ruiz, ni avec aucun autre vrai baume retiré par incision du tronc des *Myrospermum*. C'est une substance qui a l'aspect d'un miel nébuleux, blond jaunâtre et grenu, et qui provient du mélange *du corps gras* contenu dans l'amande avec la petite quantité de résine balsamique enfermée dans deux lacunes du mésocarpe. Cette substance présente l'o-

---

(1) Stolze, *Journ. de chim. méd.*, t. 1, p. 137.
(2) Il manque alors quelque chose à l'analyse de M. Fremy : c'est de faire connaître le principe auquel est due l'odeur si forte et si caractérisée du baume.

deur de mélilot des semences. Elle est fort peu soluble dans l'alcool froid, et beaucoup plus soluble dans l'éther, qui laisse, après son évaporation, une matière beaucoup plus grasse que résineuse. M. Stenhouse, en traitant le baume blanc de Son Sonaté par l'alcool chaud, en a retiré une substance résineuse indifférente, incolore, facilement cristallisable, à laquelle il a donné le nom de *myroxocarpine*. Elle lui a paru composée de $C^{48}H^{33}O^6$ (1).

Indigo.

L'indigo est une matière colorante que l'on retire des feuilles d'un certain nombre de plantes appartenant presque toutes à un genre de la famille des Légumineuses, qui a été nommé à cause de cela *indigofera*. Les principales espèces qui en fournissent sont : 1° l'*indigofera argentea*, ou indigotier sauvage, qui fournit le plus beau, mais en petite quantité ; 2° l'*indigofera disperma*, ou Guatimala ; 3° l'*indigofera anil*, ou l'anil (*fig.* 701) ; 4° l'*indigofera tinctoria*, ou l'indigotier français, qui le donne moins beau que les autres espèces, mais en plus grande quantité, ce qui est cause de la préférence qu'on lui accorde pour la culture. (Edward.)

Fig. 701. — Indigo.

Le genre *Indigofera* appartient à la tribu des Lotées, de la sous-famille des Papilionacées. Le calice est à cinq dents aiguës ; l'étendard est arrondi ; les ailes sont de la longueur de la carène, qui est gibbeuse ou éperonnée de chaque côté ; les étamines sont diadelphes ; le style est filiforme et glabre. Le légume est cylindroïde ou tétragone, droit ou falciforme, bivalve, polysperme ou monosperme par avortement, séparé par des étranglements entre chaque semence. Les semences sont ovoïdes, tronquées aux deux extrémités, ce qui leur donne une forme à peu près cubique.

(2) Voir John Stenhouse, *Sur la myroxocarpine*. (*Pharmac. Journ.* t. X, p. 299.)

Les feuilles sont imparipinnées, rarement à une seule paire de pinnules, et quelquefois unifoliées.

Les indigotiers sont indigènes aux Indes et au Mexique, d'où ils ont été propagés dans les deux Amériques et aux îles. Il paraît que la manière d'en retirer l'indigo et celle d'appliquer cette couleur aux tissus ont été très-anciennement connues dans l'Inde ; mais ces procédés ont été ignorés en Europe jusque vers le XVIe siècle, que les Hollandais commencèrent à faire connaître l'importance de l'indigo. Néamoins l'usage en fut restreint jusqu'au milieu du siècle suivant. Alors sa supériorité sur tous les autres produits tinctoriaux fut généralement reconnue ; on cultiva les indigotiers au Mexique et dans les îles, et avec assez de succès pour faire oublier l'indigo de l'Inde. Enfin, depuis un certain nombre d'années, les Anglais ont fait recouvrer à l'indigo de l'Inde son ancienne réputation, et maintenant ils pourraient à eux seuls en approvisionner toute l'Europe.

La plante qui fournit l'indigo est bisannuelle, mais elle est ordinairement épuisée dès la première année. On la sème tous les ans au mois de mars ; deux mois plus tard on en fait une première récolte, deux mois après une autre, et quelquefois une troisième et une quatrième dans le courant de la même année, selon le pays. Mais la première coupe est la meilleure, et les autres vont en déclinant : au Mexique et dans les îles on en fait ordinairement trois ; dans l'Amérique méridionale on en fait deux au plus, la première ne pouvant avoir lieu que six mois après l'ensemencement de la terre.

On coupe la plante avec des faucilles et on la dispose par couches dans une très-grande cuve appelée *trempoir ;* on en remplit cette cuve aux trois quarts, et l'on charge la plante de poids, pour l'empêcher de surnager l'eau que l'on verse ensuite dessus, de manière à ce qu'elle en soit surpassée d'un pied environ. On laisse fermenter le tout jusqu'à ce qu'on voie se former sur la surface de la liqueur une écume irisée ; alors on soutire l'eau et on la laisse couler dans une autre cuve inférieure nommée *batterie.* Là on l'agite fortement pendant quinze ou vingt minutes, à l'aide de quatre ou cinq grandes perches disposées en bascules sur un des côtés de la batterie, et munies à leur extrémité d'une auge sans fond. Lorsque la liqueur, de verdâtre et de trouble qu'elle était d'abord, devient bleue et se caillebotte, on y ajoute une certaine quantité d'eau de chaux, qui facilite beaucoup la précipitation de la matière colorante et qui préserve la liqueur de la putréfaction. On laisse reposer, on décante l'eau, on lave le précipité, on le met égoutter sur des toiles ; après quoi on en remplit de petites caisses carrées en bois munies d'un fond de toile, et l'on en achève la dessiccation en suspendant ces carrés à l'ombre.

L'indigo, considéré sous le rapport du commerce et par ses propriétés physiques, est une substance sèche, d'une couleur bleu foncé, qui varie cependant du bleu au violet et au bleu cuivré. Il est facile à casser, d'une cassure uniforme et très-fine. Une de ses propriétés les plus caractéristiques est celle de prendre un éclat cuivré par le frottement de l'ongle. On préfère celui qui prend le plus d'éclat par ce moyen, qui est le plus léger et d'une belle nuance bleu violet foncée.

On distingue les sortes d'indigo par le nom du pays qui les fournit. Ainsi, on a l'**indigo de l'Inde**, qu'on distingue en **Bengale, Madras, Coromandel**, etc.; l'**indigo Guatimala**, ou **indigo flore**, qui est le plus estimé; l'**indigo de la Louisiane**, et d'autres encore.

L'indigo flore est le plus léger de tous; il a une belle couleur bleu violet. L'indigo du Bengale est celui qui s'en rapproche le plus. L'indigo de la Louisiane est plus compacte, plus foncé, et a une cassure cuivreuse; il doit fournir beaucoup à la teinture.

Les *Indigofera* ne sont pas les seules plantes qui puissent fournir de l'indigo; le *Nerium tinctorium*, L. (*Wrightia tinctoria*, R. Br.), arbre très-commun dans l'Inde, en contient une grande quantité : pour l'en extraire, on traite les feuilles à chaud au lieu de les traiter à froid; mais du reste on agit de même.

La **guède, vouède,** ou **pastel** (*Isatis tinctoria*, L., tétradynamie siliqueuse, famille des Crucifères), fournit aussi de l'indigo. Pendant la grande guerre continentale, la France étant privée de produits coloniaux, on a essayé d'extraire cet indigo, et quelques-uns de ces essais ont eu lieu à la pharmacie centrale des hôpitaux civils. On y a traité le pastel de la manière précédemment exposée, et l'on a observé les mêmes phénomènes; seulement on a été obligé d'ajouter une plus grande quantité d'eau de chaux pour opérer la précipitation de la matière bleue : il s'en est suivi que la grande quantité de carbonate de chaux formée, jointe à la matière verte de la plante, qui s'est précipitée également, a tellement étendu la couleur bleue, que l'indigo ainsi préparé n'a pu soutenir la concurrence avec celui du commerce; mais on a pu, en traitant cet indigo, alternativement par la potasse, qui dissout la matière verte, et par l'acide chlorhydrique, qui décompose et dissout le carbonate de chaux, en obtenir de l'indigo très-pur, identique en tout aux meilleurs indigos exotiques; seulement la quantité en était peu considérable.

On emploie en Chine, depuis un temps immémorial, pour la teinture en bleu, une plante de la famille des Polygonées, nommée *Polygonum tinctorium*. Cette plante, ayant été introduite en France, devint l'objet d'un certain nombre de recherches, à la suite desquelles, en 1839, la Société de pharmacie de Paris proposa un prix pour l'extraction de l'indigo du *Polygonum tinctorium*. Ce prix fut remporté par Osmin Hervy, préparateur à l'école de pharmacie, qui périt bientôt après, victime du plus funeste accident (1). Il résulte de son mémoire et de celui de MM. Girardin et Preisser (2), qu'il serait possible, dans des circonstances données, et si cela devenait nécessaire, d'extraire de l'indigo du *Polygonum*. Je passe sous silence plusieurs autres plantes qui en contiennent également, mais en trop petite quantité pour qu'il soit possible d'en tirer un parti utile.

L'indigo du commerce, considéré chimiquement, ne doit pas être regardé comme un principe immédiat des végétaux. C'est une pâte colorante dont une grande partie, à la vérité, est formée d'un principe immédiat particulier, mais qui contient en outre une résine rouge, soluble dans l'alcool, une autre matière rouge verdâtre soluble dans l'eau, du carbonate de chaux, de l'alumine, de la silice, et de l'oxyde de fer en assez grande quantité. Ce n'est qu'en épuisant l'indigo flore successivement par les différents agents capables de dissoudre ces corps (3), qu'on obtient le principe immédiat pur, ou l'*indigotine*, dont alors voici les propriétés :

Il a une couleur bleu violet superbe; il est inaltérable à l'air; chauffé dans un vase clos, il se fond et se volatilise; partie décomposé,

---

(1) Le 30 décembre 1840, Hervy, préparant de l'acide carbonique liquide dans un des laboratoires de l'école, fut renversé par l'explosion de l'appareil; il avait les deux jambes brisées. Il est mort le 3 janvier suivant, emportant les regrets des professeurs et des élèves, ses condisciples et ses amis.

(2) Girardin et Preisser, *Journal de pharmacie* de 1840.

(3) L'indigo Guatimala a fourni à M. Chevreul :

Par l'eau..................	Ammoniaque...... Matière verte...... Indigo blanc, peu... Extractif.......... Gomme...........	12
Par l'alcool.............	Matière verte...... Résine rouge...... Indigo bleu, peu...	30
Par l'acide chlorhydrique.	Résine rouge...... Carbonate de chaux. Peroxyde de fer.... Alumine...........	2
Résidu non dissous.....	Silice............. Indigo bleu........	3 45
		100

Berzelius a signalé dans les indigos du commerce la présence d'un *brun d'indigo*, soluble dans les alcalis, qui paraît avoir de l'analogie avec l'acide urique, et celle d'un *rouge d'indigo*, qui est probablement le même corps que la résine rouge de M. Chevreul.

partie non altéré, sous la forme de belles vapeurs pourpres qui se condensent en aiguilles cuivrées : chauffé avec le contact de l'air, à la chaleur strictement nécessaire à sa sublimation, l'indigotine se volatilise entièrement et sans décomposition.

L'indigotine est une substance azotée, dont la composition est de $C^{16}H^5AzO^2$. Elle est tout à fait insoluble dans l'eau, l'alcool, les alcalis et les acides faibles. L'acide sulfurique concentré la dissout et forme ce qu'on nomme le *bleu en liqueur*, que Berzélius considère comme formé de deux acides analogues à l'acide sulfo-vinique, et qu'il nomme *acide sulfo-indigotique* et *acide hyposulfo-indigotique*. Il se produit aussi un composé pourpre insoluble dans la liqueur acide étendue, mais soluble dans l'eau pure, qui a reçu le nom d'*acide sulfo-purpurique*.

L'indigotine, traitée par un mélange d'acide sulfurique et de bichromate de potasse, donne naissance à un composé oxygéné nommé *isatine*, cristallisable en prismes rhomboïdaux, d'une couleur aurore foncée et très-éclatante, et dont la composition égale $C^{16}H^5AzO^4$.

Ce corps, découvert par M. Laurent, a été transformé par lui en une foule de composés chlorés, bromés, iodés, sulfurés, etc.

L'acide nitrique agit de deux manières différentes sur l'indigo ; lorsqu'il est en petite quantité et étendu d'eau, il le convertit en *acide indigotique* cristallisable, incolore et volatil, dont la composition est $C^{14}H^5AzO^{10}$, que l'on représente plutôt par $C^{14}H^4AzO^9 + HO$, une molécule d'eau se trouvant remplacée, dans les sels, par une molécule d'oxyde métallique.

L'indigo, traité par dix à douze fois son poids d'acide nitrique concentré, donne naissance à un acide jaune, cristallisable, très-amer et détonant, nommé *acide nitro-picrique*, *acide picrique*, *carbazotique*, *nitro-phénisique*, *amer de Welter*, lequel se forme également par l'action de l'acide nitrique sur un grand nombre d'autres corps, tels que la salicine, la coumarine, la soie, etc. Cet acide cristallisé égale $C^{12}H^5Az^3O^{14}$, desquels HO sont remplacés, dans les sels, par MO. Ces sels détonent par l'action de la chaleur.

L'indigo bleu, mis en contact à la fois avec un alcali et avec un corps avide d'oxygène, tel que du miel, du glucose, du protosulfate de fer, du sulfure jaune d'arsenic, etc., se change en un corps incolore ou verdâtre, nommé *indigo réduit* ou *indigo blanc*, qui est très-soluble dans les alcalis, et susceptible de s'oxygéner de nouveau à l'air, ce qui lui rend sa couleur bleue et son insolubilité. La manière la plus simple d'expliquer ces faits serait de supposer que l'indigo blanc est de l'indigo bleu désoxygéné, et de représenter sa composition par $C^{16}H^5AzO$; mais comme ce corps contient en plus HO, et que sa composition est en réalité $C^{16}H^6AzO^2$. M. Dumas préfère le regarder comme de l'indigo hydruré ; ce qui s'explique d'ailleurs facilement, en admettant que, dans la décoloration de l'indigo, c'est l'eau qui se trouve décomposée et qui cède, d'une part son oxygène au corps réductif, de l'autre l'hydrogène à l'indigo. Pareillement, dans la réapparition de l'indigo bleu au contact de l'air, l'oxygène ne ferait qu'enlever à l'indigo blanc 1 équivalent d'hydrogène.

On admet généralement que l'indigo existe dans les plantes à l'état d'indigo blanc, parce que, en effet, il y est privé de couleur, et que le contact de l'air paraît indispensable à son extraction ; mais, comme l'a supposé Robiquet, il serait possible que le corps primitif qui existe dans la plante fût non-seulement incolore, mais encore privé d'azote, et que l'indigo se formât par la fixation des éléments de l'ammoniaque et d'une petite quantité d'oxygène sur ce corps primitif (1). Quoi qu'il en soit, c'est sur la propriété que possède l'indigo d'être dissous après avoir été hydrogéné ou désoxygéné, qu'est fondée la manière de l'appliquer aux tissus de laine et de coton. On le met d'abord en contact, soit avec des matières végétales qui, par un commencement de fermentation putride, s'emparent de son oxygène, soit avec des sels métalliques au *minimum*, ou avec des sulfures, que l'on accompagne d'alcalis ; de sorte que l'indigo, désoxygéné et dissous par ces différents moyens, donne un bain de teinture verte ; cette couleur passe ensuite au bleu par exposition à l'air ; en dernier lieu on lave le tissu, et on le fait sécher.

L'indigo n'est employé en pharmacie que pour colorer quelques onguents.

FAMILLE DES TÉRÉBINTHACÉES (2).

Arbres ou arbrisseaux souvent résineux, ayant les feuilles alternes, généralement composées, non stipulées. Les fleurs sont hermaphrodites ou unisexuelles, généralement petites et disposées en grappes. Chacune d'elles présente un calice composé de 3 à 5 sépales quelquefois soudés à la base ; la corolle, qui manque quelquefois, est régulière et se compose d'un nombre de pétales égal aux lobes du calice. Les étamines sont en nombre égal aux pétales et alors alternes avec eux, quelquefois en nombre double, ou très-rarement quadruple. Le pistil se compose de 3 ou 5 carpelles distincts ou plus ou moins soudés, entourés à leur base d'un disque périgyne. Quelquefois plusieurs carpelles avortent et il n'en reste qu'un surmonté de plusieurs styles. Chaque carpelle est à une seule loge contenant tantôt un ovule porté au sommet d'un podosperme filiforme, tantôt un ovule renversé, ou deux ovules renversés et collatéraux. Les fruits sont secs ou drupacés, contenant généralement une seule graine, sans endosperme.

Aujourd'hui plusieurs botanistes regardent les Térébinthacées, telles qu'elles ont été définies par de Jussieu et De Candolle, comme un *groupe* ou une *alliance* à laquelle on réunit d'abord les Rutacées, et qu'on divise ensuite en un assez grand nombre de familles. Mais je préfère suivre M. Richard, qui laisse ces deux groupes séparés, et qui divise celui des Térébinthacées en cinq tribus dont voici les caractères :

I. ANACARDIÉES. Pétales et étamines insérés sur le calice ou sur un disque calicinal ; ovaire uniloculaire et monosperme ; graine portée sur un podosperme basilaire ; radicule repliée sur des cotylédons épais.

---

(1) Robiquet, *Journ. de pharm.*, t. XII, p. 281.
(2) Voir L. Marchand, *Des Térébinthacées et de ceux de leurs produits qui sont employés en pharmacie (Thèse d'agrégation)*. Paris, 1869.

— Genres *Anacardium, Semecarpus, Mangifera, Pistacia, Astronium, Comocladia, Picramnia, Rhus, Schinus.*

II. SPONDIACÉES. 5 pétales insérés sous un disque dentelé, entourant l'ovaire ; 10 étamines ; ovaire quinquéloculaire ou bi-quadriloculaire par avortement ; loges uniovulées ; drupe à noyau bi-quinquéloculaire ; cotylédons plano-convexes ; feuilles imparipinnées. — Genres *Spondias, Poupartia.*

III. BURSÉRACÉES. 3 à 5 pétales insérés sous un disque calicinal ; étamines en nombre double des pétales ; ovaire 2-5-loculaire, à loges bi-ovulées. Style simple ou nul. Autant de stigmates que de loges à l'ovaire. Drupe à noyau bi-quinquéloculaire ; cotylédons chiffonnés ou charnus ; radicule droite, supère. — Genres *Boswellia, Balsamodendron, Elaphrium, Icica, Bursera, Marignia, Colophonia, Canarium, Hedwigia, Garuga.*

IV. AMYRIDÉES. Fleurs hermaphrodites ; 4 pétales imbriqués, 8 étamines ; torus épais et proéminent ; ovaire uniloculaire, biovulé ; stigmate sessile, en tête ; drupe à noyau chartacé, monosperme, indéhiscent ; semence sans endosperme à cotylédons charnus, à radicule supère, très-courte ; feuilles composées, marquées de points transparents ; péricarpe glanduleux. — Genre *Amyris.*

V. CONNARACÉES. 5 pétales insérés sur le calice ; 10 étamines ; 5 carpelles à un style, distincts, ou en nombre moindre par avortement ; biovulés, monospermes par avortement. Semences élevées du fond du carpelle, souvent arillées, pourvues ou privées d'endosperme, à cotylédons foliacés ou charnus ; radicule située au sommet ou près du sommet de la graine ; courte et épaisse ; feuilles composées, non ponctuées. — Genres *Connarus, Omphalobium.*

La famille des Térébinthacées fournit un très-grand nombre de matières résineuses, plusieurs gommes-résines, un certain nombre de fruits alimentaires ou médicinaux, et plusieurs bois usités dans la teinture ou l'ébénisterie. Quelques espèces sont vénéneuses, ou pouvues d'un suc caustique.

Sumac des corroyeurs.

Boure des corroyeurs, *Rhus coriaria,* L. Tribu des Anacardiées. *Car. gén.:* fleurs souvent dioïques ou polygames ; calice monophylle à 5 divisions persistantes ; corolle à 5 pétales ovales, étalés ; 5 étamines à filaments très-courts ; ovaire uniloculaire, pourvu de 3 styles très-courts ou de 3 stigmates sessiles. Le fruit est un drupe uniloculaire et monosperme.

Le sumac des corroyeurs croît naturellement dans les lieux secs et pierreux du midi de l'Europe. C'est un arbrisseau de 3 à 4 mètres de hauteur, dont les rameaux sont revêtus d'une écorce velue. Les feuilles sont imparipinnées, à 5 ou 7 paires de folioles velues, à pétiole nu, un peu marginé au sommet ; les folioles sont elliptiques et grossièrement dentées. Les fleurs sont petites, verdâtres, disposées en grappes serrées à l'extrémité des rameaux ; les stigmates sont sessiles. Le fruit est un petit drupe aplati, brun verdâtre, d'un goût acide et très-astringent, contenant une semence de forme lenticulaire. Ce fruit était usité autrefois dans les cuisines comme assaisonnement. Les feuilles, séchées et pulvérisées grossièrement, servent au tannage et à la teinture. Du temps de Clusius, la province de Salamanque en faisait un commerce considérable.

Sumac de Virginie, *Rhus typhinum*, L. Arbrisseau originaire de l'Amérique septentrionale, cultivé depuis longtemps en Europe pour l'ornement des jardins. Ses jeunes rameaux sont couverts d'un poil ras, épais, roussâtre et doux au toucher, ce qui les fait ressembler aux jeunes andouillers de cerf. Ses feuilles portent, sur un pétiole très-pubescent, 8 à 16 paires de folioles avec impaire, glabres en dessus, pubescentes en dessous, lancéolées, très-aiguës, finement dentées en scie. Les fleurs forment des épis veloutés et rougeâtres au sommet des rameaux; les fruits sont rouges, arrondis, pressés les uns contre les autres, pubescents, d'une saveur acide et astringente très-marquée.

Le sumac de Virginie peut servir aux mêmes usages que le précédent; il découle de son écorce incisée un suc lactescent qui se concrète en une gomme-résine.

On cultive dans les jardins un autre sumac originaire de l'Amérique, nommé **sumac glabre**, *Rhus glabrum*, L., qui diffère du précédent parce que ses rameaux et ses feuilles sont glabres et ses fleurs verdâtres. On peut citer encore le **sumac vernis**, *Rhus vernix*, L., arbrisseau du Japon, qui fournit par incision un suc laiteux qui se condense et noircit à l'air, et qui sert à faire un vernis noir, après avoir été dissous dans une huile siccative; le *Rhus copallinum* du Mexique, qui fournit une résine que l'on a cru être le copal dur ou animé dure du commerce, dont l'origine est bien différente, ainsi que nous l'avons vu; enfin, le *Rhus metopium*, L., arbrisseau de la Jamaïque, dont les feuilles ont deux paires de folioles avec impaire, dont les fleurs sont hermaphrodites, et dont l'écorce incisée laisse découler une gomme-résine purgative, émétique et diurétique, nommée *hog-gum* ou *doctor-gum*. Cette gomme-résine est en larmes ou en masses demi-opaques, friables, d'un jaune assez prononcé, ainsi que le serait de la gomme ammoniaque teinte avec de la gomme-gutte. Elle est inodore et faiblement amère (1).

Sumacs vénéneux.

Deux espèces de sumacs, peu distinctes l'une de l'autre, se

---

(1) Voir, sur ce produit, *Pharmaceutical Journ.*, t. VII, p. 270, 1848.

font remarquer par une forte qualité vénéneuse. Ce sont les *Rhus radicans* et *toxicodendron* (*fig.* 702), originaires tous deux de l'Amérique septentrionale, et cultivés depuis longtemps dans les jardins. Ces arbrisseaux ont des tiges nombreuses, faibles et flexibles, pouvant s'attacher aux arbres par des radicules qui s'enfoncent dans leur écorce. Leurs feuilles sont composées d'une seule paire de folioles avec impaire. Les fleurs sont dioïques, disposées en petites grappes verdâtres dans l'aisselle des feuilles. Les fruits sont de petits drupes blancs, arrondis, ayant presque l'apparence du poivre blanc. Le *Rhus radicans* a les folioles ovales, pointues, vertes, glabres, très-entières; le *Rhus toxicodendron* a les siennes pubescentes, anguleuses, quelquefois incisées.

Fig. 702. — Sumac.

Le toucher de ces deux plantes, et suivant beaucoup d'auteurs, la seule exhalation d'un principe âcre qui s'en dégage, suffit pour causer la tuméfaction et l'inflammation des paupières et du visage, et une cuisson brûlante des mains, suivie d'inflammation et d'éruption de petites vésicules pleines de sérosité. Mais ces propriétés dangereuses disparaissent par l'action du feu, et l'extrait des feuilles a pu être administré à des doses assez considérables sans produire aucune action délétère.

Fustet.

Rhus Cotinus, L. Les tiges de cet arbrisseau sont hautes de 2 à 3 mètres, divisées en rameaux glabres comme toute la plante, garnis de feuilles simples, ovales, d'un vert gai et luisantes en dessus, d'un vert blanchâtre en dessous. Les fleurs sont petites, verdâtres, disposées au sommet des rameaux en panicules très-rameuses, dont les divisions filiformes s'allongent beaucoup, quand les fleurs sont stériles, et se chargent de poils glanduleux et rougeâtres, qui leur donnent l'aspect de grosses houppes de duvet.

Le bois de fustet, tel que le commerce le présente ordinairement, est formé de souches et de branches tortueuses de 3 centimètres de diamètre environ; il est pourvu d'un aubier blanc, poreux, que les vers attaquent facilement, et d'un cœur assez dur, d'un jaune foncé, à la fois brunâtre et verdâtre. Les grosses souches, sciées et polies, offrent, comme la racine de buis, des dessins de couleurs variées, qui les font rechercher des tourneurs et des tabletiers; mais le plus grand usage du fustet est pour la teinture. Il teint les étoffes en jaune orangé, mais qui est trop altérable pour être appliqué seul. On l'emploie toujours avec une autre couleur, qu'il modifie par le mélange de la sienne propre.

On trouve aussi du fustet provenant de troncs cylindriques et réguliers dépourvus d'aubier, et ayant cependant encore 9 centimètres de diamètre; il est moins riche en principe colorant que le précédent.

Cire du Japon.

[On connaît sous ce nom une cire qui a paru depuis une douzaine d'années en Angleterre et dont on reçoit aujourd'hui des blocs considérables pesant environ 120 livres. Cette cire est blanche, à odeur légèrement rance. Elle se présente dans les collections sous forme de gâteaux circulaires de 4 à 4 pouces et demi de diamètre sur un pouce d'épaisseur, aplatis d'un côté, convexes de l'autre. La surface est recouverte d'une sorte d'efflorescence cristalline. Elle est plus molle que la cire d'abeilles, plus soluble dans l'acool. Son point de fusion est, d'après M. Hanbury, compris entre 52° et 55° centigrades.

On attribue d'ordinaire cette cire au *Rhus succedaneum*, L. Thanberg nous apprend que les graines de cette plante, pilées et bouillies dans l'eau, puis soumises à l'action de la presse, donnent une huile concrète qui, en se refroidissant, a la consistance du suif et s'emploie au Japon pour la fabrication des chandelles. On a reçu en effet, dans un envoi récent de cette cire, des graines qui ressemblent tout à fait à celles du *Rhus succedaneum*. Cependant ces graines, mises à germer, ont donné non une plante à feuilles entières comme celles de cette espèce, mais à feuilles dentées en scie. Il est donc probable qu'à côté du *Rhus succedaneum*, qui paraît évidemment l'origine d'une des cires du Japon, il y a d'autres espèces qui produisent une substance analogue.]

Noix d'acajou.

Cassuvium pomiferum, L.; *Anacardium occidentale*, L., tribu des

Anacardiées (*fig.* 703). Arbre de moyenne grandeur, répandu dans presque toutes les contrées chaudes de la terre, comme aux îles Moluques, aux Indes, au Brésil, dans la Guyane et aux Antilles.

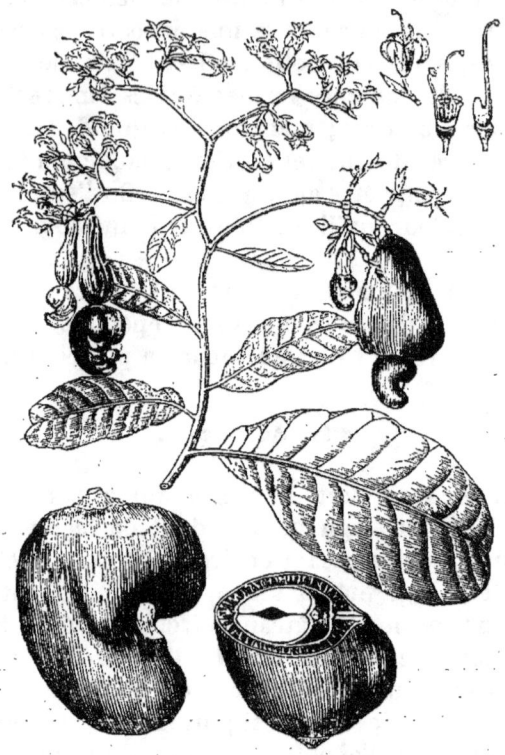

Fig. 703. — Noix d'acajou.

Ses feuilles sont simples, entières, ovales, un peu atténuées à la base, très-obtuses et échancrées au sommet. Ses fleurs sont disposées en panicules terminales, et sont accompagnées de bractées nombreuses. Le calice est partagé jusqu'à moitié en divisions aiguës; la corolle est à 5 pétales linéaires-lancéolés, trois fois plus longs que le calice et réfléchis au sommet; les anthères sont au nombre de dix, soudées par la partie inférieure des filets, libres par le haut; de ces dix étamines, ordinairement une seule est exserte et pourvue d'une anthère biloculaire fertile; les autres, plus courtes et renfermées dans la corolle, ne portent que des anthères atrophiées et stériles; l'ovaire est simple, uniloculaire, porté sur un torus charnu, qui remplit la partie non divisée du calice. Il est pourvu d'un long style latéral, terminé par un stigmate arrondi. Le fruit, provenant de l'ovaire développé, est composé d'un péricarpe en forme de rein, lisse et grisâtre, qui, sous une première enveloppe coriace, présente des alvéoles remplis d'un suc huileux, visqueux, brun noirâtre, âcre et caustique ; ces alvéoles sont bornés à l'intérieur par une seconde membrane coriace, semblable à la première, et renfermant une amande réniforme, à deux lobes, blanche, huileuse, douce, bonne à manger et d'une saveur agréable. Cette amande est encore recouverte immédiatement par une pellicule rougeâtre.

Ce fruit, dans son état naturel, est suspendu par le plus gros de ses deux lobes à l'extrémité d'un corps charnu, présentant presque le volume et la forme d'une poire, et provenant du développement du torus calicinal. On donne à cette partie le nom de *pomme d'acajou ;* elle est acide, sucrée, un peu âcre, non désagréable.

La noix d'acajou n'est plus usitée. Si les médecins voulaient l'employer, ils ne sauraient trop avoir l'attention de prescrire s'ils désirent le péricarpe seul ou l'amande, ou les deux ensemble, vu les propriétés tout à fait opposées de ces deux parties. Le suc huileux du péricarpe a quelquefois été employé pour ronger les cors, les vieux ulcères, et pour dissiper les dartres.

La noix d'acajou n'est pas produite par l'arbre qui fournit le bois de même nom, si recherché pour les meubles. Celui-ci provient du *Swietina Mahogoni,* L., de la famille des Méliacées ; mais c'est l'arbre à la noix d'acajou qui donne la *gomme d'acajou* dont il va être parlé.

Gomme d'acajou. — Cette gomme arrive en quantité assez considérable des divers pays où croît le *Cassuvium pomiferum,* et pourrait être utilisée pour les arts, en raison de la gomme soluble qu'elle contient.

Elle est en larmes stalactiformes, souvent très-longues, jaunes, transparentes, dures, à cassure vitreuse, et ressemblant au succin. Elle se dissout difficilement dans la bouche et s'attache fortement aux dents. Traitée à froid par 48 parties d'eau, elle s'y gonfle et s'y dissout en partie. La portion non dissoute présente les propriétés de la bassorine. La liqueur surnageante, qui passe facilement à travers un filtre, en raison de son peu de consistance, ne rougit pas le tournesol, se trouble par l'oxalate d'ammoniaque, et forme par l'alcool un précipité blanc, abondant, floconneux, que je regarde comme de l'*arabine,* ou gomme soluble d'Arabie ou du Sénégal.

Anacarde orientale.

Anacardium longifolium, Lam. ; *Semecarpus anacardium,* L. (*fig.* 704.) Arbre des montagnes de l'Inde, à feuilles simples elliptiques-oblongues, pourvu de fleurs petites, disposées en panicules axillaires et terminales; le calice est à cinq divisions aiguës, la corolle à cinq pétales oblongs, très-ouverts; les étamines sont au nombre de cinq, libres, égales, alternes et insérées avec les pétales sur un disque urcéolé; ovaire unique, libre, uniloculaire, uniovulé, surmonté de trois styles terminaux. Le fruit est cordiforme, un peu aplati, porté sur un torus épaissi, qui peut être mangé impunément. Ce fruit, tel que le commerce l'apporte, est noir, lisse, cordiforme, et présente souvent à sa base son réceptacle entier, plus petit que le fruit lui-même, fortement ridé et durci par la dessiccation. On observe souvent en outre, à l'extrémité atténuée de ce réceptacle, un pédoncule ligneux, qui était le véritable pédoncule de la fleur. A l'intérieur, l'anacarde est entièrement disposée comme la noix d'acajou : première enveloppe

Fig. 704. — Anacarde orientale.

coriace et élastique; alvéoles remplis d'un suc oléo-résineux, noir, visqueux, caustique, d'une odeur fade (ce suc y paraît plus abondant que dans la noix d'acajou); seconde enveloppe coriace, semblable à la première; amande blanche, douce au goût, encore recouverte immédiatement par une pellicule rougeâtre.

Comme on le voit, les différences entre l'anacarde et la noix d'acajou sont toutes superficielles; et si une chose peut étonner, c'est que des arbres qui produisent des fruits aussi intimement semblables, diffèrent autant par leurs organes sexuels : aussi sont-ils séparés dans le système de Linné, l'anacardier ayant été rangé dans la pentandrie, et le pommier d'acajou dans l'ennéandrie ou la décandrie.

L'anacarde a les mêmes propriétés que la noix d'acajou; cependant elle paraît moins dangereuse prise à l'intérieur, et elle a été plus souvent prescrite comme purgative.

Fruit et semence de mango.

Mangifera indica, L.; *Mangifera domestica*, Gærtn. (1). Le mango est un arbre des Indes orientales, qui a été propagé dans les Antilles, où il a formé un grand nombre de variétés. Il s'élève à la hauteur de 12 à 14 mètres. Ses feuilles sont simples, entières, oblongues-lancéolées. Les fleurs sont en panicules droites, et accompagnées de bractées. Le calice est à 5 divisions; la corolle a 5 pétales plus longs que le calice; les étamines sont au nombre de 5, alternes avec les pétales, soudées à la base; il n'y en a qu'une seule exserte et fertile, les autres sont raccourcies et stériles. L'ovaire est libre, sessile, oblique, uniloculaire, à un seul ovule ascendant; le style est latéral, courbé en arc, exserte, ter-

Fig. 705. — Prunier d'Espagne.

miné par un stigmate obtus. Le fruit est un gros drupe un peu réniforme, très-variable dans ses dimensions, sa couleur et son goût, mais généralement très-recherché pour sa saveur parfumée,

(1) Gærtner, tab. 100.

acidule et sucrée. Le noyau est plus ou moins volumineux, comprimé, un peu réniforme, formé d'un endocarpe ligneux, tout couvert de fibres blanches et chevelues. La semence présente deux enveloppes complètes, membraneuses, tout à fait distinctes et isolées l'une de l'autre ; la première, qui est un arille, puisqu'on trouve à l'intérieur le funicule qui conduit au hile, a la blancheur et la finesse d'une baudruche. Le tégument propre de la semence est lui-même formé de deux tuniques soudées : l'une, extérieure, blanche et lustrée; l'autre, intérieure, d'un rouge foncé. L'amande est formée de deux cotylédons tournés en spirale et comme formés de pièces articulées. Cette amande présente un goût fortement astringent, et contient, suivant l'observation de M. Avequin, une forte proportion d'acide gallique libre, qu'on peut en extraire par un procédé beaucoup plus facile et plus expéditif que celui qui sert à extraire cet acide de la noix de galle (1).

On donne en Amérique le nom de *prunier d'Espagne* (*fig.* 705), de *mombin* ou de *myrobolan mombin*, à deux espèces de *Spondias*, qui sont les *Spondias purpurea* et *lutea*, L. Le premier surtout produit des fruits très-recherchés pour la table ; ils sont ovales, revêtus d'une peau colorée de jaune et de pourpre, et sont formés, à l'intérieur, d'une chair parfumée, un peu acide et sucrée. Le noyau est volumineux, à 5 loges monospermes, tout hérissé de crêtes ligneuses à l'extérieur.

Pistachier et pistaches.

Pistacia vera, L., tribu des Anacardiées (*fig.* 706). *Car. gén.* :

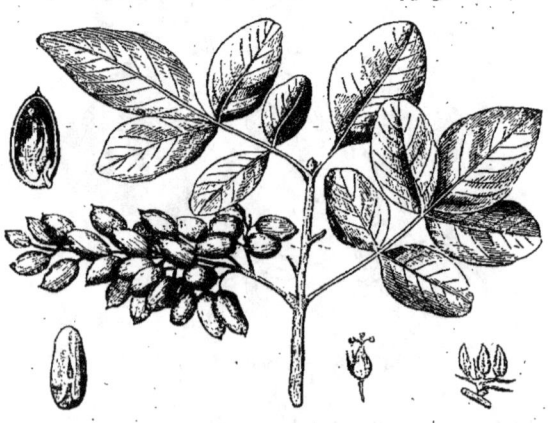

Fig. 706. — Pistachier.

fleurs dioïques. Fl. m. : calice petit à 5 dents; corolle nulle

(1) Avequin, *Journ. de pharm.*, t. XVII, p. 421.

étamines 5, opposées aux divisions du calice; filaments très-courts, réunis en disque à la base; ovaire rudimentaire. Fl. fem. : calice à 3 ou 4 divisions pressées contre l'ovaire ; corolle, étamines et disque nuls ; ovaire unique, sessile, uniloculaire, offrant très-rarement les rudiments de 2 loges avortées ; style très-court ; 3 stigmates; drupe sec.

Le pistachier croît naturellement depuis la Syrie jusqu'au Bokhara et au Caboul. Selon Pline, ses fruits furent apportés pour la première fois à Rome par Lucius Vitellius, pendant qu'il était gouverneur de Syrie, sur la fin du règne de Tibère, et, vers le même temps, Flaccus Pompéius, chevalier romain, les porta en Espagne. Le pistachier est très-répandu d'ailleurs dans les îles grecques et en Sicile, et est cultivé jusque dans la Provence et le Languedoc, en France.

Le pistachier s'élève à la hauteur de 7 à 10 mètres. Ses feuilles sont composées de 2 à 3 paires de folioles glabres, un peu coriaces, ovales ou ovales-lancéolées, avec une impaire. Dans une variété, les feuilles n'ont que 3 folioles. Les fruits, nommés *pistaches*, sont gros comme des olives, et composés : 1° d'un brou tendre, peu épais, ordinairement humide, rougeâtre, très-rugueux, légèrement aromatique ; 2° d'une coque ligneuse, blanche. qui se divise facilement en deux valves ; 3° d'une amande anguleuse, recouverte d'une pellicule rougeâtre, d'un vert pâle à l'intérieur et d'un goût doux et agréable. Ces amandes nourrissent beaucoup ; elle donnent de l'huile par l'expression, servent à faire des loochs qui sont verdâtres, et sont très-employées par les confiseurs qui en font des dragées, et par les glaciers, qui en mettent dans leurs crèmes.

Lentisque et mastic.

Le lentisque, *Pistacia Lentiscus*, L., est un petit arbre, haut de 4 à 5 mètres, divisé en rameaux nombreux et tortueux, garnis de feuilles ailées sans impaire, composées de 8 à 10 folioles lancéolées-obtuses, coriaces, persistantes, d'un vert foncé en dessus, plus pâles en dessous. Les fleurs mâles ou femelles, sur des individus différents, sont très-petites, purpurines, et disposées en petites grappes axillaires. Les fruits sont arrondis, brunâtres, et peuvent être mangés. On en retire par expression une huile propre à l'éclairage et pour l'usage de la table. Mais le produit principal du lentisque, celui pour lequel il est cultivé avec soin dans l'Orient, et surtout dans l'île de Chio ou Scio, est sa résine, connue sous le nom de *mastic*. La chaleur du climat influe beaucoup sur la production de cette résine ; car, bien que le lentisque soit abondant dans le midi de l'Europe et en Provence, il n'y fournit aucune quantité de mastic.

C'est donc de l'île de Scio principalement que nous vient cette résine. Pour l'obtenir, on fait, dans le courant de l'été, de nombreuses et légères incisions au tronc et aux branches principales de l'arbre. Le suc liquide qui en découle s'épaissit peu à peu, et prend la forme de larmes d'un jaune pâle, dont les plus grandes sont aplaties et de forme irrégulière, et les plus petites souvent sphériques. La surface de ces larmes est mate et comme farineuse, à cause de la poussière provenant du frottement continuel des morceaux ; leur cassure est vitreuse ; leur transparence un peu opaline, surtout au centre. Leur odeur est douce et agréable ; leur saveur aromatique ; elles se ramollissent sous la dent, et y deviennent ductiles.

Le mastic est légèrement tonique et astringent. On en fait une grande consommation en Orient, comme masticatoire, pour parfumer l'haleine et fortifier les gencives : c'est de cet usage que lui est venu le nom de *mastic*.

Le mastic n'est pas entièrement soluble dans l'alcool. La partie insoluble, qui est tenace et élastique tant qu'elle contient de l'alcool interposé, et sèche et cassante lorsqu'elle n'en contient plus, paraît analogue à celle que nous avons précédemment trouvée dans la résine animé. Le mastic est soluble en toutes proportions dans l'éther, et il se dissout facilement à chaud dans l'essence de térébenthine.

La résine sandaraque, produite par le *Thuya articulata* (famille des Conifères, t. II), ressemble beaucoup à celle du lentisque ; on l'en distingue facilement, cependant, à la forme allongée de ses larmes, à sa grande friabilité sous la dent, à sa complète solubilité dans l'alcool, et à sa solubilité beaucoup moins grande dans l'éther et l'essence de térébenthine.

Pistachier atlantique, *Pistacia atlantica*, Delf. Grand et bel arbre de l'État de Tunis, qui s'élève à une hauteur de plus de 20 mètres, sur 65 à 100 centimètres de diamètre, au bas du tronc. Ses feuilles sont caduques, composées de 7 à 9 folioles lancéolées, un peu ondulées, glabres, sur un pétiole un peu ailé. Il découle du tronc et des rameaux de cet arbre un suc résineux, d'un jaune pâle, qui a beaucoup de ressemblance avec le mastic, et qui sert aux mêmes usages.

Térébenthine de Chio.

Chez les anciens, le mot *térébenthine* n'était d'abord qu'un nom adjectif et spécifique, qui, joint au nom générique *résine*, s'appliquait exclusivement au produit du **térébinthe** (*Pistacia Terebinthus*, L.). Mais, plus tard, ce nom a été appliqué génériquement à tous les produits résineux mous ou liquides, composés, comme le premier, d'essence et de résine. Alors il a fallu désigner plus particulièrement la térébenthine du térébinthe par le nom de l'arbre qui la produit, ou par le lieu de sa provenance la plus habituelle.

Le térébinthe croît naturellement dans le Levant, dans la Barbarie et dans l'île de Chio, d'où nous vient la térébenthine la plus estimée. C'est un arbre assez élevé, dont les feuilles sont caduques, composées de 7 à 9 folioles ovales-oblongues, vertes, luisantes, portées sur un pétiole un peu ailé. Le suc résineux s'en échappe naturellement, pendant l'été, par les fissures de l'écorce; mais on en obtient davantage à l'aide d'incisions, faites au printemps, au tronc et aux principales branches; le suc résineux en découle pendant tout l'été, et tombe sur des pierres plates placées au pied de l'arbre, où on le ramasse tous les matins, quand il a été épaissi par la fraîcheur de la nuit. On le purifie en le faisant couler à travers de petits paniers exposés aux rayons du soleil.

Les térébinthes fournissent fort peu de résine; car un arbre de soixante ans, dont le tronc a 13 à 16 décimètres de circonférence, n'en produit ordinairement que 300 à 350 grammes par an. Aussi cette térébenthine est-elle toujours rare dans le commerce, et d'un prix élevé. Elle est toujours très-consistante et souvent presque solide; elle est pour le moins nébuleuse et quelquefois presque opaque. Elle est d'un gris verdâtre ou jaune verdâtre. Son odeur paraît très-faible à l'air; mais, quand elle est renfermée dans un vase de verre, elle en conserve une assez forte, agréable, analogue à celle du fenouil ou de la résine élémi. Elle offre une saveur parfumée, privée de toute amertume et d'âcreté, et qui rappelle tout à fait celle du mastic. Comme le mastic également, la térébenthine de Chio se dissout en toutes proportions dans l'éther, et laisse, quand on le traite par l'alcool, une résine glutineuse. Cette coïncidence de propriétés n'a rien qui doive étonner, en raison de l'étroite parenté des arbres qui produisent les deux résines. Aussi suis-je tout à fait de l'avis des moines éditeurs de Mésué, qui disent que, à défaut de la térébenthine de Chio, la substance la plus propre à la remplacer est le mastic, et non les résines de conifères.

Le térébinthe présente dans son organisation un fait très-singulier. D'après Théophraste, cet arbre est mâle et femelle. Chez les anciens, ces qualifications n'ont souvent aucun rapport avec le sexe des plantes; mais ici elles se trouvent justement appliquées. Seulement Théophraste distingue deux arbres femelles :

un, portant des fruits rouges, de la grosseur d'une lentille, non mangeables; l'autre, produisant des fruits verts d'abord, puis rouges, enfin noirâtres, et de la grosseur d'une fève. Duhamel nous a donné l'explication de ce fait, d'après Cousineri : c'est que l'espèce du térébinthe comporte trois sortes d'individus : les uns mâles, les seconds femelles et les troisièmes androgynes, c'est-à-dire portant à la fois des fleurs mâles et des fleurs femelles. Ce sont ces derniers qui produisent les fruits les plus petits, ligneux et presque privés d'amandes. Les arbres véritablement femelles fournissent seuls un fruit complet et susceptible de germination. Ce fruit peut être mangé comme les pistaches, quoiqu'il soit moins agréable et qu'il ne serve guère qu'aux pauvres gens.

Galles de Térébinthe.

On trouve, dans Lobel (1), dans Clusius, (2) et dans plusieurs autres ouvrages postérieurs, une seule et même figure de térébinthe, portant, à l'extrémité du rameau, une galle en forme de corne allongée et contournée, qui est connue sous le nom de **Caroub de Judée**, soit qu'on l'ait comparée, pour la forme, au fruit du caroubier, soit qu'on ait tiré son nom directement du mot hébreu *kerub*, qui signifie *corne*.

Mais cette galle, en forme de corne, n'est pas la seule que produise le térébinthe, puisque Clusius lui-même mentionne une autre galle vésiculeuse, adhérente aux feuilles ou aux branches de l'arbre, et semblable à la galle des feuilles de l'orme. Belon, les moines éditeurs de Mésué, J. Bauhin et Kæmpfer, ont aussi parlé de ces différentes galles du térébinthe, dont la plus connue est toujours cependant celle en forme de corne, ou la *caroub de Judée* (3).

Cette galle (*fig.* 707, 708 et 709) a la forme d'une vésicule longue et aplatie, élargie au milieu et amincie en pointe aux deux extrémités. Elle est généralement repliée sur elle-même près du pédoncule, et souvent dirigée en sens contraire vers l'autre extrémité. J'en possède une entière, longue de 7 centimètres sur 17 millimètres de large, et de plus grands échantillons non entiers de 30 à 35 millimètres de large, et dont la longueur peut avoir été de 16 à 18 centimètres. Cette galle est d'une couleur rouge décidée,

---

(1) Lobel, *Observationes*, p. 538, fig. 2.
(2) Clusius, *Rariorum plant*.
(3) Consultez, pour plus de détails, mon *Mémoire sur les galles de térébinthe et sur la galle de Chine*. (*Revue scientifique*, t. XIV, p. 419.) — Voir aussi la coupe transversale vue à la loupe et au microscope d'une galle de térébinthe, dans Léon Marchand, thèse déjà citée.

surtout à l'extérieur, qui est strié longitudinalement et doux au toucher. Elle est épaisse de 1 millimètre seulement, et vide en dedans, excepté une petite quantité de dépouilles des pucerons (*Aphis pistaciæ*, L.) qui ont été cause de son développement. La substance même de la galle est compacte, translucide, mêlée de fibres ligneuses blanches qui vont d'une extrémité à l'autre. Elle

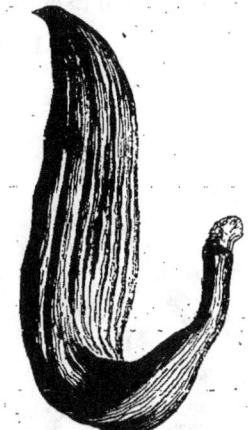

Fig. 707. — Caroub de Judée.

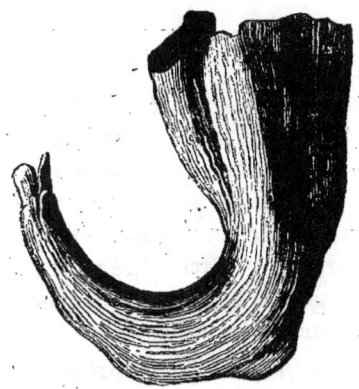

Fig. 709. — Caroub de Judée.

Fig. 708. — Caroub de Judée.

est chargée d'un suc résineux qui exsude par places, à l'extérieur ou à l'intérieur, et elle possède une saveur très-astringente, accompagnée d'un goût aromatique semblable à celui de la térébenthine de Chio. Enfin, on peut observer que cette galle, étant formée par la piqûre d'un bourgeon terminal, est toujours simple et terminée par une pointe unique.

Galle noire et cornue du pistachier. J'ai attribué cette galle à un pistachier, parce qu'elle m'a paru être la galle corniculée, qui, dans les *Adversaria* de Lobel (p. 412), accompagne la figure du *Pistacia narbonensis*, L., lequel n'est qu'une simple variété du *Pistacia terebinthus*. Cependant, comme la galle du térébinthe, en séjournant longtemps sur l'arbre après la sortie des pucerons, ou en restant sur la terre exposée à l'humidité, peut acquérir les caractères de cette nouvelle galle, je n'oserais dire aujourd'hui que cette galle est certainement produite par un pistachier. Dans tous les cas, elle diffère beaucoup de la première espèce, étant

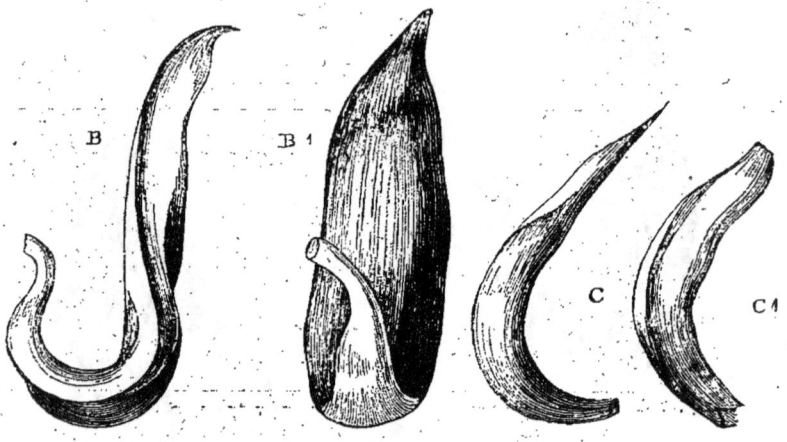

Fig. 710. — Galle de térébinthe.

longue seulement de 4 à 6 centimètres, épaisse de 8 à 15 millimètres, plus ou moins recourbée et terminée par une pointe aiguë (*fig.* 710). Elle est souvent comme toruleuse dans sa longueur; elle est d'un gris noirâtre à la surface, et offre souvent de petites glandes plates et circulaires, d'où exsude une résine jaune. La substance même de la galle est entièrement noire, légère, fragile, épaisse de 1/3 à 1/2 millimètre. La saveur en est mucilagineuse, sans astringence, mais avec un goût aromatique.

Galle de pistachier, de Boukhara (*fig.* 711). D'après Royle, on importe dans l'Inde, de Boukhara, les fruits du pistachier, conjointement avec une petite galle, nommée *gool-i-pista* (fleur de pistache), reconnue pour appartenir à cet arbre, ainsi qu'une résine appelée *aluk-columbat*. Les plus grosses de ces galles ne dépassent pas le volume d'une petite cerise; elles sont rougeâtres ou brunâtres extérieurement, vides à l'intérieur, quelquefois lobées ou didymes, d'un faible goût de térébenthine de Chio; elles sont mélangées de très-petites larmes rondes

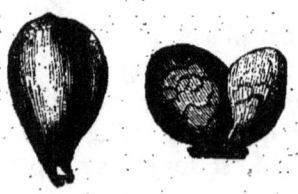

Fig. 711. — Galle de pistachier.

semblables au mastic. Cette galle paraît être la même que la petite galle de pistachier figurée par Lobel (1).

Galle de Chine ou *ou-poey-tse*.

Cette galle jouit d'une grande célébrité en Chine, non-seulement comme substance propre à la teinture, mais encore comme un puissant astringent dont les médecins savent tirer parti dans un grand nombre de maladies. La description de cette substance et de ses propriétés a été empruntée par Duhalde au célèbre livre chinois le *Pentsao* (2). Geoffroy (3) l'a très-bien décrite également, et il paraît qu'on la recevait alors par la voie du commerce; mais, depuis longtemps, il n'en restait plus que des échantillons brisés et inconnus dans les droguiers, lorsque le commerce anglais l'introduisit de nouveau en Europe, où elle peut être appelée à partager les divers emplois de la noix de galle, des bablahs, du libidibi, du cachou, du gambir et des autres astringents d'un arrivage facile.

D'après Duhalde, la grosseur des *ou-poey-tse* varie depuis celle

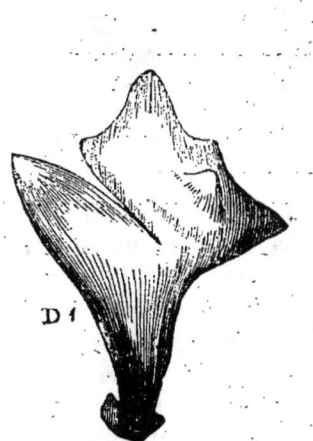

Fig. 712. — Galle de Chine.   Fig. 713. — Galle de Chine.

d'une châtaigne à celle du poing; la plupart sont d'une forme ronde ou oblongue (*fig.* 712 et 713); mais il est rare qu'ils se ressemblent entièrement par la configuration extérieure; leur cou-

---

(1) Lobel, *Adversaria*, p. 412.
(2) *Pen-tsao* ou *pun-tsao cong mou*, ou *herbier chinois* en 52 livres. — Duhalde, *Description géographique et historique de la Chine*, Paris, 1735, t. III, p. 496. — Grosier, *Description de la Chine*, t. I, p. 641.
(3) Geoffroy, *Mémoires de l'Académie des sciences*, année 1724, p. 320.

leur est d'abord d'un vert obscur, qui jaunit ensuite. Alors cette coque, quoique ferme, devient très-cassante. Les paysans chinois recueillent les ou-poey-tse avant les premières gelées. Ils font mourir les insectes que les coques renferment en les exposant pendant quelque temps à la vapeur de l'eau bouillante.

J'ai donné (1) la description des différentes galles de Chine que j'ai en ma possession : l'une, que j'avais depuis longtemps sans la connaître, et qui se trouve ici représentée (*fig.* 714), paraît résulter du développement monstrueux d'un bourgeon, retenant encore à sa base des vestiges d'écailles imprégnées d'un

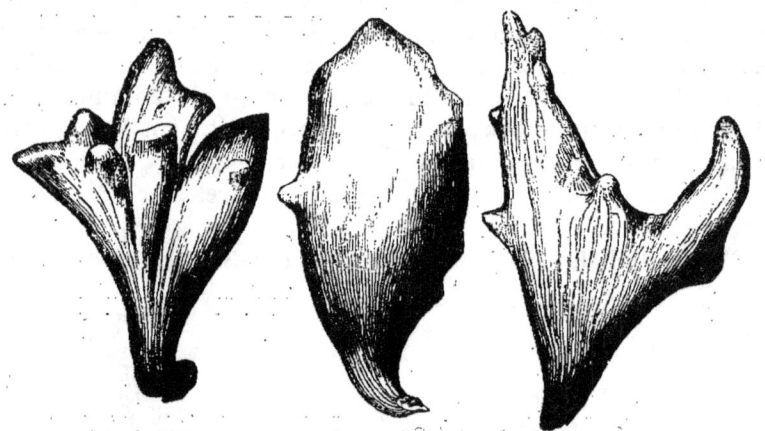

Fig. 714. — Galle de Chine.   Fig. 715. — Galle de Chine.   Fig. 716. — Galle de Chine.

suc gommeux. Dès sa base, ce bourgeon se trouvait partagé en trois ou quatre branches, dont chacune produisait une galle; mais, de ces galles, il n'en reste qu'une entière et une petite partie d'une seconde. La galle entière, à partir du pédoncule, s'élargit rapidement en forme d'éventail, et se sépare en deux parts inégales, sur lesquelles paraissent des points proéminents, qui indiquent d'autres divisions moins marquées, ou d'autres parties plus complétement soudées et confondues. Cette galle, étant récente, devait être couverte d'un duvet jaunâtre, qui persiste dans les endroits creux, tandis que les parties proéminentes sont devenues brunes et polies par le frottement. La substance de la galle a plus d'un millimètre d'épaisseur ; elle est blanchâtre, translucide et si gorgée de suc, qu'elle présente, quand on la coupe, l'apparence d'une gomme résine desséchée. Elle possède un goût très-astringent, sans aucune odeur ni saveur résineuse.

(1) Guibourt, *Rev. scient.*, XXIV, p. 418.

La galle de Chine, importée récemment en Angleterre, et dont M. Morson, de Londres, a bien voulu m'envoyer une assez forte quantité, est d'un gris blanchâtre, d'où il me paraît certain que la première ne doit sa couleur brunâtre qu'à son ancienneté. Elle est d'ailleurs entièrement couverte d'un duvet blanc, velouté ; elle a la même substance translucide et cornée, et la même astringence, sans goût aromatique ou résineux. D'après M. Pereira, ces galles sont ordinairement revêtues à l'intérieur d'une matière d'apparence crétacée et contiennent des débris de pucerons ; leur forme est très-sujette à varier, quelques-unes étant arrondies et presque unies ; mais la plupart offrent des protubérances ou des cornes semblables à des andouillers de cerf (Voir *fig.* 715 et 716).

J'ai donné (1) une figure grossière de l'arbre qui fournit la galle de Chine, tirée du *Pen-tsao*, et quelques détails fournis par des commerçants anglais, qui ne suffisent pas pour en reconnaî-

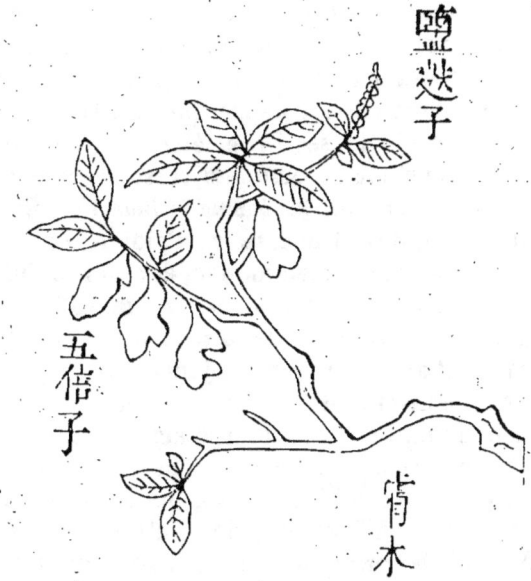

Fig. 717. — L'arbre qui fournit la Galle de Chine, d'après le Pen-tsao.

tre le genre, ni même la famille. M. Decaisne, avait pensé que cet arbre pourrait bien être le *Distylium racemosum* de Zuccarini (2), grand arbre de la famille des Hamamélidées dont les feuilles sont légèrement piquées par un puceron et produisent une galle velue, qui paraît semblable à celle du *ou-pey-tse*. Le temps ne m'ayant pas permis de faire copie de la figure donnée par Zucca-

(1) Guibourt, Mémoire cité.
(2) Zuccarini, *Flora japonica*.

rini, je présente ici (*fig.* 717) celle tirée du *pen-tsao*, telle qu'elle m'a été communiquée par le professeur Pereira. Le nom qui se trouve au haut de la figure, à droite, contre la grappe de fleurs, est *yen-fou-tsze;* celui qui est de côté, à gauche, contre les galles, est *ou-pei-tse* ou *woo-pei-tsze*, qui paraît être le nom particulier de la galle; le troisième nom, placé au bas de l'arbre, est *fou-mub*.

[Depuis, M. Schenk (1) et M. Hanbury (2) ont montré que c'est sur une térébinthacée, le *Rhus semi-alata*, que viennent ces galles, produites par le puceron décrit par Doubleday sous le nom d'*Aphis chinensis*. On cite également le *Rhus japonica* Siebold, comme donnant le même produit (3).]

Baume de la Mecque.

L'arbuste qui produit ce suc résineux portait chez les Grecs le nom de βάλσαμον, et les trois substances qu'il fournit au commerce étaient connues sous ceux de Οποβαλσαμον (suc de baumier), Ξυλοβαλσαμον (bois de baumier), et Καρποβαλσαμον (fruit de baumier). Chez les Latins, le **Baume** portait simplement le nom de *Balsamum*, comme étant la seule substance qui le méritât, par l'excellence de son odeur et de ses propriétés. Ce n'est qu'après la découverte de l'Amérique et lorsque diverses parties de ce vaste continent nous eurent donné les *baumes d'Inde, de Tolu, du Pérou, de Copahu*, etc., qu'il devint nécessaire d'ajouter une désignation spécifique au baume de l'ancien monde, et alors on lui donna les noms de **Baume de Judée, Baume de la Mecque, Baume de Gilead, Baume du Caire**, etc., des différentes contrées ou villes qui le fournissaient au commerce. Aujourd'hui, cependant, que les chimistes sont convenus de ne donner le nom de *baume* qu'aux composés résineux naturels, pourvus d'acide benzoïque ou cinnamique, le baume de la Mecque est menacé de perdre son nom primitif pour prendre celui d'*oléo-résine* ou de *térébenthine de Judée, de la Mecque*, etc., à l'exemple des autres produits végétaux formés comme lui de principes résineux rendus plus ou moins fluides par la présence d'une huile volatile.

L'arbuste au baume de la Mecque appartient au genre *Balsamodendron* (tribu des Burséracées) dont voici les caractères : Fleurs polygames; calice campanulé à 4 dents persistantes; corolle à 4 pétales insérés sous un disque annulaire, pourvu de 8 glandes.

---

(1) Buchner's *Repertorium für Pharmacie*, 3ᵉ série, t. V, p. 26, 1850. D'après *Pharmac. Journ.*, t. X, p. 128.

(2) Hanbury, *Notes on chinese materia medica* (*Pharm. Journ.*, 2ᵉ série, t. II, p. 421).

(3) D'après Flückiger, *Pharmacognosie*, Berlin, 1867, p. 149.

TÉRÉBINTHACÉES. — BAUME DE LA MECQUE.

Les étamines sont au nombre de 8, insérées sous le disque annulaire. Ovaire sessile, biloculaire, surmonté d'un style très-court et d'un stigmate quadrilobé. Drupe gobuleux ou ové, à noyau osseux à deux loges ; ou uniloculaire et monosperme par avortement. Feuilles non ponctuées.

Deux espèces très-voisines, et qui ne sont plutôt que deux variétés d'une même espèce, fournissent le baume de la Mecque : l'une, nommée *Balsamodendron gileadense*, Kunth (*Amyris gileadensis*, L., *fig.* 778), est un petit arbuste à rameaux grêles et divergents, dont les feuilles sont alternes, pétiolées, très-petites, composées seulement de trois folioles très-rapprochées, glabres, entières, ovales ou obovées, dont celle du milieu est plus grande que les deux autres. Les pédoncules sont uniflores, portés à l'extrémité de petits rameaux, seuls ou plusieurs ensemble.

L'autre espèce, ou variété, nommée *Balsamodendron opobalsamum*, ne diffère de la première que par ses feuilles composées de une ou deux paires de folioles sessiles, avec une impaire.

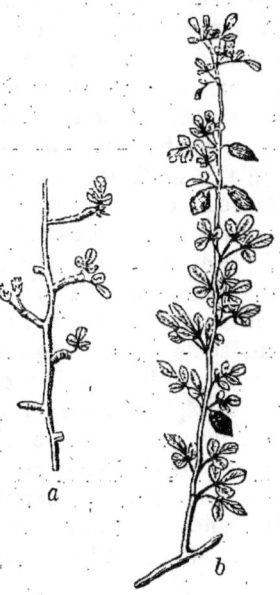

Fig. 718. — Baume de la Mecque.

Ces arbustes sont très-rares, difficiles à cultiver, et ont successivement disparu de diverses contrées qui ont été indiquées pour le posséder. C'est ainsi que la Judée, qui le produisait anciennement, aux dires de Théophraste, de Dioscoride, de Pline, de Justin et de Strabon, en est complétement privée depuis longtemps. De la Judée, qu'il ait été transporté en Égypte, ou qu'il y ait été apporté d'Arabie, comme cela est beaucoup plus probable, toujours est-il qu'à partir du XIe siècle jusqu'au XVIe ou au XVIIe, l'arbre du baume était cultivé auprès du Caire, dans un lieu nommé *Matarée*, enclos de murs et gardé par des janissaires. Mais, lors du voyage de Belon au Caire (en 1550), et malgré plusieurs importations successives de baumiers de la Mecque, il n'en restait que neuf à dix pieds, presque privés de feuilles et ne donnant plus aucune quantité de baume ; le dernier pied est mort en 1615, dans une inondation du Nil. Ce n'est donc plus dans la Judée, ni en Égypte, qu'il faut chercher l'origine du baume de la Mecque ; c'est dans l'Arabie Heureuse, et dans les environs de Médine et de la Mecque, où l'arbre croît naturellement et où il n'a pas cessé d'exister.

Abd-Allatif, médecin de Damas, qui a vécu de 1161 à 1231, a donné sur l'extraction du baume, au jardin de la Matarée, des détails que je crois devoir reproduire ici.

« Le baumier a deux écorces : l'une, extérieure, qui est rouge et mince ; l'autre, intérieure, verte et épaisse. Quand on mâche celle-ci, elle laisse dans la bouche une saveur onctueuse et une odeur aromatique. On recueille le baume vers le lever de la canicule, de la manière suivante : après avoir arraché de l'arbre toutes ses feuilles, on fait au tronc des incisions avec une pierre aiguë, en prenant garde d'attaquer le bois. Lorsque le suc en découle, on le ramasse avec le doigt que l'on essuie sur le bord d'une corne. Quand la corne est pleine, on la vide dans des bouteilles de verre ; ce qu'on continue sans interruption, jusqu'à ce qu'il ne coule plus rien de l'arbre. Plus l'air est humide, plus la récolte est abondante ; au contraire, elle est médiocre dans les années de sécheresse. On prend à mesure les bouteilles et on les enfouit dans la terre, jusqu'à ce que l'été soit dans toute sa force ; alors on les retire de terre et on les expose au soleil. Chaque jour on les visite et l'on trouve l'huile qui surnage sur une substance aqueuse mêlée de parties terreuses. On retire l'huile surnageante, et l'on remet les bouteilles au soleil, ce qui se répète alternativement jusqu'à ce qu'il ne se sépare plus d'huile. Alors on prend toute l'huile, et l'homme qui est chargé de ce soin la fait cuire secrètement, sans souffrir que personne assiste à cette opération ; ensuite il la transporte dans le magasin du souverain. La quantité d'huile pure que l'on retire du suc monte, quand elle est passée, à un dixième du total. On m'a assuré qu'on recueillait annuellement environ 20 rotls d'huile (7 kil., 25 gram.) (1). »

Si j'osais modifier quelque chose à la description précédente, je dirais qu'il me paraît peu probable que le baume huileux, épuré par le procédé décrit par Abd-Allatif, et qui était réservé pour le souverain, fût soumis à une cuisson quelconque, qui ne pouvait qu'en altérer la qualité. Je suppose que cette cuisson était appliquée plutôt au produit impur et mêlé d'eau, d'où le premier avait été séparé, et qu'il pouvait en résulter un baume de qualité inférieure, destiné à être versé dans le commerce.

Augustin Lippi, cité par Geoffroy (2), indique un autre procédé usité pour obtenir deux autres qualités de baume de la Mecque. Ce procédé consiste à remplir une chaudière de feuilles et de rameaux de baumier, à y verser de l'eau jusqu'à ce qu'elle les surpasse, et à chauffer jusqu'à l'ébullition. Lorsque le liquide commence à bouillir, il vient surnager une huile limpide et

---

(1) Le jardin d'Aïn-Schems, ou de la Matarée, avait 7 feddans d'étendue (plus de 9 arpents). Extrait d'Abd-Allatif, *Relation de l'Égypte*, traduite par Sylvestre de Sacy, Paris, 1810.

(2) Geoffroy, *Matière médicale*.

suave que l'on recueille à part et qui est réservée pour l'usage des dames turques ; en continuant l'ébullition, il s'élève à la surface de l'eau une huile plus épaisse et moins odorante, qui est destinée au commerce.

Pendant longtemps, ainsi que je l'ai dit ailleurs (1), je n'ai pu énoncer que d'une manière vague ou douteuse les véritables caractères du baume de la Mecque, faute d'en avoir eu à ma disposition un échantillon authentique ; mais, en 1838, M. Benjamin Delessert, ayant bien voulu me permettre de puiser dans un flacon qui avait été rapporté d'Égypte par M. le professeur Delile, j'ai pu dire alors à quels caractères on peut reconnaître la pureté de ce produit célèbre, et qui est d'un prix très-élevé, même dans les contrées qui nous le fournissent.

Le baume de la Mecque de M. Delessert était renfermé dans un flacon sphérique, bouché en cristal ; il pouvait y en avoir 900 grammes. Renfermé dans ce vase depuis la glorieuse expédition d'Égypte, ce baume s'était séparé en deux couches : une supérieure, liquide, mobile et presque transparente ; une inférieure, opaque, épaisse et glutineuse. Ayant mêlé le tout par l'agitation, le baume a pris la consistance uniforme et la demi-opacité qu'il doit avoir lorsqu'il est récent.

Ce baume offre alors la consistance et presque l'aspect du sirop d'orgeat, mais avec une teinte fauve que ne doit pas avoir le sirop. Il a une odeur très-forte, analogue à celle de quelque plante labiée que je ne puis déterminer ; cette odeur s'affaiblit promptement à l'air, et alors elle devient suave, tout à fait particulière, et ne peut plus être comparée qu'à elle-même. La pureté et la suavité de cette odeur affaiblie forment déjà un bon caractère du baume de la Mecque. Sa saveur est très-aromatique, amère et finit par devenir âcre à la gorge.

Une goutte de baume de la Mecque liquide, que l'on fait tomber dans un vase plein d'eau, pénètre d'abord dans le liquide à une certaine profondeur, puis remonte à la surface et *s'y étend aussitôt instantanément et complétement en une couche très-mince et nébuleuse, qui, vue à la loupe, présente une infinité de petits globules uniformément répartis sur toute la surface.* Cette couche de baume, touchée avec un poinçon, s'y attache et s'enlève avec lui, comme le ferait une térébenthine. En attendant quelques instants, le baume devient assez solide, à cause de la prompte évaporation de son essence, pour que le tout s'enlève en une seule masse consistante. Ce caractère, indiqué par Prosper Alpin (2), est d'une grande

(1) Guibourt, *Observations de pharmacie, de chimie et d'histoire naturelle*, Paris, 1838.
(2) P. Alpin, *Dialogue du baume*, traduction d'Antoine Collin, Lyon, 1819, p. 61.

exactitude et un des meilleurs pour reconnaître la pureté du baume. J'ai pu l'observer sur un baume très-ancien, presque épaissi en consistance de térébenthine, et d'une couleur un peu brunâtre; seulement le baume reste un peu longtemps sous l'eau et est un peu de temps à s'étendre à la surface.

Une goutte de baume liquide, versée sur un papier collé, s'y étend un peu, mais ne pénètre pas le papier et ne le rend pas translucide. Après douze heures d'exposition à l'air, le baume est devenu assez consistant et assez tenace pour que, en pliant le papier en deux, on ait peine ensuite à le séparer sans déchirure.

5 grammes de baume, traités par 30 grammes d'alcool à 90 degrés, forment un liquide blanc comme du lait, qui ne devient transparent qu'après un repos de huit à dix jours. Alors on trouve au fond du liquide un dépôt glutineux, formé par une résine insoluble dans l'alcool et qui est analogue à celle de l'*hymenæa courbaril*. Cette résine se dessèche promptement sur un papier collé, sans le traverser et sans le rendre transparent.

Enfin le baume de la Mecque, trituré avec un huitième de son poids de magnésie calcinée, ne se solidifie pas, comme le font la térébenthine des pins et des sapins et plusieurs baumes de copahu. Tels sont les caractères du vrai baume de la Mecque.

Ce baume, à l'état de pureté, est rare, mais n'est pas introuvable. J'en avais vu antérieurement chez plusieurs pharmaciens et droguistes, et, après avoir connu celui de M. B. Delessert, j'en ai acheté deux fois du semblable, renfermé dans des bouteilles carrées en plomb, de la contenance de 250 grammes environ. Mais il faut dire que la plupart des droguistes n'en ont que de falsifié, et que plusieurs même vendent, de bonne foi, de la térébenthine de Chio ou du baume du Canada pour du baume de la Mecque. Antérieurement à 1838, j'avais moi-même acheté d'un brocanteur une grande bouteille en plomb de baume de la Mecque, que je regardais comme bon et qui était cependant altéré avec de l'huile, ainsi que je l'ai reconnu depuis. Comme il peut être utile d'en exposer les caractères, les voici :

Ce baume est semblable, pour la consistance sirupeuse et la demi-opacité, à celui de M. Delessert; mais il a une teinte jaune verdâtre que n'offre pas ce dernier.

Dans le vase en plomb qui le renferme, il présente une odeur forte qui tient un peu du romarin. En vieillissant dans un flacon de verre en vidange, fermé en liége et quelquefois ouvert, l'odeur s'affaiblit et se rapproche beaucoup de celle du baume vrai ; cependant on y découvre quelque chose de rance, et le bouchon blanchit, comme cela a lieu avec les huiles rances.

La saveur en est aromatique, âcre et amère.

Une goutte versée sur l'eau s'y étend inégalement comme le fait l'huile ; et les *yeux* ou les dessins formés sur l'eau sont *miroitants* et *transparents*, au lieu d'être nébuleux et opaques. La couche résineuse ne peut être soulevée avec un poinçon, même après vingt-quatre heures d'exposition à l'air.

Une goutte versée sur du papier collé le pénètre après quelque temps et le rend translucide. Le baume ne s'y dessèche pas, même après plusieurs jours d'exposition à l'air, et les deux moitiés du papier, pliées et appliquées l'une contre l'autre, se séparent sans effort et sans déchirure.

Ce baume, traité par l'alcool rectifié, le blanchit comme le véritable; mais le dépôt qui s'y forme à la longue est un liquide épais, gras au *toucher*, et qui tache le papier à la manière d'une huile grasse.

Cette huile n'existe dans le baume qu'en petite quantité, mais elle suffit pour lui imprimer des caractères bien tranchés de celui qui est pur de tout mélange (1).

Fruit du Baumier de la Mecque, ou Carpobalsamum.

Ce fruit est d'un gris rougeâtre, gros comme un petit pois, allongé, pointu par les deux bouts, et marqué de quatre angles plus ou moins apparents. Il est composé d'un brou desséché et rougeâtre, d'une saveur très-faiblement amère et aromatique; d'un noyau blanc, osseux, convexe d'un côté, marqué d'un sillon longitudinal de l'autre, et insipide; enfin, d'une amande huileuse d'un goût agréable et aromatique. Ce fruit entier n'a pas d'odeur sensible; il ressemble un peu au cubèbe, ou poivre à queue; mais celui-ci est plus arrondi, plus foncé en couleur, plus ridé, non ligneux, et jouit d'une saveur âcre, amère, très-aromatique, tout à fait différente. Le fruit du baumier entre dans la thériaque.

Bois de Baumier, ou Xylobalsamum.

Ce bois, tel qu'on le trouve dans les droguiers, se compose de petites branches longues de 16 centimètres, épaisses comme de petites plumes à écrire, marquées alternativement de tubercules ligneux qui sont un reste des petites branches secondaires fort courtes, qui portent les fleurs mâles (*fig.* 717 *a*). L'écorce est d'un brun rougeâtre et marquée de stries longitudinales régulières; le bois en est blanchâtre, dur, d'une odeur douce très-faible et d'une saveur nulle, ce qui ne doit pas surprendre, vu l'ancienneté de cette substance dans les droguiers, et la facilité avec laquelle elle perd son odeur première, d'après Prosper

---

(1) Il est possible que cette petite quantité d'huile provienne de l'amande du fruit du baumier. On lit dans quelques auteurs, qu'on altère le baume de la Mecque en y mêlant le produit oléo-résineux et aromatique provenant de l'expression du carpobalsamum.

Alpin (1). Cette substance est exactement représentée dans Matthiole (2).

J'ai trouvé dans le commerce deux autres substances vendues comme *Xylobalsamum*. La première est formée de petits bouts de branches longs seulement de 11 à 14 millimètres, épais de 2 millimètres au plus, couverts d'une écorce rougeâtre, très-rugueuse et à stries transversales et non longitudinales. Cette substance a une saveur aromatique un peu amère et une odeur douce et agréable, lorsqu'elle est en masse. Froissée dans la main, elle développe une odeur forte, analogue à celle du romarin. Cette substance appartient aux petites branches secondaires de l'individu mâle (*fig.* 718). Elle est évidemment préférable aux rameaux inodores que j'ai décrits d'abord.

L'autre dernière substance, trouvée dans le commerce, est composée de petits fragments grisâtres, anguleux, d'une odeur de genièvre, qui sont en effet l'extrémité des rameaux du genévrier commun.

Myrrhe.

La myrrhe est une gomme-résine dont l'usage, comme aromate et comme médicament, remonte à la plus haute antiquité. Elle est prescrite dans l'*Exode* (3), sous le nom de *mur*, la première des substances aromatiques les plus exquises qui doivent composer l'huile sainte. Les Grecs la nommaient *Smyrna* ou *Myrrha*, et la supposaient produite par les pleurs de la mère d'Adonis, après que les dieux compatissants l'eurent changée en arbre pour la soustraire à la vengeance de son père Cyniras.

La myrrhe découle en Arabie et en Abyssinie d'un arbuste épineux que l'on a longtemps pensé pouvoir être un acacia, mais que Forskal avait regardé antérieurement comme un végétal térébinthacé, voisin de son *Amyris kataf*. Cette dernière opinion a été confirmée par MM. Ehrenberg et Hemprich, naturalistes prussiens, qui, dans un voyage dans le Dongolah et l'Arabie, ont rapporté des spécimens de l'arbre à la myrrhe.

[L'herbier de Ehrenberg contient deux plantes très-voisines, dont l'une a été décrite par *Nees d'Esenbeck* sous le nom de *Balsamodendron myrrha*, indiquée comme la vraie plante à la myrrhe, et acceptée pendant longtemps comme telle. Ce n'est que vers 1863 que O. Berg étudiant les exemplaires de Ehrenberg s'aperçut que la plante, indiquée par Ehrenberg lui-même comme laissant découler cette substance, n'appartenait pas à

---

(1) Prosper Alpin, *Dialogue du baume*. Traduction, p. 76.
(2) Matthiole, Édition de G. Bauhin, p. 60.
(3) *Exode*, ch. xxx, 23.

TÉRÉBINTHACÉES. — MYRRHE.

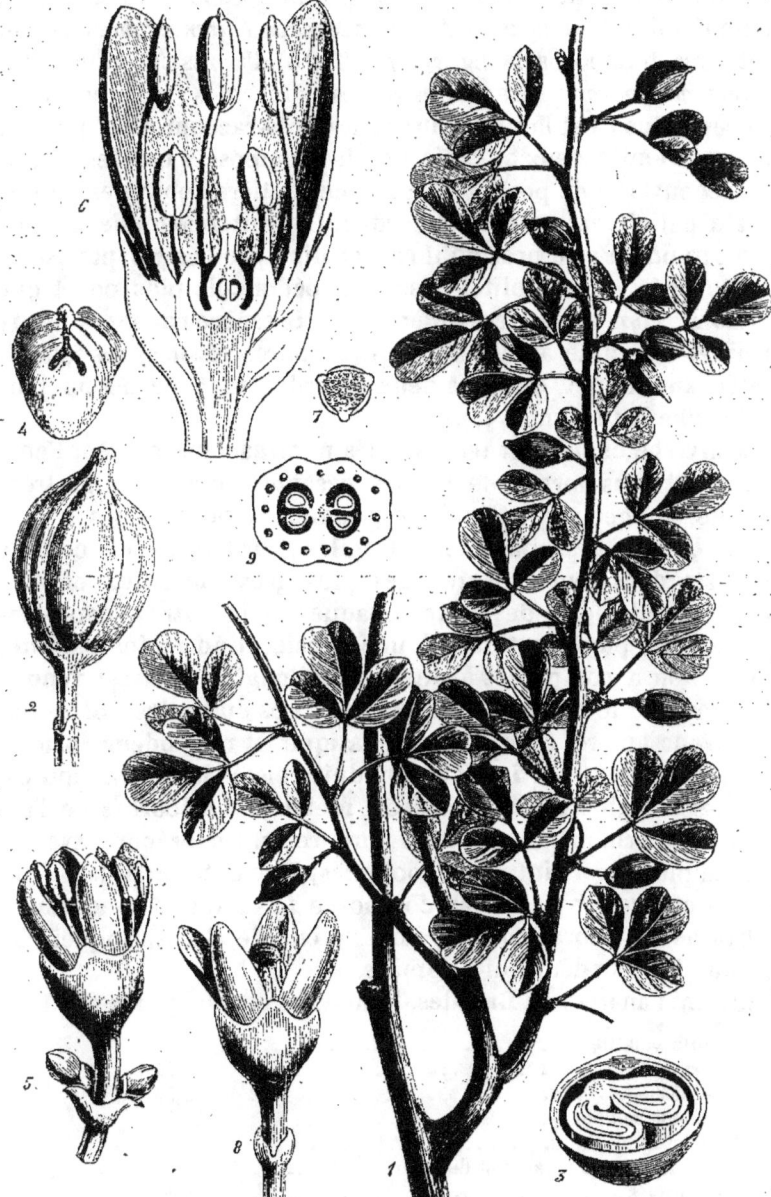

Fig. 719 — Dessiné par Germain de Saint-Pierre d'après Berg et Schmidt (*).

(*) 1, rameau fructifère du *Balsamodendron Ehrenbergianum* (arbre produisant la *Myrrhe*) (de grandeur naturelle) ; 2, capsule uniloculaire et monosperme (par avortement) ; 3, coupe transversale de la capsule et de la graine ; 4, embryon à cotylédons foliacés.
5-9, *Balsamodendron Gileadense*. 5, fleur mâle (grossie) ; 6, coupe (grossie) de la fleur mâle (l'ovaire y existe, mais à l'état abortif) ; 7, grain de pollen (grossi) ; 8, fleur femelle (les étamines y existent, mais à l'état abortif) ; 9, coupe de l'ovaire (à 2 carpelles, à 2 loges bi-ovulées).

l'espèce décrite par Nees, mais bien à une espèce voisine à laquelle il a donné le nom de *Balsamodendron Ehrenbergianum* (1) et dont nous donnerons la figure (*fig.* 719 *a*) d'après cet auteur (2). Ce *Balsamodendron* présente des rameaux inermes ; les plus jeunes sont répandus çà et là sur les branches, très-raccourcis, et portent à leur extrémité deux ou trois feuilles composées ternées, pétiolées, recouvertes de poils fins, à folioles entières obovales, la terminale pétiolulée, souvent obcordée. Le fruit ressemble au carpobalsamum, à cela près qu'il est terminé par le style persistant et recourbé : il est solitaire sur un pédoncule plus court que lui. Le *B. myrrha* de Nees diffère de cette espèce par ses rameaux terminés en pointe aiguë, ses feuilles glabres sessiles, ses folioles dentées au sommet, dont les deux latérales sont beaucoup plus petites que la terminale (3).]

La myrrhe choisie, et telle que les pharmaciens doivent l'employer, est sous forme de larmes pesantes, d'un volume très-variable, rougeâtres, irrégulières, comme efflorescentes à leur surface, demi-transparentes, fragiles, brillantes et comme huileuses dans leur cassure. Les plus gros morceaux offrent, dans leur intérieur, des stries opaques et jaunâtres, demi-circulaires, qui paraissent dues à une dessiccation moins parfaite, et que l'on a comparées à des coups d'ongle, d'où est venu à cette myrrhe le surnom de *unguiculée*. Les uns et les autres ont une saveur amère, âcre, très-aromatique, et une odeur forte et aromatique toute particulière. On doit rejeter la myrrhe qui est en masses agglomérées, noirâtres, mélangées d'écorces de l'arbre qui la produit ou d'autres impuretés. On prépare avec la myrrhe plusieurs teintures alcooliques. Elle entre dans la thériaque, la confection de safran composée (ci-devant d'hyacinthes), le baume de Fioraventi, et dans l'élixir de Garus, auquel elle communique l'odeur qui y domine.

Suivant l'analyse de Brandes, la myrrhe est composée de :

Huile volatile	2,60	
Résine molle	22,24	27,80
— sèche	5,56	
Gomme soluble	54,38	
— insoluble	9,32	
Sels à base de potasse et de chaux	1,86	
Impuretés	1,60	
Perte	2,94	
	100,00	

(1) Berg, *Darstellung und Beschreibung der offizinellen Gewächse*. Leipzig, 1843, IV, pl. XXXIX, d.
(2) M. Oliver (*Flora of tropical Africa*, 1868) regarde le *B. Ehrenbergianum* de Berg comme la même espèce que le *B. opobalsamum*, Kunt.
(3) Voir sur le siége de la myrrhe dans les tiges de Balsamodendron : Léon

M. Bonastre (1) a signalé l'existence de plusieurs substances qu'il nomme *myrrhe nouvelle* ou *fausse myrrhe*, mais qu'il ne me paraît pas avoir nettement distinguées. L'une de ces substances est celle qui sera décrite tout à l'heure sous le nom de *Bdellium de l'Inde*, caractérisée par sa couleur brunâtre, sa cassure inégale, résineuse, molle et collante par places, sa saveur très-amère et térébinthacée. Une autre est celle que je nomme *Bdellium opaque*, reconnaissable à son opacité blanchâtre et cireuse, et à sa saveur amère, un peu gommeuse, nullement âcre à la gorge. La troisième est une espèce de myrrhe jaunâtre, en grosses larmes d'une transparence imparfaite, toujours amère, mais surtout *d'une très-grande âcreté à la gorge*. Toutes ces substances peuvent être attribuées, sans invraisemblance, à diverses espèces de *Balsamodendron*, voisines de celles que j'ai déjà nommées.

Bdellium.

Suivant Dioscoride, le bdellium est une larme produite par un arbre du pays de Saracène, en Arabie, qui est amère, translucide, ayant l'aspect de la colle de taureau, grasse en dedans, se liquéfiant au feu, et répandant une fumée odorante. On en connaît une autre sorte apportée de l'Inde, qui est noire, sale, agglomérée en gros morceaux, d'une odeur d'aspalathe. Enfin on en trouve une dernière espèce qui tient le second rang pour la bonté, qui est résineuse, livide, venant de Pétra (Arabie).

Le commerce d'aujourd'hui nous offre aussi trois sortes de bdellium, qui paraissent être les mêmes que celles de Dioscoride.

Bdellium d'Afrique. Ce bdellium est probablement la première sorte de Dioscoride. Je lui donne le nom de *bdellium d'Afrique*, parce qu'on le trouve toujours mêlé en petite quantité à la gomme du Sénégal, et qu'on l'a quelquefois fait venir séparément de cette contrée et de la côte de Guinée; mais il en vient aussi d'Arabie qui paraît être de même nature. Il est en larmes arrondies, de 25 à 30 centimètres de diamètre, d'un gris jaunâtre, ou rougeâtre, ou verdâtre, demi-transparent, d'une cassure terne et cireuse; en vieillissant il devient tout à fait opaque et comme farineux à sa surface. Il a une odeur faible qui lui est particulière et une saveur amère. [M. Flückiger (2) en

---

Marchand, *Sur l'origine, la provenance et la production de la myrrhe* : lu à la Société linnéenne de Paris, le 31 août 1866.

(1) Bonastre, *Journal de pharmacie*, t. XV, p. 281.

(2) Flückiger, *Gummi und Bdellium vom Senegal* (*Schweizer. Voschenschrift für Pharmacie*, 1869, n°s 6, 7 et 8. — M. Flückiger pense que l'analyse de Pelletier, donnée par Guibourt dans la 4e édition, ne se rapporte pas au vrai Bdellium.

a retiré par l'alcool bouillant 70,3 de résine ; le reste est une gomme complétement soluble dans l'eau, mais qui diffère de l'arabine en ce qu'elle n'est précipitée de sa dissolution ni par le chlorure de fer ni par le borax. Il n'existe que des traces inappréciables d'huile essentielle.]

Ce bdellium est produit au Sénégal par un arbrisseau épineux haut de 3 mètres, et de la famille des Térébinthacées, qu'Adanson avait désigné sous le nom de *Niottout*, et que Richard et Guillemin (1) ont décrit sous le nom de *Heudelotia africana*. Il appartient au genre *Balsamodendron*, et porte aujourd'hui le nom de *Balsamodendron africanum*. La seule circonstance qui paraissait contraire à cette origine, c'est que les larmes de bdellium recueillies par M. Perrottet sur cet arbrisseau n'étaient guère plus grosses que des pois, et il fallait, ou que le bdellium du commerce fût produit par une espèce différente, ou que le niottout pût devenir un arbre plus fort et plus élevé que M. Perrottet ne l'avait vu. Cette objection a été levée par M. Caillé, qui a trouvé le niottout dans l'intérieur de l'Afrique, sous la forme d'un arbre élevé et d'une grosseur proportionnée. Il a également été trouvé dans le royaume d'Adel ; d'où il est probable qu'il traverse l'Afrique de part en part, et rien n'empêche de penser qu'il ne croisse également en Arabie.

Bdellium de l'Inde. Cette substance est en masses noirâtres, souvent salies de terre à l'extérieur, et mélangées de tiges ligneuses et d'une *écorce feuilletée comme celle du bouleau;* elle a une cassure terne ou brillante, et presque toujours l'une et l'autre à la fois, offrant comme un suc résineux, poisseux et brillant, qui exsude par gouttes d'une masse gommo-résineuse terne. Exposée entre l'œil et la lumière, elle paraît translucide et d'un gris brunâtre ; elle a une odeur assez forte et une saveur très-amère et âcre, accompagnée tantôt d'un léger arome de myrrhe, tantôt d'un goût fortement térébinthacé. Cette substance se rapproche de la myrrhe et est vendue par les droguistes sous le nom de *myrrhe de l'Inde*. C'est elle également que M. Bonastre a décrite sous le nom de *myrrhe nouvelle première espèce* (2).

Il est extrêmement probable, ainsi que l'a pensé M. Royle, que le bdellium de l'Inde est produit par l'*Amyris commiphora*, Roxb. (*Balsamodendron Roxburghii* Arnott), qui porte dans l'Inde le nom de *googool, googul* ou *googula*. En effet Roxburgh dit (3) que le tronc et les principaux rameaux de cet arbre sont

---

(1) Richard et Guillemin, *Flore de Sénégambie*.
(2) Bonastre, *Journal de pharmacie*, t. XV, p. 273.
(3) Roxburgh, *Flora indica*, t. II, p. 245.

couverts d'une pellicule légère et colorée, comme celle du bouleau, qui s'exfolie de temps en temps, en laissant à nu une enveloppe verte et unie qui, successivement, produit de nouvelles exfoliations : on vient de voir que le bdellium de l'Inde présente un débris d'écorce tout à fait semblable. A côté du *Balsamodendron Roxburghii*, il faut placer le *Balsamodendron Muckul* Hooker du Scinde, qui donne une gomme-résine, semblable au Bdellium de l'Inde et porte de même dans le Béloutchistan le nom de *googul* (1).

Bdellium opaque. Je désigne ainsi un suc gommo-résineux, d'origine inconnue, que j'ai sous forme d'une larme ovoïde, large de 4 centimètres et longue de près de 8 centimètres ; il est jaunâtre comme de la cire jaune à moitié décolorée, uniformément laiteux, presque opaque, d'une saveur très-amère un peu aromatique, et nullement âcre à la gorge.

Oliban, ou encens.

L'oliban est une gomme-résine qui a été apportée de tous temps de l'Arabie, où elle est produite par un arbre encore inconnu, assez semblable au lentisque. On a cru pendant longtemps, mais à tort, que cet arbre était le *Juniperus Lycia*, L. On sait maintenant que ce sont des arbres de la famille des Burséracées, le *Boswellia papyrifera* de Hochstetter et peut-être le *B. sacra* de Flückiger, qui fournissent l'encens soit de l'Arabie, soit des côtes nord-est de l'Afrique.

Le premier de ces arbres, qui est l'*Amyris papyrifera* de Delille, le *Bosvellia floribunda* de Royle, le *Plœsslea floribunda* d'Endlicher, forme, avec les acacias, le fond des forêts des régions du Somal et de toute la vallée du Nil bleu jusqu'au Kordofan. Son aspect est très-remarquable : son tronc, haut d'une vingtaine de pieds, de la grosseur d'un homme à sa base, n'ayant au sommet qu'un pied de diamètre, porte de longs jets minces recouverts de fleurs en décembre, de fruits mûrs en avril et seulement de juin en octobre d'un petit nombre de feuilles composées, pinnées, à folioles lancéolées. Les couches extérieures de l'écorce présentent la particularité, qui a fait donner son nom à l'espèce, de se diviser en un grand nombre de couches minces ressemblant à du papier huilé.

Le *Boswellia sacra* se trouve dans la partie de l'Arabie qui a été regardée depuis longtemps comme le vrai pays de l'encens :

---

(1) Voyez Stokes, *On two Balsam-trees from Scinde* (W. Hooker' *Journal of Botany and new Gardens*, II, 1850).

il s'étend depuis le pays de Marah sur la côte sud-est de l'Arabie jusque dans le grand désert central. M. Flückiger le distingue du *B. papyrifera* par ses folioles crépues, ovales-obtuses, par son inflorescence plus simple, par son fruit plus comprimé, enfin par la circonstance qu'il porte en même temps des feuilles, des fleurs et des fruits.

C'est à ces arbres et peut-être aussi à quelques autres *Boswellia* qu'il faut rapporter la production de l'encens. On a admis jusqu'à ces derniers temps qu'une partie de l'encens, celui qui nous arrive sous le nom d'encens de l'Inde était produit dans ce pays par le *Boswellia serrata*, découvert en 1809 par Colebrooke : mais on sait maintenant que cette espèce donne en effet une gomme-résine aromatique, employée en guise d'encens dans le pays, mais qui n'est jamais venue en quantité considérable dans le commerce européen. L'encens qui arrive en Europe découle tout entier des arbres d'Arabie ou d'Abyssinie. Une partie nous arrive directement d'Afrique par la mer Rouge : l'autre passe d'abord par l'Inde. De là les deux sortes d'encens qu'on connaît dans le commerce sous le nom d'encens d'Afrique et d'encens de l'Inde, et qui diffèrent, non par leur nature, mais par leur qualité (1).

Encens d'Afrique. Cet encens est formé d'un certain nombre de larmes jaunes, mêlées d'une quantité plus considérable de larmes et de *marrons* rougeâtres. Les larmes les plus pures sont oblongues ou arrondies, la plupart d'un petit volume, d'un jaune pâle, peu fragiles, à cassure terne et cireuse, non transparentes. C'est ce défaut de transparence qui les distingue du mastic, auquel elles ressemblent beaucoup. Mises dans la bouche, elles se ramollissent sous la dent comme le mastic, et offrent une saveur aromatique faiblement âcre; elles jouissent d'une odeur assez marquée, analogue à celle de la résine de pin et de la résine tacamaque réunies.

Les marrons sont rougeâtres, faciles à ramollir entre les doigts, d'une odeur et d'une saveur beaucoup plus fortes que les larmes, souvent mêlés de débris d'écorce, et, ce qui les distingue surtout, contenant une quantité assez considérable de petits cristaux de spath calcaire (carbonate de chaux) dont plusieurs sont d'une régularité parfaite (M. Marchand). On trouve également de ces cristaux isolés dans le menu des ballots; il est très-probable qu'ils ont été ajoutés par fraude à la résine.

Les larmes rougeâtres tiennent le milieu pour la couleur, la

---

(1) Voir sur cet article Flückiger, *Lehrbuch der Pharmacognosie*, page 31.
(2) De Candolle, *Prodromus*, t. II, p. 76.

saveur et l'odeur, entre les larmes jaunes et les marrons; elles ne sont pas à dédaigner sous le rapport des propriétés ou de l'usage qu'on en peut faire comme aromate.

Encens de l'Inde. Cet encens arrive en caisses d'un poids considérable; il est presque entièrement formé de larmes jaunes demi-opaques, arrondies, généralement plus volumineuses que celles de l'encens d'Afrique; les plus grosses larmes sont à peine rougeâtres et contiennent peu d'impuretés; il jouit d'une saveur parfumée et d'une odeur forte qui tient beaucoup plus de tacamaque que de la résine de pin. Cet oliban est, avec raison, plus estimé que le premier.

L'oliban n'est qu'en partie soluble dans l'eau et l'alcool; il se fond difficilement et imparfaitement par la chaleur, brûle avec une belle flamme blanche lorsqu'on l'approche d'une bougie, enfin donne une petite quantité d'huile volatile à la distillation.

D'après l'analyse de M. Braconnot, 100 parties d'oliban sont composées de : résine soluble dans l'alcool, 56,0; gomme soluble dans l'eau, 30,8; résidu insoluble dans l'eau et dans l'alcool contenant probablement une résine insoluble dans ce dernier, 5,2; huile volatile et perte, 8,0 (1).

On distingue dans les anciens traités de drogues simples deux sortes d'oliban ou d'encens : l'un *mâle*, l'autre *femelle*. Le premier se compose des larmes les plus nettes, les mieux détachées, les plus pures; le second, des larmes moins sèches, ordinairement irrégulières et soudées ensemble. Ces noms ridicules peuvent être oubliés.

L'oliban a, de toute antiquité, été brûlé dans les temples, en l'honneur de la divinité. Cet usage, qui a passé dans l'église catholique, tire son origine de l'habitude où ont été presque tous les peuples de sacrifier des animaux, ce qui remplissait leurs temples d'émanations désagréables, souvent putrides, et nécessitait l'emploi des vapeurs aromatiques, le seul moyen qu'ils connussent d'y remédier.

En pharmacie, l'oliban fait partie de la thériaque, de l'alcoolat de Fioraventi, de différents emplâtres, etc.

Résine élémi.

On a donné d'abord le nom d'*élémi* à plusieurs résines d'Amérique, jaunes et très-odorantes, produites par différents arbres de la tribu des Burséracées et de celle des Amyridées. Ensuite et

---

(1) Braconnot, *Ann. chim.*, t. LVIII, p. 60.

assez récemment, lorsque la résine élémi est sortie du domaine de la matière médicale pour entrer dans celui des arts industriels, on a fait venir des résines plus ou moins analogues de toutes les parties du monde, et notamment de la côte occidentale d'Afrique, de Madagascar, de l'Inde, des îles Malaises et des Philippines. Enfin, on apporte des mêmes pays, et surtout d'Amérique, un grand nombre d'autres résines nommées *chibou* ou *cachibou*, *tacamahaca* ou *tacamaque*, *alouchi*, *aracouchini*, *caragne*, etc., toutes retirées d'arbres des mêmes tribus et jouissant de propriétés plus ou moins semblables, ce qui rend l'histoire de ces produits et leur distinction fort difficiles à faire.

Geoffroy distinguait deux sortes d'élémi : une *vraie* ou *d'Éthiopie*, en masses cylindriques souvent enveloppées de feuilles de roseau ou de palmier ; et une *fausse* ou *d'Amérique*, en masses considérables, de couleur blanchâtre, jaunâtre, verdâtre, etc., produite par un arbre du Brésil, nommé *icicariba*. Ces deux sortes d'élémi existent toujours dans le commerce, mais toutes deux viennent d'Amérique ; et celle du Brésil, que Geoffroy nommait *fausse*, est aujourd'hui la plus estimée et est considérée comme le vrai type de la résine élémi. Il ne vient pas d'élémi d'Éthiopie ; l'erreur de Geoffroi était causée par l'idée que l'on avait eue d'abord que cette résine n'était autre chose que la gomme d'olivier mentionnée par les anciens, et qui avait disparu du commerce. Il est possible même que ce soit là l'origine du mot *élémi*, dont la racine paraît être ἔλαιος, nom grec de l'olivier.

I. **Résine élémi du Brésil.** L'arbre qui produit cette résine a été décrit par Pison et Marcgraff sous le nom d'*icicariba* (*Icica icicariba*, DC.). La résine en découle abondamment, à la suite d'incisions faites au tronc. On la récolte vingt-quatre heures après, et on la renferme dans des caisses qui peuvent en contenir 100 à 150 kilogrammes. Elle est molle et onctueuse, mais elle devient sèche et cassante par le froid ou par la vétusté. Elle est demi-transparente, tantôt d'un blanc jaunâtre assez uniforme, mêlé de points verdâtres ; tantôt formée de parties larmeuses dont la couleur varie du blanc jaunâtre au jaune et au vert jaunâtre. En vieillissant, elle prend une teinte jaune plus foncée et plus uniforme. Elle a une odeur forte, agréable, analogue à celle du fenouil, et due à une essence qu'on peut en retirer par la distillation. Comme elle doit en partie ses propriétés à cette essence, il faut la choisir récente, pas trop sèche et bien odorante. Elle a une saveur très-parfumée, douce d'abord, mais devenant très-amère après quelque temps de mastication. Elle est soluble, en partie seulement, dans l'alcool froid, entièrement soluble dans l'alcool bouillant, à l'exception des impuretés qu'elle peut contenir, et la dissolution bouillante et concentrée laisse déposer, par le refroidissement, une résine aiguillée, blanche, opaque, très-légère, inodore et insipide, qui a reçu le nom d'*élémine* (1).

La résine élémi contient, suivant M. Bonastre :

Résine transparente, soluble dans l'alcool froid.........	60
Élémine...	24
Essence...	12,50
Extrait amer...	2
Impuretés..	1,50
	100,00

La résine élémi du Brésil est quelquefois falsifiée avec du galipot ou de la poix résine, qui se reconnaissent à leur odeur propre, et par la solubilité beaucoup plus grande du mélange dans l'alcool.

II. **Résine élémi en pains.** Cette résine est en masses triangulaires et aplaties, du poids de 500 à 1000 grammes, enveloppées dans une feuille de palmier. Elle paraît avoir été plus molle et plus coulante que l'élémi du Brésil ; elle est d'une substance plus homogène, d'une transparence plus marquée, et d'une teinte verdâtre uniforme. Elle offre çà et là des parcelles de matière ligneuse rougeâtre. Son odeur et son amertume sont celles de l'élémi du Brésil.

J'ai trouvé dans le commerce, à deux fois différentes, une résine semblable à la précédente, non en pains et venue probablement dans des caisses. Elle était tout à fait récente, très-huileuse, presque coulante, mélangée d'une assez grande quantité de petites écailles rougeâtres.

S'il faut s'en rapporter à l'autorité de Lemery, la résine élémi en pains serait apportée du Mexique ; [mais elle provient en réalité de la Nouvelle-Grenade, où elle est produite par l'*Icica caraña*,] H. B. K. Dans tous les cas, cette résine diffère d'une autre sorte d'élémi importée de Mexico en Angleterre, et qui paraît due à une espèce d'*Elaphrium*.

Résine élémi du Mexique. Cette résine a été importée directement de Mexico en Angleterre, avec des parties de l'arbre qui ont permis à M. Royle d'y reconnaître une espèce d'*Elaphrium* qu'il a nommée *Elaphrium elemiferum* (2). La résine porte au Mexique le nom de *copal*, qui est appliqué, suivant ce que j'ai dit, à toutes les résines odoriférantes usitées comme parfums. Cette résine, lorsque je l'ai reçue il y a quelques années, était très-

---

(1) Voir G. Planchon, *Sur l'origine de l'élémi en pains* (*Bulletins de la Société botanique de France*, XV, 16. 1868).

(2) Royle, *A Manual of materia medica*. London, 1847.

molle, presque transparente et d'un gris verdâtre; elle est devenue aujourd'hui dure, sèche et friable, tandis que la résine élémi en pains, et la même résine reçue en caisse, conservent leur mollesse depuis beaucoup plus longtemps ; de plus, l'élémi du Mexique présente, sous la friction des doigts, une odeur plus forte que celle de l'élémi en pains ou du Brésil, tenace, peu agréable et tenant de celle du cumin. Elle est dépourvue d'amertume. Cette résine diffère donc véritablement des deux précédentes.

IV. **Copal de Santo de Guatimala.** Résine sous forme d'une boule brune, luisante, vernissée, ayant une odeur et une saveur de galipot : elle est produite par un sumac voisin du *Rhus copallinum* (1).

V. **Résine élémi de Manille.** En 1821, M. Maujean, pharmacien, fut chargé d'examiner, pour la Société linnéenne de Paris, une résine récoltée par M. Perrottet, aux îles Philippines, sur un grand arbre térébinthacé du genre *Canarium*. Cette résine était molle, verdâtre, faiblement amère, d'une odeur de fenouil très-prononcée et très-analogue à celle de l'élémi du Brésil. Elle a fourni à M. Maujean (2) la même résine cristallisable que M. Bonastre a retirée de l'élémi.

La résine élémi de Manille est arrivée, depuis, dans le commerce; elle est en masses molles d'un vert noirâtre ou blanchâtre à l'extérieur; grises, opaques, et d'une consistance de cire à l'intérieur; l'odeur et la saveur sont semblables. M. Baup (3) en a retiré, par des dissolvants variés, les matières suivantes : 1° huile essentielle, incolore, plus légère que l'eau, d'une odeur agréable de $7\ 1/2$ p. 100; 2° de l'*amyrine* (sous-résine de MM. Maujean et Bonastre), substance blanche, brillante, cristalline, très-soluble dans l'éther, dans l'alcool à chaud, insoluble dans l'eau; 3° une résine amorphe ; 4° de la *bréine* en cristaux prismatiques transparents, insolubles dans l'eau, solubles dans 70 parties d'alcool à 85 centièmes, très-soluble dans l'éther; 5° de la *bryoïdine* en filaments blancs, soyeux, d'une saveur légèrement amère et âcre; donnant par l'élévation de la température une vapeur qui produit une sensation d'astriction et de sécheresse à la gorge ; 6° de la *bréidine* en cristaux transparents solubles dans 260 parties d'eau, dans l'alcool, et un peu dans l'éther, donnant une vapeur piquante et qui provoque la toux.

VI. **Résine de la Nouvelle-Guinée, à odeur d'élémi.** Cette sub-

---

(1) *Journ. pharm.*, t. XX, page 523.
(2) Maujean, *Journ. pharm.*, t. IX, p. 47.
(3) Voir Baup, *Sur les résines de l'arbol-a-brea et de l'élémi* (*Journal de Pharm. et de Chim.*, 3ᵉ série, XX, p. 321, 1851).

stance a été rapportée par M. Lesson, de son voyage autour du monde : elle est en une masse d'un blanc jaunâtre, recouverte d'une efflorescence blanche, qui est de nature résineuse comme le reste. Cette masse est solide, mais paraît avoir été molle pendant longtemps, et se ramollit encore facilement dans les doigts, en acquérant une élasticité très-marquée. Elle a une odeur peu sensible à froid ; mais par la chaleur ou la simple trituration, elle en acquiert une presque semblable à celle de la résine élémi. Cette odeur et la mollesse habituelle de cette substance pourraient faire croire que c'est celle que Rumphius a décrite sous le nom de *résine canarine*, produite par le *Canarium zephyrinum*, lequel appartient à un genre térébinthacé très-voisin des *Icica*. Sans oser décider la question, je rapporterai ici la description de Rumphius :

« Ces arbres (les *Canarium commune* et *zephyrinum*), qui croissent
« à Céram et dans les autres grandes îles environnantes, produi-
« sent une résine si abondante, qu'elle pend, en gros morceaux et
« en grosses larmes coniques, du tronc et des principales bran-
« ches. Cette résine est d'abord blanche, liquide, visqueuse; en-
« suite elle jaunit et se durcit comme de la cire. Elle ressemble
« tellement, par son odeur et sa couleur, à la résine élémi, qu'elle
« pourrait passer pour elle. »

Au reste, la résine de la Nouvelle-Guinée ne ressemble pas autant à l'élémi d'Amérique que la résine rapportée des Philippines par Perrottet; car, lorsqu'on la traite par l'alcool, elle laisse pour résidu une substance molle très-élastique, soluble dans l'éther, et qui conserve longtemps à l'air de la mollesse et de l'élasticité; on pourrait presque considérer cette substance comme une sorte de caoutchouc (1).

VII. **Résine élémi du Bengale.** Cette résine a été importée en France, de Calcutta, antérieurement à l'année 1830. Elle est blanchâtre, molle et douée d'une odeur forte qui devient très-suave lorsqu'elle est affaiblie à l'air; mais cette odeur est tout à fait distincte de celle de l'élémi du Brésil. Quand elle se dessèche à l'air, la résine devient jaune et friable. Elle est contenue dans des tronçons de tige de bambou, longs de 33 centimètres et de 68 millimètres de diamètre. Cette résine ayant été présentée par Pereira au docteur Wallich, ce savant botaniste crut y reconnaître une résine molle, nommée dans l'Inde *guggul* ou *googgula*, produite par l'*Amyris agullocha*, Roxb. Mss.; mais maintenant qu'il paraît certain que le guggul est le bdellium de l'Inde, produit par

(1) On trouvera d'assez longs détails, extraits de Rumphius, sur les nombreuses résines des *Canarium*, dans mon *Mémoire sur les résines dammar*, etc. (*Revue scientifique*, t. XVI, 1844).

l'*Amyris commiphora*, R., qui paraît être le même que l'*Amyris agallocha*, Roxb. Mss., il vaut mieux considérer cette synonymie comme non avenue et déclarer que nous ne connaissons pas l'origine de la résine élémi du Bengale. M. Pereira dit avoir reçu de M. Christison la résine odoriférante du *Canarium balsamiferum*, W. (*Boswellia glabra*, Roxb.), cultivée à Ceylan. Je ne sais si cette résine se rapporte à celle qui fait le sujet de cet article.

Résines de gommart.

Le gommart, *Bursera gummifera*, L. (*fig.* 720) est un grand arbre d'Amérique, répandu depuis la Guyane jusqu'au Mexique et dans toutes les Antilles. Il fournit une grande quantité d'une résine

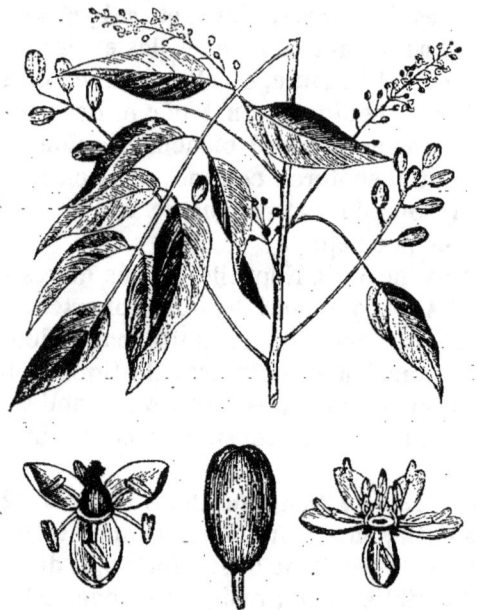

Fig. 720. — Résine de Gommart.

jaunâtre et aromatique qui arrive souvent sous des noms différents et avec des caractères particuliers, ce qui m'oblige à en donner plusieurs descriptions.

I. **Résine chibou** ou **cachibou**. Cette résine arrivait anciennement de la Guyane ou de la Colombie, en masses aplaties du poids de 130 à 140 grammes, enveloppées chacune dans une feuille de *Maranta lutea*, entière et plusieurs fois roulée sur elle-même; et comme ce *Maranta* porte, en langage caraïbe, le nom de *chibou* ou *cachibou*, le même nom a été donné à la résine et même à l'arbre qui la produit. Cette résine, telle que je l'ai, et fort ancienne, est en masses aplaties, dures, sèches, un peu translucides, d'un blanc jaunâtre, d'une odeur très-forte et peu agréable, d'une saveur immédiatement amère. L'étiquette en carte blanche, que j'ai renfermée dans le bocal, a pris une teinte brunâtre. La résine, traitée par l'alcool, est composée d'élémine et de résine soluble, de même que la résine élémi.

II. Il y a quelques années qu'il est arrivé une quantité considérable d'une résine en masses assez volumineuses, à la surface desquelles on aperçoit des restes de feuilles d'une plante monocotylédone, différente du *Maranta lutea*. J'ai reçu deux échantillons de cette résine : l'un sous le nom de *résine élémi de l'Aguyara*, l'autre sous la désignation de *résine d'un arbre nommé tacamahuca, à Caracas*. Tous deux étaient vendus comme résine élémi. Cette résine présente à l'intérieur l'aspect uniforme, translucide et d'un blanc un peu verdâtre de l'élémi en pains. Cependant on y trouve quelques larmes jaunes et opaques. Elle a une odeur forte, moins désagréable que celle de la résine précédente et se rapprochant un peu plus de celle de l'élémi. Elle a une saveur amère; elle se durcit promptement; enfin, l'un et l'autre échantillon, enfermés dans deux bocaux séparés, ont également communiqué au papier de l'étiquette une couleur brune très-marquée.

III. **Tacamaque jaune terne** de l'*Histoire abrégée des drogues simples*. Cette résine est en larmes ou en plaques opaques, d'un jaune blanchâtre assez uniforme, et ressemble assez à du galipot. Beaucoup de larmes sont volumineuses, aplaties, creuses à l'intérieur et comme formées d'une lame résineuse mal roulée sur elle-même. Cette résine, lorsque je l'ai eue, était vendue sous le nom de *tacamaque;* je l'ai trouvée dans l'ancien droguier de l'École sous celui de *résine de gommier, Bursera gummifera*, et le papier de l'étiquette était bruni et tombait par parcelles, comme s'il avait été altéré par un acide. Enfin, ayant placé de cette même résine dans une des montres de l'École, et deux étiquettes sur la résine, le papier en a été promptement bruni, et cet effet s'est étendu, jusqu'à une certaine distance, aux étiquettes des substances voisines. Cette coloration, due à un principe volatil émané de la substance, forme donc un caractère propre à distinguer la résine du *Bursera* de l'élémi, qui ne le possède pas.

IV. **Tecomajaca de Guatimala**. Cette résine, apportée en 1834, par M. Bazire, a la forme d'une masse aplatie, jaune, à demi opaque, à cassure en partie terne, en partie brillante, recouverte d'une couche mince tout à fait opaque, blanche du côté de la résine et noire au dehors ; elle acquiert par la friction une odeur forte, peu agréable. Cette résine présente la plus grande analogie avec les précécentes. On peut raisonnablement l'attribuer au *tecomahaca* d'Hernandez (p. 55), qui pourrait bien être une espèce de *Bursera* à feuilles simples, ovales-lancéolées et dentées, non connue des botanistes.

V. **Résine de gommart d'Afrique.** En 1840, le navire français *le Brésilien* a rapporté de la côte occidentale d'Afrique une partie considérable d'une résine à laquelle je trouve tous les caractères de celle de *Bursera*. Elle est en stalactites ou en morceaux de toutes formes, couverts d'une couche noire, opaque, en partie blanchie par le frottement, ce qui lui donne l'aspect de morceaux de plâtre noircis. Elle est à l'intérieur d'une teinte uniforme, d'un blanc verdâtre ou jaunâtre, translucide et d'un aspect un peu glacé. Elle se durcit promptement à l'air. Elle a la saveur amère et l'odeur forte et fatigante de la résine du *Bursera;* enfin elle brunit le papier qui se trouve renfermé avec elle.

VI. **Résine de Madagascar.** On a trouvé en 1844, dans une caisse de copal dur de Madagascar, une quantité assez grande d'une résine stalactiforme, formée de couches superposées de différentes nuances de jaune et de transparence ou d'opacité variables. Cette résine présente une saveur très-amère et une odeur forte, non désagréable, qui tient un peu du citron. Je dois à l'obligeance de M. Ménier une stalactite de cette résine qui, quoique rompue, est encore longue de 35 centimètres, large de 10 à 12 et pèse 1200 grammes. Cette résine brunit le papier de son étiquette. Je suppose qu'elle peut être produite par une des deux espèces de *Bursera* trouvées par Commerson à l'île de France, où ils portent le nom de *bois de colophane*, et qui doivent habiter également Madagascar. L'un de ces arbres est le *Bursera paniculata*, Lam. (*Colophonia mauritiana*, DC.) ; l'autre est le *Bursera obtusifolia*, Lam. (*Marignia obtusifolia*, DC.).

VII. **Résine de gommart balsamifère.** On trouve dans les Antilles un grand arbre très-voisin des *Bursera*, dont Persoon a fait une espèce sous le nom de *Bursera balsamifera*, mais qui avait été décrit précédemment par Swartz sous celui d'*Hedwigia balsamifera*, aujourd'hui adopté. Cet arbre diffère du gommart par son bois rougeâtre, par ses feuilles à folioles longues et étroites; par ses fleurs dont les 4 pétales sont soudés dans leur moitié inférieure, et par son fruit drupacé, à 2, 3 ou 4 osselets volumineux, renfermant une amande grasse et amère (1).

Cet arbre porte dans les Antilles le nom de *sucrier de montagne*,

(1) Le gommart (*Bursera gummifera*) a le bois blanc, les folioles ovales,

soit à cause de la pulpe sucrée de son fruit, soit parce que son bois sert à faire des douves pour les tonneaux à sucre. On le nomme aussi *bois cochon*, d'après l'opinion que les cochons marrons entament son écorce avec leurs défenses, dans la vue de frotter leurs plaies avec le suc balsamique qui en découle, lorsqu'ils ont été blessés par les chasseurs. Ce suc, quand il n'a pas été solidifié à l'air, est liquide, rougeâtre, d'une consistance semblable à celle du copahu, dont il offre aussi un peu l'odeur et la saveur. Il a été analysé par M. Bonastre, qui en a retiré :

Huile volatile.............................	12
Résine soluble dans l'alcool froid.............	74
— insoluble dans l'alcool (bursérine).........	5
Extrait très-amer...........................	2,8
Matière organique combinée à la chaux......	8
Sels à base de potasse et de magnésie........	4
Perte.....................................	5
	100,0

On trouve dans les forêts de la Guyane un grand arbre à bois rouge foncé, qu'Aublet a décrit sous le nom de *oumiri Hbalsamifera*, intermédiaire pour les caractères entre la famille des Méliacées et celle des Aurantiacées, et qui fournit par incisions un suc résineux rouge et liquide, qui doit avoir beaucoup d'analogie avec le précédent. Cependant Aublet dit qu'on ne peut mieux en comparer l'odeur qu'à celle du styrax et qu'il est dépourvu d'âcreté, ce qui suffira pour le distinguer du suc résineux de l'*Hedwigia*.

Résines tacamaques, ou tacamahaca.

Suivant Monardès (1), on apporte de la Nouvelle-Espagne une résine nommée *tacamahaca* par les Indiens, et par les Espagnols qui lui en ont conservé le nom. On l'obtient par incisions d'un arbre grand comme un peuplier, très-aromatique, à fruit rouge comme la semence de pivoine. La résine a la couleur du galbanum avec des larmes blanches ; elle est douée d'une odeur forte, au point qu'elle calme sur-le-champ les femmes qui ont des suffocations de matrice, étant jetée sur des charbons ardents et approchée des narines.

Cette description, la plus ancienne de toutes, a porté Linné à croire que la résine tacamaque était produite par un peuplier, et

---

pointues, cordiformes par le bas ; les pétales distincts, le fruit drupacé, ovale, triangulaire, arrondi, assez semblable à une pistache, ordinairement réduit à un seul noyau monosperme par l'avortement des deux autres.

(1) Monardès, chap. II.

il a indiqué son *Populus balsamifera*, croissant dans l'Amérique septentrionale et en Sibérie, dont les bourgeons laissent découler une résine liquide, très-odorante. Cette opinion avait cependant contre elle deux fortes objections, tirées de la différence de contrées et de celle des fruits; aussi est-elle tout à fait abandonnée aujourd'hui.

Jacquin est venu ensuite, qui a cru pouvoir attribuer la résine tacamaque à son *Elaphrium tomentosum* (*Fagara octandra*, L.). Cet arbre concorde avec la description de Monardès par son fruit, qui consiste en une petite capsule verdâtre, presque globuleuse, contenant une semence enveloppée à sa base par une pulpe rouge; mais il ne s'élève qu'à la hauteur de 6 à 7 mètres, et, sous ce rapport, ne peut être comparé à un peuplier. Nonobstant cette objection, l'opinion de Jacquin a été adoptée par Bergius et par Murray. Bergius décrit d'ailleurs deux espèces de résine tacamaque : une solide, en morceaux volumineux, à peine transparente, brune, marbrée de taches jaunâtres ou rougeâtres, fragile, friable, à cassure plane et brillante; une molle, verdâtre, sous-diaphane, un peu grasse, tenace aux doigts, renfermée dans des calebasses.

Alex. de Humboldt, Bonpland et Kunth ont décrit (1), sous le nom d'*Icica tacamahaca*, un arbre térébinthacé peu différent de l'*Icica heptaphylla* d'Aublet, qui s'élève à plus de 10 mètres, et dont le fruit, capsulaire et déhiscent, renferme de 2 à 4 osselets entourés d'une pulpe rouge. On pourrait croire encore que cet arbre est celui dont a voulu parler Monardès, d'autant plus qu'on ne peut douter qu'il ne fournisse, conjointement avec ses congénères, la plus grande partie des résines tacamaques que l'on trouve aujourd'hui dans le commerce; mais il faut remarquer que ces tacamaques ne répondent pas à la description de la tacamaque donnée par Monardès et Bergius, et qu'elles ont été décrites, au contraire, par ces deux auteurs, sous le nom d'*animé*; il reste donc douteux qu'aucun des iciquiers qui les produisent soit l'arbre de Monardès. Au reste, voici mes conclusions : 1° la résine tacamaque décrite par Monardès et Bergius, et attribuée par ce dernier à l'*Elaphrium tomentosum*, ne fait pas habituellement partie de celle du commerce; 2° la tacamaque du commerce actuel a été décrite par Monardès et Bergius sous le nom d'*animé*, et est produite par les iciquiers d'Amérique; 3° il existe dans les droguiers d'autres résines tacamaques dont l'origine est moins certaine, et qu'il convient peut-être de rapporter à des *Calophyllum*. Je vais décrire successivement toutes ces résines.

(1) De Humboldt, Bonpland et Kunth, *Nova genera*.

Résines tacamaques provenant des iciquiers.

I. **Tacamaque jaune huileuse.** Cette résine est celle que nous avons reçue de Hollande comme *Tacamaque* et comme *animé*, et que presque tous les auteurs ont décrite comme résine animé (1); elle se présente sous deux formes qu'il convient de distinguer.

A. La première est en larmes ou en morceaux irréguliers, qui varient en grosseur depuis celle d'une aveline jusqu'à celle de 55 à 80 millimètres en tous sens. Ces morceaux sont ou un peu opaques, ou transparents, souvent recouverts d'une poussière blanche : ils sont jaunes, quelquefois un peu rougeâtres; leur odeur, que je trouve très-agréable, quoique forte, acquiert par la chaleur quelque chose du cumin. La résine a une saveur douce et agréable, devenant cependant un peu amère par une mastication prolongée; elle se fond très-facilement par la chaleur, donne de l'huile volatile à la distillation ; enfin se dissout promptement dans l'alcool, à l'exception d'un petit résidu blanc, composé d'une gomme soluble dans l'eau et d'une résine insoluble dans l'alcool et l'éther.

B. Cette résine ne diffère de la précédente que parce qu'elle paraît avoir fait partie de bâtons cylindriques de 45 millimètres de diamètre. Ces bâtons sont généralement opaques, friables et comme micacés à la circonférence, transparents et mous à l'intérieur ; de sorte que leur friabilité et leur opacité paraissent dues à l'évaporation de l'huile volatile qui primitivement imbibait la résine. Aussi la résine a-t-elle une odeur un peu moins forte que la précédente; mais c'est absolument la même. Cette résine doit cristalliser avec une grande facilité.

(1) L'animé est de couleur blanche, tournant à celle de l'encens, plus huileuse que le copal ; ses larmes ressemblent à celles de l'encens, mais sont plus grosses, et d'un jaune de résine à l'intérieur : elles ont une odeur très-agréable et très-suave, et sont facilement consumées sur les charbons (Monardès).

Il faut choisir la gomme animé blanchâtre ou jaunâtre, en larmes, huileuse, jaune en dedans, d'une odeur très-excellente et d'un goût fort agréable. Elle doit se fondre facilement sur les charbons : elle se dissout dans l'huile et dans l'esprit-de-vin bien rectifié. (De Meuve.)

Résine blanche, sèche, friable, de bonne odeur, se consumant facilement sur les charbons. (Lemery.)

Geoffroy répète la description de Monardès.

L'animé est une résine d'un jaune blanchâtre, comme farineuse à sa surface, mais brillante et transparente dans sa cassure ; elle est en morceaux isolés et friables ; elle a une odeur résineuse et une saveur presque nulle. Elle se ramollit entre les dents, s'enflamme par l'approche d'une bougie, brûle presque entièrement sur les charbons, en répandant une odeur agréable ; elle se dissout en entier dans l'esprit-de-vin : elle donne un peu d'huile volatile par sa distillation avec l'eau. (Murray.)

Toutes ces descriptions se rapportent à la tacamaque jaune huileuse.

II. **Tacamaque huileuse incolore.** Vers l'année 1832 ou 1833, il est arrivé une résine qui a été vendue comme élémi, bien qu'elle eût une forme et une odeur toutes différentes. Cette résine était en bâtons demi-cylindriques, longs de 16 à 22 centimètres, larges de 27 à 34 millimètres, amincis aux extrémités ; elle était incolore, opaque à l'intérieur par l'interposition d'un peu d'humidité naturelle, mais elle devenait transparente et s'agglutinait à la surface. Elle avait une odeur très-forte, semblable à celle de la résine précédente, et elle contenait une si grande quantité d'huile volatile, que ce principe se condensait en gouttelettes tout autour du vase qui la renfermait. Sa saveur était très-parfumée et devenait un peu amère par une mastication prolongée. Cette même résine m'a été remise par un employé supérieur de la colonie de Cayenne, sous le nom d'**encens de Cayenne**. Elle est donc produite par l'*Icica heptaphylla* ou par l'*Icica guianensis* d'Aublet, qui paraissent devoir constituer une seule espèce à laquelle on réunira probablement l'*Icica tacamahaca*, H. B. Ces arbres laissent en effet couler un suc limpide, d'une odeur de citron, qui se dessèche promptement en une résine blanchâtre connue sous le nom d'**encens** (Aublet). Quant à la tacamaque jaune huileuse, elle doit être produite par les mêmes arbres, à moins qu'on ne préfère l'attribuer à l'*Icica decandra*, dont le suc résineux, balsamique, blanchâtre, liquide, d'une odeur qui approche de celle du citron, devient, en se desséchant, une résine jaune, transparente, qu'on trouve en morceaux plus ou moins gros sur l'écorce et au bas du tronc (Aublet).

III. **Tacamaque jaune terreuse.** Cette résine est abondante dans le commerce, où elle se vend presque seule aujourd'hui comme résine animé. Elle est en masses assez considérables, la plupart aplaties, ayant à l'extérieur l'apparence de morceaux de plâtre noirci ; ce qui tient encore plus à une sorte d'efflorescence résineuse qui les recouvre qu'à une vraie matière terreuse. L'intérieur est jaune, de différentes nuances disposées par couches, et ayant assez l'apparence de l'arsenic jaune artificiel, à la couleur près, qui est beaucoup plus pâle. Cette résine est opaque, friable, ayant une odeur analogue à celle de la racine d'arnica, et une saveur peu sensible, qui ne devient un peu amère que par une mastication prolongée. Elle est entièrement soluble dans l'alcool, et se fond facilement par la chaleur.

Cette résine partage avec la tacamaque du Mexique de M. Bazire, et la résine d'Afrique attribuée à un *Bursera*, la propriété de se couvrir à l'air d'une couche noire, pulvérulente et opaque. [C'est la substance présentée à l'Exposition universelle de Paris, en 1867, par M. Triana, dans la section de la Nouvelle-

Grenade, et attribué par lui à l'*Icica heptaphylla*. Il est évident d'ailleurs qu'il existe une grande ressemblance entre toutes ces résines, et que leur distinction en *élémi, résines de gommart, tacamaques*, etc., est quelquefois assez incertaine.

IV. **Tacamaque rougeâtre.** Je n'ai pas encore décrit cette résine que j'ai trouvée, postérieurement à l'année 1836, mélangée en assez grande quantité à la tacamaque jaune huileuse. Je ne suis pas éloigné de croire que c'est elle qui est la tacamaque de Monardès et la première tacamaque de Bergius, attribuée par lui à l'*Elaphrium tomentosum*. Elle est en larmes détachées, dont les plus petites ressemblent encore un peu, par leur couleur jaune un peu rougeâtre, à la tacamaque jaune huileuse ; mais elles ressemblent encore plus, par cette même couleur et par leur cassure terne, à l'oliban d'Afrique. Les grosses larmes sont très-irrégulières et les plus volumineuses ont été réduites, par la cassure, au volume de l'extrémité du pouce. Ces larmes sont grisâtres et farineuses à leur surface, brunâtres à l'intérieur, non transparentes et d'une cassure terne. Au total, cette résine ressemble beaucoup, soit à l'oliban d'Afrique, soit au bdellium, et je présume qu'elle doit contenir une quantité notable de matière gommeuse. Elle a une odeur forte, agréable cependant, analogue, mais non semblable à celle de la tacamaque jaune huileuse.

Tacamaques non produites par les iciquiers.

V. **Tacamaque angélique; tacamaque en coque** ou **sublime.**
Suivant Pomet, cette résine viendrait de Madagascar, où les habitants auraient coutume de mettre la première qui sort de l'arbre dans de petites gourdes coupées en deux, qu'ils recouvriraient ensuite d'une feuille semblable à celle d'un palmier. Bergius la fait venir du Brésil et de la Guyane ; Geoffroy, de la Nouvelle-Espagne et de Madagascar. On voit que rien n'est moins certain que son origine; c'est tout ce que nous pouvons faire que d'en indiquer les propriétés.

J'ai trouvé dernièrement dans les collections du Muséum d'histoire naturelle un bel échantillon de cette résine. Il consiste en un fond de calebasse ayant la forme d'un segment de sphère très-peu profond, rempli de résine et recouvert d'une feuille mince, appartenant à une monocotylédone, adhérente à la surface de la résine. Cette substance est tout à fait semblable à celle que j'ai depuis longtemps et dont j'ai vu un reste de calebasse en la possession de M. Bonastre. Elle est d'un gris blanchâtre à l'extérieur, d'un gris jaunâtre ou rougeâtre à l'intérieur, à demi opaque, d'une cassure terne et d'une saveur amère; sa poudre est d'un gris jaunâtre. Son principal caractère réside dans son odeur, qui est une des plus suaves que je connaisse, et presque semblable à celle de la racine d'angélique. Elle n'est pas entièrement soluble dans l'alcool rectifié, même à l'aide de l'ébullition.

VI. **Tacamaque ordinaire,** ou **baume focot.** Cette sorte est en masses jaunâtres ou rougeâtres, formées par l'agglomération de petites larmes molles et transparentes, et mêlées des débris d'une écorce jaune, très-mince, à fibres apparentes très-serrées, droites et parallèles. Cette résine est amère, inodore en masse, donne une poudre blanchâtre lorsqu'on l'écrase, et exhale alors une odeur analogue à la précédente; mais moins suave, faible et disparaissant bientôt.

Il existe une dernière résine, verte, molle, gluante, nommée **tacamaque de l'île Bourbon, baume vert** ou **baume Marie,** produite par le *Calophyllum tacamahaca,* Willd. Elle sera décrite à la famille des guttifères.

Résine alouchi.

Pomet et Lemery supposent que l'arbre à l'écorce de Winter ou à la cannelle blanche, qu'ils confondent ensemble et qu'ils confondent aussi avec un arbre de Madagascar nommé *Fimpi,* fournit la résine alouchi. Du reste, ils ne donnent aucune description de cette résine. Pomet dit seulement que la résine alouchi ne peut être confondue avec le bdellium ni avec la résine de lierre, parce qu'elle est mollasse, de différentes couleurs et fort vilaine.

En 1822, M. Bonastre a fait l'analyse d'une résine alouchi qui se trouvait en fragments de 4 à 32 grammes, mais qui provenait d'une masse cylindrique de 3 à 4 centimètres de diamètre, laquelle s'était desséchée après avoir été moulée et enfermée, à l'état mou, dans une grande feuille de dicotylédone. Cette résine est d'un gris noirâtre, terne, presque opaque, à cassure sub-luisante, et offre dans son intérieur des parties lamelleuses blanchâtres, qui la font paraître marbrée. Elle possède une odeur forte et agréable, analogue à celle des résines d'*Icica,* dont sa composition la rapproche également; car elle est formée de :

Résine soluble dans l'alcool froid............	68,2
— cristallisable, insoluble dans l'alcool froid.	20,5
Huile volatile...............................	1,6
Extrait amer................................	1,1
Acide libre, sel ammoniacal..................	0,6
Impuretés...................................	4,1
Perte.......................................	3,9
	100,0

Je ne mets pas en doute que cette résine n'appartienne à un *Icica*, et je ne suis pas éloigné de penser que son nom ne soit une altération du nom *Aracouchini*, que porte à Cayenne l'*Icica aracouchini* d'Aublet ; de sorte que je la suppose produite par cet arbre.

Je possède dans mon droguier deux résines semblables pour la forme à la résine alouchi de M. Bonastre. Elles sont toutes deux noirâtres, opaques, avec des larmes blanchâtres entremêlées, et sont formées en cylindres de 4 centimètres de diamètre ; mais l'une est enveloppée d'une feuille de canne d'Inde, et l'autre d'une écorce fibreuse, qui lui sert d'étui. Toutes deux ont une odeur distincte, différente de la résine de M. Bonastre, de sorte que ce sont encore deux espèces différentes de résines d'arbres burséracés.

Résine caragne.

Suivant Monardès (1), on apporte de la partie intérieure du continent d'Amérique et des environs de Carthagène, ou du Nom.-de-Jésus, une résine de la couleur de la tacamaque, nommée *Caranna* chez les Indiens et par les Espagnols. Cette résine a une odeur de tacamaque, mais plus forte ; elle est brillante, oléagineuse et tenace ; elle a été apportée pour la première fois vers l'année 1560. Tout ce qu'on a ajouté depuis à l'histoire de la caragne, c'est de l'attribuer à un arbre du Mexique nommé par Hernandez *Arbor insaniæ*, *Caragna nuncupata*, et de dire qu'elle nous est apportée en masses enveloppées dans des feuilles de roseau. [Cette caragne primitive n'est autre chose que l'*Elemi* en pains, produite par l'*Icica carana*. H. B. K.] Mais la résine caragne qu'on connaît depuis longtemps dans les droguiers est une substance différente, qui, suivant le docteur Hancock, serait produite par un autre arbre térébinthacé, qui est l'*Aniba guianensis* d'Aublet (*Cedrota longifolia*, Willd).

La description la plus précise qui ait été donnée jusqu'ici de la résine caragne est celle de la Pharmacopée de Wirtemberg : résine tenace, ductile comme de la poix lorsqu'elle est récente, devenant dure et fragile en vieillissant. Elle est d'un vert noirâtre, d'une saveur amère et d'une odeur forte et agréable, principalement lorsqu'on la brûle. On l'apporte de la Nouvelle-Espagne, sous forme de morceaux cylindriques enveloppés dans des feuilles de roseau.

N'ayant pas reçu d'échantillon authentique de résine caragne, je ne puis que décrire ceux qui sont en ma possession.

(1) Monardès, chap. 3.

A. Le premier est en morceaux de la grosseur d'une noix, diversement comprimés à leur surface, durs, mais paraissant avoir été d'une certaine mollesse. Cette résine est d'un noir grisâtre, opaque, à cassure terne, couverte dans les sillons de la surface d'une poussière fauve. Elle présente, lorsqu'on l'écrase, une odeur mixte de tacamaque et de résine de pin. Elle se fond facilement au feu et se dissout complétement dans l'alcool.

B. Le second échantillon constitue une masse du poids de 500 grammes environ, un peu aplatie et paraissant avoir été enveloppée dans une feuille dont l'impression ressemble à celle d'une feuille de maïs. Elle est d'un vert noir, opaque, à cassure grenue et brillante, et elle offre une odeur mixte d'élémi et de résine de pin; je ne serais pas étonné quand ce produit serait artificiel.

C. La troisième résigne caragne que je possède est en larmes grosses comme des fèves, plus ou moins, et elle est généralement aplatie, comme a pu le faire une résine molle qui serait tombée sur un corps dur. La surface des larmes est inégale, souvent plissée, brillante et d'un vert noir foncé. Elles sont très-fragiles, et leur cassure est inégale, mais très-brillante et vitreuse, et les parcelles qui s'en détachent paraissent transparentes. L'odeur de la résine est forte, analogue à celle des résines tacamaques, mais beaucoup moins agréable. Elle se ramollit en partie sous la dent et présente une saveur résineuse peu marquée, ni âcre ni amère. Elle forme avec l'alcool une teinture rougeâtre et laisse un résidu composé de deux sortes de parties : 1° un peu de matière terreuse accidentelle; 2° une substance pulvérulente, d'un vert foncé, qu'on doit considérer comme la matière colorante de la résine. Cette matière verte est insoluble dans l'alcool bouillant; elle fond imparfaitement à l'aide de la chaleur, en dégageant une fumée blanche aromatique; elle finit par brûler sans flamme, et laisse une cendre grise, faisant effervescence avec les acides.

D. **Résine caragne d'Amboine.** Rumphius, dans son *Herbarium ambonense*, décrit une espèce de *canarium* (*Canarium sylvestre*, DC.) dont la partie inférieure du tronc produit une grande quantité d'une résine noirâtre, liquide, mais non visqueuse, et devenant fragile. Cette résine, que Rumphius dit être presque semblable à la caragne d'Amérique, est arrivée en 1843, en même temps que le dammar sélan. Elle ressemble en effet beaucoup à la résine caragne; mais sa couleur est moins foncée, d'un fauve verdâtre, et elle est translucide sur les bords. Elle se pulvérise entre les dents, et ne présente qu'un goût peu sensible. Elle a une odeur analogue à toutes les résines de ce genre, moins forte que celle de la carague, dont elle peut être regardée comme une espèce inférieure.

Je possède un nombre assez considérable d'autres résines de térébinthacées, dont les suivantes m'ont été communiquées avec leur nom.

Résine curucay de la Colombie (1). Résine fauve, translucide, d'une odeur très-forte et peu agréable.

Résine de sandaraque Guatimala (2).

Copal de Santo (3).

Résine cacicarita de la côte de Terre-Ferme, employée contre les affections du foie, donnée par M. Aug. Delondre. Résine grise, ayant aggloméré un grand nombre de petites larmes blanches et opaques, et beaucoup d'impuretés. Cette résine, par son odeur, se rapproche de la tacamaque angélique.

Bois de citron des ébénistes.

On donne dans le commerce le nom de *bois de citron* à plusieurs bois de couleur jaune et d'odeur analogue à celle du citron, mais qui n'ont aucun rapport avec le bois de citronnier, lequel est blanc et inodore.

C'est ainsi que déjà, en traitant des laurinées (4), j'ai décrit le *bois de licari* de Cayenne, qui porte aussi les noms de *bois de rose mâle* et de *bois de citron de Cayenne*, et, à son occasion, j'ai mentionné un autre bois de Cayenne nommé *bois de rose femelle* et *bois de cèdre blanc*, lequel me paraît dû à l'un des *Icica* d'Aublet, soit peut-être à son *Aniba guianensis*, qui porte également à Cayenne le nom de *bois de cèdre*.

Quoique les bois de citron dont je dois traiter en ce moment soient bien plus anciennement employés que les deux précédents, et qu'ils soient l'objet d'un commerce considérable, ils sont encore moins connus sous le rapport de leur origine; ayant été attribués, tantôt à l'*Erithalis fruticosa*, L. (rubiacées), tantôt aux *amyris sylvatica* ou *toxifera*, L., qui ne paraissent pas pouvoir les produire, à cause de leur peu d'élévation et du petit volume de leur tige. Un seul arbre, parmi ceux dont l'espèce est déterminée, pourrait être supposé en produire un : c'est le *Zanthoxylum emarginatum* de Swartz, que Sloane a défini : *Lauro affinis arbor, terebenthi folio alato, ligno odorato candido, flore albo*; mais on ignore si cet arbre croît à Saint-Domingue, d'où nous arrivent les bois en question.

Le premier de ces bois est celui que Pomet et Lemery ont décrit sous les noms de **bois de citron, bois de jasmin** et **bois de chandelle,** et ce sont ces noms mêmes, donnés aussi à l'*Erithalis fructicosa*, qui ont fait supposer que cet arbrisseau devait produire le bois de ci-

---

(1) *Journ. pharm.*, t. XVI, p. 136.
(2) *Journ. pharm.*, t. XX, p. 524.
(3) *Journ. pharm.*, t. XX, p. 523.
(4) Guibourt, *Drogues*, 6ᵉ édition, t. II, p. 397.

tron. Ce bois porte aussi, dans le commerce, le nom d'**hispanille**, parce qu'il vient surtout de l'ancienne partie espagnole de l'île de Saint-Domingue, qui a porté elle-même, pendant longtemps, le nom d'*Hispaniola*. Il arrive sous la forme de madriers équarris et privés d'aubier, longs de 2 à 4 mètres, larges de 33 à 50 centimètres, épais de 16 à 22 centimètres, et d'un poids considérable. Il est assez tendre et facile à travailler, susceptible d'un beau poli satiné, et fait de fort beaux meubles. Il est d'un jaune pâle et d'une odeur persistante, mixte et très-agréable, de citron et de mélilot. Je lui trouve une saveur rance due sans doute à l'altération de l'huile qu'il contient. Sa coupe, perpendiculaire à l'axe, présente des lignes circulaires nombreuses, régulièrement espacées, et des lignes radiaires très-serrées, très-apparentes, non continues, et longuement amincies à leurs extrémités. Les points ligneux sont dispersés également partout, sur les lignes radiaires comme dans leur intervalle (1).

En 1846, il est arrivé en France une partie de bois d'hispanille de Porto-Rico, et j'en possède depuis longtemps une bûche apportée de Cayenne. Cette bûche est cylindrique, épaisse de 15 centimètres, pourvue d'une écorce grise peu épaisse, assez compacte, amère et non aromatique. L'aubier est épais de 2 centimètres. Le canal médullaire existe encore au centre.

Petit bois de citron. Ce bois arrive en poutres carrées de 11 à 19 centimètres d'épaisseur; il est dur et plus pesant que le précédent, d'un jaune plus prononcé, avec des veines concentriques plus marquées et des restes d'aubier blanc sur les angles. Il a une odeur analogue à celle de l'hispanille, mais beaucoup plus faible et disparaissant à l'air. Lorsqu'on le râpe, cette odeur devient plus sensible, peu agréable et acquiert quelque chose de l'odeur des bêtes fauves.

Ce bois constitue certainement une espèce différente du précédent. Je ne sais si c'est lui que Nicholson a décrit sous le nom de *bois de chandelle* (2).

« **Bois de chandelle.** *Taouia* et *alacoaly*. On en distingue de deux sortes, le *blanc* et le *noir*. Le premier est un arbre de moyenne grandeur. Son tronc ne s'élève guère au-dessus de 12 à 15 pieds; son diamètre est tout au plus de 3 à 4 pouces; son écorce est lisse et d'un brun cendré; son bois jaunâtre, dur, odorant, résineux, pesant. Ses feuilles sont pointues, en forme de lance, fermes, odorantes, sans dentelure, paraissant percées lorsqu'on les regarde au soleil, luisantes, disposées par trois à l'extrémité des branches, qui sont toujours terminées par une impaire (feuilles pinnées, à 3 folioles, dont une impaire). Les fleurs sont petites, blanches, et produisent de petites baies noires d'un goût aromatique et de très-bonne odeur. On fait avec le bois de

---

(1) Les Anglais nomment le bois d'hispanille *satin-wood*; mais ils distinguent deux bois satinés, l'un de Saint-Domingue et l'autre de l'Inde. Ce dernier est produit par le *chloroxylum swietenia*, de la famille des cédrelées. En France, c'est principalement le bois de Féroles (*ferolia guianensis* d'Aublet) qui porte le nom de *bois satiné*. Il est d'un rouge jaunâtre veiné de rouge, et susceptible d'un beau poli satiné.

(2) Nicholson, *Histoire de Saint-Domingue*, page 167.

cet arbre des flambeaux pour s'éclairer la nuit : c'est de là que lui vient son nom. »

La description qui précède convient très-bien à un *amyris*.

Bois de citron du Mexique.

Ce bois porte au Mexique le nom de *Lignaloe* ou *linalué* (bois d'aloès); trompé par ce nom, il y a plusieurs années, un négociant français en rapporta une assez quantité grande à Bordeaux et fut fort désappointé qu'on ne voulût pas le lui acheter au prix de 18 ou 20 francs le kilogramme. Ce bois aurait cependant une certaine valeur pour la parfumerie. Il est blanc à l'intérieur, avec des veines longitudinales très-irrégulières, légèrement brunâtres. Il est très-léger, poreux et pourvu d'une très-forte odeur de citron. Il contient une si grande quantité d'essence, qu'on dirait qu'il en a été imprégné par immersion, et que cette essence se condense par gouttelettes, contre le vase qui le renferme, et pénètre entièrement la carte de l'étiquette.

Ce bois a été attribué à un *amyris* (1).

Bois de Gonzalo-Alvès.

Ce bois, qui est un des plus beaux que l'on puisse employer pour l'ébénisterie, est confondu en France avec le courbaril, dont il porte le nom dans le commerce. Il vient de Rio-Janeiro et est produit par un arbre de la tribu des anacardiées, nommé *Astronium fraxinifolium*. Il vient en bûches ou en gros madriers carrés. Il est très-dur, compacte, susceptible d'un beau poli, et présente, sur un fond qui varie du rouge de feu au rouge foncé, de larges veines noires du plus bel effet. Il exhale une légère odeur désagréable lorsqu'on le râpe, et est astringent au goût.

Ce bois porte en Angleterre le nom de *bois de zèbre*, et dans plusieurs contrées de l'Amérique celui de *gateado*, ce qui veut dire *bois de chat*, toujours à cause de sa rayure noire que l'on a comparée à celle du zèbre, du chat ou du tigre. Indépendamment de celui qui vient du Brésil, j'en ai de fort beaux échantillons venus de la Nouvelle-Grenade et de la Vera-Cruz. Le Brésil en fournit d'ailleurs plusieurs qualités, qui doivent être produites par plusieurs espèces d'*astronium*.

FAMILLE DES RHAMNÉES.

Arbres ou arbrisseaux, à feuilles simples et alternes, très-rarement opposées, accompagnées de 2 stipules caduques ou persistantes, et épineuses. Les fleurs sont petites, hermaphrodites ou unisexuées, pourvues d'un calice gamosépale, plus ou moins tubuleux par la partie inférieure, où il adhère plus ou moins avec l'ovaire; le limbe est évasé, à 4 ou 5 lobes valvaires. La corolle est formée de 4 ou 5 pétales très-petits,

---

(1) *Ensayo para la materia medica mexicana*. Puebla, 1832.

souvent voûtés. Les étamines sont en même nombre que les pétales, placées devant eux, insérées à leur base et souvent renfermées dans la concavité du limbe. L'ovaire est tantôt libre, tantôt demi-infère, quelquefois complétement adhérent, à 2, 3 ou 4 loges contenant chacune 1 ovule dressé. Les styles sont en nombre égal aux loges de l'ovaire, mais soudés entre eux et terminés par autant de stigmates soudés ou distincts. Le fruit est charnu et indéhiscent, contenant ordinairement 3 nucules, ou sec et s'ouvrant en 3 coques. La graine est dressée et contient dans un endosperme charnu, qui est quelquefois très-mince, un embryon homotrope, à cotylédons planes et appliqués.

La famille des rhamnées, depuis qu'on en a séparé les staphyliers, les fusains et les houx, pour en former les familles des célastrinées et des illicinées, ne se recommande plus guère à nous que par les genres *Ziziphus* et *Rhamnus*, qui nous fournissent les jujubes et les baies de nerprun.

Jujubier et Jujubes.

Ziziphus vulgaris, Lam.; *Rhamnus ziziphus*, L. (*fig.* 721). Le jujubier est un arbrisseau très-rameux qui s'élève à la hauteur de 5 à 7 mètres. Ses rameaux sont garnis d'aiguillons géminés, dont l'un est droit et l'autre recourbé. Ses feuilles sont alternes, lisses, très-fermes, ovales-allongées, légèrement dentées, avec trois nervures longitudinales. Les fleurs sont très-petites, jaunâtres, réunies en paquet dans l'aisselle des feuilles. Elles sont formées d'un calice à 5 divisions ouvertes et caduques; d'une corolle à 5 pétales très-petits, alternes avec les divisions du calice; de 5 étamines opposées aux pétales et d'un ovaire biloculaire surmonté de 2 styles. Le fruit est un drupe ovoïde ou elliptique, du volume d'une grosse olive, recouvert d'une peau rouge, lisse, coriace, et renfermant une pulpe jaunâtre, douce, sucrée, assez agréable lorsque le fruit est récent. Au centre se trouve un noyau osseux, allongé, surmonté d'une pointe ligneuse, et divisé intérieurement en deux loges dont l'une est ordinairement oblitérée. La loge développée contient une amande huileuse. Ce noyau n'est d'aucun usage; on le rejette lorsqu'on emploie les jujubes. Le

Fig. 721. — Jujubier.

jujubier est originaire de Syrie, d'où il a été apporté en Italie sur la fin du règne d'Auguste. Il est depuis longtemps naturalisé dans le midi de la France, et principalement aux îles d'Hyères, d'où les jujubes nous arrivent sèches avec les autres fruits du Midi. On en fait une tisane, un sirop et une pâte qui porte son nom, mais d'où on les retranche à tort, le plus ordinairement.

On trouve en abondance, sur les côtes d'Afrique, principalement dans la régence de Tunis, et dans l'île de Zerbi, pays habité autrefois par les Lotophages, une espèce de jujubier (*Ziziphus lotos*, Desf.) haut de 13 à 16 décimètres, dont les fruits jouissaient, sous le nom de *lotos*, d'une grande réputation chez les anciens. Ces fruits sont rougeâtres, presque ronds, de la grosseur de ceux du prunier sauvage : ils contiennent, sous une chair pulpeuse, d'une saveur agréable, un noyau globuleux à 2 loges. Homère suppose que ce fruit avait un goût si délicieux, qu'il faisait perdre aux étrangers le souvenir de leur patrie, et qu'Ulysse fut obligé d'enlever de force ceux de ses compagnons qu'il avait envoyés pour reconnaître le pays.

Baies de Nerprun.

Rhamnus catharticus, L. — *Car. gén.* : calice à 4 ou 5 divisions, dont la base persiste souvent après l'anthèse, sous la base du fruit; 4 ou 5 étamines opposées aux pétales; style bi- ou quadrifide; fruit bacciforme ou presque sec, à 2, 3 ou 4 loges monospermes, s'ouvrant intérieurement par une fente longitudinale. Semence oblongue, marquée, du côté extérieur, d'un sillon profond plus large à la base. Arbrisseaux ou petits arbres dont les rameaux sont souvent spinescents à l'extrémité. Fleurs souvent unisexuelles. Fruits non comestibles.

Fig. 722. — Nerprun.

Le nerprun (*fig.* 722) croît à la hauteur d'un petit arbre; son écorce est lisse; ses branches sont garnies d'épines terminales. Ses feuilles sont ovées, glabres, assez larges et dentées sur leurs bords. Ses fleurs sont petites, verdâtres, dioïques ou polygames, munies d'un calice et d'une corolle quadrifides. Ses fruits sont gros comme ceux du genévrier, verts d'abord, noirs quand ils sont mûrs. Ces fruits contiennent au centre quatre nucules accolées, et sont remplis d'ailleurs d'un suc rouge-violet très-foncé ; ce suc devient rouge par les acides, vert par les alcalis, et offre un bon réactif pour reconnaître la plus petite quantité de ces corps à l'état de liberté. C'est en combinant le suc de nerprun avec la chaux que l'on obtient la couleur connue sous le nom de *vert de vessie*.

On récolte les baies de nerprun dans les mois de septembre et octobre ; on les choisit grosses, luisantes et abondantes en suc. On en fait un extrait et un sirop qui sont purgatifs ; on ne les fait pas sécher ordinairement.

L'écorce du nerprun peut servir à teindre en jaune. Le bois du tronc est formé d'un aubier blanchâtre peu épais, et d'un cœur d'un rouge rosé, devenant satiné et comme transparent à la surface lorsqu'il est poli. On en ferait de très-jolis meubles s'il offrait des dimensions plus considérables.

Autres espèces.

Nerprun des teinturiers, *Rhamnus infectorius*, L. Cette espèce croît surtout dans le midi de la France et de l'Europe. Ses fruits, connus sous le nom de *graine d'Avignon*, sont usités dans la teinture, à laquelle ils fournissent une belle couleur jaune, mais peu solide. D'autres nerpruns, plus ou moins analogues, produisent dans l'Orient des *graines jaunes* plus estimées que celles d'Avignon, et connues sous les noms de *graine de Perse*, *d'Andrinople*, *de Morée*, etc., suivant le pays d'où elles proviennent. Ces nerpruns paraissent être surtout les *Rhamnus amygdalinus*, *oleoides* et *saxatilis*.

La **graine de Perse** est la plus estimée de toutes ; elle est grosse comme un petit pois, arrondie, formée d'un brou mince, d'un vert jaunâtre, appliqué immédiatement sur 3 ou 4 coques jaunes, monospermes, réunies au centre, ce qui donne au fruit une forme trigone ou tétragone régulière ; elle a une saveur amère très-désagréable, et une odeur nauséeuse assez forte.

La **graine d'Avignon** est beaucoup plus petite, plus verte, quelquefois noirâtre, et paraît avoir été cueillie avant sa maturité. Elle offre rarement 3 coques réunies, et n'en a ordinairement que 2, par l'avortement des autres ; elle a une odeur moins forte et une saveur beaucoup moins marquée.

[M. Lefort a retiré des diverses espèces de fruits de nerprun deux principes isomères : la *Rhamnine* et la *Rhamnégine*, dont l'étude est très-intéressante pour l'industrie de la teinture (1).]

---

(1) Lefort, *Mémoire sur les graines de nerpruns tinctoriaux au point de vue chimique et industriel* (Journal de Chimie et de Pharmacie, 4e série, IV, 120 et V, 17).

On prépare avec la graine d'Avignon et la craie une sorte de laque jaune, connue en peinture sous le nom de *Stil de grain*.

La **bourgène** ou **aune noir**, *Rhamnus frangula*, L. Cet arbrisseau non épineux est commun dans les bois; son écorce peut servir à teindre en jaune, comme celle du nerprun [on en a retiré une substance colorante cristallisable, d'un jaune citron, appelée *Rhamnotaxine* ou *Franguline* (1)]; ses fruits sont également purgatifs et peuvent être employés à faire du vert de vessie. Le bois, qui est tendre et poreux, donne un charbon très-léger qui sert à la fabrication de la poudre à canon.

L'**alaterne**, *Rhamnus alaternus*, L. Arbrisseau toujours vert, à feuilles luisantes, très-souvent panachées, très-employé pour la décoration des jardins paysagers.

FAMILLE DES ILICINÉES.

Très-petit groupe de végétaux arborescents, confondu d'abord avec les rhamnées, puis avec les célastrinées, lorsque celles-ci ont été séparées des rhamnées, formant enfin aujourd'hui une petite famille qui se distingue des rhamnées par ses étamines qui alternent avec les pétales, et par ses ovules pendants du sommet de chaque loge; et des célastrinées, par l'absence d'un disque entourant l'ovaire, par sa corolle souvent gamopétale, par ses étamines insérées au réceptacle et par ses ovules pendants.

Le principal genre est celui des **houx** (*Ilex*, L.), dont voici les caractères : Calice à 4 dents, persistant; corolle hypogyne, à 4 pétales contigus à leur base; 4 étamines alternes avec les pétales, réunies à eux par leur base et servant à établir la connexité qui existe entre eux; un ovaire supère surmonté de 4 stigmates sessiles; un drupe arrondi contenant 4 osselets monospermes, à semence inverse.

Houx commun, *Ilex aquifolium*, L. (*fig.* 723). Grand arbrisseau ou petit arbre haut de 7 à 8 mètres. Son tronc est droit, garni de rameaux souvent verticillés, souples, à écorce lisse et verte. Les feuilles sont alternes, pétiolées, ovales, coriaces, luisantes, d'un beau vert, le plus souvent ondulées, anguleuses, dentées et épineuses. Les fleurs sont blanches, petites, disposées en bouquets serrés et axillaires. Les fruits sont globuleux, de la grosseur d'un grain de groseille, d'un rouge vif, d'une saveur douceâtre, désagréable. Cet arbuste croît naturellement dans les bois montagneux de l'Europe tempérée. On le cultive dans les jardins paysagers, où il produit un bel effet par la persistance de ses feuilles pendant

---

(1) Voir Casselmann, *Sur la Franguline* (*Ann. der chemie und Pharmacie*, CIV, 77. D'après *Journal de Pharmacie et de Chimie*, 3ᵉ série, XXXIII, 79.)

l'hiver, et par ses fruits d'un rouge éclatant, qui restent sur l'arbre presque jusqu'au printemps. La culture en a produit un grand nombre de variétés, dont une à feuilles panachées de blanc ou de jaune.

Fig. 723. — Houx.

Les feuilles de houx ont été usitées en médecine comme diaphorétiques et fébrifuges. M. Deleschamps, pharmacien, en a extrait un principe cristallisé et amer, nommé *Ilicine*, qui a été proposé comme propre à servir de succédanée à la quinine. L'écorce de houx contient beaucoup de glu, et c'est elle surtout qui sert à la préparation de cette singulière substance (page 197). Le bois de houx est très-blanc dans les jeunes arbres, très-dur, très-pesant, susceptible d'un beau poli et prenant très-bien la teinture noire, ce qui le fait servir à contrefaire l'ébène. Il est très-recherché pour les ouvrages de tour et de marqueterie.

Houx apalachine ou **thé des Apalaches**, *Ilex vomitoria*, Ait. Arbrisseau des lieux humides et ombragés de la Floride, de la Caroline et de la Virginie. Les sauvages de ces contrées en emploient les feuilles en manière de thé, et leur attribuent une grande vertu tonique, diaphorétique et diurétique; mais à forte dose elles purgent et excitent le vomissement.

[**Maté** ou **Thé du Paraguay**, *Ilex paraguariensis*, S.-Hil. Les feuilles de cette espèce sont glabres, oblongues, lancéolées, cunéiformes à la base, dentées en scie de distance en distance; torréfiés et pulvérisées, elles sont très-employées en guise de thé dans l'Amérique méridionale, et ont été depuis quelque temps apportées en Europe. L'exportation du Brésil a atteint dans ces dernières années plus de 3 millions de francs et celle du Paraguay plus de 6 millions. Les propriétés stimulantes du maté sont dues probablement à la présence de la théine. Une analyse récente faite par Strauch (1) a donné une proportion de 0,45 pour 100 de ce principe, et 20,88 d'acide caféitannique, sans trace aucune d'huile essentielle.]

Le *Cassine gouguba* de Martius possède des propriétés à peu près semblables à celles du maté et lui est quelquefois substitué.

(1) Wittstein's *Vierteljahresschrift*, XVI, 167. D'après le *Jaresbericht de Viggers und Husemann pour l'année* 1867, page 150.

HUITIÈME CLASSE

DICOTYLÉDONES THALAMIFLORES.

FAMILLE DES RUTACÉES.

Cette famille, telle qu'elle a été établie par Adrien de Jussieu, forme un groupe très-important de végétaux, dont voici les principaux caractères : Feuilles opposées ou alternes, souvent marquées de points translucides. Fleurs hermaphrodites, ou très-rarement unisexuées ; calice d'une seule pièce, à 3, 4, ou, plus ordinairement, 5 divisions ; pétales en nombre égal aux divisions du calice, alternes avec elles, insérés sous l'ovaire, ordinairement distincts, quelquefois soudés en une corolle monopétale, rarement nuls ; étamines en nombre égal aux pétales et alternes avec eux, ou en nombre double, dont celles qui leur sont opposées avortent quelquefois ; ovaire libre et supère, à loges opposées aux pétales et en nombre égal, réunies autour d'un axe central ou plus ou moins séparées, et contenant chacune un ou plusieurs ovules attachés à leur angle interne ; autant de styles et de stigmates que de loges, distincts ou réunis en tout ou en partie. Fruit tantôt simple, capsulaire à plusieurs loges quelquefois indéhiscentes, s'ouvrant le plus ordinairement en autant de valves septifères, ou se séparant en plusieurs coques souvent bivalves ; tantôt composé de plusieurs drupes ou de plusieurs capsules distinctes. Les loges du fruit sont revêtues d'un endocarpe mince ou quelquefois solide, quelquefois détaché du mésocarpe, sous forme de deux valves internes recouvrant les graines. Celles-ci contiennent un endosperme charnu ou cartilagineux qui manque rarement ; l'embryon est pourvu d'une radicule droite dirigée vers l'ombilic.

Les rutacées se partagent en cinq tribus que beaucoup de botanistes considèrent comme autant de familles distinctes.

1re tribu : ZYGOPHYLLÉES. Fleurs hermaphrodites, régulières ; pétales distincts ; étamines en nombre double, à filets hypogynes, nus ou accompagnés d'une écaille. Ovaire entouré de glandes ou d'un disque lobé ; à plusieurs loges pluri-ovulées, indiquées par des sillons ; style simple. Fruit capsulaire se partageant en plusieurs coques ou en plusieurs valves septifères ; endocarpe ne se séparant pas du mésocarpe ; embryon à radicule montante, entouré d'un endosperme (le genre *Tribulus* excepté). Tiges herbacées ou ligneuses. Feuilles opposées, le plus souvent composées ; pédoncules axillaires. Genres *Tribulus*, *Fagonia*, *Zygophyllum*, *Porliera*, *Guajacum*, etc.

2ᵉ tribu : RUTÉES. Fleurs hermaphrodites régulières ; 4 ou 5 pétales ; étamines distinctes en nombre double (triple dans le *Peganum*), portées sur le support de l'ovaire ; ovaire simple, à moitié divisé en 4 ou 5 lobes et partagé en autant de loges pluri-ovulées ; style simple ou divisé par le bas pour communiquer avec les loges. Fruit capsulaire, dont les loges, écartées par le haut, s'ouvrent intérieurement en forme de coques, ou extérieurement par leurs valves cloisonnées; embryon endospermé à radicule montante. Tiges herbacées ou peu ligneuses. Feuilles alternes, souvent simples et couvertes de points glanduleux transparents. Genres *Peganum, Ruta, Haplophyllum,* etc.

3ᵉ tribu : DIOSMÉES. Fleurs hermaphrodites, régulières ou irrégulières ; calice à 4 ou 5 divisions ; corolle à 4 ou 5 pétales distincts ou quelquefois soudés, rarement nuls ; étamines en nombre égal ou double, hypogynes, rarement périgynes ; pistil nu à sa base, ou entouré d'un disque libre ou adhérent au fond du calice ; plusieurs ovaires réunis ou distincts, dont les styles sont réunis entièrement ou seulement à leur sommet, pour former un seul stigmate divisé en autant de lobes. Fruit tantôt simple, composé de capsules réunies, mono ou dispermes ; plus souvent formé de capsules séparées ; l'endocarpe se détache intérieurement du mésocarpe, à l'époque de la maturité, et se sépare en deux valves qui recouvrent les graines; embryon privé ou pourvu d'endosperme. Tiges presque toujours ligneuses. Feuilles opposées ou alternes, simples ou pennées, sans stipules, souvent parsemées de points glanduleux. Genres *Galipea, Ticorea, Esenbeckia, Diosma, Dictamnus,* etc.

4ᵉ tribu : ZANTHOXYLÉES. Fleurs régulières, diclines par avortement ; calice à 3 ou 5 divisions ; pétales en nombre égal, rarement nuls ; fleurs mâles pourvues d'étamines en nombre égal ou double, insérées autour du support d'un pistil rudimentaire ; fleurs femelles portant autour du pistil des filets stériles, très-courts ; plusieurs ovaires réunis et surmontés d'un seul style, ou plus ou moins séparés et portant autant de styles plus ou moins réunis ; 2 ou 4 ovules dans chaque ovaire. Fruit tantôt simple, charnu ou capsulaire, à plusieurs loges ; tantôt composé de plusieurs drupes ou capsules mono ou dispermes, dont l'endocarpe se détache en partie; embryon endospermé, à radicule montante et à lobes aplatis. Tiges ligneuses. Feuilles alternes ou opposées, non stipulées, simples ou souvent pennées, souvent ponctuées. Genres *Brucea, Zanthoxylum, Blackburnia, Toddalia, Ptelea,* etc.

5ᵉ tribu : SIMARUBÉES. Fleurs régulières, hermaphrodites ou diclines par avortement ; corolle à 4 ou 5 pétales hypogynes, alternant avec les divisions du calice ; étamines en nombre égal ou double, insérées sur un disque placé sous l'ovaire ; 4 ou 5 ovaires implantés sur un disque commun, contenant chacun un seul ovule attaché au sommet de la loge, et portant chacun un style, lequel d'abord séparé se réunit bientôt avec les autres, en un seul style, terminé par 4 ou 5 stigmates. Le fruit se compose de 4 ou 5 drupes séparés, quelquefois réduits à un nombre moindre par avortement ; tous secs et indéhiscents, contenant une seule graine pendante, privée d'endosperme et contenant un embryon à lobes épais, entre lesquels s'enfonce la radicule. Tiges ligneuses.

Feuilles alternes, non stipulées, simples ou plus souvent composées.
Genres *Quassia, Simaruba, Simaba, Samadera*, etc.

Gayac officinal.

Guajacum officinale, L. (*fig.* 724). Arbre très-élevé, dont le tronc acquiert quelquefois 1 mètre de diamètre, et dont la croissance est si lente, qu'il faut plusieurs siècles pour acquérir cette dimen-

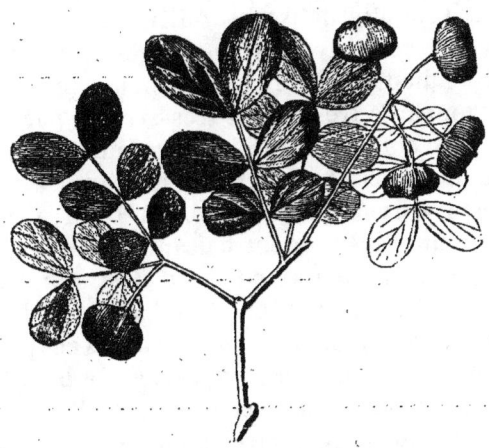

Fig. 724. — Gayac officinal.

sion. Il croît dans les Antilles, et principalement à la Jamaïque, à Saint-Domingue, à Cuba et à la Nouvelle-Providence, une des îles Lucayes. Les divisions des rameaux sont souvent dichotomes. Les feuilles sont opposées, pinnées sans impaire, à 2, souvent à 3, très-rarement à 4 rangs de folioles sessiles, ovales ou obovées, fermes, glabres, d'un vert clair. Les folioles extrêmes ont 3 ou 4 centimètres de long sur 2 de large; les folioles d'en bas sont plus petites et plus arrondies. Toutes ont une nervure médiane très-apparente qui les divise en deux parties à peu près égales, plus une nervure secondaire extérieure, partant comme la première du point d'insertion. Les nervures latérales, naissant de la médiane, sont opposées ou alternes. Les fleurs sont bleues, pédonculées, presque disposées en ombelles au sommet des rameaux. Le calice est à 5 lobes obtus; la corolle est à 5 pétales ; les étamines sont en nombre double, à filets élargis à la base. Le fruit est une capsule charnue, réduite à 2 loges par avortement, presque en cœur, élargie et amincie sur les deux côtés, tronquée au sommet, avec une petite pointe courbe. Chaque loge renferme une semence osseuse (une avorte le plus souvent) suspendue à l'angle interne, pourvue d'un endosperme crevassé et corné, entourant un embryon droit, formé de 2 cotylédons foliacés et d'une radicule supère.

Bois de gayac officinal. Ce bois arrive en troncs d'un fort diamètre, ou en bûches assez droites, recouvertes quelquefois de leur écorce. Il est très-dur, bien plus pesant que l'eau (pes. spéc. : 1,33), formé d'un aubier jaune plus ou moins épais et d'un cœur brun verdâtre. Il est pourvu d'une structure santaline difficile à observer, à cause de sa grande compacité, mais qui consiste en ce que ses couches sont alternativement dirigées à droite et à gauche, et se croisent en formant avec l'axe un angle de 30 degrés environ. La coupe perpendiculaire à l'axe, étant polie, présente à la loupe une rayure rayonnante très-fine et très-serrée, parsemée çà et là de gros vaisseaux coupés, remplis de résine verte; mais la plus grande partie des vaisseaux ligneux sont tout à fait inapercevables. Ce bois n'a pas d'odeur sensible à froid; mais, lorsqu'on le râpe, il prend une légère odeur balsamique, et sa poussière fait éternuer. Sa râpure a une saveur âcre et strangulante; elle est jaunâtre et devient verte au contact de l'air et de la lumière, ou lorsqu'on l'expose à la vapeur nitreuse. Toutes ces propriétés sont dues à la résine dont le bois est imprégné. Le bois râpé est usité en teinture alcoolique ou en décoction dans l'eau; il fournit, à l'aide de ce dernier moyen, un extrait gommo-résineux, d'une odeur balsamique très-marquée. Ce bois râpé est acheté par les pharmaciens, dans le commerce de la droguerie, où il est versé par les tourneurs, qui emploient une grande quantité de gayac pour faire des mortiers ou des pilons, des roues de poulies, des roulettes de lits, et beaucoup d'autres objets pour lesquels la dureté est une qualité essentielle. Comme alors ce bois peut être mêlé à de la râpure de buis, il convient de s'assurer de sa pureté, soit en l'exposant, pendant un jour ou deux à la lumière, soit en l'exposant, sous une cloche, à la vapeur nitreuse qui le verdit presque instantanément.

On trouve dans le commerce plusieurs variétés de bois de gayac, également supposées appartenir au *gayacum officinale*, et dont je ne puis indiquer la différence d'origine. La première, que je regarde comme le gayac le plus ordinairement employé, est en bûches cylindriques assez régulières qui, pour un diamètre de 18 centimètres, offrent un aubier de 20 à 23 millimètres, régulier et bien séparé du bois. Cet aubier est d'un jaune de buis avec des mouchetures vertes, du côté interne, dues à des vaisseaux résineux ouverts. Le cœur est d'un vert noirâtre foncé, ou en acquiert la teinte à la lumière. Ce bois est inodore, comme le suivant.

Je nomme le second bois **gayac à couches irrégulières**. Il est irrégulièrement cylindrique et souvent sa coupe transversale représente la section d'une poire, faite du pédoncule à l'ombilic (Geoffroy); l'aubier est proportionnellement plus épais que dans le premier, et la matière résineuse, qui donne au cœur sa couleur verdâtre, est très-inégalement répartie et ne suit pas la régularité des couches ligneuses. Enfin, la résine est moins abondante et laisse voir par intervalles la couleur jaune naturelle du bois, qui, par suite également, n'acquiert pas une couleur aussi foncée par l'action prolongée de l'air et de la lumière.

Je nomme la dernière sorte de bois **gayac à odeur de vanille**. J'en possède un tronçon de 22 à 25 centimètres de diamètre, complétement privé d'aubier, soit naturellement, soit par la main de l'homme. Il est excessivement dense, serré et d'un vert noirâtre uniforme tellement foncé, qu'on a peine à en distinguer les couches. Il est onctueux et gras au toucher, et il conserve, même entier, une odeur balsamique très-analogue à celle de la vanille.

Écorce de gayac officinal. Il y a une dizaine d'années qu'il est arrivé une quantité considérable de cette écorce dans le commerce. Comme elle différait beaucoup de celle que j'y avais vue plus anciennement, je la considérai comme une *fausse écorce de gayac*, jusqu'à ce que je l'eusse retrouvée sur un tronc de *gayac à couches irrégulières*. Ainsi c'est une écorce de vrai gayac. Elle est en morceaux plats ou cintrés, très-durs, très-compactes, épais de 3 à 5 millimètres, couverts d'une croûte cellulaire un peu fongueuse et jaunâtre, se séparant souvent par plaques de dessus le liber et y laissant des taches vertes ou brunes. Le liber est jaune, amer, très-uni à l'intérieur. Cette écorce fournit avec l'alcool une teinture jaune qui ne verdit pas par l'acide nitrique, ce qui indique que sa matière résineuse n'est pas de même nature que celle du bois.

Voici, d'après Trommsdorff, la composition comparée du bois et de l'écorce de gayac :

	Bois.	Écorce.
Résine................................	26	2,3
Extrait piquant et amer.................	0,8	4,8
Matière colorante jaune brunâtre.........	1	4,1
Extrait muqueux avec sulfate de chaux....	2,8	12,8
Matière ligneuse........................	69,4	76
	100,0	100,0

Ainsi que je l'ai dit plus haut, la résine de l'écorce est différente de celle du bois.

Résine de gayac officinal. On peut obtenir cette résine, dans les pharmacies, en traitant le bois de gayac râpé, par l'alcool rectifié ; mais celle du commerce est obtenue, soit en faisant des blessures à l'arbre, soit à l'aide de la chaleur, en réduisant le tronc et les principaux rameaux en bûches que l'on perce d'un large trou suivant l'axe du bois ; on place ces bûches sur le feu, de manière que la résine, liquéfiée par la chaleur du bois qui brûle à l'extérieur, puisse couler par le trou et être reçue dans des calebasses.

La résine de gayac du commerce est en masses assez considérables, d'un brun verdâtre, friables et brillantes dans leur cassure. Ses lames minces sont presque transparentes et d'un vert jaunâtre. Conservée dans un bocal de verre, elle devient d'une assez belle couleur verte par les surfaces qui regardent le jour. Elle renferme ordinairement des morceaux d'écorce et d'autres débris du végétal ; elle se ramollit sous la dent, a une saveur d'abord peu sensible qui se change bientôt en une âcreté brûlante dont l'action se porte sur le gosier ; elle a une légère odeur de benjoin qui devient très-sensible par la pulvérisation ou par le feu : sa poussière excite fortement la toux.

La résine de gayac donne avec l'alcool une dissolution brune foncée, qui devient blanche par l'eau. L'acide chlorhydrique y forme un précipité gris cendré ; l'acide sulfurique un précipité vert pâle ; le chlore un précipité bleu pâle. L'acide azotique n'y produit d'abord aucun changement ; mais, au bout de quelques heures, le liquide devient vert, puis bleu, enfin brun, et forme alors un précipité brun. En arrêtant à temps l'action de l'acide avec de l'eau, on obtient de même un précipité vert ou bleu. L'action de l'acide azotique légèrement rutilant sur la teinture de gayac peut fournir un caractère distinctif et journalier de cette résine avec les autres. Si l'on expose un papier imbibé de teinture de gayac dans un bocal au fond duquel on a versé un peu d'acide azotique jaunâtre, la vapeur qui s'en exhale suffit pour colorer le papier en bleu.

La résine de gayac a été le sujet des recherches d'un grand nombre de chimistes. Suivant M. Unverdorben, elle est formée de deux principes résineux, dont l'un est très-soluble dans l'ammoniaque aqueuse, et dont l'autre forme avec cet alcali un composé goudronneux qui ne se dissout que dans 6000 parties d'eau. D'après Thierry, ancien pharmacien de Paris, la résine de gayac contient un acide particulier nommé *acide guajacique*, qu'il a obtenu en dissolvant la résine dans de l'alcool à 56 degrés centigrades, et distillant la teinture pour obtenir les 3/4 du liquide employé. Il reste dans le bain-marie une liqueur acide et jaunâtre surnageant la résine. On sature la liqueur par de l'eau de baryte, on évapore à moitié, on filtre, et l'on y ajoute de l'acide sulfurique en quantité exactement nécessaire pour précipiter la baryte. On évapore en consistance sirupeuse et l'on traite le produit par l'éther sulfurique, qui dissout l'acide guajacique et le donne cristallisé, après son évaporation. On le purifie par sublimation. Cet acide est donc volatil, soluble dans l'éther, l'alcool et dans l'eau; il diffère des acides benzoïque et cinnamique par une beaucoup plus grande solubilité dans l'eau et par ses combinaisons salines. M. Deville l'a trouvé composé de $C^{14}H^8O^6$.

Enfin ce dernier chimiste a obtenu, par la distillation à feu nu de la résine de gayac, une huile essentielle analogue par ses propriétés et sa composition à l'essence d'ulmaire ou *hydrure de salicyle*. Cette essence, que M. Deville nomme *hydrure de guajacyle*, est composée de $C^{14}H^8O^4$.

[Depuis, M. Hadelich (1) a donné l'analyse suivante de la résine de gayac :

Acide gaiaconique............................	70,3
Acide résino-gaiacique........................	10,5
Résine β.....................................	9,8
Gomme.......................................	3,7
Substances minérales..........................	0,8
Acide guajacique, matière colorante, impuretés..	
	100

L'acide gaiaconique, découvert par Hadelich, est amorphe, d'un brun clair, fusible vers 100°, insoluble dans l'eau; il a pour formule $C^{38}H^{20}O^{10}$. Le second acide, résino-gayacique, trouvé par M. Hlasiwetz, est cristallisable, soluble dans l'alcool, l'acide acétique, l'éther, le chloroforme et le sulfure de carbone, insoluble dans l'eau et l'ammoniaque. Il se dissout dans l'acide sulfurique avec une belle coloration rouge. La résine B est soluble dans l'alcool, l'acide acétique et les alcalis : elle est précipitée de ses dissolutions en flocons bruns par l'éther, le chloroforme et le sulfure de carbone. Enfin la matière colorante est jaune, cristallise en octaèdres à base carrée, et se dissout dans l'acide sulfurique avec une coloration fugace d'un bleu d'azur.]

Gayac à fruit tétragone.

Guajacum sanctum, L. Cet arbre croît en abondance dans l'île de Saint-Domingue, aux environs du port de la Paix, dans l'île de Porto-Rico et au Mexique ; c'est lui, très-probablement qui se trouve figuré par Hermandez sous le nom de *hoaxacan*. De Candolle lui donne des feuilles à 5 ou 7 paires de folioles ovales-obtuses, mucronées; des pétioles et des jeunes rameaux sous-pubescents. Des auteurs plus anciens lui donnent un bois

---

(1) Voir Flückiger, *Pharmacognosie*, page 68.

couleur de buis, presque privé de cœur plus foncé; des feuilles d'un vert foncé, longues de 8 ou 9 lignes, larges de 3 ou 4, et des fruits rouges, tétragones, semblables à ceux du fusain. D'après ces caractères, je ne doute pas que ce ne soit cette espèce de gayac qui ait été rapportée de Guatimala par M. Bazire (1), en 1834. Les échantillons qu'il m'en a laissés, tout faibles qu'ils sont, me permettront de faire connaître cette espèce plus complétement qu'on ne l'a fait jusqu'ici.

Rameaux supérieurs et pétioles sous-pubescents; pétioles très-grêles, de la grosseur d'un fil, offrant les marques de 3 à 5 paires de folioles, y compris la terminale; folioles sessiles, épaisses, d'un vert foncé, très-entières et mucronées; elles sont presque linéaires, un peu élargies cependant par le haut et un peu recourbées en sabre, à cause de l'inégalité de leurs deux moitiés: la moitié intérieure étant dressée contre le pétiole et presque droite, et la moitié extérieure se développant en une courbe ellipsoïde. La nervure médiane est à peine visible, rapprochée du bord interne de la feuille et presque semblable à d'autres nervures qui partent comme elle du point d'attache, pour se diriger vers l'extrémité. Longueur des folioles, 12 à 15 millimètres; largeur 5 ou 6.

Les **fruits** sont rouges, formés de 4 coques monospermes opposées en croix, élargies et amincies sur le bord, terminées chacune par une pointe aiguë. Les semences ont à peu près la forme et la grosseur d'une graine de citron; elles présentent sous un épisperme assez mince, blanc et peu consistant, un endosperme épais, corné, demi-transparent, d'une grande dureté, renfermant un embryon jaunâtre, à cotylédons foliacés.

Le **bois**, dont je n'ai qu'un simple éclat, est d'une couleur *fauve* uniforme; il a une structure fibreuse et éminemment santaline; il est excessivement dur et compacte. Il a un aspect corné et il est translucide sur les bords. Il ne change pas à la lumière. Sa coupe transversale polie présente la même rayure fine et rayonnante que le gayac officinal, mais parsemée d'un très-grand nombre de points blanchâtres, provenant de la coupe des vaisseaux ligneux.

L'**écorce** est recouverte d'un périderme crevassé noirâtre, recouvert par places d'une couche blanche crétacée. Le liber est très-dur et formé de couches serrées, d'un gris noirâtre et livide. Cette écorce est toute couverte d'une résine transparente et d'un jaune verdâtre, dont il existe également quelques larmes

---

(1) Bazire, *Journ. de Pharm.*, t. XX, p. 520.

détachées. Je pense avoir trouvé dans le commerce l'écorce et la résine de cet arbre.

Ancienne écorce de gayac. Cette écorce se trouve assez bien décrite par Geoffroy (1), qui l'attribue aussi au gayac à fruit tétragone. Elle est en larges morceaux cintrés, épais de 4 à 8 millimètres. Elle est pourvue à l'extérieur d'un périderme jaunâtre, fongueux et crevassé, qui s'enlève naturellement par petites plaques, en laissant des impressions en forme de coquille de différentes couleurs, et, quand c'est le liber qui est mis à nu, il apparaît avec une couleur vert noirâtre. Le liber est aussi dur et aussi compact que du bois, d'une couleur noirâtre et livide à l'intérieur. Sa surface interne est tantôt grise, tantôt noirâtre, offrant l'impression des fibres ligneuses de l'aubier, et quelquefois sillonnée de rides réticulaires, ainsi que le dit Geoffroy. Cette écorce est amère, peu résineuse et colore à peine l'alcool rectifié. Un papier trempé dans la liqueur et desséché ne se colore ni à l'air ni à la lumière.

Résine de gayac en larmes. J'ai trouvé quelquefois cette résine dans le commerce, sous la forme de larmes détachées, arrondies, presque transparentes et d'un jaune verdâtre. Écrasée sur le papier, elle devient à l'air d'un vert d'émeraude. Elle est si parfaitement semblable à celle rapportée par M. Bazire, que je ne doute pas qu'elle ne soit produite par le *Guajacum sanctum*.

Gayacan de Caracas.

M. Anthoine, négociant français que j'ai déjà cité (page 434), m'a fait don d'un morceau de bois de gayacan (*Guajacum arboreum*, DC.). Il provient d'un tronc tortueux, dépourvu d'écorce, qui, pour un diamètre de 26 centimètres, ne présente que 5 millimètres d'un aubier blanc et très-régulier. Le bois est d'un fauve verdâtre, très-nuancé par couches concentriques, avec un second cœur intérieur plus foncé. Il se fonce lentement à l'air et tend à se rapprocher de la couleur du gayac officinal. Il est beaucoup plus âcre que les autres lorsqu'on le travaille, et l'ouvrier qui l'a poli l'a gratifié du nom de *Gayac pique-nez*. Sa coupe transversale présente une rayure fine et rayonnante, en lignes droites, non ondulées, et d'innombrables vaisseaux ligneux très-petits, blanchâtres, disposés par petites lignes tremblées, dirigées dans le sens des rayons. Ce dernier caractère, qui est exceptionnel dans le bois des Zygophyllées, forme au contraire le caractère distinctif et presque général des bois de Sapotées (2).

Gayac du Chili, *Porliera hygrometrica*, R. P. Guillemin m'a remis sous ce nom une tige d'arbre de 5 centimètres de diamètre, pourvue

---

(1) Geoffroy, *Traité de la Matière médicale*. Paris, 1743.
(2) Voy. t. II, p. 588.

d'une écorce très-rugueuse, grise à la surface, mince, dure, compacte et d'une couleur noirâtre à l'intérieur. L'aubier est d'un jaune pâle et très-dur. Le cœur est également très-dur et très-pesant ; il est d'un vert noirâtre, devenant presque noir à l'air ; la teinture alcoolique, séchée sur un papier, verdit à la lumière, comme celle du gayac.

Je mentionnerai, à la suite des bois de gayac, trois bois d'ébénisterie qui s'en rapprochent par leur dureté et leur grande densité, mais dont l'origine m'est inconnue. Le premier porte le nom de **bois d'écaille**. Je l'ai vu en morceaux équarris de 15 centimètres d'épaisseur, offrant sur les angles un reste d'aubier blanc, très-dur et prenant le poli de l'ivoire. Le bois lui-même est fauve, noueux, très-dur, très-pesant, translucide lorsqu'il est en lame mince ; le tronc de l'arbre devait être tortueux et épineux. Le second bois portait, dans l'ancien droguier de l'École, le nom de *bois de gayac* ; mais j'en avais, de mon côté, un morceau également fort ancien, étiqueté **vrai grenadille**. Ce bois est fort différent du grenadille ordinaire du commerce, que j'ai attribué au *Brya ebenus* (p. 359). L'échantillon de l'École représente un tronc de 10 centimètres de diamètre, très-irrégulier dans sa forme et ayant des angles rentrants. Il porte les débris d'une écorce noire au dehors, jaunâtre en dedans, mince, légère et fibreuse. L'aubier est épais de 15 millimètres, de couleur de bois de noyer clair. Le cœur est de couleur de noyer foncé, avec des veines brunes irrégulièrement dessinées. Le mérite de ce bois consiste moins dans sa couleur que dans sa grande dureté et dans la beauté de son poli. L'ancien échantillon que j'en ai pèse 1,201 ; l'aubier en est très-mince et de couleur de buis ; le cœur est de couleur de noyer très-foncé ; le poli est égal à celui de l'ivoire ; ce bois est amer. La coupe transversale présente une rayure rayonnante de la plus grande finesse sans aucune apparence de tubes ligneux. Le dernier bois porte dans le commerce le nom de *grenadille* et est supposé être de même origine que le grenadille de Cuba. Je le nommerai **grenadille jaune**. Je l'ai sous la forme d'une petite bûche de 7 centimètres de diamètre, pourvue d'une écorce dure et compacte, assez semblable à celle du gayac, mais beaucoup moins dure. L'aubier est jaune et épais de 15 millimètres ; le cœur est d'un jaune brun. La coupe transversale présente une rayure très-fine et rayonnante, parsemée de points blanchâtres très-petits et très-nombreux. Ce bois est susceptible d'un poli moins parfait que les deux précédents.

Rue officinale.

Ruta graveolens, L. (fig. 725), tribu des Rutées. — *Car. gén.* : calice à 4 divisions ; corolle à 4 pétales concaves ; 8 étamines ; 8 pores nectarifères à la base de l'ovaire : 1 style : 1 capsule polysperme à 4 lobes et à 4 loges (la fleur terminale a une cinquième partie de plus). — *Car. spéc.* : feuilles décomposées ; lobes oblongs, le terminal obové ; pétales entiers ou sous-dentés.

La rue est cultivée dans les jardins, où elle s'élève jusqu'à 12 ou 16 décimètres ; elle répand une odeur forte, aromatique et désagréable. Elle est sudorifique, anthelminthique et emménagogue. On l'emploie verte ou sèche; on en retire l'huile volatile,

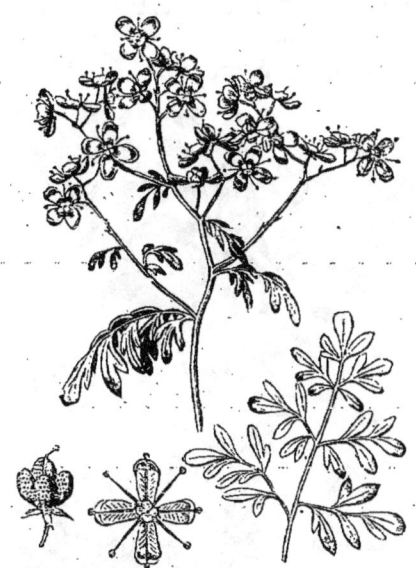

Fig. 725. — Rue officinale.

on en fait une eau distillée, une huile et un vinaigre par macération, etc.

L'essence de rue est d'un jaune verdâtre, un peu épaisse, d'une odeur très-désagréable et d'une saveur âcre et amère. Elle pèse 0,887; elle ne rougit pas le tournesol; elle distille à 220 degrés. Sa composition répond à la formule $C^{28}H^{28}O^3$.

Feuilles de buchu.

Les feuilles de **buchu**, **bucco** ou **bocco**, sont produites par plusieurs espèces de *Barosma*, arbrisseaux aromatiques du cap de Bonne-Espérance, qui appartiennent à la tribu des Diosmées; mais c'est principalement le *Barosma crenata*, Kunze (*Diosma crenata*, L.) qui paraît fournir les feuilles que l'on trouve dans le commerce.

Le *Diosma crenata* (*fig.* 726) est un abrisseau haut de 60 à 100 centimètres, garni de feuilles alternes très-courtement pétiolées, longues de 25 millimètres, ovales-oblongues, finement crénelées, entièrement glabres, rigides, d'un vert sombre en dessus, plus pâles en dessous, avec quelques nervures obliques peu apparentes. Ces feuilles sont couvertes de glandes transparentes, indépendamment d'une étroite marge transparente tout autour. Les pédoncules sont à peu près aussi longs que les feuilles; le calice est à 5 divisions vertes et un peu pourprées; la corolle est à 5 pétales bleuâtres, ouverts, courtement onguiculés. Les étamines sont au nombre de 10, dont 5 fertiles,

Fig. 726. — Buchu.

alternes avec les pétales, et 5 opposées stériles, plus courtes de moitié, pétaloïdes, ciliées, obscurément glanduleuses au sommet. Il y a 5 ovaires réunis et auriculés au sommet, uniloculaires, contenant 2 ovules superposés, suspendus à l'axe central. Le style est unique, central, plus long que les étamines, atténué au sommet, terminé par un stigmate à 5 lobes. Le fruit est une capsule pentacoque, à coques un peu comprimées, auriculées au sommet du côté extérieur, couvertes de points glanduleux: l'endocarpe est cartilagineux, séparé du mésocarpe, s'ouvrant en 2 valves élastiques, monospermes.

[A ces feuilles de *Barosma crenata* il faut joindre celles du *B. crenulata*, Hooker; *B. betulina*, Benth, et deux espèces, à feuilles étroites et allongées, qui donnent le *buchu long*, ce sont le *B. serratifolia*, Willd. et l'*Empleurum serrulatum*, Aiton, de la même famille des Diosmées (1).]

(1) On peut voir de bonnes figures de ces espèces dans Berg et Schmidt, *Beschreibung und Darstellung der offizinellen Gewächse.*

Les feuilles de buchu du commerce sont mélangées de pétioles et de fruits. Elles sont douces au toucher, un peu brillantes, finement crénelées et chargées, principalement vers le bord et à la face inférieure, de glandes pleines d'huile volatile. Leur odeur est très-forte et analogue à celle de la rue ou de l'urine de chat; leur goût est chaud, âcre et aromatique. L'essence est d'un brun jaunâtre, plus légère que l'eau, d'une odeur semblable à celle des feuilles.

Les feuilles de buchu sont toniques, stimulantes, diurétiques et diaphorétiques. Elles paraissent exercer une influence particulière sur les organes urinaires.

Racine de dictame blanc ou de fraxinelle.

Dictamnus albus, L. (*fig.* 727). Tribu des Diosmées. Cette belle plante croît surtout dans le midi de la France et en Italie. Ses tiges simples, rondes, flexibles et fermes cependant, s'élèvent à la hauteur de 65 centimètres. Ses feuilles sont alternes, imparipinnées, vertes, luisantes et fermes; elles ressemblent, pour la forme, à celles du frêne, ce qui a valu à la plante son nom de *fraxinelle*. Ses fleurs sont disposées en grappes à l'extrémité des tiges; elles sont pourvues d'un calice à 5 divisions et tombant; d'une corolle à 5 pétales irréguliers, développés, blancs ou purpurins, et marqués de lignes rouges plus foncées : les étamines sont au nombre de 10, à filets abaissés et couverts de poils glanduleux; le style est décliné, le stigmate est simple. Le fruit est formé de 5 carpelles réunis au-dessous du centre, et dispermes. Toute la plante est très-odorante, et l'on assure que l'émanation d'huile volatile qui s'en échappe, dans les pays méridionaux et par les soirées chaudes de l'été, est assez concentrée pour être quelquefois enflammée par l'approche d'un flambeau; de sorte que la plante s'enveloppe pour un instant d'une auréole de feu. Biot, qui a voulu s'assurer de la réalité du fait, n'a pu qu'enflammer successivement, par l'approche immédiate d'un

Fig. 727. — Dictame blanc.

corps en ignition, les nombreuses utricules huileuses qui recouvrent toutes les parties supérieures de la plante, sans que cet effet soit devenu général, et surtout sans que jamais l'émanation odorante qui entoure naturellement le végétal ait pu s'enflammer par l'approche d'un flambeau (1). D'autres personnes pensent cependant que le fait a pu être observé dans des contrées plus méridionales.

La racine de dictame est usitée en pharmacie, et seulement encore l'écorce mondée de la racine. On nous l'envoie toute préparée du Midi : elle est blanche, roulée sur elle-même, d'une odeur presque nulle et d'une saveur amère. Elle fait partie de la poudre de Guttète. On donne souvent en place, dans le commerce, le *meditullium* même de la racine privée de son écorce. C'est une petite tromperie facile à reconnaître.

Écorce d'angusture vraie.

L'emploi de cette écorce, en Europe, ne remonte pas au delà de l'année 1788. Elle fut d'abord apportée en Angleterre de l'île de la Trinité, où l'arbre qui la produit avait été transporté des environs d'Angostura, ville de Terre-Ferme.

De même que la plupart des drogues exotiques, elle a été attribuée successivement à différents arbres, et entre autre au *Magnolia glauca*, L. : mais il a été reconnu par MM. de Humboldt et Bonpland qu'elle était produite par un arbre de la famille des Rutacées, qui a reçu d'eux le nom de *Cusparia febrifuga*, et qu'ils ont trouvé formant d'immenses forêts sur les bords de l'Orénoque. C'est ce même arbre qui a été nommé depuis par Willdenow *Bonplandia trifoliata*, et par De Candolle *Galipea cusparia* (2). Cependant, d'après le docteur Hancock, ce ne serait pas le *Galipea cusparia* qui produirait l'écorce d'angusture vraie ; ce serait une espèce voisine, qu'il a décrite et nommée *Galipea officinalis*.

Voici les caractères du genre *Galipea* : calice court, cupuliforme, à 5 divisions. Corolle à 5 pétales, hypogynes, linéaires, inégaux, très-souvent réunis par le bas en un tube pentagone. 5 étamines, en général, plus ou moins adhérentes aux pétales, très-rarement toutes fertiles ; 5 ovaires insérés sur un disque déprimé, à 10 dents peu marquées, libres ou soudés par leur angle central, uniloculaires. Ovules doubles, superposés, attachés à la suture centrale, le supérieur ascendant, l'inférieur pendant ; 5 styles distincts par la base, soudés au sommet. Cap-

---

(1) Biot, *Ann. chim. phys.*, t. L, p. 386.
(2) De Candolle, *Prodromus*, t. II, 731.

sule réduite à une ou deux coques monospermes, par avortement, bivalves, à endocarpe séparable et s'ouvrant avec élasticité; semence réniforme, à test coriace; embryon privé d'endosperme, homotrope, pourvu de deux grands cotylédons auriculés à la base, plissés, roulés l'un sur l'autre.

Le *Galipea cusparia*, DC. (*fig.* 728), est un arbre majestueux, de 20 à 25 mètres d'élévation. Ses feuilles sont composées d'un pétiole long de 30 centimètres environ, terminé par trois folioles sessiles, ovales-lancéolées, très-aromatiques, dont celle du milieu égale la longueur du pétiole.

Les fleurs forment des grappes pédonculées vers l'extrémité des rameaux; elles sont blanches et pourvues, à l'extérieur, de

Fig. 728. — Galipea officinal.

fascicules de poils situés sur des corps glanduleux. Les étamines sont monadelphes, au nombre de 5, dont une ou deux seulement sont fertiles et les autres privées d'anthères.

Le *Galipea officinalis*, Hanc., est un arbrisseau haut de 4 à 5 mètres, le plus ordinairement, et dont la taille n'excède jamais 10 mètres. Il a les feuilles trifoliées, et les folioles oblongues, pointues aux deux extrémités, longues de 15 à 25 centimètres, portées sur un pétiole de même longueur. Les fleurs sont blanches et poilues; les étamines distinctes, au nombre de 1 ou 2 fertiles, et de 1 à 5 stériles.

Les caractères extérieurs de l'écorce d'angusture sont variables, et on la trouve sous trois formes dans le commerce :

1° Il y en a des morceaux courts, plats, minces, plus ou moins larges, recouverts d'un périderme gris jaunâtre, mince et peu rugueux ; leur cassure est d'un brun jaunâtre, nette, compacte et résineuse; leur surface intérieure est d'un jaune fauve souvent rosé, et se divise facilement par feuillets; leur odeur et leur saveur sont un peu moins fortes que celles des variétés suivantes.

2° On en trouve d'autres morceaux qui sont longs de 16 à 40 centimètres ; qui ont une odeur forte, animalisée, très-désagréable ; qui sont roulés et recouverts d'un périderme épais, fongueux, blanc et comme limoneux. Dessous ce périderme est l'écorce proprement dite, qui est brune, dure, compacte, et qui casse net sous la main. Cette écorce a une saveur amère, sur laquelle domine le principe odorant et nauséeux; cette saveur passée, il reste à l'extrémité de la langue une impression mordicante qui excite la salivation.

3° Enfin, on trouve des morceaux d'angusture qui tiennent le milieu entre les précédents, c'est-à-dire qu'ils sont plus longs, moins plats et plus épais que les premiers ; que leur enveloppe extérieure est grise, peu épaisse et peu fongueuse, et qu'ils ont la même saveur et la même odeur que les derniers. Toutes ces écorces peuvent provenir du même arbre croissant dans des expositions différentes.

La poudre d'angusture a une couleur presque semblable à celle de la poudre de rhubarbe ; son infusion dans l'eau est très-colorée, amère, odorante et nauséeuse, comme l'écorce. Ses propriétés médicales sont d'être fébrifuge et antidyssentérique.

M. Saladin a constaté dans l'écorce d'angusture la présence d'un principe amer cristallisable, auquel il a donné le nom de *cusparin*. Ce corps est blanc, non acide ni alcalin, insoluble dans l'éther et dans les huiles fixes et volatiles, très-peu soluble dans l'eau, très-soluble dans l'alcool à 0,835 de densité. Le cusparin, quoique non alcalin, se dissout avec facilité dans les acides affaiblis ; l'acide sulfurique concentré le colore en rouge-brun et le nitrate acide de mercure en rouge-pourpre, propriétés qu'il partage avec la salicine et qui les distinguent l'une et l'autre de la quinine (1).

J'ai raconté, dans le volume précédent (page 558), comment, vers l'année 1807 ou 1808, de graves symptômes d'empoisonnement s'étant manifestés à la suite de l'usage de l'écorce d'angusture, on découvrit que cette écorce avait été mélangée d'une

---

(1) Saladin, *Journ. chim. méd.*, 1833, t. IX, p. 388.

autre écorce fort dangereuse, qui fut désignée sous le nom de **fausse angusture,** et qui fut reconnue plus tard pour être celle du *Strychnos nux vomica.* Cette écorce, qu'il importe beaucoup de distinguer de la véritable angusture, est beaucoup plus épaisse que celle-ci ; elle est compacte, pesante et comme racornie par la dessiccation. Sa substance intérieure est grise et son épiderme varie : tantôt il est peu épais, non fongueux, et est d'un gris jaunâtre, marqué de points blancs proéminents ; tantôt il est fongueux et d'une couleur de rouille de fer. Du reste, cette écorce est inodore, et sa saveur, qui est infiniment plus amère que celle de la véritable angusture, persiste très-longtemps au palais sans laisser d'âcreté à l'extrémité de la langue. Sa poudre a une couleur bien différente de l'autre, car elle est d'un blanc légèrement jaunâtre.

Pour mettre encore mieux à même de distinguer ces deux écorces, je rappellerai la comparaison de leurs infusés aqueux que je fis il y a déjà beaucoup d'années. Elle pourra être utile, nonobstant des travaux plus récents faits sur ces mêmes écorces.

J'ai fait macérer pendant dix-huit heures 4 grammes de poudre de chacune des deux angustures dans 90 grammes d'eau, et j'ai filtré. Le résidu de l'angusture vraie avait encore une odeur et une saveur très-fortes ; l'autre était toujours très-amer.

La teinture de tournesol, le sulfate de fer, le cyanure ferrosopotassique, aidé de l'acide chlorhydrique, et les alcalis, offrent les meilleurs moyens pour distinguer la véritable angusture de la fausse.

On emploie au Brésil, comme fébrifuges et comme succédanées des quinquinas et de l'angusture, les écorces de plusieurs arbres ou arbrisseaux de la tribu des Diosmées : tels sont le *Ticorea febrifuga*, St-Hil., dit *tres folhas brancas* ; l'*Esenbeckia febrifuga*, Mart., nommé *tres folhas vermelhas, larangeira do mato, quina* et *angostura;* l'*Hortia brasiliana*, Vell., dit *quina de Campo,* etc. J'ai reçu d'Allemagne, sous le nom d'*Esenbeckia febrifuga,* une écorce tellement semblable à celle des *Exostemma,* qu'il me paraît bien difficile qu'il n'y ait pas eu confusion entre elles.

Écorce de clavalier jaune ou d'épineux jaune des Antilles.

Zanthoxylum clava-Herculis, L. ; *Zanthoxylum caribœum,* Lamk.; tribu des Zanthoxylées.

Cette écorce a plusieurs traits de ressemblance avec la véritable angusture ; elle est mince, pourvue d'une odeur semblable, et elle offre une saveur amère très-désagréable, qui laisse une

RÉACTIFS.	ANGUSTURE VRAIE.	FAUSSE ANGUSTURE.
Saveur.	De l'écorce.	De l'écorce.
Odeur.	De l'écorce.	Nulle.
Couleur.	Orangée.	Orangée; moitié moins foncée.
Teinture de tournesol.	Couleur détruite.	Paraît très-faiblement rougie.
Nitrate de baryte.	Rien.	Rien.
Oxalate d'ammoniaque.	Grand trouble.	Grand trouble.
Nitrate d'argent.	Précipité très-abondant qu'un grand excès d'acide nitrique ne dissout pas.	Trouble qu'un excès d'acide nitrique ne fait pas disparaître.
Émétique.	Précipité très-abondant, blanc jaunâtre.	Précipité blanc.
Deutochlorure de mercure.	Précipité très-abondant.	Trouble.
Sulfate de fer.	Précipité gris blanchâtre, très-abondant.	Couleur vert-bouteille; trouble léger.
Cyanure ferroso-potassique.	Rien: l'acide chlorhydrique y forme ensuite un précipité jaune très-abondant.	Trouble léger, qui n'augmente pas par l'acide chlorhydrique; la liqueur prend un aspect verdâtre.
Noix de galle.	Précipité jaunâtre très-abondant.	Précipité blanc extrêmement abondant.
Gélatine.	Rien.	Rien.
Potasse caustique.	En petite ou en grande quantité, la liqueur se fonce en orangé avec une teinte verdâtre et précipite; l'acide nitrique rétablit la couleur primitive.	Une petite quantité donne une couleur vert-bouteille; une grande quantité, une couleur orangée foncée avec une teinte verdâtre; la liqueur reste transparente. L'acide nitrique ajouté peu à peu rétablit la couleur vert-bouteille, puis celle de l'infusion.
Eau de chaux.	En petite ou en grande quantité, couleur plus foncée, légèrement verdâtre et grand trouble; l'acide nitrique rétablit la couleur primitive.	En petite quantité, couleur vert-bouteille transparente; en plus grande quantité, couleur jaune légèrement verdâtre et léger trouble. L'acide nitrique rétablit d'abord la couleur vert-bouteille, puis la couleur de l'infusion, mais affaiblie.
Acide nitrique.	Une petite quantité trouble fortement la liqueur; couleur affaiblie; en grande quantité, liqueur rouge transparente.	En petite quantité, couleur affaiblie; liqueur transparente; en grande quantité, liqueur rouge transparente.
Acide sulfurique.	En petite quantité, trouble fortement; un excès redissout le précipité sans rougir la liqueur.	Rien.

impression d'âcreté au bout de la langue et qui porte à la salivation. Elle s'en distingue facilement, cependant, parce qu'elle est d'un jaune serin et qu'elle colore la salive en jaune; enfin elle est formée à l'intérieur de lames fibreuses qui l'empêchent de casser net.

L'écorce de clavalier jaune a été analysée par MM. Chevallier et G. Pelletan, qui en ont retiré le principe amer et colorant à l'état cristallisé, et l'ont nommé *Zanthopicrite*. [M. Dyson-Perrins a établi depuis l'identité de cette substance avec la *berbérine*, qu'il a trouvée dans plusieurs plantes de familles diverses (1). L'écorce du clavalier jaune est fébrifuge et tinctoriale, mais peu usitée.

On a longtemps confondu avec l'espèce précédente le *Zanthoxylum fraxineum*, W., qui croît dans l'Amérique septentrionale. Si les caractères botaniques ont permis cette confusion, ceux de l'écorce auraient suffi pour distinguer les deux arbres. L'écorce du *Zanthoxylum fraxineum* est formée d'un épiderme gris, ridé transversalement par la dessiccation, et d'un liber presque blanc, d'une saveur faiblement mucilagineuse d'abord, qui se termine par une forte âcreté et qui excite la salivation. Elle contient aussi de la *berbérine*. Les Américains nomment l'arbre *tooth-ache tree* (arbre au mal de dent), et *prickly ash*, ou frêne épineux (2).

La plupart des autres espèces de *Zanthoxylum*, et principalement celles qui appartenaient au genre *Fagara*, L., à présent réuni au premier, sont pourvues, dans toutes leurs parties, d'un goût de poivre aromatique et brûlant, qui les fait servir d'épice dans les différents pays où elles croissent. Les plus connues sont : le *Fagara* d'Avicenne, dont Clusius a figuré les fruits (3) ; le *Fagara heterophylla*, Lamk., croissant à l'île Bourbon, et le *Fagara piperita*, L., que l'on trouve décrit et figuré par Kæmpfer (4). Tous les fruits de ces espèces paraissent être de petites capsules charnues, de la grosseur d'un grain de poivre à celle d'un très-petit pois, tuberculeuses à leur surface, simples ou didymes, contenant une semence noire, luisante et peu aromatique, le principe actif résidant surtout dans l'enveloppe glanduleuse de la capsule. Mais j'en possède une espèce différente, faisant partie d'une collection de plantes de la Chine, que je décrirai aussitôt que le temps me le permettra, et dont j'extrais ce qui a rapport au fruit en question.

(1) Voir M. Dyson-Perrins, *On berberine, Contribution to its History and Revision of its Formula* (*Transactions of the chemical Society*, 1862). D'après *Pharmaceutical Journal*, 2ᵉ série, IV, 403.

(2) Voir Bentley, *Sur le Zanthoxylum fraxineum* (*Pharm. Journ.*, 2ᵉ série, IV, 399).

(3) Clusius, *Exoticæ*, lib. I, cap. XXIII.

(4) Kæmpfer, *Amœnitates*, p. 892 et 893.

Hoa-tsiao (fleur-poivre). Ce fruit, dans son état normal, me paraît composé de 4 capsules sessiles à l'extrémité d'un pédoncule; mais il est rare que ces capsules se développent complétement toutes les quatre, et le plus que j'en aie trouvé, c'est trois avec une quatrième moitié moins grosse que les autres. Le plus ordinairement il n'y en a que deux et souvent une seule; mais la différence que je trouve entre cette capsule solitaire et celles qui ont été décrites par d'autres auteurs, c'est qu'elle est constamment accompagnée à la base de 1, 2 ou 3 tubercules, qui représentent autant de capsules avortées.

Les capsules développées sont de la grosseur d'un grain de poivre. Elles sont formées d'un mésocarpe tuberculeux, rougeâtre, translucide, âcre et très-aromatique, enveloppant une coque blanche, de la consistance d'un parchemin, soudée avec le mésocarpe dans la plus grande partie de son étendue. Tous deux s'ouvrent par une fente qui part du point d'attache interne, où les ovaires se touchaient, s'élève et se prolonge du côté externe, jusqu'aux trois quarts de la circonférence, et se termine vers la partie inférieure externe, par une petite couronne qui indique la place de l'insertion du style. L'ovaire était cependant formé de 4 carpelles accolés, dont les styles devaient partir du sommet et plutôt du côté interne; mais chaque carpelle, en se développant, a éprouvé une évolution qui a porté le point d'insertion du style tout à fait au dehors du fruit. Dans chaque capsule ouverte, l'endocarpe présente seulement un commencement de séparation du côté interne. La semence est noire, luisante, portée sur un funicule qui, en s'allongeant, a porté la base de la graine à la partie supérieure de la capsule, ainsi que le représente le *Zanthoxylum carolinianum* figuré par Gœrtner (1). La semence est dure sous la dent et n'a qu'un léger goût huileux. Ce fruit, qui justifie la réunion opérée entre les *Fagara* et les *Zanthoxylum*, me paraît appartenir au *jamma sansjo* de Kæmpfer, p. 895. [M. Hanbury (2) le rapporte au *Zanthoxylon alatum*, Roxb.]

Racine de Jean Lopez.

Cette racine tire son nom de *Juan Lopez Pineiro*, qui, d'après Redi, l'apporta le premier de la côte de Zanguebar, en Afrique; suivant d'autres, elle viendrait de Goa, ou plutôt de Malacca, d'où elle aurait été portée par le commerce dans les divers pays qui ont été censés la produire. La racine de Jean Lopez varie beaucoup de grosseur; elle est sous la forme de bâtons qui ont jusqu'à 22 à 27 centimètres de long et 3 à 5 centimètres de diamètre, ou sous celle d'un tronc ligneux de 14 à 16 centimètres de diamètre. Le bois en est blanc jaunâtre, plus léger que l'eau, poreux et néanmoins susceptible d'être poli. Il a une saveur amère et une odeur nulle. L'écorce est brune, compacte, amère, recouverte elle-même d'un tissu subéreux jaune, spongieux, doux au toucher et comme velouté. Cette racine est quelquefois employée comme antidyssentérique; mais elle est très-rare et fort chère.

---

(1) Gærtner, tab. LXVIII.
(2) Hanbury, *Notes on chinese materia medica* (*Pharm. Journ.*, 2e série, II, 554).

On a fait plusieurs suppositions sur l'arbre qui fournit la racine de Jean Lopez; les uns l'attribuent à un *Zanthoxylum*, d'autres à un *Menispermum*. Je pense que cette racine, qui a été vantée d'abord contre la morsure des serpents, les fièvres tierces et quartes et la dyssenterie, n'a été apportée en Europe que parce qu'elle jouissait de la même réputation en Asie (autrement, pourquoi l'aurait-on apportée ?), et qu'elle appartient encore, par conséquent, à l'un des nombreux végétaux qui ont porté le nom de *bois de couleuvre*, peut-être au *soulamoe* de Rumphius (1), dont la description se rapporte en effet au Jean Lopez D'un autre côté, je possède une racine ligneuse apportée de l'Inde et de l'île Bourbon, qui se rapproche beaucoup par ses caractères physiques de celle de Jean Lopez. Elle est produite par le *Toddalia aculeata* ou par le *Toddalia paniculata*, de la familles des Zanthoxylées ; elle est formée d'un bois assez dense et jaunâtre, et d'une écorce brune et compacte, couverte d'une couche subéreuse jaune et spongieuse. Cette racine ressemble donc beaucoup à celle de Jean Lopez ; mais je ne l'ai jamais vue qu'en rameaux cylindriques ayant au plus 2 centimètres de diamètre ; de plus, elle possède une odeur analogue à celle de la rhubarbe et une saveur nauséeuse pareille à celle de l'angusture vraie. Je ne puis donc pas dire que ces deux racines soient identiques, et je laisse toujours dans le doute l'origine de la racine de Jean Lopez.

[Les doutes de M. Guibourt ont été levés depuis par l'examen de nouveaux échantillons de *Toddalia* ; et il a admis comme origine bien établie le *Toddalia aculeata* (2).]

Quassia de Surinam.

Quassia amara, L., tribu des Simaroubées. Ce végétal a pris le nom d'un nègre de Surinam, nommé *Quassi*, qui, touché des bons procédés de Charles-Gustave Dahlberg, officier de la milice hollandaise, lui fit connaître les propriétés de la racine de l'arbre, qu'il appliquait depuis longtemps, en secret, à la guérison des fièvres pernicieuses. Dahlberg communiqua cette découverte à Linné, qui en fit le sujet d'une dissertation (3).

Le quassi ou quassia (*fig.* 729) est un arbrisseau de la Guyane, à feuilles alternes, pétiolées, composées de une ou deux paires de folioles avec impaire. Les folioles sont sessiles, oblongues, pointues aux deux extrémités, glabres et entières. Les pétioles sont ailés et articulés à l'endroit de l'insertion des folioles. Les fleurs sont hermaphrodites, disposées en grappes allongées, presque unilatérales ; le calice est fort petit, à 5 divisions profondes ; la corolle est assez grande et formée de 5 pétales rouges, contournés avant l'anthèse. Les étamines sont au nombre de 10, accompagnées d'une écaille à la base interne des filets, qui sont fort

---

(1) Rumphius, *Amb.*, II, p. 129.
(2) Voir *Journal de Pharmacie et de Chimie*, 3e série, XXXV, p. 15.
(3) Linné, *Amœnitates academicœ*, t. VI. p. 116.

longs et contournés. L'ovaire est formé de 5 carpelles surmontés d'un style simple. Le fruit est formé de 5 drupes ovoïdes isolés, portés sur un disque, contenant une semence pendante, privée d'endosperme.

Le bois de quassia que l'on trouve dans le commerce provient de la racine; il est sous forme de bâtons cylindriques, de 35 à 55 millimètres de diamètre, couverts d'une écorce unie, très-mince, très-légère, très-amère, blanchâtre, tachetée de gris, peu adhérente au bois. Celui-ci est d'un blanc jaunâtre, léger, d'une texture assez fine cependant et susceptible d'un assez beau poli. Il est inodore, pourvu d'une amertume forte et franche, due à un principe cristallisable, nommé *quassine*, qui en a été extrait par M. Winckler et examiné par M. Wiggers. La quassine est fort peu soluble dans l'eau, plus soluble dans l'alcool et dans l'éther, fusible par l'action de la chaleur; elle paraît composée de $C^{20}H^{12}O^6$.

Fig. 729. — Bois de quassi.

J'ai trouvé à Londres un morceau de tronc de quassia ayant 9 centimètres de diamètre, et pourvu d'une écorce toujours très-mince, blanche à l'intérieur, couverte d'un épiderme d'un gris noirâtre; le bois est d'un jaune très-pâle, un peu moins serré que celui de la racine, mais susceptible encore d'un beau poli et satiné. Il ferait un joli bois d'ébénisterie (1).

(1) M. Théodore Martius m'a envoyé, sous le nom de *Quassia de tupurupo* ou *Quassia paraensis*, une racine qui ressemble beaucoup au *Quassia amara*, mais que son frère pense être la racine d'un arbrisseau grimpant nommé *tachi* (*Tachia guianensis*, Aubl.), de la famille des Gentianées. Cette racine diffère de celle du quassia par son écorce plus épaisse et adhérente au bois : par une teinte plus grise à l'intérieur et des taches bleuâtres offertes par la coupe transversale ; enfin, par une structure rayonnée que ne présente pas le quassia.

Quassia de la Jamaïque.

Picræna excelsa, Lindley; *Simaruba excelsa*, DC.; *Quassia excelsa*, Swartz; *Bittera febrifuga*, Bélanger (1); *Bytter ash* des habitants. Arbre d'une grande dimension, pourvu de feuilles pinnées avec impaire. Les fleurs sont petites, d'un jaune verdâtre, polygames; le calice est petit, à 5 divisions; la corolle a 5 pétales plus longs que le calice; les étamines sont au nombre de 5, aussi longues que la corolle, velues; 3 ovaires placés sur un réceptacle charnu; 3 fruits drupacés, globuleux, bivalves, implantés sur le réceptacle.

Le bois de cet arbre a été introduit dans le commerce, pour être substitué au quassia de Surinam. Il arrive en bûches qui ont souvent 35 centimètres de diamètre. Il est couvert d'une écorce très-amère, épaisse de 1 centimètre environ, blanche et fibreuse à l'intérieur, mais cependant dure et compacte; l'épiderme est mince et noirâtre. La surface extérieure présente des stries longitudinales et souvent des nervures proéminentes, formant une sorte de réseau lâche, longitudinal; la surface intérieure, qui est blanche, présente souvent aussi des nervures longitudinales et un peu ailées qui pénètrent dans le bois. Celui-ci est d'un jaune plus prononcé que le bois de quassia de Surinam; mais il est d'une fibre beaucoup plus grossière, et moins susceptible de poli. Cependant, comme il est satiné, qu'il présente des dimensions considérables et que sa grande amertume le rend innattaquable par les insectes, il pourrait être très-utile dans la menuiserie. Il a une amertume au moins aussi forte que celle du quassia de Surinam et ne paraît pas lui être inférieur sous le rapport de l'application médicale. M. Gerardias a retiré de cette plante un produit, qu'il a nommé d'abord *bittérine* et qu'il a ensuite reconnu comme identique avec la *quassine* de Wiggers.

Écorce de simarouba.

Simaruba officinalis, DC.; *Simaruba amara*, Aubl.; *Quassia simaruba*, L. Le simarouba (*fig.* 730) s'élève à 20 mètres de hauteur et plus, sur un tronc de 8 décimètres de diamètre. Son écorce est

---

[(1) Nous identifions le *Bittera febrifuga*, étudié par M. Gerardias (Voir le rapport fait sur son mémoire par M. Guibourt, *Journal de Pharmacie*, 3e série, XXXI, 110), avec le *Picræna excelsa*. Les échantillons de ces deux plantes que nous avons trouvées dans le droguier de M. Guibourt sont identiques. M. Guibourt l'admet dans les notes qui accompagnent ces échantillons. Le catalogue des colonies françaises pour l'Exposition de 1867 range aussi les produits préparés par M. Gerardias sous le nom de *Simaruba excelsa* (voir page 117).]

assez épaisse, blanche, fibreuse, légère et poreuse à l'intérieur, rugueuse à sa surface et couverte d'un épiderme mince, noir, couvert de taches grises et blanches. Le bois est blanchâtre, fibreux, léger, à peu près semblable à celui du quassia de la Jamaïque. Les feuilles sont ailées, formées de 2 à 9 rangs de folioles alternes, presque sessiles, oblongues, terminées à chaque extrémité par une pointe courte. Les fleurs sont monoïques, disposées en panicules rameuses et éparses. Elles sont fort petites, formées d'un calice à 5 divisions, de pétales un peu plus grands que le calice. Les fleurs mâles ont 10 étamines accompagnées à la base d'une écaille velue, et un ovaire stérile, à 5 lobes, entouré par les écailles staminales. Les fleurs femelles ne diffèrent des fleurs mâles que par l'absence des étamines et parce que l'ovaire est surmonté d'un style à 5 cannelures, terminé par un stigmate à 5 divisions disposées en étoiles. Le fruit est composé de 5 capsules drupacées, écartées les unes des autres, ayant à peu près la forme et le volume d'une olive.

Fig. 730. — Simarouba.

Le simarouba croît dans les lieux humides et sablonneux de l'île de Cayenne et de la Guyane. Ses racines sont fort grosses, et s'étendent au loin, près de la surface de la terre, qui les laisse souvent à moitié découvertes. C'est l'écorce de ces racines que l'on enlève pour la faire sécher et la livrer au commerce. Elle est en morceaux longs de plus de 1 mètre, repliés sur eux-mêmes; elle est d'un gris blanchâtre, très-fibreuse, légère, sans consistance, facile à déchirer dans le sens de sa longueur, mais très-difficile à rompre transversalement et à pulvériser. Elle est très-amère, fébrifuge et antidyssentérique. Son principe amer paraît être le même que celui du quassia.

Cédron.

Depuis longtemps, dit M. Hooker (1), l'illustre directeur du jardin royal de Kew, beaucoup de recherches ont été faites sur la semence d'une

---

(1) Hooker, *Pharmaceut. Journ.*, vol. X, 344.

plante connue des habitants de la Nouvelle-Grenade, sous le nom de *cédron*, et très-célébrée pour ses propriétés médicinales. M. Purdie, à son passage dans la province d'Antioquia, m'écrivait, en juillet 1846, qu'il avait eu le bonheur de découvrir le célèbre *cédron*, dont les semences sont vendues au prix d'un réal chaque cotylédon, et sont regardées comme un spécifique inappréciable contre la morsure des serpents, la fièvre intermittente, et généralement toutes les maladies de l'estomac. L'écorce et le bois abondent aussi en principe amer.

Le 29 juillet 1850, M. Jomard a présenté à l'Académie des sciences de Paris les semences de cédron, avec l'extrait d'une lettre de M. Herran, chargé d'affaires de la république de Costa-Rica en France, qui relate aussi l'efficacité de la semence de cédron contre la morsure des serpents venimeux, et qui annonce avoir employé ce médicament avec succès contre divers cas de fièvres intermittentes.

[Nous avons essayé sans succès le cédron contre un certain nombre de fièvres intermittentes (1). C'est simplement un médicament tonique, qui doit être rangé auprès de ses congénères le *Quassia* et le *Simarouba*.]

M. J. E. Planchon a rangé le cédron dans le genre *Simaba* de la famille des Simaroubées, et lui a donné le nom de *Simaba Cedron*. L'arbre n'excède pas 6 mètres de hauteur sur un tronc de 15 à 25 centimètres de diamètre. Les feuilles sont glabres, longues de 60 centimètres et davantage, composées de 20 folioles et plus, plus souvent alternes qu'opposées. Les folioles sont sessiles, longues de 10 à 15 centimètres, acuminées, obliques ou inégales à la base, penninerviées. Le pétiole commun est cylindrique, terminé par une foliole impaire. Les grappes sont longues de 60 centimètres et plus, serrées, rameuses, couvertes d'un duvet court, rougeâtre et velouté. Le calice des fleurs est petit, en forme de coupe, à 5 dents obtuses, couvert du même duvet ocreux. La corolle est composée de 5 pétales linéaires, étalés, d'un brun pâle et cotonneux extérieurement; 10 étamines courtes se dressent derrière un nombre égal d'écailles staminifères, rapprochées en tube; 5 ovaires supportés par une colonne tomenteuse; 5 styles unis entre eux au-dessus de la base, et excédant les étamines, un seul ovule dans chaque ovaire. Le fruit est très-volumineux, solitaire par l'avortement des autres carpelles, drupacé, d'une forme ovale, obliquement tronqué au sommet; la partie charnue du fruit, qui ne paraît pas avoir été bien molle, entoure un endocarpe corné. La semence est unique, volumineuse, suspendue, couverte d'un tégument membraneux avec une chalaze très-apparente. L'albumen est nul; les cotylédons sont très-grands, charnus et blancs à l'état récent.

Ce sont ces cotylédons isolés que l'on trouve dans le commerce. Ils sont longs de 3 à 4 centimètres, rarement de 5, larges de 15 à 20 millimètres, d'une forme elliptique, un peu courbée d'un côté. Ils sont convexes du côté extérieur, aplatis du côté interne, avec une petite cicatrice près du sommet. Par la dessiccation, ils sont devenus d'un jaune foncé, souvent sale et noirâtre à l'extérieur, et d'un jaune plus

---

(1) G. Planchon, *notes manuscrites*.

pâle à l'intérieur. Ils sont amylacés, avec une apparence légèrement grasse, et possèdent une forte amertume de quassia.

M. Lewy, en traitant le cédron par l'éther, en a retiré une matière grasse neutre, cristalline, presque insoluble dans l'alcool froid. Le résidu du traitement éthérique a cédé ensuite à l'alcool une substance cristallisable, d'une très-grande amertume, neutre au papier de tournesol.

Beurre de dika.

[On connaît sous le nom de *pain de dika* une substance rapportée du Gabon par M. Aubry-Lecomte et qui a déjà figuré à l'Exposition universelle de 1855. Cette substance arrive en masse de 3 kilos et demi ; elle est formée de graines grossièrement pilées, dont les fragments forment comme une sorte de conglomérat gris-brun marqué de taches blanchâtres. Cette matière est onctueuse au toucher ; elle a une odeur assez agréable qui rappelle de loin celle du cacao. Sa saveur est très-légèrement amère et un peu astringente, nullement désagréable.

L'arbre qui produit ce pain de dika porte dans le Gabon le nom de *oba*. M. Aubry-Lecomte l'avait comparé au manguier et lui donnait le nom de *Mangifera gabonensis* : un examen plus attentif l'a fait placer par M. Hooker fils dans le groupe des Simaroubées (1) : il en a fait, avec deux autres espèces de la même région, le genre *Irvingia*, et l'a nommé *Irvingia Barteri* (2). C'est un arbre de 15 à 20 mètres de haut, à feuilles coriaces, glabres, elliptiques, inégales à la base, accuminées au sommet, surtout dans les jeunes feuilles. Les fleurs hermaphrodites présentent : un calice 5-partite très-petit, 5 pétales largement oblongs, 10 étamines insérées à la base d'un disque assez épais, un ovaire biloculaire à loges uniovulées. Le fruit est un drupe jaune de la grosseur d'un œuf de cygne, il est oblong légèrement, comprimé et contient un noyau aplati bivalve à surface tomenteuse. La graine renferme sous un testa presque crustacé, rouge-marron, une amande blanche oléagineuse, formée d'un albumen contenant dans son axe un embryon à cotylédons planes foliacés.

Cette espèce est très-répandue sur les côtes d'Afrique depuis Sierra-Leone jusqu'au Gabon. Les naturels en mangent le drupe et préparent avec la semence le *pain de dika* ou d'*odika* qui entre dans leur alimentation ordinaire.

Le pain de dika contient une quantité considérable (près de 80 p. 100) d'un corps gras, qu'on peut en extraire par l'ébulli-

---

(1) Quelques auteurs placent cependant cette plante et le genre *Irvingia* dans les Burséracées (Voir Baillon, *Adansonia*, VIII, page 82).

(2) Hooker, *Trans. Linnean Societ.*, XXVII, 167.

tion dans l'eau ou par la simple expression du corps chauffé, c'est ce qu'on appelle le beurre de dika qui, par son apparence, son odeur et son goût, rappelle beaucoup le beurre de cacao. Il est fusible à 30°. M. Oudemans (1) en a étudié la constitution ; et, par la saponification, il en a retiré de l'acide myristique $C^{28}H^{28}O^4$ et de l'acide laurique $C^{24}H^{24}O^4$.]

FAMILLE DES OXALIDÉES.

Petit groupe de végétaux à feuilles très-variées, dont les fleurs sont régulières, hermaphrodites, pourvues d'un calice à 5 sépales un peu soudés par la base. La corolle est à 5 pétales alternes, contournés dans le bouton, un peu réunis par la base; les étamines sont monadelphes par la base des filets, au nombre de 10, dont 5 alternes plus petites. Le pistil est composé de 5 carpelles unis entre eux dans toute leur longueur, portant chacun un style terminé par un stigmate simple. Le fruit est tantôt une capsule pentagone, à 5 valves, tantôt une baie oblongue, à 5 sillons et à 5 loges ; les semences, en nombre variable, sont insérées à l'axe du fruit; elles sont pendantes, souvent pourvues d'un arille charnu, s'ouvrant avec élasticité par le sommet. Elles contiennent un embryon axile et homotrope, dans un endosperme charnu.

Cette petite famille, qui était comprise autrefois dans celle des Géraniacées, ne renferme que les deux genres *Oxalis* et *Averrhoa*. Celui-ci ne contient que deux arbres de l'Inde (*Averrhoa carambola* et *Averrhoa bilimbi*) dont les fruits, très-acides, servent à l'assaisonnement des mets ; l'autre (*Oxalis*) comprend environ 150 espèces, dont 3 seulement croissent naturellement en France (*Oxalis acetosella, corniculata, stricta*). La plupart des autres appartiennent à l'Amérique ou au cap de Bonne-Espérance.

Surelle, alléluia, ou pain de coucou.

Oxalis acetosella, L. (*fig.* 731). Racine écailleuse, comme articulée, rampante; tige nulle. Feuilles longuement pétiolées, composées de 3 folioles en cœur renversé, d'un vert pâle; plusieurs hampes longues de 8 à 11 centimètres, garnies vers leur partie moyenne de deux petites bractées opposées, et terminées par une seule fleur blanche veinée de violet. Le fruit est une capsule pentagone, à 5 valves qui s'ouvrent longitudinalement sur les

---

(1) *Journal für prakt. Chemie*, LXXXI, p. 356, d'après *Journal de Pharmacie et de Chimie*, 3ᵉ série, XXXIX, p. 239.

angles avec élasticité; les semences sont ovales, couvertes par un arille qui s'ouvre par le sommet.

Les feuilles de cette espèce ont une saveur acide et assez agréable. On en faisait autrefois usage en médecine, comme rafraîchissantes et antiscorbutiques. En Suisse et en Allemagne,

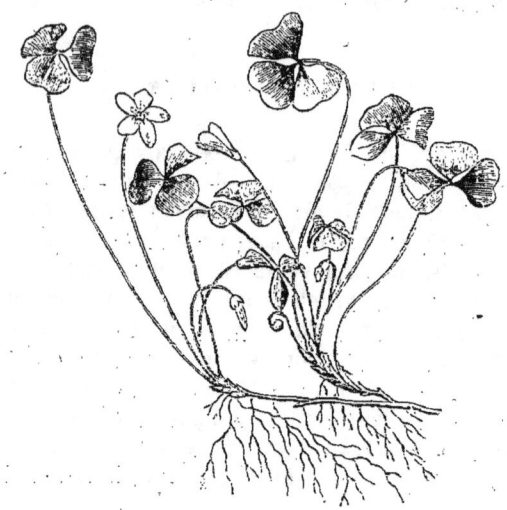

Fig. 731. — Surelle.

où la plante est assez commune, elle concourt, avec les *Rumex acetosa* et *acetosella*, à la préparation du sel d'oseille (suroxalate de potasse).

Parmi les espèces exotiques, il faut citer l'**oxalide crénelée** (*Oxalis crenata*, Jacq.), originaire du Pérou, que l'on peut cultiver en pleine terre, avec quelques précautions pour la garantir du froid de l'hiver. Ses racines fibreuses donnent naissance à des tubercules amylacés, jaunes, translucides, ovoïdes, et de la grosseur d'une noix, qui ont quelque ressemblance de forme avec ceux de la pomme de terre. Ces tubercules paraissent doués d'une acidité faible qui les rend un mets sain et assez agréable; mais ceux récoltés en France ne m'ont présenté qu'une saveur fade et assez insignifiante. Il est douteux qu'ils soient pourvus d'une propriété nutritive bien marquée.

FAMILLES DES GÉRANIACÉES, DES BALSAMINÉES ET DES TROPÉOLÉES.

Les GÉRANIACÉES sont formées de plantes herbacées ou sous-frutescentes, à feuilles simples ou composées, opposées ou alternes munies de stipules. Les fleurs sont complètes, régulières ou irrégulières, formées d'un calice libre, à 5 sépales souvent soudés par leur base.

Les pétales sont au nombre de 5, égaux ou inégaux, insérés à la base du gynophore, libres ou légèrement soudés à la base, alternes avec les divisions du calice. Les étamines sont insérées avec les pétales, ordinairement en nombre double, plus ou moins réunies par la base des filets, portant des anthères versatiles, à 2 loges; l'ovaire est composé de 5 carpelles verticillés, attachés par leur suture ventrale à la base d'un gynophore allongé en colonne; les ovules sont au nombre de 2, superposés et fixés à la suture ventrale; les styles sont continus aux carpelles, distincts à la base, mais bientôt agglutinés à la colonne centrale qu'ils dépassent, et terminés chacun par un stigmate simple. Le fruit se compose de 5 capsules uniloculaires, monospermes par avortement, se séparant à maturité de la base au sommet de la colonne centrale, et supportées chacune par leur style qui se relève en spirale et reste adhérent à l'axe par son sommet. Les graines contiennent un embryon sans endosperme, à cotylédons grands, foliacés, plissés et s'emboîtant mutuellement; la radicule est allongée, renfermée dans une gaîne vaginale et dirigée vers le bas de la loge.

La famille des Géraniacées se composait presque uniquement d'abord du genre *Geranium*, L., qui est devenu tellement nombreux en espèces que, pour en faciliter l'étude, on s'est décidé à le partager en trois, formant les genres *Erodium*, *Geranium* et *Pelargonium*. Le genre *Geranium* est caractérisé par ses fleurs régulières, à 5 sépales égaux, 5 pétales réguliers, et 10 étamines, dont 5 alternativement plus grandes, toutes fertiles; une glande nectarifère à la base des grandes étamines. Les arêtes ou les styles des capsules sont glabres en dedans. Ce genre comprend plus de 60 espèces, dont la moitié croît naturellement en Europe. Plusieurs de ces dernières ont été usitées autrefois en médecine comme astringentes, vulnéraires et diurétiques.

Herbe à Robert, bec-de-grue, herbe à l'esquinancie, *Geranium robertianum*, L. (1). Plante annuelle, à pédoncules biflores, herbacée, haute de 22 à 32 centimètres; à tiges rameuses, pubescentes, redressées, souvent rougeâtres, garnies de feuilles opposées, à 3 ou 5 lobes pinnatifides. Les pétales sont entiers, d'un rouge incarnat, deux fois plus longs que le calice, qui est anguleux et terminé en pointes dures; les carpelles sont glabres, et les semences lisses.

Géranium des prés, *Geranium pratense*, L. Plante vivace, à pédoncules biflores. La tige s'élève à la hauteur de 65 à 100 centimètres; elle est ronde, velue, ramifiée, garnie de feuilles opposées, assez grandes, hérissées de poils, profondément partagées en 5 ou 7 lobes pinnatifides; les pétales sont entiers, arrondis, assez grands et d'une couleur bleue. Cette plante croît naturelle-

---

(1) Blackwell, tab. ccccLxxx.

ment dans les lieux humides, en France et en Allemagne, et est cultivée pour l'ornement des jardins.

Géranium sanguin, *Geranium sanguineum*, L. (1). Plante vivace, à pédoncules uniflores. Tige ramifiée dès la base. Feuilles opposées, pétiolées, arrondies, partagées en 5 divisions trifides, à lobes linéaires. Les fleurs sont grandes, d'un rouge pourpre, portées sur de longs pédoncules axillaires, bi-bractéolés au milieu de leur longueur.

[**Geranium maculatum**, L. Rhizôme vivace : tige aérienne annuelle, dressée, dichotome, couverte de poils denses. Feuilles palmées, à 3-5 lobes, incisés-dentés à leur extrémité : feuilles radicales longuement pétiolées ; les supérieures opposées et sessiles. Fleurs pourpres ou blanches à pétales entiers, ciliés à la base, marqués de veines verdâtres.

Le rhizôme de cette espèce américaine est très-employé comme astringent aux États-Unis où il porte à cause de ces propriétés le nom de *Racine d'alun* (*Alum root*) (2).

Le genre *Erodium* ne diffère du précédent que par ses étamines, dont 5 opposées aux pétales sont stériles, et 5 alternes fertiles, et par les arêtes des capsules qui sont barbues en dedans. Ce genre comprend une quarantaine d'espèces qui avoisinent presque toutes le bassin de la Méditerranée. Une espèce répandue dans les lieux sablonneux du midi de la France exale une odeur de musc très-prononcée ; c'est l'*Erodium moschatum*, Willd.

Le genre *Pelargonium*, qui est le plus nombreux des trois, comprend près de 400 espèces, la plupart originaires du cap de Bonne-Espérance et cultivées dans les jardins, à cause de l'élégance et de la beauté de leurs fleurs. Ce genre ne diffère pas des précédents par le nombre et la disposition des ovaires, non plus que par la déhiscence du fruit ; mais il s'en distingue par l'irrégularité de toutes les parties de la fleur. Le calice est à 5 divisions, dont la supérieure se termine inférieurement en un éperon tubuleux soudé avec le pédoncule ; les pétales sont au nombre de 5, rarement de 4, plus ou moins irréguliers ; il y a 10 étamines monadelphes, inégales, dont 4 à 7 seulement sont fertiles ; les styles, persistants et roulés en dehors, sont barbus du côté inférieur, comme dans le genre *Erodium*.

La plupart des *Pelargonium* sont pourvus d'une odeur aromatique que son intensité rend quelquefois fatigante ou désagréable, mais dans laquelle domine souvent les odeurs du musc, de la térébenthine, du citron et de la rose. Les espèces les plus

---

(1) Clusius, *Rariorum*, CII.
(2) Bentley, *Pharmac. Journ.*, 2. série, v. 20.

aromatiques sont les *Pelargonium zonale, odoratissimum, fragrans, peltatum, cucullatum, capitatum, graveolens, Radula, roseum,* Willd.; *balsameum, suaveolens*. Trois de ces espèces fournissent à la distillation une essence dont l'odeur se rapproche beaucoup de celle de la rose, [mais qu'il ne faut pas confondre avec l'essence dite de Géranium, qui sert à falsifier l'essence de roses et qui provient d'un *Andropogon de l'Inde*.] (Voir précédemment page 299.) Ce sont les *Pelargonium capitatum*, Ait.; *roseum*, Willd. (variété du *Pelargonium Radula*), et *odoratissimum*, W.

Les BALSAMINÉES, sont décrites différemment par les botanistes : les uns, leur donnant un calice diphylle caduc, et 4 pétales disposés en croix, irréguliers et dont l'inférieur se prolonge en éperon, leur trouvent de l'analogie avec les Fumariacées et les Papavéracées ; mais les autres, se fondant sur leurs rapports beaucoup plus marqués avec les Géraniacées, leur accordent un calice à 5 sépales inégaux, dont un se prolonge en éperon à la base ; une corolle à 5 pétales inégaux, dont un plus grand, concave et quelquefois bilobé, embrasse tous les autres dans la préfloraison. Les étamines sont au nombre de 5, alternes avec les pétales, ordinairement soudées par leurs anthères, qui sont biloculaires et introrses. Ovaire libre, oblong, cylindrique ou prismatique, à 5 loges, contenant un grand nombre d'ovules redressés, attachés aux angles internes, et terminé par un stigmate sessile, conique, entier ou à 5 lobes. Le fruit est une capsule à 5 loges, s'ouvrant avec élasticité en 5 valves qui se détachent par la partie inférieure et se roulent de la base au sommet, en abandonnant l'axe central et une partie des cloisons. Les semences se composent d'un gros embryon homotrope, sans endosperme, à cotylédons planes et charnus, à radicule très-courte, obtuse et supère.

La famille des BALSAMINÉES est presque uniquement formée du genre *Impatiens*, L., que plusieurs botanistes divisent en deux genres, *Balsamina* et *Impatiens*, le premier comprenant des plantes asiatiques annuelles, dont les fleurs se doublent facilement par la culture et qui sont cultivées pour l'ornement des jardins. Dans ces plantes, les 5 anthères sont biloculaires, les 5 stigmates sont distincts et les cotylédons sont épais. Dans le genre *Impatiens*, 3 des anthères seulement sont biloculaires et les 2 autres, placées devant le pétale supérieur, sont uniloculaires ; les stigmates sont soudés et les cotylédons sont planiuscules. Une espèce très-commune dans nos bois est l'*Impatiens noli-tangere*, L., dont les fruits mûrs ne peuvent être touchés sans s'ouvrir avec élasticité et sans lancer au loin leurs semences. Cette plante passe pour être fortement diurétique.

Les TROPÉOLÉES forment encore une annexe très-peu nombreuse de la famille de Géraniacées, dont le type se trouve dans la **grande capucine**, *Tropæolum majus*, L. Cette plante, originaire du Pérou, est d'une culture très-facile et devenue populaire en Europe. Elle est annuelle et pousse de sa racine fibreuse des tiges nombreuses, déliées, cylindriques, succulentes, vertes et lisses, qui s'élèvent, au moyen de supports, à la hauteur de plus de 2 mètres. Ses feuilles sont alternes, dépourvues de stipules, longuement pétiolées, ombiliquées, arrondies et entières, larges de 6 à 8 centimètres, lisses et un peu glauques. Ses fleurs sont axillaires, très-longuement pédonculées, solitaires, mais très-nombreuses et se développant successivement, grandes, d'une forme élégante et d'un jaune ponceau très-éclatant. Elles sont pourvues d'un calice coloré, profondément divisé en cinq parties, dont la supérieure se prolonge à la base en un cornet creux, qui s'ouvre au fond de la fleur. Les pétales, au nombre de 5, paraissent attachés au calice et sont alternes avec ses divisions. Les deux supérieurs sont sessiles et éloignés du pistil, à cause de l'ouverture de l'éperon qui les en sépare. Les trois inférieurs, portés sur des onglets, de l'autre côté du pistil, sont plus rapprochés de lui et presque hypogynes; leur limbe est cilié inférieurement. Les étamines, au nombre de 8, à filets distincts, à anthères allongées, entourent l'ovaire et sont insérées sur le disque qui le supporte. L'ovaire est trigone, libre, surmonté d'un style persistant, terminé par 3 stigmates aigus. Le fruit se compose de 3 coques soudées, charnues, fongueuses, toruleuses à leur surface, se séparant à maturité, mais indéhiscentes et renfermant une seule semence pendante, volumineuse, dont le test est presque soudé avec l'endocarpe. L'embryon est dépourvu d'endosperme; les cotylédons sont droits, soudés en une masse charnue, et pourvus à leur base de deux oreillettes qui cachent la tigelle; la radicule est supère.

Les fleurs de la grande capucine ont un goût piquant et agréable qui, joint à leur belle couleur orangée, les fait rechercher pour mêler dans les salades. Toute la plante participe du même goût, qui approche de celui du cresson, et la fait regarder comme antiscorbutique et diurétique. Ses fruits, confits dans le vinaigre, sont employés comme assaisonnement.

FAMILLE DES AMPÉLIDÉES.

Arbres ou arbrisseaux souvent grimpants, à feuilles inférieures opposées, simples ou composées, accompagnées de stipules; les feuilles supérieures sont alternes, très-souvent opposées à des pédoncules convertis en vrilles rameuses. Les fleurs sont disposées en grappes opposées aux feuilles; le calice est très-court, libre, à 4 ou 5 dents peu marquées, revêtu intérieurement d'un disque hypogyne, annulaire, lobé sur son contour. La corolle est formée de 4 ou 5 pétales valvaires, libres ou adhérents entre eux par la partie supérieure; les étamines sont au nombre de 4 ou 5, opposées aux pétales; l'ovaire est appliqué sur le disque, le plus souvent à 2 loges, contenant chacune 2 ovules dressés, anatropes; le style est simple, court, terminé par un stigmate en tête. Le fruit est une baie à 2 loges, lorsque l'ovaire n'en a que 2, ordinairement monospermes. Les semences sont dressées, couvertes d'un épiderme membraneux, d'un test osseux, et, à l'intérieur, d'un troisième tégument rugueux; l'embryon est droit, placé à la base d'un endosperme cartilagineux; la radicule est infère.

En mettant à part le genre *Leea*, qui se distingue des autres Ampélidées par ses pétales soudés à la base, par ses étamines monadelphes et par son ovaire à 3-6 loges, cette famille se trouve presque réduite aux trois genres *Cissus, Ampelopsis* et *Vitis*. Le premier est caractérisé par ses fleurs à 4 pétales s'ouvrant de haut en bas, à la manière ordinaire, par ses étamines au nombre de 4, et par son ovaire à 4 loges (De Candolle). Le genre *Vitis*, le plus important des trois, puisque c'est lui qui comprend la vigne, présente 5 dents au calice, 5 pétales à la corolle, 5 étamines, un ovaire et un fruit à 2 loges ; mais ce qui le distingue particulièrement, ce sont ses pétales qui sont soudés par le haut et qui se séparent du calice par le bas, formant une sorte de coiffe qui recouvre pendant quelque temps le pistil et les étamines. Enfin, le genre *Ampelopsis* tient le milieu entre les deux précédents, étant pourvu de 5 pétales et de 5 étamines comme les vignes ; mais ses pétales s'ouvrant du sommet à la base, comme dans les *Cissus*. C'est à ce genre qu'appartient la **vigne vierge** (*Ampelopsis quinquefolia*, Mich.), arbrisseau à tiges sarmenteuses et radicantes de l'Amérique septentrionale, cultivé depuis longtemps en Europe, où on l'emploie pour former des berceaux et cacher la nudité de murs élevés, exposés au nord.

Vigne cultivée et raisin.

Le raisin est le fruit de la vigne, *Vitis vinifera*, L. (*fig.* 732),

Fig. 732. — Vigne cultivée.

arbrisseau sarmenteux, cultivé de temps immémorial dans le midi de l'Europe, et formant depuis longtemps une des principales richesses de la France. Ses caractères génériques sont d'avoir un calice très-petit, une corolle à 5 pétales caducs, rapprochés en voûte et s'ouvrant de la base au sommet ; pas de style ; un stigmate ; une baie polysperme. Son caractère spécifique est d'avoir les feuilles lobées sinuées-dentées, nues ou cotonneuses ; de plus, le port en est très-facile à reconnaître : la tige est noueuse, tortueuse et recouverte d'une écorce très-fibreuse et crevassée ; il en sort tous les ans, au printemps, des rameaux ou *sarments* très-vigoureux, qui bientôt surpasseraient la hauteur des plus grands arbres si on les laissait croître ; mais on a le soin d'arrêter cette force d'ascension en taillant ces rameaux à des époques déterminées par la culture, et cela dans la vue de forcer la séve à se porter vers les bourgeons que l'on suppose devoir donner du fruit. Ces rameaux sont garnis de nœuds d'espace en espace, et de vrilles à l'aide desquelles ils s'attachent aux arbres voisins ou aux supports qu'on leur présente. Les fruits sont des baies pédicellées et disposées en grappe sur un pédoncule commun ; ils sont d'abord verts et acerbes, mais ils deviennent acidules et plus ou moins doux et sucrés. Ces fruits sont ronds ou ovales, plus ou moins gros, plus ou moins savoureux, verdâtres, dorés, rouge-pourpre ou presque noirs, selon les pays, les procédés de culture, et les variétés qui sont extrêmement nombreuses. Je ne citerai qu'une seule de ces variétés, en raison du produit particulier qu'elle donne à la pharmacie : c'est le *verjus*, ainsi nommé parce que son fruit mûrit difficilement dans nos climats ou mûrit fort tard : aussi l'emploie-t-on vert, et lorsque ce fruit, ayant cessé d'être acerbe, mais n'étant pas encore sucré, a acquis une acidité franche. Le suc qu'on en retire porte également le nom de *verjus ;* on en fait un sirop, et on l'emploie comme assaisonnement dans les cuisines.

Tout le monde connaît les usages du raisin et les produits qu'il fournit à la vie domestique, aux arts et à la chimie : il nous donne le vin, le vinaigre, l'alcool et le tartre, dont je traiterai séparément ; en outre, on le fait sécher dans beaucoup de pays, soit pour l'usage de la table, soit pour la pharmacie.

Raisins de Damas. Ces raisins étaient autrefois la principale sorte officinale ; ils sont rares aujourd'hui dans le commerce. Suivant la description qu'en fait Pomet, ils sont très-grands, aplatis, de la grosseur et de la longueur du bout du pouce, secs, fermes, d'un goût fade et peu agréable, et ne contiennent ordinairement que deux pepins. Ils viennent dans des boîtes demi-rondes, nommées *bustes*. On leur substitue souvent les **raisins de Calabre,** qui sont gras, mollasses et d'un goût sucré, aussi bien que les **jubis.**

Raisins de Malaga. Ces raisins sont employés aujourd'hui, dans les pharmacies, sous le nom de *raisins de Damas* et sont aussi très-usités pour les desserts. Ils viennent en caisses du poids de 7 à 30 kilogrammes. Ils sont en grappes entières, dont la rafle est anguleuse et d'un jaune rougeâtre ; les plus gros grains sont longs de 24 à 27 millimètres, larges de 15 à 17 ; ils ont une teinte violacée et sont glauques à leur surface, excepté sur les points proéminents, qui sont rougeâtres et luisants. Ils sont presque transparents à la lumière, qui permet d'y distinguer deux semences rapprochées du centre. Ils ont une saveur de muscat fort agréable et sucrée.

Raisins au soleil. Ces raisins viennent également d'Espagne. Ils sont plus petits que les précédents, les plus volumineux n'ayant que 15 à 18 millimètres de longueur sur 8 à 10 d'épaisseur. Ils sont privés de leur rafle, mais sont munis chacun de leur pédoncule propre. Ils sont assez généralement terminés en pointe du côté du pédoncule, et sont profondément ridés et sillonnés en tous sens ; ils ont une couleur rouge assez prononcée sur toutes les parties saillantes et polies par le frottement ; tandis que les sillons sont d'une couleur bleuâtre et glauque ; les pepins manquent très-souvent. Tels que je les ai vus, et un peu anciens déjà, ils sont presque opaques et ont un léger goût de fermenté, qui est en outre sucré et un peu aigrelet.

Raisins de Provence, raisins de caisse, raisins aux jubis. D'après Pomet, ces raisins viennent surtout de Roquevaire et d'Ouriol. Lorsqu'ils sont mûrs, on les cueille en grappes, on les trempe dans une lessive chaude de carbonate de soude, et on les fait sécher au soleil, sur des claies. Quand ils sont secs, on les renferme dans des caisses de bois blanc, plus longues que larges, et du poids de 9 à 20 kilogrammes. Ces raisins sont en partie pourvus de leurs rafles et en parties égrenés. Ils sont arrondis, un peu aplatis, d'un jaune blond, presque transparents à la lumière, lorsqu'ils sont récents ; mais ils deviennent promptement opaques, par la cristallisation du glucose qu'ils contiennent, et qui souvent vient s'effleurir à leur surface. Ils ont une saveur sucrée et acidule, et contiennent de deux à quatre semences volumineuses.

Raisins de Samos. Ces raisins, que je n'ai vus que très-altérés, ont beaucoup de ressemblance avec ceux de Provence. Ils sont comme eux en grappes ou égrenés, arrondis et d'une couleur jaunâtre ; mais ils sont plus petits et plus serrés sur la grappe et sont pourvus de deux semences. Ils ont une saveur très-sucrée et musquée. Le vin que ces raisins produisent, dans l'île de Samos, est célèbre sous le nom de *molvoisie*.

Raisins de Smyrne. Pomet ne parle pas de ces raisins qui paraissent être assez nouveaux dans le commerce. Ils sont extrêmement propres et réguliers, pourvus de leur petit pédoncule, mais privés de rafles. Ils sont généralement ovales ou elliptiques, et un peu aplatis; ils sont longs de 12 à 14 millimètres, larges de 7 à 10, d'un blond pâle, presque transparents à la lumière et complétement privés de semences, ce qui les rend très-agréables à manger et très-appropriés pour les pâtisseries. Ils sont très-sucrés et ont un goût de raisin muscat.

Raisins de Corinthe. Ces raisins sont très-anciennement connus. Ils doivent leur nom, moins à ce qu'ils proviennent véritablement de Corinthe qui en produit peu, qu'à leur provenance d'Anatolico, de Missolonghi, de Lépante, de Patras et de l'île Céphalonie, qui entourent l'ouverture de l'ancien golfe de Corinthe. Depuis longtemps ils viennent principalement de l'île de Zante, dont ils portent aujourd'hui le nom dans le commerce. Ils sont égrenés avec soin, d'un brun noirâtre, arrondis, fort petits, et incomplétement privés de semences, qui sont d'ailleurs peu perceptibles, en raison de leur petit volume. Ils ont un goût sucré et un peu astringent. Ils viennent entassés et pressés en une seule masse, dans des tonneaux d'un poids considérable. Les Anglais en consomment une grande quantité pour en composer différents mets et des pâtisseries dont l'usage s'est également répandu en France.

Raisins de Maroc. Pomet fait aussi mention de ces raisins qui sont égrenés, noirs, arrondis, de la grosseur de nos raisins noirs ordinaires qui seraient desséchés. Ils sont bien sucrés et contiennent de une à trois semences qui les rendent peu agréables pour la bouche.

Vin.

Le vin se retire du raisin. Lorsque ce fruit est mûr, on le cueille et on le réunit dans de grandes cuves, où on le foule avec les pieds. Le suc qui en sort se nomme *moût*. On l'abandonne sur son marc pendant trois ou quatre jours, durant lesquels la fermentation s'établit. On reconnaît qu'elle commence lorsqu'on voit se former à la surface de la liqueur des bulles qui vont rapidement en augmentant. Ces bulles, qui sont de l'acide carbonique, soulèvent les débris solides du fruit, et une écume épaisse composée surtout de ferment altéré. Cette écume et ces débris soulevés au-dessus du liquide en forment ce qu'on nomme *le chapeau*.

Peu à peu l'effervescence se calme et le chapeau s'affaisse. Alors on soutire le liquide dans des tonneaux. Il porte déjà le nom de vin.

Le vin continue de fermenter dans les tonneaux, mais lentement, parce que la plus grande partie des agents de la fermentation est déjà détruite. La combinaison des autres principes devient aussi plus intime ; la quantité d'alcool augmente, et cet alcool opère la précipitation d'une partie du *tartre* contenu dans le vin, et celle de la *lie* qui se compose encore de débris atténués de fruits et de ferment, combinés avec de la matière colorante du vin. Telle est la manière générale dont on obtient les vins rouges.

Les vins blancs se font avec les raisins blancs. On peut cependant aussi en faire avec les raisins rouges ; mais alors, au lieu de laisser fermenter le moût sur son marc, au moyen de quoi il se colore en rouge en dissolvant la matière colorante de l'épiderme du raisin, on le soutire dès que le grain est écrasé, et on le laisse fermenter dans les tonneaux.

Pour obtenir les vins blancs mousseux, on les met en bouteilles peu de temps après qu'ils sont dans les tonneaux, et bien avant que la fermentation lente dont on vient de parler soit achevée. Par ce moyen, l'acide carbonique est forcé de se dissoudre dans le vin, et s'y dissout d'autant plus que la résistance qu'on oppose à son échappement est plus forte. Lorsque la pression qu'il exerce sur le liquide est parvenue à un certain terme, la fermentation s'arrête, et le vin forme un dépôt qui se rassemble dans le cou des bouteilles qu'on a l'attention de tenir renversées. On débouche un peu la bouteille pour soutirer ce dépôt, et on l'abandonne de nouveau à elle-même. On la débouche de même plusieurs fois, et tant qu'il se rassemble de la lie dans le cou ; enfin on assujettit fortement le bouchon : un reste de fermentation ramène bientôt le vin à une complète saturation d'acide carbonique, et alors il en contient une si grande quantité en dissolution, qu'on ne peut le verser dans un verre sans le remplir aussitôt de cette mousse pétillante qui plaît tant aux buveurs.

On fait encore des *vins de liqueur* ou *vins sucrés*. On les prépare en Espagne, en Italie, dans le midi de la France et dans tous les pays chauds, où le suc de raisin reçoit une plus grande élaboration et se charge d'une très-grande quantité de sucre : alors une partie de ce principe résiste à la fermentation, et le vin reste sucré. Pour augmenter encore la quantité proportionnelle du sucre dans le raisin, on a soin, lorsqu'il est mûr, de tordre la grappe et de la laisser quelque temps sur pied dans cet état, ce qui agit surtout en concentrant le suc par l'action du soleil ; on peut encore faire évaporer le moût sur le feu, mais ce procédé est bien inférieur au premier.

Le pharmacien emploie trois sortes de vin : le rouge, le blanc, et le sucré, qui est ordinairement celui d'Alicante ou de Malaga, ou ces mêmes vins simulés que l'on fabrique dans le midi de la France. Il est assez difficile de leur assigner des caractères de choix, qui dépendent beaucoup du goût particulier de chacun ; il est plus facile d'indiquer les moyens de reconnaître quelques-unes des falsifications auxquelles ils sont sujets.

Le vin rouge contient neuf substances principales qui sont : de l'eau, de l'alcool, de l'acide acétique, des surtartrates de potasse et de chaux, du sulfate de potasse, une matière dite extractive, un principe colorant rouge soluble dans l'alcool, du sucre et du ferment. Le vin blanc ne diffère guère du précédent que par l'absence de la matière colorante rouge. De là nous voyons déjà que les vins doivent donner de l'alcool à la distillation, laisser cristalliser du tartre par l'évaporation, rougir le tournesol, précipiter le nitrate de baryte, l'oxalate d'ammoniaque et les dissolutions métalliques. Mais il faut observer :

1° Que l'acide acétique du vin étant hors de sa nature, quoiqu'il y existe toujours, moins un vin en contiendra, et par suite moins il rougira le tournesol, meilleur il sera ;

2° Que, bien que le vin précipite l'oxalate d'ammoniaque en raison du tartrate de chaux qu'il contient, cependant le précipité est peu abondant, et un vin, dont on aurait saturé l'acide avec de la chaux ou son carbonate, se reconnaîtra toujours facilement, en comparant la quantité de précipité qu'y forme l'oxalate avec la quantité formée dans un vin naturel.

3° Que si, par une mesure coupable, un marchand de vin avait saturé cet excès d'acide acétique avec de la litharge, le meilleur moyen à employer pour le reconnaître, ne sera pas l'acide sulfhydrique ou les sulfhydrates, qui forment des précipités plus ou moins abondants et diversement colorés avec les vins : il faudra user de préférence d'une dissolution de carbonate ou de sulfate de soude ; on formera ainsi un précipité blanchâtre de carbonate ou de sulfate de plomb, qu'on laissera bien déposer, qu'on lavera et qu'on traitera par l'hydrogène sulfuré ; alors la moindre quantité de plomb existante dans ce précipité sera décelée par la couleur noire qu'il prendra ;

4° Que le sucre n'existe qu'en très-petite quantité dans le vin rouge de France, et en quantité d'autant moindre que la fermentation a été plus parfaite : si donc, après avoir fait évaporer un vin rouge à siccité, et avoir traité à froid le produit par de l'alcool très-rectifié pour dissoudre la matière colorante, on s'aperçoit qu'il reste, outre le tartre, une matière molle, visqueuse et sucrée, on en conclura que le vin examiné a été altéré par l'addition d'une certaine quantité de sucre, de mélasse, ou même de sirop de raisin, et, quel qu'ait été le but de cette addition, un vin qui n'en offrira pas le caractère sera préférable ;

5° Quant à la coloration des vins blancs ou peu foncés en rouge, à l'aide de baies de sureau ou d'autres matières analogues, il y a peu de moyens de la reconnaître. Mais il paraît certain que cette falsification est bien moins commune qu'on ne l'a supposé, et que la coloration des vins blancs ou peu colorés de Champagne et de la Basse-Bourgogne est opérée principalement au moyen de vins du Midi très-foncés.

Les vins ont une valeur commerciale bien différente et qui dépend souvent moins de la proportion de leurs principaux éléments que d'un arome particulier ou *bouquet*, dont la nature est peu connue ; car il ne paraît pas que cet arome doive être confondu avec l'huile essentielle découverte par M. Deleschamps, que MM. Liebig et Pelouze ont reconnue être un éther (éther œnanthique) contenant un acide gras nommé acide œnanthique. Malgré cette valeur commerciale si différente, on ne peut se dissimuler que l'alcool ne soit l'élément principal du vin, et celui qui servira tôt ou tard de base à la perception de l'impôt. Il n'est donc pas hors de propos d'indiquer les moyens qui sont employés pour déterminer la richesse des vins en alcool.

Le moyen le plus direct est la distillation, pour laquelle M. Gay-Lussac a proposé un petit appareil que l'on trouve chez tous les fabricants d'appareils et de produits chimiques, et qui peut être d'ailleurs facilement remplacé par un très-petit alambic ordinaire, muni de son serpentin. On introduit dans la cucurbite de l'alambic trois mesures quelconques de vin, soit trois demi-décilitres ou 300 demi-centimètres cubes, et on distille jusqu'à ce qu'on ait obtenu exactement le tiers du volume du vin, ou un demi-décilitre. On amène ce produit à la température de 15 degrés centigrades, et on y plonge un alcoomètre centésimal. Supposons que ce produit marque 36 degrés à l'alcoomètre; comme il est évident qu'il est trois fois plus alccolique que le vin, on prend le tiers de 36, et on en tire la conclusion que le vin contient 12 centièmes de son volume d'alcool pur ou anhydre.

Il est utile, en faisant l'opération précédente, de prendre pour récipient un tube cylindrique de verre contenant de 120 à 150 demi-centimètres cubes, et gradué par demi-centimètres, parce que si, par mégarde, on avait recueilli une quantité de produit supérieure à 100 divisions, on ne serait pas obligé de recommencer l'opération; il suffirait, au lieu de prendre le tiers ou les $\frac{100}{300}$ du degré alcoométrique du produit, de multiplier ce degré par $\frac{100 + n}{300}$. Supposé, par exemple, qu'en distillant le même vin que ci-dessus, on ait retiré 110 mesures de produit, qui ne marquera plus que 32°,75; pour trouver le degré alcoométrique du vin, il faudra multiplier 32,75 par $\frac{110}{300}$, et l'on trouvera encore le nombre 12, pour le degré alcoométrique cherché.

On a proposé d'autres procédés fondés, soit sur la dilatabilité de l'alcool, plus grande que celle de l'eau par l'action de la chaleur, soit sur le point d'ébullition du liquide. On conçoit, en effet, que l'eau se dilatant, en passant de zéro à 100 degrés, de 0,0466 de son volume primitif, tandis que l'alcool, dans les mêmes circonstances, se dilate de 0,1254, les divers mélanges de ces deux liquides se dilateront d'autant plus qu'ils contiendront plus d'alcool, et d'autant moins qu'ils contiendront plus d'eau. C'est sur ce principe qu'est fondé le *dilatomètre alcoométrique* de Silbermann (1).

Pareillement, l'eau bouillant à 100 degrés et l'alcool pur à 78 degrés, sous une pression barométrique de 76 centimètres, on conçoit qu'un mélange d'eau et d'alcool entrera en ébullition à une température d'autant plus rapprochée de 100 degrés, qu'il contiendra plus d'eau, et d'autant plus rapprochée de 76 degrés qu'il renfermera plus d'alcool, et qu'il est facile de déterminer, par expérience, à quelle température doit bouillir un mélange quelconque d'eau et d'alcool. C'est après avoir déterminé ces températures, auxquelles les principes fixes du vin n'apportent pas de variation appréciable, que M. Conati a proposé l'emploi

---

(1) Silbermann, *Journ. de pharm. et de chim.*, t. XV, p. 100.

d'un *ébullioscope* qui fait connaître immédiatement, d'après la température d'ébullition du vin, la quantité réelle d'alcool qu'il contient (1).

Voici, d'après M. Gay-Lussac, la quantité d'alcool pur, en volume, contenue dans 100 parties d'un assez grand nombre de vins :

Chypre	15,1	Therme-Cantenac	9,1
Madère très-vieux	16,0	Tronquoy-Lalande	9,9
Malaga	15,1	Saint-Estèphe	9,7
Jurançon blanc (Basses-Pyrénées)	15,2	Phelan (3)	9,2
		Tokai (Hongrie)	9,1
Jurançon rouge	13,7	Bons vins de Bourgogne	11,0
Banyuls-sur-Mer (Pyrénées-Orientales)	18,03	Volnay (Côte-d'Or)	11,0
		Mâcon	10,0
Collioure (*Id.*)	15,59	Champagne mousseux	11,6
Rivesaltes (*Id.*)	14,50	Vins du Cher	8,7
Pyrénées-Orientales (2)	14,68	Coteaux d'Angers	12,9
Grenache	16	Saumur	9,9
Saint-Georges (Hérault)	15	Vins de l'ouest	10,0
Frontignan (*Id.*)	11,8	— blancs de la Vendée	8,8
Bagnols (Gard)	17	Wachenheim (Rhin)	11,9
Vauvert (*Id.*)	13,3	Forst	11,5
Ermitage rouge	11,3	Scherwiller (Bas-Rhin)	11,0
Côte-Rôtie (Rhône)	11,3	Westhoffen (Westphalie)	10,0
Vins *de poids* du Midi	13	Molsheim	9,2
— communs du Midi	9,8	Barr	6,9
Sauterne blanc (Gironde)	15,0	Ergersheim	6,0
Baume blanc (*Id.*)	12,2	Châtillon (près de Paris)	7,5
Saint-Pierre-du-Mont (*Id.*)	11,5	Verrières (Seine-et-Oise)	6,2
Barsac blanc, premier cru	14,7	Vin de la Société œnophile	9,3
— — deuxième cru	12,6	*Id.* en bouteilles	10,5
— — troisième cru	12,1	Vin au détail (à Paris)	8,8
Poudensac blanc, premier cru	13,7	— de lies pressées (Paris)	7,6
— — deuxième cru	13,0	Cidre le plus spiritueux	9,1
— — troisième cru	13,0	— le moins spiritueux	4,8
Château-Laffite	8,7	Poiré	6,7
Château-Margaux	8,7	Ale de Burton	8,2
Château-Latour	9,3	d'Édimbourg	5,7
Château-Haut-Brion	9,0	Porter de Londres	3,9
Château-Destournel	9,0	Petite bière de Londres	1,2
Brannes-Mouton	9,0	Bière vieille de Strasbourg	3,5
Léoville	9,1	— nouvelle	3,0
Grave-Larose-Kirwan	9,8	— rouge de Lille	2,9
Cantenac	9,2	— blanche *id*	2,9
Giscours	9,1	— de Paris	1,9
Lalagune	9,3		

Le CIDRE est une liqueur vineuse que l'on fait surtout en Normandie et en Picardie, avec le suc de petites pommes agrestes (*malus acerba*) qui

---

(1) Conati, *Journ. de pharm. et chim.*, t. XV, p. 95.

(2) Les quatre résultats relatifs aux vins des Pyrénées-Orientales sont empruntés à M. Bouis de Perpignan. Le premier nombre appartient à un vin de 1816, d'une alcoolicité exceptionnelle ; les deux suivants sont des moyennes de plusieurs années ; le dernier nombre est la moyenne de 86 vins de toutes localités, analysés par M. Bouis.

(3) Les résultats relatifs aux vins de la Gironde sont empruntés à Fauré.

y sont fort communes (voir précédemment, page 291). On récolte ces pommes depuis septembre jusqu'en novembre. On les laisse en tas pendant quelque temps pour achever de les faire mûrir et y développer plus de principe sucré. On les écrase, on y mêle ordinairement une certaine quantité d'eau, et on les exprime. On reçoit le suc dans une grande cuve, d'où il est ensuite versé dans des tonneaux où il fermente lentement ; ce n'est guère que vers le mois de mars qu'il est bon à mettre en bouteilles et à boire.

La BIÈRE se prépare avec de l'orge, à l'aide de plusieurs opérations indispensables pour en déterminer et en régler la fermentation.

On commence par faire tremper le grain d'orge dans l'eau, afin de le ramollir et de le disposer à la germination ; on l'étend ensuite sur un plancher en une couche uniforme d'environ 50 centimètres, et on le remue de temps en temps pour empêcher qu'il ne s'échauffe trop. Au bout de quelques jours on voit le germe paraître. Lorsqu'il a acquis de 3 à 5 millimètres de longueur, on arrête l'opération en desséchant l'orge dans une étuve chauffée à 60 degrés. La germination a pour but de développer dans l'orge une plus grande abondance de principe sucré : mais il faut l'arrêter à temps par la dessiccation, car autrement le sucre se détruirait. L'orge germé, séché et privé de ses germes, se nomme *drèche* ou *malt*.

On moud la drèche grossièrement, et on la met dans une grande cuve à double fond, dont on laisse l'intervalle des deux fonds vide. On y fait arriver de l'eau presque bouillante par le bas, de manière à couvrir la drèche, et on brasse fortement le tout ; deux ou trois heures après on soutire l'eau, et on la remplace par de la nouvelle, afin de mieux épuiser la drèche. On réunit les liqueurs qui contiennent tous les agents de la fermentation, et on les fait évaporer pour les concentrer. Sur la fin on y ajoute de la fleur de houblon, dont le principe amer et astringent doit déterminer la fermentation qui va suivre à être alcoolique plutôt que acéteuse ; car on a remarqué que le moût d'orge, mis à fermenter sans houblon, ne donnait guère que du vinaigre. Après que cette plante a bouilli pendant un instant dans la liqueur, on passe celle-ci et on la reçoit dans une grande cuve, où l'on ajoute assez de levûre délayée pour y établir une prompte fermentation. Cette fermentation est des plus tumultueuses, et donne naissance à une écume abondante, très-riche en ferment. C'est cette écume qui forme la *levûre* dont je viens d'indiquer l'emploi, et qui, en outre, étant lavée à grande eau pour lui enlever son amertume, est employée par les boulangers pour faire lever le pain.

Lorsque la fermentation est apaisée, on distribue la bière dans de petits tonneaux, où elle continue de fermenter et de jeter de l'écume pendant plusieurs jours ; alors on ferme le tonneau et on la livre au commerce.

La bière demande à être bue promptement, à cause de sa facilité à s'aigrir. Elle contient moins d'alcool que le cidre, et à plus forte raison que le vin.

La bière est quelquefois employée à composer une bière antiscorbutique, pour laquelle on suit la même formule que pour le vin. Il faut seulement y ajouter une certaine quantité d'alcool, en même temps que les plantes, afin d'empêcher qu'elle ne s'aigrisse. C'est au surplus ce que l'on fait, même en employant le vin blanc qui sert à la préparation du vin antiscorbutique.

Alcool.

L'alcool est un des produits de la fermentation vineuse ou alcoolique : ainsi, tous les liquides qui ont subi cette fermentation en contiennent plus ou moins et peuvent en donner par la distillation. Le vin est celui de tous qui en contient le plus et qui donne l'alcool de meilleure qualité. Le cidre en contient plus que la bière ; on en retire en outre des marcs de raisin, des graines de céréales fermentées, de la pomme de terre et de sa fécule préalablement convertie en glucose ; de différents fruits, et notamment des cerises écrasées et fermentées avec leur noyau ; de la mélasse, du vesou, du riz, etc. Tous ces alcools portent différents noms, comme ceux d'*eau-de-vie* ou d'*esprit-de-vin*, de *marc*, de *grains*, de *pommes de terre*, de *fécule*, et ceux de *kirch-wasser*, *tafia*, *rhum*, *rack*, etc. Tous ont un goût particulier ou bouquet qui les fait reconnaître et différemment estimer des connaisseurs. Le rhum est quelquefois prescrit au pharmacien en place d'eau-de-vie de vin.

On retire l'alcool du vin par la distillation : le plus ancien procédé consiste simplement à mettre du vin dans la cucurbite d'un très-grand alambic muni d'un serpentin, et à la soumettre à l'action immédiate du feu. On obtient par ce moyen un liquide alcoolique qui marque de 46 à 56 degrés à l'alcoomètre centésimal ; on le nomme communément *eau-de-vie*. Ce liquide est incolore et peu agréable lorsqu'il vient d'être distillé ; mais en le laissant vieillir dans des tonneaux de chêne, il acquiert une couleur ambrée et un goût plus parfait. Lorsqu'on veut convertir l'eau-de-vie en esprit plus fort, on la distille de nouveau, et on obtient un liquide marquant environ 75 degrés à l'alcoomètre, nommé *eau-de-vie double*. Enfin, cette eau-de-vie double, distillée de nouveau, acquiert de 82 à 85 degrés et prend le nom d'*esprit-de-vin*. Dans le commerce, on y ajoute un terme technique *trois-six*, qui se marque comme la fraction $\frac{3}{6}$, et qui indique que cet alcool, coupé avec moitié de son volume d'eau, reforme de l'eau-de-vie à 56 degrés. Les autres degrés ont également d'autres fractions qui les désignent, comme $\frac{3}{7}$, $\frac{6}{11}$, et d'autres.

Depuis longtemps déjà, le procédé qui vient d'être indiqué a été remplacé par des appareils plus compliqués, dont la première exécution est due à Édouard Adam, et qui ont été décrits par M. Duportal (1). Dans ces appareils, la vapeur alcoolique qui se dégage de la cucurbite est reçue successivement dans deux vases contenant du vin qu'elle échauffe et fait entrer en ébullition ; toute la vapeur qui part du dernier de ces vases est reçue dans d'autres vases vides qu'on laisse

---

(1) Duportal, *Sur la distillation des vins. Annales de chimie*, t. LXXVII p. 178.

échauffer à différents degrés, suivant la force que l'on veut donner au produit, et est enfin reçue dans un grand serpentin rafraîchi avec du vin. Comme on le pense bien, ce vin échauffé est porté, soit dans les deux premiers récipients, soit dans la curcubite, où il exige moins de temps et de combustible pour entrer en ébullition pour la première fois.

Outre cet avantage, qui est déjà considérable, outre la meilleure qualité et la plus grande quantité du produit, on peut encore, comme je viens de le dire, en laissant plus ou moins échauffer les vases intermédiaires (ce qui y condense d'autant moins ou d'autant plus d'alcool faible), obtenir celui qui coule du serpentin à un degré différent, et jusqu'à 90 degrés, point que l'on ne pouvait atteindre par le moyen de l'ancien alambic, qu'après trois ou quatre distillations successives. Ces résultats, qui sont immenses et qui ont donné une si grande extension au commerce des esprits, auraient dû mériter à leur auteur une récompense nationale : il est mort dans le dégoût.

L'alcool doit avoir un goût franc et être peu coloré. Anciennement on reconnaissait facilement celui retiré du vin, dit *esprit de Montpellier*, de celui qui était extrait des marcs de raisin ou des grains. Ces derniers, mêlés à partie égale d'acide sulfurique, brunissaient fortement en raison de la carbonisation d'une matière huileuse qu'ils contenaient, et qui résultait du mauvais procédé suivi pour leur préparation, tandis que l'alcool du vin restait presque incolore ; mais, depuis qu'on a appliqué aux esprits de marcs et de grains les procédés d'Édouard Adam, cette différence n'existe plus, et il n'y a qu'un odorat et un goût exercés qui puissent les faire distinguer.

L'alcool, à ses différents degrés, est très-employé par les pharmaciens, comme excipient des teintures et des esprits aromatiques, et pour préparer les éthers. Il sert aussi au chimiste dans ses analyses, ayant la propriété de dissoudre certains corps à l'exclusion d'autres ; tels sont, parmi les minéraux, les sels déliquescents, et, parmi les végétaux, les huiles volatiles, les résines, quelques huiles fixes, et différents acides et principes colorants.

Vinaigre.

Le vinaigre, comme l'indique son nom, est du vin aigri ou acidifié. La fermentation qui le produit se nomme fermentation acétique ; elle peut s'exercer sur tous les corps qui ont d'abord subi la fermentation alcoolique ; ainsi, le cidre et la bière peuvent également donner une sorte de vinaigre, qui est bien moins agréable que celui du vin.

Pour changer le vin en vinaigre, on construit une longue étuve dont on entretient la température entre 20 et 25 degrés ; on dispose dans cette étuve plusieurs rangées de tonneaux dont on laisse la bonde ouverte, et qu'on a percés d'un autre trou, latéralement et à la partie supérieure, afin d'y augmenter le renouvellement de l'air ; on remplit ces tonneaux aux deux tiers de vin rouge ou blanc, mais plus ordinairement de vin blanc : tous les huit ou dix jours on change le vin de tonneau, et, au bout de trente jours environ, l'opération est terminée. C'est l'habitude qui apprend à connaître, en le goûtant, quand le vin est autant aigri que possible ; il ne faut pas dépasser ce terme, car l'air continuant d'agir sur le vinaigre le détruirait.

Le vinaigre est blanc ou rouge selon le vin employé. Il diffère du vin surtout parce qu'il contient beaucoup d'acide et peu d'alcool ; on y trouve, du reste, le principe colorant du vin, une matière muqueuse et des surtartrates de potasse et de chaux. Le meilleur vinaigre blanc nous vient d'Orléans ; mais on en fabrique de très-grandes quantités à Paris avec de l'orge ou de la bière, de la mélasse, du glucose et d'autres substances susceptibles d'éprouver les fermentations alcoolique et acétique ; de plus l'acidité de ces différents vinaigres est souvent rehaussée par une addition d'acide acétique retiré du bois, et quelquefois au moyen d'une petite quantité d'acide sulfurique ou chlorhydrique.

A part l'addition de ces deux derniers acides, qui constitue une fraude très-répréhensible, je ne crois pas qu'il faille condamner, sans examen, les autres mélanges ; je regarde, au contraire, comme un progrès utile, lorsque la chimie est parvenue à produire des corps tels que l'acide acétique retiré du bois, la dextrine et le sucre de dextrine, l'application de ces corps à quelque grande fabrication, et la concurrence qu'ils viennent faire à d'autres matières premières d'un prix plus élevé. Il faut y mettre deux conditions cependant : la première est que le produit fabriqué ne contiendra rien de nuisible à la santé ; la seconde est qu'il ne sera pas vendu sous le nom, ou comme provenant d'une autre fabrication. Cette dernière condition est d'autant plus équitable dans le cas présent, que le vinaigre de vin conserve une grande prééminence de qualité sur les autres, et qu'il y aurait perte pour l'acheteur à prendre comme vinaigre de vin du vinaigre de bois ou de glucose. Je n'entrerai pas ici dans le détail de toutes les expériences à faire pour arriver à la distinction de ces différents vinaigres. Je renvoie, à cet égard, aux différents Mémoires de M. Chevallier (1), ainsi qu'à celui que j'ai publié et je me bornerai à donner les caractères principaux d'un bon vinaigre de vin.

Le vinaigre, provenant du vin blanc, est limpide, d'un jaune un peu fauve et assez foncé ; d'une densité de 1,018 à 1,020 ($2°,50$ à $2°,75$ au pèse-liqueur de Baumé). Il possède une saveur très-acide, mais dépourvue d'âcreté, et ne rend pas les dents rugueuses au toucher de la langue ; il se trouble un peu par le nitrate de baryte et l'oxalate d'ammoniaque, et très-faiblement par le nitrate d'argent. Il sature de 6 à 8 centièmes de son poids de carbonate de soude pur et desséché ou de 16 à 21 p. 100 de carbonate de soude cristallisé, et doit être d'autant plus estimé que son acidité est plus forte, entre ces deux limites. Il prend, par la saturation, une couleur de vin de Malaga et acquiert une légère odeur vineuse, sans mélange d'odeur empyreumatique. Il contient environ $2^{gr},5$ de bitartrate de potasse par litre et ne renferme ni ma-

---

(1) **Chevalier**, *Journal de Pharmacie et de Chimie*, t. X, p. 407. — Voy. aussi Chevallier et Gobley, *Essai sur le vinaigre, ses falsifications et les moyens de les reconnaître* (*Ann. d'Hyg. publ.*, 1843, t. XXIX, p. 55).

tière gommeuse, ni dextrine, ni glucose. Il ne contient également aucune substance métallique qui puisse prendre une couleur brune noirâtre par un sulfhydrate alcalin, ou rouge-brique par le cyanure ferroso-potassique.

Tout vinaigre qui s'écartera beaucoup des caractères précédents, c'est-à-dire qui sera trouble, d'un jaune très-pâle, d'une densité inférieure à 1,016, d'une faible acidité et qui saturera moins de 6 centièmes de carbonate de soude (1);

Ou qui sera acide au point de corroder les dents et qui précipitera instantanément et abondamment par le nitrate de baryte ou le nitrate d'argent;

Ou qui aura une saveur âcre ou une odeur désagréable;

Ou qui se colorera en brun-noirâtre par le sulfhydrate de potasse, ou en rouge par le cyanure ferroso-potassique;

Ce vinaigre devra être regardé comme suspect et soumis à un examen ultérieur qui permette de statuer définitivement sur sa qualité.

Tartre brut et Crème de Tartre.

Le tartre est une croûte saline qui se forme contre la paroi interne des tonneaux dans lesquels on conserve le vin; il est composé d'un peu de lie, de matière colorante, et surtout de bitartrate de potasse mêlé ou combiné à une certaine quantité de tartrate de chaux; il est *rouge* ou *blanc*, selon le vin qui l'a fourni; il a une saveur aigrelette et vineuse, et brûle sur les charbons en répandant une odeur qui lui est propre. Il est employé en pharmacie pour préparer les boules de Mars ou de Nancy.

On purifie le tartre en grand à Montpellier. Pour cela on le fait fondre dans l'eau bouillante, on y délaie 4 ou 5 pour 100 d'une argile pure, qui ne tarde pas à s'emparer de la matière colorante et à la précipiter; on passe, on évapore à pellicule et on laisse cristalliser; les cristaux séchés portent le nom de *crème de tartre*. C'est du bitartrate de potasse assez pur, à cela près du tartrate de chaux qu'il contient. Il est cristallisé en prismes obliques à base rhombe; mais on y trouve aussi une assez grande quantité de petits tétraèdres isolés.

On doit choisir la crème de tartre en cristaux bien prononcés, blancs, et d'une saveur acide assez marquée. Il faut la conserver dans un endroit sec, car elle s'altère à l'humidité: elle acquiert alors une forte odeur d'acide acétique.

La crème de tartre sert à préparer tous les autres tartrates et l'acide tartrique. On peut la considérer soit comme un tartrate double d'eau et de potasse $= C^4H^2O^5,HO + C^4H^2O^5,KO$; soit comme un tartrate simple bibasique, dont une des bases est l'eau et l'autre la potasse; on la représente alors par la formule $C^8H^4O^{10}(HO,KO)$, qui est plus simple que la première.

(1) Pour opérer la saturation par le carbonate de soude, consultez spécialement le *Journal de Pharmacie et de Chimie*, t. X, p. 415.

FAMILLES DES MÉLIACÉES ET DES CÉDRÉLACÉES.

La famille des MÉLIACÉES comprend des arbres et des arbrisseaux à feuilles alternes, non stipulées, simples ou composées. Les fleurs ont un calice gamosépale, à 4 ou 5 divisions; une corolle à 4 ou 5 pétales valvaires; des étamines en nombre double des pétales, rarement en même nombre ou en nombre supérieur au double; les étamines sont toujours monadelphes et forment, au moyen de leurs filets soudés, un tube qui porte les anthères. L'ovaire est placé sur un disque annulaire, et présente 4 ou 5 loges contenant le plus souvent 2 ovules collatéraux ou superposés. Le style est simple et terminé par un stigmate plus ou moins divisé en 4 ou 5 lobes. Le fruit est tantôt sec, capsulaire, s'ouvrant en 4 ou 5 valves septifères; tantôt drupacé et parfois uniloculaire par avortement. Les graines sont dépourvues d'ailes, mais souvent accompagnées d'un arille charnu. L'embryon est pourvu d'endosperme dans la tribu des *méliées*, et privé d'endosperme dans celle des *trichiliées*.

Les méliacées, malgré leurs propriétés très-actives, sont à peine connues des médecins, en Europe. L'**azédarac bipinné** (*Melia azederach*, L.) est un grand arbrisseau de Perse et de Syrie, depuis longtemps naturalisé dans le midi de l'Europe, dont toutes les parties sont amères, fortement purgatives et anthelmintiques; mais il peut devenir vénéneux à une dose trop élevée. En Amérique, les *Guarea trichilioides*, L., *Swartzii*, DC., *purgans*, Saint-Hilaire, *cathartica*, Mart.; de même que les *Trichilia cathartica*, Mart. et *havanensis*, Jacq., sont remarquables par leur forte qualité purgative et émétique.

L'**écorce de carapa**, *Carapa guyanensis*, Aublet, de la Guyane, est vantée comme fébrifuge. Suivant la description qu'en ont donnée Pétroz et Robinet, elle est épaisse de 5 millimètres, couverte d'un épiderme gris et rugueux, d'un rouge brun foncé à l'intérieur et d'une saveur amère. Sa cassure est assez nette et présente des couches concentriques de couleur alternativement plus claire et plus foncée; sa surface interne est moins foncée en couleur que la masse même de l'écorce, et présente plusieurs couches de fibres. L'examen chimique de cette écorce, fait par Pétroz et Robinet, permet de croire qu'elle contient un alcaloïde amer et fébrifuge qu'il serait très-intéressant d'y rechercher de nouveau.

Le fruit du carapa de la Guyane est une capsule ligneuse, ovoïde, longue de 8 à 10 centimètres, marquée de 4 côtes arrondies et de 4 sillons, s'ouvrant en 4 valves et contenant de 7 à

---

(1) Pétroz et Robinet, *Journ. de Pharm.*, t. VII, p. 351.

8 semences assez volumineuses, pressées les unes contre les autres, fixées à l'axe du fruit et diversement anguleuses, suivant la place qu'elles occupent dans l'amas globuleux formé par leur réunion. Ces semences sont pourvues d'un test rougeâtre et coriace ; l'amande est formée de deux cotylédons épais dont on retire par expression une huile jaunâtre, en partie liquide et en partie solide, dans les pays chauds, mais entièrement figée à la température moyenne de nos climats.

Cette huile est très-amère et sert à un grand nombre d'usages, en Amérique. Non-seulement elle est généralement appliquée à l'éclairage, mais les Indiens la mêlaient autrefois au rocou et s'en peignaient le corps, le visage et les cheveux, dans un but de parure et pour se mettre à l'abri de la piqûre des insectes ; les Nègres chasseurs s'en frottent encore les pieds, dans le même dernier but, et on en frotte également les meubles que l'on veut préserver des insectes. Cette huile est aujourd'hui apportée à Marseille, avec beaucoup d'autres, pour la fabrication du savon.

Le bois de carapa est fibreux, assez léger, rougeâtre, inattaquable par les insectes.

Semences de touloucouna ; *Carapa touloucouna*, Guill., *Carapa guineensis*, Sweet. Le touloucouna est un grand arbre de la Sénégambie qui diffère de celui de la Guyane par ses fleurs pentamères et par ses fruits pentagones et s'ouvrant en 5 valves. Les semences forment au milieu du fruit un amas globuleux, et sont composées d'un test rougeâtre, dur, presque ligneux, tuberculeux à sa surface, et d'une amande un peu rosée, dure, très-grasse, fournissant par expression une huile amère, d'un jaune pâle et ayant la consistance de l'huile d'olives figée. Ces semences sont souvent très-aplaties, ayant été superposées les unes aux autres suivant la hauteur du fruit ; mais on en trouve aussi qui ont la forme d'un cinquième de sphère et qui ont dû être disposées circulairement autour de l'axe, et quelques autres, arrondies, qui paraissent avoir été isolées au milieu du fruit. Ces semences et leur huile sont importées à Marseille pour la fabrication du savon.

[M. Eug. Caventou a étudié au point de vue chimique l'écorce du *Carapa touloucouna* : il n'a pu y trouver d'alcaloïde semblable à celui que Pétroz et Robinet ont signalé dans le *Carapa* de la Guyane. Le principe amer, qu'il a appelé *Touloucounin*, a plutôt une légère réaction acide. C'est une substance amère, résinoïde, incristallisable, ne se combinant pas avec les bases : elle est insoluble dans l'éther, à peine soluble dans l'eau froide, un peu plus dans l'eau chaude ; très-soluble dans l'alcool et dans le chloroforme (1).]

(1) Eug. Caventou, *Du Carapa touloucouna*. Paris, 1859.

La famille des CÉDRÉLACÉES se distingue de celle des méliacées, de laquelle elle a été distraite par M. R. Brown, par ses ovules plus nombreux, insérés en double série, dans chaque loge de l'ovaire sur des trophospermes soudés à l'axe, et par ses graines ailées, ordinairement pourvues d'endosperme. Elle comprend des arbres exotiques, la plupart très-élevés, dont les écorces sont employées comme fébrifuges, et dont les bois, très-estimés pour l'ébénisterie, forment un objet de commerce considérable. Parmi les écorces fébrifuges, je citerai celles du *Soymida febrifuga* de l'Inde, du *Cedrela febrifuga* de Java, du *Swietenia Mahogoni* des Antilles et celle du *Khaya senegalensis* de la Sénégambie, de laquelle M. Eugène Caventou a retiré un principe amer, résinoïde, neutre aux réactifs, qui paraît jouir de la propriété fébrifuge de l'écorce. Celle-ci, telle que M. E. Caventou l'a eue, paraît ressembler beaucoup à celle du carapa de la Guyane. Elle est large, cintrée, épaisse de 7 à 8 millimètres, couverte d'un épiderme gris-blanchâtre, à surface peu rugueuse. Sous l'épiderme, l'écorce est d'une couleur rouge qui diminue d'intensité en allant de l'extérieur à l'intérieur ; la cassure est grenue vers l'extérieur, ensuite un peu lamelleuse et se termine, sur le bord interne, par une série simple de fibres ligneuses aplaties. La coupe transversale rendue nette, à l'aide d'un bon instrument tranchant, et vue à la loupe, donne l'explication des caractères précédents. On trouve, en effet, que cette écorce est formée d'une matière rougeâtre presque pulvérulente, entremêlée de grosses fibres blanches, rangées comme par cercles concentriques, et dont les cercles sont beaucoup plus continus et plus rapprochés du côté intérieur de l'écorce. La surface interne est formée par l'agglutination des fibres ligneuses dont il a été parlé plus haut et assez unie. La saveur de l'écorce est très-amère.

Le bois du *Khaya senegalensis* est connu dans le commerce sous les noms d'**acajou du Sénégal** et de **caïlcedra**. Il ressemble beaucoup à l'acajou Mahogoni, mais il est d'une texture plus grossière, garde plus difficilement le poli et présente souvent une teinte vineuse peu agréable. Il est beaucoup moins estimé.

Acajou Mahogoni, *Swietenia Mahogoni*, L. Cet arbre est très-abondant dans les Antilles et principalement à Saint-Domingue, à Cuba, et dans la province de Honduras. Il a une croissance rapide et parvient à des dimensions considérables. Son bois est compacte, d'une texture fine et serrée, d'une couleur rougeâtre claire qui devient à l'air d'un rouge plus foncé nuancé de brun. Il est facile à travailler et susceptible d'un beau poli satiné. On en fait une consommation considérable pour la fabrication des meubles, quoique on ne l'emploie le plus souvent que plaqué sur chêne ou bois blanc, après l'avoir réduit en feuilles d'une grande minceur, à l'aide d'une scierie mécanique.

Le bois d'acajou dont on fait le plus d'usages en France est celui **de Haïti ou Saint-Domingue**; il provient surtout de la partie espagnole de l'île ; il est d'une couleur vive, d'une fibre fine et serrée, pesant de 28 à 34 kilogrammes le pied cube. Il vient en poutres équarries, nommées *billes*, qui ont le plus communément de 40 à 68 centimètres d'équarrissage et de 2^m, 3 à 3^m, 3 de longueur ; mais on en trouve aussi de petites billes de 32 à 49 centimètres d'équarrissage et 65 à 130 centimètres de longueur, provenant de rameaux fourchus dont le bois est recherché sous sous le nom d'*acajou ronceux*.

L'acajou de Cuba est un peu plus lourd que celui de Haïti et d'une couleur moins brillante ; les billes ont de 32 à 54 centimètres d'équarrissage sur 4 à 6 mètres de longueur, avec une des extrémités taillée en pointe et percée d'un trou.

L'acajou de Honduras paraît être d'une espèce différente ; il a la fibre plus grosse et moins serrée et ne pèse que 20 à 25 kilogrammes par pied cube. Il parvient à une grosseur telle qu'on en fait des billes de 13 à 16 décimètres d'équarrissage sur 3 à 5 mètres de longueur ; il a une couleur plus pâle et tirant quelquefois sur le jaune. On trouve pourtant un acajou de Honduras dont le grain est fin, et dont la couleur rosée ne brunit pas avec le temps, ce qui lui donne du prix.

Acajou femelle, acajou à planches, ou cedrel odorant (*Cedrela odorata*, L.). Grand et bel arbre de l'Amérique qui se distingue des *Swietenia* par ses étamines qui sont libres et au nombre de cinq seulement (1). Le fruit, de même que celui de Mahogoni, est une capsule ligneuse, pentagone, à 5 valves, contenant un placenta ligneux, libre, central, chargé de semences imbriquées, comprimées et munies à leur bord d'une aile membraneuse. Seulement ce fruit est bien plus petit que celui du Mahogoni, et pourvu d'une odeur fétide et alliacée, qui passe dans la chair des perroquets qui s'en nourrissent. L'écorce de l'arbre est aussi imprégnée d'une odeur fétide, insupportable. Quant au bois, il est très-léger, poreux, rougeâtre, amer, inattaquable par les insectes, et pourvu, quand il est sec, d'une odeur aromatique agréable, analogue à celle du genévrier de Virginie. Il sert avec avantage à faire des charpentes de maisons, des meubles communs, ou des intérieurs de meubles d'ornement, des barques très-légères et pouvant soutenir de lourdes charges sur l'eau. On en fait aussi des caisses pour le sucre et des boîtes pour les cigares.

(1) Les *swietenia* ont 10 étamines réunies en un tube denté au sommet, et portant les anthères du côté interne.

Bois d'Amboine. Bois fort rare et fort cher provenant des loupes d'un arbre des Moluques. Ces loupes et les portions de bois qui les accompagnent ressemblent beaucoup au bois d'acajou de Honduras, de sorte qu'il ne me paraît pas douteux que ce bois ne soit produit par un arbre voisin des *swietenia*. Peut-être est-ce par la *Flindersia amboinensis* de Poiret, *Arbor radulifera* de Rumphius, quoique ce dernier ne parle aucunement de l'utilité de son bois.

Bois satiné de l'Inde, *east indian satin-wood* du commerce anglais. Ce bois est comparable pour la forme, le volume, la couleur et le poli satiné au **bois d'hispanille** décrit page 490; mais il est inodore et sa coupe perpendiculaire à l'axe présente, à la loupe, des lignes radiaires continues, très-serrées, ne contenant généralement entre elles qu'une rangée de petits points blanchâtres, disposés par petits groupes interrompus. Je ne sais si c'est par suite d'une erreur d'origine, mais on m'a donné comme venant du Brésil, sous le nom de **satiné jaune de Para**, une bûche cylindrique de 11 centimètres de diamètre, dont le bois de diffère pas du *satin-wood* de l'Inde que j'ai acheté à Londres en 1843.

Endlicher cite encore, comme bois de cédrélacées connus dans le commerce anglais, un **bois rouge de l'Inde** (*red-wood*) fourni par le *soymida febrifuga*, et un **bois jaune de l'Australie** (*Australia yellow-wooa*), dû à l'*oxleya xanthoxyla*.

GROUPE DES ACÉRÉES.

Endlicher comprend sous ce nom un assemblage de sept familles appartenant aux dicotylédones polypétales hypogynes ou thalamiflores. Ces familles étant peu nombreuses et peu importantes pour la matière médicale proprement dite, je me dispenserai d'en donner les caractères, qui se trouveront d'ailleurs suffisamment indiqués dans la description particulière des articles. Voici le tableau de ces familles et des espèces les plus utiles.

SAPINDACÉES.

Savonnier des Antilles	*Sapindus saponaria*, L.
Li-tchi	*Nephelium litchi*, L.
Guarana	*Paullinia sorbilis*, Mart.
Cururu	— *cururu*, L.
Bois de reinette	*Dodonæa salicifolia*, DC.

HIPPOCASTANÉES.

Marronnier d'Inde	*Æsculus hippocastanum*, L.
Pavia rouge	*Pavia rubra*.

RHIZOBOLÉES.

Saouari	*Caryocar villosum*, Pers.
Pekea butyreux	— *butyrosum*, Willd.
— tuberculeux	— *tomentosum*, Willd.

ÉRYTHROXYLÉES.

Coca du Pérou	*Erythroxylum Coca*, Lam.

CORIARIÉES.

Redoul	*Coriaria myrtifolia*, L.

MALPIGHIACÉES.

Cerisier des Antilles	*Malpighia glabra*, L.

ACÉRINÉES.

Érable à sucre	*Acer saccharinum*, L.
— plane	— *platanoides*, L.
— champêtre	— *campestre*, L.
— sycomore	— *pseudo-platanus*, L.
Negundo	*Negundo fraxinifolium*, Nutt.

Savonnier des Antilles.

Sapindus saponaria, L. Les savonniers sont des arbres ou des arbrisseaux croissant entre les tropiques, par toute la terre; à feuilles alternes privées de stipules, pétiolées, composées pinnées, à folioles alternes ou opposées, très-entières, souvent ponctuées; à fleurs polygames, pourvues d'un calice à 4 ou 5 divisions égales, d'une corolle à 4 ou 5 pétales insérés à la base extérieure d'un disque annulaire, de 8 ou 10 étamines libres, insérées entre le disque et l'ovaire. L'ovaire est central, sessile, à 3 loges contenant un seul ovule droit. Le fruit est composé de une, deux ou trois capsules charnues, indéhiscentes, monospermes.

Le savonnier des Antilles est un grand arbre dont le bois, la racine et les fruits sont empreints d'un principe amer qui communique à l'eau la propriété de mousser fortement et de produire sur le linge un effet analogue à celui du savon. Ce sont les fruits surtout qui servent à cet usage; ils sont de la grosseur d'une cerise, globuleux, luisants, d'un roux jaunâtre, contenant sous une pulpe gluante et très-amère un noyau noirâtre, arrondi, fort dur, renfermant une amande huileuse. Les fruits des *Sapindus arborescens* et *frutescens* de la Guyane, *divaricatus* du Brésil, *senegalensis* du Sénégal, *rigida* de l'île Bourbon, sont presque semblables aux premiers et servent aux mêmes usages. J'ai reçu par M. Gaetano Ambrosioni celui du *Sapindus divaricatus*, dit *pao de sabao* au Brésil. Il est composé de 1, 2 et rarement 3 baies lisses et luisantes, de la grosseur d'une petite cerise et d'un roux jaunâtre. Les baies avortées sont toujours représentées par un ou deux tubercules à la base de celles qui se sont développées. Le péricarpe de celles-ci est mince, formé d'un suc gluant desséché, assez transparent pour qu'on voie la semence au travers, ainsi que l'a mentionné Marcgraff (1). Cette semence adhérait à la partie inférieure de la graine au moyen d'un plexus filamenteux; mais elle s'en détache par la dessiccation, et on l'entend sonner dans l'intérieur de la loge, lorsqu'on agite le fruit. Cette semence est noire, lisse, formée d'un test épais et très-dur, à structure rayonnée, et d'une amande jaune, huileuse, non amère, mais peu agréable à manger. Le fruit entier, tel que je l'ai, possède une odeur d'acide acétique assez prononcée.

Cette semence sert à faire des colliers et des chapelets. Quant au péricarpe, quand on le fait tremper dans l'eau, on voit la matière mielleuse qu'il contient se dissoudre, et l'eau en acquiert une saveur très-amère et très-âcre, et la propriété de mousser comme de l'eau de savon. Cette eau ne se trouble pas lorsqu'on l'étend de beaucoup d'alcool et ne contient pas de gomme, par conséquent.

Lit-chi.

Euphoria lit-chi, Desf.; *Scytalia chinensis*, Gærtn., t. 42. Le li-tchi est compté au nombre des fruits les plus estimés de la Chine. L'arbre qui le produit s'élève à la hauteur de 5 à 6 mètres et porte des feuilles alternes, ailées sans impaire, à 2 ou 3 paires de folioles. Ses fleurs sont petites, disposées en panicules lâches, et sont pourvues d'un calice à 5 dents, de 5 pétales réfléchis, de 6 à 8 étamines et d'un ovaire didyme, surmonté d'un style et de deux stigmates. Un des deux ovaires avorte constamment, et le fruit est formé d'une seule baie tuberculeuse, presque sphérique et d'un rouge ponceau, contenant, sous une enveloppe coriace, une semence entourée d'un arille épais et pulpeux, d'une saveur que l'on dit exquise et comparable à celle du meilleur raisin muscat. Les Chinois mangent cet arille à l'état récent, ou desséché au four, à la manière de nos pruneaux.

Guarana.

On nomme ainsi une pâte préparée au Brésil avec les semences de *Paullinia sorbilis*. Les semences étant pulvérisées grossière-

(1) Marcgraff, p. 113.

ment, sont mises en pâte avec de l'eau et formées en masses cylindriques, qui ont la forme d'un saucisson et qui ressemblent, pour la couleur et l'aspect, à de la pâte de cacao grossièrement broyée. Cette matière possède une saveur faiblement astringente; au Brésil les voyageurs en emportent avec eux et l'emploient delayée dans de l'eau et sucrée, comme rafraîchissante et antifébrile. [Elle a donné à M. Fournier du tannate de caféine, un principe particulier indéterminé se colorant en rouge foncé par la lumière; trois huiles volatiles distinctes; une huile fixe, de l'amidon et de la gomme (1).]

Une autre espèce de *Paullinia* (*Paullinia cururu*, L.), décrite par Pison, sous le nom de *cururu-ape*, produit des fruits avec lesquels on enivre les poissons, et dont les sauvages de la Guyane se servaient également pour enduire leurs flèches d'un poison narcotico-âcre. Les *Paullinia pinnata*, L., et *australis*, Saint-Hilaire, sont encore plus vénéneuses et sont employées par les nègres dans leurs empoisonnements.

Marronnier d'Inde.

Æsculus hippocastanum. Le marronnier d'Inde est un grand et bel arbre originaire de l'Asie tempérée, d'où il a passé d'abord à Constantinople, on ne sait à quelle époque. C'est de cette ville que des échantillons en ont été envoyés pour la première fois à Mathiole, en 1569; mais ce n'est qu'en 1576 qu'un jeune arbre en fut adressé à Clusius, à Vienne, où il n'avait pas encore fleuri en 1588, époque à laquelle ce botaniste le quitta. Il n'a été cultivé en France qu'en 1615, et en Angleterre en 1633. A partir de cette époque, il s'est promptement répandu partout, peu de nos arbres indigènes pouvant lui être comparés pour la beauté du feuillage et l'élégance des fleurs.

Le marronnier s'élève à une hauteur de 20 à 27 mètres, sur un tronc de 3 à 4 mètres de circonférence. Il perd ses feuilles de bonne heure et se reconnaît pendant l'hiver à ses gros bourgeons ovoïdes et pointus, dont les écailles sont enduites d'un suc gluant, de nature résineuse. Il se couvre de feuilles à la fin du mois de mars, fleurit au commencement de mai et donne ses fruits en septembre. Ses feuilles sont opposées, palmées, longuement pétiolées et composées de 5 à 7 folioles dentées, inégales et augmentant de grandeur en allant du pétiole à l'extrémité. Ses fleurs sont blanches, panachées de rouge, assez grandes, nombreuses et disposées en belles grappes pyramidales, redressées à l'extrémité des rameaux et sur toute la circonférence de l'arbre,

(1) Voir *Journ. de pharm. et de chim.*, t. XXXIX, p. 291, 3ᵉ sér.

ce qui lui donne un fort bel aspect. Ces fleurs sont composées d'un calice monosépale, à 5 dents inégales; d'une corolle à 5 pétales inégaux, ondulés et ciliés en leurs bords, rétrécis en onglet à la base; de 7 étamines à filaments subulés, inégaux, attachés sous l'ovaire; enfin d'un ovaire libre et supère, arrondi, à trois loges bi-ovulées, porté sur un disque et surmonté d'un style subulé, terminé par un stigmate simple. Le fruit est une capsule charnue, globuleuse, hérissée de pointes, s'ouvrant en trois valves septifères, et divisée en trois loges pouvant contenir chacune deux graines; mais la plupart avortent et on n'en trouve ordinairement qu'une ou deux. Ces graines sont grosses, glabres, luisantes, arrondies ou diversement anguleuses, et d'un brun clair avec un large hile basilaire, de couleur cendrée. Elles ont une singulière ressemblance extérieure avec celles du châtaignier cultivé, connues sous le nom de *marron;* mais elles en diffèrent beaucoup à l'intérieur par leurs cotylédons amers, recourbés et soudés, pourvus d'une radicule conique dirigée vers le hile, et d'une plumule très-apparente, diphylle.

Le bois de marronnier est très-blanc, léger, tendre et facile à travailler. On en fabrique divers ouvrages à l'usage des dames, tels que vases, corbeilles, coffrets et tables de travail, sur lesquels on exécute des peintures à l'huile.

L'écorce du marronnier d'Inde a été prônée à différentes époques comme fébrifuge et comme succédanée du quinquina; mais il ne paraît pas qu'on en ait obtenu beaucoup de succès. Celle des branches de deux à trois ans, que l'on doit préférer, est brune et rugueuse à l'extérieur, de couleur de chair dans sa cassure, qui est plutôt grenue que fibreuse; elle est inodore, et jouit d'une saveur amère, astringente, très-désagréable.

L'infusion aqueuse d'écorce de marronnier rougit le tournesol, précipite la gélatine, verdit et forme un précipité vert par le sulfate de fer; ne précipite pas l'émétique; précipite par les acides, par la baryte et la chaux, ne précipite pas par la potasse, qui lui donne une couleur bleu intense (1). La même infusion forme, avec le nitrate d'argent, un précipité gris, passant de suite au noir, ce qui la distingue de l'infusion de quinquina, qui produit avec le même réactif un précipité blanc permanent (2).

Depuis que le marronnier d'Inde est cultivé en Europe, on voit avec regret que la grande quantité de fruits amylacés qu'il produit chaque année n'ait pas été utilisée pour la nourriture de l'homme ou des animaux; on a prétendu que les vaches, les chèvres, les moutons et les cochons les mangeaient avec plaisir;

---

(1) *Annales de chimie*, t. LXVII, p. 210.
(2) *Bull. de pharm.*, t. I, p. 35.

mais, ainsi que l'a remarqué Baumé, ils en mangent peu, par exception, et préfèrent leur nourriture ordinaire. Cependant les procédés pour extraire du marron d'Inde une farine pure et nutritive sont connus depuis longtemps, et ceux qui ont été préconisés dans ces dernières années n'en sont que la répétition. Ils consistent dans une division parfaite de la pulpe du fruit, expressément recommandée par Baumé, et dans son lavage répété au moyen de l'eau, soit pure, soit additionnée d'une petite quantité de carbonate alcalin. Dans tous les cas, la transformation de la fécule du marron d'Inde en glucose et en alcool fournirait un moyen très-simple d'utiliser ce fruit, et il faut espérer qu'on ne le laissera plus perdre à l'avenir.

La composition du marron d'Inde n'est pas encore parfaitement connue. Baumé n'a fait qu'y indiquer un principe très-amer soluble dans l'acool, une substance particulière qu'il désigne sous le nom de gomme-résine, de l'huile, une matière sucrée et une autre azotée, analogue au gluten du froment. Il fait également mention de la propriété fortement mousseuse et savonneuse que le marron d'Inde communique à l'eau.

D'après M. Frémy, la matière savonneuse du marron d'Inde est identique avec la *saponine* retirée de la saponaire du Levant, par M. Bussy, et toutes deux, traitées par l'acide chlorhydrique, se transforment en un acide très-peu soluble dans l'eau, mais toujours très-soluble dans l'alcool, auquel M. Frémy (1) donne le nom d'*acide esculique*.

On cultive dans les jardins, sous le nom de **pavia rouge**, un arbre peu élevé et très-élégant, qui ressemble au marronnier d'Inde par la forme de ses feuilles et par la disposition de ses fleurs; mais il en diffère par ses folioles pétiolulées et non sessiles sur leur pétiole commun, par sa corolle à 4 pétales redressés, et par ses fruits pyriformes, dépourvus d'aiguillons. Les sommités des tiges, les pétioles et les principales nervures des feuilles sont d'une couleur rougeâtre, et les fleurs sont d'un rouge éclatant.

Coca.

Erythroxylum coca, Lam. Arbrisseau originaire du Pérou, devenu célèbre par l'usage que l'on fait de ses feuilles. Il s'élève à la hauteur de 10 à 13 décimètres, et se divise en rameaux nombreux et redressés. Les feuilles sont alternes, courtement pétiolées, entières, ovales-aiguës, presque à 3 nervures et longues de 40 millimètres sur 27 millimètres de large. Les fleurs sont petites, nombreuses, portées sur des tubercules dont sont couverts les jeunes rameaux. Elles portent un calice persistant,

(1) Fremy, *Ann. chim. phys.*, t. LVIII, p. 101.

à 5 dents ; 5 pétales à large onglet, munis d'une écaille à leur base ; 10 étamines monadelphes par le bas ; un ovaire supère à 3 loges et surmonté de 3 styles. Le fruit est un drupe rouge, oblong, à une loge monosperme, accompagnée de 2 loges avortées ; la semence est pendante, pourvue d'un embryon droit dans l'axe d'un endosperme cartilagineux ; radicule supère.

Les feuilles de coca paraissent exercer sur le système nerveux une action analogue à celle du vin. Mâchées en petite quantité par les voyageurs et par les ouvriers mineurs, elles soutiennent leurs forces et leur permettent de supporter la faim et la soif pendant une journée presque entière. Mâchées en plus grande quantité, avec mélange de feuilles de tabac, elles procurent une ivresse dont les effets paraissent assez semblables à ceux du chanvre indien. Prises en infusions théiformes, elles sont un stimulant très-utile. On en fait au Pérou et dans la Bolivie un commerce considérable. [Ainsi on estime à 15 millions de francs la valeur de la production annuelle de ces deux pays. C'est surtout avec l'Amérique centrale et méridionale que ce commerce se fait sur une grande échelle. En Europe nous n'en recevons que des quantités relativement insignifiantes.

La plante donne des récoltes à l'âge de deux ans, et on en fait chaque année trois récoltes, l'une en mars, l'autre en juillet, la troisième en octobre (1).

M. Niemann a, sous la direction de M. Vœhler, isolé du coca un alcaloïde qu'il appelle *cocaïne*, et qui est en petits prismes incolores, inodores, peu solubles dans l'eau, plus solubles dans l'alcool, très-solubles dans l'éther. Cet alcaloïde neutralise les acides, mais ne forme avec la plupart d'entre eux que des sels amorphes. On n'a pas vérifié si son action physiologique était celle des feuilles de coca (2).]

Redoul.

Coriaria myrtifolia, L. (*fig.* 733). Cet abrisseau, nommé aussi **redon, corroyère, herbe aux tanneurs,** appartient à la décandrie pentagynie de Linné et sert de type à la petite famille des Coriariées qui a beaucoup de rapports avec celle des Malpighiacées. Il croit naturellement dans le midi de la France, en Espagne et en Italie. Ses rameaux sont tétragones, ses feuilles opposées, ovales-lancéolées, glabres, très-entières, larges de 7 à 27 millimètres et longues de 20 millimètres à 54. Elles offrent, outre la nervure du milieu, deux autres nervures très-saillantes, qui partent,

---

(1) Voir Ménier, *Sur la coca et le maté* (*Journal de Pharmacie et de Chimie*, 3º série, IX, 215).

(2) Voir *Journal de Pharmacie et de Chimie*, 3º série, XXXVIII, 167.

CORIARIÉES. — REDOUL.

comme la première, du pétiole, s'écartent et se courbent vers le bord de la feuille, et se prolongent jusqu'à la pointe. Les fleurs sont disposées en grappes simples, pourvues de bractées. Elles présentent un calice à 5 sépales distincts, ovés, pointus, concaves à l'intérieur ; une corolle à 5 pétales petits, charnus, élar-

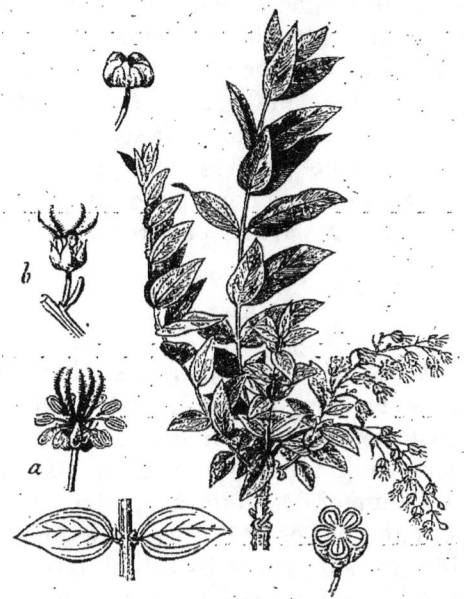

Fig. 733. — Redoul.

gis par le bas, 10 étamines libres ; un ovaire sessile, libre, quinqueloculaire, surmonté de 5 styles filiformes, velus et couverts de papilles. Le fruit est composé de 5 coques soudées, en parties couvertes par les pétales persistants. Les coques sont crustacées, indéhiscentes et monospermes ; les semences sont pendantes et privées d'endosperme.

Les fleurs de cet arbuste présentent un caractère particulier ; quoiqu'elles contiennent toutes des étamines et un pistil, elles sont cependant de deux sortes. Les unes (a) ont des étamines longues et des anthères fertiles et sont véritablement hermaphrodites ; les autres (b) ont des étamines très-courtes et les anthères stériles et sont considérées comme simplement femelles.

Le fruit du redoul est vénéneux : des militaires français en ayant mangé en Espagne, trois en moururent, et l'on cite d'autres exemples aussi funestes. Les feuilles sont également très-dangereuses et causent des vertiges aux bestiaux. Ces feuilles, par une coupable cupidité, sont quelquefois mêlées à celles du séné et ont causé à plusieurs reprises des accidents très-fâcheux. J'ai indiqué précédemment les moyens de les distinguer (page 368).

[Les propriétés délétères du redoul sont dues à un principe actif, qui en a été isolé par M. Riban, et qu'il a appelé *coriamyrtine*. C'est une substance cristallisable, blanche, inodore, d'une saveur amère insupportable et douée de propriétés vénéneuses extrêmement énergiques. Elle est peu soluble dans l'eau, soluble dans l'acool froid, plus encore dans l'acool bouillant, soluble aussi dans l'éther, le chloroforme et la benzine. Elle se dédouble sous l'action des acides en glucose et en une substance résineuse : elle appartient donc à la classe des glucosides (1).

Le redoul, en raison de l'abondance de son principe astringent, est employé avec avantage pour le tannage des peaux. On le trouve, pour cet usage, dans le commerce, préparé à la manière du sumac, et sous la forme d'une poudre verte, inodore, très-astringente.]

Érables.

Les érables sont des arbres ou de grands arbrisseaux dont les feuilles sont opposées, longuement pétiolées et partagées en plusieurs lobes palmés. Leurs fleurs sont petites, d'une couleur verdâtre, disposées en grappes ou en bouquets dans l'aisselle des feuilles ou au sommet des rameaux ; elles sont polygames, les unes étant hermaphrodites et fertiles, et les autres mâles, sur le même individu ou sur des individus différents. Elles sont formées d'un calice à 5 divisions, d'une corolle à 5 pétales, de 8 étamines (rarement de 5 à 12) insérées sur un disque hypogyne. L'ovaire est libre, bilobé, formé de deux carpelles soudés à une colonne centrale qui se termine par un style et par un stigmate bifide. Le fruit est formé de deux capsules indéhiscentes, comprimées, réunies à leur base et du côté interne, terminées du côté opposé par une aile membraneuse, et formées intérieurement d'une seule loge monosperme. Les graines sont arrondies, pourvues d'un double tégument dont l'intérieur est charnu ; l'embryon est dépourvu d'endosperme et formé de 2 cotylédons foliacés, irrégulièrement contournés ; la radicule est cylindrique, descendante et dirigée vers le hile.

On connaît une trentaine d'espèces d'érables qui croissent dans les parties tempérées de l'Amérique et de l'ancien continent, et dont voici les principales espèces.

Érable sycomore (2), *Acer pseudo-platanus*, L., nommé vulgairement **sycomore** et **faux platane**. Il croît naturellement en

---

(1) Riban, *Recherches expérimentales sur le principe toxique de Redoul* (thèse de doctorat en médecine de Montpellier, 1863).

(2) Il ne faut pas confondre cet arbre, non plus que le suivant, avec le sycomore des anciens, *Ficus sycomorus*, L., dont il a été question tome II, page 318.

France, dans les bois des montagnes, et s'élève à la hauteur de 10 à 20 mètres. Ses feuilles sont larges, portées sur un pétiole creusé en gouttière, découpées en 5 lobes pointus et dentés, d'un vert foncé en dessus, blanchâtres en dessous ; ses fleurs sont petites, d'une couleur herbacée, disposées en grappes longues, très-garnies et pendantes. Son bois est estimé pour faire des planches, pour les ouvrages de tour et pour les montures d'armes à feu. Il est excellent pour brûler et donne plus de chaleur que la plupart des autres bois indigènes. Son tronc renferme une séve sucrée dont on peut retirer par évaporation une quantité assez considérable de sucre cristallisé, ainsi qu'on le fait en Amérique, avec la séve de l'érable à sucre.

Érable plane, *Acer platanoïdes*, L. Cette espèce, connue sous les noms de **plane** et de **faux sycomore**, est un arbre élevé dont les feuilles sont glabres, d'un vert jaunâtre, portées sur des pétioles cylindriques, et découpées en 5 lobes pointus, bordés de dents longues et étroites ; ses fleurs sont jaunes, terminales et disposées en corymbe. Quelquefois les feuilles se couvrent, pendant les chaleurs, de petits grumeaux blancs et sucrés, dont les abeilles font une ample récolte. Cet arbre contient donc du sucre, comme plusieurs de ses congénères.

Érable champêtre, *Acer campestre*, L. Arbre peu élevé, très-rameux, dont l'écorce est rude ou crevassée ; ses feuilles sont pubescentes en dessous, à 3 ou 5 lobes obtus ; ses fleurs sont petites, d'un vert jaunâtre, disposées en grappes courtes et paniculées ; ses fruits sont pubescents, à ailes très-divergentes ; son bois est dur et propre pour les ouvrages du tour et pour ceux des arquebusiers.

Érable à sucre, *Acer saccharinum*, L. Arbre très-élevé, originaire du nord des États-Unis d'Amérique ; ses feuilles sont longuement pétiolées, larges de 14 centimètres, partagées en 5 lobes entiers et aigus, lisses et d'un vert clair en dessus, blanchâtres en dessous ; ses fleurs sont petites, jaunâtres, disposées en corymbes peu garnis ; ses fruits sont munis de deux ailes courtes, redressées et rapprochées.

Le bois de l'érable à sucre est blanc, très-serré, et prend, quand il est poli, une apparence lustrée et soyeuse. Il est souvent parsemé d'une infinité de petits nœuds qui le font rechercher pour la confection des meubles de prix. Dans ce cas, on l'emploie en placage très-mince, à la manière de l'acajou.

Le sucre qu'on fabrique avec la séve de cet érable est d'une assez grande importance dans les parties centrales des États de l'Union américaine, et il est d'une grande ressource pour les habitants qui vivent à une grande distance des ports de mer, dans des contrées où cet arbre abonde. Le procédé qu'on suit pour obtenir ce sucre est très-simple : dans les premiers jours de mars, on fait aux arbres, à l'aide d'une tarière de 2 centimètres de diamètre, et à un demi-mètre de terre, deux trous parallèles, obliques de bas en haut et à 12 ou 14 centimètres de distance l'un de l'autre. Il faut avoir l'attention que la tarière ne pénètre que de 15 millimètres dans l'aubier. Le suc qui coule par ces deux ouvertures est conduit, au moyen de tuyaux en sureau, dans des augets placés au pied de l'arbre, d'où on le transporte directement dans les chaudières où se fait l'évaporation. Celle-ci se fait sur un feu très-actif; on écume avec soin la liqueur, et, lorsqu'elle est arrivée en consistance sirupeuse, on la passe à travers une étoffe de laine; on verse le sirop dans une autre chaudière, où on le concentre au point nécessaire pour le faire cristalliser.

Le sucre d'érable est employé le plus souvent à l'état brut; mais on peut le purifier et l'amener à l'état de sucre en pains aussi blanc et aussi bon que celui qui sort des raffineries de l'Europe. Lorsque le temps est beau et sec, un arbre donne facilement de 8 à 12 litres de séve sucrée en vingt-quatre heures, et le temps de son écoulement dure environ six semaines. On estime que trois personnes suffisent à l'exploitation de 250 pieds d'arbres, qui donnent environ 500 kilogrammes de sucre. Les mêmes arbres peuvent être travaillés pendant trente années de suite, et donner des récoltes annuelles semblables, sans diminuer de vigueur; parce que, comme on évite de perforer le tronc aux mêmes endroits, il se forme un nouvel aubier aux places qui ont été entamées, et les couches ligneuses qu'ils acquièrent successivement mettent les arbres dans le même état que ceux qui n'ont pas encore été soumis à cette opération (1).

On exploite aussi l'**érable noir**, *Acer nigrum*, Mich., qui n'est peut-être qu'une variété du précédent, appartenant à une latitude un peu plus méridionale. On exploite également l'**érable blanc**, *Acer eriocarpum*, Mich., et l'**érable rouge** ou **érable de Virginie**, *Acer rubrum*, L.; mais il faut le double de séve de ces deu derniers arbres pour produire la même quantité de sucre.

FAMILLE DES GUTTIFÈRES (Jussieu).

Arbres ou arbrisseaux quelquefois parasites, à rameaux opposés, souvent tétragones et articulés. Les feuilles sont opposées en

---

(1) Voir Avequin, *Sur l'érable à sucre des États-Unis* (*Journal de Pharmacie et de chimie*, 3ᵉ série, XXXII, 280).

croix, pétiolées, articulées sur les rameaux, dépourvues de stipules ; elles sont simples, très-entières, coriaces, brillantes, penninervées, à nervures secondaires transversales, rapprochées. Les fleurs sont hermaphrodites ou unisexuelles par avortement, munies d'un calice coloré à 2, 4 ou 6 sépales imbriqués, quelquefois à 5 ou 6 parties. La corolle est insérée sur un torus charnu, formée de pétales en nombre égal ou plus rarement supérieur aux divisions du calice, alternes ou opposés avec elles, non persistants. Les étamines sont nombreuses, libres ou réunies en anneaux ou en phalanges, plus rarement en tube. L'ovaire est libre, sessile, à 1, 2, 5 ou un plus grand nombre de loges. Les ovules sont solitaires ou géminés dans chaque loge, quelquefois au nombre de quatre dans l'ovaire uniloculaire et dressés sur sa base, ou attachés en grand nombre à l'axe central des loges. Le style est simple, souvent presque nul, portant un stigmate pelté et radié, ou à plusieurs lobes. Le fruit est tantôt capsulaire, tantôt charnu ou drupacé, s'ouvrant quelquefois en plusieurs valves dont les bords rentrants sont fixés à un placenta unique ou à plusieurs placentas épais. Les semences sont souvent pourvues d'un arille charnu ; l'embryon est droit, formé tantôt d'une radicule très-grosse à cotylédons très-petits ou nuls, tantôt de 2 cotylédons épais, soudés en un corps charnu et d'une radicule très-petite. Les arbres libres ou guttifères habitent les contrées intertropicales de l'Asie et de l'Amérique ; ils sont presque tous pourvus d'un suc résineux ou gommo-résineux, jaune ou vert, noircissant souvent à l'air, et qui sert à divers usages dans les pays qui les produisent. Plusieurs portent des fruits très-recherchés pour la table (1).

Mammei d'Amérique ou **abricotier de Saint-Domingue**, *Mammea Americana*, L. Grand et bel arbre des Antilles, dont les fleurs sont blanches, odorantes, de 4 centimètres de diamètre ; le calice est à 2 folioles caduques ; les pétales sont au nombre de quatre, arrondis, concaves ; les étamines sont nombreuses, très-courtes, à anthères petites et oblongues ; l'ovaire est libre, arrondi, surmonté d'un style court et d'un stigmate en tête. Le fruit est un gros drupe charnu, tétragone, couvert d'une première enveloppe coriace et astringente, d'une seconde pellicule amère, et contenant un noyau cartilagineux, à 4 loges monospermes, souvent réduites à 3, 2 ou 1 loge, par avortement. Ce fruit a une saveur particulière, douce et très-agréable, moyennant la précaution qu'il faut avoir d'enlever soigneusement la seconde enve-

(1) Voir, pour les caractères des Guttifères et particulièrement pour la structure de leur embryon, J. E. Planchon et Triana : *Mémoires sur les Guttifères* (*Ann. sc. nat.*, 4e série, XIII).

loppe amère. Les fleurs, distillées avec de l'alcool, fournissent une liqueur très-vantée dans les Antilles sous le nom d'*eau des créoles*.

Mangoustan cultivé, *Garcinia mangostana*, L. — *Car. gén.* : calice persistant, tétraphylle, à folioles imbriquées; corolle à 4 pétales hypogynes, alternes avec les sépales. Fleurs mâles : étamines nombreuses, insérées sur un réceptacle charnu et quadrangulaire, libres ou réunies à la base; filaments filiformes, courts ; anthères introrses, biloculaires, dressées, à loges longitudinalement déhiscentes ; un rudiment d'ovaire. Fleurs femelles : étamines stériles, de 8 à 30, à filaments distincts, monadelphes ou tétradelphes; ovaire libre, offrant de 4 à 8 loges; ovules solitaires, dressés, anatropes ; style terminal très-court ou nul ; stigmate largement pelté, sous-lobé. Drupe charnu, portant à la base le calice persistant, couronné par le stigmate, enfermé dans une enveloppe solide, à 4-8 loges; semences solitaires, dressées, entourées d'une pulpe charnue, à test coriace.

Le mangoustan cultivé est un arbre originaire des îles Moluques, d'un très-beau port, pourvu de feuilles opposées, pétiolées, épaisses, fermes et lisses, ovales-aiguës et très-entières. Les fleurs sont terminales, solitaires, pédonculées, rouges et d'une grandeur médiocre. Les fruits, représentés par Gærtner (1), forment une baie sphérique, de la grosseur d'une orange, d'un vert jaunâtre au dehors, à épicarpe épais et fongueux, divisé intérieurement en 6 loges ou plus, remplies d'une pulpe blanche, succulente, à demi transparente et d'une saveur délicieuse. Ce fruit est un des meilleurs de l'Inde.

Le **mangoustan du Malabar**, *Garcinia malabarica*, Lam., est un arbre de l'Inde qui s'élève à plus de 27 mètres, sur un tronc de 5 mètres de circonférence ; ses fruits sont assez semblables aux précédents, mais moins estimés. Son bois est blanc et très-dur.

Le *Garcinia cornea* des îles Moluques produit un bois d'une dureté considérable, d'une couleur roussâtre et ayant la demi-transparence de la corne.

Gomme-gutte.

La gomme-gutte est un suc gommo-résineux qui forme avec l'eau une émulsion d'une magnifique couleur jaune, et dont le principal usage, en raison de cette propriété, est de servir à la peinture à l'eau. Elle est aussi employée en médecine comme

---

(1) Gærtner, tab. CV.

purgative et fait partie des pilules hydragogues de Bontius.

La gomme-gutte a été mentionnée pour la première fois par Charles de l'Écluse, dit Clusius (1), qui la reçut en 1603, alors qu'elle venait d'être apportée de Chine par l'amiral hollandais Van Neck. « C'est un suc très-pur, dit-il, plutôt qu'une résine, qui, pour peu qu'on le touche avec de l'eau ou de la salive, se colore fortement en jaune. Il est privé de toute amertume; mais il laisse, après quelques instants, une forte âcreté à la gorge. Ce suc se nomme *ghitta jemou*. Les naturels s'en servent, à la dose de 15 à 20 grains, pour évacuer l'eau des hydropiques, et sans aucun accident. »

Suivant Murray, la gomme-gutte fut bientôt connue dans la peinture ; mais elle fut longtemps négligée dans la pratique médicale et n'obtint une place dans les pharmacopées européennes qu'après le commencement du siècle suivant. Ce fait n'est pas exact, car je trouve le *ghitta jemou* ou *Gutta gamba* mis au nombre des médicaments simples dans la petite Pharmacopée d'Amsterdam de 1639; dans celle de Zwelfer, publiée en 1653, et dans celle de Toulouse, de 1695. Il est vrai cependant que beaucoup de médecins voyaient alors dans la gomme-gutte un médicament très-dangereux, ce qui en restreignait beaucoup l'emploi. Aujourd'hui, quoiqu'on la regarde toujours comme une substance très-active et irritante, on reconnaît généralement qu'elle peut être, dans plusieurs cas, un purgatif salutaire.

L'origine de la gomme-gutte a longtemps été un sujet de doutes et de controverse. Clusius, d'après son odeur et son âcreté, soupçonnait que ce pouvait être le suc d'une euphorbe. Bontius, qui exerçait la médecine à Batavia, au commencement du XVIIe siècle, supposait aussi qu'elle était produite par une plante semblable à l'*Esula indica* dont il a donné la figure et la description. Mais en 1677, Paul Hermann, dans une lettre à Syen (2), annonça que la gomme-gutte était produite par deux arbres appelés *carcapulli*, qui ont été nommés par les botanistes modernes *Garcinia cambogia* et *Garcinia morella*, et faisait l'observation que la gomme produite par ce dernier était plus estimée (3); de sorte que

---

(1) Clusius, *Exotic.*, p. 82.
(2) Paul Hermann, *Hortus malabaricus*.
(3) Voici la note de Syen ajoutée à l'article *coddam-pulli* de Rheede (t. I, p. 43):
« Cet arbre (*le coddam-pulli*) est le même que le *fructus malo aureo æmulus* de G. Bauhin, ou *carcapulli* d'Acosta ; mais Bauhin confond à tort ce carcapulli d'Acosta avec celui de Lynschoten, ce qui deviendra manifeste pour quiconque examinera la description de chacun ; car Acosta dit que le fruit de son arbre ressemble à une orange, et Lynschoten décrit le sien comme ayant la grosseur d'une cerise. Afin que cette distinction devienne encore plus évidente, je transcrirai ici les propres paroles d'Hermann, qui, dans une lettre envoyée l'année

Hermann doit être reconnu pour le premier qui ait indiqué la véritable source de la gomme-gutte. A partir de ce moment, il semble que presque chaque essai qui ait été fait pour rendre, sur ce sujet, notre instruction plus correcte et plus précise, ait eu un résultat contraire. Ainsi Linné, publiant, en 1747 (1), une liste des plantes de Ceylan, commit l'étrange erreur de confondre sous le même nom spécifique (*Cambogia gutta*) les deux arbres si bien distingués par le botaniste hollandais ; et cette confusion a duré jusqu'à Gærtner, qui, d'un côté, réunissant en un seul genre *Mangostana* les deux genres *Garcinia* et *Cambogia* de Linné, et distinguant, de l'autre, comme Hermann, les deux carcapulli d'Acosta et de Lynschoten, nomma le premier *Mangostana cambogia* et le second *Mangostana morella* (2). Enfin Desrousseaux, préférant le nom générique *Garcinia*, nomma le carcapulli d'Acosta *Garcinia cambogia* et le carcapulli de Lynschoten *Garcinia morella ;* telle est la synonymie de ces deux végétaux.

Mais, dans l'intervalle de Linné à Gærtner, un fait assez singulier s'était passé. Des deux végétaux confondus par Linné, un seul ayant été figuré par Rheede, sous le nom de *Coddam-pulli*, ce fut lui seul, bientôt, qui fut cité comme synonyme du *Cambogia gutta*, et l'autre fut complétement oublié. De sorte que Kœnig crut faire une découverte, en écrivant à Retz, le 16 octobre 1782 : « La vraie gomme-gutte ne provient pas du *Cambogia gutta ;* elle est produite par un autre arbre polygame, *à fruit cérasiforme*, mangeable, que je décrirai une autre fois. »

La description promise fut envoyée à Banks et se trouve rapportée par Murray (3). L'arbre avait reçu de Kœnig le nom de *Guttæfera vera ;* Murray lui imposa plus tard celui de *Stalagmitis cambogioides* (4), et les botanistes en ont fait une espèce et un genre séparés du *Garcinia morella ;* mais les propres paroles de Kœnig, si semblables à celles d'Hermann, et la patrie semblable,

---

dernière, de Colombo, me dit : « Ici sont les feuilles et les fleurs de l'*arbor indica* « *quæ gummi gottæ fundit, fructu acido, sulcato, aureo, mali magnitudine*, « *carcapulli Acostæ*, ghoraka Cingalensibus dicta. Je joins à ces objets les feuilles « et les fleurs de l'autre espèce, qui est l'*arbor indica quæ gummi gottæ fundit*, « *fructu dulci, rotundo, cerasi magnitudine*, carcapulli *Linschotii*. Bauhin, dans « son *Pinax*, confond à tort ces deux arbres en une seule espèce, à savoir le *car-* « *capulli* d'Acosta et le *carcapulli* de Lynschoten. Ils diffèrent entre eux par la « fleur et le fruit, mais se ressemblent dans le reste. Le dernier est nommé par « les Cingalais *kanna ghoraka*, c'est-à-dire *ghoraka doux*. Le tronc de ces deux « arbres, étant incisé, laisse découler de la gomme-gutte ; mais celle du *kanna* « *ghoraka* l'emporte sur l'autre. »

(1) Linné, *Flora zeylanica*.
(2) Gærtner, *Fruct.*, tab. CV.
(3) Murray, *Apparatus medicaminum*, t. IV, p. 654.
(4) Murray, *Comm. Soc. Gotting.*, 1788, vol. IX, p. 169.

GUTTIFÈRES. — GOMME-GUTTE.

ne permettent pas de douter que le *Stalagmitis gambogioides* et le *Garcinia morella* ne forment qu'une seule et même espèce.

Il est vrai de dire, cependant, que la description du *Stalagmitis cambogioides*, donnée par Murray en 1788, paraissant avoir été faite sur des échantillons de parties provenant de plusieurs plantes, et quelques-uns des caractères donnés par Murray au *Stalagmitis cambogioides* ne semblent pas lui appartenir, et que la similitude des deux espèces résulte plutôt de la propre description de Kœnig, insérée dans l'*Aparatus medicaminum*.

Enfin, un caractère déjà faiblement indiqué par Kœnig (*Stamina clavata, subquadrangularia*), mais bien déterminé par M. R. Graham, professeur de botanique à l'Université d'Édimbourg, a conduit ce savant à former de cet arbre un genre particulier auquel il donne le nom d'*hebradendron*, fondé sur ce que les anthères sont terminales, operculées, et s'ouvrent par une fissure circulaire que l'auteur compare à une sorte de *circoncision*. Voici donc, en définitive, la synonymie et la description de cette espèce.

Garcinia morella, Desrousseaux (1).

Hebradendron cambogioides, Grah. (2).

Stalagmitis cambogioides, Murr. (3), Moon (4).

Mangostana morella, Gærtner. (5); *Guttæfera vera*, Kœnig Mss.; *Kannaghoroko*, Herm.; *Carcapulli* de Lynschoten, etc.

Arbre de médiocre grandeur, à feuilles opposées, pétiolées, obovées-elliptiques, coriaces, lisses, brillantes.

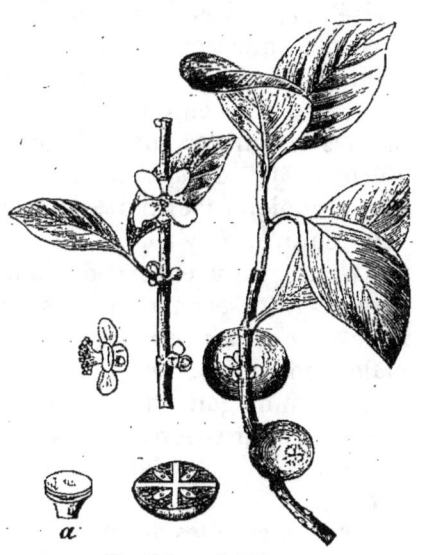

Fig. 734. — Guttifere.

Fleurs unisexuelles, monoïques ou polygames. Fleurs mâles (*fig.* 734), ramassées dans les aisselles des feuilles et portées sur de courts pédoncules uniflores; calice à 4 sépales, dont les deux extérieurs un peu plus petits. Corolle à 4 pétales coriaces, deux fois plus longs que le calice, caducs. Étamines réunies en colonne

---

(1) *Dict. encycl.*, t. III, p. 701.
(2) Grah. *Comp. to the Botan. mag.*, n° 19, p. 193.
(3) Murray, *App. med.*, t. IV, p. 654.
(4) Moon's *catalogue of plants in, Ceylan* part. I, p. 73.
(5) Gærtner, tab. CV.

par le bas, divisées plus haut en 4 faisceaux; libres par la partie supérieure. Filets courts, claviformes; anthère terminale en forme de tête arrondie, s'ouvrant par la circoncision d'un couvercle plat et ombiliqué (*a*). Pollen elliptique ; ovaire nul. Fleurs femelles (Kœnig), hermaphrodites (Murray), ramassées dans l'aisselle des feuilles : calice, corolle et étamines semblables. Ovaire globuleux ; style court; stigmate à 4 lobes ouverts et persistants. Baie globuleuse, glabre, deux fois grosse comme une cerise, couronnée par les lobes du stigmate ; 4 loges monospermes ; semences réniformes-elliptiques, comprimées latéralement, couvertes d'un tégument brunâtre, aisément séparable en deux parties ; cotylédons épais; radicule centrale filiforme, légèrement courbée.

Le *Garcinia morella* croît abondamment dans l'île de Ceylan et fournit par incision un suc jaune qui jouit de presque toutes les propriétés de la gomme-gutte. Cependant comme ce suc n'est arrivé jusqu'ici en Europe que comme objet de recherche ou de curiosité ; que toute la gomme-gutte du commerce paraît provenir de Camboge et de Siam, par la voie de Chine et de Singapore, et que la contrée qui la produit n'a pas encore été explorée par les botanistes, on voit que, en réalité, personne ne peut affirmer que nous connaissions l'arbre qui produit cette substance, quoique tout porte à croire qu'il doive peu différer de celui cultivé à Ceylan.

[Depuis, on a envoyé de Singapore l'arbre qui y produit la gomme-gutte, et on a pu s'assurer que ce n'est en effet qu'une variété du *Garcinia morella*, ne différant du type que par ses fleurs mâles pédicellées. C'est le *Garcinia morella*, Desr.; *pedicellata* (1).]

La gomme-gutte de Ceylan, suivant la description qu'en a donnée M. Christison (2), paraît avoir été mise sous la forme d'une masse arrondie et aplatie, du poids de 400 grammes environ, non homogène et formée de larmes très-irrégulières et celluleuses, laissant entre elles des intervalles où la surface des larmes est couverte d'une matière pulvérulente, obscure et d'apparence terreuse. Cette substance n'a d'ailleurs été soumise à aucune purification ni préparation analogues à celles subies par la gomme-gutte de Siam, et elle pourrait difficilement être appliquée à la peinture, dans l'état où elle se présente. Elle est d'un jaune orangé foncé, assez semblable à celui de la gomme-gutte de Siam ; mais, ainsi que l'a remarqué Duncan, elle ne forme pas aussi facilement une émulsion avec l'eau, et cette émulsion me paraît être d'un jaune moins pur, moins brillant et tirant un peu sur la

---

(1) Voir Christison, *On the Camboga tree of Siam* (*Pharm. Journ.*, X, 235) et Hanbury, *On the botanical origine of Camboge* (*Pharm. Journ.*, 2ᵉ série, VI, 349).
(2) Christison, *Companion to the Bot. mag.*, nº 20, p. 233.

couleur orangée. Suivant l'analyse faite par M. Christison, cette substance est composée de:

Résine jaune, obtenue par l'éther et desséchée.......	68,8	71,5	72,9
Gomme soluble ou arabine........................	20,7	18,8	19,4
Fibre ligneuse, etc.............................	6,8	5,7	4,3
Humidité......................................	4,6	ind.	ind.
	100,9	100,0	100,0

Composition peu différente de celle de la gomme-gutte de Siam.

Gomme-gutte du commerce en canons ou **en bâtons** (*pipe Camboge*, Engl.). Ainsi qu'il a été dit tout à l'heure, cette substance paraît tirée des royaumes de Siam et de Camboge, et elle est importée de Chine en Angleterre par la voie de Singapore; mais d'après les renseignements fournis à M. Christison, par M. J. B. Allan, il paraît qu'il en vient aussi de Bornéo, qui est envoyée par les Malais à Singapore, où les Chinois la purifient et la façonnent pour les marchés européens. La plus belle sorte de gomme-gutte se trouve sous la forme de rouleaux de 3 à 6 centimètres de diamètre, dont les uns ont été roulés à la main, pendant que la matière était encore ductile, tandis que les autres ont emprunté leur forme cylindrique à des tiges de bambou dans lesquelles la substance gommo-résineuse a été coulée, ainsi que l'indique l'impression de fibres longitudinales et parallèles dont est marquée sa surface (1). Elle est d'un jaune orangé, tirant un peu sur le fauve, quelquefois pâle et laiteux, le plus souvent assez foncé; mais, par suite du frottement des morceaux, elle est souvent recouverte à sa surface d'une poussière d'un jaune verdâtre, ou d'un jaune doré, ce qui est aussi la couleur de sa poudre. Elle a une cassure conchoïdale, très-fine, unie, sub-luisante, et une demi-opacité uniforme. Enfin tout indique que c'est une substance d'une grande homogénéité, qui n'a pu être amenée à cet état que par une préparation très-soignée. Elle est complétement inodore et d'une saveur presque nulle d'abord, suivie d'une légère âcreté dans l'arrière-bouche. Il suffit de la toucher avec de l'eau ou de la salive, pour en former aussitôt une émulsion homogène, d'un jaune magnifique.

D'après M. Braconnot, la gomme-gutte traitée par l'alcool lui

---

(1) Quelquefois les cylindres sont creux ou repliés sur eux-mêmes et adhérents. Plusieurs de ces tubes ou cylindres peuvent aussi être soudés ensemble et former des pains ou gâteaux irréguliers, de 1000 à 1500 grammes, dans lesquels on peut encore voir le reste des cavités très-aplaties. Il paraît que, dans ce cas, la masse est habituellement enveloppée dans de grandes feuilles qui paraissent appartenir à une plante bombacée ou malvacée; mais je n'ai pas été à même de voir ces feuilles.

cède 0,80 de résine, et laisse 0,20 d'une gomme presque entièrement soluble dans l'eau. La résine fondue est rouge, transparente, insipide, et donne une belle poudre jaune. Elle est soluble dans les alcalis qu'elle neutralise; elle est décolorée par le chlore, qui s'y combine et forme un composé dans lequel la présence du chlore ou de l'acide chlorhydrique ne devient sensible que par la destruction du composé au feu (1).

En extrayant la résine par le moyen de l'éther, M. Christison est arrivé à des proportions un peu différentes de résine et de gomme, et qui, d'ailleurs, ne sont pas toujours les mêmes. Deux analyses lui ont donné :

	I.	II.
Résine séchée à 204 degrés centigrades..................	74,2	71,6
Gomme soluble ou arabine, séchée à 100 degrés............	21,8	24,0
Humidité chassée par une chaleur de 132 degrés...........	4,8	4,8
	100,8	100,4

Gomme-gutte du commerce, en masses ou **en gâteaux** (*cake camboge*, Engl.). Il ne faut pas confondre cette sorte inférieure de gomme-gutte avec les masses formées par l'agglutination des cylindres de la première sorte, quoiqu'on les trouve souvent réunies dans une même caisse. La gomme-gutte en gâteaux est en masses informes, du poids de 1000 à 1500 grammes, et qui paraissent très-variables en qualité, de sorte qu'il est difficile d'en donner une description générale ; mais voici les caractères de celle que je possède. Elle est en masse informe, non celluleuse, et d'une teinte brunâtre très-marquée. Les parties voisines de la surface ont une cassure assez brillante, plutôt esquilleuse que conchoïdale, et une transparence plus marquée que dans la première sorte de Camboge; tandis que, au contraire, les parties centrales ont une cassure tout à fait terne et cireuse. Elle renferme quelques débris de branches et de pétioles, qui ne me paraissent pas tous appartenir au végétal qui la produit ; mais l'action de l'eau iodée ne m'y a pas fait découvrir d'amidon. Elle forme avec l'eau une émulsion jaune très-gluante, et qui me paraît être plus gommeuse que celle provenant de la première sorte.

Cette gomme-gutte me paraît différer de celle que M. Christison a analysée sous le nom de *cake camboge*, et encore plus d'une autre sorte tout à fait inférieure que les Anglais nomment *coarse camboge* (2). Voici le résultat de ces analyses:

(1) *Ann. Chim.*, t. LXVIII, p. 33.
(2) En dehors de toutes les sortes plus ou moins impures de gomme-gutte, j'ai trouvé une fois, dans une caisse de gomme-gutte, une bien singulière substance

	Cake camboge.	Coarse camboge.	
	(moyenne).	I.	II.
Résine	64,7	61,4	35,0
Arabine	20,2	17,2	14,2
Fécule	5,6	7,8	19,0
Ligneux	5,3	7,8	22
Humidité	4,2	7,2	10,6
	100,0	101,4	100,8

Gomme-gutte du *Garcinia cambogia*. — Je ne puis passer complétement sous silence cet arbre qui a été regardé pendant si longtemps comme la source de la gomme-gutte du commerce. Cet arbre est le *Mangostana cambogia* de Gærtner, le *Cambogia gutta* de Linné, le *Coddam pulli* de Rheede, le *Carcapulli* d'Acosta. Son véritable nom indien paraît être *Ghorka* ou *Corcapulli* et son nom cingalais *Ghoraka*, quoique, suivant Roxburgh, le *ghoraka* de Ceylan ne doive pas être confondu avec celui de l'Inde; celui-ci ayant les fleurs terminales et solitaires, et celui de Ceylan les ayant axillaires, les fleurs mâles sous-ternées et pédonculées, et les fleurs femelles sous-sessiles.

Le corca-pulli de l'Inde (*fig.* 735) est un grand et bel arbre dont le tronc peut avoir 3 et 4 mètres de circonférence; les feuilles sont lancéolées; les fleurs terminales, sous-sessiles et solitaires, peu nombreuses; l'ovaire est arrondi, à 8 côtes et couronné par 1 stigmate à 8 lobes. Le fruit est une baie arrondie, de la grosseur d'une orange, jaune à maturité, à huit côtes obtuses, et partagée intérieurement en 8 loges membraneuses, renfermant chacune une semence brune, oblongue, contenue dans une double enveloppe et enfoncée dans une substance pulpeuse. La chair de ce fruit est un peu acide et se mange. L'écorce du tronc, étant incisée, laisse découler un suc laiteux qui reste long-

que je désignerai sous le nom de **résine rouge de gomme-gutte**. Cette substance forme un pain aplati du poids de 130 grammes, enveloppé dans une feuille de plante monocotylédone. Elle est opaque, d'un rouge assez vif, vue en masse, et d'une odeur forte, peu agréable. A l'intérieur, elle est marbrée et présente trois sortes de matières : 1° la matière résineuse rouge et opaque, qui communique sa couleur à la masse; elle a une cassure luisante, donne une poudre rouge-orangée, et exhale, quand on la pulvérise, une odeur de citron, bien différente, par conséquent, de celle présentée par la masse entière; 2° une matière ayant l'apparence de petites taches noires disséminées, mais formée d'une résine vitreuse et d'une couleur brune foncée; 3° une troisième matière mélangée à la première, sous forme de larmes ou de fragments brecciformes. Cette dernière a une cassure terne et cireuse et une couleur blanchâtre ou quelquefois jaunâtre. Lorsqu'on mouille la surface cassée, avec de l'eau ou de la salive, la dernière substance est la seule qui prenne l'aspect d'un lait jaune et opaque, comme la gomme-gutte: il me semble possible que cette matière soit une résine séparée de la gomme-gutte, pendant la purification que je suppose qu'on lui fait subir, et qu'elle se trouve en excès de celle qui peut rester émulsionnée dans le suc purifié.

temps visqueux à l'air, mais qui se présente enfin sous forme de larmes d'un jaune de citron clair, presque sans odeur ni saveur, d'une nature résineuse très-apparente, et non susceptible de

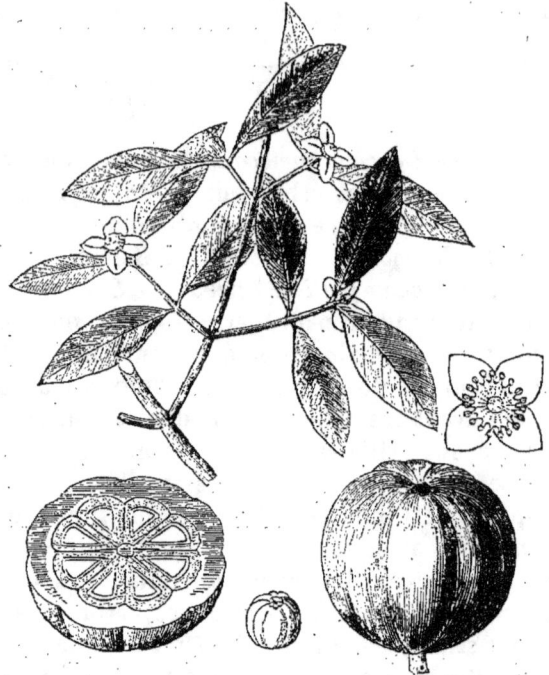

Fig. 735. — Gomme-gutte.

former une émulsion sous le doigt mouillé. Cette substance ne peut donc pas être confondue avec la gomme-gutte du commerce. Suivant l'analyse qu'en a faite M. Christison, elle est composée de :

Résine	66
Arabine	14
Huile volatile	12
Fibre corticale	5
Perte	3
	100

Cette substance diffère de la vraie gomme-gutte par la présence de l'huile volatile et par la nature de sa résine qui est moins soluble dans l'éther, et d'une couleur jaune plus pâle et non rouge ni orangée. Enfin, d'après les expérimentations de M. Christison, elle ne paraît pas être purgative à la dose de 15 grains, quantité trois fois plus forte que celle à laquelle la résine de gomme-gutte peut être utilement employée.

Gomme-résine du *Xanthochymus pictorius*. — Roxburgh et M. Royle ayant exprimé l'opinion que cet arbre produisait une espèce de gomme-gutte, M. Christison a été désireux de vérifier cette assertion sur un échantillon dû à l'obligeance de Mme Walker. Le suc concret de cet arbre diffère encore plus de la vraie gomme-gutte que celui du *Corca-pulli*. Il forme de petites larmes d'un vert grisâtre ou d'un vert jaunâtre pâle, transparentes comme de la résine, et ne pouvant se réduire en émulsion par le frottement du doigt mouillé. Elle est assez dure, se ramollit à la chaleur et ne peut être pulvérisée que par un temps froid. Un essai d'analyse, fait avec une très-petite quantité de matière, a donné environ 0,765 de résine ; 0,176 de gomme soluble et 0,059 de fibres ligneuses.

Résine de mani. — Cette résine est produite par le *Mani* (*Moronobea coccinea*, Aubl.), grand arbre de la Guyane; elle en découle sous forme d'un suc jaune très-abondant, qui noircit et se solidifie à l'air. Les créoles l'emploient pour goudronner les barques et les cordages et pour faire des flambeaux. Elle varie de forme suivant la manière dont elle a été obtenue : celle qui a découlé naturellement de l'arbre est en morceaux très-irréguliers, secs et cassants, grisâtres à l'extérieur, noirs et brillants à l'intérieur, insipide et d'une odeur faiblement aromatique ; celle qui a été obtenue par incision et qui a été renfermée, avant son entière solidification, par masses de 500 à 1000 grammes, dans des feuilles de palmier, est d'un noir un peu jaunâtre, moins sèche, plus fusible, plus aromatique que la première. Elle brûle avec une flamme très-blanche et très-éclairante, sans répandre ni beaucoup d'odeur ni beaucoup de fumée. Cette résine existe chez quelques droguistes qui la vendent comme résine caragne.

Calaba ou galba des Antilles, *Calophyllum Calaba*, Jac. — Cet arbre, nommé aussi *Bois-Marie* à Saint-Domingue, et *Ocuje* à Cuba, s'élève à une hauteur de 7 à 10 mètres. Ses feuilles sont ovales-obtuses, très-entières, lisses, douces au toucher, remarquables par leurs innombrables nervures latérales, très-fines, très-serrées, droites et parallèles, presque perpendiculaires à la nervure médiane. C'est pour exprimer l'aspect agréable de ces feuilles que Linné a formé le nom de *Calophyllum* (de καλὸν φύλλον), qui veut dire *belle feuille*. Les fleurs sont disposées en petites grappes opposées et axillaires, sur les jeunes rameaux; elles sont très-petites, odorantes, hermaphrodites et mâles sur le même individu. Le calice a 2 sépales, et la corolle 4 pétales; les étamines sont nombreuses, libres ou polyadelphes par le bas. Le fruit est un drupe sphérique, du volume d'une grosse cerise. Il est formé d'une première enveloppe charnue, peu épaisse, se ridant par la dessiccation; facile à détruire par le temps, et laissant à nu un noyau sphérique, obscurément trigone à la partie supérieure, jaunâtre, ligneux, mais très-mince. Sous cette enveloppe ligneuse s'en trouve une seconde d'un tissu beaucoup plus lâche et rougeâtre, lisse et lustrée à l'intérieur. Au centre se trouve une amande jaune ou rougeâtre, arrondie, formée de deux cotylédons droits, épais et oléagineux, pouvant fournir une grande quantité d'huile par expression.

En incisant l'écorce du tronc et des branches du calaba, on en obtient un suc résineux verdâtre, d'une odeur forte, non désagréable, qui s'épaissit à l'air en acquérant une couleur verte foncée, mais qui y reste très-longtemps gluant et tenace. Ce suc résineux est employé comme vulnéraire aux Antilles, sous le nom de *baume de Marie.*

Je possède quelques autres fruits de calaba qu'il est difficile de rapporter aux espèces admises par les botanistes, la description des fruits manquant à ces espèces. Le premier fruit est celui figuré par Gærtner (1), sous le nom de *Calophyllum inophyllum*, avec la seule différence que le noyau ligneux jaunâtre est plus épais que dans la figure, quoique toujours moins épais que l'endocarpe intérieur, spongieux et rougeâtre. L'amande est turbinée, avec un petit tubercule radiculaire à la base. Le noyau est ovoïde, un peu pointu aux deux extrémités, non trigone et non sphérique comme dans le *Calophyllum calaba ;* chacune des deux parties de l'endocarpe est beaucoup plus épaisse que dans ce dernier. Le fruit est aussi plus volumineux.

Le second fruit me paraît appartenir au *Bitangor maritima* de Rumphius (2). Il consiste en une capsule ligneuse, jaunâtre, sphérique et de la grosseur d'une petite pomme, n'offrant à l'extérieur que quelques débris d'une pellicule blanchâtre, assez mince, représentant la partie charnue des fruits précédents. La coque ligneuse est très-mince; l'endocarpe spongieux et rougeâtre est très-épais à l'une des extrémités du fruit et sur les côtés; mais il est très-mince vers l'autre extrémité, de manière que la loge séminifère, au lieu d'être centrale, touche à cette extrémité. La semence manque.

Le troisième fruit présente, à l'état sec, le volume d'un petit œuf de poule ; il contient, sous un épiderme grisâtre, une pulpe épaisse, jaunâtre et mélangée de fortes fibres ligneuses, longitudinales et anastomosées, qui persistent après la destruction du parenchyme. La coque ligneuse que l'on trouve dessous est blanchâtre, compacte, assez épaisse. L'endocarpe intérieur est gros-

(1) Gærtner, Tab. XLIII.
(2) Rumphius, *Amb*. II, tab. 71.

sièrement fibreux, et d'une épaisseur égale à la coque ligneuse. La surface interne de la loge est unie. L'amande a la grosseur et la forme d'une olive récente, avec un petit tubercule radiculaire à la base. Ce fruit, au contraire des précédents qui sont inodores, est pourvu d'une odeur analogue à celle du vétiver, mais qui lui a peut-être été communiquée. Il porte, dans le droguier de l'École de pharmacie, le nom de *Tacamahaca de Bourbon*. Je possède un quatrième fruit conformé comme le précédent, mais noir, de la grosseur d'une petite prune et inodore.

Résine tacamaque de Bourbon. Cette résine, nommée aussi *baume vert* et *Baume Marie*, découle par des incisions du *Calophyllum tacamahaca*, Willd., grand arbre de l'île de la Réunion (Bourbon) auquel appartient sans doute le troisième fruit décrit ci-dessus. Suivant un ancien échantillon que j'en ai, cette substance forme une petite masse cylindrique, portant à sa surface l'impression des feuilles de l'arbre ; vue en masse, elle paraît d'un vert noirâtre et opaque ; mais elle est d'un vert jaunâtre et translucide dans les lames minces ; son odeur, qui se trouve affaiblie par le temps, est analogue à celle du tacamahaca des Antilles et présente quelque chose de celle de la conserve d'ache. Elle ne se dissout qu'en partie dans l'alcool rectifié et laisse un résidu grumelé, blanc, assez considérable, de nature gommeuse et soluble dans l'eau. Le dernier résidu, qui est encore très-marqué, est formé de débris ligneux. J'ai décrit anciennement, comme *Tacamaque de Bourbon*, une substance que je tiens de M. Boutron-Charlard, mais qui est plutôt une sorte d'onguent préparé avec la résine que la résine elle-même. Cette substance, qui a été coulée, à l'état de fusion, dans un bocal de verre, est molle, gluante, se solidifiant lentement à l'air, d'une couleur vert-bouteille foncée, d'une odeur très-forte, onguentacée, qui, affaiblie à l'air, devient assez agréable et semblable à celle du fenu-grec. Elle ne se dissout que très-imparfaitement dans l'alcool froid, davantage dans l'alcool bouillant, sur lequel surnage alors une substance grasse, fondue, qui est étrangère à la résine découlée de l'arbre. Elle ne se dissout pas entièrement dans l'éther et laisse un peu d'une substance floconneuse que je n'ai pas examinée.

On trouve à Madagascar un arbre nommé *fouraha*, qui paraît être un *calophyllum* et qui pourrait bien être la source de la **tacamaque angélique** et du **baume focot**, décrits pages 529 et 530. Les débris d'une prétendue écorce très-mince, à fibres parallèles, trouvés dans le baume focot, ne sont en effet que des débris de feuilles de *calophyllum*.

Cannelle blanche.

Cannella alba, Murr. (*fig.* 736). — La cannelle blanche vient des Antilles et surtout de la Jamaïque ; elle a longtemps été confondue avec l'écorce de Winter, ainsi que les arbres qui les produisent, et cette confusion a été commise par Linné lui-même, lorsqu'il a nommé l'arbre à la cannelle blanche *Winterania Cannella* et qu'il lui a donné pour synonyme le *Cortex Cinteranus* de Clusius. La confusion n'a véritablement cessé que lorsque Forster eut nommé l'arbre à l'écorce de Winter *Drimys Winteri*, et que Murray eut rendu à celui de la cannelle blanche son premier nom de *Cannella alba*.

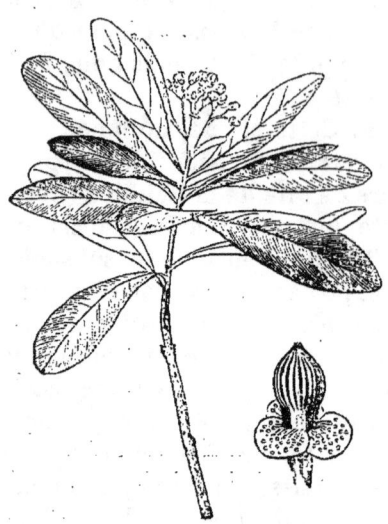

Fig. 736. — Cannelle blanche.

Le cannellier blanc a d'abord été rangé dans la famille des guttifères ; mais il s'en distingue par des caractères assez tranchés pour qu'on puisse en former une petite famille distincte, sous le nom de *Cannellacées*. Ce petit groupe comprend quelques arbres d'Amérique, à feuilles alternes, très-entières, privées de stipules.

Le cannellier blanc, en particulier, a les fleurs disposées en corymbe terminal et pourvues des parties suivantes : calice persistant, à 3 folioles imbriquées, concaves ; corolle à 5 pétales hypogynes, oblongs, concaves ; étamines soudées en un tube renflé à la partie supérieure et portant 21 anthères, linéaires, parallèles, bivalves, fixées extérieurement, au-dessous du sommet ; ovaire libre, enfermé dans le tube staminal, triloculaire ; plusieurs ovules dans chaque loge, insérés à l'axe central ; style cylindrique ; stigmate exserte, à 2 lobes courts et obtus. Le fruit est une baie globuleuse, charnue, réduite à une ou deux loges par avortement ; les semences sont noires, brillantes, globuleuses, avec un petit bec recourbé, superposées au nombre de 2 ou 3 dans chaque loge ; l'embryon est renfermé dans le bec de la semence, petit, cylindrique, recourbé, pourvu de 2 cotylédons linéaires et accompagné d'un albumen charnu.

La cannelle blanche est en morceaux roulés de 1/2 mètre

à 1 mètre de longueur, de 15 à 40 millimètres de diamètre et de 2 à 5 millimètres d'épaisseur. Quelquefois aussi on en trouve des morceaux provenant du tronc, qui sont plus larges, plus épais et recouverts d'un épiderme fongueux, rougeâtre, crevassé, souvent d'un blanc de craie à l'extérieur.

L'écorce ordinaire est raclée, d'un jaune orangé pâle et comme cendré à l'extérieur ; sa cassure est grenue, blanchâtre, comme marbrée ; sa surface intérieure paraît revêtue d'une pellicule beaucoup plus blanche que tout le reste ; elle a une saveur amère, aromatique et piquante ; une odeur très-agréable, approchant de celle du girofle mêlé de muscade ; sa poudre est blanche ; elle donne une huile volatile à la distillation.

Écorce de Winter du commerce.

Cette écorce est en morceaux roulés, durs, compactes et pesants, longs de 30 à 60 centimètres, ayant de 20 à 55 millimètres de diamètre et de 2 à 7 millimètres d'épaisseur. Quelques morceaux présentent un reste de périderme blanchâtre, peu épais, spongieux, crevassé, tendre et facile à détruire ; de sorte que, soit que cette partie ait disparu par le frottement réciproque des écorces, soit qu'elle ait été enlevée à dessein, la presque totalité des morceaux en est privée. Alors l'écorce présente une surface presque unie, grise ou d'un gris rougeâtre sale ; de plus, elle offre çà et là de petites taches rouges elliptiques, qui sont ou un vestige de l'insertion des pétioles, ou celui de tubercules qui, dans l'état naturel, s'élevaient au-dessus de l'épiderme. La surface interne de l'écorce est très-unie dans les jeunes écorces, un peu moins unie et marquée de quelques arêtes proéminentes dans les grosses ; d'une couleur rougeâtre comme l'écorce, ou d'une teinte noirâtre développée pendant la dessiccation. La cassure transversale présente, à la simple vue, deux couches concentriques différemment colorées : la couche extérieure est très-mince et blanchâtre ; la couche intérieure est rougeâtre. Cette même cassure est grenue, ou présente de petites lignes proéminentes, concentriques et très-serrées. La coupe transversale polie présente, au contraire, à la loupe de petites lignes rayonnantes ondulées et blanchâtres, sur un fond brun. L'écorce possède une odeur très-forte et très-agréable de basilic et de poivre mêlés. Sa saveur est âcre et brûlante ; sa poudre a la couleur de celle du quinquina gris.

[Elle diffère beaucoup par sa compacité et par son odeur des écorces produites par les *Drymis* et se rapproche de la cannelle blanche. Aussi est-ce par une plante voisine des *Cannella* qu'elle est produite. M. Hanbury (1), après une comparaison attentive d'échantillons authentiques du *Cinnamomum corticosum*, Miers, avec l'écorce de Winter du commerce, n'hésite pas à identifier ces deux produits. Les *Cinnamodendron* forment un genre voisin des *Cannella*, mais qui en diffèrent à première vue parce que leurs fleurs sont axillaires et non terminales.] Il est caractérisé par sa corolle à 5 pétales, accompagnée d'un nombre égal d'écailles obovées et ciliées ; par son tube staminal court et portant 10 anthères sessiles, dressées, contiguës, ovées et biloculaires. Les pédoncules floraux sont axillaires et triflores.

L'écorce de Winter entre dans le vin diurétique amer de la Charité. Elle est rare dans le commerce et on lui substitue souvent la cannelle blanche. Celle-ci s'en distingue par sa couleur extérieure jaune cendré, sa cassure grenue et marbrée, sa surface intérieure très-blanche, son odeur d'œillet, sa saveur piquante et amère.

Écorce à odeur de muscade de Cayenne. — Je trouve dans mon droguier, sous le nom d'*écorce de giroflier de Cayenne*, une écorce qui présente une grande analogie avec la cannelle blanche et qui doit être produite par un arbre très-voisin. Cette écorce est épaisse de 5 millimètres et formée de deux couches distinctes. La couche extérieure (périderme), qui est plus mince que l'autre, est assez dense, d'un gris rougeâtre, et parsemée de nombreux tubercules ronds et aplatis ; la partie intérieure est encore plus dense, d'un gris blanchâtre, offrant une surface interne unie et d'une couleur plus blanche que le reste. Cette écorce est pourvue d'une odeur de muscade mélangée d'acore, aussi forte que celle de la noix-muscade et très-agréable. Elle présente une saveur très-aromatique semblable, jointe à une grande âcreté.

Écorce de Paratudo aromatique.

Ainsi que je l'ai dit précédemment (t. II, p. 570) le nom *paratudo*, qui signifie *propre à tout*, a été donné au Brésil à plusieurs substances auxquelles on attribue de grandes propriétés médicales : telles sont la racine du *Gomphrena officinalis*, plante de la famille des Amarantacées, et deux écorces très-amères, dont une, au moins, paraît appartenir à la famille des Apocynacées. Quant à l'écorce de **paratudo aromatique**, dont il est ici question, elle est due au *Cannella axillaris* de Martius, dont Endlicher a formé le nouveau genre *Cinnamodendron*.

L'écorce de paratudo aromatique, telle que je l'ai reçue anciennement de Rodolphe Brandes, est épaisse de 5 à 7 millimètres,

---

(1) Voir *Pharm. Journ.*, XVIII, 503.

formée d'un périderme gris foncé, profondément crevassé, et d'un liber jaunâtre, très-uni intérieurement, très-compacte et à cassure grenue. Il est un peu huileux sous la scie, et peut acquérir le poli et l'apparence d'un bois dense et d'un tissu très-fin. Cette écorce possède une odeur grasse, un peu analogue à celle du poivre, et une saveur amère tellement âcre et brûlante que le poivre et la pyrètre n'en approchent pas.

FAMILLE DES HYPÉRICINÉES.

Arbres, arbrisseaux ou plantes herbacées, souvent résineux, à feuilles opposées, entières, très-souvent parsemées de glandes transparentes, immergées dans l'épaisseur du limbe; privées de stipules. Fleurs complètes, régulières, souvent terminales et disposées en cymes nues ou bractéolées; le plus souvent jaunes, rarement rouges ou blanches. Calice libre, persistant, à 5 divisions profondes et inégales, rarement à 4 parties. Corolle à 5 ou 4 pétales contournés en spirale avant leur évolution. Étamines très-nombreuses, réunies en 3 ou 5 faisceaux par la base des filets, très-rarement libres ou monadelphes. Ovaire libre, surmonté de plusieurs styles; quelquefois plus ou moins soudés. Il offre autant de loges polyspermes que de styles; très-rarement les loges ne contiennent qu'un ovule. Le fruit est une capsule ou une baie à plusieurs loges polyspermes, très-rarement monospermes; les graines contiennent un embryon homotrope, sans endosperme.

Cette petite famille diffère de celle des Guttifères, dont elle se rapproche beaucoup, par ses fleurs presque toujours pentamères, par ses styles séparés, par ses semences très-souvent indéfinies et privées d'arille, et par ses feuilles qui sont comme percées à jour par des points transparents. Plusieurs espèces arborescentes des pays chauds fournissent, par incision de l'écorce, un suc résineux jaune, analogue à celui des guttifères; tel est surtout le *caopia* de Pison et Marcgraff (*Vismia guianensis*, Pers.; *Hypericum guianense*, Aubl.; *Hypericum bacciferum*, L. f.), dont le suc desséché, jaune rougeâtre, assez semblable à la gomme-gutte, purge à la dose de 7 à 8 grains. En Europe, on employait autrefois comme vulnéraire, résolutive et vermifuge, une plante nommée **Androsème** ou **Toute-saine** (*Hypericum Androsæmum*, L.; *Androsæmum officinale*, All.), qui diffère des millepertuis par son fruit en forme de baie arrondie, noirâtre et uniloculaire. La seule plante qui soit encore aujourd'hui usitée en médecine est le millepertuis vulgaire dont voici la figure et la description.

Millepertuis vulgaire, *Hypericum perforatum*, L. (*fig.* 737). Cette plante, haute de 50 à 60 centimètres, est commune dans les lieux découverts des bois, sa tige est droite, très-rameuse, légèrement anguleuse et marquée de petits points noirs, glanduleux, que l'on retrouve sur toutes ses parties vertes. Les feuilles sont sessiles, elliptiques-oblongues, obtuses, parsemées sur le disque d'une infinité de petites glandes transparentes, qui ont valu à la plante le nom de *millepertuis*, et sur le bord d'une rangée de points noirs, également glanduleux. Les fleurs sont très-nombreuses, d'un jaune éclatant, rapprochées en corymbe au sommet de la tige et des rameaux. Elles présentent un calice persistant, à 5 divisions profondes et lancéolées; une corolle à 5 pétales étalés, plus grands que le calice; des étamines nombreuses, dont les anthères sont noirâtres et dont les filets capillaires sont réunis en 3 faisceaux. L'ovaire est supère, surmonté de 3 styles, d'un rouge foncé, divergents, terminés par un petit stigmate globuleux. Le fruit est une capsule ovale, empreinte d'un suc rouge, à 3 lobes arrondis et à 3 valves; les bords rentrants des valves, prolongés jusqu'au centre, divisent la capsule en 3 loges et portent de nombreuses semences brunes, très-menues, d'une odeur et d'une saveur résineuses. La racine est dure, ligneuse et vivace.

Fig. 737. — Millepertuis vulgaire.

Les sommités d'hypéricum entrent dans la thériaque, le baume du commandeur, l'huile d'hypéricum, etc. Elles contiennent deux principes colorants : l'un qui est jaune, soluble dans l'eau, et dont le siége est dans les pétales; l'autre qui est rouge, de nature résineuse, soluble dans l'alcool et dans l'huile, qui réside surtout dans les stigmates et dans le fruit.

FAMILLE DES AURANTIACÉES.

Arbres ou arbrisseaux assez souvent épineux, à feuilles alternes, ordinairement pinnées avec impaire, mais souvent réduites à la foliole terminale, qui est alors articulée directement sur un pétiole souvent pourvu de deux ailes foliacées. Les feuilles sont fermes, très-glabres, longtemps persistantes, et pourvues de glandes vésiculeuses transparentes, remplies d'huile volatile. Ces vésicules se retrouvent sur toutes les parties du végétal, et principalement sur le calice, les pétales, les stigmates et le derme du fruit.

Les fleurs sont régulières et présentent un calice court, à 4 ou 5 divisions ; une corolle à 4 ou 5 pétales libres ou légèrement adhérents par le bas, insérés à la base d'un disque ou torus qui supporte l'ovaire. Les étamines sont insérées sous le disque, en nombre double ou multiple de celui des pétales ; elles sont libres ou polyadelphes. L'ovaire est libre, à plusieurs loges, contenant ou un plusieurs ovules fixés à l'angle interne. Le style est simple, terminé par un stigmate en tête, indivis ou lobé. Le fruit est une baie sèche ou le plus souvent charnue, pluriloculaire, dont les loges renferment une ou plusieurs semences pendantes, à tégument cartilagineux, parcouru par un raphé saillant. L'embryon est droit, privé d'endosperme, formé de deux cotylédons charnus, souvent inégaux et auriculés à la base ; la radicule est très-courte et supère, placée près du hile ; la plumule est manifeste (1).

Tous les arbres de la famille des Aurantiacées sont originaires des contrées intertropicales de l'Asie, où ils sont employés comme aliments ou médicaments. [L'*Ægle Marmelos* donne à la médecine des Indes orientales l'écorce astringente de sa racine et de sa tige, le suc exprimé de ses feuilles, ses fruits à moitié mûrs : toutes ces parties sont utilisées comme astringents dans les cas de dyssenterie (2).] Le port élégant d'un certain nombre d'aurantiacées, l'arome agréable dont leurs différentes parties sont pourvues, le suc acide ou sucré de leurs fruits, les ont fait propager dans toutes les contrées chaudes du globe. Ceux du genre *Citrus*, particulièrement, sont depuis longtemps cultivés en Europe et jusque sous le climat de Paris, moyennant le soin qu'il faut avoir de les rentrer dans une serre, aussitôt que la température s'abaisse à 6 ou 7 degrés centigrades. Ce sont les seuls arbres de cette famille dont nous nous occuperons.

Les citres sont caractérisés par un calice persistant, urcéolé, à 3 ou 5 divisions (*fig.* 738) ; une corolle ayant de 5 à 8 pétales elliptiques, concaves, ouverts ; 20 à 60 étamines à filets élargis, réunis à la base en plusieurs faisceaux et disposés circulairement en cylindre ; un ovaire supère, arrondi, surmonté d'un style simple et d'un stigmate hémisphérique ; une baie pluriloculaire contenue dans une enveloppe celluleuse, plus ou moins épaisse, dont la substance intérieure est généralement blanche, charnue et peu sapide, tandis que la couche extérieure est d'une belle couleur jaune et toute parsemée de vésicules pleines d'une essence dont l'odeur est très-agréable. Au-dessous de cette enveloppe cel-

---

(1) Voir Baillon, *De la famille des Aurantiacées*. Thèses de la Faculté de Médecine. Paris, 1858.
(2) Voir *On the Ægle Marmelos* (*Pharmaceutical Journ.*, t. X, p. 166).

luleuse se trouve la baie proprement dite, qui est formée de plusieurs carpelles ou de plusieurs loges verticillées (de 7 à 12), pourvues chacune d'une enveloppe propre, très-mince, séparable sans déchirement. L'intérieur de chaque loge est rempli de vésicules pulpeuses et très-succulentes, disposées perpendiculairement à l'axe; enfin, vers le milieu de l'angle interne de chaque loge, se trouvent fixées un petit nombre de semences horizontales, munies d'un test membraneux.

Les citres sont des arbres peu élevés ou des arbrisseaux armés d'épines axillaires, et dont les feuilles sont réduites à la foliole terminale, articulée sur le pétiole, qui est souvent ailé. Ceux qui sont cultivés en Europe avaient été partagés, par Linné, en

Fig. 738. — Oranger.

deux espèces seulement, sous les noms de *Citrus medica* et de *Citrus aurantium;* mais Gallesio, de Savone, ayant scindé chacune de ces espèces en deux, en a formé quatre espèces, sous les noms de *citronnier, limonier, oranger* et *bigaradier* (1). Je suivrai cette division, moyennant que je donnerai à la première espèce le nom plus significatif de *cédratier*. Risso (2) a formé, sous le nom de *limettier*, une cinquième espèce qui n'est pas généralement admise.

I. Cédratier, *Citrus cedra*, Gall., Ferrari (3). — Arbre de 4 à

---

(1) Gallesio, *Traité du citrus*. Paris, 1811.
(2) Risso, *Annales du Muséum d'histoire naturelle*. Paris, 1813, t. XX, p. 169.
(3) Ferrari, *Hespérides*, tab. 59, 61, 63.

5 mètres, à branches courtes et roides, dont les jeunes rameaux sont anguleux et violets, avant de devenir arrondis et verdâtres. Les feuilles sont ovales-oblongues, trois fois plus longues que larges, et, d'après Gallesio, continues avec le pétiole, qui est court et non ailé. Les fleurs sont blanches en dedans, violettes en dehors, portées sur de courts pédicelles, réunis plusieurs ensemble sur un pédoncule quelquefois axillaire, mais le plus souvent terminal. Les étamines sont au nombre de 30 à 40; le pistil manque souvent, de sorte que l'espèce est polygame. Les fruits sont volumineux, oblongs, mamelonnés à l'extrémité, à surface raboteuse et souvent tuberculeuse, d'un rouge violet dans leur jeunesse, d'un beau jaune à maturité. La partie jaune extérieure, qui porte le nom de *zeste*, fournit par expression, ou par distillation, une essence d'une odeur très-suave; l'écorce intérieure est très-épaisse, blanche, tendre, charnue, et forme la partie la plus considérable du fruit. On en fait une confiture qui est délicieuse. La baie est très-petite, à 9 ou 10 loges, contenant un suc acide, non usité; les semences sont oblongues, à pellicule rougeâtre.

Le cédratier est originaire de Perse et de Médie et a été connu en Europe après les guerres d'Alexandre. Théophraste, le premier auteur qui en ait parlé, nomme le cédrat *pomme de Perse* ou *de Médie*, et Virgile, *pomme de Médie*, ce qui donne l'origine du nom linné en *Citrus medica*, que quelques personnes traduisent à tort par *citronnier médicinal*. Le cédratier a été nommé aussi *citronnier des Juifs*, parce que, dès que les Juifs l'ont connu et jusqu'à nos jours, ils l'ont consacré à la fête des Tabernacles, afin de se conformer à la loi de Moïse, qui leur prescrit de présenter au Seigneur, le premier jour de cette solennité, leur plus beau fruit, des feuilles de palmier et des rameaux de myrte et de saule.

Les cédrats acquièrent souvent un poids considérable. Suivant Ferrari, ceux de Calabre pèsent de 6 à 9 livres et vont quelquefois jusqu'à 30 livres, ce qui est le poids connu du cédrat de Gênes. Le cédrat de Salo pèse de 1 à 16 livres, et, s'il faut en croire quelques-uns, jusqu'à 40 livres. Ceux de Rome pèsent ordinairement 20 livres (1).

II. LIMONIER, *Citrus limon*, Gall. (2). — Arbre plus élevé que le cédratier, à branches longues et flexibles, qui se prêtent de préférence à l'espalier. Ses jeunes pousses sont anguleuses et violettes;

(1) Je présume qu'il s'agit ici de la livre romaine de 321^{gr},24, suivant laquelle 6 livres $= 1^{kil},927$ gram.; 9 livres $= 2^{kil},891$ gram.; 30 livres $= 9^{kil},637$ gram.; 40 livres $= 12^{kil},849$ gram.

(2) Ferrari, tab. 189, 193.

ses feuilles sont ovales, deux fois plus longues que larges, pointues, articulées sur un pétiole nu ou très-faiblement ailé. Ses fleurs sont un peu moins grandes que celles du cédratier, et un peu plus grandes que celles de l'oranger. Elles sont en partie hermaphrodites et en partie privées de pistil, rouges en dehors, blanches en dedans, à 30 ou 40 étamines polyadelphes.

Le fruit est ovoïde et terminé par un mamelon; l'écorce extérieure ou le zeste est mince, et pourvue d'une arome pénétrant; l'écorce intérieure est mince, blanche, coriace et très-adhérente à la baie, qui est volumineuse, à 9, 10 ou 11 loges remplies d'un suc abondant, fortement acide; les semences sont jaunâtres et très-amères.

Le limonier paraît être originaire de l'Inde, ainsi que le bigaradier. Les croisés les ont trouvés cultivés en Palestine et les ont fait connaître à l'Europe; mais déjà les Arabes les avaient naturalisés en Afrique et dans le midi de l'Espagne, d'où ils ont pu également se répandre dans le midi de la France et en Italie.

L'espèce du limonier est riche en variétés et plus encore en hybrides. Elle a pour type un fruit oblong, à écorce très-odorante, mince et très-adhérente à la baie, et on en trouve des variétés qui renchérissent encore sur le type par la finesse et l'odeur de l'écorce et l'abondance du jus acide, jointes à la forme arrondie du fruit : telles sont le *Lustrato de Rome*, le *Bugnetta de Gênes* et le *Balotin d'Espagne;* mais on en connaît beaucoup d'autres dans lesquelles l'écorce s'épaissit et rapproche le fruit du cédrat. Gallesio n'admet pas cependant que ces variétés soient des hybrides du cédrat : tel est principalement le *limonier ordinaire de Gênes* (1), qui est cultivé presque sur toute la côte de la Ligurie, depuis la Spezzia jusqu'à Hières. C'est la variété qui fournit le plus de fruits au commerce, parce que l'écorce étant plus épaisse et plus charnue, ils résistent davantage dans les envois qu'on en fait pour le Nord. Ce sont ces fruits qui sont connus à Paris sous le nom de *citrons*. Quant aux variétés qui sont des hybrides du cédrat et qui sont nommées communément *Poncires* ou *poncines*, on en trouve un grand nombre figurées par Ferrari (2).

Le suc acide des citrons sert à faire le *sirop de limons*. Ce même suc, saturé par de la craie, sur les lieux mêmes de sa production, donne naissance à du *citrate de chaux*, d'où on extrait l'acide citrique par l'intermède de l'acide sulfurique. Le zeste jaune des citrons, récent, fait partie de l'alcoolat de mélisse composé et de l'alcoolat ammoniacal aromatique de Sylvius. Ce même zeste fournit par expression ou distillatation, l'*huile volatile* ou *essence de citrons*. Celle par expression est jaune

---

(1) Gallesio, n° 8 ; Ferrari, tab. 199.
(2) Ferrari, tab. 219, 249, 255, 301, 303, 307, 337, etc.

fluide, d'une pesanteur spécifique de 0,85, d'une odeur très-suave; mais elle est légèrement louche, à cause d'un peu d'eau et de mucilage qu'elle contient, et elle s'altère plus promptement que l'autre. L'essence obtenue par distillation est incolore, très-fluide, d'une odeur moins suave et moins estimée pour la parfumerie; mais elle est préférable pour détacher les étoffes. Ces deux huiles sont sujettes à être falsifiées avec de l'alcool. On peut reconnaître la fraude, soit en les agitant avec de petits morceaux de chlorure de calcium sec, qui s'unit à l'alcool et forme une couche liquide que surnage l'essence; soit en les agitant avec de l'eau qui devient et reste laiteuse, dans le cas de la présence de l'alcool, et diminue le volume de l'essence; tandis qu'elle redevient limpide en très-peu de temps, lorsque l'essence est pure, et sans en diminuer le volume. A cet effet, l'essai doit en être fait dans un tube gradué.

L'essence de citrons ou de limons et celle de cédrat sont composées de carbone et d'hydrogène, sans oxygène, et leur formule est $C^{10}H^8$ pour 4 volumes. Cette composition est la même que celle de l'essence de térébenthine, mais avec une condensation moitié moindre des éléments. Ces huiles exercent d'ailleurs une action bien différente sur la lumière polarisée; car, tandis que l'essence de térébenthine fait éprouver au rayon lumineux une déviation à gauche de 43 degrés, l'essence de citron détermine une déviation à droite de 80 degrés. Ces mêmes huiles, en se combinant au chloride hydrique, volume à volume, donnent naissance à un *camphre artificiel*, qui diffère, par conséquent, de celui de l'essence de térébenthine, parce qu'il contient moitié moins d'hydrogène et de carbone. Ces mêmes essences, exposées à l'air, en absorbent l'oxygène, s'épaississent et forment différents produits, tels que de l'eau, de l'acide acétique, une résine cristallisable, etc.

J'ai fait connaître précédemment (page 290) les raisons qui portent aujourd'hui les savants à penser que les célèbres pommes d'or des Hespérides n'étaient ni des oranges, ni même des citrons ou des cédrats, fruits inconnus en Europe au temps d'Hercule.

Je ferai l'observation pareillement, que les bois de *Citrus* d'Afrique, dont on faisait, du temps de Cicéron à Pline, des tables d'un prix si considérable, n'étaient pas du bois de citronnier, comme beaucoup de traducteurs l'ont pensé. Ces tables étaient si follement recherchées que le prix en dépassait souvent 100000 francs de notre monnaie; et cependant, la plus grande de toutes, qui appartenait à Tibère, n'avait que 4 pieds 2 pouces de diamètre ($1^m,226$). Mais cette dimension est considérable, si l'on fait attention que la table était ordinairement formée d'une seule racine ou d'un seul nœud de racine. Cette grande dimension, jointe à une couleur de vin miellé, montre bien que l'arbre ne pouvait être un citronnier. D'ailleurs le nom même *citrus*, qui est peut-être employé ici par erreur, en place de *cedrus*, sa correspondance avec le nom grec *thya* ou *thyon*, la grande ressemblance de l'arbre avec le cyprès mentionnée par Pline, etc., tout indique que le *citrus* d'Afrique était un arbre conifère du genre des genévriers, des thuyas ou des cyprès.

Donnons, pour terminer, les caractères des bois de nos citres actuels; je ne connais pas le bois du cédratier, mais je le suppose peu différent de celui du citronnier-limonier. Celui-ci est inodore, très-dense, d'un jaune serin, veiné, susceptible d'un beau poli, et peut être employé sur le tour, aux mêmes usages que le buis; mais il est moins beau. Le bois de bigaradier est dur, d'un blanc grisâtre fort peu agréable; enfin, le bois d'oranger est blanc, quelquefois lavé de rouge au centre, sans veines apparentes, sans rien qui le rende utile ou remarquable. Tous ces bois sont inodores.

III. J'ai dit que Risso a établi sous le nom de LIMETTIER (*Citrus limetta*) une espèce de citre dont le type paraît être le *limonier à fruits doux* ou la *lime douce* de Gallesio (1), qui se trouvait assez embarrassé sur sa classification, cet arbre se rapprochant des hybrides de l'oranger, dont il n'offre cependant aucune trace dans sa feuille, dans sa fleur (sauf la couleur), ni dans son fruit. Risso lui donne, comme caractères distinctifs, des pétioles ailés, une corolle très-blanche, 30 étamines réunies 3 par 3, un fruit globuleux, d'un jaune pâle et verdâtre, couronné d'un mamelon obtus; une écorce de fruit ferme, assez épaisse, insipide; une baie à 9 loges, à suc doux et fade. Il y comprend comme variétés : le *limettier limoniforme* (2); le *limettier à fruit étoilé* (3), que Gallesio met au nombre des hybrides de bigaradier, et le *limettier bergamottier* que Gallesio regarde aussi comme un hybride, mais qui offre les caractères propres aux limettiers. Le bergamottier a les rameaux épineux, et les feuilles grandes, ovales-arrondies, portées sur de longs pétioles ailés. Les fleurs sont blanches, pourvues de 20 à 26 étamines; les fruits sont petits, arrondis, pyriformes, un peu mamelonnés au sommet; l'écorce en est mince, d'un jaune doré, unie, remplie d'une essence suave et piquante, dont l'odeur particulière fait tout le mérite; car sa pulpe aigre et amère n'est d'aucun usage. L'écorce était très-usitée autrefois pour faire de jolies bonbonnières qui portaient aussi le nom de *bergamottes*.

L'essence de bergamotte n'est guère obtenue que par l'expression des zestes; elle est jaune et d'une densité plus considérable que celle de citrons, car elle pèse 0,880. Elle s'altère aussi beaucoup plus vite dans les flacons où on la conserve, et y forme un dépôt plus ou moins marqué. D'après les expériences de M. Olme et celles de MM. Soubeiran et Capitaine, elle aurait une composition différente et contiendrait une certaine quantité d'oxygène; ou, tout au moins, elle serait le résultat d'une hydratation de l'essence $C^{10}H^8$ (4).

IV. BIGARADIER (*Citrus bigaradia*, Nouv. Duham. ; *Citrus vulgaris*,

(1) Gallesio, p. 112.
(2) Ferrari, tab. 230.
(3) Ferrari, tab. 315.
(4) *Journ. Pharm.*, t. XXVI, p. 509.

Risso; *Aurantium vulgare acre*, Ferrari (1). Cet arbre (*fig.* 738) s'élève jusqu'à 8 mètres et porte une tête arrondie et touffue. Ses jeunes pousses sont anguleuses, épineuses et d'un vert très-clair; ses feuilles sont ovales-lancéolées, une fois plus longues que larges, articulées sur un pétiole fortement ailé. Les fleurs sont entièrement blanches, très-odorantes, à 20 étamines. Les fruits sont globuleux, recouverts d'un zeste jaune rougeâtre, raboteux et pourvu d'un arome très-pénétrant; l'écorce interne est peu épaisse, blanche et très-amère; la baie est composée de 8 à 12 loges contenant chacune deux graines ou plus, et remplies d'un suc acide et très-amer. Cette espèce, de même que les précédentes, a formé un assez grand nombre de variétés et d'hybrides. Parmi les premières, je citerai le *bigaradier à fleurs semi-doubles* (Ferr., 391), le *multiflore*, dit aussi *bouquetier* ou *riche-dépouille* (Ferr., 389), l'*oranger nain* ou *petit chinois* (Ferr., 433), le *bigaradier à feuilles de myrte*, le *bigaradier cornu* (Ferr., 409, 415) ; parmi les hybrides, il faut distinguer ceux qui participent du limon ou du cédrat, tels que ceux représentés par Ferrari, tab. 311, 313, 315, 321, 423, dont plusieurs portent les noms de *lumie*, de *pomme d'Adam*, de *pompoléon*, et ceux qui participent de l'oranger, qui sont le bigaradier à fruit doux (Ferr., 374) et le bigaradier à écorce douce (Ferr., *fig.* 433, 435).

Le bigaradier est une des espèces les plus utiles du genre et celle dont la médecine fait le plus d'usage. Il est vrai que l'amertume de sa baie empêche qu'on ne la mange comme fruit d'agrément; mais on s'en sert comme d'assaisonnement sur les tables et on en fait des confitures très-estimées ; enfin c'est cet arbre, et non l'oranger vrai, qui fournit à la pharmacie les *feuilles d'oranger* les *fleurs d'oranger* qui servent à faire l'*eau de fleur d'oranger* et l'*essence de néroli*, les *orangettes* et l'*écorce d'orange amère*; parce que toutes ces parties sont, chez lui, plus sapides et pourvues d'une odeur plus vive et plus pénétrante que dans l'oranger vrai. C'est pour cette raison que le bigaradier est presque le seul cultivé dans les serres des climats froids ou tempérés, sous le nom d'*oranger*.

Feuilles d'oranger. — Il faut les choisir entières, d'une belle couleur verte, fermes, très-aromatiques et d'une saveur amère.

Petit grain ou **orangettes**. — On nomme *petit grain*, les petits fruits tombés de l'arbre, peu après la floraison. On en retire par la distillation une huile volatile qui porte le même nom. Il est vrai que, suivant M. Risso et d'autres, l'essence de petit grain est obtenue, en tout ou en partie, par la distillation des feuilles du

---

(1) Ferrari, tab. 377, f. 1.

bigaradier; mais c'est par une substitution semblable à celle qui fait remplacer souvent les fleurs par les feuilles, dans la préparation de l'eau de fleur d'oranger du commerce. Le nom d'*essence de petit grain* suffit d'ailleurs pour indiquer que cette essence doit être préparée avec le jeune fruit. On donne le nom d'*orangettes* aux fruits recueillis avant qu'ils aient atteint le volume d'une cerise. On en prépare une teinture amère qui est très-stomachique ; mais leur plus grand usage est pour la fabrication des *pois d'oranges pour les cautères*. Car ces pois, qui sont bruns et aromatiques, sont faits avec les orangettes dont on retrouve la structure dans leur intérieur, et non avec le bois de l'arbre, qui est fort dur, blanc et inodore.

Écorce d'orange amère. — L'écorce d'orange amère la plus estimée vient de la Barbade et de Curaçao, et porte le nom de *curaçao des îles* ou *de Hollande*. Le premier, provenant de fruits non mûrs, est en petits quartiers verts à l'extérieur, épais, durs, compactes, d'une odeur forte et persistante, d'une saveur amère très-parfumée ; le second, provenant de fruits mûrs et ayant été mondé en Hollande de sa pulpe blanche interne, est sous forme d'écorces très-minces, presque réduites à leur zeste, d'un jaune rougeâtre, chagriné à l'extérieur et très-aromatique.

On apporte d'Italie et de Provence des écorces semblables, ou petites et verdâtres, ou plus âgées et jaunâtres, mais non mondées de leur partie blanche interne. Les unes et les autres, mais principalement le curaçao de Hollande mondé, servent à faire une liqueur de table très-estimée, une teinture alcoolique et un sirop, qui sont d'excellents stomachiques et vermifuges.

Essence de bigarade. — Cette essence est d'une odeur vive et pénétrante, et pèse 0,855. Elle a la même composition moléculaire que les essences de citron et de cédrat ; mais elle agit beaucoup plus fortement sur la lumière polarisée, qu'elle fait dévier de 120 degrés vers la droite.

Essence de néroli. — Cette essence est moins fluide que les précédentes, d'une couleur jaune qui brunit à l'air, et d'une pesanteur spécifique de 0,888. D'après MM. Soubeiran et Capitaine, elle se compose de deux huiles dont l'une est d'une odeur très-agréable et se dissout en grande quantité dans l'eau de fleur d'oranger, tandis que l'autre est presque insoluble dans l'eau et ne se rencontre que dans l'essence. La première rougit par l'acide sulfurique et communique cette propriété à l'eau distillée.

V. ORANGER VRAI, *Citrus aurantium*, Risso. — L'oranger de Portugal s'élève à la hauteur de 6 à 7 mètres et porte une large tête ronde sur un tronc droit et cylindrique. Ses feuilles sont ovales oblongues, aiguës, lisses, luisantes, légèrement crénelées, d'un vert foncé, portées sur un pétiole moyennement ailé. Les fleurs sont axillaires, d'un beau blanc, à pédicule court, et réunies deux à six ensemble, sur un pédoncule commun; elles ont de 20 à 22 étamines et sont toutes hermaphrodites et fertiles.

Les fruits sont globuleux, quelquefois un peu déprimés, revêtus d'un zeste lisse ou peu rugueux, d'un jaune safrané, recouvrant une pulpe mince, blanche, filamenteuse, d'un goût fade, peu adhérente à la baie. Celle-ci, qui forme la presque totalité du fruit, est à 8 ou 10 loges occupées par des vésicules oblongues, pleines d'un suc jaunâtre, doux, sucré, et d'un goût fort agréable. Les graines sont blanches, oblongues, arrondies, volumineuses.

On distingue parmi les variétés de l'oranger celui dit *de Portugal*, qui est le plus commun; celui *de Chine* (Ferrari, tab. 427); l'*oranger à suc rouge*, l'*oranger à écorce douce*, celui *à écorce épaisse* (Ferrari, 379), l'*oranger à fruit nain*, l'*oranger à fleurs doubles*, dont les fruits en renferment souvent un second dans leur intérieur, l'*oranger pompelmous* d'Amboine (*Citrus aurantium decumanum*) qui est peut-être une espèce distincte, remarquable par la grandeur de toutes ses parties, etc. Parmi les hybrides, on compte l'*oranger à figure de limon* ou *lime orangée* (Ferrari, tab. 385), l'*oranger à fruit panaché de blanc* (Ferrari, 399), l'*oranger à fruit strié* (Ferrari, 401), etc.

Ainsi que je l'ai dit précédemment, l'oranger à fruit doux se recommande par son fruit, qui est un des plus beaux et des plus agréables que l'on connaisse; mais il le cède, pour toutes ses autres parties, au bigaradier, ses feuilles et ses fleurs étant pourvues d'une saveur et d'une odeur beaucoup plus faibles, et l'écorce de son fruit, que l'on vend quelquefois comme *écorce d'orange amère*, s'en distinguant par sa nature spongieuse et par son goût fade ou faiblement amer. L'essence retirée du zeste est la plus légère de celles des aurantiacées : elle pèse 0,844 non distillée, et 0,835 lorsqu'elle est bien rectifiée. C'est aussi celle qui agit le plus sur la lumière polarisée, qu'elle dévie de 127 degrés vers la droite. Elle porte dans le commerce le nom d'*essence de Portugal*.

FAMILLE DES TERNSTRŒMIACÉES.

Arbres ou arbrisseaux à feuilles alternes, sans stipules, souvent coriaces et persistantes. Calice à 5 sépales concaves, inégaux et imbriqués; corolle à 5 pétales ou plus, imbriqués et contournés, quelquefois soudés à la base; étamines nombreuses, souvent réunies par la base de leurs filets et soudées avec la corolle. Ovaire libre, placé sur un disque hypogyne, divisé en 2 à 5 loges contenant plusieurs ovules fixés à leur angle interne. Les styles sont en nombre égal à celui des loges, plus ou moins soudés ensemble, terminés chacun par un stigmate simple. Le fruit présente de 2 à 5 loges ; il est tantôt coriace ou un peu charnu et indéhiscent ; d'autres fois sec, capsulaire, s'ouvrant en autant de valves qu'il y a de loges ; l'embryon est nu ou pourvu d'endosperme.

Les ternstrœmiacées présentent d'assez grands rapports avec les guttifères. On les divise en six tribus dont une, qui a reçu le nom de *camelliées* ou de *théacées*, était d'abord comprise dans les aurantiacées, puis a formé une petite famille distincte, avant d'être réunie aux ternstrœmiacées. Une autre tribu, celle des *Cochlospermées*, plus rapprochée des malvacées, ne comprend que le seul genre *Cochlospermum* que je cite ici, parce que, une des deux espèces dont il se compose, le *Cochlospermum gossypium* (*Bombax gossypium*, L.), est indiqué par Endlicher dans son *Enchiridion botanicum*, ouvrage si concis et si plein de faits exacts et d'érudition, comme la source de la **gomme kutera ou kuteera** (*kutira*) de l'Inde, à laquelle j'ai conservé jusqu'ici, provisoirement, le nom de *gomme de Bassora* (page 452), mais qu'il faut définitivement appeler *gomme kutira*. Ce même arbre (*Cochlospermum gossypium*) porte, dans une capsule ovale, à 5 loges polyspermes et à 5 valves, de petites semences réniformes, couvertes d'un duvet blanc, que l'on peut employer aux mêmes usages que le coton. Les semences elles-mêmes, écrasées avant leur maturité, fournissent un suc qui a la couleur de la gomme-gutte. Je ne dirai rien des *camellia*, arbrisseaux si connus pour l'élégance de leur feuillage et la beauté de leurs fleurs, mais qui ne sont d'aucune utilité pour la médecine, et je me bornerai à parler du **thé**, dont l'importance commerciale est si grande et dont l'importation procure au fisc, dans plusieurs pays de l'Europe, une ressource considérable.

Thé.

Le thé (*fig.* 739) se nomme *tsja* au Japon et *tcha* en Chine (1), ce qui ne forme probablement qu'un seul et même nom. C'est un arbrisseau rameux, toujours vert, qui croît jusqu'à la hauteur de 2 mètres environ. Il a les feuilles alternes, non stipulées, pétiolées, légèrement coriaces, ovales-oblongues, pointues, finement dentées. Ses fleurs sont axillaires, solitaires, pédonculées, munies d'un calice à 5 sépales imbriqués, dont les extérieurs sont plus petits ; tous sont un peu soudés par la base. Les étamines sont nombreuses, plurisériées, à filaments filiformes, portant une anthère appliquée, oblongue, biloculaire. L'ovaire est libre, triloculaire, surmonté d'un style trifide et de 3 stigmates aigus. Le fruit est une capsule formée de 3 coques arrondies, à déhiscence loculicide, ne contenant chacune ordinairement qu'une grosse semence ronde. Celle-ci est formée d'un embryon

---

(1) D'après Kæmpfer, cependant, le thé se nommerait *théh* en chinois.

sans endosperme, à cotylédons charnus et oléagineux, et à radicule très-courte et centripète.

On trouve dans le commerce un grand nombre de sortes de thés que l'on rapporte toutes à deux arbustes de la Chine, qui ont été nommés par Linné *Thea bohea* et *Thea viridis*, le premier ayant les feuilles plus courtes et les fleurs hexapétales, et le second les feuilles plus longues et les fleurs à 9 pétales. Mais d'après les observations de Lettsom, le nombre des pétales peut varier dans les deux arbustes de 3 à 9, de sorte qu'on ne les regarde plus que comme deux variétés d'une même espèce nommée *Thea chinensis*. Il faut admettre alors que les différences remarquées entre les sortes de thé proviennent en partie de l'âge auquel on a cueilli les feuilles et du mode de leur dessiccation. On fait la récolte des feuilles plusieurs fois par an, et on les fait sécher sur des plaques de fer chaudes, où elles se crispent et se roulent comme on le voit dans le thé du commerce.

Fig. 739. — Thé.

Les feuilles des thés de choix sont, en outre, roulées une à une dans la main. Enfin, je suis porté à croire que la différence qui existe entre les deux sortes principales de thés du commerce, désignées sous les noms de *thé vert* et de *thé noir*, est due à ce que ce dernier a subi une préparation particulière avant sa dessiccation.

[Cette supposition se trouve confirmée par les renseignements recueillis depuis, et particulièrement par ceux de MM. Grundherr et Hertel (1), desquels il résulte que le *thé noir* subit, avant d'être soumis au feu, une sorte de fermentation, tandis que les feuilles qui doivent donner le thé ver, sont directement torréfiées.]

On distingue ensuite un grand nombre de variétés de thés *verts* et *noirs*. On compte parmi les premiers ceux dits *thé vert* ou *tonkai*, *thé songlo*, *thé hayswen-skin*, *thé hayswen* ou *hyson*, *thé perlé* ou *impérial*, *thé poudre à canon*, *thé chulan*, etc. On désigne au nombre des seconds, le *thé bouy*, le *congou*, le *campoui*,

---

(1) Voir dans *Neues Jarbuch der Pharmacie*, XXVIII, 201 ; d'après le *Jahresbericht de Wiggers* pour 1867.

le *souchong* ou *saotchon*, le *pekao*, le *thé en boules*, etc. ; je n'en décrirai que six variétés.

Le **thé hayswen** est en feuilles roulées longitudinalement, d'un vert sombre un peu noirâtre et bleuâtre, d'une odeur agréable et d'une saveur astringente. Lorsqu'on le fait infuser dans l'eau, les feuilles se développent, acquièrent de 30 à 50 millimètres de longueur, de 15 à 20 millimètres de largeur, et une teinte plus verte. Ces feuilles sont ovées-lancéolées, glabres d'un côté, légèrement pubescentes de l'autre, dentées de petites dents aiguës sur leurs bords ; plusieurs feuilles sont brisées. La liqueur est jaune, transparente, a une saveur amère, rougit le tournesol, ne précipite ni le nitrate de baryte ni l'oxalate d'ammoniaque ; forme, avec le nitrate de plomb, un précipité blanchâtre ; avec le nitrate d'argent, un précipité noir, ou blanc passant au noir, par la réduction de l'argent ; elle réduit de même la dissolution d'or et celle de protonitrate de mercure, ce qui indique dans ce thé un principe avide d'oxygène (le tannin).

Thé chulan. — Ce thé ressemble entièrement, par ses caractères physiques et par les propriétés de son infusion, au thé hayswen ; sa seule différence consiste en une odeur infiniment plus suave, qui passe également dans son infusion, et en rend l'usage très-agréable. Cette odeur n'est pas naturelle au thé ; elle lui est communiquée par la fleur de l'*Olea fragrans*, L. (*Osmanthrus fragrans*, Lour.; *Lanhoa* des Chinois). Ce thé est un des plus recherchés.

D'autres sortes de thés paraissent devoir de même leur odeur particulière à d'autres substances aromatiques, telles que les fleurs du *Camellia sesanqua*, celles du *Mongorium sambac* de la famille des jasminées, etc.

Le **thé perlé** diffère extérieurement du thé hayswen, par sa forme ramassée, comme arrondie, et par sa couleur plus brune et néanmoins cendrée; son odeur est plus agréable. Lorsqu'on le fait infuser dans l'eau, il s'en pénètre et se développe plus difficilement. Alors on reconnaît que sa forme arrondie provient de ce que les feuilles de thé entières, après avoir été roulées longitudinalement, sont en outre repliées et tordues sur elles-mêmes ; opération qui a dû se faire à la main, et à laquelle ce thé doit d'être moins accessible à l'humidité, et de conserver plus longtemps son parfum et ses autres propriétés. Les feuilles de thé perlé développées sont entièrement semblables à celles du thé hayswen, seulement elles sont un peu plus petites. L'infusion est un peu plus foncée et légèrement trouble ; du reste, elle jouit des mêmes propriétés.

Thé poudre à canon. — Ce thé paraît roulé encore plus fin que le thé perlé ; cependant il provient de feuilles plus grandes et semblables à celles du thé hayswen ; mais ces feuilles ont toutes été coupées transversalement en trois ou quatre parts avant d'être roulées, ce qui est la seule cause de la petitesse de son grain. Son infusion ressemble entièrement à celle du thé perlé.

Thé noir, thé bouy, thé souchong. — Ces sortes de thés sont d'un brun noirâtre, d'une odeur agréable, d'une saveur moins astringente que le thé hayswen. Ils sont beaucoup plus légers, plus grêles, et, comme lui, seulement roulés dans leur longueur.

Le thé noir, infusé dans l'eau, se développe facilement ; ses feuilles sont elliptiques ou lancéolaires, dentées, brunes, plus épaisses que le thé hayswen, comme membraneuses et élastiques, mêlées de pétioles. L'infusion a une odeur agréable, une saveur moins amère que celle du thé hayswen, une couleur orangée brune. Cette infusion rougit le tournesol, ne précipite pas le nitrate de baryte, et réduit la dissolution d'or ; précipite en fauve le nitrate de plomb ; précipite de même sans les réduire les nitrates d'argent et de mercure, ce qui indique l'absence presque totale du principe avide d'oxygène contenu dans les précédentes sortes.

Le **thé pekao** me paraît n'être que la sorte précédente plus choisie. Il a la même couleur brune, la même forme, la même saveur ; seulement son odeur est plus agréable, et il est mêlé de petits filets argentés, qui ne sont autre chose que les dernières feuilles de la branche non encore développées, et plus pubescentes que les autres : son infusion est entièrement semblable à celle du thé bouy.

Ce que je viens d'exposer sur ces six sortes de thés ne contredit en aucune façon l'opinion émise précédemment, qu'elles ne proviennent que d'une espèce végétale : en effet, le *thé chulan* n'est que du thé hayswen aromatisé artificiellement ; le *thé poudre à canon* n'est que du thé vert haché et roulé ; le *thé perlé* ne me semble différer du thé hayswen que parce que ses feuilles sont un peu plus petites, ce qui peut tenir à ce qu'on les a récoltées dans un âge moins avancé ; enfin, l'infusion de ces quatre sortes exerce une même action réductive sur les dissolutions d'or, d'argent et de mercure.

Quant au *thé bouy* et au *thé pekao*, qui diffèrent des autres par leur couleur brune, et par l'absence du principe avide d'oxygène, on pourrait les croire produits par une espèce distincte ; mais il est possible aussi que leur différence résulte de ce que les feuilles récoltées auraient été traitées par l'eau, ou par la vapeur d'eau, ou soumises à un commencement de fermentation avant leur dessiccation ; car l'une ou l'autre de ces opérations aurait en effet pour résultats la coloration en brun des feuilles et l'altération du principe oxygénable : ce qui me semble appuyer cette opinion, c'est que le thé bouy n'est pas toujours entièrement privé de la propriété de réduire les dissolutions d'argent et de mercure.

[Parmi les substances qui entrent dans la composition chimique du thé, il faut signaler d'une manière particulière : 1° l'huile essentielle, qui est la cause de son arome : elle est jaunâtre, épaisse, d'une odeur de thé très-forte et étourdissante ; 2° la *théine* découverte dans le thé par M. Oudry, en 1827 et qui a été reconnue par MM. Jobst et Mulder, identique avec la *caféine ;* 3° enfin un autre principe azoté, que M. Péligot a signalé et qu'il rapproche du caséum du lait (1).]

C'est en 1666 qu'on a commencé à faire usage du thé en Europe ; depuis il est devenu d'un usage si général, qu'on en importe annuellement plus de 20 millions de livres. C'est à l'occasion d'une taxe sur le thé que les États-Unis d'Amérique se sont séparés de l'Angleterre. L'infusion de thé est stimulante, stomachique, très-bonne pour les indigestions et pour arrêter le vomissement.

[Cette plante précieuse a été introduite dans diverses régions. Il y a une quinzaine d'années, on l'a transportée dans les Indes orientales dans les montagnes de Neilgherries, sur la côte de Malabar (2). Vers 1858, M. Fortune, chargé d'une mission spéciale, en apportait des échantillons de Chine aux États-Unis (3). Enfin le Brésil en cultive dans diverses provinces et, d'après le catalogue des produits de cette nation à l'Exposition universelle, la culture du thé donne de belles espérances fondées sur les qualités et le rapport abondant de cette plante (4).]

Succédanés du thé. — L'usage presque universel du thé est cause que dans plusieurs pays on en a donné le nom aux feuilles de diverses plantes susceptibles d'être prises en boisson théiforme. L'une d'elles a même acquis une grande importance commerciale dans l'Amérique méridionale : c'est le *thé du Paraguay*, dont la recherche a coûté pendant si longtemps la liberté à notre célèbre botaniste Bonpland. Cette plante est une espèce de houx, *Ilex paragariensis*, que M. Auguste Saint-Hilaire a trouvé au Brésil sous le nom de *Arvore de mate ;* de sorte que les nations qui en font usage pourront se soustraire au monopole du gouvernement du Paraguay en la tirant du Brésil.

---

(1) Houssaye, *Monographie du thé.* Paris, 1843, 98.
(2) Voir *Pharmaceut. Journal*, 2ᵉ série, I, 391.
(3) *Pharmaceut. Journal.* 2ᵉ série, I, 479.
(4) *L'empire du Brésil à l'Exposition universelle de* 1867 *à Paris.* Rio-de-Janeiro, 1867, p. 189.

Les feuilles de cet arbrisseau, telles qu'on les trouve dans le commerce, sont toujours brisées et même presque pulvérisées, afin d'en déguiser la nature. Ces feuilles ont une odeur assez prononcée et une saveur un peu astringente; on les emploie en infusion comme le thé.

Dans l'Amérique septentrionale on fait usage des feuilles de l'*Ilex vomitoria*, sous le nom de *thé des Apalaches*. Au Pérou, on fait un commerce fort considérable des feuilles de coca, *Erythroxylum coca*, de la petite famille des Érythroxylées. Ces feuilles, qui n'ont qu'une saveur faiblement aromatique et amère, jouissent d'une propriété excitante qui peut aller jusqu'à causer l'ivresse. Les Indiens et les mineurs, surtout, en mâchent continuellement et paraissent trouver dans cet usage un puissant remède contre la fatigue. On a donné aussi le nom de *thé du Mexique* au *Chenopodium ambrosioides*, et celui de *thé d'Europe* à la véronique et à la sauge. Cette dernière plante a même pendant quelque temps été envoyée en Asie en échange du thé de la Chine; mais l'usage en a été passager, tandis que ce dernier est devenu un objet de nécessité en Europe.

FAMILLE DES TILIACÉES.

Arbres, arbrisseaux, très-rarement plantes herbacées, à feuilles alternes, accompagnées de deux stipules le plus souvent caduques. Fleurs complètes, pourvues d'un calice à 4 ou 5 sépales libres ou plus ou moins soudés; corolle à 4 ou 5 pétales insérés à la base d'une glande ou d'une squamule, entiers ou lacérés au sommet, rarement nuls. Étamines le plus souvent indéfinies, insérées sur le torus; à filaments filiformes, libres ou légèrement soudés à la base. Anthères biloculaires, s'ouvrant par une fente longitudinale ou par un pore terminal. L'ovaire présente de 2 à 10 loges, contenant chacune un ou plusieurs ovules attachés à leur angle interne. Le style est simple, terminé par un stigmate lobé. Le fruit est une capsule à plusieurs loges et polysperme, ou un drupe monosperme par avortement. Les graines contiennent un embryon droit ou un peu recourbé, dans un endosperme charnu.

Les Tiliacées forment deux sous-familles, les *Tiliées* et les *Élæocarpées*: les premières ont les pétales entiers ou rarement nuls, et les anthères à déhiscence longitudinale; les secondes ont les pétales incisés et les anthères s'ouvrant au sommet par une valvule transversale. Les unes et les autres se recommandent à différents titres dans les contrées qui les produisent; mais je n'en citerai que deux espèces appartenant aux Tiliées. L'une est la **corette potagère**, ou **mélochie** (*Corchorus olitorius*, L.), plante égyptienne cultivée dans plusieurs parties de l'Asie, de l'Afrique et de l'Amérique, à cause de ses feuilles que l'on mange cuites et assaisonnées. L'autre espèce, qu'il nous importe davantage de connaître, est notre tilleul d'Europe.

Tilleul d'Europe.

Tilia europæa, L. — Les tilleuls sont des arbres élevés, à feuilles alternes, simples, cordiformes, dentées, et dont les fleurs sont

Fig. 740. — Tilleul argenté.

disposées en corymbes sur un pédoncule commun qui sort du milieu d'une bractée longue et linéaire. Le calice est à 5 divisions caduques ; la corolle est à 5 pétales oblongs, alternes avec les sépales, nus intérieurement ou accompagnés à la base d'une *ligule* staminifère. Les étamines sont nombreuses, libres et insérées sur le réceptacle, ou partagées en cinq groupes portés par les ligules ; l'ovaire est libre, globuleux, velu, terminé par un style et par un stigmate en tête, à 5 lobes. L'ovaire est divisé intérieurement en 5 loges dispermes. Le fruit est un carcérule globuleux, coriace ou ligneux, à 5 loges monospermes, dont quatre avortent ordinairement. L'embryon est droit, formé de deux cotylédons foliacés, dans l'axe d'un endosperme cartilagineux.

Le tilleul d'Europe a les pétales dépourvus de ligules et les étamines libres, par conséquent. Il présente un assez grand nombre de variétés dont plusieurs ont été élevées au rang d'espèces : tels sont le **tilleul à larges feuilles**, dit **tilleul de Hollande** (*Tilia platyphylla*, Scop.); le **tilleul à petites feuilles** ou **à feuilles d'orme**, nommé aussi **tilleul sauvage** ou **tillot** (*Tilia microphylla*, Vent.),; **tilleul rouge** (*Tilia rubra*, DC.), dont les jeunes branches flexibles sont colorées en rouge, etc. Quant au **tilleul argenté** de Hongrie qui se trouve représenté figure 740, il se distingue des précédents par ses feuilles glabres et d'un vert foncé en dessus, revêtues en dessous d'un duvet court et serré ; et par ses fleurs d'une odeur analogue à celle de la jonquille, et dont les pétales sont pourvus d'une ligule staminifère, comme les tilleuls de l'Amérique septentrionale, ce qui avait fait supposer d'abord qu'il était originaire de cette partie du monde.

Le bois de tilleul est blanc, assez léger, facile à travailler. Il est employé par les menuisiers, les boisseliers, les tourneurs, les sculpteurs et les sabotiers. La seconde écorce de tilleul (ou le liber) est très-fibreuse, difficile à rompre et sert à faire les cordes à puits. Les feuilles de tilleul se couvrent, pendant l'été, d'une exsudation mielleuse et sucrée, récoltée par les abeilles, et la séve de l'arbre, obtenue par incision du tronc, peut fournir du sucre cristallisé, ou, mise à fermenter, elle produit une liqueur vineuse assez agréable au goût.

Les fleurs de tilleul sont pourvues d'une odeur douce et agréable, qui parfume l'air vers la fin de juin; elles attirent les abeilles qui viennent y puiser un miel abondant. On en fait un fréquent usage en médecine, comme antispasmodiques, étant employées sèches en infusion théiforme. Cette boisson, qui est très-agréable, peut aussi, jusqu'à un certain point, remplacer le thé. Les fleurs récentes, distillées avec de l'eau, fournissent une essence liquide et incolore qui est peu connue. L'hydrolat préparé avec les fleurs sèches est très-usité comme antispasmodique dans les potions.

DIPTÉROCARPÉES. — Petite famille très-voisine des tiliacées, composée d'arbres de la première grandeur, habitant l'Inde et les îles de l'archipel indien, et pourvus de sucs huileux ou résineux, d'une grande utilité pour les pays qui les produisent; mais ils arrivent peu jusqu'à nous. Au nombre de ces arbres se trouve d'abord le *Dryobalanops camphora* (*fig.* 741), nommé aussi **camphrier de Bornéo** ou **de Sumatra**, dont j'ai décrit le camphre naturel (1). Plusieurs *Dipterocarpus*, arbustes très-voisins des *Dryobalanops*, fournissent une résine balsamique utilisée comme poix navale, comme encens dans les temples, ou comme médicament vulnéraire et cicatrisant.

Le premier de tous est le *Dipterocarpus trinervis* de Java, arbre immense dont la résine fait partie d'onguents employés contre les ulcères invétérés, et remplace le copahu dans tous ses usages, lorsqu'elle est dissoute dans l'alcool. Le *Dipterocarpus lœvis*, arbre de l'Inde, étant incisé à la hache et approché d'un feu doux, fournit une grande quantité d'une huile balsanique, dite *Wood oil* ou baume de Gurgun (2), très-usitée comme vulnéraire et en place de vernis. Le *Shorea robusta* de l'Inde produit égale-

---

(1) T. II, p. 412.
(2) Voir page 467.

ment une résine qui passe pour une espèce de dammar, et le *Vateria indica* a été regardé, pendant un certain temps, comme la source de la résine animé orientale ou copal dure, lorsqu'on s'imaginait que cette résine provenait de l'Inde (page 455).

GROUPE DES MALVACÉES.

La famille des Malvacées, telle qu'elle a été établie par Laurent de Jussieu, forme un groupe très-important de végétaux dont voici les caractères communs.

Les feuilles sont alternes, stipulées, très-souvent palmatilobées. Les fleurs sont régulières, pourvues d'un calice gamosépale à 5 divisions, souvent doublé d'un calice extérieur mono- ou polysépale. La corolle est à 5 pétales égaux, contournés dans la préfloraison, tantôt distincts et hypogynes, tantôt insérés sur une gaîne formée par les étamines; alors la corolle paraît être monopétale. Les étamines sont définies ou indéfinies, insérées sous l'ovaire, tantôt presque entièrement soudées en un tube qui entoure l'ovaire, tantôt réunies seulement à la base, en forme de godet. L'ovaire est simple en apparence, le plus souvent sessile, surmonté de un ou de plusieurs stigmates. Fruit tantôt composé de plusieurs capsules disposées circulairement, mono- ou polyspermes, ou formé d'une seule capsule sèche ou charnue, à plusieurs loges. Les graines sont fixées à l'angle intérieur des loges ou à un réceptacle central qui supporte les capsules et leurs loges. La graine est formée d'un embryon homotrope, arqué, contenu dans un albumen mucilagineux ou charnu, souvent très-mince, et suivant les contours des cotylédons qui sont foliacés, repliés sur eux-mêmes et chiffonnés. La radicule est droite ou recourbée, regardant le hile.

Fig. 741. — Camphrier de Bornéo.

Les botanistes divisent aujourd'hui le groupe des Malvacées, qui prend alors le nom de *Columnifères* ou de *Malvoïdées*, en trois ou quatre familles, mais ils ne le font pas de la même manière. Ainsi De Candolle divise les malvacées de Jussieu en trois familles, sous les noms de *Malvacées*, de *Bombacées* et de *Byttnériacées*, et cette dernière famille comprend, comme tribus, les *Sterculiées* et les *Hermanniacées*, dont quelques botanistes font encore deux familles particulières ; tandis qu'Endlicher, réunissant les sterculiées aux bombacées, donne à la seconde famille le nom de *Sterculiacées*.

Enfin Adrien de Jussieu divise le groupe des Malvacées en *Malvacées*, *Bombacées*, *Sterculiacées* et *Byttnériacées*, dont voici les caractères distinctifs.

I. Malvacées. — Calice quinquéfide, souvent doublé par des bractées verticillées ; étamines réunies en un tube qui entoure l'ovaire et le style, et qui paraît porter au sommet un grand nombre de petits filets munis chacun d'une anthère uniloculaire. Ovaire sessile, composé de 5 carpelles ou plus, disposés circulairement autour d'un axe central stylifère ; ovules solitaires ou en plus grand nombre, fixés à l'angle central des carpelles. Fruit composé de coques verticillées, presque libres ou plus ou moins soudées en une capsule polycoque, ou entièrement soudées et formant une capsule à 5 loges ou plus, à déhiscence loculicide ou plus rarement indéhiscente. — Genres : *Lavatera, Althæa, Malva, Hibiscus, Malvaviscus, Abelmoschus, Gossypium, Sida, Abutilon*, etc.

II. Bombacées. — Fleurs complètes, à calice quinquéfide, irrégulièrement divisé ; corolle régulière ; étamines indéfinies, soudées en un tube qui surpasse les ovaires. Anthères solitaires ou réunies par groupes, à loges distinctes ou confluentes ; ovaire sessile ou stipité ; carpelles soudés en un fruit capsulaire ou distinct. — Genres : *Adansonia, Pachira, Bombax, Eriodendron, Cheirostemon, Helicteres*, etc.

III. Sterculiacées. — Fleurs diclines ; calice régulier ; corolle nulle ; filets des étamines réunis en un tube soudé au carpophore. Anthères biloculaires. Fruit composé de follicules verticillés, déhiscents ou indéhiscents. Arbres à feuilles simples ou palmées-composées, à pétiole renflé au sommet. — Genres : *Heritiera, Sterculia*, etc.

IV. Buttnériacées. — Fleurs complètes, régulières, à calice quadri- ou quinquéfide ; pétales souvent soudés par le bas avec le tube anthérifère, et souvent ligulés à la partie supérieure. Tube staminal fendu au sommet en plusieurs lanières, dont les unes alternent avec les pétales et sont stériles, et dont les autres, opposées aux pétales, portent de une à trois anthères biloculaires. Ovaire quinquéloculaire ; fruit capsulaire à déhiscence loculicide ou septicide. Embryon nu ou entouré d'un endosperme charnu. — Genres : *Abroma, Byttneria, Theobroma, Guazuma, Hermannia, Pentapetes, Pterospermum*, etc.

Aucun des végétaux compris dans le groupe entier des Malvacées n'est vénéneux, et presque tous sont impégnés d'un mucilage qui les rend adoucissants et souvent nutritifs. La guimauve, la mauve et leurs congénères, les *Hibiscus*, les cotonniers, les

Bombax, le baobab et le cacao, fixeront plus particulièrement notre attention.

Guimauve officinale.

Althæa officinalis, L. (*fig.* 742). — *Car. gén.:* calice double, l'extérieur offrant de 6 à 9 divisions; un grand nombre de carpelles capsulaires monospermes, disposés circulairement. — *Car. spéc.:* carpelles privés de marge membraneuse; calice extérieur à 8 ou 9 divisions. Feuilles simples, couvertes d'un duvet doux sur les deux faces, cordées ou ovales, simplement dentées ou sous-trilobées; pédoncules axillaires multiflores, beaucoup plus courts que les feuilles.

Fig. 742. — Guimauve officinale.

Cette plante est vivace; elle pousse des tiges hautes de 1 mètre, dures, cylindriques et velues. Ses feuilles sont pétiolées, à 3 ou 5 lobes peu marqués, blanchâtres, molles et douces au toucher. Sa racine est longue, cylindrique, branchue, charnue, très-mucilagineuse, amylacée, blanche en dedans, recouverte d'un épiderme jaunâtre. Dans le commerce, on la trouve mondée de son épiderme, d'une belle couleur blanche, d'une odeur faible et d'une saveur très-mucilagineuse et légèrement sucrée. Il faut la choisir bien nourrie et peu fibreuse; on l'emploie en poudre, en infusion et en décoction; elle entre dans le sirop de guimauve et d'*Althæa* de Fernel. Elle contient un principe cristallisable qui a d'abord été regardé comme lui étant particulier, et qui avait en conséquence été nommé *althéine;* mais on a reconnu depuis qu'il était identique avec l'*asparagine* de l'asperge, de la réglisse et de quelques autres racines. Les feuilles de la plante sont aussi employées comme émollientes, et les fleurs comme pectorales. Celles-ci, outre leur double calice cotonneux, à neuf divisions extérieures, qui les distingue, ont 5 pétales d'un blanc rosé et d'une odeur faible et agréable. Elles sont, comme le reste de la plante, mucilagineuses et adoucissantes.

Rose trémière ou **passe-rose,** *Althœa rosea*, Cav., *Alcea rosea*, L. — Cette plante, réunie aujourd'hui au genre *Althœa*, diffère de la guimauve par ses carpelles bordés d'une marge membraneuse sillonnée, et par son involucre ou calice extérieur à 6 divisions. Elle produit de sa racine une ou plusieurs tiges hautes de 16 à 26 décimètres, droites, velues, garnies de larges feuilles rugueuses, cordiformes-arrondies, à 5 ou 7 lobes crénelés, couvertes de poils des deux côtés. Ses fleurs sont grandes, belles et de couleurs variées, depuis le blanc et le jaune jusqu'au rouge et au pourpre noirâtre le plus foncé. Elles sont presque sessiles dans l'aisselle des feuilles supérieures, où elles forment, par leur rapprochement, un long épi terminal. Cette plante croît naturellement dans les lieux montagneux du midi de la France, et est cultivée pour l'ornement des jardins. Ses fleurs sont employées en médecine, et sa racine est quelquefois substituée dans le commerce à celle de guimauve. Elle est plus ligneuse que celle-ci, d'une couleur moins blanche, d'une saveur moins douce, et ordinairement hérissée à sa surface de fibres courtes et emmêlées.

Mauve sauvage.

Malva sylvestris, L. Car. gén. : Calice à 5 divisions, doublé d'un involucre triphylle ; carpelles capsulaires nombreux, monospermes, disposés circulairement. — Car. spéc. : Tige droite, feuilles à 5 ou 7 lobes pointus et dentés, pédicelles et pétioles poilus.

Racine vivace, pivotante, blanchâtre. Tiges cylindriques, un peu pubescentes, rameuses, hautes de 6 à 10 décimètres, garnies de feuilles vertes longuement pétiolées, arrondies, échancrées en cœur à la base, découpées en 5 ou 7 lobes peu profonds, munis de poils sur les nervures. Les fleurs sont d'une couleur rose, rayées de rouge plus foncé, portées en certain nombre, dans l'aisselle des feuilles, sur des pédoncules inégaux. Le fruit est formé d'une douzaine de capsules glabres et monospermes.

Les feuilles de mauve sont très-mucilagineuses et sont usitées comme émollientes, en fomentations et en cataplasmes. Les fleurs changent de couleur en séchant et deviennent d'un bleu pâle, qui se détruit promptement à la lumière et à l'humidité. Depuis plusieurs années déjà, on leur substitue à Paris les fleurs d'une autre mauve, cultivée dans les jardins, qui paraît originaire de Chine et dont les fleurs sont beaucoup plus grandes, d'un rouge plus prononcé, et acquièrent en séchant une couleur bleue très-intense, qui se conserve beaucoup mieux que celle de la mauve sauvage. Cette mauve cultivée est le *Malva glabra* de Desrousseaux, à tige très-glabre et dont les feuilles présentent 5 lobes obtus.

On emploie dans les campagnes, comme émollientes, les feuilles d'une autre espèce nommée **petite mauve** ou **mauve à feuilles rondes** (*Malva rotundifolia*, L.). Celle-ci a les tiges couchées, les feuilles velues, échancrées en cœur à la base, orbiculaires, avec 5 lobes très-peu marqués. Les pédoncules fructifères sont déclinés et pubescents. Les fleurs sont petites, d'un rose pâle, et se colorent à peine en bleu par la dessiccation. Aussi ne sont-elles pas récoltées séparément de la plante.

Semence d'Abelmosch, ou Graine d'Ambrette.

Abelmoschus communis, Medik., *Hibiscus Abelmoschus*, L. (*fig.* 743). — *Car. gén.* : Involucre à 5 ou 10 folioles et caduc ; calice à 5 divisions caduques. Corolle à 5 pétales obovés, ouverts, soudés à la base avec le tube staminal. Ovaire sessile, simple, à 5 loges, contenant un grand nombre d'ovules insérés sur deux séries, à l'angle central des loges. Fruit capsulaire pentagone et pyramidal, à 5 loges et à 5 valves septifères. Semences nombreuses, sous-réniformes, à testa crustacé, ombiliquées au fond de l'échancrure.

Fig. 743. — Ambrette.

L'abelmosch doit être originaire de l'Inde, mais il a été transporté en Égypte et dans les Antilles. Sa tige est hérissée de poils un peu roides et s'élève à la hauteur de 10 à 13 décimètres. Ses feuilles sont cordiformes, à 5 divisions aiguës (1) et dentées ; les pédoncules sont droits, solitaires dans l'aisselle des feuilles, uni-

---

(1) Dans la figure 743, les feuilles sont trop profondément incisées, et les semences devraient offrir la rayure mentionnée au texte.

MALVACÉES. — COTON.

flores. Les fleurs sont grandes, jaunes, avec le fond pourpre. Les capsules sont velues, longues de 55 millimètres ; les semences sont grises, réniformes, comprimées près de l'ombilic, marquées sur leur surface d'une rayure fine et régulière qui suit la courbure du test. Ces semences sont pourvues d'une odeur de musc très-prononcée, et sont très-employées par les parfumeurs. Les plus estimées viennent aujourd'hui de la Martinique.

Gombo ou **Bamia**, *Abelmoschus esculentus*, Medik.; *Hibiscus esculentus*, L.—Cette plante a beaucoup de rapport avec la précédente, et est cultivée dans les mêmes contrées. Elle est annuelle, herbacée, haute de 65 centimètres, munie de feuilles velues, cordiformes, à 5 lobes palmés, élargis et dentés. Les fleurs sont axillaires, grandes, campanulées, d'un jaune de soufre, avec le fond pourpré. Le calice extérieur est velu, à 9 ou 10 folioles et caduc. Les capsules sont pyramidales, pentagones, longues de 7 centimètres, à 5 loges et à 5 valves septifères dont les bords se roulent en dehors. Les semences sont globuleuses, du volume de la vesce, d'un gris verdâtre, à surface unie.

On fait dans les contrées chaudes de l'Asie, de l'Afrique et de l'Amérique, une grande consommation des fruits verts du gombo, soit pour en tirer, au moyen de l'eau bouillante, un mucilage abondant qui sert à donner de la consistance aux aliments liquides ; soit pour les manger en nature, cuits et assaisonnés de diverses manières.

Le genre *Hibiscus* ou **ketmie**, dont les deux plantes précédentes ont été séparées, comprend un grand nombre d'espèces dont les fleurs sont d'une grande beauté et font l'ornement des jardins : telles sont surtout la **rose de Chine** (*Hibiscus rosa sinensis*, L.), la **mauve en arbre** (*Hibiscus syriacus*, L.), la **ketmie rouge** (*Hibiscus phœniceus*, L.), etc.

Coton.

Le coton est un long duvet floconneux et très-fin que l'on trouve fixé après les semences d'arbrisseaux de la famille des Malvacées, auxquels Linné a conservé le nom de *Gossypium*, qui leur avait été donné par Pline. Ces végétaux sont caractérisés par un calice cyathiforme à 5 dents obtuses, ceint d'un involucre à trois larges folioles soudées à la base, profondément dentées ou incisées à la circonférence (*fig.* 744). La corolle est formée de 5 pétales obovés, contournés, soudés avec la base du tube staminifère. Celui-ci est dilaté en forme de dôme à la partie inférieure, qui recouvre l'ovaire, rétréci au-dessus, et recouvert de nombreux filaments simples ou bifurqués, portant des anthères réniformes et bivalves. L'ovaire est sessile, à 3, 4 ou 5 loges, surmonté d'un style et de 3 à 5 stigmates. La capsule est à 3, 4 ou 5 loges, et à autant de valves septifères. Les semences sont nombreuses, ovoïdes, couvertes d'un épiderme spongieux, auquel adhère une laine dense et très-fine, le plus souvent très-blanche, quelquefois jaune, très-rarement rouge.

Fig. 744. — Coton.

Les cotonniers sont quelquefois annuels et herbacés, comme le **coton herbacé** (*Gossypium herbaceum*, L.), qui paraît originaire de la haute Égypte et qui est cultivé à Malte, en Sicile, dans les îles grecques, en Égypte et en Barbarie; mais la plupart des autres sont des arbrisseaux qui s'élèvent à une hauteur de 1 à 4 mètres. Ils sont munis de feuilles alternes, pétiolées, cordées, palmati-nervées, à 3 ou 5 lobes pointus, et souvent parsemées de points noirs, ainsi que les jeunes rameaux et les involucres. Les cotonniers sont indigènes aux contrées les plus chaudes de l'Asie, de l'Afrique et de l'Amérique; mais on en a peu à peu étendu la culture vers le Nord, jusqu'à la latitude à laquelle ils ont entièrement refusé de produire. Dans l'ancien continent, on trouve les cotonniers dans les îles de l'archipel indien, à Siam, dans les deux Indes, en Perse, dans l'Anatolie, la Turquie, la Grèce, l'Italie et l'Espagne. Dans le nouveau continent, ils sont répandus depuis le Brésil jusqu'au Mexique, aux Antilles et dans les provinces méridionales des États-Unis, qui en font un commerce très-considérable. Les principales espèces cultivées sont le *Gossypium herbaceum*, cité plus haut ; le *G. indicum* (fig. 744), le *G. arboreum* et le *G. religiosum*, originaires de l'Inde ; les *G. peruvianum*, *hirsutum* et *racemosum*, trouvés en Amérique, etc. Lorsque leurs fruits sont mûrs, les capsules s'ouvrent spontanément, et le coton, qui se trouvait comprimé à l'intérieur, en sort en grande partie et s'élève au-dessus des valves. On le sépare des semences au moyen d'un moulin approprié. Les semences, loin d'être inutiles, sont recueillies et fournissent par expression une huile assez abondante qui sert à l'éclairage et à la fabrication du savon.

Les semences d'un certain nombre de plantes de la sous-famille des Bombacées sont pourvues d'un duvet analogue au coton, mais beaucoup plus court, ce qui doit rendre très-difficile leur application à la fabrication des tissus. Deux arbres de ce genre sont surtout cités pour leurs fruits cotonneux. L'un est l'*Ochroma lagopus* de Swartz (*Bombax pyramidale*, Cavan.), arbre élevé des Antilles dont les capsules sont cylindriques, à 5 cannelures, longues de 30 centimètres et plus, s'ouvrant en 5 valves septifères linéaires. Celles-ci, en se roulant en dehors sur elles-mêmes, se trouvent entièrement recouvertes par le duvet court et fauve sorti des loges, de sorte que le fruit, ainsi modifié, présente une ressemblance assez grande avec un pied de lièvre d'où lui est venu le nom de *Lagopus*, qui signifie *pied de lièvre*. Le second est un arbre des îles Moluques, nommé *capock*, qui a été décrit par Rumphius sous le nom d'*Eriophorus javana*, nommé par Linné *Bombax pentandrum*, par Gærtner *Ceiba pentandra*, et par Decandolle *Eriodendron anfractuosum*. Le fruit est une capsule ovoïde, amincie en pointe aux extrémités, longue de 12 à 16 centimètres, à 5 loges, et s'ouvrant du côté du pédoncule en 5 valves septifères. Les loges sont remplies par un nombre considérable de semences arrondies, un peu terminées en pointe d'un côté, entassées régulièrement les unes sur les autres, et entourées d'un duvet soyeux et lustré formant autour de chaque semence un globule à peu près sphérique. Il est fâcheux que ce duvet soit trop court pour être filé, car on en ferait des étoffes qui imiteraient la soie. Mais il peut remplacer l'**édredon**, duvet d'un prix très-élevé, enlevé, dans les contrées du Nord, aux nids de l'**eider** (*Anas mollissima*, L.).

Baobab (1).

Adansonia digitata, L. — Le baobab est un arbre monstrueux qui croît au Sénégal et dans les pays environnants. Son tronc, à partir de terre jusqu'aux branches, n'a que 4 à 5 mètres de hauteur ; mais il acquiert jusqu'à 25 mètres et plus de circonférence, ou 8 à 9 mètres de diamètre. Ce tronc se divise à son sommet en un grand nombre de rameaux fort gros, longs de 10 à 20 mètres, dont les plus inférieurs s'étendent horizontalement et touchent quelquefois, en raison de leur poids, jusqu'à terre ; de manière que, cachant la plus grande partie de son tronc, cet arbre paraît former de loin une masse hémisphérique de verdure, de 40 à 50 mètres de diamètre, sur une hauteur de 20 à 24 mètres.

Aux branches de cet arbre répondent des racines aussi considérables et beaucoup plus longues : celle du milieu forme un pivot qui s'enfonce perpendiculairement à une grande profondeur ; les autres s'étendent horizontalement à fleur de terre, et Adanson en a mesuré une qui avait

---

(1) Voy. pour les figures, Adanson, *Mémoires de l'Académie des sciences*, année 1761, et Tussac, *Flore des Antilles*, t. III, pl. 33 et 34.

35 mètres de longueur dans sa partie découverte, et qui pouvait se prolonger encore de 13 à 16 mètres sous le sol.

Les feuilles du baobab ressemblent, pour la forme et la grandeur, à celles du marronnier d'Inde; mais elles sont alternes, accompagnées de 2 stipules à la base, lisses et sans aucune dentelure sur le contour des folioles. Les fleurs répondent par leurs dimensions à celle de l'arbre qui les porte; elles sont larges de 16 centimètres, solitaires et pendantes à l'extrémité d'un pédoncule cylindrique long de 30 et quelques centimètres. Le calice est évasé en forme de soucoupe, à 5 divisions recourbées en dessous et caduques. La corolle est à 5 pétales blancs, orbiculaires, très-étalés, soudés entre eux par le bas des onglets et avec le tube des étamines. Ce tube est épais, cylindrique, divisé à la partie supérieure en un nombre très-considérable de filets filiformes (plus de 700 d'après Adanson), très-étalés, terminés chacun par une anthère réniforme. L'ovaire est sessile, libre, velu, à 10 ou 15 loges, surmonté d'un style longuement exserte, flexueux, terminé par 10 à 15 stigmates rayonnants. Le fruit, d'après Adanson, est une capsule ligneuse, ovoïde, amincie en pointe aux deux extrémités, longue de 35 à 50 centimètres, large de 11 à 16 centimètres, marquée de 10 à 14 sillons dans le sens de sa longueur; mais tous ceux de ces fruits que j'ai vus, venant des Antilles, étaient plus arrondis, longs de 18 à 29 centimètres seulement, épais de 12 à 15 centimètres, et à surface très-unie. Ce fruit est revêtu extérieurement d'un duvet dense, un peu rude et de couleur verdâtre, formé de poils courts et couchés. Sous ce duvet se trouve une coque noire, ligneuse, épaisse de 5 à 7 millimètres, divisée intérieurement en 10 à 14 loges, toutes remplies d'une pulpe fibreuse et aigrelette, qui est bonne à manger et très-rafraîchissante. Cette pulpe, en se desséchant, devient friable et se sépare d'elle-même en petites masses polyédriques renfermant chacune une semence réniforme, portée à l'extrémité d'un long funicule.

Toutes les parties du baobab abondent en mucilage et ont une vertu émolliente. Les nègres font sécher ses feuilles et les réduisent en une poudre nommée *lalo*, dont ils font un usage journalier dans leurs aliments, et à laquelle ils attribuent la propriété d'exciter une transpiration abondante et de calmer la trop grande ardeur du sang. Adanson lui-même en a éprouvé les bons effets, et la tisane de ces mêmes feuilles l'a préservé des diarrhées, des fièvres inflammatoires et des ardeurs d'urine, maladies auxquelles sont fréquemment en proie les Français qui résident au Sénégal. En 1848, M. le docteur Duchassaing, médecin à la Guadeloupe, a préconisé l'écorce de baobab comme succédanée du quinquina et du sulfate de quinine, et il ne paraît pas douteux que la qualité émolliente de cette écorce ne puisse la rendre utile dans les cas spécifiés par Adanson, et dans d'autres qui prendraient également leur source dans un état phlegmasique des intestins; mais il est moins certain qu'on doive reconnaître à l'écorce de baobab une propriété antipériodique analogue à celle du quinquina. Combien d'illusions de ce genre n'ont pas été détruites par un examen ultérieur!

Boa-tam-paijang.

Cette semence, nommée aussi *boochgaan-tam-paijang*, a été rapportée de l'Inde, il y a une dizaine d'années, par un officier belge. Il lui attribuait de grandes propriétés médicinales, et spécialement celle d'être un spécifique certain contre la diarrhée et la dyssenterie. Ayant été présentée à l'Académie de médecine, dans la vue d'obtenir une récompense du gouvernement, elle a été essayée à l'hôpital Beaujon, par M. Martin-Solon, qui ne lui a trouvé aucune propriété, dans les deux affections précitées, qui ne puisse être expliquée par l'action réunie du repos, de la diète et d'une boisson mucilagineuse. La conclusion du rapport fut donc négative; ce qui n'empêche pas que plusieurs médecins, entraînés par l'attrait de l'inconnu, ne prescrivent le *tam-paijang* à leurs malades, qui ont l'avantage de payer fort cher un médicament dont les équivalents indigènes (racine de grande consoude, semences de lin et de psyllium) ne coûtent presque rien.

Le *tam-paijang* a généralement une forme ovoïde, un peu renflée au milieu, quelquefois amincie en pointe aux deux extrémités. Mais le plus ordinairement il est aminci seulement du côté du pédoncule, où il offre une cicatrice oblique, souvent partagée en deux par une ligne proéminente. Il est long de 25 à 27 millimètres et épais de 12 à 14. Sa surface est plus ou moins ridée par la dessiccation et d'un gris jaunâtre ou brunâtre, avec une teinte verdâtre. Dessous l'épiderme, se trouve une partie charnue desséchée, brun noirâtre, mince, légère, brillante par places dans sa fracture, soudée avec une pellicule interne.

Les cotylédons sont droits, ovoïdes, épais, charnus, réduits par la dessiccation à l'état de deux lames concaves laissant entre elles un espace vide : ils sont alors durs, difficiles à rompre et comme gorgés d'un suc desséché; ils offrent à la partie inférieure une radicule très-courte et turbinée.

Le *boa-tam-paijang* est éminemment gommeux et très-faiblement astringent. La graine entière surnage l'eau; quand on la laisse macérer dans ce liquide, la substance se gonfle, et paraît sous la forme d'une gelée transparente que l'on peut comparer à celle qui recouvre la glaciale, et qui est de même nature. Après quelques heures de séjour dans l'eau, on trouve l'enveloppe extérieure réduite en une masse gélatiniforme.

D'après l'analyse que j'en ai faite, le *boa-tam-paijang* est composé des substances suivantes :

Dans l'amande :

Matière grasse............................	2,98	
Extrait salé et amer.......................	0,21	35,10
Amidon...................................	31,91	
Tissu cellulaire...........................		

Dans le périsperme :

Huile verte...............................	1,06	
Bassorine................................	59,04	
Matière brune astringente.................	1,60	64,90
Mucilage.................................		
Ligneux et épiderme......................	3,20	

[Le *boa-tam-paijang* a été regardé tout d'abord par Guibourt comme un fruit de *Sapindus*; plus tard il l'avait attribué à une sapotée, l'*Isonandra gutta*; enfin, il l'a étiquetée dans le droguier de l'École *Scaphium scaphigerum* (*Sterculia scaphigera*, Wall.). C'est en effet à cette espèce que les échantillons apportés au musée des colonies françaises permettent de rapporter ces semences.

C'est aussi au groupe des Sterculiacées, au *Sterculia acuminata*, Pal. de Beauv. (*Cola acuminata*, Rob. Brown) que se rapportent les grosses graines connues dans l'Afrique occidentale, de la Sénégambie au Gabon, sous le nom de *noix de Kola*. Ces semences sont fort employées comme masticatoire; elles laissent dans la bouche une saveur âpre, qui a l'avantage de donner aux aliments et aux boissons, même à l'eau saumâtre, un goût agréable. M. Daniell y a soupçonné la présence d'un principe analogue à la théine, et M. Attfield a confirmé cette hypothèse par l'analyse chimique. Il y a trouvé 2,13 pour 100 de ce principe (1)].

Cacao.

Le cacao est la semence d'un arbre peu élevé de l'Amérique, nommé *Theobroma Cacao*, L. (*fig.* 745), appartenant à la sous-famille des Byttnériacées. Ses caractères génériques, assez différents de ceux des Malvacées propres et des Bombacées, consistent dans des feuilles simples et entières, dans un calice coloré, à cinq divisions profondes, régulières, aiguës, tombantes. Corolle à 5 pétales hypogynes, formé par une sorte de cornet ou de capuchon qui se termine en une languette élargie en spatule au sommet. Le tube staminal est très-court et à 10 divisions, dont cinq, alternes avec les pétales, sont linéaires-subulées et stériles, et dont les 5 autres, plus courtes et opposées aux pétales, portent

(1) Voir *Pharm. Journ.*, VI, 450 et 457.

chacune 2 anthères biloculaires cachées sous le capuchon du pétale. L'ovaire est sessile, à 5 loges, terminé par un style simple, portant 5 stigmates disposés en étoile. Le fruit est ovale ou

Fig. 745. — Cacao.

oblong, coriace ou ligneux, indéhiscent, à 5 loges remplies par un nombre considérable de semences nichées dans une pulpe peu abondante, aigrelette. Les semences sont pourvues d'un épisperme chartacé, fragile, et contiennent un embryon formé de 2 cotylédons épais, bruns, huileux, plissés et lobés, entre les plis et les lobes duquel on n'aperçoit que des traces d'endosperme, sous forme d'une membrane blanche, très-mince et lustrée. La radicule est cylindrique, placée à l'extrémité la plus grosse de la semence, proche du hile.

Plusieurs espèces de *Theobroma*, distinguées par la forme et le volume de leurs fruits, paraissent propres à fournir leurs semences au commerce. Telles sont les suivantes :

I. *Theobroma Cacao*, L. (1). — Cet arbre croît au Mexique et dans les provinces de Guatémala et de Nicaragua; cultivé également dans la Colombie et dans les Antilles, il paraît produire la plus

(1) De Tussac, *Fl. Antilles*, vol. I, pl. 13 ; Nees, *Fl. médic.*, tab. 419.

grande partie du cacao du commerce. Il a le fruit ovale, glabre, jaune, long de 14 à 18 centimètres, épais de 9 à 10 centimètres; il est un peu piriforme du côté du pédoncule, et s'amincit en une pointe obtuse du côté opposé. Il est obscurément pentagone, et présente, à l'état récent, dix côtes un peu proéminentes qui laissent souvent, après sa dessiccation, dix bandes assez également espacées, légèrement tuberculeuses. Le péricarpe, qui paraît être charnu à l'état récent, présente, à l'état sec, la forme d'un parenchyme demi-ligneux, recouvrant un endocarpe ligneux, solide, mais très-mince.

II. *Cacao minor* de Gærtner (1), Tournefort (2), Blackw. (3). — Fruit glabre, fusiforme, long, à l'état sec, de 20 centimètres sur 6,5 à 7 centimètres d'épaisseur. La pointe du côté du pédoncule est arrondie et un peu piriforme; celle de l'extrémité opposée est prolongée en forme de rostre pointu, souvent recourbé. Le fruit est obscurément pentagone, et présente, très-près des angles, deux bandes tuberculeuses qui, ainsi rapprochées, paraissent n'en former que cinq à la première vue. Le péricarpe est moins épais que dans l'espèce ou la variété précédente, mais il est formé des mêmes parties.

III. *Theobroma sylvestris*, Aubl. (4). — Fruit ovoïde, un peu allongé en poire du côté du pédoncule; uni, sans arêtes, couvert d'un duvet roussâtre. Il est long de 14 centimètres sur 8 centimètres d'épaisseur.

IV. *Theobroma guianensis*, Aubl. (5). — Fruit ovoïde-arrondi, couvert d'un poil ras et à surface unie, à l'exception de cinq arêtes arrondies et saillantes. Dimensions, 12 centimètres sur 7.

V. *Theobroma bicolor*, H. B. (6). — Fruit ovoïde, long de 16 à 22 centimètres, épais de 11 à 14, offrant extérieurement dix côtes peu marquées.

Il est formé d'un brou soyeux au dehors, n'ayant pas plus de 2 millimètres d'épaisseur, appliqué et modelé sur une capsule épaisse de 9 à 14 millimètres, ayant la dureté du bois et marquée à l'extérieur de cavités oblongues et irrégulières.

La récolte du cacao se fait de la manière suivante : à mesure que les fruits sont mûrs, on les abat avec de petites gaules, on coupe les capsules en deux (ces capsules portent le nom de *cabosses*), et l'on en retire la pulpe et les semences que l'on dépose dans des auges en bois, couvertes de feuilles de balisier. Sous

(1) Gærtner, tab. 122.
(2) Tournefort, *Inst.*, tab. 444.
(3) Blackwell, tab. 373.
(4) Aublet, *Guiane*, pl. 276.
(5) Aublet, pl. 275.
(6) Humboldt et Bonpland, *Plant. équin.*, vol. I, pl. 30.

vingt-quatre heures, la pulpe entre en fermentation et se liquéfie. On la remue tous les jours pendant quatre jours, ou jusqu'à ce que l'épisperme, de blanc qu'il était, soit devenu rouge, et que le germe soit mort. Vers le cinquième jour, on sépare les semences de la pulpe et on les fait sécher au soleil, sur des nattes de jonc. Dans quelques contrées, et principalement dans la province de Caracas, on fait subir aux semences de cacao une autre préparation qui consiste à les enfouir pendant quelques jours dans la terre, afin de leur donner un goût moins âpre et moins désagréable. On les fait sécher de nouveau avant de les livrer au commerce.

On distingue dans le commerce un grand nombre de sortes de cacaos, qui diffèrent par le pays d'où ils proviennent et par le terrage qu'ils ont ou n'ont pas subi. Les principales sortes sont :

Le **cacao caraque**, provenant de la côte de Caracas. Il a été terré, ce qui lui donne une couleur terne et grisâtre à l'extérieur, et rend l'épisperme facile à séparer de l'amande. Il est d'ailleurs gros et arrondi, violacé à l'intérieur, d'une saveur douce et agréable; mais il est sujet à sentir le moisi.

Le **cacao Trinité** est apporté de l'île de ce nom, à l'est de la côte de Caracas et de Cumana. Il est terré moins exactement que le cacao caraque, et est généralement plus petit et plus aplati.

Le **cacao Soconusco** vient de la république de Guatémala. Il est très-gros, non terré, d'un brun clair à l'intérieur, a peu d'arome, est très-estimé. Les autres cacaos non terrés sont ceux de **Maragnan**, de **Para**, de **Saint-Domingue**, de la **Martinique**, etc. ; ils sont généralement petits, aplatis, à épisperme adhérent, plus rouges à l'extérieur comme à l'intérieur, et d'une saveur un peu âcre et amère. On les emploie seuls pour la fabrication des chocolats communs, ou mélangés avec les cacaos terrés pour les chocolats de bonne qualité. Ils servent, préférablement au cacao caraque, pour l'extraction du beurre de cacao, d'abord à cause de l'infériorité de leur prix, ensuite parce qu'ils en fournissent un peu plus.

La composition des semences de cacao n'est pas encore parfaitement connue. Elles contiennent environ moitié de leur poids d'huile solide, un principe colorant rouge soluble dans l'alcool, un principe tannant qui précipite les dissolutions de fer en vert, de la gomme, pas d'amidon, enfin un principe azoté cristallisable, analogue à la caféine et qui a reçu le nom de *théobromine*. Pour obtenir ce principe, on épuise les semences pulvérisées, au moyen de l'eau bouillante; après le refroidissement des liqueurs, on sépare le beurre; on filtre, on précipite avec précaution le liquide filtré par l'acétate de plomb. On prive la liqueur de l'excès de plomb par l'hydrogène sulfuré, et l'on évapore à siccité, à la température du bain-marie. On traite le produit par l'alcool bouillant qui laisse déposer par refroidissement ou concentration une poudre cristalline qui est la théobromine.

Cette substance est faiblement amère, peu soluble dans l'eau, l'alcool et l'éther, inaltérable à l'air; elle brunit et se volatilise en partie à une température supérieure à 230 degrés; elle paraît composée de $C^{14}H^8Az^4O^4$.

A froid, le beurre de cacao est solide et cassant comme de la cire; il se fond par la seule chaleur des mains, et, lorsqu'il a été liquéfié au feu, il redevient solide entre le 26ᵉ et le 21ᵉ degré centigrades. Il a une couleur jaune pâle, une odeur agréable et une saveur très-douce. Suivant MM. Pelouze et Boudet, il consiste en une combinaison de stéarine et d'oléine, et se convertit uniquement, par la saponification, en acides stéarique et oléique.

Il est arrivé une fois dans le commerce, venant de Cayenne ou de Caracas, du beurre de cacao en pains, ayant la forme d'un tiers de tronçon de cylindre, pesant chacun 500 grammes, et enveloppés dans des feuilles de *maranta*, comme la plupart des productions de ces contrées. Il est remarquable que ce beurre n'offre pas la moindre rancidité depuis dix ans et plus qu'il existe dans mon droguier et dans celui de l'École; tandis que le beurre de cacao préparé dans nos pharmacies se rancit avec une grande promptitude, à moins qu'on ne le soumette au mode de conservation que j'ai indiqué ailleurs (1).

On connaît à la Guadeloupe, sous le nom d'*orme des bas*, un arbre de la tribu des Byttnériacées que Linné avait compris dans le genre *Theobroma*, sous le nom de *Theobroma ulmifolia*, mais dont Lamarck a formé un genre différent, sous le nom de *Guazuma ulmifolia*. L'écorce de cet arbre a été quelquefois employée, sous le nom d'*écorce d'orme*, à la clarification du sucre.

FAMILLE DES LINÉES.

Cette petite famille a été établie par Decandolle pour le genre *Linum* de Linné, que Jussieu avait associé aux Caryophyllées, mais qui se trouve presque intermédiaire entre cette famille et celles des Malvacées et des Géraniacées.

Les lins sont des plantes annuelles ou vivaces, à feuilles linéaires, très-entières, dépourvues de stipules. Fleurs complètes, régulières, terminales, souvent paniculées; calice persistant à 5 sépales; corolle à 5 pétales onguiculés, contournés, quelquefois un peu soudés par la base avec l'anneau formé par les étamines. Étamines au nombre de 5, alternes avec les pétales, monadelphes par la base, entremêlées de dents

(1) Guibourt, *Pharmacopée raisonnée, ou Traité de Pharmacie*. Paris, 1847, p. 133.

opposées aux pétales, qui doivent être considérées comme des étamines avortées. Ovaire globuleux, le plus souvent à 5 loges, rarement moins. Styles en nombre égal aux loges, libres, terminés par un stigmate simple. Capsule globuleuse, souvent surmontée par la base persistante des styles, formée de carpelles verticillés, à marges induplicatives, bivalves au sommet, divisés en deux petites loges par une cloison incomplète, née du centre du fruit. Une semence dans chaque petite loge, ovale, comprimée, inverse, pourvue d'un tégument extérieur, coriace et brillant, et d'une endoplèvre charnue simulant un endosperme. Embryon nu, à cotylédons plans, elliptiques, oléagineux; radicule supère, contiguë au hile.

On connaît plus de cinquante espèces de lins dont le plus grand nombre habitent l'Europe et l'Asie tempérée. L'espèce principale est le **lin cultivé**, *Linum usitatissimum*, L. (*fig.* 746), dont la tige est simple, glabre, ronde, menue, haute de 65 centimètres, garnie de feuilles longues, étroites et pointues. Ses fleurs sont disposées en un corymbe paniculé, terminal; les sépales sont ovales-aigus, membraneux à la marge; les pétales sont bleus, crénelés à la partie supérieure, trois fois plus longs que le calice. Les semences sont petites, aplaties, brillantes, et contiennent, sous un épisperme coriace très-riche en principe gommeux, une amande huileuse. On en retire l'huile très en grand pour le besoin des arts; mais cette huile, obtenue par la torréfaction de la semence, est âcre, irritante et nauséabonde : on peut en obtenir une beaucoup plus douce, et qui est quelquefois prescrite à l'intérieur, par la seule expression à froid de la farine de lin ; mais il faut pour cela employer de la farine que l'on ait préparée soi-même ; car celle du commerce contient souvent du son ou d'autres matières amylacées, ou tout au moins du tourteau provenant de l'extraction de l'huile ; et ces mélanges rendent impossible l'extraction de celle que l'on désire obtenir.

Fig. 746. — Lin cultivé.

La farine de lin est employée en cataplasme, et la graine entière l'est en infusion ou en décoction. La tige du lin, soumise aux mêmes apprêts que le chanvre, peut être convertie en fil et en tissu. Le plus beau lin vient du Nord.

Vauquelin a fait l'analyse du mucilage de graine de lin, obtenu par la décoction des semences dans l'eau. Il y a trouvé de la gomme, une matière azotée, de l'acide acétique libre, des acétates de potasse et de chaux, du sulfate et du chlorure de potassium, des phosphates de potasse et de chaux, enfin de la silice (1).

FAMILLE DES CARYOPHYLLÉES, DC.

Plantes herbacées, à tiges noueuses et articulées, à feuilles simples, opposées ou verticillées, privées de stipules. Fleurs terminales ou axillaires; calice à 4 ou 5 sépales distincts ou soudés entre eux; corolle à 5 pétales onguiculés, manquant rarement. Étamines en nombre égal à celui des pétales, ou double. La corolle et les étamines sont insérées sur un *torus* plus ou moins élevé qui porte l'ovaire; ovaire ovoïde ou oblong, présentant de 2 à 5 loges et surmonté d'autant de styles libres, couverts intérieurement de papilles stigmatiques. Ovules nombreux attachés à l'angle interne de chaque loge. Le fruit est une capsule le plus souvent uniloculaire (2), à 2-5 valves qui s'ouvrent le plus souvent seulement par le sommet, sous forme de dents; d'autres fois complètement de haut en bas. Les semences sont plus ou moins nombreuses, portées sur un trophosperme central, tantôt planes et membraneuses, tantôt arrondies; elles contiennent un embryon périphérique, roulé autour d'un endosperme farineux.

La famille des caryophyllées peut se diviser en deux tribus dont voici les caractères, les genres et quelques-unes des espèces principales.

I. ALSINÉES. Calice à sépales libres; pétales courts ou sans onglet.

Céraiste des champs.............	*Cerastium arvense*.
Morgeline ou mouron des oiseaux.	{ *Stellaria media*, Smith. *Alsine media*, L.

II. SILÉNÉES. Calice gamosépale, tubuleux, à 5 dents; pétales longuement onguiculés.

Lychnide visqueuse.............	*Lychnis viscosa*, L.
Croix de Jérusalem........... ..	— *chalcedonica*, L.
Nielle des blés.................	— *Githago*, Lam.
Behen nostras..................	{ *Silene inflata*, Smith. *Cucubalus Behen*, L.
Siléné visqueux................	*Silene viscosa*, Pers.
Cornillet baccifère........	*Cucubalus bacciferus*, L.
Saponaire officinale............	*Saponaria officinalis*, L.
— d'Espagne...., ...	*Gypsophylla Struthium*, L.
— d'Orient....................	— ....
Œillet de poëte...	*Dianthus barbatus*, L.
— mignardise.................	— *plumarius*, L.
— giroflée.	— *caryophyllus*, L.
— rouge ou à ratafia...........	— — *ruber*.

Œillet rouge.

Dianthus caryophyllus, L. — Les œillets sont caractérisés par un calice tubuleux à 5 dents, entouré à la base de 2 ou de plusieurs

---

(1) Vauquelin, *Ann. de Chim.*, LXXX, 314.
(2) Très-rarement une baie.

bractées imbriquées. Les 5 pétales sont longuement onguiculés, crénelés ou incisés au sommet; les étamines sont au nombre de 10; l'ovaire est surmonté de 2 styles; la capsule est uniloculaire; les semences sont comprimées, peltées, convexes d'un côté, concaves de l'autre; l'embryon est à peine courbé. L'œillet rouge (*Dianthus caryophyllus ruber*) croît naturellement dans le midi de la France, en Espagne et en Italie. Sa racine, qui est ligneuse et fibreuse, produit plusieurs tiges étalées à la base, ensuite redressées, lisses, cylindriques, noueuses d'espace en espace, rameuses à leur partie supérieure, hautes de 40 à 65 centimètres, d'un vert glauque ainsi que les feuilles et les calices. Les feuilles naissent à chaque nœud de la tige, opposées, sessiles, linéaires, lancéolées, canaliculées, très-aiguës au sommet. Les fleurs sont pédonculées, solitaires à l'extrémité de chaque rameau, entourées à la base du calice par des écailles ovales et très-courtes; elles ont une odeur très-suave, analogue à celle du girofle, une couleur pourpre foncé, dans la plante sauvage ou non altérée par la culture; mais elles sont doublées, nuancées et panachées d'une infinité de manières, dans les variétés produites dans les jardins. Pour l'usage des pharmaciens et des liquoristes, on cueille les œillets rouges lorsqu'ils viennent de s'épanouir, et l'on en prend uniquement les pétales, dont on a soin encore d'enlever l'onglet. Alors on les fait sécher rapidement dans une étuve, ou bien on les emploie récents à la confection du sirop d'œillet, lequel forme un médicament cordial fort agréable.

Saponaire officinale.

Saponaria officinalis, L. (*fig.* 747). Cette plante a la tige noueuse et les feuilles opposées et entières des caryophyllées, et ne diffère guère des œillets que par l'absence des bractées à

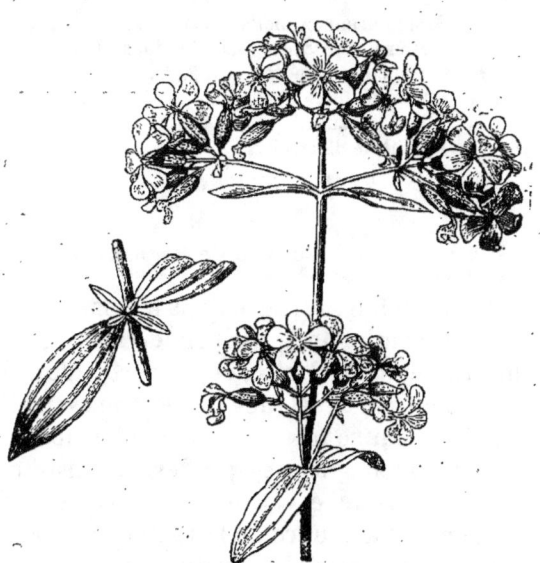

Fig. 747. — Saponaire officinale.

la base du calice. Elle croît en France, près des haies et des ruisseaux, et se cultive aussi dans les jardins. Ses tiges sont droites, hautes de 50 à 65 centimètres, garnies de feuilles ovales-lancéolées presque sessiles, glabres comme toute la plante, d'un vert un peu jaunâtre, marquées de trois nervures longitudinales. Ses fleurs, qui paraissent en juillet et août, sont disposées en faisceaux corymbiformes, à la partie supérieure de la tige; elles sont d'un rose très-pâle et d'une odeur douce et agréable. Les feuilles de saponaire ont une saveur un peu amère et salée. Elles communiquent à l'eau la propriété de mousser comme l'eau de savon et celle de nettoyer les étoffes, ce qui a valu à la plante son nom officinal et celui plus vulgaire de *savonnière*; mais les racines sont préférables pour cet usage. Elles sont longues, menues, noueuses comme la tige, d'un gris brunâtre au dehors, jaunâtres en dedans. Dans la racine sèche l'épiderme est ridé longitudinalement; l'écorce est mince, grise, presque transparente, en partie isolée du bois; elle a une saveur mucilagineuse d'abord et nauséeuse, qui finit par devenir très-âcre à la gorge. Le bois est d'un jaune serin, poreux, spongieux sous la dent, d'une saveur douceâtre. Toutes les parties de la plante sont employées en médecine, comme fondantes et dépuratives.

On trouve mentionnée, par Berzelius, une analyse de la racine de saponaire, faite par Bucholz, de laquelle il résulte que cette racine ne contient pas d'amidon et qu'elle est formée, sur 100 parties, de :

Résine brune et molle..	0,25
Matière mousseuse, soluble dans l'eau et dans l'alcool (saponine impure)..	34,00
Gomme soluble dans l'eau..	33,00
Fibre ligneuse..	22,25
Apothème d'extrait...	0,25
Eau...	13,00
	102,75

Racine de Saponaire d'Orient.

Cette racine se trouve dans le commerce en morceaux longs de 12 à 50 centimètres, et épais de 25 à 40 millimètres; elle est cylindrique, assez droite, et couverte d'un épiderme jaunâtre, interrompu par quelques lignes transversales blanches. La partie corticale qui se trouve sous l'épiderme est blanche, d'une saveur fade et mucilagineuse, qui devient ensuite âcre et persistante. La partie centrale est jaunâtre, dure, compacte, d'une structure rayonnée. La poudre de la racine est blanche; elle fait éternuer, même à distance; la teinture d'iode ne la colore pas (la racine de saponaire officinale se comporte de même); elle devient gluante par la macération dans l'eau, et le liquide filtré, qui est presque incolore, mousse très-fortement par l'agitation.

La racine qui nous occupe paraît être le *Struthion* de Dioscoride, qui, déjà de son temps, était employé au dégraissage des laines. Cet usage, qui s'est perpétué dans l'Orient et dans quelques parties de l'Europe, paraissait cependant ignoré, lorsque, il y a une trentaine d'années, on commença à nous rapporter cette substance, d'abord pulvérisée, puis entière. Elle fut prise d'abord pour la racine du *Bryonia abyssinica*, Lamk.; mais M. Théodore Martius a rencontré plus juste en l'attribuant à une gypsophylle, genre de plantes très-rapprochées des saponaires, soit le *Gypsophylla struthium*, L., connu sous le nom de *Saponaire d'Espagne*, soit quelqu'autre espèce orientale (*G. paniculata, altissima*, etc.). Depuis un savant a prétendu, contre toute espèce de raison, que la saponaire d'Orient était produite par le *Leontice leonto-petalum* L., de la famille des Berbéridées. Or la racine de cette plante est figurée et décrite partout comme un tubercule noirâtre, en forme de pain orbiculaire aplati, semblable à celui du *Cyclamen europæum*, mais plus volumineux. Quel rapport le savant en question pouvait-il trouver entre un semblable tubercule et la racine blanchâtre, pivotante, longue de plus de 60 centimètres, qui forme la saponaire d'Orient?

M. Bussy a retiré de la saponaire d'Orient, par le moyen de l'alcool, une substance blanche, pulvérulente, douée d'une saveur âcre, très-soluble dans l'eau, à laquelle elle communique, même en dissolution très-étendue, la propriété de mousser fortement par l'agitation. Cette substance, à laquelle la saponaire d'Orient doit évidemment ses propriétés, a reçu le nom de *saponine*. Elle est neutre, non volatile, et formée seulement de carbone, d'hydrogène et d'oxygène (1). [Elle se dédouble en glucose et en sapogénine. Elle appartient donc au groupe des glucosides.]

FAMILLE DES POLYGALÉES.

Petit groupe très-naturel, mais d'affinités douteuses; compris d'abord dans les Pédiculaires de Jussieu, puis comparé aux Papillonacées dont il diffère beaucoup, il présente plus de rapports avec les Droséracées, les Violariées et les Fumariacées.

Herbes ou arbrisseaux à feuilles éparses, simples, entières, sans stipules. Fleurs complètes irrégulières; calice ordinairement à 5 sépales, dont 3 extérieurs petits et égaux, et 2 intérieurs latéraux, beaucoup plus grands et pétaloïdes, mais persistants. La corolle est à 3 ou 5 pétales insérés sur le réceptacle, alternes avec les folioles du calice, soudés par la base avec le tube des étamines; 2 pétales postérieurs sont rapprochés et répondent à l'étendard des Papillonacées; le pétale op-

---

(1) Voy., pour plus de détails, le *Journal de pharmacie*, t. XIX, p. 1.

posé ou l'antérieur (carène) est plus grand, concave, unilobé et pourvu d'appendices au sommet, ou trilobé et nu; il renferme les organes sexuels. Les deux pétales latéraux sont très-petits, squamiformes ou tout à fait nuls (genre *Polygala*). Les étamines sont au nombre de 8, divisées en deux groupes égaux, et portées sur un tube fendu, formé par la soudure des filets. Chaque partie du tube porte donc 4 anthères, lesquelles sont droites, uniloculaires et s'ouvrent par un pore terminal ou par une petite fente courte. L'ovaire est libre, comprimé, biloculaire; le style est terminal, simple, courbé, terminé par un stigmate creux, irrégulier. Le fruit est une capsule comprimée, biloculaire, s'ouvrant par la marge des loges (souvent uniloculaire par avortement), contenant dans chaque loge une semence pendante, souvent accompagnée d'une sorte d'arille ou de caroncule; endosperme charnu, peu développé ou nul. Embryon homotrope, droit, axile, de la longueur de l'endosperme.

Le genre *Polygala*, qui est le plus nombreux et le plus important de cette petite famille, renferme des espèces très-nombreuses répandues par toute la terre, et principalement dans les contrées tempérées de l'hémisphère boréal. Ce sont des plantes à suc laiteux, très-actives, abandonnées aujourd'hui comme la plupart des médicaments; mais que leur action émétho-cathartique, diurétique, sudorifique et fortement stimulante, devrait pouvoir rendre utiles dans plusieurs maladies graves dont on sait fort bien suivre et constater les progrès sans tenter souvent beaucoup d'efforts pour les arrêter.

Polygala de Virginie.

Polygala senega, L. (fig. 748). — Cette plante croît dans l'Amérique septentrionale. Sa racine est vivace, formée de grosses fibres tortueuses; elle produit plusieurs tiges un peu couchées à la base, puis dressées, hautes de 30 à 40 centimètres, pubescentes, garnies de feuilles alternes, lancéolées, sessiles, glabres. Les fleurs sont blanchâtres, tachetées d'un peu de rouge, disposées en grappes lâches à l'extrémité des rameaux; leur pétale inférieur (carène) n'est pas frangé.

Fig. 748. — Polygala de Virginie.

La racine de polygala de Virginie, telle que le commerce

nous la présente, varie depuis la grosseur d'une plume jusqu'à celle du petit doigt. Elle est toute contournée, remplie d'éminences calleuses, et terminée supérieurement par une tubérosité difforme. On y remarque une côte saillante qui, suivant toutes les sinuosités de la racine, va du sommet à l'extrémité. L'écorce en est grise, épaisse, comme résineuse ; le *méditullium* ligneux est blanc. La saveur de la racine, d'abord fade et mucilagineuse, devient âcre, piquante, excite la toux et la salivation ; son odeur est nauséeuse, sa poussière très-irritante. La racine de polygala, récente est employée en Amérique contre la morsure des serpents venimeux ; telle que nous l'avons, c'est encore un médicament très-actif, qui a été reconnu utile contre l'hydrothorax, le catarrhe pulmonaire, le croup, l'ophthalmie purulente, le rhumatisme aigu, etc. On peut l'administrer en poudre à la dose de quelques décigrammes à 1 gramme, ou en décoction aqueuse, à celle de 4 à 8 grammes. Il est émétique et purgatif à la dose de 8 à 16 grammes.

D'après une analyse de Gehlen, faite en 1804 et rapportée par Berzelius, la racine de *polygala senega* contient, sur 100 parties :

Résine molle...	7,50
Principe âcre nommé *sénégine*.......................	6,15
Matière extractive douceâtre et âcre................	26,85
Gomme mêlée d'un peu d'albumine.................	9,50
Matière ligneuse..	46
Perte...	4
	100,00

Pour procéder à cette analyse, on épuise la racine pulvérisée par de l'alcool rectifié et l'on distille l'alcool jusqu'à siccité. On traite le résidu pulvérisé par l'éther, jusqu'à ce que celui-ci ne dissolve plus rien. L'éther dissout la résine molle, qui est d'un rouge brun, onctueuse, très-fusible, odorante, amère, de nature complexe et contenant un acide qui rougit le tournesol. La partie de l'extrait alcoolique non dissoute par l'éther est traitée par l'eau froide, qui dissout la matière extractive douceâtre et un peu âcre. Le nouveau résidu est la *sénégine* que Gehlen aurait dû purifier par une nouvelle solution alcoolique, et alors on ne peut guère douter qu'il ne l'eût obtenue tout à fait semblable à l'*acide polygalique* de M. Quevenne (1), que l'on doit considérer comme le principe âcre du polygala amené à l'état de pureté. Cet acide polygalique est blanc, pulvérulent, inodore, d'abord peu sapide, mais devenant bientôt d'une âcreté strangulante. Sa poudre irrite fortement le nez et la gorge et excite l'éternument. Il est peu soluble dans l'eau froide, mais facilement soluble dans l'eau tiède, soluble dans l'alcool, plus à chaud qu'à froid, et s'en précipite en partie par le refroidissement. Il est complétement insoluble dans l'éther et dans les huiles fixes et volatiles.

(1) Quevenne, *Journ. pharm.*, t. XXII, p. 460.

Sa dissolution aqueuse mousse fortement par l'agitation, et il est évident que ce corps est de même nature que la salseparine et la saponine. Ses propriétés acides sont peu énergiques : il ne déplace pas l'acide carbonique de ses combinaisons.

[L'*acide polygalique* a donné à M. Bolley, sous l'influence de l'acide chlorhydrique, un dédoublement en glucose et en *sapogénine* : ce qui lui a permis de réunir très-étroitement ces deux produits, qui ont la même formule chimique (1).]

Polygala vulgaire.

Polygala vulgaris, L. Cette plante est commune en France, dans les lieux herbeux, montagneux, non cultivés. Ses tiges sont grêles, simples, étalées à leur base, un peu redressées à leur partie supérieure, longues de 16 à 27 centimètres, garnies de feuilles lancéolées-linéaires. Ses fleurs sont petites, ordinairement bleues, quelquefois rougeâtres ou blanches disposées en une grappe serrée dans la moitié supérieure des tiges. A la première vue, la plante ressemble à une véronique. Le commerce nous offre sa racine et sa tige non séparées et séchées. La tige est menue, cylindrique et d'une couleur verte ; la racine est longue de 25 à 30 millimètres, de 2 à 3 millimètres de diamètre, figurée comme le polygala de Virginie, mais moins contournée, plus unie et n'offrant pas la côte saillante qui distingue l'autre espèce : sa couleur est plus foncée à l'extérieur, et son intérieur, presque entièrement ligneux, a une saveur très-faiblement aromatique, puis un peu âcre, sans amertume bien sensible ; elle a une odeur faible, non désagréable. Cette racine est très-peu usitée.

Racine de polygala amer, *Polygala amara*, L. Cette espèce ne diffère guère de la précédente que parce qu'elle est plus petite dans toutes ses parties et que ses feuilles radicales sont obovées et plus grandes que celles de la tige. Elle s'en distingue aussi par sa saveur amère très-marquée : on lui attribue également plus de propriétés médicales, mais il est rare de trouver le polygala amer dans le commerce, et ce qu'on donne sous ce nom n'est ordinairement que du polygala vulgaire.

Racine de Ratanhia.

Krameria triandra, R. P. (fig. 749). Les *Krameria* sont mis à la suite des Polygalées dont ils ne peuvent être séparés ; mais ils en diffèrent assez cependant pour qu'on doive au moins en former une tribu distincte. Ces plantes ont un calice à 4 divisions, rarement à 5, soyeuses en dessus, colorées en dedans ; les pétales sont

---

(1) Voir Procter, *On Polygalic acid* (*Pharm. Journ.*, 2ᵉ série, I, p. 570).

au nombre de 5, dont 2 postérieurs orbiculaires, sessiles, un peu épais, et 3 antérieurs, séparés des premiers, allongés, soudés par leurs onglets. Les étamines sont au nombre de 3 ou 4, sous-monadelphes à la base, à anthères terminales, biloculaires, s'ouvrant par un double pore. Le fruit est globuleux, indéhiscent, couvert de poils terminés en aiguillon ; il ne présente à l'intérieur qu'une loge et une semence inverse, à test membraneux et à ombilic nu. L'embryon est dépourvu d'endosperme, et formé de 2 cotylédons bi-auriculés à la base, embrassant une radicule supère. L'espèce qui nous fournit la racine de ratanhia croît au Pérou. Ses fleurs sont pourvues de 4 sépales d'un rouge foncé à l'intérieur, et n'ont que 3 étamines.

La racine de rathania est ligneuse, et divisée en plusieurs radicules cylindriques, longues, ayant depuis la grosseur d'une plume jusqu'à celle du pouce ; elle est composée d'une écorce rouge brun, un peu fibreuse, ayant une saveur très-astringente, non amère, et d'un cœur entièrement ligneux,

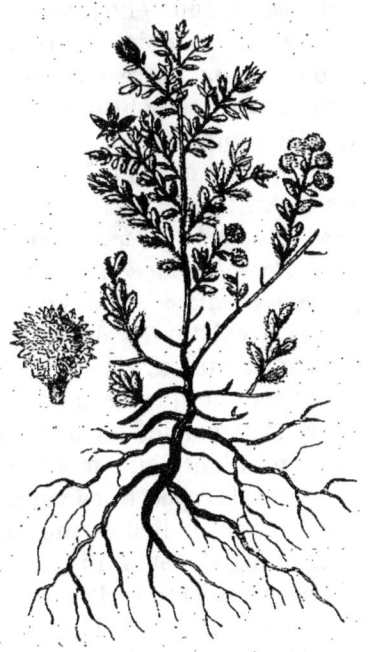

Fig. 749. — Ratanhia.

très-dur, d'un rouge pâle et jaunâtre. Comme ce cœur a moins de saveur et de propriétés médicales que l'écorce, il convient de choisir les racines les plus petites, ou au moins les moyennes, parce qu'elles contiennent proportionnellement plus de cette écorce que les grandes.

[A côté de ce *Ratanhia officinal* il faut citer quelques espèces, qui s'introduisent de plus en plus dans le commerce et tendent à y prendre chaque jour de l'importance. Ces sortes commerciales ont été bien étudiées par M. Colton(1), dont nous extrayons les renseignements suivants.

Pendant longtemps on n'a connu comme espèce commerciale que le ratanhia du Pérou, et si quelques auteurs ont mentionné

---

(1) Colton, *Étude comparée sur le genre Krameria et les racines qu'il fournit à la médecine* (Thèses de l'école de pharmacie de Paris, 1868). Le résumé qui suit est extrait en grande partie de notre *Rapport sur le concours pour le prix des thèses de la Société de pharmacie de Paris* (Journal de Pharm. et de Chim., 4ᵉ série, VIII, 428).

les racines d'autres espèces de *Krameria* mêlées à la forme officinale, ils en ont méconnu l'origine et n'ont rien su de positif à leur égard. C'est en 1815 qu'arrive pour la première fois sur le marché de Londres un ratanhia d'aspect particulier, venant par Savanille, à l'embouchure du fleuve Magdalena. Cette sorte nouvelle se répand ; elle tend à remplacer la racine du Pérou, et dès lors de divers points de la mer des Antilles partent de nouveaux produits qui ne ressemblent plus au vrai ratanhia de Savanille. Les droguistes continuent cependant à les désigner tous sous le même nom. De là une confusion que M. Cotton est heureusement venu débrouiller, en établissant d'une manière très-nette les divers types suivants :

1° *Ratanhia du Pérou* déjà décrit.

2° *Ratanhia de la Nouvelle-Grenade* ou *Ratanhia de Savanille proprement dit*, à racines courtes, tortueuses, grisâtres, à cassure nette, à écorce friable, adhérente au bois, à saveur astringente sans amertume. C'est l'espèce arrivée la première en assez grande abondance sur le marché de Londres, et dont on n'a connu l'origine qu'en 1865 par les soins de M. Hanbury. Ce savant pharmacologiste, profitant d'une mission de M. Weir à la Nouvelle-Grenade, provoqua de la part de ce voyageur des recherches qui l'amenèrent à trouver sur le lieu même de l'exploitation la plante qui fournit le ratanhia de Savanille. M. Hanbury y reconnut sans peine un *Krameria* voisin de l'*Ixina*. M. Triana, auquel il la montra ensuite, n'hésita pas à l'identifier avec la plante qu'il avait récoltée lui-même dans la Nouvelle-Grenade et qui a été décrite sous le nom de *K. Ixina*, B. *granatensis*, Triana et Planch. M. Cotton, examinant les échantillons types de M. Triana, croit devoir les rapporter au *Krameria tomentosa*, Saint-Hilaire.

Cette plante est sous-frutescente ; la tige est cylindrique, couverte comme le reste de la plante d'un duvet fin, brun jaunâtre plus ou moins foncé ; les feuilles sont alternes, ovales ou elliptiques, terminées par une pointe aiguë, coriaces, tomenteuses, souvent marquées de 3 nervures dorsales. Les fleurs sont rouges, dressées sur un pédoncule court, tomenteux, muni vers son milieu de deux bractées opposées : elles ont un calice à 4 sépales ; une corolle à 5 pétales, dont les 3 supérieurs à limbe lancéolé, sont réunis à la base par les onglets ; les 2 inférieurs sont beaucoup plus courts, tronqués obliquement au sommet ; les étamines sont au nombre de 4, charnues, presque égales, glabres ; le fruit est globuleux, garni d'aiguillons crochus, de couleur rosée, garnis eux-mêmes de petits aiguillons blancs, dirigés de haut en bas.

3° *Ratanhia des Antilles*. Ce ratanhia a longtemps servi à falsifier le ratanhia du Pérou, mais il n'est arrivé en quantités dans le commerce qu'après le ratanhia de Savanille, qu'il tend maintenant à remplacer. Quoiqu'on l'ait souvent confondu avec ce dernier, il s'en distingue facilement à ses racines longues, droites et cylindriques ; il présente du reste deux formes bien reconnaissables : d'une part des racines noirâtres, marquées de nombreuses fentes transversales, revêtues d'une écorce très-friable ; de l'autre des racines de couleur fauve, à stries longitudinales, à écorce plus résistante. Ces variations correspondent probablement à des races botaniques distinctes. M. Cotton rapporte la première forme au *K. Ixina ;* la seconde, avec doute, au *K. Spartioides* ou à une espèce voisine.

4° Nous n'indiquerons que pour mémoire le *Ratanhia du Texas,* qui n'a comme sorte commerciale qu'une importance très-secondaire en Allemagne, nulle en France. Il est produit par le *K. lanceolata,* et se présente sous forme de racines longues, cylindriques, recouvertes d'une écorce spongieuse, adhérant peu au bois, marbrée sur sa face interne.

D'après les recherches des chimistes Vogel, Gmelin, Peschier, Soubeiran, Trommsdorf, on peut indiquer dans la racine de ratanhia : du tannin, un principe extractif rouge peu soluble ; une espèce de *sucre ;* ces deux derniers corps proviennent probablement, d'après M. Cotton, du dédoublement du tannin ; de la gomme ; de la fécule ; une matière mucilagineuse ; quelques sels ; un acide mal déterminé.

Le tannin a été étudié avec soin par M. Cotton, qui l'a obtenu dans un état de plus grande pureté que les chimistes qui l'avaient précédé. Ce tannin se présente sous la forme d'écailles luisantes, légèrement verdâtres. Il est susceptible, sous l'influence des acides, de se dédoubler en glucose et en rouge kramérique. Cette même transformation se reproduit sous l'influence de la chaleur : le rouge qui se forme dans cette circonstance s'oxyde au contact de l'air et prend alors une teinte noirâtre.

Les caractères chimiques permettent de distinguer les diverses espèces de ratanhia. Par la manière dont il se conduit sous l'action des dissolvants, le ratanhia du Pérou se sépare nettement de tous les autres. Son tannin est moins altérable ; le rouge qu'il fournit est d'une teinte plus claire, enfin ses solutions aqueuses présentent une série de réactions caractéristiques, dont nous n'indiquerons qu'une seule. La potasse et la soude colorent la liqueur, mais sans former de précipité, tandis que, dans les mêmes conditions, elles troublent abondamment la solution préparée avec le ratanhia des Antilles et de la Nouvelle-Grenade. Ces deux derniers présentent des rapports bien plus intimes ; leurs tannins se conduisent de la même manière, et pour distinguer l'une de l'autre leurs solutions aqueuses, M. Cotton n'a trouvé qu'un procédé délicat et qu'il faut employer avec beaucoup de précautions pour réussir. Traitée d'abord par du bichlorure de mercure et un excès d'ammoniaque, mise ensuite à refroidir, la décoction de ratanhia de la Nouvelle-Grenade se colore, sous l'action du protochlorure d'étain, en un beau rouge qui ne se produit point dans la décoction du ratanhia des Antilles.]

Le commerce nous fournit quelquefois l'extrait de ratanhia tout préparé. Il est sec, cassant, à cassure vitreuse, presque noire, d'une saveur très-astringente, donnant une poudre d'une couleur de sang. Ces propriétés le rapprochent beaucoup du kino, dont il est assez difficile de le distinguer, même à l'aide des réactifs chimiques (*voy.* page 437).

Le ratanhia et son extrait sont employés comme astringents et toniques, dans les hémorrhagies, les écoulements vénériens, etc.

FAMILLE DES VIOLARIÉES.

Herbes ou arbrisseaux à feuilles alternes (très-rarement opposées) et stipulées. Fleurs axillaires, pédonculées, irrégulières ou régulières ; calice à 5 sépales libres ou légèrement soudés ; corolle à 5 pétales irréguliers ou réguliers, dont le pétale inférieur se prolonge à sa base, dans le premier cas, en un éperon plus ou moins allongé. Les étamines, au nombre de 5, sont presque sessiles, à anthères biloculaires contiguës latéralement ; les 2 étamines correspondantes au pétale inférieur sont souvent pourvues d'un appendice lamelliforme recourbé, qui s'enfonce dans l'éperon. L'ovaire est globuleux, uniloculaire, contenant un grand nombre d'ovules attachés à 3 trophospermes pariétaux. Le style est simple, coudé à sa base, renflé à sa partie supérieure qui se termine par un stigmate couvert de glandes et percé latéralement. Le fruit est une capsule uniloculaire, s'ouvrant en 3 valves, portant chacune un trophosperme chargé de graines, pourvues à la base d'une petite caroncule charnue. L'embryon est droit, placé dans l'axe d'un endosperme charnu.

Les Violariées passent pour être plus ou moins vomitives. Cette propriété est surtout manifeste dans les racines de plusieurs violettes d'Amérique, dont on a formé le genre *Ionidium*, et qui sont usitées comme succédanées de l'ipécacuanha. Les ayant mentionnées à la suite de cette dernière racine, pages 97 à 98 de ce volume, je crois inutile d'y revenir. Parmi les espèces d'Europe, il n'y en a guère que deux qui soient usitées en médecine.

Violette odorante.

Viola odorata, L. (fig. 750). *Car. gén.:* calice à 5 divisions presque égales, prolongées au-dessous du point d'insertion, dressées après l'anthère; 5 pétales inégaux, dont le plus inférieur est prolongé à la base en un éperon creux; 5 étamines à anthères rapprochées, surmontées d'un appendice membraneux, les deux antérieures étant pourvues d'un appendice dorsal qui s'enfonce dans l'éperon.

La violette odorante croît dans les bois et se cultive dans les jardins. Sa racine est cylindrique, horizontale, munie de fibres menues. Elle donne naissance à des jets traçants, semblables à de petites tiges couchées, garnies à leur extrémité supérieure de plusieurs feuilles pétiolées, cordiformes, glabres, crénelées sur le bord, plutôt obtuses qu'aiguës. Les fleurs naissent immédiatement des rejets, portées sur des pédoncules aussi longs que les feuilles; les divisions du calice sont *ovées-obtuses*; l'éperon est très-obtus; le stigmate est crochu et nu; la capsule est renflée et velue; les semences sont turbinées et *blanchâtres*; les pétales sont d'un bleu pourpre, sauf l'onglet, qui est d'un blanc verdâtre. Une variété a les fleurs blanches.

Fig. 750. — Violette odorante.

Les fleurs de violettes paraissent au mois de mars et durent peu. Il faut les récolter dans les premiers moments de leur épanouissement, parce qu'elles sont alors d'une plus belle couleur bleue, et que plus tard elles deviennent pourpres. Elles sont douées d'une odeur très-douce et très-agréable; elles se doublent par la culture.

On a cru pendant longtemps, sur l'autorité de Lemery et de Baumé, que les violettes simples étaient préférables aux doubles, pour la couleur et l'odeur; mais en 1840, M. Mouchon ayant annoncé que les pharmaciens de Lyon se servaient exclusivement de violettes doubles, dont ils avaient reconnu la supériorité, j'ai pris des renseignements sur les violettes que l'on peut se procurer à Paris, et j'ai appris qu'on en trouve de quatre sortes :

1° Une variété de *Viola odorata*, nommée **violette des quatre saisons**, parce qu'elle fleurit plusieurs fois dans l'année; on la cultive sous châssis, pendant l'hiver; les fleurs paraissent à la fin de février, et sont les premières que l'on vende dans la ville, sous forme de petits bouquets.

2° La seconde variété est la **violette simple cultivée** (*Viola odorata*), qui donne vers le milieu de mars et vient principalement de Montreuil. Elle est bien odorante et d'une belle couleur bleue.

3° A la fin de mars arrive la **violette des bois** que l'on attribue au *Viola canina*, L. (1), apportée par les gens de la campagne. Les pétales sont inodores et d'un pourpre un peu pâle et rougeâtre. Ces pétales se vendent à Paris moitié du prix des fleurs précédentes, ce qui engage beaucoup de personnes à les employer.

4° Enfin, dans le courant d'avril, paraissent les violettes cultivées doubles (variété du *viola odorata*), fournies par les jardiniers de Paris et des environs. Elles sont d'une belle couleur bleue, très-odorantes, et l'essai que j'en ai fait m'a prouvé qu'elles sont préférables à la violette cultivée simple ; la plus inférieure est la violette des bois (2).

Quelques personnes recommandent, pour faire sécher la fleur de violette, de l'arroser préalablement d'eau chaude, afin d'enlever une matière mucilagineuse qui fermente pendant ou après la dessiccation, et détruit très-promptement la couleur ; mais cette méthode est défectueuse, car les pétales, mouillés et collés les uns contre les autres, sèchent moins promptement et s'altèrent plus que lorsqu'on ne leur a fait subir aucune préparation. On obtient de la fleur de violette fort belle en étendant simplement les pétales en couches minces dans une étuve, et en la renfermant, lorsqu'elle est bien sèche, dans des bocaux de petite dimension et hermétiquement fermés (3).

Les pharmaciens jaloux de donner véritablement de la fleur de violette sèche à ceux qui le désirent doivent la faire sécher eux-mêmes ; car tout ce qu'on trouve dans le commerce comme fleur de violette n'est que de la fleur de pensée tricolore (*viola tricolor*, L.) récoltée dans le Midi, et séchée avec son calice.

La racine de violette a quelquefois été employée comme émétique ou purgative. Elle est de la grosseur d'une plume, tortueuse, irrégulière, munie d'un grand nombre de radicules chevelues ; formée d'une écorce fongueuse facilement détruite par les insectes, et d'un méditullium dur et ligneux : elle est d'un jaune blanchâtre, d'une odeur faible, indéterminée, et d'une saveur peu sensible. Les semences de violette ont aussi quelquefois été prescrites comme purgatives, et font partie de l'électuaire de rhubarbe composé, dit *catholicum double*; elles ont à peu près le volume et l'apparence du millet, mais elles sont huileuses à l'intérieur. M. Boullay (4) a retiré des différentes parties de la violette (racines, feuilles, fleurs et semences) un principe alcalin, amer, âcre, vireux et même vénéneux, auquel il a donné le nom de *violine*.

(1) *Viola canina*, L. — Stigmate sous-réfléchi, couvert de papilles. Tige ascendante, rameuse, glabre Feuilles cordées ; stipules acuminées, *légèrement découpées en dents de peigne; sépales subules;* pédoncules glabres. Capsule allongée, à valves acuminées ; semences piriformes, *brunes*.
(2) *Journal de chimie médicale* de 1842, p. 464.
(3) Guibourt, *Pharmacopée raisonnée*, p. 746.
(4) Boullay, *Recherches analytiques sur la violette* (*Mémoires de l'Académie de médecine*, 1828, t. I, 417).

Violette tricolore, ou Pensée.

Herbe de la Trinité, *Viola tricolor*, L. *Car. spéc.* : stigmate urcéolé, couvert de poils fasciculés, à ouverture grande et munie d'un labelle ; style atténué du sommet à la base ; capsule obscurément hexagone ; 3 pétales inférieurs à onglet barbu ; éperon court et obtus ; semences oblongues-ovales. Racine sous-fusiforme. Tige triangulaire diffuse. Feuilles oblongues incisées ; stipules pinnatifides.

La pensée vient naturellement dans les champs de l'Europe, de la Sibérie et de l'Amérique septentrionale. Elle présente de très-grandes variations dans la forme de ses feuilles, dans la couleur et la grandeur de ses fleurs, suivant les lieux où elle croît, et ses variétés cultivées ont encore été modifiées presque à l'infini. Les deux variétés principales, pour nous, sont celles qui portent en France les noms de **pensée sauvage** et de **pensée cultivée**. La première, dite *Viola tricolor arvensis*, croît dans les champs, les terres cultivées et les jardins. Sa tige est rameuse, redressée, glabre, haute de 16 à 22 centimètres. Ses fleurs sont axillaires et portées sur des pédoncules plus longs que les feuilles ; les pétales sont à peine plus longs que le calice, d'un blanc jaunâtre mélangé de violet pâle ; la capsule est globuleuse, glabre, s'ouvrant en 3 valves et remplie d'un grand nombre de petites semences blanches. Toute la plante a une saveur mucilagineuse non désagréable, et est employée comme dépurative.

La **pensée cultivée** (*Viola tricolor hortensis*) diffère de la précédente par l'ampleur et la beauté de ses pétales, dont les deux supérieurs sont d'un violet foncé et velouté, et les trois autres d'un jaune vif, taché de violet à l'extrémité, et de lignes rougeâtres à la base ; la culture les a d'ailleurs parés des dessins les plus riches et les plus variés. Il y a une variété de pensée dont les pétales sont entièrement teints d'un violet pourpre foncé, et servent à faire un sirop d'une couleur magnifique, mais inodore. La pensée tricolore croît aussi naturellement dans les Alpes et les Cévennes : on la récolte pour le commerce de l'herboristerie, où elle remplace la fleur de violette ; elle conserve mieux sa couleur que celle-ci, quoiqu'elle la perde également lorsqu'elle reste exposée à la lumière du soleil ou à l'humidité.

FAMILLE DES CISTINÉES.

Les cistes et les hélianthèmes, qui composent principalement la famille des Cistinées, sont des herbes ou des arbrisseaux, à feuilles opposées entières, accompagnées ou dépourvues de stipules. Leurs fleurs sont généralement terminales, grandes, élégantes, pourvues d'un calice à 5 sépales persistants, dont deux extérieurs plus petits. La corolle est à 5 pétales réguliers, hypogynes, sessiles, étalés en rose, contournés en sens opposé des sépales du calice, et très-caducs. Les étamines sont nombreuses, libres, à anthères biloculaires; l'ovaire est à 5 ou 10 loges dans les cistes, à une seule loge dans les hélianthèmes, surmonté d'un style et d'un stigmate. Le fruit est une capsule à 5 ou 10 loges dans les cistes, à 5 ou 10 valves septifères; ou bien uniloculaire, à 3 valves et à 3 trophospermes pariétaux dans les hélianthèmes. Les semences sont nombreuses, petites, pourvues d'un embryon plus ou moins recourbé ou roulé en spirale, dans un endosperme farineux.

Les cistes et les hélianthèmes habitent pour la plupart le bassin de la Méditerranée. Je ne citerai que deux espèces du premier genre à cause du produit résineux qu'elles fournissent au commerce, où ce produit est connu sous le nom de *ladanum*.

Ladanum de Crète.

Cette substance exsude spontanément, sous la forme de gouttes, des feuilles et des rameaux d'un arbrisseau de l'île de Candie, nommé *Cistus creticus*. Autrefois on récoltait le ladanum en peignant la barbe des chèvres qui broutent les feuilles du ciste; mais aujourd'hui on l'obtient en promenant sur les arbrisseaux des lanières de cuir attachées ensemble et disposées comme les dents d'un peigne. On racle ensuite ces lanières avec un couteau, et l'on renferme la résine dans des vessies, où elle acquiert plus de consistance.

Le ladanum ainsi obtenu est rare dans le commerce. J'en ai cependant vu une masse de 12 à 13 kilogrammes renfermée dans une vessie. Il était noir, solide, mais tenace et peu sec. Sa cassure était grisâtre, noircissant promptement à l'air; il se ramollissait avec la plus grande facilité sous les doigts, et y adhérait comme de la poix. Il développait alors une odeur toute particulière, très-forte et balsamique. Un morceau de ce ladanum conservé dans mon droguier a perdu beaucoup de son poids, en raison surtout de l'eau qu'il contenait. Maintenant il est très-sec, poreux, assez léger, d'une cassure grisâtre permanente. Il se ramollit moins facilement dans les doigts, et y adhère un peu moins. Son odeur est toujours forte, et présente une analogie assez grande avec celle de l'ambre gris. Il se fond très-facilement et entièrement par l'action de la chaleur.

Ladanum d'Espagne. J'ai reçu, sous ce nom, un ladanum massif, noir, coulant et s'arrondissant un peu comme de la poix noire, dont il n'offre pas cependant la cassure nette et vitreuse. Il ressemble plutôt au storax noir, dont il se distingue par son odeur semblable à celle du ladanum de Crète. On dit que ce ladanum est obtenu en Espagne, en faisant bouillir dans l'eau les sommités du *Cistus ladaniferus*, L.

Le ladanum ordinaire du commerce est bien différent de ceux que je viens de décrire. Il est tout à fait sec, dur et formé en rouleaux que l'on a tournés en spirales, ce qui lui a fait donner le nom de *Ladanum in tortis*. Du reste, il est impossible de lui assigner des propriétés, parce que chaque fabricant a sa recette. J'en ai vu deux sortes venant de Hollande : l'une est encore un peu résineuse, mais ne contient pas un atome de ladanum, et n'est qu'un mélange de résine ordinaire et de cendres ou de sable ; l'autre, dans laquelle l'odeur indique une petite quantité de ladanum, est tellement chargée de terre, qu'elle se réduit en poudre sous les doigts, fume à peine sur les charbons, et qu'on ne conçoit même pas comment on a pu la malaxer à l'aide de la chaleur : il faut avoir une conscience bien cuirassée pour donner à de pareilles préparations le nom de *Ladanum*.

Pelletier a publié une analyse de ladanum, que voici (1).

Résine.	20
Gomme contenant un peu de malate de chaux.	3,60
Acide malique.	0,60
Cire.	1,90
Sable ferrugineux.	72
Huile volatile et perte.	1,90
	100,00

Il est évident qu'il a opéré sur un ladanum très-impur. J'ai traité 100 grains de celui que j'ai décrit d'abord, par l'alcool à 40 degrés, bouillant. Le liquide filtré s'est presque pris en masse par le refroidissement. Étendu d'alcool et filtré de nouveau, il m'est resté 7 grains de cire sur le filtre. La dissolution alcoolique a laissé, par son évaporation, 86 grains d'une résine rouge, transparente, molle, très-odorante, donnant de l'huile volatile par sa distillation avec l'eau. La portion de ladanum insoluble dans l'alcool n'a cédé à l'eau qu'un grain d'une substance dont le soluté ne rougissait pas le tournesol, ne précipitait pas par l'alcool, se troublait à peine par l'oxalate d'ammoniaque, et ne précipitait le sous-acétate de plomb qu'au bout d'un certain temps. Ces divers résultats n'indiquent que peu ou pas de gomme, d'acide malique et de malate de chaux.

Le résidu insoluble dans l'eau n'était composé, à ce qu'il m'a semblé, que de terre et de poils. Il pesait 6 grains. Cet essai d'analyse donne, pour la composition du ladanum :

Résine et huile volatile.	86
Cire.	7
Extrait aqueux.	1
Matière terreuse et poils.	6
	100

La présence de la cire dans le ladanum est sans doute une suite de la manière dont il est récolté. Beaucoup de végétaux, indépendamment des sucs propres contenus à l'intérieur, et qui souvent, en raison de leur surabondance, transsudent au dehors, présentent à leur surface un grand nombre d'utricules remplies de cire. Le ciste de Crète est proba-

(1) Pelletier, *Bull. de pharm.*, t. IV, p. 503.

blement dans ce cas; alors les lanières de cuir que l'on promène sur ses rameaux et sur ses feuilles doivent déchirer ces utricules, dont le suc se mêle à celui fourni par les vaisseaux résineux.

Le ladanum n'est plus usité en médecine, quoiqu'il paraisse doué de propriétés assez actives. Pourquoi faut-il aussi qu'on l'ait presque toujours falsifié?

FAMILLE DES BIXACÉES.

Cette petite famille, réunie aujourd'hui aux Flacourtiacées de Richard, forme un petit groupe de végétaux à placentation pariétale, qui a été séparé, pour ce caractère, des Tiliacées auxquelles il avait été joint d'abord, afin de le rapprocher des autres familles de dicotylédones polypétales hypogynes à placentation pariétale, telles que les *Tamariscinées*, les *Droséracées*, les *Violariées*, les *Cistinées*, les *Résédacées*, les *Capparidées*, etc. Ce sont des végétaux ligneux, indigènes aux contrées chaudes de l'Amérique et aux îles Maurice, et dont un seul produit, connu sous le nom de **Rocou**, est usité en Europe comme matière tinctoriale; ce sera le seul aussi dont nous parlerons.

Rocouier et Rocou.

Bixa orellana, L. (fig. 751). Le rocouier est un élégant arbuste de 4 à 5 mètres d'élévation, dont la tige est droite, divisée par le haut en branches qui forment une cime touffue. Les feuilles sont alternes, pétiolées, cordiformes par le bas, acuminées, entières et glabres. Les fleurs sont disposées en panicules terminales. Le calice est entouré à sa base de 5 tubercules et se compose de 5 folioles orbiculaires, colorées en rose, caduques. La corolle est formée de 5 pétales oblongs, blancs, lavés de rose; les étamines sont très-nombreuses, insérées sur le réceptacle. L'ovaire est supère, surmonté d'un style filiforme et d'un stigmate à 2 lobes. Le fruit est une capsule assez volumineuse, d'un rouge pourpre, hérissée d'aiguillons mous, un peu creusée en cœur par le bas, pointue à l'extrémité, s'ouvrant en deux valves dont chacune porte un trophosperme linéaire. Les semences sont nombreuses, moins grosses qu'un pois, entourées d'une matière gluante, d'un rouge vif, qui colore fortement les mains, et qui constitue le rocou. L'embryon est droit,

Fig. 751. — Rocouier.

dans l'axe d'un endosperme charnu ; les cotylédons sont foliacés ; la radicule supère, placée près de l'ombilic.

Pour obtenir le rocou on détache et l'on rejette la première enveloppe du fruit. On écrase les graines dans des auges de bois et on les délaye dans l'eau chaude. On jette le tout sur un tamis peu serré. L'eau passe, entraînant avec elle la matière colorante et ses débris. On la laisse fermenter sur son marc, ce qui atténue et divise davantage la matière colorante ; on la décante et l'on fait sécher la matière à l'ombre. Lorsqu'elle a acquis la consistance d'une pâte solide, on en forme des pains de 1 à 2 kilogrammes, que l'on enveloppe dans des feuilles de balisier (1).

On doit choisir le rocou d'un beau rouge de colcotar. Dans le commerce, on entretient sa mollesse en le malaxant de temps en temps avec de l'urine. Il offre alors, comme l'orseille, des points blancs et brillants dus à l'efflorescence d'un sel ammoniacal. Il serait préférable de faire sécher complétement la pâte de rocou et de la conserver à l'état sec. On a proposé également de livrer au commerce les semences de rocou simplement séchées à l'air. Il est certain qu'elles fournissent alors à la teinture une magnifique matière colorante ; mais elles ont l'inconvénient de se décolorer à la lumière et de noircir à l'humidité, et demandent par conséquent à être abritées de ces deux agents destructeurs. Le même inconvénient n'a pas lieu pour la pâte d'orseille préparée et desséchée. Le rocou paraît être de nature résineuse. Il se ramollit au feu, s'enflamme et brûle avec beaucoup de fumée, en laissant un charbon léger et brillant. Il est à peine soluble dans l'eau, qu'il colore seulement en jaune pâle ; mais il est facilement soluble dans l'alcool et dans l'éther, qu'il colore d'une belle couleur orangée. Les alcalis caustiques ou carbonatés le dissolvent en très-grandes proportions et forment des solutés d'un rouge foncé, d'où les acides le précipitent sous forme de flocons très-divisés. En traitant ainsi le rocou par une dissolution alcaline et en le précipitant sur la soie non alunée par le moyen de l'acide acétique, on en obtient une teinture d'un jaune doré magnifique, qui, à cause de son éclat, ne peut être remplacée par aucune autre ; mais elle est malheureusement très-fugace.

[Le rocou ainsi obtenu contient une quantité d'eau variable entre 67 à 71 p. 100, et beaucoup de matières étrangères à la substance colorante. M. du Montel a proposé un mode de préparation, qui a pour but d'enlever la matière colorante à la graine en lavant cette dernière sans la broyer. Par son procédé, il obtient ce qu'il appelle la *bixine*, qui contient la matière colorante pure en

---

(1) Sur la culture du *Bixa orellana* et la préparation du rocou, voir *Pharmaceut. Journal*, 2ᵉ série, I, 185.

très-grandes proportions, non altérée par la fermentation et débarrassée de la plupart des matières étrangères (1).]

On se sert du rocou pour colorer le beurre et la cire. On l'a aussi quelquefois employé en médecine comme purgatif. Les anciens Caraïbes s'en servaient pour se peindre le corps, surtout lorsqu'ils allaient en guerre.

FAMILLE DES RÉSÉDACÉES.

Les Résédacées ont les feuilles alternes, simples, entières, trifides ou pinnatifides. Les fleurs forment des épis simples et terminaux ; elles sont pourvues d'un calice à 4 ou 6 sépales persistants, et d'une corolle à un même nombre de pétales, généralement composés de deux parties : la partie inférieure est entière, et la supérieure divisée en un nombre variable de lanières. La corolle manque quelquefois. Les étamines sont nombreuses, libres, hypogynes, entourées à la base, entre les filets et les pétales, par un anneau glanduleux, plus élevé du côté supérieur. Le pistil, légèrement stipité à la base, paraît composé de trois carpelles soudés bord à bord, dans les deux tiers de leur hauteur, et se continuant sous la forme de trois cornes qui portent chacune un stigmate à leur sommet. Le fruit est ordinairement une capsule un peu allongée, ouverte au sommet, uniloculaire et contenant des graines réniformes, fixées à trois trophospermes pariétaux. L'embryon est recourbé en forme de fer à cheval, nu ou entouré d'un endosperme très-mince.

Cette petite famille doit son nom au genre *Reseda* dont une espèce, originaire d'Égypte et nommée *Reseda odorata*, est très-recherchée dans nos jardins pour l'odeur suave de ses fleurs. Une autre espèce, le *Reseda luteola*, est très-employée dans la teinture en jaune sous le nom de **gaude**. Elle croît naturellement en France, dans les terrains incultes ; mais on la cultive aussi en grand pour l'usage des teinturiers. Elle produit une tige droite, effilée, haute de 50 centimètres à 1 mètre, et pouvant atteindre 2 mètres ; mais celle de hauteur moyenne paraît plus riche en matière colorante. Ses feuilles sont linéaires-lancéolées, un peu obtuses, légèrement ondulées, glabres comme toute la plante. Les fleurs sont très-petites, verdâtres, courtement pédonculées, disposées en un long épi terminal. Le calice est quadrifide et la corolle à 4 pétales. On récolte la plante entière, dans les mois de juillet et d'août ; on la fait sécher et on la met sous forme de bottes qu'on livre au commerce. Le principe colorant de la gaude a été obtenu par M. Chevreul et par M. Preisser (2). Il a reçu le nom de *lutéoline*.

(1) Voir *Sur la Bixine*, J. Girardin, *Journal de pharm. et de chim.*, 3e série, XXI, p. 174.
(2) Preisser, *Journ. pharm. et chim.*, t. V, p. 254.

FAMILLE DES CAPPARIDÉES.

Les CAPPARIDÉES sont des plantes herbacées ou des végétaux ligneux qui portent des feuilles alternes, simples ou digitées, accompagnées à leur base de 2 stipules foliacées ou transformées en aiguillons. Leurs fleurs sont solitaires ou disposées en grappes; leur calice est à 4 sépales caducs; la corolle est formée de 4 pétales et manque rarement. Les étamines sont souvent au nombre de six ou de huit, quelquefois indéfinies, insérées à la base d'un disque irrégulier; l'ovaire est simple, souvent élevé sur un support plus ou moins allongé, nommé *podogyne*, à la base duquel se trouvent le disque, les étamines et les pétales. Il est uniloculaire et pourvu de plusieurs trophospermes pariétaux. Le fruit est sec ou charnu. Dans le premier cas, le fruit est une silique assez semblable à celle des Crucifères (tribu des *Cléomées*); dans le second *Capparées*), le fruit est une baie dont les semences, quoique pariétales, paraissent éparses dans la pulpe qui remplit le fruit. Les graines sont réniformes et renferment un embryon recourbé, dépourvu d'endo-sperme.

Les Capparidées présentent de très-grands rapports avec les Crucifères et s'en rapprochent également par un principe âcre et volatil qu'elles présentent dans plusieurs de leurs parties. Le *Cleome gigantea*, L., est employé vulgairement comme rubéfiant, dans les contrées intertropicales de l'Amérique. Les *Gynandropsis pentaphylla* et *triphylla*, DC., des mêmes contrées chaudes, jouissent des mêmes propriétés que les *Lepidium* et les *Cochlearia*, et leurs semences oléifères possèdent l'âcreté de la moutarde. Les *Cleome heptaphylla* et *polygama*, L., herbes américaines, sont pourvues d'une odeur balsamique et sont usitées comme vulnéraires et stomachiques; le *Polamisia graveolens*, Raf., de l'Amérique du Nord, présente au contraire une fétidité repoussante, et possède les propriétés de la vulvaire et de l'ansérine anthelmintique.

Parmi les capparidées baccifères, nous devons nommer d'abord le **câprier commun** ou **câprier épineux** (*Capparis spinosa*, L.), arbrisseau que l'on suppose originaire d'Asie ou d'Égypte, mais qui est répandu et cultivé dans tous les pays qui entourent la Méditerranée. Cet arbuste a les feuilles alternes, pétiolées, accompagnées de 2 stipules épineuses que la culture peut faire disparaître. Ces feuilles sont arrondies, lisses, épaisses et très-entières; les fleurs sont solitaires et longuement pédonculées dans l'aisselle des feuilles. On les récolte lorsqu'elles sont encore en boutons fermés, et on les vend confites dans le vinaigre sous le nom de *câpres*; elles servent d'assaisonnement dans les cuisines. Les fleurs développées sont grandes et d'un aspect très-agréable. Elles sont formées d'un calice à 4 sépales, d'une corolle à 4 pétales, blancs et très-ouverts, d'un nombre considérable d'étamines dont les filets, très-longs, sont terminés par des anthères de couleur violette. Le fruit est une baie ovoïde, amincie en pointe aux deux extrémités, portée sur un long podogyne.

L'écorce de racine de câprier a été usitée autrefois en médecine comme apéritive et désobstruante. On la trouve encore chez les droguistes en morceaux roulés, d'une teinte grise un peu vineuse à l'extérieur, blancs en dedans, d'une saveur amère et piquante, inodores.

FAMILLE DES CRUCIFÈRES.

Cette famille, l'une des plus grandes et des plus naturelles du règne végétal, se compose de plantes herbacées dont la plupart croissent en Europe. Leurs feuilles sont alternes, privées de stipules, entières ou plus ou moins profondément divisées. Leurs fleurs sont disposées en épis ou en grappes simples ou paniculées. Leur calice est formé de 4 sépales caducs, dont deux, un peu extérieurs, sont dits *placentaires*, parce qu'ils répondent aux sutures du fruit et aux trophospermes; tandis que les deux autres, un peu intérieurs, mais quelquefois bossus à la base, ce qui les fait paraître extérieurs, sont *latéraux* ou *valvaires*, c'est-à-dire opposés aux valves du fruit. La corolle se compose de 4 pétales onguiculés, insérés sur le réceptacle, alternes avec les sépales. Les lames de ces pétales, étant étalées, forment la croix, ce qui a fait donner depuis longtemps aux fleurs le nom de *cruciformes*, ou aux plantes qui les portent celui de *crucifères*. Les étamines sont au nombre de six, dont deux plus courtes, écartées des autres et insérées un peu plus bas, sont opposées aux sépales *latéraux*. Les quatre autres étamines sont plus longues, égales entre elles et rapprochées par paires qui répondent aux sépales *placentaires*. C'est sur ce caractère de six étamines, dont quatre sont plus grandes et semblent dominer les autres, qu'est fondée la *tétradynamie* de Linné. A la base des étamines, on trouve 6, 4 ou 2 glandes vertes et calleuses, diversement disposées. Le pistil est formé de deux feuilles carpellaires intimement soudées, formant un ovaire biloculaire, dont les ovules sont fixés à deux trophospermes suturaux, réunis par une lame de tissu cellulaire qui forme la cloison. Le style est simple, terminal et semble être une continuation de la cloison ; il est surmonté de 2 stigmates étalés ou soudés, répondant aux trophospermes. Le fruit est une *silique* ou une *silicule* (*voy.* t. II, p. 14) ordinairement déhiscente, bivalve et biloculaire, mais d'autres fois indéhiscente; quelquefois aussi la silique est divisée en plusieurs loges transversales, et se sépare en articles dont chacun renferme une graine. La graine est formée d'un tégument moyennement épais, quelquefois entouré d'une aile membraneuse; l'endosperme est nul; l'embryon présente, dans la disposition relative de ses cotylédons et de sa radicule, des différences qui ont servi de base à la division de la famille des Crucifères en cinq sous-familles. Tantôt, en effet, la radicule est recourbée de manière à venir s'appliquer sur le bord ou la commissure des cotylédons, qui sont dits alors *accombants*, et qui, dans ce cas, sont toujours planes. On indique cette position respective des cotylédons et de la radicule par ce signe (O=). Les crucifères qui la présentent forment une première sous-famille, sous le nom de *pleurorhizées*. Tantôt la radicule est opposée à la face des cotylédons qui sont dits *incombants*, mais qui peuvent l'être de quatre manières différentes.

1° Les cotylédons incombants peuvent être planes et parallèles à l'axe de la radicule qui se trouve appliquée sur le dos de l'un d'eux. On les représente ainsi (O ||). Les crucifères qui présentent ce caractère portent le nom de *notorhizées*.

2° Les cotylédons incombants peuvent être courbés longitudinalement, de manière à former une gouttière qui embrasse la radicule. Ces cotylédons sont dits *conduplicés*, et s'expriment ainsi (O > >). Les plantes qui les portent ont été nommées *orthoplocées*.

3° Les cotylédons peuvent être roulés en crosse ou en spirale, et sont désignés par ce signe (O || ||), qui aurait pu être mieux choisi. Les plantes portent le nom de *spirolobées*.

4° Les cotylédons peuvent être deux fois pliés transversalement et sont ainsi représentés (O || || ||). Les plantes se nomment *diplécolobées*.

Si l'on voulait parler de toutes les plantes crucifères qui pourraient être utiles à la médecine ou à l'économie domestique, il faudrait les nommer presque toutes; car il en est bien peu qui ne soient pourvues d'un principe sulfuré, âcre et stimulant, qui peut les faire employer comme antiscorbutiques. Ce principe disparaît par la cuisson, et elles deviennent alors alimentaires; aucune n'est vénéneuse. Un très-grand nombre produisent des semences oléagineuses, et plusieurs sont cultivées en grand pour cet objet. Ne pouvant décrire toutes ces plantes, je donnerai d'abord, ainsi que je l'ai déjà fait plusieurs fois, un tableau systématique et nominatif des principales espèces, et je me restreindrai ensuite à la description de celles qui ont été plus spécialement appliquées à l'art médical.

1re sous-famille : PLEURORHIZÉES. Cotylédons plans, accombants à la radicule ascendante (O=).

Giroflée des jardins...............	*Matthiola incana*, Brown.
Quarantaine......................	— *annua*, Sweet.
Giroflée des murailles.............	*Cheiranthus cheiri*, L.
— jaune ou violier jaune...........	
Cresson officinal..................	*Nasturtium officinale*, Brown.
— sauvage.......................	— *sylvestre*, Br.
Herbe de Sainte-Barbe.............	*Barbarea vulgaris*, Br.
Tourette glabre...................	*Turritis glabra*, L.
Arabette printanière..............	*Arabis verna*, Br.
Cardamine des prés...............	*Cardamine pratensis*, L.
Dentaire.........................	*Dentaria pinnata*, Lamk.
Alysson jaune, ou corbeille d'or....	*Alyssum saxatile*, L.
Lunaire vivace...................	*Lunaria rediviva*, L.
Cochléaria officinal..............	*Cochlearia officinalis*, L.
Cran de Bretagne.................	— *armoracia*, L.
Raifort sauvage..................	
Thlaspi des champs..............	*Thlaspi arvense*, L.

674   DICOTYLÉDONES THALAMIFLORES.

Ibéride ombellée.................... } *Iberis umbellata*, L.
Thlaspi des jardiniers.............. }
Rose de Jéricho.................... *Anastatica hierochuntina*, L.

IIe sous-famille : NOTORHIZÉES. Cotylédons plans, exactement incombants par le dos sur la radicule (O ‖).

Julienne des jardins................ *Hesperis matronalis*, L.
Erysimum officinal, ou vélar........ *Sisymbrium officinale*, Scop.
Sophie des chirurgiens.............. *Sisymbrium sophia*, L.
Alliaire officinale.................. *Alliaria officinalis*, Andrz.
Cameline cultivée................... *Camelina sativa*, Crantz.
Nasitort, ou cresson alénois........ *Lepidium sativum*, L.
Passerage........................... — *latifolium*, L.
Thlaspi officinal................... — *campestre*, L.
Bourse à pasteur.................... *Capsella bursa-pastoris*, Mœnch.
Pastel ou guède..................... *Isatis tinctoria*, L.
Cameline perfoliée.................. *Myagrum perfoliatum*, L.

IIIe sous-famille : ORTHOPLOCÉES. Cotylédons incombants, pliés longitudinalement, renfermant la radicule dorsale dans la plicature (O > >).

Chou cultivé........................ *Brassica oleracea*, L.
— — vert............................ — — *acephala*.
— — pommé.......................... — — *capitata*.
— — dit *chou-fleur*................ — — *botrytis*.
— — chou-rave...................... — — *caulo-rapa*.
— — champêtre...................... — — *campestris*, L.
— — dit *colza*.................... — — *oleifera*.
— — chou-navet..................... — — *napo-brassica*.
Rabioule, ou turneps............... — *asperifolia esculenta*, DC.
— agreste, ou *navette*............ — *asperifolia oleifera*, DC.
Navet.............................. — *napus*, L.
— cultivé.......................... — — *esculenta*.
Roquette sauvage................... — *erucastrum*, L.
Moutarde noire..................... *Brassica nigra*, L.
— sauvage.......................... — *arvensis*, L.
— blanche.......................... — *alba*, L.
Roquette cultivée.................. *Eruca sativa*, DC.
Chou marin......................... *Crambe maritima*, L.
Radis cultivé...................... } *Raphanus sativus*, L.
Petite rave........................ }
Radis noir......................... — — *niger*.
— sauvage.......................... — *raphanistrum*, L.

IVe sous-famille : SPIROLOBÉES. Cotylédons linéaires, incombants, roulés en cercle (O ‖ ‖).

Masse de bedeau.................... *Bunias Erucago*, L.

V^e sous-famille : DIPLÉCOLOBÉES. Cotylédons linéaires incombants, deux fois plissés longitudinalement (O ‖ ‖ ‖).

Senebière pinnatifide.............. *Senebiera pinnatifida*, DC.
— corne-de-cerf.................... — *coronopus*, DC.

Cresson de fontaine.

Nasturtium officinale, Br., DC. ; *Sisymbrium nasturtium*, L. (*fig.* 752). Tribu des arabidées ou des pleurorhizées siliqueuses (O =).

Car. gén. : silique presque cylindrique, raccourcie, un peu recourbée. Stigmate sous-lobé; calice égal par la base, très-ouvert; semences petites, irrégulièrement bisériées, pourvues d'une

Fig. 752. — Cresson de fontaine.

marge. — *Car. spéc.* : feuilles pinnatisectées ; segments ovés sous-cordés, à surface irrégulièrement ondulée.

Le cresson croît dans les lieux humides, au bord des fontaines, ou même au fond de leur lit ; on le cultive aussi à Senlis et dans les environs de Rouen, dans les jardins à demi inondés, nommés *cressonnières*. Il pousse des tiges hautes de 6 pouces à 1 pied, rameuses, creuses, vertes ou rougeâtres. Ses feuilles sont ailées avec impaire, et sont composées de folioles obrondes, ovales ou elliptiques, d'un vert foncé, lisses et succulentes ; la foliole terminale est plus grande que les autres. Les fleurs sont petites, blanches et disposées en une sorte de corymbe très-court. Les siliques sont courtes, horizontales, un peu courbées, à peine aussi longues que le pédoncule.

Cette plante contient beaucoup d'eau de végétation, est un peu odorante et d'une saveur piquante non désagréable ; elle est excitante, diurétique et antiscorbutique. On la mange en salade.

M. Chatin (1), professeur de botanique à l'École de pharmacie, a fait l'observation que le cresson et toutes les plantes d'eau douce

(1) Chatin, *Le cresson, sa culture et ses applications médicales et alimentaires.* Paris, 1866.

renfermaient de l'iode, le plus souvent en quantité minime, quelquefois en dose très-apparente. Il a vu, de plus, que celles de ces plantes qui vivent dans les eaux courantes contiennent plus d'iode que celles placées dans les eaux stagnantes; d'où il suit que le cresson qui croît naturellement dans les eaux de source en contiendrait plus que celui qui est cultivé dans les marais artificiels.

Autres plantes qui portent le nom de cresson :

Cresson sauvage, *Nasturtium sylvestre*, Br., DC. ; *Eruca sylvestris*, Fuchs., 263. Feuilles pinnatisectées, à segments lancéolés, dentés ou incisés; pétales jaunes plus longs que le calice. Cette plante croît sur le bord des rivières et dans les ruisseaux ; on la substitue quelquefois à la première.

Cresson des prés, *Cardamine pratensis*, L. ; *Cardamine altera simplici et pleno flore* (Clus., II, p. 128, *fig.* 2, et 129, *fig.* 1). *Car. gén.* : siliques linéaires, valves planes s'ouvrant avec élasticité ; semences ovées, non marginées; funicules ténus. — *Car. spéc.* : feuilles pinnatisectées; segments des feuilles radicales arrondis, ceux de la tige linéaires ou lancéolés, entiers; style très-court, à peine plus mince que la silique ; stigmate en tête. Cette plante croît dans les prés humides de toute l'Europe.

Cresson alénois, cresson des jardins, nasitort, *Lepidium sativum*, L. (Blackwell, *Herb.*, t. XXIII). Tribu des Lépidinées ou des Notorhizées à cloisons très-étroites. *Car. gén.* : silicule ovée ou sous-cordée, à valves carénées ou plus rarement ventrues, déhiscentes, à loges monospermes ; grappes terminales, fleurs blanches. — *Car. spéc.* : silicules orbiculaires ailées. Feuilles diversement divisées ou incisées; rameaux non spinescents. Fleurs très-petites. Plante originaire du Levant, maintenant cultivée dans tous les jardins. Elle est âcre, antiscorbutique et sternutatoire ; on la mange en salade dans sa jeunesse.

Cresson de Para, *Spilanthes oleracea*, L. Plante bien différente des précédentes, appartenant à la famille des Synanthérées (*Voy.* précédemment, page 60).

Cochléaria officinal (*fig.* 753).

Herbeaux cuillers, *Cochlearia officinalis*, L. Tribu des Alyssinées siliculeuses ou à cloison élargie. *Car. gén.* : silicule sessile ou courtement stipitée, globuleuse ou oblongue, à valves ventrues ; plusieurs semences non marginées; calice ouvert, égal à la base; pétales à onglet très-courts, très-entiers au sommet; étamines privées de dent. Fleurs blanches. — *Car. spéc.* : Silicules ovées-globuleuses, moitié plus courtes que le pédicelle.

Feuilles radicales pétiolées, cordées, celles de la tige ovées-anguleuses.

Le cochléaria est une plante annuelle qui vient naturellement dans les lieux humides, sur les bords de la mer, et près des ruisseaux dans les montagnes. Sa tige est haute de 20 à 30 centimètres, tendre, faible, quelquefois inclinée. Les feuilles radicales sont nombreuses, arrondies, cordiformes à la base, lisses, vertes, épaisses, succulentes, un peu concaves ou creusées en cuiller, et portées sur de longs pétioles; celles de la tige sont sessiles, oblongues, sinuées et anguleuses; les supérieures sont embrassantes. Les fleurs sont blanches et disposées en bouquet terminal peu étalé. Les silicules sont grosses et globuleuses. Cette plante est dans sa plus grande vigueur au commencement de sa floraison : alors ses feuilles sont remplies d'un suc âcre et piquant, et elles exhalent, lorsqu'on les écrase, des parties volatiles très-irritantes. Elle est éminemment antiscorbutique : elle contient une huile âcre,

Fig. 753. — Cochléaria officinal.

soufrée, qui est un oxysulfure d'allyle C^6H^5SO (1), ; elle s'emploie presque toujours simultanément avec le Raifort.

Raifort sauvage.

Cran de Bretagne, *Cochlearia armoracia*, L. (*fig.* 754). Cette plante diffère totalement de la précédente par la forme et par la grandeur de sa racine et de ses feuilles. Elle est vivace et croît dans les lieux humides et montueux. Sa racine est longue de 35 à 70 centimètres, grosse comme le pouce, cylindrique, blanche, charnue, d'un goût très-âcre et brûlant. Ses feuilles radicales sont très-grandes, longuement pétiolées, oblongues, sous-cordiformes par le bas, crénelées sur le bord; celles de la tige sont également très-grandes d'abord, longuement pétiolées, lancéolées-aiguës, dentées en scie, assez semblables à celles de

(1) Geiseler, *Archiv der Pharm.*, CXVII, 136.

certaines patiences, mais reconnaissables à leur âcreté. Les feuilles supérieures sont petites, presque sessiles, lancéolées, incisées. La tige est haute de 70 centimètres, droite, ferme, cannelée, ramifiée supérieurement. Les fleurs sont blanches, nombreuses, disposées en panicules à l'extrémité de la tige et des

Fig. 754. — Raifort sauvage.

rameaux ; le style est court et filiforme, terminé par un stigmate en tête et presque discoïde. La silicule est elliptique.

La racine de raifort sauvage est un des plus puissants excitants et antiscorbutiques que nous ayons. Jointe au cochléaria, elle forme la base de l'alcoolat de cochléaria; réunie au cochléaria, au cresson et à d'autres substances toniques ou excitantes, elle concourt puissamment aussi aux propriétés du sirop et du vin antiscorbutique. Elle est complétement inodore lorsqu'elle est entière, et présente peu d'odeur lorsqu'on l'ouvre longitudinalement ou lorsqu'on la coupe immergée dans de l'alcool rectifié. Mais par la section transversale ou par la contusion opérées à l'air, elle développe un principe volatil ayant tous les caractères de l'essence de moutarde, d'une telle âcreté que les yeux ne peuvent le supporter. Cette circonstance indique que ce principe âcre, volatil, n'est pas tout formé dans la racine et qu'il ne prend naissance que lorsque, par la rupture des vaisseaux et par l'intermédiaire de l'eau, des principes différents, isolés dans des vaisseaux particuliers, viennent à se mêler et à réagir les uns sur les autres. Einhoff a fait anciennement l'analyse de la racine de raifort et en a retiré l'*huile volatile* produite par la réaction précédente, de l'*albumine*, de l'*amidon*, de la *gomme*, du *sucre*, une *résine amère*, de l'*acétate* et du *sulfate de chaux*, du *ligneux*. L'huile volatile est liquide, épaisse, d'un jaune clair, plus pesante que l'eau, d'une odeur insupportable et qui provoque la sécrétion des larmes. Cette huile est âcre, caustique, un peu soluble dans l'eau, à laquelle elle communique la propriété de rubéfier la peau; elle est soluble dans l'alcool; ses dissolutions sont neutres et précipitent en noir les sels de plomb et d'argent; elle contient du soufre au nombre de ses éléments. C'est à la présence de ce corps que le raifort doit la propriété de noircir les vaisseaux de métal dans lesquels on le distille, et Baumé a vu des cristaux de soufre se former dans un esprit de cochléaria très-chargé, qu'il avait préparé à ce dessein.

Jérose hygrométrique.

Rose de Jéricho, *Anastatica hierochuntina*, L. Petite plante fort curieuse, haute de 8 à 11 centimètres, croissant dans les lieux sablonneux et maritimes de la Syrie, de l'Arabie et de la Barbarie. Elle pousse, d'une racine pivotante et ramifiée, une tige divisée dès sa base en plusieurs rameaux ouverts, subdivisés eux-mêmes en rameaux plus petits, garnis de feuilles alternes, spathulées, légèrement dentées, parsemées de poils blancs fasciculés, de même que les rameaux. Les fleurs sont blanches, petites, placées sur des épis sessiles, axillaires, courts et velus. Le fruit est une silicule arrondie, surmontée du style persistant, recourbé en forme de crochet. Il s'ouvre en deux valves munies chacune d'un appendice dorsal arrondi, et pourvues à l'intérieur d'un diaphragme incomplet qui n'atteint pas la cloison. Les semences sont au nombre de deux dans chaque loge, séparées par le diaphragme, sous-orbiculaires, un peu aplaties.

Lorsque cette plante a terminé sa végétation annuelle, et que ses fruits ont mûri, toutes ses feuilles tombent; ses rameaux alors se dessèchent, se rapprochent, s'entrelacent, se courbent en dedans et se contractent en un peloton arrondi, moins gros que le poing, que les vents de l'automne arrachent de terre et portent sur les rivages de la mer. On la recueille en cet état et on l'apporte en Europe, comme un objet de curiosité, sous le nom très-impropre de *rose de Jéricho*. Placée dans un air humide, ses rameaux s'ouvrent et s'étendent; elle se resserre de nouveau et se remet en boule, à mesure qu'elle se dessèche. Des charlatans profitaient autrefois de cette propriété pour prédire aux femmes enceintes un heureux accouchement, si, mettant cette rose tremper dans l'eau, pendant leurs douleurs, elles la voyaient s'épanouir : c'est ce qui avait presque toujours lieu.

Érysimum ou Vélar.

Nommé aussi **tortelle** et **herbe aux chantres**, *Sisymbrium officinale*, DC.; *Erysimum officinale*, L. (*fig.* 755). Tribu des Sisymbriées ou des notorhizées siliqueuses (O ‖).

Caractères du genre *Sisymbrium* : calice à 4 sépales lâches, égaux par la base ; corolle à 4 pétales onguiculés, indivis ; étamines privées de dents; stigmate simple; silique bivalve, cylindrique, hexagone, à valves convexes, à 3 nervures ; semences nombreuses, pendantes, unisériées, non marginées, lisses, à funicules filiformes. — *Car. spécifiques :* feuilles roncinées, velues ; tige velue; siliques subulées, terminées en style très-court, appliquées contre la tige.

Fig. 755. — Velar.

L'érysimum croît dans les lieux incultes, contre les murs et sur le bord des champs, dans toute l'Europe. Il est annuel et s'élève à la hauteur de 60 à 100 centimètres. Ses tiges sont cylindriques, dures, rameuses, étalées. Ses fleurs sont jaunes et très-petites ; ses siliques grêles et anguleuses, amincies en pointe de la base au sommet, et s'ouvrant en deux valves.

L'érysimum n'est ni âcre ni piquant, comme un grand nombre d'autres plantes crucifères; ses feuilles sont seulement acerbes et astringentes. On les emploie en infusion théiforme dans le catarrhe pulmonaire, et elles forment la base du sirop d'érysimum composé.

On emploie encore quelquefois en médecine deux autres plantes que Linné avait comprises dans le genre *Erysimum*, mais qui s'en trouvent aujourd'hui séparées. L'une est l'**alliaire** (*Erysimum Alliaria*, L. ; *Alliaria officinalis*, DC. ; *Sisymbrium Alliaria*, Endl.). Cette plante est vivace, croît le long des haies et s'élève à la hauteur de 50 à 60 centimètres. Sa racine est longue, blanche et menue, pourvue d'une odeur d'ail, ainsi que les feuilles. Les feuilles sont cordiformes. Les fleurs sont blanches, petites, terminales, pourvues d'un calice lâche. Les siliques sont grêles, prismatiques, plusieurs fois plus longues que le pédoncule et longues de 50 à 80 millimètres; les semences sont sous-cylindriques. Toute la plante est diurétique et antiscorbutique.

L'autre plante porte le nom de **barbarée** ou d'**herbe de Sainte-Barbe** (*Erysimum Barbarea*, L.; *Barbarea vulgaris*, Brown); elle appartient à la tribu des Arabidées ou des Pleurorhizées siliqueuses. Elle croît en France, dans les prairies humides et sur le bord des ruisseaux. Sa racine est fusiforme, ligneuse, vivace. Sa tige est striée, glabre, rameuse à la partie supérieure, garnie de feuilles glabres, dont les inférieures sont pétiolées et lyrées, et les supérieures sessiles et irrégulièrement dentées. Les fleurs sont d'un jaune d'or, disposées en grappes serrées à l'extrémité de la tige et des rameaux. Les siliques sont courtes, redressées, terminées par le style persistant sous la forme d'une longue corne, marquées de quatre angles peu saillants et presque cylindriques.

Cameline cultivée.

Camelina sativa, Crantz. Cette plante croît dans les champs et est cultivée dans le nord de la France pour retirer de ses semences, par expression, une huile propre à l'éclairage. Elle est annuelle, et pousse une tige ramifiée, haute de 30 centimètres, garnie de feuilles amplexicaules, auriculées par le bas, molles, un peu velues, à dentelure espacée. Les fleurs sont jaunes, disposées en grappes terminales paniculées. Ses siliques sont très-courtes, biloculaires, polyspermes, renflées supérieurement en forme de coin ou de poire, à 4 côtes, et terminées par le style persistant. Les semences sont très-petites et rougeâtres.

Thlaspi officinal.

Lepidium campestre, Br. Le nom de *thlaspi*, comme tous les anciens noms grecs ou latins de plantes imparfaitement décrites, a été appliqué à un très-grand nombre de crucifères que l'on trouve aujourd'hui dispersées dans les différentes tribus de cette vaste famille; mais il a été principalement donné au plus grand nombre de celles qui forment les genres *Thlaspi*, *Hutchinsia*, *Iberis*, *Biscutella* de la tribu des Tlaspidées ou Pleurorhizées à cloison rétrécie, et les genres *Capsella* et *Lepidium* de la tribu des Lépidinées ou Notorhizées à cloison étroite. Il était cependant intéressant de connaître à laquelle de ces plantes il faut rapporter la semence de **thlaspi** qui doit faire partie de la thériaque, semence que j'ai trouvée plusieurs fois chez les droguistes, où elle se trouve probablement encore. Cette semence, d'abord, ne peut pas appartenir au **thlaspi des champs** (*Thlaspi arvense*, L.) dont la graine, bien représentée par Gærtner (tab. CXLI), est *orbiculaire, un peu aplatie, brune, luisante, marquée, sur toute sa surface, d'une rayure fine et régulière,* parallèle à son contour. Mais elle appartient au *Lepidium campestre*, Br. (*Thlaspi campestre*, L.), qui est indiqué par les meilleurs auteurs comme la plante dont les semences doivent entrer dans la thériaque; *Thlaspi verum cujus semine in theriacâ utimur,* dit Camerarius (1). La racine de cette plante est annuelle, pivotante, peu divisée. Sa tige est droite, pubescente, rameuse dans sa partie supérieure, haute de 22 à 27 centimètres. Ses feuilles radicales sont ovales ou en lyre, pétiolées, glabres ou presque glabres; celles de la tige sont lancéolées, pubescentes, plus ou moins dentées, sessiles et prolongées à la base en fer de flèche. Ses fleurs sont blanches, petites, d'abord resserrées en corymbe, ensuite allongées en grappes. Les silicules sont ovales, entourées d'un rebord distinct, tronquées au sommet, planes d'un côté, convexes de l'autre, contenant dans chacune des deux loges une seule semence ovoïde, noirâtre, suspendue à la cloison par un funicule, et un peu terminée en pointe à l'extrémité supérieure. Examinée à la loupe, cette semence parait toute couverte de petites aspérités rangées par lignes parallèles très-serrées, et elle offre comme un commencement de séparation à la partie supérieure, de sorte qu'elle présente d'une manière moins marquée, il est vrai, et sauf sa forme ovoïde, les mêmes caractères que celle du *Thlaspi arvense.* Elle possède une saveur âcre et piquante, analogue à celle de la moutarde. On l'apporte de la Provence et du Languedoc.

Pastel des teinturiers.

Guède ou **vouède**, *Isatis tinctoria*, L. (*fig.* 756). Tribu des Isatidées ou Notorhizées nucamentacées (O ||).

(1) Le *Thlaspi arvense*, L. et le *Lepidium campestre*, Br. ont été souvent confondus par les botanistes, et Decandolle lui-même, dans son *Systema naturale*, a commis à leur sujet quelques erreurs de synonymie. On est tout d'abord étonné qu'il ait indiqué également, comme synonymes des deux plantes, le *Thlaspi latifolium* de Fuchsius et le *Thlaspi secundum* de Matthiole. Voici quelques-uns des synonymes les plus certains :

Thlaspi arvense, L.; *Thlaspi* or *Treacle mustard* de Blackwell (pl. 68); *Thlaspi drabœfolio* de Lobel (obs. 108, fig. 1); *Thlaspi cum siliquis latis,* J.-B. (*Hist.* II, p. 923); *Thlaspi* II de Matthiole (lib. II, cap. CL).

Lepidium campestre, Br. ; *Thlaspi campestre,* L ; *Thlaspi vulgare* or *Mithridate mustard,* Blackw. (t. 402); *Thlaspi vulgatissimum vaccariæ folio,* Lobel (obs. 108, fig. 2); *Thlaspi vulgatius,* J.-B. (*Hist.* II, p. 921) ; *Thlaspi* de Lemery et *Thlaspi* I des différentes éditions de Matthiole.

Cette plante croît naturellement dans les contrées méridionales et tempérées de l'Europe, mais on l'y cultive aussi pour l'usage de la teinture. Elle est bisannuelle. Sa racine est un peu ligneuse et pivotante. Sa tige, haute de 60 à 100 centimètres, est simple inférieurement, ramifiée par le haut, garnie de feuilles dont les plus inférieures sont lancéolées et rétrécies en pétiole à la base, tandis que celles de la tige sont hastées et amplexicaules; elles sont glabres ou un peu poilues, suivant que la plante est cultivée ou sauvage. Les fleurs forment à l'extrémité de la tige et des rameaux une panicule très-garnie. Les silicules sont pendantes, comprimées, oblongues, obtuses à l'extrémité, terminées en pointe du côté du pédoncule, indéhiscentes, uniloculaires et monospermes.

L'usage du pastel, comme plante tinctoriale, remonte à une époque très-reculée; les anciens Bretons l'employaient pour se peindre le corps en bleu, et avant la connaissance de l'indigo en Europe le pastel était devenu un objet de culture et d'industrie très-importantes. J'ai exposé précédemment (page 482) comment, pendant la grande guerre continentale, on est parvenu à en extraire une certaine

Fig. 756.
Pastel des teinturiers.

quantité d'indigo pour le commerce; mais dans les circonstances ordinaires, celui des *Indigofera* obtiendra toujours la préférence, tant pour le prix que pour la qualité.

Roquette cultivée.

Eruca sativa, Lamk.; *Brassica eruca*, L. (Bulliard, t. 313; Blackwel, t. 242). Cette plante est annuelle. Sa tige est simple, un peu velue, ramifiée à sa partie supérieure. Ses feuilles sont lyrées, vertes, presque glabres. Ses fleurs sont blanches ou d'un jaune pâle, striées par des veines brunes, semblables du reste à celles du *Brassica Erucastrum*; mais les siliques sont bien différentes. Elles sont courtement pédonculées, rapprochées de la tige, courtes et épaisses, terminées par un ample style conique et ensiforme; elles sont bivalves, biloculaires, et renferment des semences globuleuses, disposées sur deux séries.

La roquette croît naturellement en Espagne, en Suisse, en Autriche et dans le midi de la France. Il faut la cultiver sous le climat de Paris. Elle a une odeur forte et désagréable et une saveur âcre et piquante. On la regarde comme antiscorbutique et très-stimulante. Les Italiens l'aiment beaucoup, et l'emploient comme assaisonnement dans leurs salades.

Choux.

Brassicæ. [*Car. gén.* : calice égal à la base ; 4 pétales à lame entière; 4 glandes sur le réceptacle, dont 2 entre les petites étamines et le pistil, et 2 entre les grandes étamines et le calice. Silique allongée, linéaire-cylindrique, subtétragone, souvent un peu comprimée par le côté, s'ouvrant par deux valves longitudinales convexes, portant au milieu une nervure saillante et sur le côté des veines anastomosées ; semences globuleuses, unies, disposées sur une série. Cotylédons conduplicés, renfermant la radicule ascendante (O $>>$).]

Espèces principales :

I. Le **chou potager**, *Brassica oleracea*, L. — Cette espèce est connue de tout le monde par l'usage général qu'on en fait comme aliment ; mais, cultivée depuis un temps immémorial, elle a produit un si grand nombre de variétés, qu'il est difficile de reconnaître au milieu d'elles le type primitif et d'en donner les caractères. Tout ce qu'on peut dire du chou cultivé, c'est qu'il est pourvu d'une racine caulescente et charnue, qui donne naissance à une tige rameuse, glabre, haute de 35 centimètres à 2 mètres, garnie de feuilles *glabres* et d'un vert glauque, dont les inférieures sont amples, pétiolées, roncinées à leur base, plus ou moins sinueuses, tandis que les supérieures sont plus petites, entières et amplexicaules. Les fleurs sont assez grandes, jaunes ou presque blanches, disposées en grappes lâches et terminales ; les siliques sont presque cylindriques. Les principales variétés sont :

1° Le **chou vert** (*Brassica oleracea acephala*), dont les feuilles larges et vertes, écartées les unes des autres, ne pomment jamais. On en connaît un grand nombre de sous-variétés cultivées pour la nourriture de l'homme et des animaux.

2° Le **chou bouillonné** (*Brassica oleracea bullata*), dont les jeunes feuilles sont un peu rapprochées en tête, puis étalées, bouillonnées ou crispées : telles sont les variétés nommées *chou pommé frisé, chou de Milan, chou de Hollande, chou pancalier*, et la variété si curieuse nommée *chou de Bruxelles* ou *chou à mille têtes*, toute garnie le long de sa tige et des rameaux de petites têtes de la grosseur d'une noix.

3° Le **chou pommé** ou **chou cabus** (*Brassica oleracea capitata*), dont la tige est raccourcie, et dont les feuilles concaves, non bouillonnées, et peu découpées, se recouvrent les unes les autres avant la floraison, de manière à former une grosse tête arrondie et serrée, dont le centre est étiolé. C'est dans cette variété que l'on trouve le *chou rouge* employé en pharmacie pour faire le sirop qui en porte le nom.

4° Le **chou-fleur** (*Brassica oleracea botrytis*). Dans cette variété, une surabondance de séve se porte sur les rameaux naissants de la véritable tige, et les transforme en une masse épaisse, charnue, tendre, mamelonnée ou grenue. Quand on laisse pousser cette tête, elle s'allonge, se divise, se ramifie, et porte des fleurs et des fruits comme les autres choux. Les *brocolis*, compris dans cette variété, diffèrent des choux-fleurs proprement dits, parce que les jeunes rameaux, au lieu de former une tête arrondie, sont longs de plusieurs pouces et terminés par un groupe de boutons à fleurs.

5° Le **chou-rave** (*Brassica oleracea caulo-rapa*). Dans cette variété, la surabondance de nourriture se porte sur la souche ou fausse tige de la plante, et y produit un renflement remarquable, tubéreux, succulent et bon à manger.

II. Le CHOU-NAVET (*Brassica napus*, L.). Cette espèce se distingue par ses jeunes feuilles inférieures glabres et glauques, lyrées-dentées ; les autres sont oblongues, auriculées et embrassantes. On en connaît deux variétés principales :

1° Le **colza** (*Brassica napus oleifera*), dont la racine est grêle et fusiforme, la tige allongée, les feuilles sinuées étroites, les fleurs jaunes, les semences sphériques, noires, non chagrinées à leur surface, ternes cependant, d'un goût de navet. Cette plante est cultivée en grand, dans le nord de la France et en Belgique, pour l'extraction de l'huile contenue dans ses semences, qui est très-employée pour l'éclairage.

2° Le **navet** (*Brassica napus esculenta*) (*fig.* 757). Dans cette variété, la racine devient renflée près du collet, tubéreuse, charnue, fusiforme, d'une saveur sucrée, un peu piquante et agréable. Elle est très-usitée comme aliment pour l'homme et les bestiaux et quelquefois aussi comme médicament.

III. Le CHOU RUDE (*Brassica asperifolia*, Lam.). Cette espèce a la tige rameuse, les feuilles radicales lyrées-pinnatifides et hispides ; les caulinaires sont ovales ou oblongues, auriculées, embrassantes, glabres et glauques.

Elle comprend deux variétés :

1° La **rabioule, grosse rave ou turneps** (*B. asperifolia esculenta*), qui a la racine caulescente, orbiculaire, déprimée, charnue, quelquefois aussi grosse que la tête d'un enfant; on l'emploie comme aliment pour l'homme ou les animaux.

2° La **navette** (*Brassica asperifolia oleifera*, DC.), croît naturellement dans les champs; mais on la cultive aussi en plein champ, dans plusieurs endroits, comme fourrage ou pour récolter sa graine, dont on retire l'huile par expression. Sa racine est oblongue, fibreuse, à peine plus épaisse que la tige, non charnue; elle donne naissance à une tige glabre, rameuse, haute de 60 centimètres, dont les feuilles inférieures sont rudes au toucher; les feuilles supérieures sont très-glabres. Les fleurs sont petites, jaunes, et ont leur calice à demi ouvert. Les semences sont plus petites que le colza, sphériques ou un peu oblongues, luisantes, paraissant chagrinées à la loupe, d'une saveur un peu âcre et mordicante.

Fig. 757. — Navette.

IV. La ROQUETTE SAUVAGE, *Brassica Erucastrum*, L. (Bulliard, t. 331). — Plante annuelle, commune dans les champs et dans les vignes, pourvue de tiges grêles, rameuses, hautes de 60 centimètres, un peu rudes au toucher. Les feuilles sont roncinées, à lobes inégalement dentés; les sépales du calice sont rapprochés; les pétales sont jaunes, à limbes un peu spathulés, étalés horizontalement, formant par leur opposition une croix de Saint-André. Les siliques sont très-grêles, longues de 30 centimètres, portées sur des pédoncules de même longueur, terminées par un rostre court et conique, contenant des semences unisériées.

Plusieurs autres plantes crucifères ont porté le nom de **roquette sauvage**; la plus connue est le **sisymbre brûlant** de la flore française (*Sisymbrium tenuifolium*, L.), devenue aujourd'hui le *Diplotaxis tenuifolium*, DC.

MOUTARDE NOIRE ou SÉNEVÉ, *Brassica nigra*, L. (*fig.* 758). Feuilles inférieures lyrées; celles du sommet lancéolées, entières, pétiolées. Siliques glabres, lisses, sous-tétragones, dressées contre la tige.

La moutarde noire croît dans les lieux pierreux et dans les champs d'une grande partie de l'Europe, et on la cultive sur une grande échelle dans plusieurs contrées, à cause de l'usage que l'on fait de sa semence en médecine et pour la fabrication de la moutarde des vinaigriers. Elle est annuelle et porte une tige rameuse, haute de 1 mètre à 1^m,5, chargée de quelques poils qui la rendent rude au toucher. Ses fleurs sont jaunes, assez petites, disposées en grappes qui s'allongent beaucoup à mesure que la floraison s'avance. Les semences sont très-menues, rouges, mais quelquefois recouvertes d'un enduit blanchâtre ; elles sont douées d'une saveur très-âcre, et n'ont aucune odeur, à moins qu'on ne les pile avec de l'eau ; alors elles en exhalent une très-pénétrante.

Examinée à la loupe, cette semence, dans son état parfait, est presque ronde ou elliptique-arrondie, et marquée d'un ombilic

Fig. 758. — Moutarde noire.

Fig. 759. — Moutarde blanche.

à une des extrémités de l'ellipse ; l'épisperme est rouge, translucide et très-chagriné à sa surface ; l'amande est d'un jaune vif ; des grains moins parfaits, ou moins mûrs, sont plus allongés et offrent des rides longitudinales ; les grains blancs ne diffèrent des autres que par une sorte d'enduit crétacé qui adhère à leur surface.

La semence de moutarde nous vient surtout d'Alsace, de Flandre et de Picardie ; la première est plus grosse que les deux autres, et offre beaucoup de grains anguleux ou comprimés en différents sens. Elle est pourvue d'une saveur plus forte, et est plus estimée. Elle donne une farine presque jaune, et tout à fait jaune lorsqu'on en sépare l'épisperme. La moutarde de Picardie est la plus petite des trois; elle donne une farine d'un gris noirâtre mêlée de jaune verdâtre ; elle est moins forte et moins estimée.

Moutarde blanche.

Sinapis alba, L. 416). — *Car. gén.* : Calice égal à la base, pétales égaux, entiers, style anguleux ou comprimé. Silique déhiscente, oblongue ou linéaire, cylindrique, un peu comprimée par le côté ; valves très-convexes, épaissies au sommet, emboîtées dans la base du style ; munies de trois nervures rapprochées droites et égales. Graines unisériées, pendantes, globuleuses, non ailées.

La semence de moutarde blanche est beaucoup plus grosse que la moutarde noire et d'une couleur jaune ; elle est formée de grains elliptiques-arrondis, qui renferment une amande jaune sous une coque mince, demi-transparente. L'ombilic est à une des extrémités de l'ellipse ; la surface de l'épiderme n'est pas parfaitement lisse : elle paraît légèrement chagrinée à la loupe.

Moutarde sauvage ou **sanve**, *Sinapis avensis*, L. — *Car. spéc.* : Tige et feuilles munies de poils. Siliques horizontales, glabres, multangulaires, renflées, trois fois plus longues que la corne terminale.

Cette plante croît trop abondamment dans les champs, qu'elle couvre quelquefois entièrement d'un magnifique tapis de fleurs jaunes. Sa graine, mélangée au millet, sert à la nourriture des oiseaux de volière. Elle est tout à fait sphérique, luisante et d'un brun noir à maturité : c'est elle, plutôt que la moutarde officinale, qui devrait porter le nom de *moutarde noire*. Elle est plus grosse que la moutarde officinale, moins volumineuse que la blanche, offrant à la loupe une surface à peine chagrinée, et pourvue d'un goût de moutarde assez prononcé, mais beaucoup plus faible cependant que la moutarde officinale : ce qui montre le tort que font ceux qui la mélangent à cette dernière. D'autres, plus blâmables encore, y ajoutent de la navette (*brassica napus oleifera*) ou du colza (*brassica campestris*) ; la fraude est difficile à découvrir lorsque la moutarde est pulvérisée, ce qui doit engager les pharmaciens à préparer eux-mêmes leur poudre de moutarde. Le **colza** entier ne peut pas d'ailleurs être confondu avec la moutarde noire : il est plus gros que la sanve même, sphérique comme elle, noir, non chagriné, mais terne à sa surface et d'un goût de navet. La **navette**, beaucoup plus rapprochée de la moutarde, est un peu plus grosse que la sanve, un peu allongée, souvent ridée, chagrinée à sa surface, mais moins que le *sinapis nigra* ; d'une saveur un peu âcre et mordicante.

Composition chimique de la moutarde officinale. Quoique la semence de moutarde noire ait été l'objet des recherches d'un grand nombre de chimistes, la composition n'en est peut-être pas encore complétement connue. Boerhaave, et, sans doute, d'autres avant lui, avaient reconnu que cette semence fournit deux espèces d'huiles : une par expression, parfaitement douce et usitée contre les douleurs néphrétiques; l'autre, par distillation, d'une qualité âcre et caustique.

M. Thibierge, pharmacien, a indiqué l'existence du soufre dans l'huile distillée de moutarde, et celle de l'albumine dans le macéré aqueux ; il a vu que ni l'éther ni l'alcool ne dissolvaient le principe âcre de la moutarde ; l'huile exprimée avait une très-légère odeur que l'alcool lui a enlevée aisément ; cette huile est soluble dans 4 parties d'éther, dans 1200 parties d'alcool, et forme un savon solide avec la soude caustique. M. Thibierge supposait que l'huile volatile existait toute formée dans la semence de moutarde, mais qu'elle avait besoin de la température de l'eau bouillante pour se développer ; et il admettait qu'elle se développait aussi bien par l'action du vinaigre que par celle de l'eau (1).

C'est moi qui ai dit le premier (2), que la semence de moutarde ne contenait pas d'huile volatile toute formée. En effet, disais-je, la semence de moutarde pilée à sec n'a aucune odeur ; la poudre traitée par l'alcool et l'éther ne cède à ces deux menstrues aucun principe âcre ni volatil : ce principe n'y existe donc pas en quantité appréciable ; mais le contact de l'eau suffit pour le développer en très-grande abondance, et, une fois formé, on peut l'obtenir par la distillation, sous forme d'un liquide huileux, plus pesant que l'eau, très-volatil, très-âcre, caustique, soluble dans l'alcool et l'éther, donnant du soufre par sa décomposition élémentaire. Quant à l'influence de la chaleur sur la formation de l'huile, j'ajoutais que, suivant M. Thibierge, une température élevée était nécessaire à son développement ; mais que c'était une erreur : *que le contact de l'eau suffisait, et que seulement une chaleur modérée rendait le développement plus considérable.* Enfin, pour ce qui regarde l'action des acides, et spécialement du vinaigre, sur la moutarde, c'est encore moi qui ai dit le premier, dans la *Pharmacopée raisonnée*, que, si l'on se plaignait si souvent du peu d'action des sinapismes, cela tenait, d'une part, à ce qu'on employait de la farine de moutarde du commerce, qui est presque toujours altérée ; et, de l'autre, à ce qu'on se servait de vinaigre pour la réduire en pâte. Car, disais-je, bien que cette addition ait été faite dans la vue de rendre le sinapisme plus actif, il est remarquable qu'elle neutralise presque tout l'effet de la moutarde, comme on peut s'en convaincre par le goût et l'odorat, et par l'application sur la peau.

En examinant à leur tour la moutarde noire, Robiquet et M. Boutron ont cru reconnaître que le tourteau de cette semence, traité par l'alcool, se conduisait comme celui d'amandes amères ; c'est-à-dire qu'il ne cédait à ce véhicule aucun principe âcre, et que l'eau ne pouvait plus ensuite y développer d'huile volatile, preuve que cette huile n'y existait pas toute formée (3).

(1) Thibierge, *Journ. pharm.*, t. V, p. 439.
(2) Guibourt, *Hist. nat. des Drogues simples*. Seconde édition.
(3) Robiquet et Boutron, *Journ. pharm.*, t. XVII, p. 294.

Dans un premier travail sur la moutarde noire, Fauré aîné, pharmacien à Bordeaux, a reconnu comme moi que l'huile volatile ne préexiste pas dans cette semence et que le vinaigre s'oppose à son développement ; mais il a supposé, à l'exemple de M. Thibierge, que ce développement de l'huile volatile dans l'eau est d'autant plus prompt que la température est plus élevée (1). Fauré a constaté dans la moutarde noire la présence de la sinapisine. Il a cru voir, comme MM. Boutron et Robiquet, que la farine épuisée d'huile grasse par l'éther conserve la propriété de devenir âcre et rubéfiante avec l'eau, tandis que l'alcool lui enlevait cette propriété.

Dans un travail postérieur sur la moutarde noire, Fauré est arrivé à un résultat beaucoup plus important et qui n'a pas été sans influence pour la découverte de la véritable manière dont se forme l'huile volatile dans les amandes amères. Fauré a constaté que l'eau chauffée au-dessus de 70 degrés centigrades, l'alcool, les acides, certains sels métalliques, le chlore, la noix de galle, *tous corps qui coagulent l'albumine*, mutent la poudre de moutarde ou s'opposent à la formation de l'essence, et il en a conclu que cette albumine, *à l'état de dissolution*, est indispensable à la production de l'essence, et qu'elle perd cette propriété en se coagulant. Enfin, M. Bussy est venu découvrir ce qui restait encore à connaître sur cette réaction. Jusqu'à lui on s'était bien aperçu que l'alcool enlevait au tourteau de moutarde noire la propriété de produire de l'essence, mais on supposait que cet effet était dû à ce que l'alcool enlevait au tourteau un corps très-complexe et sulfuré, trouvé dans la moutarde blanche et nommé *sulfosinapisine* ou *sinapisine*, et le séparait ainsi de l'albumine qui restait dans le résidu. Les deux points importants du travail de M. Bussy sont : 1° d'avoir montré que l'alcool laisse, au contraire, dans le résidu, le principe sulfuré propre à produire l'essence ; 2° que, à la vérité, ce résidu ne développe pas immédiatement d'odeur âcre par l'eau, mais que, par un séjour dans l'eau de 24 à 48 heures, l'albumine recouvre la propriété d'agir sur le principe sulfuré. Pour obtenir ce principe, il suffit donc de traiter brusquement par l'eau le tourteau épuisé par l'alcool. On fait évaporer en consistance sirupeuse, et l'on traite par l'alcool, qui fournit ensuite, par l'évaporation, des cristaux d'un sel à base de potasse, dont l'acide, nommé *acide myronique*, est positivement le corps qui forme l'essence de moutarde lorsqu'il se trouve mis en contact avec l'albumine particulière de la moutarde noire et blanche. Cette albumine, qui jouit seule de la propriété d'opérer cette transformation, a reçu le nom de *myrosine*, de même que celle des amandes a été nommée *émulsine*.

L'essence de moutarde est composée de carbone, d'hydrogène, d'azote et de soufre, et a pour formule CH^5AzS^2. Cette composition représente un sulfocyanure d'allyle (t. II, p. 158), ainsi que le montre l'équation suivante :

---

(1) Fauré, *ibid.*, p. 300.

$$\underbrace{C^2 Az S^2}_{\text{Sulfocyanogène}} + \underbrace{C^6 H^5}_{\text{Allyle}} = \underbrace{C^8 H^5 Az S^2}_{\text{Essence de moutarde}}$$

L'essence de moutarde présente d'ailleurs un grand nombre de réactions des plus intéressantes. Elle se combine avec un équivalent d'ammoniaque pour former une base organique cristallisable nommée *thiosinammine* :

$$\underbrace{C^8 H^5 Az S^2}_{\text{Essence de moutarde}} + \underbrace{H^3 Az}_{\text{Ammoniaque}} = \underbrace{C^8 H^8 Az^2 S^2}_{\text{Thiosinammine}}$$

Cette base alcaline forme des sels complexes en se combinant aux chlorures de platine, de mercure et d'argent.

La thiosinammine traitée par l'oxyde de mercure (ou par l'oxyde de plomb) devient noire, liquide, perd son soufre et forme une nouvelle base alcaline puissante et cristallisable, nommée *sinammine*, composée de $C^8H^7Az^2O$ lorsqu'elle est hydratée, et de $C^8H^6Az^2$ à l'état anhydre. Enfin l'essence de moutarde traitée par l'oxyde de plomb hydraté forme du sulfure de plomb, du carbonate de plomb et une troisième base salifiable, cristallisable et non sulfurée, composée de $C^{14}H^{12}Az^2O^2$. On la nomme *sinapoline*.

La moutarde blanche n'a pas été l'objet de moins de recherches chimiques que la noire ; mais on est loin d'être aussi éclairé sur sa composition. Il est probable que l'intermède de l'eau est également nécessaire à la production de son principe âcre, mais ce principe n'est pas volatil ; aussi les pédiluves préparés avec la moutarde blanche, quoique très-âcres au goût et très-actifs, sont-ils presque inodores et n'exercent-ils pas à distance, sur les yeux, l'action irritante des pédiluves de moutarde noire.

MM. Ossian Henry et Garot, en traitant d'abord par l'alcool l'huile exprimée de moutarde blanche, en ont extrait un corps cristallisable, azoté et sulfuré, jouissant de la propriété de colorer les sels de sesquioxyde de fer en rouge-cramoisi et qui paraissait acide ; aussi les auteurs l'ont-ils nommé *acide sulfosinapique*. Mais, Pelouze ayant contesté l'existence de cet acide, les deux premiers chimistes ont repris leur travail, et, en traitant la moutarde blanche par l'eau, puis l'extrait aqueux par l'alcool, ils ont obtenu un corps cristallisé, jouissant des propriétés précédemment reconnues à l'acide sulfosinapique, hors l'acidité, ce qui les a engagés à changer ce nom d'acide en celui de *sulfosinapisine* (1).

Robiquet et M. Boutron se sont aussi occupés de la moutarde blanche. Cette semence, pulvérisée et presque épuisée d'huile fixe par expression, a été traitée par l'éther, et a fourni un produit huileux d'une âcreté très-prononcée, d'où l'alcool a extrait un principe âcre, non volatil, rougissant les sels de fer, et une matière cristallisée. La moutarde blanche, épuisée par l'éther, traitée ensuite par l'alcool, a pro-

(1) Ossian, Henry et Garot, *Journ. pharm.*, t. XVII, p. 1.

duit de la sulfosinapisine rougissant les sels de fer, comme celle de MM. Henry et Garot.

Robiquet et M. Boutron ont ensuite traité directement le tourteau de moutarde blanche par l'alcool. Cette fois toute âcreté a disparu, non-seulement dans le tourteau, mais encore dans la liqueur et la matière cristalline qui en est provenue. Cette matière différait de la *sinapisine* de MM. Henry et Garot par plusieurs propriétés, entre autres par celle de ne pas rougir les persels de fer, et par sa composition élémentaire (1).

[La *sulfosinapisine* est un *sulfocyanhydrate* d'une base particulière nommée *sinapine* ($C^{32}H^{24}AzO^{10}$), qui a été découverte et étudiée par MM. *Bado* et *Hirchsbrunn* en 1852. Cette *sinapine* ne peut exister qu'en dissolution aqueuse, de couleur jaune, précipitant les sels de cuivre en vert, ceux d'argent et de peroxyde de mercure en brun. Si on veut l'obtenir à l'état sec, elle se dédouble en *acide sinapique*, $C^{22}H^{12}O^{10}$, et en *sinkaline*, $C^{10}H^{14}AzO^{2}$?]

FAMILLE DES FUMARIACÉES.

Cette petite famille a été formée pour le genre *Fumaria*, L., que Laurent de Jussieu avait réuni aux Papavéracées, dont il se rapproche par son calice diphylle caduc, et par sa corolle tétrapétale; mais cette corolle est irrégulière et forme comme une gueule profonde à deux mâchoires, et les étamines sont au nombre de six et diadelphes : ces deux caractères suffisent pour les en séparer.

Le genre *Fumaria*, L., une fois constitué en famille, a bientôt été divisé en plusieurs genres; aujourd'hui il en forme six, dont voici les noms et les caractères :

1. *Diclytra*. 4 pétales, dont 2 extérieurs également gibbeux ou éperonnés à la base. Silique bivalve polysperme.

2. *Adlumia*. 4 pétales soudés en une corolle monopétale, gibbeuse à la base, fongueuse et persistante. Silique bivalve polysperme.

3. *Cysticapnos* (2). 4 pétales, dont un seul gibbeux à la base. Capsule vésiculeuse polysperme.

4. *Corydalis*. 4 pétales, dont un seul éperonné à la base. Silique bivalve, comprimée, polysperme.

5. *Sarcocapnos*. 4 pétales, dont un seul éperonné à la base. Capsule bivalve, indéhiscente, disperme.

6. *Fumaria*. 4 pétales, dont un seul gibbeux ou éperonné à la base. Fruit capsulaire, indéhiscent, monosperme (cariopse).

(1) Robiquet et Boutron, *ibid.*, p. 279 et suiv.
(2) *Cysticapnos* de (κύστις, *vessie*, et καπνός, *fumeterre*). De *capnos* sont aussi dérivés les noms *capnoides*, *capnites*, *capnorchis*, *sarcocapnos*, *sphærocapnos*, *platycapnos*, que l'on rencontre dans les ouvrages descriptifs de botanique.

Fumeterre officinale.

Fumaria officinalis, L. (*fig.* 760). Cette plante paraît être originaire de l'Orient; elle était très-rare en Europe du temps de Conrad Gesner (mort en 1565); mais elle y est très-commune aujourd'hui dans les jardins, dans les champs et dans les vignes cultivées. Sa racine est fusiforme et menue; ses tiges sont rameuses, dressées ou diffuses, hautes de 16 à 27 centimètres, carrées ou pentagones; les feuilles radicales sont pinnatisectées, celles de la tige deux ou trois fois tripartites, à segments multifides, dilatés et incisés au sommet, d'un vert glauque. Les fleurs sont petites, d'un rose foncé mêlé de noir, disposées en grappes simples, opposées aux feuilles. Le calice est formé de 2 folioles latérales, caduques. La corolle représente 4 pétales dont l'antérieur est caréné, et le postérieur un peu éperonné à la base et soudé aux deux pétales latéraux et intérieurs. Les étamines sont divisées en deux faisceaux opposés aux deux pétales antérieur et postérieur. Chaque faisceau se compose d'un support élargi à la base, portant au sommet trois anthères, dont celle du milieu est à 2 lobes et les deux latérales à une loge. L'ovaire est uniloculaire, à un seul ovule pariétal; il est surmonté d'un style terminal tombant, et d'un stigmate bipartite. Les fruits sont des cariopses sous-globuleux, portés sur des pédicelles deux fois plus longs que les bractées, contenant une semence réniforme à ombilic nu.

Fig. 760. — Fumeterre officinale.

La fumeterre possède une amertume prononcée et désagréable; elle est employée comme stomachique et dépurative. Elle entre dans la composition du vin antiscorbutique.

M. Winckler a retiré du suc de fumeterre un acide qui s'y trouve combiné à la chaux et qui est cristallisable, volatil, soluble dans l'alcool et dans l'éther, inattaquable par l'acide nitrique. Cet acide, nommé d'abord *acide fumarique*, a ensuite été trouvé semblable à l'*acide paramaléique* obtenu par Pelouze de la distillation de l'acide malique (1).

On trouve dans le midi de la France et de l'Europe une **fumeterre grimpante** (*Fumaria capreolata*, L.) dont la tige est rameuse; haute de 60 à 100 centimètres, et susceptible de s'attacher aux corps qui sont dans le voisinage, au moyen des pétioles de ses feuilles qui s'entortillent en manière de vrilles. Ses feuilles sont deux fois pinnatisectées, un peu glauques, divisées en lobes cunéiformes, tripartites. Ses fleurs sont longues de 11 à 14 millimètres, blanchâtres, d'un pourpre noirâtre à l'extrémité.

On trouve fréquemment dans nos contrées, dans les mêmes lieux que la fumeterre officinale, une **fumeterre moyenne** (*Fumaria media*, Lois.), intermédiaire entre les deux espèces précédentes. Elle est plus élevée que la fumeterre officinale, à tiges droites, moins rameuses, moins diffuses; à feuilles plus grandes et plus glauques, dont les pétioles cherchent à s'entortiller autour des corps environnants. Les fleurs sont également plus grandes. Cette plante est employée concurremment avec la fumeterre officinale et ne paraît pas lui être inférieure en propriétés. Il n'en est pas de même d'une autre espèce qui croît également dans nos champs, où elle fleurit en mai et juin, qui ressemble beaucoup à la fumeterre officinale, mais qui n'en a pas l'amertume, suivant l'observation qu'en a faite M. Chatin, de sorte qu'il faut éviter de les confondre.

Cette espèce, dite **fumeterre de Vaillant** (*Fumaria Vaillantii*), a les pédicelles fructifères plus longs que les bractées, les grappes courtes, les fleurs roses, les feuilles surdécomposées, à lobes linéaires et planes entièrement glauques.

Les corydales se distinguent des fumeterres par leurs fruits en forme de silique, uniloculaires, bivalves, polyspermes. Un assez grand nombre ont une racine tubéreuse, une tige simple, des feuilles alternes plus ou moins divisées. Les plus communes sont la **corydale à racine creuse** (*Corydalis tuberosa*, DC.), la **corydale à racine solide** (*Corydalis bulbosa*, DC.), la **corydale à fleurs jaunes** (*Corydalis capnoides*, DC.), etc. M. Wackenroder a retiré des racines des deux premières un alcali organique cristallisable, dépourvu de saveur, nommé *corydaline*.

[Cette corydaline se retrouve dans le Diclytra formosa (*Dicen-*

---

(1) Hor. Demarçay, *Annales de chimie et de physique*, t. LVI, p. 81 et 129.

tra formosa ou *Corydalis formosa*) de l'Amérique du Nord, dont les tubercules globuleux, de la grosseur d'une graine de moutarde ou d'un petit pois sont employés comme antiscrofuleux et antisyphilitiques (1).

FAMILLE DES PAPAVÉRACÉES.

Plantes herbacées, très-rarement sous-ligneuses, à feuilles alternes, entières ou plus ou moins profondément découpées. Leurs fleurs sont pourvues d'un calice à 2, très-rarement à 3 sépales concaves, très-caducs; la corolle est à 4 pétales (très-rarement 6), planes, chiffonnés avant leur épanouissement. Les étamines sont libres et très-nombreuses (très-rarement définies); l'ovaire est libre, ovoïde ou linéaire, à une seule loge, contenant un grand nombre d'ovules attachés à des trophospermes pariétaux, saillants à l'intérieur sous forme de lames ou de fausses cloisons. Le style, très-court ou presque nul, se termine par autant de stigmates qu'il y a de trophospermes. Le fruit est une capsule ovoïde, couronnée par les stigmates, ou une capsule linéaire, siliquiforme, s'ouvrant en deux valves ou se rompant transversalement par des articulations. Les graines sont ordinairement fort petites et accompagnées d'une caroncule charnue; l'embryon est très-petit, placé à la base d'un endosperme charnu.

Les Papavéracées sont pourvues d'un suc laiteux, blanc ou jaune, âcre, amer, d'odeur vireuse, et de propriétés diverses. Dans les pavots, ce suc se fait remarquer par une propriété fortement narcotique, et c'est lui qui, obtenu par des incisions faites aux capsules d'une des espèces, constitue l'opium. Nous traiterons de ce produit d'une manière toute spéciale, après avoir décrit quelques plantes moins importantes, mais pouvant cependant rendre des services à l'art médical.

Sanguinaire du Canada.

Sanguinaria canadensis, L. Cette jolie plante fait l'ornement des bois dans l'Amérique septentrionale, depuis le Canada jusqu'à la Floride. Elle est pourvue d'une racine de la grosseur du doigt, presque horizontale, d'un rouge sanguin. Du collet de la racine sort une feuille, quelquefois deux, entourées par la base de plusieurs spathes membraneuses. Ces feuilles sont longuement pétiolées, arrondies, profondément échancrées en cœur du côté du pétiole, incisées sur leur contour à la manière des feuilles de figuier. Elles sont vertes en dessus, d'un blanc bleuâtre en dessous,

---

(1) Voir Bentley, *Pharm. Journ.*, 2ᵉ série, IV, 353.

avec des veines rouges. Les fleurs sont blanches, solitaires à l'extrémité d'une ou de deux hampes de la même longueur que les pétioles. Ces fleurs présentent un calice diphylle très-caduc, une corolle à 8 pétales dont les 4 intérieurs, alternes et plus étroits, ne sont sans doute que des anthères transformées. Les étamines sont au nombre de 24, à anthères linéaires. Le fruit est une capsule ovale-oblongue, amincie en pointe aux deux extrémités, couronnée par le stigmate persistant. Les semences sont portées sur deux trophospermes épais et persistants. Elles sont rouges, accompagnées d'une caroncule blanche.

La racine de sanguinaire est nommée par les Indiens *puccoon*, et par les Anglo-Américains *turmeric*, c'est-à-dire *curcuma*. Elle est pourvue d'un suc rouge sanguin, qui teint la salive de la même couleur; elle a une saveur âcre, brûlante, et agit comme émétique, étant desséchée et pulvérisée, à la dose de 10 à 20 grains ($0^{gram},647$ à $1^{gram},295$). Le docteur Dana en a extrait en 1824 une substance alcaline qui a reçu le nom de *sanguinarine*, mais qui paraît être de même nature que la *chélérythrine* extraite de la chélidoine. Dans tous les cas, le nom de *sanguinarine*, étant le plus ancien, devra être préféré (1).

Grande chélidoine, ou éclaire.

Chelidonium majus, L. (*fig.* 761). Cette plante se rencontre fréquemment dans les haies et au pied des murs, par toute l'Europe. Sa racine est fibreuse et donne naissance à plusieurs tiges rameuses, hautes de 35 à 60 centimètres. Ses feuilles sont pinnatisectées, à segments arrondis, dentés-lobés. Ses fleurs sont jaunes et portées sur des pédicelles qui sont réunis en nombre variable et comme ombellés à l'extrémité d'un pédoncule opposé aux feuilles. Les pétales sont jaunes et cruciformes; les étamines sont très-nombreuses. Le fruit est une silique bivalve, s'ouvrant de bas en haut, pourvue de deux trophospermes qui se réunissent à l'extrémité en un stigmate bilobé, et dont l'intervalle est libre de fausse cloison. Les semences portent sur l'ombilic une crête granuleuse, comprimée.

Toutes les parties de la grande chélidoine exhalent une odeur forte et nauséeuse, et il en découle, à la moindre blessure, un suc propre abondant, d'un jaune foncé, amer, âcre et même caustique. On s'en sert pour détruire les verrues ; il a même été usité autrefois pour faire disparaître les taies qui se forment sur les

---

(1) Voir Liebig, *Traité de chimie organique*, t. III, p. 503; Bentley, *Pharm. Journ.*, IV, 263.

yeux, et c'est de là que lui est venu le nom d'*éclaire*; mais son application doit exiger les plus grandes précautions.

M. Probst paraît avoir découvert dans le suc de la grande chélidoine un acide particulier auquel il a donné le nom d'*acide chélidonique*, et deux alcaloïdes azotés nommés *chélidonine* et *chélérythrine* (1).

On donne à la plante que nous venons de décrire le nom de *grande chélidoine* pour la distinguer d'une autre plante plus petite, mais d'apparence assez semblable, nommée *ficaire* ou *petite chélidoine* (*Ficaria ranunculoïdes*, Mœnch.; *Ranunculus Ficaria*, L., famille des Renonculacées).

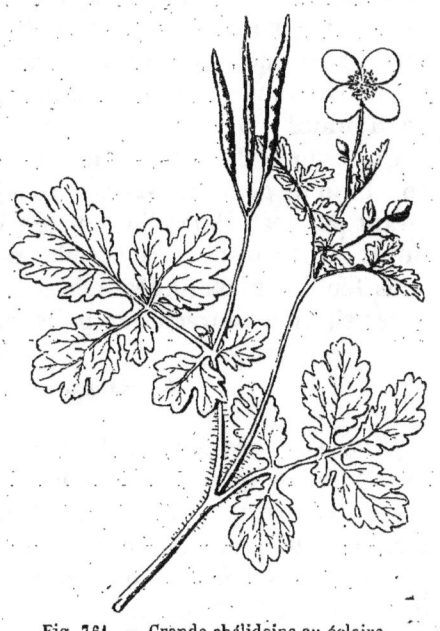

Fig. 761. — Grande chélidoine ou éclaire.

Pavot cornu ou glaucier jaune.

Glaucium flavum, Crantz (*Chelidonium Glaucium*, L.). Racine fusiforme, vivace. Tige cylindrique, lisse, rameuse dans sa partie supérieure, haute de 35 à 50 centimètres, glauque comme toute la plante. Feuilles radicales allongées, pinnatifides, dentées, rétrécies en pétiole à leur base ; les supérieures sont amplexicaules, simplement sinuées en leurs bords. Les fleurs sont d'un beau jaune d'or, larges de 30 à 35 centimètres, solitaires sur de courts pédoncules opposés aux feuilles supérieures. Le fruit est une silique linéaire, tuberculeuse, un peu rude au toucher ; il est long de 14 à 22 centimètres, courbé en forme de corne, s'amincissant insensiblement en allant vers l'extrémité et terminé par un stigmate épais et granuleux. Cette silique s'ouvre en deux valves, en allant du sommet à la base, et présente des semences nues, scrobiculées, nichées dans les cellules de la cloison spongieuse qui sépare le fruit en deux loges.

Le pavot cornu croît dans les lieux caillouteux et sablonneux des rivages de la mer, des lacs et des fleuves, dans l'Europe moyenne et méridionale. Par sa couleur glauque et par la forme

---

(1) Liebig, *Traité de chimie*, t. II, p. 603 et 605, et t. III, p. 503.

de ses feuilles supérieures, il a tout a fait le port d'un pavot ; mais il s'en distingue par la couleur jaune de ses pétales et par la forme si remarquable de son fruit. Il est rempli d'un suc jaune, âcre, caustique et vénéneux. Sa racine contient, d'après M. Probst, les deux mêmes alcaloïdes dont il a constaté la présence dans la chélidoine.

On trouve dans les mêmes lieux une autre espèce de pavot cornu ou de glaucier, assez semblable au précédent, mais en différant par ses pétales d'un rouge pâle : c'est le *Glaucium fulvum* de Smith. Une troisième espèce plus petite, le *Glaucium corniculatum*, a les feuilles pinnatifides-incisées, les fleurs d'un rouge écarlate et les siliques couvertes de poils, ainsi que toute la plante.

Argémone du Mexique.

[*Argemone mexicana*, L. Cette papavéracée, originaire du Mexique et de quelques régions voisines de l'Amérique septentrionale, a été étudiée par M. Charbonnier (1). Il a retiré de ses semences 26 pour 100 d'une huile siccative, dont l'industrie pourrait tirer parti, et qui pourrait aussi être employée comme médicament. Elle purge en effet à la dose de 15 à 30 gouttes.

Les tiges, les feuilles et les capsules contiennent un suc jaune laiteux, d'une odeur vireuse et d'une saveur amère, dans lequel M. Charbonnier a constaté la présence de la morphine.]

Pavot blanc.

Papaver album, Lob. ; *Papaver somniferum* α, L. (*fig.* 762) (2).— *Car. gén.* : 2 sépales concaves, très-caducs ; 4 pétales ; étamines indéfinies ; ovaire ovoïde, stipité ; style nul ; stigmates au nombre de 4 à 20, sessiles, appliqués sur l'ovaire comme un disque terminal, radié et persistant. Capsule oblongue ou arrondie, uniloculaire, offrant à l'intérieur, sous forme de cloisons incomplètes, autant de trophospermes pariétaux qu'il y a de stigmates

---

(1) Charbonnier, *Recherches pour servir à l'histoire botanique, chimique et physiologique de l'Argemone mexicana* (Thèse de l'école de pharmacie de Paris, 1868).

(2) Regardant les caractères différentiels du pavot blanc et du pavot noir comme suffisants pour en former deux espèces, et ne sachant pas qu'on ait pu les faire passer de l'un à l'autre par le semis ou la culture, je les désignerai spécifiquement par leurs noms communs, déjà employés par Lobel, *Papaver album* et *Papaver nigrum*. Les noms de *Papaver officinale*, Gmel. et de *Papaver somniferum*, L., admis par Nees dans ses plantes médicinales, sont moins exacts : d'abord parce que le pavot blanc n'est pas la seule espèce officinale ; ensuite parce que le nom *Papaver somniferum*, L. appartient également aux deux espèces, et convient d'autant moins au pavot noir que ce n'est pas lui qui est usité comme somnifère. [Les deux espèces admises ici par Guibourt sont regardées par la plupart des botanistes comme de simples variétés du *Papaver somniferum*, L.].

rayonnés. Semences très-nombreuses, très-petites, réniformes, à surface réticulée.

Le pavot blanc est une plante annuelle, haute de 1 à 2 mètres, dont la tige est ronde, lisse, ramifiée à la partie supérieure, et munie de feuilles amplexicaules oblongues, ondulées, irrégulièrement divisées en lobes dont les dents sont obtuses. Les fleurs

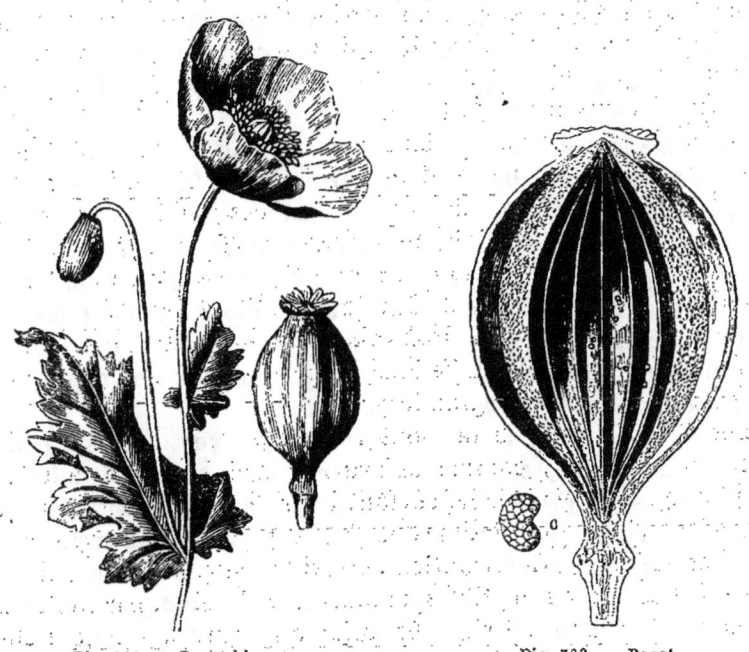

Fig. 762. — Pavot blanc.　　　　Fig. 763. — Pavot.

sont solitaires à l'extrémité de la tige et des rameaux. Elles sont penchées tant qu'elles sont renfermées dans leur calice diphylle ; mais elles se relèvent en s'épanouissant. Les pétales sont d'une belle couleur blanche, grands, étalés, orbiculaires avec un onglet très-court, quelquefois laciniés et doublés par la culture. La capsule est ovoïde, complétement indéhiscente, d'abord verte et succulente, puis sèche, blanchâtre et très-légère. Elle est séparée par un stipe court d'un bourrelet formé par le torus qui portait les étamines, et couronnée par un disque sessile, assez étroit, offrant de 10 à 18 rayons étalés, dont les extrémités sont moins élevées que le centre (*fig.* 757 et 758). Les dimensions de ces capsules sont très-variables ; les plus ordinaires ayant 8 centimètres de longueur sur 5 centimètres de diamètre, et d'autres acquérant 11 centimètres sur 7. A l'intérieur, les capsules sont spongieuses, très-blanches et présentent des trophospermes pariétaux, sous forme de lames longitudinales, régulièrement espacées, minces, jaunâtres, et dont chacune répond à un des stigmates linéaires du disque rayonné. Ces trophospermes portent un nombre très-considérable de semences très-petites, réniformes, d'un blanc jaunâtre, translucides, dont la surface est marquée d'un réseau proéminent (voir la figure 758 *a*, qui représente la semence grossie). Linné a trouvé qu'une forte tête de pavot pouvait contenir 32000 graines, et comme un pied donne un certain nombre de têtes, on a calculé qu'au bout de peu d'années, si toutes les semences produisaient, la descendance d'une seule plante couvrirait la surface de la terre.

Les semences de pavot blanc ont été usitées de tout temps comme aliment, en Perse, dans la Grèce et en Italie. Tournefort rapporte qu'à Gênes les dames mangent ces graines recouvertes de sucre. Suivant Matthiole, on les mêle en Toscane à des pâtisseries qui portent le nom de *paverata*. Les oiseaux en sont très-friands. Ces semences n'ont rien de narcotique, et l'on pourrait en extraire de l'huile (1), pour la table, comme on le fait avec la semence de pavot noir. Mais leur usage alimentaire et médicinal s'y oppose pour la plus grande partie.

Les têtes de pavot blanc sont d'un usage excessivement commun en médecine, comme calmantes; mais elles doivent être employées avec prudence, surtout pour les jeunes enfants qui ont été plusieurs fois victimes de l'abus qu'en font les nourrices pour les endormir. Elles contiennent évidemment de la morphine, puisqu'elles sont susceptibles de fournir de l'opium par incision; mais elles ont une activité très-variable suivant l'âge auquel elles ont été récoltées. [Il résulte des observations de M. Buchner (2) que les capsules mûres sont plus riches en alcaloïdes que les capsules vertes, dans la proportion de 50 à 100. Le pavot récolté à sa maturité complète est donc plus actif que celui qu'on récolte à l'état vert.]

Pavot blanc à capsules déprimées (*Papaver album depressum*). Les pavots blancs que l'on emploie en médecine, à Paris, provenaient déjà, du temps de Pomet, de la plaine d'Aubervilliers; non-seulement cette culture n'a pas cessé depuis, mais elle a pris une grande extension et s'est propagée jusqu'à Gonesse, dont le territoire contribue aussi aujourd'hui à l'approvisionnement du commerce d'herboristerie de Paris. Mais, depuis un certain nombre d'années, il s'est opéré dans la forme et la grosseur des capsules du pavot un changement remarquable qui, ayant été adopté par le commerce, tend à devenir de plus en plus général, les cultivateurs n'employant plus que la semence de la nouvelle

---

(1) Elles en fournissent de 42 à 45 pour 100 de leur poids.
(2) Buchner, *Journal de pharmacie et de chimie*, 3e série, XXII, 48.

variété (1), à laquelle je donne le nom de *Papaver album depressum* (*fig.* 764 et 765). La plante porte des pétales complétement blancs, comme la variété première. La différence réside dans la capsule, qui est plus ou moins déprimée, de manière à devenir souvent beaucoup plus large que haute. Le bourrelet inférieur, formé par

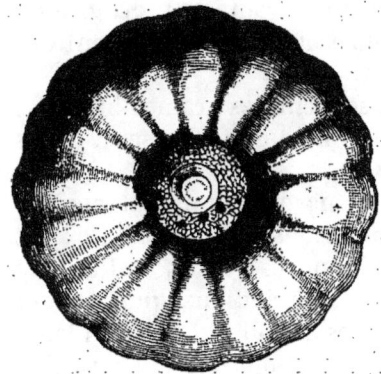 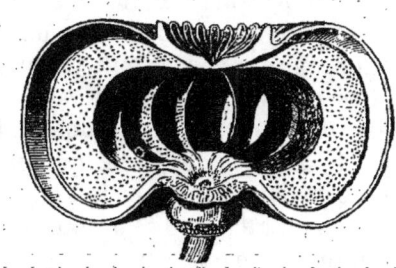

Fig. 764. — Pavot blanc.   Fig. 765. — Pavot blanc à capsules déprimées.

le torus, est très-gros et le plus souvent rentré dans un sinus profond, creusé à la base de la capsule. Celle-ci présente souvent des sillons longitudinaux répondant aux trophospermes de l'intérieur, et la capsule offre alors une singulière ressemblance avec le fruit de l'*Hura crepitans*. Les capsules ont souvent, dans ce cas, 10 centimètres de diamètre sur 5 centimètres seulement de hauteur; mais elles ont plus ordinairement 9 centimètres de diamètre sur 6 de hauteur. De même que la base, le sommet en est déprimé et creusé en un sinus qui renferme plus ou moins les stigmates, et ceux-ci présentent un centre très-déprimé et creusé, tandis que les rayons sont au contraire redressés en forme de couronne, parallèlement à l'axe. Les capsules me paraissent plus épaisses, plus compactes, plus chargées de suc que celles de la première variété. Les trophospermes sont plus larges, d'un jaune plus foncé, et sont munis de chaque côté, à la base, d'une petite aile plus marquée que dans la variété oblongue. Les semences ne présentent aucune différence appréciable.

Petit pavot blanc d'Arménie. M. H. Gaultier de Claubry (2) fait mention de quatre espèces ou variétés de pavots qu'il distingue par leurs semences *blanches, jaunes, noires* ou *bleu de ciel*. Les graines blanches produisent des fleurs d'un blanc de lis; les

(1) Cette variété n'est nouvelle que relativement au commerce de Paris; car c'est elle qui se trouve figurée par Blackwell (*Herbarium*, tab. 483), bien que la capsule ne présente pas toute la dépression qu'elle est susceptible d'acquérir.
(2) H. Gaultier de Claubry, *Note sur la culture de l'opium en Arménie* (*Journ. pharm. et chim.*, t. XIII, p. 105).

jaunes donnent des fleurs rouges, les noires des fleurs noires; enfin les semences bleu de ciel donnent des fleurs d'un pourpre foncé assez vif. [M. Maltass indique également des variétés analogues, à semences de couleurs variées comme donnant l'opium d'Anatolie (1).]

Les graines blanches ou bleu de ciel produisent de grosses capsules oblongues; les graines jaunes ou noires produisent des têtes petites et complétement rondes.

Les fabricants d'huile se servent souvent des graines blanches qui sont très-oléagineuses, quoique de médiocre grosseur. Elles sont préférées par les cultivateurs.

Ces quatre espèces ou variétés de pavots paraissent servir à l'extraction de l'opium, quoique la note ne soit pas explicite à cet égard; mais les capsules qui ont été remises à M. H. Gaultier de Claubry, avec une incision circulaire qui indique qu'elles ont servi à l'extraction de l'opium, étant des capsules de pavot blanc, il est probable que c'est cette espèce surtout qui sert à l'extraction

Fig. 766. — Capsule de pavot blanc d'Arménie.

Fig. 767. — Capsule de pavot noir, grandeur naturelle.

de l'opium en Arménie. Les semences sont très-petites, blanches et translucides; les capsules sont fort petites, très-blanches, très-minces et probablement très-peu productives en suc. J'en ai fait représenter une (*fig.* 766), de grandeur naturelle.

Pavot noir.

Papaver nigrum, Lob. Ce pavot ressemble au précédent, sauf

(1) Voir Maltass, *On the production of opium in Asia Minor* (*Pharmaceut. Journ.*, t. XIV, 1855, p. 395).

qu'il ne s'élève qu'à 1 mètre ou 1ᵐ,20, que ses feuilles sont d'un vert plus prononcé, que ses pétales sont d'un rouge violacé pâle, avec une tache noirâtre à la base, et que ses capsules sont arrondies, plus petites, plus nombreuses, couronnées par un large disque rayonné, et contiennent des semences noires, opaques, réniformes, dont un des lobes est manifestement plus petit que l'autre et un peu aigu. Mais le caractère principal de ce pavot résulte de ce que, au moment de la maturité des graines, le disque stigmatifère se sépare de la capsule et s'élève à une petite distance, par suite de l'allongement des lames qui unissent les trophospermes aux stigmates. Il en résulte, dans l'intervalle de deux stigmates, une petite fenêtre répondant à une fausse loge de l'intérieur, et par laquelle les semences s'échappent et se dispersent (voir *fig.* 764).

Le pavot noir est cultivé dans les jardins, où il se sème de lui-même à l'automne, pour paraître au printemps suivant, en quantité considérable qu'on a beaucoup de peine à détruire. On en cultive aussi des variétés à grandes fleurs, simples ou doubles, à pétales entiers ou laciniés. Enfin, en Allemagne, dans le nord de la France et dans la Belgique, on cultive très en grand, dans les champs, le pavot noir, pour l'extraction de son huile, qui est très-usitée sous le nom d'**huile d'œillette** (1) dans la peinture, comme siccative, et dans le commerce de l'épicerie, pour falsifier ou pour remplacer l'huile d'olive. On a cru pendant longtemps en France que cette huile était narcotique, et des peines sévères menaçaient, sans beaucoup les atteindre, ceux qui la substituaient à celle d'olive. Aujourd'hui cette substitution se fait presque partout; si elle ne nuit pas à la santé de ceux qui usent de l'huile comme aliment, elle n'en constitue pas moins une tromperie à leur égard, puisqu'ils payent comme huile d'olive un produit d'une valeur bien inférieure. Cette substitution est encore plus préjudiciable à ceux qui voudraient appliquer l'huile, sans le savoir, à la fabrication des savons et des emplâtres; les savons et les emplâtres formés avec l'huile d'œillette étant d'une grande mollesse et siccatifs à l'air, en même temps qu'ils y acquièrent une rancidité fort désagréable. J'ai indiqué (2) les moyens de reconnaître la pureté de l'huile d'olive.

(1) Ce nom est la traduction du mot italien *olietto* (petite huile). La semence vendue par les grainetiers de Paris, sous le nom de *semence d'œillette*, n'est cependant pas celle du pavot noir figuré ci-dessus. Cette semence est plus grosse, toujours opaque, mais d'un gris bleuâtre, et non noire. Elle se rapporte probablement aux semences bleu de ciel d'Arménie.

(1) T. II, p. 583 et suiv.

Pavot rouge sauvage, ou Coquelicot.

Papaver Rhœas, L. Racine annuelle, fibreuse, pivotante. Tige droite, feuillue, plus ou moins rameuse, haute de 35 à 60 centimètres, chargée, ainsi que les feuilles, de poils rudes. Feuilles d'un vert foncé, étroites, profondément pinnatifides, à lobes allongés, incisés-dentés, aigus. Les fleurs sont larges de 8 centimètres et plus, portées à l'extrémité de la tige et des rameaux sur de longs pédoncules. Les sépales du calice sont velus; les pétales sont d'un rouge éclatant, avec ou sans tache pourpre noirâtre à la base.

La culture peut doubler les coquelicots, et les faire passer par toutes les nuances depuis le rouge-pourpre jusqu'au blanc. Les capsules sont fort petites, glabres, obovées ou turbinées, couronnées ou plutôt couvertes par un large disque à 10 rayons; elles s'ouvrent par des trous qui se forment au-dessous du disque. Les semences sont très-petites et presque noires.

Le coquelicot croît par toute l'Europe dans les champs de blé, où il produit un bel effet en juin et juillet, par le rouge éclatant de ses pétales. Ceux-ci sont récoltés et séchés pour l'usage de la médecine. [Ils contiennent un alcaloïde particulier, trouvé par Hesse et désigné par lui sous le nom de *rhœadine* (1). Ils doivent être conservés dans un endroit très-sec; car ils sont très-hygrométriques et se détériorent promptement. Ils sont mucilagineux, adoucissants et calmants; ils sont très-utiles dans la coqueluche, les rhumes, les irritations intestinales, etc. On les emploie en infusion aqueuse, sous forme de sirop ou en extrait.

Pavot d'Orient, *Papaver orientalis*, L.

Cette belle espèce de pavot a été découverte dans l'Arménie par Tournefort, et depuis ce temps elle est cultivée dans les jardins de l'Europe. Sa racine est grosse comme le doigt, pivotante, très-vivace et peut durer, à ce qu'il paraît, un grand nombre d'années. Elle produit tous les ans une ou plusieurs tiges hautes de 50 à 70 centimètres, munies de feuilles pétiolées, grandes, profondément pinnatifides, à lobes oblongs, dentés et pointus; elles sont toutes couvertes de poils rudes, ainsi que les tiges, les pédoncules et les calices. Chaque tige est terminée par une fleur longuement pédonculée, d'abord renfermée dans un calice à 2 ou 3 sépales; les pétales développés sont au nombre de 4 ou 6, très-grands, d'un rouge foncé, avec une tache pourpre noirâtre à la base; les étamines

---

(1) Voir Hesse, *Neu Repert. pharm.*, XV, 139, d'après *Journal de pharmacie et de chimie*, IV, 80.

sont très-nombreuses, terminées par des anthères d'un violet noirâtre; l'ovaire est turbiné, vert, lisse, terminé par un large disque à 12 ou 16 stigmates linéaires, d'un violet foncé. Capsule turbinée, déhiscente; semences noires.

Le nom de *pavot d'Orient*, que porte cette plante, a fait supposer à quelques personnes que c'était elle qui produisait l'opium. Mais Tournefort dit positivement que les habitants n'en tirent pas d'opium, quoiqu'ils lui en donnent le nom (*aphion*), et que ses capsules, qui sont d'une grande âcreté, soient mangées par les Turcs, probablement dans le but de produire un effet narcotique analogue à celui de l'opium.

D'après M. Petit, pharmacien à Corbeil (1), ce pavot contient de la morphine dans ses différentes parties, et surtout dans sa capsule. 100 parties d'extrait alcoolique de ces capsules vertes en ont fourni 5 de morphine.

On cultive dans les jardins un pavot presque semblable au précédent, mais plus grand dans toutes ses parties, à folioles plus nombreuses et plus aiguës, à fleurs accompagnées de bractées, ce qui lui a fait donner le nom de *Papaver bracteatum*. Il paraît originaire des contrées asiatiques et méridionales de l'empire russe.

Opium.

L'opium est un suc épaissi fourni par les capsules du pavot. Celui que nous employons est tiré surtout de la Natolie et de l'Égypte; mais il en vient aussi de la Perse et de l'Inde; enfin, on peut récolter de l'opium dans beaucoup d'autres pays, et plusieurs personnes en ont obtenu en France et en Angleterre, par l'incision des capsules de pavot, qui était peu inférieur à celui du commerce. Cependant les essais tentés jusqu'ici n'ont guère servi qu'à constater l'identité des produits, le prix du terrain, la main-d'œuvre et la petite quantité du suc obtenu, faisant revenir l'opium indigène à un prix au moins aussi élevé que celui du commerce.

L'opium est connu depuis un grand nombre de siècles. Les anciens en distinguaient de deux sortes: l'un extrait par des incisions faites aux capsules de pavots, qu'ils nommaient proprement *opium* (2); l'autre, beaucoup plus faible, obtenu par la contusion et l'expression des capsules et des feuilles de la plante: ils l'appelaient *meconium* (3). Beaucoup d'auteurs modernes ont prétendu qu'on n'en préparait plus de la première sorte, et que le

---

(1) Petit, *Mémoire sur le pavot d'Orient* (*Journ. pharm.*, t. XIII, p. 183).
(2) Ὄπιον, de ὀπός, *suc*.
(3) Dioscoride, lib. IV, cap. LX.

seul opium que nous eussions était le *meconium*. D'autres, en admettant que l'on prépare encore de l'opium par incision, pensent que cet opium est entièrement consommé par les riches du pays, et que, par conséquent, nous n'avons toujours que le méconium des anciens; mais il n'en est pas ainsi : non-seulement parce qu'un extrait obtenu avec le suc de la plante, évaporé au feu, n'aurait en aucune manière l'odeur vireuse de l'opium du commerce, mais encore parce que tous les voyageurs s'accordent à faire récolter l'opium par incision, comme l'indique Dioscoride.

Ainsi, d'après cet ancien auteur, le matin, après que la rosée s'est évaporée, on fait aux capsules des pavots des incisions obliques et superficielles ; on ramasse avec le doigt le suc qui en découle et on le reçoit dans une coquille. Peu de temps après on y retourne pour ramasser le nouveau suc écoulé. On mêle dans un mortier le suc obtenu tant de cette fois que le jour suivant, et l'on en forme des trochisques.

D'après Kæmpfer (1), en Perse, la récolte de l'opium se fait dans le courant de l'été, en incisant superficiellement les capsules des pavots proches de leur maturité (il remarque, comme Dioscoride, que les incisions ne doivent pas pénétrer dans l'intérieur de la capsule). On se sert, à cet effet d'un couteau à cinq lames, qui fait d'un seul coup cinq incisions parallèles. Le suc est enlevé le lendemain avec un racloir et reçu dans un vase supendu à la ceinture de l'opérateur. Alors on incise une autre face de la capsule, afin d'en recueillir le suc de la même manière. Cette opération se répète plusieurs fois sur le même champ, à mesure que les pavots arrivent au point convenable de maturité.

La préparation de l'opium en Perse consiste principalement à l'humecter d'un peu d'eau, afin de pouvoir l'agiter et le pétrir dans un vase de bois aplati, jusqu'à ce qu'il acquière la consistance et la ténacité de la poix ; alors on le malaxe dans les mains, et l'on en forme de petits cylindres qui sont exposés en vente.

Suivant Belon (2), l'opium se récolte principalement dans la Paphlagonie, la Cappadoce, la Galatie et la Cilicie, provinces de l'Asie Mineure. Là on sème des champs de pavots blancs, comme nous faisons pour le blé ; et, quand les têtes sont venues, on y fait de légères coupures, d'où sortent quelques gouttes de lait qu'on laisse un peu épaissir. Tel paysan en recueille 5 kilogrammes, l'autre 3, plus ou moins. Un marchand assura à Belon qu'il n'y avait pas d'années qu'on n'en enlevât la charge de cinquante chameaux, pour transporter en Perse, aux Indes et en Europe.

(1) Kæmpfer, *Amœnit.*, p. 643.
(2) Belon, *Singularités*, liv. III, ch. xv.

Le meilleur opium, dit toujours Belon, est fort amer, chaud, et âcre au goût; il est de couleur fauve et formé de petits grains de diverses couleurs; car ces grains ne sont autres que les larmes recueillies sur les pavots, lesquelles se sont soudées ensemble en une seule masse.

Olivier (1) rapporte l'extraction de l'opium de la même manière que Belon. D'après lui, à Aphioum Kara-Hissar, ville de l'Asie Mineure, on obtient l'opium en faisant des incisions successives aux capsules de pavot blanc, avant leur maturité. Ces incisions ne doivent pas pénétrer dans l'intérieur du fruit. On recueille le suc à mesure qu'il s'échappe et se concrète.

Un autre voyageur français, M. Charles Texier, a encore décrit l'extraction de l'opium presque dans les mêmes termes (2). Seulement M. Texier ajoute qu'on pile le suc épaissi en crachant dessus, les paysans assurant que l'eau le fait gâter.

[M. Bourlier (3) donne des détails analogues sur la récolte de l'opium. D'après lui, on ne fait qu'une incision horizontale à la capsule, au tiers de sa hauteur; et c'est le meilleur moyen d'obtenir la plus grande quantité d'opium dans le moins de temps possible. — Quand le suc épaissi est recueilli, on *crache* dessus, et on le malaxe avec le couteau de manière à donner à la masse une consistance homogène.[

Comme on le voit, les auteurs les plus recommandables s'accordent à dire que l'opium du commerce est obtenu par des incisions faites aux capsules des pavots; mais de ces auteurs, Dioscoride, Kæmpfer, MM. Texier et Bourlier, font piler ou malaxer l'opium, ce qui doit en former une masse homogène; tandis qu'Olivier, et Belon surtout, font sécher le suc directement, puisque ce dernier décrit l'opium comme formé par l'assemblage des petites larmes recueillies sur les capsules. Nous allons retrouver ces deux caractères dans les différents opiums du commerce, ce qui montrera à la fois l'origine et l'exactitude des descriptions citées.

On trouve dans le commerce français trois sortes d'opiums qu'il importe de savoir distinguer, à raison de leur valeur bien différente en morphine et en propriétés médicales : ce sont les *opiums de Smyrne, de Constantinople* et *d'Égypte*. J'y joindrai la description des opiums de Perse et de l'Inde. Quant à ceux qui ont été récoltés à différentes reprises à Naples, en France, en Suisse et en Angleterre, à part l'odeur forte et vireuse et la sa-

---

(1) Olivier, *Voyage dans l'empire ottoman.*
(2) *Journ. de pharm.*, t. XXI, p. 197.
(3) Voir *Journal de pharmacie et de chimie*, 3ᵉ série, XXXIII, p. 99.

veur amère des opiums du Levant, ils n'ont pas de caractère de forme particulière qui puisse les faire reconnaître.

Opium de Smyrne. Cet opium est en masses presque toujours déformées et aplaties, à cause de leur mollesse primitive. Sa surface est tout à fait irrégulière, grossièrement granuleuse, et offre des fissures qui indiquent la réunion de plusieurs masses en une seule. Elle présente quelques restes de feuilles de pavot, mais elle est surtout couverte de semences de *Rumex*, qui souvent sont passées à l'intérieur par la soudure et la confusion en une seule de masses plus petites et d'abord isolées. Cet opium, d'abord mou et d'un brun clair, noircit et se durcit à l'air ; il a une odeur forte et vireuse, et une saveur amère, âcre et nauséeuse.

[Cet opium est récolté dans un certain nombre de localités distantes d'eau moins 8 à 10 lieues de Smyrne : la plus grande partie vient de 10 à 18 journées de marche. Chacune des localités d'où on le retire lui donne des formes particulières, et c'est à Smyrne, que les pains primitifs sont remaniés et prennent à peu près les caractères qu'on leur voit dans le commerce. C'est là aussi qu'ils risquent surtout de subir les falsifications nombreuses, qu'on a occasion de signaler (1).]

L'opium de Smyrne est, à n'en pas douter, l'opium de Belon, qui a été tiré par incision des capsules, et séché sans aucune opération intermédiaire ; car, lorsqu'on le déchire avec précaution quand il est encore mou, et qu'on l'examine à la loupe, on le voit tout formé de petites larmes blondes ou fauves, transparentes, agglutinées ensemble comme celles du sagapénum, dont elles présentent l'aspect. C'est donc là l'opium le plus pur que l'on puisse trouver ; c'est aussi celui qui donne le plus de morphine et qui est le plus estimé.

[Il est cependant des sortes d'opium arrivant par Smyrne qui n'ont pas ce caractère, et présentent, au contraire, une pâte homogène bien liée (2).]

Je pense que c'est à l'opium de Smyrne qu'il faut rapporter les principaux travaux chimiques qui ont été faits sur cette substance et les résultats qui en ont été obtenus. Quelles que soient la simplicité du procédé par lequel on se l'est procuré, et l'homogénéité apparente de la matière, sa composition est des plus compliquées ; puisque, en réunissant les travaux de Derosne, Séguin, Sertuerner, Robiquet, Pelletier, Couerbe, Merck, Hinterberger, T et H. Smith, etc., on ne trouve pas moins d'une vingtaine de

---

(1) Voir sur ce sujet : Landerer, *Neues Archiv für Pharm.*, I, 413, et *Journal de pharm. et de chim.*, XXIII, 233, et surtout le *Jahresbericht* de *Wiggers et Husemann* pour 1867, p. 105 et suiv.

(2) Voir *Jahresbericht* de *Wiggers et Husemann*, loc. cit.

principes, dont six cristallisables, azotés et plus ou moins alcalins, ont reçu les noms de *morphine, codéine, pseudomorphine, paramorphine* ou *thébaïne, narcotine, narcéine, papavérine, opianine, rhœadine;* un autre, également cristallisable, non azoté, nommé *méconine;* trois acides, les acides *acétique méconique et thébolactique;* une *huile fixe,* une *huile volatile,* une *résine,* du *caoutchouc,* une *matière extractive,* de la *gomme,* des *sulfates de potasse* et *de chaux,* etc. On peut croire cependant, en raison de la facilité bien reconnue avec laquelle les principes organiques se transforment les uns dans les autres, que tous ces corps n'existent pas simultanément dans un même suc végétal, et que plusieurs d'entre eux réultent du procédé qui a servi à les en extraire.

[Les nombres suivants, obtenus par MM. T. et H. Smith, d'Édimbourg, donneront l'idée des proportions des divers principes contenus dans un bon opium ordinaire :

Morphine............................	10 p. 0/0
Narcéine............................	0,02
Codéine............................	0,30
Papavérine.........................	1,00
Thébaïne...........................	0,15
Narcotine..........................	6,00
Méconine...........................	0,01
Acide méconique...................	4,00
Acide thébolactique................	1,25

L'opium de Smyrne bien divisé, traité par l'eau froide, donne une liqueur fauve rougeâtre, qui s'éclaircit facilement par le dépôt de son résidu insoluble, lequel possède une propriété glutineuse très-marquée lorsqu'on le malaxe entre les doigts. La liqueur filtre avec une grande facilité : elle rougit fortement le tournesol, devient d'un rouge de sang par l'addition d'un sel de sesquioxyde de fer (réaction due à l'acide méconique), et forme avec l'ammoniaque un abondant précipité blanchâtre caillebotté, principalement composé de morphine. Elle produit avec le nitrate de baryte un précipité abondant de sulfate de baryte, et devient seulement louche par l'oxalate d'ammoniaque, en raison de ce que l'acide sulfurique se trouve combiné dans l'opium, principalement à la morphine et à la potasse, et fort peu à la chaux, qui n'y existe qu'en minime quantité.

L'opium de Smyrne, devenu sec à l'air, bien épuisé par l'eau froide, fournit de 58 à 61 pour 100 d'extrait sec et cassant; mais cet extrait, étant redissous dans 15 parties d'eau froide et ramené à siccité, se trouve réduit à 55 ou 57. Le résidu insoluble desséché, réuni à celui du premier traitement, pèse 37 ou 38 pour 100; d'où l'on voit qu'en moyenne, l'opium de Smyrne sec fournit :

Extrait aqueux purifié...............	56,0
Résidu insoluble...................	37,5
Eau et perte......................	6,5
	100,0

L'extrait purifié qui précède, étant redissous de nouveau dans l'eau froide et additionné d'ammoniaque en très-léger excès, fournit de 23 à 26 de précipité sec, pulvérulent et de couleur fauve, de morphine impure. Ce précipité, lavé d'abord à froid avec de l'alcool à 40 degrés centésimaux, puis traité deux fois par de l'alcool à 90 degrés bouillant, fournit facilement de 15 à 17 pour 100 du poids de l'opium brut, de morphine cristallisée. Ce qui revient à 28 pour 100 du poids de l'extrait purifié.

[De nouvelles analyses faites par M. Guibourt sur une douzaine d'opiums de Smyrne lui ont donné une moyenne de 12,40 pour 100 de morphine pour les échantillons mous, contenant par conséquent une certaine quantité d'eau ; 13,57 pour les échantillons devenus durs; 14,66 pour les mêmes échantillons desséchés à 100° (1).]

Opium de Constantinople. Je présume que cet opium est tiré des parties les plus septentrionales de la Natolie et qu'il est apporté des ports de la mer Noire à Constantinople. Il y en a deux sortes bien distinctes.

L'un, que je nommerai **opium de Constantinople en boules ou en gros pains**, est en pains assez volumineux dont les plus gros, pesant de 250 à 350 grammes, ont été mis sous forme de boules ; mais ils ont pris, en se tassant réciproquement, la forme de pains carrés et un peu coniques. Les autres, du poids de 150 à 200 grammes, sont aplatis, allongés et déformés à la manière de l'opium de Smyrne, mais ils le sont beaucoup moins. Tous sont entourés d'une feuille de pavot presque entière, ont une surface propre et assez unie, et ne présentent qu'un petit nombre de semences de *Rumex*. Ces pains, ayant été formés avec un opium beaucoup moins mou que l'opium de Smyrne, ne se soudent pas entre eux ; à l'intérieur ils sont formés de petites larmes agglutinées, comme l'opium de Smyrne, mais d'une couleur plus foncée, quelquefois pures, d'autres fois mélangées, surtout dans les gros pains arrondis, de raclures de têtes de pavot. Cet opium se rapproche donc beaucoup de l'opium de Smyrne, et bon nombre de commerçants à Paris l'achètent ou le vendent sous ce nom ; mais il lui est inférieur en qualité. Traité de la même ma-

(1) Voir Guibourt, *Mémoire sur le dosage de l'opium* (*Journal de pharmacie et de chimie*, novembre 1861).

nière que l'opium de Smyrne, il m'a donné, après que l'extrait a été redissous dans l'eau et ramené à siccité :

Extrait aqueux purifié............	51,88
Résidu insoluble desséché.........	38,05
Eau et perte.....................	10,07
	100,00

L'extrait, redissous dans l'eau et précipité dans l'ammoniaque, a fourni 16,37 de morphine brute, d'où j'ai retiré 10,9 de morphine cristallisée.

[Merck en a obtenu 15 pour 100 de morphine pure, M. Christison 14 pour 100 de chlorhydrate de morphine (1), enfin M. Guibourt (2) a trouvé dans un échantillon de cet opium dur 15,72 pour 100 de morphine cristallisée, et dans un autre 14,23 pour 100. On voit donc que certains opiums de Constantinople sont d'aussi bonne qualité que ceux de Smyrne, et on ne s'en étonnera pas si l'on songe que c'est presque des mêmes lieux que viennent ces opiums. Le grand avantage de Smyrne sur Constantinople, c'est « d'avoir un marché régulier, et régulateur (3) », où il est plus facile de s'éclairer sur la bonne qualité des produits achetés.]

Opium de Constantinople en petits pains. — Cet opium est en petits pains aplatis, assez réguliers, de forme lenticulaire, larges de 55 à 80 millimètres et du poids de 80 à 90 grammes. Il est recouvert d'une feuille de pavot dont la nervure médiane partage le disque en deux parties; il a une odeur semblable aux deux opiums précédents, mais plus faible. Quelques personnes pensent que cet opium a été remanié et altéré à Constantinople ; mais peut-être a-t-il été préparé en Asie même, en ajoutant au produit de l'incision celui de l'expression des pavots. Ce qu'il y a de certain, c'est qu'il est plus mucilagineux que l'opium de Smyrne et qu'il contient beaucoup moins de morphine. Dans un essai fait anciennement, cet opium, traité par infusion dans l'eau, m'a donné 60,94 d'extrait non purifié, lequel, redissous dans l'eau et précipité par l'ammoniaque, n'a produit que 11,68 de morphine impure, répondant, d'après les essais précédents, à 7 ou 8 pour 100 de morphine cristallisée. [Depuis lors M. Guibourt (4) est arrivé à 13,32 et 14,57 pour 100 dans des échantillons de cet opium, amenés à l'état dur.]

(1) Voir Pereira, *Materia medica*, 1855, II part., II, 600.
(2) Guibourt, Mémoire cité, p. 16.
(3) Voir Della Suda, *Monographie des opiums de l'empire ottoman envoyés à l'Exposition universelle de Paris*. Paris, 1867.
(4) Guibourt, Mémoire cité.

Opium d'Égypte. — Il est probable qu'autrefois l'opium venait principalement d'Égypte, comme l'indique le nom d'*opium thébaïque* qu'on lui donne encore aujourd'hui dans la pratique médicale. Mais cette sorte avait pendant très-longtemps disparu du commerce, lorsqu'elle y reparut il y a de vingt à vingt-cinq ans. Je me rappelle avoir assisté à l'ouverture de la première caisse qui en vint à Paris. Cet opium me surprit par son aspect tout particulier; je le crus cependant de bonne qualité, et j'en pris une certaine quantité; mais, l'ayant essayé, comparativement avec l'opium de Smyrne, je vis qu'il contenait moins de morphine : on doit donc le rejeter.

L'opium d'Égypte est en pains orbiculaires aplatis, larges de 8 centimètres environ, réguliers, très-propres à l'extérieur, et paraissant avoir été recouverts d'une feuille dont il ne reste que des vestiges. Cet opium se distingue de celui de Smyrne par sa couleur rousse permanente, analogue à celle de l'aloès hépatique ; par une odeur moins forte, mêlée d'odeur de moisi; parce qu'il se ramollit à l'air libre au lieu de s'y dessécher, ce qui lui donne une surface luisante et un peu poisseuse sous les doigts; enfin, parce qu'il est formé d'une substance unie et non grenue, ce qui indique qu'il a été pisté ou malaxé avant d'être mis en masses, comme l'ont indiqué trois des auteurs précités.

Je n'ai fait anciennement qu'un seul essai sur l'opium d'Égypte, qui, tout en montrant que cet opium était inférieur à celui de Smyrne, le plaçait au-dessus de celui de Constantinople. J'avais trouvé, en effet, que 100 parties de cet opium fournissaient, par infusion dans l'eau, 61 parties d'extrait non purifié, et cet extrait, redissous dans l'eau et précipité par l'ammoniaque, m'avait donné 14,72 de précipité que je supposais contenir proportionnellement la même quantité de morphine que les autres, ce qui faisait environ 9,5 pour 100 du poids de l'opium.

Ce résultat a été contredit implicitement par d'autres chimistes. D'après M. Berthemot, la solution aqueuse d'opium d'Égypte contiendrait de l'acide acétique libre qui dissoudrait toute sa narcotine; de sorte que ce principe, au lieu de rester en grande partie dans le marc, comme cela a lieu avec l'opium de Smyrne, se trouverait dans la liqueur et ferait partie du précipité formé par l'ammoniaque. D'autres n'admettent que 3 ou 4 pour 100 de morphine dans l'opium d'Égypte ; mais M. Merck en a retiré 6 à 7, et M. Christison a obtenu du même opium 10,4 de chlorhydrate de morphine très-pur, ce qui répond à 8,43 de morphine cristallisée.

[M. Gastinel attribue au mauvais procédé de culture et d'arrosage la proportion très-faible de morphine dans les opiums obtenus des pavots cultivés en Égypte : par une culture convenable il est arrivé à faire produire à ces mêmes pavots un opium contenant 10 à 12 pour 100 de morphine (1).]

À l'occasion de l'opium d'Égypte, je vais revenir sur l'espèce de pavot qui doit fournir l'opium. Il est remarquable que tous les auteurs, jusqu'à Belon, aient annoncé que l'opium était tiré du pavot noir. Dioscoride et Pline le disent pour l'opium en général ; Avicenne, Abd-Allatif, Ebn-Beitar, et Prosper Alpin l'énoncent spécialement pour l'opium d'Égypte. J'avais cru trouver là la cause de l'infériorité de cet opium ; mais il paraît, d'après un renseignement qui m'a été fourni par M. Hassan-Hachim, élève égyptien de notre école, que c'est le pavot blanc qui sert à l'extraction de l'opium d'Égypte. M. Hassan-Hachim m'a dit avoir vu au Caire les capsules de pavot qui y sont apportées en très-grande quantité de la haute Égypte, à cause de l'usage que l'on fait de leurs semences comme aliment. Ces semences sont blanches, et les capsules portent l'empreinte des incisions qui ont servi à l'extraction de l'opium.

Opium de Perse. Cet opium paraît venir par la voie de Trébizonde : tel que je l'ai reçu de M. Morson, de Londres, il est en bâtons cylindriques ou devenus carrés par leur pression réciproque ; il est long de 95 millimètres, épais de 11 à 14, enveloppé d'un papier lustré, maintenu avec un fil de coton. Chaque bâton pèse environ 20 grammes ; la pâte en est fine, uniforme, offrant cependant encore à la loupe l'aspect de petites larmes agglutinées, mais bien plus petites et plus atténuées que dans l'opium de Smyrne. Cet opium est bien celui dont la préparation a été décrite par Kæmpfer : il a la couleur hépatique de l'opium d'Égypte, une odeur semblable, c'est-à-dire vireuse, mêlée de l'odeur de moisi, une saveur très-amère. Il se ramollit également à l'air humide. Cet opium diffère beaucoup par sa nature de celui de Smyrne ; il ne contient pas de sulfate de chaux et ne renferme que très-peu d'un autre sulfate soluble. Il fournit par l'eau froide 80,55 d'extrait, qui se réduisent à 78,76 par une seconde solution dans l'eau. Les deux résidus solubles réunis ne pèsent que 18,26 : il ne reste que 2,78 pour l'eau et la perte.

L'extrait, redissous dans l'eau et additionné d'ammoniaque, n'a fourni que 4,95 de précipité contenant de la morphine ; mais le temps m'a manqué pour terminer l'essai, et je n'ai pu le reprendre depuis. M. Merck a obtenu avec peine, du même opium, 1 pour 100 de morphine et une trace de narcotine.

---

(1) Voir *Journal de pharmacie et de chimie*, 4ᵉ série, I et VII, 737. — Voir aussi Figary Bey, note (*id.*, VII, 37).

[M. Réveil (1), qui a étudié cet opium de Perse, y a trouvé 8,15 pour 100 de morphine et 4,15 de narcotine : en même temps une quantité considérable de glucose, 15 pour 100 environ.

L'opium de Perse se présente aussi sous d'autres formes variées, en pains sphériques, en masses irrégulières, etc., etc., mais dans tous les cas il est remarquable par l'homogénéité de sa substance et par son hygroscopicité très-marquée. M. Réveil a constaté dans tous les échantillons qu'il a étudiés une certaine quantité de glucose, qui peut s'élever jusqu'à 31,6 pour 100. L'origine de ce sucre se trouve, d'après Guibourt (2), expliquée par le passage suivant de Kæmpfer : « La masse (de l'opium) est souvent très à propos additionnée non d'eau, mais de miel, dans le but d'en tempérer non-seulement la siccité, mais encore l'amertume ; cette préparation est appelée spécialement *bœhrs* (3). »]

Lorsqu'on évapore la solution d'opium de Perse, elle forme pendant l'évaporation un dépôt blanc cristallin, et, vers la fin, elle se présente comme un miel grenu, de couleur orangée.

Opium de l'Inde. On lisait dans plusieurs ouvrages que l'Inde fournit à l'Angleterre une immense quantité d'opium; mais quand je me suis adressé à Pereira, à Londres, pour avoir de l'opium de l'Inde, il m'a répondu que cet opium était extrêmement rare en Angleterre, et que le seul échantillon qu'il en eût (et qu'il voulut bien partager avec moi) lui avait été envoyé de Bombay par un de ses élèves (4). L'Inde cependant produit une grande quantité d'opium ; mais celui qui n'y est pas consommé passe tout entier aux îles de la Sonde, en Chine et dans les autres contrées orientales de l'Asie, où l'usage de fumer l'opium est généralement répandu (5).

On connaît d'ailleurs dans l'Inde trois sortes principales d'opiums, savoir : ceux de *Malwa*, de *Patna* et de *Bénarès*. L'opium de Malwa passe à Bombay, ceux de Patna et de Bénarès sont transportés à Calcutta et constituent l'*opium de Bengale* des commerçants anglais. Ces deux derniers opiums, récoltés dans deux contrées limitrophes, sur le bord du Gange, sont en effet presque semblables ; l'opium de Malwa seul est différent et paraît se rapprocher de celui de Perse, par sa nature et sa préparation.

Opium de Malwa (Pereira). Masse uniforme, ovale-allongée,

---

(1) Voir Réveil, *Sur les opiums de Perse* (Journal de pharmacie et de chimie, 3ᵉ série, XXXVIII, 101).
(2) Guibourt, Mémoire cité, page 36.
(3) Kæmpfer, *Amœnitates*, 644.
(4) *Journ. de pharm.*, t. XVII, p. 716.
(5) En 1827 ou 1828, l'exportation de l'opium de l'Inde pour la Chine a été de 550,765 kilogrammes ; en 1833 elle était de 1397,887 kilogrammes. Il est probable qu'elle est encore plus forte aujourd'hui.

aplatie, pesant moins de 30 grammes; extérieur propre, sans feuilles ni semences; intérieur d'un brun noirâtre, assez mou, luisant comme un extrait; saveur piquante, très-amère, laisant un goût nauséeux. Odeur de fumée un peu vireuse, bien différente de celle de l'opium du Levant. Cet opium, traité par infusion dans l'eau, m'a donné 57,12 pour 100 d'extrait, lequel, redissous dans l'eau, et précipité par l'ammoniaque, a produit 8,33 de morphine impure, répondant à 5,5 de morphine cristallisée. C'est ce même opium qui, traité anciennement par le professeur Thompson, lui a fait dire que l'opium de l'Inde ne contenait que le tiers de morphine de celui de Turquie. C'est lui encore qui a fourni à M. Smyttan, inspecteur de l'opium à Bombay, de 3 à 5 centièmes de son poids de morphine. Un opium de qualité supérieure, mais non commercial, obtenu *dans le jardin de culture*, a fourni de 7,75 à 8,25 de morphine pour 100 (1).

Depuis l'envoi de cet opium, M. Pereira (2) a décrit une autre sorte d'opium de Malwa consistant en un pain rond et aplati, du poids de 10 onces qui semble avoir été enveloppé dans une poudre grossière faite de pétales de pavot broyés. La consistance de cet opium est celle de l'opium de Smyrne moyennement dur; son odeur est semblable; sa substance intérieure paraît homogène.

Opium de Patna ou **de Bénarès**. Cet opium, dont je dois un bel échantillon à M. Christison, est sous forme d'une boule grosse comme une tête d'enfant pesant 3 livres 1/2 avoir-du-poids, ou 1587 grammes. Cette boule est enfermée dans une enveloppe solide, épaisse de près de 1 centimètre, formée de *pétales* de pavot serrés et agglutinés entre eux, et pesant à elle seule une demi-livre (227 grammes) comprise dans les 3 livres 1/2 ci-dessus. Dans l'état d'altération où sont ces pétales, il est difficile de décider s'ils appartiennent au pavot blanc ou noir. Cependant beaucoup paraissent blancs, ce qui s'accorde avec un passage de Roxburgh, qui se borne à dire que la variété blanche de *Papaver somniferum*, à semences blanches, est cultivée sur une très-grande échelle dans plusieurs parties de l'Inde (3). A l'intérieur, la masse est molle, d'un brun très-foncé, possédant une odeur et un goût forts et purs d'opium.

M. Smyttan annonce n'avoir retiré de l'opium du Bengale que 2 ou 3, et jamais plus de 3,5 de morphine pour 100. Mais d'après M. Morson, chimiste et pharmacien très-distingué de Londres, l'opium de Bénarès contiendrait environ moitié de la quantité de morphine trouvée dans les bonnes sortes d'opium

(1) Smyttan, *Journ. pharm.*, t. XXI, p. 544.
(2) Pereira, *Materia médica*, 2ᵉ édition.
(3) Roxburgh, *Flora indica*, II, 571.

de Turquie. [M. Guibourt (1) y a trouvé depuis 5,758 de morphine pour 100 d'opium pur.]

Opium du jardin de Patna. Cet opium m'a été donné par M. Christison sous le nom d'*opium de Malwa*, et je l'ai décrit sous ce nom dans ma dernière édition, tout en le distinguant soigneusement de l'opium de Malwa envoyé par M. Péreira. Postérieurement, M. Christison m'a appris que cet opium, non commercial, avait été préparé dans le jardin de Patna, par les ordres de M. Fleming, dans la vue de trouver les moyens de remédier à la mauvaise qualité des opiums de l'Inde ; on peut donc considérer ce nouveau produit comme indiquant le degré de supériorité que l'opium de l'Inde peut acquérir. Ce produit présente la forme d'un pain carré, de 7 centimètres de côté et de 1°,5 d'épaisseur. Il est enveloppé dans une lame très-mince et transparente de mica, et a l'aspect lisse et homogène d'un extrait pharmaceutique bien préparé. Traité par l'eau froide, il a produit 63,89 d'extrait sec, qui se sont réduits à 61,11 par une nouvelle solution à froid. Le marc insoluble pesait 36,11 ; il était huileux et graissait le papier. L'extrait, redissous dans l'eau, lui donnait la couleur rouge d'un bain de bois de teinture. Précipité par l'ammoniaque, il a fourni 10,07 de morphine impure, de laquelle j'ai retiré 6,7 de morphine cristallisée. M. Christison a obtenu du même opium 9,5 pour 100 de chlorhydrate de morphine très-pur, une quantité considérable de narcotine, et, suivant M. Pereira, 8 pour 100 de codéine ; mais ce dernier nombre est sans doute entaché d'erreur. M. Merck a retiré du même opium 8 de morphine, 3 de narcotine, 0,5 de codéine, 1 de thébaïne, des traces de méconine et 0,5 d'un nouvel alcaloïde auquel il a donné le nom de *porphyroxine*. Enfin, c'est encore le même opium qui a fourni à M. Mouchead 10,5 de morphine et 10,7 à M. Payen (2).

Opium indigène. C'est Belon qui a conseillé le premier de préparer en Europe, et spécialement en France, de l'opium, en employant le procédé usité dans la Natolie. Ceux qui s'en sont le plus occupés sont MM. Cowley et Staines en Angleterre ; Young en Écosse ; Petit et le général Lamarque en France, Hardy et Simon en Algérie. Le plus beau de ces opiums m'a été envoyé d'Angleterre par M. Pereira : il a la forme d'un pain aplati, dont la cassure est très-homogène, luisante et de couleur hépatique brune ; il offre une odeur assez forte d'opium de Smyrne et une saveur très-âcre et très-amère. Je ne doute pas qu'il ne soit d'une excellente qualité et supérieur à celui de MM. Cowley et Staines, qui n'a fourni à M. Hennel que 7,57 de morphine pour 100.

---

(1) Guibourt, Mémoire cité p. 40.
(2) Payen, *Comptes rendus de l'Académie des sciences*, t. XVII, p. 840.

Un opium préparé aux environs de Provins a donné à M. Petit, de Corbeil, 16 à 18 pour 100 de morphine (1), ce qui le montre égal au meilleur opium de Smyrne, et M. Caventou paraît avoir obtenu un résultat analogue.

L'opium récolté par le général Lamarque, à Eyrès (département des Landes), n'a pas la belle apparence de l'opium anglais décrit plus haut, étant en grumeaux agglomérés auxquels on n'a pas cherché à donner la forme d'une masse homogène; mais il est également d'une très-bonne qualité. M. Caventou annonce, en effet, en avoir extrait, en 1828, plus de 14 de morphine pour 100 (2), et Pelletier, en employant la précipitation à chaud par le carbonate d'ammoniaque (ce qui est un mauvais procédé), en a retiré 10,3 de morphine. Le résultat le plus singulier de l'analyse faite par Pelletier, c'est qu'il n'a pas trouvé de narcotine dans l'opium d'Eyrès (3).

Je ne puis passer sous silence les tentatives faites de 1843 à 1845, par M. Hardy et par M. Simon, pour récolter de l'opium en Algérie, tentatives qui ont été l'objet de plusieurs rapports faits par M. Payen à l'Académie des sciences (4). L'opium récolté en 1843 par M. Hardy, directeur de la pépinière d'Alger, paraissait être de bonne qualité; mais il n'a rendu que 5 de morphine pour 100, ce qui n'est que la moitié de la quantité fournie par les opiums moyens du commerce et le tiers de ce que produisent les qualités supérieures.

M. Simon, directeur du jardin des Plantes de Metz, a eu l'idée de renfermer l'opium recueilli par lui à Alger dans des capsules de pavot vides, ce qui donne au produit une forme spéciale qu'il serait facile de faire admettre dans le commerce. Cet opium, analysé par M. Herpin, pharmacien en chef de la Pharmacie centrale, à Alger, a fourni 12 pour 100 de morphine, qui s'est réduite à 10,75 par la purification que M. Payen lui a fait subir. Mais cette bonne qualité ne s'est pas soutenue en 1845, où l'opium récolté par M. Simon n'a offert que 3,74 à 3,84 de morphine, et celui de M. Hardy 4,84 à 4,94. On ne voit pas la raison, cependant, pourquoi on n'obtiendrait pas en Algérie un opium aussi bon que celui récolté en France, à moins que la chaleur du climat ne soit nuisible à sa qualité.

Enfin signalons l'extrait d'un mémoire de M. Aubergier (5) sur la récolte de l'opium, qui mérite une sérieuse attention, à part les faits que l'auteur a crus nouveaux et qui étaient connus depuis longtemps. Ainsi son couteau à quatre lames, pour abréger l'opération de l'incision des pavots, est surpassé par celui à cinq lames décrit par Kæmpfer et rappelé par Geoffroy et par moi-même (6). Pareillement Kæmpfer et Geoffroy, d'après lui, ont fait connaître que « la larme que l'on recueille la

---

(1) Petit, *Journ. pharm.*, t. XIII, p. 183.
(2) Caventou, *Comptes rendus*, t. XVII, p. 1075.
(3) *Journ. pharm.*, t. XXI, p. 571.
(4) Payen, *Comptes rendus*, t. XVII, XVIII, XX et XXII.
(5) Aubergier, *Comptes rendus de l'Académie des sciences*, t. XXII, p. 838. — Voyez aussi Aubergier, *de la Culture du pavot en France pour la récolte de l'opium* (*Mém. de l'Acad. de médecine*, Paris, 1855, t. XIX, p. 49).
(6) Guibourt, *Histoire des drogues simples*.

première, nommée *gobaar*, est d'un jaune pâle et la plus calmante; que la seconde, qui est le plus souvent d'un roux noirâtre, n'a pas autant de vertu et n'est pas aussi chère; enfin que quelques-uns font une troisième opération, de laquelle on retire une larme très-noire et de peu de vertu. » Il n'en est pas moins intéressant de voir ce fait confirmé par l'analyse chimique. Ainsi le pavot blanc à capsule ronde (var. *depressa*) ayant été exclusivement cultivé par M. Aubergier en 1845, le premier opium qu'il en a obtenu a donné 6,63 de morphine, le deuxième 5,53, le troisième 3,27. Un autre fait important à mentionner et à vérifier consiste en ce que le premier opium récolté en 1844, ayant fourni 8,75 de morphine, au lieu de 6,63 donné par le premier opium de 1845, M. Aubergier attribue cette différence à ce que l'opium de 1844 provenait d'un mélange de pavots à têtes longues et à têtes rondes, tandis que celui de 1845 avait été fourni exclusivement par cette dernière variété; d'où il résulterait que la variété à tête longue, quoique donnant moins de suc, devrait être préférée, en raison de la supériorité du produit.

M. Aubergier mentionne également un *pavot pourpre* qui a fourni, en 1844 et 1845, un opium variant de 10,5 à 11,2 de morphine; et un *pavot blanc à graine noire*, très-productif pour la semence, mais à coque tellement mince, qu'on ne peut l'inciser sans pénétrer dans l'intérieur. Celui-ci a fourni un opium de première récolte, produisant 17,83 pour 100 de morphine très-pure, et un opium de seconde récolte produisant 14,78. Nous retrouvons encore là la richesse des opiums de Smyrne de la première qualité.

Opium falsifié. Selon plusieurs auteurs, l'opium du Levant, quand il arrive à Marseille, y est ramolli, incorporé avec des substances étrangères et remis ensuite dans le commerce. Je n'ai vu, quant à moi, que quelques morceaux d'opium qu'on pouvait supposer avoir subi une semblable falsification, reconnaissable à leur cassure qui n'offrait pas la netteté et la pureté des bons opiums de la Natolie, et qui présentait, au contraire, des aspérités dues au mélange d'une substance étrangère. Mais j'ai été à même d'examiner deux opiums falsifiés d'une nature différente, et dont voici la description.

Le premier, qui n'aurait pu être vendu seul, en raison de sa dureté et de sa densité comparables à celles d'une pierre, a été trouvé mélangé dans de l'opium de Smyrne dont il représente exactement l'aspect extérieur; mais à l'intérieur il était composé d'une matière siliceuse pulvérisée et de marc d'opium épuisé par l'eau, le tout incorporé au moyen d'un mucilage.

Le second opium faux paraît avoir été fabriqué à Londres en 1836 ou 1837, sur une grande échelle, avec le résidu glutineux de l'opium qui avait servi à l'extraction de la morphine. Cet opium faux présentait si bien, à l'extérieur, l'apparence de l'opium de Smyrne ou de celui de Constantinople en gros pains, et, à l'intérieur, l'aspect de petites larmes brunes, agglutinées, mais non entièrement confondues, ainsi que les offrent les bons opiums, qu'il était très-difficile de l'en distinguer; mais il avait, sous la pression des doigts, une consistance élastique qui appelait sur lui l'attention; alors voici ce qu'on découvrit.

Cet opium n'offrait qu'une faible odeur vireuse et une saveur mucilagineuse dépourvue d'amertume et d'âcreté; il blanchissait par le contact de l'eau ou de la salive, comme le fait la scammonée; traité par l'eau froide ou chaude, il s'y délayait facilement et formait une sorte d'émulsion mucilagineuse, qui filtrait très-difficilement. Le liquide évaporé fournissait un peu plus de la moitié du poids de la substance employée, de même que cela a lieu avec le bon opium; mais cet extrait, redissous dans l'eau, ne rougissait pas le tournesol, précipitait fortement par l'alcool et ne se troublait pas par l'ammoniaque, toutes propriétés contraires à celles du véritable opium. Enfin, le résidu insoluble dans l'eau était gras au toucher et tachait comme une huile le papier sur lequel on le faisait sécher. Tous ces essais m'ont convaincu que ce prétendu opium était un mélange de marc d'opium, d'un extrait végétal quelconque, de gomme, et d'une petite quantité d'huile qu'on y avait ajoutée très-habilement pour rompre la continuité de l'extrait et lui donner l'apparence de petites larmes à moitié agglutinées. Par suite du rapport qui fut fait sur ce faux opium, des quantités considérables en ont été saisies chez plusieurs commerçants de Paris et dans la maison entrepositaire du Havre qui le leur expédiait. Par suite d'une condamnation prononcée, toute la quantité saisie a été détruite par le feu.

FAMILLE DES NYMPHÉACÉES.

Grandes et belles plantes qui nagent à la surface des eaux et dont la tige forme une souche souterraine de forme variée. Leurs feuilles sont alternes, entières, orbiculées, portées sur de très-longs pétioles. Leurs fleurs sont grandes, solitaires, portées également sur de longs pédoncules qui les élèvent jusqu'à la surface de l'eau. Leur périanthe est composé d'un grand nombre de parties disposées sur plusieurs rangs; les plus extérieures, au nombre de 4 ou 6, sont de la nature des sépales, vertes au dehors et consistantes; les intérieures sont pétaloïdes et diversement colorées. Les étamines sont très-nombreuses, insérées sur plusieurs rangs au-dessous de l'ovaire, ou même sur le contour de l'ovaire, de même que les pétales les plus intérieurs, qui ne sont sans doute que des étamines transformées. L'ovaire est libre et sessile au fond de la fleur, ou soudé avec le calice; il est surmonté d'un disque sessile à stigmates rayonnants, et divisé intérieurement en autant de loges qu'il y a de stigmates sur le disque. Le fruit est charnu, indéhiscent, à plusieurs loges polyspermes. Les graines sont formées d'un tégument épais, contenant un gros endosperme farineux, surmonté d'un deuxième endosperme beaucoup plus petit, qui renferme un embryon à deux cotylédons.

La nature, en formant les êtres organisés, paraît n'avoir eu qu'un but, celui de les pourvoir d'organes propres à les faire vivre; ou plutôt, peut-être, parmi le nombre infini d'êtres qu'elle a pu créer, ceux-là seuls ont vécu dont les parties se sont prêtées à la permanence de la vie. Or que sont nos classifications auprès de l'innombrable variété des combinaisons nées de la fécondité de la nature?

Les Nymphéacées sont un des nombreux exemples de l'impuissance de nos méthodes. Les botanistes ne peuvent s'accorder sur la place qu'elles doivent occuper dans la méthode dite *naturelle*. Les uns, se fondant sur les deux cotylédons de l'embryon, les rangent dans les dicotylédones, et alors leur place doit être auprès des Papavéracées ; les autres, considérant la structure endogène du rhizome et le port général des plantes, les mettent dans les monocotylédones, auprès des Hydrocharidées. Le fait est qu'elles participent des caractères de ces deux grandes divisions du règne végétal, et qu'elles ne peuvent appartenir exclusivement ni à l'une ni à l'autre.

Les Nymphéacées ne comptent qu'un petit nombre de genres partagés en trois tribus. Dans la première, composée des genres *Euryala* et *Victoria*, l'ovaire est adhérent au calice et les pétales sont distincts. Dans la seconde tribu, formée des genres *Nymphœa* et *Nuphar*, le calice est libre et les pétales distincts. Dans la troisième, ne contenant que le seul genre *Barclaya*, le calice est libre et la corolle est gamopétale, portée sur le sommet d'un torus.

Le genre *Victoria*, dédié par M. Lindley à la reine d'Angleterre, ne comprend que deux espèces, dont une nommée *Victoria regia*, est une plante magnifique et tout à fait extraordinaire par l'énorme grandeur de ses feuilles et de sa fleur, qui viennent s'étaler sur les bords du fleuve des Amazones et de la rivière Berbice, dans la Guyane anglaise. Les genres *Nymphœa* et *Nuphar*, autrefois réunis et formant aujourd'hui la tribu des Nymphées, comprennent ensemble une trentaine d'espèces dont deux croissent naturellement en Europe et deux autres en Égypte, où elles ont été l'objet d'une sorte de culte religieux, comme tout ce qui tenait au Nil, à titre de produit ou d'attribut.

Nénuphar blanc.

Nymphœa alba, L. (*fig.* 768). — *Car. gén.* : calice coloré à 4 folioles ; corolle à 16-28 pétales, insérés surtout autour de l'ovaire et sur plusieurs rangs ; étamines nombreuses insérées sur l'ovaire au-dessus des pétales ; ovaire ovoïde, couronné par un stigmate large, orbiculaire, étoilé ; capsule sphérique, couverte de cicatrices, charnue, divisée en 16 à 20 loges, contenant chacune plusieurs graines attachées aux cloisons. — *Car. spéc.* : feuilles en cœur, arrondies, très-entières ; stigmate à 16 rayons ascendants.

Le nénuphar blanc croît dans les étangs et dans les eaux tranquilles. Son rhizome est cylindrique, un peu comprimé, charnu, jaune à l'intérieur, moins gros que le bras, couché horizontalement au fond de l'eau ; il est muni de radicules fibreuses qui s'enfoncent dans le sol, et est presque complétement recouvert par des écussons de couleur noire. Ses feuilles sont flottantes à la surface de l'eau, très-grandes, cordiformes-arrondies, ou mieux peltées-orbiculaires, mais échancrées d'un côté jusqu'au pétiole. Les fleurs, qui viennent aussi s'épanouir sur l'eau, sont larges de 8 à 11 centimètres, très-belles, d'un blanc éclatant, et lui ont mérité le nom de *lis d'eau* ou de *lis des étangs*. Ces fleurs sont usitées pour faire un sirop que l'on croit être calmant et réfrigérant. Le rhizome passe pour avoir la même propriété; mais il n'est pas usité, parce que l'idée qu'on se fait de sa blancheur prétendue est cause qu'on emploie à sa place le rhizome du **nénuphar jaune** (*Nuphar lutea*), qui est blanc, tandis que celui du nénuphar blanc est jaune à l'intérieur et rendu presque noir à l'extérieur, par la grande quantité de tubercules foliacés ou radicaux qui le recouvrent.

Fig. 768. — Nénuphar blanc.

Ces deux plantes étaient connues des anciens, et Dioscoride les a bien décrites. Mais elles n'ont pas égalé en réputation les deux nymphæas du Nil, dont l'un, nommé *lotos*, a la racine tubéreuse, oblongue, grosse comme un œuf de poule, noirâtre extérieurement, jaune en dedans, d'une saveur douce. Ses feuilles sont cordiformes, ovales, dentées sur le bord, à 16 ou 20 pétales. Ses fruits sont arrondis, de la grosseur d'une petite pomme, entourés à la base par les divisions du calice, un peu allongés en pointe à l'extrémité. Les Égyptiens mangent encore aujourd'hui la racine de cette plante, après l'avoir fait cuire dans l'eau ou autrement, et font une sorte de pain avec ses graines, ainsi que l'usage en existait déjà au temps d'Hérodote et de Théophraste. Cette plante est le *Nymphæa lotus*, L.

L'autre nymphæa du Nil (*Nymphæa cerulea*, Sav.) a la racine tubéreuse, pyriforme; les feuilles arrondies échancrées à la base, et les fleurs d'une belle couleur bleue. On la cultive en France en la tenant toute l'année dans la serre chaude, placée dans une terrine, au milieu d'un grand baquet d'eau. Elle y fleurit très-bien. Cette plante porte en arabe le nom de *linoufar* ou *niloufar*, d'où nous avons fait *nénuphar*.

Nénuphar jaune.

Nuphar luteum, DC.; *Nymphæa lutea*, L. Cette plante croît dans les mêmes lieux que le nénuphar blanc et dans les eaux courantes. Elle se distingue du nénuphar blanc par son rhizome blanc à l'intérieur, jaunâtre à l'extérieur, portant à sa surface, sous forme d'écussons, des écailles trapézoïdales brunâtres, assez régulièrement espacées et disposées en spirale. Ses feuilles sont oblongues, échancrés du côté interne jusqu'au pétiole, qui est triangulaire. Ses fleurs sont formées d'un calice à 5 sépales et de 10 à 18 pétales, beaucoup plus petits que les sépales, jaunes, tous insérés sur le réceptacle, ainsi que les étamines, de sorte que l'ovaire est complétement libre, et que le fruit (*fig.* 769) est lisse à la surface et dépourvu de cicatrices.

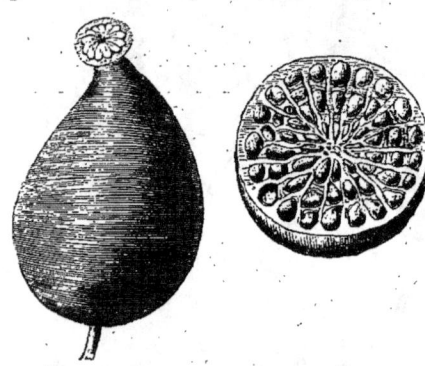

Fig. 769. — Nénuphar jaune.

Il est aminci en pointe à la partie supérieure et terminé par le disque qui porte les stigmates; il est divisé intérieurement en loges rayonnantes remplies par une pulpe au milieu de laquelle sont nichées les semences. Ainsi que je l'ai dit plus haut, c'est cette plante qui fournit la racine de nénuphar employée en pharmacie; de sorte que les parties connues en médecine sous les noms de *fleur* et de *racine de nénuphar* appartiennent à deux plantes différentes : la fleur appartient au *Nymphæa alba*, la racine au *Nuphar luteum*.

M. Morin, de Rouen, qui a fait l'analyse de cette racine, en a retiré beaucoup d'amidon, du muqueux, du tannin, du sucre incristallisable, de la résine, une matière azotée, différents sels, etc. (1). La quantité de tannin est assez grande pour que la racine puisse servir à la teinture en noir.

FAMILLE DES NÉLUMBIACÉES.

On a établi cette famille pour un genre de plantes très-peu nombreux en espèces, dont le type a été fourni par une plante qui croissait autrefois dans le Nil, d'où elle a complétement dis-

---

(1) Morin, *Journ. de pharm.*, t. VII, p. 450.

paru aujourd'hui; mais elle a été retrouvée dans l'Inde par Rheede, et dans les îles Moluques par Rumphius, ce qui a permis de vérifier l'exactitude des descriptions que les anciens, et principalement Théophraste, nous en ont laissées.

Cette plante est la **fève d'Égypte** (χύαμος αἰγύπτιος, Théoph.; *Nelumbium speciosum*, Willd. ; *Nelumbo nucifera*, Gaertn. ; *Nymphæa nelumbo*, L.). C'est autrement le *lotos sacré* qui surmonte le têté d'Isis et d'Osiris, et le *tamarama* de la mythologie indienne, qui sert de conque flottante à Vichnou et de siége à Brahma.

Pour les modernes, c'est toujours une des plus belles plantes qui ornent la surface des eaux. Sa racine est longue, charnue, rampante, munie de distance en distance de nodosités d'où s'élèvent les longs pétioles des feuilles ou les pédoncules des fleurs, les uns et les autres couverts d'épines courtes. Ses feuilles sont peltées ou en forme de bouclier, creusées au centre, larges de 60 à 70 centimètres. Les fleurs sont deux fois grandes comme celles d'un pavot, formées d'un calice à 4 ou 5 sépales et d'une corolle à 16-28 pétales roses. Les étamines sont très-nombreuses, multisériées, insérées sur le réceptacle, à filament prolongé en appendice au-dessus de l'anthère. Au centre de la fleur se trouve un torus charnu, turbiné, tronqué supérieurement et creusé, à la face supérieure, de 20 à 30 alvéoles dans chacun desquels est placé un ovaire uni-ovulé, surmonté d'un style court et d'un stigmate.

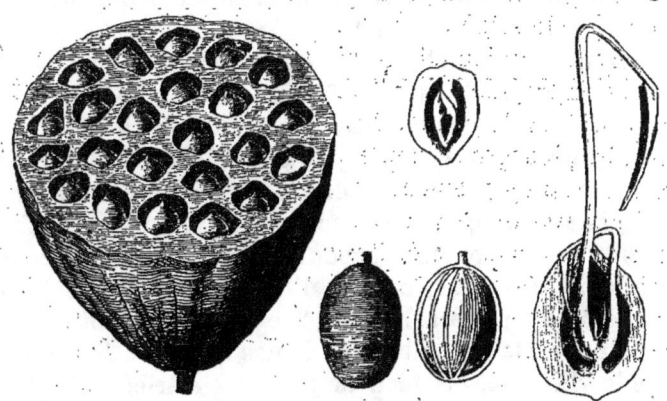

Fig. 770. — Fève d'Égypte.

Les fruits sont ovoïdes, de la grosseur d'une petite noisette, et leur sommet excède un peu la surface du torus accru et présentant la forme conique d'un guêpier ou d'une pomme d'arrosoir (*fig.* 770). Chaque fruit contient, sous un double tégument, un embryon sans endosperme, épais, charnu, renversé, entier par la partie supérieure, divisé en deux parties inférieurement, contenant, sous une membrane mince, une plumule descendante, diphylle, germant dans l'intérieur du fruit. Les anciens mangeaient ce fruit récent ou desséché et réduit en farine; ils mangeaient aussi la racine cuite.

[On emploie aussi dans l'Amérique du Nord les rhizomes du *Caulophyllum thalictroïdes*, Michaux, du *Podophyllum peltatum*, L. et du *Jeffersonia diphylla* (Podophyllum diphyllum).

La première de cette espèce est regardée comme stimulant de l'utérus et sert à faciliter l'accouchement. Son principe actif paraît être une matière résineuse qu'on distingue sous le nom de *caulophyllin*, et qui n'est probablement qu'un mélange impur d'un alcaloïde incolore et d'une grande quantité de saponine (1).

Le *Jeffersonia diphylla* est utilisé comme purgatif; mais c'est surtout le *Podophyllum peltatum* qui est préconisé comme tel.]

Podophyllum peltatum, L.

Le *Podophyllum peltatum* a été regardé par un grand nombre d'auteurs comme appartenant à la famille des Renonculacées. C'est une plante herbacée, de 8 à 12 pouces de haut, portant sur sa tige des feuilles longuement pétiolées-peltées, à 5 ou 7 lobes oblongs, et une fleur blanche solitaire, formée de 3 sépales, 6 à 9 pétales, plusieurs étamines, et donnant un fruit indéhiscent surmonté par le stigmate pelté.

Les rhizomes, qui sont la partie employée, se trouvent dans le commerce en fragments de 8 à 10 centimètres, d'aspect un peu différent suivant leur âge. Les plus vieux sont cylindriques, un peu aplatis, plus gros qu'une grosse plume d'oie, lisses à leur surface, portant seulement de distance en distance des impressions circulaires obliques; leur couleur est d'un brun noirâtre; leur texture est compacte. Chacun des fragments porte un ou deux renflements aplatis, creusés d'une concavité vers la partie supérieure, d'où s'élevait la tige aérienne, et portant à sa partie inférieure un certain nombre de racines lisses, de la même couleur que le rhizome, ou bien de petites cicatrices blanchâtres, résultant de la chute de ces racines. Les fragments plus jeunes sont beaucoup plus minces, d'une couleur plus claire, d'une texture plus lâche : ils sont fortement ridés longitudinalement à leur surface par suite de la dessiccation, et portent souvent sur leur tubérosité la plus jeune le bourgeon, qui devait se développer en tige aérienne.

(1) Voir *Pharm. Journal*, 2ᵉ série, IV, 517.

[On extrait de ces rhizomes une substance résineuse, qui paraît en être le principe actif et qu'on a nommé *podophyllin*. C'est une poudre de couleur brune ou jaunâtre ; insoluble dans l'eau, soluble dans l'alcool, d'une saveur désagréable ; sans odeur bien particulière. Cette poudre purge à la dose de 5 à 10 centigrammes; aussi l'appelle-t-on en Amérique *calomel végétal*. M. Oberlin en a retiré deux résines particulières et de la *berbérine* (1).]

FAMILLE DES BERBÉRIDÉES.

Herbes ou arbrisseaux à feuilles alternes, accompagnées de stipules souvent persistantes et épineuses. Fleurs ordinairement jaunes, en épis ou en grappes ; calice à 4 ou 6 sépales, accompagné extérieurement de plusieurs écailles ; pétales en nombre égal et opposés aux sépales ; étamines en même nombre, également opposés aux pétales ; anthères sessiles ou portées sur un filet, mais offrant toujours deux loges dont chacune s'ouvre de bas en haut par une sorte de panneau. Ovaire uniloculaire renfermant plusieurs ovules. Fruit sec ou charnu, uniloculaire, indéhiscent. Semences contenant un embryon droit au milieu d'un endosperme charnu. Cette famille, composée d'un petit nombre de genres, fournit à la pharmacie le berbéris ou épine-vinette, dont nous employons les fruits ou les semences. La racine sert à la teinture.

Berbéris, ou épine-vinette.

Berberis vulgaris, L. (*fig*. 771). Arbrisseau haut de 2 à 3 mètres, divisé en branches rameuses, armées d'épines simples ou tripartites. Ses feuilles sont assez petites, ovales-oblongues, rétrécies en pétiole à la base, glabres, bordées de dents très-aiguës et presque épineuses. Elles sont pourvues d'une saveur acide agréable. Les fleurs sont petites, jaunâtres, pédonculées, disposées en grappes simples et pendantes, qui sont entourées à leur base d'une rosette de 8 à 10 feuilles d'inégale grandeur. Elles ont une odeur désagréable et comme spermatique. Elles sont à 6 pétales et à 6 étamines insérées entre deux glandes à la base de chaque pétale. Lors de la fécondation, les étamines, qui sont cahées dans la concavité des pétales, se redressent l'une après l'autre pour venir répandre leur pollen sur les tigmate. Ces étamines présentent d'ailleurs une irritabilité analogue à celle de la sensitive; lorsqu'on irrite le filament par le contact d'une aiguille, elles se rejettent sur le pistil; l'électricité et la chaleur d'un verre ardent produisent le même phénomène, d'après Kœhlreuter. Les insectes qui vont

---

(1) Voir, pour les détails sur le *Podophyllum peltatum*, Bentley, *New American remedies* (*Pharm. Journ.*, 2ᵉ série, III, 456).

puiser le miel sécrété par les glandes situées à la base des pétales le produisent également et favorisent ainsi l'éjaculation du pollen.

Les fruits ont la forme d'une baie allongée, d'un rouge de corail (1), d'une acidité forte, mais agréable, due à l'acide malique. On en fait un sirop et une confiture qui sont très-agréables. Les semences entrent dans l'électuaire diascordium. Elles sont petites, longues, rougeâtres, inodores, d'une saveur astringente et comme vineuse.

La racine de berbéris est ligneuse, d'un jaune pur, à structure rayonnée, comme celle des Ménispermées. Elle est usitée pour la teinture en jaune, ainsi que son écorce, qui est quelquefois substituée à celle de grenadier. J'ai fait connaître précédemment (p. 285) les moyens de les distinguer. Le principe colorant de la racine de berbéris a été obtenu à l'état de pureté par MM. Buchner père et fils, qui lui ont donné le nom de *berbérine*.

Fig. 771. — Berbéris.

[M. Fleitmann a constaté depuis ses propriétés alcalines (2). Cette substance cristallise en aiguilles jaunes déliées; elle est très-peu soluble dans l'eau et l'alcool froids; plus soluble dans les mêmes liquides bouillants; insoluble dans l'éther. L'ammoniaque la dissout, en la colorant en rouge.

A côté de la berbérine se trouve, dans la racine de Berbéris, l'*oxyacanthine*, substance blanche, friable, cristallisable, d'une saveur âcre et amère.]

FAMILLE DES MÉNISPERMACÉES.

Plantes ligneuses, sarmenteuses et grimpantes des pays chauds, dont les feuilles sont alternes, privées de stipules, et les fleurs le plus souvent dioïques. Le calice se compose de plusieurs sépales disposés par séries de 3 ou 4; il en est de même de la corolle, qui manque quelquefois. Les étamines sont libres ou monadelphes, en nombre égal, doublé ou

---

(1) Il y a des variétés dont les fruits sont jaunes, violets, pourpres, noirâtres ou blancs; une autre n'a pas de semences.
(2) *Annalen der Chemie und Pharm.*, LIX, 160.

triple de celui des pétales, ou indéterminé. Les carpelles sont peu nombreux, libres ou soudés, contenant un seul ovule amphitrope ; d'autres fois uniques, mais excentriques, d'abord dressés, puis recourbés, de manière à rapprocher le sommet de la base. Le fruit est une baie ou un drupe droit ou réniforme, contenant une semence inverse, droite ou courbée en fer à cheval, pourvue ou dépourvue d'endosperme, contenant un embryon homotrope, à radicule courte, éloignée du hile.

La famille des Ménispermacées, quoique peu nombreuse, renferme beaucoup de plantes actives, usitées dans les contrées qui les produisent. Il y en a trois surtout dont les produits viennent jusqu'à nous. Ces produits sont la *racine de Colombo*, celle de *pareira-brava* et la *coque du Levant*.

Racine de colombo.

Cocculus palmatus, DC. — *Car. gén.* : fleurs dioïques ; calice à 6 sépales, rarement à 9, disposés par séries ternaires ; 6 pétales disposés sur deux séries : fleurs mâles à 6 étamines opposées aux pétales ; fleurs femelles offrant de 3 à 6 ovaires libres, uniloculaires, surmontés d'un stigmate sessile, simple ou bifide au sommet. Fruits composés de drupes presque secs, à noyau réniforme renfermant une semence conforme, dont l'embryon présente deux cotylédons séparés et parallèles, interposés dans un endosperme huileux (voir la figure 773 qui représente la coque du Levant, dont la semence est conformée de la même manière). — *Car. spéc.* : feuilles cordées à la base, à 5 lobes palmés, profondément divisés, acuminés, très-entiers, velus.

La plante qui fournit la racine de colombo a passé pendant longtemps pour croître dans l'île de Ceylan, et surtout dans les environs de la ville de *Colombo*, d'où la racine a d'abord été transportée en Europe, et qui lui a donné son nom ; mais des renseignements plus certains ont appris que le *Cocculus palmatus*, qui la produit, était commun à Madagascar et sur la côte orientale de l'Afrique, d'où la racine était portée sèche à Ceylan. Maintenant que ce fait est bien connu, on tire directement la racine de colombo de l'Afrique australe. La plante qui la fournit est vivace et à tige grimpante, comme toutes les Ménispermées.

La racine de colombo, telle que le commerce la présente, est en rouelles de 3 à 8 centimètres de diamètre, ou en tronçons de 5 à 8 centimètres de long. Elle est recouverte d'un épiderme d'un gris jaunâtre ou brunâtre, quelquefois presque uni, le plus souvent profondément rugueux ; les rugosités sont irrégulières et n'offrent aucune apparence de stries circulaires parallèles.

Les surfaces transversales sont rugueuses, déprimées au centre de la racine par suite de la dessiccation, ou offrent plusieurs dépressions concentriques comme la bryone desséchée. Dans quelques morceaux dont la végétation paraît avoir souffert et qui sont presque entièrement ligneux, les fibres ligneuses offrent d'une manière frappante la disposition rayonnée des racines de pareira-brava. On observe la même disposition, mais plus difficilement, dans les morceaux mieux nourris et plus amylacés.

La racine de colombo a une teinte générale jaune verdâtre ; cette couleur, observée dans la coupe transversale, va en s'affaiblissant de la circonférence au centre, à l'exception d'un cercle plus foncé qui se trouve à la limite des couches ligneuses et des couches corticales. Elle a une saveur très-amère et une odeur désagréable, mais qui ne devient sensible que lorsque la racine est rassemblée en masse. Sa poudre est d'un gris verdâtre.

La racine de colombo ne colore pas l'éther, et forme avec l'alcool une teinture jaune verdâtre foncée ; humectée et touchée avec la teinture d'iode, elle prend tout de suite une couleur noirâtre due à la présence de l'amidon; elle forme avec l'eau un macéré brun qui n'exerce aucune action sur le tournesol, la gélatine et le sulfate de fer. Elle a été analysée par Planche, qui en a retiré : 1° le tiers de son poids d'amidon ; 2° une matière azotée très-abondante ; 3° une matière jaune amère, non précipitable par les sels métalliques ; 4° des traces d'huile volatile ; 5° du ligneux ; 6° des sels de chaux et de potasse, de l'oxyde de fer et de la silice (1).

M. Wittstock a retiré en outre de la racine de colombo un principe particulier cristallisable, auquel il a donné le nom de *colombine*. Pour l'obtenir, on épuise la racine par l'éther et l'on abandonne la dissolution à l'évaporation spontanée ; ou bien on évapore aux trois quarts la teinture alcoolique et on la laisse cristalliser. 100 grammes de racine de colombo ne fournissent que $1^{gr},56$ de colombine. Cette substance est inodore, fortement amère, non acide ni alcaline, non azotée.

En outre M. Bödecker a montré que la couleur jaunâtre de la racine de Colombo est due à de la *berbérine*, combinée probablement avec un acide amorphe, jaune, un peu moins amer que la *colombine*, qu'il a isolé sous le nom d'*acide colombique* (2).

La berbérine se retrouve encore dans plusieurs autres plantes de la famille des *Ménispermées*, ainsi dans la racine du *Menispermum canadense*, L.; dans le *Pereiria medica*, Lindley (*Coscinium fe-*

---

(1) Planche, *Bulletin de pharmacie*, t. III, p. 289.
(2) Voir *Journal de pharmacie et de chimie*, XXIII, p. 153.

nestratum, Coleb.), et probablement aussi dans l'écorce de l'*Anamirta Cocculus*, Arnott.

La racine de colombo a été vantée contre les indigestions, les coliques, les dyssenteries et les vomissements opiniâtres. Elle paraît douée en effet de propriétés très-actives. On l'emploie surtout en poudre, en extrait aqueux ou en teinture alcoolique.

Racine de faux colombo. Vers les années 1820 à 1826, la racine de colombo avait entièrement disparu du commerce français, et on lui substituait presque partout, sans la moindre contradiction, une racine toute différente, mais d'un prix bien inférieur.

Cette fausse racine de colombo est en rouelles ou en tronçons comme la précédente, mais elle est bien moins régulière dans sa forme. Elle a une teinte générale jaune fauve, une saveur faiblement amère et sucrée, une faible odeur de racine de gentiane.

Elle offre un épiderme gris fauve, très-souvent marqué de stries circulaires, parallèles et serrées. Les surfaces transversales sont irrégulièrement déprimées, comme veloutées, d'un fauve sale ou d'un jaune pâle et blanchâtre. La couleur intérieure est d'un jaune orangé avec un cercle plus foncé vers la limite des couches ligneuses; la racine de gentiane offre exactement le même caractère. La poudre est d'un jaune pâle tirant sur le fauve.

La fausse racine de colombo n'éprouve aucune coloration par le contact de l'iode, ce qui indique qu'elle ne contient pas d'amidon; elle communique à l'éther une couleur peu foncée d'un jaune pur; en faisant évaporer la teinture éthérée et reprenant le produit par l'alcool, il reste une matière jaune, solide, qui se lustre par le frottement comme de la cire. Cette racine colore l'alcool en jaune fauve, et l'eau en jaune orangé. Le macéré aqueux rougit la teinture de tournesol, se colore en vert noirâtre par le sulfate de fer, et se trouble légèrement par la colle de poisson; de plus, la potasse caustique en dégage de l'ammoniaque sensible à l'odorat, et par l'approche d'un bouchon mouillé d'acide acétique. Rien de semblable n'a lieu avec le vrai colombo.

J'ai signalé la substitution du faux colombo au véritable (1); mais, sur une fausse indication qui m'avait été donnée, je supposai alors qu'il venait d'Afrique, par la voie de Marseille. Il y a longtemps que j'ai rectifié cette erreur en faisant connaître que cette racine provenait des États-Unis d'Amérique, où elle porte effectivement le nom de *colombo*, et où elle est produite par le *Frasera Walteri*, Mich., plante de la famille des Gentianées. Au

---

(1) *Journal de chimie médicale*, t. II, p. 334.

moins avais-je signalé sa ressemblance avec la racine de grande gentiane, et avais-je conclu qu'elle devait appartenir à une plante voisine, mais différente.

Le faux colombo ne pourrait pas même remplacer notre racine de gentiane, dont il n'est que la pâle copie. On l'en distinguera facilement à sa faible saveur amère, à son odeur peu marquée, et par son collet arrondi supérieurement et terminé par un bourgeon central écailleux; tandis que la gentiane possède une saveur et une odeur des plus caractérisées et offre un large bourgeon qui occupe tout le disque de la racine. Enfin, la racine de gentiane contient une matière analogue à la glu et une grande quantité de principe gélatineux (*grossuline* ou *pectine*), dont le faux colombo paraît être dépourvu.

Racine de butua ou de pareira-brava.

La racine connue dans les officines sous le nom de *pareira-brava* est produite par une *liane* ou plante sarmenteuse du Brésil, dont les tiges, en se tordant autour du tronc et des branches des arbres voisins, finissent par en atteindre le sommet, quelque élevé qu'il soit. Son nom *pareira-brava* veut dire *vigne sauvage*. Sa racine est ligneuse, très-fibreuse, dure, tortueuse, quelquefois de la grosseur du bras. Elle est brunâtre à l'extérieur et d'un jaune fauve et grisâtre à l'intérieur. Elle présente, sur sa coupe transversale, plusieurs cercles concentriques d'une couleur brunâtre, dont les intervalles sont traversés par une infinité de lignes radiaires très-apparentes. Cette racine, bien nourrie, est gorgée de suc desséché, compacte et pesante; mais dans des circonstances moins favorables, les faisceaux ligneux dont elle se compose se séparent facilement les uns des autres, suivant les lignes concentriques et radiaires ci-dessus, et la racine, étant légère, presque ligneuse et de qualité moindre, doit être rejetée.

On trouve souvent mêlée à la racine de pareira la tige de la plante qui, étant moins active, doit être également rejetée. Elle est couverte d'un épiderme grisâtre, ridé longitudinalement par la dessiccation. Elle est ordinairement ronde, mais marquée d'un angle obtus très-près duquel se trouve situé le canal médullaire, lequel est ainsi tout à fait excentrique, les couches ligneuses ne s'étant développées que du côté extérieur de la tige volubile.

La racine de pareira-brava est inodore et pourvue d'une amertume très-marquée, mêlée d'un goût un peu semblable à celui de la réglisse. Elle paraît être fortement diurétique et a été recommandée contre la colique néphrétique, la suppresion d'urine, l'empoisonnement par la morsure des animaux venimeux. On l'a même conseillée, mais avec peu de succès sans doute, pour dissoudre les calculs des reins ou de la vessie. Elle a été analysée par M. Feneulle, qui y a reconnu la présence de l'azotate de potasse, sel que l'on trouve dans la plupart des substances ligneuses qui ont vieilli dans les droguiers. La quantité de ce sel est d'ailleurs trop petite pour expliquer la qualité diurétique de la racine qui doit être attribuée plutôt à quelque principe organique particulier. [M. Wiggers (1) a en effet retiré de la racine de *pareira-brava* un alcaloïde, d'une saveur à la fois douce et amère, inodore, insoluble dans l'eau, s'altérant au contact de l'air et se résinifiant sous l'action de l'acide azotique. Chauffé à 100°, il perd de l'eau et devient soluble dans l'alcool et l'éther. C'est la *pélosine* ou *cissampéline*, dont l'étude a été tout récemment reprise par M. Flückiger. Ce savant pharmacologiste l'identifie avec la *berbérine* et toutes les deux à la *paricine* et à la *buxine* (2).]

La racine de **pareira-brava** est communément attribuée au *Cissampelos Pareira*, L. (3), qui croît principalement dans les bois montueux des Antilles; mais M. Hanbury et M. Flückiger (4) ont montré qu'elle ne pouvait être produite par cette plante : elle doit être plutôt attribuée au *Botryopsis platiphylla*, St.-Hil., croissant au Brésil, ou à l'*Abuta rufescens* d'Aublet (*Cocculus rufescens*, Endl.), dont la racine, au dire d'Aublet, est transportée en Europe sous le nom de pareira-brava. Il paraît d'ailleurs que plusieurs espèces de *Cissampelos* ou de *Cocculus* produisent des racines presque semblables et de propriétés très-analogues. Tels sont :

1° Le *Cissampelos glaberrima*, St.-Hil., qui est le *caapeba* de Pison et de Marcgraff, que Linné a eu tort de confondre dans son *Cissampelos Pareira*.

2° Les *Cissampelos ebracteata*, St.-Hil., et *ovalifolia*, DC., qui porte également au Brésil le nom de *orelha de onça*.

3° Le *Cissampelos Caapeba*, L., croissant dans les Antilles, et le *Cissampelos mauritiana*, Petit-Thouars, dont les racines sont beau-

---

(1) Wiggers, *Annalen der Pharmacie*, XXXIII, 81.
(2) Voir Flückiger, *Zur Geschichte des Buxins* (Neues Jarbuch für Pharmacie, 1869).
(3) *Cissampelos Pareira*, L. — *Car. Gén.* : fleurs dioïques : fleurs mâles à 4 sépales ouverts et cruciformes; corolle nulle; disque sous-charnu; étamines réunies en une colonne monadelphe à 4 anthères uniloculaires. Fleurs femelles à un seul sépale unilatéral; corolle à un seul pétale opposé au sépale; ovaire ové surmonté de 3 stigmates; drupe monosperme, réniforme, les stigmates s'étant rapprochés de la base. Endosperme nul; embryon long, cylindrique, périphérique. — *Car. spéc.* : feuilles peltées, sous-cordées, soyeuses en dessous ; grappes femelles plus longues que les feuilles. Fruits hispides.
(4) Voir Flückiger, Mémoire cité.

coup plus grêles que le pareira-brava du Brésil, mais d'organisation et de propriétés semblables.

Coque du Levant.

Anamirta Cocculus, Arnott; *Cocculus suberosus*, DC.; *Menispermum Cocculus*, L., Gaertn., Roxb. (*fig.* 772). La coque du Levant est connue depuis très-longtemps sous le nom de *Cocculi Indi* ; mais l'arbre qui la produit n'est peut-être pas encore parfaitement déterminé. Gaertner, qui a figuré et décrit le fruit avec une grande exactitude,

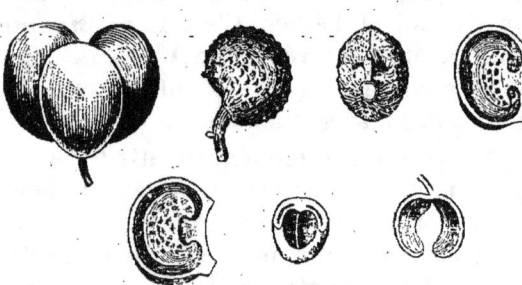

Fig. 772. — Coque du Levant.

n'a connu l'arbre que par la description de Linné. Roxburgh est le premier qui ait vu cet arbre vivant, dans le jardin de Calcutta, provenant de semences reçues du Malabar en 1807 ; mais à la fin de 1812, quoique la plante surpassât en hauteur des arbres élevés, elle n'avait pas encore fleuri. Je ne sais si cet arbre est celui qui, ayant fleuri plus tard, a été figuré par Nees d'Esenbeck (1), sous le nom de *Menispermum Cocculus* de Wallich, et dont l'individu femelle seul se trouve représenté ; mais il est probable que c'est lui dont l'individu mâle se trouve décrit, d'après M. Walker-Arnott (2), de sorte qu'il faudrait réunir les deux descriptions pour avoir une connaissance complète de l'espèce. M. Walker-Arnott admet comme synonymes l'*Anamirta racemosa*, Coleb. et le *Menispermum heteroclitum* de Roxburgh.

Voici les caractères du genre *Anamirta* : fleurs dioïques. Fleurs mâles offrant un calice court, tripartite ; une corolle à 6 pétales bisériés, réfléchis ; des étamines nombreuses réunies en un tube central, cylindrique, dilaté et arrondi au sommet, lequel se trouve couvert d'anthères sessiles, adnées, quadriloculaires. Fleurs femelles à calice triphylle, très-caduc ; corolle nulle ; 3 ovaires libres et sessiles au sommet d'un gynophore cylindrique ; styles très-courts, stigmates arrondis sur le côté. Le fruit est formé de 3 drupes charnus dont un seul persiste le plus souvent ; ce drupe persistant et un peu recourbé en forme de

---

(1) Nees von Esenbeck, *Plantes officinales.* Dusseldorf, 1828-1833.
(2) Walker-Arnott, *Annales des sciences naturelles* de 1834, t. II, p. 65.

rein, renferme un noyau incomplétement séparé en deux loges par un repli de la suture ; la semence est inverse et contient un embryon droit, au milieu d'un endosperme charnu.

La coque du Levant, telle que le commerce la fournit, est plus grosse qu'un pois, arrondie et légèrement réniforme ; elle est formée d'un brou desséché, mince, noirâtre, rugueux, d'une saveur faiblement âcre et amère, et d'une coque blanche, ligneuse, à 2 valves, au milieu de laquelle s'élève un placenta central rétréci par le bas, élargi par le haut et divisé intérieurement en deux petites loges. Tout l'espace compris entre ce placenta central et la coque est rempli par une amande creuse à l'intérieur et ouverte sur le côté pour recevoir le placenta. L'embryon est formé d'une radicule cylindrique, supère, et de deux cotylédons foliacés, écartés et recourbés comme les branches d'un forceps, et plongeant, de chaque côté du placenta, dans une loge plate et longitudinale, pratiquée dans l'endosperme (voir figure 773).

L'amande de la coque du Levant est grasse et très-amère. M. Boullay en a extrait un principe vénéneux cristallisable, qu'il a nommé *picrotoxine*. Cette amande se détruit avec le temps, de même que cela a lieu pour les ricins et les grains de Tilly, et il n'est pas rare de voir les vieilles coques du Levant presque entièrement vides. Il faut donc les choisir récentes, si l'on veut obtenir quelque résultat de leur analyse chimique.

La coque du Levant est usitée dans l'Inde pour la pêche du poisson, qui, après avoir avalé l'appât contenant cette substance, vient tournoyer et mourir à la surface de l'eau. D'après les expériences du docteur Goupil (1), cet emploi peut être suivi de graves inconvénients lorsqu'on n'a pas le soin de prendre et de vider le poisson aussitôt qu'il paraît sur l'eau ; car alors la chair devient vénéneuse et agit sur l'homme et les animaux comme la coque du Levant même.

Cette action vénéneuse réside dans l'amande du fruit, et l'enveloppe ligneuse est purement vomitive. M. Boullay n'en a retiré, en effet, qu'une matière jaune extractive, sans picrotoxine. Cependant MM. Pelletier et Couerbe, qui l'ont soumise à un examen plus approfondi, y ont découvert une base alcaline cristallisable nommée *ménispermine* ; mais cette base est insipide et sans action marquée sur l'économie animale.

D'après M. Boullay, l'amande de la coque du Levant contient moitié de son poids d'une huile concrète, formée d'élaïne et de stéarine ; de l'albumine ; une matière colorante particulière ; 0,02 de picrotoxine ; des surmalates de chaux et de potasse ; du sulfate

---

(1) Goupil, *Bulletin de pharmacie*, t. II, p. 509.

de potasse, etc. Suivant MM. Lecanu et Casaceca, le corps gras se trouve dans la coque du Levant en partie à l'état d'acides margarique et oléique ; mais il est probable que la présence de ces acides tient à l'état de détérioration dans lequel se trouve ordinairement le fruit. Quant à la picrotoxine, qui a passé quelque temps pour une base alcaline, elle paraît douée plutôt d'un faible caractère d'acidité ; on l'obtient d'ailleurs facilement, d'après MM. Couerbe et Pelletier, en traitant la coque du Levant concassée par de l'alcool à 36 degrés bouillant, filtrant, distillant, et traitant l'extrait par l'eau bouillante, afin de dissoudre la picrotoxine, qui cristallise par le refroidissement de la liqueur préalablement et faiblement acidulée.

La picrotoxine est blanche, brillante, inodore, d'une amertume insupportable ; elle cristallise en prismes quadrangulaires très-fins ; elle demande, pour se dissoudre, 150 parties d'eau froide et 25 parties seulement d'eau bouillante ; elle est soluble dans 3 parties d'alcool rectifié et dans 2 parties 1/2 d'éther sulfurique. Projetée sur les charbons ardents, elle brûle sans se fondre ni s'enflammer, en répandant une fumée blanche, et une odeur de résine. Elle ne contient pas d'azote, et n'est pas alcaline, ainsi que je l'ai déjà dit : exception remarquable aux autres principes vénéneux tirés des végétaux, qui, jusqu'à présent, sont tous rangés dans la classe des bases alcaloïdes azotées.

FAMILLE DES ANONACÉES.

Les Anonacées sont des arbres ou des arbrisseaux dont les feuilles sont simples, entières, alternes, dépourvues de stipules. Leurs fleurs sont hermaphrodites, munies d'un calice persistant à 3 sépales, et d'une corolle à 6 pétales disposés sur deux rangs ; les étamines sont libres, quelquefois en nombre égal ou double de celui des pétales ; mais le plus ordinairement elles sont indéfinies, insérées en séries nombreuses, sur un torus : les filaments sont très-courts et les anthères presque sessiles. Les ovaires sont plus ou moins nombreux, libres ou en partie soudés, sessiles sur le sommet du torus ; ils deviennent autant de fruits tantôt distincts, et offrant une seule loge qui contient un ou plusieurs ovules attachés à leur suture interne ; d'autres fois les fruits se soudent tous entre eux et forment une sorte de cône charnu et écailleux. Les graines sont ordinairement accompagnées d'un arille et contiennent, sous un double tégument, un endosperme corné et profondément sillonné. L'embryon est très-petit, placé vers le point d'attache de la graine.

Les Anonacées habitent presque exclusivement la zone torride ; elles sont pourvues d'écorces plus ou moins aromatiques et stimulantes, de fleurs odorantes et de fruits très-aromatiques et poivrés lorsqu'ils sont formés de baies séparées, ou seulement savoureux et comestibles lorsque les baies sont soudées entre elles. L'*Uvariaodorata*, Lamk. (*Cananga*, Rumph.), croissant aux îles Moluques, est renommé par l'odeur suave de ses fleurs, semblable à celle du narcisse. On en fabrique avec de l'huile de coco, en y joignant des fleurs de *Michelia champacca* et du curcuma, une pommade demi-liquide nommée *borri-borri* ou *borbori*, dont on se frictionne le corps dans la saison froide et pluvieuse pour se mettre à l'abri des fièvres, et dont les femmes aiment à inonder leur chevelure noire et pendante, au sortir du bain. C'est cette huile, sans aucun doute, qui, connue ou imitée en Europe, est vendue sous le nom d'*huile de Macassar*.

[Le *Cœlocline polycarpa*, A.DC. (*Unona? Polycarpa*. DC,) fournit une écorce amère d'une couleur jaune employée par les naturels de l'Afrique tropicale du Soudan et de Sierra-Leone comme substance tinctoriale et en même temps comme médicament. Cette écorce doit ses propriétés à la *berbérine*, qu'elle contient en assez grande abondance (1).]

L'*Unona œthiopica* produit un fruit dont le premier est connu depuis très-longtemps sous le nom de *poivre d'Éthiopie*. Les *Xylopia* d'Amérique jouissent des mêmes propriétés. Les corossoliers ou anones, répandus dans toutes les contrées chaudes du globe, mais originaires peut-être d'Amérique, sont recherchés pour leurs fruits formés par la soudure d'un grand nombre de baies monospermes, dont les sommets seuls paraissent souvent à l'extérieur, sous forme de lobes imbriqués, d'écailles, d'aiguillons ou de réseaux. Les plus connus sont l'anone écailleuse (*Anona squamosa*, Gærtn., t. 138), dont le fruit a reçu les différents noms de ate, guanabane,

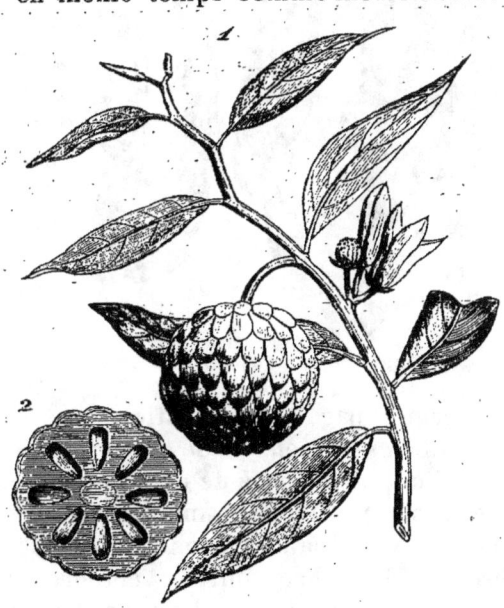

Fig. 773. — Pomme cannelle.

(1) Daniell, *On cœlocline polycarpa*, A. DC., *The Berberine or Jellow Dye tree of Soudan* (Pharm. Journ., XVI, 398).

pomme canelle (*fig.* 773), etc.; l'anone hérissée ou cachiman (*Anona muricata*), l'anone réticulée (*Anona reticulata*), le *Cherimolia* du Pérou (*Anona Cherimolia*, Mill.), etc.

Poivre d'Éthiopie.

Unona œthiopica, Dunal; *Habzelia œthiopica*, A. DC. Arbre élégant, à feuilles alternes, épaisses et luisantes, qui habite les contrées les plus chaudes de l'Afrique, depuis Sierra-Leone jusqu'à l'Abyssinie. Ses fleurs présentent un calice à 3 divisions, une corolle à 6 pétales, disposés sur deux rangs; des étamines très-nombreuses insérées sur les côtés d'un torus convexe; une vingtaine d'ovaires grêles, cylindriques, pressés les uns contre les autres, terminés chacun par un stigmate aigu et portés sur le torus. Ces ovaires deviennent autant de baies charnues, courtement stipitées sur le torus, grosses comme une plume à écrire, longues de 27 à 55 millimètres, devenant un peu moniliformes par la dessiccation (*fig.* 774).

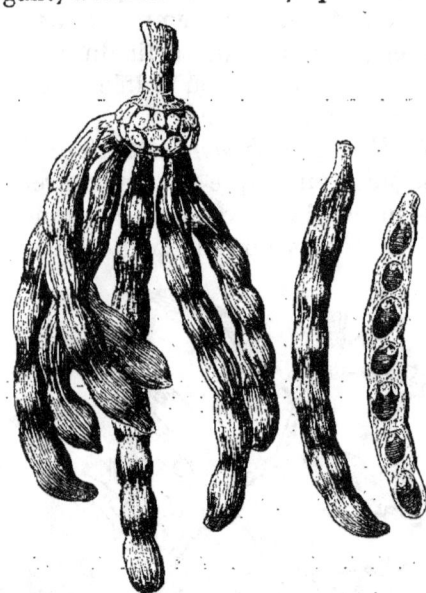

Fig. 774. — Poivre d'Éthiopie.

Ces baies contiennent de 4 à 10 semences lisses, noirâtres, pourvues d'un arille formé de deux membranes blanches, obcordées, inégales. Ces semences sont disposées obliquement en une seule série longitudinale, et sont fortement attachées à la pulpe fibreuse, desséchée, qui les entoure. Je trouve à la baie une saveur et une faible odeur de curcuma ou de gingembre. Les semences ont une saveur beaucoup moins piquante et rance.

Le poivre d'Éthiopie paraît avoir été mentionné pour la première fois par Sérapion, tant sous ce nom que sous celui de *habzeli* ou de *grana zelim*.

Aublet a trouvé dans la Guyane une espèce de canang aromatique, dont les nègres se servent en place de poivre, et qui diffère peu du précédent : c'est l'*Unona aromatica*, Dunal (*Habzelia aromatica*, A. DC). Le fruit de l'*Unona musaria*, représenté dans Rumphius (1), s'en rapproche aussi beaucoup.

Pacova.

M. Théodore Martius m'a fait parvenir sous ce nom un fruit aromatique, usité comme épice au Brésil, et qui ressemble pour la forme aux anciens sébestes (*Cordia mixa*, L.). Comme eux il est oblong, aminci en pointe aux deux extrémités, obscurément quadrangulaire, mais souvent déformé et ridé par la dessiccation. Ce fruit se distingue des sébestes par sa petitesse, n'ayant guère que de 10 à 15 millimètres de long; par sa surface lisse et rougeâtre, par son odeur et sa forte saveur de poivre, enfin par la disposition de ses parties intérieures, étant formé d'une baie capsulaire desséchée, à une seule loge, renfermant deux semences ovales, noires, lisses, pourvues d'un arille très-court. Souvent la capsule est ouverte par la partie supérieure, et séparée en deux parties dont les bords se roulent en dedans. Tous ces caractères appartiennent au fruit du *Xylopia frutescens* d'Aublet, qui sert d'épice à la Guyane, et qui d'ailleurs paraît être le même que l'*Embira* ou le *Pindaiba* de Pison (*Xylopia grandiflora*, A. St-Hil.). On cite comme une autre espèce moins active le *Xylopia sericea*, A. St-Hil.

FAMILLE DES MAGNOLIACÉES.

Arbres ou arbrisseaux élégants, dont les feuilles alternes, souvent coriaces et persistantes, sont accompagnées de stipules tombantes. Fleurs grandes, d'une odeur suave, pourvues d'un calice caduc à 3 ou 6 sépales, et d'une corolle à 6 ou 27 pétales disposés par verticilles ternaires et imbriqués. Étamines fort nombreuses et libres, disposées en spirale sur le même réceptacle qui porte les pétales. Pistils nombreux, verticillés sur une seule rangée, ou disposés en capitules allongés; ovaires uniloculaires à 2 ovules, surmontés d'un style peu distinct et d'un stigmate simple. Fruit multiple composé de carpelles distincts, provenant d'ovaires distincts contenus dans une même fleur; carpelles indéhiscents ou s'ouvrant par une suture longitudinale; graine assez souvent portée sur un trophosperme filiforme qui s'allonge au dehors. Embryon droit placé à la base d'un endosperme charnu.

La famille des Magnoliacées se divise en deux tribus, de la manière suivante :

I. MAGNOLIÉES. Carpelles disposés en épi ou en capitule sur un

---

(1) Rumphius, t. V, p. 42.

torus allongé; feuilles non ponctuées. Genre : *Talauma, Aromadendron, Magnolia, Michelia, Liriodendron*, etc.

II. ILLICIÉES. Carpelles verticillés sur une seule série; feuilles ponctuées. Genres: *Tasmania, Drimys, Illicium*, etc.

Les Magnoliacées se rapprochent beaucoup des Anonacées par la disposition de leurs fleurs et de leurs fruits, ainsi que par leurs qualités amères et aromatiques, qui s'y trouvent même généralement plus développées.

J'ai déjà mentionné *Michelia Champacca*, L. (tsjampacca) dont les fleurs récentes répandent une odeur des plus suaves et dont les Malais des deux sexes aiment à parfumer leur maison, leurs bains, leurs corps et leurs vêtements. L'écorce est douée d'une saveur amère et d'une âcreté aromatique qui la rend excitante, fébrifuge, emménagogue, utile contre les rhumatismes, etc. Le *Michelia montana* et l'*Aromadendron elegans* de Java, le *Magnolia gracilis* du Japon, jouissent des mêmes propriétés. Les *Magnolia* de l'Amérique septentrionale font l'ornement des forêts par leur beau feuillage, leurs superbes fleurs, et ne sont pas moins remarquables par leurs semences pendantes hors des capsules, à l'extrémité d'un long funicule. On en cultive un grand nombre d'espèces dans les jardins, principalement les *Magnolia grandiflora, glauca, acuminata, macrophylla*, etc. Le *Liriodendron tulipifera* (tulipier de Virginie), arbre de 30 mètres d'élévation dans son pays natal, se fait aussi remarquer dans nos jardins par sa tige droite, ses rameaux largement étalés, ses feuilles longuement pétiolées, tronquées au sommet, à 4 lobes aigus; ses fleurs grandes, terminales, en forme de tulipe, et d'un jaune verdâtre. L'écorce de tulipier est jaunâtre, fibreuse, peu compacte, d'une saveur amère et faiblement aromatique. Elle a obtenu en Amérique une grande réputation comme fébrifuge et comme succédanée du quinquina. On en a retiré une substance cristalline, non azotée, non alcaline, amère, cristallisable, nommée *liriodendrine*, qui paraît avoir quelques rapports avec la salicine.

La tribu des Illiciées nous fournit un fruit connu depuis longtemps sous le nom de *badiane* ou *d'anis étoilé*, et une écorce aromatique nommée *écorce de Winter*, mais dont l'origine me paraît encore très-obscure.

Badiane, ou anis étoilé.

Illicium anisatum, L. (*fig.* 776). Arbrisseau toujours vert, haut de 4 mètres environ, dont les feuilles sont lancéolées, éparses sur les rameaux ou rapprochées en rosette vers leur sommet. Les fleurs sont jaunâtres, présentant un calice à 6 folioles caduques, dont 3 extérieures ovales et concaves, et 3 intérieures plus étroites et pétaliformes, 16 à 20 pétales disposés sur trois rangs; 10 à 20 étamines plus courtes que les pétales; 10 à 20 ovaires supères, redressés et ramassés en un faisceau conique, et se terminant chacun par un style très-court, au sommet duquel est un stigmate oblong et latéral.

Le fruit présente, sous la forme d'une étoile, la réunion de 6 à 12 capsules épaisses, dures, ligneuses, brunâtres, renfermant chacune une semence ovale, rougeâtre, lisse et fragile, qui contient elle-même une amande blanchâtre et huileuse. Tout le fruit a une odeur très-analogue à celle de l'anis, mais plus douce et plus suave. Il est stimulant et stomachique. Les liquoristes en font un grand usage. On en retire aussi par la distillation une huile volatile liquide, un peu plus légère que l'eau et d'une odeur très-agréable.

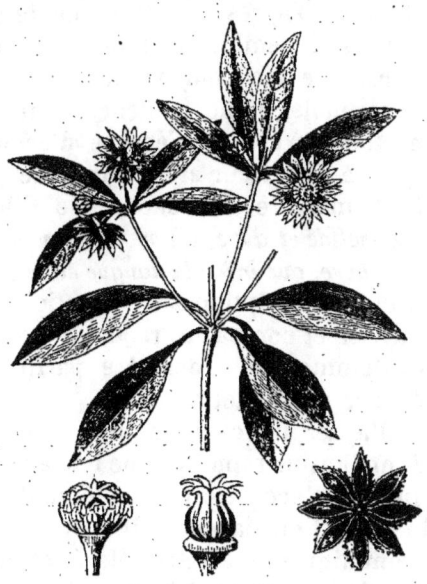

Fig. 776. — Badiane.

Le bois de l'*Illicium anisatum* paraît participer de l'odeur du fruit, et beaucoup d'auteurs ont pensé qu'il produisait le bois d'anis du commerce ; mais celui-ci vient d'Amérique, où il est tiré très-probablement de l'*Ocotea pichurim*, H. B. (1).

On trouve à la Floride deux autres espèces d'*Illicium* (*Illicium floridanum*, et *Illicium parviflorum*), dont les fruits aromatiques peuvent être substitués à l'anis étoilé de la Chine.

Écorce de Winter.

Cette écorce a pris son nom de celui de John Winter, commandant de vaisseau, parti avec Drake, en 1577, pour faire le tour du monde, et qui, obligé par la tempête de séjourner au détroit de Magellan, abandonna le chef de l'expédition, et revint en Angleterre en 1589, apportant avec lui cette écorce, dont il fit usage, comme d'épice, durant la traversée. Il crut pouvoir attribuer à son emploi la guérison du scorbut dont son équipage fut attaqué, et lui donna par là une sorte de célébrité.

C'est Charles de l'Écluse, généralement connu sous le nom de *Clusius*, qui a décrit le premier cette écorce et qui lui a donné

(1) Voir t. II, p. 392.

le nom qu'elle porte. C'est donc à sa description qu'il faut recourir pour éclaircir les doutes que l'on peut élever sur l'origine de la substance qui porte aujourd'hui le nom d'*écorce de Winter*. D'après la description de Clusius (1), l'écorce de Winter est assez semblable à de la cannelle commune, tant pour la substance que pour la couleur; mais elle est plus épaisse que la cannelle, d'une couleur cendrée ou brune à l'extérieur, rude au toucher comme l'écorce d'orme, quelquefois comme disséquée à l'intérieur et entr'ouverte par des gerçures nombreuses, à la manière de l'écorce de tilleul; *quelquefois aussi elle est très-solide et dure, d'une odeur non désagréable, mais d'une saveur très-âcre, qui brûle la langue et le palais non moins que le poivre.* A cette description se trouve jointe la figure d'une écorce très-épaisse et compacte, reçue de Londres, en 1605, qui se rapporte évidemment à la dernière partie de la description et à notre écorce de Winter actuelle.

D'après un capitaine de navire, nommé Sebalde de Wert, dont Clusius rapporte une lettre écrite en 1601, l'arbre qui produit cette écorce croît sur toute l'étendue des terres qui bordent le détroit de Magellan. Il est toujours vert et pourvu de feuilles aromatiques; il est très-élevé, et son tronc, acquérant quelquefois deux ou trois fois la grosseur du corps de l'homme, peut fournir plusieurs fortes planches de 2 pieds 1/2 de largeur. Solander lui donne également 50 pieds d'élévation; mais, d'après Georges Forster, cet arbre est d'une grandeur très-variable, sa hauteur variant de 6 à 40 pieds, suivant les lieux et le sol où il croît. Cet arbre a été nommé par Solander *Winterana aromatica*, par Murray *Wintera aromatica;* mais le nom *Drimys Winteri* qui lui a été donné par Forster est le seul admis aujourd'hui. Il présente des feuilles simples, oblongues, obtuses, épaisses, persistantes, très-glauques en dessous; des pédoncules axillaires ou presque terminaux, simples, uniflores, réunis en faisceau, un calice à 2 ou 3 sépales; une corolle à 6 pétales oblongs; des étamines nombreuses, très-courtes, épaissies au sommet, portant chacune deux anthères adnées, à loges latérales écartées et presque séparées; le pistil se compose de 4 à 8 ovaires dressés, terminés chacun par un stigmate sous forme de point. Le fruit se compose de 4 à 6 baies uniloculaires renfermant plusieurs semences.

Maintenant il me reste à dire que les échantillons d'écorces de différents *Drimys*, que je possède sont tellement différents de l'écorce de Winter du commerce, qu'il en résulte pour moi

---

(1) Clusius, *Exotic.*, p. 75.

un doute très-grand que cette écorce appartienne au *Drimys Winteri*.

Le premier échantillon m'a été donné par M. Robert Brown : il porte écrit sur le bois même : *Port-Famine, capitaine P. King, Drimys Winteri*. Il consiste en un tronçon de tronc ou de branche large de 8 à 9 centimètres, formé d'un bois un peu rougeâtre et peu compacte, et d'une écorce épaisse de 3 millimètres, couverte par un épiderme gris blanchâtre très-mince et assez uni. Cette écorce est d'un rouge brun foncé à l'intérieur et d'apparence spongieuse, surtout dans la partie qui touche au bois, laquelle paraît formée de lames ligneuses longitudinales et rayonnantes, isolées les unes des autres. Cette écorce possède une odeur forte, un peu analogue à celle de la cannelle et un peu camphrée, et une saveur également très-aromatique, accompagnée d'une âcreté assez grande, mais non comparable à celle de l'écorce du commerce.

Le second échantillon faisait partie de celui qui a été rapporté de la terre de Magellan, en 1840, par M. Le Guillou (Voyage de l'Uranie). Les feuilles qui l'accompagnent sont très-remarquables, et répondent bien à la figure du *Drimys punctata* de Lamarck (1). Elles sont longues de 8 centimètres environ, larges de 3, 5, presque noires et luisantes à la face supérieure, d'un gris bleuâtre à la face inférieure, avec une seule nervure médiane noire. Examinée à la loupe, la face supérieure présente un réseau noir d'une extrême finesse, et la face inférieure une infinité de petits points glanduleux, blanchâtres et très-serrés, sur un fond bleuâtre. Ces feuilles ont une consistance solide, et leur cassure présente l'apparence d'une pâte brune, desséchée. L'écorce est roulée, de la grosseur du petit doigt, épaisse de 2 millimètres, formée d'un épiderme mince et uni, dont la couleur banche tranche beaucoup avec la couleur brune rougeâtre de l'intérieur. Dessous l'épiderme se trouvent un certain nombre de couches concentriques très-serrées ; mais la plus grande partie de l'épaisseur de l'écorce est formée de lames ligneuses rayonnantes et distinctes, tout à fait semblables à celles de l'échantillon précédent, et répondant bien à la première description de Clusius. Cette écorce possède, comme la première, une odeur et une saveur de cannelle camphrée, et son âcreté est très-inférieure à celle de l'écorce du commerce.

Écorce de palo piquanté du Mexique. En 1842, il a été apporté du Mexique, sous le nom d'*écorce de Chachaca* ou de *palo piquanté*, une écorce tellement analogue à la précédente, qu'il

---

(1) Lamarck, *Illust.*, t. CCCCXCIV, *fig.* 1.

n'est pas douteux qu'elle n'appartienne à un *Drimys*, que je suppose être le *Drimys Mexicana*, DC. Cette écorce est en fragments de la grosseur du petit doigt, formée d'un périderme blanchâtre, un peu fongueux, et d'un liber rougeâtre, peu serré, grossièrement fibreux, offrant à l'intérieur des rides ou des replis proéminents. Elle possède une odeur douce, indéfinissable, et une saveur très-aromatique et un peu astringente, accompagnée d'une âcreté véritablement brûlante.

Écorce du *Drimys granatensis*. — J'ai dit précédemment (t. II, p. 365) que plusieurs personnes avaient regardé le *Drimys granatensis* comme la source de l'écorce de malambo ; mais j'ai montré combien cette opinion était peu fondée. J'ajoute à présent que l'écorce du *Drimys granatensis* que j'ai reçue de Goudot est tout à fait différente de celle de malambo, et qu'elle présente au contraire de grands rapports avec les trois précédentes. Elle est grosse comme le doigt, épaisse de 4 à 5 millimètres, couverte d'un périderme rougeâtre, très-rugueux à l'extérieur. Le liber est peu dense et présente de larges fibres ligneuses blanches et rayonnantes, sur un fond rougeâtre. Ces fibres ligneuses forment à l'intérieur de l'écorce des côtes ou des arêtes longitudinales proéminentes. L'écorce possède une odeur aromatique un peu analogue à celle de la cannelle, et une saveur aromatique semblable, accompagnée d'une grande âcreté.

Écorce dite **canello**. M. Marchand, droguiste, m'a remis anciennement, sous ce nom, une écorce qui, par ce nom même et par sa qualité aromatique, me paraît être celle du *Drimys chilensis*, DC. Cette écorce est en longs morceaux aplatis, larges de 25 millimètres environ, cintrés, épais de 2 à 3 millimètres seulement ; elle est formée d'un périderme gris, marquée à sa surface de nombreux tubercules blanchâtres, arrondis et aplatis ; le liber est léger, très-fibreux, d'un gris rougeâtre, formé de longues fibres aplaties, qui se séparent facilement sous forme de lames difficiles à rompre transversalement. Sous ce rapport, cette écorce diffère beaucoup de toutes les précédentes. Elle est pourvue d'une odeur de cannelle camphrée faible, et d'un goût semblable accompagné d'âcreté. Cette écorce paraissait avoir été détériorée par l'humidité.

Je possède encore trois autres écorces aromatiques, dont deux rouges et pourvues d'une âcreté brûlante, qui ne peuvent se confondre avec aucune de celles que j'ai décrites jusqu'ici. Je crois inutile de les décrire.

FAMILLE DES RENONCULACÉES.

Plantes généralement herbacées portant des feuilles embrassantes à la base, le plus souvent divisées en un grand nombre de segments; opposées dans le seul genre *Clematis*, alternes dans tous les autres. Fleurs très-variables, régulières ou irrégulières, quelquefois privées de corolle. Étamines nombreuses, libres, hypogynes, à anthères terminales, biloculaires. Ovaires plus ou moins nombreux, surmontés chacun d'un style et d'un stigmate simple; ils sont quelquefois soudés en un seul, le plus souvent isolés, ne contenant qu'un seul ovule ou en renfermant plusieurs. Dans le premier cas, les ovaires sont réunis en tête et deviennent un fruit multiple, composé d'achaines disposés en tête ou en épi. Dans le second, les ovaires deviennent des follicules rapprochés, distincts ou partiellement soudés. Les graines renferment un embryon très-petit, placé à la base d'un endosperme corné.

La famille des Renonculacées, quoique formant un groupe très-naturel, peut cependant être divisée en cinq tribus faciles à distinguer par le port et les caractères. En voici le tableau comprenant, comme exemples, un grand nombre de plantes, ou très-communes dans notre pays, ou cultivées pour l'ornement des jardins, ou renommées par leurs propriétés médicales ou vénéneuses.

1re tribu, CLÉMATIDÉES. Calice coloré; corolle nulle ou formée de pétales plus courts que le calice et planes. Fruits libres, monospermes, indéhiscents, surmontés par le style barbu coudé à la base, semence inverse. Herbes ou arbrisseaux grimpants, à feuilles opposées, toutes caulinaires.

Clématite droite..................	*Clematis erecta*, DC.
— odorante.....................	— *flammula*, L.
— des haies....................	— *vitalba*, L.
— bleue........................	— *viticella*, L.

IIe tribu, ANÉMONÉES. Calice très-souvent coloré; corolle nulle ou à pétales planes. Achaines surmontés d'un style barbu et coudé; semence inverse. Herbes droites, à feuilles toutes radicales, ou alternes sur la tige. Fleurs souvent accompagnées d'un involucre.

Pigamon jaune, ou rue des prés....	*Thalictrum flavum*, L.
Anémone pulsatile, ou coquelourde...	*Anemone pulsatilla*, L.
Anémone des prés................	— *pratensis*, L.
— des fleuristes	— *coronaria*, L.
— des bois, ou sylvie............	— *nemorosa*, L.
Hépatique des jardins............	*Hepatica triloba*, Chaix.
Adonis printanier................	*Adonis vernalis*, L.
— d'automne	— *autumnalis*, L.
Queue de souris.................	*Myosurus minimus*, L.

IIIe tribu, RENONCULÉES. Calice et corolle; pétales à onglet tubuleux, pourvus à la base d'une petite lèvre intérieure squammiforme, ou nulle;

achaines; semence droite. Plantes herbacées à feuilles radicales ou alternes sur la tige; à fleurs solitaires à l'extrémité de la tige ou des rameaux, non accompagnées d'involucre.

Renoncule des jardins	*Ranunculus asiaticus*, L.
— thora	— *thora*, L.
Grande douve	— *lingua*, L.
Petite douve	— *flammula*, L.
Renoncule scélérate	— *sceleratus*, L.
— âcre, ou bouton d'or	— *acris*, L.
— bulbeuse	— *bulbosus*, L.
— des champs	— *arvensis*, L.
Ficaire, ou petite chélidoine	*Ficaria ranunculoides*, Mœnch.

IVᵉ tribu, HELLÉBORÉES. Calice corolloïde ; corolle nulle ou formée de pétales irréguliers, souvent bilabiés ; capsules folliculeuses, polyspermes, libres ou plus ou moins cohérentes, déhiscentes par une suture longitudinale ventrale. Plantes herbacées, à feuilles toutes radicales ou caulinaires et alternes.

Populage, ou souci des marais	*Caltha palustris*, L.
Ellébore d'hiver	*Eranthis hyemalis*, Salisb.
— noir	*Helleborus niger*, L
— d'Orient	— *orientalis*, L.
— vert	— *viridis*, L.
— fétide, ou pied-de-griffon	— *fœtidus*, L.
Nigelle des champs	*Nigella arvensis*, L.
— cultivée	— *sativa*, L.
— à semences jaunes	— *citrina*.
— de l'Inde	— *indica*.
Ancolie	*Aquilegia vulgaris*, L.
Pied-d'alouette des jardins	*Delphinium Ajacis*.
— des champs	— *consolida*.
Staphisaigre	— *staphisagria*.
Aconit anthore	*Aconitum anthora*, L.
— tue-loup	— *lycoctonum*, L.
— paniculé	— *paniculatum*.
— de Stoerk	— *stœrkianum*.
— napel	— *napelius*.
— féroce	— *ferox*, Wall.

Vᵉ tribu, PÆONIÉES. Calice très-souvent corolloïde, rarement coriace et foliacé; corolle nulle ou à pétales planes; ovaires multiovulés; capsules déhiscentes ou charnues, souvent monospermes par avortement. Herbes ou arbrisseaux.

Actée en épi, ou herbe de Saint-Christophe	*Actæa spicata*, L.
Chasse-punaise	*Cimicifuga fœtida*, L.
Pivoine mâle	*Zanthorhiza apiifolia*.
— femelle	*Pæonia corollina*, Retz.
— en arbre	*Pæonia officinalis*, Retz.
	— *moutan*, Sims.

Les Renonculacées sont des plantes généralement dangereuses, dont un certain nombre même sont des poisons très-actifs, mais qui n'en ont pas moins été préconisées contre les maladies les plus rebelles. Je ne décrirai toujours que les principales, soit à cause de l'usage que l'on en fait encore en médecine, soit pour que l'on reconnaisse en elles des poisons dont il est nécessaire de se garantir.

Clématite des haies, ou vigne blanche.

Clematis Vitalba, L. (*fig.* 777). — *Car. gén.* : calice à 4 ou 5 sépales; corolle nulle; étamines nombreuses; ovaires plus ou moins nombreux, chargés d'un style persistant, ordinairement soyeux ou plumeux. Feuilles opposées. — *Car. spéc.* : tige grimpante ; feuilles pinnées, composées de 5 folioles un peu en cœur, pointues, plus ou moins dentées; pétioles grimpants.

Cette plante, très-commune dans les haies, pousse des sarments nombreux, anguleux, grimpants, longs de 2 mètres et plus. Ses fleurs sont d'un blanc sale, petites

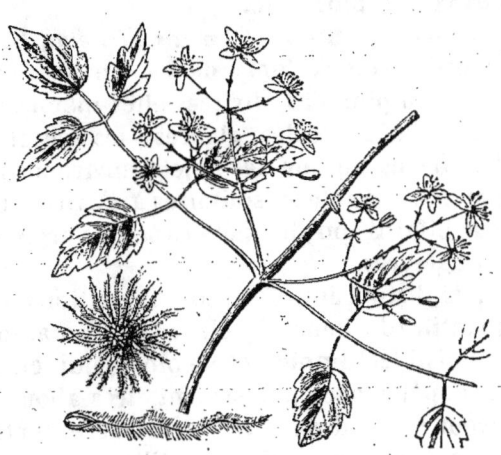

Fig. 777. — Clématite des haies.

et disposées en une panicule formée par des pédoncules plusieurs fois trifides. Ses fruits sont composés d'un grand nombre d'achaines ramassés, qui forment, par leurs aigrettes, des plumets blancs, soyeux, très-élégants. Toutes les parties de la plante ont une saveur âcre et brûlante; ses feuilles vertes, écrasées et appliquées sur la peau, la rougissent, l'enflamment, et y produisent des ulcères superficiels et peu dangereux, dont les mendiants se couvrent quelquefois les membres pour exciter la commisération publique : de là lui est venu le nom d'*herbe aux gueux*. On a, dit-on, fabriqué d'assez beau papier avec les aigrettes plumeuses de ses fruits. Du reste, elle n'est pas employée.

Autres espèces :

Clématite droite, *Clematis recta*, L. ; *Clematis erecta*, DC. Cette espèce diffère de la précédente par ses tiges cylindriques, droites, non grimpantes, hautes de 1 à 2 mètres tout au plus. Ses feuilles sont formées de 5 à 9 folioles longuement pétiolulées, glabres, glaucescentes, ovales-lancéolées, très-entières. Les fleurs sont blanches, disposées en panicule terminale, à 4 ou 5 sépales. Les fruits sont orbiculaires, comprimés, glabres, surmontés d'un long style plumeux.

Clématite odorante, *Clematis Flammula*, L. Sa tige est grimpante, longue de 4 à 7 mètres. Ses feuilles sont une ou deux fois ailées, à folioles ovales-lancéolées. Ses fleurs sont blanches, plus petites que dans la première espèce et d'une odeur très-agréable ; elles sont disposées sur des pédoncules rameux, de manière à former une petite panicule. Les styles deviennent des aigrettes plumeuses. Cette plante croît naturellement dans le midi de la France, et on la cultive dans les jardins pour en couvrir des berceaux, des murs, etc.

Clématite bleue, *Clematis Viticella*, L. Ses tiges sont des sarments anguleux, longs de 3 à 4 mètres ou plus. Feuilles composées de 5 pinnules, divisées elles-mêmes en 3 folioles ou 3 lobes ovales ou lancéolés, glabres ; les pétioles s'entortillent comme des vrilles autour des objets environnants. Fleurs bleues, longuement pétiolées, solitaires à l'extrémité des rameaux ou dans leur bifurcation ; les pétales sont élargis au sommet et les pistils sont glabres.

J'ai distillé autrefois, sur l'invitation de Chaussier, une certaine quantité de fleurs de clématite odorante, et j'en ai obtenu une eau distillée limpide et incolore, qui, en quelques jours, a formé un dépôt blanc, pulvérulent, très-abondant. Ce dépôt avait une saveur d'abord amylacée, puis âcre. Il était insoluble dans l'eau, l'alcool et l'éther. En redistillant dessus l'eau qui l'avait laissé précipiter, l'eau passait seule et la matière restait dans la cornue, ayant acquis par l'ébullition une couleur jaune sale, et s'étant rassemblée en une masse, comme l'albumine ou le gluten. Mais cette matière diffère essentiellement de ces deux corps en ce qu'elle redevient pulvérulente par la dessiccation. Elle est un peu soluble dans l'ammoniaque et dans la potasse caustique bouillante ; enfin elle brûle à une chaleur inférieure à la chaleur rouge, sans se fondre ni se contracter, et en scintillant comme le ferait de l'amadou imprégné d'une très-petite quantité de nitre. Cette singulière substance m'a paru azotée. Je n'ai pas eu lieu de m'en occuper depuis.

Anémones.

Car. gén. : involucre distant de la fleur, à 3 feuilles diversement incisées ; calice à 5-15 sépales pétaloïdes ; corolle nulle ; étamines nombreuses ; carpelles nombreux, monospermes, tantôt surmontés d'une longue queue barbue, tantôt nus. Plantes vivaces herbacées, à souche tubéreuse à la manière des *Cyclamen*, tantôt horizontale et rampante, d'autres fois fibreuse. Feuilles radicales, pétiolées, simples, plus ou moins divisées. Tige destituée de vraies feuilles, portant l'involucre foliacé au-dessous du sommet.

Toutes les anémones sont âcres et rubéfiantes à l'état récent; mais elles perdent leur qualité dangereuse par la dessiccation; ce qui permet de croire qu'elles doivent cette qualité à un principe qui se volatilise pendant la préparation de leur extrait, ou passe à la distillation avec l'eau. Les principales espèces sont :

L'anémone des fleuristes, *Anemone coronaria*, L. Feuilles à trois divisions multifides et à lobes linéaires et mucronés; celles de l'involucre sont sessiles, multifides; les sépales sont au nombre de six, ovales, rapprochés, souvent multipliés par la culture. Les fruits sont dépourvus de plumet. Cette plante fait l'ornement des parterres, mais elle est inusitée en médecine.

La **pulsatille**, ou **coquelourde**, *Anemone Pulsatilla*, L. (*fig.* 778). Feuilles pinnées-divisées, à segments multipartites. Fleur penchée, à 6 sépales ouverts; fruits munis d'une queue plumeuse. Cette plante fleurit au printemps, dans les terrains secs et montagneux.

L'anémone des prés, *Anemone pratensis*, L. Cette plante diffère de la précédente, par sa fleur plus petite, foncée en couleur

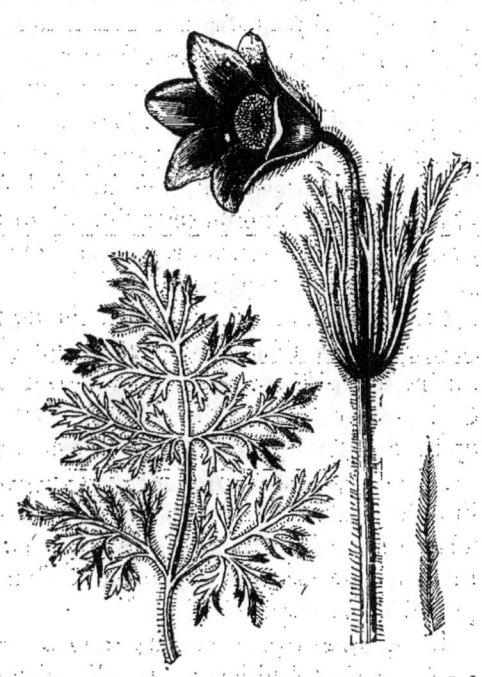

Fig. 778. — Anémone des fleuristes.

et penchée; par ses sépales plus aigus, connivents à la base et réfléchis au sommet. Toutes deux, distillées avec de l'eau, donnent une eau limpide ou laiteuse qui laisse déposer, après quelque temps de préparation, une substance blanche, cristalline, volatile et inflammable, pourvue d'une assez grande âcreté, ni acide ni alcaline (1). L'anémone des bois, ou sylvie (*Anemone nemorosa*, L.), donne un produit semblable, auquel on a cru recon-

---

(1) *Journ. de pharm.*, t. VI, p. 229.

naître une propriété acide, et qui a été nommé *acide anémonique* (1).

Renoncules.

Car. gén.: calice à 5 sépales herbacés, tombants; corolle à 5 pétales, rarement à 10, arrondis, portant une petite écaille à la base de l'onglet. Étamines et ovaires très-nombreux. Fruits comprimés, secs, indéhiscents, monospermes, disposés en capitule globuleux ou cylindrique, terminés chacun par une corne à peine plus longue que l'achaine.

Les renoncules sont des plantes herbacées, vivaces ou annuelles, à racines fibreuses, fasciculées ou grumeuses. Leurs tiges sont cylindriques, dressées ou couchées, ou quelquefois radicantes. Leurs feuilles sont entières, dentées ou multifides, la plupart radicales, les autres situées sur la tige, à l'origine des rameaux ou des pédoncules. Les fleurs sont jaunes ou blanches, très-rarement pourpres, presque toutes inodores. Les plantes fraîches sont presque toutes âcres et rubéfiantes à l'extérieur et plus ou moins vénéneuses à l'intérieur; mais elles perdent la plus grande partie de leurs propriétés dangereuses par la dessiccation. Les principales espèces sont :

La **renoncule des jardins,** *Ranunculus asiaticus*, L. — *Car. spéc.*: feuilles découpées-ternées ou biternées; segments dentés ou incisés-trifides. Tige droite, simple ou rameuse par le bas. Calice ouvert et ensuite réfléchi. Les fruits sont disposés en épi cylindrique. Originaire d'Orient ; cultivée dans les jardins.

La **grande douve**, *Ranunculus Lingua*, L. — *Car. spéc.*: feuilles indivises, lancéolées, sous-dentées, sessiles, demi-amplexicaules. Tige droite et glabre. Fleurs jaunes; racine fibreuse et vivace. Cette plante croit sur le bord des étangs et des fossés aquatiques, parmi les roseaux.

La **renoncule-flamme** ou **petite douve**, *Ranunculus Flammula*, L. — *Car spéc.*: feuilles glabres, linéaires-lancéolées, les inférieures pétiolées. Tige déclinée un peu radicante; pédoncules opposés aux feuilles. Fleurs jaunes. Fruits lisses. Croît dans les prés humides.

La **renoncule scélérate**, *Ranunculus sceleratus*, L. — *Car. spéc.*: feuilles découpées, glabres : les radicales tripartites, à lobes trilobés, sous-incisés ; les supérieures tripartites, à lobes oblongs-linéaires entiers ; les florales oblongues. Fleurs jaunes. Fruits très-petits, disposés en épis oblongs. ☉. Croît dans les marais, par toute l'Europe ; très-vénéneuse.

(1) *Journal de pharmacie*, t. XII, p. 222.

La **renoncule âcre**, ou **bouton d'or**, *Ranunculus acris*, L. — *Car. spéc.*: feuilles un peu pubescentes, à divisions palmées, à lobes incisés-dentés, aigus; celles du sommet linéaires. Tige droite sous-pubescente; pédoncules cylindriques. Fleurs jaunes; calice un peu velu. Fruits terminés par une pointe roide. ♃. Croît dans les prés et les pâturages.

La **renoncule bulbeuse**, ou **grenouillette**, *Ranunculus bulbosus*. — *Car. spéc.*: feuilles radicales pétiolées, partagées en trois parties, à segments trifides, incisés-dentés, celui du milieu comme pétiolé. Tige droite, à collet bulbeux. Fleurs jaunes; calices réfléchis. ♃. Commune dans les prés, le long des haies et dans les jardins.

Ellébore noir.

Les anciens ont donné le nom d'*ellébore* à plusieurs plantes très-dangereuses ou suspectes qui appartiennent à deux familles très-différentes, celle des Colchicacées, ou Mélanthacées, et celle des Renonculacées. Ils en distinguaient deux espèces, le *blanc* et le *noir*. Il n'y a aucun doute à élever sur le premier, qui est le *Veratrum album* de la famille des Colchicacées (1); mais on est incertain si l'ellébore noir des anciens était l'*Helleborus niger*, L., de la famille des Renonculacées, ou une espèce voisine trouvée par Tournefort dans l'île d'Anticyre, et nommée *Helleborus orientalis*; ou si, enfin, cet ellébore noir n'était pas plutôt la racine du *Veratrum nigrum*, L., dont la propriété fortement drastique peut seule expliquer celle qui avait été attribuée à la racine des *Helleborus*.

Quoi qu'il en soit, l'ellébore noir de Dioscoride, auquel il donne aussi le nom de *Melampodium*, est certainement une racine d'*Helleborus*. Le nom de *Melampodium* lui a sans doute été donné à cause de la couleur noire de sa racine : suivant d'autres, ce nom serait celui d'un berger nommé *Melampus*, qui, ayant observé que ses chèvres étaient purgées lorsqu'il leur arrivait de manger de l'ellébore, imagina de s'en servir pour guérir de leur folie les filles de Prœtus, roi d'Argos. Le meilleur ellébore noir croissait dans l'île d'Anticyre et sur la côte de Thessalie. Tournefort, qui a parcouru ces contrées, n'y a trouvé que l'espèce d'ellébore nommée depuis *Helleborus orientalis*, dont les feuilles radicales sont très-larges, épaisses, à 7-9 divisions pédalées; les feuilles de la tige sont plus petites, à 3-5 divisions palmées. La tige est haute de 35 à 50 centimètres, simple par le bas, rameuse dans sa partie supérieure, terminée par un petit nombre de fleurs larges de 40

---

(1) T. II, p. 150.

à 55 millimètres, pédonculées, penchées, d'un vert brunâtre. La racine est grosse comme le pouce, dure, ligneuse, placée transversalement dans la terre et munie de radicules à sa partie inférieure. On ne peut douter que cette espèce ne constituât une des sortes d'*ellebore noir* des anciens. Nous possédons, quant à nous, et nous employons sous le même nom, la racine de deux ellébores indigènes qui sont l'*Helleborus niger* et l'*Helleborus viridis*, L. Voici leurs caractères respectifs :

Helleborus niger, L. (*fig.* 779). Cette plante croît dans les lieux rudes et montagneux d'une partie de l'Europe ; elle est cultivée dans les jardins, où elle porte le nom de *rose de Noël*, à cause de la forme de sa fleur et de l'époque de l'année où elle fleurit ordinairement. Elle pousse de sa racine des feuilles longuement pétiolées, à divisions très-profondes et pédalées, fermes, luisantes et d'un vert très-foncé. Ses fleurs, d'une belle couleur incarnate, sont portées au nombre de 1 ou 2 sur une hampe de 16 à 19 centimètres. Ces fleurs sont composées d'un calice persistant à 5 sépales arrondis, de 8 à 10 pétales très-courts et formés en cornet, cachés entre le calice et les étamines ; de 30 à 60 étamines, et de 6 à 8 ovaires supères qui deviennent autant de capsules folliculeuses, polyspermes.

Fig. 779. — Ellébore noir.

La racine de l'*Helleborus niger* est entièrement noire au dehors et blanche en dedans. Elle se compose d'un tronçon principal très-court, muni d'un certain nombre de radicules tendres et succulentes, noires au dehors également, blanches en dedans, n'offrant aucun *meditullium* ligneux, devenant très-cassantes par la dessiccation. Toute la racine a une saveur astringente, douceâtre, amère, un peu âcre, nauséeuse, fort désagréable. Suivant beaucoup d'auteurs, cette racine, séchée et pulvérisée, purge à la dose de 30 centigrammes à 1 gramme, mais cause de violentes irritations qui doivent en faire proscrire l'usage. J'ai dit que ces propriétés appartiennent seulement aux racines de *Veratrum*, tandis que la racine de l'*Helleborus niger*, séchée et pulvérisée, ne possède presque aucune propriété purgative, ainsi que Rayer s'en est assuré.

[M. Bastick (1) en a retiré une substance cristallisable blanche, soluble dans l'eau, l'éther et l'alcool ; amère au goût et produisant sur la langue la même impression que la racine. Elle est sans action sur le papier de tournesol, et ne se combine ni avec les acides ni avec les bases. L'acide sulfurique la dissout et la décompose en se colorant en rouge ; l'acide nitrique concentré la dissout et l'oxyde.]

La racine de l'*Helleborus niger* ne se trouve pas dans le commerce à Paris ; pour se la procurer, il faut la faire venir d'Allemagne.

Ellébore à fleurs vertes, *Helleborus viridis*, L. Cette espèce produit de sa racine des feuilles palmées-divisées, longuement pétiolées, et des tiges faibles, droites, glabres, hautes de 15 à 30 centimètres, garnies de quelques feuilles sous-sessiles ; les tiges sont comme dichotomes à la partie supérieure. Les fleurs sont peu nombreuses, à divisions du calice ouvertes et d'une couleur herbacée. La racine de cette plante est formée de plusieurs tronçons d'un brun noirâtre, très-irréguliers, accolés les uns aux autres, d'où partent un grand nombre de longues radicules. Cette racine, desséchée, est plus dure et plus ligneuse que celle de l'*Helleborus niger*, ce qui tient à ce qu'elle est vraiment vivace et dure plusieurs années ; tandis que la racine d'*Helleborus niger* est au plus bisannuelle, et se détruit à mesure qu'une nouvelle racine et une nouvelle plante se forment à côté de la première. Ses radicules desséchées sont donc ligneuses dans leur intérieur, tandis que celles de l'*Helleborus niger* ne le sont pas. Cette racine sèche était vendue autrefois, à Paris, sous le nom d'*ellébore noir* ; mais elle ne s'y trouve plus depuis longtemps. Ses longues radicules étaient tressées à la manière de celles de l'angélique de Bohême. Elle a une odeur forte, nauséeuse, et une saveur très-amère. Cette amertume, mentionnée aussi par Murray, doit être regardée comme un des caractères de cette espèce.

Ellébore fétide, ou **pied-de-griffon**, *Helleborus fœtidus*, L. (*fig.* 780). Cette plante est pourvue d'une tige droite, haute de 30 à 50 centimètres, rameuse et comme paniculée à la partie supérieure. Les feuilles inférieures sont pétiolées, d'un vert noirâtre, coriaces, partagées jusqu'à leur base en 8 ou 10 digitations pédalées

---

(1) *Pharmac. Journal*, XII, 274.

aiguës dentées en scie. Les feuilles supérieures, servant de bractées aux fleurs, sont d'un vert pâle et jaunâtre, presque réduites à l'état d'un pétiole dilaté et membraneux. Les fleurs sont paniculées, verdâtres, bordées de rouge. Toute la plante, telle que nous la voyons dans nos contrées, dans les pâturages, sur la lisière des

Fig. 780. — Ellébore fétide.

bois et sur le bord des routes qui les traversent, est pourvue d'une odeur nauséeuse et fétide. Ses feuilles sont très-amères et très-âcres; séchées et pulvérisées, elles ont été vantées comme un anthelminthique puissant. Sa racine sert quelquefois à entretenir les sétons des chevaux : elle est formée d'un tronc principal pivotant, d'un gris noirâtre, ligneux, muni d'un grand nombre de radicules ligneuses qui se ramifient elles-mêmes en un chevelu très-fin. Cette racine possède, quoique séchée, une odeur fort désagréable; mais je la trouve à peine âcre et nullement amère.

Fausse racine d'ellébore noir du commerce. J'ai dit qu'anciennement on trouvait dans le commerce de l'herboristerie, à Paris, sous le nom d'*ellébore noir*, la racine de l'*Elleborus viridis*. Mais, vers l'année 1836, ayant voulu me procurer de nouveau cette racine, je n'en ai trouvé que chez un seul droguiste, et encore était-elle brisée, mêlée de racine d'aconit napel, et d'une autre racine inconnue, longue de plusieurs pouces, réduite à l'état de squelette fibreux et d'une saveur amère fort désagréable. Chez tous les autres droguistes ou herboristes, je n'ai plus trouvé, sous le nom d'*Ellébore noir*, qu'une autre substance apportée du Midi, laquelle, au lieu d'être une véritable racine, est plutôt une souche rameuse ou articulée, longue de 6 à 14 centimètres, brunâtre ou rougeâtre au dehors, presque toujours privée de ses radicules, terminée supérieurement, et à chaque articulation, par un tronçon de tige creuse, et présentant sur toute sa longueur des impressions circulaires, qui sont les vestiges de l'insertion des feuilles. Cette souche est rougeâtre à l'intérieur, avec un cercle de fibres blanches et ligneuses placées immédiatement sous l'écorce. Les radicules, quand elles existent, sont également ligneuses. La souche offre une saveur purement astringente, avec un léger goût aromatique non désagréable. Cette même odeur aromatique se manifeste pendant la pulvérisation. La poudre, administrée à la dose de 4 à 6 grammes, n'a produit aucun effet appréciable.

Murray dit que la seule racine vendue en France comme ellébore noir est celle de l'*Actæa spicata*, ou **herbe de Saint-Christophe**, et Bergius, dans sa *Materia medica*, donne à la racine de l'*Actæa racemosa*, plante américaine peu différente de la première, des caractères de forme et de texture qui sont bien ceux du faux ellébore noir du commerce ; enfin, la racine de l'*Actæa spicata*, que je me suis procurée au Jardin des Plantes de Paris, offrant bien la texture fibreuse et les tiges radicantes rougeâtres du faux ellébore, il paraissait naturel d'en conclure que cette dernière racine était bien celle de l'*Actæa spicata*. Cependant, comme la racine récoltée au Jardin des Plantes présentait l'odeur désagréable des ellébores, et une saveur très-amère et nauséeuse, j'ai cru pouvoir en conclure, dans ma dernière édition, que ce n'était pas elle qui était vendue à Paris comme ellébore noire, et j'ai avoué ne pas connaître la plante qui produit celle-ci. L'année d'après, je m'assurais que cette racine était produite par l'ellébore fétide, et c'est un exemple frappant des différences d'aspect et des propriétés que peuvent offrir les plantes, suivant les contrées où elles croissent.

Dans notre pays, dans les lieux humides et ombragés, le pied-de-griffon offre une couleur verte foncée et presque noire, et une odeur fortement nauséeuse ; sur les Alpes de la Savoie, où je l'ai observée en 1837, toute la plante présente une teinte générale rougeâtre, une odeur non désagréable, et la souche desséchée présente exactement la forme, la teinte rougeâtre, l'odeur aromatique et la saveur de la racine du commerce ; de sorte que je crois avoir trouvé là l'origine de la fausse racine d'ellébore du commerce.

(1) Murray, *Apparatus medicaminum*, III, p. 48.

Nigelles.

Les nigelles, ou *nielles*, sont de jolies plantes annuelles dont plusieurs sont cultivées dans les jardins. Leurs feuilles sont pinnatisectées, à divisions multifides et capillaires. Leurs fleurs sont solitaires à l'extrémité de la tige et des rameaux, formées d'un calice à 5 sépales pétaloïdes, ouverts, le plus souvent de couleur bleue, et d'une corolle à 5 ou 10 pétales très-courts bilabiés. Les ovaires sont au nombre de 5 ou 10, plus ou moins soudés à la base, terminés par de longs styles simples et persistants. Les capsules sont plus ou moins soudées, déhiscentes du côté intérieur, polyspermes. Leurs semences sont presque toujours noires, ce qui a valu aux plantes leur nom grec de *Melanthium*, et le nom latin de *Nigella*, dérivé de *niger*.

Nigelle des champs, *nigella arvensis*, L. Tige droite, haute de 22 à 28 centimètres, glabre comme toute la plante, simple ou divisée en rameaux divergents. Feuilles 2 fois pinnatifides, à lobes linéaires. Fleurs dépourvues de collerette, portant cinq sépales étalés, d'un bleu clair, quelquefois blancs, ayant leurs onglets longs et très-étroits ; les pétales sont au nombre de huit, d'un bleu plus foncé, rayés de brun en travers. Les cinq ovaires deviennent des capsules allongées, renfermant des graines noirâtres qu'on peut comparer à de grosse poudre à canon. Ces semences sont triangulaires, amincies en pointe à l'extrémité ombilicale, comme chagrinées à leur surface. L'embryon est très-petit, droit, placé près de l'ombilic dans un endosperme huileux.

Cette semence possède une odeur aromatique qui devient plus forte par l'écrasement, en acquérant de l'analogie avec celle du carvi et non du cumin, à laquelle on l'a comparée ; d'où lui est venu le nom de *cumin noir* qu'on lui a donné anciennement. Pour la distinguer des suivantes, j'ajouterai qu'elle est d'un gris noir foncé, mais non complétement noire ; qu'elle offre des angles très-marqués et un peu marginants ; que ses surfaces sont planes, un peu enfoncées et seulement chagrinées, sans indice de plis transversaux proéminents ; enfin, qu'elle est moins aromatique.

Nigelle cultivée, ou nigelle romaine, cumin noir également ; *Nigella sativa*, L. Tige droite, légèrement pubescente, haute de 30 centimètres, ramifiée. Feuilles sessiles, deux fois pinnatifides, à folioles linéaires, aiguës. Les fleurs sont bleues ou quelquefois blanches, solitaires à l'extrémité de la tige ou des rameaux, dépourvues de collerette. Les pistils et les capsules sont chargées de petits points tuberculeux. Les semences sont noires, excepté dans une variété dite *citrina*, qui les a jaunes.

La nigelle cultivée ordinaire a les semences *noires*, triangulaires, amincies en pointe du côté de l'ombilic; leurs surfaces sont planes, plus profondément rugueuses que celles de la nigelle des champs, et offrent quelques indices des plis transversaux proéminents; leur odeur est forte, agréable et tient à la fois du citron et de la carotte. La variété *citrina* a les semences semblables, sauf leur couleur jaune grisâtre et leur odeur encore plus forte, qui tient du poivre et du sassafras.

On trouve dans l'Inde une nigelle nommée par Roxburg *Nigella indica*, mais avec l'indication qu'elle est à comparer au *Nigella arvensis*; elle est nommée par Ainslie *Nigella sativa*, et est rangée par De Candolle parmi les variétés de cette dernière espèce. Cette plante porte dans l'Inde le nom de *hala-jira*, et j'ai raconté (page 70) comment ses semences, arrivées en France par la voie du commerce, avaient été prises pour celles du *Vernonia anthelminthica*. Ces semences ne diffèrent pas de celles du *Nigella sativa* α et β, non plus que d'autres venues d'Égypte sous les noms de *graine noire* et de *suneg*.

Nigelle de Damas, *Nigella damascena*, L. Cette espèce diffère de la précédente par l'involucre polyphylle, multifide et capillacé qui est situé immédiatement sous la fleur et qui l'entoure presque complétement, et par la singulière disposition de ses 5 capsules qui, étant soudées jusqu'au sommet, sont chacune divisées intérieurement en deux loges concentriques : l'une intérieure, séminifère ; l'autre extérieure, vide, paraissant résulter de la séparation de l'épicarpe, accru et tuméfié, d'avec l'endocarpe. Les semences sont un peu plus grosses que les précédentes, complétement noires, triangulaires, mais à faces bombées, ce qui leur donne une forme presque ovoïde. Leur surface est traversée par de nombreux plis transversaux, proéminents. Elles exhalent, lorsqu'on les écrase, une odeur des plus agréables que j'ai peine à comparer à une autre.

Toutes les espèces ou variétés de semences de nigelle dont je viens de parler, auxquelles il faut ajouter celles de nigelle de Crète (variété du *Nigella sativa*), qui sont très-aromatiques, sont usitées comme épice, dans tout l'Orient. En Égypte, on en saupoudre le pain et les gâteaux pour les rendre plus appétissants, et les femmes lui attribuent la propriété d'augmenter l'embonpoint, qui constitue la beauté suprême chez les Orientaux.

Il ne faut pas confondre les vraies nigelles avec une plante qui en porte aussi le nom, mais que l'on désigne plus habituellement sous ceux de *nielle des blés*, de *fausse nielle* ou de *Nigellastrum*, et qui doit ses différents noms à ses semences noires et tuberculeuses. Cette plante, qui est très-commune dans les blés, est le *Lychnis githago*, Lamk. (*Agrostemma githago*, L.), de la famille des Caryophyllées (page 453). Ses semences ont à peu près la grosseur de la vesce, sont tout à fait noires, recourbées sur elles-mêmes, couvertes de tubercules rangés par lignes longitudinales ; elles ont été comparées par Ray, quand on les voit à la loupe, à un hérisson roulé ; elles sont inodores et ont une saveur farineuse accompagnée d'un peu d'amertume et d'âcreté.

Ancolie vulgaire.

Aquilegia vulgaris, L. — *Car. gén.*: calice pétaloïde, tombant, à 5 divisions ; corolle à 5 pétales ouverts supérieurement, bilabiés ; lèvre extérieure grande et plane ; l'intérieure très-petite, prolongée en un éperon creux, calleux au sommet, sortant entre les divisions du calice ; étamines nombreuses disposées en 5 à 10 faisceaux ; les plus intérieures abortives et se transformant en écailles qui entourent les ovaires après la floraison. — *Car. spéc.*: 5 ovaires ; 5 capsules droites, polyspermes ; éperons recourbés ; capsules velues. Tige feuillue, multiflore. Feuilles presque glabres ; style ne surpassant pas les étamines. ♃.

Cette plante s'élève à la hauteur de 50 centimètres. Ses feuilles ressemblent à celles de la grande chélidoine ; leur couleur verte est inégalement mélangée de brun et de noir. Ses fleurs sont d'une belle couleur bleue lorsqu'elle croît naturellement dans les prés, dans les buissons et dans les bois un peu humides ; mais leur couleur varie beaucoup par la culture, ainsi que le nombre et la situation de leurs cornets. On les dit *corniculées* lorsque les pétales accessoires, nés de la transformation des étamines, sont tous éperonnés, les éperons étant prolongés en dessous ; *inverses*, quand les éperons sont dirigés en l'air par la torsion de l'onglet des pétales ; *étoilées*, quand les pétales accessoires sont planes et privés d'éperons ; *dégénérées*, lorsque les pétales et les étamines avortent, et que les sépales du calice, multipliés, prennent une couleur verte.

L'ancolie a été usitée comme diurétique et apéritive, et ses semences, mises en émulsion, passaient pour faciliter la sortie des pustules varioliques. Ses fleurs bleues peuvent servir à faire un sirop susceptible d'être employé comme réactif, à l'instar de celui de violettes, pour démontrer la présence des acides et des alcalis.

Dauphinelles.

Genre de plantes renonculacées, appartenant à la tribu des Elléborées, dont voici les principaux caractères : calice coloré, tombant, à 5 sépales dont le supérieur est terminé, à la base, par un éperon creux ; corolle à 4 pétales quelquefois soudés entre eux, et dont les deux supérieurs sont allongés, par la base, en appendices renfermés dans l'éperon ; étamines nombreuses ; de 1 à 5 ovaires devenant autant de follicules distincts.

Ce genre comprend un assez grand nombre d'espèces dont plusieurs sont répandues en Europe et sont cultivées comme plantes d'ornement. Les deux plus communes portent le nom vulgaire de *pied-d'alouette* et se distinguent en **pied-d'alouette des champs** et **pied-d'alouette des jardins**. La première portait autrefois le nom de **consoude royale** (*Consolida regalis*), et a reçu de Linné le nom de *Delphinium Consolida*. Elle croît dans les champs. Sa racine fibreuse et annuelle donne naissance à une tige droite, haute de 35 à 50 centimètres, divisée en rameaux étalés et garnie de feuilles à trois divisions principales, découpées elles-mêmes en plusieurs lanières linéaires. Ses fleurs, dont le calice est ordinairement d'un beau bleu, sont disposées à l'extrémité de la tige et des rameaux en grappes peu garnies. Les quatre pétales sont soudés et forment une corolle monopétale blanchâtre, prolongée à sa base en un éperon renfermé dans celui du calice. Il n'y a qu'un ovaire, et le fruit se compose d'une seule capsule glabre, polysperme. On dit que les semences possèdent l'âcreté de celles de la staphisaigre, et qu'elles peuvent servir également à détruire la vermine de la tête.

Le **pied-d'alouette des jardins** (*Delphinium Ajacis*, L.) diffère de la précédente en ce qu'il s'élève davantage et se ramifie moins. Ses feuilles sont plus rapprochées, plus grandes, à un plus grand nombre de divisions, et ses fleurs sont plus nombreuses également, plus rapprochées, plus grandes, portées sur des pédoncules plus courts. Elles sont formées, de même que dans la première espèce, d'un calice à 5 sépales naturellement bleus, mais pouvant devenir blancs ou roses et pouvant se doubler par la culture. La corolle est blanche et marquée, vers le haut, de quelques lignes d'un pourpre foncé, dans lesquelles on a cru voir les lettres AI AJ, ce qui a fait penser aux commentateurs que la plante pouvait être l'hyacinthe de Théocrite et d'Ovide, de laquelle ce dernier poëte a dit en parlant d'Apollon :

> Ipse suos gemitus foliis inscribit, et AI, AI
> Flos habet inscriptum ; funesta littera ducta est.

Ou bien la fleur d'Ajax, à laquelle Virgile fait allusion dans sa troisième Églogue :

> Dic quibus in terris inscripti nomina regum
> Nascuntur flores, et Phyllida solus habeto.

Staphisaigre.

Delphinium Staphisagria, L. (*fig.* 781). Racine annuelle, pivotante, simple ou peu divisée. Tige cylindrique, droite, peu rameuse, velue, ainsi que les pétioles des feuilles; haute de 35 à 65 centimètres. Feuilles palmées, toutes pétiolées, découpées, en 5 ou 7 lobes. Les fleurs sont d'un bleu clair, disposées en grappe terminale, munies de bractées à la base des pédicelles. Les pétales sont libres; les deux inférieurs sont unguiculés et les deux supérieurs prolongés en appendices qui pénètrent dans l'éperon. L'éperon est très-court. Le fruit est composé de 4 capsules courtes et ventrues, terminées par les styles persistants. Les semences sont volumineuses, au nombre de cinq dans chaque capsule, et tellement comprimées les unes contre les autres qu'elles forment une seule masse solide, remplissant toute la capsule et simulant une semence unique. Les semences isolées sont grosses comme celles de la gesse, irrégulièrement triangulaires, à surface noirâtre et réticulée, contenant une amande blanche et huileuse. L'amande et le test ont une odeur désagréable et une saveur âcre, insupportable.

Fig. 781. — Staphisaigre.

La staphisaigre croît dans les lieux ombragés de la France méridionale et de l'Italie ; on peut la cultiver dans les jardins comme plante d'agrément. Ses semences sont un poison très-actif pour l'homme et les animaux ; elles enivrent le poisson, comme le fait la coque du Levant. Elles sont aujourd'hui complétement bannies de la médecine interne, et ne servent à l'extérieur que pour faire mourir la vermine de la tête, ce qui a valu à la plante le nom d'*herbe aux poux* ou pour guérir la gale et quelques affections dartreuses.

MM. Lassaigne et Feunelle ont obtenu de l'analyse de semences de staphisaigre : un principe amer brun, une huile volatile, une huile grasse, de l'albumine, une matière animalisée, du mucoso-sucré, une substance alcaline organique nouvelle, qu'ils ont nommée *delphine* et qui existe dans la semence à l'état de surmalate; un principe amer jaune, des sels minéraux.

[L'étude des semences de staphisaigre a été reprise en 1833 par M. Couerbe (1), qui a donné une méthode rapide pour isoler le principe alcalin, et tout récemment par M. Darbel, qui pense que la delphine obtenue par le procédé de M. Couerbe n'est pas un corps parfaitement pur. Il a retiré de la Staphisaigre trois principes, tous très-vénéneux, auxquels il a donné le nom de *delphine*, *staphisagrine* et *staphisine* (*staphisain* de M. Couerbe), et qu'il regarde comme des alcaloïdes : et une quatrième substance résineuse qui présente quelques-unes des propriétés des alcalis organiques (2).

La delphine pure a une couleur légèrement ambrée, mais devient presque blanche par la pulvérisation. Sa saveur est âcre et amère : elle est presque insoluble dans l'eau même bouillante, soluble dans l'alcool, l'éther, le sulfure de carbone, la benzine et les acides.

La *staphisagrine* pure a des propriétés analogues; précipitée de ses dissolutions par l'ammoniaque, elle se présente sous la forme d'une matière gélatineuse très-différente de la delphine.

Quant à la *staphisine* (*staphisain* de M. Couerbe), c'est une matière résineuse d'un blanc sale, soluble dans l'alcool, le chloroforme, mais insoluble dans le sulfure de carbone et l'éther. Sa réaction est alcaline et elle forme avec les acides des sels colorés en brun et à réaction acide.]

Aconits.

Car. gén : calice à 5 sépales pétaloïdes, dont le supérieur est ample, concave et en forme de casque; corolle formée de 5 pétales dont deux supérieurs dressés dans l'intérieur du casque, longuement onguiculés et en forme de cornet ou de capuchon; les trois autres pétales sont très-petits, réduits à l'état d'onglets ou convertis en étamines. Étamines très-nombreuses; 3 ou 5 pistils;

---

(1) Couerbe, *Annal. de phys. et de chimie*, 2ᵉ série, LII, p. 352.
(2) Darbel, *Recherches chimiques et physiologiques sur les alcaloïdes du Delphinium staphisagria* (Thèse de la Faculté de médecine de Montpellier, 1864)

3 ou 5 capsules ovales, dressées, aiguës, à une seule valve, polyspermes.

Les aconits sont des plantes fort vénéneuses, que la beauté de leurs fleurs fait cultiver dans les jardins. Les principales espèces sont :

L'**aconit anthore**, *aconitum Anthora*, L. Cette plante est vivace et croît dans les contrées montagneuses de l'Europe. Elle pousse une tige anguleuse, ferme, un peu velue, haute de 50 centimètres. Ses feuilles sont nombreuses, à divisions palmées, multifides, terminées en lobes linéaires. Les fleurs sont d'un jaune pâle, pourvues d'un casque en forme de bonnet phrygien. La racine est composée de tubercules charnus, fasciculés, pourvus d'un grand nombre de radicules ; elle est brune au dehors, blanche en dedans, d'une saveur âcre et amère. On l'a conseillée autrefois comme contre-poison des autres aconits, et spécialement d'une espèce de renoncule très-vénéneuse nommée *Thora* ou *Phtora* (*Ranunculus thora*, C.), et de là est venu à la première le nom d'*Anthore* ou d'*Aconit salutifère;* mais ses seules bonnes qualités sont peut-être d'être un peu moins pernicieuse que les autres.

Aconit tue-loup, *Aconitum lycoctonum*, L. Plante haute de 60 à 100 centimètres, pourvue de feuilles pubescentes profondément divisées en 3 ou 5 lobes trifides et incisés ; bractéoles placées au milieu des pédicelles. Fleurs d'un blanc jaunâtre à casque conique, obtus, pubescent. Sa racine, coupée par morceaux et mélangée à une pâtée de viande, sert à empoisonner les loups.

Aconit napel, *Aconitum Napellus*, L. (*fig.* 782). Espèce très-variable dans sa forme, haute de 65 à 100 centimètres, ayant une tige droite terminée par un épi plus ou moins long ou plus ou moins serré, ou par une panicule de belles fleurs bleues. Ses feuilles sont d'une belle couleur verte, luisantes, presque entièrement divisées en lobes palmés, pinnatifides, dont les divisions sont élargies vers l'extrémité. Le casque est demi-circulaire, comprimé, terminé par une pointe courte. Le sac formé par le cornet des pétales est sous-conique, terminé par un éperon court,

Fig. 782. — Aconit.

épais, incliné. Les ovaires et les capsules sont au nombre de trois. La racine, qui est très-vénéneuse, a la forme d'un petit navet, et c'est de là que lui est venu le nom de *Napellus*, diminutif de *Napus*; mais cette racine est ligneuse, munie d'un grand nombre de radicules, et elle offre ordinairement l'assemblage de deux ou trois tubercules fusiformes, développés horizontalement à côté les uns des autres, et qui se détruisent successivement après avoir duré deux ou trois ans.

On a publié (1) le récit de l'empoisonnement de quatre personnes, dont trois sont mortes, pour avoir bu environ 30 grammes d'eau-de-vie dans laquelle on avait fait infuser, par erreur, de la racine d'aconit au lieu de celle de livèche. Les jeunes pousses de l'aconit sont peu actives, et Linné rapporte que les Lapons les mangent cuites dans la graisse; mais les feuilles développées sont fort dangereuses, comme plusieurs accidents l'ont prouvé. Cependant l'extrait, employé à petite dose, a été préconisé par Stoerk comme sudorifique dans les cas de syphilis, de rhumatismes goutteux, articulaires, etc., et employé depuis, par beaucoup d'autres médecins, dans un certain nombre d'autres maladies. Malheureusement, le mode de dessiccation de la plante, de préparation de l'extrait, et l'ancienneté plus ou moins grande des préparations, paraissent influer beaucoup sur l'activité des médicaments. On admet également que la plante venue naturellement sur les montagnes est beaucoup plus active que celle cultivée dans les jardins. Enfin, il est probable que l'espèce ou la variété d'aconit employée influe également sur les résultats qu'on peut en attendre; mais il est difficile de dire qu'elles sont celles qui méritent la préférence, en raison du grand nombre d'espèces ou de variétés qui paraissent avoir été employées à peu près indifféremment sous le nom d'*aconit napel*. Ces plantes sont :

Les *Aconitum tauricum, spicatum, macrostachyum, neubergense*, etc., variétés de l'*Aconitum napellus*.

Et les *Aconitum variegatum, rostratum, paniculatum, stoerkianum, intermedium*, etc., espèces ou variétés formées de l'*Aconitum cammarum*, L.

Pendant longtemps les chimistes ont vainement cherché à isoler le principe actif de l'aconit, et l'on avait fini par supposer que ce principe, étant volatil, se perdait pendant les opérations employées pour l'obtenir. Cependant MM. Geiger et Hesse, d'un côté, et M. Berthemot, de l'autre, sont parvenus à extraire des feuilles d'aconit un alcaloïde fortement vénéneux, auquel la plante doit nécessairement ses propriétés; mais comme les propriétés assignées à l'alcaloïde ne sont pas identiques, puis ue ce-

(1) *Journal de chimie médicale*, t. III, p. 314.

lui de M. Hesse dilate la pupille, tandis que l'autre la contracte, il est à désirer que de nouvelles recherches soient entreprises sur la racine de la plante, de laquelle, probablement, le principe sera plus facile à retirer que des feuilles.

[Dans sa thèse inaugurale à la faculté de médecine, M. E. Hottot (1) a montré que la racine était en effet l'organe le plus actif de la plante. Il a ainsi étudié l'*Aconitine* qu'il a obtenue à un degré d'activité beaucoup plus considérable que celle du commerce. Il lui attribue les caractères suivants : substance amorphe, en poudre blanche, très-légère, d'une amertume très marquée, contenant 20 p. 100 d'eau, qu'elle perd en fondant à 85° : elle est alors jaune d'ambre, transparente. Elle est à peine soluble dans l'eau ; très-soluble dans l'alcool, l'éther, la benzine et le chloroforme. L'acide sulfurique la colore en jaune, puis en rouge-violet. Elle ramène au bleu la teinture de tournesol rougie par les acides et forme avec les acides des sels amorphes.

A côté de l'aconitine, MM. T. et H. Smith (2) ont signalé un alcaloïde, cristallisant très-facilement, et qui paraît avoir la même formule que la narcotine. Ils l'ont nommée *aconelline*.]

Aconit féroce, *Aconitum ferox*, Wallich. Cette plante croît dans le Népaul, aux lieux élevés de la chaîne de l'Hymalaya. Elle ressemble beaucoup à l'*Aconitum Napellus* par la couleur et la disposition de ses fleurs, et par ses feuilles à 5 lobes palmés et pinnatifides. La racine est également formée de un, deux ou trois tubercules ovoïdes allongés ou presque fusiformes, longs de 5, 5 à 11 centimètres, d'un brun noirâtre au dehors, blanchâtres à l'intérieur ; ils sont amylacés, inodores, d'une saveur âcre et amère, et renferment un des poisons les plus actifs du règne végétal, ainsi qu'il résulte des expériences du docteur Wallich et de M. J. Pereira. Un seul grain d'extrait alcoolique, introduit dans la cavité du péritoine d'un lapin, le tua en deux minutes ; 2 grains introduits dans la veine jugulaire d'un fort chien l'ont tué en trois minutes. L'extrait introduit dans l'estomac agit beaucoup moins, et l'extrait aqueux est plus faible que l'alcoolique (3).

Ce sont les racines de cet *Aconitum ferox*, ou *bish*, qui, envoyées en 1865 comme jalap à Constantinople, y ont produit des empoisonnements nombreux (4).]

(1) E. Hottot, *Thèses de la Faculté de médecine de Paris*. 1861.
(2) T. et H. Smith, *Pharm. Journ.* 2e série. V, 317. 1863-64.
(3) *Journ. de chim. méd.*, 1830, p. 662, et 1835, p. 109.
(4) Voir Schroff, *Eine höchst gefährliche Verweschslung der Jalapwürzel* (*Zeitsch. der allgem. öster. Apotheker-Vereines*. Juni, 1865).

M. Guibourt avait rassemblé sur le bish de nombreux matériaux, pour un travail que la mort est venue interrompre et dont il n'avait pu malheureusement écrire que quelques pages d'introduction.

Pivoines.

Car. gén. : calice à 5 pétales concaves, orbiculaires, persistants ; corolle à 5 ou 10 pétales orbiculaires privés d'onglets ; étamines très-nombreuses ; de 2 à 5 ovaires épais, entourés, à leur base, d'un disque charnu, couronnés chacun par un stigmate sessile, épais, falciforme, coloré. Le fruit consiste en plusieurs capsules ovales-oblongues, ventrues, terminées par une seule loge, s'ouvrant du côté interne et renfermant des semences globuleuses, lisses et luisantes.

Les pivoines sont de très-belles plantes qui croissent naturellement dans les lieux montueux de l'ancien monde, du Portugal jusqu'à la Chine, et qui font l'ornement des jardins par leurs magnifiques fleurs souvent doublées par la culture, très-souvent d'un rouge vif, quelquefois roses ou blanches, jamais bleues ni jaunes. Une des plus belles espèces est le **mou-tan**, ou **pivoine en arbre** de Chine (*Pæonia moutan*, Sims), dont la tige est ligneuse, ramifiée, haute de 3 à 4 pieds dans nos jardins (plus élevée dans son pays natal), garnie de feuilles bipinnatisectées, à segments ovales oblongs, glauques en dessous. Les fleurs sont larges de 13 à 19 centimètres, d'un rouge clair, quelquefois blanches, d'une faible

Fig. 783. — Pivoine femelle.

odeur de rose ; les capsules sont velues, portées sur un disque charnu qui, dans une variété (*Pæonia papaveracea*), les renferme presque complètement.

Deux espèces de pivoines indigènes, connues sous les noms vulgaires de **pivoine mâle** et de **pivoine femelle**, ont été longtemps préconisées en médecine contre l'épilepsie ; mais elles sont aujourd'hui presque complétement oubliées. La première, nommée aujourd'hui *Pæonia corallina*, est herbacée, haute de 60 à 100 centimètres, rougeâtre dans la partie supérieure des rameaux. Les feuilles sont découpées en segments deux fois ternés, ovés, glabres, entiers, d'un vert foncé et luisantes en dessus, blanchâtres en dessous, portées sur des pétioles rougeâtres. Les fleurs sont solitaires à l'extrémité des rameaux, le plus souvent simples et de couleur purpurine ou incarnate. Les capsules sont écartées dès la base, recourbées en dehors, cotonneuses, déhiscentes par la partie supérieure du côté interne, et montrant des semences globuleuses grosses comme des petits pois, d'un beau rouge d'abord, puis d'un bleu obscur, enfin noires. La racine est napiforme, grosse comme le pouce ou davantage, pivotante ou ramifiée, de couleur rougeâtre au dehors, blanchâtre en dedans, d'une odeur forte, analogue à celle du raifort, lorsqu'elle est récente. Nouvellement séchée, elle conserve encore une partie de son odeur et une saveur assez marquée; mais lorsqu'elle commence à vieillir, et telle qu'elle existe presque toujours dans le commerce, elle n'est plus que farineuse et un peu astringente. Elle entre dans le sirop d'armoise composé et dans la poudre de Guttète. Ses semences servent à faire pour les jeunes enfants des colliers auxquels on attribue la propriété de faciliter la dentition; on prépare avec les fleurs une eau distillée et un sirop. La racine a été analysée par M. Morin (1).

La pivoine mâle est rare dans les jardins, où l'on ne trouve guère que la pivoine femelle qu'on lui substitue le plus ordinairement.

Pivoine femelle, *Pæonia officinalis*, Retr. (*fig.* 783). La racine de cette plante est formée de tubercules oblongs, comme ceux de l'asphodèle, suspendus à des fibres. Sa tige est haute d'un mètre environ, ramifiée, verte et non rougeâtre, pourvue de feuilles découpées en segments deux fois ternés, et le lobe terminal partagé en deux ou trois parties. Les fleurs sont ordinairement d'une belle couleur rouge et souvent doublées par la culture; les capsules sont velues, dressées à la base, divergentes par le sommet. Les semences sont plus petites que dans l'espèce précédente et oblongues.

On cultive dans les jardins beaucoup d'autres espèces ou variétés de pivoine, et principalement les *Pæonia peregrina, lobata, albiflora, hybrida, laciniata*, etc.

(1) Morin, *Journ. de pharm.*, t. X, p. 287.

FIN DU TOME TROISIÈME.

TABLE DES MATIÈRES

DU TOME TROISIÈME

Septième classe. — Dicotylédones caliciflores	5
Famille des pyrolacées	5
— des éricacées	6
— des lobéliacées	13
— des synanthérées	15
— — chicoracées	16
— — cynarées	21
— — sénécionidées	37
— — astéroïdées	64
— — eupatoriacées	66
— des dipsacées	70
— des valérianées	71
— des rubiacées	83
— des caprifoliacées	195
— des loranthacées	197
— des cornées	198
— des araliacées	199
— des ombellifères	204
— des grossulariées	251
— des cactées, ficoïdées, crassulacées, etc.	252
— des cucurbitacées	257
— des myrtacées	268
— des granatées	280
— des combrétacées	281
— des rosacées	288
— — pomacées	289
— — rosées	293
— — sanguisorbées	300
— — dryadées	301
— — spiréacées	306
— — amygdalées	311
— des légumineuses	319
— — papillonacées	319
— — cæsalpiniées	322
— — moringées	323
— — swartziées	323
— — mimosées	323

TABLE DES MATIÈRES.

Famille des légumineuses *racines*........		324
— — *écorces*........		328
— — *bois*........		336
— — *feuilles*, etc.........		360
— — *fruits*........		360
— — *sucs astringents*.........		399
— — *gommes*........		438
— — *résines* et *baumes*........		454
— — *indigo*........		480
— des térébinthacées........		485
— des rhamnées........		535
— des ilicinées........		539

Huitième classe. — DICOTYLÉDONES THALAMIFLORES........ 541
Famille des rutacées........ 541
— des oxalidées........ 567
— des géraniacées, des balsaminées et des tropæolées........ 568
— des ampélidées........ 572
— des méliacées et des cédrélacées........ 586
Groupe des acérées........ 590
Famille des guttifères........ 600
— des hypéricinées........ 617
— des aurantiacées........ 618
— des ternstrœmiacées........ 627
— des tiliacées........ 633
Groupe des malvacées........ 636
— des linées........ 650
— des caryophyllées........ 652
— des polygalées........ 655
— des violariées........ 662
— des cistinées........ 665
— des bixacées........ 668
— des résédacées........ 670
— des capparidées........ 671
— des crucifères........ 672
— des fumariacées........ 692
— des papavéracées........ 695
— des nymphæacées........ 719
— des nélumbiacées........ 722
— des berbéridées........ 725
— des ménispermacées........ 726
— des anonacées........ 735
— des magnoliacées........ 737
— des renonculacées........ 743

FIN DE LA TABLE DU TROISIÈME VOLUME.

www.ingramcontent.com/pod-product-compliance
Lightning Source LLC
Chambersburg PA
CBHW060900300426
44112CB00011B/1281